“十四五”国家重点出版物
出版规划项目

国家出版基金项目
NATIONAL PUBLICATION FOUNDATION

中国兽药
研究与应用全书

COMPREHENSIVE SERIES
ON VETERINARY DRUG
RESEARCH AND APPLICATION
IN CHINA

兽用诊断试剂
及应用

田克恭　邓均华　主编

化学工业出版社

·北京·

内容简介

《兽用诊断试剂及应用》一书由河南农业大学田克恭教授、洛阳普泰生物技术有限公司邓均华博士共同组织多位从事兽用诊断试剂及动物疫病防控领域的专家、学者，结合各自研究工作，参考大量国内外最新文献，历经两年撰写而成。全书分 14 章，从兽用诊断试剂生物活性原料，兽用 ELISA 类试剂，兽用免疫色谱类试剂，兽用化学发光免疫分析系统，兽用 PCR 类试剂，其它常见兽用诊断技术，新型兽用诊断技术，兽用诊断技术标准，产品注册、生产、质量控制及临床应用等方面进行了全面系统的阐述。本书内容翔实，既具有理论指导性，又具有实践操作性，可作为农业院校动物医学和动物药学专业、科研机构、第三方检测机构、兽药企业等从事教学、研发、检验、生产等人员的良好教学参考书和工具书。

图书在版编目（CIP）数据

兽用诊断试剂及应用 / 田克恭，邓均华主编. —
北京：化学工业出版社，2024.12. —（中国兽药研究
与应用全书）. — ISBN 978-7-122-46265-7

Ⅰ. S859.79

中国国家版本馆 CIP 数据核字第 2024XF5059 号

责任编辑：邵桂林　　　　　　文字编辑：药欣荣
责任校对：田睿涵　　　　　　装帧设计：尹琳琳

出版发行：化学工业出版社
　　　　　（北京市东城区青年湖南街 13 号　邮政编码 100011）
印　　装：北京建宏印刷有限公司
787mm×1092mm　1/16　印张 47　字数 1173 千字
2025 年 6 月北京第 1 版第 1 次印刷

购书咨询：010-64518888　　　售后服务：010-64518899
网　　址：http://www.cip.com.cn
凡购买本书，如有缺损质量问题，本社销售中心负责调换。

定　　价：368.00 元　　　　　　版权所有　违者必究

本书编写人员名单

主　编　田克恭
　　　　　邓均华

副主编　顾小雪
　　　　　李向东
　　　　　郝丽影
　　　　　黄　甜

编写人员（按姓名汉语拼音排序）

蔡上淋（北京科技大学）

陈珍珍（普莱柯生物工程股份有限公司）

崔　进（中国动物卫生与流行病学中心）

崔　磊（中国建筑科学研究院有限公司）

邓均华（洛阳普泰生物技术有限公司）

丁国义（中国动物卫生与流行病学中心）

丁　凯（北京森康生物技术开发有限公司）

方　沅（北京维德维康生物技术有限公司）

高志强（中国海关科学技术研究中心）

宫　晓（中国动物卫生与流行病学中心）

顾小雪（中国动物疫病预防控制中心）

郭江涛（洛阳普泰生物技术有限公司）

郭军庆（河南省农业科学院动物免疫学重点实验室）

郭良帅（中国动物卫生与流行病学中心）

郝丽影（洛阳普泰生物技术有限公司）

胡欢鑫（普莱柯生物工程股份有限公司）

胡　英（洛阳普泰生物技术有限公司）

黄　甜（洛阳普泰生物技术有限公司）

黄　挺（上海基灵生物科技有限公司）

黄小波（四川农业大学动物医学院）

金云云（普莱柯生物工程股份有限公司）

康笃利（洛阳普泰生物技术有限公司）

康京丽（中国动物卫生与流行病学中心）

李博文（中国动物卫生与流行病学中心）

李晨露（中国动物卫生与流行病学中心）

李青梅（河南省农业科学院动物免疫学重点实验室）

李瑞锋（洛阳普泰生物技术有限公司）

李卫华（中国动物卫生与流行病学中心）

李向东（扬州大学兽医学院）

梁　磊（中国建筑科学研究院有限公司）

刘冬霞（中国动物卫生与流行病学中心）

刘广阔（中国动物卫生与流行病学中心）

刘河冰（北京明日达科技发展有限责任公司）

刘陆世（中国动物卫生与流行病学中心）

刘武杰（普莱柯生物工程股份有限公司）

刘　肖（河南省农业科学院动物免疫学重点实验室）

刘颖昳（中国动物疫病预防控制中心）

刘玉秀（普莱柯生物工程股份有限公司）

马立才（北京维德维康生物技术有限公司）

聂俊伟（南京诺唯赞生物科技股份有限公司）

宁佳囡（洛阳中科生物芯片技术有限公司）

牛建蕊（北京森康生物技术开发有限公司）

潘姣姣（洛阳普泰生物技术有限公司）

逄文强（普莱柯生物工程股份有限公司）

齐　芳（深圳市金准生物医学工程有限公司）

乔明明（北京世纪元亨动物防疫技术有限公司）

苏　莹（北京森康生物技术开发有限公司）

孙洪涛（中国动物卫生与流行病学中心）

孙　杰（洛阳普泰生物技术有限公司）

孙　明（北京森康生物技术开发有限公司）

孙　帅（中国动物卫生与流行病学中心）

孙亚宁（河南省农业科学院动物免疫学重点实验室）

谭菲菲（普莱柯生物工程股份有限公司）

田克恭（河南农业大学动物医学院）

仝晓丹（普莱柯生物工程股份有限公司）

汪志艳（洛阳普泰生物技术有限公司）

王　静（北京博瑞维特生物科技有限公司）

王　磊（北京科技大学）

王孟月（普莱柯生物工程股份有限公司）

王同燕（普莱柯生物工程股份有限公司）

王延辉（普莱柯生物工程股份有限公司）

王燕芹（中国建筑科学研究院有限公司）

温　凯（中国农业大学动物医学院）

文翼平（四川农业大学动物医学院）

吴发兴（中国动物卫生与流行病学中心）

伍　锐（四川农业大学动物医学院）

肖　璐（中国兽医药品监察所）

徐　琦（中国动物疫病预防控制中心）

杨继飞（河南省农业科学院动物免疫学重点实验室）

杨　奕（中国动物卫生与流行病学中心）

于宁卫（中国动物疫病预防控制中心）

余良政（扬州大学兽医学院）

遇秀玲（普莱柯生物工程股份有限公司）

原　霖（北京中科基因技术股份有限公司）

臧京帅（北京森康生物技术开发有限公司）

张二盈（深圳市金准生物医学工程有限公司）

张鹤晓（中国海关科学技术研究中心）

张　丽（北京森康生物技术开发有限公司）

张继颖（洛阳中科生物芯片技术有限公司）

张森洁（北京中科基因技术股份有限公司）

张素玲（普莱柯生物工程股份有限公司）

张雨杭（河南省农业科学院动物免疫学重点实验室）

张云静（普莱柯生物工程股份有限公司）

赵少若（洛阳普泰生物技术有限公司）

赵肖璟（中国动物卫生与流行病学中心）

周　权（中国建筑科学研究院有限公司）

邹　敏（中国动物卫生与流行病学中心）

我国是世界养殖业第一大国。兽药作为不可或缺的生产资料，对保障和促进养殖业健康发展至关重要，对保障我国动物源性食品安全具有重大战略意义，在我国国民经济的发展中起着不可替代的重要作用。党和政府高度重视兽药科研、生产、应用和管理，要求大力发展和推广使用安全、有效、质量可控、低残留兽药，除了要求保障我国畜牧养殖业健康发展外，进一步保障人民群众"舌尖上的安全"。国家发布的《"十四五"全国畜牧兽医行业发展规划》中明确规定，要继续完善兽药质量标准体系、检验体系等；同时提出推动兽药产业转型升级，加快兽用中药产业发展，加强中兽药饲料添加剂研发，支持发展动物专用原料药及制剂、安全高效的多价多联疫苗、新型标记疫苗及兽医诊断制品。以 2020 年《兽药管理条例》修订、突出"减抗替抗"为标志，我国兽药生产、管理工作和行业发展面临深刻调整，进入全新的发展时代。

兽药创新发展势在必行，成果的产业化应用推广是行业发展的关键。在国家科技创新政策的支持下，广大兽药从业人员深入实施创新驱动发展战略，推动高水平农业科技自立自强，兽药创制能力得到了大幅提升，取得了相当成效，特别是针对重大动物疾病和新发病的预防控制的兽药（尤其是疫苗）创制开发取得了丰硕的成果。我国兽药科技创新平台初具规模、兽药创制体系形成并稳步发展，取得一系列自主研发的新兽药品种，已经成为世界上少数几个具有新兽药创制能力的国家，为我国实现科技强国、加快建设农业强国提供坚实保障。

为了系统总结新中国成立以来兽药工业的研究与应用发展状况和取得的成果，尤其是介绍近年来我国在新兽药研究、创制与应用过程中取得的新技术、新成果和新思路，包括兽药安全评价、管理和贸易流通等，在化学工业出版社的邀请和提议下，沈建忠院士、金宁一院士组织了国内兽药教学、科研、生产、应用和管理等各领域知名专家编写了《中国兽药研究与应用全书》。参与编写的专家在本领域学术造诣深厚、取得了丰硕的成果、具有丰富的经验，代表了当前我国兽药学科领域的水平，保证了本套全书内容的权威性。

《中国兽药研究与应用全书》包含 10 卷，紧紧围绕党中央提出的新五大发展理念，结合国家兽药施用"减量增效"方针、最新修订的《兽药管理条例》和农业农村部"减抗限抗"政策，分别从中国兽药产业发展、兽用化学药物及应用、中兽药及应用、兽用疫苗及应用、兽用诊断试剂及应用、兽用抗生素替代物及应用、兽药残留与分析、兽药管理与国际贸易、兽药安全性与有效性评价、新兽药创制等方面给予了深入阐述，对学科和行业发展具有重要的参考价值和指导价值。

我相信，《中国兽药研究与应用全书》的顺利出版必将对推动我国兽药技术创新，提升兽药行业竞争力，保障畜牧养殖业的绿色和良性发展、动物和人类健康，保护生态环境等方面起到重要和积极作用。

祝贺《中国兽药研究与应用全书》顺利出版，是为序。

中国工程院院士
国家兽药安全评价中心主任、兽医公共卫生安全全国重点实验室主任

前言

兽用诊断试剂是诊断、监测动物疾病的重要工具。根据检测原理主要分为生化诊断试剂、免疫诊断试剂、分子诊断试剂、微生物诊断试剂、尿液诊断试剂、凝血类诊断试剂、血液学和流式细胞诊断试剂。其中生化诊断试剂、免疫诊断试剂、分子诊断试剂是我国兽用诊断试剂主要的三大类品种。本书阐述的兽用诊断试剂主要是针对动物传染病诊断监测用的免疫和分子诊断试剂，在兽药管理体系中属于兽药中的诊断制品。

动物疫病的诊断监测是疫病诊断、流行病学调查、免疫效果评价和重大动物疫病净化根除的基础，是动物疫病预防控制的首要环节。当前，我国动物疫病种类多、病原变异频繁、疫苗类型多、临床情况复杂多样。系统提升兽用诊断试剂的研发、生产和质控能力，为临床诊断提供更多稳定可靠的诊断试剂；提升临床兽医针对诊断监测结果指导临床生产的能力，让兽用诊断试剂为我国养殖业高效赋能，成为我国当前兽医工作的一项紧迫任务。

人类对动物疫病的认识和我国养殖水平的不断提升，快速推动了我国兽用诊断试剂行业的发展，特别是 2020 年农业农村部修订了《兽医诊断制品注册分类及注册资料要求》后，兽用诊断试剂行业迎来了发展新热潮。截至 2023 年 12 月 31 日，我国通过农业农村部 GMP 验收的兽用诊断制品企业已达到了 117 家。2010 年至 2022 年，兽用诊断制品共批准 121 个新产品，包括 ELISA、胶体金、PCR 及化学发光等不同技术类型的诊断试剂。但我国动物种类多、每种动物的疫病种类多，每种疫病的临床需求多，因此我国目前的兽用诊断试剂仍不能完全满足临床需要。系统提升我国兽用诊断试剂的理论水平以及产品研发、生产和质控的能力，可为我国兽医临床研发生产更多更可靠更便捷的诊断产品提供翔实的理论和技术指导；为提升临床兽医根据临床需要选择合适的诊断试剂，并将诊断检测数据用于指导临床生产提供参考，是我们组织编写《兽用诊断试剂及应用》一书的初衷。

2021 年 4 月，田克恭教授组织中国动物疫病预防控制中心、中国动物卫生与流行病学中心、中国兽医药品监察所等农业农村部直属事业单位，中国农业大学、扬州大学、中国海关科学技术研究中心、中国建筑科学研究院有限公司、河南省农业科学院动物免疫学重点实验室等科研院所，洛阳普泰生物技术有限公司、北京维德维康生物技术有限公司、北京森康生物技术开发有限公司、北京明日达科技发展有限责任公司、深圳市金准生物医学工程有限公司等诊断试剂企业的专业人员启动了本书的编写工作。2022 年 4 月，在前期工作的基础上，编委会组织召开了该书的编写和修订研讨会，分别对各自负责部分进行进度汇报并提出问题进行分析，明确了后期编写和修改的具体要求。2023 年 1 月，在全体参编人员的共同努力下，顺利完成了本书的编写和定稿。

本书分 14 章，以四条主线阐述：①技术性：针对不同技术类型诊断产品的研发思路、基本原则、工艺关键点进行了系统的阐述；②产业性：针对原料的研制、产品的研发、生产、质控、注册及监管的全部流程进行阐述；③系统性：针对兽用诊断试剂的生物活性原料、工艺技术、标准物质、质量控制以及临床应用进行了系统的总结和阐述；④实用性：针对不同的诊断技术及产品都总结了常见问题及操作关键点，并针对兽用诊断技术的国际标准、国家及行业标准做了系统总结，同时系统阐述了兽用诊断在动物疫病防控等方面的应用策略。本书对系统提升我国兽用诊断技术水平具有重要的指导意义。

本书编写过程中，主编田克恭、邓均华负责全书编写工作的前期策划、组织实施和统稿工作，中国动物疫病预防控制中心的专家负责绪论及应用相关内容的编写；中国兽医药品监察所的专家负责注册内容的编写工作；中国动物卫生与流行病学中心的专家负责兽用诊断技术标准的编写工作；其余各科研院所及企事业单位的专家结合各自的理论基础和实践积累，分别承担了各自擅长内容的编写工作。顾小雪、李向东、郝丽影和黄甜 4 位副主编分别对不同章节的内容进行了审阅。中国工程院沈建忠院士、金宁一院士自始至终关心、指导本书的编写工作，在此表示衷心的感谢。

本书可作为农业院校、科研机构、第三方检测机构、兽药企业等从事教学、研发、检验、生产等人员的教学参考书和工具书。鉴于本书覆盖兽用诊断试剂相关的领域多、涉及的诊断技术和方法日新月异，技术工艺也随着产业的发展而不断更新，加之编者水平有限，书中难免有疏漏和不足之处，敬请读者批评指正。

主　编
2025 年 1 月 17 日

目录

第 7 章
其他常见兽用诊断技术　297

第1章
绪 论

1.1

我国养殖业发展现状

改革开放以来，我国养殖业不断发展壮大、由弱变强，已经从传统的家庭副业发展成为农业农村经济的重要支柱产业之一，在满足肉蛋奶消费、促进农民增收、维护生态安全等方面发挥了不可替代的重要作用。

我国养殖业生产规模居世界前列。我国饲养着全世界约一半的猪、三分之一的家禽、五分之一的羊、十一分之一的牛。2021年，全国生猪存栏4.49亿头、出栏6.71亿头、牛存栏9817万头、出栏4707万头，羊存栏3.2亿只、出栏3.3亿只，家禽存栏67.9亿羽、出栏157.4亿羽。2021年，全国肉类、禽蛋和奶类产量分别为8887万吨、3409万吨和3683万吨，肉类和禽蛋产量连续多年稳居世界第一，奶类产量居世界第三位。

畜产品供给结构更趋合理。我国肉类消费常年稳定在8000万吨以上，主要以猪肉、禽肉、牛肉和羊肉为主。从肉类消费结构上来看，猪肉是我国第一大肉类消费品，其次是禽肉，牛羊肉占比相对较小。近年来，肉类消费表现出猪肉下降、禽肉增加、牛羊肉消费旺盛的特点。2012—2018年，猪肉消费量稳定在5400万吨左右，占我国肉类消费总量的64%左右。2019—2020年，受非洲猪瘟疫情影响，猪肉供给大幅缩减，禽肉、牛羊肉替代效应明显，占比明显提升。2018—2020年，猪肉消费占比从63.45%下降至53.85%；禽肉消费占比从23.41%提升至30.91%；牛、羊肉消费占比从7.56%、5.58%小幅提升至8.80%、6.44%。同时，奶业生产快速发展，牛奶消费量持续增长。2017年我国人均牛奶占有量是1985年的约9.3倍。

国家大力支持发展标准化规模养殖，养殖业规模化、集约化水平大幅提升。据农业农村部畜牧业行业统计，2013年全国畜禽规模养殖比重首次超过散养，随后几年一直保持每年1~2个百分点的增加趋势，2017年全国畜禽养殖规模化率达到58%，比2012年提高了9个百分点，规模养殖逐步成为肉蛋奶生产供应的主体。规模化发展促进了畜禽生产效率提高，生猪和蛋鸡饲料转化率不断提高。

2020年，《国务院办公厅关于促进畜牧业高质量发展的意见》中提出"猪肉自给率保持在95%左右，牛羊肉自给率保持在85%左右，奶源自给率保持在70%以上，禽肉和禽蛋实现基本自给。到2025年畜禽养殖规模化率和畜禽粪污综合利用率分别达到70%以上和80%以上，到2030年分别达到75%以上和85%以上"的发展目标，将加快构建现代畜禽养殖、动物防疫和加工流通体系，不断增强畜牧业质量效益和竞争力，形成产出高效、产品安全、资源节约、环境友好、调控有效的高质量发展新格局，更好地满足人民群众多元化的畜禽产品消费需求。

1.1.1 养猪业

生猪稳产保供历来是我国农业工作的重点任务，猪肉价格是消费价格指数（CPI）食品项最重要的影响因素。2016—2018年，我国生猪存栏稳定在4.3亿头左右。非洲猪瘟疫情发生后，2019年末存栏3.10亿头，同比减少27.6%。随着疫情防控及一系列稳产保供措施的出台和落地，新建、扩建养殖场陆续建成投产，生猪产能持续回升，2020 年末全国生猪存栏 4.07 亿头，2021 年底增长至 4.49 亿头。

在产业发展方面，我国生猪以散户养殖为主，2019 年，我国生猪年出栏 1~49 头户数的占比仍高达 94.32%。与此同时，受到非洲猪瘟、政策导向、城镇化等因素影响，近年来我国生猪养殖行业集约化与规模化养殖程度迅速提高。从出栏量来看，2011—2020年，我国出栏 500 头以下的养殖场出栏量占比从 63.40% 下降至 43.00%，出栏 500 头以上的养殖场出栏量占比从 36.60% 提升至 57.00%。从出栏户数来看，2007—2019 年，年出栏数 500 头以下的规模养殖场从 8222 万户下降至 2258 万户。其中，年出栏数 1~49 头的户数占比从 2007 年的 97.27% 减少至 2019 年的 94.32%，而年出栏数在 500 头以上的规模养殖场占比则从 2007 年的 0.15% 增加至 2019 年的 0.68%。2020 年，我国生猪规模化养殖占比增长至 57%，但是距离欧盟与美国分别达 88%、97% 的占比仍有很大差距。随着我国生猪养殖规模化进程的持续推进，预计我国生猪养殖规模化程度仍有较大的提升空间。

1.1.2 养禽业

家禽行业是我国重要的养殖行业，2014—2018 年全国家禽存栏量在 60 亿羽左右波动，2019 年存栏量同比增长 8.0%，家禽饲养规模持续扩大，2019 年、2020 年、2021 年分别为 65.2 亿羽、67.8 亿羽、67.9 亿羽。家禽出栏量也逐步增长，2019 年同比增长 11.8%，2019 年、2020 年、2021 年分别为 146.4 亿羽、155.7 亿羽、157.4 亿羽。我国家禽根据生存环境的不同可分为陆禽和水禽两大类，其中陆禽主要为蛋鸡和肉鸡，水禽包括鸭、鹅等。随着我国经济发展，家禽养殖业规模化、集约化养殖程度提升，我国家禽养殖规模化和产业一体化趋势明显。

1.1.2.1 蛋鸡

20 世纪 80 年代开始我国蛋鸡产业迎来高速发展期，自 1985 年我国禽蛋产量超越美国之后，禽蛋产量连续多年位居世界第一。2021 年全国产蛋鸡存栏 10.50 亿羽，商品代蛋雏鸡供应量 11.59 亿羽，禽蛋产量 3409 万吨。蛋鸡养殖以血缘关系为纽带形成代次繁育体系，包括原种鸡、祖代鸡、父母代种鸡、商品代蛋鸡。近年来，我国蛋鸡种业自主创新和良种推广能力显著增强，对进口种鸡的依赖性下降。我国蛋鸡主产区集中在华东、华中地区，养殖模式日趋规模化，养殖场户数量不断减少，户均饲养量增加，特别是商品代蛋鸡的标准化养殖不断普及，机械化、自动化程度较高。

1.1.2.2 肉鸡

禽肉是高蛋白、低脂肪的食物，是我国居民补充蛋白质的重要来源，禽肉已取代牛肉成为世界上第二大消费肉类，在家禽出栏量、存栏量不断增长的情况下，我国禽肉的产量也相应增加。2021 年，我国禽肉产量 2380 万吨，未来随着居民肉品消费结构的升级，禽肉消费量还将进一步增加。2021 年，我国肉鸡出栏量 125.14 亿羽，其中白羽肉鸡、黄羽肉鸡、肉杂鸡分别占肉鸡出栏总量的 52.20%、32.30% 和 15.50%，出栏量分别为 65.32 亿羽、40.42 亿羽和 19.40 亿羽。我国白羽肉鸡的饲养主要集中在长江以北，以华北、东北地区为主；黄羽肉鸡饲养主要集中在南方，以华南、华东、华中地区为主。我国黄羽肉鸡均为自主培育品种，白羽肉鸡也在 2021 年成功培育了 3 个国产配套系，打破了国外白羽肉鸡种源的长期垄断。

1.1.2.3 水禽

水禽养殖业是我国的特色产业，我国水禽饲养量居世界首位，年出栏量约 45 亿只，占世界总量的 80％以上。我国水禽养殖主要包括蛋鸭、肉鸭、鹅等类型，优势养殖区包括山东、河北、河南、安徽、江苏、浙江、福建、江西、湖南、湖北、广东、广西、四川、重庆、辽宁、吉林、黑龙江等省份。2018 年，我国肉鸭出栏量达到 35 亿只，约占全球总出栏量的 80％；成年蛋鸭存栏量超过 2 亿只，占全球蛋鸭存栏量的 90％以上；鹅年出栏量超过 6 亿只。鸭肉和鹅肉年产量超过 850 万吨，仅次于猪肉和鸡肉，约占我国肉类总产量的 10％、禽肉总产量的 40％，鸭蛋产量占禽蛋总产量的近 20％。

1.1.3 牛羊养殖业

近年来，我国牛羊生产总体保持增长态势，规模化比重不断提高，生产水平逐步提升。

1.1.3.1 肉牛肉羊

2012 年以来，我国牛存栏量较为平稳，维持在 9000 万头左右，2020 年末牛存栏量上升至 9562 万头，2021 年达 9817 万头。从出栏量看，我国肉牛出栏量稳步增长，2020 年全国牛出栏量上升至 4565 万头，2021 年达 4707 万头。中国肉牛肉羊产业正经历高速变革期，但由于肉牛肉羊产业基础差、生产周期长、养殖方式落后，生产发展不能满足消费快速增长的需要，牛羊肉供给面临一定压力。为促进肉牛肉羊生产高质高效发展，增强牛羊肉供给保障能力，农业农村部于 2021 年 4 月制定了《推进肉牛肉羊生产发展五年行动方案》，在巩固提升传统主产区的基础上，多渠道增加牛羊肉供给，牧区要结合草畜平衡，以稳量提质为重点，增加基础母畜数量，提高生产效率；农区要围绕适度规模发展，以增产增效为重点，提升发展水平；南方地区要科学利用草山草坡和农闲田资源，发展肉牛肉羊生产。到 2025 年，牛羊肉自给率保持在 85％左右；牛羊肉产量分别稳定在 680 万吨、500 万吨左右；牛羊规模养殖比重分别达到 30％、50％。

2016—2020 年我国羊的存栏量由 2.99 亿只增至 3.07 亿只，2021 年达到 3.2 亿只，整体存栏量稳定。我国主要饲养山羊和绵羊，其中，山羊占比约 45％，绵羊占比约 55％。西北地区（陕西、宁夏、甘肃、青海、新疆）及内蒙古自治区为羊的传统养殖区，2020 年底分别占全国羊存栏量的 29.9％、19.8％。当前我国肉羊生产仍以家庭经营为主，大部分为"一家一户"散养模式，规模化、标准化程度较低。

1.1.3.2 奶牛

我国奶牛养殖主要有草地放牧方式、家庭农牧混合方式、集约化规模养殖等三种方式。采取草地放牧或家庭农牧混合方式的一般是小农户，大中型规模养殖场则采取集约化规模养殖方式，而且大多由企业经营。2008 年之前，我国奶牛养殖的规模化进程比较平缓，奶牛存栏 100 头以上的场户占比从 2002 年的 11.9％提升至 2008 年的 20％。2008 年三聚氰胺事件以后，奶牛标准化规模养殖发展出现明显提速，奶牛存栏 100 头以上的场户占比从 2008 年的 20% 大幅提升至 2020 年的 67% 以上，奶牛单产提高到 8.7 吨，在世界范围内处于中高水平。我国奶牛存栏量自 2015 年明显减少，2019 年达到最低点 610 万头，2020 年略微回升，达到 615 万头，奶牛存栏量减少的主要原因是前期原奶价格较低导致低产小牧场逐渐退出。在牛奶产量方面，经历了 6 年的起伏波动后，自 2017 年牛奶产量开始增长，2020 年高速增长 7.5%，产量达到 3440.14 万吨，达到了近十年来的新高。《"十四五"奶业竞争力提升行动方案》中提出，到 2025 年，全国奶类产量达到 4100 万吨左右，百头以上规模养殖比重达到 75% 左右，规模养殖场草畜配套、种养结合生产比例提高 5 个百分点左右，奶牛年均单产达到 9 吨左右。

1.2

我国动物疫病流行现状及防控策略

当前，我国动物疫病形势复杂多变，防控工作难度不断加大。活畜禽跨区域、长距离流通频繁，病原扩散迅速；人畜共患病增多，公共卫生压力激增；高致病性禽流感、高致病性猪蓝耳病、小反刍兽疫、非洲猪瘟等新发传染病和传统病变异株导致的重大动物疫情不断冲击畜牧业生产。根据动物疫病对养殖业生产和人体健康的危害程度，我国将动物疫病分为三类：一类疫病，是指口蹄疫、非洲猪瘟、高致病性禽流感等对人、动物构成特别严重危害，可能造成重大经济损失和社会影响，需要采取紧急、严厉的强制预防、控制等措施的；二类疫病，是指狂犬病、布鲁氏菌病、草鱼出血病等对人、动物构成严重危害，可能造成较大经济损失和社会影响，需要采取严格预防、控制等措施的；三类疫病，是指大肠杆菌病、禽结核病、鳖腮腺炎病等常见多发，对人、动物构成危害，可能造成一定程度的经济损失和社会影响，需要及时预防、控制的。2022 年，农业农村部更新发布了《一、二、三类动物疫病病种名录（中华人民共和国农业农村部公告第 573 号）》。

2021 年 5 月 1 日实施的《中华人民共和国动物防疫法》（以下简称《动物防疫法》）第五条规定："动物防疫实行预防为主，预防与控制、净化、消灭相结合的方针。"根据动物疫病类别、流行情况及危害程度，采取不同的防控措施。

1.2.1 主要动物疫病流行现状

1.2.1.1 主要猪病

当前，影响我国养猪业最重要的疫病为非洲猪瘟。除非洲猪瘟外，影响生猪健康养殖、制约我国生猪产业发展的疾病可以概括为繁殖障碍类疾病、呼吸道类疾病和消化道类疾病三大类。繁殖障碍类疾病，主要包括猪瘟、猪伪狂犬病、猪繁殖与呼吸综合征、日本乙型脑炎、猪圆环病毒病、猪细小病毒感染等，以及猪弓形虫病和细菌性子宫炎等。消化道类疾病，主要包括大肠杆菌病、沙门氏菌病、胞内劳森氏菌病、猪密螺旋体痢疾（血痢）、魏氏梭菌（产气荚膜杆菌病）等细菌性疾病，传染性胃肠炎、流行性腹泻、轮状病毒病等病毒性疾病，以及隐孢子虫病、猪鞭虫病、球虫病、蛔虫病、弓形虫病等寄生虫性疾病。呼吸道类疾病，主要包括链球菌病、猪传染性胸膜肺炎、巴氏杆菌病、支气管败血波氏杆菌病等细菌性疾病，猪繁殖与呼吸综合征、猪流感、猪伪狂犬病、圆环病毒病等病毒性疾病，以及附红细胞体病、肺炎支原体病等。

病毒性疾病传播最为迅速、危害最为严重，猪繁殖与呼吸综合征病毒、猪伪狂犬病病毒、仔猪腹泻病毒和猪圆环病毒感染极为普遍，而且具有免疫抑制的特点。猪德尔塔冠状病毒、猪圆环病毒 3 型等新发病原相继被发现。猪繁殖与呼吸综合征病毒与猪圆环病毒 2 型、猪伪狂犬病病毒、猪流行性腹泻病毒共感染现象严重。

（1）非洲猪瘟　非洲猪瘟自 2018 年传入我国之后，短期内在我国迅速、广泛传播，广泛采用定点清除的措施，疫情得到了控制。2020 年，我国出现非洲猪瘟病毒变异株，包括基因缺失株、自然变异株、自然弱毒株等，与 2018 年传入的非洲猪瘟病毒毒株相比，变异株基因组序列发生不同程度的改变，感染猪的临床症状不典型、潜伏期更长、排毒效价低、间歇性排毒，防控难度加大。

（2）猪瘟　我国广泛使用猪瘟疫苗进行免疫，猪群免疫状况总体较好，猪瘟控制程度好，呈平稳态势。临床上，以散发性疫情和猪场的非典型病例和个体感染为主，季节性不明显。病毒在我国猪群中的感染率低，流行传播速度缓慢。

（3）猪繁殖与呼吸综合征　猪繁殖与呼吸综合征在我国的流行范围广泛、临床疫情持续不断，呈现猪场层面流行、点状发生的局面，对养猪生产危害严重。当前我国猪群中的 PRRSV 毒株复杂多样，既存在美洲型，又存在欧洲型，但优势流行毒株为美洲型，其中以高致病性毒株和类 NADC30 毒株为主。2014 年，NADC30 毒株在我国猪群中被首次分离获得，随后几年，类 NADC30 毒株、类 NADC34 及其重组毒株逐步成为我国猪群中流行的优势毒株。

（4）猪伪狂犬病　猪伪狂犬病在 2011 年之前主要以散发和小型养殖场发病为主，但 2011 年下半年以来，由于毒株变异，致病性增强，导致规模化养猪场不断出现疫情。2016 年以来，随着防控措施的强化，PRV 变异毒株的流行渐趋平息，发生疫情的猪场显著减少。

（5）猪圆环病毒病　猪圆环病毒病由猪圆环病毒（PCV）引起，PCV2 在我国广泛流行，感染率极高，而且无明显的季节性。2017 年研究报道了我国首例 PCV3，随后广泛分布于我国猪群中。

（6）猪流行性腹泻、猪传染性胃肠炎、猪轮状病毒病、猪德尔塔冠状病毒病　新生仔猪腹泻是造成仔猪高死亡率及影响猪场生产成绩的重要因素。自 2010 年春季以来，我国及世界上主要养猪国家相继暴发了由猪流行性腹泻病毒变异株引起的疫情，随后在我国猪群中呈现常态化流行趋势，在秋、冬、春季均有许多猪场发病，哺乳仔猪呈现高发病率和高死亡率。此外，猪传染性胃肠炎、猪轮状病毒病，以及新发现的猪德尔塔冠状病毒病，均呈现不同程度流行，病毒感染及引发的细菌性继发感染，是造成猪群腹泻类疾病的主要原因。

（7）猪细菌性和寄生虫性疾病　我国猪群中普遍存在多种病毒共感染及免疫抑制病感染率高的特点，随着减抗、禁抗要求的不断提升，细菌性及其他病原体继发感染往往成为影响猪群健康的重要因素，主要表现为消化道类疾病和呼吸系统疾病。其中，消化道类疾病主要由大肠杆菌、沙门氏菌、胞内劳森氏菌、猪痢疾密螺旋体（血痢）、魏氏梭菌（产气荚膜杆菌病）等细菌类病原，以及隐孢子虫、猪鞭虫、球虫、蛔虫、弓形虫等寄生虫类病原感染导致；呼吸道类疾病主要由链球菌、胸膜炎放线杆菌、副猪嗜血杆菌、巴氏杆菌、支气管败血波氏杆菌等细菌类病原，以及附红细胞体、肺炎支原体等其他病原感染导致。

1.2.1.2　主要禽病

影响我国家禽健康养殖的疾病主要包括呼吸道类疾病、免疫抑制类疾病和消化道类疾病。呼吸道类疾病，主要包括禽流感、新城疫、禽痘、禽肺病毒感染、传染性支气管炎等。免疫抑制类疾病，主要包括禽白血病、禽网状内皮组织增殖病、马立克病、传染性法氏囊病、鸡传染性贫血等。消化道类疾病，主要包括鸡白痢等禽沙门氏菌病、大肠杆菌病等。

（1）**禽流感**　高致病性禽流感仍在部分区域呈流行态势，存在免疫带毒和免疫临床发病现象。2021 年，我国共报告发生 8 起 H5 亚型高致病性禽流感疫情，其中 6 起 H5N8 亚型、1 起 H5N6 亚型和 1 起 H5N1 亚型，均为野禽疫情，疫情呈点状发生态势。低致病性禽流感主要为 H9N2 亚型，在我国家禽中的流行较为普遍，可以引起禽只的呼吸道疾病、产蛋量下降，与其他病原混合感染造成一定的发病率和死亡率。

（2）**新城疫**　由于普遍使用疫苗免疫，我国家禽新城疫强毒株流行态势总体控制在较低水平，但鸽新城疫强毒株流行强度有所增加，流行范围扩大，鹅新城疫强毒株污染面有扩大趋势。

（3）**禽白血病**　禽白血病主要危害种用动物的生产性能，而且能垂直传播，成为影响养禽业健康发展的主要疫病。全国重点种鸡场主要垂直传播性疫病监测结果显示，我国的种鸡场中普遍存在 J 亚群、A/B 亚群白血病的隐性感染，病毒感染面较大，但也有部分祖代种鸡场净化了该病。

（4）**鸡传染性支气管炎**　鸡传染性支气管炎病毒隶属于冠状病毒属，具有较高的传染性。该病在我国的流行较为普遍，一年四季均可发生，气候寒冷的季节尤为多发，发病程度与感染毒株毒力、雏鸡母源抗体水平、营养状况、环境温度、鸡只日龄相关。除典型的呼吸道症状外，感染雏鸡输卵管可能发生永久性损伤，导致鸡群无产蛋高峰期。鸡传染性支气管炎往往引起混合感染，并可继发细菌性疾病，对鸡群的危害加重。临床上多采用疫苗接种对该病进行预防，目前我国批准生产的疫苗有弱毒苗和灭活苗。

（5）**传染性法氏囊病**　鸡传染性法氏囊病是一种以破坏幼鸡的免疫器官法氏囊为主的急性、高度接触性、溶淋巴细胞性传染病，是世界各地危害养鸡业的最严重的传染病之一。我国在 1979 年首次报道该病，1980 年分离出毒株，随着毒株不断变异，该病在我国鸡群中的流行日趋复杂，导致的经济损失也越来越大。2013 年，毒株的变异导致该病出现过较大规模的流行。疫苗接种是预防鸡传染性法氏囊病的一种有效措施。

（6）**禽细菌性疾病**　禽沙门氏菌病（包括鸡白痢、禽伤寒、禽副伤寒等病）、大肠杆菌病、禽霍乱、禽支原体病、禽链球菌病、禽葡萄球菌病、鸭浆膜炎、禽分枝杆菌病、禽波氏杆菌病、禽丹毒病等是我国禽群中最常见的细菌性疾病。

1.2.1.3　主要牛羊病

（1）**口蹄疫**　我国口蹄疫疫情形势总体平稳，亚洲 I 型口蹄疫维持无疫状态，2019

年起未发生 A 型口蹄疫疫情，2021 年发生 3 起 O 型口蹄疫疫情。我国口蹄疫流行毒株较为复杂，O 型口蹄疫有 Ind-2001e、Mya-98 和 CATHAY 等毒株，A 型为 Sea-97 毒株，以及 2021 年在边境地区监测到 A 型的 A/Sea-97 境外分支病毒。

（2）小反刍兽疫　小反刍兽疫于 2007 年首次传入我国西藏阿里地区，随后疫情得到有效控制。2013 年 11 月底，该病再次传入我国，疫情波及多个省份。目前，国内流行毒株为基因Ⅳ系，未发生明显的遗传变异，但交易市场和屠宰厂（场）病毒污染面大，部分养殖场也有感染，青藏高原部分山区存在野生动物感染。

（3）牛病毒性腹泻　牛病毒性腹泻的感染在我国牛群中十分普遍，流行面广，感染率高，而且感染率呈逐年上升趋势。规模场的感染率呈逐年上升趋势，乳用牛的感染情况较肉用牛严重。

（4）牛结节性皮肤病　牛结节性皮肤病可导致牛生产性能（产奶、产肉、生长）下降，妊娠母牛流产，公牛暂时或永久不育，对养牛业造成巨大威胁。2019 年 8 月我国首次确认该病传入。我国牛结节性皮肤病流行形势总体平稳，但病原分布范围扩大，多集中于南方省份。我国目前将该病按照二类动物疫病进行防控。

1.2.1.4　主要犬病

影响我国宠物犬、军犬及实验犬健康的传染性疾病主要包括呼吸道类疾病和消化道类疾病。呼吸道类疾病，主要包括犬瘟热、传染性喉气管炎、犬波氏杆菌等引起的犬窝咳等。消化道类疾病，主要包括犬细小病毒病、犬传染性肝炎、犬冠状病毒感染等。

（1）犬瘟热　犬瘟热是由犬瘟热病毒感染引起的多种属动物共患的急性、高度接触性的、危害犬类的最主要烈性传染病之一。该病对非免疫犬的感染率 100%，致死率 80%以上；临床症状主要包括眼鼻分泌物增加、呕吐、发热、精神不振、腹泻、脚垫增厚、流涎等，在后期会出现走路不稳、抽搐等神经症状，甚至死亡。犬瘟热病毒因地理位置不同有 4 个基因型，目前国内主要流行亚洲Ⅰ型。

（2）犬细小病毒病　犬细小病毒病是由犬细小病毒（CPV）感染引起的危害犬类的主要烈性传染病之一。世界各地均有流行。病毒主要攻击 2 种细胞——肠上皮细胞和心肌细胞，分别表现为肠炎型和心肌炎型症状，心肌炎以幼犬多见。犬细小病毒随着时间发展出现过多个基因型。2000 年后，我国宠物犬群主要流行 CPV-2a 型，2015 年后从南到北逐渐出现 CPV-2b 型，南方还流行 CPV-2c 型。

（3）犬传染性肝炎　犬传染性肝炎是由犬腺病毒Ⅰ型感染引起的犬科动物的一种急性败血性传染病。该病无明显季节性，幼犬的发病率和病死率均较高。病犬以体温高达 40℃、腹痛、呕吐、腹泻、粪便带血为特征，多在 24h 内死亡。病程长的病例以头、眼睑、腹部皮下水肿，可视黏膜黄染为特征。我国宠物犬和养殖犬场均有流行。

（4）犬传染性喉气管炎　犬传染性喉气管炎是由犬腺病毒Ⅱ型感染引起的犬科呼吸道传染病，具有高发病率和低致死率；近年来我国宠物犬和实验犬（比格犬）内，主要引起呼吸道疾病，严重影响宠物犬生活质量。

（5）犬冠状病毒感染　犬冠状病毒感染又分为肠道型、泛嗜型、呼吸道型；我国宠物犬群中肠道型，一般症状轻微或者无症状。犬冠状病毒分为 CCoVⅠ型和 CCoVⅡ型，在血清水平，CCoVⅠ型和 CCoVⅡ型之间交叉反应性较差。

（6）犬波氏杆菌感染　犬波氏杆菌感染是由犬支气管败血波氏杆菌感染引起的呼吸道疾病，也是犬窝咳的主要病原之一，主要在幼犬中多发。患犬临床呈现一种急性鼻咽炎、气管炎和支气管炎症状。常见与犬其他呼吸道病毒混合感染，随病情发展可能会导致犬支气管肺炎，体温升高至 41～42℃，出现喘气呼吸困难、呼吸频率加快、精神沉郁、食欲不振或废绝等症状，预后不良或死亡。

1.2.1.5　主要猫病

（1）**猫瘟**　猫瘟是由猫泛白细胞减少症病毒（FPV）感染引起的猫的主要烈性传染病之一，主要以宠物突然发高热、顽固性呕吐、腹泻、脱水、循环障碍及白细胞减少为特征。潜伏期 2～9 天，临床症状与年龄及病毒毒力有关。我国宠物猫群引起腹泻症状的除了 FPV，还有 CPV-2a、CPV-2b 和 CPV-2c。目前猫瘟仍是我国宠物猫致死率最高的传染病。

（2）**猫传染性鼻气管炎**　猫疱疹病毒 1 型（feline herpesvirus type 1，FHV-1）是猫传染性鼻气管炎的致病原，是造成猫急性上呼吸系统疾病的主要病原之一。在成年猫中，FHV-1 的中和抗体阳性率为 50%～75%。感染猫的临床症状主要包括结膜肿胀、眼鼻分泌物增多、打喷嚏、鼻塞、口腔溃疡、发热等一系列上呼吸道症状，12%～31% 的猫为FHV-1 携带者，感染后 80% 的猫会终身排毒。FHV-1 在世界范围内广泛流行，对猫种群造成了严重威胁。

（3）**猫杯状病毒病**　猫杯状病毒病是由猫杯状病毒（FCV）感染引起的一种传染性极强的病毒病，毒株同源性低，不同毒株感染后临床症状呈现传统口炎、口腔溃疡、上呼吸道感染症状至肺炎等下呼吸道感染症状，跛行、神经系统等泛嗜性感染不等。我国境内FCV 基因进化呈现"花环状"，现有疫苗不能很好预防和控制该病的发生和发展，对我国养宠业带来极大危害。

（4）**猫冠状病毒病和猫传染性腹膜炎病**　这两种疾病均是由猫冠状病毒感染引起的临床生物型。我国猫群中猫冠状病毒阳性率达 50% 以上。猫冠状病毒感染一般无明显临床症状，当猫冠状病毒在猫体经过多次"感染—康复—再感染"驯化后，部分猫冠状病毒即可突变可识别 Fc 受体，3%～8% 猫冠状病毒感染猫会发展为干性或湿性腹膜炎，即猫传染性腹膜炎。猫传染性腹膜炎病毒不具有水平传播能力，为猫传染性腹膜炎确诊难的主要原因之一。猫传染性腹膜炎病毒的抗体依赖性增强是猫传染性腹膜炎疾病疫苗研发的主要瓶颈。

1.2.1.6　主要人兽共患病

（1）**狂犬病**　我国动物狂犬病疫情稳中有降，人类狂犬病疫情稳步下降，发病范围逐步减小。患病犬仍然是我国狂犬病的主要传染源。野生动物狂犬病疫情值得关注。

（2）**炭疽**　我国炭疽疫源地分布广泛，老疫区主要集中在西北和东北地区。当前，动物炭疽传染源仍以感染的牛羊等家畜为主。

（3）**布鲁氏菌病**　我国畜间布鲁氏菌病呈现高位流行态势，主要流行地区为华北、西北和东北地区，近几年有向南方省份扩散的态势。牛羊群中流行的菌株种型以牛种布鲁氏菌和羊种布鲁氏菌为主，在牛羊混合饲养的地区，存在布鲁氏菌跨畜种混合感染的情况。

（4）**牛结核病**　牛结核病是由牛分枝杆菌引起的牛的一种慢性、消耗性人兽共患传染病。我国部分省份牛结核病感染率较高，规模场、屠宰场和种公牛站均检测到阳性样品。

（5）包虫病　内蒙古、陕西、宁夏、甘肃、青海、四川、云南、西藏、新疆等包虫病疫区总体达到基本控制，但部分地区家犬的棘球绦虫感染率依然较高，依旧为主要的传染源。

1.2.2　我国动物疫病防控策略

1.2.2.1　动物疫病的预防控制策略

我国实施预防为主的动物防疫策略，主要是通过对易感动物群体实施广泛的疫苗免疫，形成保护屏障，从而达到阻止疫病传播、降低病原扩散风险、减轻临床发病的目的。在预防为主的基础上，通过动物疫病监测预警、疫情应急处置、流通监管等措施及时发现、控制动物疫病传播。

（1）免疫预防　动物疫苗免疫包括强制免疫和非强制免疫两大类。国家对严重危害养殖业生产和人体健康的动物疫病实施强制免疫，由农业农村部确定并公布国家强制免疫病种及疫苗品种名录。对于非强制免疫的病种，通过兽药审批制度，对动物疫苗的准入进行严格的把关和质量监督，养殖场户自主选择使用。

① 强制免疫　强制免疫是指国家对严重危害养殖业生产和人体健康的动物疫病，采取制定强制免疫计划、确定免疫用生物制品、指导免疫程序、评估免疫效果等一系列预防控制动物疫病的强制性措施，以达到预防、控制、净化、消灭疫病的目的。鉴于我国面临动物疫病种类多、毒株变异快、养殖密度大、活动物流通频繁的整体情况，发生动物疫情的风险较大，为有效预防控制重大动物疫病，2001 年，国务院下发了《国务院关于进一步加强动物防疫工作的通知》，首次明确提出动物免疫要作为一项强制性的措施来施行。2007 年，国务院《关于促进生猪生产发展稳定市场供应的意见》，要求对国家一类动物疫病实行免费强制免疫。2007 年修订的《动物防疫法》明确国家对严重危害养殖业生产和人体健康的动物疫病实施强制免疫。随后，财政部进一步明确了强制免疫疫苗经费由中央和地方分摊的比例及监督管理，此后，一直由农业农村部统筹制定全国年度强制免疫计划，地方畜牧兽医主管部门组织实施。2021 年修订的《动物防疫法》实施后，国家层面只确定强制免疫的动物疫病病种和区域，不再制定下发年度国家动物疫病强制免疫计划，赋予地方更多的自主权和灵活性。2022 年 1 月，农业农村部发布《国家动物疫病强制免疫指导意见（2022—2025 年）》，进一步明确了国家强制免疫的总体要求、病种和范围、主要任务以及保障措施。

强制免疫病种及区域：国务院农业农村主管部门确定强制免疫的动物疫病病种和区域，目前我国对"3＋2＋X"的病种要求进行强制免疫，即 3 种重大动物疫病、2 种人兽共患病，以及其他由各省根据区域流行情况确定的强制免疫病种。a. 高致病性禽流感，对全国所有鸡、鸭、鹅、鹌鹑等人工饲养的禽类，进行 H5 亚型和（或）H7 亚型高致病性禽流感免疫，对供研究和疫苗生产用的家禽、进口国（地区）明确要求不得实施高致病性禽流感免疫的出口家禽，以及因其他特殊原因不免疫的，报省级农业农村部门同意后，可不实施免疫。b. 口蹄疫，对全国所有牛、羊、骆驼、鹿进行 O 型和 A 型口蹄疫免疫，对全国所有猪进行 O 型口蹄疫免疫，各地根据评估结果确定是否对猪实施 A 型口蹄疫免疫。c. 小反刍兽疫，对全国所有羊进行小反刍兽疫免疫。开展非免疫无疫区建设的区域，经省级农业农村部门同意后，可不实施免疫。d. 布鲁氏菌病，对种畜以外的牛羊进行布鲁氏菌病免疫，种畜禁止免疫。以县为单位确定免疫区和非免疫区，免疫区内不实施免疫的、非免疫区实施免疫的，报省级农业农村部门同意后实施。各省份根据评估结果，自行确定是否对奶畜免疫；确需免疫的，养殖场（户）应逐级报省级农业农村部门同意后实施。免疫区域划分和奶畜免疫等标准由省级农业农村部门确定。e. 包虫病：内蒙古、四川、西藏、甘肃、青海、宁夏、新疆和新疆生产建设兵团等重点疫区对羊进行免疫；四川、西藏、青海等可使用 5 倍剂量的羊棘球蚴病基因工程亚单位疫苗开展牦牛免疫，免疫范围由各省份自行确定。f. 其他病种，省级农业农村部门可根据辖区内动物疫病流行情况，对猪瘟、猪繁殖与呼吸综合征、新城疫、牛结节性皮肤病、羊痘、狂犬病、炭疽等疫病实施强制免疫。

强制免疫计划及实施：省、自治区、直辖市农业农村主管部门制定本行政区域的强制免疫计划，根据本行政区域动物疫病流行情况增加实施强制免疫的动物疫病病种和区域。a. 免疫方式：对散养动物，采取春秋两季集中免疫与定期补免相结合的方式进行，对规模养殖场（户）及有条件的地方实施程序化免疫；b. 经费补贴：由政府招标采购强制免疫疫苗向养殖场户配发的方式转向全面实施"先打后补"，即养殖场户在 2022 年年底前实现规模养殖场（户）全覆盖，在 2025 年年底前逐步全面停止政府招标采购强制免疫疫苗。可采用养殖场（户）自行免疫、第三方服务主体免疫、政府购买服务等多种形式开展"先打后补"工作。c. 免疫效果评估：各省份开展免疫效果监测评价，常规监测与随机抽检相结合，对畜禽群体抗体合格率未达到规定要求的，及时组织开展补免。对开展强制免疫"先打后补"的养殖场（户）开展抽查，确保免疫效果。d. 责任主体：饲养动物的单位和个人应当履行动物疫病强制免疫义务，按照强制免疫计划和技术规范，对动物实施免疫接种，并按照国家有关规定建立免疫档案、加施畜禽标识，保证可追溯。养殖场（户）要详细记录畜禽存栏、出栏、免疫等情况，特别是疫苗种类、生产厂家、生产批号等信息。对实施强制免疫接种的动物未达到免疫质量要求，实施补充免疫接种后仍不符合免疫质量要求的有关单位和个人，按照国家有关规定处理。

② 其他疫苗免疫预防　对于非强制免疫类的疫病，养殖场户根据疫病流行情况及防疫需要，自主采购经审批合格的兽用疫苗，按照厂家推荐或兽医指导的免疫程序进行免疫预防。临床上常用的主要为病毒类疫苗和细菌类疫苗，也有寄生虫类及其他病原体的疫苗用于免疫预防。a. 猪用疫苗：除猪瘟、猪繁殖与呼吸综合征外，对于猪伪狂犬病、猪圆环病毒（2 型）病、猪乙型脑炎、猪细小病毒感染、猪流感等病毒病，副猪嗜血杆菌病、猪链球菌病、猪传染性胸膜炎、猪萎缩性鼻炎等细菌病，以及猪肺炎支原体病较常采用疫苗免疫方式进行预防。此外，我国已获批使用的疫苗还包括仔猪水肿病、猪大肠杆菌病、猪产气荚膜梭菌病、仔猪副伤寒、猪回肠炎等。b. 禽用疫苗：除高致病性禽流感、新城疫外，较常采用疫苗免疫进行预防的病种还包括禽腺病毒病、鸡马立克病、禽传染性支气管炎、传染性法氏囊病、传染性鼻气管炎、多杀巴氏杆菌病、鸡球虫病、鸡病毒性关节炎、鸡呼肠孤病毒感染、鸡减蛋综合征、鸡痘、鸡毒支原体病、鸡滑液支原体病、鸭坦布苏病毒病、鸭传染性浆膜炎、大肠杆菌病、番鸭细小病毒病、鸭瘟、鸭病毒性肝炎、番鸭呼肠孤病毒感染、小鹅瘟等病。c. 牛羊用疫苗：除口蹄疫、小反刍兽疫、布鲁氏菌病，以及包虫病、牛结节性皮肤病、羊痘、炭疽外，临床上使用的疫苗还包括牛病毒性腹泻/黏膜病、牛传染性鼻气管炎、牛曼氏杆菌病、奶牛衣原体病、山羊传染性胸膜肺炎、羊衣原体病等。d. 犬用疫苗：除狂犬病外，临床上使用的疫苗包括犬瘟热、腺病毒病、副流

感、细小病毒病疫苗，以及犬钩端螺旋体病、传染性肝炎疫苗；e. 猫用疫苗：除狂犬病外，临床上普遍对猫鼻气管炎、嵌杯病毒感染、泛白细胞减少症进行免疫预防；f. 其他动物用疫苗：其他已获批临床使用的动物疫苗还包括水貂出血性肺炎、水貂犬瘟热、水貂细小病毒性肠炎，兔病毒性出血症、兔产气荚膜梭菌病、兔多杀性巴氏杆菌病等。

（2）**疫情监测与预警**　国家实行动物疫病监测和疫情预警制度，建立健全动物疫病监测网络，通过制定和执行动物疫病监测计划，对动物疫病发生、流行趋势的预测，及时发出动物疫情预警。地方各级人民政府接到动物疫情预警后，及时采取预防、控制措施。

① 外来动物疫病监测与预警　陆路边境省、自治区人民政府根据动物疫病防控需要，合理设置动物疫病监测站点，防范境外动物疫病传入。海关负责进出境动物及动物产品的监测预警。中国动物卫生与流行病学中心负责组织开展外来动物疫病和新发病的监测。针对外来动物疫病可能传入的高风险地区，包括边境地区、野生动物迁徙区以及海港空港所在地，农业农村行政主管部门组织动物疫病预防控制机构开展外来疫病监测预警工作。

② 本土动物疫病监测与预警　我国建立了以国家、省级、市级、县级动物疫病预防控制中心为主的动物疫病监测体系，各级动物疫病预防控制机构按照农业农村主管部门的规定和动物疫病监测计划，对动物疫病的发生、流行等情况进行监测，包括一、二、三类动物疫病的疫情报告和《国家动物疫病监测与流行病学调查计划（2021—2025 年）》规定的主动监测。其他研究机构、第三方兽医服务机构，以及大型畜禽养殖企业内设的兽医部门等，开展动物疫病监测的社会化服务。通过监测了解本土动物疫病的发生、流行情况，供地方各级人民政府、畜禽养殖企业制定和实施相应的控制措施。

（3）**疫情处置与控制**　发生一类动物疫病时，由所在地县级以上地方人民政府农业农村主管部门划定疫点、疫区、受威胁区，调查疫源，并及时报请本级人民政府对疫区实行封锁；县级以上地方人民政府组织有关部门和单位采取封锁、隔离、扑杀、销毁、消毒、无害化处理、紧急免疫接种等强制性措施；在封锁期间，禁止染疫、疑似染疫和易感染的动物、动物产品流出疫区，禁止非疫区的易感染动物进入疫区，并根据需要对出入疫区的人员、运输工具及有关物品采取消毒和其他限制性措施。

发生二类动物疫病时，由所在地县级以上地方人民政府农业农村主管部门划定疫点、疫区、受威胁区，县级以上地方人民政府根据需要组织有关部门和单位采取隔离、扑杀、销毁、消毒、无害化处理、紧急免疫接种、限制易感染的动物和动物产品及有关物品出入等措施。

发生三类动物疫病时，由所在地县级、乡级人民政府按照国务院农业农村主管部门的规定组织防治。二、三类动物疫病呈暴发性流行时，按照一类动物疫病处理。

（4）**动物检疫监督**　动物检疫监督是防范动物疫病通过动物或动物产品流通传播流行的重要手段，主要包括动物检疫、运输管理和落地管理三方面，动物检疫又分为产地检疫和屠宰检疫。

我国实行动物检疫申报制度，屠宰、出售或者运输动物以及出售或者运输动物产品前，货主应当按照国务院农业农村主管部门的规定向所在地动物卫生监督机构申报检疫。动物卫生监督机构接到检疫申报后，应当及时指派官方兽医对动物、动物产品实施检疫；检疫合格的，实施检疫的官方兽医应当在检疫证明、检疫标志上签字或者盖章，并对检疫结论负责。

县级人民政府农业农村主管部门应当派人在依法设立的现有检查站、临时性的动物防疫检查站以及在车站、港口、机场等相关场所执行监督检查任务。具体措施包括：对动物、动物产品按照规定采样、留验、抽检；对染疫或者疑似染疫的动物、动物产品及相关物品进行隔离、查封、扣押和处理；对依法应当检疫而未经检疫的动物和动物产品，具备补检条件的实施补检，不具备补检条件的予以收缴销毁；查验检疫证明、检疫标志和畜禽标识；进入有关场所调查取证，查阅、复制与动物防疫有关的资料。

1.2.2.2　动物疫病的净化消灭策略

净化、消灭是国际上广泛运用的动物防疫策略，是在预防、控制基础上逐步根除疫病病原的进一步措施，与预防、控制共同构成动物防疫的主要内容。动物疫病净化是指通过监测、检验检疫、隔离、扑杀等一系列综合措施，在特定区域或场所消灭和清除病原，从而达到并且维持在该范围内动物个体不发病和无感染的状态。这个"特定区域"是人为确定的一个固定范围，可以是一个养殖场、一个自然区域、一个行政区，也可以是一个国家。

牛瘟疫情在新中国成立前和初期曾给我国养殖业生产造成严重损失，严重影响了农牧区养牛业的健康发展。国家制定了牛瘟防治规划，明确了防治牛瘟的战略方针、指导思想、政策、方法和综合性防治措施，经过 6 年努力，于 1956 年消灭牛瘟。从 1956 年至今，我国未再发现牛瘟病例。2008 年 5 月在巴黎召开的第 76 届 OIE（现为 WOAH）大会上正式通过了我国为无牛瘟国家的认可。牛肺疫于 1918 年由苏联传入我国黑龙江，其后逐渐蔓延到全国。20 世纪 50 年代发病、死亡数量急剧增多。通过严格控制流动、加强免疫等综合控制措施，从 1989 年新疆最后一头病牛扑杀至今，临床上未再发现牛肺疫病牛。1996 年 1 月我国宣布"消灭牛肺疫"，2011 年 5 月我国被 OIE（现为 WOAH）认可为无牛肺疫国家。马鼻疽曾经于 20 世纪 50 年代在全国范围内广泛流行，发病范围涉及上千个县，给我国农牧业生产造成重大损失，严重危害人民群众身体健康。1958 年，国务院专门成立了全国马鼻疽防治委员会，各地也相应成立马鼻疽防治工作领导机构。1981年，全国农业工作会议明确提出要在全国控制和消灭马鼻疽的目标。1992 年以来，农业部先后颁布了马鼻疽防控规划，制定了《马鼻疽防治效果考核标准及验收办法》，出台马鼻疽防治技术法规及标准规范。按照"分区域、分步骤"的防控策略，根据马鼻疽流行情况，采取监测、检疫、隔离、治疗、消毒、扑杀、无害化处理和培育健康畜群等综合防治措施。截至 2005 年，21 个原疫区省份全部通过农业部马鼻疽消灭工作考核达标验收。

随着我国养殖业生产规模不断扩大，养殖密度不断增加，畜禽感染病原机会增多，病原变异概率加大，新发疫病发生风险增加。此外，人口增长、人民生活质量提高和经济发展方式转变，对养殖业生产安全、动物产品质量安全和公共卫生安全的要求也不断提高。鉴于此，《国家中长期动物疫病防治规划（2012—2020 年）》首次提出，努力实现重点疫病从有效控制到净化消灭，要求有计划地控制、净化、消灭对畜牧业和公共卫生安全危害大的重点病种，推进重点病种从免疫临床发病向免疫临床无病例过渡，逐步清除动物机体和环境中存在的病原，为实现免疫无疫和非免疫无疫奠定基础。随着我国动物防疫体系的健全和动物疫病防控水平的提升，我国动物疫病的总体防疫方针发生了变化。2017 年，中共中央办公厅、国务院办公厅在《关于创新体制机制推进农业绿色发展的意见》中明确提出："实施动物疫病净化计划，推动动物疫病防控从有效控制到逐步净化消灭转变。"2021 年，新修订的《动物防疫法》中首次将净化、消灭纳入动物防疫范畴，完善了我国动物防疫工作的内涵与链条，引领了新发展阶段的动物防疫方向。《动物防疫法》第二十二条规定："国务院农业农村主管部门制定并组织实施动物疫病净化、消灭规划。县级以上地方人民政府根据动物疫病净化、消灭规划，制定并组织实施本行政区域的动物疫病净化、消灭计划。动物疫病预防控制机构按照动物疫病净化、消灭规划、计划，开展动物疫病净化技术指导、培训，对动物疫病净化效果进行监测、评估。国家推进动物疫病净化，鼓励和支持饲养动物的单位和个人开展动物疫病净化。饲养动物的单位和个人达到国务院农业农村主管部门规定的净化标准的，由省级以上人民政府农业农村主管部门予以公布。"

（1）种畜禽动物疫病净化　种畜禽是养殖业发展的重要物质基础，一旦携带病原，就会使疫病传播呈指数级扩大态势，从种用动物扩散到生产动物。口蹄疫、高致病性禽流感、猪瘟、猪繁殖与呼吸综合征、猪伪狂犬病、新城疫、禽白血病、鸡白痢、布鲁氏菌病、牛结核病等主要疫病，传染性强，发病率和死亡率高，对养殖业造成的危害极其严重，尤其是严重影响种畜禽的发展水平和核心竞争力。从 2008 年到 2020 年，农业农村部实施第一轮畜禽遗传改良计划，覆盖了奶牛、生猪、肉牛、蛋鸡、肉鸡和肉羊等六大主要畜种，对种源动物疫病净化提出了要求。2010 年 2 月，农业部印发《关于加强种畜禽生产经营管理的意见》，提出加强种畜禽场疫病净化工作，要求种畜禽场结合本地情况，着手开展主要动物疫病净化工作，从生产源头提高畜禽生产健康安全水平。2011 年，按照农业部要求，中国动物疫病预防控制中心开始对全国重点种畜禽场垂直性传播疫病开展直接监测，监测范围包括全国重点原种猪场、曾祖代禽场、祖代禽场、国家级家禽基因库、国家肉牛核心育种场、肉羊核心育种场等，监测病种包括猪繁殖与呼吸综合征、猪瘟、猪伪狂犬病、猪圆环病毒病、猪细小病毒病、禽流感、禽白血病、禽网状内皮组织增殖病、禽沙门氏菌病、布鲁氏菌病、小反刍兽疫和牛病毒性腹泻。2012 年，《国家中长期动物疫病防治规划（2012—2020 年）》提出实施畜禽健康促进策略，健全种用动物健康标准，实施种畜禽场疫病净化计划，并列出了 8 种重点净化的种畜禽疫病，包括：高致病性禽流感、新城疫、沙门氏菌病、禽白血病、高致病性猪蓝耳病、猪瘟、猪伪狂犬病、猪繁殖与呼吸综合征。2016 年 6 月，农业部印发《关于促进现代畜禽种业发展的意见》，要求加强种畜禽疫病净化，以核心育种场为重点，加强种用动物健康管理，推动主要动物疫病净化，从生产源头提高畜禽生产健康安全水平。2021 年 4 月，农业农村部发布《全国畜禽遗传改良计划（2021—2035 年）》，提出力争用 15 年时间，建成比较完善的商业化育种体系，显著提升畜禽生产性能和品质水平，自主培育一批具有国际竞争力的突破性品种，确保畜禽核心种源自主可控。

自 2013 年起，中国动物疫病预防控制中心以"规模化养殖场主要动物疫病净化和无害化排放技术集成与示范"项目为抓手，按照"从场入手、场区结合、因地制宜、分类施策、技术推广、综合应用、示范带头、创建推动"的动物疫病净化总体思路，聚焦于种畜禽场生物安全体系建设，集成多项风险评估技术、疫病传播控制技术、疫病监测技术，形成了体系完善、适用于我国生产和防疫实践的疫病净化核心技术，建立了主要动物疫病净化评估标准。2014—2020 年，共组织四批"动物疫病净化示范场""动物疫病净化创建场"评估活动，全国有 30 个省份和新疆生产建设兵团 5619 个养殖场次启动疫病净化工作，990 个养殖场次申报开展"两场"评估，77 个场次达到了"动物疫病净化示范场"标准，187 个场次达到"动物疫病净化创建场"标准。在净化项目推进的过程中，各地结合本区域的地域特征、养殖特点和疫病防控工作重点，积极探索适合本地区的动物疫病净化模式，积累了丰富的实践经验，23 个省份开展了省级净化场评估。上海、天津、贵州、陕西等省市建立净化奖惩机制；河南、福建、贵州三省和新疆生产建设兵团将动物疫病净化与种畜禽生产经营许可证换发相结合；黑龙江省疫控中心联合院所公司建立净化技术联盟；江西、广西对"两场"进行分级分类管理；湖北将"先打后补"防疫资金的兑付与规模场动物疫病净化考核相挂钩；浙江、湖北、湖南、福建等省份对通过"两场"评估的养殖场给予财政补贴；山东、吉林、四川、宁夏等省（自治区）拨付专门经费用于开展疫病净化工作。通过净化，种畜禽场猪伪狂犬病、猪繁殖与呼吸综合征、禽白血病、鸡白痢等垂直传播性疫病感染率有所下降。在此工作成果基础上，伴随我国总体动物防疫方针的调整，2021年《农业农村部关于推进动物疫病净化工作的意见》进一步明确要求，在全国范围内深入开展动物疫病净化，以种畜禽场为核心，以垂直传播性动物疫病、人畜共患病和重大动物疫病为重点，集成示范综合技术措施，建立健全净化管理体制机制，通过示范创建、引导支持、以点带面、逐步推开，不断提高养殖环节生物安全管理水平，促进动物防疫由重点控制向全面净化转变，推进畜禽种业振兴和畜牧业高质量发展。

① 净化目标：力争通过5年时间，在全国建成一批高水平的动物疫病净化场，80%的国家畜禽核心育种场（站、基地）通过省级或国家级动物疫病净化场评估。

② 净化场评估：农业农村部组织制定有关评估标准规范和评估程序，开展国家级动物疫病净化场评估，公布和动态调整国家级净化场名单。省级农业农村部门负责省级动物疫病净化场评估并公布名单，组织国家级动物疫病净化场申报。

③ 净化病种和范围：以种畜禽场为重点，扎实开展猪伪狂犬病、猪瘟、猪繁殖与呼吸综合征、禽白血病、禽沙门氏菌病等垂直传播性疫病净化，从源头提高畜禽健康安全水平。以种畜场、奶畜场和规模养殖场为对象，稳步推进布鲁氏菌病、牛结核病等人畜共患病净化，实现人病兽防、源头防控。以种畜禽场和规模养殖场为切入点，探索进行非洲猪瘟、高致病性禽流感、口蹄疫等重大动物疫病净化。

④ 政策支持：通过省级以上评估的动物疫病净化场，优先纳入国家动物疫病无疫区和无疫小区建设评估范围。将动物疫病净化与畜牧业发展支持政策结合，申请种畜禽生产经营许可证、申报畜禽养殖标准化示范场、实施国家畜禽遗传改良计划等，优先考虑通过动物疫病净化评估的养殖场。各级农业农村部门在统筹安排涉农项目资金时，优先支持开展动物疫病净化相关工作。鼓励各地实施动物疫病净化补助，对通过评估的动物疫病净化场进行先建后补、以奖代补。

2021年12月，农业农村部公布了第一批55个国家级动物疫病净化场名单，包括26个国家级猪伪狂犬病净化场，1个国家级猪伪狂犬病净化场/国家级猪繁殖与呼吸综合征（非免疫）净化场，1个国家级猪繁殖与呼吸综合征（非免疫）净化场，11个国家级禽白血病净化场，7个国家级羊布鲁氏菌病净化场，9个国家级牛布鲁氏菌病净化场/国家级牛结核病净化场。

2022年11月，农业农村部公布了第二批72个国家级动物疫病净化场名单，包括30个国家级猪伪狂犬病净化场，3个国家级猪繁殖与呼吸综合征（非免疫）净化场，11个国家级禽白血病净化场，13个国家级羊布鲁氏菌病（非免疫）净化场，6个国家级牛布鲁氏菌病（非免疫）净化场/国家级牛结核病净化场，4个国家级牛布鲁氏菌病（非免疫）净化场，5个国家级牛结核病净化场。

2023年11月，农业农村部公布了第三批119个国家级动物疫病净化场名单，包括1个国家级猪伪狂犬病（非免疫）净化场，40个国家级猪伪狂犬病（免疫）净化场，1个国家级猪瘟（非免疫）净化场，2个国家级猪瘟（免疫）净化场，2个国家级猪繁殖与呼吸综合征（非免疫）净化场，9 个国家级禽白血病净化场，4 个国家级鸡白痢（非免疫）净化场，21 个国家级羊布鲁氏菌病（非免疫）净化场，20 个国家级牛布鲁氏菌病（非免疫）净化场，19 个国家级牛结核病（非免疫）净化场。

（2）区域动物疫病净化　在以养殖场为基本单元开展动物疫病净化工作推进的同时，政策上也鼓励具备条件的地区和企业组织开展连片净化，以点带面。2013 年以来，北京、浙江、福建、山东、河南、湖南、广东、宁夏等 16 个省（自治区、直辖市）陆续开展了区域净化的探索。

2016 年，中国动物疫病预防控制中心、广西壮族自治区贵港市人民政府、广西壮族自治区水产畜牧兽医局、华中农业大学、广西扬翔股份有限公司等 5 家单位共同启动了广西贵港地区主要猪病净化示范区建设项目，通过政府、企业、科研院所的紧密合作，探索华南山区主要生猪调出地，同时存在大型养殖集团、自繁自养、"公司＋农户"等多种养殖类型的区域净化模式。2020 年，贵港主要猪病净化示范区通过国家评估。

2017 年，中国动物疫病预防控制中心与上海市农委共同启动了上海崇明岛奶牛两病净化示范区建设试点项目，探索以奶业收购、产品质量安全为切入点，以委托检测机构为载体的区域净化模式。2019 年，上海市崇明区奶牛"两病"净化示范区通过国家评估。

2015 年，湖北省开始探索以县为单位的羊布病区域净化模式，在布病高发的 11 个重点县启动了羊布病监测净化工作，2016 年羊布病净化实施县扩大到 60 个，2017 年扩大至湖北省所有的 94 个养羊县。湖北属国家布病防治二类地区，全省范围内禁止家畜免疫布病。2022 年，湖北省宜昌市羊布鲁氏菌病净化示范区通过国家评估。

2017 年，福建省福清市联合区域内 59 家养猪企业和部分疫苗公司，启动了福清市猪伪狂犬病区域净化项目。

（3）无疫区建设　无疫区主要以地理边界为基础，包括天然、人工和法定的边界，目标是实现区域的无疫状态。动物疫病区域化管理是国际上控制和消灭动物疫病的通行做法，是提高动物卫生水平、促进动物及动物产品贸易的重要动物卫生措施，建设无规定动物疫病区，有利于在我国分区域有计划地根除主要的动物疫病，促进动物产品国际贸易。

1998 年，农业部启动动物保护工程，按照《中华人民共和国动物防疫法》、《国际动物卫生法典》（1998 版）及"全国无规定动物疫病区建设项目实施方案""国家无规定动物疫病区示范区项目建设方案"的要求，先后分两批在 23 省（区、市）、122 个地区和 677 个县建立无规定动物疫病区。2001 年起，农业部在 23 个无规定动物疫病区建设的基础上，选择出口量大、自然条件好、相对封闭、易于管理的胶东半岛、辽东半岛、四川盆地、吉林松辽平原和海南岛等五个区域，涉及山东、辽宁、四川、重庆、吉林和海南等 6 个省（市）的 117 个县、2758 个乡（镇），建设无规定动物疫病示范区。2016 年 9 月，农业部印发《关于推进大东北地区免疫无口蹄疫区建设的指导意见》，在辽宁、吉林、黑龙江等 3 个省的全部行政区域和内蒙古自治区的呼伦贝尔市、兴安盟、通辽市、赤峰市、锡林郭勒盟等东部地区 5 个盟（市）行政区域连片推进大东北免疫无口蹄疫区建设，推动该区域实现口蹄疫免疫。

在配套政策方面，2007 年 1 月，农业部正式发布了《无规定动物疫病区评估管理办法》（农业部令 2007 年第 1 号），根据办法要求制定了《无规定动物疫病区管理技术规范（试行）》，对口蹄疫、高致病性禽流感、新城疫、猪瘟等 4 种疫病的控制计划、无疫区标准、技术规范及体系建设进行了详细规定。2009 年，印发了《无马流感区标准》等 16 个无规定动物疫病区规范（农医发〔2009〕4 号）。2016 年 10 月，农业部组织修订了《无规定动物疫病区管理技术规范（试行）》，发布《无规定动物疫病区管理技术规范》，包括口蹄疫、猪瘟、小反刍兽疫、高致病性禽流感、新城疫、马流感、亨德拉病、西尼罗河热、伊氏锥虫病、马梨形虫病、日本脑炎、马脑脊髓炎、马病毒性动脉炎、尼帕病毒病、水疱性口炎、非洲马瘟、马鼻疽、马传染性贫血、马媾疫等19种疫病无疫区标准及相关管理技术规范。2017年5月，发布了新修订的《无规定动物疫病区评估管理办法》（农业部令2017年第2号）。

2009年12月，农业部发布第1307号公告，海南省免疫无口蹄疫区正式建成。

2009年12月，农业部发布第1291号公告，广州亚运无规定马属动物疫病区正式建成，达到非洲马瘟、马传染性贫血、马鼻疽、马脑脊髓炎（东方和西方）、马梨浆虫病、马病毒性动脉炎、马媾疫、伊氏锥虫病、水疱性口炎、尼帕病、西尼罗河热、亨德拉病等12种马病非免疫无疫区，以及马流行性感冒和日本脑炎等2种马病免疫无疫区标准。

2012年8月，农业部发布第1811号公告，吉林永吉免疫无口蹄疫区正式建成，达到国家免疫无口蹄疫区标准。吉林永吉免疫无口蹄疫区核心区为永吉县全境，缓冲区为永吉县周边的7个县级行政区域，包括吉林市的磐石市、桦甸市、船营区、丰满区及长春市的九台市、双阳区、莲花山生态旅游度假区。

2016年6月，农业部发布第2413号公告，胶东半岛免疫无口蹄疫区和免疫无高致病性禽流感区已正式通过国家评估验收，达到国家免疫无口蹄疫区和免疫无高致病性禽流感区标准。胶东半岛免疫无口蹄疫区和免疫无高致病性禽流感区核心区包括青岛市（其中市南区、市北区和李沧区为无畜禽养殖的非农业区）、烟台市、威海市的全部行政区域，以及潍坊市的坊子区、奎文区、寒亭区、潍城区、昌乐县、寿光市、安丘市、诸城市、高密市、昌邑市。

2017年12月，农业部发布第2613号公告，吉林省免疫无口蹄疫区已通过国家评估验收，达到国家免疫无口蹄疫区标准。

2022年1月，农业农村部发布第510号公告，杭州桐庐无规定马属动物疫病区达到马传染性贫血、马鼻疽、马梨形虫病、马病毒性动脉炎、马媾疫、伊氏锥虫病（苏拉病）、马鼻肺炎（疱疹病毒Ⅰ型）、炭疽、非洲马瘟、亨德拉病、西尼罗河热、尼帕病毒病、水疱性口炎、马脑脊髓炎（东方和西方）、马传染性子宫炎、委内瑞拉马脑脊髓炎非免疫无疫标准，以及马流感、日本脑炎、狂犬病免疫无疫标准。

（4）生物安全隔离区/无疫小区建设 生物安全隔离区是指对一个或多个动物养殖、屠宰加工等生产单元，在同一生物安全管理体系下进行管理，并对一种或多种规定动物疫病采取必要的监测、控制和生物安全措施，实现这些生产单元特定动物疫病的无疫状态。2003年，世界动物卫生组织提出生物安全隔离区的概念，其特点是在封闭的体系内部，以屠宰加工场所为核心，在同一封闭体系内，建设种畜禽场、商品畜禽场、饲料厂等，生物安全要求和措施一致，同时，各类场所间的动物移动以及饲料等物品交换封闭运行。生物安全隔离区以养殖场所为核心作用和基础，涉及范围相对较小，动物疫病防控难度也相对较小，较易实现和维持无疫状况。

2009年6月22日，农业部正式印发了《肉禽无规定动物疫病生物安全隔离区建设通用规范（试行）》和《肉禽无禽流感生物安全隔离区标准（试行）》，并启动了生物安全隔离区试点建设工作。2013年12月，山东民和生物安全隔离区建设项目获山东省畜牧兽医局正式批复。2014年，福建省农业厅正式批复同意开展福建圣农生物安全隔离区建设。2017年3月，农业部发布第2509号公告，公布对山东民和牧业股份有限公司和福建圣农发展股份有限公司肉禽无高致病性禽流感生物安全隔离区（肉鸡无高致病性禽流感企业）国家评估结果，全部达到有关标准。

2019 年 12 月，农业农村部发布了《无规定动物疫病小区评估管理办法》，明确了"无规定动物疫病小区（以下简称无疫小区）"是指处于同一生物安全体系下的养殖场区，在一定期限内没有发生一种或几种规定动物疫病的若干动物养殖和其他辅助生产单元所构成的特定小型区域。无疫小区这一概念的提出和使用，可以理解为生物安全隔离区概念在我国的本土化延伸。同月，农业农村部办公厅印发《无规定动物疫病小区管理技术规范》，规定了非洲猪瘟、口蹄疫、猪瘟、小反刍兽疫、高致病性禽流感、新城疫、布鲁氏菌病的无疫小区标准，关于生物安全隔离区建设方面的技术规范和标准同时废止。

2020 年 6 月，农业农村部启动了非洲猪瘟无疫区和无疫小区建设及评估工作，2021 年 2 月，公布了 62 个通过国家评估的非洲猪瘟无疫小区名单。

2021 年 7 月，农业农村部办公厅关于推进牛羊布病等动物疫病无疫小区和无疫区建设与评估工作的通知，要求有序推进布病和牛结核病无疫小区建设，并发布了免疫无布鲁氏菌病小区标准、无牛结核病小区标准以及无布鲁氏菌病区标准。2021 年 9 月，全国动物卫生风险评估专家委员会办公室启动了牛羊布病无疫小区和无疫区以及牛结核病无疫小区评估工作。

1.2.2.3 动物疫病分区防控

2018 年，我国发生非洲猪瘟疫情，之后迅速向规模养殖场蔓延，严重影响了我国生猪养殖业健康发展。2019 年 2 月，农业农村部发布《全国非洲猪瘟等重大动物疫病区域化防控方案》征求意见稿，提出围绕"统一动物疫病防控、统一调运政策、统一养殖屠宰产业布局"三大任务的分区防控策略。

（1）中南区试点　2019 年，中南区六省（自治区）（福建、江西、湖南、广东、广西、海南）率先启动重大动物疫病分区防控试点工作，鼓励和支持有条件的大型养猪企业集团在省域内或同一个大区内布局全产业链，建设现代生猪种业，推行育、繁、养、宰、销一体化的融合发展新格局。中南区在试点过程中完善了省际间议事协调和专家咨询机制，建立了区域非洲猪瘟疫情协同处置、监测、信息化监管等技术规范体系，推进了区域非洲猪瘟联防联控，区域生猪调运监管力度加大，产业布局优化调整势头初步显现，生猪生产恢复发展势头良好。

（2）非洲猪瘟等重大动物疫病分区防控　在系统总结 2019 年以来中南区开展非洲猪瘟等重大动物疫病分区防控试点工作经验的基础上，农业农村部发布《非洲猪瘟等重大动物疫病分区防控工作方案（试行）》，决定自 2021 年 5 月 1 日起在全国范围开展非洲猪瘟等重大动物疫病分区防控工作。将全国划分为 5 个大区开展分区防控工作。①北部区：包括北京、天津、河北、山西、内蒙古、辽宁、吉林、黑龙江等 8 省（自治区、直辖市）。②东部区：包括上海、江苏、浙江、安徽、山东、河南等 6 省（直辖市）。③中南区：包括福建、江西、湖南、广东、广西、海南等 6 省（自治区）。④西南区：包括湖北、重庆、四川、贵州、云南、西藏等 6 省（自治区、直辖市）。⑤西北区：包括陕西、甘肃、青海、宁夏、新疆等 5 省（自治区）和新疆生产建设兵团。

分区防控的主要措施包括：①优先做好动物疫病防控。大区间互通共享动物疫病防控和生猪等重要畜产品生产、调运、屠宰、无害化处理等信息，建立大区重大动物疫病防控与应急处置协同机制，推动检测结果互认，推动大区内非洲猪瘟等重大动物疫病无疫区、无疫小区和净化示范场创建，鼓励连片建设无疫区。②加强生猪调运监管。规范生猪调运，除种猪、仔猪以及非洲猪瘟等重大动物疫病无疫区、无疫小区生猪外，原则上其他生猪不向大区外调运，推进"运猪"向"运肉"转变；协调推进大区内指定通道建设，探索推进相邻大区、省份联合建站；强化全链条信息化管理，推动落实大区内生猪等重要畜产品养殖、运输、屠宰和无害化处理全链条数据资源与国家平台有效对接，实现信息数据的实时共享；加强大区内联合执法，密切大区内省际间动物卫生监督协作，严厉打击违法违规运输动物及动物产品等行为；严格落实跨区跨省调运种猪的隔离观察制度和生猪落地报告制度。③推动优化布局和产业转型升级。一是优化生猪产业布局。科学规划生猪养殖布局，加强大区内省际间生猪产销规划衔接。探索建立销区补偿产区的长效机制，进一步调动主产省份发展生猪生产的积极性。推进生猪养殖标准化示范创建，科学配备畜牧兽医人员，提高养殖场生物安全水平。探索建立养殖场分级管理标准和制度，采取差异化管理措施。二是加快屠宰行业转型升级。加强大区内屠宰产能布局优化调整，提升生猪主产区屠宰加工能力和产能利用率，促进生猪就地就近屠宰，推动养殖屠宰匹配、产销衔接。开展屠宰标准化创建。三是加强生猪运输和冷链物流基础设施建设。鼓励引导使用专业化、标准化、集装化的生猪运输工具，强化生猪运输车辆及其生物安全管理。逐步构建产销高效对接的冷链物流基础设施网络，加快建立冷鲜肉品流通和配送体系，为推进"运猪"向"运肉"转变提供保障。

1.3

兽用诊断试剂的发展历程

兽用诊断试剂是指采用免疫学、微生物学、分子生物学等原理或方法制备的，在体外用于动物疫病的检测、诊断及流行病学调查等的试剂。常用的检测方法有酶联免疫吸附试验（ELISA）、免疫荧光法、PCR 等。我国兽用诊断试剂的发展与国内外体外诊断试剂的发展密切相关，也与国内养殖业的发展以及临床需求紧密相连。

1.3.1 兽用诊断试剂的发展史

20 世纪 80 年代以前，我国养殖水平有限，规模化程度低，规范的兽医兽药行业尚未形成，动物保健及疫病检测等领域几乎一片空白。20 世纪 80 年代，国务院发布了《兽药管理暂行规定》，兽药生产企业逐渐开始标准化。随着国家改革开放，我国养殖业逐步专业化和规模化，动物饲养密度迅速增加，多种动物传染病开始大范围流行。为诊断并控制动物传染病，一批以动物诊断为主营业务的企业相继诞生。到 20 世纪末，养殖业蓬勃发展，兽医服务人员不仅要防治疾病，还要参与到养殖场的各个生产环节，动物保健与疾病诊断行业也进一步壮大，大量国外先进技术进入中国，诊断试剂迅速步入产业化进程。进入 21 世纪后，兽医诊断行业呈逐步稳定向上发展趋势，国外的一些大企业纷纷占据了我国的大部分市场。但是我国的兽用诊断试剂研发和生产的专业化和规模化水平极其有限。2004 年国务院发布《兽药管理条例》，2005 年《兽药注册办法》生效，并执行《兽医诊断制品注册分类及注册资料要求》和《新兽药研制管理办法》，把兽用诊断试剂划入生物制品的范畴。2015 年 12 月 10 日，农业部发布了《兽医诊断制品注册分类及注册资料要求》，针对兽用诊断试剂的特点取消了临床试验审批，强化了菌（毒、虫）种/细胞和对照品/质控品研究，加强了比对研究。2020 年 10 月 13 日，农业农村部修订了《兽医诊断制品注册分类及注册资料要求》，降低了兽用诊断试剂的注册门槛，同时规范了兽用诊断试剂的研发和中试生产。2021 年，第十三届全国人民代表大会常务委员会第二十五次会议第二次修订了《中华人民共和国动物防疫法》，从法律角度提升行业的标准化；农业农村部发布了《国家动物疫病监测与流行病学调查计划（2021—2025 年）》，促进了诊断试剂在兽医行业的广泛应用。2022 年，农业农村部发布了《国家动物疫病强制免疫指导意见（2022—2025 年）》，全面推进了"先打后补"工作，此过程需要检测机构对接种疫苗动物进行免疫评估并出具报告，从而进一步推进了兽用诊断行业的发展。截至 2023 年 12 月 31 日，我国共有 117 家兽用诊断制品 GMP 企业；2010—2022 年我国共注册批准国产兽用诊断制品新兽药证书 110 个。

2018 年，非洲猪瘟疫情的发生给兽用诊断试剂产业带来了突破性的增长，也为国内兽用诊断试剂企业带来了新的发展机遇。截至 2022 年 12 月 25 日，国家兽药基础数据库中可以查到 20 个非洲猪瘟检测试剂盒的批准文号，共批签发报批了 215 批，在 2019—2022 年期间，非洲猪瘟检测试剂的市场占整个兽医检测试剂市场的 80% 以上。

1.3.2　我国兽用诊断试剂的行业现状

我国兽用诊断试剂行业起步较晚，专业化诊断试剂公司数量较少，研发投入不足，原始创新少，产品类型单一。近年来，在非洲猪瘟和新冠疫情的冲击下，随着政府"放管服"政策的推动，我国兽用诊断试剂产业整体呈现出快速发展的态势。

1.3.2.1　专业化诊断试剂公司数量较少

诊断试剂产业是技术密集型产业，必须形成自己的核心技术，才能形成优势产品。我国目前共有 117 家兽用诊断制品 GMP 生产企业，其中有 18 家是由兽用疫苗生产企业直接拓展业务至兽用诊断制品；有的是由疫苗生产企业组建分公司开展了兽用诊断试剂的相关业务并建立了 GMP 生产车间；有的是由兽用疫苗或诊断试剂代理销售公司根据政府监管趋势建立了 GMP 生产车间；有的是由科研院所成立的公司……真正在诊断试剂领域有专业化积累或立足于诊断试剂深耕的公司屈指可数。

1.3.2.2　诊断产品创新性不足、种类少

通过查询国家兽药数据库，发现我国兽用诊断试剂有如下几个特点。

（1）注册数量逐渐增加，但一类新兽药数量少，原始创新少　截至 2022 年 12 月 25 日，国产诊断试剂新兽药产品共 110 个（图 1-1），呈现出逐渐递增的趋势，但整体来看，一类新兽药 15 个，二类新兽药 46 个，三类新兽药 49 个（图 1-2），以二类和三类新兽药

为主，创新性不足。

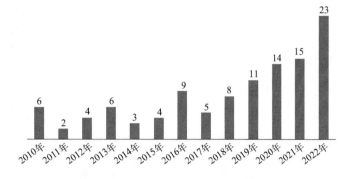

图 1-1 国内 2010—2022 年兽用诊断试剂新兽药证书注册数量

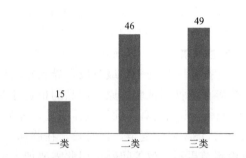

图 1-2 2010—2022 年兽用诊断制品新兽药分类统计结果

（2）诊断产品种类少 从不同动物诊断试剂产品的数量来看，猪用诊断试剂较多，其他动物用诊断试剂少（图 1-3），动物分布不均衡。从诊断技术类型来看，ELISA 试剂盒和胶体金试纸条居多（图 1-4），而 PCR 试剂盒以及其他类型的产品偏少，特别是新技术类型的诊断产品。同时，针对传统疫病的诊断试剂较多，但针对新发病的诊断试剂少，检测疫病种类不够完善。

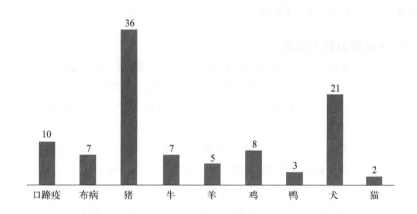

图 1-3 不同品种诊断试剂新兽药统计结果

1.3.2.3 产业链分布不合理

（1）上游研发能力薄弱 在我国目前 117 家兽用诊断制品 GMP 生产企业中，60%以上的公司生产原料不能实现自主的研发和生产。随着兽用诊断试剂行业的不断发展，部分生物医药公司或人用体外诊断试剂原料生产商逐步拓展了兽用诊断试剂原料的业务，但

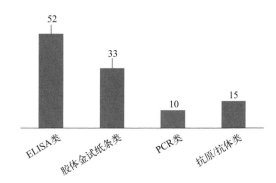

图 1-4　不同技术类型诊断试剂新兽药的统计结果

自主研发生产能力还有待进一步提升，目前兽用诊断试剂好的原料仍主要依赖于进口。同时，诊断产业共需，如辣根过氧化物酶（HRP）、牛血清白蛋白（BSA）、硝酸纤维素膜（NC 膜）、酶标板等原辅料，国产的性能还有较大的提升空间。

（2）中游深耕不足　目前我国的兽用诊断试剂生产企业，在产品的研发、制造和销售环节的专业化水平均处于初级阶段，导致在临床应用阶段存在较多的问题，如部分禽流感、新城疫等血凝抑制试验抗原类产品的稳定性差，冻干试剂溶解后保存期大大降低；部分 ELISA 抗体检测试剂盒的批间差异明显，监测数据不能为养殖业提供生产指导；口蹄疫液相阻断 ELISA 操作复杂，耗时长，在临床一线适用性差；同时，不同厂家生产的同一试剂盒检测结果不一致等问题。因此需要加大资金、人力和时间的投入，在研发、生产环节进行专业深耕，打造兽用诊断试剂的市场竞争力。

（3）下游提升空间大　在兽用诊断试剂的终端消费和服务环节，除部分大型养殖集团具备常规检测能力，并能让检测结果服务于养殖，提高养殖业的生产成绩；很多养殖场/户虽然投入了部分的检测成本，但并未建立持续科学的监测方案，不能将检测结果应用于养殖环节。随着兽医第三方检测机构的兴起，兽用诊断试剂产业下游将得到快速的提升，并反向促进中游乃至上游的发展。

1.3.2.4　技术转化能力有待提高

我国动物疫病诊断技术发展较快，特别是在非洲猪瘟疫情和新冠疫情冲击之下，由于市场的刚需，推动了国产体外诊断行业和兽用诊断试剂行业的快速发展。行业和市场对诊断试剂的认识和重视都达到了前所未有的高度，不同技术类型的产品性能都有了质的飞跃。如荧光 PCR 检测试剂盒的灵敏度已达到了可实现多样混检的程度，ELISA 抗体检测试剂盒的批间差异控制在 10％以内，同时人们对诊断试剂的使用以及检测结果的分析更加科学合理。但是，很多新型诊断技术进入兽医诊断行业，由于成本过高或技术成熟度不够，其转化率很低，在产品注册统计中就可以看出，除有 3 个等温扩增检测试剂盒（非洲猪瘟病毒荧光等温扩增检测试剂盒、猪肺炎支原体等温扩增检测试剂盒、牛支原体环介导等温扩增检测试剂盒）外，其他新型诊断技术均未得到有效的转化。

1.3.3　我国兽用诊断试剂的发展趋势

随着我国综合国力的不断提升，兽用诊断试剂行业表现出巨大的发展空间。我国兽用诊断试剂行业仍处于发展的初级阶段，基础研究深度不足，创新能力较弱，大型企业数量较少，行业竞争力不足；同时行业潜力巨大，可供借鉴的资源和模式丰富，起点高，发展快，处于挑战与机遇并存的境地。产业升级需要深厚的基础研究作为支撑，未来兽用诊断试剂行业的发展应着重于新材料、新方法等研究，提高上游的原始创新，通过加大高校与院所的人才培养力度，增强企业责任感，提高行业内的主动权、话语权；同时对中游产品进行系统化、系列化改造，提升品牌效应，提高产品竞争力；在下游进行市场细分，建立完善的服务体系，为客户提供上中下游整体性的解决方案。通过合作与借力，加强创新能力，增加特色产品，实现我国兽用诊断试剂行业的可持续发展。

主要参考文献

[1] 陈伟生，关龙，黄瑞林，等．论我国畜牧业可持续发展[J]．中国科学院院刊，2019, 34（2）：135-144.
[2] 中国畜牧兽医年鉴编委会．中国畜牧兽医年鉴[M]．北京：中国农业出版社，2021.
[3] 陈伟生，张淼洁，王志刚．加强我国动物疫病预防控制体系建设的对策建议[J]．中国科学院院刊，2020, 35（11）：1384-1389.

第 2 章
兽用诊断试剂生物活性原料的研制

2.1

抗原

2.1.1 抗原的定义与分类

2.1.1.1 抗原的定义

抗原（antigen，Ag）是指所有能激活和诱导免疫应答的物质，通常指能被T、B淋巴细胞表面特异性抗原受体（TCR或BCR）识别及结合，激活T、B淋巴细胞增殖、分化、产生免疫应答效应产物（特异性淋巴细胞或抗体），并与效应产物结合，进而发挥适应性免疫应答效应的物质。

抗原具有两个重要特性，即免疫原性（immunogenicity）和抗原性（antigenicity）。免疫原性是指被T、B淋巴细胞表面特异性抗原受体（TCR或BCR）识别及结合，诱导机体产生适应性免疫应答的能力。抗原性，又称免疫反应性（immunoreactivity）或反应原性，是指抗原能够与其所诱导产生的免疫应答效应物质（活化的T/B细胞或抗体）特异性结合的能力。同时具备免疫原性和抗原性的物质为完全抗原（complete antigen）或免疫原（immunogen），一般而言，具有免疫原性的物质（如微生物、异种蛋白等）均具有抗原性，即均属于完全抗原。仅具备抗原性的物质被称为半抗原（hapten）或不完全抗原（incomplete antigen），如某些小分子多糖、类脂、药物、类固醇激素等。半抗原单独存在时，无免疫原性，只有免疫反应性，但当其与大分子蛋白质（如牛血清白蛋白）或多聚赖氨酸等载体交联或结合，可具备免疫原性，即成为完全抗原，可刺激机体产生特异的抗半抗原的抗体。

2.1.1.2 抗原的特性

通常来说，抗原对于机体是异源的，还需要有一定的理化和结构特性，因此，作为抗体制备和诊断用的抗原必须具备以下特性：

（1）**异物性** 通常只有"非己"物质才能被机体免疫细胞识别并激发产生免疫应答。与机体种系亲缘关系越远，其遗传性差异越大，则异物性越强，免疫原性也越强。

（2）**一定的理化特性** 抗原的理化特性包括其分子量大小、化学组成、分子结构和物理性状等。一般来说，抗原的分子质量通常在10kDa以上，而且分子量越大，免疫原性越强；化学结构和空间构象越复杂，免疫原性就越强。此外，抗原的物理性状不同也影响免疫原性的强弱，例如，多聚体蛋白抗原较单体的免疫原性强，颗粒性抗原的免疫原性比可溶性抗原强。

（3）**机体的免疫反应性** 抗原刺激机体产生的免疫反应性与机体的应答能力有关，即不同种动物甚至同种动物不同个体对同一种抗原的应答性可能有较大的区别，这与遗传因素、生理特点和个体差异等有关。

（4）**特异性** 免疫应答的特异性表现在免疫原性和反应原性的特异性，前者是指某一特定抗原只能刺激机体产生针对该特定抗原的活化T、B淋巴细胞或抗体，后者是指某一特定抗原只能与其相应的特异性活化T、B淋巴细胞或抗体产生特异性结合反应，而这正是目前免疫学检测、诊断、治疗的分子基础和核心依据。例如，乙型肝炎病毒表面抗原（HBsAg）诱导的免疫应答只针对乙型肝炎病毒的表面抗原成分，而不能与乙型肝炎核心抗原（HBcAg）发生反应；HBcAg诱导的免疫应答只针对乙型肝炎病毒的核心抗原成分，而不能与HBsAg发生反应。抗原分子表面与抗体等特异性结合的化学基团即抗原决定簇（antigenic determinant，AD）或抗原表位（epitope）正是决定抗原特异性的物质基础。一个抗原决定簇通常由5~7个氨基酸或4~6个单糖残基组成。通常一个良好的抗原有多个抗原决定簇，而每个抗原决定簇决定着一种特异性。相同的或不相同的决定簇有可能集中分布，也有可能分布在抗原分子的不同部位。抗原分子上决定簇的分布会影响到免疫测定方法的设计，如针对双抗体夹心测定抗原的方法就需要考虑到固相抗体和酶标抗体对抗原的结合部位问题，如果两抗体针对的抗原决定簇离得太近，则可能会产生空间位阻效应而干扰另一抗体的结合；如果选用针对相同的抗原决定簇的抗体，则会导致"Hook"效应。

2.1.1.3 抗原的分类

（1）根据化学性质不同进行分类　包含蛋白质、多糖、多肽寡糖、核酸和脂类、小分子化学物质。

（2）根据产生抗体时是否需要辅助性T细胞（Th细胞）参与分类

① 胸腺依赖性抗原（thymus dependent antigen，TD-Ag）　绝大多数蛋白质抗原如病原微生物、大分子化合物、血清蛋白等刺激B细胞产生抗体时，必须依赖T细胞的辅助，即TD-Ag，又称T细胞依赖性抗原。

② 胸腺非依赖性抗原（thymus independent antigen，TI-Ag）　某些抗原刺激机体产生抗体时无需T细胞的辅助，即TI-Ag，又称非T细胞依赖性抗原。

（3）根据抗原与抗体的亲缘关系进行分类

① 异嗜性抗原（heterophilic antigen）　指存在于人、动物及微生物等不同种属之间的共同抗原。Forssman首先发现这种抗原，故亦称之为Forssman抗原。这种抗原无种属特异性，它可共存于人、不同种动物与微生物之间，因此它对于疾病的发病学和诊断有一定意义。

② 异种抗原（xenogeneic antigen）　指来自另一物种的抗原，如来自外部侵入人体的各种病原微生物及其产物的外毒素，注射的异种动物免疫血清，以及吸入和食进的异种蛋白。例如花粉和食物均属异种抗原。

③ 同种异型抗原（allogeneic antigen）　指在同一种属不同个体间存在的不同抗原。这种抗原受遗传支配，它可在遗传性不同的另一些个体内引起免疫应答，称之为异型免疫应答。如人血型抗原不同输血时可引起输血反应，组织相容性抗原或移植抗原型不同可引起移植排斥反应。此外，免疫球蛋白分子上存在的Gm、Am、Km标记均属异型抗原，可用以鉴别IgG、IgA及K轻链的异型。

④ 自身抗原（autoantigen）　能引起自身免疫应答的自身组织称为自身抗原，如在胚胎期从未与自身淋巴细胞接触过的隔绝成分（如脑组织、眼晶状体及精子等）或非隔离成分但在感染、药物、电离辐射等因素影响下构象发生改变的自身组织。

⑤ 独特型抗原（idiotype antigen）　某种抗原刺激机体B细胞产生的抗体，也可能刺激机体内其他B细胞产生抗体，即具备免疫原性，这是由于抗体（Ig）或TCR/BCR（mIgM）的可变区内含有具备独特空间构型的氨基酸顺序，称为互补决定区（CDR），每

种特异性抗体、TCR、BCR 的 CDR 各不相同，因此也可作为抗原诱生特异性抗体。抗体（Ab1）中此类独特的氨基酸序列所组成的抗原表位称为独特型（idiotype，Id）抗原，Id 抗原所诱生的抗体（即抗抗体，或称 Ab2）称抗独特型抗体（AId）。

（4）其他分类　根据是否在抗原提呈细胞内合成可分为内源性抗原（endogenous antigen）和外源性抗原（exogenous antigen）。根据物理性状不同可分为颗粒性抗原和可溶性抗原。根据抗原来源及其与疾病相关性，可分为移植抗原、肿瘤抗原、自身抗原。根据抗原产生方式的不同可分为天然抗原和人工抗原。

2.1.2　天然抗原的研制

2.1.2.1　天然抗原的定义

在免疫学领域，天然抗原指未加修饰的天然抗原物质，即在自然感染过程中，可被机体免疫系统所识别，引起免疫应答反应的物质，如细菌、病毒等微生物及异种动物血清等是最重要的天然抗原。天然抗原可分为颗粒性抗原和可溶性抗原。天然的颗粒性抗原包括细胞抗原（绵羊红细胞）、细菌抗原（菌体抗原、鞭毛抗原）、寄生虫体抗原（虫卵）。天然的可溶性抗原包含蛋白质（糖蛋白、脂蛋白、细菌毒素、酶类）、多糖和核酸等。

2.1.2.2　天然抗原的制备方法

天然抗原一般来源于组织、细胞和体液等，成分复杂需要纯化。其制备过程分为粗提、组织匀浆化和细胞的破碎、纯化等。

（1）组织匀浆化　用于制备天然抗原的材料必须是新鲜或低温保存的。材料获得后立即去除包膜或结缔组织，脏器应进行灌洗，去除血管内残留的血液，并用含 0.5g/L NaN$_3$ 的生理盐水洗去血迹及污物；在 4℃ 水浴或冰浴中将洗净的组织剪成 0.3~0.5cm^3 小块，加入适量生理盐水，装入捣碎机筒内制成组织匀浆。组织匀浆经 3000r/min 离心 10min 后，上清液作为提取可溶性抗原的材料。上清液在提取前还必须进行离心去除细胞碎片及微小的组织。

（2）细胞破碎　提取细胞的可溶性抗原，需将细胞破碎。根据细胞类型不同，选择破碎的方法也有一定的差异。

① 酶处理法　溶菌酶、纤维素酶、蜗牛酶等在一定的条件能消化细菌和组织细胞。如溶菌酶对革兰氏阳性菌的细胞壁有溶菌作用。酶处理法适用于多种微生物细胞的溶解，该方法具有作用条件温和、内含物成分不易受到破坏、细胞壁损坏程度可以控制等特点。

② 冻融法　将细胞置 -20℃ 以下完全冻结，然后让其在室温中缓慢融化。如此反复冻融两次，大部分组织细胞及细胞内的颗粒可被破坏。比如常见病毒液的收获就是用此方法。

③ 超声破碎法　进行超声破碎时需间歇进行，避免长时间超声产热破坏抗原，也可将超声粉碎的细胞置于冰浴降温。微生物和组织细胞的破碎，均可采用此方法。该方法简单，重复性较好，而且节省时间。

④ 表面活性剂处理法　在适当的温度、pH 值及低离子强度条件下，表面活性剂能与脂蛋白形成微泡，通过细胞膜的通透性改变使细胞溶解。常用的表面活性剂有十二烷基磺酸钠（SDS 阳离子型）、新洁尔灭、Triton X-100 等。

（3）纯化　一般有超速离心法、沉淀法、离子交换色谱法和亲和色谱法等。

① 超速离心法　该方法一般只用于 IgM、甲状腺球蛋白等少数大分子抗原，以及一些密度较小的载脂蛋白 A、B 等抗原物质的分离。多数的中、小分子量蛋白质采用此种方法很难纯化。

② 选择性沉淀法　最常用的方法是盐析沉淀法，利用各种蛋白质在不同盐浓度中的溶解度不同，不同饱和度的盐溶液沉淀的蛋白质不同来分离蛋白。盐析法简单方便，可用于蛋白质抗原的粗提、蛋白质的浓缩等。但该方法提纯的抗原纯度不高，只适用于初步纯化。

③ 离子交换色谱法　利用一些带离子基团的纤维素或凝胶，吸附交换带相反电荷的蛋白质抗原。洗脱时逐步增加流动相的离子强度，使加入的离子与蛋白质竞争纤维素上的电荷位置，从而使吸附的蛋白质与离子交换剂解离。

④ 亲和色谱　指利用生物大分子的特异性，即生物大分子间所具有专一亲和力而设计的色谱技术。当样品流经色谱柱时，待分离的抗原与基质发生特异性结合，其余成分不能与之结合。将色谱柱中杂质充分洗脱后，改变洗脱液的离子强度或 pH 值，使目标抗原与基质解离，收集洗脱液便可得到目标抗原。亲和色谱法纯化抗原的主要优点是纯度高，简单快捷，但成本较高。

2.1.2.3　天然抗原的优点与局限性

在体外诊断中，天然抗原和重组抗原之间的选择应由预期的下游应用决定。如果用于免疫诊断测试，则天然抗原更合适。因为天然抗原与临床样品中的抗体适配性高，检出样品中目标抗体的可能性更大。但是天然抗原很难达到较高的纯度，会影响免疫测定方法的特异性。从产业化角度考虑，有的天然蛋白比较珍贵，产量受来源影响。

2.1.3　重组抗原的研制

随着基因工程技术的发展，重组抗原的研究与生产发生了革命性的变化，主要表现为可通过多种表达系统实现病原体的不同免疫原蛋白的高效表达。其中常用的表达系统有大肠杆菌表达系统、酵母表达系统、杆状病毒-昆虫细胞表达系统和哺乳动物细胞表达系统等。

2.1.3.1　大肠杆菌表达系统

（1）概述　大肠杆菌表达系统可用于高水平生产外源蛋白，是重组蛋白表达的首选系统。其优势在于：①生长速度快，最适条件下倍增时间约为 20min；②容易实现高密度发酵；③培养方法简单，成本低；④遗传背景清晰，操作简单且传代稳定。

（2）利用大肠杆菌表达外源蛋白的策略　主要包括目的基因片段的制备、表达载体的制备、重组菌的构建和筛选、目的蛋白的诱导表达、目的蛋白的纯化等关键步骤。

① 目的基因片段的制备　目的基因片段的制备是指通过 PCR 从病毒、细菌等的基因组或 cDNA 中扩增目的基因片段。设计 PCR 引物时，一般在引物两端加上合适的酶切位点和额外的保护碱基，以便于将目的基因片段插入载体的特定位置。

② 表达载体的制备　将载体用相同的限制性内切酶酶切处理，经电泳分离、纯化后

与待插入的基因片段进行连接。连接产物转化宿主菌感受态细胞，并涂布于带有合适抗生素的 LB 平板上，置于 37℃ 培养箱中培养。挑取单克隆扩繁后提取 DNA 质粒，然后用对应的限制性内切酶酶切鉴定，并进行测序验证，保证序列的正确性。

③ 重组菌的构建和筛选　将测序验证正确的携带外源基因的 DNA 质粒转入表达用宿主菌株，挑取 4~5 个单克隆培养至 OD_{600} 在 0.6~1.0 之间时进行诱导，诱导结束后离心收集菌体，并用适量的缓冲液重悬进行超声破碎。分别取菌体破碎液、离心上清和离心沉淀进行 SDS-PAGE 电泳分析表达情况，并筛选优势表达菌株。

④ 目的蛋白的诱导表达　通过对筛选出的优势表达菌株进行培养和诱导等条件的优化，可实现目的蛋白最大程度的可溶性表达，该生产过程还涉及发酵规模的逐级放大。

⑤ 目的蛋白的纯化　目的蛋白纯化主要根据目的蛋白的属性进行方法设计，还需考虑目的蛋白的表达状态、所选择使用的载体、宿主菌背景等多种因素。诊断试剂类重组蛋白因对纯度要求较高，通常需要开发色谱组合纯化方法以获得高品质蛋白。

（3）提高外源蛋白在大肠杆菌中的可溶性表达　利用大肠杆菌表达外源蛋白时，由于蛋白质本身性质不同，会存在蛋白质表达量很低甚至不表达，或者聚集形成不可溶包涵体的现象，可以通过以下策略提高外源蛋白在大肠杆菌中的可溶性表达。

① 解决密码子偏好性问题　当外源编码 DNA 的同义密码子出现频率与宿主密码子使用频率显著不同时会发生密码子偏好性问题。在表达过程中，低丰度 tRNA 不足可能导致编码错误，或者表达中止，影响目的蛋白表达水平和蛋白活性。解决密码子偏好性问题的策略有两种，一是将目的基因中的稀有密码子替换为宿主菌常用密码子；二是通过宿主菌转入携带低丰度 tRNA 基因的额外拷贝质粒来增加宿主低丰度 tRNA，从而解决密码子偏好性问题。

② 改造表达质粒　表达质粒一般包括复制子、启动子、多克隆位点、融合标签、筛选标记等主要元件。复制子和启动子的改造可以优化 mRNA 转录水平，从而提高目的蛋白表达量；选择合适的融合标签可以改善蛋白的溶解性，从而提高可溶性表达量。

a. 复制子　一般认为质粒的高拷贝能够提高重组蛋白的表达量，拷贝数取决于复制子。然而，高拷贝可能会增加菌体新陈代谢的负担，从而降低细菌的生长速率，并可能导致质粒不稳定。因此，需要根据表达菌株的生长速度、质粒稳定性和蛋白表达情况，选择不同的复制子。

b. 启动子　lac 启动子是 lac 操纵子的主要组成元件，是最主要的原核启动子。乳糖能诱导该启动子，并且被用于蛋白表达。然而，如果培养基中存在易于代谢的碳源如葡萄糖，诱导就难以被启动。lacUV5 启动子是一种降低（但不能消除）对分解代谢调控敏感性的启动子，能够在葡萄糖存在的条件下表达。lac 启动子及其衍生的 lacUV5 均为弱启动子，因此对于重组蛋白的表达并不十分适用。杂合启动子结合了其他启动子的强度和 lac 启动子的优点，如 tac 启动子由 trp 启动子的 -35 区和 lac 启动子的 -10 区组成，该启动子强度是 lacUV5 的 10 倍。pET 载体（Novagen）使用的是 T7 启动子，为强启动子，是使用相对较广泛的载体。目前，大多启动子的转录均是由化学物质调控，同样也有物理调控的启动子类型。

c. 融合标签　异源蛋白在表达时通常会引入融合标签，以便在表达和纯化过程中检测目的蛋白，或达到提高蛋白的可溶性表达量的目的。短肽标签分子量小，融合表达时一般不影响蛋白质的结构。常见的短肽标签有多聚精氨酸标签、FLAG-标签、多组氨酸标签、c-Myc 标签、S 标签和 Strep II 标签。它们都有商业化的抗体，可以通过 Western blot

方法进行检测。常用的重组蛋白促溶融标签有 SUMO、MBP、转录抗中止因子（NusA）和谷胱甘肽巯基转移酶（GST）。此外，MBP 和 GST 可用于融合蛋白的亲和色谱纯化。

③ 选择合适的表达菌　大肠杆菌可用的表达宿主菌株有多种，最常用的是 BL21（DE3）、K-12 及其衍生菌株。在 BL21（DE3）菌株中，噬菌体 λDE3 基因插入 BL21 的染色体，并在 lacUV5 启动子下包含 T7 RNA 聚合酶基因，可通过 IPTG 诱导表达。除 BL21（DE3）外，K-12 菌株也常用于蛋白表达。K-12 的衍生菌株 Origami（DE3）、Ori-gami B（DE3）和 Rosetta-gami（DE3）是 trxB 和 gor 双突变菌株，能够增强细胞质中二硫键的形成，促进蛋白的正确折叠。另外，因大肠杆菌细胞壁的脂多糖（LPS）成分可在临床上引起较为严重的免疫炎症反应，目前已开发了低内毒素表达菌株。

④ 与分子伴侣共表达　为了提高外源蛋白的可溶性表达，将目的蛋白与分子伴侣共表达是常用的方法之一。在大肠杆菌中，分子伴侣能够结合和稳定重组蛋白的不稳定构象，通过结合到新生肽链所暴露的疏水基团，折叠和掩盖疏水域，从而促进蛋白溶解和正确折叠，阻止蛋白的不可逆聚集。目前常用的分子伴侣主要有 3 种：GroES-GroEL、DnaK/DnaJ/GrpE 和 TF。

除了上述 4 种策略，通过降低表达温度和诱导剂量优化，也可显著提高目的蛋白的可溶性表达。在实际蛋白表达过程中，往往需要多种表达策略的组合以实现目的蛋白的高效、可溶性表达。

2.1.3.2　酵母表达系统

（1）概述　酵母表达系统是一种常用的基因工程蛋白表达技术，具有多种形式的蛋白翻译后加工、修饰机制，生物安全性高，可用于蛋白质抗原、酶类、重组抗体、小分子物质等的高效表达，而且易实现产业化，目前已在生物医药领域得到广泛应用。

（2）利用酵母表达外源蛋白的策略　利用酵母表达重组抗原主要涉及表达系统与宿主菌株选择、载体元件及构建策略优化、目的基因与蛋白表达设计。

① 酵母表达系统选择　酵母表达系统相关宿主种类较多，包括巴斯德毕赤酵母（Pichia pastoris，P. pastoris）、酿酒酵母（Saccharomyces cerevisiae，S. cerevisiae）、汉逊酵母和裂殖酵母等。目前，应用较为广泛的是 S. cerevisiae 表达系统和 P. pastoris 表达系统。

S. cerevisiae 表达系统具有磷酸化、乙酰化、泛素化和糖基化等多种蛋白翻译后加工修饰机制，表达的蛋白通常具有与真核细胞较为接近的空间构象和抗原特性。S. cerevisiae 表达外源蛋白时会发生超糖基化现象，其糖基化修饰过程中，N-型或 O-型糖基的外链可形成由 40 个以上甘露糖组成的复杂分支结构，这些结构对重组蛋白的免疫原性、活性均具有重要影响。近来，通过构建 S. cerevisiae 甘露糖磷酸化缺失突变株，提高了该系统表达抗原蛋白对不同宿主的免疫兼容性。

甲醇营养型酵母可利用甲醇作为唯一碳源用于细胞生长及代谢，其糖基化程度适中，而且能够利用无机培养基实现高密度发酵。P. pastoris 是最常用的甲醇营养型酵母，其基因组编码的醇氧化酶基因（AOX1 和 AOX2）突变后可产生不同甲醇利用速率的突变株，从而实现目的蛋白不同强度的表达。利用 P. pastoris 进行高密度培养时，其菌体密度能达到 130g/L 左右，外源蛋白分泌表达浓度可达 22g/L 左右，极大地提高了其规模化生产应用范围。

② 载体元件及构建策略　酵母表达系统配套表达载体种类多样，根据宿主菌株的不

同，可整体划分为整合型和游离型。游离型表达载体在宿主细胞中一般需通过营养缺陷型筛选压力来维持，而整合型表达载体可通过整合至宿主细胞基因组来实现目的基因的稳定表达。酵母表达载体所涉及的元件较多，主要包括启动子、信号肽、复制子、抗生素筛选标记或营养缺陷型筛选标记等。

启动子种类的不同决定了重组抗原表达时的诱导方式及表达效率。*S. cerevisiae* 中常用启动子及调控类型主要包括：受葡萄糖调控的 *PPKG* 和 *PADH* 启动子、受半乳糖调控的 *PGAL* 启动子和受温度调控的 *PPHO* 启动子。*P. pastoris* 中常用的启动子包括甲醇诱导调控的 *PAOX1* 启动子，以及调控外源蛋白组成型表达的 *PGAP* 启动子。信号序列对目的基因的转录及分泌过程至关重要，目前，*S. cerevisiae* 来源的 α-factor 信号肽应用最为广泛，近来一些新型信号肽如 Ost1、Msb2 和 Dna4 的开发，使得重组抗原在酵母细胞中的分泌表达效率得到了进一步提高。酵母载体通常会带有宿主特异性的筛选标记，以用于重组转化子的筛选，如 His4、Arg4 和 Ura3 等营养缺陷型筛选标记、Zeocin 抗生素筛选标记，以及用于高拷贝转化子筛选的 nptII 等。

外源重组抗原在酵母细胞中的高效表达依赖合适的载体构建策略，主要体现在两个方面：其一是优选的配套载体元件，合适的载体元件可大幅提高重组转化子的筛选效率、目的基因的转录翻译效率及重组抗原的分泌效率等；其二是优选的基因拷贝数，适当增加目的基因的拷贝数往往是提高重组抗原表达水平最有效的手段。

③ 目的基因与蛋白表达设计　密码子优化是提高外源基因在酵母细胞中表达效率最为直接有效的方法，可在一定程度上协同启动子实现转译通量的最大化。糖苷链在酵母细胞表达外源蛋白过程中可能发挥类伴侣分子的作用而促进蛋白的有效折叠。因此，对于部分蛋白的表达，在其基因序列中引入人工糖基化位点可能同样有助于其表达水平的提高。

在酵母表达外源蛋白过程中，添加不同的融合标签有助于蛋白的表达和分离纯化，一些蛋白添加 SUMO 或 GST 融合标签后可显著提高其可溶性表达水平，而 His 和 CBM3 等亲和标签的添加可使目的蛋白能够通过亲和色谱得到纯化。此外，*S. cerevisiae* 来源的 GCN4 标签与部分目的基因融合后可实现其结构的三聚化；因此，多聚体标签融合表达是一种能够用于蛋白质高级结构形成的有效方法。此外，在抗原特性方面，部分基因序列通过融合表达可发挥佐剂或免疫增强剂的作用效果，如 B 细胞表面 Fc 受体序列与目的基因融合后可有效提高其表达产物的免疫原性。

外源蛋白在酵母细胞中的有效折叠，依赖合适的细胞内环境和蛋白折叠所需的酶类。普遍认为，目的基因与 Hsp70、Hsp40、GrosEs 和 GrosEL 等伴侣分子串联表达可有效促进其表达产物在酵母细胞中的正确折叠。此外，基因拷贝数也是影响酵母细胞表达外源蛋白的重要因素，利用基因多拷贝串联表达策略可不同程度地提高目的蛋白的表达水平，而且二者之间呈一定的"基因剂量"相关性。另外，多基因串联表达技术在蛋白质体外组装方面也有一定的应用。

2.1.3.3　杆状病毒-昆虫细胞表达系统

（1）概述　杆状病毒-昆虫细胞表达系统以杆状病毒作为外源基因表达载体，主要使用的是苜蓿银纹夜蛾核型多角体病毒和家蚕核型多角体病毒。其基本原理是将外源基因直接插入 *polh* 或 *P10* 强启动子下游构建重组杆状病毒，含有外源基因的重组杆状病毒感染昆虫细胞，在强启动子调控下，外源蛋白被大量表达。相比其他表达系统，该系统具有许多优势：①杆状病毒专一寄生于无脊椎动物，安全性高；②重组蛋白表达水平高；③可对重组蛋白进行正确折叠和翻译后修饰，获得具有生物活性的蛋白；④基因组容量大，适应于多基因表达如病毒样颗粒（virus-like particle，VLP）的复杂设计；⑤适用于大规模无血清培养等。

（2）杆状病毒表达外源蛋白的基本技术　　重组杆状病毒的获得是基于目的基因和野生型杆状病毒之间的重组，而重组方式包括昆虫细胞内重组和昆虫细胞外重组两种方式。

① 昆虫细胞内重组获得重组杆状病毒　杆状病毒基因组庞大（约130kb），其中很难找到合适的酶切位点，故外源基因的插入必须通过转移载体介导。最初是通过野生型杆状病毒的基因组DNA与携带外源基因的转移载体共转染昆虫细胞，在细胞内实现同源重组，目的基因插入破坏多角体基因从而不能形成多角体表型，再通过空斑筛选进行纯化。该重组效率较低（0.1%～1%重组率），而且表型差异不明显。1990年，Kitts等提出线性杆状病毒基因。此方法使重组效率有所提高，但仍存在酶切不完全的问题。1993年，Kitts等通过定点突变和限制性酶切，将多角体基因敲除，在敲除位置引入半乳糖苷酶基因。该基因组酶后切掉部分ORF1629基因（必需基因），故酶切后仅有与携带多角体基因启动子控制的外源基因和ORF1629部分基因的转移载体发生重组的基因组DNA才能拯救出重组杆状病毒，重组效率已大大提高。因半乳糖苷酶基因插入，拯救的病毒可诱导底物产生蓝色空斑，从而降低空斑纯化的难度。

② 昆虫细胞外重组获得重组杆状病毒　昆虫细胞外重组一般在大肠杆菌或者酵母中进行操作，该方法便于分子生物学操作、缩短了时间的同时，提高了成功效率和精准度。1992年，Patel等构建了昆虫细胞与酵母细胞间的穿梭表达载体，在酵母中实现外源基因的重组。1993年，Luckow等构建了在细菌和昆虫细胞之间的穿梭质粒，提高了重组效率，降低了筛选的难度，大大缩短了周期。

（3）提高杆状病毒表达的策略　　随着分子生物学技术的发展，获得含有目的基因的重组杆状病毒已不是杆状病毒表达系统的主要问题，主要问题集中在蛋白表达量、多基因表达及病毒样颗粒组装效率及蛋白翻译后修饰程度等。

① 提高蛋白的表达水平　为了提高外源蛋白的表达量，除考虑优化目的基因密码子为昆虫细胞偏好密码子，优化启动子、增强子等，仍需要从载体、病毒基因组、细胞等不同角度综合考虑。

首先考虑转移载体的构建，启动子启动基因转录和表达。不同启动子启动蛋白表达的强度不同，除常用的polh和P10极晚期启动子外，也可以使用早期启动子VP39、Ie-2等，或与增强子Hr1/Hr3联用。信号肽对分泌蛋白的分泌至关重要，可以融合蜂毒素信号肽和葡萄球菌蛋白A等，也可通过融合内质网定位信号KDEL实现胞内蛋白的表达。对于难表达或者可溶性较差的蛋白，可尝试与相应的分子伴侣共表达，如Bip、Calnexin、Calreticulin、Hsp70、Sumo等。

其次考虑杆状病毒基因组的改造，可以从影响蛋白表达及分泌的非必需基因、病毒感染细胞后维持细胞存活等因素入手，进行杆状病毒基因组改造和优化。如敲除了杆状病毒基因组的组织蛋白酶基因（v-cath）和几丁质酶基因（chiA），杆状病毒感染昆虫细胞后会提升分泌蛋白及膜靶向蛋白的表达量，同时可显著延长宿主细胞的存活期；缺失P10、P74和P26基因，对于细胞质中特别难表达的蛋白的表达量有不同程度的提升。

② 针对多基因表达的设计　大分子蛋白复合物的结构和功能在后基因组时代已经成为研究的焦点和热点。然而，生产出足够数量和高质量的蛋白复合物是一项非常困难和极具挑战性的任务。早期采用多个表达单基因的重组杆状病毒同时感染昆虫细胞进行多基因

表达。随后通过载体改造，可同时转座到重组杆状病毒基因组中两个基因的表达盒。接着利用多种分子生物学技术实现多基因共表达及组装，如 MultiBac 技术。

③ 昆虫细胞优化改造　杆状病毒表达系统与其他真核表达系统相比存在一定局限性。表现在昆虫细胞不能产生复杂 N-糖基化模式和杆状病毒感染后期细胞的死亡。为了改善糖蛋白的修饰，可以将多种糖基转移酶整合进 SF9 细胞基因组等。为了延缓昆虫细胞的死亡和裂解，将编码抗凋亡蛋白的表达质粒整合到几株昆虫细胞系中，延缓细胞的死亡，从而增加重组糖蛋白的产量。

2.1.3.4　哺乳动物细胞表达系统

（1）概述　哺乳动物细胞表达系统因生产的重组蛋白活性高且与天然蛋白结构和糖基化类型相似，成为生产蛋白的首选表达系统。常用的哺乳动物细胞有中国仓鼠卵巢细胞（CHO）、小仓鼠肾细胞（BHK）、小鼠胸腺瘤细胞（NSO）、人胚胎肾细胞（HEK293）、犬肾内皮细胞（MDCK）和非洲绿猴肾细胞（COS-7）。其中 CHO 细胞因表达量较高，糖基化修饰程度与天然蛋白更接近，并可实现大规模无血清悬浮培养，成为目前使用最广泛的表达宿主之一。

（2）哺乳动物细胞表达的基本技术

① 稳定表达技术　稳定表达系统是指载体进入宿主细胞后将外源基因整合到宿主细胞中，随着细胞转录、表达和传代，可持续稳定地表达外源蛋白。通常采用将目的基因与选择标记基因共转染的方法，通过加压筛选获得高表达的细胞株。二氢叶酸还原酶（DH-FR）系统和谷氨酰胺合成酶（GS）系统是常用的两种基因扩增系统。但通过加压筛选获得高表达细胞株的方法存在很多缺点，如需多轮的加压筛选，一般需要长达 6～12 个月的筛选周期，不能满足现代快速诊断试剂开发需求。

② 瞬时表达技术　瞬时表达系统是指宿主细胞在导入表达载体后不经加压和选择培养，目的基因以质粒 DNA 的形式存在于被转染的细胞中，不会整合到宿主细胞中，目的蛋白的表达时限短暂。相比稳定表达系统，瞬时表达系统的优点是：实验时间短，一般只需要 1～2 周就可实现蛋白的快速表达；可实现多种类型的重组蛋白表达，甚至是对宿主细胞有毒性的蛋白。但是由于外源基因不与宿主基因组整合，外源基因随细胞分裂而丢失，导致外源蛋白的表达量受限，并且表达的蛋白不稳定，保存时间较短。

③ 诱导表达技术　为了控制重组蛋白在哺乳动物细胞中的表达水平，研究者开发了诱导型表达系统，如 T-REx 系统，可实现更高水平的诱导表达。T-REx™ 系统利用完整的 CMV 启动子，同时添加细菌四环素抗性操纵子作为控制元件高效抑制已知最强的哺乳动物启动子之一的转录。这些细胞系在抑制状态下表现出极低的基底表达水平，而在四环素诱导后又可进行高水平表达。诱导系统的应用，将优化蛋白生产，同时减少细胞压力带来的负面影响。

（3）技术提升　哺乳动物细胞表达系统存在成本高、表达周期长、细胞株不稳定等缺点。近年来，随着基因组学、转录组学、蛋白质组学以及代谢组学研究不断深入，用于重组蛋白生产的哺乳动物细胞表达领域也在快速进行技术的迭代更新，优化的宿主细胞、高效的表达载体和高通量筛选技术的应用，都大大提高了重组蛋白的研发和生产效率，使哺乳动物细胞表达技术更好地应用到蛋白质生产中。

① 宿主细胞的改造　对细胞株进行遗传改造是提高重组蛋白表达水平的重要手段之一，通常从抑制细胞凋亡、控制细胞增殖速率、增强对蛋白质修饰和加工等方面着手。

在细胞培养后期，代谢产物的积累导致培养基环境变化，细胞出现凋亡，凋亡时释放出的蛋白酶会使目的蛋白降解。可通过抑制细胞凋亡来减少目的蛋白的损失，常用的方法为增强抗凋亡基因的活性和抑制促凋亡基因的表达。研究表明，将抗凋亡基因 bcl-2（B 淋巴瘤/白血病蛋白-2 基因）稳定转染细胞后或在重组 CHO 细胞中过表达 bcl-2 家族成员 $BclxL$（细胞淋巴瘤蛋白 2-特大蛋白基因），可以抑制细胞凋亡，延长细胞生存周期，提高蛋白表达量。

通过基因工程技术控制细胞的增殖速度、减少代谢产物的积累，继而提高外源蛋白的表达量。另外，降低培养温度、加入细胞生长抑制剂（丁酸钠、DMSO 等）也能控制细胞增殖速度，提高蛋白表达量。此外，敲除乳酸脱氢酶（LDH）和丙酮酸脱氢酶激酶（PDHK）可以有效降低乳酸水平并增加目的蛋白产量。

通过对细胞基因水平的改造可增强对目的蛋白翻译后的修饰和加工能力，继而获得高修饰水平的蛋白。研究表明，过表达半乳糖基转移酶、唾液酸转移酶、N-乙酰葡萄糖胺转移酶Ⅲ可以提高目的蛋白糖基化水平。通过基因操作手段改变肽链结构、增加某些酶基因以及改进和控制某些培养条件等，以达到正确糖基化的目的。

② 表达载体的优化　哺乳动物细胞表达载体的核心元件包括复制原点、标记基因、多克隆位点和启动子等，对表达载体的优化也是提高目的蛋白表达量的重要途径之一。其主要从优化染色体上基因整合位点、加入合适的顺式作用元件和弱化筛选标记等几个方面来增强外源基因的表达。

稳定细胞株中外源基因在染色体上的插入位置会影响其表达，在外源基因两端引入某些转录调控元件，减少染色质对外源基因的影响，或者利用同源重组使外源基因定点整合进入转录活跃区，提高目的基因转录水平。

顺式作用元件是存在于基因旁侧序列中能影响基因表达的序列，参与基因表达的调控。其包括启动子、增强子、调控序列和可诱导元件等。在两个目的基因之间插入 IRES 元件，使得两个基因可以共用同一个启动子，避免了共转的低效率和双启动子相互干扰。启动子和增强子是表达载体的重要元件，选择合适的启动子和增强子可以大大提高蛋白表达量。

为了提高筛选效率，常在载体中加入筛选基因，随着筛选药物浓度的增加，在获得高表达细胞株的同时，细胞的生长速度会受到限制。因此可以通过弱化筛选标记来解决这个问题。常用的弱化筛选标记的方法有两种，第一种是通过突变筛选标记基因来降低其活性，第二种是降低筛选标记基因的表达，最为常见的方法是选用弱启动子启动筛选标记基因的转录和表达。

③ 高通量筛选技术　传统的加压筛选不仅耗时费力，筛选周期过长还会造成细胞株不稳定的问题，在去除筛选药物后，表达量可能会出现大幅度下降。更有甚者，在高选压力情况下，会出现部分细胞株为适应高选择压力而出现目的基因突变的问题。近年来出现了高通量筛选技术，大大减少了筛选单克隆细胞株的时间，其中基于荧光活化细胞分选系统（fluorescence-activated cell sorting，FACS）的筛选是最有效的方法。

2.1.4　合成多肽抗原的研制

2.1.4.1　概述

多肽是指通过酰胺键或肽键相连的氨基酸链，肽链中的一个氨基酸单位称为"残基"。

一般来说氨基酸数量小于 20 个称为寡肽，多于 20 个称为长肽，超过 50 个氨基酸的则称为蛋白质。

开发基于多肽的诊断试剂主要是利用包含最有效抗原决定簇的多肽片段识别由整个病原蛋白诱导的特异性抗体，这种方法是否可行取决于合成肽能够模拟抗原的免疫优势表位的程度，近年来已用于病毒、细菌、支原体、螺旋体等微生物和囊虫、锥虫等寄生虫的抗体检测。该诊断技术的关键是筛选病原蛋白的抗原表位，选择合适的氨基酸序列，进而采用化学的方法合成完全相同或相似的模拟抗原表位肽链，作为 ELISA 试验中的固相包被物，来检测样品中的病原抗体。与天然抗原及重组抗原相比，合成的多肽抗原化学成分更明确，可以与多种化学基团进行共价连接或通过合并翻译后修饰等来进行结构的修饰，制成检测试剂时可减少重组抗原因翻译后修饰不完全或生产批间差异造成的检测误差，提高检测的特异性和敏感性。

2.1.4.2 抗原表位的鉴定

鉴定病原蛋白的抗原表位、筛选出合适的多肽片段是多肽抗原可成为诊断试剂原料的前提。精确的表位分析需要利用 X 射线晶体衍射或核磁共振分析等方法解析病原蛋白的结构来实现，但其对实验室的仪器设备有特殊要求。除此之外，化学或酶"切割"方法、肽扫描技术、肽库、基因表达及突变分析、抗原表位预测法等不同方法均被开发用来绘制蛋白质的表位。其中肽扫描法或噬菌体展示肽库是应用较广泛的两种实验技术。随着生物信息学技术的发展，抗原表位预测因为其准确性的逐渐提升，也越来越被广泛应用。

2.1.4.3 多肽合成策略

用作抗原的多肽通常利用合成肽技术进行合成，即通过化学手段将氨基酸依次定向地缩合成多肽或蛋白质，也是目前最常用的多肽合成策略。多肽的合成方法可分为固相肽合成（solid phase peptide synthesis，SPPS）和液相肽合成（lipid phase peptide synthesis，LPPS）。1963 年，Merrifield 开发了 SPPS 技术，随着对连接分子、脱除方法和保护基的不断研究以及新型树脂的开发，SPPS 在多肽合成上的应用发展迅速，对化学、生化、医药、免疫及分子微生物学等领域也都起了巨大的推动作用。

LPPS 更适用于少于 8 个氨基酸的多肽的合成，而 SPPS 方法则适用于大于 8 个氨基酸的多肽的合成。二者大部分合成步骤是重叠的。SPPS 是先将目标肽链的第一个氨基酸的羧基通过适当连接分子共价结合在固相载体上，然后在此载体上脱去氨基保护基团后，再加入氨基和羧基都结合了保护基团的另一个氨基酸，使这个氨基酸的羧基脱去保护基团，与结合在固相上的氨基酸 N 端氨基形成肽键。如此依次缩合氨基酸至所需长度的肽链，最后用适当试剂除去侧链保护基团并从载体上裂解下来，经过纯化处理得到所需要的多肽。

SPPS 与 LPPS 的区别主要在于起始步骤氨基酸保护的差异。在 LPPS 中，由于反应是在液相中进行，第一个氨基酸的 C 末端必须加帽或用永久性保护基团保护。但在 SPPS 中，第一个氨基酸的 C 末端可直接结合至活化的固相载体上，与固相载体上带有反应性基团的合成聚合物之间形成共价连接，保护 C 末端不参与非目标副反应。除此之外，SPPS 与 LPPS 在各步骤产物的纯化流程、副产物的检测便捷性方面也存在差异。

LPPS 和 SPPS 中，每个新加入的氨基酸的 N 末端均采用"临时"基团保护，它们在每个循环中都会被去除，以便下一个氨基酸掺入肽链中。常用的 N 末端保护基团有两种：Boc（叔丁氧羰基）和 Fmoc（9-氟甲基氧羰基）。Boc 固相法，也是经典的 Merrifield 法，

是将保护 α-氨基的氨基酸衍生物共价交联到树脂上，用三氟乙酸（TFA）脱除 Boc，用三乙胺中和游离的氨基末端，然后再偶联下一个氨基酸，适用于对碱敏感的多肽或需要减少肽的聚集时。Fmoc 固相法于 1970 年由 Carpino 和 Han 等人提出，是目前较新且应用广泛的化学合成法。由于 Fmoc 对酸稳定、不受 TFA 试剂处理的影响，而且可使用弱碱通过 β-消除反应脱去，不需要用三乙胺中和，具有反应条件温和、副反应少、产率高的优点，可以实现 100-mer 肽的合成。

除了化学合成方法外，近年来基因工程和重组技术也开始用于多肽合成。该技术通过表达宿主的处理以及对密码子优化将非天然氨基酸引入肽链，提高了多肽设计的灵活性。但该方法合成的多肽需要融合至载体分子上，因此对载体设计及纯化的要求较高，才能确保多肽正确折叠、溶解，提高多肽的活性和产量。重组技术适用于大规模生产生物活性多肽。

一些短肽由于分子量太小而不能引起实质性的免疫反应，多抗原肽（multiple antigenic peptide，MAP）技术的出现提高了合成肽抗原用于免疫检测的可靠性。MAP 是将多个拷贝的氨基酸肽段连接于树枝状的多聚赖氨酸骨架上而形成的一种具有独特三维空间结构的大分子，含有较多的抗原表位肽。MAP 的化学合成已逐步从固相肽合成转变为连接策略，在溶液中使用游离的可溶性片段，因此连接产物的纯化较常规合成过程要容易得多。MAP 肽与其单体对应物相比，对塑料固体表面具有更好的结合性能。与将合成肽结合到蛋白质载体的传统方法相比，MAP 肽具有更高的灵敏度，可以直接用于免疫检测。

2.1.4.4 多肽在诊断试剂中的应用

过去 30 多年，大量基于肽的诊断系统正在开发中或已经商业化，多种抗原多肽已被用于病毒病的临床诊断。利用瘟病毒包膜蛋白 Erns 的 C 末端（氨基酸残基 191～227）的多肽抗原开发的一种固相肽 ELISA，对几种类型的瘟病毒抗体具有交叉反应性，用于瘟病毒抗体的通用检测。利用标记的经典猪瘟病毒（CSFV）肽和未标记的牛病毒性腹泻病毒肽开发的一种液相肽 ELISA，可鉴定特异的瘟病毒抗体，特异性和灵敏度分别为 98% 和 100%。利用传染性法氏囊病病毒（infectious bursal disease virus，IBDV）VP2 蛋白的抗原决定簇制备的多抗原肽（MAP）替代全病毒抗原建立的 ELISA 抗体检测方法，提供了一种化学成分确定、安全的替代检测抗原，用于鸡血清中 IBDV 抗体的检测，其敏感性和特异性均优于全病毒检测抗原。

除了病毒病的诊断，合成肽作为一种纯抗原表位，已被用于利什曼原虫病、锥虫病、弓形虫病等寄生虫病的诊断，开辟了一个新的应用领域。利用生物信息学方法预测并在纤维素膜上合成了犬利什曼原虫免疫优势蛋白的 360 个多肽表位，并通过与犬血清反应最终筛选出了 10 条反应性最好的肽，基于这些肽建立的 ELISA 检测方法敏感性和特异性分别达到了 88.6% 和 95%，在犬利什曼原虫诊断领域具有潜在的应用价值。

利用合成肽作为诊断的抗原，可以最大限度减少传统免疫检测实验中出现的非特异性反应，具有很好的重复性。但多肽抗原因为长度较短，也不可避免存在着一些缺点，如难以被动吸附到 ELISA 试验的聚苯乙烯滴定板上。随着技术的发展，已开发出了多种化学修饰策略来克服多肽抗原的缺点，如共价偶联牛血清白蛋白（bovine serum albumin，BSA）、钥孔血蓝蛋白（keyhole limpet hemocyanin，KLH）等蛋白质载体，半胱氨酰-甘氨酰甘氨酸（CGG）部分衍生化，使用多分支肽等。随着越来越多蛋白质结构被成功解析，以及生物信息技术的不断成熟，以合成肽抗原技术为基础的针对各种病原体的诊断技术必将有着广泛的应用前景。

2.2

抗体

抗体是机体自然产生的一种蛋白质，即免疫球蛋白，由浆细胞分泌，能够特异性结合抗原上的抗原表位，利用其可在体外与抗原发生特异性结合的性质，被广泛应用于诊断试剂的研发、生产。

2.2.1 抗体的定义与分类

2.2.1.1 抗体的定义

抗体是动物机体受到抗原物质刺激后，由 B 淋巴细胞增殖分化成的浆细胞所产生的、能与相应抗原发生特异性结合的免疫球蛋白。哺乳动物体内产生的抗体主要分布于体液，尤其是血清中，也分布于组织液、外分泌液、黏膜及某些细胞表面。

2.2.1.2 抗体的分类

抗体的种类众多，常根据其产生机制、与抗原反应性质等进行如下分类：

（1）根据获得抗体的方式分类 机体通过人工免疫接种、感染或自然接触某些抗原物质所产生的抗体，都称为免疫抗体，包括杂交瘤技术制备的单克隆抗体等。相反，在没有抗原刺激的条件下，天然存在于体液中的抗体称为天然抗体。天然抗体对 ELISA 等方法的检测有影响，不能用于诊断试剂。另外，还有一类抗体称为自身抗体，是由于机体在某种条件下，对自身组织的某种抗原物质产生的抗体。同样，此类抗体也不能在诊断试剂中应用。

（2）根据抗原与抗体在体外是否出现可见反应分类 在介质参与下出现可见结合反应的抗体，如沉淀或凝集现象，此类抗体称为完全抗体，就是通常所指的抗原刺激产生的抗体。相反，不出现可见反应，但能封闭和遮盖抗原的决定簇，阻碍抗原与其他完全抗体结合的抗体，称为不完全抗体。

（3）根据抗体产生的机制分类 大多数抗原结构复杂，具有多个抗原表位，因而其制备的免疫血清中产生的抗体不是针对某个单一抗原表位的，而是多个抗原表位刺激不同B细胞克隆而产生的抗体，是多种抗体的混合物，是复杂的、不均一的抗体，称为多克隆抗体。多克隆抗体具有制备简单、亲和力高，可结合抗原多个表位的优点，缺点是不均一、易发生交叉反应，而且不同批次制备的多克隆抗体在亲和力上有差异。在特定条件下，通过克隆化选择，获得由单一 B 淋巴细胞产生的只针对一个抗原表位的特异性抗体，称为单克隆抗体。单克隆抗体具有纯度高、结构均一、特异性强、较少或无交叉反应的优点，可以应用于诊断试剂等领域。此外，还有一类基因工程抗体，是通过基因工程技术对编码抗体的基因按不同需要进行加工改造和重新组合，经转染适当的受体细胞所表达的抗体。目前已经成功制备的基因工程抗体包括人源化抗体、小分子抗体、双特异抗体等。

（4）根据免疫球蛋白的类型分类 抗体的本质是免疫球蛋白，免疫球蛋白单体的基本单位是由两条重链（H 链）和两条轻链（L 链）组成的，经二硫键连接而呈 "Y" 形。免疫球蛋白有多种类型，L 链分两种类型，κ 型和 λ 型，同一个抗体的两条轻链属于同一型。H 链有 α、δ、ε、γ 和 μ 五种类型，根据 H 链不同分别组成 IgE、IgD、IgA、IgG、IgM 五种免疫球蛋白。IgD、IgE、IgG 均为单体，而分泌型 IgA 含两个单体，IgM 含有五个单体。通常，哺乳动物体内 IgM 约占抗体总量的 10%，产生于免疫应答反应的早期，但持续时间短，可用于早期诊断，凝集细菌、溶菌，调节作用强于 IgG。IgG 是免疫学诊断最常用的抗体，根据重链的结构又分为多个亚类，也是血清中的主要免疫球蛋白，持续时间最长，在体液免疫中发挥主导作用。IgG 也是唯一能通过人、灵长类动物、兔胎盘的抗体。

2.2.2 多克隆抗体的研制

当机体受到含有多种抗原决定簇的抗原刺激后，会产生大量的具有免疫活性的 B 细胞，分泌针对不同抗原表位的抗体。因此，通过免疫动物，从血清（哺乳类）或卵黄（禽类）中分离得到的抗体，称为多克隆抗体。

2.2.2.1 免疫原与免疫动物

（1）免疫原 制备多克隆抗体需依据其目的选择合适的免疫原。免疫原需要具备①异源性：用于免疫的免疫原需与制备抗体的动物是不同种属关系，而且亲缘关系越远越好；②免疫原性：用于多抗制备的免疫原必须具备免疫原性，如果为半抗原，需经过特殊方法如偶联抗原蛋白等处理。同时，为获得特异性好的多克隆抗体，在选择免疫原时要对其保守性、特异性进行筛选，同时尽量提高其纯度。

（2）免疫动物 制备多克隆抗体的动物主要有哺乳类和禽类，常用的动物有家兔、豚鼠、小白鼠、绵羊和鸡等，根据需要也可使用山羊或马。选择免疫动物时主要考虑以下因素：

① 免疫原与动物种属之间的关系 一般认为，抗原来源与免疫动物的亲缘关系越远，免疫原性越强，产生抗体的效价越高，相反，产生抗体的效价越低。例如，当免疫原为兔 IgG，制备兔 IgG 抗体时，免疫动物则不能使用兔，而必须使用其他种类的动物，如羊等。

② 动物品种的选择 用于制备多抗血清的动物应该是适龄、健康的，体重应符合要求。年龄不能太大也不能太小，年龄太小的动物容易产生免疫耐受，年龄太大的动物，如果免疫时间较长，加强免疫时免疫应答效果较差。使用家兔作为免疫动物时，一般选择年龄在 4～6 月龄、体重在 2～3kg 的个体为宜。

③ 免疫动物的饲养管理 在免疫前最好进行预防接种和驱虫处理。病毒或蛋白作为免疫原时，免疫动物饲养位置应区分攻毒区和免疫区，防止病毒在不同动物间的感染。由于动物个体差异，免疫应答能力不一，特别在免疫后期抵抗力差的可能会发生死亡，免疫时应免疫 5 只以上的动物。

2.2.2.2 佐剂与乳化

佐剂又称免疫增强剂，使用佐剂旨在提高动物机体对免疫原刺激的应答能力。佐剂种类繁多，目前动物免疫中应用最多的是弗氏佐剂（Freund adjuvant，FA）。它是一种含有稳定剂（包括乳化剂）的矿物油，能与免疫原形成稳定的油包水乳剂，一般分弗氏完全佐剂和弗氏不完全佐剂两种。不完全佐剂仅含矿物油成分，是由羊毛脂和液体石蜡油按一定比例混合而成；完全佐剂是在不完全佐剂的基础上加入了结核分枝杆菌油溶液（即卡介苗），可以加强机体对抗原的免疫反应。

由于弗氏佐剂是油剂，因此在免疫动物时，应先将弗氏佐剂与抗原按体积比 1：1 混匀，制成油包水乳化剂。常用的乳化方法为：用两个注射器（根据乳化量选择合适的规格），一个注射器吸入佐剂，另一个注射器吸入免疫原，分别去掉针头，在细头部排出空气，使用一个细的塑料管或胶管将两个注射器针头处相连接，交替推动针管，直至形成黏稠均匀的乳剂。注意连接处不能太松，尽量使注射器和连接管没有空气，避免推动过程中崩开。乳化完全与否直接影响免疫效果，其鉴定方法是将乳剂滴入装好冷水的烧杯中，第一滴微微扩散，第二滴不扩散，说明乳化完全。该方法为无菌操作，而且节约抗原和佐剂，但乳化时间较长。

2.2.2.3　免疫程序

免疫程序的制定需要结合动物机体抗体产生的规律，确定免疫次数、免疫周期、免疫剂量等。抗体一般是首次免疫后 7～10 天产生，并在 14～21 天达到高峰，随后开始下降。在一定时期内，相同抗原再次免疫，则产生远高于首免后的抗体量。不同时期产生的抗体类型也不相同，早期的一般为 IgM，后期主要为 IgG。在使用弗氏佐剂进行免疫时，一般首免使用完全佐剂，目的是获得更强的机体反应。后续加强免疫为了减少应激，常换为不完全佐剂进行。免疫间隔时间长短不一，一般应不少于 2 周，2～3 周较为常用。另外，抗体亲和力与免疫周期有一定关系，小分子抗体往往随着加强免疫的间隔时间和次数的增多而升高。加强免疫的次数，主要取决于免疫原的性质和动物对免疫的应答能力。对于大分子量免疫原性较好的蛋白，一般免疫 3～4 次即可获得效价较高的抗体，而小分子免疫原，则需要进行更多次的免疫才能获得理想的抗体。

免疫剂量也是影响免疫效果的重要因素，应根据抗原免疫原性的强弱、分子量大小、动物个体状态和免疫程序选择。如果想获得效价高的抗体，免疫原的剂量可适当加大，加强免疫的时间间隔可延长，但应避免注射过量的抗原，以免引起免疫耐受。通常小白鼠首次免疫抗原的剂量为 $50～100\mu g$，家兔首次免疫抗原剂量为 $100～200\mu g$，加强免疫的剂量根据抗原的性质决定。

2.2.2.4　血液收集

血液收集包括两个目的，第一是加强免疫后 7～10 天少量采血进行抗体监测，评价抗体效价，以便确定加强免疫的次数。如果连续两次加强免疫的抗体效价没有升高，表明抗体水平已经达到最高，需终止加强免疫；第二是当抗体效价达到最高或所需水平时，必须采血制备抗体。第一种采血量较少，一般小白鼠可进行尾静脉或脸颊动脉采血，几十微升即可；家兔可采用耳缘静脉采血，几百微升即可。第二种一般称为放血，收集的血液越多越好，以便获得更多的抗体，既可进行一次性放血，也可分多次放血。一次性放血能保证制备的抗体在亲和力、特异性、效价等方面保持一致性，便于后续检测时抗体原料的标准化，但获得的抗体量相对较少。多次放血是在抗体效价达到或接近所需水平时，在不影响动物生命的情况下采集一定量的血液，间隔一段时间，待动物状态恢复后再加强免疫，然后放血，这样反复多次收集的抗体量会增加，但可能导致不同时期收集的抗体在性质上存在差异。放血应遵循动物伦理原则。放血前动物应禁食 24h，以防血脂过高，影响抗体质量。常用的采血或放血方式有以下几种。

（1）颈动脉放血法　这是最常用的方法，适用于家兔、山羊等动物。该方法采血量较多，是一次性放血比较常用的方法，动物不易中途死亡。操作时，先将动物仰面保定于固定架上，头部放低，在颈部用普鲁卡因进行局部浸润麻醉。在颈外侧切开皮肤，分离颈总动脉，插入塑料放血管，将血液引入无菌的玻璃器皿。

（2）静脉采血法　家兔可采用耳静脉，绵羊、山羊、马和驴可采用颈静脉，大白鼠可采用尾静脉放血。为收集较多血清，静脉采血可隔天进行一次，动物休息后，也可加强免疫一次，再进行采血。小鼠常采用断尾或眼内眦静脉采血，一只小鼠可获取 1mL 左右血液。

（3）心脏采血法　该方法较不常用，虽然操作简便，但需要丰富的实践经验，如操作不当容易引起动物中途死亡，易导致放血不完全。操作时，将动物固定于仰卧位，用食指按压触摸心脏搏动最明显处，将针头在该处与胸壁呈 45° 插入，针头刺入心脏有明显的落空感和搏动感。待血液进入针筒后固定位置采血。此法常用于家兔、豚鼠、大鼠等小动物。血液采集后，应尽快分离出血清，常采用 20～25℃ 常温自然凝血，再置于 37℃ 温箱1h，然后放在 2～8℃ 冰箱过夜，待血块收缩后分离血清，分装冻存。

2.2.3　单克隆抗体的研制

由一个 B 细胞衍生的浆细胞产生的抗体，只针对抗原的某一抗原表位有特异性免疫反应，这样的抗体称为单克隆抗体。单克隆抗体最早是由 Kohler 和 Milstein 于 1975 年利用淋巴细胞杂交瘤技术获得，在此基础上发展出了经典的杂交瘤技术，可以制备出理化性质高度均一、纯度高、特异性强的单克隆抗体，易于实验标准化，并能连续大量制备。目前，单克隆抗体在动物疫病的诊断和治疗方面显示出很高的应用价值。

2.2.3.1　单克隆抗体的制备原理

理论上一个 B 淋巴细胞克隆分泌的抗体就是单克隆抗体，然而 B 细胞不能在体外无限制繁殖，因此不能长期稳定地制备或生产单克隆抗体。杂交瘤技术的基础是细胞融合技术。该方法克服了无法在体外连续培养原代 B 淋巴细胞的障碍，使其获得了持续增殖的能力。

实现杂交瘤技术的一个关键是利用一种小鼠骨髓瘤细胞作为融合细胞。小鼠骨髓瘤细胞是次黄嘌呤鸟嘌呤磷酸核糖基转化酶（hypoxanthine guanine phosphoribosyltrans-ferase，HGPRT）的缺陷株，不能在 HAT（次黄嘌呤 H、氨基蝶呤 A、胸腺嘧啶核苷酸 T）中合成 DNA，导致细胞死亡。将具有分泌特异性抗体能力的致敏 B 细胞与具有无限繁殖能力的骨髓瘤细胞融合获得杂交瘤细胞，使其具有两种亲代细胞的特性。B 淋巴细胞提供的 HGPRT 能够使杂交瘤细胞在 HAT 培养基中生存，从而被筛选出来。然后利用目的抗原，通过检测杂交瘤细胞培养上清，筛选出能够分泌抗原特异性单克隆抗体的杂交瘤细胞。

2.2.3.2　单克隆抗体的制备过程

单克隆抗体制备包括一系列的过程，包括动物免疫、脾细胞与骨髓瘤细胞的融合、阳性杂交瘤细胞的筛选、克隆化培养、杂交瘤细胞的冻存，最后将骨髓瘤细胞与生产特异性抗体的杂交瘤克隆制备腹水瘤或在体外培养，从而获得批量的单克隆抗体。

（1）**动物免疫**　利用目的抗原免疫动物，经过几次加强免疫，动物体内产生针对目的抗原的致敏 B 淋巴细胞，能够分泌相应的特异性抗体。目前常用的动物多来源于BALB/c 系小白鼠，该品系小白鼠脾脏较大，可以提供大量脾脏细胞。此外也有使用兔、大鼠来获取致敏 B 淋巴细胞，但是无论选择哪种动物，都应注意与瘤细胞配套，即必须与瘤细胞来源于同一种系，这是因为不同种系的细胞进行杂交融合不仅成功率低，而且易出现单相染色体丢失的自然排除现象。

（2）**细胞融合**　亲本细胞的一方必须为经过抗原免疫的 B 细胞，由于脾脏是产生 B细胞的主要场所，因此常作为免疫 B 细胞的制备源；另一方选择骨髓瘤细胞，其具有在体外长期增殖的特性，是最理想的脾细胞融合对象。其具备的特点：①稳定，易培养；②自身不分泌免疫球蛋白或细胞因子；③融合效率高；④是 HGPRT 缺陷株。目前常用的骨髓瘤细胞主要有 SP2/0 细胞株及 NS1 细胞株。

细胞融合的方法有生物学方法（如仙台病毒）、物理方法（如电场诱导、激光诱导）、化学方法（如 PEG）以及受体指引型细胞融合法。其中以化学方法中的 PEG 法最为常用。PEG 可致细胞膜上脂类物质的物理结构重排，从而使相邻细胞的细胞膜之间易于融合。一般使用分子量1000、1500 和 4000 的 PEG 用作细胞融合剂，浓度在 30%～50% 之间。

单个或少数细胞在体外环境下不易生长，因此细胞融合之前需制备饲养细胞以辅助杂交瘤细胞生长。饲养细胞多为小鼠腹腔巨噬细胞，或可直接取未免疫小鼠脾脏，制备小鼠脾脏细胞作为饲养细胞的。

（3）**杂交瘤细胞的选择性生长**　在小鼠脾细胞和小鼠骨髓瘤细胞混合细胞悬液中，经融合后将有以下几种形式：脾-瘤融合细胞、脾-脾融合细胞、瘤-瘤融合细胞、未融合的脾细胞、未融合的瘤细胞以及细胞的多聚体形式等。未融合的脾细胞、脾-脾融合细胞及细胞的多聚体形式无法传代培养，在培养基中存活几天即死去。而未融合的瘤细胞及瘤-瘤融合细胞在 HAT 培养基也无法繁殖，最后只有骨髓瘤细胞与脾细胞相互融合形成的杂交瘤细胞可正常存活并增殖。

（4）**抗原特异性杂交瘤细胞的筛选**　动物免疫时使用的抗原均为混合物，除了目标抗原外均含有其他杂质。其不同成分均可刺激机体，形成分泌针对不同成分抗体的效应 B细胞。不同的效应 B 细胞均可通过细胞融合形成不同的杂交瘤细胞，因此经 HAT 培养液筛选出的杂交瘤细胞产生的抗体的特异性是不同的，必须对杂交瘤细胞进行再次筛选。抗原特异性杂交瘤细胞的筛选通常采用有限稀释克隆细胞的方法，将杂交瘤细胞多倍稀释，接种在多孔的细胞培养板上，使每孔细胞不超过一个，通过培养让其增殖，然后检测各孔上清液中的细胞分泌的抗体，上清液可与特定抗原结合的培养孔为阳性孔。

（5）**杂交瘤细胞克隆化培养**　为获得由单一杂交瘤细胞繁殖而来的均一的、稳定的杂交瘤细胞系，需对阳性杂交瘤细胞采用有限稀释法进行 3～4 次亚克隆，直至确信每孔中增殖的细胞为单克隆细胞。

（6）**阳性杂交瘤细胞的扩大培养与冻存**　筛选获得的抗体阳性杂交瘤细胞株应尽早液氮冻存，以防止杂交瘤细胞因污染、染色体缺失或细胞死亡等而丢失。在液氮中保存的细胞株或体外传代培养的细胞株，都需要定期检查染色体数和抗体产生能力，因有些杂交瘤细胞会逐渐丢失染色体，使产生抗体的能力丧失或减弱。

2.2.3.3 单克隆抗体的生产

单克隆抗体生产方式主要有两种，一种是动物体内诱生法，另一种是体外细胞培养法。

（1）**动物体内诱生法** 由于绝大多数杂交瘤细胞是由 BALB/c 小鼠的骨髓瘤细胞与同一品系的脾细胞融合而成，因此应优先选择 BALB/c 小鼠作为杂交瘤细胞的宿主来制备单克隆抗体。首先在小鼠腹腔注射无菌液体石蜡，6～9 天后将杂交瘤细胞悬液注入腹腔，7～10 天即有富含单克隆抗体的小鼠腹水产生。无菌抽取腹腔液，离心取上清，分装置于－70℃以下保存。腹水中抗体的浓度很高，这种方法产生的抗体效价往往高于培养细胞上清液的 100～1000 倍，但腹水中常混有小鼠的各种杂蛋白，大多数情况下需要纯化后才能使用。

（2）**体外细胞培养法** 将杂交瘤细胞置于培养瓶中进行培养。在培养过程中，杂交瘤细胞产生并分泌单克隆抗体。收集培养上清液，离心去除细胞及其碎片，即可获得所需要的单克隆抗体。但这种方法产生的抗体量有限，主要用于实验室少量制备。而对于体外大量制备单抗，就必须进行细胞的大量培养。目前主要的方法有：悬浮培养法，采用转瓶或发酵罐式的生物反应器；微载体法，以小的固体颗粒作为细胞生长的载体，同悬浮培养法类似，载体悬浮培养于液体中，细胞在固体颗粒表面生长成单层，是杂交瘤细胞大量培养的理想方法之一；还包括中空纤维细胞培养系统和微囊化细胞培养系统等。

2.2.3.4 单克隆抗体的纯化

从培养液和小鼠腹水中获得的单克隆抗体，均含有大量来自培养基、宿主和克隆细胞本身的脂蛋白、脂质和细胞碎片等无关杂蛋白，仅可用于普通的定性研究。如若用于诊断试剂的研究，均需进行纯化。在纯化前，一般均需对其进行预处理，常用的方法有二氧化硅吸附法和过滤离心法，以前者处理效果为佳，而且操作简便。然后依据对抗体纯度要求的不同，选用不同的纯化方法，一般采用盐析、凝胶过滤、亲和色谱法、辛酸提取和离子交换色谱等方法进行纯化。最常用的纯化法为亲和色谱法，多用 Protein A 或 G 作为填料，最终可获得高纯度的单抗。

2.2.3.5 单克隆抗体的鉴定

单克隆抗体纯化后需对其抗体性质进行鉴定，主要有以下四个方面：

（1）**抗体效价测定** 可采用凝集反应、ELISA 或放射免疫测定等方法，不同的测定方法测定的效价数值不同，以单克隆抗体的最大稀释度作为效价。在凝集反应中，小鼠腹腔液效价可达 5 万以上；在 ELISA 中，其效价可达 100 万以上。

（2）**抗体特异性鉴定** 除了用特异性抗原进行检测外，还应与其抗原成分相关的其他抗原进行交叉试验来鉴定单克隆抗体的特异性。可以采用免疫荧光法、ELISA 法、间接血凝和免疫印迹技术等检测。

（3）**亚类鉴定** 有利于确定单克隆抗体的理化性质，便于下游纯化和保存使用。小鼠抗体亚类主要有 IgG1、IgG2a、IgG2b、IgG3、IgM 和 IgA，前三种亚类的抗体最多。目前已有成熟的商品化试剂盒可完成抗体亚类的鉴定。

（4）**杂交瘤细胞染色体检查** 通过对染色体计数，能够反映出杂交瘤细胞的遗传学特征，一般采用秋水仙素裂解法进行。

2.2.3.6 单克隆抗体的应用

单克隆抗体因其理化性质高度均一、与抗原结合特异性强、便于质量控制等优点，目前已广泛应用于生物学和医学的很多领域，主要有以下四个方面：

（1）**抗原检测工具** 单克隆抗体可作为抗原检测的工具，用于基于抗原、抗体免疫学反应的各项检测试验。如在重组蛋白表达过程中，可借助单克隆抗体采用 Western blot 试验检测重组蛋白的表达情况；对于病毒感染的动物，可利用单克隆抗体采用免疫组化方法进行组织内病毒的定位检测以及病化灶的分析；对于病毒的体外培养，尤其是病毒感染细胞后无明显病变的情况下，可利用单克隆抗体进行病毒繁殖情况的鉴定等。

（2）**诊断试剂原料** 单克隆抗体减少了与其他物质发生交叉反应的可能性，而且利于检测的标准化和规范化，能够保证试验结果的可信度，广泛用于酶联免疫吸附试验、免疫组化、放射免疫试验和流式细胞等技术。目前广泛使用的针对家畜常见病毒鉴别检测、免疫效果评估的 ELISA 抗体试剂盒，以及针对猪腹泻类抗原、犬猫病毒等抗原的胶体金检测试纸条，其主要生产原料均为单克隆抗体。

（3）**抗原纯化** 利用单克隆抗体能与其相应的抗原特异性结合的特性，在使用亲和色谱法对蛋白进行纯化时，单克隆抗体可以作为配体与琼脂糖交联，将目标蛋白从复杂的系统中分离出来。

（4）**治疗性抗体** 单克隆抗体可特异性中和病毒，从而降低病毒对机体的破坏、减少动物体内的病毒载量，提升疾病的治愈率。在犬细小病毒病、犬瘟热、猫泛白细胞减少症等犬猫重要病毒病的治疗中，一些针对该病毒的、具有中和活性的单克隆抗体已有使用。

2.2.4 基因工程抗体的研制

基因工程抗体又称重组抗体，是指利用重组 DNA 及蛋白质工程技术对编码抗体的基因按不同需要进行加工改造和重新装配，经转染适当的受体细胞所表达的抗体分子。基因工程抗体是继多克隆抗体和单克隆抗体之后的第三代抗体。主要包括两方面：一是对已有的单克隆抗体进行改造，包括单克隆抗体的人源化（嵌合抗体、人源化抗体）、小分子抗体以及抗体融合蛋白的制备；二是通过抗体库的构建，使得抗体不需抗原免疫即可筛选并克隆新的单克隆抗体。

2.2.4.1 人源化抗体

人源化抗体是指利用基因克隆及 DNA 重组技术对产生鼠源单克隆抗体的杂交瘤细胞内抗体基因进行改造，使其分泌的单克隆抗体中大部分氨基酸序列被人源序列所取代，既保留了亲本鼠单克隆抗体的特异性和亲和力，又降低了其异源性，以利于临床应用。

人-鼠嵌合抗体是将鼠源抗体的可变区与人抗体恒定区基因连接成嵌合基因后，插入适当的表达载体中，构建人-鼠嵌合的重链和轻链基因质粒载体，共同转染宿主细胞中表达的抗体。获得的抗体分子近 2/3 部分都是人源的，人源化程度可达 60%，其免疫原性比鼠源单克隆抗体明显减弱。但可变区仍保留鼠源性，仍旧会诱发人抗鼠抗体反应。为进一步降低抗体的免疫原性，将鼠抗体可变区的互补决定区（complementarity determining region，CDR）与人抗体的互补决定区互换构成"人源化抗体"，人源化程度可达 90%～95%。这虽然在极大程度上保持了亲本抗体的特异性和亲和力，但仍不是真正意义上的人源抗体，仍无法完全避免进入人体后发生排斥反应或超敏反应。并且，人抗体可变区的骨架区（framework region，FR）会影响 CDR 的空间构型，也常参与 CDR 与抗原的反应。因此，换成人源 FR 后，可能会改变单克隆抗体原有的 CDR 构型，使结合抗原的能力下降。

2.2.4.2 小分子抗体

小分子抗体是指分子量较小但具有抗原结合功能的分子片段。它的优点表现在：分子量小，易于穿透血管或组织到靶细胞部位，可用于免疫治疗；可在大肠杆菌等原核细胞中表达，可发酵生产抗体，降低生产成本；由于只含抗体的 V 区（或带有少部分恒定区），免疫原性要比原来的单克隆抗体弱得多，如果将 CDR 植入抗体构建成小分子抗体，更有可能消除其免疫原性；不含 Fc 段，不会与带有 Fc 段受体的细胞结合，更能集中到达靶细胞部位，有利于作为靶向药物的载体；半衰期短，周转快，有利于放射免疫成像检查肿瘤。

（1）抗原结合片段（fragment antigen binding，Fab） 是抗体上与抗原结合的区域，包含一条完整的轻链（V_L）、重链可变区（V_H）和 CH1 区，具有与完整抗体相同的抗原结合特性，分子量与完整抗体（150～160kDa）相比很小，组织穿透能力强，易于在大肠杆菌系统中表达。与其他抗体相比，Fab 的免疫原性低，亲和力高，在预防、诊断、治疗等领域具有广泛的应用。

（2）单链抗体（single chain variable fragment，scFv） 是一个融合蛋白，即用一段寡核苷酸分子（连接肽通常富含甘氨酸，以提高柔韧性）将抗体 V_L、V_H 连接起来，使之表达为单一的肽链，即称为 scFv。scFv 虽然缺少 C 区加入了连接肽，但仍保留了原抗体分子的抗原结合特异性。

（3）单域抗体（single domain antibody，sdAb） 也称纳米抗体，它的发现基于骆驼和鲨鱼体内天然缺失轻链的重链抗体，只包含单一的抗体可变区（V_H/V_L），同常规的抗体一样，它也能够选择性地结合特定抗原。单域抗体的分子量仅为 12～15kDa，远小于由两条重链和两条轻链组成的普通抗体（150～160kDa）。单域抗体具有结构稳定、分子小、溶解性好、耐受各类不良环境、易于人源化等优点，已经被广泛使用在小型化基因工程抗体研究、新药开发以及疾病的诊断治疗上。

2.2.4.3 双特异抗体

双特异抗体（bispecific antibody，BsAb）区别于天然抗体，它是一种合成分子，可以同时与两种不同的抗原或表位结合。其两抗原结合部位具有不同的特异性，制备方法主要是通过基因工程技术实现，也可通过化学异源结合、杂交瘤技术等。BsAb 不同于天然抗体之处在于其双特异性，因而可介导标记物与靶抗原的结合，或使某种效应因子定位于靶细胞。BsAb 由于其具有明确的结构、组成部分、功能和药理特性，在疾病诊断、预防和治疗等医学领域有广阔的应用前景。目前临床应用主要有三方面：①在抗肿瘤治疗中的应用；②在免疫检测中的应用；③在肿瘤放射免疫显像中的应用。

2.2.4.4 噬菌体展示技术

噬菌体展示技术是用 PCR 技术从人免疫细胞中扩增出整套的抗体重链可变区（V_H）和轻链可变区（V_L）基因，克隆到噬菌体载体上并以融合蛋白的形式表达在噬菌体外壳表面，是第一种可以高通量筛选特定病原体相应抗体的方法。人为将抗体基因插入噬菌体 DNA 中，使其表面能够表达抗体分子，利用抗原-抗体特异性结合而筛选出所需要的抗体，并进行克隆扩增。根据构建抗体库的抗体基因来源不同，可以将噬菌体抗体库分为 3 种：天然抗体库、免疫抗体库、合成抗体库。

噬菌体展示技术的主要流程为：从被感染或免疫的人体外周血单个核细胞（peripheral blood mononuclear cell，PBMC）提取细胞总 RNA，通过反转录及 PCR 扩增出抗体重链可变区（V_H）和轻链可变区（V_L）基因片段，获得全部的 Ig 的 cDNA 文库，并构建全部 Ig cDNA 的噬菌体抗体库。用固相化抗原直接、高效地筛选出表达特异性好、亲和力强的抗体基因序列。最终经过基因工程表达，获得全人源化抗体。噬菌体展示技术从根本上改变了传统杂交瘤技术的制备流程，筛选容量大，可一次性获得针对同一抗原不同表位的多种抗体，大大缩短了实验周期，为抗体筛选提供了全新的策略，特别是对于较弱免疫原、毒性免疫原等传统方法难以制备的抗体具有技术优势。但该技术也有明显缺点：它对抗体蛋白的修饰和折叠与人体细胞差别很大，一定程度上影响了抗体的亲和力。因此，噬菌体展示技术获得的抗体往往还需要进一步人工优化。

2.2.4.5 单细胞抗体基因扩增技术

对于抗体制备技术，人们最终想要追求的，是能够快速高效地表达出天然构象的抗体分子，而且并不会引起机体的相关免疫反应。近几年来发展出，从哺乳动物或人外周血单个 B 淋巴细胞快速制备单克隆抗体的技术，这一技术提供了一个以研究天然重组单克隆抗体库的高效强大的技术平台。其主要过程包括：通过流式分选出抗原特异性的单个 B 细胞，然后用 RT-PCR 与巢式 PCR 组合的方法对抗体的重链和轻链的可变区进行扩增，将这些基因在真核系统中表达。该技术的关键环节是单个 B 细胞的分离，可以通过"随机分选"或者"抗原特异性分选"两种途径进行。"随机分选"的主要方法有基于显微操作的细胞分选、流式细胞分选技术等。"抗原特异性分选"的主要方法基于抗原包被的磁珠分离、荧光包被的抗原多参数流式细胞分选等。此外，随着近几年单细胞测序技术的快速发展，研究人员能够以更低成本、更大规模地获得 B 细胞抗体基因。同时，细胞微阵列芯片、免疫斑点阵列芯片技术、显微雕刻技术也为高通量筛选单克隆抗体分泌细胞提供了条件。相比各种抗体展示技术，单细胞抗体基因扩增技术能快速、直接地获得人源抗体，特别适合在突发传染病等情况下发现有保护性的单克隆抗体。目前已经在人、恒河猴、兔和小鼠上有相关筛选抗体的报道。

2.3

工具酶

2.3.1　工具酶的定义与分类

2.3.1.1　定义

工具酶是对核酸、蛋白质、糖类、脂类等生物分子进行切割、连接、合成（扩增）、修饰等试剂酶的统称，广泛应用于基因工程、酶工程、蛋白质工程、细胞工程等生物医药和生命科学相关领域。

2.3.1.2 分类

工具酶的种类繁多、功能各异，应用于疫病诊断领域的工具酶主要包括限制性核酸内切酶、核酸内切酶、核酸外切酶、聚合酶、连接酶、蛋白酶和修饰酶等。

（1）**限制性核酸内切酶**　限制性核酸内切酶，又称限制酶，这类酶能够特异性地识别特定的双链 DNA 序列，并在识别序列内部或两侧执行切割功能将 DNA 分子切断，这种识别特定序列的限制性 DNA 切割的现象最早在 20 世纪 50 年代噬菌体侵染细菌的研究中被发现，但直到 70 年代，第一个限制性内切酶才在分子生物学实验中得到验证。到目前为止，已经发现了 3600 多种能够识别 250 多种位点的限制酶，这些限制酶广泛应用于下游分子生物学实验与检测中。

根据蛋白结构、功能活性、切割位点、序列特异性和辅因子需求的不同，将限制性核酸内切酶分为四类：

Ⅰ型酶反应过程需 Mg^{2+}、S-腺苷-L-甲硫氨酸和 ATP，同时具备限制切割活性和甲基转移酶活性，切割位点距离识别位点较远，通常大于 1000bp，如 $EcoK$、$EcoB$。由于切割位点距离识别位点过远和序列的不确定性，Ⅰ型酶很少在 DNA 分析中应用。

Ⅱ型酶反应过程需 Mg^{2+}，但不具备甲基转移酶活性，与Ⅰ型酶最大的差别就是切割位点。Ⅱ型酶切割位点位于识别位点内或者附近，有明确的切割位点并可以产出特异性的切割酶切片段，是最广泛使用的限制性内切酶，比如 $EcoRⅠ$、$BamHⅠ$ 等。

Ⅲ型酶与Ⅰ型酶和Ⅱ型酶不同的是，Ⅲ型酶识别两个反向的非回文 DNA 序列，并在识别序列下游 20～30bp 处切割，Ⅲ型酶同时具备限制切割活性和甲基转移酶活性。

Ⅳ型酶识别甲基化的底物 DNA 序列。

（2）**核酸内切酶**　核酸内切酶，指能从多核苷酸链的中间开始按序催化水解 3′,5′-磷酸二酯键，释放寡核苷酸短片段的酶，包括脱氧核糖核酸酶Ⅰ、脱氧核糖核酸酶Ⅱ、核糖核酸酶 A 等。此类酶多用于对应核酸底物的片段化和清除，比如脱氧核糖核酸酶Ⅰ被广泛用于取代超声和机械法的酶解 DNA 片段化法中；而核糖核酸酶 A 被广泛应用于 DNA 提取过程中 RNA 的消化。另外，尿嘧啶-DNA 糖基化酶（UDG）也是目前广泛使用的一种核酸内切酶，它可以通过切除产物中掺入的 U 碱基控制 PCR 产物带来的检测污染，保证检测结果的准确性。

（3）**核酸外切酶**　核酸外切酶，指能从多核苷酸链的一端开始按序催化水解 3′,5′-磷酸二酯键，降解核酸的酶，其水解的最终产物是单个的核苷酸（DNA 为 dNTP，RNA 为 NTP）。按作用的特性差异可以将其分为单链的核酸外切酶和双链的核酸外切酶。

（4）**聚合酶**　聚合酶催化以 DNA 或 RNA 为模板合成 DNA 或 RNA 的反应。聚合酶通过把脱氧核糖核苷酸或者核糖核苷酸连续地添加到 DNA 或 RNA 分子的 3′-OH 末端，催化核苷酸的聚合形成新的核酸产物，包括 DNA 聚合酶、RNA 聚合酶。

① DNA 聚合酶　能够以亲代 DNA 链为模板，催化底物 dNTP 分子聚合加到引物链的 3′-OH 末端，合成与模板序列互补的 DNA 产物。DNA 聚合酶的一般性能包括聚合活性、3′-5′外切酶活性（校对作用）和 5′-3′外切酶活性（切除修复作用）。

常用的 DNA 聚合酶包括大肠杆菌 DNA 聚合酶Ⅰ（DNA polymeraseⅠ）、T4 DNA 聚合酶（T4 DNA polymerase）、Tth DNA 聚合酶（Tth DNA polymerase）、Taq DNA 聚合酶（Taq DNA polymerase）、pfu DNA 聚合酶（pfu DNA polymerase）、KOD DNA 聚合酶（KOD DNA polymerase）、Vent DNA 聚合酶（Vent DNA polymerase）、Bst DNA 聚合酶（Bst DNA polymerase）等。它们的共同特点都是把 dNTP 持续地加到

引物的 3′-OH 末端，不同点是持续合成能力和外切酶活性不同。

② RNA 聚合酶　能够以 DNA 或 RNA 链为模板、三磷酸核糖核苷为底物，通过磷酸二酯键而聚合合成 RNA 产物的酶。因为在细胞内与基因组 DNA 的遗传信息转录有关，所以也称转录酶。

常用的 RNA 聚合酶包括：RNA 聚合酶Ⅰ（RNA polymeraseⅠ）、RNA 聚合酶Ⅱ（RNA polymeraseⅡ）、RNA 聚合酶Ⅲ（RNA polymerase Ⅲ）、T7 RNA 聚合酶（T7 RNA polymerase）、T3 RNA 聚合（T3 RNA polymerase）等。

目前 T7/T3 RNA 聚合酶被广泛应用于体外合成 RNA 序列，包括 RNA 探针和待检测的 RNA 产物。

（5）连接酶　连接酶是指能催化一个核酸分子首尾相连接，或者把两个核酸分子连接成一个分子的酶。DNA 连接酶可催化双链 DNA 分子中邻近位置的 3′-OH 和 5′-磷酸基团，形成 3′,5′磷酸二酯键。它可以促进互补黏性末端或者平末端的片段与载体 DNA 相互连接，形成重组的 DNA 分子。

常用的 DNA 连接酶包括：*E.coli* DNA 连接酶（*E.coli* DNA ligase）、*Taq* DNA 连接酶（*Taq* DNA ligase）、T4 DNA 连接酶（T4 DNA ligase）、T7 DNA 连接酶（T7 DNA ligase）等。

（6）修饰酶　修饰酶是指能对核酸、蛋白质、糖类、脂类等生物大分子进行修饰作用的酶。如碱性磷酸酶（alkaline phosphatase）能催化去除 DNA 分子、RNA 分子的 5′-磷酸基团，从而使 DNA 或 RNA 分子的 5′-P 变成 5′-OH。在基因工程中，当使用同一种限制性内切酶分别酶切了载体和片段后，为防止连接酶存在的情况下载体自连，需要使用碱性磷酸酶处理载体分子，使载体上的 5′-P 变成 5′-OH。

（7）其他　除以上提到的以核酸为底物的酶以外，还有一些以蛋白为底物的工具酶，包含氧化还原酶、转移酶、水解酶、裂合酶等。常见的蛋白类酶包括：限制性凝血酶（restriction thrombin）、溶菌酶、蛋白酶 K（proteinase K）、胰蛋白酶（trypsin）、TEV 蛋白酶（TEV protease）、肠激酶（enterokinase）、凝乳酶（chymosin）等。蛋白酶 K 广泛应用于分子诊断中的样品处理阶段，蛋白酶 K 可以消化样品中的蛋白质，以保证样品中的核酸可以被纯化分离。

2.3.2　从天然材料中提取酶

酶作为高效的催化剂广泛存在于天然材料中，是生物体功能正常运转不可或缺的分子。酶参与完成了生物体中不同细胞过程和新陈代谢的化学反应，如水解、氧化还原、聚合、取代、异构化和环化。天然材料中的酶具有催化活性高、底物专一性、催化多样性、反应温和性以及酶活性可调节性等特点，除了在生物体内发挥关键作用外，通过合适的方式提取之后可以广泛应用于疾病诊断与治疗、食品生产与加工、环境监测与保护、洗涤清洁、生物燃料生产、纺织品加工等工业应用中。

天然材料是获取酶最直接简单的途径，在生活和工业中广泛应用的酶都发现于天然材料，比如纤维素酶、果胶酶、葡萄糖氧化酶等。不同天然材料中待提取的酶含量存在很大差异，如 100g 湿重的牛胰大约分离 0.55g 的胰蛋白酶、0.0005g 的脱氧核糖核酸酶，100g 湿重的猪心肌大约分离 0.07g 的柠檬酸合酶。酶含量越高，需要投入的原材料就越少，后期的纯化工艺也会相对简单，最终得到的酶的纯度和产量也越高。由于天然材料中的酶具有来源简单、易于提取、安全无害等优点，许多工业中大量生产的酶直接提取自天然材料。

胃蛋白酶（pepsin）是第一个从动物体获得的酶，也是工业酶的重要种类之一。胃蛋白酶来源于胃壁上皮的胃腺主细胞，能够分解蛋白质。胃蛋白酶作用专一性较高，倾向于水解位于多肽链中由芳香族氨基酸（如苯丙氨酸、酪氨酸）的氨基与酸性氨基酸（如谷氨酸、天冬氨酸）的羧基形成的酰胺键，在 pH 1.5～2.0 时具有最高活性，在中性或者碱性溶液中失活。胃蛋白酶是包含一个家族的同工酶，由高效离子交换色谱（HPAEC）分离得到的主要包括胃蛋白酶 1、2、3、5。在哺乳动物中，常见的胃蛋白酶主要有胃蛋白酶 A、B 和 C。目前，胃蛋白酶的提取方法主要有酸法和碱法两种。酸法提取的是激活后的胃蛋白酶，其稳定性较低，对纯化过程的条件（如 pH 值、温度、杂质等）控制要求较高。而碱法提取得到的是尚未被激活的胃蛋白酶原，更为稳定，对纯化环境条件要求低，但存在提取时间长、酶量低、杂蛋白多的缺点。胃蛋白酶的分离技术目前主要有有机溶剂沉淀法、盐析法、底物亲和法、透析法这四种。粗分离后的胃蛋白酶中仍含有大量杂质，通常需要采用凝胶过滤法、离子交换色谱法来进一步纯化。2020 年版《中国药典》中，要求胃蛋白酶从检疫合格的猪、羊或牛的胃黏膜中提取，并对成品中的微生物含量控制、效价测定做出了明确规定。作为哺乳动物胃肠道中一种重要的蛋白水解酶，胃蛋白酶现已被广泛应用于医疗、食品制造、轻工业、生物技术研究等多个领域。

过氧化物酶是一种从植物中分离提取得到的酶，广泛分布于各种植物，在辣根中含量最高。辣根过氧化物酶（horseradish peroxidase，HRP）是由酶蛋白和铁卟啉结合而成的一种糖蛋白，比活力高，性质稳定，耐热及有机溶剂的作用，分子量小，易于提取制备，价格相对低廉，所以直到现在辣根过氧化物酶的商业制剂仍然是从植物根部中分离出来的。辣根过氧化物酶于 200 多年前首次出现在科学文献中，并且一直是众多研究的主题。在 20 世纪 50 年代初期，在辣根中发现了多种具有过氧化物酶活性的成分，后续研究表明这些同工酶在最佳 pH 值、比活性和底物亲和力等方面存在差异。1977 年，通过等电聚焦从辣根中分离出三种商业制剂的过氧化物酶活性，共检测到 42 种辣根过氧化物酶同工酶。因此，目前商业化的 HRP 制剂通常是从辣根中分离出来的几种同工酶的混合物，混合物中单个同工酶的数量取决于各自同工酶在植物体内的表达模式。科学家们一直致力于表达成分固定的重组蛋白，已经在测试了几种生物体作为重组 HRP 表达宿主的适用性，包括大肠杆菌、酿酒酵母、巴斯德毕赤酵母、昆虫 SF9 细胞、烟草等。但是，各种宿主的报告产量（即蛋白质/体积、活性/体积和活性/生物量）具有多样性和复杂性，生产的 HRP 的质量（纯度、同工酶特性、糖基化）因为宿主的不同也有很大的差异性，加上不同宿主生产重组蛋白的成本较高，从辣根中分离过氧化物酶仍是工业生产的主流。

酶广泛存在于生物体中，对于自然环境中存在且含量丰富易于分离提取的酶类，天然材料提取依然是最常用的方式。对于天然材料中提取酶，设计的关键原则是：以合理的效率、得率和纯度，将目标酶从复杂的原材料中分离出来，并尽可能地保留生物学活性和结构的完整性。

2.3.3 基因工程制备酶

从天然材料中提取酶由于来源简单，在酶的工业生产早期被广泛使用，但从天然材料中提取酶需要有大量含酶量丰富的动物、植物组织或者细胞来源。由于酶本身有很高的催化效率，所以大部分酶在生物体内含量都很低，而且会随外界环境的变化而变化。这就使从天然材料中提取酶受到生物资源、地理环境或者组织是否易于获取等因素的影响，进而影响天然材料提取酶生产供应的稳定性。此外，从天然材料中提取的酶在体外非天然环境，比如不同的温度、离子环境、非天然底物等情况下催化效率会大幅下降，在复杂的应用条件下很难实现理想的反应性能。在这样的背景下基因工程酶应运而生。

借助基因工程的手段，理论上可以将来源于任何物种的酶基因克隆出来，这极大地扩展了酶的种类来源，现代诊断技术中用的很多酶都是从细菌或者病毒中克隆得到的，比如 *Taq* DNA 聚合酶和 M-MLV 逆转录酶的克隆。克隆得到的酶基因可以导入人工构建的体外表达系统进行高效表达，通过对底盘细胞、表达元件、发酵条件等方面的严格控制，可以高效且稳定地得到大量的酶产物，通常培养物中目的酶的含量是天然材料中的数倍甚至数百倍。另一个不同于天然材料提取酶的一个特点是，基因工程酶由于在基因层面非常方便设计改造，当克隆得到的原始酶不能满足实际应用需要时，可对酶基因进行体外的进化改造，这也极大地拓展了酶的应用范围，为下游应用打开了广阔的想象空间。

2.3.3.1 酶基因的克隆

1970 年 Berg 开始了剪切与拼接两段 DNA 的首次尝试，成功地将外源基因片段连接到完整的 SV40 基因组，这项研究成果具有举足轻重的意义，成为基因克隆技术的开端。基因克隆（gene cloning），又称为重组 DNA 技术，是应用酶学方法，在体外将不同来源的 DNA 分子通过酶切、连接等操作重新组装成杂合分子，并使之在适当的宿主细胞中进行扩增，形成大量子代 DNA 分子的过程。在基因克隆的早期阶段没有可以参考的物种基因组序列，想获得一个目的基因片段，需要使用限制性内切酶对所要研究的基因组进行部分消化，将不同大小的基因片段插入载体中进行克隆，再筛选得到所需的目的基因。随着基因测序技术的不断发展，参考基因组序列为目的基因的克隆带来了极大的便利。酶基因的克隆为工具酶的体外表达奠定了重要的基础，其中，*Taq* DNA 聚合酶和 M-MLV 逆转录酶就是早期克隆的两个重要工具酶。

（1）**Taq DNA 聚合酶的克隆**　1986 年，Mullis 正式发表了 PCR 技术的文章，从此开启了现代分子生物学的大门。但是，当时使用的是大肠杆菌聚合酶（Klenow），每个循环都需要补充新的聚合酶，操作十分麻烦。1988 年，Saiki 等将一种从水生栖热菌（*Thermus aquaticus*）中分离出的耐热型 DNA 聚合酶用于 PCR 技术，成功完成了 DNA 的自动扩增，这个聚合酶就是"大名鼎鼎"的 *Taq* DNA 聚合酶。水生栖热菌是从美国黄石国家森林公园的火山温泉中分离得到的一种嗜热细菌，其生长在 $70\sim75℃$ 极富矿物质的高温环境中。因此，*Taq* DNA 聚合酶具有极高的热稳定性，能够承受 PCR 的热变性步骤。1989 年，Lawyer 等利用特异性探针从 *Taq* DNA 聚合酶基因文库中调取了 *Taq* DNA 聚合酶全长基因，最终得到一个 2499bp 的编码序列，（G+C）含量高达 68%，他们将该基因克隆到大肠杆菌中，通过诱导表达和分离纯化得到了基于基因工程表达的 *Taq* DNA 聚合酶。*Taq* DNA 聚合酶的发现，使 PCR 变成一种便利和实用的分子生物学技术，也对诊断技术的发展产生了划时代的影响。

（2）M-MLV逆转录酶的克隆 1975年，Verma从莫洛尼鼠白血病病毒（Moloney murine leukemia virus，M-MLV）中分离出一种具有逆转录活性的蛋白质，并命名为M-MLV逆转录酶。M-MLV由一条多肽链构成，包括N端聚合酶结构域和C端RNase H结构域，一般在37～42℃下工作，在高温下会很快失活。逆转录酶是以RNA为模板指导三磷酸脱氧核苷酸合成cDNA的酶，其具有3种活性：RNA指导的DNA聚合酶活性、DNA指导的DNA聚合酶活性（这两种活性共用同一个活性中心），以及降解RNA-DNA杂合链中RNA的RNase H活性。1985年，Monica等人将M-MLV基因构建到克隆载体中，并转化至大肠杆菌，实现了M-MLV的体外表达与纯化。现代生物医学建立在分子生物学"中心法则"的基础上，绝大多数关于基因表达的研究都需要将RNA逆转录为cDNA来作为研究对象，逆转录酶的发现和克隆极大地促进了现代生物医学的发展。特别是近年来，伴随着高通量测序技术的飞速发展，RNA测序在生物医学前沿研究中得到了广泛的应用，在这些过程中，都需要逆转录酶的催化。M-MLV因其逆转录活性，也被应用于多种分子生物学实验中，如RT-PCR、RT-qPCR、cDNA克隆和文库构建、cDNA末端快速扩增（RACE）、RNA测序等。

2.3.3.2 蛋白表达系统

蛋白表达系统包括原核表达系统和真核表达系统，为特定应用选择合适的表达系统是成功的关键。在选择表达系统时，蛋白质的功能、溶解度、纯化速度和产量通常是最重要的考虑因素。

以大肠杆菌为代表的原核表达系统是最常用的表达系统，其具有遗传背景清楚、成本低、表达量高、表达产物分离纯化相对简单等优点，但是其缺乏蛋白质翻译后加工的机制，如二硫键的形成、蛋白糖基化以及蛋白质的正确折叠，对于需要翻译后加工的蛋白质得到具有生物活性蛋白的概率较小。

真核表达系统主要包括酵母表达系统、哺乳动物细胞表达系统和昆虫表达系统。它补充了一些原核蛋白表达系统中所缺乏的功能，例如真核表达时能够形成稳定的二硫键，在蛋白质经过翻译后可对蛋白质进行正确修饰，使表达出来的蛋白质更具天然活性而不是被降解或者是形成包涵体；利用真核表达系统可以诱导高效表达，加快了人们对基因研究以及药物研究的进程。各表达系统的优缺点见表2-1。

表2-1 不同表达系统优缺点

表达系统	优点	缺点
原核表达系统	表达背景清楚，表达水平高，操作简单，培养周期短，抗污染能力强	不能进行翻译后的修饰加工，含有大量内毒素
哺乳动物细胞表达系统	可以使蛋白质正确折叠，提供复杂的N型糖基化和准确的O型糖基化等加工修饰，更接近于天然蛋白	产率低，某些糖化产物不稳定、不易纯化，费用昂贵
酵母表达系统	使用简单，表达量高，可大规模生产，与原核相比可对异源蛋白修饰	酵母表达蛋白有时会出现蛋白质切割问题
昆虫表达系统	高效表达，完善的加工修饰，易从无血清上清中纯化蛋白，无内毒素	外源蛋白表达处于极晚期病毒启动子的调控之下，由于病毒感染，细胞开始死亡，无法进行连续性表达

为了增加外源蛋白的表达及分泌，除了要选择合适的表达系统，有时还需要对表达系

统进行改造。对表达系统的改造一般包括以下几个方向：

（1）提高蛋白质的表达水平　启动子是 DNA 上能与 RNA 聚合酶结合并起始 mR-NA 合成的序列，可以通过对启动子的选择与调控来提高蛋白质表达水平。巴斯德毕赤酵母是广泛用于商业化生产外源蛋白的基因工程菌，该系统有强有力的、受甲醇严格诱导调控的启动子，高表达分泌蛋白且适合于高密度培养。除了启动子的影响，底盘细胞的内源蛋白酶也可能会造成外源表达产物的不稳定，所以一些蛋白酶缺陷型菌株往往成为理想的起始表达菌株。使用枯草芽孢杆菌作为表达宿主时的主要限制之一就是内源蛋白酶的高水平表达。蛋白酶缺陷型菌株 WB600 和 WB700 分别缺失 6 个和 7 个蛋白酶基因，与野生型菌株相比，突变菌株分别有 0.3% 和 0.1% 的残留蛋白酶活性，二者非常适用于表达蛋白酶敏感性蛋白。

（2）保证外源蛋白的正确折叠　蛋白质的正确折叠决定了其正常的生物活性。还原性的细胞质环境不利于二硫键的正确形成，从而影响蛋白质的折叠。为了保证蛋白质形成正确的三级结构，防止产生不可溶的包涵体，需要表达分子伴侣（chaperone）和折叠酶（foldase）的辅助载体，它们能够识别并结合不完整折叠或装配的蛋白质，帮助多肽正确折叠、转运或防止它们聚集，而其自身不参与最终产物的形成。一些常见的分子伴侣和折叠酶包括 DsbA/C、Skp、FkpA、GroEL/ES、DnaK/J/GrpE 等。可以根据蛋白质的表达位置，选择细胞质内分子伴侣或者细胞间质分子伴侣。如在枯草芽孢杆菌中，通过二元质粒系统将 GroES 和 GroEL 共表达，抗地高辛单链抗体的产量可提高 2.5 倍。此外，一些标签也能够辅助蛋白质的折叠，比如麦芽糖结合蛋白（maltose binding protein，MBP），其是一个 42.5kDa 的蛋白质，能够与目的蛋白融合表达，不仅能够增加蛋白质的可溶性，还能够辅助蛋白质折叠。

（3）促进蛋白质的分泌　在表达蛋白之前，需要明确蛋白质的表达位置，是细胞质内、细胞间质还是细胞外分泌表达。蛋白质分泌表达具有很多的优势：一方面分泌表达蛋白质能够减少对宿主菌的毒性和代谢负担，使菌适应性增加；另一方面周质空间和胞外培养基中宿主菌蛋白质含量很低，有利于目的蛋白的纯化。信号肽是引导新合成的蛋白质向胞外分泌的短肽（长度 5～30 个氨基酸），在信号肽的帮助下，蛋白质能够转移到特定的位置。例如，来自果胶杆菌内的 PelB 信号肽能够引导蛋白质进入革兰氏阴性菌的细胞间质中；来自变铅青链霉菌内的信号肽能够使蛋白质分泌表达到培养基之中。

2.3.3.3　酶分子定向进化

随着下游应用需求的不断提高，比如更高的检测灵敏度，更复杂的多酶反应体系，更多的样品兼容性和更简单的反应流程等，直接从生物体内克隆的原始酶在催化性能、稳定性和兼容性等方面不能完全满足使用要求，对原始酶的定向进化改造应运而生。通过对酶进行分子级别的改造，可以极大地改变原始酶的特性，最大限度地适应体外的各种反应条件。

自然界中基因通过自然突变和选择获得更适应环境的分子结构，酶分子定向进化是通过人工诱变和选择加速进化获得优良基因的过程。相对于自然进化，人工分子进化目的性强，时间短，通常以需要达到的目的作为分子进化的筛选条件，从大量的突变文库中筛选得到性能最优的突变体。

（1）酶分子定向进化的方向

① 改善酶催化效率　酶活性是一个用来衡量催化反应速率的参数，其定义为单位时

间内转化底物的摩尔数。酶的活性中心是酶结构上的关键部位，是与底物分子结合并发生催化反应的场所，其构象不仅有助于底物结合，还能促进酶对底物的高效催化。Taq DNA 聚合酶在 72℃时延伸速率大约是 60nt/s，但实际中一般以 1kb/min 的速率扩增，对于样品量大或者时间要求急迫的检测，扩增速度更快的酶更满足快速检测应用的需求。2014 年，Arezi 等人通过分区自我复制（compartmentalized self-replication，CSR）技术得到一个新的全长 Taq 突变体 Taq 2C2（G59W、V155I、L245M、L375V、E507K、E734G、F749I），该突变体的催化效率大约是野生 Taq 酶的 2 倍，进一步研究发现，E507K 氨基酸突变对于增强 Taq 酶的催化活性具有重要意义。

② 提高酶稳定性　酶的稳定性对于酶在科研及工业生产中发挥高效催化作用是十分必要的。作为生物催化剂的酶发挥作用的真实反应条件同其进化的自然环境通常差异显著，因此要求其在特殊环境如高温和极端 pH 等体系中仍具有稳定性。提高 DNA 聚合酶的稳定性尤其是热稳定性对于 PCR 多循环扩增至关重要。Ghadessy 等人通过高温下的定向进化方法，筛选到了具有热稳定性的 Taq DNA 聚合酶突变体 T8（F73S、R205K、K219E、M236T、E434D、A608V）。与野生型相比，该突变体在 97.5℃下半衰期延长了11 倍。

③ 改变底物特异性　酶的底物特异性取决于酶分子的结构，特别是酶活性中心的结构。通过改造酶的活性中心，可能会对酶的底物专一性产生重大影响。使用 Klentaq 作为测序酶时发现，其无法顺利掺入 ddNTP（除 ddGTP），Tabor 等人通过 F667Y 突变体解决了这个问题。但是 Klentaq1（F667Y）掺入 ddNTP 的速率不均匀，强烈偏向 ddGTP。Li 等人在 Klentaq1 与 ddNTP 复合物晶体结构的基础上，对 R660 残基进行突变，结果 R660D/F667Y 双突变体掺入 ddGTP 与其他双脱氧核糖核苷酸的速率基本一致。

（2）酶分子定向进化的策略　酶的定向进化技术是模拟自然进化过程中基因突变与自然选择的过程，在体外对酶基因进行人工随机突变，建立突变基因库，在人工控制条件的特殊环境下，通过筛选得到具有预先期望的具有某些特性的酶突变体的技术过程。相比于自然进化，定向进化技术可以在短时间内对酶进行多轮突变与筛选，而且不受限于蛋白质结构或机制是否明确，是对蛋白质进行改造的有效手段。

① 构建突变文库　酶分子定向进化的第一步是对基因进行突变，以获得含大量基因突变的文库。基因突变文库可以以完全随机或相对"理性"的方式进行构建。

② 非理性设计　非理性设计即随机进化策略，优点是不需要对酶序列及结构有深入了解，仅需通过随机突变和片段重组的方法模拟自然进化。按照引入突变的原理可以分为易错 PCR（EpPCR）、DNA shuffling、杂合酶等多种类型。

EpPCR：1989 年，Leung 等人发明了该技术。通过调整反应条件，如改变某些组分的浓度（改变 Mg^{2+} 的浓度、调整 4 种 dNTP 的浓度）或采用低保真度的 Taq 酶，引入随机突变而创造序列多样性文库。EpPCR 通过在复制目标基因时引入具有更高突变率（10^{-4}/bp）的随机突变来模拟自然发生的不完美 DNA 复制过程（10^{-10}/bp）。它可以在不需要了解蛋白质结构和功能关系的情况下快速得到大量突变体文库。

DNA shuffling：20 世纪 90 年代，Marton 与 Stemmer 等人提出并证明在 PCR 过程中存在 DNA 重组，并以此提出 DNA shuffling 技术。DNA shuffling 技术首先将一组同源序列酶解为小片段，在经历变性退火后，含有同源序列的来自不同基因的片段间发生配对，之后不添加引物进行延伸，使同源序列间发生重组。由于发生重组的序列所编码的蛋白质在结构和功能都具有较高的相似度，因此同源重组有利于获得能正常折叠并具有功能的突变体。DNA shuffling 技术主要用于单基因或多基因的重组，不仅可加速有益突变的积累，还能组合两个或多个已优化的参数。其优点是操作简单，不需要蛋白质结构信息，但要求基因序列间至少具有 70% 的一致性。

交错延伸技术（staggered extension process，StEP）：1997 年，Arnold 等人提出了该技术。StEP 是一种简化的 DNA shuffling 技术。它不是由短片段组装全长基因而是在 PCR 反应中将含不同点突变的模板混合，随之进行多轮变性、短暂复性、延伸反应，在每一轮 PCR 循环中那些部分延伸的片段可以随机地杂交到含不同突变的模板上继续延伸，由于模板转换而实现不同模板间的重组，这样重复直到获得全长基因片段。重组的程度可以通过调整反应时间和温度来控制。该方法可以省去 DNase I 切割的步骤，比较简便、快速。

无论哪种突变文库构建方法都有其各自的优势及劣势，在实际应用中要根据实际情况进行选择。

③ 半理性设计　尽管随机进化被广泛应用于酶改造并取得了很大的成功，但这种方法的缺陷也比较明显。对于指定蛋白质，随机进化得到的突变库仅占据所有可能序列的一小部分。半理性设计是在掌握蛋白质结构、功能及催化机制等相关信息的基础上，利用计算机辅助设计技术（分子对接、分子建模、分子模拟和量子力学/分子力学等技术），精确设计要突变的位点，从而构建小而精"智能"突变体库。与随机进化相比，酶的半理性改造方法将序列、结构、功能等信息作为先验知识，大大缩小了要考虑的氨基酸范围，降低了实验工作量，增加了有益突变的概率，并且可以在突变过程中了解突变背后酶活性改善的机制。随着蛋白质结构信息的不断丰富和计算机生物学的不断发展，半理性设计改造蛋白质的成功率越来越高。目前，人们应用半理性设计策略改造酶分子的研究主要集中于提高酶的热稳定性，如优化表面电荷，引入脯氨酸、二硫键、氢键、盐桥等。常见的半理性策略包括以下两种：

组合活性中心饱和突变（combinatorial active-site saturation test，CAST）：基于序列或结构信息，借助计算机模拟在酶催化活性中心周围选取与底物有直接相互作用的氨基酸残基，通过理性分组进行单轮突变。然而，一般情况下单轮突变难以达到预期目标，需要进行多轮叠加突变（interative saturation mutagenesis，ISM）。Lin 等人对细菌 I 型硝基还原酶 NfsB 进行活性改造的过程中，对 6 个潜在活性提高位点进行组合突变，使产物 7-氨基苯并二氮杂䓬的产量在有氧环境下提高 11 倍，在无氧环境下提高 6 倍。

单密码子和三密码子饱和突变：为降低筛选规模，仅使用单密码子对酶催化口袋进行扫描，称之为单密码子饱和突变（SCSM）。基于酶催化口袋的理化性质（如亲/疏水性）以及已有信息，理性选取某一特定的氨基酸密码子作为建构单元，重塑酶催化口袋，达到提高或反转立体选择性目的。为进一步降低筛选工作量，基于蛋白序列（多重序列同源比对确定保守位点）及结构（晶体结构或同源建模）的相关信息，结合酶的催化性质及已知实验数据支持，理性选择 3 种氨基酸密码子作为饱和突变的建构单元，然后将拟突变的多个位点进行理性分组（3～4 个氨基酸残基分为一组），该策略称之为三密码子饱和突变（TCSM）。

④ 理性设计　理性设计是一种智能改造手段，依赖计算机技术（in silico）模拟自然界蛋白质的进化轨迹，通过计算机虚拟突变，筛选可快速准确预测目标突变体。通过一系列基于生物信息学开发的算法和程序，预测蛋白质活性位点并考察特定位点突变对其稳定性、折叠及与底物结合等方面的影响，从而对蛋白质进行针对性的改造和模拟筛选。尽管

新酶设计已取得一定成功，但由于对酶序列、结构、功能之间关系的认识还不够深入，该方法依然面临诸多挑战：首先，其成功率较低；其次，计算工作繁重，对计算机资源依赖非常高；最后，设计出的新酶结构和稳定性一般比较差，催化活性往往偏低。

（3）酶突变文库的筛选　定向进化的成功不仅取决于突变文库的质量，还取决于筛选模型的有效性，一般基于分子进化改造的目标特性设计体系对突变体的该特性进行快速评估。传统的筛选方法主要包括微孔板筛选、琼脂平板筛选、微液滴筛选。然而随着突变文库构建技术的飞速发展，使得在短时间内生成超过十亿个变体的大型基因文库成为可能，传统的筛选方法已无法满足其需求，高通量筛选技术在酶分子定向进化中的应用也越来越多，如基于流式细胞仪的荧光激活细胞分选和液滴微流控筛选技术等。

① 传统筛选方法

a. 微量滴定板筛选法是使用最为广泛的筛选方法，筛选通量约为每天 10^4 个变体。传统的酶活力测定方法是在微量滴定板中加入反应组分以及细胞粗提液或纯化的蛋白，通过比色或荧光分析法进行检测。该方法的使用仅限于底物、辅因子或产物可以通过吸光度或荧光检测的情况下。此外，该方法筛选效率相对较低，如果缺少自动化的仪器辅助，很难达到高通量筛选的目的。

b. 平板筛选法可以筛选含有 10^5 个变体的突变体库。该方法是将含有突变基因的重组细胞涂布在琼脂平板培养基上，根据重组细胞的表型比如细胞生长情况和颜色变化等筛选出有效突变。依据细胞生长情况进行筛选的方法通常应用在提高酶在极端环境的稳定性和耐受性方面。如果想要获得耐热的酶，可以将平板置于高温环境下培养，此时只有具备较好热稳定性的重组细胞可以耐受高温环境，经过几轮的突变，就可以筛选到耐热的酶突变体。依据颜色变化进行筛选也是一种常用的平板筛选法。比如在对磷酸酯酶进行筛选的过程中，可以在培养基中加入硝基酚磷酸，如果重组细胞可以表达较高水平的磷酸酯酶，该酶会分解硝基酚磷酸，从而产生黄色。黄色越深，表明酶活力越高，经过筛选循环，就可以筛选到具有高酶活力的突变体。该方法比较简便、直观，但是灵敏度比较低，一般用于初步筛选。

② 高通量筛选方法

a. 基于流式细胞仪的荧光激活细胞分选（FACS）：FACS 是一种可对单细胞进行高效分选的荧光激活细胞分选技术。FACS 可以根据细胞大小或荧光以高达 10^7 克隆/h 的速率对细胞进行分选。此外，FACS 可以直接将筛选到的优势突变体分配到微孔板中进行回收与鉴定。为进行 FACS 筛选，首先必须建立酶活性表型与其编码基因的偶联，即将酶活性转化为可检测的荧光信号，并与酶所在的细胞构建物理联系，保持表型与基因型的一致性。根据荧光产物与酶及其编码基因偶联形式的不同，现有的 FACS 酶活性筛选体系可分为细胞膜表面展示、胞内荧光产物的富集、荧光蛋白表达活性报告等类型。当检测目标为胞外分泌酶或代谢产物时，可将细胞包埋在水/油/水双液滴或水凝胶中从而保证基因型和表型的关联，液滴包埋拓宽了 FACS 的应用范围。

b. 液滴微流控筛选（DMFS）：DMFS 方法通过在芯片上持续高频（＞10kHz）地将单个细胞包埋在液滴中实现基因型与表型的偶联，并通过检测液滴内的物质信号进行定量分析与分选，其筛选通量高达 10^5 克隆/h。油包水液滴提供的纳升至皮升级反应区室，使其不仅适用于细胞内酶或代谢产物的筛选，也适用于胞外分泌酶或代谢产物的筛选。相比于常规的微升至毫升级反应体系，此方法将反应体系缩小了百万倍以上，对试剂的需求量大大降低，在用到昂贵底物或试剂时具有明显优势。此外，单层液滴包埋后仍可进行分析试剂的注入、液滴融合、分裂等，大大提高了操作的灵活性。自 2010 年 Agresti 等人首次利用液滴微流控成功地改造辣根过氧化物酶后，DMFS 已广泛地应用到其他酶和细胞工厂的定向改造中。

在进行高通量筛选时，还需要建立合适的信号检测策略，目前常用的检测主要基于荧光信号，其可以较为灵敏、可靠地对目标产物进行定量分析。此外，近年来发展的根据吸光光度值、拉曼光谱和质谱的检测方法也开始应用于超高通量筛选中。

2.4

生物活性原料的纯化

2.4.1　生物活性原料的预处理

生物活性原料的来源通常为动植物的组织或细胞，或是通过基因工程手段得到的工程细胞和工程菌。若需要的生物活性原料存在于胞内，则需要将收集的菌体或细胞进行细胞破碎，使目标生物活性物质释放到溶液中。通常而言可以采用高压匀浆、珠磨或超声等机械方式来破碎组织和细胞，也可以通过低渗、反复冻融、酶消化或表面活性剂处理等非机械方式，但要注意的是破碎的强度太小释放不充分，太大又会导致生物活性原料变性。破碎的细胞或其碎片通过高速离心、膜过滤等方式去除后，上清液用于进一步分离纯化。

2.4.1.1　机械破碎

机械破碎处理量大、破碎效率高、速度快，是大规模细胞破碎的主要手段，主要基于对物料的挤压和剪切作用。细胞的机械破碎方法主要有高压匀浆、珠磨和超声波破碎等。

（1）高压匀浆　高压匀浆破碎的原理：细胞悬浮液在高压作用下从阀座与阀之间的环隙高速喷出后撞击到碰撞环上，细胞在受到高速撞击作用后，急剧释放到低压环境，从而在撞击力和剪切力等综合作用下破碎。高压匀浆器的操作压力通常为 $500 \sim 700 \mathrm{bar}$（$1 \mathrm{bar} = 0.1 \mathrm{MPa}$）。高压匀浆中影响细胞破碎的因素主要有压力、循环操作次数和温度。高压匀浆法适用于酵母菌和大多数细菌细胞的破碎，料液细胞质量浓度可达到 $200 \mathrm{g/L}$ 左右。团状和丝状菌容易造成高压匀浆器堵塞，一般不宜用高压匀浆法。高压匀浆操作的温度上升为 $2 \sim 3 \mathrm{℃}/100 \mathrm{bar}$，为保护生物活性原料的活性，需要对料液进行冷处理，设置冷却装置。

（2）珠磨　珠磨机的破碎室内填充玻璃或者氧化钴微珠，填充率为 $80\% \sim 85\%$。在搅拌桨的高速搅拌下微珠高速运动，微珠和微珠之间以及微珠和细胞之间发生冲击和研磨，使悬浮液中的细胞受到研磨剪切和撞击而破碎。珠磨的细胞破碎效率随细胞种类而异，但均随搅拌速度和悬液停留时间的增大而增大。珠磨法适用于绝大多数微生物细胞的破碎，但与高压匀浆法相比，影响破碎率的操作参数较多，操作过程的优化设计较复杂。

（3）**超声波破碎** 超声波破碎的原理：在超声波作用下液体发生空化作用，空穴的形成、增大和闭合产生极大的冲击波和剪切力，使细胞破碎。超声波的细胞破碎效率与细胞种类、浓度和超声波的声频、声能有关。超声波破碎法适用于多数微生物的破碎，操作过程产生大量的热，因此操作需要在冰水或有外部冷却的容器中进行。由于对冷却的要求相对苛刻，所以不容易放大，主要用于实验室规模的细胞破碎。

上述的机械破碎法作用原理不尽相同，有各自的适用范围和处理规模，需要综合考虑生物活性物质的特性和处理规模进行选择。

2.4.1.2 生物化学渗透

（1）**化学试剂处理** 用表面活性剂（SDS、TritonX-100 等）、螯合剂（EDTA）或盐（改变离子强度）处理细胞，可增大细胞壁通透性。

（2）**酶溶** 酶溶法利用溶解细胞壁的酶处理菌体细胞，使细胞壁受到部分或完全破坏后，再利用渗透压冲击等方法破坏细胞膜，进一步增大胞内产物的通透性。

生物化学渗透比机械破碎速度低、效率差，并且化学或者生化试剂的添加形成了新的污染，给进一步的分离纯化造成了一定影响。但是，生物化渗透比机械破碎的选择性高，胞内产物的总释放率低，特别是可有效抑制核酸的释放，料液黏度小，有利于后处理过程。将生物化学渗透与机械破碎相结合，可大大提高破碎率。

2.4.1.3 物理渗透

（1）**渗透压冲击法** 渗透压冲击是各种细胞破碎法中最为温和的一种，适用于易于破碎的细胞，如动物细胞和枯草杆菌。将细胞置于高渗透压的介质（高浓度的盐、甘油或蔗糖溶液）中，达到平衡后，将介质突然稀释或将细胞转置于低渗透压的水或缓冲液中。在渗透压的作用下，水渗透通过细胞壁和膜进入细胞，使细胞壁和膜膨胀破裂。

（2）**冻融法** 将细胞急剧冻结后在室温缓慢融化，此冻融操作反复进行多次，使细胞受到破坏。冻融法对于存在于细胞质周围靠近细胞膜的胞内产物释放较为有效。

由于细胞之间和目标产物之间性质差别较大，破碎条件的选择需要根据实际情况进行参数选择和优化。此外，提高破碎效率意味着延长破碎时间或增加破碎操作次数，往往会引起目标产物的变性和失活。并且过度释放胞内物质，给下游的进一步分离纯化操作增加难度。因此，生物活性原料的预处理过程应与下游纯化过程相联系，在保证生物活性目标产物有较高收率的情况下，使对下游纯化过程的影响最小。

2.4.2 生物活性原料的初纯

初纯是指从菌体发酵液、细胞培养液、细胞破碎液及其他各种生物原料初步提取目标产物，使目标产物得到浓缩和初步分离的下游纯化过程。初纯的对象往往具有体积大、杂质含量高等特点，因此初级纯化技术应具有操作成本低、适用于大规模生产的优势。初纯阶段主要应用的方法包括膜过滤、萃取和沉淀。

2.4.2.1 膜过滤技术

膜分离是一种利用膜的选择性，以膜两侧存在的压力差作为推动力，使溶液中的组分根据迁移率的不同而实现分离的技术，其本质是物质透过或截留于膜的筛分过程。膜分离过程中所用的膜是由均一的一相或两相以上的凝聚物复合体构成，通常具有耐压、耐高温，以及生物或化学相容性的特点。

蛋白质分离纯化过程中，根据所用滤膜孔径大小的不同，可将其分为微滤（microfiltration，MF）膜、超滤（ultrafiltration，UF）膜、纳滤（nanofiltration，NF）膜和反渗透（reverse osmosis，RO）膜等；而根据膜结构的不同，又可将膜分为对称膜、非对称膜和复合膜。蛋白质纯化过程中常用的 UF 膜、RO 膜等属于非对称膜，MF 膜则通常是对称膜。不同种类的膜可通过单独或膜组件的方式，逐级去除分离体系中不同粒径大小的杂质，实现蛋白质等目标物质的有效分离。

膜分离技术主要用于病毒类抗原组分的纯化以及细菌或真核细胞等来源的抗原组分的分离纯化，其分离纯化方式以透析和过滤为主。

（1）膜透析分离技术　通过上游途径获得的蛋白质类抗原组分，通常含有一定浓度的盐离子、小分子化合物等，这些物质对于疫苗组分来说是非必需的，甚至可能对疫苗的品质产生一定的影响，因此必须对其进行去除。膜透析分离技术，可实现病毒或蛋白质类抗原组分与体系中非必需物质组分的有效分离。

（2）膜过滤分离技术　膜过滤分离技术是疫苗有效抗原组分生产过程中应用最为广泛的一项技术，根据其过滤方式的不同可分为垂直过滤和切向流过滤（tangential flow filtration，TFF）。其中，垂直过滤应用于抗原组分分离的主要是膜深层过滤。在实际生产应用中，不同的膜过滤方式通常以膜组件的方式联合使用，以提高膜的使用效率及分离效率。

2.4.2.2　萃取分离技术

萃取是一种利用溶质在互不相溶的两相之间分配系数的不同而使溶质得到纯化或浓缩的技术，其本质是一种扩散分离过程，早期用于生物小分子的分离和纯化。20 世纪 60 年代以来，在传统的有机溶剂萃取技术的基础上，相继出现了可应用于生物大分子如多肽、蛋白质、核酸等分离纯化的反胶团萃取等溶剂萃取法。

（1）萃取分离技术的分类　萃取分离技术根据参与溶质分配的两相不同而分为多种，如液固萃取、液液有机溶剂萃取、双水相萃取和超临界流体萃取等，每种方法均各具特点。蛋白质纯化过程中常用的反胶团萃取（reversed micellar extraction）的本质仍是液液有机溶剂萃取，利用表面活性剂在有机相中形成的反胶团，从而在有机相内形成分散的亲水微环境，故可萃取肽、蛋白质和核酸等生物分子。20 世纪 70 年代以后，双水相萃取（aqueous two-phase extraction）技术的迅速发展为蛋白质特别是胞内蛋白的提取纯化提供了有效手段，该技术利用某些亲水性聚合物的水溶液超过一定浓度后可形成两相的双水相系统（aueous two phase system，ATPS），根据不同物质在两相中分配系数的差异实现蛋白质分离纯化。该方法具有环境友好、成本低、操作连续、易于规模化等优点，适用于生物分子的浓缩和纯化。

（2）萃取分离技术的应用　在生物活性原料的规模化生产过程中，萃取分离技术主要用于病毒类抗原组分的纯化、蛋白质的提取以及杂质的去除等，其分离纯化方式以双水相萃取为主。

2.4.2.3　沉淀技术

沉淀是溶液中溶质由液相变成固相析出的过程，沉淀法是纯化各种生物物质常用的一种经典方法。蛋白质沉淀技术由于其具有快速、温和、易放大以及比较廉价等特点，在生物制品下游加工中通常被用于蛋白质的回收、浓缩和纯化。

蛋白质沉淀的诱发机制较为复杂，受温度、pH 值、离子强度、蛋白质浓度和蛋白质表面特征（包括极性氨基酸和非极性氨基酸的分布）以及沉淀剂等多种因素的影响。因此，尽管蛋白质沉淀技术已有较多研究，开发针对某种特定蛋白质的沉淀方法仍然是一个经验过程，需要经过广泛的实验论证。

（1）**盐析沉淀** 蛋白质在高离子强度的溶液中溶解度降低，发生沉淀的现象称为盐析。盐析的作用原理：盐离子浓度增加到一定范围时，大量的水分子与盐离子结合，使蛋白质的疏水区得以暴露，而蛋白质表面电荷被盐离子中和，蛋白质随之发生沉淀。盐析沉淀可以通过在蛋白质水溶液中加入中性盐来实现，常用的盐析盐有硫酸铵、硫酸镁、氯化钠、硫酸钠、磷酸钠等，其中硫酸铵因具有能稳定蛋白质结构、溶解度高、成本低、纯物质容易获得等特点，常被用于蛋白质的盐析沉淀，是应用最广泛的一种。

进行蛋白质沉淀时，缓慢加入饱和硫酸铵溶液或硫酸铵固体，并伴以快速搅拌，以避免局部盐浓度过高。一般在盐析沉淀后，需要脱盐处理才能进行后续的分离操作。

通常情况下，要实现目的蛋白与杂蛋白的分离，需要进行硫酸铵分级沉淀。其原理是根据各种蛋白质盐析所需硫酸铵浓度的不同，通过调节蛋白质混合溶液中硫酸铵的浓度，实现目的蛋白与其他杂蛋白的分离。一般对蛋白质样品进行分段盐析，根据回收率和纯度来选择和确定盐析范围。

（2）**非离子型聚合物沉淀** 最常用的非离子型聚合物沉淀剂是聚乙二醇（polyethylene glycol，PEG），一般认为是 PEG 的空间排阻作用使蛋白质被迫挤靠在一起而引起沉淀。最初发现，蛋白质溶解度的对数与 PEG 浓度呈线性关系，高分子量的 PEG 由于排阻体积排阻效应而具有较高的沉淀效率。传统的方法是通过在蛋白质溶液中加入高浓度的直链 PEG 4000～6000 来进行沉淀。由于高分子量的直链 PEG 黏度较高，支链 PEG 逐渐被开始使用，不过可能会降低蛋白质沉淀产量。

PEG 沉淀的优点是反应条件温和、操作简单、沉淀速度快、成本低等。尽管 PEG 沉淀已获得了广泛应用，但是在去除高分子量杂质方面仍存在不足。低选择性是这项技术的主要限制因素，此外，残留 PEG 的干扰以及去除问题也亟待解决。因此在进行沉淀时，PEG 的分子量、蛋白质浓度、pH 值、离子强度和沉淀时间等条件都需优化以获得最佳的沉淀效率。

（3）**聚电解质沉淀** 蛋白质或杂质在不同 pH 值溶液中携带不同数量的电荷基团，由于静电相互作用可被携带相反电荷的聚电解质沉淀。当溶液的 pH 值低于或高于蛋白质的等电点（isoelectric point，pI）时，蛋白质分别携带正电荷或负电荷，通过控制溶液的 pH 值或离子强度等条件，可以对目的蛋白或杂质进行以电荷为基础的沉淀。通常，阴离子聚电解质包括聚乙烯磺酸、聚丙烯酸和聚苯乙烯磺酸等，可用于沉淀碱性蛋白质。相反，阳离子聚电解质，如聚酰胺，可用于去除带负电荷的杂质，如酸性宿主细胞蛋白和核酸。基于电离的可逆性，可通过调节溶液的 pH 值或离子强度来实现沉淀络合物的复溶。

聚乙烯亚胺（polyethylenimine，PEI）是一种碱性阳离子聚合物，其在蛋白质分离纯化上的应用起源于 Zillig 等人的研究，用于大规模制备高纯度的重组大肠杆菌重组表达的 RNA 聚合酶。PEI 是一种典型的聚电解质蛋白质沉淀剂，类似于可溶的二乙基氨基（DEAE）纤维素，可结合带负电荷的大分子，如核酸和酸性蛋白质等，进而形成网状结构，快速形成沉淀。大部分酸性蛋白质与 PEI 的结合具有可逆性，在较低盐浓度条件下，与 PEI 结合形成沉淀，在较高盐浓度条件下，可以从多聚体上解离。

PEI 沉淀策略主要有 3 种：一是在高盐浓度条件下加入 PEI，可以沉淀大部分的核酸，几乎所有的蛋白质存在于溶液中；二是在低盐浓度条件下加入 PEI，可以沉淀核酸和酸性蛋白质，中性或碱性蛋白质存在于溶液中；三是根据聚集和解聚的可逆性，在低盐浓度条件下加入 PEI，沉淀酸性蛋白质，随后用高盐浓度溶液从多聚体沉淀上解离目的蛋白，此方法可以去除几乎所有核酸和大部分中性和碱性蛋白质杂质，获得纯度较高的目的蛋白，是 PEI 沉淀法的经典应用。

尽管聚电解质沉淀法具有较高的选择性，但是该方法要求对复杂的作用体系有一定的了解，包括预测蛋白质的三维结构、局部电荷分布，以及疏水相互作用和氢键结合等多种类型的相互作用。此外，设计实验策略时，应考虑到一些重要参数之间的相互影响。

（4）其他沉淀法　向蛋白质溶液中加入丙酮或乙醇等水溶性有机溶剂，随着有机溶剂浓度的增大，水对蛋白质分子表面电荷基团或亲水基团的水化程度降低，溶液的介电常数下降，蛋白质分子间的静电引力增大，从而凝聚和沉淀。相对而言，此种方法的优点是分辨率比盐析高，沉淀剂可回收，但缺点是易使蛋白质变性，适用范围窄。为了避免蛋白质变性，沉淀时必须在较低温度下进行。最常用的有机溶剂是乙醇和丙酮，其他如乙醚、丙醇、二甲基甲酰胺、二甲基亚砜等也有一定应用。在选择有机试剂时，主要考虑介电常数小、对生物分子的变性作用小、毒性小、能与水无限混溶等因素。

某些金属离子可与蛋白质分子上的某些残基发生相互作用而使蛋白质沉淀，例如 Ca^{2+}、Mg^{2+} 和 Cu^{2+} 等能与羧基结合，Mn^{2+} 和 Zn^{2+} 能与羧基、含氮化合物以及杂环化合物结合。该方法的优点是可对浓度很低的蛋白质进行沉淀，沉淀产物中的重金属离子可用离子交换树脂或螯合剂去除。

依据蛋白质在 pH 值等于其 pI 值的溶液中溶解度下降的原理进行沉淀分离的等电点沉淀法，以及依赖热稳定性差的蛋白质在较高温度下发生变性沉淀的热沉淀法都是比较常见的沉淀方法。此外，在过酸或过碱条件下，蛋白质所带电荷相同，增加了分子间的相互排斥作用力或破坏其自身的离子键而造成其空间结构的破坏，从而引起变性沉淀的方法统称为 pH 变性沉淀，与等电点沉淀有一定差别，也属于蛋白质沉淀技术的一种。

常规沉淀策略在疫苗生产过程中已有广泛应用，比如硫酸铵沉淀常用于蛋白质的粗纯，实现目的蛋白的浓缩、杂质去除、溶液置换等目的，以利于后续的色谱纯化。然而，沉淀法对体积庞大、价格昂贵的离心系统的依赖和相对较低的选择性限制了其在大规模纯化中的应用。尽管如此，因具备高通量和低成本的特性，沉淀法在蛋白质纯化方面尤其是对成本要求更为严格的兽用疫苗下游处理过程中仍占据重要地位。

一种有效的沉淀方法必须满足几个要求：第一，沉淀剂不应破坏目的蛋白的功能，易于从蛋白质溶液中去除；第二，无论是对目的蛋白还是杂质的沉淀，都需要高选择性和高效率；第三，沉淀行为应以可预测和可控制的方式发生；第四，沉淀剂易于大规模、经济地生产；第五，沉淀剂在不会造成蛋白质活性损失的情况下可以方便地回收。

2.4.3　生物活性原料的精纯

精纯主要依据分子大小、形状、表面电荷分布、亲疏水性以及特异性结合等性质进行各种色谱分离。

根据分离原理的不同，可将色谱法分为凝胶过滤色谱（gel filtration chromatography，GFC）、离子交换色谱（ion exchange chromatography，IEC）、疏水作用色谱（hydrophobic interaction chromatography，HIC）和亲和色谱（affinity chromatography，AC）。

2.4.3.1 凝胶过滤色谱

GFC 的基本原理是利用凝胶粒子为固定相，根据溶质分子量的差别进行分离。该方法主要用于蛋白质等生物大分子的分级分离，以及蛋白质溶液的置换。Sephadeks G 是最传统的凝胶过滤介质之一，此外，葡聚糖、琼脂糖、聚丙烯酰胺也常被用作凝胶介质材料。

GFC 传统介质具有成本低和流速慢的特点，高效介质具有使用方便、流速快和成本高的特点。需要注意的是，进行 GFC 的蛋白质样品浓度一般不应超过 50mg/mL，而且应具有较高的澄清度。蛋白质与介质可以通过静电作用或范德华作用结合，为了将结合降至最低，所用溶剂的离子强度应不小于 0.2mol/L。采用传统介质所进行的 GFC，试验规模易放大，可以通过增大柱体积以适应需要分离纯化的样品体积。

2.4.3.2 离子交换色谱

蛋白质等生物大分子通常会在其表面呈现带电荷基序，因而可以与离子交换剂相互作用，IEC 正是基于带电荷的蛋白质基团和离子交换剂之间的静电相互作用的差别，实现蛋白质分离的色谱技术。IEC 分为阳离子交换色谱（cation-exchange chromatography，CIEC）和阴离子交换色谱（anion-exchange chromatography，AIEC），二者分别携带负电荷和正电荷。蛋白质表面所带的电荷取决于其 pI 值和缓冲液 pH 值，缓冲液 pH 值大于其 pI 值时蛋白质带负电荷，可与阴离子交换介质结合；小于其 pI 值时蛋白质带正电荷，可与阳离子交换介质结合。

IEC 中蛋白质的分离程度依赖于缓冲液的 pH 值和盐浓度，许多蛋白质的最佳 pH 值范围在其 pI 值的 1 个 pH 值单位内。IEC 最常用的洗脱策略是通过增加缓冲液的盐浓度，或者通过增加或降低 pH 值的方法来对蛋白质进行洗脱分离，主要分为以下 4 种方式：线性盐梯度、分步盐梯度、pH 值梯度和置换色谱。对于高分辨率的分离，宜采用线性盐梯度和 pH 值梯度洗脱；分步盐梯度洗脱则适用于浓缩蛋白质。

IEC 操作步骤如下：①样品准备；②平衡色谱柱；③蛋白质上样；④洗去未结合物质；⑤洗脱；⑥再生。

根据离子交换平衡的原理，应在较低的盐浓度条件下上样，通常推荐的盐浓度为 10～100mmol/L，其电导率相应为 1～4mS/cm。此外，缓冲液不能与离子交换介质结合，比如，不应将乙酸盐缓冲液用于 AIEC，Tris 不能应用于 CIEC。当对目的蛋白 pI 等信息所知甚少时，需要先进行小规模的探索实验，以寻求最佳的结合条件；对于纯化方案已经存在的蛋白质的制备及工业化分离，其重点在于生产率、生产能力或规模放大。

IEC 是发展最早的色谱技术之一，是蛋白质分离纯化中应用最广泛的纯化方法，具有分辨率高、应用灵活、分离原理比较明确、交换容量高、非特异性吸附小、操作简单易行、成本低、有利于放大分离规模等特点。IEC 常被用来去除各种类型的杂质，如残留的宿主细胞蛋白、核酸、培养基成分、内毒素和病毒等，已成为生物活性原料下游纯化工艺的首选方法。Tripathi 等人利用 IEC 纯化重组乙型脑炎病毒（Japanese encephalitis virus，

JEV）域Ⅲ蛋白；Xi 等人利用 IEC 对重组大肠杆菌重组表达的猪圆环病毒 2 型（porcine circovirus type 2，PCV2）Cap 蛋白进行纯化，可以获得较纯的 Cap 蛋白。

2.4.3.3　疏水作用色谱

由于存在疏水性或非极性氨基酸侧链，大多数蛋白质表面都有分布在亲水区域或极性区域之间的疏水区域，这些疏水区域的数量、大小和分布是每个蛋白质的固定特征。HIC以蛋白质的疏水性特征为分离基础，利用具有适度疏水性的介质作为固定相，根据蛋白质与疏水性配基之间的疏水相互作用的差别进行分离纯化。这种相互作用发生于有利于疏水相互作用的环境，如高离子强度环境，而在低离子强度时，蛋白质则被洗脱。

影响 HIC 过程的因素取决于固定相类型、流动相组成和色谱条件。固定相所采用基质的类型、配基的种类和取代程度等都会影响样品的分离效果，常见的疏水配基有烷基和芳香基两大类，其中烷基配基与溶质间显示出单纯的疏水作用，而芳香族配基往往呈现出混合模式的分离行为。配基的疏水性结合强度会随着有机链长度的增加而提高。流动相条件对 HIC 的影响主要表现在离子强度及种类、流动相 pH 值以及其他添加剂的影响等方面。用 HIC 纯化蛋白质时，常用硫酸铵和氯化钠促进水溶液中疏水作用增加蛋白质的疏水作用强度。也可以使用有机溶剂改变疏水作用的强度，如乙二醇和丙三醇等含羟基的物质能降低蛋白质的疏水性吸附作用，经常用作洗脱促进剂；而表面活性剂可与吸附剂或者蛋白质的疏水部位结合，从而减弱蛋白质的疏水性吸附。HIC 的洗脱方式与 IEC 类似，分为梯度洗脱和分步洗脱。

与其他色谱技术相比，HIC 在样品准备方面的要求比较低，在上样前，在样品中添加足够浓度的盐，使目的蛋白能够与介质结合即可。需要注意的是蛋白质在高盐浓度下可能发生沉淀，所以在选择盐浓度之前，应先评估蛋白质在给定盐溶液中的溶解性。此外，应该确认蛋白质和介质在该环境 pH 值下的稳定性。

由于 HIC 的分离原理完全不同于 IEC 或 GFC 等色谱技术，使得该技术与后两者经常被联合应用于分离复杂的生物样品。HIC 对样品中离子强度要求非常低，能够与传统的沉淀技术结合使用，因此该技术非常适合于整个纯化方案的早期阶段。例如，HIC 可以和硫酸铵沉淀等沉淀技术联合使用，硫酸铵沉淀部分杂质后，目的蛋白存在于含高浓度盐的上清液中，无需脱盐就能直接进行 HIC 分离。由于该技术属于典型的吸附技术，介质对吸附物的结合容量也能达到较高的水平，因此该技术还非常适合应用于大规模生产。HIC 可用于重组蛋白、激素、酶以及一些药物分子甚至病毒和细胞的分离纯化。

2.4.3.4　亲和色谱

AC 以生物分子和其配体之间高度特异、可逆的相互作用为基础，对样品进行分离纯化。AC 中生物分子与配体之间的特异结合类型主要有：酶与其底物、辅酶、激活剂或抑制剂，抗体与其抗原，凝集素与对应糖蛋白等。此外，将具有特殊分子识别作用的基团（亲和标签）与目的蛋白相连接，制备连接有亲和标签的基因重组融合蛋白，然后利用亲和标签的特异性亲和吸附剂就可简单方便地纯化目的蛋白。

常用的亲和标签有六聚组氨酸（His）、谷胱甘肽 S-转移酶（glutathione S-transferase，GST）和麦芽糖结合蛋白（maltose binding protein，MBP）等。其中，His 标签经常被用于重组蛋白的纯化，该标签由 6 个或更多的组氨酸残基序列组成，这些残基被添加到重组蛋白的 N 或 C 端，并对金属离子如镍（Ni）表现出很高的亲和力，可统称为固定化金属螯合亲和色谱（immobilized metal-chelated affinity chromatography，IMAC）。IMAC 使用的基质中含有金属螯合基，能够螯合金属离子形成固定相，而金属上的其余配位位点与重组蛋白上的 His 残基可逆结合；通过咪唑等金属螯合剂则能把将重组蛋白洗脱、纯化。与其他 AC 方法相比，IMAC 除了成本低廉和使用简便外还有几个优势：His 标签与配基的相互作用可以耐受变性条件、各种类型的化学物质；即使在高蛋白质浓度条件下，也可以获得高捕获率；纯化工艺具有可放大性。但是，IMAC 在纯化过程中可能会有重金属从介质中脱落造成额外污染。此外，去除 His 标签需要昂贵的蛋白酶，会进一步增加纯化成本。

AC 的显著特点是高度选择性，而且 AC 的操作条件温和，能有效保持生物大分子的构象和生物活性，回收率较高。AC 还具有浓缩蛋白质的功能，通常仅用一步分离过程，就能快速达到较好的纯化效果，这是其他纯化方法所不具备的优势。因此，AC 是当下最受欢迎的分离纯化技术。AC 在重组蛋白纯化方面有较多的报道，如利用 AC 纯化重组表达的 JEV NS1 蛋白、炭疽热保护性抗原、埃博拉病毒 VP35 蛋白等。

由于生物活性原料生产过程中相关杂质的复杂性，需要根据目的蛋白的特定性质和具体的纯化要求开展联合纯化操作。比如，Xiao 等人采用 IMAC 联合 IEC 的方法纯化获得表达的重组 FMDV VP 蛋白；Gwinn W 等人在纯化炭疽热保护性抗原蛋白时联合使用了 IEC 和 HIC 两种色谱纯化方法。

此外，涉及色谱配体和蛋白质分子之间通过离子、疏水、氢键或范德华力等多种相互作用进行分离纯化的多模式或混合模式的色谱法也已成为当下的研究热点，比如 Capto Core 700 填料（GE）使用基于分子排阻、疏水和离子相互作用的混合模式，陶瓷羟基磷灰石（CHT）使用基于静电相互作用和亲和相互作用。此外，混合模式填料具有耐盐、分离性好、结合力强等优点，是蛋白质色谱技术的主要发展方向之一。

2.4.4　应用

近年来，随着养殖技术的进步和对兽用生物制品要求的不断提升，下游分离纯化过程越发重要。由于生物活性原料生产过程中相关杂质的复杂性，仅通过一种分离纯化方法很难获得符合要求的蛋白质产品，因此必须根据目的蛋白的特定性质和具体的产品需求制定联合纯化方案。

在生物活性原料大规模生产中，常规的下游分离纯化过程大致分为粗分离和精细纯化两个阶段。粗分离阶段主要为蛋白质的初级回收，由于此时样品体积大、成分杂，并要求迅速将目的蛋白与杂质分离，因此可以利用传统的蛋白质沉淀技术以及膜分离技术进行初步的纯化和浓缩。精细纯化阶段则需要更高的分辨率，要将目的蛋白与其性质相似的杂蛋白分离，因此可以通过蛋白质色谱技术获得纯度较高的目的蛋白。

Xi 等人为了获得高纯度大肠杆菌表达的 PCV2 重组 Cap 蛋白，首先通过 60％饱和度的硫酸铵盐析沉淀对含有重组 Cap 蛋白的细胞裂解上清进行初步纯化，然后利用 IEC 进行精细纯化。Xiao 等人首先利用 IMAC 对大肠杆菌表达的重组 FMDV VP 蛋白进行富集，紧接着通过 AIEC 提高 VP 蛋白纯度，纯化后的 VP 蛋白通过 UF 进行小规模或者 TFF 进行大规模的浓缩处理，最终获得了纯度较高的 VLP。Youngmin Park 等人为了从转基因本氏烟草植物叶片组织中大规模提取表达的猪瘟病毒 CSFV E2 融合蛋白，开发了一种由

AC 和 GFC 组成的蛋白质联合纯化方案。此外，David Wetzel 等人在牛病毒性腹泻病毒（bovine viral diarrhea virus，BVDV）E2 蛋白嵌合 VLP 的纯化案例中，充分发挥了蛋白质联合纯化策略的优势：首先利用 ATPS 进行裂解液的澄清，随后通过二氧化硅吸附进行蛋白质富集，浓缩后的样品通过 AIEC 进行纯化，洗脱后的蛋白质样品依次进行 DF 脱盐处理，UF 或 TFF 进行浓缩和密度梯度离心收集 VLP，最后再经 GFC（SEC）脱盐处理后获得高纯度 VLP 蛋白。

　　近年来，随着兽用生物制品国家标准的不断提高，如何生产有效、高质量的兽用生物制品开始成为各界关注的重点，而下游分离纯化过程的控制逐渐成为疫苗生产的关键环节。人用生物制品分离纯化技术的快速发展可以助推兽用生物制品下游纯化工艺改进，在兽用生物制品分离纯化技术的开发过程中，必须从实际出发，鉴于兽用疫苗成本控制方面的特殊性，在有限的条件下，综合考虑安全性、有效性、成本效益、环境释放等多方面因素，开发出真正适宜于兽用生物制品的下游分离纯化工艺。

2.5

生物活性原料的保存与质量控制

　　生物活性原料作为诊断试剂的主要组成部分，很大程度上决定了产品质量的好坏。保存作为生物活性原料使用过程中的重要环节，对其使用效果有重要的影响。导致生物活性原料活性降低或丧失的因素很多，了解并在保存过程中尽量规避，可有效提高生物活性原料的利用率。同时，建立有效的生物活性原料评价方法，可对其质量进行控制，从而降低因其变化对产品质量的影响。

2.5.1　生物活性原料的保存

　　生物活性原料需要在特定的条件下保存，尽量减缓或者避免各种因素对其生物活性的影响，从而保证其质量。主要的生物活性原料有抗原、抗体及酶，而其主体均为蛋白质。蛋白质的变性是引起其生物活性改变的主要因素，是指其特定的空间构象被破坏，从有序改变为无序，导致其理化性质改变以及生物活性丧失。变性的本质是二硫键以及共价键的破坏导致高级结构和空间构象的破坏，但不涉及氨基酸序列的改变。

2.5.1.1　生物活性原料变性的影响因素

　　导致生物活性原料变性的因素有很多，主要分为物理因素和化学因素。

　　（1）物理因素　如高温、高压、超声波、放射线等。热变性是因为温度升高导致分子内振动增强，破坏了维持空间结构的次级化学键。许多蛋白质在 $50\sim60$℃的溶液中即可变性。高压对于蛋白质的天然构象、分子内氢键以及与溶剂水形成的氢键、蛋白质的三级结构等造成影响。而超声波作用时会造成瞬间的高温高压，也会破坏蛋白质分子的内键或者分子间的相互作用力。放射线对氨基酸有脱氨、形成羰基化合物、改变构造等作用，也会对蛋白质的特性造成影响。

（2）化学因素 如强酸、强碱、重金属盐等均可使蛋白质变性。强酸、强碱可破坏蛋白质中的氢键，也可以与游离的氨基或者羧基形成盐，从而引起蛋白质功能的改变。除少数极端例子外，大多数的蛋白质在 pH 4～10 范围内稳定。重金属盐可沉淀蛋白质，而且大多数情况下沉淀的蛋白质为变性的。

2.5.1.2 生物活性原料的保存条件

生物活性原料可以在溶液状态下保存，也可以冻干保存，而不同保存状态对于保存条件的要求不同，需依据需求进行选择。

（1）溶液状态的保存 溶液状态下的生物活性原料可在 2～8℃实现短期保存（1～2周），也可以在低温（-20℃以下）实现长期保存。溶液状态下需要考虑溶液的 pH 值、离子强度、污染状态对其保存的影响。pH 值的变化对蛋白质的活性影响很大，即使很小的变化（1～2pH 单位）也可能造成蛋白质基团的离子化或去离子化，从而影响构象结构的稳定性。通常需要借助不同的缓冲液体系（如磷酸盐缓冲液、Tris 缓冲液等），增加蛋白质保存过程对于 pH 值变化的抵抗能力。蛋白质在 2～8℃保存时，细菌等微生物可持续生长，一方面生长过程中的分泌物会破坏蛋白质的活性，另一方面会影响生物活性原料使用时的纯净性。保存前过滤除菌或添加防腐剂等均可防止细菌污染。

稳定剂的添加也可增加溶液状态下生物活性原料保存的稳定性。常用的稳定剂有甘油、二硫苏糖醇（DTT）、蔗糖等。在-20℃以下保存的生物活性原料可添加终浓度为10%～50%的甘油，防止液体低温凝固，可尽可能地避免其反复冻融。DTT 为还原剂，在溶液中可防止生物活性原料保存过程中被氧化。

选择吸附性低、生物相容性好的材料作为容器，避免保存过程中造成生物活性原料吸附或变性，可延长其保存时间，或者减少保存过程对于活性的影响。

（2）冻干状态的保存 冻干状态的生物活性原料可在常温或者冷藏条件下实现长期保存。但为避免冻干过程对其生物活性的影响，需加入合适的冻干保护剂。冻干保护剂主要作用是减少冻干过程中冰晶的形成，防止冰晶破坏蛋白质等；也可改变冻干过程中的理化环境，减少条件改变对于蛋白质的影响。经常使用的保护剂主要包括几大类：①pH 缓冲剂如磷酸盐、醋酸盐、柠檬酸盐等；②糖类如蔗糖、海藻糖、半乳糖等；③多聚物如聚乙二醇、明胶等；④抗氧化剂如谷氨酸盐、亚硫酸盐等；⑤表面活性剂如 Tween-80、聚山梨醇酯等；⑥填充剂如甘露醇、甘氨酸等。需要注意的是不同生物活性物质适用的最佳保护剂成分或单组分用量不尽相同，需要在使用前进行针对性的研究确定。

2.5.2 生物活性原料的质量控制

兽用诊断试剂制备所用生物活性原料应纯度高、活性好、特异性好、批间稳定，其质量控制包括制备过程中的质量控制以及成品的质量控制。

2.5.2.1 制备过程中的质量控制

生物活性原料多种多样，其制备方法也不尽相同，其制备过程控制的要点为监测目标分子的含量，确保产物中目标分子的浓度或丰度达到后期处理（如纯化等）的要求。但实际生产过程中，往往无法通过常规方法直接进行目标分子的定量，多采用控制制备过程要点的方法间接达到控制效果。如目标分子是全病毒，需在繁殖过程中依据细胞的病变程度初步判断病毒的繁殖情况。对于一些无明显病变的病毒，需通过培养条件的筛选，确定最优的培养方案，包括接毒量、培养时间等，通过固定制备过程的各项参数，以达到批次间病毒繁殖情况稳定的效果。若目标分子为抗原或者抗体，也可借助免疫检测的方式进行相对定量（如效价等）。若目标分子为酶，则可通过酶促反应进行相对定量（酶活力等）。

高纯度生物活性原料通常需经过纯化环节获得。针对不同的原料，常用的纯化方法有亲和色谱法、分子筛色谱法、硫酸铵沉淀法、离子交换色谱法、疏水相互作用色谱法等。可选择单一的方法进行纯化，也可多种方法组合进行。但整体而言，纯化策略的建立均需结合纯化效果（质量回收率及纯度）、生物活性损失来选择。同时，每一步的纯化都应设立质量控制标准，包括质量回收率、纯度以及效价或酶活力等。

2.5.2.2 成品的质量控制

成品的质量控制是生物活性原料用于诊断试剂制备前的最后一道关卡，需利用不同的方法从物理性状、目标分子浓度、目标分子纯度以及生物活性方面进行全方位的检测，从而去除未达标的原料，保证诊断试剂的质量。

（1）性状 蛋白质变性的主要表现有溶解度的降低、黏度增大等，可以通过形态的观察初步判断其状态。蛋白质变性后导致疏水链暴露，肽链相互缠绕聚集从溶液中析出形成沉淀。为保证原料的活性，要求应无明显的沉淀或异物。一些特定的生物材料因含有发色基团或辅基，则应带有特殊的颜色，如辣根过氧化物酶标记物为棕红色、异硫氰酸荧光素标记物为黄绿色等。

（2）浓度 浓度的测定方法很多，以蛋白质为主体的生物活性原料可通过双缩脲法、紫外光吸收法、考马斯亮蓝法等进行。

① 双缩脲法 蛋白质分子含有众多肽键（—CO—NH—），在碱性溶液中可发生双缩脲反应，而且呈色强度在一定浓度范围内与肽键数量即与蛋白质含量成正比。可借助蛋白质标准品建立标准曲线，计算蛋白质含量。基于该原理建立的 BCA 法测定蛋白质浓度，是近些年最常用的蛋白质定量方法。

② 紫外光吸收法 蛋白质分子中含有吸收紫外光特性的共轭双键酪氨酸和色氨酸，利用其在 280nm 处吸光值来估测蛋白质的含量。但该方法可靠性不高，一方面因为不同的蛋白质分子中酪氨酸和色氨酸的含量不同；另一方面是吸光度值容易受到原料中干扰物质的影响。

③ 考马斯亮蓝染色法 考马斯亮蓝与蛋白质结合后呈蓝色，蛋白质含量在一定范围内时，其结合物在 595nm 下的吸光度值与蛋白质的含量成正比。

需要注意的是，不同的检测方法定量结果间存在一定的差异，对于应用于同一种产品的同一种原料，需固定其浓度检测方法，保证批间的稳定性。同时，不同的生物活性原料的用途也会对浓度有一定的要求，浓度过低会影响其使用。

（3）纯度 蛋白质为主体的生物活性原料，其纯度测定方法多种多样，如电泳法、凝胶过滤色谱法、反相高效液相色谱法、沉降速率测定法、质谱法等。其中电泳法成本低、操作简单，是最常用的方法。对于分子量与目标蛋白有差距的杂质，通过该方法即可检出，因此要求原料进行 SDS 电泳后，除目标条带外应无明显杂带。但对于分子量与目标蛋白接近的杂质，无论氨基酸组成是否相同，该方法都无法区分。如果目标分子是酶，可通过酶比活来衡量其纯度。比活是单位蛋白质质量下的酶活力，是有效的酶纯度控制方法。对于同一种酶来说，比活越大，酶的纯度越高。

（4）生物活性检测　应按照物料的使用情况，确定其活性检测方法，并制定相应的标准。同时应根据其预期进行功能性验证，比如将其制备成试剂，带入检测体系评价其敏感性、特异性、稳定性等，只有这些性能都达到预先制定的标准，才能认为该批次物料可用。

主要参考文献

[1] 徐国恒 . 蛋白质的变性[J]. 生物学通报，2010，45（4）：1.

[2] 厉朝龙 . 生物化学与分子生物学[M]. 北京：中国医药科技出版社，2001.

[3] 李华，Yuji O K，Ryo K，等 . 高压 NMR 在蛋白质结构和动力学研究中的应用[J]. 波谱学杂志，2016，33（01）：1-26.

[4] 荆卉，孙俊，牟瑶瑶，等 . 超声波物化效应及其对蛋白质改性的应用研究进展[J]. 中国食品学报，2021，21（06）：321-330.

[5] 唐炳华，李爱英，杨云，等 . 简明生物化学[M]. 北京：中国中医药出版社，2019.

[6] 任勇，丁东平，渠刚，等 . 蛋白质类药物的稳定性研究进展[J]. 华南国防医学杂志，2006（04）：31-33.

[7] 何春燕，喻红 . 医学生物化学实验指导[M]. 武汉：湖北科学技术出版社，2010.

[8] 李键 . 冻干保护剂在活疫苗生产中的应用进展[J]. 中国生物制品学杂志，2017，30（02）：221-224.

[9] 熊前程，魏红艳 . 有机化学[M]. 西安：西安交通大学出版社，2018.

[10] 汤其群 . 生物化学与分子生物学[M]. 上海：复旦大学出版社，2015.

[11] Chun H U. Membrane separation technique and its application in research and medicine production[J]. China Journal of Chinese Materia Medica, 2006（15）：1221-1224.

[12] Singh N, Arunkumar A, Chollangi S, et al. Clarification technologies for monoclonal antibody manufacturing processes: Current state and future perspectives[J]. Biotechnol Bioeng, 2016（4）：698-716.

[13] Zillig W, Zechel K, Halbwachs H J. A new method of large scale preparation of highly purified DNA-dependent RNA-polymerase from E. coli[J]. Hoppe Seylers Z Physiol Chem, 1970（2）：221-224.

[14] Wang C, Wang L, Geng X. High recovery refolding of rhG-CSF from Escherichia coli, using urea gradient size exclusion chromatography[J]. Biotechnol Prog, 2008（1）：209-213.

[15] Tripathi N K, Shrivastava A, Biswal K C, et al. Development of a pilot-scale production process and characterization of a recombinant Japanese encephalitis virus envelope domain III protein expressed in Escherichia coli[J]. Appl Microbiol Biotechnol, 2012（5）：1179-1189.

[16] Xi X F, Mo X B, Xiao Y, et al. Production of Escherichia coli-based virus-like particle vaccine against porcine circovirus type 2 challenge in piglets: Structure characterization and protective efficacy validation[J]. J Biotechnol, 2016（223）：8-12.

[17] Xiao Y, Chen H Y, Wang Y, et al. Large-scale production of foot-and-mouth disease virus (serotype Asia1) VLP vaccine in *Escherichia coli* and protection potency evaluation in cattle[J]. BMC Biotechnol, 2016 (1): 56.

[18] Gwinn W, Zhang M, Mon S, et al. Scalable purification of Bacillus anthracis protective antigen from *Escherichia coli*[J]. Protein Expr Purif, 2006 (1): 30-36.

[19] Park Y, An D-J, Choe S, et al. Development of recombinant protein-based vaccine against classical swine fever virus in pigs using transgenic nicotiana benthamiana[J]. Frontiers in Plant Science, 2019 (10): 624.

[20] Wetzel D, Barbian A, Jenzelewski V, et al. Bioprocess optimization for purification of chimeric VLP displaying BVDV E2 antigens produced in yeast Hansenula polymorpha[J]. J Biotechnol, 2019 (306): 203-212.

[21] 曹雪涛. 医学免疫学[M]. 7版. 北京: 人民卫生出版社, 2018: 20.

[22] 李金明. 临床酶免疫测定技术[M]. 北京: 人民军医出版社, 2005: 28.

[23] 童光志, 王云峰. 动物基因工程疫苗原理与方法[M]. 北京: 化学工业出版社, 2009: 14.

[24] 彭先楚, 戴橄, 李文凯, 等. 日本血吸虫天然抗原分子的柱层析分离纯化与鉴定[J]. 热带医学杂志, 2005, 5 (1): 3.

[25] Manocha M, Chitralekha K T, Thakar M, et al. Comparing modified and plain peptide linked enzyme immunosorbent assay (ELISA) for detection of human immunodeficiency virus type-1 (HIV-1) and type-2 (HIV-2) antibodies[J]. Immunol Lett, 2003 (85): 275-278.

[26] El-Awady M K, El-Demellawy M A, Khalil S B, et al. Synthetic peptide-based immunoassay as a supplemental test for HCV infection[J]. Clin Chim Acta, 2002 (325): 39-46.

[27] Gomara M J, Ercilla G, Alsina M A, et al. Assessment of synthetic peptides for hepatitis A diagnosis using biosensor technology[J]. J Immunol Methods, 2000 (246): 13-24.

[28] Chan P K S, To W K, Liu E Y M, et al. Evaluation of a peptide-based enzyme immunoassay for anti-SARS coronavirus IgG antibody[J]. J Med Virol, 2004 (74): 517-520.

[29] Bao D T, Kim D T H, Park H, et al. Rapid detection of avian influenza virus by fluorescent diagnostic assay using an epitope-derived peptide[J]. Theranostics, 2017 (10): 1835-1846.

[30] Langedijk J P, Middel W G, Meloen R H, et al. Enzyme-linked immunosorbent assay using a virus type-specific peptide based on a subdomain of envelope protein E (rns) for serologic diagnosis of pestivirus infections in swine[J]. J Clin Microbiol, 2001 (39): 906-912.

[31] Saravanan P, Kumar S, Kataria J M. Use of multiple antigenic peptides related to antigenic determinants of infectious bursal disease virus (IBDV) for detection of anti-IBDV-specific antibody in ELISA-quantitative comparison with native antigen for their use in serodiagnosis[J]. J Immunol Methods, 2004 (293): 61-70.

[32] 杨利国, 胡少昶, 魏平华, 等. 酶免疫测定技术[M]. 南京: 南京大学出版社, 1998: 139-157.

[33] 李翀. 抗体工厂[M]. 天津: 天津科学技术出版社, 2018: 1-15.

[34] 汪世华. 抗体技术[M]. 北京: 科学出版社, 2018: 4-13.

[35] 李菁, 林彤, 宋帅, 等. 基因工程抗体研究进展[J]. 生物技术通报, 2009 (10): 40-44.

[36] 马雪璟, 李润涵, 侯百东. 单克隆抗体的出现与发展[J]. 科学通报, 2020, 65 (28): 3078-3084.

第3章
兽用ELISA类试剂的研制

3.1

概述

酶联免疫吸附法（enzyme-linked immunosorbentassay，ELISA）始于 1971 年，是继放射免疫测定（radioimmunoassay，RIA）之后发展起来的一项新的免疫学技术，是酶免疫技术测定中应用最广、最有发展前途的一种技术。1971 年，Engvall 和 Perlmann 发表了他们关于 ELISA 研究的论文，他们采用碱性磷酸酶为标记物，定量检测了家兔血液中的 IgG。同时，van Weemen 和 Schuurs 也报道了使用辣根过氧化物酶通过连接丙二醛作为标记物，成功地对人体尿液中的 HCG 进行定量检测。随着 ELISA 方法的发明，许多研究人员应用它开展研究工作。Ljungstrom 等人于 1974 年在寄生虫学中确定旋毛虫病的存在；Voller 等人于 1975 年诊断疟疾；Bishai、Galli、Leinikki 等人和 Ukkonen 等人分别在 1978 年、1979 年和 1981 年利用 ELISA 方法识别由流感、副流感和腮腺炎病毒引起的感染；1980 年，Siegle 等人优化了 ELISA 试验，并加入了微量滴定板，对不同批次的兔抗体效价进行定量检测，开启了 ELISA 试验对各种激素、肽和蛋白质的定量检测。目前，ELISA 的定量检测已广泛应用于食品安全检测领域。

由于 ELISA 试验操作便捷，其反应物可以不同的组合使用，可以被动地连接到固相载体上，也可以在液相中，在生物学领域广泛应用。通过开发专门的生物材料，例如单克隆单抗、多克隆抗体、重组抗原等；改进和扩大商品化试剂，如酶联结合物、底物和染色剂等；以及持续改进塑料技术和微孔板、仪器乃至机器人的技术，大大提高了 ELISA 的利用率。与此同时，ELISA 在兽医领域也被广泛应用，在兽医诊断中发挥着重要作用。

3.2

ELISA 的基本原理和反应模式

ELISA 的基本原理是已知的抗原或抗体结合在固相载体上，将待测样品与酶标抗原或酶标抗体按照一定的反应程序加入反应体系，与固相载体上吸附的抗原或抗体反应形成抗原抗体-酶复合物，通过洗涤将抗原抗体-酶复合物与其他成分分离，加入酶反应底物，底物被酶催化为有色产物，根据颜色深浅进行定性或定量分析。

不同 ELISA 方法具有不同的操作步骤，使用时需严格按照商品化试剂盒的说明书进行。一般操作的主要环节包括：①样品反应：加入预处理后的样品，孵育一定时间，使样品中的抗原或抗体与固相载体上的抗体或抗原进行反应；②酶标反应：加入酶标试剂，孵育一定时间；③洗涤：分别在样品及酶标反应结束后，加入洗涤液洗去游离的抗原、抗体和酶标试剂；④显色反应：加入酶反应的底物液进行反应，使用酶标仪读值后，依据检测值判定待测样品中是否存在目标物，或依据说明书的方法进行目标物的含量计算。

常用的 ELISA 反应模式有直接 ELISA、间接 ELISA、竞争 ELISA 和夹心 ELISA。

3.2.1　直接 ELISA

3.2.1.1　基本原理

直接 ELISA 是将待检抗原固定于固相载体上，洗涤除去未结合的抗原和杂质，加入酶标抗体进行孵育反应，固相上的抗原与酶标抗体结合形成抗原-抗体复合物，通过洗涤除去未结合的酶标抗体，加入底物进行反应显色，通过分光光度计进行读数分析，OD 值的大小与样品中的抗原含量成正比。直接 ELISA 是最为简单的 ELISA 反应模式（图 3-1）。

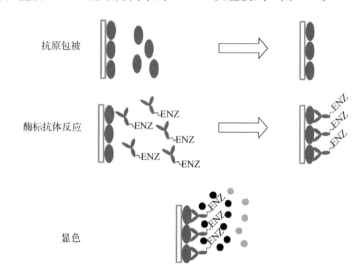

图 3-1　直接 ELISA 反应模式图

3.2.1.2　核心生物材料

直接 ELISA 反应模式简单，所需要的核心生物材料仅为针对待检抗原的特异性酶标抗体。

3.2.1.3　特点

（1）优点

①相较于其他类型的 ELISA 实验，直接 ELISA 实验步骤少，耗时短；②不需要用到二抗，避免了交叉反应，测定结果不容易出错。

（2）缺点

①直接 ELISA 的抗原不是特异性固定的，样品中的所有蛋白质（靶蛋白及其他杂质蛋白）都会与 ELISA 板结合，会导致潜在的高背景干扰；②并非所有抗体都适合进行酶联反应，很多抗体与标记酶偶联之后，抗体的效价降低甚至失活，导致很多低丰度蛋白的检测效果不佳；③直接法进行的每种检测实验都要制备或订购特异性的酶标抗体，增加了实验的成本和周期；④用于抗原的免疫反应分析时，由于抗原的固相化可能会改变抗原的结构或构象表位，导致其分析结果具有严重的局限性。

3.2.1.4　应用

直接 ELISA 主要用于抗原的分析检测。1995 年，文其义等人建立了直接 ELISA 检测沙门氏菌的方法。2004 年，黄金林等人基于直接 ELISA 假阳性率低的优势，结合 PCR 方法建立了快速检测样品中沙门氏菌的组合检测方法，比国标法快速且敏感性高、特异性强。直接 ELISA 也可以通过酶标二抗对特殊抗体进行初步评价和测试。2012 年，刘茂柯等人通过制备 HRP 酶标记的兔抗猪 sIgA 的 IgG 抗体，建立了检测猪 sIgA 的直接 ELISA 方法，利用该方法检测猪肺炎支原体灭活疫苗免疫猪肺洗液和肠黏液中的 sIgA 水平，结果发现肺洗液中的 sIgA，免疫猪显著高于空白对照组，而肠黏液中的 sIgA 无明显差异。

3.2.2　间接 ELISA

3.2.2.1　基本原理

间接 ELISA 是先将抗原包被到酶标板上，随后分两步进行检测：首先加入待检抗体与抗原特异性结合，孵育后洗去未结合的抗体；随后加入酶标二抗，孵育后洗去未结合的酶标二抗；加入底物进行显色反应，通过分光光度计进行读数分析，OD 值的大小与样品中抗体含量成正比。间接 ELISA 是目前应用最为广泛的反应模式（图 3-2）。

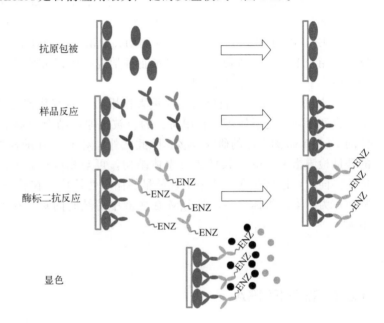

抗原包被

样品反应

酶标二抗反应

显色

图 3-2　间接 ELISA 反应模式图

3.2.2.2　核心生物材料

（1）包被用抗原　抗原的纯度是影响间接 ELISA 较大的因素。目前间接 ELISA 所使用的包被抗原多为基因工程重组抗原，如非洲猪瘟病毒的 p30、p72 和 p54 蛋白、猪圆环病毒的 Cap 蛋白、猪繁殖与呼吸综合征病毒 N 蛋白等。

（2）酶标二抗　酶标二抗作为 ELISA 检测试剂的重要组成部分，在免疫学诊断中发挥重要作用。二抗即为抗抗体的抗体，分为抗 IgG、IgM 和 IgA，分别用于检测样品中的 IgG、IgM 和 IgA 抗体。其中 IgG 在动物血清中的含量最高，以检测血清中特异性 IgG 的间接 ELISA 试剂盒最为常见。二抗须免疫异源动物制备，如制备抗猪 IgG 二抗，则须使用猪 IgG 免疫除猪以外的其他动物，如兔、羊等，即制备出兔抗猪 IgG 二抗、羊抗兔猪 IgG 等。因二抗是抗某物种的抗体，只要是该物种的抗体，均能与相应的二抗结合。因此，制备酶标二抗可以广泛地应用于一种动物多种抗体的间接 ELISA 检测。目前，很多专业的试剂公司提供的酶标二抗均可满足 ELISA 试剂盒的开发。

3.2.2.3　特点

（1）优点

①与直接 ELISA 相比，间接 ELISA 用到酶标二抗，抗体包含多个表位，可结合几种酶标二抗，从而放大信号提高灵敏度；②不同的一抗能够与相同的酶标二抗同时使用，灵活性更高；③酶标二抗多为商品化试剂，工艺成熟，价格便宜；④工艺简单，只要获得纯度高活性好的抗原，即可快速建立间接 ELISA 抗体检测试剂盒。

（2）缺点　由于动物机体中的抗体种类多，特别是 IgG 抗体浓度高，其中绝大部分为机体接触外界环境刺激所产生的非特异性 IgG，这些非特异性 IgG 对固相的吸附常会导致假阳性反应。为尽量避免假阳性结果，通常需对待测样品做较大倍数的稀释，操作比较烦琐。

3.2.2.4　应用

① 间接 ELISA 通常用于测定血清中的 IgG 抗体，同时也可以检测 IgM 抗体和 IgA 抗体。截至 2022 年 6 月 29 日，我国批准的兽用诊断 ELISA 抗体检测试剂盒共 42 项，其中间接 ELISA 有 21 项，占 50%；检测动物血清中特异性 IgG 抗体的占 95.2%（20/21），仅 1 项用于 IgA 抗体检测 [江苏省农业科学院兽医研究所等单位开发的"猪肺炎支原体 ELISA 抗体（sIgA）检测试剂盒"]。

② 抗感染过程中黏膜免疫发挥重大作用的病原有猪流行性腹泻病毒、猪传染性胃肠炎病毒和猪肺炎支原体等。利用特异的包被抗原，结合酶标的抗 IgA 二抗，针对 IgA 抗体的 ELISA 检测方法的研究较多。除此之外，对于 IgM 的检测，主要作为疫病发生早期的辅助检测指标。由于 IgM 为五聚体结构，可与相应抗原的多位点结合，是一种高效能抗体。同时，IgM 是在血液中出现最早的循环性抗体，在感染早期具有重要的诊断意义，常被作为感染的指标之一，但 IgM 在血液中持续时间短，在动物疫病诊断中的临床意义不大。

3.2.3　竞争 ELISA

3.2.3.1　基本原理

竞争 ELISA 有时也叫阻断 ELISA，分为直接竞争 ELISA、间接竞争 ELISA、直接夹心竞争 ELISA 和间接夹心竞争 ELISA 等。

（1）直接竞争 ELISA　是样品中的抗体/抗原、酶标抗体和固相的抗原竞争性结合的分析方法。预先将抗原包被在固相载体上，实验时加入待检抗原（或抗体）和酶标记的特异性抗体。如果待检物是抗原，则待检抗原与预先包被在固相载体上的抗原竞争结合酶标抗体；如果待检物是抗体，则待检抗体就与酶标抗体竞争结合包被在固相载体上的抗原。通过洗涤洗掉被竞争结合的酶标抗体，最后加底物显色，通过分光光度计进行读数分析。样品中的抗体和一定量的酶标抗体竞争与固相抗原结合，或样品中的抗原和固相抗原竞争与酶标抗体结合，样品中抗体或抗原量越多，结合在固相上的酶标抗体就越少，因此样品中待测物的含量与检测值呈反比例关系（图 3-3 和图 3-4）。

（2）间接竞争 ELISA　是用样品中的待测抗体与已知抗体竞争结合固相抗原，或待测抗原与固相抗原竞争结合已知抗体的分析方法。预先将抗原包被在固相载体上，实验

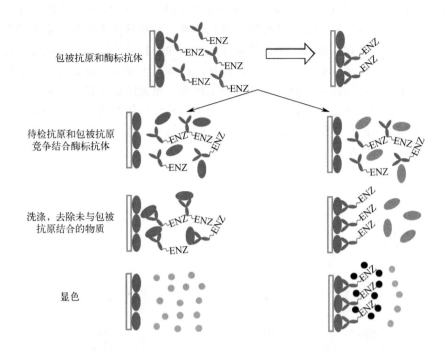

包被抗原和酶标抗体

待检抗原和包被抗原
竞争结合酶标抗体

洗涤，去除未与包被
抗原结合的物质

显色

图 3-3　直接竞争 ELISA（检测抗原）反应模式

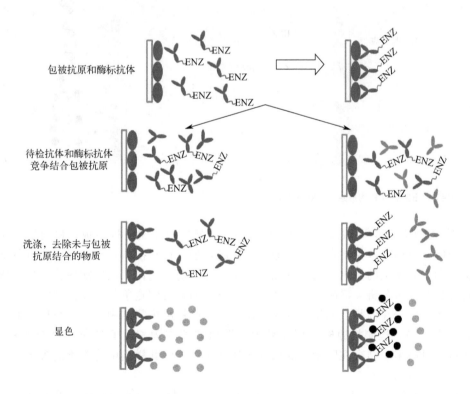

包被抗原和酶标抗体

待检抗体和酶标抗体
竞争结合包被抗原

洗涤，去除未与包被
抗原结合的物质

显色

图 3-4　直接竞争 ELISA（检测抗体）反应模式

时，先加入待检抗原（或抗体），然后依次加入已知的特异性抗体和针对特异性抗体的酶标二抗。如果待检物是抗原，则待检抗原与预先包被在固相载体上的抗原竞争结合已知的特异性抗体；如果待检物是抗体，则待检抗体就与已知的特异性抗体竞争结合包被在固相载体上的抗原。通过洗涤洗掉被竞争结合的特异性抗体，再加入酶标二抗，最后加底物显色，通过分光光度计进行读数分析。样品中的抗体和一定量的已知特异性抗体竞争与固相抗原结合，或样品中的抗原和固相抗原竞争与已知特异性抗体结合，样品中抗体或抗原量越多，结合在固相上的特异性抗体就越少，结合的酶标二抗也就越少，因此样品中待测物的含量与检测值呈反比例关系（图3-5和图3-6）。

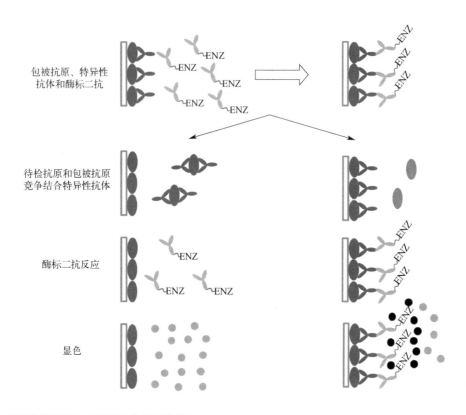

图3-5　间接竞争ELISA（检测抗原）反应模式图

（3）**直接夹心竞争ELISA**　包被抗体捕获特异性抗原制备抗原板，检测抗体时，待测抗体与酶标抗体竞争性结合固相抗原。实验时，加入待检抗体，与酶标抗体竞争结合捕获包被在固相载体上的抗原。通过洗涤洗掉未结合的酶标抗体，最后加底物显色，通过分光光度计进行读数分析。样品中的抗体和一定量的酶标抗体竞争与固相抗原结合，样品中抗体量越多，结合在固相上的酶标抗体就越少，因此样品中待测物的含量与检测值呈反比例关系（图3-7）。检测抗原时，用样品中的游离抗原与固相抗原竞争性结合酶标抗体，样品中抗原量越多，结合在固相上的酶标抗体就越少，因此样品中待测物的含量与检测值呈反比例关系（图3-8）。

（4）**间接夹心竞争ELISA**　包被抗体捕获特异性抗原制备抗原板，检测抗体时，待测抗体与已知特异性抗体竞争性结合抗原。实验时，加入待检抗体，与系统中已知特异性抗体竞争结合捕获包被在固相载体上的抗原。通过洗涤洗掉未结合的已知特异性抗体，再

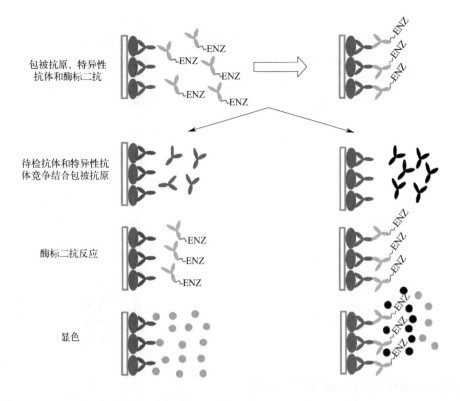

包被抗原、特异性抗体和酶标二抗

待检抗体和特异性抗体竞争结合包被抗原

酶标二抗反应

显色

图 3-6　间接竞争 ELISA（检测抗体）反应模式图

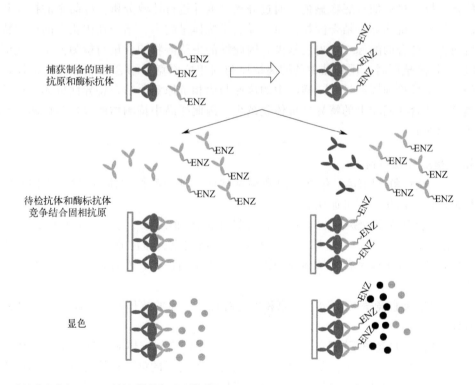

捕获制备的固相抗原和酶标抗体

待检抗体和酶标抗体竞争结合固相抗原

显色

图 3-7　直接夹心竞争 ELISA（检测抗体）反应模式图

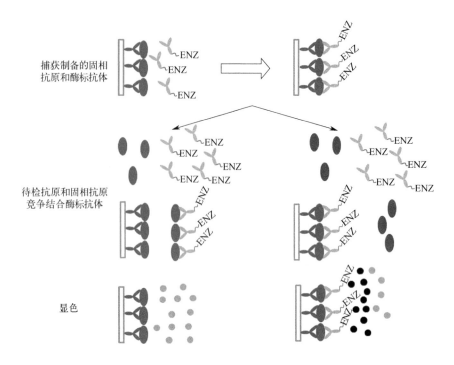

图 3-8 直接夹心竞争 ELISA（检测抗原）反应模式图

加入酶标二抗，最后加入底物显色，通过分光光度计进行读数分析。样品中的抗体和一定量的已知特异性抗体竞争结合固相抗原，样品中抗体量越多，结合在固相上的已知特异性抗体就越少，结合的酶标二抗也就越少，因此样品中待测物的含量与检测值呈反比例关系（图 3-9）。检测抗原时，用样品中的游离抗原与固相抗原竞争结合已知特异性抗体，最后加入酶标二抗后再加底物显色。样品中的抗原与固相抗原竞争结合特异性抗体，样品中抗原量越多，结合在固相上的特异性抗体就越少，因此样品中待测物的含量与检测值呈反比例关系（图 3-10）。

3.2.3.2 核心生物材料

（1）**直接竞争 ELISA** 包被抗原和酶标抗体，其中酶标抗体与直接 ELISA 用酶标抗体相似，需定制化，不可通用。

（2）**间接竞争 ELISA** 包被抗原、特异性抗体和酶标二抗，其中酶标二抗与间接 ELISA 用酶标二抗一致，可通用，而且商品化试剂成熟。需注意的是，为保证检测方法的特异性，特异性抗体和待检抗体应为不同动物来源的抗体，而且特异性抗体最好为单克隆抗体。

（3）**直接夹心竞争 ELISA** 抗原和可配对检测抗原的抗体对，并将第二抗体制备成酶标抗体。

（4）**间接夹心竞争 ELISA** 抗原、可配对检测抗原的抗体对和针对第二抗体的酶标二抗。同理，为保证检测方法的特异性，可配对检测抗原的第二抗体与待测抗体应为不同动物来源的抗体，而且第二抗体最好为单克隆抗体。

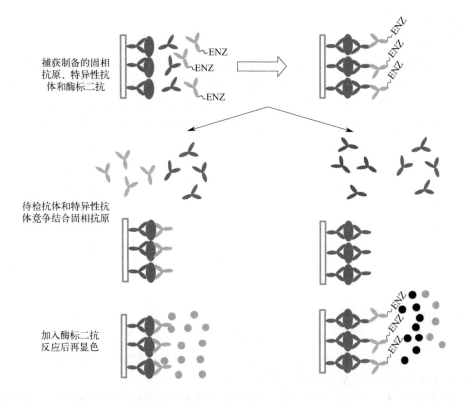

图 3-9　间接夹心竞争 ELISA（检测抗体）反应模式图

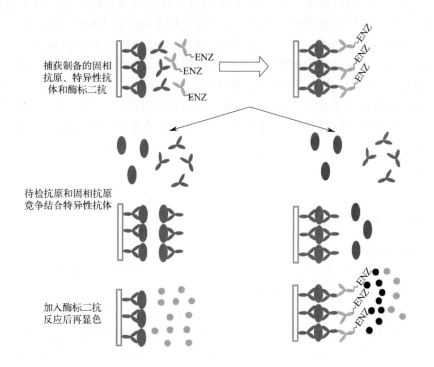

图 3-10　间接夹心竞争 ELISA（检测抗原）反应模式图

3.2.3.3 特点

（1）优点

① 竞争法反应模式多样，可根据现有生物材料以及待测样品的特点灵活选择，如抗原纯度低，含有较多的干扰物质，直接包被不易成功，可采用夹心竞争法，包被与固相抗原相应的特异性抗体，捕获包被抗原，洗涤除去未结合的抗原和杂质；如酶标抗体不易制备，则可选择间接竞争法，使用商品化的酶标二抗；②适用范围广，检测抗原时，不管待检对象是大分子物质还是多肽、小分子药物等，都可以适用竞争 ELISA 检测。检测抗体时，避免了间接 ELISA 测抗体种属特异性的难题；③特异性好，使用针对包被抗原优势抗原表位的抗体作为竞争抗体，可显著提高检测抗体的特异性，这也是竞争法样品稀释倍数较小的原因所在。

（2）缺点

①一抗的免疫反应性可能受到酶标记的不利影响，每个特定的 ELISA 系统均需标记一抗，既费时又昂贵；②与待检抗体或抗原竞争结合的抗体或抗原的浓度偏低，导致其灵敏度低。

3.2.3.4 应用

（1）**检测抗原**　常用于检测小分子抗原及半抗原，小分子抗原多数只有一个抗原决定簇，从而无法使用双抗体夹心方法测定，只能采用竞争法测定。这种测定模式广泛应用于抗生素残留等食品安全的检测试剂开发。

（2）**检测抗体**　使用针对包被抗原优势抗原表位的抗体作为竞争抗体，可显著提高检测抗体的特异性，同时避免了间接 ELISA 测抗体种属特异性的难题，对人兽共患病或多种动物共患病的抗体检测提供了便捷。如口蹄疫病毒的抗体检测试剂盒，使用单抗竞争 ELISA 方法，可同时用于猪、牛、羊等多种动物的口蹄疫病毒的抗体检测。此外，竞争法测抗体常常用于检测某些干扰物质不易去除的样品及难以纯化得到抗原等情况。邓均华等人建立的竞争 ELISA 对猪圆环病毒 2 型（porcine cirovirus type 2，PCV2）敏感性及特异性强，适合大规模监测 PCV2 抗体，可排除 PCV2 疫苗接种后的 PCV1 抗体干扰，该竞争 ELISA 的特异性和便利性可为疫苗接种后抗体反应强度评估和当前疫苗效力监测提供有力支持。

3.2.4　夹心 ELISA

3.2.4.1　基本原理

夹心 ELISA 分为双抗体夹心 ELISA 和双抗原夹心 ELISA，双抗体夹心 ELISA 又分为直接夹心 ELISA 和间接夹心 ELISA。

（1）**双抗体夹心 ELISA**　直接夹心 ELISA 将捕获抗体包被于酶标板，捕获待检抗原，随后通过酶标的特异性抗体进行检测。实验时，加入待检抗原，与预先包被的抗体结合，通过洗涤洗去游离的抗原，再加入酶标抗体反应，形成"固相抗体-待检抗原-酶标抗体"的复合物，最后加底物显色，通过分光光度计进行读数分析。样品中的抗原含量越多，形成的复合物就越多，显色越深，因此样品中待测抗原的含量与检测值成正比（图3-11）。间接夹心 ELISA，把酶标抗体替换为针对第二抗体的酶标二抗，捕获抗原后先与第二抗体反应，再加入酶标二抗，最后显色，相较于直接法多了一步反应（图 3-12）。

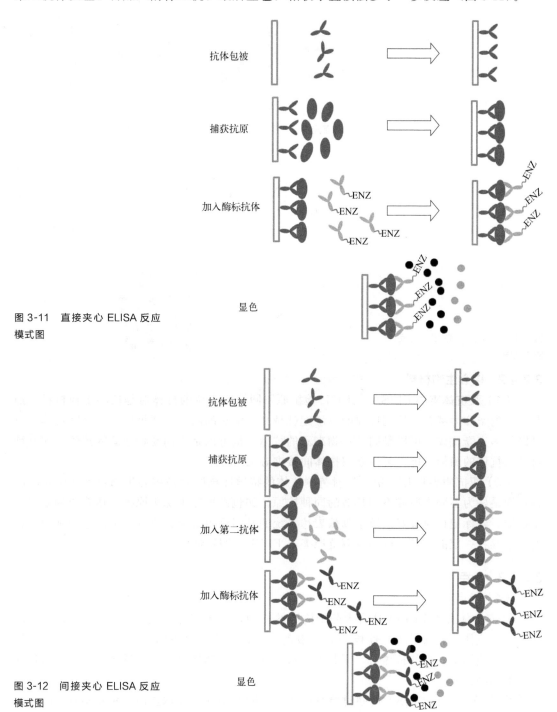

图 3-11　直接夹心 ELISA 反应
模式图

图 3-12　间接夹心 ELISA 反应
模式图

（2）双抗原夹心 ELISA　将抗原包被于酶标板，抗原捕获待检抗体，随后通过酶标抗原进行检测。实验时，加入待检抗体，与预先包被在固相载体上的抗原结合，通过洗涤洗去游离的抗体，再加入酶标抗原，形成"固相抗原-待检抗体-酶标抗原"的复合物，最后加底物显色，通过分光光度计进行读数分析。样品中的抗体含量越多，形成的复合物就越多，显色越深，因此样品中待测抗体的含量与检测值成正比（图 3-13）。

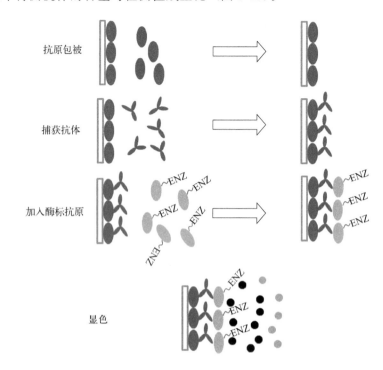

抗原包被

捕获抗体

加入酶标抗原

显色

图 3-13 双抗原夹心 ELISA 反应模式图

3.2.4.2 核心生物材料

（1）**双抗体夹心 ELISA** 针对待检抗原不同抗原表位的抗体对是核心生物材料。捕获抗体的亲和力越高，检测抗原的灵敏度就越高。配对的两个抗体可以是单克隆抗体，也可以是多克隆抗体；可以是同一动物来源的抗体，也可以是不同动物来源的抗体。如有针对第二抗体的酶标二抗，可建立双抗体间接夹心 ELISA。

（2）**双抗原夹心 ELISA** 针对待测抗体的特异性抗原对是核心生物材料。配对的两种抗原最好为不同来源或不同长短的同种抗原，如包被抗原来源于原核表达系统的基因重组抗原，则标记抗原最好来源于真核表达系统的基因重组抗原；或者包被抗原和标记抗原的长短存在一定的差异，以提高双抗原夹心 ELISA 的特异性。

3.2.4.3 特点

（1）**优点**

① 双抗体夹心 ELISA 适合大分子抗原的检测，一般在分子质量 5kDa 以上；由于增加了一层抗体，提高了特异性检测的灵敏度，比直接或间接 ELISA 高 2～5 倍；特异性高，由于使用了匹配的抗体对，因此可以特异性地捕获和检测抗原；适用于复杂、粗略或不纯的样品检测。

② 双抗原夹心 ELISA 可同时检测血清中不同类型的免疫球蛋白，包括 IgG、IgM 和 IgA 等，显著提高了抗体检测的敏感性；特异性好，血清中的无关免疫球蛋白的干扰性小，待检样品可不稀释直接使用。同时，它也像竞争 ELISA 一样，避免了间接 ELISA 测抗体种属特异性的难题。

（2）**缺点**

① 双抗体夹心 ELISA 由于使用的是针对特定检测物的单一的酶偶联抗体，因此该系

统仅限于该特定抗体所固有的特异性和特性，这限制了检测的多功能性。同时要求检测物必须拥有两个以上不同的抗原表位或多个相同的重复表位，因此该方法不适用于检测小分子物质。

② 双抗原夹心 ELISA 对抗原的要求高，酶标抗原制备的工艺复杂。

3.2.4.4　应用

双抗体夹心 ELISA 尤其适用于复杂样品的分析，在待测物未纯化的情况下，仍有很高的检测灵敏度和特异性（例如测量免疫应答中的细胞因子水平）。双抗原夹心 ELISA 检测样品无动物种属特异性限制，可检测不同动物血清中的总抗体，其敏感性高于竞争 ELISA，特异性高于间接 ELISA，主要适用于传染病的早期诊断、来自动物的重大人类传染病病原中间宿主和自然宿主追溯。如 2019 年年底新发的新型冠状病毒肺炎，其病原新型冠状病毒明确来自动物，但中间宿主和自然宿主的追溯需要对多种动物的大量血清样品进行检测分析，此时利用双抗原夹心原理建立的新型冠状病毒双抗原夹心 ELISA 抗体检测试剂盒即可发挥极大的作用，同时该试剂盒也可用于动物感染模型及疫苗研发过程中的抗体评价。

3.3

酶标记物的制备

酶作为 ELISA 检测系统中的重要组成部分，可以促使底物系统显色，其通过与半抗原/抗原、抗体以及亲和素等偶联，利用免疫反应原理可以对待测物质进行定性或定量分析。目前主要有两个应用方向：一种是酶联免疫测定技术，另一种是酶免疫组织化学染色技术。

3.3.1　ELISA 中常用酶及其底物系统

酶是一种由细胞产生的蛋白质，它能够在温和的反应条件下进行高效的化学催化反应。在 ELISA 中酶与其他生物酶类似，可以与特异性的底物反应进而对微量的化学反应进行指示。通过分光光度计可以对酶促反应进行化学定量，便可以计算出参与免疫反应的待测物（如半抗原、抗原和抗体等）。

在 ELISA 中，最常用的酶均为天然酶，如辣根过氧化物酶（horseradish peroxidase，HRP）、碱性磷酸酶（alkaline phosphatase，AKP）、β-半乳糖苷酶（beta-galactosidase，β-G）、葡萄糖氧化酶（glucose oxidase，GOD）和脲酶（urease）等，它们通过与其他物质（抗体、半抗原或抗原、亲和素和生物素等）结合后形成酶标记物，并与相应的特异性底物共同组成 ELISA 指示系统。表 3-1 中列举了 ELISA 中常用的底物系统。

表 3-1　ELISA 中常用的底物和发色团

酶种类	分子质量	底物	发色团	缓冲液
HRP	44kDa	H_2O_2(0.004%)	OPD	磷酸盐/柠檬酸盐,pH5.0
		H_2O_2(0.004%)	TMB	0.1mol/L 醋酸盐缓冲液,pH5.6
		H_2O_2(0.002%)	ABTS	磷酸盐/柠檬酸盐,pH4.2
		H_2O_2(0.006%)	5-AS	0.2mol/L 磷酸盐,pH6.8
		H_2O_2(0.02%)	DAB	Tris 或 PBS,pH7.4
AKP	84.5kDa	p-NPP(2.5mmol/L)	p-NPP	0.01mol/L 二乙醇胺和 0.5mmol/L 氯化镁,pH9.5
β-G	465kDa	o-NPG(3mmol/L)	o-NPG	氯化镁和 2-巯基乙醇的 PBS 溶液,pH7.5
GOD	150kDa	β-D-葡萄糖	邻二茴香胺	0.1mol/L 磷酸钾缓冲液,pH=5.8
urease	480kDa	Urea	溴甲酚红紫	pH 4.8 水溶液(含 EDTA 0.2mmol/L)

注:1. GOD 酶的底物系统需要含过氧化物酶才能显色。

2. OPD(邻苯二胺),TMB(3,3′,5,5′-四甲基联苯胺),ABTS[2,2-联氮-二(3-乙基-苯并噻唑-6-磺酸)]二铵盐,5-AS(5-氨基水杨酸),DAB(二氨基联苯胺),p-NPP(4-硝基苯磷酸酯二钠盐),o-NPG(邻硝基酚-β-D-半乳糖苷)。

　　一项关于酶的商业化应用调查显示,约80%的偶联应用为 HRP 酶,其与抗体偶联后绝大多数用于诊断分析系统;剩余20%的偶联应用为 AKP 酶,而 β-G、GOD 和脲酶在商业化应用中占比不足1%。为了更好地应用酶及底物系统,对上述几种酶的物理、化学性质及活性测定方法和应用等进行介绍。

3.3.1.1　HRP

　　HRP 是从辣根植物中提取得到的过氧化物酶(酶学编号为 EC.1.11.1.7),分子质量为44kDa。它是由主酶(酶蛋白)和辅基(亚铁血红素)结合形成的一种卟啉蛋白质。酶蛋白由308个氨基酸残基和多种碳水化合物组成,它在275nm 波长处有最高吸收峰。该部分并无酶的催化活性,其中存在6个赖氨酸残基可用于与其他分子间偶联而使酶的活性不受损失,是与其他蛋白或化合物偶联的理想位置。辅基是深棕色的含铁卟啉环,它是酶的活性基团,在403nm 波长处有最高吸收峰。HRP 酶含有多种同工酶,主要分为三种类型:①含糖量高的酸性同工酶;②等电点接近于中性(或微碱)的含糖量相对较低的同工酶;③含糖量低的碱性(pI>11)同工酶。ELISA 中所使用的 HRP,是以等电点在8.7～9.0的所谓 C 型同工酶为主要组成成分,具有催化活性高、与其他蛋白发生非特异吸附少等优点。

　　正铁血红素的辅基(酶活性基团)在403nm 处有最大吸收峰,酶蛋白在275nm 处有最大吸收峰,一般以 A_{403}/A_{275} 的比值 RZ 表示酶的纯度。RZ 值越高,代表酶的纯度越高,最高不高于3.5;RZ 值越低,代表杂蛋白越多。酶标记所用酶的纯度需要 RZ>3。RZ 值仅能代表正铁血红素基团的含量,并非表示酶样品的真实纯度,而 RZ 值越高的制剂,酶活性不一定越高。将 HRP 酶溶解在 pH 7.0 左右的 0.01mol/L PBS 溶液中,以 A_{403} 的吸光度值乘以 0.4 的计算结果为实际浓度(mg/mL)。

　　HRP 中的催化活性基团,可以催化多种过氧化物对色原底物的氧化,从而将无色的供氢体氧化为有色的产物。常用的色原底物有邻苯二胺(OPD)、3,3′,5,5′-四甲基联苯胺(TMB)、2,2-联氮-二(3-乙基-苯并噻唑-6-磺酸)二铵盐(ABTS 二铵盐)、5-氨基水杨酸(5-AS)、二氨基联苯胺(DAB)等,其中 TMB 是目前市场应用最为广泛的底物之一,具有测定灵敏度高、性质稳定、背景着色低、对机体无毒无害等优点。HRP 酶在其底物的广泛 pH 范围内均有活性,随着底物和 pH 值的改变,会改变其反应速率,但是不影响反应动力学。这些底物基本都存在于低浓度的磷酸盐或柠檬酸盐缓冲液中,高浓度的磷酸盐会对 HRP 酶的活性造成严重影响，而非离子型的表面活性剂对酶活性的保持发挥重要作用。氰化物或硫化物浓度在 $10^5 \sim 10^6$ mol/L 时，对 HRP 酶活性有可逆性的抑制作用；叠氮化合物和氟化物、强酸等对 HRP 酶有不可逆的抑制作用。因此，在酶联免疫的测定中，通常选用强酸、氟化物和叠氮化合物配制终止液。

HRP 酶活性高低是指其氧化 H_2O_2 为水的能力大小，常通过色原底物的氧化还原反应来测定。常用的底物有 TMB 法、愈创木酚法等，不同的色原底物对酶催化 H_2O_2 的测定灵敏度不同，从而导致结果存在一定差异。因此 HRP 酶活性测定时，必须同时说明测定的底物或方法。

HRP 之所以在 ELISA 酶标记物中应用最为广泛，主要是其具有原料易获得、比活性高、价格相对低廉、性质稳定、标记后活性损失小等优点。

3.3.1.2 AKP

AKP 又称碱性磷酸单酯磷酸水解酶（酶学编号为 EC.3.2.1.23），分子质量为 $80 \sim 84$ kDa。该酶在 pH 为 $9.5 \sim 10.5$ 时催化活性最佳（不同来源的碱性磷酸酶理化性质差异较大），pI 为 $4.5 \sim 5.7$。它广泛存在于动物组织和微生物细胞中，ELISA 中的碱性磷酸酶主要从牛小肠黏膜和埃希氏大肠杆菌中提取获得。它是由两个相同结构蛋白组成的二聚体，每个酶分子含有至少两个 Zn 原子。每个酶分子中含有 3 个金属结合位点，即催化位点 A、结构位点 B 和调节位点 C。两个 A 位点的结合只会导致一个亚单位的磷酸化，称为负协作亚单位相互作用。而当加入金属离子（例如 Mg^{2+}）结合 B 和 C 位点时，上述负协作亚单位相互作用即随之消除，2 个亚单位都被磷酸化。Zn^{2+} 可以与每个亚单位 3 个不同的组氨酸残基结合，其中至少 1 个位于催化 A 位点。碱性磷酸酶的二聚体结构对于其催化活性影响巨大。

AKP 在碱性环境中（最佳 pH 在 10 左右）可以水解各种天然和人工合成的磷酸单酯化合物底物（去磷酸化），生成醇、酚和胺类等。它作用于底物时，形成磷酰基-酶中间体，进一步将磷酰基转化为无机磷。无机磷对 AKP 有显著的抑制作用，它能竞争性地与酶结合，形成不同于磷酸酯水解过程中的磷酸酯中间体。因此，在 ELISA 体系中，当标记酶为 AKP 时，不能使用含磷酸盐缓冲液的洗液和 PBS 等，否则其催化活性下降严重（孔中残留的 PBS 对显色过程也会有影响）。

目前，AKP 的催化活性测定主要采用 4-硝基苯磷酸酯二钠盐（p-NPP），并用 50mmol/L 水解产物 p-NP（对硝基苯酚）溶液进行标定（测定时，测定液中无机磷的浓度必须低于 0.05mmol/L）。当测定 AKP 活性时，不同的测定温度、缓冲液浓度以及缓冲液种类都会影响水解产物 p-NP 的摩尔消光系数，从而导致酶活性测定结果存在差异，因此，标注酶活性的测定结果时，需要对其检测的条件进行说明。

在 ELISA 中，AKP 的色原底物通常为 p-NPP 等硝基苯磷酸盐，因为其在水中溶解度高且稳定；而在免疫组织化学中的色原底物通常为可以生成蓝色沉淀物的色原底物 BCIP/NBT（5-溴-4-氯-3-吲哚基-磷酸盐/四唑硝基蓝）。与 HRP 相比，AKP 性质更稳定、灵敏度更高，缺点是价格高，与其他蛋白分子偶联困难，因此其在免疫分析中应用范围相对较窄，主要集中在免疫组织化学实验中。

3.3.1.3 β-G

β-G 是一种糖苷水解酶（酶学编号为 EC.3.2.1.23），分子质量为 465kDa，最适 pH

范围为 7.2～7.7，其等电点为 4.6。它广泛存在于动植物和微生物细胞中，不同来源的酶除分子量区别较大外，其特性也不同，ELISA 所需的酶主要是从大肠杆菌中提取获得的。

β-G 是由 4 个亚结构组成的四聚体，在 pH<3.5 或 pH>11.5 时，其会被水解为单体，同时其催化活性消失。β-G 的热稳定较差，在其溶液中同时加入 100mmol/L 的 2-巯基乙醇和 10mmol/L 的二氯化镁，可以增加其热稳定性，单独使用 2-巯基乙醇会使酶的活性消失（重金属、有机汞化合物、EDTA 螯合剂等可以减轻 2-巯基乙醇对酶的抑制作用）。β-G 在 4℃ 可以稳定存放一年，在 20～37℃ 条件下同样很稳定。当 pH 为 6～8 时，体系稳定升至 40℃，β-G 的催化活性在 30min 内保持不变，但当 pH 条件改变时，酶的稳定性将会显著下降。

β-G 的催化底物，可以是非荧光的底物（如邻硝基酚-β-D-半乳糖苷），也可作为荧光底物（4-甲基伞形酮-β-D-半乳糖苷）。通常，对其催化活性测定时采用邻硝基苯-β-D-半乳糖苷（o-NPG）作底物。o-NPG 在 β-G 的催化作用下转化为邻硝基苯酚，其催化速度通过测定 NADH（烟酰胺腺嘌呤二核苷酸的还原态，还原型辅酶Ⅰ）的吸光值来间接反映酶促反应速度，进而计算出 β-G 的比反应活性。

正是由于 β-G 的这些特性以及较高的酶催化效率，使其在酶联免疫的不同检测方法中得到一定的应用。β-G 作为酶标记物在荧光底物 4-甲基伞形酮-β-D-半乳糖苷存在下，其分析灵敏度远优于 HRP，可以建立免疫荧光测定的方法，提高检测的灵敏度。

3.3.1.4　GOD

GOD 又称为 β-D-葡萄糖氧化还原酶（酶学编号为 EC.1.1.3.4），分子质量为 150kDa 左右，等电点为 4.35。它广泛存在于微生物和植物体内，由于微生物繁殖快、来源广，ELISA 中的酶通常都是由黑曲霉和青霉制备。

从黑曲霉中提取的 GOD 酶为同型二聚体分子，每个分子含有 2 个黄素腺嘌呤二核苷酸（FAD）结合位点。每个单体含有 2 个完全不同的区域：一个与部分 FAD 非共价但紧密结合，主要为 β 折叠；另一个与底物 β-D-葡萄糖结合，由 4 个 α-螺旋支撑 1 个反平行的 β 折叠。用 $NaIO_4$ 氧化 GOD 时，酶的活性和免疫原性及热稳定性基本保持不变，因此可以使用 $NaIO_4$ 法进行酶标记物的制备。GOD 的结晶体在 0℃ 可以保存 2 年以上，在 -15℃ 可以保存 8 年而活性不变。高纯度的 GOD 为淡黄色晶体，易溶于水，不溶于有机乙醚、甘油等有机溶剂。GOD 酶的 pH 使用范围为 4.0～7.0 之间。在无保护剂存在的条件下，当 pH>7 或 pH<4 时，GOD 活性迅速降低。8-羟基喹啉、硝酸钠和对氯汞化苯甲酸盐在浓度为 0.01mol/L 时，对 GOD 存在不同程度的抑制作用。

GOD 是一种需氧脱氢酶，它能够专一地氧化 β-D-葡萄糖成为葡萄糖酸和过氧化氢（GOD 的最初产物不是葡萄糖酸，而是 δ-葡萄糖酸内酯，而 δ-葡萄糖酸内酯是以非酶促反应自发水解为葡萄糖酸的），并在此过程中消耗氧气，其催化 β-D-葡萄糖的初速度在 pH 为 5.6 时最快。GOD 活性的测定方法有很多，如化学滴定法、荧光光度法、分光光度法和压力计法等，因此 GOD 的活性表示单位较多，在使用时注意区分。此处简单介绍下各种方法的特点。

化学滴定法是通过过量的 NaOH 溶液中和产物葡萄糖酸后再用盐酸反滴定，进而计算出葡萄糖酸的量，求出酶的催化活性，该方法操作简单。分光光度法是在过氧化物酶指示剂（靛蓝胭脂红）的基础上，通过计算 H_2O_2 的释放量，进而算出 GOD 酶的活性。用瓦氏测压器测量酶催化过程中所需的氧气，即可很快计算出 GOD 酶的活性。荧光光度法比其他方法要更加灵敏，在 GOD 催化作用下，底物高香草酸转化为可以稳定发射荧光的化学物质（激发波长为 315nm，发射波长为 425nm），通过荧光强度来定量 GOD 的活性。上述方法中，GOD 中若含有触媒，需要首先排除触媒对 H_2O_2 的水解作用，从而可以消除对 GOD 活性测定的干扰。

GOD 已经广泛应用于临床尿糖、血糖的含量测定。在食品安全领域，通过 GOD 与半抗原偶联，建立抗生素的相关检测技术，同样具有一定的发展前景。

3.3.1.5 脲酶

脲酶的系统名为脲胺黑水解酶（酶学编号 EC.3.5.1.5）。它是一种含镍的寡聚酶，可以专一性地水解尿素而释放出 CO_2 和 NH_3。其分子质量为 480kDa 左右，等电点为 4.8。它广泛分布于植物的种子中，以大豆、刀豆中含量最为丰富。ELISA 中最常用的脲酶是从刀豆中提取获得的VII型或 C-3 型酶。它在 pH 指示剂（溴甲酚红紫）的条件下，可与底物反应，生成有明显颜色变化的最终产物。

脲酶的活性测定方法主要是通过氨气的释放量来计算的，通常采用康维微量等温蒸馏定氮法进行测定。其原理是用饱和碳酸钾溶液将样品中的 NH_4^+ 转化为 NH_3，在恒温条件下，收集在康维皿密闭容器中 NH_3 被硼酸指示剂混合液吸收，再通过 HCl 溶液中和滴定其溶液，由盐酸的消耗量进而计算出 NH_3 的释放量。脲酶的活性测定也使用溴甲酚红紫指示剂进行颜色的比对法来推算。

基于其活性特点，脲酶在尿素的含量测定中应用广泛，如脲酶与谷氨酸脱氢酶偶联后用于血清中尿素定量、高特异性检测，但该方法试剂昂贵，而且需要紫外分光光度计检测，因此不适用于现场快速检测。而脲酶与酸碱指示剂溴甲酚红紫组合后，可以定性或半定量地测定溶液中的尿素含量，该方法具有简单、快速、灵敏等优点，更适合于现场快速检测中的应用。

3.3.2 酶标记方法

酶与其他蛋白质分子（抗原、抗体或生物素以及亲和素等）、小分子物质进行偶联的过程，称为酶标记。酶标记物不但具有免疫学特性，同时还有相应酶专一的催化活性，通过它可以对痕量的免疫反应进行定性或定量的分析，因此酶标记是 ELISA 方法建立的重要基础。

酶标记物作为 ELISA 产品的重要原料之一，其标记工艺与质量直接影响到产品的灵敏度，因此掌握其制备的原理和方法，对建立良好的 ELISA 方法至关重要。酶与其他蛋白质分子或小分子之间均采用共价键的方式进行偶联，而在偶联的化学过程中，酶的活性中心与抗体的可变区或抗原决定簇受到化学偶联的影响后，标记物的活性、灵敏度以及特异性就有可能受到影响，因此高效且简单的偶联方法，对于保持酶标记物的免疫学特性及酶的活性至关重要。

酶与其他分子间的偶联方法有很多，都是通过对其中一方的官能团进行修饰，进一步与其他分子中的特定官能团偶联，最终形成目标分子偶联物。近些年，酶与待标记物间的偶联方法的数量和复杂程度均有所增加，最佳的偶联方法通常有以下特点：①方法简单；②价格便宜；③不同标记物的批间重复性好；④标记率高；⑤纯化方便；⑥分子内不能发生聚合；⑦酶、抗原、抗体活性损失少；⑧可以长期稳定保存。

理想的酶标记物是酶和待标记物之间的摩尔比例为1:1，同时酶本身的催化活性以及待标记物的免疫活性不受影响。常用的偶联方法有：同型双功能试剂法（戊二醛法、双琥珀酸-N-羟基琥珀酰亚胺酯法、碳化亚胺法等）、氧化法（高碘酸钠法）、异型双功能试剂法（4-N-马来酰亚胺基甲基-环己烷-1-羧酸琥珀酰亚胺酯）等。

3.3.2.1 同型双功能试剂法

戊二醛或双琥珀酸-N-羟基琥珀酰亚胺酯、CDI（碳化二亚胺）均为同型双功能偶联试剂，它们在使用时，均可采用一步法或两步法进行分子间的偶联，虽然化学反应类型不同，但是偶联的原理基本一致（试剂的两端均可以与待偶联物中的氨基在室温条件下偶联）。以戊二醛为例对同型双功能试剂法进行简单介绍。

戊二醛是一种含有两个醛基的直链化合物，两个醛基在直链两端呈对称状态，其可以与碱性的一级胺形成稳定的化合物席夫碱，利用该化学反应特性，可以将两个大分子化合物肽链中的氨基残基与戊二醛进行反应，进而将两分子连接起来。通常市售的戊二醛多是水溶液，储存在低温或室温环境中，高温或者碱性环境易使其变质（聚合、氧化等）。不同批次的戊二醛存在一定的差异，在使用前需要检测A_{235}/A_{280}，确保比值小于3（戊二醛的聚合物在235nm有最大吸收峰，戊二醛在280nm有最大吸收峰）。

根据戊二醛与大分子化合物偶联的特点，可以将戊二醛法分为一步法和二步法。

（1）一步法　操作简单、便捷。首先配制含2mg/mL蛋白质和5mg/mL酶的PBS缓冲液（0.02mol/L，pH 7.4），降温至4℃，然后缓慢滴加25%戊二醛水溶液，每毫升蛋白质/酶溶液需要10μL 25%戊二醛的水溶液（终浓度为0.125%），在4℃反应2～3h后，加入少量硼氢化钠（最终浓度为10～15mg/mL），在4℃反应1h，对过量的戊二醛和席夫碱进行还原，并终止反应。最后，将反应液离心除去沉淀，然后使用孔径在8000～14000的透析袋于PBS缓冲液（0.01mol/L，pH 7.4）中4℃透析纯化。机理如图3-14所示。

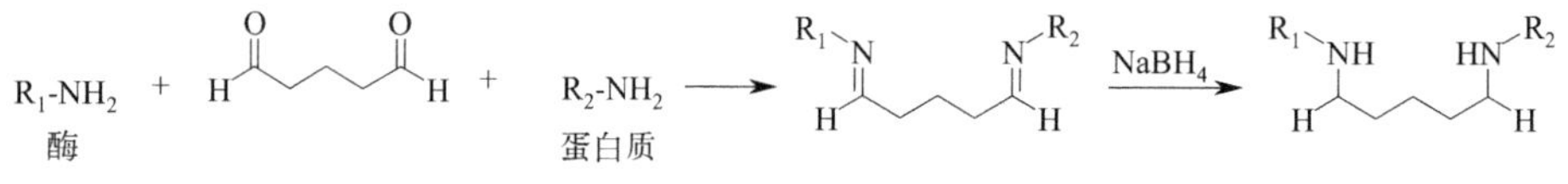

图 3-14　戊二醛一步法偶联反应机理

该方法中如果不用还原剂进行还原时，还可以使用其他的小分子碱如赖氨酸、甘氨酸、乙醇胺等替代硼氢化钠，这些小分子碱可以与过量的戊二醛以及醛基末端反应，进而终止偶联反应。

一步法的缺点比较明显：偶联反应难以控制，不同大分子化合物与戊二醛偶联速度不同，容易导致同种分子间偶联；偶联效率低，参与偶联反应的分子所占比例较低。

（2）二步法　解决了一步法中存在的问题：首先配制含10mg/mL酶的PBS缓冲液（0.02mol/L，pH 6.8），然后缓慢滴加25%戊二醛，使其最终浓度低于2%，4℃反应过夜，在PBS缓冲液（0.01mol/L，pH 6.8）中进行透析纯化。然后，配制10mg/mL蛋白质的CB缓冲液（1mol/L，pH 9.6），将活化后的酶溶液缓慢滴加至蛋白质溶液中（每毫升的抗体溶液需要滴加4mg活化后的酶），在4℃反应2～3h后，加入少量硼氢化钠（最终浓度为10mg/mL），在4℃反应1h，对过量的戊二醛和席夫碱进行还原，并终止反应。

最后，将反应液离心除去沉淀，4℃条件下使用孔径在 8000～14000 的透析袋在 PBS 缓冲液（0.01mol/L，pH 7.4）中透析纯化。机理如图 3-15 所示。

该方法中如果不用还原剂进行还原时，也可以使用其他的小分子碱如赖氨酸、甘氨酸、乙醇胺等替代硼氢化钠，这些小分子碱可以与过量的戊二醛以及醛基末端反应，进而终止偶联反应。

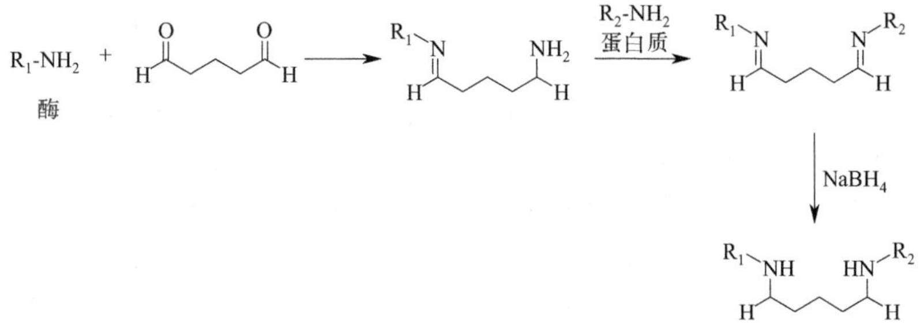

图 3-15　戊二醛二步法偶联反应机理

戊二醛法在使用过程中需要注意以下三点：①戊二醛与蛋白质中的氨基反应时，适用 pH 在 7～9.6 之间，pH 值越高，偶联效率越高；②戊二醛的使用浓度过高或过低均不利于偶联，过高容易导致蛋白质分子结构发生变化，影响蛋白质分子物理化学性质，过低容易形成蛋白质分子间聚合，通常使用浓度在 0.05%～1.25% 之间；③戊二醛与蛋白质偶联的时间不宜过长，一般在 4h 以内，过长的反应时间会导致分子之间发生聚合，影响蛋白质的结构和其他理化性质。

戊二醛法对 HRP、AKP、GOD、β-G 和脲酶与抗体或其他蛋白质分子的偶联均适用，但是标记效果均不理想，该方法应用于碱性磷酸酶和葡萄球菌 A 蛋白效果较好，可能是不同的酶与其他蛋白质分子间偶联比率均较低，无法满足实验需求，现在的大部分偶联实验中已经很少应用该偶联方法。

3.3.2.2　高碘酸钠法

高碘酸钠法是偶联酶和抗体最有效的方法，该方法最早由 Nakane 和 Kawaoi 于 1974 年设计并应用。早期的高碘酸钠氧化法工艺中，HRP 在氧化前，需要使用 2,4-二硝基氟苯对分子中的氨基进行封闭，以消除在与抗体发生偶联时的自身偶联反应，然而在 1976 年 Boorsma 和 Streefkerk 发现，在使用 2,4-二硝基氟苯对其封闭后，HRP 仍然可以二聚化，其可能通过类似于曼尼希反应进行偶联。

与戊二醛法相比，高碘酸钠法的偶联效率提高 3～4 倍，尽管该法制备的酶标记物的酶活性有一定的损失，但是应用于 ELISA 中依然能够极大地提高检测灵敏度。高碘酸钠法最早应用于 HRP 与 IgG 的偶联，后来应用于 HRP 与其他糖蛋白的偶联。

高碘酸钠法偶联的原理是高碘酸钠将 HRP 酶中的糖基（顺式邻二醇结构）氧化为端基为含醛基的化合物，这些醛基可以与其他分子中游离的氨基残基形成席夫碱（这些席夫碱通常不稳定，需要硼氢化钠或者氰基硼氢化钠将其还原为仲胺），进而使两个大分子化合物形成更大且稳定的偶联分子。高碘酸钠是一种强氧化性的盐，在反应过程中有可能会对蛋白质的结构产生不利影响，因此，通常在使用时以低浓度和较短的反应时间为宜。

以 HRP 与单克隆抗体偶联为例，$NaIO_4$ 法一般的氧化过程为：①配制含 20mg/mL HRP 的 PBS 缓冲液（0.01mol/L，pH 7.2）；②配制 0.09mmol/L 的高碘酸钠水溶液；③在避光条件下，迅速将高碘酸钠水溶液加至 HRP 酶的溶液中，每毫升酶溶液需要 $1000\mu L$ 高碘酸钠溶液；④在 4℃反应 15～30min（低温和限制氧化时间有助于保持酶的活性）；⑤反应结束后，立即加入甘油或者乙二醇终止氧化反应，每毫升反应溶液需要 $50\mu L$ 甘油或乙二醇；⑥调节活化后的酶浓度为 10mg/mL，并在 -20℃保存（不能在室温或 4℃保存，因为活化后的酶会发生自身聚合反应，建议现制现用，勿长期储存）。机理如图 3-16 所示。

活化的酶与抗体偶联的过程：①配制含 10mg/mL IgG 的 CBS 缓冲液（0.1mol/L，pH 9.6）；②将等体积的活化后的酶（10mg/mL）直接加入 IgG 的溶液中；③在室温反应 2～5h；④反应结束后，立即加入硼氢化钠（易燃固体）溶液（现配现用），每毫升反应液加入 $10\mu L$ 5mol/L 的硼氢化钠水溶液；⑤轻轻搅拌，在室温反应 0.5h；⑥使用孔径在 8000～14000 的透析袋于 PBS 缓冲液（0.01mol/L，pH 7.4）中透析纯化，纯化后的酶标记物加入 50%甘油于 -20℃保存，避免反复冻融造成酶和抗体活性下降。

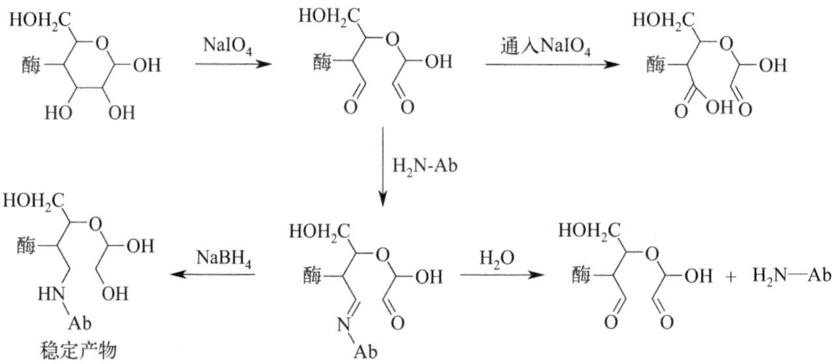

图 3-16　碘酸钠法使酶与抗体的偶联反应机理

在抗体的标记中，值得注意的是，HRP 中的糖蛋白被氧化为醛基化合物后，结合位点主要为抗体 Fc 区的游离氨基，该位点远离 IgG 与抗原的结合位点，因此该方法对抗体免疫反应性的保持至关重要。该方法仅适用于含有糖基的糖蛋白，HRP、AKP 和 GOD 均为糖蛋白。

3.3.2.3　异型双功能试剂法

SMCC［succinimidyl-4-(*N*-maleimidomethyl) cyclohexane-1-carboxylate，4-(*N*-马来酰亚胺基甲基)环己烷-1-羧酸琥珀酰亚胺酯］是一种异形双功能交联试剂，在蛋白质分子偶联，特别是在制备酶与抗体以及半抗原的结合物方面应用较为广泛。在温和的条件下，SMCC 的 NHS 酯端可以与酶分子中游离的氨基残基形成稳定的酰胺键，而另一端的马来酰亚胺可以与巯基结合形成稳定的硫醚键，通过这种方式，将两个大分子化合物偶联形成更大分子量的化合物。由于反应条件温和，所以酶的活性基本不受影响（此方法在应用到 β-G 与抗体的偶联时，需要先将抗体与 SMCC 反应，再使用酶与活化后的抗体进行偶联）。

以 HRP 为例，与 SMCC 偶联的步骤如下：①配制含 20mg/mL 酶的 PBS 缓冲液（0.01mol/L，pH 7.4）；②每毫升酶溶液加入 5.3mg SMCC；③在 4℃反应 0.5h；④分别

再补加 2～3 次 SMCC，中间间隔 15min，每次 2～3mg；⑤在 4℃反应 0.5h；⑥反应结束后使用 PBS 缓冲液（0.01mol/L，pH 7.4）透析纯化，除去未反应的 SMCC，或者使用色谱柱进行纯化除盐；⑦收集到的酶溶液调节浓度至 10mg/mL，立即用于与抗体的偶联或冻干保存。机理如图 3-17 所示。

纯化后的抗体与活化后的酶偶联步骤如下：①配制含 10mg/mL 抗体的 PBS 缓冲液（0.01mol/L，pH 7.4）；②加入 EDTA 使其摩尔浓度为 0.01mol/L（抗体为血清中分离的多抗时，可以适当提高 EDTA 的浓度，防止重金属离子干扰反应）；③加入 20～30 倍于抗体摩尔数的 2-亚氨基硫杂环戊烷盐酸盐；④在室温反应 1h；⑤立即使用 0.01mol/L PBS（含 1% 的 EDTA）进行透析纯化，除去未反应的 2-亚氨基硫杂环戊烷盐酸盐，或者使用色谱柱进行纯化除盐；⑥将活化的抗体与活化的酶以 1∶4～1∶10 的比例混匀（酶的比例越高，抗体偶联的酶越多）；⑦在室温反应 2h；⑧偶联物可以加入 50% 甘油后，-20℃保存。

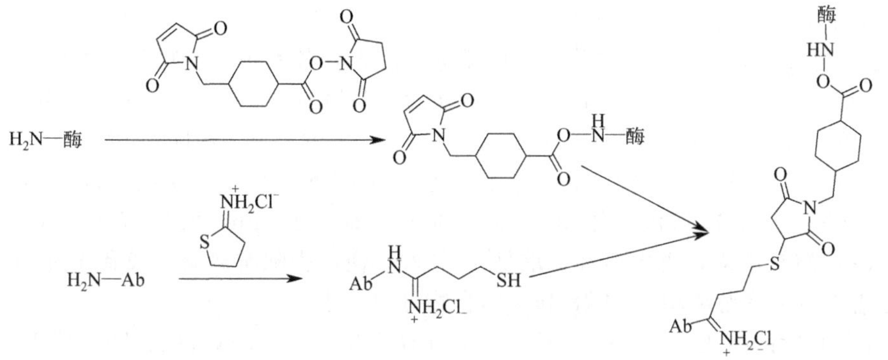

图 3-17　SMCC 法使酶与抗体的偶联反应机理

同类的异型双功能试剂还有很多，如 3-马来酰亚胺基苯甲酸琥珀酰亚胺酯（MBS）和 4-（4-马来酰亚胺基苯基）丁酸琥珀酰亚胺酯等，这些异型双功能试剂的使用方法与 SMCC 基本一致，只需在上述方法中替换为相同摩尔数的试剂即可。

SMCC 方法与 $NaIO_4$ 法相比，同分子的聚合物较少，均一性较好，但是操作相对烦琐，而且 SMCC 偶联的位点具有不可控等原因。该方法适用于 HRP、AKP、β-G、GOD 酶和脲酶等酶分子与其他含氨基或巯基的蛋白质分子的偶联，当酶或者蛋白质富含巯基时，应避免与 SMCC 反应，同时无需再使用 2-亚氨基硫杂环戊烷盐酸盐进行衍生化修饰，可直接与经 SMCC 修饰的蛋白质或酶进行偶联反应。

3.3.3　酶标记物的纯化与保存

3.3.3.1　酶标记物的纯化

酶标记物制备过程中，通过化学偶联获得的并不是均一的物质，一般含有游离酶、游离抗体（抗原）、酶聚合物及抗体（抗原）聚合物。酶的聚合物通常是免疫学应用中的非特异反应的来源，而游离的抗体（抗原）则对测定有干扰作用。因此，酶标记物的纯化十分有必要。

由于不同的酶及其可能结合的不同蛋白质都有不同的理化特性，而标记过程中常存在大量均一的和非均一的多聚体，因此，酶结合物的纯化没有一个通用的方法，一般分离大分子混合物的方法均可用，常用的纯化方法有50%饱和硫酸铵沉淀法、葡聚糖凝胶色谱法（如 Sephadex G-200）、亲和色谱法等。大多数纯化方法设计的主要目的是去除游离抗体，游离 IgG 一般可通过例如在 Sephadex G-200 或 UlroglAcA-44 柱上的凝胶过滤而去除，这种凝胶过滤应使用相对高离子强度的缓冲液进行，以避免基质和蛋白质之间的非特异相互作用。然而，由于在分子量上的差异相对较小，使用这种方法实际上不可能将大酶与单体酶结合物分离开来，亲和色谱正越来越多地用于酶结合物的纯化，使用 SPA 柱（例如 SPA-Sepharose）可有效地去掉 IgG-酶复合物中的游离酶。因此，在选择纯化和保存方法时既要考虑抗原、抗体和酶的理化特性，又要考虑偶联方法或偶联剂对偶联物稳定性的影响。

（1）HRP-IgG 的纯化　使用 HRP 对 IgG 进行偶联后，其反应产物是由各种偶联比率的 HRP-IgG 结合物、IgG 自身聚合物、酶自身聚合物、偶联剂、偶联反应副产物等组成的混合物。因此，在纯化之前一般使用透析法去除各种小分子物质，透析液为生理盐水或 PBS 缓冲液（0.01mol/L，pH 7.2）。此法对偶联物的损耗小，但是只能去除游离酶。

①游离 HRP 的纯化　游离的 HRP 在 70%～80% 的饱和 $(NH_4)_2SO_4$ 溶液中是可溶的，而游离的 IgG 及其自身聚合物、酶标记物可沉淀下来。在偶联反应混合物中加入等量的饱和 $(NH_4)_2SO_4$ 溶液，作用 1h 后，6000g 离心 15min，收集沉淀后用 50% 饱和 $(NH_4)_2SO_4$ 溶液洗涤，再次离心，重复 2～3 次，便可去除游离酶。或者通过 SPA-Sepharose 色谱法也可将游离酶与 HRP-IgG 结合物分离开来。

②游离 IgG 的纯化　可以按下面的方法将游离 IgG、IgG 自身聚合物与酶-IgG 结合物分离开来。使用 PBS-C 缓冲液（含 100mmol/L NaCl，pH 值 7.2 的 100mmol/L PBS 缓冲液）或 ConA 缓冲液（含 1mol/L NaCl，1mmol/L $CaCl_2$、1mmol/L $MgCl_2$、1mmol/L $MnCl_2$，pH 6.0 的 100mmol/L 醋酸盐缓冲液）进行透析或过 Sephadex G-25 色谱柱，以去除偶联剂及偶联副产物等小分子物质。然后通过在 ConA-Sepharose 柱上亲和色谱进行分离，色谱柱上的 ConA 与 HRP、含 HRP 的结合物结合（前提是 HRP 未过度氧化），从而将游离 IgG 和 IgG 自身聚合物分离掉，最后得到 HRP-IgG 结合物纯品。但是，IgG 中约有 5% 的成分可与 ConA 有亲和力，可通过标记前过 ConA-Sepharose 色谱柱将其从 IgG 中去除。

商品化的 ConA-Sepharose 为 ConA 缓冲液悬液，并含 0.02% 硫柳汞。因此，ConA-Sepharose 色谱柱的柱体积应为 1mL/3mg HRP，使用前用约 5 个柱体积的 PBS-C 缓冲液或 ConA 缓冲液洗涤。过柱时，可于 278nm 处监测游离 IgG 的通过，在所有 IgG 通过后，用含 10～100mmol/L α-甲基-D-甘露糖苷（α-methy-D-mannopyranoside）的 PBS-C 缓冲液或 ConA 缓冲液中洗脱下吸附的 HRP-IgG 结合物，这种糖可与 HRP 竞争结合 ConA 结合位点，而且在 ELISA 测定前，不必将其从结合物中去除。此法对偶联物的损耗大，但是提纯的质量好。

（2）其他酶标记物的纯化　在偶联物的纯化实践中，对 β-G、AKP-抗体偶联物常用琼脂糖凝胶 Sepharose 6B 凝胶过滤法进行纯化。针对 HRP、AKP、GOD 或其他蛋白质酶标记等酶-抗体偶联物，常用葡聚糖凝胶 Sephadex G-200 凝胶色谱法进行纯化。

葡聚糖凝胶 Sephadex G-200，白色珠状颗粒，是一种由葡聚糖经醚键相互交联合成具有多孔性三度空间网状结构的高分子分离材料，为稳定的亲水性凝胶，能使一定分子量范围的大分子进入凝胶的网状结构内，分离和提纯蛋白质、多糖、酶、核酸、激素、氨基酸、多肽和抗生素等。

琼脂糖凝胶 Sepharose 6B 是用 6％浓度琼脂糖制备成的球型颗粒，为乳白色球状凝胶，无臭、无味、无肉眼可见杂质，可作为凝胶色谱介质使用，用于分子量差异大、对分辨率要求不高的样品的凝胶色谱纯化，具有非特异性吸附低、回收率高、可多次重复使用等特点。

3.3.3.2 酶标记物的保存

酶标记物一般宜在 −20℃以下低温保存，加等体积甘油或 0.1％～0.5％的 BSA 等稳定剂通常有利于保持酶的活性，可在 2～8℃下保存活性 1～2 年，但在 37℃左右条件下，酶标记物的活性下降更快。酶标记物稀释后保存时间大幅度下降，因此应尽量高浓度储存，并在使用过程中尽量避免反复冻融。若要长时间保存时，可添加适量的 Proclin 300 等防腐剂，然而，需要注意的是硫化物及叠氮化物等可与酶结合使其失活，因此，在 HRP 标记物的保存中不能用硫化物及叠氮化物作为防腐剂。

文献报道，免疫酶标记物＋0.2％明胶＋1％海藻糖＋特殊稳定剂有利于酶标记物的稳定。目前也有商品化的 HRP 酶标稳定剂，如 Sigma 公司的 Peroxidase Stabilizing Buffer、Pierce 公司的 Guardian Peroxidase Conjugate Stabilizer 以及 Bio design 公司的 HRP Conjugate Stabilizer，而国产的某 HRP 酶标稳定剂中含有数种 HRP 稳定剂，对 HRP 酶标试剂有强大的保护作用，使稀释的 HRP 酶标试剂在极低浓度（ng 水平）下室温保存稳定 12 个月以上，对抗体及抗原的结合均有良好的保护作用，与低浓度 BSA（1～2mg/mL）协同作用，保护作用更强。

总之，对偶联物的保存，既要保持酶活性，又要避免偶联物的脱落，还要确定偶联物的免疫活性不受保存方法的影响。无菌状态有利于偶联物的保存，这个是保存偶联物的基本要求。具体的保存方法还可根据偶联物的性质、用途（如 ELISA 测定的要求）来决定。

3.3.4 酶标记物的质量评价

酶标记物的质量好坏，需同时兼顾两种偶联分子的生物活性、标记效率进行评价。

3.3.4.1 活性测定

包括酶的活性以及抗体（抗原）的活性。常用免疫电泳或双向免疫扩散法，出现沉淀线表示酶标记物中的抗体（抗原）具有免疫活性。沉淀线经生理盐水反复漂洗后，滴加酶的底物溶液，若在沉淀线上显色，表示结合物中酶仍具有活性，良好的酶标结合物琼脂扩散效价一般应在 1∶16 以上。也可用 ELISA 方法测定酶活性。

3.3.4.2 酶结合物的定量测定

以 HRP 标记 IgG 为例，包括酶量、IgG 含量、酶与 IgG 摩尔比值以及结合率的测定。

（1）酶量（μg/mL）= $OD_{403} \times 0.42$

（2）IgG 含量

① 戊二醛法：IgG（mg/mL）=（$OD_{280} - OD_{403} \times 0.42$）$\times 0.94 \times 0.62$；$OD_{403} \times 0.42$ 为酶在 403nm 的光密度，抗体与酶-戊二醛结合后 OD_{280} 约增加 6％，所以乘以 0.94 校

正。由于兔 IgG $OD_{280}=1.0$ 时为 0.62mg，所以又乘以 0.62。

②过碘酸钠法：$IgG(mg/mL)=(OD_{280}-OD_{403}\times0.30)\times0.62$。

（3）摩尔比= 酶量×4/IgG 量

（4）酶结合率= 结合物中的酶量/标记时加入的酶量×100%

（5）酶标记率 OD_{403}/OD_{280} 即酶中正铁血红素辅基的吸光度（403nm）与抗体-酶蛋白中的色氨酸、酪氨酸的吸光度（280nm）之比，表示 HRP 在 AbE 中所占的比例，它与摩尔比呈高度正相关。用于 ELISA 酶标抗体的各项指标参数分级参考表 3-2。

表 3-2 用于 ELISA 酶标抗体的各项指标参数分级

参数	最好	好	一般
酶结合量/(mg/mL)	≥1.0	≥0.5	0.4
酶结合率/%	>30	9~10	7
摩尔比	>1.5	1.0	0.7

3.3.5 新型酶的研究进展

商业化的天然酶均来自微生物、动植物体内，普遍具有分子量大、催化活性易降低等特点，并且提取工艺复杂、成本高、不易扩大规模生产，针对这一现状，开发具有更低成本和更高催化活性的人工模拟酶意义重大。模拟酶又称人工合成酶，最早由 20 世纪 60 年代美国有机化学家 Ronald Breslow 提出和开发，它是一类利用化学合成方法制备的非蛋白质分子，通常具有结构简单、催化活性高、稳定性高等特点。根据 Kirby 分类法，模拟酶分为三种类型。①单纯酶模型：使用化学方法模拟天然酶活性进而重建和改造酶活性。②机制酶模型：通过对天然酶作用机制的认识来指导模拟酶的设计与合成。③单纯合成的酶样化合物：通过化学方法合成的具有酶样催化活性的简单分子。

在过去的几十年中，大量具有更高稳定性和更低制备成本的人工模拟酶被报道，研究者通过不同方法对环糊精、金属络合物、卟啉、超分子以及生物分子进行修饰、改造，使其同样具有天然酶的高催化活性。其中，纳米材料作为模拟酶在免疫化学领域中的应用研究最为广泛，与传统的天然酶相比，由纳米材料制备的纳米酶除了具有天然酶的催化活性外，还具有更宽的 pH、温度适用范围，同时在众多具有抑制天然酶活性的试剂条件下仍可以保持高的催化活性。这些纳米酶按材料组成可以分为四类：①纯金属纳米材料或合金类纳米材料组成的纳米酶，纯金属的纳米材料有金纳米颗粒、铂纳米颗粒、银纳米颗粒等，合金类纳米材料有金银合金、银铂合金等，它们均具有纳米酶的催化活性；②金属氧化物纳米材料组成的纳米酶，这些金属氧化物有四氧化三铁（Fe_3O_4）、三氧化二铁（Fe_2O_3）、氧化铜（CuO）、硫化铜（CuS）、四氧化三钴（Co_3O_4）、二氧化锰（MnO_2）、二氧化铈（CeO_2）、二氧化钛（TiO_2）等纳米材料；③碳基纳米材料组成的纳米酶，如氧化石墨烯、石墨烯量子点；④其他纳米材料制备的纳米酶。

基于上述纳米材料制备的人工模拟酶在不同底物存在的条件下，可以通过比色、荧光、发光等方法应用于不同的领域。例如磁性 Fe_3O_4 纳米材料制备的纳米酶可以应用于食品安全领域中的过氧化氢残留检测、环境污染领域的过氧化氢和对硝基苯酚残留检测。碳基纳米铜复合材料模拟过氧化物酶，通过 TMB 显色反应检测体内抗坏血酸水平变化，对临床抗坏血酸相关疾病的诊断具有重要意义。过量胆固醇的产生危害人的身体健康，石墨烯量子点同样可以模拟过氧化物酶催化 H_2O_2 对 TMB 进行显色反应，通过颜色深浅可以快速判断出体内胆固醇水平。表 3-3 是部分纳米酶作为过氧化物拟酶的研究实例。

表 3-3 过氧化物酶模拟物检测 H_2O_2 含量

纳米酶	检测方法	线性范围	检测限	催化底物
AuNP(半胱胺作为配体)	比色法	$18 \sim 1100 \mu mol/L$	$4 \mu mol/L$	$3,3',5,5'$-四甲基联苯胺
Au 和 Pt 核壳纳米棒	比色法	$45 \sim 1000 \mu mol/L$	$45 \mu mol/L$	邻苯二胺
Fe_3O_4 负载磁性纳米粒子	比色法	$5 \sim 100 \mu mol/L$	$3 \mu mol/L$	2,2-联氮-二(3-乙基-苯并噻唑-6-磺酸)二铵盐
Fe_3O_4 负载磁性纳米粒子	比色法	$0.5 \sim 150 \mu mol/L$	$0.25 \mu mol/L$	4-氨基-N,N-二乙基苯胺硫酸盐
Fe_3O_4 负载磁性纳米粒子	比色法	$1 \sim 100 \mu mol/L$	$0.5 \mu mol/L$	$3,3',5,5'$-四甲基联苯胺
CuO 负载磁性纳米粒子	比色法	$0.01 \sim 1mmol/L$	N/A	4-氨基安替比林和苯酚
碳纳米点	比色法	$1 \sim 100 \mu mol/L$	$0.2 \mu mol/L$	$3,3',5,5'$-四甲基联苯胺

纳米酶与天然酶相比，具有制备成本低、易于批量生产、环境耐受强、稳定性高、结构和活性可调节、易于长期储存等优点，因此，纳米材料作为抗体或抗原结合标签（即纳米标签）的候选材料具有广阔的应用前景，并有望提高免疫分析中检测灵敏度和稳定性，降低分析成本。尽管纳米酶有上述优点，但在商业化应用方面，仍面临诸多挑战，如底物的选择性和特异性差、催化效率低、灵敏度不够等，需对纳米酶催化反应机制的研究，通过在纳米材料表面修饰、物质组成、天然酶与纳米结合等方式提高其催化效率，增加其底物选择性和特异性等来实现纳米酶的商业化应用。

3.4

ELISA 试剂盒的组成

ELISA 试剂盒由固相系统（抗原或抗体包被板）、酶标系统（酶标记物）、样品系统（样品稀释液）、洗涤系统（洗涤液）、对照系统（阴、阳性对照）和显色系统（底物显色液和终止液）等 6 部分组成。

3.4.1 固相系统

ELISA 的固相系统是抗原或抗体通过一定的机制固定在酶标板上，同时保持抗原或抗体的生物反应活性。

3.4.1.1 酶标板

酶标板是 ELISA 固相系统的载体，其材质一般为聚苯乙烯（polystyrene，PS）。聚苯乙烯是一种长碳链，主链为饱和碳链，大分子链的侧基是共轭苯环。其结构使其成为一种疏水化合物，具有较强的吸附蛋白质的能力，而且抗体或抗原吸附其上后仍保留原来的免疫学反应活性。当聚苯乙烯制成特定模型（如 96 孔板）时，会保留疏水性。聚苯乙烯也可以通过辐射或其他改变其表面化学性质的技术进行改性。聚苯乙烯表面的苯环易于化学修饰，如羟基和氨基很容易被连接到固相表面。聚苯乙烯还可以通过共价反应修饰多种活性基团，这些反应基团可用于生物分子的固定。最初使用的是聚苯乙烯试管，1977年首次使用96孔聚苯乙烯微量滴定板（又称酶标板）作为ELISA的固相载体。随着技术的成熟，酶标板分为可拆和不可拆式，不可拆式是一整块板上的板条都连在一起；可拆式的板条是分开的，分出来的板条有12孔和8孔之分，使用者可根据需求及配套设备的特点进行选择。优质的酶标板吸附性能好、空白值低、孔底透明度高，而且各板之间、同一板各孔之间性能相近。根据酶标板对蛋白结合力的大小，酶标板分为高结合力酶标板、中结合力酶标板和氨基化酶标板。

（1）高结合力酶标板　酶标板经表面处理后蛋白质结合能力大大增强，可达$300\sim400\mathrm{ng}\ \mathrm{IgG/cm^2}$，主要结合的蛋白分子质量$>10\mathrm{kDa}$。使用该类酶标板可提高敏感性，并可相对减少包被蛋白的浓度和用量，不足之处为较易产生非特异性反应。该类酶标板用抗原或抗体包被后，非离子去污剂无法有效地封闭未结合蛋白的部位，需使用蛋白作为封闭剂。

（2）中结合力酶标板　酶标板经表面疏水键被动与蛋白质结合，适合作为分子质量大于20kDa大分子蛋白的固相载体，其蛋白质结合能力为$200\sim300\mathrm{ng}\ \mathrm{IgG/cm^2}$。由于该类酶标板具有仅与大分子结合的特性，适用于作为未纯化抗体或抗原的固相载体，可降低潜在的非特异性交叉反应。该类板可以惰性蛋白或非离子去污剂作为封闭液。

（3）氨基化酶标板　酶标板经表面改性处理后拥有带正电荷的氨基，其疏水键由亲水键取代。该类酶标板适合作为小分子蛋白的固相载体。使用合适的缓冲液和pH值，其表面可通过离子键与带负电荷的小分子结合。鉴于其表面的亲水特性和可通过其他交联剂共价结合的能力，可用于固定溶于Triton X-100、Tween-20等去污剂的蛋白分子。该类酶标板由于降低了疏水性，一部分蛋白分子无法结合，此外，其表面需有效地封闭。由于亲水和共价的表面特性，使用的封闭液必须能够与非反应性氨基基团和所选择的交联剂中任何功能基团发生作用。

3.4.1.2　抗原抗体固相化

聚苯乙烯的主链结构为碳链，侧链带有非极性基团，因此，酶标板表面呈疏水性。蛋白质分子中含有多种带非极性侧链的氨基酸残基，这些疏水性侧链间以及它们与蛋白质主链骨架的α-CH基团间倾向于形成疏水键。当抗原或抗体被动吸附于固相时，疏水键是其吸附于酶标板表面的主要作用力。而亲水性的生物分子，由于它们与溶液中水分子形成氢键的作用力要大于靠疏水键与固相的作用力，因而难于被动吸附于疏水性固相表面；同样，小分子生物分子如药物、多肽等，由于它们分子量小形成疏水键的可能性大大降低，故而在固相表面的吸附也比较困难。

（1）被动吸附　指抗原或抗体通过疏水性相互作用而非共价吸附于酶标板表面，是目前ELISA试剂盒最常用的方法。在被动吸附过程中，其影响因素包括缓冲液、浓度、温度和时间等。

① 缓冲液　目前使用最为广泛的包被缓冲液为0.05mol/L或0.1mol/L碳酸盐缓冲液（pH 9.6），其他缓冲液如含100mmol/L NaCl的Tris-HCl（10mmol/L，pH 8.5）和PBS（10mmol/L，pH 7.2）等也有应用。在包被中究竟使用哪种包被缓冲液，应根据特定的包被物进行实验确定。

② 浓度　由于被动吸附过程的随意性，吸附于固相表面的蛋白结构可能由于折叠、

功能性结合部位朝向固相等而发生严重的改变。为了减少这种随意性的影响,每种包被物均需确定其固化的最适浓度。在抗原或抗体被动吸附中,无论加入的抗原或抗体的量有多少,酶标板表面吸附的最大限量是固定的,由于空间位阻,抗原或抗体吸附占酶标板表面约1/3时可实现表面均匀地分布。如包被物过量,由于蛋白-蛋白的相互作用叠集而致固相上多层蛋白的形成,则会出现大于固相最大结合限度的吸附,这种次级吸附很不稳定,会干扰 ELISA 测定。研究表明,蛋白与酶标板的吸附分为两步,即蛋白-酶标板和蛋白-蛋白间的相互作用。在蛋白的等电点(pI)时蛋白之间的静电排斥最小,可得到最大的吸附,但次级吸附也最难去除。

③ 温度和时间 包被时最常用的条件是 $2 \sim 8 \text{℃}$ 过夜,但包被时间可通过增加温度或包被物的浓度缩短。纯化的 IgG 在理想的包被浓度下,37℃ 1h 即可完成有效包被。

④ 其他 在某些情况下,对待包被物进行部分变性可改善固相包被。如抗体,抗体分子中 Fab 片段较 Fc 片段对变性作用抵抗力更强,因此,经过变性处理的抗体分子,其 Fc 片段将暴露更多的疏水性区域,于是,其吸附于固相上的倾向性就更强,Fab 片段就容易朝向反应溶液,从而增加了结合抗原的效率。对 IgG 的变性,通常是将 IgG 以 $10\mu g/mL$ 溶于含 100mmol/L NaCl、pH 2.5 的 50mmol/L 甘氨酸-HCl 缓冲液中,室温 10min,再用 500mmol/L Tris 中和,然后再用包被缓冲液透析。另一个方法是在中性缓冲液中变性,即在 IgG 中加入等体积的 6mol/L 尿素,室温下过夜,然后进行充分透析。也有使用高温变性方法,即将 IgG 在 70℃ 或 82℃ 处理 10min。脂类抗原以 $2\mu g/mL$ 的浓度于脱氧胆酸钠(1mg/mL)中 37℃ 处理 3h,而且在包被缓冲液中加入 10mmol/L $MgCl_2$ 有利于脂多糖的包被。同时在包被过程中应避免使用非离子洗涤剂(如 Triton X-100、吐温-20 等),因为它们可与蛋白分子强烈地竞争结合酶标板,妨碍疏水相互作用的形成,不利于蛋白分子的包被。

(2)共价吸附 又叫共价连接,是一种更为直接的抗原或抗体的固相化方法。对聚苯乙烯微孔板条的物理化学分析发现,其孔表面一般含羟基(—OH)和羧基(—COOH)等活性基团,可借助固相上的活性基团如—COOH、NH_2 等在化学交联剂的作用下与抗原或抗体分子上相应活性基团反应形成共价键。共价吸附有利于提高 ELISA 的敏感性和特异性,GREGORIUS 等人 1995 年将聚赖氨酸包被于固相,以—OH 被氯化三氟乙烷磺酸活化的葡聚糖为载体,通过活化—OH 分别连接固相聚赖氨酸和抗体上的—NH_2,将抗体共价连接在固相使免疫检测灵敏度提高。郭杰标等人 2006 年以鱼明胶和多聚赖氨酸溶液封闭酶标板,以溴化氰活化的海藻糖(二糖)上的—OH,利用经溴化氰活化海藻糖分别连接板孔上多聚赖氨酸和抗原的—NH_2,使抗原通过共价键固定在酶标板上,减小了抗原-抗体结合反应空间位阻,使 ELISA 检测试剂的灵敏度提高了 $1\sim2$ 个效价。

目前有许多酶标板生产厂商为了增加固相表面的活性基团,提高蛋白质的吸附能力,采用化学修饰对固相材料的合成或合成后的表面进行改性处理。如丹麦 NUNC 公司的 Covalink NH 标准板是将聚苯乙烯塑料表面先用 8-甲氧基补骨脂素经有机合成反应,连接上 2nm 长的"空间臂"即仲胺基团得到补骨脂素衍生复合物,然后再将已连接这种复合物的聚苯乙烯塑料表面在波长大于 350nm 的紫外光下照射数小时即得到表面改性的微孔板。

(3)桥连包被 也叫间接非共价吸附,针对那些在酶标板上包被吸附力很差的包被物,可将与固相载体吸附力强的蛋白分子作为中介物,完成包被物的固相化。可作为桥连包被的中介物主要有金黄色葡萄球菌蛋白 A(staphylococal protein A,SPA)、特异性抗体(单克隆抗体或多克隆抗体)、链霉亲和素等。

① 金黄色葡萄球菌蛋白 A　SPA 具有与多种动物如兔、猪、羊等 IgG 的 Fc 端结合的特性。先用 SPA 包被固相，在液相中 IgG 或特异性抗原即可通过预先包被的 SPA 而间接吸附于酶标板微孔表面。

② 特异性抗体　抗体可特异性结合相关抗原，同时具有易纯化、与酶标板吸附力强的特点。先用纯化的抗体（单克隆或多克隆）包被酶标板，利用抗原抗体反应，将特异性的抗原间接吸附于酶标板微孔板表面。使用特异性抗体作为中介物进行桥连包被可同时实现待包被物的纯化和固相化，提高 ELISA 检测的特异性和敏感性。

③ 链霉亲和素　亲和素和生物素之间具有很强的结合力，一个亲和素可结合 4 个生物素分子。链霉亲和素属于碱性糖蛋白物质，分子质量大于 60kDa，易与酶标板结合。先以链霉亲和素包被固相，同时将拟包被的抗体或抗原生物素化，则抗体或抗原可通过生物素-链霉亲和素结合反应而间接吸附于酶标板微孔板表面。

3.4.1.3　固相系统的封闭

封闭是指将待包被物包被于酶标板之后，用高浓度的无关蛋白溶液再包被的过程。抗原抗体的最适包被浓度使得固相载体表面尚有未被占据的空隙，封闭就是让大量不相关的蛋白质充填这些空隙，从而排除在 ELISA 检测各反应步骤中干扰物质的再吸附，降低 ELISA 检测的非特异性反应。

（1）封闭液　在 ELISA 体系中，封闭液的主要成分一般包括无关蛋白如脱脂奶粉、牛血清白蛋白、动物血清、酪蛋白等，通过无关蛋白占据酶标板中未被抗原占据的位置以减少非特异性吸附。果糖、蔗糖等糖类物质作为活性物质的保护剂被添加到封闭液中，可保护固化蛋白的生物活性，保证 ELISA 试剂的稳定性。但也有研究发现海藻糖在若干 ELISA 体系中表现出比较确实的封闭效果，而且可显著缩短封闭时间。与传统的封闭液 5％脱脂奶粉、10％新生小牛血清以及酪蛋白比较，海藻糖在不同 ELISA 体系中对于检测体系敏感性无影响，而对于降低非特异性吸附的效果完全足以替换酪蛋白封闭液，并优于 5％脱脂奶粉以及 10％新生小牛血清。在 ELISA 试剂开发过程中，封闭液的主要成分以及使用浓度均需要实验确定，不可一概而论。

（2）封闭条件　常在 37℃或 2～8℃条件下封闭，封闭时间根据实验结果，结合生产的规模化实施确定。

3.4.1.4　固相系统的干燥

干燥是为了实现 ELISA 检测用包被板的长期稳定性。抗原或抗体包被板一般在湿度不超过 30％的环境下干燥 2～4h 即可，干燥结束后连同干燥剂抽真空封装于铝箔袋中，2～8℃条件下可保存至少 12 个月。

3.4.2　酶标系统

酶标系统在试剂盒中通常被叫作酶标试剂，由酶标记物和酶标稀释液组成。酶标记物的制备及鉴定相关内容见本书的 3.3 节，以下重点对酶标稀释液进行介绍。

酶标抗体或抗原在 -20℃及以下能够保存一年甚至更长时间，但商品化试剂盒一般都要求酶标试剂以工作浓度在常温或 2～8℃条件下保存，并且保存期至少半年时间。因此，酶标稀释液对酶标试剂的稳定性起着十分重要的作用。

酶标稀释液以磷酸盐缓冲液、Tris-HCl 等缓冲液作为基础溶液，添加常用高浓度的动物血清等无关蛋白和一定浓度的表面活性剂、甘油、防腐剂等作为稳定剂，相互配合使用。海藻糖等糖类物质对酶标试剂的稳定性也发挥着重要作用。海藻糖被誉为生命之糖，当生物体受到不良环境条件胁迫时，它能保护生物大分子结构和功能的稳定，维持生物体的正常生命活动。2003 年李建伟等人通过实验发现海藻糖在 20～40℃范围内对酶活性的稳定保护效果非常显著。后来李亚璞等人也证实海藻糖对 HRP 酶标记物的稳定也具有良好的保护效果。目前海藻糖已成为酶标稀释液中的常见成分之一。

针对不同的酶标抗体（或抗原），选择不同的缓冲体系，添加以上一种或几种试剂相互配合，根据酶标试剂的反应性和稳定性筛选合适的酶标稀释液。

3.4.3　样品系统

用于 ELISA 测定的临床样品最为常见的是血清（浆），有时因为检测目的不同，也用到唾液、粪便等其他样品，这些样品中都会含有影响 ELISA 测定导致假阳性或假阴性结果的干扰因素。为了尽量保持待测靶标物的活性和浓度，同时有效降低干扰因素对结果的影响，准确测定靶标抗体或抗原，不同的 ELISA 试剂盒常常配套特定的样品稀释液。

样品稀释液是影响 ELISA 检测结果的重要因素之一，好的样品稀释液可有效减少非特异性反应。通用的样品稀释液为 PBST 溶液，由十二水磷酸氢二钠、磷酸二氢钾、氯化钠、氯化钾、Tween-20 组成。虽然生产工艺简单、成本低廉，但无法有效保护样品中的待测物，阻断非特异性成分的干扰，对部分样品基质效应明显，影响检测结果的准确性。为了弥补 PBST 溶液在样品处理中的缺陷，常添加防腐剂、表面活性剂、生物活性物质、电解质、防腐剂等物质，改善样品环境、保护待检物，并降低非特异性物质的干扰。其中防腐剂可保持溶液试剂在一定时期内不变质，常用的有 Proclin 300 等；聚氧乙烯月桂醚和 Triton X-100 等表面活性剂具有增加抗原抗体反应亲和力的作用，同时也能降低酶标板的非特异性吸附；生物活性物质如酪蛋白等无关蛋白具有保护待检抗原或抗体的作用；金属离子螯合剂 EDTA-2Na，可通过抑制部分蛋白酶活性从而保持溶液中蛋白质的稳定；阻断剂可结合动物血清中异嗜性抗体等干扰物质，有效阻断非目标物导致的反应。

3.4.4　洗涤系统

ELISA 是一种非均相免疫测定技术，通过洗涤步骤，可将特异结合于固相的抗原或抗体与反应温育过程中吸附的非特异成分或未与固相抗原（或抗体）反应的其他成分分离开，以保证 ELISA 测定的特异性。因此，洗涤是 ELISA 测定中极其关键的一步。

ELISA 试验使用的洗涤液一般为含 0.05％Tween-20 的中性 PBS 溶液。Tween-20 是一种非离子去垢剂，既含亲水基团，又含疏水基团，借助其疏水基团与经疏水性相互作用被动吸附于酶标板上蛋白的疏水基团形成疏水键，从而削弱蛋白与固相的吸附；同时在其亲水基团与液相中水分子的结合作用下，促使蛋白质脱离固相进入液相，可达到去掉非特异吸附物的目的。但由于抗体或抗原的包被通常也是通过在碱性条件下与固相的疏水性相互作用而被动吸附于酶标板，因此洗涤液中非离子去垢剂的使用浓度一般控制在 0.1％以下。由于洗涤液在 ELISA 检测中使用量大，为便于运输，在商品化试剂盒中常常使用 10 倍或 20 倍的浓缩洗涤液，开始 ELISA 检测前根据检测样品的数量计算需要洗涤液的体积，用试验用水稀释至工作浓度使用。

3.4.5　对照系统

ELISA 检测中的对照系统主要包括阳性对照、阴性对照和空白对照，是 ELISA 检测过程中重要的室内质量控制参考指标，并对结果计算和判定起关键作用。

3.4.5.1　阳性对照

阳性对照采用含待检靶标物质、与待检样品同源的样品制备而成。所谓"待检靶标物质"和"与待检样品同源的样品"，如针对"猪圆环病毒 2 型 ELISA 抗体检测试剂盒"，其检测靶标物质是猪圆环病毒 2 型的抗体，待检样品为猪血清，则其阳性对照应为含有猪圆环病毒 2 型抗体的猪血清，并通过金标准或经典方法（间接免疫荧光或病毒中和试验等）进行检验并标定，避免使用含有"干扰性物质"的血清作为阳性对照。阳性对照的检测孔数根据说明书的要求一般是 2～3 个。

阳性对照在 ELISA 试剂盒或 ELISA 检测中的设置主要分为以下两种情况。

（1）用于评价试验结果是否有效和试验结果的稳定性　该类阳性对照的检测值不列入 ELISA 试验结果的计算，但在实验中仍然是必需的，试验人员将根据其检测值判断本次实验的有效性和试验结果的稳定性，如猪伪狂犬病病毒 gE 蛋白阻断 ELISA 抗体检测试剂盒、猪瘟病毒阻断 ELISA 抗体检测试剂盒等竞争 ELISA 原理的检测试剂盒。同一批号试剂及其阳性对照品在规定保存条件和有效期内，各次试验的阳性对照检测值应保持相对稳定水平。

（2）不仅用于评价试验结果是否有效和试验结果的稳定性，同时用于 ELISA 结果的计算　此时阳性对照除了对实验有效性和结果稳定性进行判断之外，还有助于消除操作人员及实验环境等差异造成的系统误差。如猪伪狂犬 ELISA 抗体检测试剂盒（间接法），其结果计算方式为样品吸光度值（S）与阳性对照吸光度值（P）的比值（S/P 值），如因实验室环境温度偏低造成反应值偏低，此时 S 值和 P 值均处于偏低的状态，S/P 值则不会出现明显偏差，不影响检测结果的判定。该类阳性对照主要用于间接 ELISA 和夹心 ELISA 试剂盒中，如猪繁殖与呼吸综合征病毒 ELISA 抗体检测试剂盒（间接法）、非洲猪瘟病毒双抗原夹心 ELISA 抗体检测试剂盒等。在人用体外诊断用 ELISA 试剂盒，有的将阳性对照检测值列入 cut off 值的计算。此时 cut off 值的含义代表该标志物在健康（正常）人群中正常值范围的上限；待检样品检测值超过该上限，表示有诊断意义。

3.4.5.2　阴性对照

在血清免疫学试验中，阴性对照应与检测血清具有同源性和同质性，不含有待检靶标物质，并能客观比较和鉴别影响抗原抗体反应的因素。阴性对照一般用异源动物血清稀释配制或与部分正常待检动物血清混合配制，也有使用不含相应抗原抗体的正常动物血清。阴性对照的孔数根据说明书的要求一般是 2～3 个，用于结果计算时使用平均值进行计算。

阴性对照在 ELISA 试剂盒或 ELISA 检测中的设置主要分为以下两种情况。

（1）用于评价试验结果是否有效和试验结果的稳定性　同该类阳性对照一样，试验人员将根据其检测值判断本次实验的有效性和试验结果的稳定性，如猪繁殖与呼吸综合征病毒 ELISA 抗体检测试剂盒（间接法）、非洲猪瘟病毒双抗原夹心 ELISA 抗体检测试剂盒等，同一批号试剂及其阴性对照品在规定保存条件和有效期内，各次试验的阴性对照检测值应保持相对稳定水平。

（2）不仅用于评价试验结果是否有效和试验结果的稳定性，同时用于 ELISA 结果的计算　同该类阳性对照一样，不仅发挥着实验有效性和结果稳定性监测的作用，同时还可以减少或消除操作人员及实验环境等差异造成的系统误差。如猪圆环病毒 2 型竞争 ELISA 抗体检测试剂盒，其结果计算方式为阻断率＝[（阴性对照 OD 均值－样品 OD 值）/阴性对照 OD 均值]×100%，样品 OD 值与阴性对照 OD 值会因实验室环境温度等的差异而出现相似的差异，同时偏高或同时偏低，此时阻断率则不会出现明显偏差，不影响检测结果的判定。其他如猪伪狂犬病病毒 gE 蛋白阻断 ELISA 抗体检测试剂盒、猪瘟病毒阻断 ELISA 抗体检测试剂盒等竞争 ELISA 原理的检测试剂盒，其结果计算模式为 S/N 值或阻断率等，阴性对照均发挥着上述的作用。

3.4.5.3　空白对照

在样品孵育环节用样品稀释液代替检测样品或直接不加样，同时在酶标试剂孵育环节不加酶标试剂，用以检测最终反应的显色"本底"，并用于酶标仪消除"本底"，即：以"本底"调零后读取阳性、阴性对照孔和样品检测孔的 OD 值；或在计算阴性、阳性对照和样品检测值时减去空白对照孔的本底吸光值。如洛阳普泰生物技术有限公司开发的猪瘟病毒阻断 ELISA 抗体检测试剂盒的使用说明书上对"测定"的描述为：①单波长测定，设定酶标仪波长于 450nm 处，用空白孔调零后测定各孔 OD 值；②双波长测定（不设空白对照孔，推荐使用），设定双波长 450nm/（600~650）nm 测定各孔 OD 值。

3.4.6　显色系统

显色系统由酶的底物系统和终止液组成，酶的底物系统在本书 3.3 进行了详细介绍，以下主要介绍终止液。

终止液主要用于终止 ELISA 反应。ELISA 实验结果出来后，由于显色剂和残留酶标试剂作用，反应仍在持续进行中，会影响实验结果数值，因此需要终止液阻止化学反应的继续进行。终止液一般用强酸或者强碱做主要配方，常用的终止液一般为 2mol/L HCl 和 2mol/L H_2SO_4，碱性终止液一般为含量 30%~40% 的氢氧化钠溶液。以底物为 TMB 为例，当加入底物显色剂（过氧化氢脲溶液和 TMB）时，在 HRP 酶的作用下，产生蓝色的阳离子根；加入终止液后，一方面，硫酸破坏了 HRP 酶的活性，使酶的催化功能丧失，另一方面，pH 降低，即可使蓝色的阳离子根转变为黄色的联苯醌，联苯醌在波长 450nm 处有最大吸光值，所以 ELISA 实验后，要求选用酶标仪在 450nm 波长下进行测定。不同的酶、底物及终止液，ELISA 测定用波长也不尽相同，以兽医诊断 ELISA 常用的辣根过氧化物酶（HRP）和碱性磷酸酶（ALP）为例，其配套的底物、终止液及检测用波长详见表 3-4。

表 3-4 ELISA 常用酶、底物、终止液及检测波长

序号	酶	底物	终止液	测定波长
1	辣根过氧化物酶（HRP）	邻苯二胺（OPD）	硫酸	492nm
		四甲基联苯胺（TMB）	硫酸	450nm
2	碱性磷酸酶（ALP）	对硝基苯磷酸盐（pNPP）	碳酸钠	405nm

3.5

ELISA 类试剂研制的基本原则

3.5.1 反应载体的选择

理想的 ELISA 反应载体应具备如下条件：①与抗体（抗原）有较高的结合容量，而且结合稳定极少脱落；②生物大分子固相化后仍保持原有的生物活性，而且有利于反应充分进行；③具有较好的可塑性，便于制备成各种形状，如需比色，材料需透明；④生产成本低，包被方法应简便易行、快速经济。常用的固相载体一般有聚苯乙烯、聚氯乙烯、硝酸纤维素膜等，目前国内外通常使用聚苯乙烯塑料，它具有较强的蛋白质吸附性能，对蛋白质的免疫活性、ELISA 过程中的免疫反应和显色反应无影响，价格低廉，可制成试管、微孔板、微球、珠、膜等各种形状，因此被广泛采用。

聚苯乙烯 ELISA 板通常被叫作酶标板，聚苯乙烯的主链结构为碳链，侧链带有非极性基团，抗体或蛋白质抗原主要靠疏水键吸附于固相表面；聚苯乙烯的侧链通过修饰，如羧基或羟基化也可通过共价键与抗体或蛋白质抗原结合。商品化的酶标板对蛋白质的结合力各不相同，分为高结合力、中结合力和氨基化酶标板。同时由于原料和制作工艺的差别，不同厂家或批次可能存在质量差异，使用前须根据包被物的特点对其性能进行检验。可使用以下方法进行检验：以一定浓度的动物（可选用常见动物猪、兔等）IgG 包被 ELISA 板各孔，洗涤后每孔内加入适当稀释度的酶标二抗，温育后洗涤，加底物显色，终止反应后，分别测每孔溶液的吸光度。控制反应条件，使各孔吸光度 A 值在 0.8 左右，并计算全部读数的平均值。所有单孔的读数与平均数之间的偏差应小于 10%。即使一块板内的变异情况在允许范围之内，也应该尽量避免使用高值和低值差别过大的酶标板。也可根据实验需求自行设计检验方法并制定检验标准。

3.5.2 缓冲体系的作用及常用缓冲体系

在 ELISA 反应中，几乎每一步都需要用到缓冲液，主要是提供一个环境让反应在固相载体上进行，同时通过缓冲液提供的电解质和酸碱度环境对抗原抗体的结合以及酶促反应起到促进作用。有的缓冲液用于包被，有的用于洗涤和抗原抗体反应，也有用于底物缓冲液。最常用的基础缓冲液为碳酸盐缓冲液（carbonate buffer，CB）、磷酸盐缓冲液

(phosphate buffer，PB）、硼酸盐缓冲液（borate saline buffer，BB）和 Tris 盐酸缓冲液等。

缓冲液的 pH 和离子强度对固相载体的吸附性、抗原-抗体免疫反应，以及酶催化反应都有重要影响。pH 过高或过低都将影响抗原和抗体的理化性质，大多数抗原抗体反应的最适 pH 为 6.0~8.0，抗体免疫球蛋白的等电点为 4.8~6.6。环境因素中 pH 过高或过低均可破坏离子间静电引力，降低抗原抗体的结合力，促使其解离。酶对 pH 的敏感性与酶的种类和来源有关，虽然酶催化反应都有一个最适 pH，但酶的最适 pH 并不是一个特有的常数，它受许多因素的影响，如酶的纯度、底物种类和浓度、缓冲液离子强度以及反应温度等的影响。

离子强度可直接影响抗原抗体反应的结合，离子强度高复合物形成快，低则阻碍复合物的形成；同时也直接影响着酶催化反应。酶的催化作用依靠带电荷的底物分子之间的相互移动，离子强度对酶活性的影响特别显著。带电荷的底物分子和酶结合，以及带电荷基团在酶分子活性中心内的移动，都将受反应介质中离子种类和离子强度的影响。离子强度过低则降低了缓冲液的缓冲容量，影响酶的活性；离子强度过高则可能改变酶的表面活力和介电常数，从而影响酶的结构和活性。

因此，在建立 ELISA 方法时，需对反应条件（包括温度和反应时间）和缓冲液（包括不同缓冲液、同种缓冲液的 pH 和离子强度）进行系统筛选。不同缓冲液的基础配方见表 3-5～表 3-9。

表 3-5 0.2mol/L 不同 pH 的 PB 缓冲液（Na_2HPO_4-NaH_2PO_4）配制方法

pH	0.2mol/L NaH_2PO_4/mL	0.2mol/L Na_2HPO_4/mL	pH	0.2mol/L NaH_2PO_4/mL	0.2mol/L Na_2HPO_4/mL
5.7	93.5	6.5	6.9	45.0	55.0
5.8	92.0	8.0	7.0	38.0	62.0
5.9	90.0	10.0	7.1	33.0	67.0
6.0	87.7	12.3	7.2	28.0	72.0
6.1	85.0	15.0	7.3	23.0	77.0
6.2	81.5	18.5	7.4	19.0	81.0
6.3	77.5	22.5	7.5	16.0	84.0
6.4	73.5	26.5	7.6	13.0	87.0
6.5	68.5	31.5	7.7	10.5	90.5
6.6	62.5	37.5	7.8	8.5	91.5
6.7	56.5	43.5	7.9	7	93.0
6.8	51.0	49.0	8.0	5.3	94.7

表 3-6 1/15mol/L 不同 pH 的 PB 缓冲液（Na_2HPO_4-KH_2PO_4）配制方法

pH	1/15mol/L Na_2HPO_4/mL	1/15mol/L KH_2PO_4/mL	pH	1/15mol/L Na_2HPO_4/mL	1/15mol/L KH_2PO_4/mL
5.7	93.5	6.5	6.9	45.0	55.0
5.8	92.0	8.0	7.0	38.0	62.0
5.9	90.0	10.0	7.1	33.0	67.0
6.0	87.7	12.3	7.2	28.0	72.0
6.1	85.0	15.0	7.3	23.0	77.0
6.2	81.5	18.5	7.4	19.0	81.0
6.3	77.5	22.5	7.5	16.0	84.0
6.4	73.5	26.5	7.6	13.0	87.0
6.5	68.5	31.5	7.7	10.5	90.5
6.6	62.5	37.5	7.8	8.5	91.5
6.7	56.5	43.5	7.9	7	93.0
6.8	51.0	49.0	8.0	5.3	94.7

表 3-7 0.2mol/L 硼酸-硼砂缓冲液配制方法

pH	0.2mol/L H_3BO_3/mL	0.2mol/L $Na_2B_4O_7 \cdot 10H_2O$/mL
7.4	9.0	1.0
7.6	8.5	1.5
7.8	8.0	2.0
8.0	7.0	3.0
8.2	6.5	3.5
8.4	5.5	4.5
8.7	4.0	6.0
9.0	2.0	8.0

表 3-8 0.2mol/L 不同 pH 的 CB 缓冲液（Na_2CO_3-$NaHCO_3$）配制方法

pH	0.2mol/L Na_2CO_3/mL	0.2mol/L $NaHCO_3$/mL
9.2	4.0	46.0
9.3	7.5	42.5
9.4	9.5	40.5
9.5	13.0	37.0
9.6	16.0	34.0
9.7	19.5	30.5
9.8	22.0	28.0
9.9	25.0	25.0
10.0	27.5	22.5
10.1	30.0	20.0
10.2	33.0	17.0
10.3	35.5	14.5
10.4	38.5	11.5
10.5	40.5	9.5
10.6	42.5	7.5
10.7	45.0	5.0

表 3-9 0.05mol/L 不同 pH 的 Tris-HCl 缓冲液配制方法（25℃）

注：配制过程中将 0.2mol/L Tris 稀释了 4 倍，成为 0.05mol/L。

pH	0.2mol/L Tris/mL	0.1mol/L HCl/mL	H_2O/mL
7.19	10.0	18.0	12.0
7.36	10.0	17.0	13.0
7.54	10.0	16.0	14.0
7.66	10.0	14.0	15.0
7.77	10.0	14.0	16.0
7.87	10.0	13.0	17.0
7.96	10.0	12.0	18.0
8.05	10.0	11.0	19.0
8.14	10.0	10.0	20.0
8.23	10.0	9.0	21.0
8.32	10.0	8.0	22.0
8.41	10.0	7.0	23.0
8.51	10.0	6.0	24.0
8.62	10.0	5.0	25.0
8.74	10.0	4.0	26.0
8.92	10.0	3.0	27.0
9.10	10.0	2.0	28.0

3.5.3　添加剂的作用及常用添加剂

在 ELISA 试剂中常见的添加剂有防腐剂、表面活性剂、生物活性物质、电解质和阻断剂等，它们在试剂中用量虽少却分别发挥了重要作用。

3.5.3.1　防腐剂

添加防腐剂可防止液体长菌影响试剂性能。优良的防腐剂应具备以下特性：①应对大多数细菌、真菌及酵母菌有较强的抑制作用，应能有效抑制在试剂盒制备、保存和使用过程中最有可能污染的一种或多种微生物的生长；②在试剂中有足够的溶解度，以保证其在两相或多相体系的试剂中具有足够浓度；③应非常稳定，不易受热和样品 pH 值等的影响，在试剂盒的有效期内，不会因化学降解或挥发而降低浓度；④不与试剂盒中的任何成分发生反应，不会影响试剂盒的检测效果或防腐剂的效果；⑤使用成本低，容易获得。防腐剂按照化学组成可分为有机汞类、醇类、有机酸及其盐类、季铵化合物等。

（1）**叠氮钠**（sodium azide，NaN_3）　又名三氮化钠，化学式 NaN_3，是一种无机化合物，是体外诊断试剂中最常用的防腐剂之一，可抑制细菌生长，不溶于乙醚，微溶于乙醇，溶于液氨和水，用量一般为 0.1％～0.5％。由于其含有氨基，会抑制辣根过氧化物酶（HRP）、超氧化物歧化酶等多种酶的活性，所以一般含有 HRP 的试剂都不建议使用。

（2）**硫柳汞**（thiomersalatum，$C_9H_9O_2HgNaS$）　硫柳汞是一种含汞有机化合物，可有效抑制微生物生长繁殖，从 20 世纪 30 年代开始，硫柳汞就作为防腐剂被添加至疫苗等生物制品当中，是一种应用广泛的疫苗防腐剂。它对革兰氏阳性和阴性菌均有很强的抑制能力，为广谱抑菌剂，用量为 0.001％～0.01％。其作用机制为重金属离子与菌体中酶蛋白的巯基结合而使酶失去活性，但对细菌抗原和血清蛋白的损害极其微弱，不能与酸、碘、铝等重金属盐或生物碱配伍。其在水溶液中会分解为硫代水杨酸和乙基汞，乙基汞可与游离半胱氨酸上的巯基发生共价修饰，因此硫柳汞的添加会对部分含半胱氨酸的抗原的活性产生影响，同时乙基汞是由二甲基汞降解的有机汞，在理论上具有神经毒性，因此使用硫柳汞的安全问题不容忽视。

（3）**庆大霉素**（gentamicin，$C_{21}H_{43}N_5O_7$）　庆大霉素是由绛红小单孢菌、棘孢小单孢菌等发酵产生的氨基糖苷类抗生素。其作用机制是作用于细菌体内的核糖体，抑制细菌蛋白质合成，并破坏细菌细胞膜的完整性，从而导致菌体死亡。其抗菌谱较广，对铜绿假单胞菌、大肠杆菌、产气杆菌、克雷伯杆菌和志贺菌等革兰氏阴性菌有抗菌作用，对革兰氏阳性菌中的金黄色葡萄球菌也有很强的抗菌作用。但其缺点是容易产生耐药性。

（4）**ProClin 系列防腐剂**　ProClin 系列防腐剂的活性成分是 2-甲基-4-异噻唑啉-3-酮和 5-氯-2-甲基-4-异噻唑啉-3-酮。其作用机制为活性成分接触细胞膜几分钟后，立即渗透到膜内并抑制细胞内酶（目标酶处于细胞代谢 KREBS 循环的中心位置）的活性，从而抑制细胞生长代谢、大分子合成，引起细胞内能量水平迅速下降，导致细胞不能合成日常代谢所需要的化合物，从而导致菌体死亡。所有的细菌及真菌至少拥有部分 KREBS 循环，所有 ProClin 系列防腐剂的使用范围非常广泛。使用浓度为 0.1％～0.02％（活性成分约为 1.5％）。实验数据显示，这类防腐剂不会影响 ELISA 反应体系中酶及蛋白质的生物活性，而且 pH 适用范围广（pH 2～8.5），化学稳定性好。经实验室检测，在 25℃下保存 2 年，该防腐剂的活性组分仅损失 3％，与水可以任意比混合。因此，ProClin 系类防腐剂目前已成为 ELISA 试剂中使用最多的防腐剂。该系列防腐剂除了常用的 ProClin300 外，还有 ProClin150、ProClin200 和 ProClin5000，均可用于诊断试剂。

3.5.3.2　表面活性剂

表面活性剂（surfactant）是一类能够吸附在气-液、液-液和固-液等两相界面处定向排列，并能使表面张力显著下降的物质。从表面活性剂的结构来看，它是由亲水的极性部分和亲油的非极性部分组成。表面活性剂一端为亲水基团，另一端为疏水基团。亲水基团常为极性的基团，如羧酸、磺酸、硫酸、氨基或其铵盐，也可以是羟基、酰胺基、醚键等；疏水基团常为非极性烃链，如 8 个碳原子以上烃链。表面活性剂几乎总是使相同粒子分开到不同表面，从而减少同粒子之间的相互吸引作用，通常作为润湿剂、增溶剂、乳化剂、分散剂和其他洗涤剂的总称。

（1）分类　根据表面活性剂溶解时是否电离分为离子型和非离子型表面活性剂。离子型表面活性剂根据极性头基所带的电荷，又分为阳离子型、阴离子型和两性离子型。

① 阴离子型表面活性剂　这类表面活性剂溶于水后生成的亲水基团为带负电荷的原子团，包括高级脂肪酸皂、烷基硫酸盐、烷基磺酸盐、烷基磷酸酯类等，常用于洗涤剂、乳化剂、发泡剂等。

② 阳离子型表面活性剂　这类表面活性剂溶于水后生成的亲水基团为带正电荷的原子团，包括季铵盐、吡啶卤化物、咪唑啉化合物、烷基磷酸酯取代胺等，这类表面活性剂不具备去污能力，不能直接与阴离子表面活性剂配伍使用，常用作杀菌剂和抗静电剂等。

③ 两性离子表面活性剂　是指由阴、阳两种离子所组成的表面活性剂，在酸性溶液中呈阳离子表面活性，在碱性溶液中呈阴离子表面活性，在中性溶液中呈非离子表面活性，包括氨基酸型和甜菜碱型。

④ 非离子表面活性剂　在水溶液中不是呈离子状态，稳定性高，不受酸碱影响，与其他类型的表面活性剂相容性好，包括脂肪醇聚氧乙烯醚、烷基酚聚氧乙烯醚、酯型等。

（2）作用　表面活性剂具有润湿性、乳化性、分散性、增容性、发泡性、消泡性和洗涤性等，在 ELISA 试剂中主要发挥以下作用。

① 洗涤的作用　在 ELISA 洗涤液中常添加非离子表面活性剂 Tween-20，详见 3.4.4。

② 降低非特异性吸附的作用　表面活性剂也常作为样品稀释液、酶标稀释液等的组成成分，以增加抗原抗体的特异性结合，同时降低 ELISA 体系中其他蛋白的非特异性吸附。如聚氧乙烯月桂醚和 Triton X-100。

3.5.3.3　生物活性物质

生物活性物质用于 ELISA 试剂，具有提高试剂稳定性、改善特异性的作用。其主要包括动物血清类和动物蛋白类，也有使用氨基酸类和脂类等。理论上讲，不同动物的血清和蛋白均可用于 ELISA 体系中。实际上需根据检测靶标的来源，选择与检测靶标异源的动物血清。常用的动物血清有牛血清、马血清、兔血清、羊血清等，动物蛋白有牛血清白蛋白、酪蛋白、卵清蛋白、明胶等。

3.5.3.4　电解质

除了基础缓冲液中的盐类，金属螯合剂可用于调整免疫反应体系中液体的离子环境，改善或抑制蛋白吸附或免疫反应速度，提高 ELISA 检测试剂的敏感性或特异性。常见的金属螯合剂有 EDTA 二钠盐、柠檬酸钠、酒石酸钠等。同时，微量的金属离子可作为特殊酶促反应的催化剂添加至 ELISA 试剂中，如锰离子、镁离子、铁离子和铜离子等。

3.5.3.5 阻断剂

在免疫反应中，动物样品中可能含有嗜异性抗体等干扰物质。阻断剂是一种生物制剂，加入免疫检测体系中，可结合嗜异性抗体等干扰物质，从而有效防止非分析物导致的假阳性反应。阻断剂分为被动阻断剂和主动阻断剂。

（1）被动阻断剂　一般为正常动物血清或正常动物 IgG，其工作原理为通过高浓度添加，使干扰抗体优先与阻断剂结合而不与检测抗体或捕获抗体结合，从而降低干扰。通常，被动阻断剂只会封闭一种干扰抗体的活性，并且其效果取决于干扰抗体的亲和力。

（2）主动阻断剂　一类对干扰抗体具有高亲和力的试剂。与干扰抗体结合后，可以通过位阻效应阻断干扰抗体与检测抗体或捕获抗体的结合。主动阻断剂优于被动阻断剂在于其只需要低浓度，即可实现高效阻断，避免阻断剂对正常检测过程的影响。

3.5.3.6 糖类

糖类的多个羟基可与蛋白质结合的水分子相互作用，从而对蛋白质类物质起到保护作用，提高试剂的稳定性。常用的糖类有蔗糖、海藻糖、乳糖等。

3.5.4 生物活性原料的选择

抗原和抗体及其相互作用是 ELISA 的基础。如果待测物是抗原，那么建立 ELISA 的前提是获得针对这种抗原的特异性抗体，并且抗体的特异性决定了整个 ELISA 检测试剂盒的特异性，抗体的亲和力则决定了试剂盒的敏感性和检测下限。如果待测物是抗体，则须先得到针对这种抗体的特异性抗原，抗原的纯度决定了整个 ELISA 检测试剂盒的特异性，抗原（决定簇）的完整性则决定了试剂盒的敏感性，即是否能完全检出存在的特异性抗体。

3.5.4.1 抗原

按照制备方法，抗原分为天然抗原和人工抗原。

（1）天然抗原　天然抗原可直接或裂解提取后使用，优点在于抗原表位完整，缺点是杂蛋白多，目的蛋白含量偏低，纯化工艺复杂，难以获得丰度高且纯度高的天然抗原。原材料中天然抗原的含量直接影响到最后的产量和纯化的难易程度，因此应优选目的蛋白含量高的原材料，或采用合理的方式提升原材料中目的抗原的含量。如利用细胞培养病毒病纯化病毒抗原时，应通过选择合适的细胞株、毒株，优化病毒感染指数、培养基配方、培养工艺等，以提升病毒抗原的产量。

（2）人工抗原　人工抗原包括合成多肽抗原和重组抗原。

① 合成多肽抗原　多肽抗原与天然抗原相比具有特异性强、易于制备的特点，其检测抗体的假阴性率和本底反应都很低，易于临床应用，但并不是所有的多肽抗原均可用于诊断。作为诊断抗原，首先需选择具有较好反应性的肽段，一般采用部分重叠的肽库进行筛选。每段合成多肽一般仅含有一个表位，常通过去除非特异性反应多肽后，多个具有良好反应性的肽段混合使用。

② 重组抗原　重组抗原指通过分子生物学手段，对蛋白质编码序列进行操作后重组

表达的抗原，可实现对抗原的人工改造，同时突破了天然抗原原材料的限制，已成为最主要的诊断用抗原。其筛选的要点在于确保其抗原表位与天然抗原的一致性，以及针对同一抗体结合亲和力的一致性，因此在使用人工抗原时，需采用自然感染或人工接种获得的抗体进行验证，以证明人工抗原与诊断目的抗原的同源性。

3.5.4.2 抗体

按照理化性质和生物学功能可分为 IgM、IgG、IgA、IgE 和 IgD。在诊断试剂领域，IgG 应用最为广泛；按照制备方法可分为多克隆抗体、单克隆抗体和基因工程抗体，目前在 ELISA 中广泛应用的仍然是多克隆抗体和单克隆抗体。不论是多克隆抗体还是单克隆抗体，应在保证抗体特异性的前提下，尽可能筛选与目标抗原具有高亲和力的抗体；如果目标抗原具有较高的变异性，应优先筛选针对抗原保守表位的广谱性抗体。

（1）**多克隆抗体**　多克隆抗体是针对抗原不同表位的、亲和力不同的、不同类别抗体的集合，其中含量最丰富的是针对免疫优势表位的抗体，具有能与抗原多位点结合的优势。但除了高亲和力的抗体外，可能还存在大量低亲和力的抗体；除了针对特异性抗原表位的抗体，还可能存在大量针对交叉表位的抗体或无关抗体，在一定程度上影响试剂的特异性。此外，由于动物的个体差异，不同动物个体、不同批次获得的多克隆抗体可能存在较大的差异，可导致产品的批间重复性较差。

（2）**单克隆抗体**　单克隆抗体是针对抗原单一表位的抗体分子，产品的批间稳定性显著优于多克隆抗体，而且不含有无关抗体，可针对性筛选特异性好、亲和力高的抗体细胞株，保证产品的特异性和灵敏度。但单克隆抗体仅针对抗原的单一位点，为了提高诊断敏感性，在双抗体夹心 ELISA 检测中，可选择单克隆抗体与多克隆抗体配对检测，有时也可选择模拟多克隆抗体的多个单克隆抗体混合物。

3.5.4.3 生物活性原料工作浓度的确定

抗原抗体反应具有最适比例性，只有当两种分子比例合适时，才能发生最强的结合反应。检测信号随着待测抗原或抗体浓度增加而增加，是形成剂量工作曲线的基础。当以定量抗原测定抗体时，如抗体浓度大于抗原当量浓度，形成的免疫复合物反而减少，抗体过量越多，形成的免疫复合物越少，以前将这种现象称为前带现象。反之，若以定量抗体测定抗原时，当被测抗原浓度大于抗体的当量浓度后出现的免疫复合物减少的情况，称为后带现象。1977 年 Green 等根据反应曲线的形状提出了钩状效应（hook effect）名称，概括了前、后带现象。在 ELISA 体系中，常采用棋盘滴定法确定抗原和抗体的最佳工作浓度。

3.5.5 反应条件的优化

由于抗原决定簇与相应抗体 Fab 段的高变区相互吸引而特异性结合，反应进行较快，抗原抗体反应过程的特异性结合大多在几秒钟至数分钟内即可完成。ELISA 作为一种固相免疫测定方法，抗原抗体的结合反应在固相上进行，即反应体系中只有抗原或者抗体一种分子在运动，加入板孔中的样品，其中的抗体或抗原并不是都有均等地和固相抗原或抗体结合的机会，只有最贴近孔底的一层溶液中的抗体或抗原首先与抗原或抗体接触，距离远的抗体或抗原，在浓度梯度的驱使下，扩散到固相抗原或抗体附近与之结合，直到抗原抗体反应达到动态平衡。要使液相中的抗原或抗体与固相上的特异性抗体或抗原完全结合，必须是一定量的样品或试剂在一定温度条件下反应一定的时间。

3.5.5.1　加样量

不管是抗原抗体的免疫反应还是酶和底物的酶促反应，一般都是随着加样量的增加而增强。为了确保 ELISA 试剂盒检测结果的准确性和可重复性，其样品、酶标试剂以及底物显色液等的加样量都有严格的要求，一般以 $50\sim100\mu L$ 的反应体系为基准，根据反应原理及已知标准品或质控品的检测结果而确定。其中酶标试剂工作浓度的确定在"生物活性原料工作浓度的确定"中已有介绍，下面重点介绍样品稀释度的选择。

足够的待测样品是保证 ELISA 检测灵敏度和准确性的关键，增加样品加样量可防止弱阳性样品出现漏检，但随着样品量的提高，非特异性结合也会随之而增加，从而增加了假阳性反应的概率。一般而言，加样模式与反应原理息息相关，根据不同的反应原理可选择原倍或稀释后加样检测，每种试剂盒的样品稀释度及加样模式均需要系统筛选以保证检测结果的准确性。

3.5.5.2　反应温度

抗原抗体的免疫反应或酶和底物的酶促反应的速度都依赖于反应温度。从抗原抗体反应的本质来看，在较低温度下反应较长时间最为完全；在较高温度下，由于分子运动的加快，反应时间缩短。在高温条件下短时间反应，对于强阳性样品的检测没有问题，但对于弱阳性样品则有漏检的可能性。在 ELISA 体系中，反应温度常采用 43℃、37℃、室温或 2~8℃，其中 37℃是实验室中常用的孵育温度，也是大多数抗原抗体结合的适宜温度；其次是室温，再次是 43℃和 2~8℃。

3.5.5.3　反应时间

反应温度确定后，反应时间的选择依据是使反应达到平衡，一般情况下，随着反应时间的延长，抗原抗体的免疫反应以及酶和底物的酶促反应均随之而增强。足够的反应时间可保证 ELISA 检测的灵敏度，特别是针对弱阳性样品的检测，反应时间越长，出现假阴性结果的概率越低，反之，出现非特异性反应（假阳性结果）的概率越高。在酶与底物的酶促反应阶段，有的底物会产生自发性变性使最终显色加深而干扰检测结果。因此，在 ELISA 反应体系中，样品的反应时间、酶标试剂的反应时间以及底物显色时间，都需要在确定的反应温度条件下，结合标准的质控品进行系统筛选确认。

3.6

ELISA 类试剂研发的关键点

兽用 ELISA 类试剂的研发关键点主要包括靶标类型及方法的选择、质控品的建立、判界确定以及性能评估等四个方面。

3.6.1 靶标类型及方法选择

根据反应原理，ELISA 主要分为直接 ELISA、间接 ELISA、竞争 ELISA 和夹心 ELISA 四种，在生物医学等领域广泛用于抗原、抗体以及半抗原的检测分析，在兽用诊断领域主要用于动物疫病的诊断检测，在动物疫病的防控中发挥着重要的作用。在 ELISA 试剂开发阶段，应结合检测靶标类型、临床用途及检测的具体条件等综合分析后对反应模式进行选择。

3.6.1.1 待检物为抗原

使用 ELISA 检测抗原时可选择双抗体夹心 ELISA 和竞争 ELISA。

（1）双抗体夹心 ELISA 是检测抗原最常用的方法，主要用于各种蛋白质等大分子抗原的检测，如禽白血病病毒 ELISA 特异性抗原检测试剂盒。如果抗体为抗血清，包被抗体和酶标抗体最好使用来自不同种属的动物；如果抗体为单克隆抗体，需选择两个针对抗原上不同决定簇的单抗，如果待测抗原的不同位点含有多个相同的决定簇，也可用针对此决定簇的同一单抗分别作为捕获抗体和酶标抗体；有时为了提高双抗体夹心 ELISA 的敏感性，也可使用单抗与抗血清配对使用，如选择双单抗配对，为避免不同亚型或不同变异株的漏检，也可使用多株单抗联合使用。

双抗体夹心 ELISA 具有很高的特异性，可以将待检抗原与酶标抗体同时加入孵育反应作一步检测。但在一步法检测中，当待测抗原的含量过高时，过量抗原分别和捕获抗体及酶标抗体结合，不再形成"包被抗体-待检抗原-酶标抗体"复合物，导致显色后的吸光值偏低，甚至出现假阴性结果，这种现象即为钩状效应。因此在使用一步法试剂测定抗原含量时应注意可测范围的最高值。由于类风湿因子（RF）是一种自身抗体，可与多种动物 IgG 的 Fc 段结合，如果双抗体夹心 ELISA 检测的血清样品中含有 RF，它可充当抗原同时与捕获抗体和酶标抗体结合，表现出假阳性。采用 F（ab′）或 Fab 片段作酶结合物的试剂，可消除 RF 的干扰。

（2）竞争 ELISA 根据竞争 ELISA 的反应原理，检测抗原时，不仅可用于小分子抗原或半抗原的检测，同时也可用于大分子抗原或者多肽抗原的检测。竞争 ELISA 灵活性很强，可在此基础上设计出更复杂的反应模式，从而派生出直接竞争 ELISA、间接竞争 ELISA 和夹心竞争 ELISA（包括直接夹心竞争 ELISA 和间接夹心竞争 ELISA）。竞争 ELISA 主要应用于兽药残留、农药残留以及毒素等针对小分子抗原或半抗原的检测，在动物疫病诊断中也有研究。钟涛 2006 年针对猪传染性胃肠炎病毒（TGEV）的 N 蛋白建立了间接竞争 ELISA 检测 TGEV 的方法，酶标板上预包被 TGEV 重组 N 蛋白，通过待检样品中 TGEV 的 N 蛋白与包被的 N 蛋白竞争结合针对 N 蛋白的酶标单抗，从而实现对 TGEV 的检测。

3.6.1.2 待检物为抗体

动物在疫病感染和疫苗接种过程中均会发生抗体反应，在体内产生特异性的 IgG、IgM 和 IgA 等免疫球蛋白。抗体的检测可选择的反应模式较多，应结合临床用途进行综合分析。

（1）免疫评估 用于疫苗免疫效果评估的 ELISA 抗体检测试剂盒，其检测结果应与强毒攻毒保护具有良好的相关性，因此不刻意追求试剂盒的敏感性，一般为间接 ELISA

检测 IgG；也有检测 IgA 的间接 ELISA，如猪肺炎支原体和猪流行性腹泻，黏膜免疫在抗感染过程中发挥着重要的作用，则建立了间接 ELISA 检测 IgA。

（2）**流行病调查或感染监测** 针对新发或无疫苗免疫的传染病，抗体检测是流行病调查或感染监测的重要方法。用于流行病调查或感染监测的 ELISA 抗体检测试剂盒，其敏感性则成为试剂盒有效性的重要考核指标，多使用间接 ELISA。为了能监测到早期感染动物，急性感染期的 IgM 抗体也成为检测靶标之一。对于群养动物，急性感染期并不容易被人识别，而且 IgM 在血液中的持续时间短，很容易造成大规模的漏检，因此，建立双抗原夹心 ELISA 检测血清中总抗体的方法则成为首选，不仅可检测到感染早期的 IgM 抗体，同时可检测较 IgM 产生晚且持续时间长的 IgG，具有良好的敏感性。但对于双抗原夹心 ELISA，应根据抗原结构的不同，寻找合适的标记方法及比例，通常为降低包被和标记抗原共同的非特异性反应，通常选择不同表达系统的抗原进行包被和标记。

（3）**鉴别检测** 有的不同病原的抗原相似度高且在临床容易出现混合感染（如猪瘟病毒与牛病毒性腹泻病毒、猪圆环病毒 1 型和猪圆环病毒 2 型等），有的重大动物疫病经过疫苗免疫逐步实现净化（如猪伪狂犬病、口蹄疫等），需鉴别相似抗原的抗体以及感染与免疫抗体，该类 ELISA 抗体检测试剂盒首选竞争 ELISA。选择针对特异性抗原的抗体（可为单克隆抗体，也可为多克隆抗体）作为酶标试剂的原料，从而实现 ELISA 抗体检测试剂盒良好的特异性。如猪伪狂犬病病毒 gE 蛋白 ELISA 抗体检测试剂盒，包被抗原可以是 gE 蛋白也可以是全病毒抗原，只要酶标抗体是针对 gE 蛋白特异性的单抗或多抗，均可实现针对野毒感染产生的 gE 抗体的特异性检测。虽然猪圆环病毒 1 型（PCV1）和 PCV2 的 Cap 蛋白同源性高，难以区分，但结合针对 PCV2 和 PCV1 的差异抗原位点的单抗制备酶标抗体，建立竞争 ELISA 抗体检测试剂盒可鉴别 PCV2 和 PCV1 的抗体，用于 PCV2 疫苗免疫效果评价，可有效避免 PCV1 抗体引起的假阳性。

3.6.2 质控品的建立

质控品是用于体外诊断试剂质量控制的物质，在诊断试剂的研发、生产和使用过程中均发挥着"标尺"的作用。兽用 ELISA 类试剂在抗体检测中应用最为广泛，本节着重阐述 ELISA 抗体检测试剂的质控品体系，包括 ELISA 试剂盒成品检验质控品和 ELISA 检测过程中的质控品，分别用于试剂盒的生产和使用过程的质量控制。

3.6.2.1 ELISA 试剂盒成品检验质控品

兽医诊断制品的成品检验质控品包括敏感性质控品和特异性质控品，根据中华人民共和国农业农村部公告第 342 号，在《兽医诊断制品注册分类及注册资料要求》中规定，成品检验用质控品使用国际或国家标准品/参考品时可直接使用，使用自制质控品时，需提供详细的研究、制备、检验及标定等资料。

（1）**自制敏感性质控品的研发及质控标准制定**

① **免疫原** 首先选择合适的抗原，抗原必须背景清晰，最好为标准菌（毒）株制备的抗原；如用临床分离菌（毒）株制备抗原，需对临床分离毒株进行全面的生物学鉴定；如为重组抗原，需验证其生物活性与天然抗原的一致性；如检测靶标包含多种血清型或基因型抗原的抗体，需制备不同血清型或基因型的抗原。其次针对抗原选择合适的佐剂及配

苗工艺，确保抗原进入动物体内后可产生良好的抗体反应。

②动物及免疫程序　制备质控血清应选择试剂盒的检测靶标动物。一般选择健康、目标抗体阴性的青壮年动物。免疫剂量及免疫程序参考本书 2.2 的相关内容。

③质控品的制备

a. 检测方法的选择　质控品的检测方法原则上应使用金标准方法或经典方法，如在本书第 7 章介绍的其他常见兽用诊断技术中涉及的血清学检测方法——凝集试验、沉淀试验、补体结合试验、中和试验、血凝抑制试验以及间接免疫荧光试验等，多为不同病原抗体检测的经典方法或金标准方法，也可选择相关国家标准和 OIE 陆生动物诊断试剂与疫苗手册中的推荐方法。

b. 定性或定量检测　根据开发试剂盒的临床需求，使用选择的检测方法，对免疫动物的血清进行定性或定量检测。

c. 血清收集　一般待抗体达到强阳性水平后对动物进行大量无菌采血收集血清。

d. 质控品的制备　根据检测结果与规定的质控品抗体效价标准，使用阴性血清或含 10% 异源动物血清（如制备猪的阳性血清，可使用牛血清）的 PBS 缓冲液将收集的阳性血清进行适当稀释，混匀后分装，−20℃ 以下保存，也可以冻干后 2~8℃ 条件下保存。

④检验与标定

a. 性状检验　解冻或复溶后应为澄清透明的液体。

b. 无菌检验　按照现行《中华人民共和国兽药典》附录检验，应无菌生长。

c. 血清效价检测　使用上述选定的金标准或经典方法检测，抗体效价应达到规定的标准。

d. 标定　针对诊断试剂用敏感性质控品的标定，主要是指使用金标准或经典方法对质控品赋以定性或定量的标准，或者使用国际或国家标准品对质控品间接赋以定性或定量的标准。由于不同人员操作之间存在相应的误差，不同实验室之间也存在相应的误差，因此，为保证成品检验用敏感性质控品定性或定量标准的可靠性，需邀请不少于 2 个外部实验室共同参与敏感性质控品的标定。

Ⅰ. 研制单位的标定：研制单位应按照质控品的标准进行不少于 2 人，每人不少于 3 次的独立测定。当有同种国际或国家标准物质时，应同时进行比对标定。将测定的质控品标定值的有效结果进行生物学统计和分析，初步计算出该质控品的标定值，以供协作标定时参考。

Ⅱ. 协作标定：采用协作标定定值时，原则上应由 2 个或 2 个以上具有相关标定方法操作经验的外部实验室（目前国家仍未明确外部实验室的具体资质）协作进行。负责组织协作标定的实验室应制定明确的协作标定方案并进行质量控制。每个实验室应采用统一的设计方案、协作人数、测定方法和数据统计分析方法及记录格式。每个实验室至少应取得 2 次独立的有效测定结果。

Ⅲ. 标定值的确定：各协作标定实验室将各自测定的原始数据及数据分析报研制单位，研制单位负责对协作标定实验室提供的原始数据进行整理、统计，并计算出该质控品协作标定的最终标定值。

⑤使用　用阴性血清或含 10% 异源动物血清的 PBS 缓冲液或试剂盒的样品稀释液将敏感性质控品梯度稀释后使用。除了用于敏感性检验外，也可以选择 1~2 个稀释度用于重复性（精密性）的检验。

⑥质控标准的制定　成品检验质控标准对诊断试剂的生产过程中的质量控制起着至

关重要的作用，是产品质量保证的基础，同时也在促进行业规范和市场监管方面发挥重要作用。针对人用体外诊断试剂的质量标准，由国家标准化管理委员会（SAC）批准成立了全国医用临床检验实验室和体外诊断系统标准化技术委员会（SAC/TC 136），是我国负责体外诊断系统标准化工作的技术机构。在 SCA 和国家市场监督管理总局的共同推进下，协调各方面资源，充足标准经费，加强标准制订、修订工作流程管理，保障标准制定质量，使我国体外诊断试剂产品标准数量和质量均得到很大提升。截至 2018 年 3 月，SAC/TC 136 归口发布标准 219 项，其中国家标准 16 项，行业标准 203 项，这些标准在体外诊断试剂研发、生产和监管方面发挥着重要的作用。但对于兽用诊断试剂，尚无统一的行业标准及产品标准，需要研发单位自行制定科学合理的质控标准。

可选择取至少 3 批试剂盒，每批抽取 5 盒，每个试剂盒检测质控品不少于 10 次，每个质控品的检测数据均应符合正态分布特点，否则质控品的均一性或试剂盒工艺的重复性可能存在问题。将每个质控品的检测数据绘制 L-J 质控图（绘制方法见 3.6.2.2），质控标准应至少满足每个质控品的检测范围在 $\bar{X} \pm 3SD$ 范围之内，为严格内控，也可将质控品的质控范围提高至 $\bar{X} \pm 2SD$ 范围之内。

（2）自制特异性质控品的制备及质控标准制定　对于 ELISA 抗体检测试剂的特异性质控品，除阴性血清样品外，还应包括容易出现交叉/干扰反应的其他血清，同时还应根据产品组分、工艺过程确定可能与检测标的物产生非特异性反应的其他样品，如生产包被抗原时所用细胞、表达载体等的阳性血清等。

① 制备　特异性质控品至少应包含已知阴性样品、可能存在交叉反应的其他病原或不同血清型病原的阳性血清、制备抗原所使用的细胞和/或表达载体的阳性血清、作用与用途中涉及的样品类型，如血清、组织液等。

a. 阴性血清的制备　取经金标准或经典方法检测抗体阴性、健康的靶标动物，直接无菌大量放血收集血清，分装后－20℃以下保存或冻干保存。

b. 靶标动物常见的其他病原阳性血清　取经金标准或经典方法检测抗体阴性、健康的靶标动物，用常见的其他病原制备免疫原免疫，选择针对免疫原抗体检测的金标准或经典方法检测抗体为中等阳性以上后，即可无菌大量放血收集血清，分装后－20℃以下保存。

c. 表达载体或细胞等阳性血清　取经金标准或经典方法检测抗体阴性、健康的靶标动物，用表达用空载体或健康细胞直接制备免疫原免疫，并建立针对空载体或健康细胞抗体的检测方法，如间接免疫荧光试验等，当抗体达到中等阳性以上即可无菌大量放血收集血清，分装后－20℃以下保存。

② 检验

a. 性状检验　解冻或复溶后应为澄清透明的液体。

b. 无菌检验　按照现行《中华人民共和国兽药典》附录检验，应无菌生产。

c. 靶标抗体检测　使用上述选定的金标准或经典方法检测，抗体应为阴性。

d. 特异性抗体检测　针对免疫原抗体的金标准或经典方法检测，抗体应为阳性。

③ 使用　特异性质控品一般直接使用，按试剂盒使用说明书进行检测即可。

④ 质控标准的制定　针对特异性质控品的检验标准，一般直接规定为用该试剂盒检测，应为阴性；但对于企业内控标准，可根据检测值的水平，同敏感性质控品一样使用 L-J 质控图制定检测数据的范围。

3.6.2.2 ELISA 试剂盒检测过程的质控品

检测过程中的质量控制主要分为室内质量控制和室间质量控制（也叫外部质量控制）。室间质量控制主要用于实验室间的差异分析，一般指一个第三方检测机构发放"盲样"给参加比对的实验室，实验室接到盲样后进行检测，并且把分析的结果反馈给第三方检测机构，然后检测机构总结盲样的数据，并把统计处理结果分发给每个实验室。室内质量控制就是对质控品和样品在同一实验室内检测，通过对质控品测定结果的评价，确定检测样品的结果是否可以接受。

针对兽用 ELISA 检测试剂的室内质控，目前通常使用试剂盒本身的阳性对照或阴性对照检测值对检测过程进行初步的质控，但更为科学的室内质控应该使用试剂盒之外的质控品，通常选择检测为接近临界值的弱阳性样品作为质控品。

（1）来源及制备　用阴性血清或含 10% 异源动物血清的 PBS 缓冲液将国际或国家标准品（参考品）、自制敏感性质控品、试剂盒阳性对照稀释至接近临界值的弱阳性，混匀后分装，$-20℃$ 保存。

（2）使用及质控方法　L-J 质控图是 ELISA 检测中室内质控最常用的质控方法。1924 年美国 W A Shewhart 提出质控图，1951 年 Levey-Jennings 将 Shewhart 质控图引用到临床实验室，后来 Henry 和 Segalove 对 Levey-Jennings 质控图（L-J 质控图）进行了修改。

① L-J 质控图的绘制　检测质控品 20 次以上，计算每次检测的 OD/CO 值。计算 OD/CO 的算术平均值（$\bar{X}$）和标准差（SD）、均值加减 2 倍标准差（$\bar{X}\pm2SD$）和 3 倍 SD（$\bar{X}\pm3SD$），以 OD/CO 值为纵坐标，不同时间或不同检测次数为横坐标，OD/CO 值的算术平均值为中线，$\bar{X}+2SD$ 和 $\bar{X}+3SD$ 为上限，$\bar{X}-2SD$ 和 $\bar{X}-3SD$ 为下限，画出质控图。

② L-J 质控图的质控规则

a. 警告规则　单次测定值超出 2SD。

b. 失控规则　单次测定值超出 3SD；连续 2 次超出 2SD；几个连续质控检测值（3～5 个）都落在均值（中心线）的一侧称之为位移，通常表示存在大的变化（失控），此时的原因可能是试剂盒批号更新、试剂更新、检测人员更换、孵育温度异常、仪器故障等；当几个连续质控检测值（5～7 个）几乎按一个方向分布时称之为趋势（失控），通常是由于试剂失效或移液器逐渐不准确等造成的。

③ L-J 质控图的分析　正常情况下，质控血清测定值应该随机分布于均值两侧，大部分集中在均值附近，呈现出正态分布特征，如果以测定值为横坐标，出现的频率为纵坐标作图，就可绘制出一个呈钟形的曲线图，钟顶处为均值，其他值以均值为中心对称分布。同时两侧的检测值在一定的允许范围之内（2SD 一般是公认的允许误差限度），表明试验稳定、重复性好、结果可靠。

3.6.3 判界确定

兽用 ELISA 类诊断试剂通常以定性来表达测定结果。定性测定常以"有"或"无"即"阳性"或"阴性"来表示。定性免疫检测中，决定结果阴阳性的依据是 cut off 值（阳性判断值）。确定合适的 cut off 值对于准确判定结果有重要意义。cut off 值的确定要使其得到的检测结果假阴性和假阳性的发生率最低。除了 cut off 值以外，还有其他的设值方法以判断阴性和阳性结果，如 S/N 等。

定性检测将结果区分为阳性、阴性，但在实际检测过程中，检测大量阴性样品和阳性样品后，会有少量样品检测值有重叠，这一部分样品的检测结果归为可疑，即"灰区"。检测结果处于"灰区"的样品，可通过确认实验或追踪检测来确定到底是阳性还是阴性。cut off 值的设定有多种方法，下面对常见的方法进行介绍。

3.6.3.1　使用阴性样品检测值均值的 2 或 3 倍作为 cut off 值

取一定数量（通常较少）的阴性样品，使用已建立的检测方法或试剂盒进行检测，若上述阴性样品的平均值为 X，则该次检测的 cut off 值为 $2X$ 或 $3X$。例如，试剂盒结果判定以 S（样品检测值）/N（阴性对照平均值）$\geqslant 2.1$ 为阳性，其依据即是以阴性参考血清的 2.1 倍作为 cut off 值。通常为了避免阴性样品检测值过低导致的 cut off 值过低，还会规定阴性样品平均值不到某一特定值，如 0.05 时，以 0.05 计算，即 cut off 值为 0.10 或 0.15。这种 cut off 值设定方法，可以较为避免假阳性结果的出现，但假阴性可能出现比例较高。总的来说，这是一种非常粗糙的 cut off 值设定方法。

3.6.3.2　使用阴性样品检测值平均值+2 个标准差（SD）或 3SD 作为 cut off 值

先取大量健康动物（阴性）样品进行检测，当阴性样品数量足够大时，检测值将呈正态分布，若要求 95.3%（单侧）的可信度，可将阴性样品检测值的平均值＋2SD 作为 cut off 值；如要求 99%（单侧）的可信度，则以阴性样品检测值的平均值＋3SD 作为 cut off 值。与 3.6.3.1 中的方法相比，这种 cut off 值设定方法更为科学一些，建立在统计学精确计算的基础上，但由于这种方法仅考虑健康动物群体（阴性样品），故而难以确定"灰区"，几乎所有灰区样品都按阴性结果处理，可能会出现较多的假阴性。

3.6.3.3　综合阴性样品检测值均值+2 或 3SD 及阳性样品检测值均值−2 或 3SD 建立 cut off 值

先测定大量阴性样品，若检测值为正态分布，在具有 95.3%（单侧）的可信度的情况下，可以将阴性样品检测值的平均值＋2SD 得到一侧 cut off 值，若要求 99%（单侧）的可信度，则以阴性样品检测值的平均值＋3SD 为一侧 cut off 值。然后检测大量阳性样品，在具有 95.3%（单侧）的可信度的情况下，可以将阳性样品检测值的平均值−2SD 得到另一侧 cut off 值，若要求 99%（单侧）的可信度，则以阳性样品检测值的平均值−3SD 为另一侧 cut off 值。阴性和阳性样品的 cut off 值确定后，根据"灰区"的大小，综合平衡考虑假阳性率和假阴性率，确定试剂盒的 cut off 值。这种 cut off 值确定方法，较之单纯从阴性群体考虑要较为全面一些，并且对测定的"灰区"有一定估计，不会出现将"灰区"全部归为阴性结果的情况。若样品检测值为非正态分布，可采用"百分位数法"，以阴阳性样品检测结果的百分位数单侧 95% 或 99% 分别来确定两侧 cut off 值，再综合平衡考虑假阳性率和假阴性率。

3.6.3.4　综合阴性样品检测值均值+2 或 3SD 及阳性样品检测值均值−2 或 3SD 和转化血清结果来建立 cut off 值

在测定大量健康动物和大量阳性血清样品的同时，测定转化型血清（从阴性转变为阳性过程中的系列血清）样品，取假阳性和假阴性发生率最低，而且能区别抗原转化至抗体出现点的吸光度值作为阳性判断值；该方法与上述 3.6.3.3 的区别是增加了转化型血清样品的测定，使得阳性判断值的确定，能最佳地将阳性与阴性样品区别开来。这种 cut off 值确定方法应该说是目前最佳的模式，但由于转化型血清样品非常昂贵且难以得到，因此应用起来有一定难度。

3.6.3.5　ROC 曲线（受试者工作特征曲线）法设定 cut off 值

受试者工作特征曲线（receiver operating characteristic curve，ROC 曲线），又称为感受性曲线，得此名的原因在于曲线上各点都是对同一信号刺激的反应，只不过是在几种不同的判定标准下所得的结果。ROC 曲线是以假阳性率（1-特异性）为横坐标，真阳性率（灵敏度）为纵坐标所绘制的一条曲线，是反映敏感性和特异性连续变量的综合指标。根据这种关系可确定区分阴阳性的分界点究竟在何处最为合适，也就是说此时的假阳性和假阴性率最低或最为符合使用目的，所以可以使用 ROC 曲线分析来确定 ELISA 的 cut off 值。

为了了解 ROC 曲线的意义，我们先得了解一些变量。举例来讲，针对一个二分类问题，将实例分成正类（postive）或者负类（negative）。如果进行预测，会出现以下四种情况，即：实例是正类并且也被预测为正类，即为真正类（true postive，TP）；实例是正类被预测成负类，即为假负类（false negative，FN）；实例是负类被预测成正类，即为假正类（false postive，FP）；实例是负类被预测成负类，即为真负类（true negative，TN）。由此可得出横、纵轴的计算公式：

真正类率（true postive rate，TPR）＝TP/（TP＋FN），代表分类器预测的正类中实际正实例占所有正实例的比例，即灵敏度（sensitivity）。

负正类率（false postive rate，FPR）＝FP/（FP＋TN），代表分类器预测的正类中实际负实例占所有负实例的比例，即假阳性率（1－specificity）。

真负类率（true negative rate，TNR）＝TN/（FP＋TN），代表分类器预测的负类中实际负实例占所有负实例的比例，TNR＝1－FPR，即特异性（specificity）。

假设采用逻辑回归分类器，其给出针对每个实例为正类的概率，那么通过设定一个阈值如0.5，概率大于等于 0.5 的为正类，小于 0.5 的为负类。对应地就可以算出一组（FPR，TPR），在平面中得到对应坐标点。随着阈值的逐渐减小，越来越多的实例被划分为正类，但是这些正类中同样也掺杂着真正的负实例，即 TPR 和 FPR 会同时增大。阈值最大时，对应坐标点为（0，0）；阈值最小时，对应坐标点（1，1）。如图 3-18，图中实线为 ROC 曲线，线上每个点对应一个阈值。

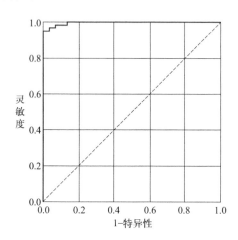

图 3-18　ROC 曲线示意图

横轴 FPR（1－TNR，1－specificity）：FPR 越大，预测正类中实际负类越多。

纵轴 TPR（sensitivity）：TPR 越大，预测正类中实际正类越多。

所以，理想目标是 TPR＝1，FPR＝0，即图中（0，1）点，故 ROC 曲线越靠拢（0，1）点，越偏离 45°对角线越好，敏感性和特异性越大，效果越好。

不同的检测项目，对应不同的疫病特征和试剂盒的预期用途，cut off 值的选取会有区别。当疫病传播性强且无有效的治疗方法，如非洲猪瘟发生的前期，若是漏检导致不能尽快做出有效的防控措施，则可能会对养殖业造成巨大的经济损失，此时就要求试剂盒应具有高灵敏度；当进行免疫效果评价时，假阳性过多可能会使群体的免疫达不到保护的效果而造成经济损失，此时就要求试剂盒应具有高特异性。

3.6.4 性能评估

兽用体外诊断试剂产品是动物疫病诊断与治疗的重要辅助手段。一个新开发的产品能否上市销售，除了对反应模式、体系等进行系统优化获得稳定的生产工艺外，合理的性能分析与评估是必经的程序，也是质量保障的基础。参考中华人民共和国医药行业标准《酶联免疫吸附法检测试剂（盒）》（YY/T 1183—2010），结合现行《兽用诊断制品注册分类及注册资料要求》，兽用 ELISA 试剂的产品性能评估包括以下几方面。

3.6.4.1 敏感性

包括分析敏感性（检测限）和诊断敏感性（阳性符合率）。

（1）分析敏感性（analytical sensitivity，ASe）　也称最低检测限（the limit of detection，LOD）或者灵敏度，指在某一既定的确定性下可检测到的分析物最小量。分析物可为抗体、抗原、核酸或活微生物。直接检测方法的分析敏感性可用病原的基因拷贝数、感染剂量、菌落总数、噬斑形成单位等来表示，这些值能从样品基质背景值中检出，并能与背景值相区别，最常用的是指定体积或重量的样品中有 50％阳性结果的拷贝数、补体形成单位或噬斑形成单位。间接检测方法的分析敏感性是检测到的抗体最小量，通常指在样品被系列稀释后，恰好无法区别目标分析物和样品基质时的倒数第二个稀释度。

我们在临床上通常使用梯度稀释进行 LOD 的检测，但是有可能出现每次稀释后检测的结果都不一样的情况，因此 LOD 是一定概率下的最低检测浓度，通常是 95％的概率都能检出的最低浓度，即 20 次重复 19 次以上检测为阳性。

在 ELISA 试剂的产品质量研究中，一般将一定数量已知抗原含量或抗体效价的样品进行系列稀释后，使用至少 3 批 ELISA 试剂进行检测，确定产品的分析敏感性（最低检测限）。

（2）诊断敏感性（diagnostic sensitivity，DSe）　即已知阳性样品中被检测为阳性的比例。已知阳性样品一般应包括或满足以下要求：①已知感染和免疫动物样品；②经经典（金标准）方法确认的阳性样品；③经经典（金标准）方法确认的弱阳性样品或测定结果接近阴阳性临界值的阳性样品；④主要的基因型/血清型样品；⑤如产品用于检测多种动物，应包括每种动物的检测样品；⑥产品所适用的每种样品类型（如全血、血清、血浆、口腔液、粪便等）；⑦有国际或国家标准品（参考品）的，一般应包含这些参考品。

将产品的检测结果与经典（金标准）方法的检测结果进行比较，样品的检测结果如与已知敏感性样品的感染状态或与经典（金标准）方法的检测结果相一致，则判为真阳性（TP），如不一致，则判为假阴性（FN）。根据比较结果确定诊断制品的诊断敏感性。

产品检测阳性：真阳性（true positive，TP）

产品检测阴性：假阴性（false negative，FN）

产品的诊断敏感性（DSe）＝TP/（TP＋FN）×100%

3.6.4.2 特异性

包括分析特异性（交叉反应性）和诊断特异性（阴性符合率）。

（1）分析特异性（analytical specificity，ASp）　也称交叉反应（cross reaction），是指试验方法将样品基质中的目标分析物（如抗体、生物体或基因组序列）与其他成分区分开的能力，其中其他成分包括干扰物（如基质组分）、降解产物（如毒性因子）、非特异结合物、其他抗体、其他非目标微生物等。用于 ASp 评估的样品类型、生物体和序列的选择和来源应反映试验方法检测的目的和分析类型，即与目标疫病存在交叉反应的相关病原微生物及其免疫动物血清或自然感染血清。分析特异性越高，假阳性水平就越低。

（2）诊断特异性（diagnostic specificity，DSp）　已知未感染动物中被检测为阴性的比例，如未感染动物被检测为阳性，则为假阳性结果。

诊断敏感性和特异性是评价诊断试剂的主要性能指标，核心是对已知临床样品进行检测，样品应尽可能涵盖不同时间、不同地点、不同畜群，水平有高有低。所需已知阳性和阴性样品的数量取决于待检测方法的 DSe 和 DSp 估值及所需的置信度水平，见表 3-10。表 3-10 提供了误差在 2% 和 5% 时理论上所需的采样数量。与 2% 误差相比，误差为 5% 时所需样品数大幅减少。因此，当需要较小的误差范围时，就需要更多样品来实现 DSe 和 DSp 估值的高置信度（通常为 95%）。但是，在某些情况下，考虑到供给和资金的限制，评估用样品量可能低于最佳数量，此时计算的 DSe 和 DSp 对结果的诊断可信度较低。样品量也可能因缺乏对照群体和"金标准"（完美的参考标准）而受到限制。因此，在最初阶段，可采用少于最佳数量的样品量，但随后应尽可能增加样品量，以减少误差，提高诊断敏感性和特异性估值的置信度。

表 3-10　在不同置信度下评估诊断敏感性（DSe）和特异性（DSp）时，理论上所需的已知感染动物样品量

诊断敏感性或特异性估值	允许误差为 2%			允许误差为 5%		
	置信度			置信度		
	90%	95%	99%	90%	95%	99%
90%	610	864	1493	98	138	239
92%	466	707	1221	75	113	195
94%	382	542	935	61	87	150
95%	372	456	788	60	73	126
96%	260	369	637	42	59	102
97%	197	279	483	32	45	77
98%	133	188	325	21	30	52
99%	67	95	164	11	15	26

评估诊断敏感性和特异性的一个典型方法是用检测方法检测参考样品，并将检测结果交叉分类制成 2×2 表格。例如，假设研究者将检测方法的 DSe 和 DSp 分别定为 97% 和 99%，置信度均为 95%，允许误差为 2%，那么对照表 3-10 可知，评估 DSe 需要 279 份已知感染动物的样品，评估 DSp 需要 95 份已知阴性样品。然后，使用建立的检测方法检测这些样品，表 3-11 显示了一组假设结果，以及根据检测样品计算的 DSe 和 DSp 估

计值。

表 3-11 根据从已知感染和非感染群体抽样检测的一组假定结果，评估诊断敏感性和特异性

检测结果	已知阳性(279 份)	已知阴性(95 份)
阳性	270 份(TP)	7 份(FP)
阴性	9 份(FN)	88 份(TN)
诊断敏感性:TP/(TP+FN)=96.8%		
诊断特异性:TN/(TN+FP)=92.6%		

注：TP 为真阳性，FP 为假阳性，TN 为真阴性，FN 为假阴性。

在这个例子中，DSe 计算值非常接近预期值，但 DSp 的计算值则明显低于 99% 的预期值，导致诊断特异性的置信区间大于预期。进一步研究表 3-10 显示，DSp 为 92% 时，如需获得 ±2% 的误差，需要 707 份样品，但如此大幅度增加样品可能难以实现。

3.6.4.3　重复性

重复性（repeatability）又称为精密度（precision），分为批内重复性和批间重复性。

（1）**批内重复性**　是指在相同检测条件下，对同一样品进行连续多次检测所得结果的一致性。这反映了试剂盒对某一特定样品多次检测所得结果的重复程度，是评价试剂盒的最基本参数之一，通常使用变异系数（coefficient of variation，CV）表示。

用重复性质控品重复检测至少 4 次，最好检测 10 次，计算每次测量吸光值的平均值 $\bar{x}$ 和标准差 SD，根据以下公式计算变异系数：

$$CV = \frac{SD}{\bar{x}} \times 100\% \qquad (3-1)$$

式中　CV——变异系数；

　　　SD——检测结果的标准差；

　　　$\bar{x}$——检测结果的平均值。

标准差表示各检测值与平均值的偏离程度，标准差越大，CV 越大；平均值的代表性越差，精密度越低。

（2）**批间重复性**　即批间差，指同一样品在多批试剂间的重现性，仍使用变异系数（CV）表示。

用 3 个批号的试剂盒分别检测同一份样品，各重复至少 4 次，最好 10 次，计算所有检测结果（按照试剂盒说明书计算结果，如 S/P 值、S/N 值等）的平均值 $\bar{x}$ 和标准差 SD，按批内重复性的计算方法计算 CV 值。

（3）**重复性质控品**　通常选用浓度接近产品临界值的样品，也可选择不同反应水平的质控品（比如包括已知阴性、弱阳性和强阳性样品）分别进行重复性能的评估。用于重复性评估的每一份样品均应被视为采集自目标群体的待测样品，然后按照检测方法的所有步骤（包括稀释成工作浓度），逐项进行检测。

3.6.4.4　稳定性

体外诊断试剂的稳定性（stability）通常用时间量化，是试剂盒在生产企业规定界限内保持其特性的能力。一般分为实时保存稳定性和热稳定性试验。

（1）**实时保存稳定性**　是生产企业规定试剂盒有效期的主要依据。将至少 3 批产品在适当条件下保存，并间隔一定时间，按成品质量标准中核心指标进行检测，并与原始成

品检验数据进行比较，确定产品的保存条件和有效期。一般情况下，试验过程应持续到所规定的保存期后至少1个月。

（2）**热稳定性试验** 一般是生产企业对产品进行内控的指标之一，但不能用于推导确定产品的有效期。在规定的加热条件（常用37℃）下放置规定时间，按成品质量标准中核心指标进行检测，并与原始成品检验数据进行比较，应无明显变化。

3.6.4.5 再现性

再现性（reproducibility）是指不同实验室使用同一方法/试剂盒检测同一样品等分样可得到一致性结果的能力。应由不少于3家兽医实验室（分布于不同省份）对3批ELISA试剂进行适应性检测（包括敏感性、特异性）。所用样品应包括一定数量的阳性、弱阳性、阴性等各类临床样品，总样品数量应不少于30份。样品按编盲方式进行比对。

3.7

ELISA 检测中的常见问题

ELISA方法是兽用诊断中常见方法之一，具有敏感性高、特异性强、重复性好、操作简单和自动化程度高等优点；但在试验过程中，实验室环境、仪器设备异常，不规范的操作，都会导致异常结果的产生。以下就针对ELISA方法操作过程中常出现的问题及解决方法进行简要说明。

3.7.1 样品收集

在兽用诊断中，用于ELISA测定的样品最常用的是血清，也用到血浆、全血、口腔液、尿液、粪便、组织研磨液、蛋清等样品。在样品中可能会含有干扰酶免疫测定导致假阳性和假阴性的干扰物质。以干扰物来源划分，分为内源性和外源性干扰。

3.7.1.1 内源性干扰因素

一般包括类风湿因子（rheumatoid factor，RF）、补体、嗜异性抗体和溶菌酶等。

（1）**类风湿因子** 在患病或正常动物血清中，常含有不同浓度的RF，血清中IgM、IgG、IgA型RF可以与ELISA系统中的捕获抗体及酶标二抗的Fc段直接结合，从而导致假阳性。为避免RF对ELISA测定的干扰，可采取的措施：稀释样品、酶标抗体用Fab替代完整的IgG、使用RF吸附剂后再检测等。

（2）**补体** 补体是存在于正常动物血清与组织液中的一组经活化后具有酶活性的蛋白质。ELISA系统中固相抗体和酶标二抗可因其在固相吸附及结合过程中抗体分子发生变构，致其Fc段的补体C1q分子结合位点被暴露出来，使C1q可以将二者连接起来，从而造成假阳性。补体干扰的排除：样品56℃ 30min加热灭活、用EDTA稀释样品。

（3）**嗜异性抗体**　动物血清中含有抗啮齿类动物（如鼠、马、羊等）Ig 抗体，即天然的嗜异性抗体，嗜异性抗体可通过交联固相和酶标的单抗或多抗而出现假阳性。解决办法：在样品或样品稀释液中加入过量的动物 Ig，封闭可能存在的嗜异性抗体。但加入量不足或亚类不同时无效。

（4）**溶菌酶**　溶菌酶又称胞壁质酶或 N-乙酰胞壁质聚糖水解酶，是一种能水解致病菌中黏多糖的碱性酶。溶菌酶与等电点较低的蛋白质有强的结合能力。免疫球蛋白等电点约为 5，因此，在双抗体夹心法测定中，溶菌酶可在包被的 IgG 和酶标的 IgG 间形成桥接，从而导致假阳性。解决办法：从样品中去除溶菌酶或将其封闭，Cu^{2+} 和卵白蛋白可有效地封闭溶菌酶，防止其连接 IgG。

3.7.1.2　外源性干扰因素

主要包括样品溶血、样品被细菌污染、样品保存不当和样品凝固不全等。

（1）**样品溶血**　在样品采集和血清分离过程中要注意避免出现严重溶血。如样品溶血，样品中血红蛋白释放出来，血红蛋白中的血红素基团有类似过氧化物的活性，在以辣根过氧化物酶（HRP）为标记酶的 ELISA 测定中，易造成假阳性。

（2）**样品被细菌污染**　在样品采集和血清分离过程中要注意尽量避免细菌污染。细菌生长所分泌的一些酶可能会对抗体产生分解作用，同时一些细菌的内源性酶对酶标记物的反应产生非特异性的干扰。

（3）**样品保存不当**　样品在 2～8℃ 保存时间过长，IgG 可聚合成多聚体，间接 ELISA 测定会导致本底过深，造成假阳性。冷冻保存的样品必须注意避免反复冻融，因反复冻融所产生的机械剪切力会对样品中的蛋白等分子产生破坏作用，使抗体效价下降，造成假阴性。

（4）**样品凝固不全**　样品采集后应使其充分凝固后再分离血清或在样品采集中使用带分离胶的采集管或在样品采集管中加入适当抗凝剂，利于血清完全分离。若在血液未完全凝固时即分离血清，血清中残留的纤维蛋白会非特异性吸附于微孔，造成假阳性。

3.7.2　实验环境和仪器

3.7.2.1　实验环境

实验室环境温度应控制在 20～25℃。实验室温度对 ELISA 检测结果影响很大，特别是试剂和样品的室温平衡。回温时间过短，可能造成反应水平偏低或不同次检测结果差异较大。实验室湿度也影响 ELISA 检测，湿度过低导致静电作用增强，会引起样品容易污染；湿度过高容易损坏仪器设备。另外，实验环境中氯离子对 TMB 显色有很大影响，当氯离子浓度过高时，可使 TMB 显色造成假阳性。

3.7.2.2　仪器

（1）**移液器**　移液器的使用贯穿整个 ELISA 检测过程，应定期送计量检定校准部门检定或校准。同时实验室也应不定期地使用万分之一的电子天平进行蒸馏水称量法校准。

（2）**洗板机**　根据各种洗板机要求的不同需进行必要的调试，包括洗板机的针头吸水高度、放水高度、泵的压力、加液量、浸泡时间、洗涤次数及检测试剂对洗板机的其他要求。同时，洗板时应注意管道的气泡及针头的通畅情况，最好进行预洗。

（3）酶标仪　酶标仪是依据酶标记的免疫复合物与酶的相应底物能够产生显色反应，显色程度与被检测样品中待测抗体（或抗原）的含量相关，根据显色物吸光度值确定待测物质含量，不同待测显色物质有其各自的特征谱线，并遵守朗伯-比尔定律，对待测物质进行定量分析的仪器。酶标仪应放置在无磁场和干扰电压，低于40dB的环境下；应避免阳光直射以防止设备老化；操作时环境温度应在15～40℃之间，环境湿度在15％～85％之间。酶标仪应定期送计量检定校准部门校准，同时加强对光学部分的维护，如用无水乙醇擦拭滤光片，防止发霉。

3.7.3　试剂使用和保管

优质的试剂是保证检验质量的基础，不同厂家的试剂在性能上存在较大差异。要选择灵敏度高、特异性强、重复性好、稳定性和安全性优且经济实惠的试剂。保存试剂的冰箱应每天检查温度并做好记录。在实验开始前，将试剂从冰箱取出后，在室温放置30min以上再进行检测。目前商品化试剂盒的洗液均需在实验室使用时用蒸馏水进行稀释，因此稀释所用蒸馏水应保证质量。当试剂盒以邻苯二胺（OPD）为底物时，底物溶液应在显色反应前临时配制，显色反应需避光。未用完的试剂要密封并及时放回冰箱保存。另外，不同批次的试剂不能混合使用。

3.7.4　加样品及反应试剂

在 ELISA 检测中使用的样品大多是血清样品，而血清样品一般冷冻保存。因此，在使用样品时应保证样品已完全融化，并且已恢复至室温。在检测时应严格按照说明书对样品进行预稀释，并要特别注意阴阳性对照是否需要稀释。稀释样品和加样时要注意选择合适量程的移液器（移液器量程的30％～100％为最佳使用范围）和与之匹配的吸头。控制移液器排液速度，不可用力太快，速度要均匀，角度要垂直，力度要一致，避免加在孔壁上部，不可溅出和产生气泡。加样时如有气泡，抗原抗体不能有效地结合会导致弱阳性甚至假阴性。另外，吸取不同样品时，应更换吸头，以免发生交叉污染。所有试剂应用多少取多少，不能将用剩的试剂再倒回试剂瓶中。预稀释血清样品时保证稀释液与血清混合均匀；样品稀释液与样品同时按体积加样的试剂盒加样后注意混匀。

3.7.5　温育

温育是 ELISA 测定中影响测定成败最为关键的一个因素。一般情况下，温箱内温度应恒定在（37±1）℃，温箱的温度应定期校准；温育过程中应尽量避免频繁打开温箱门，微孔反应板尽量靠温箱里边放置，但不可紧靠温箱内壁；应严格控制温育的时间，不能人为地延长或缩短；微孔反应板温育时要加贴封片，可以防止孔内液体成分蒸发或水珠等杂质进入孔内影响检测结果。

"边缘效应"的排除：将反应板从室温置于37℃温箱，板孔升温时，在外周孔与中心孔之间可能存在热力学梯度。为保证各板的温度都能迅速平衡，反应板不宜叠放。另外也可采用水浴的温育方式，让微孔板浮于水面上。或将浸透水的纱布放入湿盒，放于温箱中，这样就会因为板条孔底部直接与37℃水或湿布接触，以及水浴箱或湿盒内的高温度，使反应溶液的温度迅速升至37℃。

3.7.6　洗板

洗板在整个ELISA反应中非常关键。洗板的目的是清除残留在板孔中没能与固相抗体（抗原）结合的物质，以及在反应过程中非特异性地吸附于固相载体的干扰物质，以保证ELISA测定的特异性。用HRP为标记酶的ELISA试剂盒中使用的洗液一般为含0.05%吐温-20的中性磷酸盐缓冲液。吐温-20为一种非离子去垢剂，既含亲水基团，也含疏水基团；由于抗体或抗原的包被通常是在碱性条件下与固相的疏水基团相互作用而被动吸附于固相，因此要注意非离子去垢剂的使用浓度，如果吐温-20浓度高于0.2%，可使包被于固相上的抗原或抗体解吸而影响试验的测定下限。

配制洗涤液需要用新鲜、干净、无菌、无污染的蒸馏水或去离子水配制，洗涤液应现用现配，盛放洗涤液的容器应经常用清洗剂彻底清洗干净后方可使用。洗板时应保证洗涤液注满微孔反应板各孔，洗完板后微孔反应板在吸水纸上轻轻拍干。洗板一般有两种方式，即手工和洗板机洗板。为保证微孔板的均一性使结果准确可靠，最好选用洗板机洗板。手工洗板时要注意浸泡时间，孔间洗液最好不要互相流动；弃掉板内液体时动作要果断迅速，尽量使液体垂直向下流出；加洗涤液需悬空加，防止污染枪头。同时洗涤多块反应板时，最好分批洗，或统一先将板内液体吸出，加入洗涤液后（先洗1次，不抽干液体），依序开始洗涤。

3.7.7　显色

大多数商品化试剂盒以HRP作为标记酶，HRP可催化的底物为过氧化氢，参加反应的显色供氢体有OPD、邻联甲苯胺及四甲基联苯胺（TMB）等。操作时应注意各试剂盒显色剂不能混用，添加顺序不能颠倒，不能溅出孔外。另外，酶结合物不耐干燥，特别是在较高的温度下更易失活，加入底物前，甩干的反应板在空气中暴露的时间长短会影响结果，时间越长，则A值越低，因此甩干后的反应板应尽快滴加底物。TMB的终止液有多种，酸性终止液会使蓝色转变成黄色，此时可用特定的波长（450nm）测读吸光值；碱性终止液颜色无明显变化，此时可用特定的波长（620nm）测读吸光值。

3.7.8　读值

ELISA的比色测定由酶标仪进行，不可用肉眼判断结果。在进行ELISA测定时，以 TMB 为底物和以 OPD 为底物的试剂盒均有使用，由于所使用的波长不同，前者为 450nm，后者为 492nm，因此一定注意酶标仪的波长是否调至合适以及使用的滤光片是否正确。比色前应先确保板底干净、透明，没有杂质附着，然后将板正确放入比色架中。

比色一般有 2 种方式：单波长比色和双波长比色。单波长比色通常以对显色具有最大吸收波长如 450nm 或 492nm 进行比色测定；而双波长比色是敏感波长如 450nm 和非敏感波长如 630nm 下的吸光度值的差值。双波长比色测定具有能排除由微孔板本身、板孔内标本的非特异性吸收、指纹、刮痕、灰尘等对特异显色干扰的优点。因此，ELISA 测定推荐使用双波长比色。

3.7.9　结果判定

ELISA 测定按其表示结果的方式分为定性和定量测定，定性测定只是对样品是否含有待测抗原或抗体作出"有"或"无"的结论，分别用"阳性"和"阴性"来表示，结果的判定要严格依据试剂盒提供的临界值 cut off 值进行结果判断。定量测定需要制备标准曲线，根据标准曲线计算结果。

3.7.10　常见问题及分析

ELISA 测定操作步骤比较简单，但可能影响测定结果的因素却较多，现对常见问题及原因进行归纳总结。

3.7.10.1　白板

整个反应板不显色的原因可能为酶结合物被污染完全失活；终止液当显色剂使用；漏加显色剂 A 或显色剂 B；洗液配制出现问题，如量筒不干净、含酶抑制物（如叠氮钠）等。

3.7.10.2　全部孔均有显色

原因可能为洗板不干净或洗板液被酶污染；显色液变质或被酶污染等。

3.7.10.3　弱阳性样品检测不出

原因可能为温育时频繁开关温箱门导致实际温育温度偏低；温育时间不够；显色反应时间过短；洗液配制有问题等。

3.7.10.4　重复性差

一般是由测定操作所引起的问题，原因为加样品及试剂量不准，孔间不一致；加样过快，孔间发生污染；样品使用前未混合均匀或预稀释后未混合均匀；不同批试剂盒中组分混合使用等。

3.8

ELISA 技术展望

ELISA 创始于 1971 年，是酶免疫技术测定中应用最广、最有发展前途的一种技术。ELISA 具有灵敏度高、特异性强、检测时间短、操作简便、对样品预处理要求简单、易于推广、对环境没有污染等优点，基于这一系列优点，ELISA 得到了快速的发展和广泛的应用。但该方法也有一定的局限性，如灵敏度不高、多项目需多次检测、人员操作差异等。因此，高灵敏度、高通量和自动化将是 ELISA 的发展方向。

3.8.1 高灵敏度检测

3.8.1.1 新型抗原（抗体）

高纯度的抗原（抗体）是建立高灵敏度、高特异性的 ELISA 的基础，而采用基因工程技术制备的抗原纯度高、特异性好，因此，基因工程抗原在 ELISA 上有广阔的应用前景。新型抗原未来的发展趋势为：由单一病原体蛋白向多决定簇融合蛋白转变，并尽可能地包含病原体基因组功能区的所有能引起机体强免疫应答的决定簇。所表达的重组抗原将不含或尽可能少含非特异性抗原。以合成肽替代表达蛋白，可避免表达蛋白的纯化等复杂问题，但是合成肽序列的长短、亲水性的高低、纯度和成本等都是需要进一步研究的问题。但随着合成肽技术的不断成熟和进步、合成仪器的不断改进，以合成肽为包被抗原建立的 ELISA 必定在今后的兽医检测领域中有着巨大的潜力。

基因工程抗体具有可塑性强、无需动物免疫即可批量生产等特点。目前基因工程抗体包括人-鼠嵌合抗体、改型抗体、双特异性抗体、小分子抗体等。随着基因工程抗体技术如抗体克隆、抗体基因组合文库技术、核糖体展示技术及抗体改型技术的发展，基因工程抗体已然成为检测应用新宠。此外，纳米抗体作为抗体行业的新成员，近年来在免疫检测领域的发展突飞猛进。纳米抗体具有分子量小、表达量高、在极端理化条件下稳定性好、易于基因工程改造等特性。应用纳米抗体的检测试剂可改善传统依赖单克隆抗体检测试剂存在的运输和保存困难、试剂研发成本高、抗体试剂批间差异大的问题，并且可提高检测的灵敏度。纳米抗体在免疫检测中展现出广阔的应用前景。

3.8.1.2 新型固相工艺

抗原或抗体的固相化是决定 ELISA 检测体系敏感性的重要因素，传统的 ELISA 方法是直接将抗原或抗体固相化。为开发出灵敏度更高的试剂盒，研究者在固相工艺上也进行了探索，如通过生物素-链霉亲和素结合反应将抗原或抗体分子吸附于固相载体上提高检测的灵敏度和稳定性；通过重组蛋白质 A、G 和 L 将抗体的 Fe 端朝向介质一面，将具有识别抗原表位功能的 Fab 端充分暴露，保证抗体的生物学活性不受到空间取向等因素的影响；以 PVDF 膜、尼龙膜为代表的膜型固相介质，可供给抗原或抗体等反应物大而广泛的吸附面积，能明显增加反应物包被的数量，从而提高检测灵敏度；将微孔板进行化学改性，抗原或抗体可通过共价结合的方式与板上的某些化学基团紧密相连，这种方法固定强度高、可重复性强，有助于提高检测的敏感性和特异性。

此外，纳米材料也被用于抗原或抗体的固相化。纳米材料具有较大的比表面积、良好的生物相容性、表面修饰能力和优异的电子传输能力等优势，其在生物领域应用十分广泛。纳米材料在酶联免疫吸附试验中主要发挥的作用有固定蛋白质等生物大分子、放大信号、催化反应底物等。已有研究将有机无机一体化纳米复合物引入酶联免疫吸附试验中，实现了对 *E.coli* O157：H7 的定量检测。另外，磁性纳米颗粒也被引入酶联免疫吸附试验中，磁微粒能够提供更大比表面积和更好流动性，能够避免空间位阻，使抗原抗体在液相中呈三维立体反应，因此相较常规酶标板，可使反应灵敏度得到提升。

3.8.1.3 新型标记物和比色系统

自免疫测定技术发展以来，为了进一步提高免疫测定的灵敏度、特异性和稳定性，开发和应用新的标记物和比色系统一直是免疫测定技术的主要研究方向之一。具有特殊的光、电、磁以及催化性质的新型纳米材料的成功合成为开发新型 ELISA 带来了新的机遇。

（1）**荧光 ELISA** 近年来，基于新型荧光纳米材料的改良型 ELISA 和荧光免疫测定（FELISA）引起了广泛关注。量子点（QD）特有的光学特性、高光稳定性以及尺寸和形状可调等优点，引起了研究人员对提高 ELISA 灵敏度的关注。作为新兴材料，碳点（CD）具有易于合成、成本低、无毒和良好的生物相容性等优点，其荧光特性和过氧化物酶特性被广泛用于免疫测定。

（2）**电化学 ELISA** 电化学免疫测定法既具有电化学传感器价格低廉、灵敏度高、携带方便的优点，又便于操作，弥补了传统 ELISA 灵敏度不足、背景高和成本高的缺陷。

（3）**光热效应 ELISA** 光热纳米材料的光热效应（PTE）是 ELISA 的研究热点之一，以光热纳米材料为基础已开发了使用普通温度计对目标进行定量读取的光热免疫测定法（PTIA）。同时，使用温度计作为信号读出系统的改良型 ELISA 也得到了广泛发展。

（4）**表面增强拉曼散射 ELISA** 基于表面增强拉曼散射（SERS）的技术具有抗光漂白、较少的背景干扰、高灵敏度以及较好的稳定性等优势，其在免疫学分析中具有潜在的应用前景。

（5）**化学发光 ELISA** 化学发光免疫测定（CLIA）是基于底物吸收化学反应产生的能量转化为化学发光的方法。由于其背景干扰小，能有效避免背景光和光漂白，具有高灵敏度和宽线性范围的优点，已广泛应用于免疫学分析中。

（6）**基于纳米材料改良信号输出比色 ELISA** 传统酶底物的颜色响应能力可以满足高浓度目标物的检测需求，但不适用于微量目标物的高灵敏度检测。纳米材料特殊的光、电、磁以及催化性质，使其可以作为信号底物的替代物，适合超灵敏检测。由于具有较大的摩尔吸光系数和很强的局部表面等离子体共振效应，金纳米颗粒可以作为信号底物。其信号的产生主要基于金纳米颗粒的聚集及原位生长。表面修饰的抗体、核酸以及化学配体可以触发金纳米颗粒的聚集。

（7）**基于纳米酶比色 ELISA** 纳米酶具有易于制备，坚固耐用，稳定性好，可调节催化特性，增强夹心比色法的检测灵敏度和效率等多种优势。基于纳米酶的夹心比色法不仅可以检测蛋白质，还有检测其他生物分子的潜在应用空间。

3.8.2　高通量检测

随着微加工技术的不断进步，以微阵列技术为基础的高通量免疫检测方法展现出巨大的发展潜力。微阵列酶联免疫技术是一种新型基于微孔板的蛋白芯片检测体系，该技术与传统 ELISA 相比，可对单个样品的多种指标进行同时检测，而且样品用量少，易满足临床检测的需求。微阵列技术的出现弥补了传统检测方法存在的样品消耗量大、操作复杂、耗时长以及多重检测能力不足等问题，具有广泛的应用前景。

3.8.3　自动化检测

近年来，各种基于不同原理的全自动免疫测定分析仪在临床实验室中应用越来越多，不但减轻了实验室人员的劳动强度，而且大大提高了检测的准确性和重复性。将全自动技术应用到部分开放式酶免疫分析系统中后，可以在其中应用各类符合标准的 ELISA 试剂盒，此类仪器具有良好的检测灵活性、经济性较高。全自动酶联免疫分析系统的开发应用从根本上解决了分配样品和试剂时间的不一致性，避免因操作者技术和习惯不同造成误差，大大增加了加样和试剂分配的精确性，实现酶联免疫分析过程的标准化，使实验结果可靠性明显提高，是 ELISA 实验临床应用的重要的技术革命，是实验室降低劳动强度、提高检验质量的重要措施。

智能化酶联免疫工作站操作为全自动过程，可实现无人值守操作，从加样到酶标仪比色均由微机控制，大幅度减少了人为失误，复检结果符合率高。随着多任务软件，如 Windows NT 等操作平台的完善，满足现代实验室 GMP/GLP 要求的全自动酶标分析系统，正在世界各种实验室普及。以日本为代表的"全面实验室自动化"（TLA）运动，对于全自动酶联免疫分析系统产生了巨大的需求。目前，由于 TLA 具有标准化、高效率、高质量的自动化与网络化特征，正成为临床实验室发展的新趋势。

主要参考文献

[1] 李金明 . 临床酶免疫测定技术[M]. 北京：人民军医出版社，2005.

[2] 魏海燕，刘来福，韩玉田 . ELISA 检测技术在检验检疫中的应用与质量控制[M]. 中国标准出版社，2015.

[3] 吴正铜，韦理关 . 酶联免疫吸附试验在实验室应用中的质量控制[J]. 检验医学与临床，2013，10（09）：1147-1149.

[4] 程利恒 . 影响酶联免疫吸附试验结果的可控因素及控制方法[J]. 白求恩军医学院学报，2012，10（06）：517-518.

[5] 黄剑锋 . ELISA 抗体检测中常见问题及解决方法[J]. 畜禽业，2013（10）：47.

[6] 贺智英，陈美霓，田红英．影响酶联免疫吸附试验结果的常见因素及控制方法[J]．中国医药导报，2008（22）：175-176.

[7] 张相国，张宏德．浅析影响酶联免疫吸附试验结果的因素及对策[J]．职业与健康，2003（03）：34.

[8] 孟祥兆．阐述快速检测技术在食品安全监管中的应用及发展路径[J]．食品安全导刊，2021（36）：4-6.

[9] 缪璐阳．智能型类酶联免疫新方法研究[D]．济南：济南大学，2018.

[10] 詹屋强，王弘．小分子物质酶联免疫分析方法的研究进展[J]．食品安全质量检测学报，2015，6（03）：857-862.

[11] 常新剑，任俊宏．智能化酶联免疫工作站在酶联免疫室内质量控制中的应用[J]．实用医技杂志，2014，21（08）：815-816.

[12] 伏旭，李培武，贺莉，等．酶联免疫吸附检测法的应用研究进展[J]．氨基酸和生物资源，2012，34（03）：41-44.

[13] 袁红，谭泰昌，王智斌，等．全自动酶联免疫分析系统的临床应用评价[J]．四川医学，2003（11）：1119-1120.

[14] 李金明，谢佩蓉．免疫测定技术的应用和发展趋势[J]．国外医学·临床生物化学与检验学分册，2000（05）：256-257.

[15] 毛依阳，袁慧慧．酶联免疫吸附测定中固相化方法概述[J]．微生物学免疫学进展，2017，45（05）：63-67.

[16] 张光胤，鲁迨，邓放明，等．基于纳米材料改良酶联免疫吸附法的研究进展[J]．食品与机械，2020，36（03）：225-231.

[17] 赵可心，吕雪飞，李晓琼，等．基于微阵列的高通量蛋白质检测技术研究进展[J]．生命科学仪器，2020，18（04）：27-40.

[18] Crowther J R . The ELISA Guidebook[M]. Humana Press, 2009.

[19] Hermonson G T . Bioconjugate Techniques[J]. Academic Press, 1996, 746: 673-725.

[20] 杨利国．酶免疫测定技术[M]．南京：南京大学出版社，1998.

[21] Wei H, Wang E . Nanomaterials with enzyme-like characteristics（nanozymes）: next-generation artificial enzymes[J]. Chemical Society Reviews, 2013, 42（14）: 6060-6093.

[22] Ding N, Yan N, Ren C, et al. Colorimetric determination of melamine in dairy products by Fe_3O_4 magnetic nanoparticles-H_2O_2-ABTS detection system. [J]. Analytical Chemistry, 2010, 82（13）: 5897-5899.

[23] Ding H, Hu B, Zhang B, et al. Carbon-based nanozymes for biomedical applications[J]. 纳米研究：英文版, 2021, 14（3）: 14.

[24] 邓兆群，邱方城，屈雪菊，等．免疫酶标记物稳定剂的研究[J]．湖北医科大学学报，1999（4）：285-286.

[25] Han S, Xiao Y, Zheng D, et al. Establishment and application of a competitive enzyme-linked immunosorbent assay differentiating PCV2 antibodies from mixture of PCV1/PCV2 antibodies in pig sera[J]. BMC Veterinary Research, 2016, 12.

[26] 邓均华，白露露，白晶晶，等．动物血清中SARS-CoV-2抗体检测方法的建立与评价[J]．动物医学进展，2020，41（11）：8.

[27] Wei H, Wang E . Nanomaterials with enzyme-like characteristics（nanozymes）: next-generation artificial enzymes[J]. Chemical Society Reviews, 2013, 42（14）: 6060-6093.

[28] 钟涛．间接竞争ELISA检测TGEV方法的建立[D]．哈尔滨：东北农业大学，2006.

第 4 章

兽用化学
发光免疫
分析系统的
研制

4.1

概述

随着医学的飞速发展，临床对于免疫检测项目快速、定量、精确等需求不断提高，酶联免疫的定性或半定量检测结果已经无法满足现有临床的需求，促使临床检验技术不断的更新发展；为了检测分子量小，体液中含量极微的物质，诸如激素、特定蛋白或药物等，发展了新的免疫测定技术——化学发光免疫分析技术。

化学发光免疫分析技术是近十年来在世界范围内发展非常迅速的非放射性免疫分析技术，是继酶联免疫技术、放射免疫技术、荧光免疫技术之后发展起来的一种超高灵敏度的微量测定技术。其具有灵敏度高、检测范围宽、操作简便快速、标记物稳定性好、无污染、仪器简单经济等优点。它是放射性免疫分析与普通酶联免疫分析的取代者，是目前免疫定量分析最理想的方法，也是免疫试剂的重要发展方向之一。全自动化学发光免疫分析产品不但在免疫诊断市场上有重要的地位和发展潜力，而且也是通向全实验室自动化系统的一条可行之路，具有广阔的市场前景和战略意义。

4.2

化学发光免疫分析的原理及应用

4.2.1　化学发光原理

化学发光是在常温下由化学反应产生的光的发射。其发光机制是：反应体系中的某些物质分子，如反应物、中间体或者荧光物质吸收了反应释放的能量而由基态跃迁到激发态，当中间体由激发态回到基态时会释放等能级的光子，对光子进行测定而实现定量分析。

化学发光与其他发光分析的本质区别是体系产生发光（光辐射）所吸收的能量来源不同。体系产生化学发光，必须具有一个产生可见信号的光辐射反应和一个可一次提供导致发光现象足够能量的单独反应步骤的化学反应。

（1）根据发光吸收能量的来源，可分为：①普通化学发光分析法（供能反应为一般化学反应）；②生物化学发光分析法（供能反应为生物化学反应，如萤火虫发光）；③电致化学发光分析法（供能反应为电化学反应，如从多环芳烃的自由基阴离子上除去一个电子，往往产生激发状态的中间物质，当其回到基态时，将产生光辐射）等。

（2）根据测定方法该法又可分为：①直接测定法（直接化学发光分析法是指将发光标记物质如吖啶酯等直接进行反应在不需要外界的催化作用下直接分解、发光）；②间接测定法（用参与某一化学发光反应的酶如碱性磷酸酶等来催化发光底物分解、发光）。

任何一个化学发光反应都包括两个关键步骤，即化学激发和发光。一个化学反应要成为发光反应，必须满足两个条件：一是反应必须提供足够的能量（$170\sim300kJ/mol$），二是这些化学能必须能被某种物质分子吸收而产生电子激发态，并且有足够的荧光量子产率。到目前为止，所研究的化学发光反应大多为氧化还原反应，而且多为液相化学发光反应。化学发光反应的发光效率是指发光剂在反应中的发光分子数与参加反应的分子数之比。对于一般化学发光反应，值约为10^{-6}，较典型的发光剂，如鲁米诺，发光效率可达0.01，发光效率大于0.01的发光反应极少见。现将几种发光效率较高的常用的发光剂及其发光机制归纳如下：

（1）鲁米诺＋过氧化氢＋辣根过氧化物酶＋增强剂　鲁米诺类物质的发光为氧化反应发光，发光稳定时间大于1h。在碱性溶液中，鲁米诺可被许多氧化剂氧化发光，其中过氧化氢最为常用。因发光反应速度较慢，需添加某些酶类或无机催化剂。酶类主要是辣根过氧化物酶。鲁米诺在碱性溶液下可在催化剂作用下，被过氧化氢等氧化剂氧化成3-氨基邻苯二甲酸的激发态中间体，当其回到基态时发出光子。鲁米诺的最大发射波长为425nm。

（2）吖啶酯＋过氧化氢＋OH⁻＋增强剂　其发光时间小于10s。吖啶酯在含有过氧化氢的碱性条件下，吖啶酯类化合物能生成一个有张力的不稳定的二氧乙烷，此二氧乙烷分解为CO_2和电子激发态的N-甲基吖啶酮，当其回到基态时发出一最大波长为430nm的光子。吖啶酯类化合物量子产率很高，可达0.05。吖啶酯作为标记物用于免疫分析，发光体系简单、快速，不需要加入催化剂，而且标记效率高，本底低。吖啶酯或吖啶磺酰胺类化合物应用化学发光，通常采用HNO_3＋过氧化氢和NaOH作为发光启动试剂，有些在发光启动试剂中加入Triton、Tween等表面活性剂以增强发光。

（3）金刚烷＋碱性磷酸酶＋增强剂　碱性磷酸酶和1,2-二氧环己烷构成的发光体系是目前最重要、最灵敏的化学发光体系，其发光稳定时间小于24h。这类体系中具有代表性的是碱性磷酸酶-AMPPD发光体系。AMPPD为1,2-二氧环己烷衍生物，它是一种生物化学领域中最新的超灵敏的碱性磷酸酶底物，其特点是反应速度快，在很短时间内能提供正确可靠的结果。在它的分子结构中有两个重要部分，一个是连接苯环和金刚烷的二氧四节环，它可以断裂并发射光子；另一个是磷酸根基团，它维持着整个分子结构的稳定。

4.2.2　化学发光技术在免疫检测中的应用

化学发光反应所发出的光的强度依赖于化学发光反应的速度，而反应速度又依赖于反应物的浓度。因此，通过检测化学发光强度可以直接测定反应物的浓度，从而进行物质的定性和定量分析。

化学发光免疫分析法是把免疫反应与发光反应结合起来的一种定量分析技术，既具有发光检测的高度灵敏性，又具有免疫分析法的高度特异性。在化学发光免疫分析技术中，主要有两个部分，即免疫反应系统和化学发光系统。免疫反应系统与放射免疫测定中的抗原抗体反应系统相同，化学发光系统则是利用某些化合物如鲁米诺、金刚烷及吖啶酯等经氧化剂氧化或催化剂催化后成为激发态产物，当其回到基态时就会将剩余能量转变为光子，随后利用发光信号测量仪器测量光量子的产额。将发光物质直接标记于抗原（称为化学发光免疫分析）或抗体上，经氧化剂或催化剂的激发后，即可快速稳定发光，其产生的光量子的强度与所测抗原的浓度成比例。亦可将氧化剂（如碱性磷酸酶等）或催化剂标记于抗原或抗体上，当抗原抗体反应结束后分离多余的标记物，再与发光底物反应，其产生的光量子的强度也与待测抗原的浓度成比例。

免疫学的发展主要经过了三个阶段：放射免疫法（RIA）已经处于衰退期，仍普遍用于县级以上医院，试剂系列化；酶联免疫法（ELISA）普遍用于临床机构，产品成熟；化学发光免疫法（CLIA）是比较先进的方法，目前在国内已经大量普及。

4.2.2.1 化学发光免疫反应的主要类型

化学发光免疫反应是利用特异的抗原抗体反应等生物学原理，以发光信号的强弱来判断样品中相应抗原或抗体浓度。其样品包括具有多个结合位点的大分子和只有一个结合位点的小分子。本节以碱性磷酸酶间接发光技术为基础，根据样品特点介绍化学发光的主要检测模式。

（1）夹心法　如某待测物为抗原，可将相应的抗体包被在磁微粒上形成磁微粒试剂（或简称磁珠试剂）；将碱性磷酸酶标记在抗体上形成酶标记试剂（或简称酶标试剂）。

测试过程首先将含有待测物的样品和磁微粒试剂、酶标试剂混合在一定条件下孵育反应形成双抗体夹心复合物。然后通过清洗分离手段，将反应液中未形成双抗体夹心复合物的酶及其他试剂、样品成分清除，获得双抗体夹心复合物。再向其中加入底物，则双抗体夹心复合物上的酶催化底物发光。由上述过程可知，当试剂中的抗体过量时，发光强度（或酶浓度）与样品中的抗原含量呈正相关，由此可以测得相应的抗原浓度。夹心法分为一步夹心法（图 4-1）和两步夹心法（图 4-2）。

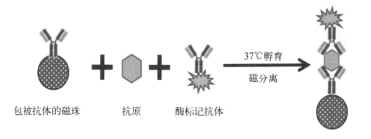

图 4-1　一步夹心法示意图

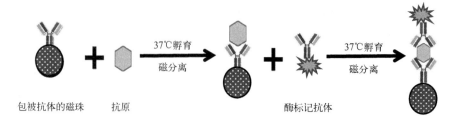

图 4-2　两步夹心法示意图

为提高试剂检测的灵敏度和特异性，还可利用亲和素-生物素系统桥连进行抗体的包被，或者在标记环节引入亲和素-生物素系统获得更高的放大效应；也可利用抗抗体桥连进行抗体的包被，具体原理如图 4-3～图 4-5。

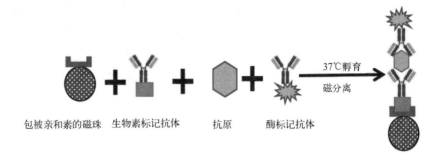

图 4-3　亲和素包被法示意图

图 4-4　抗抗体包被法示意图

图 4-5　酶标亲和素法示意图

（2）**竞争法**　以某待测物为抗原，将相应的抗体包被在磁微粒上形成磁珠试剂；将碱性磷酸酶标记在抗原上形成酶标试剂。

测试过程首先将含有待测物的样品和磁珠试剂、酶标试剂混合在一定条件下孵育反应形成双抗体夹心复合物。然后通过清洗分离手段，将反应液中未形成双抗体夹心复合物的酶及其他试剂、样品成分清除，获得双抗体夹心复合物。然后向其中加入底物，则双抗体夹心复合物上的酶催化底物发光。由上述过程可知，发光强度（或酶浓度）与样品中的抗原含量呈负相关，由此可以测得相应的抗原浓度。主要分为一步竞争法、二步竞争法、亲和素包被竞争法，原理如图 4-6～图 4-8。

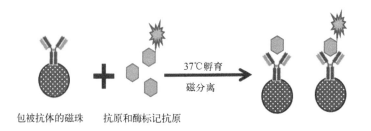

图 4-6　一步竞争法示意图

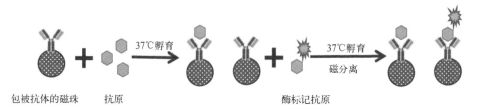

图 4-7　二步竞争法示意图

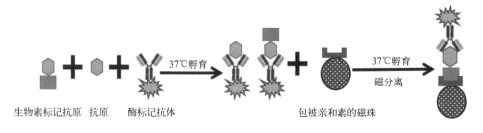

图 4-8　亲和素包被竞争法示意图

（3）间接法　以某待测物为抗体，将相应的抗原包被在磁微粒上形成磁珠试剂；将碱性磷酸酶标记在抗抗体上形成酶标试剂。

测试过程首先将含有待测物的样品和磁珠试剂、酶标试剂混合在一定条件下孵育反应形成抗原-待检抗体-酶标抗抗体复合物。然后通过清洗分离手段，将反应液中未形成抗原抗体复合物的酶及其他试剂、样品成分清除，获得抗原-待检抗体-酶标抗抗体复合物。然后向其中加入底物，则抗原-待检抗体-酶标抗抗体复合物上的酶催化底物发光。由上述过程可知，发光强度（或酶浓度）与样品中的抗原含量呈正相关，由此可以测得相应的抗体浓度。原理如图 4-9。

4.2.2.2　化学发光免疫反应的底物

化学发光的底物主要有如下几类：

（1）酶促反应的发光底物　鲁米诺，AMPPD 等。

以鲁米诺发光原理为例，鲁米诺在碱性条件下，过氧化氢（氧化剂）以及酶的存在

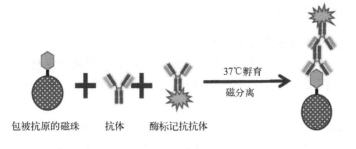

包被抗原的磁珠　　抗体　　酶标记抗抗体

图 4-9　间接法示意图

下，生成一种具有发光性能的电子激发态的中间体 3-氨基邻苯二甲酸。由激发态转化为基态的过程中，以光子的形式释放出的能量，波长位于可见光的蓝色部分。用辣根过氧化物酶（HRP）标记抗原（或抗体），在与反应体系中的待测物标本和固相载体发生免疫反应后，形成固相包被抗体-待测抗原-酶（HRP）标记抗体的复合物（洗涤清除未发生免疫结合成复合物的抗原及标记抗体），这时加入鲁米诺发光剂、过氧化氢和发光增强剂会产生化学发光。

（2）**直接化学发光底物**　吖啶酯（吖啶盐，吖啶酰肼等）。

在碱性条件下吖啶酯等被过氧化氢氧化时，发出波长为 430nm 的光，具有很高的发光效率，其激发态产物 N-甲基吖啶酮是该发光反应体系的发光体。不需要酶的催化作用，直接参与发光反应。免疫分析时，用吖啶酯直接标记抗体（抗原），与待测标本中相应的抗原（抗体）发生免疫反应后，形成固相包被抗体-待测抗原-吖啶酯标记抗体的复合物，冲洗后只需加入氧化剂（过氧化氢）和氢氧化钠使成碱性环境，吖啶酯在不需要催化剂的情况下分解，发光。

4.2.2.3　化学发光免疫反应的固相载体

一般分为板式分离和磁珠分离。

（1）**板式分离技术**　将抗原/抗体包被在微孔板上，反应时，待检物质通过抗原抗体反应结合于包被板上，通过洗涤液数次洗涤，实现结合部分和未结合部分的分离，后加入底物、启动试剂，用光电倍增管检测发出的光信号。

此分离技术和酶联免疫分析技术（ELISA）一致，只是将最后的显色剂改为发光剂得以实现，多数手工法检测，以及部分半自动仪器使用这种分离技术，由于抗原抗体结合在反应孔中，反应面积有限，所以为达到充分反应孵育时间一般比较长，常为 0.5～2h。

手工法化学发光最常用的发光体系是鲁米诺/过氧化氢/增强剂，规格和 ELISA 基本一致。

（2）**磁珠分离技术**　超顺磁珠是一种表面带有特定活性基团、大小均匀、球形、具有超顺磁性及保护壳的微粒。超顺磁珠在有外磁场存在时表现出磁力而发生聚集，无磁场时又失去磁力而分散开来。

通过一定的方法可将抗原、抗体等活性物质和磁珠表面的活性基团结合而包被于磁珠上面，检测时，将待检物和包被有抗原、抗体的磁珠在一定条件下孵育，通过抗原抗体反应结合，后通过增加外部磁场，磁珠产生磁性而聚集在一起，即可进行洗涤，实现结合部分和未结合部分的分离，最后加入底物、启动试剂，用光电倍增管检测发出的光信号。

使用磁珠法分离，由于反应时磁珠均匀分布于整个液体中，反应面积较大，更容易充分反应，故孵育的时间较短。

4.2.2.4 化学发光在临床免疫上的应用

全自动化学发光免疫分析仪属于体外诊断医疗设备，可用于定量检测心肌标志物、内分泌激素、特定蛋白质、肿瘤标志物等项目，具有结果准确、测定速度快、灵敏度高等优点。

（1）人绒毛膜促性腺激素检测　人绒毛膜促性腺激素是由胎盘的滋养层细胞分泌的一种糖蛋白，它由 α 和 β 二聚体的糖蛋白组成。人绒毛膜促性腺激素（HCG）αβ，由合体滋养细胞合成。分子量为 36700 的糖蛋白激素，α 亚基与垂体分泌的 FSH（卵泡刺激素）、LH（黄体生成素）和 TSH（总人绒毛膜促性腺激素）等基本相似，故相互间能发生交叉反应，而 β 亚基的结构各不相似，因 β 亚单位不同而造成各自免疫学和生物学上的特异性。β-HCG（25~30kDa）和 β-LH 共享几个肽序列，但是有各自的羧基末端，所以在临床应用 β-HCG 亚基的特性做特异抗体用作诊断以避免 β-LH 的干扰。

用化学发光免疫分析法检测人绒毛膜促性腺激素（HCG）的原理是基于双抗体夹心法，先用 β-HCG 免疫小鼠，获得鼠抗 β-HCG 的单克隆抗体，将 β-HCG 的单克隆抗体包被到磁微粒获得 β-HCG 抗体-磁微粒复合物，另外用碱性磷酸酶标记 β-HCG 单克隆抗体得到酶标抗体，检测时将待测样品和包被 β-HCG 的单克隆抗体的磁微粒和酶标抗体置于同一反应管中，在合适的温度下反应一段时间后，β-HCG 的两个位点分别和磁微粒上的抗体和酶标抗体结合，形成复合物，而后在磁场作用下洗去未反应的物质，最后加入化学发光底物，对其进行光测量，所产生的光量与 HCG 的浓度成正比。

（2）游离甲状腺素（FT4）检测　甲状腺素是甲状腺滤泡细胞合成及分泌的激素，为灰白色针状结晶，溶于氢氧化碱或碳酸碱溶液，不溶于水、乙醇和其他有机溶剂，但溶于无机酸或碱的乙醇溶液中。

甲状腺素包括四碘甲状腺原氨酸（T4）和三碘甲状腺原氨酸（T3）。甲状腺素以游离形式释放入血循环中，大部分（占总数 99% 以上）迅速与血浆蛋白相结合，剩余不到 1% 的 T3、T4 是游离的。FT3、FT4（游离 T3、游离 T4）是循环血中甲状腺素的活性部分，通过维持体温及刺激热量生成来调节正常生长与发育，影响脂肪、维生素以及碳水化合物新陈代谢。测定血清 FT4、FT3 浓度对甲状腺疾病的诊断价值优于 TT4 和 TT3，一般甲亢患者常伴有 TBG（甲状腺结合球蛋白）浓度减少，而 FT4 和 FT3 浓度的测定不受血清中 TBG 浓度高低的影响。游离 T4 水平明显升高或降低，可结合临床症状诊断患者疾病类型是否与甲状腺功能亢进和甲状腺功能减退相关。

游离甲状腺素（FT4）测定试剂盒（化学发光免疫分析法）作为临床免疫体外诊断试剂，用于体外定量测定人血清或血浆中 FT4 的浓度。其反应原理为免疫竞争法测定：用碱性磷酸酶标记甲状腺素抗体得到酶标抗体，用生物素标记甲状腺，用亲和素包被超顺磁微粒得到亲和素-磁微粒复合物；将待测物和酶标抗体添加到反应管中，样品内的 FT4 和酶标抗体结合形成抗原-抗体复合物，然后再加入标记生物素的甲状腺和包被着亲和素的超顺磁微粒，酶标抗体剩余的抗体结合位点被标记生物素的甲状腺结合，而磁微粒特异性吸附生物素标记的甲状腺分子结合物结合的甲状腺素抗体-碱性磷酸酶结合物。在反应管内温育完成后，结合在固相微粒上的物质将置于一个磁场内被吸住，而未结合的物质被冲洗除去。然后，将化学发光底物添加到反应管内，对其中的光进行测量。所产生光的量与样品内游离甲状腺素的浓度成反比。

4.3

化学发光免疫分析系统组成

根据光学测试前待测样品的自动化处理程度，可以将化学发光分为半自动化学发光免疫分析系统和全自动化学发光免疫分析系统，其中半自动化学发光免疫分析系统问世的时间已较为久远，产品多为原 96 孔板酶联免疫产品优化测光系统改进而来，多采用早期酶促化学发光技术平台，技术难度与成本较低，品质参差不齐，是面向中低端市场的过渡产品，其相关的技术已较为落后，部分性能已不能满足高速发展的检测性能需求。

全自动化学发光免疫分析系统可以自动完成从样品到检测结果的全流程运行，可以最大限度地减少人为操作的烦琐和随之产生的不确定结果，近 10 年中在医疗诊断领域，得到了大量的应用普及。本节主要介绍全自动化学发光免疫分析系统。

4.3.1　全自动化学发光免疫分析系统

国外的化学发光免疫分析研究始于 20 世纪 70 年代，在 20 世纪 90 年代初，先后出现了多款全自动的化学发光免疫分析仪器。随着技术的不断发展和进步，现在的全自动化学发光免疫分析仪器可以为临床提供便捷的全自动化服务。

罗氏诊断公司的电化学发光免疫产品，德国宝灵曼公司于 1996 年开发了电化学发光免疫分析技术并推出了全自动设备 Elecsys 2010。罗氏公司收购宝灵曼公司后，Elecsys 2010 成为罗氏公司在免疫诊断市场的主要产品，近年被 E411 所取代；2002 年后又成功推出了 E170 模块，进一步实现了实验室的自动化程度。

雅培制药有限公司，AXSYM 系列全自动随机/持续酶联免疫发光系统于 1994 年问世，采用酶促荧光系统，公司于 1998 年推出首款全自动发光免疫分析仪 Architect i2000，采用吖啶酯直接标记发光，磁微粒做固相载体分离，孵育反应部分为盘式结构，测试速度能达到 200T/h，随后雅培公司推出 i2000 改进版 Architect i2000SR。2006 年雅培公司又推出 Architect i1000SR，支持样品和试剂的全自动进样，测试速度 100T/h。

贝克曼库尔特，1993 年贝克曼推出全自动化学发光免疫分析仪 Access，采用 AMP-PD＋碱性磷酸酶发光体系，磁微粒做固相载体进行分离，孵育反应部分采用轨道式，测试速度能达到 100T/h。随后又推出改进版 Access2。2003 年贝克曼公司推出更高端的DxI800，达到 400T/H。

拜耳公司诊断事业部，于 1996 年推出 ACS180 全自动化学发光免疫分析系统，采用吖啶酯直接标记发光技术，磁微粒做固相载体进行分离，测试速度可达到 180T/h。拜耳公司诊断事业部于 2004 年推出 ADVIA Centaur，测试速度达到 240T/h。2005 年推出

ADVIA Centaur CP，简化配置以适合小样品量场景。2006 年推出 ADVIA Centaur XP。后来拜耳诊断被西门子收购，目前这两款系统是西门子的主推机型。

高速和低速化学发光主要规格对比见表 4-1 和表 4-2。

表 4-1　高速化学发光主要规格对比

项目	罗氏 E170	雅培 i2000SR	贝克曼 DxI800	拜耳 Centaur XP
分析类型	电化学发光	吖啶酯直接化学发光	碱性磷酸酶促发光	吖啶酯直接化学发光
测试速度	170T/h	200T/h	400T/h	240T/h
定标	内置曲线校准	内置曲线校准	6 点定标	内置曲线校准
样品位	250 个样品位	135 个样品位	120 个样品位	80 个样品位
试剂位	25 个	25 个	50 个	30 个
试剂规格	100、200T/盒	100、500T/盒	50T/盒	100T/盒
反应杯	1000 整盒放置	1200 散乱放置	2200 散乱放置	1000 散乱放置
加样方法	Tip 加样	不锈钢针加样	不锈钢针加样	Tip 加样

表 4-2　低速化学发光主要规格对比

项目	Roche E411	Architect i1000SR	ACCESS2	拜耳 Centaur CP
分析类型	电化学发光	吖啶酯直接化学发光	碱性磷酸酶酶促发光	吖啶酯直接化学发光
测试速度	86T/h	100T/h	100T/h	180T/h
定标	内置曲线校准	内置曲线校准	6 点定标	内置曲线校准
样品位	盘式:30 个	65 个	60 个	80 个
试剂位	18 个	25 个	24 个	15 个
试剂规格	100、200T/盒	100、500T/盒	50、100、200T/盒	100T/盒
反应杯	180 整盒放置	300 散乱放置	300 整盒放置	400 散乱放置
加样方法	Tip 加样	不锈钢针加样	不锈钢针加样	Tip 加样

4.3.1.1　全自动化学发光免疫分析仪器组成

全自动化学发光免疫分析系统是一个集成多学科、跨行业的综合性分析系统，其开发过程主要涉及精密光学、精密机械传动、机电控制、热学仿真、流体控制、软件算法、生物技术等多个技术领域，整个系统是多个子系统和模块之间高效、精密配合的产物。

仪器主机主要由样本处理系统、试剂处理系统、混匀系统、磁分离系统、光测反应系统组成（图 4-10）。在运行过程中，仪器的主要功能组件基本都是围绕反应杯进行运转的，下面以反应杯在一个通用发光系统中的流转过程介绍整个仪器的运行：由机器内部的转运机械手从反应杯加载结构中抓取反应杯放到混匀结构上，仪器的加样针分别向反应杯中加入样品和试剂，混匀结构对反应液进行混匀，转运机械手将混匀后的反应杯抓取到孵育盘中孵育，完成孵育的反应杯由转运机械手抓取到磁分离盘，在磁分离盘上完成磁分离和底物注入，由转运机械手将反应杯抓取到测光盘内完成光学测量（图 4-11）。

4.3.1.2　系统组成和时序原理

本节重点介绍全自动化学发光免疫分析系统中的关键系统及其子模块的功能原理。

（1）光测反应系统　化学发光分析仪通过测量底物的发光强度进而计算出待测物的浓度，为了获得更广阔的检测范围，需要化学发光的光学系统能够对极微弱的光强进行检测，在极限情况下需要对每秒十位数级的光子数进行响应，因此所有的方案均采用了光电倍增管作为光电转换原件。其工作原理如下：被测的光子照射到阴极上产生电子，电子在施加了高压的倍增电极上逐级放大，在输出端形成可测的脉冲电流（图 4-12）。

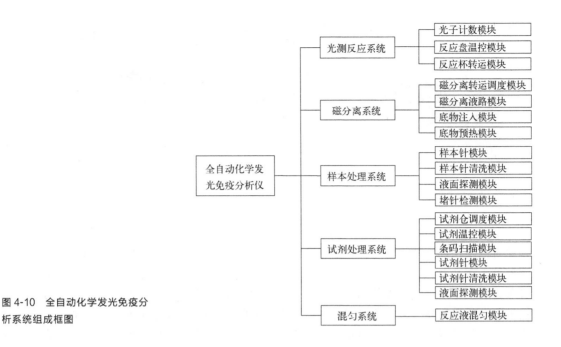

图 4-10　全自动化学发光免疫分
析系统组成框图

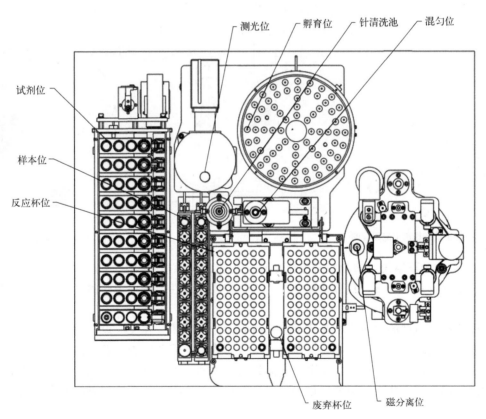

图 4-11　系统模块组成简图

光子计数模块组成原理如图 4-13 所示。其工作原理如下，反应杯中反应液发出的微

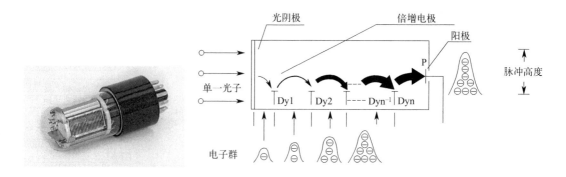

图 4-12　光电倍增管原理图

弱光通过聚光透镜进行最大限度的汇聚准直后进入光电倍增管，此时光电倍增管的信号读数就可以反映反应液的发光强度。参考光源主要提供光强稳定的光输出，用于光子计数模块校准。在光度计诊断中对计数稳定性和重复性进行评价，其工作过程和原理如下：打开参考光源，保证反应杯无任何光线输入光电倍增管，参考光源发出的光一部分经过二相色镜进入参考传感器（多采用硅光电池），用于反馈控制 LED 发光强度，另一部分光则通过两块二相色镜组合后进入光电倍增管，此时认为光电倍增管测得数据对应为固定光强，这样便可以对光电倍增管及其后续的放大处理电路进行校准。

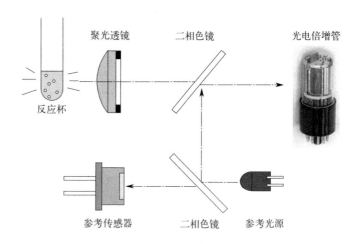

图 4-13　光子计数模块组成原理图

（2）**磁分离系统**　磁微粒分离法是目前主流的抗原抗体纯化方法，对于全自动化学发光免疫分析系统而言，其自动化程度、纯化程度一致性、运动结构的可靠性是其稳定运行的关键。

磁微粒上包被的生物原料是化学发光待测信号的载体。在反应设计过程中，为了减少多余原料对后续测光性能的影响，在孵育反应完成后，需要将磁微粒主体从反应液中清洗分离出来。在磁分离过程中，磁微粒的流失会导致测光值偏低，而清洗残留的游离酶会引起测光值偏高。因此在控制清洗过程中磁微粒损失的前提下，需要同时保证反应液中游离酶能够尽可能清除。

从图 4-14 中可以看出，磁分离过程是一个相对复杂的机电系统运动过程，磁分离系统能够实现反应杯在转盘中的位置调度，以实现在不同工作位置的切换，同时磁分离的液路系统还要实现磁分离液的注入和抽取，与调度系统配合实现磁珠吸附产物的纯化。

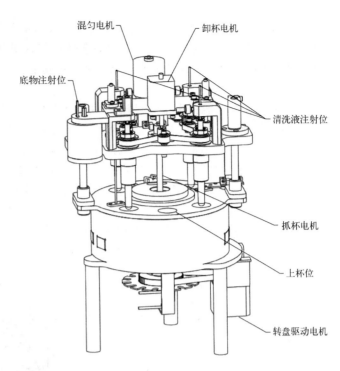

图 4-14　磁分离系统结构简图

图中标注：混匀电机、卸杯电机、底物注射位、清洗液注射位、抓杯电机、上杯位、转盘驱动电机

　　化学发光免疫分析系统常用的磁珠纯化过程主要步骤如图 4-15 所示，在抗原抗体反应完成后，反应杯进入磁分离系统，反应杯中已和磁珠结合的酶标物质以及游离状态的酶标物质共同悬浮在反应液中，通过调整反应杯位置，使反应杯置于磁场中，这时和磁珠结合的待测物质和酶标物质会被吸附至反应杯侧壁，待吸附完成后，吸废液针将游离态的酶标物质吸除，然后继续调整反应杯位置，清除磁场同时注入发光底物，反应杯从磁分离系统中转运至光测反应系统。

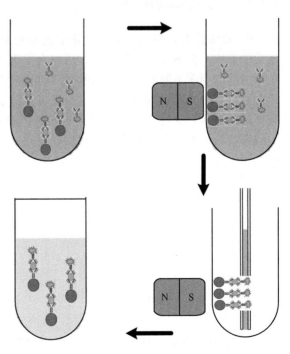

图 4-15　磁珠分离纯化示意图

（3）**试剂处理系统** 化学发光免疫分析仪的试剂处理系统主要完成对不同测试项目的试剂瓶进行装载、混匀、冷藏，试剂仓模块组成见图 4-16。不同的化学发光系统平台的实现方式差异较大，这里主要介绍 3 个基本功能：冷藏保存功能、防试剂挥发功能、磁微粒混匀功能。

① 冷藏保存功能：由于免疫试剂中含有大量的抗原抗体等生物活性成分，因此需要保证在仪器系统运行时试剂的储存环境达到冷藏条件，目前业内常用的温度标准为 2～8℃，但同时，在环境湿度较大的情况下，该温度也会造成试剂仓内生成冷凝水，因此在设计选型试剂瓶时要充分考虑试剂瓶上的防止冷凝水聚集结构。

② 防试剂挥发功能：化学发光免疫检测是精密度极高的检测方法，其各组分试剂的浓度直接影响测试结果，因此为了减少试剂的稀释或挥发导致的浓度变化，目前已上市的所有平台均有专门的结构来应对挥发，比较常用的方案是采用硅胶覆膜对试剂瓶进行密封，试剂针吸试剂时采用穿刺方法进行吸液。

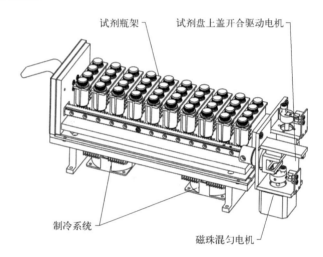

图 4-16 试剂仓模块组成结构简图

③ 磁微粒混匀功能：全自动化学发光免疫分析系统基本都采用磁微粒作为反应物质纯化的载体，但磁微粒在长期静置后均会出现沉淀结块现象，因此磁微粒试剂瓶必须具有相应的功能用于不间断混匀磁微粒试剂。目前大多数已上市的产品均采用瓶内自带搅拌鳍片方案，其磁微粒试剂瓶底部加工出齿形，灌装完成后插入试剂瓶体，与其他组分整体安装到试剂仓内，通过外部动力驱动旋转试剂瓶底部的齿轮，带动磁微粒试剂瓶绕各自轴"自转"，瓶体内部肋片对瓶中试剂实现搅动，从而达到混匀的目的（图 4-17）。

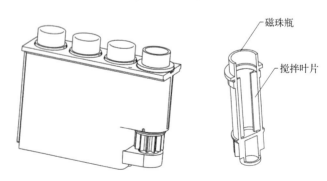

图 4-17 试剂瓶结构简图及内部搅拌结构示意图

（4）**加样系统** 加样系统是分析类仪器的核心技术之一，加样系统主要包括试剂、样品的加样及清洗两部分功能。对于全自动化学发光免疫分析系统的高灵敏度要求，对样品针的携带污染要求很高，因此对加样针的清洗性能要求较高，为解决该问题也有部分系统采用一次性加样 Tip 头来杜绝交叉污染。

（5）反应液混匀 反应液混匀功能是系统设计和试剂开发过程中容易被忽略的关键功能。对于不同类型的样品，需要适当调整混匀的相关参数以达到检测性能的最大优化。同时由于化学发光的高灵敏度要求，对高低浓度样品间的交叉污染非常敏感，因此绝大部分系统均采用非接触式混匀从而降低交叉污染。

4.3.1.3 仪器测试流程

全自动化学发光免疫分析仪，支持一步法、两步法测试流程和样品自动稀释（图 4-18）。

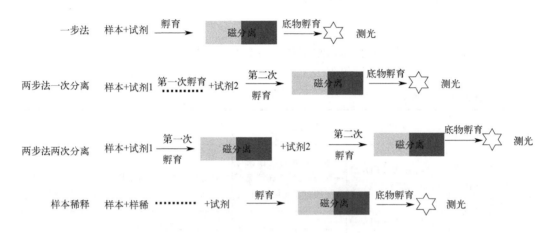

图 4-18 化学发光免疫分析反应流程示意图

（1）一步法 一步法是指测试过程中仅加入一次试剂，为最简单也是最常用的一种测试模式。向反应杯中加入所有试剂、样品形成反应液并混匀，将混匀后的反应杯放置到恒温条件下孵育反应一定时间，进行磁分离操作（这里指用磁微粒进行纯化），向完成了磁分离的反应杯中加入底物并混匀，将混匀后的反应杯放置到恒温条件下孵育并测光。

（2）两步法 对于某些检测项目一步法测试很难获得所需要的纯度性能和富集程度，因此需要设计更为复杂的流程来消除测试过程中存在的干扰物质，通常采用两步法测试模式。

① 两步法一次清洗：向反应杯中加入第一步试剂、样品并混匀，将混匀后的反应杯转运至恒温条件孵育反应，然后再次向反应杯中加入第二步试剂并混匀，将混匀后的反应杯放置到恒温条件孵育反应。孵育完成后进行磁分离操作，其后向完成了磁分离的反应杯中加入底物并混匀，将混匀后的反应杯转运至恒温条件下孵育并测光。

② 两步法两步清洗：向反应杯中加入第一步试剂、样品并混匀，将混匀后的反应杯转运至恒温条件下孵育反应，反应结束后执行磁分离操作，然后向完成了磁分离的反应杯中加入第二步试剂并混匀，将混匀后的反应杯转运至恒温条件孵育反应。孵育完成后进行磁分离操作，其后向完成了磁分离的反应杯中加入底物并混匀，将混匀后的反应杯转运至恒温条件下孵育并测光。

（3）自动稀释测试 通常为了扩展线性范围，需要对待测样品自动稀释后进行测试。向反应杯中加入样品稀释液、样品混匀作为稀释样品待测。向一个新反应杯中加入试剂，并从完成稀释的反应杯中吸取经过稀释后样品后加入前述反应杯中混匀。其后的测试流程与一步法、两步法相同。

4.3.2　化学发光免疫分析系统关键技术指标

本节会重点介绍化学发光仪器的关键性能参数，主要包括参数的来源、意义和详细评估方法，主要用于支持试剂开发工作者了解和验证仪器系统性能，在开发试剂过程中能够根据性能需求提出适当的仪器控制功能需求。

4.3.2.1　光子计数性能

光子计数功能是化学发光技术最重要的性能瓶颈，其性能直接决定化学发光系统的性能水平，其关键性能及判断准则等见表 4-3。

表 4-3　光子计数模块关键性能

关键性能	功能	测试原理	测试方法	计算方法	判断准则
暗计数性能	评价光测系统的避光效果，评估杂散光干扰性	关闭参考 LED，启动 PMT 进行计数	和实际测光流程保持一致，在无反应杯情况下连续测试测光位光强	计算测光位的暗计数均值	均值小于每秒 500 光子数
光计数稳定性	评价 PMT 在常用光强处的稳定性	开启参考 LED，并启动反馈功能，在保证校准光源强度不变的情况下，对 PMT 的稳定性进行测量	进行连续 20 次的每次 200ms 的 PMT 读数，将这 20 个数据保存，取平均值，重复 10 次以上	$p = \dfrac{x_{\max} - x_{\min}}{\bar{x}} \times 100\%$ $x_{\max}$ 为 10 次最大值 $x_{\min}$ 为 10 次最小值； $\bar{x}$ 为 10 次平均值	稳定性 $\leqslant 3\%$
光计数重复性	评价 PMT 在低光强处的重复性	开启参考 LED，在低光强处对 PMT 的重复性进行测量	进行连续 10 次的每次 200ms 的 PMT 读数，将这 10 个数据取平均值，计算光计数重复性	分别计算 10 次 PMT 的光计数的 CV： $S = \sqrt{\dfrac{\sum\limits_{i=1}^{n}(x_i - \bar{x})^2}{9}}$ $CV = \dfrac{S}{\bar{x}} \times 100\%$ $\bar{x}$ 为 10 次平均值	光计数 $CV \leqslant 2\%$
杯间干扰	评价光测子系统杯间干扰	将发光检测液放入指定杯位，分别测试指定杯位和相邻杯位的光强，通过对比无反应液相邻杯位的光强和指定杯位的光强来评价杯间干扰	根据测光模块的结构进行测试方案调整，分别检测发光液强度、距离发光液杯位最远的杯位光强(间隔一个杯位以上)、次远侧杯位光强	杯间干扰 = $\dfrac{次远侧杯位光强 - 最远侧杯位光强}{指定杯位光强 - 最远侧杯位光强}$	杯间干扰 $\leqslant 1 \times 10^{-6}$

4.3.2.2　磁分离

磁分离技术是免疫检测纯化过程中最关键的步骤，其关键性能和判断准则等见表 4-4。

表 4-4 磁分离模块关键性能

关键性能	功能	测试原理	测试方法	计算方法	判断准则
磁微粒损失率	用于支持磁分离过程中的磁微粒损失率测试	用相同浓度、相同体积的磁微粒溶液分别在系统中进行磁分离过程,和未经过磁分离的溶液对比磁珠的残余量	准备与反应试剂磁珠浓度相同的磁微粒溶液,加入反应杯中,与正常磁分离工作时加液量相同;将反应杯装入仪器磁分离系统中,执行磁分离动作,磁分离完成后,向反应杯中加入磁珠稀释液,调回至初始体积,混匀;将未经过磁分离的磁微粒溶液和经过磁分离的溶液分别加入分光光度计中,采用800nm波长测定吸光度	磁分离损失率 = $\dfrac{\text{未经磁分离吸光度} - \text{磁分离吸光度}}{\text{未经磁分离吸光度}}$	损失率 $\leqslant 5\%$
吸液残留水	测定磁分离吸液后的残留液体,评估其影响	通过称重原理检测,利用磁分离结构的吸液针吸空反应杯,称量残留水	称量空反应杯质量,向其中加入纯水,加入量与实际吸液量相同;将反应杯装入磁分离系统中,操作机器运转至吸液针下方,执行吸液操作;称量吸液完成后反应杯质量,计算残留水体积	残留水体积 = $\dfrac{\text{吸液后反应杯质量} - \text{空杯质量}}{\text{纯水密度}}$	残留水体积小于吸液总体积 5%
磁分离清洗效果	评价磁分离后游离反应物在反应杯中的残留	模拟真实测试项目进行测试,用磁珠稀释液模拟真实样品,结合碱性磷酸酶共同进行磁分离过程,验证磁珠清洗和吸液对碱性磷酸酶的残留量,通过直接测量残留碱性磷酸酶和底物反应的发光值判断残留水平	磁珠稀释液作为反应样品,保证单个反应中的磁珠量与正常反应相同,加入碱性磷酸酶稀释液,保证其反应量与正常反应相同,启动磁分离流程,结束后加入底物并测光强。取等量的碱性磷酸酶稀释液,不经过磁分离,直接加入底物并测光强。新反应杯中加入发光底物并测光强作为基准	清洗残留率 = $\dfrac{\text{经过磁分离光强} - \text{底物基准}}{\text{未经磁分离光强}}$	清洗残留率 $\leqslant 1 \times 10^{-6}$

4.3.2.3 加样

精密加样技术是分析仪器重要的技术组成,其精度和可靠性直接影响测试结果的稳定性和系统的抗干扰性。其关键性能及判断准则见表 4-5。

表 4-5 加样模块关键性能

关键性能	功能	测试原理	测试方法	计算方法	判断准则
样品针加样测试	评价样品针加样的准确性及精密度	通过称重原理检测,评估不同样品类型的加样准确性和精密度	① 先用纯水作为样品,用空反应杯作为接样容器,先在电子天平上调零,然后根据最小加样量要求完成样品吸排操作。排样完成后微量杯立即盖好盖子并在电子天平上称取加样后的质量,天平稳定后读取数值后清零。重复测定多次。② 更换样品类型,覆盖测试项目所涉及的所有样品种类,如血清、全血、尿液等,重复上述测试。③ 上述测试需要覆盖所有加样体积,针对最小加样体积重点测试	准确性 = $\dfrac{\overline{V} - V}{V} \times 100\%$ 重复性 = $\dfrac{S}{\overline{V}} \times 100\%$ $S = \sqrt{\dfrac{\sum\limits_{m=1}^{n}(V_m - \overline{V})^2}{n-1}}$ $\overline{V} = \dfrac{1}{n}\sum\limits_{m=1}^{n}V_m$ V:设定的加样体积; $\overline{V}$:平均加样体积; S:加样体积的标准偏差; V_m:第 m 次测得的加样体积	最小加样体积准确性 $\leqslant \pm 5\%$ 重复性 $\leqslant 2\%$

关键性能	功能	测试原理	测试方法	计算方法	判断准则
试剂针加样测试	评价试剂针加样的准确性及精密度	通过称重原理检测,评估不同组分试剂的加样准确性和精密度	① 先用纯水作为样品,用空反应杯作为接样容器,先在电子天平上调零,然后根据最小加试剂量要求完成样品吸排操作。排样完成后微量杯立即盖好盖子并在电子天平上称取加试剂后的质量,天平稳定后读取数值后清零。重复测定多次。 ② 更换试剂类型,覆盖测试项目所涉及的所有组分,如磁珠、缓冲液等,重复上述测试。 ③ 上述测试需要覆盖所有加试剂体积,针对最小加试剂体积重点测试	$$准确性=\frac{\overline{V}-V}{V}\times100\%$$ $$重复性=\frac{S}{\overline{V}}\times100\%$$ $$S=\sqrt{\frac{\sum_{m=1}^{n}(V_m-\overline{V})^2}{n-1}}$$ $$\overline{V}=\frac{1}{n}\sum_{m=1}^{n}V_m$$ V:设定的加试剂体积; $\overline{V}$:平均加试剂体积; S:加试剂体积的标准偏差; V_m:第 m 次测得的加样体积	最小加样体积准确性 ≤±5% 重复性 ≤2%
样品/试剂针携带污染	用于评价样品/试剂针清洗残留	用高浓度碱性磷酸酶溶液来定向污染加样系统,提升阴性样品(稀释液)的测量值,通过对比邻高浓度碱性磷酸酶的阴性样品与基准阴性样品之间的差值,来判断污染程度	① 设计检测流程,先准备与常规反应流程浓度相当的碱性磷酸酶溶液作为测试基准液,加入底物后,直接进入光测模块进行温育并检测,其发光强度作为基准光强。 ② 以稀释液作为阴性样品,加入反应杯中,加入底物后,直接进入光测模块进行温育并检测,其发光强度作为阴性光强。 ③ 用高浓度碱性磷酸酶溶液作为样品,完成样品针吸液、排液、清洗全过程,然后以稀释液作为阴性样品,加入反应杯中,上述两步操作中间不要执行和样品针相关的任何操作,加入底物后,直接进入光测模块进行温育并检测,其发光强度作为被污染光强。 ④ 试剂针携带污染测试过程和样品针相同	$$携带污染率=\frac{被污染光强-阴性光强}{基准光强}$$	携带污染率 ≤5×10⁻⁶

4.4

兽用化学发光免疫反应试剂

从我国临床免疫诊断现状来看,由于发展起步晚,我国实验室水平的诊断技术与发达国家仍有一定的差距,特别是兽医诊断领域,目前仍以 ELISA 诊断技术为主流,而发达国家的专业化诊断试剂公司如美国 EXX 公司、法国 LS 公司、韩国 Amigen 公司等均已有稳定的化学发光免疫诊断产品,而且占据了我国商品市场份额很大的比例。

我国有关的兽用诊断试剂技术成果很多，但生产工艺落后，商品化运作程度低下，成果转化率很低；同时在市场应用中，国内诊断试剂在敏感性、特异性、可重复性（稳定性）、保存期（有效期）、保存条件等性能指标上均存在一定问题，防控急需的高端产品供应不足。当前体外诊断技术在人医领域应用非常成熟，最新的化学发光诊断技术也以其具有的灵敏度高、特异性强、自动化、可进行定性定量检测等优势，逐步应用于兽医诊断领域，这将有效提升我国兽医领域检测技术水平，也是近些年化学发光技术开发应用的一个热点。相关资料显示，口蹄疫、蓝耳、猪瘟、圆环等重大动物疫病均已有化学发光诊断技术开发应用，并显示出技术迭代的优势。

4.4.1　化学发光技术在兽用检测领域的优势

我国是动物养殖大国，特别是在大型经济动物的养殖规模中占据主导地位，其中猪饲养量占全球总量的一半，牛饲养量为世界第三；在养殖数量方面，根据农业农村部监测显示，2020 年生猪存栏量为 4 亿头左右，全国牛存栏量为 9562 万头，羊存栏量为 3 亿只左右。而兽用诊断试剂服务于养殖业，养殖规模的扩大必然带动诊断试剂产业的发展。我国动物疾病控制水平相对较低，高密度的养殖环境必然形成疫病的大规模流行，目前我国存在多种流行疾病，防控形势严峻，诊断作为疫情防控的主要技术手段，对诊断试剂需求具有较高要求。

当前国内有规模影响力的兽用诊断试剂企业有近 20 家，生产试剂以 ELISA 和 PCR 为主。由于起步晚且受限于生物原材料的发展，与国外有一定差距，产品竞争力弱于欧美公司产品。国家兽药数据库资料显示，截至 2022 年 12 月 25 日，国产诊断试剂新兽药产品共 110 个，其中 ELISA 检测试剂盒共计 52 个，占比达到 47%；试纸条共计 33 个，占比为 30%。兽用体外诊断试剂中主要为 ELISA 抗体检测试剂盒，国内获批文号的兽用诊断试剂有 41 个，猪病产品占 40% 以上。这体现出我国的兽用诊断试剂还存在许多短板：①一类新兽药与新型检测产品数量少，创新性不足；②猪用诊断试剂较多，其他动物用检测试剂较少，动物分布不均衡；③传统疾病检测试剂较多，新发病检测试剂较少，检测疾病种类不够完善。

同时统计发现，兽用体外诊断试剂仍以 ELISA 试剂盒为研发方向，而在人医领域该技术已趋于衰退期，在兽医领域仍是主流检测技术，例如口蹄疫、猪瘟和蓝耳等疫病免疫抗体检测中普遍采用 ELISA 检测技术进行检测，检测操作技术培训也以 ELISA 技术为主。ELISA 检测技术包括抗原/抗体包被、加入待检样品、加入酶标检测抗体、TMB 底物显色和终止检测等步骤，以手动操作为主，易形成人为操作误差，检测重复性极差，同时 CV 过大，特别是对可疑血清检测时往往需要进行数轮复测，造成试剂和人力的极大浪费。

化学发光技术由于其在安全性、自动化操作、测试准确性、测试速度以及稳定性等方面的系统性优势，在性能上对 ELISA 技术形成全面超越，被认为将改变兽用检测领域。目前一些生物公司依托人医领域成熟的化学发光技术进行兽用体外诊断试剂研发，积极进行市场布局和技术储备，根据对相关信息的搜索近两年化学发光类兽用诊断方法报道逐年增加，已成为新的诊断技术研究热点。

化学发光技术在兽用领域的诊断优势主要体现在灵敏度高、光信号持续时间长、分析方法简便快速、宽的线性动力学范围、结果稳定（误差小）、生物安全风险低、效期长。

4.4.1.1 灵敏度高

灵敏度高被认为是化学发光免疫分析关键的优越性表现。一般认为化学发光技术相比ELISA技术检测灵敏度高3个数量级以上，化学发光免疫分析能够检出放射性免疫分析和酶联免疫分析等方法无法检出的物质，对疫病的早期诊断具有十分重要的意义（图4-19）。例如在检测非洲猪瘟P30蛋白感染抗体时，相对于当前市场应用的ELISA商品化试剂盒，采用化学发光方法进行检测灵敏度可提高1000倍，在非洲猪瘟感染抗体筛查中具有明显优势，有利于变异病毒感染猪的引种筛查。在某公司猪瘟、口蹄疫、圆环病毒病和猪蓝耳病抗体检测试剂盒及其检测方法中，对化学发光和ELISA方法的灵敏度进行了比较，发现对常见动物病免疫抗体的检测方面化学发光均优于ELISA方法。

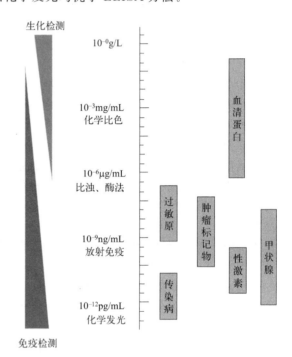

图 4-19　检测灵敏度分级

化学发光方法灵敏度高的原因主要有以下几个方面：

（1）**化学发光效率高**　化学发光技术利用发光底物的光量子进行检测，在标记酶的催化作用下，使发光剂（底物）发光，增强发光强度，从而提升检测灵敏度；同时发光增强剂的使用极大地提升了发光效率，当前市场应用的底物中普遍加入增强剂如聚氯苄乙烯苄基二甲基铵（BDMQ）或BSA等，能明显增强碱性磷酸酶酶解AMPPD的发光强度，增强效率达100～100000倍。

（2）**底物背景低**　据报道特别是AMPPD（金刚烷），在碱性环境下，AMPPD的非酶解性的水解程度低，即本底低。

（3）**纳米磁微粒技术应用**　特别是磁微粒化学发光技术的发展，其中采用磁珠作为反应载体，较微孔板扩大抗原抗体结合表面积，增加抗原或抗体的结合量，提高检测灵敏度。

4.4.1.2 光信号持续时间长

当前 ELISA 试剂普遍为显色反应模式，显色终止后一般要求在 30 分钟内进行检测，显色产物随时间延长会出现 OD 值下降，造成检测结果不稳定；而化学发光免疫分析的光信号，特别是 HRP 或碱性磷酸酶催化进行的化学发光反应，其持续时间可达数小时甚至一天，光信号稳定时间更长，有利于结果检测的稳定性。

化学发光检测方法绝大多数分析测定为仅需加入一种试剂的一步反应模式，以减少操作步骤，提升检测效率，而 ELISA 方法建立中为了保证检测结果的稳定准确，往往需要进行两步或三步孵育反应，反应时间长且操作烦琐。同时当前化学发光技术的发展趋势是广泛应用纳米磁微粒，纳米磁微粒是具有量子效应的超顺磁珠，超顺磁珠在有外磁场存在时表现出磁力而发生聚集，无磁场时又失去磁力而分散开来。利用这一原理，通过一定的方法将抗原/抗体等活性物质和磁珠表面的活性基团结合使得抗原/抗体包被于磁珠上面，检测时，将待检物和包被抗原/抗体的磁珠在一定条件下孵育，通过抗原抗体反应结合，后通过增加外部磁场，磁珠产生磁性而聚集在一起，即可进行洗涤，实现结合部分和未结合部分的分离，最后加入底物、启动试剂，用光电倍增管检测发出的光信号。使用磁珠法分离，由于反应时磁珠均匀分布于整个液体中，近似于液相反应体系，反应面积较大，更容易充分反应，故孵育的时间较短。

4.4.1.3 宽的线性动力学范围

当前化学发光技术中发光液的发光强度范围可达到 4～6 个量级之间，与测定物质浓度间呈线性关系。这与显色酶联免疫分析吸光度的范围相比，优势明显。ELISA 方法适用于定性检测，通过显色反应观察抗体效价水平，由于线性范围较窄，当需要准确进行抗体效价测定时一般通过倍比稀释进行，由于需要连续稀释操作，往往会由于操作误差，造成结果稳定性变差，同时浪费人力物力。而采用化学发光技术通过 1 个测试即可得到样品效价，检测结果准确且可重复性好。

4.4.1.4 结果稳定

样品本身发光，不需要额外光源，避免了外来因素的干扰（光源稳定性、光散射、光波选择器），分析结果稳定可靠；同时化学发光技术一般采用全自动化技术，反应过程精确可控，检测结果 CV 远小于 ELISA 方法。

4.4.1.5 安全性高

化学发光类底物主要为金刚烷、鲁米诺、吖啶酯等，到目前为止还未发现此类化学发光免疫分析试剂的危害性，ELISA 方法底物较多使用 OPD 和 TMB 一类显色剂，特别是 OPD 底物具有强致癌性，生物安全风险大。

4.4.1.6 效期长

化学发光试剂相对稳定，试剂的保存期普遍在一年以上，ELISA 试剂有效期相对较短。

化学发光方法代表目前免疫诊断分析技术领域最高水平，目前已成为医学领域的主流检测技术，但在兽用诊断试剂领域目前市场一片空白。从技术迭代角度看，医学领域经过了放射性免疫、荧光免疫分析、酶联免疫分析和化学发光免疫分析阶段，而目前观察兽用诊断试剂也将遵循这一技术沿革方向。而且我国养殖行业规模化发展将会有利于化学发光技术的推广应用，化学发光免疫分析系统具有全自动化和检测效率高等优势，能显著降低企业成本，可以发挥化学发光技术规模化成本优势。

4.4.2 兽用化学发光免疫诊断试剂研制流程

兽用化学发光诊断试剂与一般试剂研发流程一致，同样需要通过立项准备、产品研制、性能检验、临床试验和注册审核等五个阶段，但化学发光试剂研发难点更多。

4.4.2.1 立项准备阶段

立项阶段准备工作内容包括市场调研、技术可行性分析、产品技术要求等。

（1）**市场调研** 首先需要确定立项的试剂市场应用情况，包括市场和行业现状。市场情况分析包括该项目现有竞品公司优劣势分析，市场占有率和增长前景；行业情况分析包括现有产品的竞争情况，竞争产生的原因等，是否具有替代的可行性，以及客户群体的情况分析。

（2）**技术可行性分析** 主要是指技术实现的可能，包括对研发可投入资源、现有技术平台能力评估、技术关键点的总结，以及这些技术关键点是否可通过前期研究进行验证。化学发光技术可行性分析详细内容包括实验原理样机的选择、磁珠-抗体/抗原标记技术和酶-抗体/抗原标记平台的建立、试剂缓冲体系的选择、潜在抗原/抗体原料和标准品的获得情况等。

① 原理样机的选择 化学发光系统一般由仪器和试剂两部分构成，而根据仪器是否强制要求搭配原厂家试剂，可将其分为开放系统和封闭系统。顾名思义，开发系统即仪器和试剂之间并无限制，各厂家试剂均可在同一平台仪器进行检测，而封闭系统中只有获得仪器厂家授权的试剂才能进行检测。这是由于化学发光仪器高技术门槛形成的，化学发光仪器一般为全自动操作，样品加样和试剂的反应步骤均需进行程序化设计并进行精密运行，以提高反应检测速度和稳定性，这就要求试剂和仪器进行专业匹配整合。而从市场应用情况看，封闭系统相比开发系统检测结果更加稳定可靠，受到市场的欢迎。因此，开发化学发光类试剂时首先应进行仪器样机的选择，选择合适的仪器厂家进行合作，仪器要求指标可根据试剂市场应用情况进行设计，比如试剂项目数量设置。与人医上百种检测项目相比，兽用免疫检测项目依照国家免疫监测计划进行设计，口蹄疫、小反刍兽疫、布鲁氏菌病和包虫病等4类疫病为国家强制性免疫病种，12种重点监测动物疫病，检测项目相对较少。同时可根据市场需求选择合适的仪器检测速度，样品检测效率满足大部分客户群体日常检测需求即可。

② 磁珠-抗体/抗原标记技术 磁珠按照表面活化基团的不同可分为羟基微球、羧基微球、氨基微球、环氧基微球、NHS微球和SA微球等，一般厂家均会提供相应的标记方法和使用说明，以方便相应开发平台建立；磁珠根据官能团的不同，选择结合蛋白的位置不同，标记效率也会发生很大的变化，研发阶段需要根据蛋白的性质进行磁珠筛选和合适的标记工艺开发。磁珠的标记效率一方面会对试剂性能造成影响，另一方面也会影响最终检测成本的控制，在性能和成本之间需综合考虑。

③ 酶-抗体/抗原标记 化学发光标记技术根据原理不同可分为三类：a. 辣根过氧化物酶和碱性磷酸酶标记；b. 吖啶酯标记；c. 以电化学发光剂三联吡啶钌标记抗体

（抗原）。其中辣根过氧化物酶和碱性磷酸酶标记技术在我国市场应用相对广泛，可选择包括 EDC、戊二醛和 SMCC 法等多种偶联技术，但各种方法的技术难易程度和关键技术难点不同。酶-抗体/抗原标记直接影响试剂性能，为试剂开发过程中的重要突破点，开发者应根据使用蛋白的标记性质进行筛选，选择合适的标记技术，建立标记技术平台。

④ 潜在抗原/抗体原料和标准品　在立项准备阶段通过查阅文献和了解相关竞品选择项目靶标蛋白，查找可选择商品化潜在抗原/抗体原料及标准品。

（3）产品技术要求　根据客户市场调研情况，确定产品规格、检验方法、性能指标及标准品的追溯性研究等，其中性能指标要求一般高于市场竞品。

4.4.2.2　产品研制阶段

完成立项准备工作后，即可启动体外诊断试剂的研制阶段。研制阶段研究内容包括原材料的筛选、主要生产工艺及反应体系的研究和产品性能的验证。

（1）原材料筛选　化学发光关键原材料包括抗原/抗体、磁珠和标准品等；在对原材料进行筛选时，合格原材料供应商应确保在 3 家以上，避免后期生产阶段原材料供应安全出现问题。同时最终选定供应商应有完整的质量体系，原材料能够提供合格的质量标准、出厂检定报告等资料，以确保厂家提供原材料批次稳定性，这对保证产品的稳定性十分关键。

① 磁珠选择

a. 磁珠粒径　化学发光技术所采用的纳米磁珠微球粒径通常为 $1\sim2\mu m$ 的中型微球。一般来说较小粒径的微球具有更高的比表面积，可提高蛋白负载率，从而增强检测灵敏度，但粒径较大的微球磁响应性更高，更易于磁分离。磁珠微球应选择适中的磁珠微球。

b. 磁珠组分　由于磁性铁含量低的微球通常需要的分离时间更长，因此，化学发光技术通常会使用磁性铁含量在 $30\%\sim50\%$ 之间的微球，以保证磁清洗效率。

c. 磁珠官能团　按照蛋白包被磁珠的原理不同可分为普通磁珠和化学修饰磁珠。普通磁珠或未修饰的磁珠微球可借蛋白质与微球表面之间的疏水相互作用，通过吸附或被动偶联实现蛋白质轻松附着，但这种蛋白质固定方法的缺点是容易受到血液或血清组分的干扰；作用可能很弱，易导致试剂不稳定，从而影响试剂的灵敏度和特异性。化学修饰表面可通过共价键将蛋白结合到微球上，是一项成熟的技术。表面修饰不同官能团的顺磁微球可在抗体和微球表面之间建立固定而稳定的连接。

d. 单分散性　性能优良的磁珠通常具有良好的单分散性，保持微球的单分散性非常重要，是确保化学发光检测体系构建期间的微球包被（效果）均一性的前提条件。磁珠混匀一般要求持续 2 个小时以上，以保证彻底混匀，显微镜油镜观察磁珠不聚集成团、为单个半透明圆球则混匀完全。同时包被过程中为保证磁珠的分散性，可通过低功率超声处理避免磁珠聚集，影响包被均一性。

② 抗原/抗体选择　化学发光免疫分析过程一般分为两个阶段：免疫反应和检测阶段。抗原抗体的免疫反应是整个分析过程的核心，抗原/抗体通过免疫反应将待测物从复杂样品中分离出来进行检测，这一环节的好坏，直接决定整个试剂的核心质量。一般认为在一个试剂的研发过程中，原料占 70%，工艺占 20%，思路占 10%，所以筛选合格的抗原/抗体原料是试剂开发成功的最大保证。但是相比人医领域种类丰富的原料资源，目前兽用原料研究公司相对较少，特别是抗原材料，选择机会不多，常需要定

制开发，延长开发周期。单从市场上购买并且筛选配对抗体会花费大量时间及精力，并且成功获得抗原/抗体希望渺茫，所以在采购原料阶段建议优先选择厂家推荐配对成功抗原/抗体。

抗原/抗体原料的筛选标准包括纯度、浓度和性能验证，关键是进行原料的性能验证。一般原料的性能验证可通过 ELISA 方法进行，主要进行敏感性和特异性筛选。然后通过磁珠和碱性磷酸酶标记进行二次配对筛选，只需要用检测限、线性范围、可报告范围这三个性能评估项目，即可筛选出候选配对。配对抗体必须对目标分析物具有高度特异性，一般情况下单克隆抗体比多克隆抗体特异性更高，但多抗的检测准确性更高，特异性较高的多抗也是筛选目标；单抗的筛选过程中应注意如果一对抗体都是单克隆抗体，则二者必须能够识别不同的抗原表位。

③ 标准品　一般指用合适基质，将抗原或者高值样品进行梯度稀释，获取的梯度浓度并进行第三方赋值，并可追溯到国际、国家标准的企业标准品，用于建立方法的准确性验证。兽用血清类标准品要求背景清楚并通过金标准方法检验，目前兽用血清抗体类标准品研究较少，企业可通过相应国家标准进行企业参考品开发。

（2）工艺开发　在工艺及反应体系研究阶段主要确定试剂用量、各种原材料配方的配比、反应条件、工作温度等参数。这个阶段是最重要的阶段，也是项目进度最常出现偏差的阶段。因为当原料无法满足产品性能要求时，需要通过调整配方工艺来提高产品性能，而配方工艺的改进包括一系列的筛选验证实验。

① 缓冲体系　一般的缓冲体系，主要包含离子对类型、离子强度、pH 值等内容，根据原料性质测试筛选，缓冲体系会影响试剂的效期和重复性；化学发光使用的缓冲体系包括 Tris 缓冲液、乙磺酸和丙磺酸等，根据原料性质进行调整。

② 改进体系　改进体系主要为提高试剂性能、满足技术要求，免疫反应过程复杂，常出现本底升高、重复性 CV 较差、特异性和敏感性不符合指标要求等，这时我们需要通过对反应体系设计一系列配方，改善检测结果，研究内容包括降低本底及减少非特异性反应。降低本底：a. 磁珠标记和封闭优化，碱性磷酸酶标记优化，选择合适的标记、包被浓度；b. 使用合适的磁珠、碱性磷酸酶标记物使用浓度，一般采用方阵确定，选择检测灵敏度最高的磁珠和碱性磷酸酶标记物用量；c. 表面活性剂筛选、降低非特异性反应，如曲拉通、吐温。减少非特异性反应干扰：a. 加入正常牛血清或者兔血清，降低抗动物抗体影响；b. 稀释液中加入阻断剂，抑制非特异性反应。

③ 稳定性体系　化学发光类试剂盒稳定性研究包括开瓶稳定性和贮存稳定性，一般要求开瓶稳定性达到 1 个月，保存效期达到 1 年。稳定性的研究主要是进行保护成分的筛选，同时应兼顾试剂性能。稳定性的优化可以从缓冲液中加入保护性蛋白、糖类、小分子化合物，或者筛选表面活性剂，以及选择合适的缓冲体系入手。

4.4.2.3　性能检验阶段

上述阶段完成后，即可进入性能检验阶段，通过实验室试制 3 批次试剂盒进行性能验证。化学发光试剂性能验证包括空白限/检出限、准确度、线性范围、重复性和特异性等。

空白限/检出限主要用于评价试剂的检测灵敏度，是试剂的主要性能指标之一。检出限的验证试验，至少应采用三批试剂进行，且研究应持续多天。如果试剂具有多个适用机型，应至少对主机型进行检出限的建立和验证，对其他适用机型，可仅进行检出限的验证。

准确度是评价试剂性能的主要指标，一般通过检出标准物质的检测值和理论值进行偏差计算，一般与化学发光标准曲线的建立有关，标准曲线拟合相关系数是一重要参考指标。

线性范围要求试剂的检测能力覆盖样品值参考范围，免疫类检测项目一般达到3个数量级可满足检测需求。

重复性研究包括日间重复性和日内重复性研究，重复性研究根据检测结果的CV进行评判。

特异性是性能验证的一个关键指标，一般要求使用临床样品进行测试，更接近真实场景；特异性验证失败则需要进行工艺重新验证，所以在项目初期阶段需要对特异性进行预研。

4.4.2.4 临床试验阶段

性能检验结束后根据检测结果总结形成验证报告，并在GMP车间进行3批次中试产品试制，形成中试试制报告，下一步即可进行临床试验。临床试验阶段包括临床前准备、制定临床试验方案、临床试验实施、临床试验总结等。这个阶段的资料将汇总成产品注册申报时的文件，即《临床试验方案》《临床试验报告》。

4.4.2.5 注册审核阶段

临床试验完成后进入的注册审核阶段是兽医局根据注册申请人的申请，依照相应法定程序，对其拟上市的兽用诊断试剂的安全性、有效性研究及其结果进行系统评价，以决定是否同意其申请的过程。

4.4.3 应用实例——非洲猪瘟病毒抗体检测方法（化学发光法）

非洲猪瘟（African swine fever，ASF）是由非洲猪瘟病毒（African swine fever virus，ASFV）感染引起的猪急性、热性、高度接触性传染病。其特征为高热，网状内皮系统出血，死亡率高。自2018年暴发以来，在全国各地均有报告，呈全国流行态势，并随着流行逐渐演变出弱毒株等变异毒株，主要表现为间歇性排毒、隐性感染等特点，使得疫情防控形势日趋复杂。由于弱毒株和变异株的核酸检测结果常呈阴性而形成漏检，但血清检测中存在抗体，而目前因没有有效的商品化疫苗而排除为免疫抗体，因此当非洲猪瘟病毒（ASFV）抗体检测为阳性时即表明当前或者曾经发生了感染，则应立即采取防范措施阻断疫情的暴发，所以当前对非洲猪瘟采取血清抗体筛查就很有必要。

当前非洲猪瘟抗体检测以ELISA和胶体金试纸条等传统检测方法为主，两者均有灵敏度偏低的问题，而非洲猪瘟感染抗体筛查早发现早隔离对疫情的防控十分关键，特别是对感染初期的抗体检测，因此开发高灵敏度化学发光检测技术将对非洲猪瘟病毒感染筛查提供必要的技术支持。

4.4.3.1 原理及方法

选择合适的非洲猪瘟抗原（不同株）分别进行磁珠包被和酶标记，利用双抗原夹心法检测非洲猪瘟抗体，所用原料及方法见表4-6。

表 4-6 关键原料选型

项目	内容	来源/技术
原料	抗原	不同原料公司合成非洲猪瘟 P30 重组蛋白共 7 株
	磁珠	常用厂家:JSR 公司、Invitrogen 公司
方法	磁珠包被	对磁珠进行清洗、偶联抗原、封闭等一系列动作完成包被
	酶标记	用 SMCC 法对抗原进行碱性磷酸酶标记

SMCC 法标记过程:a. 首先利用特劳特试剂对蛋白质的巯基化作用在 P30 抗原蛋白上引入巯基,通过脱盐柱去除多余试剂;b. 使用双功能交联剂 SMCC 先与碱性磷酸酶进行反应,反应结束后通过脱盐柱或者透析的方法除掉没有反应完的 SMCC;c. 将 a 与 b 的产物按照一定的摩尔比混合进行反应,反应结束后进行终止、脱盐,使用微量蛋白检测仪测定蛋白含量。

4.4.3.2 原料筛选

(1)初筛 不同抗原包被的磁珠和碱性磷酸酶标记抗原两两配对,检测阴阳性样品,阳性样品(强阳)可设置 1 倍、2 倍、4 倍、8 倍阳性等稀释梯度;检测阴阳性样品发光值,根据实验结果比较不同抗原组合检测灵敏度,选取灵敏度高的组合进行下一轮筛选;同时观察高效价阳性样品中是否出现 HOOK 效应,如果有 HOOK 现象考虑进行样品加样量优化以消除。

检验方法:设置化学发光仪操作步骤,采用一步法进行检测,即样品、磁珠和标记碱性磷酸酶抗原同时加入反应杯中孵育,反应时间可设置 20min,磁清洗,加 200μL 底物反应后,读数。

将 7 株抗原包被的磁珠使用磁珠缓冲液(R1)试剂进行稀释,碱性磷酸酶标记的抗原使用酶稀释液(R2)进行稀释。R1 试剂:磁珠保存液由 0.05mol/L Tris 溶液,0.5% BSA,0.1%牛 IgG 和 0.1%吐温组成。R2 试剂:HEPES(N-2-羟乙基哌嗪乙磺酸)缓冲系统配制稀释液。

(2)复筛 第二轮筛选主要是通过对样品加样量进行优化,如将样品加样量由 50μL 减少至 10μL,保持磁珠碱性磷酸酶(AP)使用浓度不变可以有效提高检测灵敏度及消除 HOOK 现象。

反应结果显示,HOOK 现象基本消除,梯度血清之间发光值呈倍比关系。根据灵敏度[P4(1∶125)/N]和梯度效价[P1(1∶1000)/P2(1∶500)、P2(1∶500)/P3(1∶250)、P3(1∶250)/P4(1∶125)]挑选较优组合进行进一步筛选,如表 4-7 所示,2#磁珠∶1#-碱性磷酸酶组合灵敏度高且梯度线性范围宽,适合用于方法建立。

表 4-7 复筛结果

R1 试剂	1#			2#			3#			4#		
R2 试剂	2#-AP	3#-AP	4#-AP	1#-AP	3#-AP	4#-AP	1#-AP	2#-AP	4#-AP	1#-AP	2#-AP	4#-AP
P1/P2	0.96	0.78	0.99	1.68	1.61	2.35	2.38	1.86	2.77	0.87	1.07	1.58
P2/P3	1.11	1.29	1.47	2.2	2.46	3.67	2.27	1.42	2.79	1.35	1.96	1.76
P3/P4	1.32	1.39	1.46	2.29	2.36	1.3	1.3	2.9	2.16	1.92	2.63	1.87
P4/N	76.2	93.82	68.58	97.2	30.26	22.76	18.98	3.29	9.06	31.71	27.36	13.28

4.4.3.3 方法建立和优化

(1)双抗原夹心法一步法和两步法比较

① 验证技术要点

a. 灵敏度比对验证:以梯度血清发光值比值和检测灵敏度等条件作为筛选标准。

b. 符合率比较:分别按照一步法和两步法操作步骤检测 50 份样品盘,包含 30 份阴性和20份阳性样品，统计分析阴阳性样品发光值取值范围，通过检测符合率和分界值取值区间筛选反应条件。

② 实验结果

a. 灵敏度：结果如表4-8所示，分别用一步法和两步法测试，对灵敏度和梯度血清发光值线性进行分析，发现两步法相对一步法检测灵敏度和梯度血清斜率相当，未表现明显优势；从检测效率考虑，选择一步法作为试剂盒反应步骤。

表4-8 一步法与两步法比较

注：P1(1：125)、P2(1：25)、P3(1：5)、P4(1：1)，R1（空白）。

项目	一步法	两步法
R1试剂	2#	2#
R2试剂	1#-AP	1#-AP
P1/P2	2.31	3.78
P2/P3	3.59	7.29
P3/P4	3.11	3.59
P1/R1	218.68	207.01

b. 符合率验证：按照操作步骤检测50份样品盘，包含30份阴性和20份阳性样品，统计发光值，计算检测结果符合率和分界值取值区间，结果显示，两者符合率均为100%，但一步法比两步法分界值取值区间更宽。

（2）**磁珠稀释度优化** 选择P30抗原包被磁珠浓度为$8\mu g/mg$，磁珠稀释度设定为$0.5mg/mL$、$0.25mg/mL$和$0.125mg/mL$ 3个稀释度进行检测，按照一步法检测步骤测试R1（空白）、P1（1：125）、P2（1：25）、P3（1：5）、P4（1：1）和N（阴性）等6个样品发光值，通过发光值计算梯度效价，比较磁珠各稀释度检测灵敏度和线性相关性筛选磁珠最佳稀释度。检测结果如表4-9所示，当磁珠以$0.25mg/mL$浓度进行检测时具有最高灵敏度（190.44，P1/R1），检测结果最佳。

表4-9 梯度血清发光值比值计算

注：P1(1：125)、P2(1：25)、P3(1：5)、P4(1：1)，R1（空白）。

比值	磁珠稀释度		
	0.5mg/mL	0.25mg/mL	0.125mg/mL
P1/P2	4.24	4.37	4.22
P2/P3	4.20	4.25	4.22
P3/P4	3.46	3.32	3.59
P1/R1	80.79	190.44	145.21

（3）**抗原包被浓度优化** 将抗原包被浓度设定为$4\mu g/mg$、$2\mu g/mg$和$1\mu g/mg$等3个梯度进行偶联，测试样品和检测方法同上。检测结果如表4-10所示，$2\mu g/mg$进行包被时检测具有最高灵敏度（222.66，P1/R1），检测结果最佳。

表4-10 抗原包被优化-效价计算

注：P1(1：125)、P2(1：25)、P3(1：5)、P4(1：1)，R1（空白）。

比值	抗原包被量		
	4μg/mg	2μg/mg	1μg/mg
P1/P2	3.97	3.85	3.68
P2/P3	4.23	4.38	3.99
P3/P4	3.71	3.32	3.10
P1/R1	93.69	222.66	52.76

（4）**碱性磷酸酶稀释度优化** 碱性磷酸酶稀释度选择$1\mu g/mL$、$0.5\mu g/mL$和$0.25\mu g/mL$ 3个稀释度进行检测，测试样品和检测方法同上。检测结果如表4-11所示，当碱性磷酸

酶以 0.5μg/mL 浓度进行检测时具有最高灵敏度（792.41，P1/R1），检测结果最佳。

表 4-11　碱性磷酸酶稀释度优化-效价计算

注：P1(1：125)、P2(1：25)、P3(1：5)、P4(1：1)，R1（空白）。

比值	碱性磷酸酶稀释度		
	1μg/mL	0.5μg/mL	0.25μg/mL
P1/P2	1.38	1.27	1.07
P1/R1	459.56	792.41	644.86
P3/P4	4.32	3.85	3.61

4.4.3.4　稳定性研究

（1）磁珠稳定剂筛选　配制 4 种磁珠稳定剂进行筛选测试，稀释磁珠后密封放置 37℃进行加速反应，对 37℃和 4℃的保存结果进行对比，筛选最佳磁珠保存剂。加速试验测试时间点选择 1 天、4 天和 8 天，观察阳性发光值发现随着加速进行，发光值整体呈下降趋势，其中 4 号稳定剂保存效果最佳（图 4-20）。

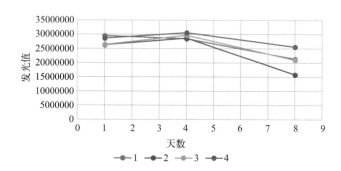

图 4-20　磁珠稳定剂筛选结果

（2）碱性磷酸酶标记抗原稳定剂筛选　配制 4 种稳定剂，将碱性磷酸酶标记抗原稀释用稳定剂稀释至工作浓度后密封放置 37℃进行加速反应，根据阳性样品发光值的保存率进行筛选，结果发现 4 号稳定剂对碱性磷酸酶标记抗原具有良好的保存效果，37°保存 14 天后，发光值保存率在 90％以上（图 4-21）。

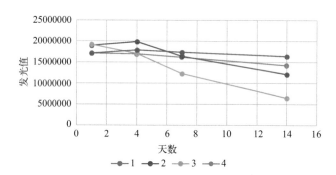

图 4-21　碱性磷酸酶标记抗原稳定剂筛选

4.4.3.5　方法性能评估

（1）空白限确定　使用 3 批次试剂盒进行检测限测试，每批次独立用阴性样品重复测定 20 次，计算 RLU 值（相对发光值）平均值和标准差（SD），得出空白限发光值（＋2SD），根据试剂（盒）配套校准品的定标曲线方程（E1），将平均值＋2SD 所对应的 RLU 值代入上述方程 E1 中，求出对应的浓度值，即为空白限（LOB）。测试结果如表 4-12 所示，空白检测限可设定为 0.003NCU。

表 4-12 空白限确定

试剂盒批次	第一批	第二批	第三批
空白限发光值(LOB)	25890.77	21978.22	21738.9
空白限值(NCU)	0.0027	0.0021	0.0019

（2）线性区间 在线性区间上限的高浓度样品和接近线性区间下限的低浓度样品之间制备 6 个稀释浓度。以理论值为自变量，以测定结果为因变量求出线性回归方程。计算线性回归的相关系数（r）。计算结果如表 4-13，三批次试剂盒其相关系数 $r^2 > 0.999$，符合相关系数 $|r|$ 应 $\geqslant 0.990$ 要求。

表 4-13 线性区间验证

稀释倍数	理论值(NCU)	第一批次检测值	第二批次检测值	第三批次检测值
3*	5.33	5.665	5.94	5.541
4*	4	4.198	4.257	4.057
8*	2	2.02	2.151	1.916
12*	1.33	1.331	1.444	1.274
32*	0.5	0.488	0.54	0.491
2000*	0.008	0.01	0.008	0.008
直线拟合	r^2	0.99974	0.99983	0.99903

① 重复性检测 对检测上限和检测下限进行重复性检测，分别进行了 10 次重复性测试。统计测量值的平均值和标准差（SD），计算变异系数（CV），测试结果显示检测上限 CV<2%，下限 CV<5%（表 4-14）。

表 4-14 三批次试剂重复性测试

试剂盒批次	第一批次		第二批次		第三批次	
浓度点	0.016	8	0.016	8	0.016	8
平均值	0.017	7.844	0.019	9.171	0.016	8.335
SD	0.00032	0.08123	0.00063	0.15539	0.00079	0.12412
CV	1.85%	1.04%	3.29%	1.69%	4.87%	1.49%

② 符合率研究 符合率研究主要是验证所建立方法与市场商品化试剂检测结果的一致性；两种试剂盒分别对 73 份阳性和 277 份阴性临床样品进行检测，并对实验结果进行符合率统计，实验结果显示，本方法 3 批次检测为阳性样品数分别为 71 例、72 例和 72 例，阳性符合率为 95.89%～98.92%；检测 277 例阴性样品检测中假阳性样品数分别为 1 例、2 例和 3 例，符合率为 98.9%～99.6%。

4.5

化学发光免疫分析系统研发的关键点

4.5.1 化学发光技术中的包被工艺

按照分离方式的不同分为板式化学发光（非均相）和管式化学发光（均相）。板式化学发光常用 96 微孔板进行包被，常为白色，其包被原理与 ELSA 酶标板相同，均为利用蛋白疏水键进行包被，板式化学发光为过渡性产品；管式化学发光使用磁珠进行包被和检测，检测灵敏度和效率优于板式化学发光，为化学发光主流应用技术。

管式化学发光反应核心为纳米磁微粒，其大小为 1～100nm，具有超顺磁性，即在外加磁场中可以被磁化，撤去磁场磁性消失，可重新均匀分散于液体中。磁微粒由于其独特的 3D 表面和较高的比表面积，为捕获目标分子提供充分的接触面积，有利于获得更高的灵敏度；与此同时，磁微粒所具有的超顺磁性使之易于实现多次磁分离，有利于加快检测速度以及实现仪器的全自动化。

磁珠按照材质可分为磁性琼脂糖微球、磁性二氧化硅微球、磁性聚丙烯酰胺微球和磁性聚苯乙烯微球等 4 类，对其外层高分子进行活化后按照形成官能团的不同可分为羟基微球、羧基微球、氨基微球、环氧基微球、NHS 微球和 SA 微球等。

化学发光常用的磁珠一般为羧基磁珠，采用偶联试剂为 EDC/NHS，标记基本步骤有磁珠活化、抗体偶联、封闭三步。①磁珠活化：将纳米磁珠悬浮在缓冲体系中，加入偶联活化剂，室温振荡活化，然后洗掉残余活化试剂；②抗体偶联：按照建议浓度稀释抗体蛋白，加入活化磁珠进行偶联，偶联过程要求进行旋转混匀；③封闭：偶联完成后需对磁珠进行封闭处理，以降低检测反应本底，封闭剂一般为含氨基物质，如 BSA、乙醇胺等。

我们以羧基纳米磁微粒为例对比介绍化学发光磁珠包被工艺。

磁微粒包被原理：羧基磁珠直径一般为 $1\mu m$，可通过显微镜放大观察分散性。磁珠具有超顺磁性，含有 37% 的铁元素，外层为聚苯乙烯等高分子有机物，其上连接羧基基团，羧基基团活化后可与含氨基基团的蛋白质发生化学反应，蛋白质与磁珠形成共价结合从而完成标记。

磁微粒包被技术工艺：主要有缓冲液配制、磁珠预处理、磁珠活化、磁珠封闭、磁珠保存几个关键环节。所需主要试剂：羧基磁珠（100mg/mL），抗体，MES [2-(N-吗啡啉)乙磺酸]，氢氧化钠，氯化钠，吐温-20，三羟甲基氨基甲烷，牛血清白蛋白，EDC/NHS。工艺关键点见表 4-15。

表 4-15　磁微粒包被工艺关键点

技术工艺	关键点
缓冲液配制	MES 缓冲液：浓度为 0.1mol/L，以氢氧化钠调节缓冲液 pH； TBS 缓冲液：浓度为 0.05mol/L，以盐酸调节缓冲液 pH； 磁珠封闭液：取牛血清白蛋白，充分溶解于 TBS 缓冲液中，浓度为 1%； 磁珠保存液：用 TBS 缓冲液配制 BSA 浓度为 1% 的保存液，加入 0.05% 吐温-20
磁珠预处理	混匀磁珠后，取适量羧基磁珠到离心管中，磁性分离去除上清液，用 0.1mol/L MES 进行磁性分离洗涤 2 次，然后移除上清液
磁珠活化	磁珠清洗完成后，迅速加入新鲜配制的 EDC 溶液（10mg/mL，MES 溶解）和 NHS 溶液（10mg/mL，MES 溶解）到装有磁珠的离心管中，涡旋混匀使磁珠充分悬浮，室温活化一段时间，活化期间保持磁珠的悬浮状态（血液混匀仪旋混匀）。 经过上述步骤之后，磁珠表面的羧基已经活化，可以与带有伯氨基的生物配体进行共价偶联。（活化状态不宜长时间保存，建议立即进行偶联） 磁性分离去除上清液，加入偶联蛋白（0.1mol/L MES 溶解），轻柔地混匀，室温偶联过夜，偶联期间保持磁珠的悬浮状态（血液混匀仪旋转混匀）
磁珠封闭	将反应管置于磁分离架上磁性分离去除上清液，加入封闭液重悬磁珠，室温反应充足的时间封闭磁珠表面非特异性吸附位点
磁珠保存	反应管置于磁性分离器上磁性分离去除上清液，用保存液洗涤数次后，重新悬浮于保存溶液中，如磁珠聚集严重可进行超声处理，保存于 4℃；长期保存可加入防腐剂

4.5.2　化学发光技术中的标记工艺

化学发光技术分类是根据发光体系也就是发光剂的不同进行分类，可分为三类：间接化学发光（酶促）、直接化学发光、电化学发光，三者均为市场主流技术，并无高下之分。

间接化学发光是用参与催化某一化学发光反应的酶如辣根过氧化物酶（HRP）或碱性磷酸酶（AP 酶）来标记抗原或抗体，在与待测标本中相应的抗原（或抗体）发生免疫反应后，形成固相包被抗体-待测抗原-酶标记抗体复合物，经洗涤后，加入底物（也就是发光剂），酶催化和分解底物发光，由光量子阅读系统接收，光电倍增管将光信号转变为电信号并加以放大，再把它们传送至计算机数据处理系统，计算出测定物的浓度。

直接化学发光代表是吖啶酯技术，是用吖啶酯等直接标记抗体（或抗原），与待测标本中相应的抗原（或抗体）发生免疫反应后，形成固相包被抗体-待测抗原-吖啶酯标记抗体复合物，这时只需加入氧化剂过氧化氢和氢氧化钠形成碱性环境，吖啶酯在不需要催化剂的情况下分解、发光。

电化学发光技术代表是罗氏，是以电化学发光剂三联吡啶钌标记抗体（或抗原），以三丙胺（TPA）为电子供体，在电场中因电子转移而发生特异性化学发光反应，它包括电化学和化学发光两个过程。优势是可控的反应体系、快速检测时间、高精密度和高灵敏度、宽广的检测范围。

由于酶促发光过程中作为标记物的酶基本不被消耗，因其发光信号强而稳定，而且发光时间较长、检测方式简单、成本较低等特点成为一种主流的检测技术。以碱性磷酸酶为例，其偶联可通过多种方法实现，一般常用的偶联方法如戊二醛法、碳二亚胺法、过碘酸钠氧化法等，但此类方法会不可避免地产生酶或抗体的自身交联产物或多聚物，致使偶联效率降低、结合物活性减弱。在此基础上发展起来的特异性双功能偶联剂可以特异性地与蛋白上的活性基团反应从而完成偶联过程，从而提高了反应的特异性和效率。以下主要进行 EDC-NHS（图 4-22）和 SMCC 标记方法的介绍。

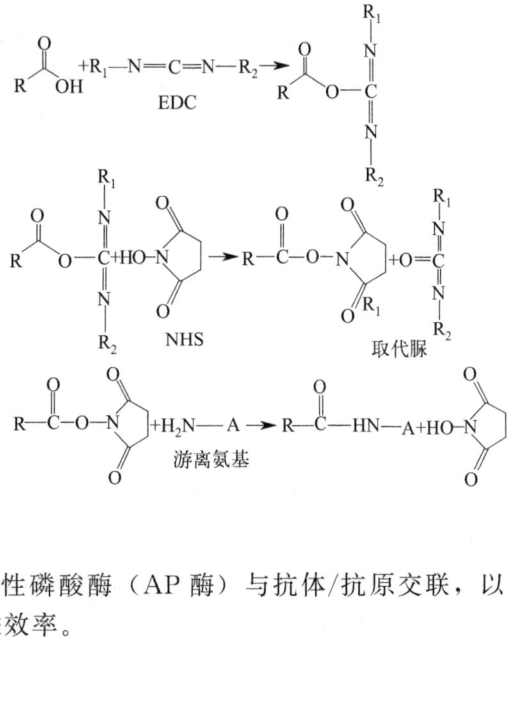

图 4-22　EDC-NHS 标记原理

4.5.2.1　EDC-NHS 标记法

（1）标记原理　采用 EDC 缩合法，将碱性磷酸酶（AP 酶）与抗体/抗原交联，以 NHS 捕获不稳定的反应中间体，提高蛋白交联效率。

碱性磷酸酶（AP 酶）是一种二聚体的含锌金属酶，是一种蛋白质酶。从大肠杆菌中提取的碱性磷酸酶（AP 酶）分子量为 80kDa。1-乙基-(3-二甲基氨基丙基)-碳酰二亚胺（EDC），含有 N＝C＝N 官能团，是一类常用的失水剂，用于活化羧基，促使酰胺和酯的生成。N-羟基琥珀酰亚胺（NHS）是一种在脱水剂存在下能够将羧基转化为琥珀酰酯的活性胺。琥珀酰酯对氨基具有高反应活性，形成稳定的酰胺化合物。

（2）缓冲液配制 主要试剂有 2-(N-吗啡啉)乙磺酸（MES）、EDC、NHS、三羟甲基氨基甲烷、氯化钠、PC300、甘油等。配制 4 种缓冲液：①0.1mol/L 的 MES 缓冲液；②TBS 缓冲液；③超纯水配制一定浓度的 EDC 活性酯液；④超纯水配制一定浓度的 NHS 活性酯液（配制后应在 30min 内使用）。

（3）标记过程 ①将一定量的抗体/抗原试剂、碱性磷酸酶（AP 酶）试剂混合，加入 EDC 活性酯液及 NHS 活性酯液，混合均匀。控制反应温度，充分反应。②终止反应，向反应管中加入同体积的 TBS 缓冲液，混合均匀，使交联反应终止。③超滤纯化，将终止反应后的交联物用移液器吸入离心超滤管中，加入 TBS 缓冲液为换液缓冲液，离心超滤。重复加入 TBS 缓冲液，换液滤过 3 次后回收酶标产物液。向酶标产物液中加入等体积甘油，混合均匀后置于 4℃条件下保存。

4.5.2.2 SMCC 标记法

（1）标记原理 SMCC 和 Sulfo-SMCC 通常用于制备抗体-酶和半抗原载体蛋白结合物的两步反应方案（图 4-23）。SMCC 及其水溶性类似物磺基 SMCC 是双功能交联剂，含有 NHS 酯和马来酰亚胺基团，含 NHS 酯基的一端与蛋白质的游离胺（—NH₂）反应，含马来酰亚胺基团的一端与要结合的生物分子的巯基（—SH）反应，从而形成缀合物。

首先，含胺的蛋白质与几倍摩尔过量的交联剂反应。然后通过脱盐或透析除去多余的（未反应的）试剂。最后，加入含有巯基的分子，使其与已连接到第一种蛋白质上的马来酰亚胺基团发生反应。

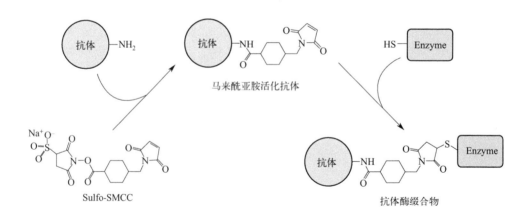

图 4-23 SMCC 反应原理

NHS 酯在 pH 碱性环境下与伯胺反应生成酰胺键，马来酰亚胺在 pH 6.5～7.5 与巯基反应生成稳定的硫醚键。在水溶液中，NHS 酯的水解降解是一个竞争反应，其降解速率随 pH 的升高而加快。马来酰亚胺基团比 NHS 酯基更稳定，但在 pH＞7.5 时会缓慢水解，失去其对巯基的反应专一性。由于这些原因，与这些交联剂的结合通常在 pH

7.2～7.5 的条件下进行，NHS 酯（以胺为目标）在马来酰亚胺（以巯基为目标）反应之前或同时进行反应。

（2）材料准备 ①磷酸盐缓冲液或其他 pH 6.5～7.5 的无胺和无巯基缓冲液，加入 1～5mmol/L EDTA 有助于螯合二价金属，从而减少含巯基蛋白质中二硫键的形成；②其他主要材料如脱盐柱、含胺蛋白质（—NH$_2$）和含巯基蛋白质、碱性磷酸酶（AP 酶）试剂、乙醇胺。

（3）标记过程 ①将碱性磷酸酶（AP 酶）试剂溶于偶联缓冲液中并加入适量的交联剂；②将反应混合物在室温下孵育，或在 4℃ 下孵育（时间延长）；③用缓冲液平衡的脱盐柱除去多余的交联剂；④含巯基蛋白质溶于缓冲液或用偶联缓冲液体换液；⑤在室温下或 4℃ 孵化反应混合物；⑥偶联完成后可加入适量乙醇胺终止反应。

注：①如果磺化 SMCC 溶液没有完全溶解，请将试管放在热水中或在 50℃ 的水浴中孵化几分钟。②碱性磷酸酶（AP 酶）试剂的浓度决定了使用的交联剂摩尔浓度。③如目标蛋白缺少巯基等偶联基团，可用特劳特试剂引入巯基。④含巯基蛋白质将和脱盐活化碱性磷酸酶（AP 酶）试剂以与最终结合物所需的摩尔比以及两种蛋白质上存在的巯基和活化胺的相对数量相一致的摩尔比组合和混合。

（4）注意事项 SMCC 和 Sulfo-SMCC（一种水溶性的胺-巯基交联剂）对湿气敏感。将试剂瓶存放在干燥剂中。在打开前将瓶子平衡到室温，以避免容器内的水分凝结。溶解所需数量的试剂，并在水解发生前立即使用。丢弃任何未使用的重组试剂。不要将试剂储存在溶液中。

用前立即打开瓶盖，加入 200μL 磷酸钠缓冲液（50mmol/L，pH 7.0～7.5）或超纯水和吸管上下混合。或者，旋转几秒钟以确保溶液均匀。使用后，丢弃任何剩余的溶液。将未用过的瓶子存放在提供的锡箔袋中。小瓶的最大可用体积为 800μL。不要使用 PBS 进行磺化 SMCC 的初始溶解；该试剂在超过 50mmol/L 总盐的缓冲液中不能很好地溶解。然而，一旦溶解，溶液可以在 PBS 或其他非胺缓冲液中进一步稀释。

在偶联过程中避免含有伯胺（如 Tris 或甘氨酸）和巯基的缓冲液，因为它们会与预期的反应竞争。如有必要，将样品透析到适当的缓冲液中，如 PBS。

4.5.3 系统整合技术

目前已上市的化学发光免疫分析系统多数为仪器试剂专门匹配的封闭检测系统，即仪器和试剂必须使用同一厂家产品从而确保检测结果稳定，对其他厂家的试剂项目往往无法兼容。

形成上述问题的主要原因是化学发光免疫分析系统对检测性能的要求极高，因此系统中微小的设计调整均有可能会直接或间接地影响整机综合性能，因此对于系统设计而言，化学发光仪和试剂的系统整合即相互匹配是试剂研发过程中一个重要研究内容，其中包括了光测系统性能匹配、磁分离过程、试剂组分优化、样品试剂处理和定标等过程。

本章节主要介绍整个检测系统在设计过程中需要评估和确定的关键性能、功能以及对应的参数。

4.5.3.1　光测系统

（1）**核心功能点**　光测系统的线性范围区间；反应杯应考虑材质兼容性和光学性能。

（2）**控制方法及影响因素**

① 试剂设计应满足光度计测量线性范围需求，这里主要参考仪器设计参数，结合检测项目的浓度分布范围提前确定。

② 反应杯材质的选择要兼顾材质的稳定性，这里主要是精细化工行业对树脂材料一致性的管控。反应杯目前的主流选用的材质是聚丙烯，但目前不同原料厂家的材质性能相差较大，选择时主要验证和试剂、样品的兼容性以及聚丙烯原料的批间一致性。

4.5.3.2　磁分离系统

（1）**核心功能点**　包括试剂中磁珠用量；磁珠吸附时间；底物瓶材质；底物瓶规格；底物预热功能；底物管路。

（2）**控制方法及影响因素**

① 磁珠用量、磁珠粒径是设计磁珠标记工艺的关键参数，这些参数会直接影响磁分离过程的磁吸效率，需要调整相应的磁场强度以尽可能地降低磁珠流失率。

② 在确定磁珠用量和磁场强度后，需要进一步确定磁珠吸附时间，这里需要通过专门的吸附试验确定吸附时间是否可以满足磁分离时序需求，吸附效果的判断可以采用类似磁珠流失率的测试方法。

③ 发光底物大多具有一定的腐蚀性和强氧化性，底物瓶材质多采用高密度聚乙烯，与反应杯材质类似，主要考虑材质的兼容性和批次差异。

④ 底物瓶规格，主要包括单瓶测试数，这里要留够管路中的底物余量。

⑤ 底物预热：为保证加入底物后发光强度的稳定，需要对加入底物进行预热处理，这里主要考虑底物在预热模块中的连续加热时间要控制在一定范围内，否则会影响底物的性能，该时间针对不同种类的底物需要通过性能试验确定。

⑥ 底物管路主要涉及材料兼容性和避光性，同样需要进行兼容性测试。

4.5.3.3　样品处理系统

（1）**核心功能点**　包括样品类型；样品试剂反应体积；样品试剂孵育温度。

（2）**控制方法及影响因素**

① 常见的样品类型如血清、血浆、尿液、全血。对于仪器设计，在材料兼容和加样精密度性能方面要做验证实验，对于不同密度、黏稠度的样品要进行加样参数优化实验。

② 在设计试剂反应体积时，要综合考虑反应杯的尺寸，特别是在进行搅拌混匀时液体的变形，防止出现液体泄漏，同时由于加样系统在不同加液范围内的加样精度差异较大，需要重点对微量加样性能进行验证。

③ 反应液的孵育温度是免疫反应最重要的外部参数，对于试剂研制工作优先保证仪器内部的反应液孵育温度的准确性和波动性与设计值相同，这里主要参考仪器厂家提供的参数并在此基础上设计验证实验。

4.5.3.4　试剂处理系统

（1）**核心功能点**　包括试剂组分；试剂冷藏需求；试剂加样；试剂条码；定标方式。

（2）控制方法及影响因素

① 试剂组分设计是化学发光试剂设计最重要的前期参数，会直接影响整机结构、运行时序等关键功能，由于化学发光磁珠需要在机混匀以防止出现沉淀，因此在设计试剂组分时需要对磁珠的混匀效果进行前期研究验证。

② 试剂仓不间断制冷功能是化学发光系统的基本配置功能，对试剂设计这里主要需要评估在外部环境湿度过大的情况下，试剂仓内冷凝水对试剂浓度的影响，避免试剂挥发对浓度造成影响。

③ 试剂加样需要重点验证不同检测项目间试剂的交叉污染（比如针对同一病原体的抗体项目和抗原项目），如果不能满足要求，则需要针对这种交叉污染严重的项目设计专门的测试流程。

④ 试剂条码需要根据定标方案确定相关内容，此外还应包括项目名称、批号、瓶号、有效期等。

⑤ 定标方式多采用实际条码内置定标曲线或是多点定标方案，为了保证化学发光的准确性，内置定标曲线方式还需增加 1 个以上的校准点，用于校准曲线。

主要参考文献

[1] M Halman, B Velan, T Sery. Rapid identification and quantitation of small numbers of micro-organisms by a chemiluminescent immunoreaction[J]. Appl. Environ. Microbiol. , 1977, 34: 473-477.

[2] 王鹏，张文艳，周泓，等 . 免疫电化学发光[J]. 分析化学, 1998, 26: 898-903.

[3] U Piran, W J Riordan, L A Livshin. New noncompetitive immunoassays of small analytes[J]. Clin. Chem. , 1995, 41: 986-990.

第 5 章
兽用免疫
色谱类试剂
的研制

5.1

概述

　　侧流免疫检测技术（lateral flow immunoassay，LFIA），又称免疫色谱检测技术（immunochromatography assay，ICA），是 20 世纪末由单克隆抗体技术与色谱技术相结合而发展起来的快速诊断技术（rapid diagnostic test，RDT）。LFIA 是一种基于膜色谱的现场检测技术（on-site detection），待检样品滴入试纸卡或将试纸条插入待检样品，静置数分钟即可观察检测结果，实现对抗原、抗体和核酸扩增产物等各种分析物的定性和半定量检测。该技术完全符合世界卫生组织（WHO）对理想即时检测技术（point-of-care test，POCT）的 ASSURED 原则：价格适中（affordable）、敏感（sensitive）、特异（specific）、用户友好（user-friendly）、快速稳定（rapid and robust）、无需设备（equipment-free）和直达用户（delivered to end user），被认为是轻简化的现代生物传感器。

　　免疫色谱检测技术起源于与放射免疫检测技术（radio-immunoassay，RIA）和酶免疫检测技术（enzyme immunoassay，EIA）同期建立的胶乳凝集试验（latex agglutination assay）。Plotz 和 Singer 1956 年以类风湿因子为检测靶标，用尺寸均一的聚乙烯甲苯和聚苯乙烯胶乳颗粒替代红细胞进行凝集试验，具有更好的重复性，也更易于操作和结果判定。1959 年，生物物理学家 Rosalyn S. Yalow 和内科医生/内分泌学家 Solomon A. Berson 首次提出基于侧流免疫分析（纸色谱）的诊断原理，并利用石蜡纸设计了第一个用于测定人血浆中胰岛素的快速检测系统。Leuvering 等人 1980 年报道了以胶体金或胶体银为标记物的无机（金属）溶胶颗粒免疫检测技术（sol particle immunoassay，SPIA），他们用胶体金或银标记抗体，建立了人胎盘催乳激素（human placental lactogen，HPL）和人绒毛膜促性腺激素（human chorionic gonadotrophin，HCG）的夹心免疫检测方法，高浓度抗原的检测结果可直接通过肉眼判定，其检测限与 RIA 相当，优于夹心 EIA。Leuvering 研究团队 1983 年利用单克隆抗体建立匀相 SPIA 方法，对血清和尿中 HCG 和促黄体激素（luteinizing hormone，LH）进行鉴别检测。随后，该技术迅速发展成为一项突破性新型检测技术，并被命名为 LFIA，在众多临床诊断实验室建立了扩展检测系统，用于测定血液微量分析物（激素、酶、维生素和感染标志物）。LFIA 经过 60 年的发展形成多种 LFIA 检测技术模式，简化了检测方法，同时使检测更加灵敏和特异，成本低廉，便于操作，广泛应用于微生物（病毒、细菌、寄生虫）、生物标识（激素、过敏原、肿瘤标记物）、违禁药物（兴奋剂、毒品）、药物残留（兽药、农药）、食品安全（生物毒素、食品添加剂）、环境污染物等靶标的快速检测。LFIA 在商业领域的成功和前景也备受关注，1984 年，首个商业化检测 HCG 的尿液妊娠测试产品进入市场，从那时起数千个 LFIA 产品问世，并应用于各种传染病、心脏病、肿瘤、病原体、杀虫剂、毒素和重金属的诊断和预后。在 COVID-19 大流行之前对市场规模和增长的预测显示，到 2022 年全球 LFIA 市场将达到 82.4 亿美元，复合年增长率（CAGR）为 8%，预计到 2025 年达到 96.5 亿美元。新型冠状病毒肺炎（COVID）大流行极大地影响了该市场的预期发展，对 COVID-19 抗原和血清学检测需求巨大，推动 LFIA 市场全新发展，成为体外快速诊断市场最有前途和最具活力的细分市场。

　　在兽用诊断领域，20 世纪 90 年代以来张改平团队系统开展了免疫色谱试纸快速检测技术研究，率先在国内建立了抗原、抗体、半抗原三大类免疫色谱试纸快速检测技术平台。开展了抗原快速检测技术研究，建立了动物病毒的高特异性、高亲和力配对单克隆抗体制备新方法，解决了试纸研制中抗原变异大、抗体亲和力低、识别谱窄等技术难题，形成了抗原免疫色谱试纸快速检测技术体系，研制了以鸡传染性法氏囊病病毒快速检测试纸条为代表的动物疫病抗原快速检测试纸系列产品，开辟了动物疫病快速诊断的新领域。开展了半抗原快速检测技术研究，建立了小分子化合物的人工抗原合成，以及高特异性、高亲和力单克隆抗体制备与鉴定方法，解决了小分子化合物免疫原性差、抗体亲和力低等技术难题，形成了半抗原免疫色谱试纸快速检测技术体系，研制了以盐酸克伦特罗快速检测试纸为代表的食品安全快速检测试纸系列产品，实现了药物残留的简便、低成本快速检测。开展了抗体快速检测技术研究，建立了口蹄疫病毒、猪瘟病毒、鸡新城疫病毒、旋毛虫等多种病原的检测抗原制备方法，解决了免疫检测抗原活性低、非特异性反应高、提取制备难等技术难题，形成了抗体免疫色谱试纸快速检测技术体系，研制了以旋毛虫和口蹄疫为代表的动物疫病及人兽共患病抗体快速检测试纸系列产品，实现了动物疫病抗体水平的实时监测，为疫苗免疫效果评价和动物疫病监测提供了先进的技术手段，实现了长期以来人们在检测技术领域所追求的"快速、简便、特异、敏感"的目标，提高了我国在该领域的研发水平，促进了免疫检测技术进步。

LFIA 试纸具有良好的特异性、敏感性和稳定性，而且无需冷藏、贮存运输方便、保存期长，试纸操作步骤简单，结果判定形象直观，易于现场操作，特别适用于检测资源受限的临床或现场筛查，以及无力承担标准仪器的发展中国家检测和监测。另外，该技术在发达国家也广泛应用，旨在提高检测样品量，实现高通量检测和快速决策，并有效控制检测成本。此外，LFIA 也被视为一种手边实验室（Lab-in-a-hand），代表了当前检测模式由样品到实验室向实验室到样品的转变，用以改善决策和周转时间。LFIA 技术具有通用的检测模式，易于复制推广，设备和工艺已经比较完备，研发周期短，产品上市快，易于大规模批量生产。LFIA 极具吸引力的优势和发展潜力（图 5-1）推动了其在各领域的广泛应用，从用于临床的激素、寄生虫、细菌、细胞、病毒、生物标志物检测，迅速扩展到食品和饲料安全、兽药、环境控制、法医分析等诸多领域。随着新型标记、微流控、生物芯片和人工智能等新技术的发展和应用，LFIA 在早期诊断和痕量检测面临的灵敏度低和定量分析等关键弱点正在得到解决或改善，高灵敏度、高通量、智能化检测将成为 LFIA 检测技术研发的热点和发展方向。

侧流免疫色谱技术（LFIA）			
优势（strength）	劣势（weaknesse）	机会（opportunitie）	威胁（threat）
易于使用 成本低廉 周转时间很快 轻巧便携 所需样品量少 有限样品处理 无需仪器设备 长期储存稳定（1～2 年） 固定研发过程 灵敏度和特异性足够 无需熟练技术人员	主要定性或半定量检测 固体样品须提取 主观判定结果 需要验证性分析（通常阳性结果） 可能有批间差异 技术改进通常增加单次分析成本	无需增加工作量即可轻松完成 新型生物制剂开发 可能开发新型检测方法 集成电子设备和阅读仪 高度规模化和市场化 多重检测策略 改进结果判定	自测或非专业使用时可能出现误用 滥用时影响声誉 可能有交叉反应 可能有误导性结果解释 可能受基质干扰 高商业价值，导致质量参差不齐 产品流入市场，扰乱行业发展

图 5-1　免疫色谱技术的 SWOT 分析（引自 Di Nardo F 等）

5.2

免疫色谱试纸的结构

免疫色谱试纸由样品垫（样品滴落区）、结合垫（标记物反应区）、色谱膜（检测反应区）和吸收垫（储水区）等四个结构单元组成，从加样端（样品垫）至手柄端（吸收垫）依次叠加粘贴于支撑底板上组成，色谱膜在最下层，结合垫和样品垫依次叠加在加样端，吸收垫叠加在手柄端，各结构单元之间重叠 2～3mm（图 5-2）。除了样品垫、结合垫、色谱膜、吸收垫和支撑底板之外，试纸还包括一些辅助结构，如外层塑胶膜或塑料外壳等，以便握持或滴加样品，从而组装成不同类型的免疫色谱试纸产品，如试纸条或试纸卡。

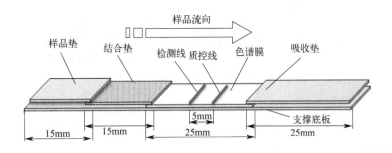

图 5-2 免疫色谱试纸条的结构示意图（引自 Zhang G 等）

5.2.1 样品垫

样品垫是试纸检测的起始部分，主要作用是吸收待检样品溶液，并将吸收的液体通过虹吸作用向结合垫侧向流动，其有两个关键功能：①确保样品均匀流动；②标准化样品缓冲条件。样品垫为预处理的纤维棉或玻璃纤维，样品垫材料的选择和设计对试纸检测系统有重要影响。样品垫的几何形状和特性对样品流的控制和试纸产品设计非常重要，以下针对其关键参数作详细介绍。

5.2.1.1 床体积

床体积或无效/死体积是指样品垫内的空气体积，用于计算润湿样品垫需要的液体总量。它控制样品流向试纸其余部分的体积，与样品垫的厚度、孔隙率和整体尺寸直接相关：床体积＝样品垫总体积×孔隙率(%)。

5.2.1.2 厚度

样品垫的厚度不仅影响床体积，也影响流动的一致性。较厚的样品垫提供更高的缓冲能力，以及更慢和更稳定的流动，通常较慢的流速通过增加标记物识别靶标物的概率提高

LFIA 的灵敏度，厚垫也可能受卡壳压迫而导致吸收样品量减少并降低流速。另外，较薄的样品垫需要较少的样品量，但缓冲能力较低，流速更快，这可能会对后续结合垫的润湿产生负面影响，并降低试纸的灵敏度。

5.2.1.3 没有可释放的物质

在样品垫制作过程中，制造商可能添加化学物质，以赋予样品垫特定的属性，因此验证样品垫不会释放可能影响液体流动或靶标识别的物质非常重要。

5.2.1.4 颗粒保留等级

颗粒保留等级是指样品垫能够过滤的颗粒大小，实现对样品的适当过滤。如果选择的样品垫不能提供所需的颗粒保留等级，可以增加额外的过滤垫（例如血液过滤膜）。

样品垫主要有两种材料：纤维素纤维和编织网。纤维素纤维制作的样品垫通常比较厚（$\geqslant 250\mu m$）且便宜，但也比较脆弱，尤其是当它们湿润时，通常有更大的床体积（$\geqslant 25\mu L/cm^2$），并且对样品垫缓冲液中的化学物质具有更高的耐受性。由编织网制成的样品垫，如玻璃纤维，具有良好的抗拉强度，使样品均匀分布在结合垫上。此外，编织网也可以像过滤器一样去除样品中的颗粒（例如 Whatman LF1 和 GE Healthcare Life Sciences GF/DVA 玻璃纤维、Whatman Fusion 5 聚乙烯醇涂层玻璃纤维和 Pall Vivid Plasma 分离膜），避免阻塞检测膜，并且能够保留最少的样品量。

5.2.2 结合垫

结合垫是样品接触的第二个试纸垫，喷涂或吸附有标记物如胶体金标记抗体或抗原，它具有三个主要功能：①存放干燥的结合物纳米颗粒；②在样品润湿后释放结合物；③提供标记物和检测靶标的第一次相互作用。待检样品溶液中的检测靶标扩散到结合垫后与标记生物活性成分结合形成免疫复合物，随后标记复合物随样品溶液流动至色谱膜。结合垫应具有较低非特异性结合，以避免纳米颗粒或靶标在结合垫上滞留；要有固定的流量和床体积，以实现均匀且可重复的流动；具备适当的机械强度且无可释放物质，以耐受试纸加工过程和避免检测膜阻塞或干扰检测信号。

结合垫最常用的材料是玻璃纤维，也可以使用纤维素和聚酯。选择结合垫材料应考虑厚度、床体积和非特异性结合等因素，纤维素垫的厚度为 $300\sim1000\mu m$，其次是玻璃纤维（$100\sim500\mu m$）和聚酯（$100\sim300\mu m$）。与样品垫相似，较厚的材料通常意味着较高的床体积，可以存储更多结合物纳米颗粒，流速越慢，检测的灵敏度更高。同时，它在湿润后机械强度较弱。

5.2.3 色谱膜

色谱膜也称检测膜，印迹有两条或多条不同生物活性材料（如抗原或抗体）区，形成"检测线"（简称 T 线）和"质控线"（简称 C 线）印迹，标记免疫复合物在检测线和质控线被拦截，形成显色条带，直观显示检测结果。色谱膜的关键特性：①促进均匀流动；

②提供用于捕获生物靶标的固化功能；③显示低非特异性结合能力。

商用色谱膜一般以毛细流动时间来定义，即样品溶液覆盖膜长（一般为 4cm）所需的时间，一般以 s/4cm 表示。一些制造商根据其孔径对色谱膜进行分类，孔径与毛细管流动时间的转换大致为：$8\mu m = 135s$，$6\mu m = 180s$。一般来说，毛细管流动时间越长，流速越慢。该参数不仅是检测时间的关键因素，也是决定试纸灵敏度和特异性的基本要素。高毛细管流动时间允许检测靶标与生物受体之间的相互作用时间更长，从而提高了试纸的灵敏度。同时，高毛细管流动时间也增加了发生非特异性结合的机会。因此，在试纸研发过程中评估色谱膜至关重要，特别注意不同的毛细管流动时间。

色谱膜的材料决定了检测膜与捕获制剂（用于检测线和质控线）的相互作用类型。硝酸纤维素膜是最常用的膜，因为它价格低廉、与蛋白质结合性强以及可调节的虹吸特性（获得不同的毛细管流动时间和改变表面活性剂含量的可能性）。对于其他类型的膜，聚偏氟乙烯主要用于水过滤和蛋白质印迹，因为它具有广泛的溶剂相容性、低背景和出色的染色能力。同样，尼龙也主要用于过滤水溶液和有机溶液，因为它坚固、柔韧、亲水和耐溶剂。由于其亲水性和极低的蛋白质结合性，聚醚砜通常用于去除样品中的微/纳米颗粒、细菌和真菌。

5.2.4 吸收垫

吸收垫是最后一个试纸垫，它的作用是控制试纸可以吸收的样品量。吸收垫一般为吸水滤纸，用于吸收流过色谱膜的待检样品溶液，以维持色谱膜两端的压差，促使更多待检样品溶液在色谱膜上由样品垫端向吸收垫侧向流动，使更多标记生物活性物质或免疫复合物经过色谱膜区域，并被拦截下来。在没有吸收垫的情况下，一旦液体到达膜的末端，流动停止并且液体沿着条均匀地蒸发，这意味着所有未到达检测垫最后部分的标记物都会积聚在条带上，并会增加背景噪音。相反，吸收垫的存在确保所有标记物都到达试纸的末端。吸收垫的尺寸应根据必须通过膜的液体量进行评估。

5.3

免疫色谱试纸的检测原理

LFIA 是基于膜色谱原理而建立的免疫快速检测技术，由色谱系统和免疫识别系统组成，色谱系统根据混合物的成分通过色谱膜的运动差异分离，免疫识别系统通过抗体-抗原或核酸-探针相互作用检测抗原、抗体和核酸靶标。待检样品溶液在毛细作用下由样品垫经结合垫和色谱膜向吸收垫侧向流动，待检靶标在侧向流动过程中与结合垫的纳米标记物或荧光报告分子结合，标记复合物流过色谱膜时，可被固化在色谱膜检测线的生物活性物质（抗体、抗原或核酸探针）拦截，形成检测线显色或荧光信号；质控线显色或荧光信号表示检测有效。在色谱膜设计多条检测线，可用于多种检测靶标的同步检测；利用光学或荧光阅读仪测量颜色/荧光强度，可实现试纸定量检测。LFIA 技术主要采用两种检测原理：一种是非竞争模式（non-competitive reaction），主要用于生物大分子检测，根据检测线能否特异性拦截待检靶标分为夹心法和间接法；另一种是竞争模式（competitive reaction），主要用于小分子化合物检测。

5.3.1 直接法

直接法又称夹心法，是一种非竞争性检测模式，是检测具有多个抗原位点中高分子质量（＞1kDa）靶标最常用的检测策略，如蛋白质、抗体、细菌和细胞，抗体夹心用于疾病标志物或病原微生物等抗原的检测，抗原夹心用于特异性 IgG、IgM、IgA 等抗体检测，已广泛应用于人类及动物疫病的临床诊断、生化分析、抗体水平监测等。LFIA 通过报告生物受体（bioreceptor）和检测线捕获生物受体识别检测靶标，产生颜色或荧光信号，信号强度随样品中靶标分子数量成比例增加。试纸检测时，当待检样品中含有检测靶标时，靶标抗原与结合垫中的标记抗体结合形成抗原-标记抗体复合物并沿色谱膜侧向流动，该抗原-标记抗体复合物被检测线的拦截抗体特异识别拦截，在检测线位置聚集呈现显色条带，而未被检测线拦截的标记抗体及部分抗原-标记抗体复合物被质控线的质控抗体识别拦截，并聚集呈现显色条带，最终形成两条显色条带（检测线和质控线），显示阳性结果；当待检样品中不含检测靶标时，结合垫中的标记抗体因没有形成抗原-标记抗体复合物而不能被检测线的拦截抗体识别，在检测线位置不能呈现显色条带，而未被检测线拦截的标记抗体被质控线的质控抗体识别拦截，并聚集呈现显色条带，最终形成一条显色条带（质控线），显示阴性结果。开发此类 LFIA 的关键是筛选两个结合靶标不同部位的生物受体，如两种不同的单克隆抗体或标记单克隆抗体和捕获多克隆抗体，确保形成夹心复合物。对于特别大的检测靶标，如细菌或细胞，相同的抗原在其中重复多次，因此使用相同抗体（多克隆效果更好）也是一种可行的选择。在靶标浓度极高的情况下，夹心法检测可能会受到 Hook 效应（检测和捕获生物受体的所有结合位点都被单个靶标占据，抑制夹心复合物形成）的影响，显示较弱的检测信号，导致靶标漏检或浓度偏低，因此通常建议使用高浓度的检测线捕获生物受体（＞1mg/mL）以最大限度地提高夹心复合物形成概率。

5.3.2 间接法

间接法也是一种非竞争性检测模式，以抗种属特异性抗体或免疫球蛋白结合蛋白为标记或捕获蛋白，用于特异性 IgG、IgM、IgA 等抗体检测，通常有标记二抗-抗原拦截和标记抗原-二抗拦截两种模式。抗体检测时，当待检样品中含有待检抗体时，靶标抗体与结合垫中的标记二抗或标记抗原结合形成抗体-标记抗体/抗原复合物并沿色谱膜侧向流动，该抗体-标记抗体/抗原复合物被捕获抗原或抗种属特异性 IgG 抗体或蛋白 A/G 识别，在检测线位置聚集呈现显色条带，而未被检测线拦截的标记抗体或抗原及部分抗体-标记抗体/抗原复合物被质控线的质控抗体识别拦截，并聚集呈现显色条带，最终形成两条显色条带（检测线和质控线），显示阳性结果，显色强度与抗体含量正相关。

5.3.3 竞争法

竞争法是一种竞争或阻断检测模式，通常用于检测低分子质量（<1kDa）靶标。这类小分子化合物仅有单一抗原位点或抗原位点较少，不能同时结合两种生物受体，如抗生素、兽药、激素和毒素等；当然，竞争法也可以用于生物大分子的检测。竞争法主要有两种竞争形式：一是样品中的检测靶标与标记靶标（或者亲和力低于检测靶标的生物受体）竞争结合检测线捕获生物受体；二是样品中的检测靶标与检测线靶标竞争结合标记生物受体，竞争的关键特征是高浓度的检测靶标导致更低的检测信号或完全抑制。试纸检测时，当待检样品中不含检测靶标时，结合垫中的标记抗体/抗原沿色谱膜侧向流动，特异识别检测线的拦截抗原/抗体而被拦截，形成检测线显色或荧光信号，而未被检测线拦截的标记抗体/抗原被质控线的质控抗体拦截，最终形成两条显色条带或荧光信号（检测线和质控线），显示阴性结果；当待检样品中含有检测靶标时，靶标抗原与结合垫中的标记抗体或抗原沿色谱膜侧向流动，竞争或阻断标记抗体/抗原与检测线的拦截抗原/抗体的结合，使得标记抗体/抗原不能被有效拦截或完全阻断，显著减弱检测线显色或荧光信号，甚至完全消失，而未被检测线拦截的标记抗体/抗原被质控线的质控抗体识别拦截，最终形成一条显色条带或荧光信号（质控线），显示阳性结果。竞争性检测不受 Hook 效应的影响，因此特别适用于检测极高浓度的靶标分子。在建立竞争性 LFIA 时，验证生物受体结合竞争分子的能力非常重要，特别是其被标记或吸附在色谱膜上之后（利用间隔臂吸附或标记竞争分子可能暴露其结合位点，促进生物受体的结合）。因此，在优化竞争性 LFIA 检测过程中，标记生物受体和检测线捕获生物受体的浓度（通常在 1 和 0.1mg/mL 之间）需要在优化竞争性体系时仔细调整，以免竞争前的检测信号过度饱和，降低 LFIA 检测的灵敏度。

5.4

LFIA 标记物

在 LFIA 中使用允许肉眼检测的纳米颗粒特别有利于定性应用或以成本效益为目标的应用（即不需要使用外部阅读器），大多数金纳米颗粒和乳胶颗粒广泛用于 LFIA 试纸的大规模生产。将其与外部阅读器耦合可能会提高重现性并提供更具挑战性应用所需的定量分析。近年来，新纳米材料的开发扩大了用于 LFIA 的标记物类型（图 5-3），包括金纳米颗粒、碳纳米颗粒、荧光纳米颗粒（量子点和上转换荧光材料）、磁纳米颗粒、脂质体和酶等，主要纳米材料的优缺点见表 5-1。

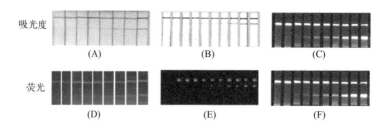

图 5-3　LFIA 纳米标记材料（引自 Parolo C 等）

（A）胶体金；（B）碳纳米粒；（C）磁纳米颗粒；（D）量子点；（E）上转荧光；（F）脂质体

表 5-1　LFIA 常用标记物优缺点（引自 Parolo C）

标记物	优点	缺点
金纳米颗粒（AuNP）	肉眼定性检测；最普遍标记物；信号强	定量检测需要额外硬件；如果商业购买相对昂贵
碳纳米材料（CNP/CNT）	肉眼定性检测；更稳定；比 AuNP 便宜；高信噪比	定量检测需要额外硬件；非特异性吸附信号比 AuNP 弱
乳胶颗粒	肉眼定性检测；耐化学和物理损伤；比 AuNP 便宜；多种颜色可供选择	定量检测需要额外硬件；灵敏度较低；信号比 AuNP 弱
量子点（QD）	荧光信号强；多种颜色可供选择	需要额外的硬件（紫外灯和阅读器）；毒性更高
上转荧光颗粒（UCNP）	荧光信号强；无需紫外线源；多种颜色可供选择	需要额外硬件（NIR 激光）；比量子点更贵（由稀有材料制成）
脂质体	加载多个标签；易于偶联	根据加载的标签需要额外硬件；对 pH 值和离子强度敏感
磁纳米颗粒（MNP）	磁和比色双重信号；高信噪比；非常敏感；可在处理前加入样品；分析浓缩前分析物	需要非光学阅读器进行磁测量

5.4.1　金纳米颗粒

金纳米颗粒（AuNP）或胶体金（colloidal gold）是由金的盐离子经过还原作用后所形成的金颗粒悬浮液，一般由一个基础的核心金原子、与其直接相连的 $AuCl^{2-}$ 内负离子层以及 H^+ 外离子层构成。柠檬酸钠一旦加入沸腾或将要沸腾的四氯金酸溶液中，立即形成金原子且浓度迅速升高，直至达到过饱和状态。然后，在一个称为成核现象的过程中出现凝集作用，在成核部位 11 个金原子形成二十面体的金核。成核过程发生非常迅速，成核现象一旦完成，剩余溶解的金原子继续结合到成核部位，直到所有原子都从溶液中结合到核上。AuNP 是 LFIA 中使用最广泛的检测标记物，其鲜艳而强烈的红色可增强视觉检测效果，其他独特的性质如高化学稳定性、大比面积、易于合成、低成本和易于制备等，可缩短分析时间，提供可靠的现场分析。

5.4.1.1　AuNP 的特性

AuNP 在电子显微镜下呈圆球形或者椭圆形，粒径大小介于 1~100nm 的范围内，在 510~550nm 的范围内有一个单一的光吸收峰，而且吸收峰的波长与胶体金粒径大小呈正相关。AuNP 广受欢迎的原因包括：①表面等离子共振（SPR）产生强烈红色，非常适合肉眼检测；②利用不同合成方法能够产生不同尺寸和形状的 AuNP；③具有低毒性；④可通过非特异性吸附或共价键偶联，容易标记；⑤相对稳定。

5.4.1.2 胶体金的制备

胶体金的制备方法众多，其中还原法应用最广，主要是利用硼氢化钠及氰基硼氢化钠、白磷、乙醇、维生素C的钠盐、柠檬酸三钠、柠檬酸＋鞣酸以及甲醛等还原剂将金离子转变为金原子。胶体金颗粒的大小取决于制备过程中氯金酸与还原剂的比例。以柠檬酸三钠为例，不同的柠檬酸三钠添加剂量可制备出直径为3～150nm大小不同的胶体金颗粒（表5-2），其中直径在20nm以上的胶体金可用于肉眼水平的标记检测，通常适配于免疫色谱试纸的胶体金颗粒直径控制在20～40nm。利用柠檬酸三钠制备胶体金的方法：将400mL去离子水加入1L洁净的锥形瓶中，置于磁力加热搅拌器上加热搅拌至沸腾；向锥形瓶中加入4mL 1%氯金酸，继续煮沸2min；匀速搅拌下加入12mL新鲜配制的1%柠檬酸三钠，继续煮沸5min后，冷却至室温并用去离子水定容至原体积。

表5-2 制备不同直径大小的胶体金颗粒相对应的氯金酸与柠檬酸三钠的比例

0.01%氯金酸/mL	1%柠檬酸三钠溶液/mL	半径/nm	颜色
50	1.00	16	橙色
50	0.75	24.5	红色
50	0.50	41	红色
50	0.30	71.5	暗红色
50	0.21	97.5	紫色
50	0.16	147	紫色

胶体金的制备受多种因素的影响。除了严格的制备工艺外，玻璃器皿及水的洁净程度也直接影响胶体金制备的效果，杂质的存在易造成颗粒的不均一性。制备好的胶体金应为酒红色澄清液体。此外，利用透射电镜可以观察胶体金颗粒的形状、直径大小以及均一性。也可以利用紫外可见分光光度计在510～550nm范围内对制备胶体金进行扫描，越均一的胶体金颗粒峰宽越小且波峰越高。

5.4.1.3 胶体金的标记

AuNP可以标记不同的生物分子使其功能化，包括寡核苷酸和蛋白质。抗体通过非共价作用紧密结合到其表面，如范德华力和疏水作用。当正确偶联时复合物的稳定性（液体/固体形式）会增加，该相互作用与AuNP的大小、色度和质量密切相关。胶体金的标记效率是影响免疫色谱试纸检测性能的关键因素。胶体金标记方法通常包括物理吸附和共价偶联等。

（1）物理吸附法 物理吸附主要依赖胶体金在弱碱性环境中与碱性氨基酸的静电作用、与色氨酸的疏水作用以及其电子层与半胱氨酸所形成的配位金硫键实现对蛋白或抗体的标记。该方法简单、高效、直接，是胶体金标记的首选方法。然而，仅仅依靠静电作用或疏水作用的物理吸附所提供的结合能力有限，易受到缓冲液pH、温度、离子强度等诸多因素影响，降低免疫色谱试纸的检测性能及稳定性。同时，物理吸附无法正确定向胶体金表面所标记蛋白或抗体，可能由于不恰当的空间位阻效应影响抗原抗体的结合效率。胶体金的物理吸附标记法影响因素诸多，包括pH、胶体金与待标记抗体的比例等。通常pH 7.5被认为是最佳的偶联酸碱度，而胶体金与待标记抗体的比例需在胶体金标记前通过预实验来确定：

① 将待标记的蛋白或抗体4℃条件下10000r/min离心5min；

② 用 0.2mol/L K_2CO_3 溶液将胶体金 pH 调节至 9.5 左右，通常将 1mL 胶体金溶液与 4μL 0.2mol/L K_2CO_3 溶液振荡混匀即可；

③ 将待标记抗体用 PBS 倍比稀释后，分别取 10μL 与 125μL 胶体金溶液混合均匀，室温条件下静置 5min；

④ 加入 125μL 10% NaCl 溶液，观察胶体金颜色变化；

⑤ 选取胶体金变紫前 2 个倍比稀释度，作为待标记抗体与胶体金的标记比例；

⑥ 根据已确定胶体金与待标记抗体的比例将两者混合均匀，室温条件下静置 30min；

⑦ 向每毫升标金溶液中加入 100μL 10% BSA 溶液，室温条件下静置 10min 后，12000r/min 离心 30min；

⑧ 小心弃去上清，按原体积每毫升用 100μL HB 缓冲液（含有 1% BSA 的 10% 硼酸钠溶液）重悬即为 5×金标抗体，4℃条件下保存，切勿冷冻。

（2）**共价偶联法**　共价偶联主要通过碳二亚胺法或中间连接链法等将待标记蛋白或抗体共价结合到胶体金表面，以提高胶体金标记蛋白或抗体的稳定性。其中碳二亚胺法利用 EDC/NHS 使胶体金表面具有羧基基团，进而与抗体的一个伯胺反应完成共价偶联；中间连接链法利用 DTSSP 或 DSP，与抗体中赖氨酸残基的伯胺完成共价偶联。然而，化学修饰有时会影响待标记蛋白或抗体的活性基团，进而降低抗原抗体的结合效率，例如胶体金表面的羧基与抗体活性区域氨基的相互作用或抗体间的自交联现象等。

EDC 共价偶联法是 EDC 首先与胶体金颗粒表面的羧基基团反应形成 O-酰基异脲中间体，并立即与待标记抗原或抗体的氨基基团共价偶联，经过 N-羟基琥珀酰亚胺（sulfo-NHS）进行稳定化后即可进行后续工作。影响胶体金 EDC 法标记抗体效率的影响因素同样很多，尤其是偶联时使用的反应缓冲液，通常在 pH 7.0～7.5 的范围内标记效率最高。EDC 共价偶联法具体操作如下：

① 取 1mL 胶体金溶液，加入 8μL 新鲜配制的 10mg/mL EDC 溶液与 16μL 新鲜配制的 10mg/mL sulfo-NHS 溶液，室温条件下搅拌孵育 30min；

② 4℃条件下 2000r/min 离心 5min 后弃上清，用 1mL 反应缓冲液（5mmol/L 磷酸钾，0.5% PEG-20000，pH 7.4）将沉淀涡旋或超声重悬；

③ 重复步骤②以完全除去残余 EDC 和 NHS；

④ 将待标记抗体用 10mmol/L 的磷酸钾缓冲液（pH 7.4）稀释至 1mg/mL，按照每 1mL 重悬胶体金溶液中加入 30μg 待标记抗体的比例混匀，室温条件下搅拌孵育 1h；

⑤ 4℃条件下 2000r/min 离心 5min 后弃上清，用 1mL 反应缓冲液（5mmol/L 磷酸钾，0.5% PEG-20000，pH 7.4）将金标抗体沉淀超声重悬；

⑥ 重复步骤⑤以完全除去过量游离抗体；

⑦ 4℃条件下 2000r/min 离心 5min 后弃上清，用偶联稀释液（0.5×PBS，0.5% BSA，0.5% 酪蛋白，1% Tween-20，0.05% 叠氮化钠，pH 8.0）将金标抗体超声重悬；

⑧ 4℃条件下保存，切勿冷冻。

5.4.2　荧光素

荧光素是一类能够产生明显荧光的有机化合物染料。通过特定的化学方法被荧光素标记的抗体，在与相应抗原结合后，借助荧光检测设备即可实现对抗原-抗体复合物的示踪。与胶体金标记抗体相比，虽然荧光抗体的检测需要特殊的仪器设备，但其具有较高的检测灵敏度、较好的检测特异性和可以定量读值等优点，不但是流式细胞术、原位杂交等免疫研究中不可或缺的研究工具，并且在免疫色谱试纸检测技术中也有广泛应用。

5.4.2.1 荧光素的种类

较抗体而言，适用的标记材料应具有的基本特性包括：①荧光素化学性质稳定，荧光色泽明亮清晰、本底干净；②标记方法简单、安全无毒，能够与抗体分子共价结合且不易解离，便于贮藏；③与抗体分子结合后不影响抗体分子的结构、性质及免疫活性，而且能够保持自身较高的荧光效率；④标记完成后，游离的荧光素及其降解杂质易于分离清除。常见适配于生物大分子标记的荧光素的种类及性质见表5-3。目前，适用于标记抗体分子的荧光素主要有异硫氰酸荧光素（fluorescein isothiocyanate，FITC）和四乙基罗达明（rhodamine B200，RB200）。FITC分子量为389.4，最大吸收光波长为490～495nm，最大发射光波长为525～530nm，易溶于水、乙醇、DMSO等溶剂。化学性质稳定，冷冻干燥条件下可以保存数年。碱性条件下（pH 9.8），抗体分子表面赖氨酸的游离 ε-氨基能够与FITC的硫氰酸基团发生亲核反应，形成硫脲共价连接。同时，在碱性环境中FITC能够呈现强烈的黄绿色荧光，肉眼辨识度较高，是目前应用最广泛的荧光素。因此，本节将着重介绍FITC标记抗体及鉴定的详细步骤。

表5-3 常见的标记生物大分子的荧光素

名称	激发波长/nm	发射波长/nm	发光颜色
AMCA	350	440	
Pacific Blue	410	455	
Atto 425	436	484	
BODIPY FL	503	512	
FITC	495	530	
Alexa Fluor 488	496	519	
TET	521	536	
JOE	520	548	
Yakima Yellow	530	549	
VIC	538	554	
HEX	535	556	
Quasar 570	547	570	
Cy3	552	570	
NED	546	575	
TAMRA	565	580	
RB200	570	600	
AquaPhluor 593	593	613	
Texas red	595	615	
Atto 590	594	624	
Cy5	643	667	
Quasar 670	647	667	
Cy5.5	684	710	

5.4.2.2 荧光素的标记

根据标记抗体体积不同，FITC的标记方法分为搅拌法和透析法两种。其中搅拌法主要适用于大体积抗体的标记，透析法主要适用于小体积抗体的标记。与搅拌法相比，利用透析法制备的 FITC 标记抗体标记较均匀、非特异性荧光较少，然而耗时较长、FITC 用量较大（约为搅拌法的 10 倍）。整个标记反应要求尽可能在 pH 9.8 的溶液中，并且全程尽量避光进行。

（1）**搅拌法** 抗体经过饱和硫酸铵沉淀或蛋白质 A/G 纯化后，用 0.5mol/L 的碳酸盐缓冲液（pH 9.8）稀释为 20mg/mL 的抗体溶液；按照 FITC：抗体＝1：100（质量比）的比例准确称取 FITC，并用 DMSO 溶解为 1mg/mL 呈明亮黄绿色 FITC 溶液；将抗体溶液置于磁力搅拌器，避光、搅拌状态下逐滴加入 FITC 溶液并实时监测溶液 pH。当溶液 pH≤9.0 时，用碳酸钠缓冲液及时将 pH 调整至 9.8；待 FITC 溶液滴加完毕，继续在 4℃、避光条件下轻柔搅拌 8h 即可完成 FITC 与抗体的偶联。

（2）**透析法** 抗体经过饱和硫酸铵沉淀或蛋白 A/G 纯化后，用 0.5mol/L 的碳酸盐缓冲液（pH 9.8）稀释为 1% 的浓度，并装入透析袋；将 FITC 用 DMSO 充分溶解后，用 0.5mol/L 的碳酸盐缓冲液（pH 9.8）稀释为终浓度为 0.1mg/mL 的 FITC 溶液；将装有抗体溶液的透析袋置于烧杯中，对 10 倍体积的 FITC 溶液透析，在 4℃、避光条件下轻柔搅拌 24h 即可完成 FITC 与抗体的偶联。待标记完成后，还需对未结合的游离 FITC 进行去除，以免对后续试验产生不利影响，干扰试验结果的准确性。具体操作步骤如下：将 FITC 偶联抗体置于 PBS（0.01mol/L，pH 7.6）或生理盐水中，4℃、避光条件下透析 5～7d，每天换液三次。彻底去除 FITC 后，透析袋中溶液仍呈明亮黄绿色澄清液体，而透析液则完全变为透明澄清无色液体。

5.4.2.3　FITC 标记抗体的鉴定

（1）**紫外吸收法** FITC 标记抗体的质量可以通过测定二者紫外吸收峰的比值来进行鉴定：取 200μL FITC 标记抗体与 2.8mL PBS 缓冲液混合均匀，测定其在 A_{490} 及 A_{280} 的紫外吸收峰，并计算 A_{490}/A_{280}。一般适用于免疫研究的 FITC 标记抗体，以 A_{490}/A_{280} 在 1.5～2.4 的范围为宜。

（2）**间接 ELISA 法** 将 FITC 标记抗体用 0.05mol/L 的碳酸盐缓冲液（pH 9.6）稀释为 2μg/mL；将 FITC 标记抗体加入聚苯乙烯 96 孔板中（50μL/孔），4℃ 条件下过夜包被或者 37℃ 条件下孵育 2h；将 96 孔板内包被液弃去，用 PBST（0.05% Tween-20）洗涤三次，最后一次洗涤后将 96 孔板内残留液体于洁净滤纸上彻底拍干；向 96 孔板中加入用 PBST（0.05% Tween-20）配制的 5% 脱脂奶溶液（100μL/孔），37℃ 条件下封闭 1h；将 96 孔板内封闭液弃去，用 PBST（0.05% Tween-20）洗涤一次；抗 FITC 的单克隆抗体（小鼠腹水）用 5% 脱脂奶梯度稀释为 1：10000、1：20000、1：40000、1：80000、1：160000…分别加入 96 孔板中（50μL/孔），每个稀释度重复 3 孔，37℃ 条件下孵育 30min；将 96 孔板内 FITC 标记抗体弃去，用 PBST（0.05% Tween-20）洗涤三次，最后一次洗涤后将 96 孔板内残留液体于洁净滤纸上彻底拍干；向 96 孔板中加入 HRP 标记的羊抗鼠二抗，37℃ 条件下孵育 1min；将 96 孔板内 HRP 标记的羊抗鼠二抗弃去，用 PBST（0.05% Tween-20）洗涤三次，最后一次洗涤后将 96 孔板内残留液体于洁净滤纸上彻底拍干；向 96 孔板中加入 TMB 显色液（50μL/孔），室温条件下避光静置 15min 后，加入 2mol/L 硫酸溶液（50μL/孔）终止显色；将 96 孔板置于多功能酶标仪中，在 450nm 波长条件下读取 OD 值，通过 ELISA 结果判定 FITC 与抗体的偶联效果。

（3）**间接免疫荧光法（IFA）** 取能够表达与 FITC 标记抗体配对抗原的细胞系，在培养皿中培养至融合度 80%～100% 的单层细胞；弃培养液，用 PBST（0.05% Tween-

20) 洗涤一次后加入−20℃预冷的乙醇溶液（或含有 0.3％ H_2O_2 的甲醇溶液），室温条件下静置 15min 以固定细胞；弃固定液，用 PBST（0.05％ Tween-20）洗涤一次后加入用 PBST（0.05％ Tween-20）配制的 5％脱脂奶，37℃孵育 1h 进行封闭；弃封闭液，将 FITC 标记抗体用 5％脱脂奶稀释为适宜浓度后加入培养皿，37℃避光孵育 1h；弃培养皿中液体，用 PBST（0.05％ Tween-20）洗涤三次，最后一次洗涤后将 96 孔板内残留液体于洁净滤纸上彻底拍干；利用倒置荧光显微镜对 IFA 结果进行观察以判定 FITC 标记抗体的偶联效果。

5.4.3 磁纳米颗粒

磁纳米颗粒（MNP）又称磁微球，是一类由纳米级磁性核心与高分子骨架材料形成的具有特殊构造的复合纳米胶体颗粒。磁性核心包括磁性金属颗粒（如 Fe、Ni、Co）、磁性金属氧化物颗粒（如 Fe_3O_4、Fe_2O_3）、磁性金属合金颗粒（如 FePt）等。磁纳米颗粒的结构一般呈核壳式，由磁性金属或其氧化物组成核，便于在外加磁场的作用下与其他物质分离；外壳为高分子骨架材料，携带丰富的功能基团，便于与小分子药物、抗原或抗体结合。磁纳米颗粒不但具有粒径小、均一程度高、比表面积大、超顺磁特性、化学性质稳定、操作简便等优点，并且与酶、抗体等生物活性大分子偶联效率高、相容性良好。因此，磁纳米颗粒在靶向给药、细胞分离、蛋白质及核酸纯化、环境食品卫生检测等领域应用广泛，特别是在免疫学研究中，以磁纳米颗粒为标记材料的技术手段显示出良好的敏感性、特异性以及准确性。

5.4.3.1 磁纳米颗粒的特性

MNP 是 LFIA 的多功能标记物，同时提供光学和磁信号，其深色允许用作经典的光学标记，并且可以利用磁场来更容易地实现功能化（如去除未结合的生物受体而不需要离心），用于样品预处理（MNP 可以与样品一起孵育并在它们加入 LFIA 之前分离以去除任何污染物），并提供灵敏的读数。事实上，虽然光学读数主要依赖于靠近膜表面的标签，但测量磁场允许使用检测线上积累的所有标签。胶体金或荧光检测试纸通过肉眼观察或光学仪器检测膜上的反射光、色泽变化或荧光信号来确定，90％以上的标记物难以被有效检测到；而 MNP 试纸结合特定的磁信号检测设备，其灵敏度、准确性及动态范围均有显著提高，而且通过测定在磁场中磁纳米颗粒产生的磁通量从而达到对靶标物的定量分析。

5.4.3.2 磁纳米颗粒的制备

磁纳米颗粒的制备方法主要包括包埋法、单体聚合法和原位法。包埋法制备磁纳米颗粒方法简单，但是粒子粒径不均，形状无规则且杂质较多；单体聚合法是单体磁性离子在引发剂、表面活性剂、稳定剂等作用下，通过不同的聚合方式制备而成的一类方法，包括悬浮聚合法、乳液聚合法、分散聚合法等；原位法首先利用单分散的致密或多孔聚合物微球表面富含可与铁盐形成配位键离子键的基团，在适宜的温度、pH 等条件下与二价或三价铁盐相互作用制备出磁纳米颗粒，具有均一性高、超顺磁特性、粒径范围宽泛等优点。

以常用的核壳型 Fe/Au 磁性复合微粒为例，其制备过程如下：

① 无氧条件下，将十八烯与油胺混合后在 120℃剧烈搅拌 30min。加温至 180℃，加

入 Fe(Co)$_5$，继续反应 1h。之后停止加热并保持搅拌，加入乙酸金[Au(O$_2$CCH$_3$)$_3$]，反应 18h 结束反应，然后置于外磁场进行分离，用无水乙醇和正己烷反复冲洗后于四氢呋喃中冷藏保存，获得 Fe/Au 磁性复合颗粒。

② 将上述制备的 Fe/Au 磁性复合颗粒真空干燥除去四氢呋喃保存溶剂，加入十一巯基十一烷酸的饱和溶液，超声波处理 2h，12000r/min 离心 30min，取沉淀，依次用环己烷、乙醇、丙酮洗涤并 12000r/min 离心 30min，最后置于含有微量氨水的超纯水中保存，得到水相分散的 Fe/Au 磁性复合纳米粒子。

5.4.3.3 磁纳米颗粒标记

抗体可以直接或间接地结合到磁纳米颗粒上，包括物理吸附和化学共价偶联两种方法。与物理结合相比，通过化学共价偶联能够增加磁纳米颗粒表面抗体的数量，而且结合更为牢固。化学共价偶联通过功能单体共聚或化学改性等方法使磁纳米颗粒表面带有功能性官能基团（氨基、羧基、羟基、醛基、巯基等），在化学交联剂的作用下，与抗原或抗体分子完成偶联。例如，利用氨基磁纳米颗粒上的氨基与抗体中的羧基在碳化二亚胺试剂（EDC）的作用下形成酰胺键，从而完成偶联。与之类似，羧基磁纳米颗粒与抗体也可以在 EDC 的作用下完成偶联。

（1）物理吸附法

① 称取一定数量的磁纳米颗粒于微量离心管中。小规模预实验大约需要 1mg 的磁纳米颗粒；做蛋白分离实验时 4mg 磁纳米颗粒足够一次使用，但还要根据蛋白质的丰度来最终决定，分离高丰度的蛋白质则需要 10～20mg 的磁纳米颗粒；

② 用 1mL PBS（0.1mol/L，pH 7.4）洗涤磁纳米颗粒，涡旋 30min，室温振荡 15min；

③ 将含有磁纳米颗粒悬液的离心管放置在磁场中，去除缓冲液。再次用 1mL PBS（0.1mol/L，pH 7.4）洗涤磁纳米颗粒，涡旋 30min，将离心管放置在磁场中，去除缓冲液；

④ 重新悬浮磁纳米颗粒，加入待标记抗体。每次实验都要计算抗体的用量。饱和 1mg 磁纳米颗粒需 7～8μg 抗体。如果抗体过量，将导致抗体结合不完全而产生背景色；

⑤ 将上述装有混合物的离心管放置在 30℃ 旋转装置上，过夜；

⑥ 将离心管放在磁场上，去除悬浮物，用下列溶液依次洗涤磁纳米颗粒，包括：1mL PBS（0.1mol/L，pH 7.4）；1mL 100mmol/L 盐酸甘氨酸；1mL 10mmol/L Tri-HCl（pH 8.8）、1mL 100mmol/L 三乙胺；1mL PBS（0.1mol/L，pH 7.4）洗涤 4 遍；1mL 含有 0.5％ Ttiton X-100 的 PBS（0.1mol/L，pH 7.4）洗涤 15min；1mL PBS（0.1mol/L，pH 7.4）洗涤。

（2）氨基 EDC 法

① 取 50μL 氨基磁纳米颗粒超声处理 30s；

② 分离磁纳米颗粒，并用超纯水洗涤一次；

③ 将 50μL 经过饱和硫酸铵或蛋白 A/G 纯化的抗体与 50μL pH 6.2 的 EDC-NHS 溶液，室温静置 3h；

④ 分离磁纳米颗粒，用 PBS 缓冲液反复洗涤 5 遍，即得到磁纳米颗粒-抗体复合物。

（3）羧基 EDC 法

① 取 50μL 羧基磁纳米颗粒超声处理 30s；

② 分离磁纳米颗粒，并用超纯水洗涤一次；

③ 加入 50μL pH 6.2 的 EDC-NHS 溶液，室温静置 30min；

④ 分离磁纳米颗粒，并用 PBS 缓冲液洗涤 5 遍；

⑤ 向磁纳米颗粒中加入 50μL 经过饱和硫酸铵或蛋白 A/G 纯化的抗体，室温反应 6h；

⑥ 分离磁纳米颗粒，用 PBS 缓冲液洗涤 5 遍，即得磁纳米颗粒-抗体复合物。

5.4.4　上转换纳米颗粒

QD 作为荧光标记物的代表，虽然具有量子产率较高、尺寸可控及发射光子较为稳定等优点，但是受光照、标记蛋白等影响易发生猝灭，而且发射光谱较宽，不利于示踪两个以上靶标的多联检测。上转换发光现象是由两个或多个低能量振动光子因能量转移而发射出一个高能量光子的非线性光学过程。材料被低能长波光激发，发出高能短波光，这与斯托克斯定律相悖。因此上转换发光也称为"反斯托克斯发光"。上转换纳米颗粒（upconverting nanoparticle，UCNP）包含透明的无机晶体主体和低浓度的掺杂剂，其中包括活化剂和敏化剂，掺杂剂提供发光中心，晶体主体提供将发光中心带入最佳位置并保持 UCNP 稳定性的基质。

5.4.4.1　上转换纳米颗粒的特性

在近红外波长的激光下，UCNP 能够发射出对生物样品及操作人员几乎无害的可见光，发射广谱极窄（峰形尖锐）并且可以调节、半衰期长、稳定性高且细胞毒性小，在生物检测中独具优势。与荧光有机染料和量子点相比，UCNP 具有毒性更低、光学稳定性更好和荧光寿命更长等优点，这些特性使其成为 LFIA 中的卓越标签。此外，UCNP 具有纳米级别的小尺寸、较大的比表面积以及良好的生物相容性，便于同蛋白质、抗体等生物大分子偶联从而在病原检测、免疫诊断等领域得到应用。自 2000 年以来，UCNP 已被用作 LFIA 的标记物，它们在近红外范围内的激发波长不会产生膜的自发荧光（当用紫外线照射时会发生这种情况），并且在可见光区域的强发射使得利用 UCNP 比 QD 获得更灵敏的 LFIA。作为传统胶体金的新型替代标记物，UCNP 比传统荧光材料的信噪比高 50 倍以上，而且以 UCNP 为基础的免疫色谱试纸比传统胶体金免疫色谱试纸检测敏感性高 10 倍以上；通过制备不同颜色的 NCNP，已实现了小分子药物、病毒、致病菌等领域的多联鉴别检测。但是，UCNP 需要昂贵且笨重的近红外激光，因此不适用于许多 POCT 检测，从而限制了其在 LFIA 中的应用。

5.4.4.2　UCNP 的制备

以 β-NaYF4：2% Tm^{3+}/18% Yb^{3+} 的 UCNP 为例，具体步骤如下：

（1）**β-NaYF4：2% Tm^{3+}/18% Yb^{3+} 纳米材料的制备**　将 874mg 的 $TmCl_3 \cdot 6H_2O$、251mg 的 $TmCl_3 \cdot 6H_2O$ 及 27.6mg 的 $TmCl_3 \cdot 6H_2O$ 溶于 30mL 甲醇；加入 27mL 的油酸及 63mL 的 1-十八烯；在氮气保护条件下，将反应器加热至 170℃反应约 60min，直至易挥发液体全部去除；将温度冷却至 50℃，去除氮气保护；将 533mg NH_4F 和 360mg NaOH 用 30mL 甲醇充分溶解后，加入反应器；在氮气保护条件下，搅拌状态

下孵育 30min；将温度升至 150℃，继续孵育 10min 以去除易挥发液体；按照 10℃/min 的速率，逐步将反应器升高至 300℃并在氮气保护条件下继续反应 90min；停止加热，待反应器自然冷却至室温；按照 1mL 反应液加入 2mL 异丙醇的比例，将二者混匀后静置过夜至制备好的 UCNP 充分沉淀；在 2000g 条件下离心 10min，小心移除上清；按照 1mL 原反应液加入 0.5mL 甲醇的比例，超声重悬沉淀；在 2000g 条件下离心 10min，小心移除上清；按照 1mL 原反应液加入 5mL 环己烷的比例，超声重悬沉淀；在 2000g 条件下离心 10min，上清即为 UCNP 的环己烷溶液，置于聚乙烯膜密封的容器中可以在室温条件下保存数月。

（2）稀土三氟乙酸盐前驱体的制备 向反应器中依次加入 12mL 超纯水、12mL 三氟乙酸，以及 1355mg 的 Yb_2O_3、532mg 的 Yb_2O_3 和 57.9mg 的 Tm_2O_3；回流条件下加热至所有固体成分完全溶解；待反应器冷却至室温，加入 1.26g $NaHCO_3$ 后，在通风橱中 110℃孵育过夜以除去三氟乙酸及水分；将白色粉末状的稀土三氟乙酸盐与 5mL 油酸、45mL 1-十八烯以及 882mg 油酸钠混合均匀后，加入 30mL 甲醇；氮气保护条件下，将反应液加热至 110℃并保持 20min，以完全除去氧气、水分及甲醇；将反应器冷却至室温，停止氮气保护，将制备好的稀土三氟乙酸盐前驱体取出，置于密闭容器中通入氮气 20min 以排尽空气，密封条件下可在室温保存数月。

（3）UCNP 核的制备 取 300mg 制备好的 β-NaYF4：2% Tm^{3+}/18% Yb^{3+} 纳米材料，加入 5.5mL 的油酸、17mL 的 1-十八烯及 207mg 油酸钠；按照 1mL 反应液加入 0.5mL 甲醇的比例，将二者混合均匀后，在氮气保护条件下加热至 150℃后保持 30min 以充分除去氧气和水分；按照 10℃/min 的速率，将反应器逐步升温至 300℃，全程应严格保持密封及氮气保护，反应液与少量的氧气短暂接触极易发生燃烧；分批次将稀土三氟乙酸盐前驱体加入反应液：共 12 个批次，每隔 10min 添加一次，12 个批次的添加量分别为 3.5mL、4.0mL、4.6mL、5.6mL、6.2mL、7.1mL、8.3mL、9.6mL、10.0mL、10.0mL、10.0mL、10.0mL；待稀土三氟乙酸盐前驱体添加完毕，继续在 300℃条件下反应 10min，之后停止加热待反应器恢复至室温；按照 1mL 反应液加入 2mL 异丙醇的比例，将二者混匀后静置过夜至制备好的 UCNP 充分沉淀；在 2000g 条件下离心 10min，小心移除上清；按照 1mL 原反应液加入 0.5mL 甲醇的比例，超声重悬沉淀；在 2000g 条件下离心 10min，小心移除上清；按照 1mL 原反应液加入 5mL 环己烷的比例，超声重悬沉淀；在 2000g 条件下离心 10min，上清即为 UCNP 的环己烷溶液，置于聚乙烯膜密封的容器中可以在室温条件下保存数月。

（4）UCNP 羧基化硅基外壳的制备 按照以下体系进行：

β-NaYF4:2% Tm^{3+}/18% Yb^{3+} 纳米材料	30mg
Igepal CO-520	610mg
环己烷	5.8mL
TEOS（第一次添加）	34μL
12.5%氨水	37μL
TEOS（第二次添加）	8.5μL
25% CEST	17μL

① 将纳米材料与 TEOS、Igepal CO-520 在 800r/min 转速下快速混匀 3min；
② 加入 12.5%氨水，继续搅拌 3min；将转速降至 300r/min，继续搅拌过夜（约 18h）；
③ 第二次加入 TEOS，恢复至 800r/min 搅拌 3min；将转速降至 300r/min 搅拌 4h，加

入 25% CEST；

④ 超声使反应产物充分均匀悬浮于反应液,继续搅拌 1h；

⑤ 按照每毫升反应液加 0.1mL DMF 的比例将二者混匀,静置 60min 待 UCNP 充分沉淀；

⑥ 2000g 离心 5min,弃上清,用丙酮在超声条件下重悬 UCNP 沉淀(每毫升丙酮重悬 10～50mg 的 UCNP)；

⑦ 将步骤⑥重复 4 遍；

⑧ 弃上清,用超纯水在超声条件下重悬 UCNP 沉淀(1mL 超纯水重悬 10～50mg 的 UCNP)；根据 UCNP 粒径不同,按照下表选择不同的离心条件进行离心；

粒径	离心条件	粒径	离心条件
90nm	1000g、20min	40nm	3000g、20min
65nm	1500g、20min	30nm	3000g、40min

⑨ 将步骤⑧重复 5 遍；

⑩ 用适当体积的超纯水在超声条件下最后一次重悬沉淀，即得到羧基化硅基外壳的 β-NaYF4：2% Tm^{3+} /18% Yb^{3+} UCNP。

5.4.4.3　UCNP 的偶联

以粒径 40nm 的带有羧基化硅基外壳的 UCNP 为例，着重介绍 EDC 法标记抗体的详细步骤：

① 取 10mg UCNP 在 3000g 条件下离心 20min，弃上清；

② 用 2mL MES 缓冲液（含新鲜加入的 4mg EDC 和 2mg sulfo-NHS）重悬 UCNP 沉淀；

③ 室温条件下 800r/min 搅拌孵育 10min；

④ 2000g 条件下离心 1min，弃上清后立即用 2mL 含有 50μg 纯化 IgG 的硼酸盐偶联缓冲液（100mmol/L H_3BO_3，45nmol/L Na_2CO_3，pH 9.0）重悬 UCNP 沉淀；

⑤ 室温条件下，以 10r/min 的转速反转孵育 90min；

⑥ 在 3000g 条件下离心 20min，弃上清，沉淀以 500μL 硼酸盐偶联缓冲液重悬；

⑦ 将步骤⑥重复三遍；

⑧ 将沉淀用 1mL 反应缓冲液（50mmol/L Tris，150mmol/L NaCl，0.05% NaN_3，0.5% BGG，0.2% BSA，0.01% Tween-20，0.2% PVA，1% 葡萄糖，5mmol/L EDTA，1mmol/L KF，pH 7.4）重悬，即完成 UCNP 与抗体的偶联。

5.4.4.4　UCNP 偶联抗体的鉴定

（1）透射电镜（transmission electron microscope，TEM）鉴定　UCNP 偶联抗体与游离 UCNP 相比，其覆盖于周围的膜状物呈明显增厚状，正态分布峰发生向右偏移，表明直径增大。

（2）上转换免疫吸附试验（upconversion-linked immunosorbent assays，UL-ISA）　以 UCNP 偶联抗猪瘟病毒 E2 蛋白单克隆抗体（UCNP-anti-E2-mAb）为例：

① 将原核表达 E2 蛋白用 coating buffer（42mmol/L $NaHCO_3$，8mmol/L Na_2CO_3，0.05% NaN_3，pH 9.6）稀释为 2μg/mL；

② 将 E2 蛋白加入聚苯乙烯 96 孔板中，50μL/孔，4℃条件下过夜包被；

③ 将 96 孔板内包被液弃去，用 washing buffer（10.4mmol/L NaH$_2$PO$_4$，39.6mmol/L Na$_2$HPO$_4$，150mmol/L NaCl，0.05% NaN$_3$，pH 7.4）洗涤三次，最后一次洗涤后将 96 孔板内残留液体于洁净滤纸上彻底拍干；

④ 向 96 孔板中加入 blocking buffer（10.4mmol/L NaH$_2$PO$_4$，39.6mmol/L Na$_2$HPO$_4$，150mmol/L NaCl，1% BSA，0.05% NaN$_3$，pH 7.4），100μL/孔，37℃条件下封闭 1h；

⑤ 将 96 孔板内封闭液弃去，用 washing buffer 洗涤一次；

⑥ 将 UCNP-anti-E2-mAb 用 assay buffer（50mmol/L Tris，150mmol/L NaCl，0.05% NaN$_3$，0.5% BGG，0.2% BSA，0.01% Tween-20，0.2% PVA，1% 蔗糖，5mmol/L EDTA，1mmol/L KF，pH 7.5）稀释为 10μg/mL；

⑦ 将 96 孔板内液体弃去，用 washing buffer 洗涤三次，最后一次洗涤后将 96 孔板内残留液体于洁净滤纸上彻底拍干，残留的液体可能会影响 UCNP 的发光性能；

⑧ 将 96 孔板置于荧光检测仪中，强的冷光信号表明 UCNP 标记抗体能够与猪瘟病毒 E2 蛋白特异性结合，UCNP 并不影响抗体与抗原的免疫结合。

5.4.5 其他标记材料

5.4.5.1 碳纳米材料

碳纳米材料也是一种 AuNP 替代品，尽管其没有像 AuNP 一样强 SPR，但黑色与硝酸纤维素的白色背景相比具有更强的对比度。此外，它们生产成本更低、不易聚集且易于功能化，很容易与生物识别元素结合。碳纳米管（carbon nanotube，CNT）、碳纳米颗粒（carbon nanoparticle，CNP）和碳纳米串（carbon nanostring）是常用的首选材料。碳纳米管自 1991 年被发现以来，由于其物理、化学和电学特性而备受关注，大表面积和良好的电学、光学特性使其成为生物传感器和免疫色谱试纸的标记信号，白底炭黑信号可将灵敏度降至低皮摩尔范围，其他优点包括成本非常低、易于制备和结合物稳定。碳纳米颗粒可在免疫色谱条上显示出比金纳米颗粒更高的颜色强度。

5.4.5.2 脂质体

脂质体是由一个或多个磷脂双层组成的球形人工囊泡，除了生物相容性外，其大小和疏水性、亲水性等特别适用于药物递送。脂质体的特性受其脂质组成、表面电荷、大小和制备方法的影响有很大差异，它们非常稳定，大内部体积为多种生物识别元素的相互作用提供了空间，这些特性使其在现场便携式或即时传感器系统中有更大应用前景。将荧光染料封装到脂质体中是探索提高 LFIA 灵敏度的一种可行方法，除了携带大量能够产生强荧光信号的荧光染料外，定制脂质双层组合物还可以简化生物受体在脂质体表面的标记。然而，复杂的合成技术和较差的稳定性是脂质体作为 LFIA 标记面临的主要挑战。

5.4.5.3 镧系元素

近年来，基于镧系元素标记的时间分辨荧光 LFIA 已成为广泛应用于食品安全领域一种强大、快速的定量检测策略，因为镧系元素如 Eu(Ⅲ)、Tb(Ⅲ)、Sm(Ⅲ) 和 Dy(Ⅲ) 提供低背景信号干扰和高比活性。游离镧系金属的荧光强度非常弱，但镧系元素螯合物在紫外（UV）光下会发出强烈的荧光，因此用于 LFIA 的镧系元素的形式通常是镧系元素螯合物。与传统荧光标记相比，镧系螯合物具有更窄的发射光谱、更宽的激发光谱、更长的荧光衰减时间（$10\sim10^3$ ms）和更大的斯托克斯位移，这使得镧系元素螯合物的背景信号干扰非常低。通过使用时间分辨技术和光谱分辨技术减少外部荧光、激发光和非特异性荧光的干扰，可以显著提高基于镧系元素标记 LFIA 的灵敏度，Eu(Ⅲ)[Eu^{3+}]是时间分辨荧光 LFIA 中最常用于检测各种靶标的镧系元素标记之一。

5.5
免疫色谱试剂研制的基本原则

5.5.1 样品和检测靶标的类型

LFIA 可用于各种检测应用中，检测样品类型繁多，样品的组成和特性差异极大（表5-4），常见的包含全血、血浆、血清、牛奶、汗液、尿液、粪便、唾液、疱疹液、毛发、组织样等类型，而食物基质可以是果汁、谷物、饲料、肉类、蜂蜜、蔬菜和环境（主要是水和土壤）样品。样品从外观看有液体、粉末、颗粒等状态，流动性也各不相同，有可溶的、微溶的、不溶的，因此需要考虑对样品的处理问题，同时要兼顾在能保证流动性的同时有较高的可溶性，这样样品才能参与免疫反应。尽管样品垫可以部分控制样品溶液特性，但对于复杂基质可能需要进行预处理，然后才能将处理样品加入试纸条上，固体样品需要在特定缓冲液中匀浆，以保证其均匀稳定地流过 LFIA。对于全血样品，其深红色和黏度对 LFIA 提出了挑战和限制，需要使用外部过滤装置或在样品垫上集成特殊过滤膜分离血细胞，也可以在血样添加到试纸条之前裂解血细胞；然而，应该尽量避免这种情况（除非检测靶标在细胞内），以防止释放的其他蛋白质和核酸干扰 LFIA 的特异性和敏感性。再比如被检物是饲料中的玉米赤霉烯酮，它是一种酚的二羟基苯酸的内酯结构，不溶于水，所以就不能简单地对饲料加水溶解来检测，而是需要对应地采取相应的策略。常用的方法是先在盐酸中酸化处理，然后加氯仿萃取，最后用氢氧化钠提取，这样才能使被检物溶出处于可检测状态。对于牛奶、粪便、尿液等样品，则需要充分考虑样品的离心过滤等程序来除去颗粒物，然后调整到合适的 pH 值以适应色谱反应的需要。对于毛发样品的毒检，一般需要经过研磨或溶剂溶解后才能用于检测。除了使样品适合在 LFIA 中检测外，研发人员还需要开发简单且标准化的样品采集程序，以从不同用户获得可靠的分析结果。

表 5-4 不同类型样品的 pH 值及其收集和处理（引自 Parolo C）

样品	pH 值	采集	样品处理
尿液	4.5~7.2	可直接应用于某些 LFIA，或使用无菌容器采集	样品垫缓冲液应平衡不同样品 pH 值 可能需要稀释或离心
血液	7.35~7.45	指刺 静脉穿刺	如直接检测，则需稀释或加检测缓冲液 使用额外的过滤垫进行样品过滤

样品	pH 值	采集	样品处理
血浆	7.35~7.45	需要将细胞与未凝固的血液分离，通常通过离心 特殊过滤器无需离心即可从血液中分离血浆	建议使用检测/洗涤缓冲液 在检测前可能需要额外过滤
血清	7.35~7.45	需要将血清与凝结血液分离，通常通过离心	建议使用检测/洗涤缓冲液 在检测前可能需要额外过滤
汗液	3.5~8.4	用吸水垫在皮肤上擦拭 吸水贴片粘在皮肤上几天	用检测缓冲液从贴片中提取样品或使其通过样品垫；样品垫缓冲液应平衡不同样品 pH 值
黏液	5.5~8.3	鼻拭子（含有通用样品缓冲液）	用检测缓冲液从拭子中提取样品 缓冲液可含有黏蛋白、表面活性剂和高盐浓度以降低黏度
唾液	6.75~7.25	用拭子或试管收集 未刺激：将唾液汇集在口并放入标本管中，可能涉及食物或饮料污染、较高的黏度和气泡	检测/提取缓冲液可含有黏蛋白、表面活性剂和高盐浓度以降低黏度 离心取上清液 刺激：通过咀嚼、含片吸吮或通过类似棉签的收集装置，可能涉及 pH 值、污染和样品稀释的变化 高浓度盐玻璃纤维制成的特殊样品垫，放置在样品垫中间
脑脊液	7.2~7.4	由专业人员进行腰椎穿刺 在无菌容器中收集	直接加在试纸上并添加检测缓冲液 在容器中加入稀释剂，然后加入试纸
粪便	6.0~7.2	收集在无菌容器中，然后用专用刮刀取样	用检测/提取缓冲液匀浆刮刀上的样品，通常加入 Tween-20 分散样品
水	6.5~8.4	可以直接检测 低浓度分析物可能需要对样品进行浓缩 脏水可能需要过滤	可使用真空泵和注射器进行样品浓缩
固体食物	/	摄取少量放入无菌袋中 基质差异大的可能需要不同的处理	通常需要匀浆、过滤和稀释 可能需要额外的过滤 使用检测/提取缓冲液
液体食物	/	可直接检测 摄取少量放入无菌容器	可能需要额外的过滤

5.5.2 免疫色谱试纸的检测模式

LFIA 根据检测靶标不同可分为抗原、抗体、半抗原和核酸等检测试纸；根据标记物不同可分为胶体金、荧光、量子点、磁微粒等检测试纸。

5.5.2.1 抗原检测试纸

抗原检测试纸利用抗体夹心原理制备而成，主要用于检测具有多个抗原位点的完全抗原，至少需要两种不同的抗体同时结合于同一抗原才能完成检测，其检测靶标为完全抗原。大多数天然抗原分子（如细菌、病毒和蛋白质等）结构复杂，分子表面具有多个不同的抗原表位，抗原分子的不同区域可与不同的抗体结合，均可作为抗原检测试纸的检测靶标。

（1）标记单抗-多抗拦截 以待检靶标特异性单克隆抗体（monoclonal antibody，

mAb）为标记抗体，用纳米标记物进行标记制备结合垫；以识别待检靶标多克隆抗体（polyclonal antibody，pAb）为拦截抗体，抗小鼠 IgG 抗体或细菌免疫球蛋白结合蛋白（蛋白 A 和蛋白 G）为质控抗体，分别在色谱膜制备检测线和质控线印迹[图 5-4(A)]。抗原检测时，待检样品中的靶标抗原与标记抗体结合形成抗原-标记抗体复合物，在沿色谱膜侧向流动时被拦截抗体特异识别，在检测线位置呈现显色条带，而多余的标记抗体及部分抗原-标记抗体复合物被质控抗体识别，在质控线呈现显色条带，最终形成两条显色条带（检测线和质控线），呈现阳性结果，而且检测线显色强度与抗原含量呈正相关。

（2）标记单抗-单抗拦截　以识别靶标抗原不同抗原位点的单抗替换多抗喷点检测线，可有效避免多抗的非特异性拦截，进一步提高抗原检测试纸的特异性，同时单抗也可克服多抗的批间差异，更有利于抗原检测试纸的标准化生产[图 5-4(B)]。

（3）标记组合单抗-多抗拦截　对于抗原变异较大的病原微生物，抗原位点的变异可能导致基于标记单抗-多抗拦截或标记单抗-单抗拦截模式抗原检测试纸对病原微生物的漏检。以识别不同抗原位点的单抗进行单抗组合，分别以胶体金标识组合单抗，形成单抗组合模式，可有效实现单抗识别抗原表位的互补，增强对靶标抗原的结合能力，提高抗原检测试纸的灵敏度[图 5-4(C)]。

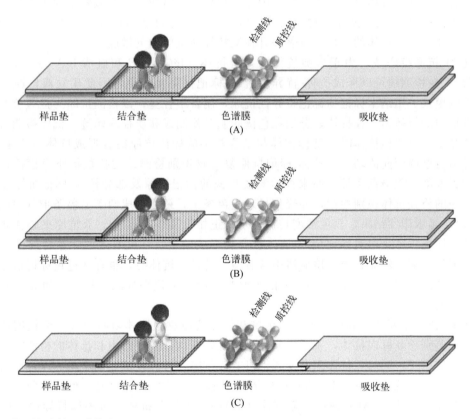

图 5-4　抗原检测试纸研发策略
（A）标记单抗-多抗拦截；（B）标记单抗-单抗拦截；（C）标记组合单抗-多抗拦截

：标记单抗 1;　：标记单抗 2;　：捕获多抗;　：捕获单抗;　：质控抗体;

5.5.2.2　抗体检测试纸

抗体检测试纸通常利用抗体间接原理制备而成，用于抗原特异性抗体（IgG、IgM 和 IgA 等）检测，IgM 抗体通常用作感染早期检测靶标，IgG 用于免疫抗体水平监测或鉴别诊断标识抗体检测，IgA 用于黏膜免疫评价。

（1）**标记二抗-抗原拦截**　用纳米标记物标记抗种属特异性 IgG 抗体或细菌免疫球蛋白结合蛋白（蛋白 A 和蛋白 G），制备结合垫；以特异性抗原为拦截抗原，蛋白 A/G 或哺乳动物 IgG 为质控抗体，分别在色谱膜制备检测线和质控线印迹[图 5-5（A）]。由于标记抗体可与血液或血清中所有免疫球蛋白结合，非特异抗体与免疫球蛋白的反应显著影响特异性抗体-标记抗体复合物的形成，导致检测线显色明显偏弱，特别对微量特异性抗体灵敏度不高，常出现假阴性结果。

（2）**标记抗原-二抗拦截**　以纳米标记物标记抗原，制备结合垫；以抗种属特异性 IgG 抗体或细菌免疫球蛋白结合蛋白（蛋白 A 和蛋白 G）为拦截抗体，检测抗原特异性抗体为质控抗体[图 5-5（B）]。标记抗原可以显著降低非特异性免疫球蛋白对标记物的干扰，提高抗体检测灵敏度。尽管非特异性抗体仍然与检测线的二抗或蛋白 A/G 结合，影响检测线对特异性抗体-标记抗原复合物的拦截效率，但色谱膜拦截抗体对免疫球蛋白的结合能力显著高于标记抗体（约为 10 倍），因此非特异抗体对检测线拦截效率的弱化显著低于其对特异性抗体-标记抗体复合物形成的影响。同时，通过适当稀释待检血液或血清，可明显降低非特异性抗体的干扰，显著提升检测特异性抗体的灵敏度。

（3）**抗原夹心法**　由于多数抗体为多价抗体（IgG、IgE 和血清 IgA 为二价，IgM 为十价），在检测线可以形成抗原-特异性抗体-标记抗原复合物，因此建立双抗原夹心的抗体检测模式。用纳米标记物标记特异性抗原，制备结合垫；以检测抗原为拦截抗原，抗特异性抗原的抗体为质控抗体，分别在色谱膜制备检测线和质控线印迹。抗体检测时，当待检样品中含有待检抗体时，靶标抗体与结合垫中的标记抗原结合形成抗体-标记抗原复合物并沿色谱膜侧向流动，该抗体-标记抗原复合物识别检测线的拦截抗原而拦截，在检测线位置聚集呈现显色条带，而未被检测线拦截的标记抗原及部分抗体-标记抗原复合物被质控线的质控抗体识别拦截，并聚集呈现显色条带，最终形成两条显色条带（检测线和质控线），显示阳性结果，显色强度与抗体水平正相关[图 5-5（C）]。双抗原夹心模式排除了非特异性免疫球蛋白对标记抗原-抗体复合物形成的干扰，可有效消除非特异性抗体对抗体检测的影响。然而，当待检血清中含有微量特异性抗体时，也存在过量标记抗原封闭特异性抗体结合位点，特异性抗体-标记抗原复合物不能识别检测线抗原，而导致假阴性结果的问题。

（4）**抗体阻断法**　利用高亲和力单抗和检测抗原建立抗体阻断模式，可检测特定抗原表位或鉴别诊断标识抗体，基于中和性单抗的阻断试纸实现对中和抗体的检测，用以评价中和抗体水平。同时，抗体阻断模式也可有效排除非特异性抗体的干扰。以抗原特异性或中和性单克隆抗体（mAb1）为标记抗体，用纳米标记物进行标记，制备结合垫；以检测抗原多克隆抗体（pAb）或单克隆抗体（mAb2）为拦截抗体，抗种属特异性 IgG 抗体为质控抗体，分别在色谱膜制备检测线和质控线印迹；以适量检测抗原配制抗体稀释液。抗体检测时，以含检测抗原的稀释液稀释待检血清，适当反应 3～5min 后，将混合溶液加入试纸检测。当待检样品中不含特异性抗体时，稀释液中的检测抗原与结合垫中的标记抗体结合形成抗原-标记抗体复合物并沿色谱膜侧向流动，该抗原-标记抗体复合物被检测线的拦截抗体特异识别拦截，在检测线位置聚集呈现显色条带，而未被检测线拦截的标记抗体及部分抗原-标记抗体复合物被质控线的质控抗体识别拦截，并聚集呈现显色条带，最终形成两条显色条带（检测线和质控线），显示阴性结果；当待检样品中含有特异性抗体时，抗体与稀释液中的检测抗原结合，阻断结合垫中标记抗体对检测抗原的识别，显著抑制或完全阻断抗原-标记抗体复合物的形成，进而不能被检测线的拦截抗体有效拦截，使检测线显色条带明显减弱或消失，而未被检测线拦截的标记抗体被质控线的质控抗体拦截，质控线正常显色，显示阳性结果，检测线显色强度与抗体水平负相关［图 5-5(D)］。

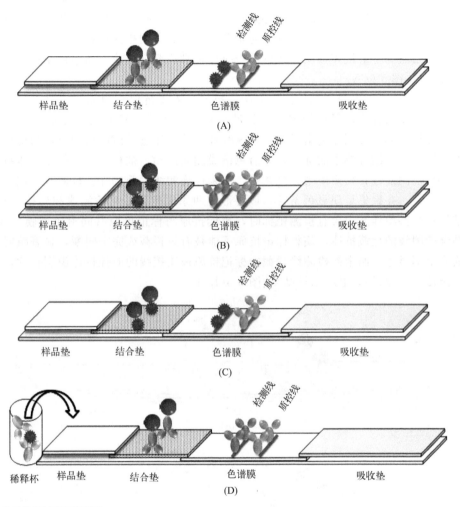

图 5-5　抗体检测试纸研发策略
（A）标记二抗-抗原拦截；（B）标记抗原-二抗拦截；（C）抗原夹心法；（D）抗体阻断法

：标记二抗；　：标记单抗；　：标记抗原；　：捕获抗原；　：捕获二抗；　：待检抗体；　：质控抗体

5.5.2.3　半抗原检测试纸

半抗原检测试纸利用竞争法原理制备而成，主要用于仅有单一抗原表位小分子化合物的检测。该类小分子化合物分子量较小，无免疫原性或免疫原性差，因此被称为半抗原。半抗原检测试纸的检测靶标包括抗生素、农药、兽药、毒素、违禁添加物、毒品、激素和重金属等。

（1）**标记抗体** 以待检靶标特异性单克隆抗体（mAb）为标记抗体，用纳米标记物进行标记制备结合垫；以偶联载体蛋白的靶标抗原（人工抗原）为拦截抗原，抗种属特异性 IgG 抗体为质控抗体，分别在色谱膜制备检测线和质控线印迹。试纸检测时，当待检样品中不含检测靶标时，结合垫中的标记抗体沿色谱膜侧向流动，特异识别检测线的拦截抗原而被拦截，在检测线位置聚集呈现显色条带，而未被检测线拦截的标记抗体被质控线的质控抗体识别拦截，并聚集呈现显色条带，最终形成两条显色条带（检测线和质控线），显示阴性结果；当待检样品中含有检测靶标时，靶标抗原被结合垫中的标记抗体识别形成抗原-标记抗体复合物并沿色谱膜侧向流动，竞争或阻断标记抗体与检测线的拦截抗原的结合，使得标记抗体不能被有效拦截或完全阻断，显著减弱检测线显色或完全不显色，而未被检测线拦截的标记抗体被质控线的质控抗体识别拦截，形成一条显色条带（质控线），显示阳性结果[图 5-6（A）]。

（2）**标记抗原** 以偶联载体蛋白的靶标抗原（人工抗原）为标记抗原，用纳米标记物进行标记制备结合垫；以待检靶标特异性单克隆抗体（mAb）为拦截抗体，抗载体蛋白抗体为质控抗体，分别在色谱膜制备检测线和质控线印迹。试纸检测时，当待检样品中不含检测靶标时，结合垫中的标记抗原沿色谱膜侧向流动，被检测线的拦截抗体特异识别而拦截，在检测线位置聚集呈现显色条带，而未被检测线拦截的标记抗原被质控线的质控抗体识别拦截，并聚集呈现显色条带，最终形成两条显色条带（检测线和质控线），显示阴性结果；当待检样品中含有检测靶标时，靶标抗原与标记抗原共同沿色谱膜侧向流动，竞争结合检测线的拦截抗体，使得标记抗原不能被有效拦截或完全阻断，显著减弱检测线显色或完全不显色，而未被检测线拦截的标记抗原被质控线的质控抗体识别拦截，形成一条显色条带（质控线），显示阳性结果[图 5-6（B）]。

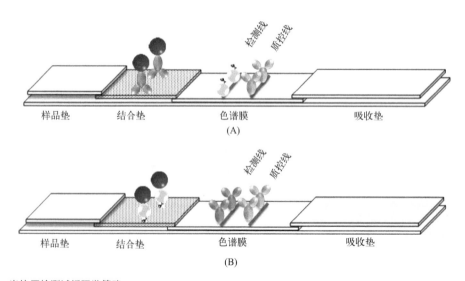

图 5-6 半抗原检测试纸研发策略

（A）标记抗体-抗原拦截；（B）标记抗原-抗体拦截

：标记单抗；   ：标记抗原；   ：捕获抗原；   ：捕获单抗

5.5.2.4　核酸检测试纸

核酸侧流检测技术（nucleic acid lateral flow，NALF）将核酸扩增和侧流检测有机结合，通过核酸杂交以侧流方式捕获和检测核酸扩增产物，为核酸检测提供了快捷简便的检测平台。核酸检测试纸通常采用抗体依赖或抗体非依赖模式制备而成，用于病原微生物、食品、饲料或环境样品核酸检测。

（1）**抗体夹心**　利用生物素-亲和素系统（biotin-avidin-system，BAS）和抗标记物（如 FITC）抗体，以抗体夹心原理检测带有生物素和 FITC 双标记的核酸扩增产物，是一种通用核酸检测试纸。设计标记引物通过 PCR/RT-PCR、环介导等温扩增（LAMP）和重组酶等温扩增（RAA）等核酸扩增在扩增产物两端分别引入标记基团，如生物素（biotin）和 FITC；以抗 FITC 单克隆抗体为标记抗体，用纳米标记物进行标记制备结合垫；以亲和素（avidin）为拦截蛋白，抗小鼠 IgG 抗体或蛋白 A/G 为质控抗体，分别在色谱膜制备检测线和质控线印迹。核酸检测时，待检样品中的靶标核酸与标记抗体结合形成生物素-核酸-标记抗体复合物，在沿色谱膜侧向流动时亲和素识别生物素拦截标记复合物，在检测线位置呈现显色条带，而多余的标记抗体及部分核酸-标记抗体复合物被质控抗体识别，在质控线呈现显色条带，形成两条显色条带（检测线和质控线），呈现阳性结果，显色强度与核酸含量正相关[图 5-7(A)]。该检测模式的局限性在于不能区分非特异扩增产物，引物异源二聚体可能影响阴性样品扩增产物的检测。采用寡核苷酸探针策略可以有效解决非特异扩增产物或引物异源二聚体引起的假阳性问题，即以生物素标记核酸扩增产物，扩增完成后加入 FITC 标记寡核苷酸探针杂交，然后将扩增产物加入核酸试纸进行检测。

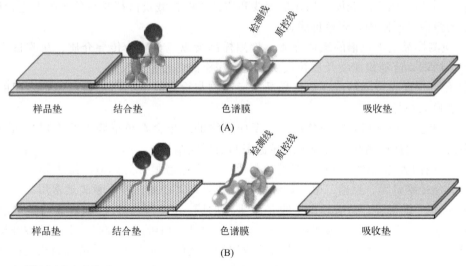

图 5-7　核酸检测试纸研发策略
（A）抗体夹心；（B）核酸杂交

：FITC 单抗；　　：亲和素；　　：标记探针；　　：捕获探针；　　：质控抗体

（2）**核酸杂交**　利用寡核苷酸报告探针和捕获探针通过核酸杂交检测核酸扩增产物，是核酸特异性检测试纸。根据核酸检测靶标分别设计寡核苷酸报告探针和捕获探针，用纳米标记物标记报告探针，制备结合垫；以下述三种方式在色谱膜固化捕获探针：①捕获探针直接被动吸附固定；②牛血清白蛋白标记捕获探针被动吸附固定；③生物素标记捕获探针，通过亲和素特异结合固定；以报告探针互补寡核苷酸或抗报告基团抗体为质控探针或抗体，分别在色谱膜制备检测线和质控线印迹。核酸检测时，待检样品中的靶标核酸与标记报告探针特异结合形成核酸-标记探针复合物，在沿色谱膜侧向流动时被捕获探针识别拦截，在检测线位置呈现显色条带，而多余的标记探针及部分核酸-标记探针复合物被质控探针或抗体识别，在质控线呈现显色条带，形成两条显色条带（检测线和质控线），呈现阳性结果，显色强度与核酸含量正相关[图 5-7(B)]。

5.5.3 试纸原料筛选与确定

免疫色谱试纸由多个核心组件构成，包括：色谱膜、支撑底板、吸水纸、结合垫、样品垫等。从材料构成上看，主要有以下几种核心材料：色谱膜、玻璃棉、吸水纸、支撑底板以及辅助材料（外层塑胶膜、外壳）等。在以上所有材料中，色谱膜是最为核心的材料，它直接影响到免疫色谱试纸的灵敏度甚至影响到实验的成败。

5.5.3.1 色谱膜

色谱膜是色谱试纸的最核心材料，在整个免疫色谱反应过程中起到承载、传导、固定、展示等作用。

（1）色谱膜的作用

① 固定拦截试剂的载体，用作检测线和质控线的拦截蛋白都要在色谱膜上进行印迹，印迹上的蛋白会吸附固定到色谱膜上。

② 检测样品毛细色谱的载体介质，检测样品会以色谱膜为传导介质，从测试端侧向流动到手柄端，流经检测线及质控线从而完成完整的免疫色谱反应。

③ 免疫反应发生的场所，待检样品、标记物与检测线上的印迹蛋白三者之间的反应均在色谱膜上进行。

④ 结果显示的窗口：整个免疫色谱反应最终的结果会在色谱膜上的检测线和质控线处体现出来，根据检测线和质控线的显色来判断反应结果。

（2）色谱膜的种类　按色谱膜的原料成分可将色谱膜分为硝酸纤维素膜、醋酸纤维素膜、混合纤维素膜、聚偏二氟乙烯膜、尼龙膜等，其中硝酸纤维素膜最常用。

① 硝酸纤维素膜：硝酸纤维素膜是疏水性的膜，但厂家通过添加表面活性剂已经将其改为亲水性质，硝酸纤维素膜物理强度较低，但是蛋白吸附力较高。由于硝酸纤维素膜性能稳定且价格相对便宜，使其成为目前应用最广泛的一种免疫色谱试纸固相支持物。由于物理强度小，大多生产厂家对其覆上一层物理强度高的背衬来处理，使之机械强度大大增强，并且可以将膜体与支撑底板的压敏胶隔开，使膜受压敏胶的化学影响降至最低。

② 醋酸纤维素膜（cellulose acetate membrane，CA）：简称 CA 膜，由醋酸纤维素制成。醋酸纤维素膜的蛋白吸附能力较低，但亲水性好，物理强度高，可耐受 180℃高温，在生物和临床分析，无菌测试等领域有广泛使用。

③ 聚偏二氟乙烯膜（polyvinylidene fluoride membrane，PVDF）：PVDF 膜是常用的一种固相支持物。因为 PVDF 膜是疏水性的，因此在使用前需用无水甲醇润湿预处理，

PVDF 膜具有较高的机械强度，它结合 DNA 和 RNA 能力可达 $125\sim300\mu g/cm^2$，适用于 SDS 存在时与蛋白结合，是印迹法中的理想固相支持物材料。但由于需要预处理且价格昂贵，使其在免疫色谱上应用较少，其更多地被用于 Western Blot 实验。

④ 尼龙膜（nylon membrane）：尼龙膜是一种合成的长链聚酰胺薄膜，对核酸和蛋白质具有很强的结合能力，结合 DNA 和 RNA 能力可达 $480\sim600\mu g/cm^2$，可结合核酸片段的长度最短可至 10bp，分子杂交后，可经碱变性而被洗脱下来。更多地应用于低浓度小分子蛋白及核酸检测。

（3）色谱膜的生产工艺 色谱膜的生产工艺与普通的造纸过程类似，以硝酸纤维素膜为例简述色谱膜的制作。首先是匀浆配比，将原料硝酸纤维素粒子溶解形成混浆后，加入一定比例的试剂（主要包含表面活性剂/高分子聚合物/盐离子/成型剂等）以形成不同性质的色谱膜；然后是滚筒铺膜，配好的匀浆通过滚筒形成了一张薄膜，平摊在十分光滑的平面载体上；接着挥发成型，匀浆内的成型剂开始挥发，薄膜逐步干燥成型；最后为切割成品，根据需要切割成 50m 或 100m 长的半成品，再经过二次切割成客户订购的 25mm、20mm 或 18mm 宽的商品膜。

（4）色谱膜结合蛋白的能力 膜孔径是表征色谱膜结合蛋白能力的重要参数，随着膜孔径减小，膜的实际可用表面积递增，膜结合蛋白的量也递增。估量表面积的参数为表面积比率（实际可用表面积与所用膜平面积的比率）。极小孔径膜的表面积比率可达 2000，而通常用作色谱膜的孔径通常为 $5\sim12\mu m$，其表面积比率通常为 $50\sim200$。以 IgG 为例，色谱膜对其结合能力为 $1\mu g/cm^2\times$表面积比率 $50\sim200=50\sim200\mu g/cm^2$。不同流速的膜对蛋白 IgG 的饱和承载能力如下：

65s/4cm 的膜对蛋白 IgG 的饱和承载能力约为 5mg/mL；

90s/4cm 的膜对蛋白 IgG 的饱和承载能力约为 7mg/mL；

120s/4cm 的膜对蛋白 IgG 的饱和承载能力约为 10mg/mL；

180s/4cm 的膜对蛋白 IgG 的饱和承载能力约为 14mg/mL；

240s/4cm 的膜对蛋白 IgG 的饱和承载能力约为 20mg/mL。

（5）色谱膜的规格及选用原则 色谱膜根据孔径和流速可分为不同规格，但膜的孔径并不均一，因此主要以膜的流速界定其规格，流速常用单位是液体侧向流过 4cm 色谱膜所需的时间（秒），如 65s/4cm、90s/4cm、120s/4cm、180s/4cm、240s/4cm 等，该单位已成为区分色谱膜规格的常用标准。也有生产厂家直接标注孔径以作区分的。色谱膜的常用规格、孔径和流速间的换算关系如下：65s/4cm 的膜孔径约 $12\mu m$，90s/4cm 的膜孔径约 $10\mu m$，120s/4cm 的膜孔径约 $8\mu m$，180s/4cm 的膜孔径约 $6\mu m$。密理博的硝酸纤维素膜的命名通常为 SHF0650420、SHF0900420、SHF1200420、SHF1800420 等，数字前三位是色谱膜的流速，中间两位是膜的厚度，最后两位是膜的宽度。膜孔径越小，色谱速度也就越慢，膜具有更高的蛋白拦截效率，那么标记复合物通过检测线及控制线的时间也就越长，反应也就进行越充分。抗原抗体结合效率与膜流速的平方成反比，例如假定在 180s/4cm 的膜上抗原抗体的结合能力为 1 的话，同样条件下换成 2 倍流速 90s/4cm 的膜，抗原抗体在其上的结合能力降为 $1\times1/2^2=0.25$，为 1 倍流速膜上的四分之一。其结果就是膜孔径越小灵敏度越高，但是同时跑板速度的延长也增加了非特异性结合的机会，也就相对更容易产生非特异性反应（假阳性或假阴性），所以不能单纯地说高流速膜好或低流速膜好，而是要选择适合试验对象的膜，在流速、灵敏性及特异性之间找到最佳的契合点。同时在不同流速的膜上得到同样检测敏感度的结果所需要的抗原抗体量也是不同的，这些都是在产品开发初期需要综合考虑的问题。另外还要综合考虑靶标样品类型（包括血浆、全血、血清、尿样、奶样、蜂蜜、唾液、痰液、脑脊髓液、动植物组织提取液或渗出液、疱疹液等）、检测试纸的反应模式（包括竞争法、双抗体夹心、双抗原夹心等）以及各试剂用量、敏感度要求等条件来选择合适的色谱膜。通常要考虑的色谱膜的重要参数有孔径、对称性、色谱速度、表面活性剂、蛋白结合力、强度、表面质量、厚度、批间均一性等。

（6）色谱膜的生产厂家　色谱膜的生产厂家国外的主要有默克密理博公司（Merck Millipore）、美国通用沃特曼公司（GE Whatman）、德国赛多利斯公司（Sartorius）、印度 MDI 公司等，国内的膜生产企业这几年也大量涌现，比较有名的有汕头伊能、苏州天韧、深圳百穗康、北京柏塞思、徐州博雅、武汉思睿、广州泰滋德、深圳恩西、上海安谱等。论市场占有率，还是密理博一家独大占据市场主导地位。

（7）色谱膜的保存及检验　刚生产出的色谱膜一般含有 5%～10% 的水分，要求避光、密封、低温、25%～60% 湿度保存，保存期为 2～3 年。如果硝酸纤维素膜变质，早期表现出脱粉，颜色仍能维持白色或乳白色；严重变质表现为释放出强烈刺鼻的酸性气味，颜色变为无色或黄色。正常和变质硝酸纤维素膜的外观有显著区别（图 5-8）。

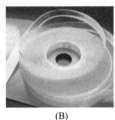

图 5-8　正常和变质硝酸纤维素膜的外观图
（A）正常外观；（B）变质外观

(A)　　　　　　　　(B)

对色谱膜的检验包括验证产品质检单、物理感官、流速、蛋白吸附力等。检查质检单主要是查看产品的生产日期、批号等；物理感官检验是检查色谱膜的外观和洁净度，膜表面应平整，颜色均匀无异味，尤其不能有刺激性的酸性气体；流速检验是检查不同批次同型号的色谱膜的液体流速的均一性；蛋白吸附力检验主要检查不同批次同型号色谱膜对蛋白的吸附力，避免出现较大的批间差。

5.5.3.2　玻璃棉

玻璃棉主要用于制备结合垫和样品垫，常用的玻璃棉有美国 Millipore 公司的 GF-CP20300 玻璃棉和 Whatman 公司的 GLASS33 等，替代材料有聚酯棉（如美国 PALL 公司的 6613 和 6615 等）、纤维素滤纸、Whatman 公司的 Fusion 5，以及 Rapid 24/Rapid 27 等。市售玻璃棉、Fusion 5 和聚酯棉的规格通常为 A4 尺寸，由使用者根据需要裁剪成所需大小，其余几种有以下标准尺寸卷可供选择：12mm×50m、17mm×50m、22mm×50m 和 27mm×50m。常用玻璃棉和聚酯棉的主要参数见表 5-5。

表 5-5　Whatman 公司及美国 PALL 公司结合垫材料对比

公司	型号	吸附力/(mg/cm²)	最大孔径/μm	厚度/μm	金结合释放率(90s)
Whatman 公司	Rapid24	55	22	340	89
	Rapid27	40	22	365	86
	Standard 14	55	23	355	75
	Standard 17	35	23	370	75
	FUSION™ 5	40	11	370	>94

公司	型号	吸附力/(mg/cm²)	最大孔径/μm	厚度/μm	金结合释放率(90s)
美国 PALL 公司	6613	—	—	419.1	—
	6615	—	—	508	—
	8301	28	—	355.6-444.5	—
	8964	54	—	355.6-508	99.3
	8975	19	—	228.5-330.2	94.2

5.5.3.3 吸水纸

吸水纸在色谱反应过程中的作用为维持毛细压差，控制样品的流速，促进虹吸作用使流动相不断从测试端流向手柄端，以保证反应的顺利进行。吸水纸通常为纯植物纤维经特殊工艺制作的纯白滤纸，无化学添加剂，有良好的吸水能力。不同规格的吸水纸其吸水速度和吸水量各异，分别适用于不同的试纸产品。一般而言，吸水速度太快不利于提高免疫色谱试纸的检测灵敏度。免疫色谱试纸采用吸水纸的吸水量一般为 $20\sim200$mg/cm²。吸水纸保存在室温干燥处，只要其吸水能力无明显下降即为有效。

5.5.3.4 支撑底板

支撑底板就是色谱试纸的"骨架"，色谱试纸的几大核心材料都在支撑底板上依序粘贴组装。最常见的支撑底板材料为聚氯乙烯片材（PVC）（图 5-9），厚度通常为 $0.15\sim$ 0.7mm，其中一面为覆膜的胶黏涂层，使用前揭掉覆膜即可粘贴色谱膜、吸水纸等材料。支撑底板有多种规格，宽度多为 $45\sim70$mm，长度为 300mm，专供大型工业化生产连续贴膜使用的卷式 PVC 片材的长度多在 100m 以上。

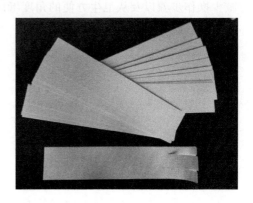

图 5-9　PVC 支撑底板

（1）**支撑底板的厚度**　直接影响色谱试纸的抗拉强度，生产手持式色谱试纸通常需要选择较厚的 PVC 片材以保证产品的物理强度，而生产卡式色谱试纸对支撑底板的厚度一般无特殊要求，其塑料外壳可提供足够的保护。

（2）**支撑底板的胶黏涂层**　是选择时需要重点考虑的因素，因为胶黏涂层的性质在很大程度上直接影响到产品的灵敏度、特异性及保存期等。胶黏涂层多选用压力敏感型胶黏剂，简称压敏胶。支撑底板通常保存在室温阴凉处，最终导致支撑底板不能使用的原因多为压敏胶失效。

5.5.3.5 其他材料

（1）**试纸塑胶膜**　塑胶膜是制作手持式免疫色谱试纸不可缺少的辅材，其单面有黏性，覆盖于试纸测试端和手柄端外层，起保护试纸的作用。塑胶膜种类繁多，可依产品需求定制不同类型及尺寸。测试端的塑胶膜包裹样品垫和结合垫，其表面通常印有 MAX 线标志，用于指示试纸插入样品溶液的最大深度；手柄端的塑胶膜包裹吸水纸，也可在其表面标示试纸产品的名称（图 5-10）。

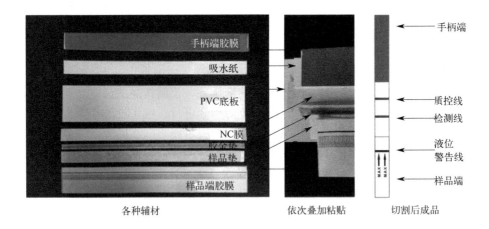

各种辅材　　　　依次叠加粘贴　　　　切割后成品

图 5-10　试纸塑胶膜在试纸条上的应用位置

（2）试纸卡外壳　试纸卡外壳有多种规格（图 5-11），主要差别在于内部试纸芯的宽度、长度及排列，也可由厂家定制个性化外壳（包括颜色、尺寸等）。对于一些特殊需求的客户则可针对性开发适合使用的外壳，例如对于早早孕试纸，因为样品为尿液，为了减少操作步骤以及从卫生方便的角度考虑，开发的样品端直接加长可深入尿样杯的试纸外壳，这样就可直接拿试纸卡完成蘸样、平放、观察结果。

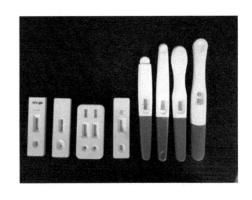

图 5-11　不同规格的试纸卡外壳

5.5.4　生物活性原料的筛选与条件优化

体外诊断试剂的原料如果从是否具有生物活性的角度去区分则可以分为两大类，一类是具有生物活性的可以特异性识别待测靶分子或催化其反应的生物大分子原料，另一类是不直接参与反应的各类有机和无机的小分子物质的非生物活性原料。应用于体外诊断试剂尤其是免疫色谱反应的生物活性原料主要包括免疫检测中的抗原（包括蛋白质、多糖、多肽、脂、小分子化合物等，有天然抗原和人工抗原，从生物组织或细胞直接获得的为天然抗原，通过基因工程、化学合成等方法制备的抗原为人工抗原），抗体（主要包括单克隆抗体和多克隆抗体）及生化和核酸检测中的各种酶类（体外诊断试剂原料中用到的各种工具酶）。它们的存在直接影响到诊断试剂的灵敏度与交叉反应性，甚至可以影响到体外诊断产品最终的产品性能和应用，因此对生物活性原料的选择和应用也需要审慎进行。

5.5.4.1 生物活性原料的选择

用于 LFIA 的有效生物受体（通常为蛋白质、抗体或 DNA）须具有三个主要特征：①必须是稳定的；②需要快速的结合动力学；③对靶分子有很强的结合亲和力。生物受体的稳定性意味着其必须在各种环境（不同的温度、湿度和压力）中保持其结构和功能，最重要的是必须在干燥和再润湿循环后保持其活性。LFIA 几乎没有孵育步骤，并且生物受体必须在几秒钟内与目标结合，因此快速的检测靶标结合动力学是必不可少的，是在选择合适的抗体作为生物受体时需要考虑的重要特征。事实上，大多数商业抗体都通过ELISA 和蛋白质印迹等技术进行了表征；然而，这些技术均包含长时间孵育步骤，通常为数小时，因此适用于 ELISA 和蛋白质印迹的抗体可能不适用于 LFIA。最后，生物受体和检测靶标之间的结合必须很强才能获得稳定的信号。在 LFIA 检测时大部分标记的靶标在几秒钟内到达检测区域；同时流动仍会持续数分钟并作为内部洗涤步骤。如果检测靶标与生物受体的结合较弱，一旦溶液中标记靶标的浓度降低，信号就会随着时间的推移而降低。

选择合适的抗体可能是实现 LFIA 抗原检测所需分析灵敏度和特异性的最重要一步。鉴于可能的生物受体种类繁多（表 5-6），这对于检测蛋白质靶标尤其具有挑战性。理想情况下，在 LFIA 开发的初始阶段，应使用组合方法筛选几种生物受体，其中每个生物受体都在检测线中进行测试并与标记纳米颗粒结合。使用标准检测技术［如 ELISA、表面等离子共振（SPR）、生物膜干涉（BLI）和等温滴定量热法（ITC）］可以加快多种生物受体的筛选。ELISA 可用于评估数十种抗体/抗原组合，以找到在相对较短的时间内产生最敏感结果的配对生物受体。研发人员可最大限度地减少孵育时间，以剔除缓慢结合动力学的生物受体。此外，SPR、BLI 和 ITC 可以提供有关结合和解离结合动力学的有用信息，尽管它们比 ELISA 更昂贵。事实上，这些技术可以帮助识别和筛选最有前途的生物受体。然而，由于在多孔介质中结合动力学可能不同，最终必须在真正的 LFIA 中进行测试，以选择将在最终测定中使用的生物受体。

通常，人们将与纳米颗粒结合的生物受体称为"检测生物受体"，将色谱膜上印迹的生物受体称为"捕获生物受体"，进一步又分为"检测线捕获生物受体"和"对照线捕获生物受体"。尽管测试检测和捕获生物受体的不同组合很重要，但从理论角度来看，后者应该具有更快的结合动力学。其原因是捕获生物受体与检测靶标的相互作用仅限于流动通过检测线区域的瞬间，而检测生物受体在从结合垫流出期间与检测靶标结合的时间可延长到检测线。开发夹心法 LFIA 要考虑的另一个方面是检测生物受体不应干扰检测线捕获生物受体与检测靶标的结合。在使用单克隆抗体和多克隆抗体夹心测定时，单克隆抗体应该是检测生物受体（其仅与分析物的一个表位结合），而多克隆抗体应该是检测线捕获生物受体。对于每个 LFIA 开发，还应考虑偶联/固定化学、稳定性和成本，如生物受体可能与所选纳米颗粒不相容（即没有用于其偶联的官能团），因此不得不将其用作捕获生物受体；或者生物受体在色谱膜上的固定可能导致其结构展开和功能丧失，同时它可能与纳米颗粒表面相容；或者与纳米颗粒结合所需的生物受体量可能远高于将其固定在检测线上所需的量,因此研发人员可能应该使用更便宜的生物受体作为检测生物受体。对照线捕获生物受体的特性要求不太严格,因为它们必须结合检测生物受体或纳米颗粒表面上的其他分子。在使用抗体作为检测生物受体的情况下,对照线捕获生物受体可以是抗种属特异性二抗;相反如果检测生物受体是核酸,则对照线捕获生物受体可以是其互补序列,其他如生物素/链霉亲和素、BSA/抗 BSA 抗体等也可用于生成对照线。

表 5-6　LFIA 常用生物受体(引自 Parolo C)

生物受体	优势	劣势	考虑因素
多克隆抗体	具有成本优势;快速生产;多个结合位点	特异性低;交叉反应;不同批次之间的差异	需要对血清进行亲和纯化以尽量减少交叉反应
单克隆抗体	高特异性;批次间变异性低	昂贵;漫长的研发周期	对于免疫夹心法,必须选择与不同表位结合的抗体,除非靶标呈现多个重复的抗原/表位(如细胞表面的膜蛋白)
抗体片段	非特异性结合较少获得序列后,通常比完整抗体更便宜且更容易生产;批次间变异性低;增加每个探针生物受体数量的能力	不如完整抗体稳定,因为缺少 Fc 片段	针对 IgG Fc 区的抗体不能用于对照线 BSA 不应用作封闭剂,因其分子量高于抗体片段;在大肠杆菌中生产某些抗体重组蛋白的可能性使得其比全长抗体免疫或使用人类细胞更容易和更便宜
纳米抗体	非特异性结合较少获得序列后,通常比完整抗体更便宜且更容易生产;批次间变异性低;增加每个探针生物受体数量的能力	生产仅限于骆驼和鲨鱼	BSA 不应用作封闭剂,因其分子质量(66kDa)高于纳米抗体(15kDa)
适配体	比抗体便宜;能够识别任何类型的检测靶标;高稳定性;批次间重现性高	结合活性高度依赖于缓冲液的离子强度和缓冲液中的干扰分子(如某些阳离子)	建议在生产 LFIA 之前执行变性和重折叠步骤

5.5.4.2　生物活性原料条件优化

对于生物活性原料的工作浓度优化,则要考虑原料本身的纯度、反应活性等因素。对于原料纯度的处理,通常分为预处理、初纯和精纯几步。预处理常用高速匀浆或超声等方式来破碎组织和细胞,也可以通过冻融、酶消化或表面活性剂处理等非机械方式。处理后再通过离心、过滤等手段达到预处理的目的。初纯主要通过高盐沉淀和离心过滤的方法,常用的有硫酸钠盐析沉淀、等电点沉淀法或利用有机溶剂、酸碱、热等变性沉淀法。精纯则是在初纯的基础上进一步处理,以期得到更高纯度的目的原料。主要依据材料中目的组分的分子量大小、表面电荷分布、亲疏水性以及可配对的特异性结合物等性质进行各种色谱分离。常用的有分子筛、离子交换、亲和、疏水、电泳等技术手段。具体的工作浓度则与材料本身的有效含量及效价高度相关,总的原则是高纯度高效价的原料绝对用量就小,反之低纯度低效价的原料绝对用量肯定要大一些。

5.5.5　缓冲体系的作用及常用缓冲体系

在免疫色谱反应过程中,反应所处的溶液离子强度、溶液 pH 值均会影响到抗原抗体的结合。有的免疫反应在弱碱性环境下结合得更好,则在试纸样品垫的优化调整中就优先向弱碱性调整;反之则向弱酸性优化。此功能的实现主要靠色谱试纸的样品垫来发挥作用，制作免疫色谱试纸除了需要用到常规的抗体/抗原蛋白、二抗等主要试剂外，还需要用到一些必不可少的辅助试剂，主要包括表面活性剂、高分子聚合物等。免疫色谱试纸的某些非特异性反应是由于疏水作用结合而导致的，表面活性剂能有效降低疏水作用，从而消除试纸的非特异性反应，因此在试纸研发过程中有着极其重要的作用。

表面活性剂是指能形成吸附界面膜，在溶液的表面能定向排列降低表面张力的物质。表面活性剂具有固定的亲水亲油基团，一端为亲水基团，另一端为疏水基团。亲水基团常为极性的基团，如羧酸、磺酸、硫酸、氨基或其铵盐，也可以是羟基、酰胺基、醚键等；疏水基团常为非极性烃链，如 8 个碳原子以上烃链。表面活性剂具有润湿或抗黏、乳化或破乳、起泡或消泡以及增溶、分散、洗涤、防腐、抗静电等一系列物理化学作用及相应的实际应用，成为一类灵活多样、用途广泛的精细化工产品。表面活性剂的分类方法很多，人们一般按照其化学结构进行分类，即当表面活性剂溶解于水后，根据是否生成离子及其电性，分为离子型表面活性剂和非离子型表面活性剂。根据极性基团的解离性质可分为阴离子表面活性剂（如硬脂酸、十二烷基苯磺酸钠等）、阳离子表面活性剂（如季铵化物）、两性离子表面活性剂（如卵磷脂、氨基酸型、甜菜碱型等）和非离子表面活性剂（如脂肪酸甘油酯、脂肪酸山梨坦和聚山梨酯等）。

表面活性剂分子中亲水和亲油基团对油或水的综合亲和力称为亲水亲油平衡（hydrophilic lipophilic balance，HLB）值。表面活性剂的亲油或亲水程度可以用 HLB 值的大小判别，HLB 值是一个相对值。一般将表面活性剂的亲水亲油平衡值范围限定在 0～40，其中非离子表面活性剂的亲水亲油平衡值范围为 0～20，亲油性强的石蜡（完全无亲水性）的 HLB 值为 0，亲水性强的聚乙二醇（完全是亲水基）的 HLB 值为 20，以此标准制定出其他表面活性剂的 HLB 值（图 5-12）。HLB 值越大代表亲水性越强，HLB 值越小代表亲油性越强。亲水亲油转折点 HLB 为 9，HBL 低于 9 的相对是亲油的，高于 9 的相对亲水。表面活性剂的亲水亲油平衡值与其应用有着密切的关系，HLB 值 1～3 常用作消泡剂、HLB 值 3～8 常用作 W/O 型（油包水型，油为外连续相）乳化剂、HLB 值 7～9 常用作润湿剂与铺展剂、HLB 值 7～16 常用作 O/W 型（水包油相，水为外连续相）乳化剂、HLB 值 13～16 常用作去污剂、HLB 值 15～18 常用作增溶剂等。充分认识物质的亲水亲油平衡值，我们就可以灵活应用于试纸产品的配方设计，应用于免疫色谱试纸的主要表面活性剂特性见表 5-7。HLB 在实际应用中有重要参考价值，但不是唯一依据，还需要有实验的实际效果来确定。

表 5-7 应用于免疫色谱试纸的主要表面活性剂特性

编号	名称	外观（室温常压下）	类型	平均分子量	HLB值	性质及用途
1	NINATE 411	液体	阴离子型	385	/	异丙胺烷基苯磺酸盐。去重油污的能力强，不伤皮肤，在偏弱酸性或中性体系下能发挥效果，可与阴离子、非离子复配，可溶于水，也可以溶于溶剂。具有良好的热稳定性与水解性，溶解于甲醇、煤油、二甲苯
2	Pluorinic F68	白色固体	非离子型	8350	29	聚氧乙烯、聚氧丙烯嵌段聚合物。作低泡沫洗涤剂或消泡剂，常用作药物赋形剂和乳化剂，可增加水的渗透性
3	Zonyl FSN 100	土黄色蜡状物	非离子型	950	/	用于体系改性，增强润湿能力，能与大多数水性/溶剂型配方相容

编号	名称	外观 （室温常压下）	类型	平均 分子量	HLB 值	性质及用途
4	Aerosol OT 100%	无色至浅黄 色黏稠液体	阴离子型	445	/	高效渗透剂，渗透快速、均匀，具有良好的润湿、渗透、乳化、起泡性能
5	GEROPON T-77	黄色粉末 或固体	阴离子型	425	/	具有良好的润湿和扩散性质
6	BIO-TERGE AS-40	清澈黄色液体	阴离子型	315	/	温和，溶剂相容性
7	STANDAPOLES-1	/	阴离子型	346	/	/
8	Benzalkonium chloride	白色蜡状固体 或黄色胶状体	阳离子型	混合物	/	在水或乙醇中极易溶解，在乙醚中微溶。也广泛用于杀菌、消毒、防腐、乳化、去垢、增溶等方面
9	Tetronic 1307	固体颗粒	两性型	18600	>24	提升产品性能，节约物料，可减少尿液或血液样品间基质效应，减少检测血液样品的假阳性率
10	Surfynol 465	透明液体	阴离子型	465	13	降低水基体系表面张力性能，特别是降低动态表面张力
11	Surfynol 485	液体/半固体	非离子型	485	17	减少表面张力，有轻微乳化作用，改善溶解度和兼容性
12	IGEPAL CA210	/	非离子型	272	4.6	/
13	Triton X-45	/	阴离子型	426	10.4	拥有良好的润湿性，提高溶剂基系统的冲洗性
14	Triton X-100	微黄黏稠液体	非离子型	625	13.5	优良的清洁剂、分散剂和水包油系统乳化剂
15	Triton X305	/	非离子型	1526	17.3	水溶性很好，优良的润湿剂和乳化剂
16	SILWET L7600	/	非离子型	4000	13~17	含硅成分，具水溶性和防雾性
17	RHODASURF ON-870	/	非离子型	1148	15.4	乳化剂、增溶剂和分散剂
18	Cremophor EL	/	非离子型	/	12~14	溶剂相容性，乳化剂和增溶剂
19	Tween-20	黄色或琥珀色 澄明油状液体	非离子型	1228	16.7	水溶性极佳，增溶剂和乳化剂
20	Tween-80	淡黄至橙黄色 黏稠液体	非离子型	1310	15	水溶性极佳，增溶剂、乳化剂、湿润剂、分散剂和稳定剂
21	BRIJ 35	乳白色或淡 黄色膏状物 或白色固体	非离子型	1200	16.9	优良的乳化剂
22	CHEMAL LA-9	/	阴离子型	583	13.3	蛋白增溶剂
23	Pluranic L64	/	阴离子型	2900	12~18	溶剂相容性，优越的润湿剂，优良的乳化剂
24	SURFACTANT 10G	/	阴离子型	混合物	12.4	低起泡性，优良的润湿剂
25	SPAN 60	浅奶白色至 淡黄色粉末或 片状、固体颗粒	阴离子型	431	4.7	起乳化、分散和稳定作用

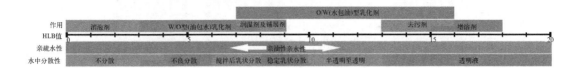

图 5-12 表面活性剂 HLB 值的一般应用

5.5.6 添加剂的作用及常用添加剂

除了常规的添加剂实现助溶、改善疏水性、pH 值调整等特定功能外，还有一些添加剂应用得也较广泛，此类添加剂包括增稠剂、显色增强剂等。

5.5.6.1 增稠剂

主要用在样品流动性好的样品检测中，想减缓色谱流动速度，增加免疫反应时间而达到提升灵敏度或检测强度的情形。增稠剂多为聚合物。

5.5.6.2 显色增强剂

可有效增强免疫色谱反应的色带，改善线形均一度。此类试剂的应用需在严格控制了非特异性反应的情况下谨慎添加，因为一旦有非特异性反应存在，显色增强剂也会放大结果，所以此时显色增强剂的作用将呈现负面的效果。

5.5.7 试纸反应条件的优化

免疫色谱试纸的基本生产流程见图 5-13，其反应条件的优化是一个系统工程，它需要考虑方方面面的影响因素，还需要结合检测样品的形态、性能、含量区间、是否可溶、样品 pH 值等条件，结合检测环境温湿度、是否需要机读检测线灰度值等来设计优化流程，总的原则是优先保证实验结果的特异性，其次要兼顾到敏感性，最后才是快速性（图 5-14）。

5.5.7.1 特异性条件优化

要想保证检测结果的特异性，用到的抗原或抗体等原材料的特异性是基础，反应时具备的条件是保证抗原抗体完成特异性结合的重要影响因素。例如在双抗体夹心检测抗原的色谱试纸设计之初，就要对用到的单抗首先作特异性评估，具体可采用不同抗原包被酶标板然后加备选的单克隆抗体，最后加酶标二抗的模式来评价备选单抗对不同抗原的反应性，以此来选出特异性最好的单抗。只有把特异性最好的单抗优选出来，这样在后期免疫色谱试纸设计的时候特异性才会有保证。因为这个特异性是单抗的先天属性，一些非特异性结合并不能完全靠反应条件、缓冲液等消除掉。

5.5.7.2 敏感性条件优化

影响敏感性的因素有很多，样品的溶解形态、反应 pH 值、流速快慢等均可实际影响

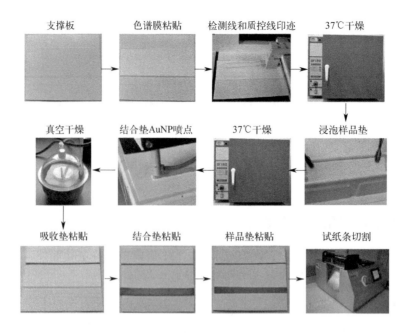

图 5-13 LFIA 试纸生产过程示意图（引自 Parolo C）

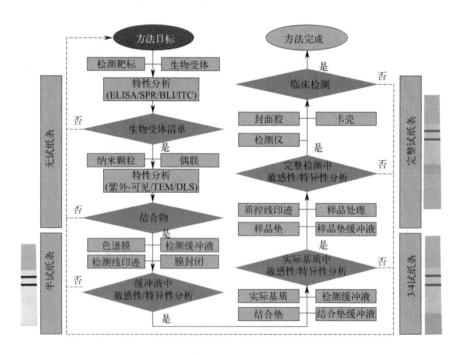

图 5-14 理想的 LFIA 试纸优化策略（引自 Parolo C）

到产品的灵敏度。具体在产品设计之初就要对产品的灵敏度有预估，在常规条件下做出来的产品和实际需求的灵敏度差距有多大，然后再评估达到实际需求灵敏度的可行性。一般来说，10 倍以内的灵敏度提升靠条件优化是可以达到的，远高于 10 倍的灵敏度提升多需要检测方法的改变来满足。敏感性的条件优化主要靠样品垫的调整来实现，通过调整样品垫的配方来控制整个色谱反应的流速、pH 值、离子强度等，进而最终影响到整个抗原抗体反应的进程及结果。

5.5.7.3　快速性条件优化

　　检测快速性排在最后面，是因为整个免疫色谱反应本来就是个比较快速的实验手段，它不追求和 ELISA 一样的孵育反应时间，它的整个反应都在样品加到样品垫上开始，在色谱的过程中持续反应直到经过检测线结束，整个反应基本上都在 5～10min 以内完成，所以免疫色谱反应优先保证的是实验结果的特异性和敏感性，在此基础上最后才兼顾快速性。免疫色谱试纸和 ELISA 的最大不同之处，ELISA 反应在孵育时间内可充分完成抗原抗体的结合、脱落、再结合等过程，而免疫色谱反应则是在经过检测线时的状态就是抗原抗体的最终状态，而且是一过性的，因为色谱是单向流。

5.6

免疫色谱试剂研制的关键点

　　免疫色谱试纸是快速、廉价的可用于检测样品中的分析物的一种有效的检测方法，它最重要的优势是适用于现场检测。免疫色谱试纸主要由样品垫、结合垫、硝酸纤维素膜、吸水垫和支撑底板组成，在研发过程中想要获得最优的灵敏度和特异性是一个复杂和具有挑战性的过程。研发思路、工艺体系和生物活性原材料是免疫色谱试纸研发的三大要素，物理材料、工艺参数、缓冲液、表面活性剂等环节及组分间都存在着联动关系，因此优化过程是一个循环和重复的过程，而且试验中微小的改变都有可能对最终检测结果产生显著影响，因此优化过程中所需材料及方案尽量保持一致。

5.6.1　生物活性原料及其标记技术

5.6.1.1　生物活性原料的选择

　　免疫色谱技术作为一个首选的快速筛选工具，已经广泛应用于食品、农业、医学、环境及工业等领域。因此在一个产品的制备中其灵敏度、特异性及稳定性等性能均需要进行细致的优化，其中抗原及抗体等生物活性原料的质量是决定免疫色谱产品的最核心环节。如果生物活性原料本身有缺陷，就直接降低了免疫色谱产品的质量上限。因此，应该将更多的努力放在前期抗原/抗体等生物活性原料的选择上。

　　免疫色谱产品要求所选抗原/抗体必须对靶标物具有非常高的亲和力。以下以双抗体夹心法免疫色谱试纸为例介绍。免疫色谱试纸检测样品的时候，初期液体流速很快，当整个 NC 膜都被液体浸润后，流速趋于稳定。检测线上固定抗体的宽度通常为 0.5～1.0mm，液体以 0.66～0.17mm/s 的速度流过（以通过 4cm 长度的 NC 膜所用时间为 60～240s 计算），因此抗体则需要在 1～6s 内捕捉样品中的抗原。由于常用 NC 膜的长度均小于 4cm，因此其流速可能比我们计算的还要快。通常用胶体金等标记物标记抗体后干燥于金标垫上，标记抗体随着液体流动开始溶解，从溶解开始到流动到检测线的位置之间的时间就是金标抗体与抗原结合的时间，这个时间大约有8s，或者有些金标物释放较慢，时间会相对延长些，但也仅仅是几秒钟，所以免疫色谱试纸所需抗原/抗体原料必须具有非常高的亲和力，可以短时间内迅速反应。这一原则适用于所有类型的免疫色谱试纸。

免疫色谱试纸要求所选抗原/抗体必须具有很好的特异性。同样以双抗体夹心法免疫色谱试纸为例介绍。被固定在NC膜上用于拦截的抗体量通常是ELISA包板用量的25～100倍，因此检测线上能让液体流过的孔径非常小。然而在免疫色谱试纸中最常用的胶体金颗粒直径为40nm，每个试纸条通常使用0.03～0.25μg标记抗体，当样品与标记抗体大量通过拦截线时，有可能出现非特异性的拦截，从而造成假阳性。因此在选择高灵敏度抗体时，也要非常注意不能有非特异性。

（1）抗体的选择　单克隆抗体是制备免疫色谱试纸最好的选择，只要获得稳定的细胞系后则可以持续地获得质量稳定的单一表位抗体。多克隆抗体也可用于免疫色谱试纸，例如在双抗体夹心模式中，检测线上也经常会用到多克隆抗体。无论是单克隆抗体还是多克隆抗体都需要纯化后使用，杂蛋白会在喷膜的过程中与特异性抗体竞争性占据NC膜位置，或者在标记时竞争性结合标记材料表面的结合位点，从而降低检测灵敏度。通常使用亲和色谱法纯化抗体，但是也不能避免非特异性的出现，可能是由于纯化环节中的杂质引起的。特别是多克隆抗体，多克隆抗体中所需要的特异性抗体仅占总抗体的0.2%～2%，因此多克隆抗体的纯化更为重要。维持长期连续的生产，则需要不间断地提供性能一致的抗体，即使是由单细胞产生的单克隆抗体在生产及纯化过程中也会出现不稳定性，如体外诱生腹水法生产抗体可能会改变抗体的糖基化，从而影响其与NC膜或标记物的结合性能。因此应该制定合理的策略保持抗体的一致性。通过卵黄制备的卵黄抗体IgY也可用于免疫色谱试纸，但是卵黄中脂肪含量高，而且IgY与A蛋白和G蛋白均不反应，因此纯化有些困难，增加了使用难度，可以选用聚乙二醇法或者硫酸葡聚糖法纯化。

（2）抗原的选择　抗原通常用于抗体检测中，所选抗原原料所提供的抗原表位与临床样品中抗体的适配性高低直接决定了抗体的灵敏度和特异性。可以用于免疫色谱试纸的抗原通常包括天然抗原、重组抗原、多肽抗原。天然抗原是指自然界中天然存在的抗原，多数为蛋白质、多糖、核酸或它们的复合物，由于天然抗原与临床样品中的抗体适配性高，最适用于免疫色谱试纸。由于天然蛋白是从天然样品中纯化而来，因此天然蛋白的纯度是影响抗原质量的关键步骤。对于重组蛋白，表达系统和纯化方式是影响抗原质量的关键点。原核表达系统的优点在于能够在较短时间内获得基因表达产物，而且所需的成本相对比较低廉。但是原核表达系统翻译后加工修饰体系不完善，表达的蛋白常以包涵体形式存在，生物活性较低，纯化过程对蛋白的构象有一定的破坏作用，以原核表达抗原构建的抗体检测产品在准确性及灵敏度上均存在缺陷。真核细胞蛋白表达经过了表达后修饰，如折叠、糖基化、酰基化、磷酸化等，修饰后的蛋白与天然蛋白结构比较接近，最大限度地保留了天然蛋白的抗原表位，有很好的反应原性。如果不能获得可用的抗原，已知序列的蛋白质，可以选择合成多肽表位来模仿蛋白质，理想的多肽抗原应具备良好的亲水性。多肽抗原分子量通常较小，需要与载体蛋白偶联后用于拦截线或者标记物，但是其与检测靶标抗体的亲和力及特异性需要鉴定。

应用于免疫色谱试纸的生物活性蛋白（抗原/抗体）应注意以下两点。第一，纯度最好能>98%，因为免疫色谱试纸中抗原/抗体使用时用量较高，杂蛋白可能阻碍蛋白质的结合，甚至引起非特异性反应；第二，蛋白的稳定性，包括干燥处理的蛋白质稳定性及溶液状态的蛋白质稳定性。干燥、冷冻或者冻干等过程均会导致蛋白质变性。因此，正确的干燥方法和保存条件对于干燥蛋白质的稳定性非常重要。而溶液状态下蛋白质的稳定性则受到温度、微生物污染、酸碱度以及缓冲溶液等影响，因此应充分优化条件，保证其稳定性，不会因存放及冻融等因素而导致活性降低或变性沉淀，且缓冲体系不影响后期的喷膜或标记。

5.6.1.2 胶体金的制备及质量控制

胶体金早在 19 世纪 70 年代就已经应用于蛋白标记。虽然现在研发了很多新型的标记材料，但是胶体金由于制备简便易得、成本低、稳定、无需仪器设备等优点，在免疫色谱检测市场中依然占据着主流地位。胶体金的质量直接影响到免疫色谱试纸的检测灵敏度、特异性及保质期，免疫色谱试纸的关键点第一步就是制备出颗粒大小和形状均匀的胶体金。用于免疫色谱检测的胶体金颗粒通常使用柠檬酸三钠还原氯金酸溶液反应制得，直径为 20~40nm，直径为 40nm 的最为常用，因为这种尺寸既易于辨识又不会对蛋白结合到胶体金表面产生空间位阻。胶体金体系具有很大的表面积和很高的表面能，高表面能胶体体系在生产时如果条件掌握不好，都会变得不稳定。胶体金的制备要经历两个阶段，即晶核的形成和晶体的生长。胶体金制备初期，溶液中全部为金原子，随着还原剂的加入，金原子浓度迅速升高发生凝集反应形成晶核，晶核一旦形成，溶液中的金原子就不断结合到晶核上，从而形成胶体金。最初溶液中晶核的数量决定了最终金颗粒的数量。由于溶液中氯金酸浓度一定，则还原剂浓度越高，初始晶核数量越大，制备的金颗粒直径则越小，因此，可以调节柠檬酸三钠的加入量控制胶体金颗粒直径大小。由于胶体金制备初始时是均相反应，但很快就变成了非均相，这种转变非常迅速，因此精准地控制胶体的制备过程非常困难。

优质的胶体金颗粒必须是单分散性的、球形的，而且形状不均一的粒子数应少于5%。生产中要获得单分散胶体金体系（胶体金颗粒具有同样的粒径）非常困难，影响胶体金质量的主要因素如下：

（1）制备胶体金所用器皿、环境及原料的洁净度　玻璃器皿必须彻底清洗，最好是经过硅化处理的玻璃器皿，或煮制过胶体金的玻璃器皿。清洗的过程中避免刮伤玻璃器皿内表面，清洗过后最好能用超纯水煮沸处理。包括搅拌用仪器（常用搅拌子），应该时常检查有无金属外露等污染，从而影响胶体金质量。

试剂配制必须保持严格的纯净，所有试剂都必须双蒸水或超纯水配制，最好在临用前经过滤除去其中的杂质。实验室中的尘粒要尽量减少，否则实验的结果将缺乏重复性。

（2）反应物过程的控制　胶体金制备过程中的反应速率取决于反应物浓度和反应温度。浓度低，则产率低，可以适当提高反应物浓度，而且保持液相中浓度一致；制金过程中反应并非一定在沸腾状态才会发生反应，95℃以上反应即可进行且反应非常迅速，因此温控非常重要，要使反应器恒温就需要正确选择加热系统。分析胶体金的形成过程，预制备单分散胶体金体系则需要成核过程瞬间同时发生，快速均匀的搅拌是控制反应的关键点，快速均匀搅拌使得反应器各处浓度和温度统一，则各处的反应速率相同，才可获得高质量的胶体金，但还要考虑避免快速搅拌时产生的剪切力、漩涡及喷溅对胶体金质量的影响。因此反应物浓度、加热器及搅拌器类型、搅拌速率等均是影响胶体金质量的关键因素。通常 2L 以下的体积可以采用磁力搅拌器。如果反应过程没有控制好，胶体金颗粒的大小和性状（如椭圆形、三角形、长方形、菱形等）就会不均一，研究表明胶体金中存在

5%的不均一的颗粒都会影响检测结果。劣质的胶体金在标记的时候不稳定、重复性差，胶体金或标记物的颜色常可见到紫色或淡蓝色。虽然在检测中较暗的颜色更容易辨别，但这是金标记物不稳定的表现，这种不稳定性影响金标记物的释放并极易产生假阳性等错误的结果，从而影响产品的敏感性、特异性及稳定性。

常用的胶体金制备设备有微波炉、电炉、磁力加热搅拌器及磁力恒温加热包等。科研单位多用微波炉、电炉、加热磁力搅拌器等，微波炉煮制胶体金时，加热温度虽比较均一，但需要取出后加入还原剂，而且不能搅拌，易沸腾喷射，影响胶体金质量。电炉、磁力搅拌器等操作简便，但其受热不太均匀。磁力恒温加热包，可将整个容器包裹加热。加热温度均一，可搅拌，操作方便，是制备优质胶体金的理想设备。

5.6.1.3 生物活性原料的标记

根据标记材料的不同，标记分为共价的化学交联法和被动的物理吸附标记。胶体金标记则为被动物理吸附标记。胶体金与待标记物混合后即可以进行交联，但需要控制好细节，防止标记过程中胶体金的聚集，从而影响产品的稳定性。如果标记的过程中出现聚集，生产的产品在开始的时候会因为颗粒较大使灵敏度升高，但是随着保存期的延长，产品会逐渐出现稳定性和特异性的问题。想要很好地控制胶体金标记过程，须了解待标记物与胶体金结合的物理及化学进程，主要的关键点如下：

（1）蛋白质的结构 胶体金的中心是金核，周围是一层 $AuCl^{2-}$ 离子带负电，由于静电斥力金颗粒呈现稳定胶体状态。用于胶体金标记的活性物质通常为蛋白质，某些小分子（激素、药物及其他小于 10kDa 的小分子）与金表面没有足够的结合位点，标记前须要先与大分子载体（BSA、OVA 和 KLH 等惰性蛋白）偶联后才可标记。现有的研究表明，在胶体金标记过程中，蛋白质主要通过 3 种机制被动吸附于胶体金表面上：①蛋白内氨基酸（如赖氨酸）所带正电荷与金颗粒所带负电荷通过静电引力作用相结合。②蛋白内色氨酸通过疏水相互作用与金颗粒结合。③蛋白内的半胱氨酸通过巯基以配位键的形式与金颗粒结合。蛋白通过这 3 种作用力与胶体金颗粒牢固、稳定地结合在一起。因此上述 3 种氨基酸残基在被标记蛋白质上的结合位点决定了标记的成功率，胶体金标记蛋白时，蛋白的反应决定簇裸露 50% 以上时才能判定为标记成功。当与胶体金结合的 3 种氨基酸位于抗原/抗体活性部位时，可能出现空间位阻的限制，从而干扰胶体金的标记。

免疫色谱试纸通常采用抗原或抗体与胶体金结合制备胶体金标记物。影响抗体标记成功率的主要因素为抗体的亚型，IgG 抗体较为常用，其中 IgG1 亚型标记成功率高，IgG3 亚型标记难度较大，IgM、IgE 和 IgA 抗体也可以用于胶体金标记。影响抗原标记成功的因素主要是抗原上 3 种氨基酸残基的空间位置和抗原大小。以 40nm 胶体金颗粒为例，其可以标记的蛋白分子最小为 30kDa，更小的抗原可以选择较小的胶体金，胶体金粒径变小会降低试纸灵敏度，分子量更小的蛋白或者多肽也可偶联载体蛋白后再标记。

（2）蛋白质浓度及蛋白缓冲液 由于胶体金对电解质敏感，电解质会迫使双离子层距离拉近，从而减弱静电排斥作用，从而导致胶体金颗粒发生凝集。为了避免聚集的发生，通常用于胶体金标记的蛋白质缓冲液中应避免磷酸根离子和硼酸根离子的存在，因为它们会影响胶体金对蛋白质的吸附，氯化物则会影响胶体金的稳定性，常用的防腐剂如硫柳汞等则会影响胶体金与蛋白质二硫键的结合。因此在标记前通常对蛋白质进行透析，从而降低离子强度。在标记过程中蛋白质的浓度也非常重要，蛋白质浓度越高，加入胶体金时体积越小引入的离子就越少，对胶体金的破坏就越小。还有需要注意，蛋白质在标记前应不含任何聚合物，聚合物可能会与多个胶体金结合从而引起胶体金聚集，增加产品非特异性反应。因此蛋白质标记前应超速离心或用微孔滤膜过滤。

（3）标记 pH　胶体金标记过程中不同的标记物所需要的标记 pH 值不同，根据标记物对 pH 的依赖性可以分为 3 类。一为 pH 非依赖型，这种类型的标记物是通过疏水相互作用与胶体金相结合，任何 pH 下都能与胶体金很好地结合，如 PEG，这种标记物一旦结合后不容易解离。二为 pH 非严格依赖型，此类标记物主要是通过碱性氨基酸残基的正电性与胶体金的负电性相吸引，其特点是等电点的范围很宽，因此使用的标记 pH 范围就比较宽。如乙肝表面抗原，pH 从 5 到 10 都可以。三为 pH 严格依赖型，绝大多数标记物属于这一类，标记效果的最佳 pH 为 pI+0.5。在标记蛋白质的时候，通过调节 pH 使包含在内部的疏水性氨基酸残基暴露。pH 严格依赖型的标记物的稳定性与其和胶体金结合的作用力相关，当标记物与胶体金结合以静电相互作用为主时（通常分子量较小），在高 pH 下标记物很容易与胶体金解离，如果再加入高浓度盐会使金标物沉淀，为了保证这类金标记物的稳定性，其保存稀释液的 pH 要与标记时保持一致。当标记物与胶体金结合以疏水相互作用或配位键为主时（通常分子量较大，如抗体），金标记物在较高 pH 的缓冲液中稳定，不易解离。

5.6.2　蛋白印迹工艺

能用于免疫色谱膜的材料有硝酸纤维素膜（NC 膜）、醋酸纤维素膜、混合纤维素酯膜、聚偏二氟乙烯膜、尼龙膜等。NC 膜具有成本低、毛细流动稳定、蛋白结合能力高、处理相对容易（有聚酯背衬的膜）、拥有不同的吸水速率和表面活性组分及技术成熟等优点，被绝大多数免疫色谱试纸产品选用。免疫色谱膜是免疫色谱方法中最关键的组成部分，也是最难保持性能始终一致的材料。

由于蛋白印迹工艺主要的目的是保证捕获试剂固定于 NC 膜上，而且在保质期内保证蛋白的活性和稳定性。在免疫色谱检测中，多种多样的捕获试剂被固着定 NC 膜上，其中以蛋白质最为常见。实现蛋白质在膜上均一、良好的吸附是免疫色谱试纸优化的关键环节。

自从 NC 膜第一次应用于蛋白质吸附以来，蛋白质吸附于 NC 膜的机制就被研究，疏水力、氢键、静电作用等多种作用力在结合中起到作用，但确切作用机制仍然不太明确。因此在优化喷膜环节时，必须综合考虑所有影响蛋白质吸附的作用力。通常从 NC 膜孔径、捕获试剂种类及缓冲液、喷膜时的环境湿度、干燥等环节着手优化。

5.6.2.1　NC 膜孔径

NC 的孔径决定着蛋白质的结合能力和流速。膜孔径越小其有效表面积就越大，结合蛋白质的能力就越大，色谱的毛细作用随之降低，流速越慢抗原抗体反应时间越长，检测灵敏度就越好，但同时也会增加非特异性产生的概率。因此需要充分的试验和经验来确定 NC 膜孔径，提高产品性能。

5.6.2.2　捕获剂的种类及缓冲液

作为捕获试剂的物质种类繁多，但绝大多数为蛋白质，随着检测项目的不同，蛋白质种类也不同，膜对其的吸附能力也不同。捕获蛋白受化学性质、浓度、纯度、活性及分子量大小等因素影响，优化难易程度不同。一般情况下捕获生物受体在色谱膜的固化是通过非共价结合的，如硝酸纤维素膜主要存在静电和疏水相互作用，因此对固定缓冲液进行相应优化非常重要。

（1）固定缓冲液　必须使色谱膜上的捕获生物受体吸附最大化，保持捕获生物受体的反应性并且不改变膜的流动特性。固定缓冲液有三个主要组成部分：

① 缓冲剂　理想的缓冲液应保持捕获生物受体的稳定性并促进其与膜的结合，因此优选具有低离子强度（10mmol/L）和 pH 值介于捕获生物受体等电点＋1 和－1 单位之间的缓冲液；具有高盐浓度的缓冲液组合物可以筛选膜和捕获生物受体之间的静电相互作用。此外，稍微改变生物受体等电点的 pH 值可确保适当的溶解度，而不会影响其三级结构。最常用的缓冲液是醋酸铵缓冲液和磷酸盐缓冲液。

② 稳定剂　如结合垫缓冲液所述，一旦色谱膜干燥，糖的存在有助于稳定捕获生物受体。稳定剂可以包括低浓度的乳糖（0.1mg/100mL）或海藻糖（1mg/100mL），并且应对其浓度进行仔细优化，以避免在重新溶解时失去生物受体活性。

③ 酒精　在固定缓冲液中也含有醇类，因为其能够降低溶液的表面张力、黏度和静电排斥力，实现更快的干燥时间，并改善捕获生物受体与膜的结合。最常用的是浓度为 1%～10%（体积分数）的甲醇、乙醇和异丙醇。

（2）影响蛋白质与 NC 膜结合的因素　主要有如下几个方面：

① 蛋白质的性质及溶液中的其他溶质　抗体是较常用的捕获蛋白，蛋白质的性质是影响其与 NC 膜结合的根本因素。如单克隆抗体成分比较均一，优化过程较为简单，而多克隆抗体为多种抗体的混合物，从而与膜结合条件的优化过程较为复杂。免疫球蛋白的种类不同，与 NC 膜的结合力也不同，比如 IgA、IgM 由于结构或者空间位阻等因素，较难与 NC 膜结合。干扰蛋白与 NC 膜结合的还有溶液中含有的物质，主要有其他蛋白质（如 BSA 或酪蛋白等）竞争 NC 膜上的结合位点；甲酰胺、尿素等干扰氢键形成；Tween、Triton 等表面活性剂影响疏水相互作用；聚合物（如聚乙烯醇、聚乙二醇以及聚乙烯吡咯烷酮）也影响蛋白质与 NC 膜的结合。

② 捕获试剂使用的缓冲液　该部分是优化的主要环节。蛋白质被喷膜前，必须溶解于缓冲液中，缓冲液的种类决定了蛋白质的溶解度及稳定性。喷膜缓冲液需要有一定的离子浓度和合适的 pH 值保证蛋白质溶解度，从而保证溶液中蛋白质达到所需的浓度。常用的缓冲液主要有磷酸盐缓冲液、硼酸盐缓冲液、碳酸盐缓冲液、Tris 及生理盐水等。在一定离子强度范围内，蛋白质溶解度随着离子浓度的增加而增加，但离子强度过强又干扰蛋白质结合的静电相互作用，降低与 NC 膜的结合效率，因此需要试验确定维持蛋白质溶解度的最低离子强度，这样可以增加蛋白质与 NC 膜结合的效率。通常蛋白质在等电点时的溶解度最低，因此缓冲液的 pH 应该在等电点附近，从而降低稳定性，提高与 NC 膜的结合效率。提高结合效率常用的手段还有加入共沉淀剂，共沉淀剂能增加蛋白质疏水性提高蛋白质与 NC 膜的结合能力。最常用的共沉淀剂有醇类，醇有助于 NC 膜的重湿润，减少 NC 膜上的静电，降低溶液中的蛋白质稳定性，1% 异丙醇和 3%～5% 的甲醇较为常用。

综上所述，调整捕获试剂缓冲液通常要降低蛋白的稳定性，但是也要非常注意所有的调整都是在保证蛋白溶解度的前提下。如果蛋白在喷膜以前出现沉淀，则导致吸附到 NC 膜上的溶解蛋白量减少且浓度无法控制，还会出现沉淀物堵塞喷涂设备或者 NC 膜微孔等问题，从而导致产品稳定性和重复性差。

5.6.2.3 喷膜条件

固定缓冲液组成和色谱膜材料决定了生物受体膜固化的类型和效率。喷膜策略（即生物受体在膜上的印迹）对于确定检测线和质控线的宽度至关重要，应使用自动印迹仪进行检测线和质控线印迹，从而可以在色谱膜上精确控制流速和速度（生物受体的印迹量）以及定位。自动印迹仪有两种类型：接触式和非接触式，对于接触式印迹仪要验证喷嘴的拖动不会在色谱膜上产生压痕或凹槽；对于非接触式印迹仪，应针对不同厚度的色谱膜优化分配高度。

（1）生物受体浓度 捕获生物受体浓度将决定 LFIA 可实现的最大信号，检测线上的生物受体越集中，可实现的标记纳米颗粒密度就越高。对于免疫夹心法，通常建议在分配溶液中使用≥1mg/mL 的抗体浓度；对于竞争法，捕获生物受体浓度应为 0.1～1mg/mL。捕获生物受体浓度较低时，通常需要用互补蛋白（如 BSA）补偿低浓度的生物受体，以提高整体蛋白溶液中的浓度，这种预防措施对于维持生物受体的结构和功能是必要的，因为低浓度会导致蛋白质变性和失去结合活性。

（2）流速和速度 分配流速定义了单位时间内分配了多少含有生物受体的溶液，通常以 μL/cm 为单位定义；流速越高，分配体积越大，印迹线越宽。速度定义了喷嘴随时间行进的距离，通常以 mm/s 表示；因此对于固定流速，速度越慢，分配的含有生物受体的溶液的体积就越大。在 LFIA 的制造过程中，研发人员必须优化和平衡这两个值，以获得可重现和明确定义的检测线。通常，优选获得更窄的线，因为这允许使用更高的生物受体浓度并且更具成本效益。对于抗体，假设使用具有平均毛细流动时间（120s/4cm）的硝酸纤维素膜，起始参数通常为 1μL/cm 流速和 20mm/s 速度。

（3）位置和大小 除了影响外壳盒的形状（特别是检测窗口的位置）外，检测线的位置也影响 LFIA 的灵敏度。离结合垫越远，标记的检测生物受体和靶标相互作用的时间就越长，从而增加可能被捕获到检测线上免疫复合物的数量。对质控线的唯一要求是它必须位于检测线之后，因为需要确认样品前部的成功流动直到试纸末端。通常，检测线在距色谱膜起点 12～13mm 处分配，而质控线在检测线后面 4mm 处。在多重 LFIA 中，可以将多条检测线分配到同一个膜上，但它们之间应始终保持至少 2mm 的间距。

5.6.2.4 封闭

虽然商业化色谱膜通常可以直接用于捕获生物受体印迹，但在某些情况下，有必要用封闭剂进一步处理。一般情况下，除非绝对必要（当样品或结合垫中的封闭剂不够时），否则不应进行膜封闭。尽管膜的封闭减少了非特异性信号，但从试纸生产的角度，需要额外的试剂、孵育和干燥步骤，并可能影响样品的流动，因此可能会影响 LFIA 重现性和整体分析性能。但是，如果色谱膜需要封闭，则应始终在捕获生物受体的印迹和干燥之后进行，否则封闭剂会阻碍膜的蛋白印迹，常见的封闭剂为：1～2mg/100mL BSA、1～2mg/100mL IgG、0.1～0.5mg/100mL 明胶、1～2mg/100mL 酪蛋白、0.5～1mg/100mL 聚乙烯吡咯烷酮（8～10kDa）和 0.1～1mg/100mL 聚乙烯醇（8～10kDa）。封闭剂的选择取决于膜的类型、样品和捕获生物受体。通常，封闭剂应小于捕获生物受体，以免引起可能影响其与检测靶标结合的空间位阻。PBS（0.01mol/L，pH 7.2～7.4）是最常用的封闭缓冲液。膜封闭时，将膜完全浸入封闭溶液中 5～10min，然后立即用弱缓冲液（如 5～10mmol/L PBS，pH 7.2～7.4 和 0.005～0.01mg/100mL SDS，质量/体积）以去除多余的封闭试剂。最后，使用膜印迹相同条件对膜进行干燥。

5.6.2.5　环境湿度及干燥

影响蛋白质和 NC 膜结合不容忽视的关键点是环境湿度。如果湿度太低，则 NC 膜上聚集静电荷增加疏水性，从而导致蛋白质喷涂于 NC 膜表面时容易产生疏水斑。如果空气湿度太高，导致 NC 膜对捕获蛋白的毛细作用加强，从而容易引起捕获线变宽或者弥散。通常情况下，最佳的点膜环境相对湿度应保持在 25%～50%。为了确保原材料的均一性，点膜前应将 NC 膜在工作环境中充分平衡。

NC 膜表面蛋白质的干燥通常有 3 个阶段，首先蛋白质与溶液分离，通过静电吸附与 NC 膜表面结合；然后随着水分的挥发，蛋白质的内部结构展开暴露在疏水的环境中与 NC 膜结合；最后蛋白质发生重组，决定了蛋白质的活性。干燥的程度、干燥方法及时间都会对蛋白活性造成影响，常用的干燥方法有鼓风干燥箱干燥及烘房干燥。

5.6.3　样品垫处理

除了滤除杂质外，样品垫还通过添加赋予适当 pH、离子强度、黏度和阻断能力的试剂来校正样品成分。因此，通常将样品垫浸泡在专用缓冲液中并进一步干燥，然后再将其应用于试纸条。样品垫缓冲液主要包含四个主要成分：

5.6.3.1　缓冲剂

缓冲剂的类型和浓度将决定整个分析过程中溶液的 pH 值和离子强度。这不仅会影响检测的可重复性（通过为不同样品创建相同的条件），还会影响检测本身的灵敏度和特异性（pH 和离子强度会影响受体和靶标之间的相互作用以及非特异性结合）。最常用的缓冲液是磷酸盐缓冲液（pH 5.8～8）、Tris 盐缓冲液（pH 7.5～9）、HEPES 缓冲液（pH 6.8～8.2）和硼酸盐缓冲液（pH 8～10），其浓度取决于具体的试纸应用，但通常为 10～100mmol/L，更高浓度用于更复杂和多变的样品检测。

5.6.3.2　洗涤剂

在样品垫缓冲液中使用去污剂有两个主要功能：最大限度地减少非特异性结合（破坏弱离子和疏水键）和促进检测标记沿不同检测垫流动。样品垫中常用的去污剂有 SDS（0.05～0.5mg/100mL）、Tween-20（0.01%～0.1%，体积分数）和 Triton（0.05%～1%，体积分数）。

5.6.3.3　阻断剂

与去污剂一起，在样品垫缓冲液中使用封闭剂可以最大限度地减少非特异性键的形成，使 LFIA 更具特异性。此外，通过将封闭剂添加到样品垫上，可能不需要封闭色谱膜，从而使整体制造更容易和更快。最常用的封闭剂是 BSA（0.01～0.1mg/100mL）、牛奶（0.01%～0.1%，体积分数）和酪蛋白（0.1～2mg/100mL）。离液剂，如聚乙烯醇（0.1%～1%，体积分数）、聚乙烯吡咯烷酮（0.3%～1%，体积分数）和聚乙二醇（< 0.5%，体积分数），有时也添加到样品垫缓冲液中以防止非特异性相互作用，但这种策略不太常用。

5.6.3.4　防腐剂

在商业 LFIA 试纸中使用叠氮化钠等防腐剂（0.01、0.05mg/100mL）以防止试纸的微生物污染。

通常，样品垫干燥不如结合垫或色谱膜的干燥那么精细，主要是由于样品垫中没有精细的试剂，如抗体和纳米颗粒。最常见的干燥方法是将样品垫放入 37℃ 的烘箱中，也可以提高到 45～60℃，或用真空干燥。

5.6.4　结合垫处理

结合垫缓冲液的作用是最大限度地提高标记物的稳定性，并在被样品重新润湿时完全释放它们。除了标记物外，在结合垫缓冲组合物中有两个主要成分：

（1）缓冲剂　鉴于在 LFIA 中用于检测的大多数纳米颗粒是胶体悬浮液，它们的稳定性通常受溶液离子强度的影响。考虑到纳米颗粒在 LFIA 制造过程中经历干燥过程（导致盐浓度暂时增加），建议从低离子强度开始，最常用缓冲液是 2～5mmol/L 的硼酸盐缓冲液。需要提醒的是，样品垫缓冲液对整个检测的缓冲起主要作用。

（2）稳定和再溶解试剂　结合垫缓冲液的关键成分是糖，特别是蔗糖和海藻糖，其主要功能是保持脱水蛋白质的天然构象（糖分子的羟基在干燥时取代蛋白质周围的水）和在润湿时快速重新溶解。通常，糖的使用浓度范围为 1%～10%。

选择合适的缓冲液后，就可以通过空气喷射分配或浸渍工艺将生物受体纳米颗粒结合物加载到结合垫上。空气喷射分配是输送颗粒最可靠的非接触方法，因为其在整个垫上提供定量覆盖；当无法使用空气喷射法时，可以使用浸入法，其主要缺点是覆盖范围不均匀，可能导致试纸条之间的变异性增大。

干燥过程对于保持干燥的生物受体-纳米颗粒结合物的稳定性至关重要，并决定了标记物的释放效率，如未完全干燥的结合垫可能会产生无法通过色谱膜的糖浆状溶液。结合垫的干燥有两种方法：热风干燥和真空干燥。对于 LFIA 的规模化生产，热空气是最方便的方法，能够处理大量结合垫且成本较低，并且通常固定在 37℃，以不影响生物受体的稳定性。在较小的实验室或不需要大规模生产时，真空干燥可能是首选方法，因为它不是热诱导干燥过程，因此不会影响生物受体的稳定性，但需要更昂贵和精密的设备。

5.6.5　反应系统的建立及优化

免疫色谱试纸反应系统的构成主要为样品垫（玻璃纤维棉经样品垫缓冲液处理后干燥制得）、金标垫（玻璃纤维棉经金标垫缓冲液预处理干燥后，再喷涂金标蛋白经干燥后制得）以及上面提到的捕获试剂缓冲液。样品垫的主要作用为修饰样品，减少样品成分差异，过滤样品中的大颗粒杂质、有效调节样品 pH 值、吸附干扰检测的成分、封闭非特异性反应及提高检测灵敏度等，通常用去污、增稠剂、阻滞剂和盐等处理样品垫，避免使用复杂的显影/追踪缓冲液，影响检测便捷性；金标垫缓冲液及金标蛋白稀释液决定了金标蛋白的活性、释放率以及稳定性等。

蛋白质分子由亲水和疏水氨基酸组成，在水溶液中会自然折叠，让更多的疏水氨基酸折叠聚集在球形蛋白质内部，而让更多的极性氨基酸暴露在能与水结合的表面，相互作用力包括静电作用、氢键、范德华力、螯合作用以及共价键等。其中一些相互作用力对干燥等相变非常敏感，可能使通常折叠在分子内部的疏水氨基酸暴露在分子表面，从而造成蛋白质分子通过疏水表面与其他分子结合，导致蛋白质变性。为了保证检测的精确性和稳定性，在构建的反应系统中必须加入保护剂保持这些原料的稳定性和活性。

5.6.5.1 缓冲体系

免疫色谱试纸是基于抗原抗体反应建立的，而且样品也多种多样，因此需要选择合适缓冲液及 pH 值，通常缓冲液的 pH 为 6～9。在这个范围内可选的缓冲液主要有磷酸盐缓冲液、硼酸盐缓冲液、碳酸盐缓冲液及 Tris 等。使用的缓冲液离子强度应适中，当使用的缓冲离子强度过大如超过 0.2mol/L 时，有可能造成释放、色谱不好或检测结果异常。不同的缓冲液浓度也会有较大的区别，需要精心设计确定最终缓冲液。

5.6.5.2 表面活性剂及高分子物质

高分子物质是分子量较大的物质，这里主要指高分子化合物，可以吸附在胶粒的表面，形成了一层高分子保护膜，阻止了胶粒之间及胶粒与电解质离子之间的直接接触，对溶胶具有保护作用，能显著地提高溶胶的稳定性，因此在胶体金稀释液中必不可少。而且高分子物质在金标蛋白干燥过程中起到骨架作用，可以有效提高结合垫上金标蛋白的释放速度和比率。常用大分子物质如 PEG4000、PEG20000、PVP 等。

由于 NC 膜可以结合疏水性物质，因此可以结合捕获试剂，从而实现检测。但同时也会结合其他蛋白质或检测系统中的其他物质，为了克服这个问题，免疫色谱系统中需要加入表面活性剂和高分子等降低非特异性吸附。常用的表面活性剂有 Tween-20、TritonX-100 等。但是表面活性剂和高分子的存在又会干扰免疫反应，因此免疫色谱系统中加入的表面活性剂和高分子的种类及浓度均需要大量的实验慎重确定。

5.6.5.3 小分子物质

免疫色谱系统中常用的小分子物质主要包括甘油、蔗糖、海藻糖、各类低聚糖等，可以增加产品的储存稳定性。

5.6.5.4 惰性蛋白

缓冲系统中通常加入惰性蛋白，可以保护目的蛋白的活性，维持胶体金的胶体稳定，降低非特异性反应，也起着分散胶体金颗粒的骨架作用。常用的惰性蛋白有 BSA、OVA 及 Casein 等。

5.6.6 试纸贮存

为确保试纸的分析性能在不同应用和环境条件下随时间保持恒定，试纸条的存储条件起着至关重要的作用，影响试纸条稳定性的三个主要成分是生物受体、膜和标签。在大多数情况下，生物受体是试纸条稳定性的限制因素，在生物受体稳定性方面，稳定的 DNA

分子（包括适配体）与蛋白质（如抗体）有明显区别，适当干燥的 DNA 分子可以承受各种温度和储存条件，而蛋白质则需要干燥和凉爽的条件（在装有干燥剂的密封袋内 4℃ 保存），特别娇贵的生物受体可能还需要在相关缓冲液中添加稳定剂（如糖、蛋白质、琼脂和明胶）。此外，应考虑在试纸条上使用的一些表面活性剂以改善试纸的流动或标记颗粒的释放可能会缩短蛋白质的寿命。其次，色谱膜本身有保质期，劣化的硝酸纤维素膜呈淡黄色，产生酸味，并在进行检测后可能会产生微弱的线条。为了最大限度地延长其使用寿命，应将硝酸纤维素膜储存在干燥条件下并避免直接光照（在带有干燥剂的拉链袋中）。最后，检测标记的稳定性通常取决于标记本身的性质：经过适当修饰和玻璃纤维中的干燥颗粒不应有任何稳定性问题，而酶基或染料装载的颗粒标记可能需要冷藏以保持其活性。另外试纸条不应冷冻。

综上所述，优化免疫色谱试纸获得最佳的灵敏度、特异性及稳定性是一个具有挑战性的、复杂的过程，确定最佳的步骤和最合适的材料能够获得最佳的结果，只有熟知每个环节的机制，才能保证免疫色谱试纸的质量。

5.7

免疫色谱检测的常见问题

由于免疫色谱检测产品非常复杂，遇到的问题也是多种多样。常见的问题主要有纳米颗粒标记物问题、检测结果的假信号问题、检测线问题及检测灵敏度问题等，通常产生这些问题的原因并不是显而易见的，需要依赖于经验、系统和科学的方法、详细的故障排除预案才可以分析出原因，并找到解决方案。

5.7.1　纳米颗粒标记物常见问题及原因

纳米颗粒标记物的质量与免疫色谱产品的灵敏度、稳定性及特异性息息相关。常见的问题如下。

（1）制备的纳米颗粒标记物在溶液中不稳定　可能原因为缓冲液中离子强度太高，或者选择的偶联方法不恰当，可以尝试调整偶联过程中纳米颗粒和生物活性物质的比例、缓冲液的离子强度、表面活性剂和封闭蛋白的种类及用量或者更换偶联方法等。

（2）结合垫上纳米颗粒标记物释放差　可能原因为结合垫处理缓冲液配方以及干燥方法不合适等。可以尝试调整结合垫缓冲液中糖及蛋白的浓度，增加样品稀释液中表面活性剂浓度；如果使用多克隆抗体，需控制免疫复合物的形成等；优化干燥方式、温度及时间等参数。

（3）纳米颗粒标记物被破坏　通常为抗体丢失和抗体竞争、金颗粒表面抗体的疏水作用力被破坏以及抗体被水解等，出现这些问题的原因为标记不充分、标记时加的稳定剂不足、干燥不充分以及储存环境不合适等。

5.7.2 假信号产生的原因

假信号在免疫色谱检测中是影响最大的问题，其可能仅在检测某种特定类型或来源的样品时出现，也可能在多种情况下出现。如果在实验阶段不能很好地消除假信号，那么在大批量生产的时候将会造成很大的经济损失，因此充分分析假信号产生的原因是非常重要的。下面以胶体金免疫色谱试纸为例，分析假信号产生的可能原因。

假信号通常包括假阳性信号和假阴性信号，其产生可能由多种原因引起，包括样品原因、试纸的开发缺陷或操作不当等，所以在研发过程中需要对每个步骤进行彻底的、反复的、大量的验证从而尽量消除假信号的潜在因素。假信号的产生通常与金标物、捕获试剂、硝酸纤维素膜、系统中的化学试剂及样品有关。

5.7.2.1 产生假阳性的原因

（1）生物活性原料本身的问题　由于金标记物或者捕获试剂的抗原/抗体特异性不好，造成的非特异性反应；或者由于金标记物或者捕获试剂的抗原/抗体纯度不够等造成的交叉反应，如利用原核表达抗原制备的产品，如果纯度不够，抗原中的杂蛋白则会和有些血液样品产生反应，出现假阳性结果，这种情况的假阳性结果仅在小部分样品中出现。

（2）金标记物加入过量　过量的金标蛋白流过检测线，可能会在检测线拦截时堵塞孔径，出现假阳性信号；同时过量加入增加了金标记物回流的可能性，从而容易出现假阳性，因此一个好的金标记物不需要过量使用。

（3）金标记物聚集　由于胶体金质量不好或标记条件不适合或标记过程操作不当，从而造成制备的金标记物出现了聚集，流经检测线时堵塞孔径形成金堆积，或者由于疏水作用而聚集的金标记物黏附于检测线上形成金堆积，无论样品中是否有待测物质，金标记物均会与捕获蛋白发生非特异性反应，出现假阳性结果。

（4）金标记物在膜上爬行速度变慢　由于膜孔径太小、金标记物释放不佳、试纸各组分间接触不良、NC膜的疏水性太强以及样品黏性太大、上样量太少等造成金标记物在膜上爬行速度过慢，金标记物与拦截线接触的时间增加，从而造成非特异性反应，出现假阳性。

（5）超过规定时间观察结果　通常观察结果的时间不应超过20分钟，当时间过长后裸露在空气中的膜会逐渐干燥，样品携带金标记物很有可能开始从吸收垫向干燥后的膜回流。由于金标蛋白流经质控线时，可能存在一部分固定不牢的拦截物（此处以间接法测抗体试纸为例，质控线上应该固定有抗靶标物抗原的抗体）与金标记物（金标抗原）形成复合物后脱落，这部分复合物回流后经过检测线（固定有二抗）时被拦截，从而出现假阳性信号。

（6）样品的影响　许多样品中含有可能与金标记物或捕获试剂发生非特异性结合的物质，如含有细菌的样品，细菌含量的增加会提高样品的疏水性，引起金标记物或捕获试剂的非特异性反应。一些杂质较多的样品，有可能阻塞膜，特别是检测线，从而让金标记物堆积，产生假阳性。样品偏酸性或者含有大量正电荷蛋白质（如新鲜的尿液pH在

4～7之间，然而随着细菌繁殖 pH 值降低呈现酸性），在流动过程中使捕获试剂产生正电荷，从而引起与带有负电荷的金标粒子发生非特异性反应，不仅可能掩盖待测物与金标记物的结合，也能在检测线上形成堆积，影响检测结果。还有样品中的嗜异性抗体也会干扰检测结果，出现假阳性。

（7）反应系统的影响　反应系统中的一些化学试剂使用不当有可能产生假阳性结果，包括盐、活性剂、蛋白质、糖和聚合物等。

5.7.2.2　产生假阴性的原因

（1）用于检测线或者胶体金标记的生物活性物质本身活性较低或者用量较少　从而导致产品灵敏度较低，容易出现假阴性。

（2）标记垫或金标记物干燥过程处理不当　导致金标记物释放不完全或金标记物被破坏（脱落或者失活），从而影响检测灵敏度，造成假阴性。

（3）储存过程中吸潮　造成金标记物释放不完全或捕获试剂失活等，从而造成产品灵敏度下降出现假阴性。

（4）样品稀释浓度不合适　由于钩状效应而出现假阴性。

（5）在光线不好的环境下读取结果　同样容易造成假阴性。

影响检测准确性的因素还有上样量。免疫色谱试纸检测需要有一定的样品量才可检测，液体量太少时，无法完成整个反应，导致标记蛋白停留在检测区域，从而造成假阳性或错误信号；但量也不能过多，样品量加入过多会造成一部分蛋白质绕过拦截线从液体上层流过，从而出现假阴性或者错误信号。

5.7.3　拦截线常见问题及原因

NC 膜上也会存在各种各样的问题，主要有以下几个方面。

（1）拦截检测线显色较弱、微弱或弥散　根本原因是拦截线上固定的蛋白量太少，导致这一结果的原因有很多种，如配制的拦截线溶液中捕获试剂浓度过低、捕获蛋白在 NC 膜上的固定不牢固或者膜的流速过高等导致被流过的样品溶液洗脱而脱落，甚至会出现褪色的现象。

（2）拦截线过宽　可能由于捕获蛋白用量过大、捕获蛋白吸附弱或弥散等。

（3）拦截线润湿不均一　可能为膜的缺陷（疏水不均匀或者孔结构不均匀等）、膜干燥不均一或者膜的储存不当等，针对这个问题，可以尝试通过试纸缓冲液中添加温和的表面活性剂，给拦截线提供一个均一的疏水环境，保证拦截线的重润性，或者对膜进行封闭也是保证拦截线湿润的常用手段。

5.7.4　检测灵敏度问题

免疫色谱检测灵敏度问题，主要原因为生物活性原料本身性质，得不到更好的生物活性原料时，通常可以尝试以下方法进行提高。①增加纳米颗粒标记物浓度；②使用流速较慢的 NC 膜；③改变 NC 膜上拦截物的量；④改变缓冲液中离子强度、pH 值和表面活性剂的浓度；⑤改变纳米颗粒种类及反应模式；⑥预处理样品（如浓缩、提纯、放大或不稀释）或者增加样品量；⑦改变试纸条的尺寸和结构；⑧升级定量装置（摄像机、传感器及软件等）。

5.8

免疫色谱技术展望

LFIA因其快速判定、低成本和易用性成为全球最流行的即时检测技术之一，可以满足最近修订"REASSURED"标准（增加了实时连接性、标本采集便利性和环境友好性）的额外要求，特别适用于发展中国家和农村等资源有限的地区进行即时和现场诊断。然而，传统LFIA存在灵敏度不高、缺乏定量检测、无法多重和多步检测等局限性，人们对LFIA进行了大量的技术革新，以提高其灵敏度和特异性，实现更准确和更高性能的POCT检测。在临床诊断领域，下一代LFIA技术需要实现两个目标：一是多重蛋白靶标的高灵敏度、定量检测，如试纸芯片；二是整合核酸扩增和检测的一体化试纸检测；同理对于环境监测，LFIA也需要提高对多重靶标的高灵敏度和定量检测，并实现对化合物家族而非特定分子的检测。上述任务需要不同学科从理想特性生物受体筛选（快速结合动力学和稳定性）、优异性能新型材料（新型标记材料、色谱膜、垫和过滤膜），到LFIA制造工艺编程优化和便携式阅读器定量分析等共同协作完成。

5.8.1 高灵敏度检测

胶体金标记是免疫色谱试纸的经典标记模式，传统上，通过肉眼判定AuNP积累引起的颜色变化，这种检测策略简单快速，可满足常规靶标的检测需求，而对毒素、药物等低浓度靶标进行检测时则需要更高的敏感性。传统试纸相对较低的敏感性原因在于免疫色谱试纸仅检测膜表层（$10\mu m$）的信号，而整个检测膜厚度约为数百微米，其下层产生的信号不能检出。提高灵敏度的重要策略包括方法改进和样品富集，信号放大可以将检测灵敏度提高几个数量级，使LFIA能够实现ELISA级别的灵敏度；样品预扩增配合LFIA读数可提供PCR相当的敏感性（图5-15）。近年来，在开发高灵敏度LFIA方面利用传统和新设计LFIA标记物的固有物理和化学特性开展大量创新工作，已报道各种化学识别和扩增策略用于硬件和算法开发方面，为许多临床和其他应用开辟了令人兴奋的机会（图5-16）。然而，许多提高LFIA灵敏度的技术需要更长的检测时间，因此平衡灵敏度和检测时间对未来POCT诊断（30分钟内的PCR水平灵敏度）的开发提出了重大挑战。

5.8.1.1 结构改良LFIA

（1）样品垫修饰　样品垫可能是LFIA试纸中较少用于提高检测灵敏度的组件，样品垫纤维素的固有特性和使用它的任务，显然限制了修改的可能性。然而，最近通过使用疏水蜡修饰样品垫实现了对样品垫试剂的预存储。疏水性蜡屏障允许在加样孔处形成竖立的样品液滴，预存储试剂通过逐渐再水合到样品液滴中实现的延迟释放，为进一步使用样品垫作为样品收集器和试剂容器开辟了道路，有利于提高检测灵敏度。

（2）**结合垫修饰** 玻璃纤维的特性使其成为固定和释放生物标记物的理想选择，也被用于存储能够放大信号的额外试剂。除了标准结合垫，引入额外的所谓增强垫，是最近几年提出的新兴策略之一。增强垫的第二个纳米颗粒标记物能够与第一个标记物相互作用形成纳米颗粒双重标记，提高了其在检测线的密度，从而提高检测的灵敏度高达30倍。此外，间接ELISA的放大原理也已应用于LFIA，方法是在结合垫上吸附经纳米颗粒标记二抗预处理的检测靶标特异性抗体，二抗的多克隆特性能够与一抗多重结合，从而在检测线产生增强纳米颗粒信号，从而将检测灵敏度提高到100倍。

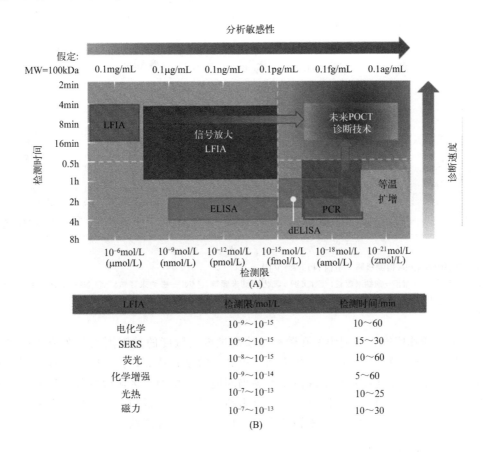

图5-15 信号放大LFIA与其他技术检测灵敏度和时间比较（引自Liu Y）

（A）信号放大LFIA与核酸等温扩增和数字ELISA的比较；（B）不同信号放大LFIA的检测限区间和时间

（3）**检测膜修饰** 检测膜可能是LFIA试纸的关键部件，硝酸纤维素膜的孔隙率必须足够高以允许流体流动，同时又足够低以使分析物与纳米颗粒结合物有机会相互作用。在结合垫和检测线之间的区域引入了不同的物理屏障，以延迟流动并最大化分析物-结合物的相互作用时间，最终提高分析的灵敏度。最常用的策略是通过蜡印制造延迟疏水屏障，印在膜上的蜡印迹会在毛细管流动中产生延迟和假湍流，增加分析物和结合物之间的相互作用时间，提高免疫检测效率并导致灵敏度增加高达5倍。嵌入检测膜的可调节亲水棉线屏障也显示降低流速的能力，使灵敏度提高 4 倍；与蜡屏障相比，棉线改性更简单，制备的检测膜更稳定，不易受到干扰。此外，可溶性盐水屏障也可达到该目的，溶解盐水屏障有助于降低流速，增加免疫反应时间，整体提高灵敏度约 10 倍。

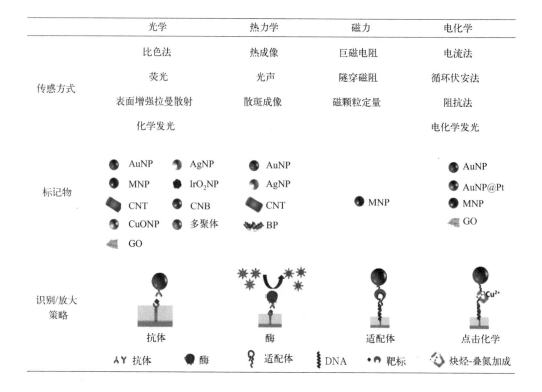

图 5-16　高灵敏度 LFIA 检测策略（引自 Nguyen VT）

AuNP—金纳米颗粒；AgNP—银纳米颗粒；CuONP—氧化铜纳米颗粒；MNP—磁纳米颗粒；IrO₂NP—氧化铱（Ⅳ）纳米颗粒；GO—氧化石墨烯；CNT—碳纳米管；CNB—纤维素纳米珠；BP—黑色荧光粉；Pt—铂

（4）检测线修饰　检测膜的孔隙率是检测试纸灵敏度的关键因素。在结合垫和检测线之间的区域引入疏水屏障可以延缓流动，提高灵敏度；然而，该策略会导致检测时间大幅增加、膜缺陷、流动停止和重现性差等突出问题。在检测线区域改变膜孔径可改善上述限制，在硝酸纤维素膜检测线区域嵌入纤维素纳米纤维使靠近膜表面区域孔隙率增加，将生物受体限制在膜表面，导致纳米颗粒密度增加，灵敏度提高约 35%。

5.8.1.2　比色 LFIA

比色 LFIA 检测器测定由标记物固有光吸收和散射特征产生的 LFIA 图像对比度或光密度（OD），相关检测系统可采用自然光或外部光源（如 LED）；通过图像传感器获取图像后，使用过滤器分离检测线和质控线，并对其像素值进行计算分析，通常以检测线和质控线像素值的比值判定结果，但也可以使用其他特征进行灵敏检测。

（1）金属纳米颗粒　金属纳米颗粒是比色 LFIA 最广泛使用的标记物之一，AuNP 在可见光至近红外光谱范围内表现出明显且大的吸收，球形 AuNP 因制作方便、成本低廉是最初用于比色 LFIA 的纳米颗粒；然而，最近不同形状和大小的 AuNP，以及基于 AuNP 的合成颗粒，如 AuNP 装饰的二氧化硅纳米棒和银染双金等用于高灵敏 LFIA。此外，其他金属纳米颗粒如氧化铱（Ⅳ）纳米颗粒（IrO$_2$NP）和氧化铜纳米颗粒（CuONP）也用作新的比色标记物。

（2）非金属纳米颗粒　非金属纳米颗粒在 LFIA 的应用也引起极大关注，代表性颗粒包括碳纳米管（CNT）、氧化石墨烯（GO）、彩色乳胶珠和纤维素纳米珠（CNB）。与 AuNP 相比，非金属纳米颗粒表面积大和稳定性高，其灵敏度较 AuNP 提高 10 倍。

（3）信号放大策略　除了开发新的标记物外，还有多种化学放大策略用于比色 LFIA，通过在生物标记周围装配许多示踪粒子来放大输出信号。以辣根过氧化物酶（HRP）偶联 AuNP，$3,3',5,5'$-四甲基联苯胺（TMB）为底物显色是常用基于酶的 LFIA，其灵敏度可提高 1 个数量级。尽管通过化学放大可显著提高 LFIA 灵敏度，但在干燥条件下的保持酶和催化剂试剂的功能面临挑战，可能的解决建议是将相关试剂沉积在 LFIA 的结合垫上，并加保护试剂（如聚合物和蔗糖）用于干燥形式维持活性。

5.8.1.3　荧光 LFIA

高灵敏度 LFIA 也可用荧光染料进行标记。与比色法相比，基于荧光的检测具有更高的信噪比，因此提供更高的灵敏度和更低的检测限。尽管传统基于荧光的方法受到光漂白和稳定性差等多种限制，最近发展的荧光量子点（QD）已用于 LFIA 稳定检测。基于荧光的 LFIA 探测器主要由激发光源、透镜、滤光片和图像传感器组成，与比色成像设置不同，高功率光源如激光器和激光二极管是理想的高效荧光激发光源，此外还需要二向色或发射滤光片完全阻挡除荧光发射之外的其他光。

5.8.1.4　表面增强拉曼散射（SERS） LFIA

表面增强拉曼散射（SERS）是一种增强吸附在粗糙金属表面上分子拉曼散射的检测方法，由于其无损和超灵敏特征，基于 SERS 的检测方法受到广泛关注。此外，拉曼散射的增强因子可以高达 $10^{10} \sim 10^{11}$，表明 SERS 在单分子检测中的能力。LFIA 也受益于 SERS 的高灵敏度和精密度，通过整合 SERS，试纸的灵敏度通常会提高 2～3 个数量级或更多。各种形态的金纳米颗粒已被用作基于 SERS 的超灵敏标记和多重 LFIA 检测，在靶分子与 SERS 示踪剂结合后，可观察到拉曼散射光谱的显著变化，并由高性能光谱仪测量。

5.8.1.5　化学发光（CL） LFIA

CL 检测用于 LFIA 已有报道，该方法可提供高的可检测性、易于小型化和较短检测时间。与 AuNP 的敏感性相比，$Eu^{2+}Dy^{3+}$ 共掺杂铝酸锶（$SrAl_2O_4$：Eu^{2+}，Dy^{3+}）持久发光纳米荧光颗粒表现出优异的分析性能。此外，与其他光学检测器相比，LFIA 试纸 CL 检测所需的仪器设备要简单得多，并且易于小型化。

5.8.1.6　热力 LFIA

传统比色 LFIA 的主要缺点是它们的灵敏度，即检测线中的痕量检测靶标的视觉对比度缺乏变化。最近，利用标记纳米颗粒在外部刺激下的热响应已经引入 LFIA 检测。金属纳米颗粒在特定光谱范围内表现出极高的吸收，称为 LSPR。纳米颗粒的 LSPR 响应取决于金属粒子的材料、大小和形状，当粒子被波长与 LSPR 吸收带波长匹配的光照射时，粒子会吸收光能并产生热量；这种温度升高与标记颗粒的数量成正比，并且这种光热响应的定量检测能够测量样品中的分析物浓度。目前，已报道的热力 LFIA 包括热成像、光声和激光散斑成像等。

5.8.1.7 磁力 LFIA

用于分离测定和成像造影剂磁纳米颗粒（MNP）可用作 LFIA 的高灵敏度标记物，在外磁场的作用下，MNP 生成的磁信号可以通过巨磁阻（GMR）、隧道磁阻（TMR）和磁粒量化传感器（MPQ）等多种方法检测，用于定量测定 LFIA 的 MNP。GMR 和 TMR 是磁阻传感器，用于测量在外磁场下由 MNP 诱导的传感器电阻变化；而基于 MPQ 的 LFIA 则测定 MNP 在振荡磁场下的非线性磁响应。基于 MNP 磁响应的 LFIA 提供了优于其他传感方式的特性，大多数生物标本（如尿液、血清、血液）没有可检测的磁性成分，因此提供了一个没有背景干扰且检测限较低的传感平台。

5.8.1.8 电化学（EC）LFIA

EC LFIA 测量导电或半导体电极上的标记物相互作用时引起的界面电子转移电阻变化。传统的 EC LFIA 采用配备多个电极的 LFIA 试纸，而且主要使用电活性标记物（如氧化还原指示剂），其在识别检测靶标后产生带电物质。安培法、伏安法和阻抗法是具有代表性的 EC 检测方法。另外，最近已经证明了电致发光指示剂可用于 EC LFIA，并采用光学读数方法。EC LFIA 具有在大检测范围内高灵敏度响应、高重现性和低检测限的优点，光刻和丝网印刷技术也使得 LFIA 纸条电极制备更加高效。然而，与传统 LFIA 试纸相比，EC LFIA 芯片制造仍然复杂且昂贵，某些基于 EC 检测需要额外的试剂和程序，而且检测需在液相中进行，限制其在各种现场检测中应用。

5.8.2 高通量检测

LFIA 通常用于在每次测定中检测单一靶标，但从单一样品同时现场检测不同物质越来越重要，多重检测的好处在于提高检测效率和降低成本，对样品有限的检测尤为重要。与 ELISA 等以微孔板形式检测技术相比，LFIA 特别适合进行多重检测，事实上 LFIA 试纸的结构具有在单个分析设备中排列多个检测位点的可能性。在检测膜上喷点不同检测试剂（如抗体、抗原），或以不同光学特性的亮子点或上转荧光标记免疫试剂，以及建立集成化免疫色谱试纸，形成试纸芯片（lateral flow microarray，LFM），在同一膜上作多种项目测定和多项目的组合测定，实现多重检测（图 5-17）。实现 LFIA 多重检测常用的策略包括多重检测线、多通道试纸和多重标记等。

5.8.2.1 单条多联 LFIA

常规 LFIA 试纸至少包含两个识别位点：一个结合检测靶标物（检测线），另一个作为内部质控（质控线），两个位点尽管使用同一探针检测同一样品，但它们的结合反应通常相互独立。因此，在同一试纸的色谱膜上增加检测线，每条检测线都有一个特定的检测受体来捕获相应的标记物，是对标记物进行多重检测最直接的方法。目前最流行的多联 LFIA 是在以金纳米颗粒、量子点或荧光微球为标记物，分别在色谱膜上设计多个检测线或点。标记物可采用特异识别检测靶标的标记受体（如单抗）组合，也可使用识别同类检测靶标的通用标记受体（二抗或 SPA），但检测线须用特异识别不同检测靶标的捕获受体，并且对相关检测靶标不能有交叉反应。然而，多联 LFIA 并不像单联检测那么简单，检测靶标数量的增加会干扰相邻检测线的识别。在不延长试纸条长度的情况下，可以在单

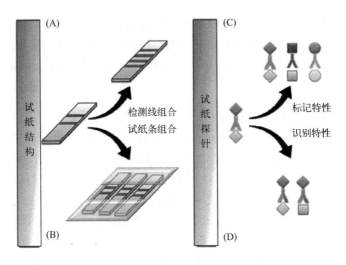

图 5-17　多重 LFIA 研发策略（引自 Anfossi L）

（A）在单个试纸条中检测线矩阵排列；（B）试纸条矩阵排列；（C）不同的信号报告分子；（D）广谱识别的信号分子

个试纸条上排列的检测线数量是有限的，并且色谱膜的伸长需要增加样品量和检测时间。此外，色谱膜长度增加会影响硝酸纤维素膜的性能再现性和流动性。因此，单个试纸条包含的最大行数为六行（包括质控线），最多只能同时检测五种不同分析物，最常见的单条多联 LFIA 可检测两到三种分析物。增加检测靶标的可行策略是由检测线改为检测点，事实上在试纸条上检测点的排列要远远大于检测线。刘肖利用流感病毒 HA 特异性单抗在色谱膜上设计 2 * 3 矩阵，以胶体金和胶体金-微球复合物标记相应配对单抗，研制了动物流感亚型鉴定试纸芯片，实现对动物流感毒主要 HA 亚型（H1、H3、H5、H7 和 H9）的同步检测；试纸芯片在 DNA 和 RNA 核酸多重检测中有更广泛的报道。

5.8.2.2　多通道 LFIA

为避免单条多联 LFIA 的限制，可采用多通道 LFIA 结构，即具有多个试纸条的多通道结构，用于生物靶标的多重检测；待检品在每个试纸条平行流动，而试纸条又可以容纳一条或多条检测线，这种方法的优点在于有较大的多重检测能力和各试纸条相互独立、互不干扰。事实上，每个试纸条都可以单独开发，然后整合在一起即可，不需要任何进一步的优化。

5.8.2.3　多重标记 LFIA

在某些情况下，单条检测线也有可用于生物靶标的多重检测，检测线上印迹有不同检测受体以捕获不同的标记物。最近，Nardo 等报道利用红色和蓝色金纳米颗粒作为标记探针建立同时检测黄曲霉毒素 B_1（AFB_1）和伏马菌素 B_1（FMB_1）的多重标记 LFIA，肉眼判定 AFB_1 和 FMB_1 临界值分别为 1ng/mL 和 50ng/mL；智能手机记录的 AFB_1 和 FMB_1 的检测线分别为 0.05ng/mL 和 20ng/mL。

5.8.3　数字化检测

虽然传统金标试纸成本低廉且眼观即可进行结果判定，但手动记录和主观判定常导致假阳性或假阴性，因此需要研究开发便携式免疫色谱试纸检测设备或基于智能手机的检测应用软件，实现免疫色谱试纸的实时定量检测。目前，已有光学、电化学和磁性阅读系统相继报道，但其与用户的实际需求还有较大差距，特别是便携性、操作简便性、检测速度、低成本等。

5.8.3.1　便携式阅读仪（Reader）

Qiagen 公司的 ESEQuant 定量侧向色谱读数仪是一个可提供原始设备制造商（original equipment manufacture，OEM）合作服务，基于新一代侧向色谱检测技术能够快速定点检测，用于荧光及比色检测的系统。ESEQuant 定量侧向色谱读数仪通过结合传统的侧向色谱和现代检测技术能够满足目前及未来诊断检测的要求。Waters 公司 Vertu 的免疫色谱试纸阅读仪（vertu lateral flow reader）是一款快捷、简便、定量检测霉菌毒素的数字化阅读仪，可实现对食品和农产品的霉菌毒素的单个或多重检测，该检测平台满足美国农业部谷物检验、批发及畜牧场管理局和其他霉菌毒素现场和实验室检测的国际标准。Detekt Biomedical 公司研制的 RDS-1500 Pro 阅读仪全面应用个人数字助理（personal digital assistant，PDA）技术和独立的 USB 系统，适用于多种类型的免疫色谱试纸条或试纸卡的定量分析。Alexeter Technologies 公司 Defender TSR 免疫色谱试纸阅读仪为手持式检测仪，可同时分析 8 个样品，具有 Wi-Fi、蓝牙和 USB 接口，适用于现场检测。

5.8.3.2　智能手机检测（Mobile）

最近几代智能手机配备了功能强大的内部摄像头，安装适当的设计软件协助就可以进行 POCT 检测。目前，已经开发了几种可以帮助 LFIA 的应用，这些程序能够处理图像以实现定量分析，而无需任何外部设备。然而，由于光线、相机位置甚至操作员稳定性的干扰，上述方法提供的结果可重复性还较低。对于这些问题，人工智能可能是一个很好的解决方案。最近，Mendels 等人应用人工智能改进传统 LFIA 检测 COVID-19 的检测结果解释，利用智能手机应用程序 xRCovid 通过机器学习在很大程度上消除了人为错误。此外，智能手机可用于基于荧光报告基因的 LFIA，通常提供灵敏度更高的检测，该设备具有便携性，通过使用特殊的镜头或配件可在患者身边使用，以提供高精度和高性能。最近，Liu 等人报道了一种便携式荧光智能手机系统，用于超灵敏检测 COVID-19 IgM/IgG，基于 QD 的 LFIA 检测 COVID-19 IgM 和 IgG 抗体可以达到 99% 灵敏度。智能手机-AI 辅助检测可以定量检测低水平的信号强度，减少误诊，检测结果可在 5～8min 内提供，灵敏度高达 97.4%，特异性高达 98.3%。

主要参考文献

[1] Nardo F D, Chiarello M, Cavalera S, et al. Ten years of lateral flow immunoassay technique applications: trends, challenges and future perspectives [J]. Sensors （Basel）, 2021,

21: 5185.

[2] O'Farrell B. Evolution in lateral flow-based immunoassay[M]. Systems RC Wong, HY Tse Ed. Lateral Flow Immunoassay. Humana Press, New York, 2009: 1-33.

[3] Andryukov B G. Six decades of lateral flow immunoassay: from determining metabolic markers to diagnosing COVID-19[J]. AIMS Microbiol, 2020, 6: 280-304.

[4] Boehringer H R, O'Farrell B J. Lateral flow assays in infectious disease diagnosis[J]. Clin. Chem., 2021, 68: 52-58.

[5] Zhang G, Guo J, Wang X. Immunochromatographic lateral flow strip tests[M]. A Rassoly and KE Herold Ed. Biosensors and Biodetection, Humana Press, New York, 2009: 169-183.

[6] 张改平. 免疫层析试纸快速检测技术[M]. 郑州: 河南科学技术出版社, 2015.

[7] Koczula K M, Gallotta A. Lateral flow assays[J]. Essays Biochem, 2016, 60: 111-120.

[8] Parolo C, Sena-Torralba A, Bergua J F, et al. Tutorial: design and fabrication of nanoparticle-based lateral-flow immunoassays[J]. Nat. Protoc., 2020, 15: 3788-3816.

[9] Bahadır E S, Sezgintürk M K. Lateral flow assays: principles, designs and labels[J]. TRAC-Trend. Anal. Chem., 2016, 82: 286-306.

[10] Wan Y, Qi P, Zhang D, et al. Manganese oxide nanowire-mediated enzyme-linked immunosorbent assay[J]. Biosens Bioelectron, 2012, 33: 69-74.

[11] Zhang J, Gui X, Zheng Q, et al. An HRP-labeled lateral flow immunoassay for rapid simultaneous detection and differentiation of influenza A and B viruses[J]. J. Med. Virol., 2019, 91: 503-507.

[12] Wang Z, Zhao J, Xu X, et al. An overview for the nanoparticles-based quantitative lateral flow assay[J]. Small Methods, 2022, 6: e2101143.

[13] Lin G, Jin D. Responsive sensors of upconversion nanoparticles[J]. ACS Sens., 2021, 6: 4272-4282.

[14] Richards B S, Hudry D, Busko D, et al. Photon upconversion for photovoltaics and photocatalysis: A critical review[J]. Chem. Rev., 2021, 121: 9165-9195.

[15] Hlavacek A, Farka Z, Mickert M J, et al. Bioconjugates of photon-upconversion nanoparticles for cancer biomarker detection and imaging[J]. Nat. Protoc., 2022, 17: 1028-1072.

[16] Zhang Y H, Hu J, Li Q, et al. detection of microorganisms using recombinase polymerase amplification with lateral flow dipsticks[M]. CS Pavia, V Gurteler Ed. Immunological Methods in Microbiology. Academic Press, London, 2020: 319-349.

[17] Chaudhuri B, Raychaudhuri S. Manufacturing high quality gold sol. Understanding key engineering aspects of the production of colloidal gold can optimize the quality and stability of gold labeling components[J]. IVD Technology, 2001, 7(3): 1-9.

[18] Jones K, Hopkins A. Evaluation of the efficiency of a range of membrane blocking agents for nitrocellulose membrane based in vitro diagnostic devices[J]. Clin Chem., 1998, 44: A2.

[19] Jones K. Troubleshooting protein binding in nitrocellulose membranes, part 2: Common problems[J]. IVD Technology, 1999, 5(3): 26-35.

[20] Jones K. Troubleshooting protein binding in nitrocellulose membranes, part 1: Principles[J].IVD Technology, 1999, 5(2): 32-41.

[21] Wild D. The immunoassay handbook[M]. Elsevier Science, Oxford, 2013.

[22] Nguyen V T, Song S, Park S, et al. Recent advances in high-sensitivity detection methods for paper-based lateral-flow assay[J]. Biosens Bioelectron, 2020, 152: 112015.

[23] Liu Y, Zhan L, Qin Z, et al. Ultrasensitive and highly specific lateral flow assays for point-of-care diagnosis[J]. ACS Nano., 2021, 15: 3593-3611.

[24] Diaz-Gonzalez M, de la Escosura-Muniz A. Strip modification and alternative architectures for signal amplification in nanoparticle-based lateral flow assays[J]. Anal. Bioanal. Chem., 2021, 413: 4111-4117.

[25] Wang L, Wang X, Cheng L, et al. Sers-based test strips: Principles, designs and appli-

cations[J]. Biosens. Bioelectron. , 2021, 189: 113360.

[26] Anfossi L, Nardo F D, Cavalera S, et al. Multiplex lateral flow immunoassay: An overview of strategies towards high-throughput point-of-need testing [J]. Biosensors （Basel）, 2018, 9: 2.

[27] 刘肖. 基于乳胶微球-胶体金复合纳米材料的流感病毒多亚型快速检测试纸研制[D]. 郑州: 河南农业大学, 2020.

[28] Huang L, Tian S, Zhao W, et al. Multiplexed detection of biomarkers in lateral-flow immunoassays[J]. Analyst, 2020, 145: 2828-2840.

[29] Nardo F D, Alladio E, Baggiani C, et al. Colour-encoded lateral flow immunoassay for the simultaneous detection of aflatoxin B_1 and type-B fumonisins in a single test line[J]. Talanta, 2019, 192: 288-294.

[30] Hsiao W W, Le T N, Pham D M, et al. Recent advances in novel lateral flow technologies for detection of COVID-19[J]. Biosensors （Basel）, 2021, 11: 295.

第 6 章
兽用 PCR 类
试剂的研制

兽用 PCR 类试剂是指检测家畜、家禽及野生动物疫病病原核酸或物种源性成分的一类试剂，常见的兽用 PCR 试剂包括普通 PCR 试剂、荧光 PCR 试剂、数字 PCR 试剂。数字 PCR 作为新型兽用诊断技术一章中的一节单独进行介绍，本章只介绍普通 PCR 和荧光 PCR。PCR 技术问世于 20 世纪 80 年代，并在 20 多年的发展中，得到了广大科研工作者和检疫人员的青睐，围绕大多数动物疫病病原，建立了敏感性高、特异性强、重复性好的检测方法，在动物疫病防控领域发挥了重大的作用，普通 PCR 和荧光 PCR 检测方法被世界动物卫生组织（WOAH）推荐，成为国际通行的检测方法，特别是荧光 PCR 检测方法，无论从分析敏感性、分析特异性、诊断敏感性、诊断特异性方面，还是检测时限方面，都相近或优于病原分离鉴定，成为目前病原检测的"金标方法"。自 2018 年非洲猪瘟疫情在我国暴发以来，非洲猪瘟病毒荧光 PCR 检测试剂在防控工作中发挥了重要作用，多家试剂生产企业先后获得农业农村部颁发的新兽药注册证书和/或兽药产品批准文号。非洲猪瘟病毒检测试剂的合法生产及广泛应用，大大提高了我国各类检测实验室的检测技术水平。在诊断制品 GMP 车间生产荧光 PCR 检测试剂，规范了从原材料到产品的各个环节，使我国诊断试剂的生产水平上了一个新台阶。为了使 PCR 类试剂更好地服务于动物疫病防控工作，使检验检疫人员更好地了解掌握 PCR 检测技术，本章介绍了普通 PCR 和荧光 PCR 的原理及应用、PCR 试剂研发的基本原则、PCR 试剂研发的关键点、PCR 试验常见问题及 PCR 技术的发展趋势，对 PCR 类检测方法的建立进行了较为详尽的阐述。

6.1

概述

　　聚合酶链反应（polymerase chain reaction，PCR），又称作 DNA 或基因体外扩增技术，是生命科学领域的创新性发明，是分子生物学研究必不可少的实验工具。目前该技术被广泛应用于基础研究、医学、生物科学和农业科学等各大领域，持续推动着分子生物学和生物技术相关产业的发展。PCR 技术在动物疫病临床诊断、家畜繁殖及育种等畜牧兽医领域的应用中不断地深化和拓宽。

　　1953 年，詹姆斯·沃森和弗朗西斯·克里克发表的 DNA 双螺旋结构模型标志着当代分子生物学的诞生，从此开启了生命科学 DNA 研究的新方法和新技术。PCR 技术原理类似基因复制，1971 年该技术首次由 Kjell Kleppe 发表在 *Journal of Molecular Biology* 期刊中。同年，H. Gobind Khorana 首次用化学方法人工合成丙氨酸 tRNA 的结构编码基因，并最早提出核酸体外扩增的设想。如今，广泛发展应用的 PCR 技术始于 Kary B. Mullis 及其团队的开拓性研究，1983 年 Kary B. Mullis 利用大肠杆菌 DNA 聚合酶完成了一个循环的 PCR 实验，随后利用同位素标记法在 10 个循环后获得了第一个长度为 49bp 的 PCR 片段，实现了 Gobind Khorana 设想的体外扩增 DNA 的方法。1985 年，Mullis 等人申请并获得了 PCR 技术相关专利，使该项技术成为了现代分子生物学发展的重要里程碑。

20世纪80年代，PCR扩增的温度调节大多使用三个不同温度的水浴锅，人为控制一次次的"变性、退火、延伸"循环，每一个循环均需要加入热不稳定的大肠杆菌聚合酶Ⅰ（Klenow），因为该酶在DNA变性的过程中会失去活性。虽然1988年初，Keohanog使用T4 DNA聚合酶进行了扩增技术的改进，但在整个扩增过程的每次循环中仍然需要加入新的酶。同年，Saiki等人从黄石公园温泉中分离的一株水生嗜热杆菌（*Thermus aquaticus*）中纯化出一种耐热的DNA聚合酶后，成功实现了DNA的自动扩增，并且因为退火和延伸温度的提高，产物特异性和扩增效率也相应有了提高，这也使得后来的PCR操作大大简化。但是扩增产物分析仍需要打开反应管，而且对于初始模板DNA无法定量。作为检测方法，这种操作常常会因为气溶胶的产生，而引起实验室严重的扩增产物污染。

1986年，Russell Higuchi等人开始封闭PCR反应管内加入溴乙锭染料的荧光技术研究，在紫外线下持续检测管内的荧光状况，由于溴乙锭在每一循环的延伸阶段都能与双链DNA结合，所以随着扩增产物的增加，荧光信号也随之增强。1991年，TaqMan®探针技术首次于 *Proceedings of the National Academy of the Science of the United States of America* 上发表，1995年，美国Applied Biosystems公司利用 *Taq* DNA多聚酶的5′核酸外切酶活性能够降解特异性荧光标记探针，从而使得间接检测PCR产物成为可能，这种探针能与靶基因特异性结合，不仅灵敏度大大高于普通PCR，而且也增加了特异性。荧光检测系统也在逐步改进，第一代商品化实时荧光PCR仪普遍采用多个光导纤维（一个光导纤维针对应一个反应管）、顺序激发和阅读每一个反应管荧光的快速多重系统。1996年，美国Applied Biosystems公司首先推出的荧光定量PCR检测系统，标志着q-PCR技术的诞生。此后，随着荧光定量PCR仪及试剂盒的商品化发展，q-PCR技术取得了突飞猛进的进展。20世纪90年代后期，荧光PCR检测技术开始在医学、生物学、兽医学等领域广泛应用。经过20多年的发展，荧光PCR技术已成为世界动物卫生组织（WOAH）手册首推的疫病诊断检测技术，我国动物疫病病原检测荧光PCR技术国家标准也越来越多。新兽药注册方面，2005年北京出入境检验检疫局与深圳匹基生物工程公司共同获得了首个荧光PCR新兽药证书——禽流感病毒H5亚型荧光RT-PCR检测试剂盒一类新兽药证书。

1990年耶鲁大学医学院的Claiborne Stephens和1992年Sykes等分别应用单分子稀释（single molecular dilution，SMD）PCR、样品有限稀释检测低丰度IgH重链突变基因和泊松统计等，建立了数字PCR（digital PCR，dPCR）的雏形。1999年，美国约翰·霍普金斯大学的Kenneth Kinzler与Bert Vogelstein采用极限稀释和增加反应孔数的检测方式，对384孔板中每个反应孔的样品量进行检测，在 *Proceedings of the National Academy of the Science of the United States of America* 上首次发表了数字PCR方法，实现了定量分析技术的突破。

继一代普通PCR技术、二代荧光定量PCR技术和三代数字PCR技术的更迭创新，在科研工作者不断的努力下，该技术与各学科不断深入融合，极大地推动了相关应用领域的发展，促进了兽用领域PCR技术的研究和应用。未来，随着该技术持续的新发展，分析定量精准、结果检测快速、系统化、集成化和智能化必将成为发展和应用的新趋势。

6.2

PCR 检测技术的原理与分类

PCR 检测技术是一种模拟天然 DNA 复制过程的分子生物学新技术。该技术主要通过人工合成的一小段单链 DNA 片段（引物）与特定模板 DNA 特异性结合，以四种 dNTP 为底物，通过 DNA 聚合酶沿着引物和模板形成的双链部分的 3′端聚合形成 DNA 片段，从而实现 DNA 体外扩增。PCR 技术的发明使目的基因或某一 DNA 片段在短时间完成百万倍的指数级扩增，实现了生物遗传物质的微量研究技术革命。随着 PCR 技术的不断发展，科研人员对常规 PCR 技术不断进行改进，逐步衍生出了很多新的 PCR 技术，为生命科学不同领域的研究提供了更多的研究方法。目前诞生的各类 PCR 技术主要包括反转录 PCR、扩增已知/未知序列两侧 DNA 的 PCR、定量 PCR、免疫 PCR、重组和表达 PCR 以及其他 PCR 方法等，具体方法及应用分类见表 6-1。

表 6-1 不同 PCR 方法及应用领域分类

序号	方法/应用领域	具体分类
1	反转录 PCR	常规 RT-PCR
		一步 RT-PCR
		多标志物 RT-PCR
		反转录-快速 PCR
		反向连接介导的 PCR
		RNA-PCR
2	扩增已知序列两侧 DNA 的 PCR	反向 PCR
		锚定 PCR
		RACE-cDNA 末端的快速扩增
		连接介导的 PCR
3	扩增未知序列两侧 DNA 的 PCR	差异显示 PCR
		限制性显示 PCR
		消减 PCR
		简并 PCR
		Alu-PCR
		外显子捕获 PCR
4	致突变 PCR	随机错误掺入构建突变体库
		构建定点突变序列或重组序列
		排除野生型 DNA 的定点突变 PCR
5	定量 PCR	实时荧光 PCR
		竞争性 PCR
		内部控制的病毒粒子 PCR
6	免疫 PCR	细胞免疫 PCR
		免疫捕捉 PCR
		PCR-ELISA
		原位 PCR
7	重组和表达 PCR	重组 PCR
		不依赖连接反应的克隆 PCR
		融合 PCR
		表达 PCR

序号	方法/应用领域	具体分类
8	其他 PCR 方法	高(G+C)含量 DNA 的 PCR
		长片段 PCR
		不对称 PCR
		降落 PCR
		巢式 PCR
9	PCR 在基因分型中的应用	任意引物 PCR
		广谱 PCR
		共同区 PCR
		两对交叉引物 PCR
		REP-PCR
		稀有限制性位点 PCR
		序列特异性引物 PCR
		简单序列重复区间 PCR
10	PCR 在法医学中的应用	短串联重复序列的 PCR
		小卫星可重复序列 PCR
		全基因组 PCR
11	PCR 在遗传病诊断中的应用	多重 PCR
		等位基因特异 PCR
		缺口 PCR
12	PCR 在癌症诊断中的应用	BCR-ABL-PCR
		锅柄式 PCR
		杂合性缺失 PCR
		单细胞 PCR
13	PCR 与其他方法联合应用	限制性片段长度多态性 PCR
		PCR 偶联连接酶链反应
		PCR-单链构象多态性
		PCR-变性梯度凝胶电泳
		序列特异性寡核苷酸多态性 PCR
		PCR 测序法

6.2.1 PCR 的原理及基本概念

6.2.1.1 PCR 的原理

PCR 的原理与细胞内发生的 DNA 半保留复制过程（semi-conservative replication）十分相似。PCR 复制时利用多种酶对亲代 DNA（即模板 DNA）的双链变性解链成单链（即拟扩增的 DNA 模板），以一对分别与模板互补的寡核苷酸序列为引物，在 DNA 聚合酶的作用下，按碱基互补配对的原则合成两条与模板链互补的新链，组成新的 DNA 分子，新形成的两个子代 DNA 与亲代 DNA 的碱基顺序完全一样。该技术过程按照半保留复制机制进行，经若干个循环重复后，完成目的 DNA 的指数级增长。

6.2.1.2 PCR 反应的基本步骤

一般来说，PCR 的基本步骤可分为"变性→退火（复性）→延伸"三个连续过程，如下：

（1）模板 DNA 的变性　当反应温度升至 94℃左右并持续一定时间后，模板 DNA

双链或经 PCR 扩增形成的双链 DNA 将会因高温而变性解离，成为 2 条单链。

（2）模板 DNA 与引物的退火（复性） 当反应温度降至 55℃左右时，人工合成的 2 个寡核苷酸引物分别与模板 DNA 2 条单链的 3′端互补序列配对结合，形成引物-DNA 模板单链结合物。

（3）引物的延伸 当反应温度升至 72℃左右时，在 4 种 dNTP 同时存在的反应环境中，借助 DNA 聚合酶的作用，引物链沿着 5′→3′方向延伸，按碱基配对与半保留复制原理，合成一条新的与模板 DNA 链互补的半保留复制链。形成的新双链 DNA 又可成为下次循环的模板。

以上三个反应步骤反复进行，使 DNA 扩增产物的量以 2^n 指数级增长，从 PCR 反应动力学过程分析，假设扩增效率为 "X"，循环数为 "n"，则二者与扩增倍数 "Y" 的关系式可表示为：$Y=(1+X)^n$。扩增 25 个循环即 $n=25$ 时，若 $X=100\%$，则 $Y=2^{25}=33554432(>10^8)$；而若 $X=80\%$ 时，则 $Y=1.8^{25}=2408865.92(>10^7)$。由此可见，经过 25～30 个循环后，基因扩增一般可达到几百万倍以上。

6.2.1.3 PCR 反应的基本成分

PCR 反应体系包括以下几种基本成分：引物、模板 DNA、DNA 聚合酶、dNTP、镁离子和缓冲液。

（1）引物（primer） 引物是人工合成的两段寡核苷酸序列，分别与目的基因两端的两条 DNA 模板链互补，PCR 产物的特异性取决于引物与模板 DNA 互补的程度，而影响引物优劣的因素是多方面的，通常在设计时就需遵循一些原则，包括：

① 设计位置：引物应在模板 DNA 的保守区内设计。

② 引物长度（primer length）：以 15～30bp 为宜，其有效长度 $Ln=2(G+C)+(A+T)$，最常用的是 18～24bp，尽量不超过 38bp，否则 PCR 的最适延伸温度会超过 Taq DNA 聚合酶的最佳作用温度（74℃），从而降低产物的特异性。

③ 引物扩增跨度：以 200～500bp 为宜，特定条件下可扩增长至 10kb 的片段。

④ 引物量：引物在 PCR 反应中的浓度一般在 0.1～1μmol/L 或 10～100pmol/L 范围之间，浓度过高易引起错配和非特异性扩增，也易形成引物二聚体，而浓度过低则会降低 PCR 的扩增反应，使其不足以完成 25～30 个循环。

⑤ （G+C）含量：引物的 （G+C）含量以 40%～60%（均匀分布）为宜，（G+C）过多易出现非特异条带，（G+C）太少扩增效果不佳，同时上下游引物的 （G+C）含量不能相差太大。熔解温度（melting temperature，T_m）是指吸光值增加到最大值的一半时的温度，又称为 DNA 的解链温度或熔点。不同序列的 DNA，T_m 值不同，DNA 中 （G+C）含量越高，T_m 值就越大。引物的 T_m 值可通过公式 $T_m=4(G+C)+2(A+T)$ 进行估计，有效引物的 T_m 范围一般在 55～80℃，而复性条件最佳温度应尽可能接近 72℃。

⑥ 碱基分布的随机性：ATGC 分布应遵循随机性原则，应避免连续 5 个以上的嘌呤核苷酸或嘧啶核苷酸的单一串排，尤其不应在引物的 3′端出现超过 3 个连续的 G/C，否则容易导致引物在 （G+C）富集序列错误引发（false priming）。

⑦ 自身避免互补：引物自身不能含有互补序列，否则会形成发夹样（hairpin）的二级结构；两个引物之间也不应该有多于 4 个的互补/同源的碱基，特别是 3′端的互补，否则会形成引物二聚体（dimer），影响 PCR 作用效果或产生非特异的扩增条带。

⑧ 引物的特异性：引物应与核酸序列数据库（NCBI）的其他序列无明显同源性。

（2）模板 DNA　模板 DNA 的质量（数量和纯度）是 PCR 成功的关键因素之一，基因组 DNA、质粒 DNA、噬菌体 DNA、预先扩增的 DNA、cDNA 和 mRNA 分子等几乎所有形式的单链、双链 DNA 或 RNA 均可作为 PCR 反应的模板，由于线状 DNA 比环状 DNA 的扩增效率稍高，所以，用质粒作反应模板时，需先将其线状化。除此之外，PCR 反应还可以直接以细胞为模板。

常见的模板 DNA 制备方法包括：CTAB 法、SDS 法、蜗牛酶法、蛋白酶 K 消化裂解法、碱裂解法、煮沸法、微波法等。不同的样本种类适合选择不同的制备方法，不同制备方法残留的杂质也不尽相同，如蛋白类、醇类、胍盐、糖类、酚和氯仿等均会影响模板 DNA 的质量，从而影响 PCR 实验结果。质量好的模板 DNA 不应存在任何蛋白酶、核酸酶、DNA 聚合酶抑制剂、DNA 结合蛋白类。

PCR 扩增中，起始模板的量对于获得高产量非常重要，起始量过高会增加发生非特异性扩增的风险，而起始量过低又会降低产物得率。一般检测样品起始模板的量为 10～100ng 数量级，而较小的质粒 DNA 则仅需 pg 数量级。最佳模板量起始量除了取决于基因组的组成、大小及复杂程度外，还取决于所使用的 DNA 聚合酶类型；改造后的 DNA 聚合酶起始量更少，主要原因就是改造后的酶对模板的亲和力更强，灵敏度更高。

（3）DNA 聚合酶　随着技术的发展，应用于 PCR 技术的耐热 DNA 聚合酶越来越多，如 Pfu 系列、Vent 系列、KOD 系列以及普通 *Taq* 酶＋Pfu DNA 聚合酶不同比例的混合酶系列（*Taq* Plus、LA *Taq*）等，在应用时不同耐热酶的特异性、保真性、扩增速率、扩增片段等方面均有所区别，如表 6-2 所示。

表 6-2　不同耐热 DNA 聚合酶的比较

特性 名称	*Taq*	Tth	Pfu	Vent	KOD	LA *Taq*	Pyrobest™	Prime STAR HS	*Taq* Plus
5′→3′聚合酶活性	√	√	√	√	√	√	√	√	√
5′→3′外切核酸酶活性	√	弱	无	无	无	无	无	无	√
3′→5′外切核酸酶活性	无	无	√	√	√	√	√	√	√
扩增片段	1～2kb	3～5kb	<2kb	>12kb	>12kb	>20kb	6kb	0.5～8.4kb	20kb
扩增速度	30～60 s/kb	30～60 s/kb	180～360 s/kb	30～60 s/kb	15～30 s/kb	3～6 s/kb	30～60 s/kb	优于 *Taq*	优于 Pfu
保真性	其中：Pfu>Vent>Pyrobest>*Taq* plus>LA *Taq*＝PrimerStar HS>*Taq*								

目前兽用 PCR 类试剂中广泛使用的仍然是 *Taq* DNA 聚合酶，该酶属于聚合酶 A 家族，最初由极端嗜热水生菌分离、提取并纯化，而实际中应用较多的通常为基因工程重组的 *Taq* DNA 聚合酶，其主要特点包括：

① 热稳定性和酶活性　该酶热稳定性良好并具有明显的温度依赖性，温度超过 90℃ 或低于 22℃ 都会影响其活性。经验证，在 22～80℃ 范围内，合成速率随温度升高而逐渐升高，最适催化温度范围为 75～80℃。

② 5′→3′聚合作用　以 DNA 为模板结合特异性引物，并以 dNTP 为原料，按碱基互补配对的方式由 5′→3′方向合成新的 DNA 链。

③ 5′→3′外切核酸酶活性　其作用主要是进行 5′→3′方向水解，并对 DNA 上配对部分（双链）磷酸二酯键进行切割，其在 DNA 损伤的修复中有着重要作用。

④ 缺乏 3′→5′校正活性 因该酶无 3′→5′外切核酸酶活性，故不具备 PCR 反应中碱基错配的校正功能，使得碱基有一定的错配概率。

⑤ 反转录活性 在 Mg^{2+} 2～3mmol/L、温度 68℃时，*Taq* DNA 聚合酶具有类似反转录酶的反转录活性，有研究表明，65～68℃有 Mn^{2+}存在时，其反转录活性更佳。

⑥ 末端转移酶活性 该酶具有模板非依赖性的末端转移酶活性，可使聚合反应结束后，部分 PCR 产物的新合成双链 3′末端再添加一个脱氧核苷酸（理论上 A/T/C/G 均可），由于 *Taq* 酶对 dATP 的聚合能力远高于其他 3 种 dNTP，所以，大多数情况下 PCR 产物两边的 3′末端各多加一个 A 核苷酸，而在仅有 dTTP 存在时，可在平端质粒的 3′末端加入一个单 T 核苷酸。

（4）dNTP 脱氧核糖核苷三磷酸（deoxy-ribonucleoside triphosphate，dNTP），每个 dNTP 都是由磷酸基团、脱氧核糖和含氮碱基组成（图 6-1），几种不同 dNTP 可分为嘌呤（dATP，dGTP）和嘧啶（dCTP，dTTP，dUTP）两组。dNTP 是各种分子生物学应用的重要原料，可应用于 DNA/RNA 合成、PCR/RT-PCR、Real-time PCR、体外转录、DNA 测序和 DNA 标记等。

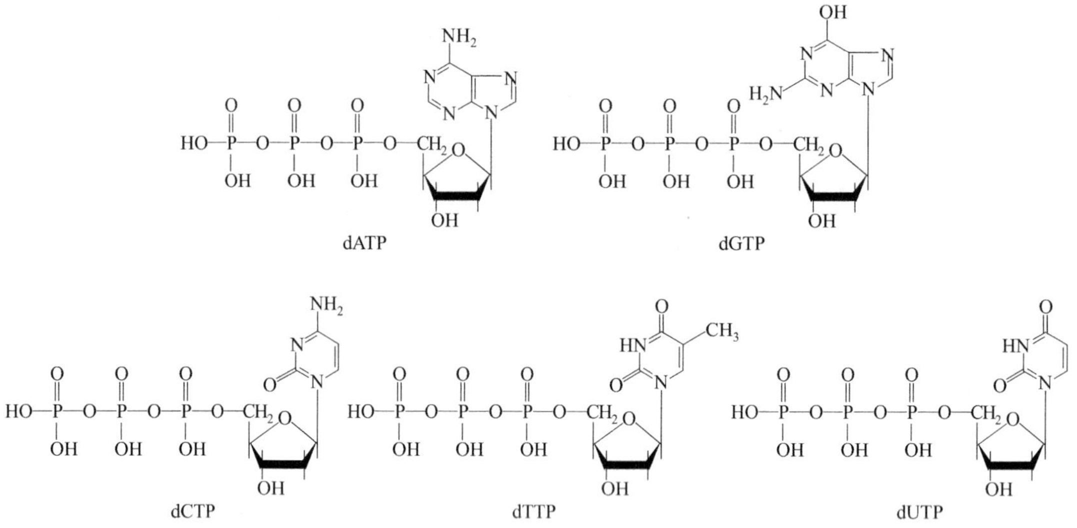

图 6-1 dNTP 构成示意图

dNTP 的质量（纯度和浓度）直接影响 PCR 扩增结果。如果 dNTP 纯度不高，或者混有甲基化的脱氧核糖核苷酸将造成产物的甲基化；如果含有脱氧核糖核苷一磷酸或者脱氧核糖核苷二磷酸将会降低聚合酶的聚合能力。目前，商品化高度稳定的 dNTP 多为100mmol/L 高浓度水溶液形式，pH 范围为 7.3～7.5，并经 HPLC 确认纯度大于 99%。保存时，为避免多次冻融而导致失去生物学活性，dNTP 宜小量分装 −20℃保存。使用时，4 种 dNTP 必须等摩尔浓度配制以减少错配误差，使用浓度一般在 20～200μmol/L之间，dNTP 浓度可根据靶序列的长度和组成来决定，浓度过高容易导致非靶位置启动和延伸时的错误核苷酸的掺入，浓度过低则降低 PCR 产物的产量。在一些应用中，dNTP还可能包含特殊核苷酸。例如，使用 dUTP 替代 dTTP，会生成含有尿嘧啶的 PCR 产物，使用 DNA 修复酶——尿嘧啶 DNA 糖苷酶（UDG）可剪切含有尿嘧啶的 DNA 链，也就是说，在开始 PCR 前使用 UDG 孵育反应样品，能够去除含有尿嘧啶的污染性残余 PCR 产物，从而防止残余 PCR 产物引起假阳性结果。

（5）镁离子 镁离子（Mg^{2+}）是 PCR 反应的重要组分，它在反应中与引物、DNA 模板、dNTP 和 Taq DNA 聚合酶相互作用，影响引物的退火、引物二聚体的形成、模板与 PCR 产物的解链温度、酶活性和产物的特异性等。Mg^{2+} 作为 Taq DNA 聚合酶活性的辅助因子，其浓度直接影响酶活性，并对 PCR 扩增的特异性和产量产生显著影响。当 Mg^{2+} 浓度过低时，会降低 Taq DNA 聚合酶的活性从而导致 PCR 产量下降或无 PCR 产物；Mg^{2+} 浓度过高时，会增加产量和提高引物-模板复合物的稳定性，但也会降低反应特异性而引起非特异性扩增和增加 dNTP 错误复制的插入。另外，Mg^{2+} 可与负离子结合，若反应体系中有 EDTA 或者其他螯合物存在，在反应过程中还可能出现游离 Mg^{2+} 实际浓度的降低，从而影响扩增结果。

（6）PCR 缓冲液 PCR 缓冲液主要为 DNA 聚合酶活性提供合适的化学环境，为 PCR 反应提供必需的酸碱度和某些离子。反应所使用的 DNA 聚合酶类型决定了最佳 PCR 缓冲液的选择，目前最常用的缓冲液是 $10 \sim 50 mmol/L$ Tris-HCl（pH $8.0 \sim 9.5$），在 72℃时 pH 为 7.2 左右。当使用 KCl 缓冲液体系时，钾离子（K^+）能促进引物的吸附，而且和 Mg^{2+} 具有相似的稳定效应，能和镁离子（Mg^{2+}）一起与 DNA 骨架上的磷酸基团（P^-）结合而形成稳定双链；如选择硫酸铵（NH_4）$_2SO_4$ 缓冲液体系替代 KCl 缓冲液体系则会破坏双链的形成，这是因为铵离子（NH_4^+）的去稳定作用能够破坏与碱基（N）之间的氢键，尤其是错配引物-模板复合物碱基对之间的弱氢键。

另外，特殊情况下还可在缓冲液中加入 PCR 增强剂（表 6-3），能起到减少错配、保护酶活性、提高扩增特异性、去除二级结构或者扩增高（G+C）含量模板的作用，添加后也可能出现引物退火、模板变性、Mg^{2+} 结合和干扰某些下游应用等影响。建议使用时慎重考虑缓冲液各组成成分。

表 6-3 PCR 增强剂及其标准终浓度

增强剂(常见添加剂或辅助溶剂)	标准终浓度
二甲基亚砜(DMSO)	$1\% \sim 10\%$
甘油	$5\% \sim 20\%$
甲酰胺	$1.25\% \sim 10\%$
牛血清白蛋白(BSA)	$10 \sim 100\mu g/mL$
硫酸铵(NH_4)$_2SO_4$	$15 \sim 30 mmol/L$
聚乙二醇(PEG)	$5\% \sim 15\%$
明胶	0.01%
非离子去污剂(如 Tween-20,Triton X-100)	$0.05\% \sim 0.1\%$
N,N,N-三甲基甘氨酸(甜菜碱)	$1 \sim 3 mol/L$

6.2.2 几种常见 PCR 的原理与应用

6.2.2.1 PCR/RT-PCR

聚合酶链反应是 19 世纪 80 年代美国 Cetus 公司的 K B Mullis 创新性开发的体外 DNA 扩增新技术，目前已成为分子生物学中 DNA 克隆及基因分析的必需工具。如前所述，PCR 技术是在模板 DNA、引物、4 种脱氧核苷酸和 DNA 聚合酶等存在的条件下，将与待扩增的 DNA 模板两侧互补的两个引物，经变性、退火和延伸若干个循环将靶序列放大数百万倍，在较短的时间内获得所需的特定基因片段，实现了靶序列的体外检测及分析。其原理如图 6-2 所示。

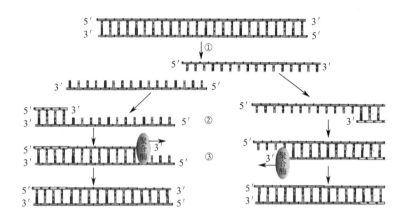

图 6-2　PCR 原理示意图

反转录 PCR（reverse transcription PCR，RT-PCR），也叫作逆转录 PCR，该技术将 RNA 的反转录（RT）和 cDNA 的聚合酶链扩增相结合，是 PCR 的一种延伸应用。反转录 PCR 是以总 RNA 或 mRNA 为模板，在反转录酶（AMV）作用下合成 cDNA 模板，之后再进行 PCR 的过程，如图 6-3 所示。具体过程如下：

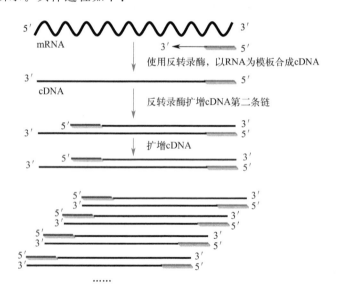

图 6-3　RT-PCR 原理示意图

① 在反转录酶（AMV）作用下，对获得的总 RNA 或 mRNA 进行逆转录反应，合成互补的 cDNA（complementary DNA）。

② 再以 cDNA 为模板，扩增合成目的片段。实际常用的反转录 PCR 方法有两种——一步法 RT-PCR（one-step RT-PCR）和两步法 RT-PCR（two-step RT-PCR），两种方法各有区别和优缺点。

一步法 RT-PCR：适用于病毒、病原菌检测。该方法主要是在同时支持逆转录和

PCR 的条件下，将第一链 cDNA 合成和 PCR 反应融合在单个反应体系中完成扩增反应。采用基因特异性引物对一种或两种基因进行扩增分析，具有操作简单方便、高通量、污染概率低、检测时间较短、无需开盖移液等优点。但是，由于需同时兼顾两个反应，在某些情况下应用一步法 RT-PCR 也会降低检测的灵敏度和效率。

两步法 RT-PCR：适用于 mRNA 表达量解析。该方法包含单独优化的逆转录和 PCR 两个独立反应，可对每个步骤的反应条件进行优化，首先进行第一链 cDNA 合成（RT），然后在单个反应管中通过 PCR 扩增第一步骤中所得 cDNA，之后采用 oligo（dT）、随机六聚体或基因特异性引物等，则可以检测单个 RNA 样本中的多个基因。两步法 RT-PCR 的两个独立步骤均可进行条件优化，试验更加灵活，与一步法 RT-PCR 相比，增加了样本处理和操作步骤，检测时间延长，开盖移液的步骤也可能发生产物污染和结果变异。

在 RT-PCR 反应中决定特异性和灵敏度的要素主要包括：分离高质量总 RNA 或 mRNA、使用高活性的逆转录酶、提高逆转录酶保温温度和减少基因组 DNA 污染等。可以说 RT-PCR 是当前用于 mRNA 检测和定量分析的非常灵敏的技术，其广泛应用于获得目的基因、合成 cDNA 探针、构建 RNA 高效转录系统和鉴别不同细胞或组织在不同发育阶段中信使 RNA（mRNA）的转录水平等。RT-PCR 技术使 RNA 检测的灵敏性提高了几个数量级，比其他两种 mRNA 定量的常规技术——Northern 印迹分析与 RNase 保护分析高 1000～10000 倍，而且检测时间相对更短。

6.2.2.2 巢式 PCR/RT-PCR

巢式 PCR（nested PCR），又称为套式 PCR 或嵌套 PCR，是一种改良的聚合酶链反应，该技术使用两对 PCR 引物从一个 DNA 模板的同一区域经两次反应，扩增出不同长度片段即外部长片段（longer external fragment）和内部短片段（shorter internal fragment），这是不同于常规 PCR 的。该技术涉及的步骤主要包括：先由外部（external）长引物与目标 DNA 模板结合，以与普通 PCR 相似的过程进行扩增；然后，由内部（internal）短引物（特异地称为巢式引物）对第一轮 PCR 扩增的产物进行第二轮 PCR 扩增，扩增出的片段即为目的产物（也称巢式片段），如图 6-4 所示。巢式 RT-PCR（RT-nested PCR）即反转录巢式 PCR，其原理与巢氏 PCR 类似，是指在反转录获得 cDNA 的基础上，对目的基因进行巢式 PCR 扩增的技术，整个过程除反转录步骤以外，其余均与巢式 PCR 相同。巢式 RT-PCR 与 RT-PCR 类似，多用于检测低拷贝数 RNA 的表达水平，具有特异性高、可靠性强的特点。除此以外，巢式 PCR 还有多种形式的扩增，包括半巢式 PCR、单管巢式 PCR、共有序列巢式 PCR 等。

巢式 PCR/RT-PCR 技术在实际应用时，除巢式 RT-PCR 需进行反转录外，其余步骤均可采用三种不同的方式，第一种是将第一轮扩增产物取出稀释 100～1000 倍加样于另一封闭空间进行第二轮扩增；第二种是通过凝胶纯化将第一轮扩增产物进行大小选择后进行第二轮扩增，以上两种扩增均存在交叉污染的概率。第三种是扩增产物不稀释，两轮扩增在同一反应管中进行，这种方式的关键点在于引物，设计时可以选择在外引物 5′ 端增加多个 GC 钳子（GC-clamp）使其（G+C）含量高于内引物，同时，内外引物相距大于 6bp，而且外引物需要比内引物 T_m 值低 4℃ 以上。这样的设计增加了难度却也克服了污染的缺点。

巢式 PCR/RT-PCR 的优点是连续两轮扩增可以提高灵敏度和特异性。一般第一轮使用一对外引物进行 15～30 个循环的标准扩增提高模板量，第二轮再用一对内引物扩增得到特异的目的片段，此过程能达到 10^6 基因组背景下检测到一个拷贝病毒基因的灵敏度。

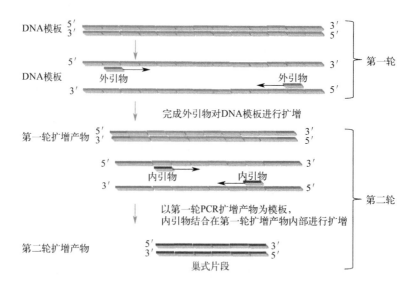

图 6-4 巢式 PCR 扩增流程图

特异性方面，由于第二轮内引物与第一次反应产物的序列互补，增加了反应的特异性，所以，即使第一轮反应的产物可能包含非目的扩增片段，但由于内引物的互补性也能使其基本不与非目的片段配对扩增，从而降低非特异性反应。除此以外，还可以用不同的巢式引物浓度作为辅助手段，有研究表明，降低外引物浓度能在不影响巢式 PCR/RT-PCR 扩增效率的同时消除非特异性扩增。

在实际应用中，张静等人建立了猪圆环病毒 3 型（porcine circovirus type 3，PCV3）巢式 PCR 检测方法，该方法与商品化 PCV3 实时荧光定量 PCR 检测试剂盒同步检测 78 份血清样品，PCV3 阳性率分别为 30.77% 和 33.33%，两种方法检测结果的 Kappa 分析系数为 0.94，表明两者一致性较好。柳方远等人建立了犬弓形虫巢式 PCR 检测方法，该方法最低可以检出 0.134pg 的弓形虫基因，比当前国标 PCR 方法高出 100 倍。而且针对感染弓形虫犬的组织样本检测发现，该方法足够在感染犬的不同组织中检测出弓形虫基因。除此之外，科研人员还成功开发出了猪传染性胃肠炎病毒半巢式 RT-PCR、猪圆环病毒 2 型单管巢式 PCR、鸡细小病毒半巢式 PCR 等快速、特异、灵敏的临床检测方法。

6.2.2.3 多重 PCR/RT-PCR

多重 PCR（multiplex polymerase chain reaction，MPCR），又称为复合 PCR 或多重引物 PCR，是以常规 PCR 基本原理为基础发展来的新型 PCR 扩增技术，该技术不是多个普通 PCR 反应体系的简单叠加，而是在同一个反应体系中使用两对或两对以上特异性引物分别结合在模板 DNA 相对应的部分，同时扩增出多个目的产物的技术，如图 6-5 所示。

多重 RT-PCR（multiplex RT-PCR），又称为复合 RT-PCR 或多重引物 RT-PCR。不同于 RT-PCR 仅应用一对引物，多重 RT-PCR 在反转录获得 cDNA 的基础上，在同一 PCR 反应体系里加上两对以上引物，同时扩增出多个目的核酸片段的 PCR 反应，主要用于多致病因子或疫病分型的鉴定。其反应原理、反应试剂和操作过程与一般 RT-PCR 相同。

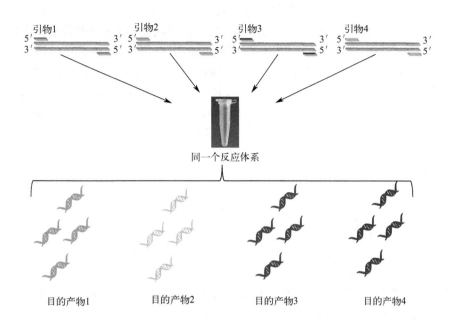

引物1　引物2　引物3　引物4

5′ 3′ 5′ 3′ 5′ 3′ 5′ 3′
3′ 5′ 3′ 5′ 3′ 5′ 3′ 5′

同一个反应体系

目的产物1　　目的产物2　　目的产物3　　目的产物4

图 6-5　多重 PCR 原理示例图

　　由于在同一反应体系内加入的多对引物既不能互相结合，也不能与模板 DNA 上目标片段以外的区域结合，扩增的多个目的片段大小不同且存在竞争关系，因此，相比于普通 PCR/RT-PCR，多重 PCR/RT-PCR 技术难度增加了数倍。需要针对目标产物进行全面分析，反复优化、验证，只有选择了合适的反应体系以及反应条件才能达到最佳扩增效果。多重 PCR/RT-PCR 的优化主要包括目的片段选择、引物设计及浓度、模板、各反应成分、复性温度和时间、延伸温度和时间等方面，表 6-4 进行了详细介绍。

表 6-4　多重 PCR/RT-PCR 反应体系和反应条件的优化

反应体系/反应	优化原则
目的片段选择	各目的片段高度特异、具有明显的长度差异,长度不超过 400bp
引物设计及浓度	① 各引物对高度特异、不同引物对之间互补少,尤其避免 3′ 端互补,单条引物的长度一般为 18～25 个碱基; ② 各目的片段对应引物的相对浓度范围为 0.05～0.4μmol/L,扩增目的片段越长,需要引物相对越多
模板浓度	模板浓度不宜过高避免非特异性扩增(例如哺乳动物基因组 DNA100g/mL;酵母基因组 DNA 1g/mL;细菌基因组 DNA 0.1pg/mL;质粒 DNA 1～5ng/mL)
dNTP 和 Mg^{2+} 浓度	平衡 dNTP 和 Mg^{2+} 的浓度(例如:200μmol/L 浓度 dNTP 时,Mg^{2+} 最佳浓度为 1.5～2μmol/L)
PCR 缓冲液	低盐浓度扩增长目的片段;高盐浓度扩增短目的片段
Taq DNA 聚合酶	适量添加 *Taq* DNA 聚合酶的浓度可以有效减弱抑制作用(例如 25μL 反应体积中最适浓度为 2U 左右),也可适当增加浓度为 5% 的 DMSO 或者甘油等辅助剂
复性温度和时间	① 在各 T_m 值允许范围内,增高复性温度可减少非特异性扩增; ② 延长复性时间,增加引物与模板的结合
延伸温度和时间	① 延伸温度过高会抑制部分片段的扩增; ② 多重 PCR 延伸反应的时间要根据待扩增片段的长度而定,适当增加延伸时间可增加长目的片段的量
循环数	循环次数不宜过多

多重 PCR/RT-PCR 技术具有系统高效、特异性好、灵敏度高等优点。其中高效性是多重 PCR/RT-PCR 技术最大的优势，通过一次扩增反应能实现对多种病原体的检测或对多个目的基因的分型鉴别；多重 PCR/RT-PCR 也适用于成组病原体的系统性检测；多种病原体在同一 PCR 反应管内同时检出，节省时间的同时也显著降低多个单重检测的成本，体现了该技术的经济便捷性。不同于普通 PCR/RT-PCR 和巢式 PCR/RT-PCR，理论上多重 PCR/RT-PCR 对引物对的数量是没有限制的，但是由于检测重数的增加，目的片段扩增效率的一致性也随之下降，从而导致检测灵敏度和特异性降低，与此同时，更易出现二聚体或多聚体导致的非特异性扩增，使得扩增与检测的效果大打折扣。

在病原检测与流行病学调查方面，多重 PCR/RT-PCR 应用颇广，最主要是用于检测动物多种病原体或鉴定分型，包括：①病毒常规检测，如同时对非洲猪瘟病毒（ASFV）、尼帕病毒（NiV）、猪水疱病病毒（SVDV）以及口蹄疫病毒（FMDV）等 4 种猪源病毒进行的单一或混合病毒感染检测。②细菌常规检测，如山羊腹泻病检测，对产肠毒素大肠杆菌、沙门氏菌、志贺氏菌和奇异变形杆菌进行检测。③多种细菌、病毒混合或继发感染的动物疫病检测，如牛呼吸道疾病综合征（bovine respiratory disease complex，BRDC）主要检测牛传染性鼻气管炎病毒、牛支原体和肺炎克雷伯菌 3 种病原。④不同血清型的鉴定，如 IBV H120 型、4/91 型、QX 型、LDT3 型 4 种血清型的鉴定等。

6.2.3　荧光 PCR 的原理及基本概念

6.2.3.1　荧光 PCR 的原理

荧光 PCR 又称实时 PCR（real-time PCR）或实时定量 PCR（quantitative real-time PCR，简称 qPCR），属于 PCR 技术的再创新。荧光 PCR 的出现，将病原检测技术提高到一个新水平，过去的病原检测主要靠分离培养，病原分离耗时长、操作烦琐，需要在一定级别的生物安全实验室内进行，普通 PCR 作为检测技术容易受扩增产物污染产生假阳性，而荧光 PCR 技术以其敏感性高、特异性强、重复性好受到兽医科技工作者及广大检测人员的青睐，近 20 年，荧光 PCR 检测技术应用迅速，成为世界动物卫生组织（WOAH）主要推荐的病原检测技术之一，成为了多种动物病原检测的"金标"方法。

荧光 PCR 是采用闭管体系对目标 DNA 进行同时扩增与检测的技术，众所周知，普通 PCR 技术采用的是终点产物分析法，而 qPCR 则是对扩增产物进行的实时检测。普通 PCR 需要额外步骤，如电泳来观察扩增产物，操作比较烦琐，而 qPCR 采用"闭管"体系，在扩增过程中荧光 PCR 仪通过荧光发射的激发与定量来监测荧光分子，从而实现对扩增产物的定量分析。

在一个优化好的 q-PCR 反应体系中，初始的模板浓度决定了能检测到荧光信号的循环数，最初的指数扩增由于扩增产物浓度低于检测限致使仪器检测不到，待检测到信号后，进入指数增长期，然后再进入平台期，仪器会给出"S"形曲线，通过"S"形曲线和 C_t 值来判定是否存在目标检测物。

6.2.3.2　荧光 PCR 的基本概念

（1）基线　是指在荧光 PCR 反应最初的几个循环里，荧光信号积累但低于仪器的测定限之下的 PCR 循环，可以说荧光信号变化不大，接近一条直线，这条直线即是基线，仪器软件一般将基线设定为 3～15 个循环荧光信号的平均值。

（2）**阈值（threshold）** 又叫临界值，是指一个效应能够产生的最低值或最高值。荧光 PCR 反应中所指的阈值是荧光阈值，是在荧光扩增曲线指数增长期设定的一个荧光强度界限。荧光阈值分为仪器自动设置和手动设置两种设置方式。仪器自动设置是计算机根据基线的变化而自动选择的，一般是指 3～15 个循环的基线荧光信号均值标准差的 10 倍。而手动设置是人工手动设定，其设定原则是：大于样本的荧光背景值和阴性对照的荧光最高值，同时要尽量选择进入指数期的最初阶段，真正的信号是荧光信号超过荧光阈值。

（3）**"S"形扩增曲线** 扩增曲线是指在荧光 PCR 过程中以循环数为横坐标，以反应过程中实时荧光强度为纵坐标所做的曲线。"S"形扩增曲线指荧光 PCR 反应过程中，存在阳性模板时产生的荧光信号被仪器检测修正后形成的一条像"S"形的扩增曲线。

（4）**C_t 值（cycle threshold）** 又叫 C_p 值、C_q 值。C_t 值的产生有两种方法：一种方法是拟合点法（fit-point method），是在荧光 PCR 扩增过程中，每个反应管内的荧光信号达到设定的阈值时所经历的循环数，这种方法是最为常用的一种方法，阈值线调动 C_t 值也随着变化；另一种方法是二阶导数法，计算实时荧光曲线的二阶导数值，而二阶导数值达到最大时对应的循环数即为 C_t 值。

（5）**荧光 PCR 反应三个时期** 一般分为基线期、指数增长期和平台期。基线期是指荧光 PCR 反应起初的循环，扩增的荧光信号被荧光背景信号所掩盖，在仪器上显示接近一条直线，这一时期即为基线期。指数增长期是指扩增产物呈指数增长，扩增产物量的对数值与起始模板量之间存在线性关系，严格地说指数增长期只存在于扩增的初期，即阈值以下及以上部分区域，其他区域为过渡期，过渡期扩增效率逐渐降低。平台期是指反应液某些成分消耗殆尽或反应产生的物质成为反应的抑制物时，荧光 PCR 反应扩增速率显著降低，产生很少或不再产生扩增产物，而达到相对平稳的状态（图 6-6）。

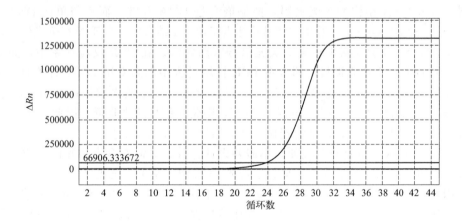

图 6-6　荧光 PCR 扩增曲线图

扩增公式：

$$X_n = X_0(1+E_x)^n \tag{6-1}$$

式中　X_n——第 n 次循环后的产物量；

　　　X_0——初始模板量；

E_x——扩增效率；

n——循环数。

理想的荧光 PCR 反应，在指数增长期扩增效率为 100%，$X_n = 2^n X_0$。

（6）扩增效率（amplification efficiency）　扩增效率指的是一个循环后产物增加量与这个循环的模板量的比值，其值位于 $0\sim1$ 之间，常用 E 表示。在 PCR 的前 20 或 30 个循环中，E 比较恒定，为指数扩增期，随后 E 逐步降低，直至 0，此时荧光 PCR 达到平台期不再扩增。扩增效率的计算可以采用系列稀释法，将稀释后浓度的对数值与所得 C_t 作图，在一定范围内可得到一条直线，利用公式：$E = 10^{-1/K} - 1$（K 为该直线斜率）即可计算出 E。理想情况下，指数增长期每一循环其产物量均翻倍，这时的扩增效率 E 为 100%，代入上述公式，直线斜率 K 为 -3.32。扩增效率接近 100% 表明该方法是可靠的、可重复的和可信的，实际上，好的扩增效率 E 介于 $90\%\sim105\%$ 之间，E 小于 90% 说明引物探针设计不合理或反应优化没做好，E 大于 105% 说明加样不准确或存在非特异扩增。

影响扩增效率的因素较多，如引物/模板的退火情况、参与扩增反应试剂的相对量，尤其是 Taq DNA 聚合酶、扩增仪孔中温度的不均一性、临床样品中 Taq DNA 聚合酶抑制物的去除不完全、扩增试剂有限和扩增中焦亚磷酸盐累积等。

6.2.4　几种常见荧光 PCR 的原理及应用

6.2.4.1　染料法荧光 PCR

有些荧光染料如 SYBR Green Ⅰ、Eva Green、PicoGreen、BEBO 能够与双链 DNA（dsDNA）非特异结合，利用这一特点，诞生了最早的实时荧光 PCR，使用的染料也从最初的溴乙锭发展到现在广泛应用的 SYBR Green Ⅰ 等。SYBR Green Ⅰ 等染料是一种可以非特异结合 dsDNA 小沟的荧光染料，能够嵌合进 DNA 双链，而不与单链 DNA（ssD-NA）结合。SYBR Green Ⅰ 游离在溶液中未与 dsDNA 结合时，几乎没有荧光信号，一旦与 dsDNA 结合，就会发射出很强的荧光信号（图 6-7）。在 PCR 反应体系中，如果加入过量 SYBR Green Ⅰ 荧光染料，那么在 PCR 扩增过程中随着双链 DNA 的增加，结合到 dsDNA 的 SYBR Green Ⅰ 也会随之增多，所以荧光信号也随之增加；当 DNA 变性时，dsDNA 解离成 ssDNA，SYBR Green Ⅰ 解离，则荧光信号随之降低。因此，在每个 PCR 循环结束时，通过检测荧光强度的变化，就能知道 DNA 增加的量。

染料法荧光 PCR 的优点是简便，不需要设计探针，只需在含有引物的反应液中加入荧光染料即可，降低了检测成本。染料法荧光 PCR 缺点是由于荧光染料能和任何 dsDNA 结合，因此它也能与非特异的 dsDNA 如引物二聚体和非特异性扩增产物等相结合，产生假阳性荧光信号，与 TaqMan 荧光 PCR 相比特异性较差。引物二聚体和非特异性扩增产物等所致非特异荧光信号可以用熔解曲线（melting curve）加以解决。建立熔解曲线的通常方式是从 $60℃$ 加热到 $95℃$，然后每隔一定时间收集系统荧光强度，随着温度的升高，dsDNA 开始解链，游离的 SYBR Green Ⅰ 不再发出荧光，温度越高，dsDNA 解链越多，游离的 SYBR Green Ⅰ 越多，荧光信号逐渐下降，当到达某一温度时（T_m），会导致大量的产物解链，荧光急剧下降，这样就得出荧光强度对温度的曲线，见图 6-8。把荧光强度对温度求导，得图 6-9，即我们常见的熔解曲线形态。

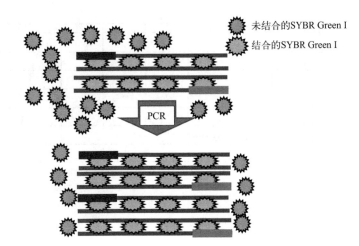

未结合的SYBR Green I

结合的SYBR Green I

PCR

图 6-7　染料结合到双链 DNA 中
发出荧光

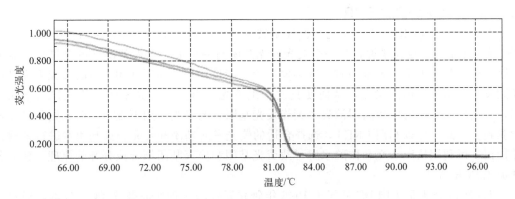

图 6-8　荧光强度对温度的熔解曲线

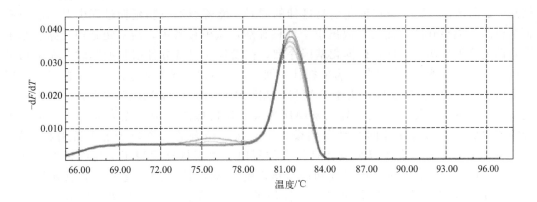

图 6-9　荧光强度对温度求导后的熔解曲线

　　特异性扩增产物在熔解温度产生的典型熔解峰可和非特异扩增产物产生的侧峰区分开。扩增产物大小不同，熔解曲线不同，熔解温度（T_m 值）也不一样，见图 6-10。

　　目前商品化的荧光染料：溴乙锭、YO-PRO-1、SYBR Green Ⅰ、SYBR Gold、SYTO、BEBO、BOXTO、Eva Green 等。

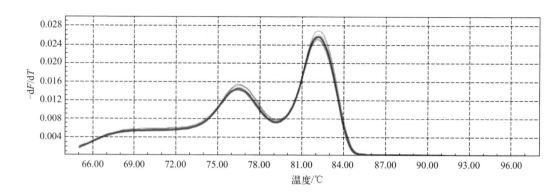

图 6-10　两种扩增产物的熔解曲线

6.2.4.2　TaqMan 荧光 PCR

目前的荧光 PCR 是基于荧光共振能量转移（fluorescence resonance energy transfer，FRET）的原理，也就是说，当一个荧光发光基团与一个荧光猝灭基团（可以猝灭前者的发射光谱）距离近至一定范围时，就会发生荧光能量转移，猝灭基团会吸收荧光发光基团在激发光作用下发出的荧光，从而使其发不出荧光。当荧光发光基团与荧光猝灭基团分开，荧光猝灭基团的作用随即消失，荧光发光基团在激发光作用下发出的荧光则可被仪器检测到。因此，可以利用 FRET，选择合适的荧光发光基团和荧光猝灭基团对进行核酸探针标记，再利用核酸杂交和核酸水解可致荧光基团和猝灭基团结合或分开的原理，建立各种荧光 PCR 方法。

TaqMan 技术是美国 PE 公司于 1996 年研究开发的一种实时荧光 PCR 技术，经过二十多年的发展，已成为病原检测应用最为广泛的技术。该技术的基本原理是利用 Taq 酶的 5′-3′ 聚合酶活性的同时，利用 Taq 酶 5′-3′ 核酸外切酶活性，即 Taq 酶天然具有 5′-3′ 核酸外切酶活性，Taq 酶在催化引物延伸的同时，能够裂解引物延伸过程中遇到的与模板结合的 5′ 端核苷酸，使其释放出单个寡核苷酸，从模板解离，给引物延伸让路。基于 Taq 酶的这种外切酶活性，根据靶基因序列，在设计一对特异性引物的同时，在引物扩增模板间设计一条与模板特异结合的探针序列，5′ 端标记荧光发光基团，3′ 端标记荧光猝灭基团，在探针序列完整时，由于 5′ 端与 3′ 端距离很近，构成 FRET 关系，5′ 端荧光发光基团发出的荧光被 3′ 端荧光猝灭基团所猝灭，仪器检测不到荧光信号。当荧光 PCR 开始扩增后，引物与探针同时结合到模板上，探针结合的位置位于上下游引物之间，当引物在 Taq 酶的催化下延伸到探针结合位置时，由于探针阻碍了引物的延伸，这时 Taq 酶发挥 5′→3′ 核酸外切酶活性功能，将探针 5′ 端连接荧光发光基团的碱基切割下来，进而继续切割探针的其他碱基，这样使荧光发光基团与荧光猝灭基团分离，破坏了它们之间的 FRET，荧光发光基团发出的荧光因不会被荧光猝灭基团猝灭就会被仪器检测到。随着 PCR 扩增产物的增多，Taq 酶切割掉的探针也增多，游离的荧光发光基团增多，荧光发光基团发出的荧光也增多，仪器检测到的荧光信号也会增强（图 6-11）。在荧光 PCR 每一循环后仪器收集一次荧光信号，将这些信号连起来就形成了荧光曲线。

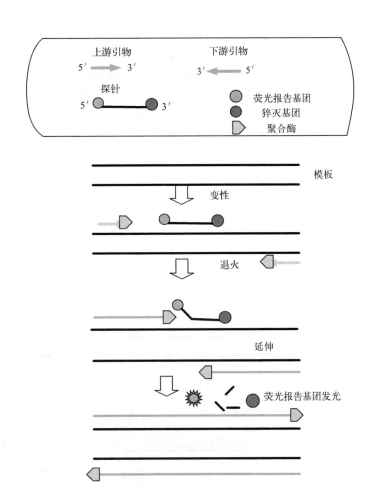

图 6-11　TaqMan 荧光 PCR 原理图

6.2.4.3　中介探针 PCR

中介探针 PCR（mediator probe PCR，简称 MP PCR），在对目标靶基因的 qPCR 检测中，大多数方法是基于标记探针的检测方法，其中应用最广泛的是水解探针、分子信标和双杂交探针。这些探针是针对特定模板设计的，应用效果不错，却也存在如下不足之处：①探针成本较高，每个靶基因需要合成至少一条探针，而且通常要经过多次设计和探索才能达到最优性能；②不同荧光标记探针其发射荧光的强度及猝灭效率不同，必须根据具体探针进行优化才能保证在同台仪器做不同检测时扩增曲线高低不会差别太大；③对探针长度和 5′ 端碱基的限制及（G+C）含量的要求也降低了探针设计和应用的灵活性。为克服上述问题，近年来针对靶基因检测发展了多种通用荧光报告基团模式，可以用一条通用探针检测多种不同的靶基因，中介探针 PCR 就是其中一种，该方法使用通用的荧光报告寡核苷酸，用于检测不同的核酸序列，即在反应体系中加入一对引物的同时，借助一种中介探针和一种通用报告基团（universal reporter，UR）来实现荧光信号产生。引物与其他荧光 PCR 引物性质相同，但中介探针是无标记的探针，其 3′ 端序列能与靶基因特异结合，5′ 端一段核苷酸序列为通用中介区序列，与靶基因不结合；通用报告基团是具有发夹结构的一段核苷酸，5′ 端位于茎干结构区，标记有猝灭基团，3′ 端位于与 5′ 端茎干区互补的延伸部分的末端，延伸部分与中介探针的中介区序列互补。标记在 5′ 端互补茎干区的猝灭基团与 5′端标记的荧光报告基团错位一个碱基。MP PCR 在一个核酸扩增周期中结合了以下两种反应：反应时中介探针在引物延伸过程中被切割，导致中介区序列的释放，释放出的中介区序列与通用报告基团上的中介杂交序列区（中介序列互补区）结合，从而切下猝灭基团或将荧光报告基团与猝灭基团分开而产生荧光信号，见图 6-12。

对通用 UR 的猝灭和荧光增强效果进行优化后，一个或多个 UR 与大量的靶基因特异性中介探针结合，可以在不同的试验中使用，从而大大降低了 qPCR 的成本。

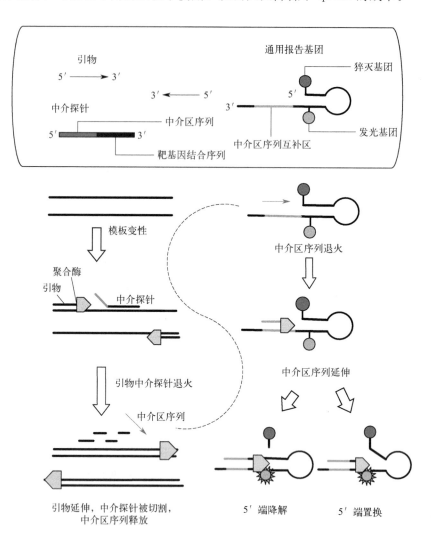

图 6-12　中介探针 PCR 原理示意图

6.2.4.4　探针反探针荧光 PCR

普通 TaqMan 水解探针荧光 PCR 的引物或探针与靶基因有两个碱基以内的错配时，一般都不会影响扩增，仅对扩增曲线形状或 C_t 值有一定影响。这种不影响扩增的错配有好处也有坏处，好处是减少错配引起的漏检，我们知道有些病原体容易产生变异，如果有一个核苷酸变异就影响检出率，那么在设计引物探针时困难就很大，甚至无法找到引物探针区域；而坏处是不能区分单碱基变异的靶序列，有些靶基因有单一碱基变异，用常规水解探针荧光 PCR 就不能区分，用 MGB 探针可以区分，但是对退火温度要求较高，设计不好的话，即使提高退火温度也无法区分。而探针反探针却可以给我们提供一种区分单碱基变异的好思路。在反应体系中除一对引物外，还有一对探针反探针，所谓的探针反探针是一对互补序列，反探针中有一个碱基与探针不匹配，探针 5′ 端标记荧光报告基团，为防止探针延伸 3′ 端封闭，反探针 3′ 标记猝灭基团。

在没有靶基因存在时，探针与反探针结合，探针 5′ 端的荧光基团被反探针 3′ 端的猝灭基团猝灭，不产生荧光信号；当靶基因存在时，由于探针与反探针有一个碱基错配，变性后，探针反探针解离，退火时，探针优先与模板特异性结合，从而与反探针分开，这时荧光基团发出的荧光信号不会被猝灭，信号就会被仪器读取，具体原理见图 6-13。对区分单碱基变异，探针反探针荧光 PCR 能够在很大的温度范围内保持其特异性，相比较而言，TaqMan 荧光 PCR MGB 探针法则保持其特异性的温度范围就很窄了。

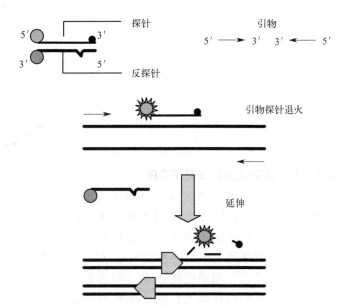

图 6-13 探针反探针荧光 PCR
示意图

6.2.4.5 通用引物标记荧光 PCR

TaqMan 水解探针荧光 PCR 是应用最为广泛的动物病原体检测方法，需要针对每个病原体的靶基因合成探针，这不仅价格昂贵、合成时间长，而且在设计探针时需要花费大量精力。对于病原体基因序列变异较大的情况，要做到不漏检确实有一定难度。通用引物标记荧光 PCR 利用上述探针反探针原理，将荧光标记在通用引物 5′ 端，猝灭基团标记在引物的互补序列的 3′ 端，引物的互补序列人为有一碱基错配，根据不同靶基因设计特异性引物，在特异性引物的 5′ 端添加通用引物序列。当靶基因存在时，5′ 端携带通用引物序列的特异性引物与靶基因结合，在聚合酶的作用下进行扩增，扩增出的基因序列含有通用引物结合区，在退火阶段，通用引物即与通用引物结合区结合并作为引物进行扩增，通用引物与互补序列分离后发出荧光信号，具体原理见图 6-14。这种方法的优点是对任何病原体的检测仅用一对标记的通用引物及其互补序列即可，再者对变异比较大的靶基因可以应用多对引物，不增加荧光标记费用，而且覆盖面大大增加；缺点是荧光 PCR 反应仅用引物，特异性略逊色些。

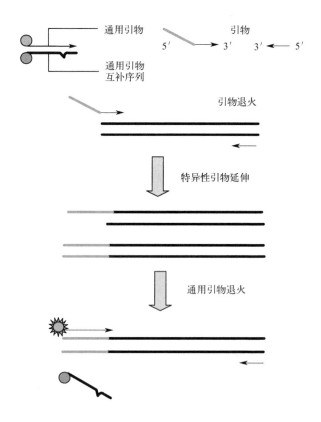

图 6-14 通用引物荧光 PCR 示
意图

6.2.4.6 双杂交探针荧光 PCR

双杂交探针荧光 PCR 又叫 FRET 杂交探针。双杂交探针就是有两条能与靶基因结合的探针，一条探针 3′端标记供体荧光基团，另一条探针 5′端标记受体荧光基团，在反应液中两条探针互不相关，当存在靶基因时，两条探针分别与靶基因结合，而且这两条探针在靶基因上结合的距离较近（1～5 个碱基），使得一条探针 3′端的供体荧光基团与另一条探针 5′端的受体荧光基团靠近在一起，供体荧光基团发出低波长的光激发受体荧光基团发出较高波长的荧光信号，能被仪器检测到，而且荧光信号的强度与合成的模板量成正比，具体原理见图 6-15。该方法特异性强，但是变异较大的序列设计两条探针难度较大。

6.2.4.7 分子信标法

常见的分子信标（molecular beacon）是一种具有发夹结构的荧光标记核酸探针，具有高灵敏度、高特异性特点，在聚合酶链反应（PCR）、核酸序列分析、活细胞内核酸的动态检测、蛋白质（酶）与核酸的相互作用等方面应用广泛。

常见的分子信标是一条单链核苷酸杂交探针，其结构包括三个部分：环状区、信标茎干区、荧光基团和猝灭基团。环状区是一段与模板序列互补的特异核苷酸序列，茎干区是 5～7 个核苷酸序列，分布在环状区的两端，它们互补形成茎干，荧光基团一般连接在信标分子的 5′端，猝灭基团连接在 3′端。这种茎干区的互补使荧光基团与猝灭基团靠近在一起，通过能量转移，荧光基团发出荧光被猝灭基团猝灭，仪器检测不到荧光信号。当分子信标遇到靶序列，环状区与靶序列结合后，其稳定性比茎干区互补稳定性大得多，迫使茎干区打开，分子信标的空间构型发生改变，荧光基团和猝灭基

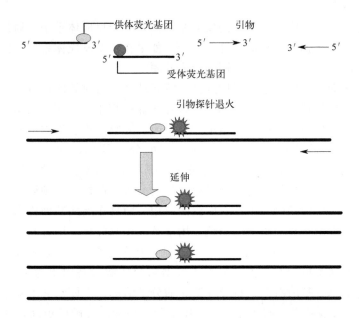

图 6-15　双杂交探针荧光 PCR 示意图

团距离增大，荧光基团发出的荧光信号不能被猝灭基团猝灭，这样仪器便能检测到荧光信号，具体原理见图 6-16。

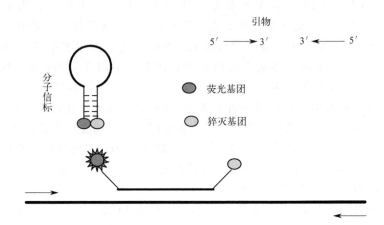

图 6-16　分子信标法示意图

　　分子信标中常用 4-(4′-二甲基氨基偶氮苯基）苯甲酸（DABCYL）作为猝灭基团，EADNS、德克萨斯红（Texas red）、荧光素（fluorescein）等作为荧光基团。

　　分子信标法不需依赖 *Taq* 聚合酶的外切酶活性，所以传统 PCR 的三步法适合分子信标法，在 72℃延伸阶段，引物在 *Taq* 聚合酶作用下延伸，到达分子信标退火部位时，将分子信标置换掉，进入溶液后，分子信标又恢复其茎环结构。

　　分子信标设计时需注意两点：一是茎干结构不要太稳定，否则会影响其与靶基因的杂交，二是置换掉的分子信标能够折叠恢复其原来的茎干结构，否则，猝灭基团不能有效猝灭荧光基团发出的荧光信号。

分子信标通常都是修饰一个单一的发光基团。在一个反应体系中，通过杂交后荧光信号的变化，一种分子信标即可检测一种靶序列。如果在一个反应体系中要同时检测多种靶序列，可将不同的分子信标修饰以不同的荧光基团。

分子信标技术拥有操作简单、灵敏度高、特异性强、可对核酸进行实时定量测定，甚至可以用于活体分析等特点。分子信标与寡核苷酸探针相比，茎环状结构的分子信标检测特异性更高，对靶序列中单个碱基的错配、缺失或插入突变均能检测出来。近来，人们通过改变经典分子信标的结构，设计出许多新型的分子信标，如用 ssDNA 链做环、用 RNA-DNA 双链做茎的 RNA-DNA 嵌合型分子信标，用 PNA 链代替 ssDNA 形成的 PNA 分子信标等。新型分子信标的出现为分子信标的进一步应用拓宽了领域。

分子信标不仅在生物学研究中有着广泛的应用，而且在疾病基因检测与诊断等生物医学基础和临床研究中也将充当重要的角色。用于核酸检测分析应用方面主要有：实时定量 PCR 测定靶标的浓度，基因的点突变、SNP（单碱基多态性）、等位基因、多组分同时测定，活体内核酸的动态检测等。董春义等人根据猪圆环病毒基因组为单链 DNA 的特点，设计了两条可与 PCV2 基因组序列特异性杂交的分子信标，进而建立了基于双分子信标的 PCV2 检测方法，实验结果表明双分子信标比单分子信标法灵敏度更高，并且将该双分子信标检测体系用于 18 例可疑猪瘟样品病毒检测，其中 8 例呈现出 PCV2 阳性，检测结果与普通 PCR 法一致，证明此方法确实可用于猪感染 PCV2 的临床诊断工作中。

6.2.4.8　多重荧光 PCR/RT-PCR

多重荧光 PCR/RT-PCR 是在单重荧光 PCR/RT-PCR 的基础上，为了对多条模板（靶基因）进行同时检测而诞生的检测方法。临床上发现症状及病理变化相似的传染病时，如果用单重荧光 PCR/RT-PCR 逐个进行检测，费时费力，而用多重荧光 PCR/RT-PCR 检测就大大缩短了检测时间。多重荧光 PCR/RT-PCR 一般用 TaqMan 水解探针或分子信标，即在一个反应体系中加入多对引物及与之配对的多条探针，探针分别用不同的荧光报告基团标记，当存在引物探针的特异性模板时，引物在 Taq 聚合酶的作用下进行延伸，将结合在模板上的探针水解或置换掉，荧光报告基团发出不同波长的荧光信号，这样仪器就可在对应的荧光通道检测到荧光信号。图 6-17 以 TaqMan 水解探针为例图示了多重荧光 PCR 的原理，多重荧光 RT-PCR 原理同多重荧光 PCR，只是多一步反转录步骤，将 RNA 反转录成 cDNA，然后进行荧光 PCR。

实际应用中以双重荧光 PCR/RT-PCR 和三重荧光 PCR/RT-PCR 最为常见，一般是有几个目标模板就设计几对引物探针，有时也可用一对引物配几条探针。有些多重 PCR 用染料法，这样可以在一个反应液中多放几对引物，优点是可以进行三重以上的反应，缺点是需要用熔解曲线判断扩增产物的特异性。还有报道水解探针法与染料法相结合的双重荧光 PCR，水解探针法在变性温度时收集荧光，染料法在延伸温度时收集荧光，变性温度时收集的荧光信号是由含水解探针的引物对扩增方法产生，而延伸温度时收集的荧光是由两对引物共同产生，根据两者 C_t 值结合熔解曲线即可判定各自的结果。多重荧光 PCR/RT-PCR 要比单重荧光 PCR/RT-PCR 复杂得多，该技术不是简单地将几对引物探针混在一起，引物探针在设计之初就要考虑引物与引物、探针与探针、引物与探针之间的交叉影响问题，优化时还要注意各引物探针的浓度问题、缓冲液的适用性问题，对有些仪器，优化时还要考虑各条探针的荧光增值问题等。

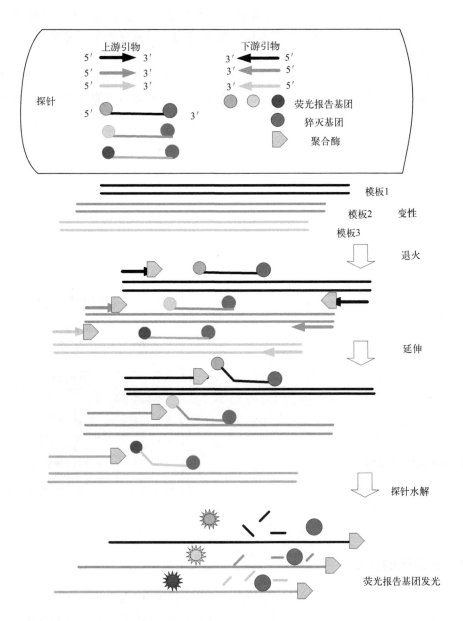

图 6-17 多重 TaqMan 荧光 PCR 原理图

6.3

PCR 试剂研发的基本原则

PCR 试剂研发基本原则的本质就是产品的基本性能指标，其主要取决于正确选择靶基因，并以此优选出最佳引物（普通 PCR）和引物探针（荧光 PCR），并保证研制试剂的敏感性和特异性。同时，在研制产品时可引入内参基因，去除不同样本在核酸提取质量、RNA 逆转录、扩增等阶段可能存在的差别，校正目的基因真正的表达差异。本节详细阐述了以上相关内容。

PCR 试剂研发看起来简单，好像有引物探针就能成型，实际上，要想研发出敏感性高、特异性强、重复性好的 PCR 试剂产品，不下一番功夫是不可能实现的。PCR 试剂研发流程见图 6-18。

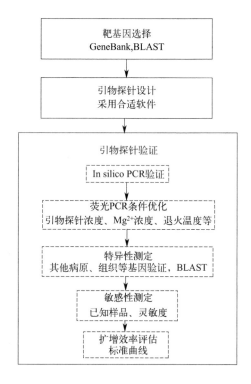

图 6-18 荧光 PCR 试剂研发流程图

6.3.1 靶基因的选择

靶基因的选择对于建立 PCR/RT-PCR 方法以及荧光 PCR/RT-PCR 方法十分重要。选择时要注意两点：一是保守，二是特有（与其他病原体基因、正常组织基因等同源性低）。首先需要明确检测目的是什么，不同的检测目的需要选择不同的靶基因。以动物 A 型流感病毒检测为例来说明，众所周知，动物 A 型流感病毒按照血凝素基因（H 基因）分为 18 个亚型，按照神经氨酸酶基因（N 基因）分为 11 个亚型，如果要想建立 A 型流感病毒通用检测方法，就要比对不同亚型的流感病毒，找出所有流感病毒共同的保守区（一般共同保守区在 M 基因或 NP 基因内），即便是比较保守的 M 基因和 NP 基因，不同亚型或毒株之间也有差异，这就需要在保守的基因内找出最保守的区域作为靶基因。如果要建立流感病毒 H7 亚型检测方法，就只能在血凝素基因（H7）内找各毒株间共同的保守区域作为靶序列。有些动物病原体变异较大，要想找到保守区域设计引物/探针并建立检测方法，同时做到完全不漏检是非常困难的，只能通过大量的比对工作，尽最大可能减少漏检的发生。对于基因组比较大的病原体，有时候选择靶基因也比较困难。另外，应尽量不选择富含（G+C）的区域作为靶基因。

6.3.2　引物的设计

PCR 检测试剂成功与否在很大程度上依赖于引物（普通 PCR）、引物探针（荧光 PCR）的设计，引物探针是否与靶基因正确退火关系到检测试剂的特异性，引物探针的位置、是否形成二聚体关系到扩增效率，进而影响检测试剂的敏感性。对于染料法荧光 PCR，引物的设计更要注意，因为扩增时产生的引物二聚体也会非特异地与荧光染料结合，发出荧光信号而影响结果的判定。普通 PCR 引物与荧光 PCR 引物设计原理基本相同，都要注重特异性和扩增效率，只是荧光 PCR 引物的扩增产物要短一些。多重荧光 PCR 的引物探针设计则更为苛刻，不仅要求引物探针对各自的靶基因正确退火，还要考虑引物探针间是否相互干扰，影响检测的灵敏度和特异性。

6.3.2.1　引物设计原则

（1）引物长度　引物的长度应尽可能满足不与靶基因之外的其他基因结合，在一特定的 DNA 序列中，四个碱基排列顺序相同的概率是 1∶256，18 个碱基的序列是每 6.8×10^{10} 个碱基重复出现一次，这个碱基数大约是人类基因组的 20 倍。引物每增加一个碱基，特异性增加 4 倍，但引物的碱基又不能太多，最理想的引物长度是 18～24 个碱基。碱基越多，引物形成二级结构的概率就会增加，对 PCR 的扩增效率会产生副作用。特殊情况下引物的长度又需要加长，比如（A+T）含量较高的序列，为使退火温度提高，需要对引物的长度进行调整，但不能大于 38，因为引物过长会导致其延伸温度大于 74℃，即 *Taq* 酶的最适温度。

（2）退火温度　引物与模板的杂交受很多因素影响，比如缓冲液中阳离子的浓度、变性剂、引物长度、引物（G+C）含量等。引物的退火温度应在 60～65℃之间，退火温度＝T_m 值－（5～10）℃。引物的 T_m 值有好多种算法，粗略算法如下：

长度为 20mer 以下的引物，T_m 计算公式为：

$$T_m = 4\times(G+C)+2\times(A+T) \tag{6-2}$$

对于更长的寡聚核苷酸，T_m 计算公式为：

$$T_m = 81.5+16.6\lg M+0.41\times[(G+C)\text{百分含量}]-600/\text{size} \tag{6-3}$$

式中　M——一价阳离子浓度；

Size——引物长度。

以上方法不能消除碱基堆积的影响，结果并不准确，所以近邻法被各种软件广泛采用。这些软件以最近邻热力学理论为基础的公式估算 T_m 值，该理论分析了复式解链的热力学过程。

$$T_m = \left[\frac{\Delta H}{\Delta S}+R\ln c\right]-273.15 \tag{6-4}$$

式中　ΔH 和 ΔS——焓变和熵变，可借助于最近邻热力学参数计算；

R——摩尔气体常数；

c——寡核苷酸的摩尔浓度。

该理论可确定特定的焓和熵对寡核苷酸自由能的影响，该影响由序列中的"最近邻"

造成。最近邻从 5′ 末端开始，焓和熵的效应是叠加的。对以上公式加入另一个条件，还可以经验性地计算盐离子对其稳定性的影响。

$$T_\mathrm{m}=\left[\frac{\Delta H}{\Delta S}+R\ln c\right]-273.15+12.0\lg[\mathrm{Na}^+] \tag{6-5}$$

大多数引物设计软件都使用 Breslauer 或 SantaLucia 最近邻参数系统估算寡核苷酸 T_m 值。

需要注意的是，不同软件给出的退火温度不一样，所以在设计引物探针时，要结合软件给出的 T_m 值和实际应用效果进行综合判断，必要时要通过试验优化来获得最优退火温度。另外，可使用下面的公式更精确地计算最优退火温度（T_a）。

$$T_\mathrm{a}=0.3\times\text{引物}\ T_\mathrm{m}+0.7\times\text{产物}\ T_\mathrm{m}-25 \tag{6-6}$$

对于（G+C）含量较高的引物，长度可短些，对于（A+T）含量较高的引物，长度可长些，或者通过锁核酸（LNA）提高引物的退火温度。

上下游引物的 T_m 值应接近，最好相差小于 1℃，避免超过 2℃。引物的 T_m 值取决于引物的长度和（G+C）含量。引物与其扩增产物的 T_m 值不要相差太大，20℃范围内较好。

（3）扩增产物长度与解链温度　普通 PCR 扩增产物长度较长，而染料法荧光 PCR 扩增产物长度最好在 100～400bp 之间，其中染料法扩增产物长度短的在扩增效率方面有优势，由于染料是嵌入双链 DNA 的小沟中，所以扩增产物片段长的嵌入的染料多，荧光信号也就强，检测灵敏度也随之提高。

探针法荧光 PCR 的扩增产物长度最好小于 150bp，以保证其扩增效率，如有可能，可设计长度低于 80bp 的扩增产物的引物对，但有时 400bp 的产物也能有效扩增。短扩增产物比长扩增产物容易扩增，因为长的扩增产物容易形成二级结构，在变性退火时短扩增产物的引物探针更能有效地与模板结合。此外，还需计算扩增产物的解链温度，以保证扩增产物的解链温度足够低，一方面可保证其在 95℃ 能够完全解链，另一方面尽量保证与引物解链温度差值不超过 20℃，有助于引物与模板的结合。引物所对应模板序列的 T_m 值最好在 72℃ 左右，至少要在 55～80℃ 之间。产物的 T_m 值可通过以下公式进行计算。

$$T_\mathrm{m}=81.5+16.6\lg[\mathrm{K}^+]+0.41\times[（G+C）含量]-675/\text{长度} \tag{6-7}$$

（4）引物的（G+C）含量　引物的（G+C）含量在 30%～80% 之间，最好在 50% 左右，（G+C）含量过高容易引起错配，因为（G+C）含量过高的引物容易与非目标模板结合，即便这种结合是一过性的，也足以在 DNA 聚合酶的作用下，导致非特异扩增。如果 PCR 扩增（G+C）含量高的片段，退火时间要缩短，退火温度要提高。引物中也应避免连续多 C 或连续多 G，否则导致结构太稳定，影响扩增效率。特别是 3′ 端，应避免出现连续 4 个以上 G 或 C。因为 3′ 端若有过多的 G/C，容易在引物的其他部分未充分与模板结合的情况下就开始扩增，从而降低反应的特异性。在引物的 3′ 端最后 5 个碱基中有 1～2 个 G/C 有利于减少非特异扩增，若最后一个碱基为 G 或 C 有利于引物与模板的正确结合。

（5）ΔG 与链稳定性　ΔG 值是指 DNA 双链形成所需的吉布斯自由能，该值反映了双链结构内部碱基对的相对稳定性以及引物与模板结合的强弱程度。在一个双链结构中，碱基对的相对稳定性是由其邻近碱基决定的。在热动力学中，这样的性质以双链形成时的 ΔG 来表示。现在大多采用 Breslauer 等人提出的以最邻近的相邻核苷酸的动力学数值

（自由能）来预测双链稳定性的方法。为简化起见，所有的计算都在 25℃ 条件下进行。此时，最邻近的核苷酸的自由能见表 6-5。

表 6-5　最邻近的核苷酸的自由能

第一个(5′)核苷酸	第二个核苷酸			
	dA	dC	dG	dT
dA	−1.9	−1.3	−1.6	−1.5
dC	−1.9	−3.1	−3.6	−1.6
dG	−1.6	−3.1	−3.1	−1.3
dT	−1.0	−1.6	−1.9	−1.9

ΔG 单位为 kcal/mol。如双链 d(ACGG/CCGT) 的 ΔG 是：

$$\Delta G(ACGG) = \Delta G(AC) + \Delta G(CG) + \Delta G(GG) = -(1.3 + 3.6 + 3.1) = -8.0 \text{kcal/mol}$$

(6-8)

此计算方法特别适用于测定其 3′ 末端会形成双链的引物的相容性，也可以用来计算发夹环结构的 ΔG。不过，这时需要根据环区内核苷酸的数量添加一定的数值。如 3 个核苷酸时为 5.2kcal/mol；4 个核苷酸时为 4.5kcal/mol；5 个核苷酸时为 4.4kcal/mol；6 个核苷酸时为 4.3kcal/mol；7 个和 8 个核苷酸时为 4.1kcal/mol。

一般情况下，应当选用 3′ 端 ΔG 值较低（绝对值不超过 9），而 5′ 端和中间 ΔG 值相对较高的引物。引物 3′ 端的 ΔG 值过高，容易在错配位点形成双链结构并引发 DNA 聚合反应。

（6）引物二聚体及发卡结构　设计引物时应避免引物二聚体及发夹结构（图 6-19）的出现，不仅考虑引物内（图 6-20），而且要考虑引物间的二聚体（图 6-21），否则会干扰引物的延伸，引物间要避免有 5 个碱基以上的互补，特别在 3′ 端。引物二聚体及发夹结构的能值过高（ΔG 超过 4.5kcal/mol）易导致产生引物二聚体带，并且降低引物有效浓度会使 PCR 反应不能正常进行。

$\Delta G = -3.1 \text{ kcal/mol}$

图 6-19　引物发夹结构

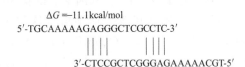

$\Delta G = -11.1 \text{kcal/mol}$

5′-TGCAAAAAGAGGGCTCGCCTC-3′

3′-CTCCGCTCGGGAGAAAAACGT-5′

图 6-20　引物自身二聚体

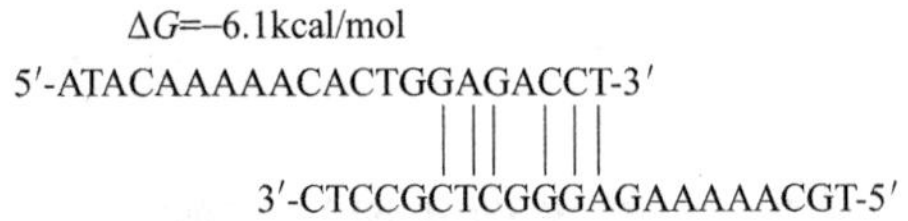

$\Delta G = -6.1 \text{kcal/mol}$

5′-ATACAAAAACACTGGAGACCT-3′

3′-CTCCGCTCGGGAGAAAAACGT-5′

图 6-21　引物间互补

（7）多重 PCR/荧光 PCR 引物设计　多重 PCR/荧光 PCR 引物设计应在遵守上述原则的基础上，还要考虑不同引物对间的互补，避免产生严重干扰现象，不同引物对的长度差别不要太大，不同引物对的 T_m 值应接近，不同引物对的扩增产物大小最好也差别不大。

6.3.2.2　引物探针的设计软件

因为考虑的设计要素有限，所以纯手工设计的引物探针通常在特异性、扩增效率、重复性、敏感性方面有缺陷。现在网络上有多种引物探针设计软件，这些软件在使用时能够更加全面地平衡一系列设计参数，不仅涉及引物长度、（G+C）含量、引物探针 T_m 值、3′ 端的（G+C）含量，而且还考虑引物探针的组成及排列、特异性、熔解温度、自身二聚体、发夹结构等因素。

（1）OLIGO　是市场上第一款设计引物探针的计算机应用软件，历经了好几个版本，主要用来设计和分析序列与 PCR 引物、合成基因和各种探针，包括小分子干扰核苷酸和分子信标的工具。程序基于最近邻热力学数据，低聚糖的搜索算法寻找最佳引物 PCR、荧光 PCR 引物探针的算法。

（2）Premier5　是一款非常专业的引物设计软件，支持使用者进行 PCR、测序引物、杂交探针的设计，同时还为用户提供了最主要的四大功能，包括引物设计、限制性内切酶位点分析、DNA 基元（motif）查找和同源性分析功能。软件使用起来也非常方便，只需要简单进行鼠标操作，即可给出相应的引物，支持自动搜索功能，可快速地将引物分析的结果显示出来。该软件还可以针对模板 DNA 的来源以相应的遗传密码规则转换 DNA 和氨基酸序列。

（3）Primer Express3.0　是一个专业的设计引物和探针、荧光 PCR 探针的软件，主要是面向 XP 系统。支持基于 TaqMan 和 SYBR Green I 染料化学分析的分析。按照快速分析开发指南使用，提供可靠的分析性能。提供设计灵活性、易用性和最低限度的优化。

（4）Beacon Designer8　是一款功能强大的 PCR 引物设计软件，软件通过多次试验可以解决实时定量 PCR 引物和探针的设计，通过 BLAST 搜索可以查找序列及寻找模板结构，Beacon Designer8 可以设计 SYBR Green PCR 引物，并且可以进行前导引物评估。除了可以在目的基因的任意位置中定位引物外，Beacon Designer8 还可以跨内显子-内显子或外显子-外显子设计引物。跨外显子-内含子连接的引物设计有助于选择性地从 gDNA 中扩增得到 cDNA。使用 Beacon Designe8 能够研究不同基因表达以及单核苷酸多态性（SNP）。同样，可以选择更加稳定的 LNA 探针替代 TaqMan 探针。Beacon Designer8 还可以设计甲基化的 TaqMan 探针、分子信标、FRET 探针以及根据多重实时 PCR 分析设计多重 PCR 和等位基因鉴定试验等的探针。

另外国外还有其他生物学信息软件可用于引物探针设计，如 PerlPrimer、Primer-UniGene Selectivity、QuantPrime、MultiPriDe（Multiple Primer Design）、TOPSI（Tool for PCR Signature Identifi cation）、GETPrime、Gemi、PrimerDesign、DFold、ConservedPrimers、RTPrimerDB、PrimerBank、Java Web tool（jPCR）等。

6.3.3　探针类型和设计原则

6.3.3.1　探针类型

（1）嵌入探针（intercalation probe）　最常用的是 SYBR Green I（2-[N-(3-二甲氨基丙基)-N-丙基氨基]-4-[2,3-二氢-3-甲基-(苯并-1,3-噻唑-2-基)-亚甲基]-1-苯基喹啉）（激发波长 494nm，最大发射波长 521nm），BEBO（4-[[3-甲基-6-(苯并噻唑-2-基)-2,3-二氢-(苯并-1,3-噻唑)-2-亚甲基]-1-甲基-碘化吡啶）；溴乙锭也可用作嵌入探针，但最近几年很少使用。两种染料都是结合于双链 DNA 分子的小沟处，在 PCR 初期，未结合的染料发出微弱荧光信号，计算机软件将其视为背景，扩增信号减去背景信号得到最终结果。随着 PCR 循环数增加，扩增产物呈指数增长，在延伸阶段，染料结合到双链 DNA 的小沟处增多，荧光信号增强。PCR 每一循环延伸阶段结束时的荧光信号与扩增的 DNA 量成正比，当下一循环的变性阶段开始时，嵌入的荧光染料与 DNA 分离，导致荧光信号降低，扩增信号是在每一循环结束时测量。荧光染料可与任何双链 DNA 结合，在保守区不容易设计出探针时，应用较多，该方法方便实用，敏感性高，价格便宜。由于非特异扩增产物、引物二聚体也会与荧光染料结合，出现荧光信号，所以特异性差限制了其应用。扩增产物与非特异扩增产物序列不同，（G＋C）含量不一，熔解曲线也不同，所以可用熔解曲线进行分析。熔解曲线分析增加了染料法的特异性，但如果非特异扩增产物与目的产物熔解曲线相似，那么就需要对扩增产物进行序列分析来加以区分。另外，EvaGreen 和有些 SYTO 染料也常用作嵌入探针。EvaGreen 作为第三代荧光染料，对 PCR 的抑制作用虽然较 SYBR Green Ⅰ小，但是产生的荧光信号强。

（2）普通 TaqMan 探针　最为常用，是一段 T_m 值比引物高 5～10℃的核苷酸序列，5′端标记荧光发光基团，3′端标记荧光猝灭基团。由于普通 TaqMan 探针较长，荧光发光基团与荧光猝灭基团相距较远，使得荧光猝灭基团对荧光发光基团的猝灭不彻底，荧光本底较高。

（3）MGB 探针（minor groove binding probe）　MGB 探针的产生后于普通 Taq-Man 探针，MGB 探针的 3′端连接的不是通常的 TAMRA 猝灭基因，而是一种非荧光猝灭基团，所以相对于 TaqMan 探针，大大降低了荧光本底信号。此外，其 3′端还连接了一种小沟结合物，即 MGB（图 6-22），该分子折叠进入 dsDNA 小沟，从而使探针和模板紧紧结合。MGB 结合在探针与靶基因杂交形成双螺旋的小沟（minor groove）中，既促进了探针与靶基因杂交的稳定性和特异性，又使探针的 T_m 大大提高，一般一个长 12～17bp 的探针在小沟结合物的作用下，T_m 值会提高 15～30℃，由于较短的探针在 MGB 的参与下能达到普通 TaqMan 长探针的 T_m 值，这样短的探针荧光发光基团与荧光猝灭基团距离相对近了，荧光猝灭效果更好，提高了猝灭效率，使得荧光本底信号更低。MGB 探针由于短，容易找到保守序列，设计更方便，应用在检测单核苷酸多态性和定量分析甲基化等位基因方面更具有优势。理论上 MGB 探针能够区分单一核苷酸突变，但实际在设计 MGB 探针时要格外小心，如果想让变异一个碱基的模板检不出来，最好将变异碱基放在探针的中间位置，且注意探针的长短、变异碱基两侧碱基 GC 和 AT 个数，再配合退火温度才有可能实现。

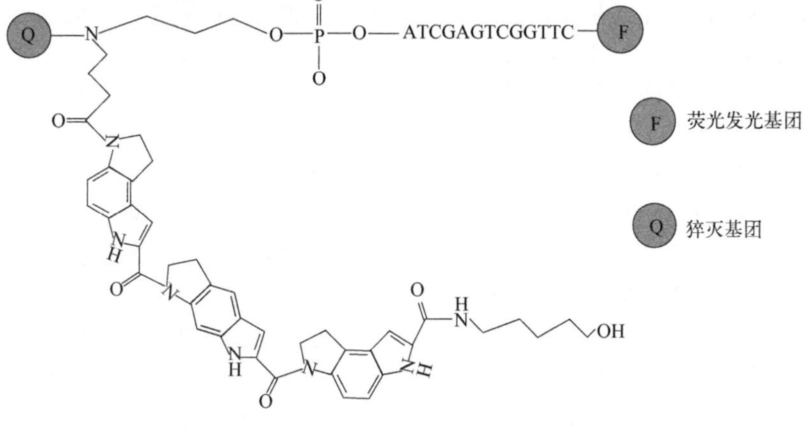

图 6-22　MGB 探针示意图

（4）锁核酸（locked nucleic acid， LNA）探针　　LNA 是一种含有桥接双环糖基（bridged，bicyclic sugar moiety）的合成核酸类似物。在 2′-O-和 4′-位之间添加的亚甲基基团将呋喃核糖环"锁定"为 3′-内构象（3′-endo conformation）。LNA 完全遵守 Watson-Crick 的碱基配对原则，LNA：DNA 杂交双链体可以由序列互补的 DNA 和 LNA 自发形成，研究发现，LNA：DNA 杂交体与其对应的 DNA：DNA 相比，退火温度会大幅度升高。由于 LNA 的合成与标准寡核苷酸合成相容，因此可以直接将单个或多个 LNA 核苷酸位点选择性地掺入 DNA 序列中。粗略估算，每个掺入短 DNA 引物/探针（<30nt）的 LNA 核苷酸可使 T_m 值增加 3～8℃。LNA 探针则是将一段核苷酸序列中的一个或几个核苷酸用 LNA 取代，然后 5′端标记荧光发光基团，3′端标记荧光猝灭基团的探针。由于 LNA 能够提高 T_m 值，结合亲和力更强，所以 LNA 探针核苷酸数量较普通 TaqMan 探针数量大大减少，可谓"短小精悍"。荧光本底值降低，同时其对模板结合的特异性也更强。一般地，LNA 相对结合亲和力从强到弱为 LNA：LNA＞LNA：DNA＞DNA：DNA。LNA 碱基的位置与序列有关，match 和 mismatch 的 ΔT_m 一般＞15℃。因此，较短的 LNA 探针拥有更好的猝灭效果，信噪比较低，提高了识别 SNP（单核苷酸多态性）的能力，常被应用于一些难检测的 SNP 和 AT-rich 区域的探针设计。

（5）肽核酸（peptide nucleic acid， PNA）探针　　PNA 是人工合成的 DNA 同类物，它的磷酸二酯骨架被重复的 N-(2-氨乙基)-甘氨酸单位所取代，而嘌呤和嘧啶则通过甲基羰基连接。PNA 分子可被生物素和各种荧光团常规标记。PNA 独特的化学组成使其具有特异的杂交性能。与 DNA 或 RNA 不同，PNA 的骨架不带负电荷。因此，当 PNA 与靶核酸序列杂交时不存在静电排斥，从而使 PNA-DNA 和 PNA-RNA 双链比野生的同源或异源双链具有更好的稳定性。这种稳定性使它的 T_m 值比 DNA-DNA 和 DNA-RNA 双链要高。PNA 的非天然骨架也使得 PNA 能有效对抗蛋白酶和核酸酶的降解。PNA 探针的优点是对酶的消化能力的抗性，保存期长，在低盐浓度下仍能与模板 DNA 结合。

（6）双猝灭探针　　普通 TaqMan 探针是标记一个荧光发光基团和一个荧光猝灭基团，由于探针荧光发光基团距荧光猝灭基团相对较远，猝灭不彻底，致使其荧光本底信号较高。近年来出现了双猝灭探针，就是在普通 TaqMan 探针中间增加一个猝灭基团，ZEN 和 TAO 就是这种猝灭基团，这第二猝灭基团添加在探针第 9、10 碱基之间。荧光基团 ZEN-IBFQ/TAO-IBRQ 组合成双猝灭探针，可实现优于 BHQ 的猝灭效果。双猝灭探针最重要的优势是能够降低荧光背景噪声，实现高信噪比，从而减少 qPCR 实验中由高背景导致的假阳性。

（7）分子信标　　分子信标是另一种形式的荧光探针，常见的分子信标是由茎-环结构的单链寡聚核苷酸组成，其环状部分，一般是一段长度为 15～30 碱基的序列，能与靶基因特异结合，茎干区是长度为 5～7 碱基的互补序列，茎干区的两端分别标记荧光发光基团和荧光猝灭基团。为保证分子信标的灵敏度和热力学稳定性，其茎干区的碱基数量要适中，过长，灵敏度容易下降；过短，稳定性下降。还有一种结构的分子信标是无茎干分子信标，与常见的分子信标结构类似，只是不含有双链结构的茎干区，只含有单链的环状结构。自由状态时，由于荧光发光基团与荧光猝灭基团之间的疏水作用使得无茎干分子信标近似于一个闭环结构。当分子信标与靶基因结合后，荧光发光基团与荧光猝灭基团分开，荧光恢复。无茎干分子信标与常见分子信标相比，由于其柔韧性增加，所以在体系检测时，对靶标的响应加快，特异性也增强，但因其结构上缺少了茎干区，所以稳定性有所下降，背景荧光值相对较高。针对常见分子信标在实际应用中出现的问题，发展出了一系列新型的分子信标，从 DNA 到 PNA 再到 LNA，其应用领域也从对一般 PCR 产物进行实时定量、定性分析、基因的点突变、SNP、等位基因分析发展到用于活体的核酸代谢分析、DNA 与蛋白质相互作用分析、DNA 传感器、DNA 芯片等。

6.3.3.2　探针的设计原则

（1）探针的长度　依据探针的类型不同，其长度也不相同，普通 TaqMan 水解探针长度为 $15\sim45$bp，最好是 $20\sim30$bp，以保证其有足够高的 T_m 值和与靶基因结合的特异性。LNA 探针由于序列中有锁核酸，导致杂交效率和稳定性增加，所以 LNA 探针的长度可以短至 $13\sim20$bp，LNA 探针的 T_m 值与锁核酸的多少有关，每增加一个锁核酸，T_m 值增加 $3\sim8℃$。MGB 探针 $3'$ 标记非荧光猝灭剂，由于 MGB 提高了探针的 T_m 值，所以 MGB 探针要比普通 TaqMan 水解探针长度短得多，可短至 $13\sim20$bp。常见分子信标环状部分，根据（G+C）含量，一般长度为 $15\sim30$bp，茎干区长度为 $5\sim7$bp。

（2）探针的位置　探针可在正链上，也可在负链上。不论何种类型探针，其在模板的杂交位置应尽量靠近相同链上的引物。

在设计 MGB 探针时应注意，原则上 MGB 探针只要有一个碱基与靶基因不匹配就会检测到（MGB 探针不会与目的片段杂交，不产生荧光信号）。在动物疫病检测过程中，也会遇到一个碱基差异的情况，就像 SNP 检测一样，为了检测到突变的碱基，即 MGB 探针不与目的片段杂交，不产生荧光信号，所以应将探针的突变位点尽量放在中间 1/3 的地方。

分子信标探针应在扩增产物的中心或接近中心的区域，上游引物的 $3'$ 端和分子信标探针的 $5'$ 端之间的距离应大于 6 个碱基。

（3）探针的退火温度　为保证在引物与靶基因结合之前探针与靶基因结合，探针的退火温度要比引物高 $5\sim10℃$。计算分子信标探针序列的 T_m 值时，应只考虑探针环状部分序列，不需考虑茎干区序列。

（4）探针的（G+C）含量　探针的（G+C）含量一般在 $40\%\sim70\%$。探针的 $5'$ 端应避免为 G，因为 G 能够猝灭荧光信号，即使探针水解为单个碱基，与荧光报告基团相连的 G 碱基仍可猝灭荧光报告基团的荧光信号。整条探针中，碱基 C 的含量要明显高于 G 的含量，G 含量高会降低反应效率，若出现 G 含量高时，则应选择配对的另一条链作为探针。MGB 探针尽量避免出现重复的碱基，尤其是 G 碱基，应避免 4 个或 4 个以上的 G 重复出现。

6.3.3.3　探针荧光报告基团和荧光猝灭基团的选择

不同品牌型号的荧光 PCR 仪器通道数量不一样，通道检测设置也不相同。在对探针进行荧光标记时，要根据仪器的型号来选择，特别是多重荧光 PCR 的探针，需要标记不同荧光报告基团，就更需要选择适应特定仪器的荧光报告基团和荧光猝灭基团。比如，ROX 是 ABI 仪器的基底对照荧光，故对 ABI 荧光 PCR 仪而言，不能将 ROX 作为荧光报告基团和荧光猝灭基团。表 6-6 列出了常用的荧光基团染料。

表 6-6　常用的荧光基团染料

染料	激发波长/nm	发射波长/nm	常规应用	颜色
FAM	495	521	5′	绿
VIC	488	552	5′	粉
TET	521	536	5′	橙
JOE	520	548	5′	粉
HEX	535	556	5′	粉
NED	540	560	5′	红
TAMRA	544	576	5′,3′	玫瑰色
CY3	550	570	5′	玫瑰色
ROX	575	602	5′,3′	红
CY5	649	670	5′	紫
TEXAS RED	589	610	5′	红
LC RED640	625	640	5′	红
LC RED 705	689	705	5′	紫

一般双通道荧光 PCR 仪的双通道是指 FAM 通道和 HEX 通道，对于多通道荧光 PCR 仪，一般都有 FAM 通道和 HEX 通道，但是其他通道就有可能不一致，大多数品牌型号仪器有 CY5 通道，ABI 仪器仅部分型号仪器有 CY5 通道，而 7500、QuantStudio6/7、ABI STEPONE 和 STEPONE PLUS 就没有 CY5 通道，所以在设计多重荧光 PCR 检测试剂盒的引物探针时，首先要考虑适用仪器的通道，根据通道决定标记何种荧光报告基团和荧光猝灭基团。

FAM、HEX、VIC、JOE、NED 标记常用 BHQ1、TAMRA、ECLIPSE、Dabcyl 作为猝灭基团，TAMRA、CY3、ROX、CY5 标记常用 BHQ2、BHQ3、BBQ-650 作为猝灭基团。

6.3.3.4　探针类型的选择

上面介绍了探针的类型主要有嵌入探针（染料法）、普通 TaqMan 水解探针、MGB 探针、LNA 探针、PNA 探针、双猝灭探针、分子信标，另外还有蝎型探针（scorpion）、复式蝎型探针、双杂交探针、复合探针、探针反探针、中介探针（mediator Probe）等，如此多的探针如何选择是需要慎重考虑的。在选择探针类型时应考虑如下几个因素：经济、通用、成熟度、用途、降噪、靶基因、探针长度等。

（1）**经济**　经济因素是试剂盒生产要考虑的，在灵敏度、特异性、重复性满足要求的前提下，越经济越好。以前的探针合成由于原材料、设备、工艺、合成量等导致价格较高，试剂盒生产成本也随之较高，随着合成技术的完善和合成厂家的增多，探针的合成较以前无论从质量方面还是价格方面都有很大改善。在选择探针类型时较经济的探针为嵌入探针、普通 TaqMan 水解探针。

（2）**通用**　动物病原体种类繁多，有些病原体还分型和亚型，如果对如此多的病原体均建立荧光 PCR 方法，探针的合成将耗费巨大，关键是部分探针全年用量非常少，而且保存时间长了又会影响灵敏度，造成浪费。对于这些用量较少的病原体检测，通用探针是一种不错的选择，所谓的通用探针就是多种病原体检测共用一条探针，特别是科研和用量少的试剂盒，通用探针有其优势。常用的通用探针类型有中介探针、嵌入探针。

（3）**成熟度**　合成探针时要考虑的因素很多，对于试剂盒生产来说，探针合成的成熟度是要考虑的一个重要因素。如果探针类型是新研发出来的，或者这种探针合成较少，合成工艺不成熟，导致探针的质量难以保证，使用这种探针可能就会影响后续试剂盒产品的质量。目前合成较为成熟的探针类型有普通 TaqMan 水解探针、MGB 探针、LNA 探针、分子信标等。

（4）用途　探针的用途不同，选择的类型也不同，如果是针对病原体某基因保守区的检测，且该基因的探针结合区域碱基无变异，那么选择探针类型的范围就很大；如果该基因的探针结合区域碱基有变异，就要避免选择 MGB 探针、分子信标等。如果针对基因的点突变、SNP 检测，不能选择普通 TaqMan 水解探针的，而要选择 MGB 探针、分子信标、探针反探针才可能实现这一目标。

（5）降噪　普通 TaqMan 水解探针荧光本底噪音较高，如果要将荧光发光基团猝灭得更彻底以降低本底噪音，提高检测的灵敏度，则需要选择 MGB 探针、LNA 探针、PNA 探针、双猝灭探针等。

（6）靶基因　有些靶基因变异较大，在可选的引物对内，没有可供选择的探针区域，这时各式水解探针、分子信标等均无用武之地，嵌入探针（染料法）就能解决这一问题，再者，当水解探针用于多重荧光 PCR 时，一般最多可用三对引物、三条标记不同荧光报告基团的探针，太多条探针的话容易干扰，影响检测的灵敏度和曲线，而嵌入探针用于多重荧光 PCR 可以用多对引物，但是用嵌入探针做荧光 PCR 时，不仅要看扩增曲线，还要做熔解曲线，根据熔解温度来判定扩增的靶基因是否正确。

（7）探针长度　普通 TaqMan 水解探针的长度最好在 $20 \sim 30$ 个碱基之间，如果探针结合区域的保守碱基低于 20 个，T_m 值达不到要求，或者虽高于 20 个，但由于 A/T 含量较高，T_m 值也达不到设计要求，这时就要选择 MGB 探针、LNA 探针、PNA 探针。

6.3.4　引物探针的网络验证

引物探针设计完成后，是否能达到要求，是否与其他基因有交叉，是否不漏检，需要对其进行验证。理论上，$18 \sim 30$ 个碱基的引物特异性应不错，但在复杂多样的生物基因组面前，理论上的预测往往会出现偏差，非目标产物的非特异扩增也并非不常见，如禽白血病病毒的检测中，如果引物探针设计不好，会与鸡内源性反转录病毒等成分有交叉。验证引物探针时，如果用实际的菌/毒株进行验证，会浪费人力物力财力，况且菌/毒株繁多，不可能对所有的菌/毒株进行一一验证，因此，网络验证就显出其优势。虚拟 PCR（In silico PCR）已被广泛用于新设计的引物探针的验证。虚拟 PCR 是指将引物探针输入存储有大量病原体基因序列的软件数据库后，由电脑完成网络 PCR。虚拟 PCR 的目的是检验引物探针的特异性及靶基因的位置、扩增产物大小和发现引物探针结合位置是否有碱基变异。随着基因测序技术的发展和测序成本的降低，越来越多的基因组被测序出来，登入基因库，这些大量的基因数据使虚拟 PCR 成为可能。新设计的引物探针在合成前使用虚拟 PCR 进行验证，防止出现引物探针没法用的情况，对于资料中发表的引物探针序列用虚拟 PCR 能够发现序列是否正确，特异性是否与资料中介绍的一致。虚拟 PCR 的软件很多，如 FastPCR、PCRv 等，这些软件能够给出虚拟敏感性、虚拟特异性数据，如果得不到这些软件，亦可在美国生物信息网站（如 NCBI）对设计的引物探针进行网络在线验证。

6.3.5　荧光 PCR 的试验误差

荧光 PCR 已经广泛应用于动物疫病病原的检测，成为病原检测、诊断的"金标"方法，很多研究人员和检测人员还将荧光 PCR 作为病原精准定量的一种工具，前提是建立的荧光 PCR 检测方法是遵循严格的优化程序，并经过验证证实方法的敏感性、特异性、重复性达到要求。即使方法优化好了，也经验证了，要想生产出合格的试剂盒还是需要下一番功夫。合格的试剂盒在用户使用过程中也会遇到试验数据不一致、临界值阳性样品重复性差等问题，这就涉及荧光 PCR 的试验误差问题。试剂盒的试验误差通常只对检测样品而言，但我们这里讲的荧光 PCR 试验误差则包括样品采集、处理、核酸提取、加样、扩增在内的全过程的误差。

任何生物学试验都存在能导致试验结果差别很大的两种误差：随机误差和系统误差。荧光 PCR 的试验的随机误差是由样品的生物多变性误差和加样误差组成，系统误差是指不正确使用校准过的设备和计算机软件，导致技术上和计算上的误差。这两种误差对试验的总误差影响很大，正确地理解两种误差并将其降至最低，对试验产生可靠的、可重复性的、具有统计学意义的结果是非常必要的。

6.3.5.1　随机误差的来源

（1）样品的生物多变性误差　在采集样品时，如果监测一个群体或某一环境是否存在某种病原，就需要考虑随机采样，如果不随机采样，采集的样品不能代表病原在群体或环境中的分布状况，后续的荧光 PCR 试验结果就不能反映群体或环境中病原的实际情况。由于生物样品是多变的，采集样品时是否采集到病原所在的部位、采集样品的时机、采集方法、是否用样品保护液等都会引起试验误差，另外样品的运输时间、保存温度、是否存在抑制成分等也会影响试验的误差。非洲猪瘟病毒荧光 PCR 检测试剂盒的大量应用，把荧光 PCR 检测试剂盒的质量推到一个新高度，灵敏度高、特异性好的试剂盒受到养殖企业的青睐，但是在应用过程中也会出现临界值阳性样品重复采样又是阴性的情况，或者出现临界值阳性猪不发病而质疑试剂盒质量的情况。不能否认有些试剂盒可能有问题，但是样品的生物多变性误差也是原因之一。

（2）样品的处理误差　样品处理对于荧光 PCR 试验十分重要，如果样品处理不当，测得的结果会不稳定。取样的部位、取样的多少、样品稀释液与样品的比例、研磨或匀浆是否彻底、血液样品的抗凝剂成分、样品中抑制成分是否去除、离心的转速、样品中的病原是否灭活等都会对试验结果产生影响，同样的样品不同的处理方式，得到的 C_t 值差异较大，有些病原含量极低的样品若处理不当，可能会得出阴性结果。

（3）核酸提取误差　核酸提取试剂盒的提取效率对后续的检测结果影响很大，以前常用酚-氯仿提取，该提取操作变量多，提取效率差异大。目前核酸提取最常用的方法有两种：柱式提取和磁珠提取，磁珠提取因省时省力、高通量被大型养殖企业、检测机构等广泛应用。不论是柱式提取还是磁珠提取试剂盒，不同厂家的产品提取效率是有差异的，有时差异近十倍。部分检测实验室过度关注检测试剂盒的质量，忽略提取试剂盒的质量，把检测结果准确与否归结于检测试剂盒是不客观的。应用磁珠提取试剂盒时，提取效果差主要表现为提取效率低、阳性对照或阳性样品孔对周围孔的污染、样品中的某些成分影响磁珠的吸附性能进而提取不出来。

（4）加样误差　大多数分子生物学试验，所需的样品仅是处理后样品的一小部分，荧光 PCR 检测所需的核酸多为 $5\mu L$。从采集样品或处理样品时的 1mL 或几毫升，到提取时用量几百微升，到提取的核酸几十微升，再到加样时的 $5\mu L$，每一步骤均会产生误差，这种用一小部分样品进行的定量与样品中实际的量值之差即为加样误差。举个例子，假如样品经过提取，$50\mu L$ 洗脱液中含有 50 拷贝的核酸，加样量为 $5\mu L$ 时，理想的状态是吸取 $5\mu L$ 能吸到 5 拷贝的核酸，但是因为低浓度样品的取样涉及泊松分布的概率问题，实际情况可能是吸到 $2\sim7$ 拷贝，这种与 5 拷贝偏离的误差就是加样误差。如果 $50\mu L$ 洗脱液中含有低于 20 拷贝的核酸，这种误差就更为明显，甚至会出现 $5\mu L$ 加样量吸取不到核酸的情况。一般来说，根据泊松分布，当每次加样的预期平均模板数量大于或等于 3 时，可以保证 95% 以上的概率能够取到模板。

变异系数（CV）是衡量数据与平均值的偏离情况，是数据一致性评估的主要工具，在一特定拷贝数的样品中，与加样误差有关的标准差（SD）和变异系数（CV）可用下列公式计算：

$$SD = \sqrt{M} \qquad\qquad (6\text{-}9)$$

$$CV = \frac{\sqrt{M}}{M} \qquad\qquad (6\text{-}10)$$

M 为二项分布条件下样品中的核酸拷贝数。

沿用前面的例子，$5\mu L$ 样品中核酸的平均值是 5 拷贝，SD 为 $\sqrt{5}=2.24$，$CV=2.24\div5=0.45=45\%$，即加样误差上下有 45% 的差异，如果样品中核酸的平均值为 100 拷贝，变异系数为 10%，低于 10 拷贝时变异系数将高于 30%。

当样品中核酸拷贝数较高时（如 10000 拷贝），每次的加样误差就很小（1%），这时仪器扩增后测出的 C_t 值变化就很小，仅在荧光值上稍稍有差别，见图 6-23。

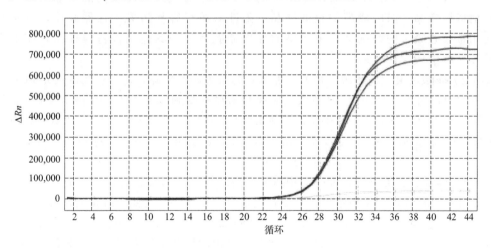

图 6-23　样品中核酸拷贝数较高时 3 次加样的扩增曲线

当样品中核酸拷贝数较低时，如 C_t 值大于 30，这时每次加样误差变大，体现在扩增曲线上，则不像 C_t 值小于 30 的样品复测孔扩增曲线基本重叠，而是曲线逐渐拉开距离，当样品中核酸拷贝数接近检测临界值时，复测孔有的有扩增曲线，有的没有扩增曲线，见图 6-24。

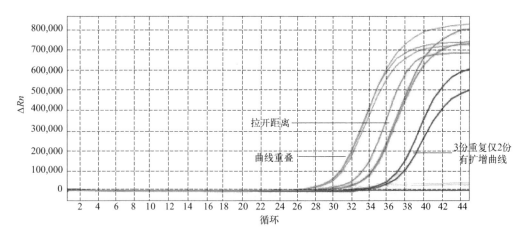

图 6-24　3个不同核酸拷贝数样品分别测三次的扩增曲线

6.3.5.2　系统误差的来源

（1）**加样器误差**　分子生物学试验系统误差的主要来源之一是使用不恰当的加样器和加样量不准确。使用不恰当的加样器是指使用未校准有误差的加样器和使用量程与加样量不匹配的加样器，加样量不准确是指使用不恰当的加样器导致的加样量不准确和使用劣质吸头导致的加样量不准确，所说的使用量程与加样量不匹配的加样器是指用量程较大的加样器吸取微量的样品，如用量程 $100\mu L$ 的加样器吸取 $5\mu L$ 的样品。加样器误差可导致 $5\%\sim37\%$ 的 CV，特别是在系列倍比稀释时如果不更换吸头，会导致误差更大。另外一种加样器误差是用同一加样器加核酸浓度较高的样品、阳性对照和其他待检样品，浓度较高的核酸样品、阳性对照很容易污染加样器腔体，特别是在未使用带滤芯吸头的情况下，由污染的加样器腔体污染其他阴性待检样品，使本来阴性的样品产生假阳性结果。

（2）**核酸污染**　核酸污染是另一种重要的系统误差来源，这需要在做荧光 PCR 试验时设置无模板对照（NTC），以确认反应液和酶没有受到核酸污染，在做 RNA 模板检测时，应设置无反转录对照，以确认没受到 DNA 的污染。对于荧光 RT-PCR 试验，由 mRNA 反转录成 cDNA 的反转录步骤，由于 RNA 的数量和质量不同，对 cDNA 量的影响可达 2～3 倍，另外，RT 反应液的成分对下游 PCR 反应也许有抑制作用。

（3）**样品核酸的处理、保存**　用质量合格的提取试剂盒获得样品核酸后，核酸的保存、处理不当都会影响试验结果。一般在提取核酸后 2 小时内要进行检测，特别是提取的 RNA 更应尽快检测，若需储存较长时间，建议放置 $-70℃$ 以下保存。冷冻保存的核酸反复冻融也会引起试验误差，冻融次数过多甚至会出现检测不出来的现象。核酸的均匀性对荧光 PCR 试验也非常重要，特别是做标准曲线时，核酸的正确稀释与否及均匀与否都会影响曲线的准确性。

（4）**随机扩增与测量不确定度**　荧光 PCR 反应液中的引物与靶基因不是 100% 结合，靶基因浓度高时这种现象对 C_t 值的影响不是很大，当靶基因浓度低时，特别是靶基因 DNA 小于 10 拷贝/μL 时，在最初的几个循环，引物不能与靶基因全部结合，这样在做复孔检测时，有些孔靶基因与引物结合的比例多，有些孔靶基因与引物结合的比例少，这样会导致同一靶基因测定的 C_t 值差异较大，特别是 C_t 值大于 35 的样品，CV 值达到

10％以上是非常常见的。如果靶基因小于 2 拷贝/反应时，复孔检测经常出现有些孔有扩增曲线，有些孔检测不出来的现象。

测量不确定度（MU）是一个与检测结果相关的参数，指可合理归因于测量造成的值离散度。测量不确定度并不意味着怀疑检测结果，而是一个增加结果有效性的手段。测量不确定度不等同于误差，因其可适用于从一个特定程序产生的所有检测结果。对于定量荧光 PCR 检测，已较好地建立起 MU 测定方法。其表达形式可为一个表示可信度的数值，通常给出一个规定的范围。标准差（SD）和置信区间（CI）是表述 MU 的两个实例，例如，定量检测结果可表示为 $\pm n\mathrm{SD}$，其中 n 通常是 1、2 或 3。实验结果计算出的置信区间（通常为 95％）提供了一个很可能包含结果的估计范围。在定性检测中，尚未很好地界定 MU，但已有一些很好的指导原则，而且随着实验室认可的重要性日益增加，MU 在定性检测中的应用也在不断发展。ISO/IEC 17025 标准承认，一些定性检测方法可能会妨碍在计量学和统计学上对测量不确定度进行有效计算。在这种情况下，需要对测试方法性能的了解、以往经验、验证数据、内部控制结果等，设法识别和估计所有不确定性因素。

（5）荧光 PCR 仪误差　荧光 PCR 仪的误差没有引起大家足够的重视。不同品牌、型号的荧光 PCR 仪进行同样的检测，C_t 值可能不同，有些仪器甚至会出现低拷贝和特高拷贝核酸检不出来的现象。荧光 PCR 仪的误差主要由热模块孔间温度的均匀性、热模块的清洁度、升降温速度、荧光采集元件的灵敏度、光源、软件的计算等引起。热模块孔间温度是否均匀是衡量荧光 PCR 仪质量的主要指标之一，如果孔间温度差异过大，变性、退火时温度不统一，就会导致孔间反应管的扩增效率有差异。热模块应定期清洁，如果有灰尘或污渍，会影响温度及扩增曲线形态。升降温速度对试验结果影响不可小视，太快的话，模块温度达到了，反应液的温度跟不上，太慢的话，反应时间变长，对 Taq 酶的活性也有影响。荧光采集元件不同、仪器采集方式不一，不论何种方式采集荧光，反应管管壁、盖的清洁是必需的，荧光采集元件的灵敏度低的话，微量荧光可能采集不到，导致临界值阳性样品漏检。光源的清洁也是很重要的，有些光源有玻璃板相隔，那玻璃板的清洁度也会影响扩增曲线，需要定期对玻璃板进行清洁。软件在 C_t 值的大小、扩增曲线形态、结果的判定方面有很大作用，有些仪器软件对扩增曲线进行修正，看起来曲线平滑，有些仪器软件给出的扩增曲线带皱褶，反映了扩增过程中荧光信号的微妙变化。有些荧光 PCR 仪的软件设置需要经常调整，否则会出现扩增曲线但是判为阴性的情况，有些软件，当一个通道荧光值高时会把其他通道荧光值低的曲线压得很低，需要来回调整，使用起来并不方便。即使有数据分析软件，也要检查原始荧光数据以评估数据的质量和可靠性，包括在 log 曲线图调基线和阈值线、验证扩增效率和灵敏度、应用定量方法使数据标准化，如果仅依赖仪器自动给出的基线和阈值线，对某些样品而言，有可能会出现大的偏差，导致假阳性和假阴性的产生。

有些荧光 PCR 仪器，用被动参考染料来校准孔与孔间的差异，被动染料不参与 PCR 过程，一般加入反应液中，当出现由加样误差、反应液蒸发、仪器限制等导致的反应液浓度或体积差异进而引起非 PCR 因素产生的荧光信号发生差异时，可以由被动参考染料来进行校正。常用的被动参考染料是 ROX（5-carboxy-X-rhodamine，5-羧基-X-罗丹明）。

6.3.6　内标类型及设置原则

荧光 PCR 检测技术在兽医领域和检验检疫领域应用仅二十多年，但发展却非常迅速，并逐渐走向成熟。最初的荧光 PCR 检测方法仅设置阳性对照和阴性对照，以保证在对照成立的情况下得到待检样品的阴、阳性结果，这种阴、阳性对照要与待检样品性质相近，这样才能保证在提取过程中阴、阳性对照与样品能达到一致或相近的提取效果，包括样品中荧光 PCR 抑制成分的去除。可以说，仅设置阴、阳性对照对于绝大多数荧光 PCR/RT-PCR 检测是足够的，特别是兽医领域注重群体而不是个体，多个样品的检测同时出现偏差的概率是非常小的。但是仅设置阴、阳性对照也存在一些问题：一是样品的提取过程没有监督，仅可知阳性对照有没有提取出来靶基因，而且越来越多的试剂阳性对照不需参与提取；二是不清楚提取的核酸是否有对荧光 PCR 的抑制成分；三是在反应液加模板时，不清楚模板是否漏加，特别是样品数量多、操作人员熟练程度低的情况下容易让人产生疑虑；四是不清楚扩增效率如何，有可能扩增效率受影响导致弱阳性样品检不出的情况。而内标设置就较好地解决了这些问题。

荧光 PCR 试验，最初引入内参基因是用来校准基因表达水平的，分析基因在不同时期的表达差异以及经过不同处理的样本间基因的表达差异等。在分析中选用一种合适的内参基因对目的基因的表达量进行校正可以提高该方法的灵敏度和重复性。对于校准基因表达水平的内参来讲，理想的内参基因应在所研究的各种试验因素条件下均恒定表达。然而，大量的研究结果表明，任何一种内参基因在所有的试验条件下都不是恒定表达的，在不同类型的细胞、在细胞生长的不同阶段，内参基因的表达都是有变化的。因此，在进行基因表达分析之前都应该进行内参基因的验证，选定一种或几种较为稳定的内参基因用于对目的基因表达量的校正。

随着荧光 PCR 技术在兽医领域和检验检疫领域的广泛应用，不仅要求样品的检测结果准确，监督检测的全过程，还要对样品中的病原靶基因进行绝对定量和相对定量，在这种情况下，内标就出现了。

兽医领域荧光 PCR 检测试剂的内标是指在反应液中除了含有检测病原靶基因的引物探针外，还含有不同标记的检测内标基因的引物探针。内标基因主要有两种：一种是内部阳性对照 (internal positive control，IPC)，也称为外源性内标 (exogenous control)；另一种是内部扩增对照 (internal amplification control，IAC)，即内参基因，又称为内源性内标 (endogenous control)。相对于内标基因，阳性对照又称外部阳性对照 (external positive control，EPC)。

IPC 一般是一段人造的基因，与动物疫病病原基因序列同源性低。根据 IPC 序列设计的引物探针，按照优化的比例加入荧光 PCR 反应液中。IPC 必须在样品核酸提取前加入样品中使 IPC 参与整个提取、扩增过程，对样品的核酸提取、靶基因的扩增起到监督作用。IPC 的优点：由于是在样品核酸提取前等量加入的，所以，扩增后每个样品中 IPC 的扩增曲线基本是一致的，C_t 值差别在 0.5 以内。如果每份样品中 IPC 的 C_t 值差别过大，除考虑样品类别因素外，需要考虑样品中是否存在抑制成分、试验是否有效等问题。IPC 的缺点：不能判断样品采集是否到位。荧光 PCR 试验结果准确与否，不仅与样品的处理、扩增有关，还与样品是否真正采集到位有关，比如在做非洲猪瘟病毒荧光 PCR 试验时，如果对猪唾液、鼻拭子等样品进行检测，需要判断样品中是否有猪源核酸，如果有，说明采样到位，如果没有，说明样品采集没到位而导致漏检。

IAC 指内参基因，一般要选择一个在处理因素作用下不会发生表达改变的基因作内参基因。它们在各组织和细胞中的表达相对恒定，在检测基因的表达水平变化时常用它来做参照物。其作用是校正加样量、加样过程中存在的实验误差，保证实验结果的准确性。借助检测每个样品内参的量就可以用于校正加样误差，这样的结果才更为可信。内参基因常用管家基因，又称持家基因（house-keeping gene），其在生物体各类细胞中都表达，产物是对维持细胞基本生命活动所必需的蛋白质编码的基因。在做荧光 PCR 试验特别是对基因表达水平进行评价时，需首先对内参基因的表达稳定性进行评价，通过 GeNorm、NormFinder、BestKeeper 等程序方法对数据进行分析，以筛选出一种或几种合适的内参基因用于校正后续荧光定量 PCR 试验数据。常用的管家基因有 GAPDH（glyceraldehyde-3-phosphate dehydrogenase，甘油醛-3-磷酸脱氢酶）、ACTB（β-actin，β-肌动蛋白）、18S rRNA（18S ribosomal RNA）、TUBA（α-tubulin，α-微管蛋白）等。IAC 的优点：由于 IAC 是动物体内存在的基因，所以在样品采集时，无论是采集组织脏器、血液样品，还是采集唾液、鼻拭子样品，都能采集到动物组织细胞成分，其中存在 IAC 基因，在做荧光 PCR 试验时，不需要在样品中添加任何外来基因，就能够起到对样品提取、加样、扩增的监督作用，对同类型样品还可起到校准作用。组织细胞成分少时（如唾液、鼻拭子），其中存在的 IAC 基因少，C_t 值就大。IAC 的缺点：不同种类样品组织细胞成分不一，C_t 值大小不一，而且有些环境样品中不含 IAC，如果对这类样品的提取、扩增进行监督，需要在样品核酸提取前加入 IAC。

（1）内参基因的筛选　根据所研究的细胞或组织及试验条件，试验需要寻找适合试验体系的内参基因。常用的内参基因在某些细胞或组织及试验条件下虽然能够稳定表达，但在一些特定因素下表达量变化却很大，所以，使用荧光 RT-PCR 技术研究目的基因的表达情况时，需要根据样品类型及试验条件的不同，选择合适的一个或几个内参基因作为标准。

① 基于软件选择内参基因：在荧光 RT-PCR 试验中，内参基因的稳定性对试验结果的准确性非常重要。很多研究者发现，在应用荧光 RT-PCR 技术进行表达分析时，使用单一内参基因作为校准标准得出的结果有时不可靠，应选择多个内参基因作为校正标准。可以用 GeNorm、NormFinder 和 BestKeeper 程序比较内参基因表达的稳定性。GeNorm 是专门用于选择荧光 RT-PCR 内参基因的程序，可以计算出显示内参基因表达稳定性的 M 值，M 值越大表明基因表达的稳定性越差，反之，基因表达的稳定性越好。NormFinder 程序运行原理与 GeNorm 程序相似，但只能选出一个合适的内参基因作为标准。BestKeeper 针对内参基因和目标基因进行选择所编写的程序，其功能强大，不仅可以分析内参基因的稳定性，还可以比较目的基因的表达水平。

② 基于基因芯片数据选择内参基因：随着分子生物学的迅猛发展，许多动植物以及微生物基因组被测定，基因序列数据迅速增加。基因芯片技术是高通量、高效率的分子生物学技术，可以同时、快速、准确地分析数以千计基因组信息，并且可以自动、快速地检测出成千上万基因的表达情况。因此通过对基因芯片数据的分析可以发现在不同细胞类型和不同条件下稳定表达的基因作为候选内参基因。

③ 基于 EST 数据库选择内参基因：表达序列标签（expressed sequence tag，EST），又称表达序列标记，通常指来自表达基因片段 3′端或 5′端特异性代表一个基因部分信息的短脱氧核糖核酸序列，它可以代表生物体某种组织某一时间的一个表达基因。生物体内可以表达的基因序列只占整个基因组序列的极少部分，而 EST 所代表的 cDNA 序列正是

反映这些表达基因的编码部分，所以根据 EST 可以直接获得基因表达的信息。对 cDNA 文库公共数据库中的 EST 序列进行分类，寻找在特定 cDNA 文库中出现频率较高即表达丰度较高的 EST 序列，再结合网络搜索这些基因在不同试验条件下的表达谱，从而筛选出稳定性较好的候选内参基因。

（2）内标的设置原则　内标的作用是对样品的采集、核酸提取、扩增过程进行监督和校准，不同的内标作用相似但又有差异，根据用途不同选择相应的内标。内标的设置要遵循以下原则：一是适用性原则，如果要求每份样品内标的结果一致，防止出现大的偏差，那就设置外源性内标，如果不想增加样品处理操作步骤，对样品的采集是否到位一并监督，那就设置内源性内标；二是防干扰原则，不论是外源性内标的引物探针，还是内源性内标的引物探针，都不能干扰病原检测用引物探针的扩增效果，如果出现干扰现象，导致扩增效率降低，就要考虑更换内标引物探针；三是适中性原则，外源性内标加入的拷贝数不能太大，否则扩增时耗掉的试剂成分多对病原检测引物探针扩增不利，加入的拷贝数又不能太少，否则内标的 C_t 值差异较大，起不到校准作用，对于内源性内标，选择组织和细胞中的表达相对恒定的、量又不能太少的内参基因；四是避免交叉原则，有些内源性内标不仅动物体内存在，人的体内也存在，如果内标引物探针设计不好，会与人的组织细胞有交叉反应，这样对生产要求太高，还容易导致管壁、反应液、阴性对照等组分污染人的核酸而产生非特异反应。

6.4

PCR 试剂研发的关键点

　　诊断试剂的研制是一个系统工程，主要包括产品研制阶段、产品验证阶段、临床评价阶段、注册审核阶段等。其中产品研制阶段是最为重要的阶段，本节详细介绍了 PCR 试剂产品研制阶段的几个关键环节。不同疫病样品采集、处理及核酸提取方法不尽相同，研制 PCR 试剂研制时需考虑不同疫病样品及其处理的最佳适用性。对照品和样品盘则是检测试剂研制中的度量标尺，用于评价、确认或验证研发过程和产品的各项性能，其作用贯穿于产品研发的始终。通常，产品研制的目标决定了定量方法的选择，如果目的是确定某个给定样品中核酸的量时，就应该选用绝对定量，而相对定量则是比较多个样本间的相对比率（倍数差异）。荧光反应体系各组分是扩增反应的重要因素，优化基本参数降低不稳定因素，从而获得更灵敏、更可靠的结果。本节对以上内容进行了详细的阐述。

6.4.1　样品采集、处理及核酸提取

6.4.1.1　样品采集

　　在用 PCR 技术对动物疫病检测、诊断过程中，样品采集、保存和运输对结果具有非

常重要的影响，样品采集处理不当，往往会得出错误的结果。根据疫病诊断、检测、监测等目的不同，可对单个动物、群体动物、饲料、饮水或环境等进行样品采集。样品采集时，必须采取相应的生物安全措施，防止污染环境、动物、保定人员和样品采集人员，防止样品间交叉污染，还要注意避免对动物造成应激或损伤、对保定人员和样品采集人员造成伤害。生物活性材料应放置密封容器保存，防止泄漏，贴上明确标识。

（1）样品采集准备 采样前，生物安全措施应准备到位，防止潜在传染材料中的病原扩散和污染环境，充分考虑样品采集、保存和运输措施是否健全。

采样前，应考虑采集的样品类型和检测的目的，因为诊断的准确与否与样品的质量有很大关系。

采样前，根据流行病学制定相应的采样计划，明确采集的动物数量及其采样位点。

应根据疾病的流行病学及病理情况或疾病的症状，采集最可能含有传染性因子的组织或体液，应充分考虑病原的偏好组织或器官、在每种组织的持续时间、排毒方式等。

（2）不同的样品采集

① 血液 抗凝血：有些疫病检测，如非洲猪瘟病毒检测，需要用抗凝血样品，在采集抗凝血样品时，应注意使用合适的抗凝剂，如 EDTA 或柠檬酸钠，尽量避免使用含肝素钠真空采血管采血。

② 血清 使用未加抗凝剂的真空采血管或无菌注射器从颈静脉、前腔静脉、耳缘静脉、尾静脉采血，或剖检过程收集血液样品，静置后，收集血清。

③ 粪便或肛拭子 采集新鲜粪便 2g 左右，放入采样管内，编号。

④ 肛拭子 将无菌棉签插入肛门内来回刮 2~3 次并旋转，刮取直肠黏液或粪便放入盛有 1.0mL PBS 的 1.5mL 离心管中，以 30％甘油磷酸盐缓冲液或其他样品保存液管保存，编号。粪便样品通常在 4℃下保存和运输。

⑤ 猪鼻腔拭子和家禽咽喉拭子样品 取无菌棉签，插入猪鼻腔 2~3cm 或家禽口腔至咽的后部直达喉气管，轻轻擦拭并慢慢旋转 2~3 圈，蘸取鼻腔分泌物或气管分泌物，取出后，立即将拭子浸入盛有 1.0mL PBS 或保存液的 1.5mL 离心管中，编号，密封低温保存。

⑥ 猪唾液 将棉签伸入口腔，蘸取唾液，放入盛有 1.0mL PBS 或保存液的 1.5mL 离心管中，加盖、编号，或者用采样绳让猪咀嚼，然后将唾液挤到塑料样品袋内，编号。

⑦ 猪扁桃体样品 打开猪口腔，将采样枪的采样钩紧靠扁桃体，扣动扳机取出扁桃体组织，编号。

⑧ 牛、羊食管-咽部分泌物（O-P液）样品 被检动物在采样前禁食（可饮水）12h，以免反刍胃内容物严重污染 O-P 液。采样用的特别探杯（probang cup）在使用前经 0.2％柠檬酸或 2％氢氧化钠浸泡，再用自来水冲洗。每采完一头动物，探杯都要重复进行消毒和清洗。采样时动物站立保定，操作者左手打开动物口腔，右手握探杯，随吞咽动作将探杯送入食管上部 10~15cm，轻轻来回移动 2~3 次，然后将探杯拉出。如采集的 O-P 液被反刍内容物严重污染，要用生理盐水或自来水冲洗口腔后重新采样。采集的 O-P 液倒入加有保护液或 0.01mol/L PBS（pH7.4）的灭菌容器中，编号，充分混匀后置于装有冰袋的冷藏箱内。

⑨ 水疱液或痂皮样品 水疱液应取自未破裂的水疱，可用灭菌注射器或其他器具吸取水疱液，置于灭菌容器中，编号送检。痂皮样品，应用无菌剪、镊剪取痂皮部分，置于 PBS 或保存液中，编号。

⑩ 肠道组织、肠内容物样品　肠道组织样品，应选择病变最明显的肠道部分，弃去内容物并用灭菌生理盐水冲洗，无菌截取肠道组织，置于灭菌容器或塑料袋，编号送检。肠内容物样品，取肠内容物时，应烧烙肠壁表面，用吸管扎穿肠壁，从肠腔内吸取内容物放入盛有灭菌的 30% 甘油磷酸盐缓冲液或保护液中送检，或将带有粪便的肠管两端结扎，从两端剪断送检。

⑪ 生殖道分泌物和精液样品　生殖道冲洗样品，采集阴道或包皮冲洗液：将消毒好的特制吸管插入子宫颈口或阴道内，向内注射少量营养液或生理盐水，用吸球反复抽吸几次后吸出液体，注入培养液中。用软胶管插入公畜的包皮内，向内注射少量的营养液或生理盐水，多次揉搓，使液体充分冲洗包皮内壁，收集冲洗液注入无菌容器中。精液样品最好用假阴道挤压阴茎或人工刺激的方法采集，精液样品精子含量要多，不要加入防腐剂，而且应避免抗菌冲洗液污染。

⑫ 脏器或肌肉组织　用无菌剪子、镊子采集待检脏器或肌肉组织各 10g 左右，装入无菌采样袋或其他灭菌容器，编号。对于刚死亡动物，可采集脾脏、淋巴结、肝脏、扁桃体、心脏、肺和肾脏样品；对于死亡时间较长的动物，可采集骨髓样品，也可采集关节内组织液。

⑬ 环境和饲料样品　环境样品通常采集垃圾、垫草或排泄的粪便或尿液，可用拭子在通风道、饲料槽和下水处采样，这种采样在有特殊设备的孵化场、人工授精中心和屠宰场尤其重要。饲料样品也可在食槽或大容器的动物饲料中采集，水样样品可从饲槽、饮水器、水箱或天然及人工供应水源中采集。

样品的种类繁多，根据需要采集相应的样品，用于 PCR 检测的样品量不需太大，但是如果用于后续的病原分离时，要考虑样品的量和保护液的种类，有些保护液可将病原体灭活，不影响 PCR 检测，但影响病原体的分离鉴定。

6.4.1.2　样品处理

样品的处理应符合生物安全要求。

（1）血液、血清、唾液、水疱液、 O-P 液、生殖道分泌物、精液等样品　直接取用，或按照检测要求稀释。

（2）脏器或肌肉组织、扁桃体、痂皮等样品　取待检样品 2.0g 于洁净、灭菌并烘干的研钵中充分研磨（注意猪肉馅速冻食品只取肉馅部分），加 10mL PBS 混匀，3000r/min 离心 5min，取上清液 1mL 转入无菌的 1.5mL 离心管中，编号备用。

（3）各种拭子样品　样品在混合器上充分混合后，用灭菌镊子将拭子中的液体挤出，3000r/min 离心 5min，吸取上清液转入无菌的 1.5mL 离心管中，编号备用。

（4）饲料　取 10g 饲料，加 50mL PBS 混匀，3000r/min 离心 5min，取上清液 1mL 转入无菌的 1.5mL 离心管中，编号备用。

（5）粪便、肠内容物等　取粪便或肠内容物 1g，加 5mL PBS 混匀，3000r/min 离心 5min，取上清液 1mL 转入无菌的 1.5mL 离心管中，编号备用。

处理好的样品在 2～8℃条件下保存应不超过 24h，若需长期保存应置－70℃以下，但应避免反复冻融（冻融不超过 3 次）。

6.4.1.3　核酸提取

核酸提取是 RT-PCR 进行临床检测的重要步骤之一，如果核酸提取不当，将会导致提取效率低、含有抑制物、核酸降解等，进而影响后续的检测结果。当前市面上出现少量的免提取检测试剂盒，但是检测灵敏度、扩增曲线较核酸提取后的检测灵敏度还是有一些差距，核酸免提取试剂盒主要用于基层条件差的实验室的初筛试验，正规实验室还需选择核酸提取后进行扩增检测。病原体有细菌、病毒、支原体、放线菌等，病毒又分为DNA病毒和RNA病毒，与之对应的核酸提取分为DNA提取和RNA提取。病原体不同或病原体所在的基质不同，核酸提取的方法也有一定差异，下面介绍几种常用的核酸提取方法。

（1）**磁珠提取法**　磁珠提取是近年来应用最广的一种核酸提取方法，特别是政府部门和大型养殖企业的实验室，几乎都采用磁珠提取方法。随着PCR检测技术的普及，核酸提取仪、PCR仪的研发生产也形成一定规模，核酸提取仪价格也大大降低，配套磁珠提取试剂盒的成本也逐渐降低，这在一定程度上加速了磁珠提取法的普及。磁珠提取法的优势是自动化程度高、提取效率高、能一次提取较多的样品。磁珠提取法对样品中的DNA和RNA均能提取，这对于病原检测诊断是可以的，如果专门提取DNA或RNA，需要增加一些处理步骤。

磁珠提取试剂盒的组成主要有裂解液、磁珠混合液、洗涤液、洗脱液。磁珠提取的流程：第一步，将一定量处理的样品加入裂解液中，并加入蛋白酶K，充分混匀，这步的目的是通过裂解释放样品中的病原体核酸；第二步，将磁珠加到裂解液和样品混合液中，这步的目的是利用磁珠吸附裂解样品释放出的核酸；第三步，将吸附核酸的磁珠加入洗涤液中进行洗涤，一般洗涤两次，这步的目的是洗去杂蛋白和其他抑制物；第四步，将洗涤后吸附核酸的磁珠加入洗脱液中，将磁珠吸附的核酸洗脱下来。

裂解液的主要成分是异硫氰酸胍、盐酸胍、EDTA、SDS、十六烷基三甲基溴化铵（CTAB）、β-巯基乙醇、NP-40、Triton X-100、DTT等中的几种，根据所裂解的样品或样品中的病原体种类不同，裂解液成分也不一样。

磁珠混合液主要成分是磁珠，磁珠有很多种，最常用的是二氧化硅包被的纳米磁性微球（Fe_3O_4）。运用纳米技术对超顺磁性纳米颗粒的表面进行改良和表面修饰后，制备成超顺磁性氧化硅纳米磁珠。该磁珠能在微观界面上与核酸分子高效结合。利用二氧化硅包被的纳米磁性微球的超顺磁性，在裂解液（盐酸胍、异硫氰酸胍等）和外加磁场的作用下，从血液、动物组织、拭子等样本中分离出DNA和RNA。

洗涤液一般试剂盒配有两种，主要成分是80％异丙醇和70％～75％乙醇。

洗脱液一般由TE缓冲液（10mmol/L Tris-HCl buffer，pH 8.0，1mmol/L EDTA）组成。

（2）**柱式提取法**　柱式提取是除磁珠提取外的另一种应用较为广泛的方法。柱式提取对于每次样品数量不多或缺少核酸自动提取仪的实验室来说是一种不错的选择。柱式提取的优点是快速、提取效率高。柱式提取分为DNA柱式提取和RNA柱式提取，DNA柱式提取又分为细菌DNA柱式提取和病毒DNA柱式提取，区别主要在于裂解液成分不同、裂解效力不同和吸附柱不同，有些柱式提取试剂盒能够同时提取DNA和RNA。需要说明的是，在提取靶基因比较浓的样品核酸时，柱式提取效率与磁珠提取效率相近，但是在提取靶基因较少的样品核酸时，柱式提取效率要比磁珠提取效率差些，这时可在裂解液中加入Carrier RNA来提高提取效率。

柱式提取试剂盒的主要组成有裂解液（Buffer A）、洗涤液（Buffer B）、洗脱液（Buffer C）、吸附柱和收集管。下面以某柱式试剂盒提取方法为例，说明柱式提取步骤。

① 待检样品、阳性对照和阴性对照的份数总和用n表示，取n个灭菌的1.5mL离心

管，逐管编号。

② 每管加入 Buffer A 500 μL。

③ 每管分别加入已处理的待检样品、阳性对照、阴性对照各 200 μL，充分混匀，室温放置 10min。

④ 取与上述离心管等量的吸附柱，编号。将离心管中的溶液和絮状沉淀转移至吸附柱，每个吸附柱要分别套上收集管（为避免样品残渣堵塞吸附柱，可在转移至吸附柱前 5000r/min 离心 30s）。

⑤ 13000r/min 室温离心 30s。

⑥ 弃去收集管液体，将吸附柱放回收集管中。

⑦ 吸附柱内加入 600 μL Buffer B，13000r/min 离心 30s。

⑧ 弃去收集管液体，将吸附柱放回收集管中。

⑨ 重复步骤⑦⑧。

⑩ 13000r/min 空柱离心 2min，去除残留液。

⑪ 将每个吸附柱分别移入新的 1.5mL 离心管中，向柱中央加入 50 μL Buffer C，室温静置 1min，13000r/min 离心 30s，离心管中液体即为提取样本得到的核酸。获得的核酸溶液冰上保存备用（注意提取的 DNA 须在 2h 内进行 PCR 扩增，若需长期保存须放置于 −70℃ 冰箱，但应避免反复冻融）。

（3）经典法　经典法主要有酚-氯仿提取法、TRIZOL 提取法等，经典法由于费时费力，再加上苯酚和氯仿对人体有害，所以逐渐被检测实验室淘汰，如果要提取高纯度的核酸，经典法还是值得选择的。关于经典法的原理及操作步骤，很多资料都有介绍，这里就不再赘述了。

6.4.2　对照品和样品盘的制备及应用

PCR 检测方法的建立和验证要用到各种对照品，包括阳性对照品、阴性对照品、标准物质，也需要用到各种样品盘，如灵敏度质控品盘、特异性质控品盘、临床敏感性样品盘、临床特异性样品盘等，只有经过大量验证试验验证的方法才能让用户放心使用，当然有些外来病验证样品很难得到，验证的样品数量达不到要求，对于这些验证不充分的外来病检测方法应实时监测，最大可能地降低应用风险。对照品和样品盘对于研发实验室检测方法建立和后续监测检测方法在诊断实验室的应用性能来说十分重要，下面就标准物质、对照品的种类和样品盘的建立进行介绍。

6.4.2.1　基本概念

（1）标准物质（reference material，RM）　或称标准样品，是指一种或多种规定和特性足够均匀和稳定的材料，已被确定其符合测量过程的预期用途。

（2）有证标准物质（certified reference material，CRM）　采用计量学上有效程序测定了一个或多个规定特性的标准样品，并附有证书提供规定特性值及其不确定度和计量溯源性的陈述。

（3）国际标准物质　又称国际标准品，是通常由国际参考实验室制备和保存的、特性明确的、给出分析物浓度的标准物质。

（4）**国家标准物质**　又称国家标准品，是用国际标准品进行校准过的、国家有关机构认可的标准物质。

（5）**实验室标准品**　是权威部门实验室制备的标准物质。

（6）**实验室对照品**　又称工作标准品，是任何实验室根据建立方法需要，自制的用于确定方法是否成立的对照物质。

有国际标准品的，应用国际标准品对建立的方法、其他标准物质进行验证或标化。没有国际标准品的，应用国家标准品对建立的方法进行验证。国际标准品和国家标准品都没有的，可用实验室标准品进行验证。所有的标准品，不论是天然的还是人工制备的，都应通过广泛的分析进行特性测定。特性测定、制备方法和保存方法最好在同行评审的出版刊物发表过。

6.4.2.2　对照品的制备

对照品是指用于验证建立方法的各类具有参考意义的物质。笼统来说，对照品有国际标准品、国家标准品、实验室标准品、实验室对照品，这些都是标准物质范畴，只不过级别不同而已。对照品可以是感染动物的血清、体液、组织、排泄物或饲料、环境样品，也可以是实验室用含病原的材料稀释而成，还可以是用带有靶基因的质粒稀释而成等。由于国际标准品、国家标准品、实验室标准品的制备需要遵循严格的标准物质制备规则，均匀性、稳定性要严格测定，并通过协作进行定值，而实验室对照品只要满足试验要求即可，这里只介绍实验室对照品的类型及制备方法。

（1）**实验室对照品的选择原则**

① 基质相同或相近原则　PCR 检测用对照品所选的原始材料，基质应与检测方法检测样品的基质相同或相近，如检测方法主要用于检测血清中的靶基因，那么对照品的基质最好是血清，如果主要用于检测组织中的靶基因，那么对照品的基质最好是相同的组织。大多数检测方法用于多种样品的检测，可选一种有代表性的基质制备用量大的对照品，其他基质的对照品可用来验证建立的方法。

② 原始材料均匀性原则　用于制备对照品的材料最好同一来源，如果有多个来源时，应充分混合，以保证其均匀性。

③ 来源充足原则　制备对照品的材料应来源充足，这样一次可大量制备，有效地保证对照品的均一性。

④ 无传播风险原则　用病原体制备的对照品有传播风险，在不影响靶基因稳定性的情况下，尽可能将其中的病原体灭活。

⑤ 满足检测要求原则　用带有靶基因的质粒制备对照品时，靶基因的长度要满足相同基因检测试剂盒检测原则，如非洲猪瘟病毒荧光 PCR 检测试剂盒的靶基因区域大多在 P72 基因，最好将 P72 全长基因连接到质粒载体，这样不同厂家的试剂盒均可使用。

⑥ 核酸类型相同原则　在用核酸做对照品时，靶基因用于 DNA 的检测可用 DNA 或质粒，要注意如果是用于 RNA 检测，对照品最好用 RNA 或含 RNA 的病毒样颗粒，这样能够对反转录过程进行监督。

（2）**实验室对照品的制备**　阳性对照品是指用于 PCR 检测方法的阳性是否成立的对照品，是 PCR 检测试剂盒的组分之一，阳性对照检测结果是否成立是检验试验是否成立的条件之一。阳性对照有许多种，每种阳性对照品用于试验之前均需经过大量的试验验证，包括均匀性、稳定性和大概的 C_t 值范围。

① 全病毒阳性对照品　有些病毒在血液或组织中的含量较高，可将含有病毒的血液和组织按要求处理并采用一定的灭活方法灭活，用病毒保护液进行稀释制备，或处理后直接用能灭活病毒的样品保护液进行稀释制备，也可以用培养的病毒经处理后用病毒保护液进行稀释制备，制备完成后充分混匀，按要求分装，抽取一定比例进行均匀性、稳定性检验，达到实验室或试剂盒标准后，－20℃冻存备用。

② 全病毒核酸阳性对照品　提取病毒培养液、血液、组织、水疱液、结节、粪便等中的病毒核酸，定值后用核酸保护液进行稀释，充分混匀后，按要求分装，抽取一定比例进行均匀性、稳定性检验，达到实验室或试剂盒标准后，－20℃冻存备用。全病毒核酸阳性对照品稳定性差，特别是 RNA 病毒的核酸，这就对病毒保护液提出更高要求。

③ 带有靶基因质粒阳性对照品（质粒 DNA）　过去倾向于用与检测样品检测物相同的病原来做阳性对照品，随着分子诊断技术的发展及广泛应用，将质粒 DNA 作为阳性对照品已被世界动物卫生组织、世界卫生组织所接受，该类阳性对照品的应用也越来越多。质粒 DNA 可通过基因合成或 PCR 方法调取所需目的基因片段，将其克隆入适当的质粒载体，对插入片段进行测序确认，确保序列无突变并与已知序列完全一致，提取和纯化质粒后，可直接采用分光光度计进行纯度检测和定量，经质粒保护液稀释后按要求分装，抽取一定比例进行均匀性、稳定性检验，达到实验室或试剂盒标准后，－20℃冻存备用。用质粒 DNA 作为阳性对照品的优点是容易定量、来源充足，缺点是不能完全反映病毒核酸二级结构的真实状况，制作不好的话，与病毒样品扩增出的扩增曲线形态不一样。

④ 体外转录 cRNA 阳性对照品　可通过基因合成或者 PCR 方法调取所需基因片段，将其克隆入适当的质粒载体，对插入片段进行测序确认，确保序列无突变并与已知序列完全一致。将纯化的质粒用适当的限制性内切酶进行线性化，使用商品化的大量 RNA 体外转录试剂（T7 或 SP6）进行体外转录，将体外转录产物用 DNase 去除其中的 DNA 模板后，使用商品化试剂盒再次抽提 RNA，即得到体外转录病毒 RNA 母液。采用分光光度计定量并确定其纯度，要求 OD_{260}/OD_{280} 在 1.9～2.1 之间，用 RNA 保护液进行稀释，然后按要求分装，抽取一定比例进行均匀性、稳定性检验，达到实验室或试剂盒标准后，－20℃冻存备用。

⑤ 装甲 RNA 阳性对照品　由于体外转录的 cRNA 不稳定，容易被 RNase 降解，将特定的 RNA 序列包裹到噬菌体的外壳内，就可以使其免受环境中 RNase 的降解。将 MS2 噬菌体基因组中 5′非编码区序列、成熟酶蛋白基因、衣壳蛋白基因、包装位点和复制酶基因部分起始位点的 cDNA 序列克隆于原核表达载体中，在其下游插入目的基因的 cDNA 序列，经鉴定获得噬菌体病毒样颗粒表达载体。将表达载体质粒转化表达菌株，进行诱导表达得到装甲 RNA，然后将获得的表达产物用病毒纯化树脂柱纯化，去除混杂的其他细菌组分和质粒 DNA，浓缩纯化后，利用 DNase I 消化溶液中残留的质粒 DNA，加入等体积的氯仿抽提后 4℃ 11000r/min 离心 10min，回收的水相即为内含目的基因的装甲 RNA 悬浮液。定值后，用保护液进行稀释，然后按要求分装，抽取一定比例进行均匀性、稳定性检验，达到实验室或试剂盒标准后，－20℃冻存备用。

⑥ 重组腺病毒阳性对照品　将目的基因序列插入穿梭载体的多克隆位点，经鉴定获得穿梭载体，使用适当的限制性内切酶对含有目的基因的穿梭载体和骨架载体质粒分别进行完全酶切，将酶切产物分别回收纯化，重溶于灭菌的去离子水中。将线性化的穿梭载体和骨架载体质粒共转染哺乳动物宿主细胞，观察蚀斑形成，如果形成蚀斑，收获培养物进行鉴定，将鉴定为阳性的培养物接种细胞进行扩大培养，将细胞沉淀重悬于 10mmol/L

Tris-HCl 缓冲液（pH 8.0）中，冻融裂解后，离心去除细胞碎片即为制备的重组腺病毒阳性对照品母液。定值后，用保护液进行稀释，然后按要求分装，抽取一定比例进行均匀性、稳定性检验，达到实验室或试剂盒标准后，−20℃冻存备用。

阳性对照品的种类还有很多，这里不一一介绍，需要注意的是，不论哪种阳性对照，在应用前必须经过大量试验验证，最好阳性对照品能够代表真实的临床阳性样品，不论从曲线形态上，还是扩增效率上都应该与临床样品一致。

（3）样品盘的组成 用途不同，样品盘的组成也不同，根据不同用途，制备相应的样品盘。

① 方法优化样品盘 在建立方法对各成分进行优化时，样品盘至少包含3种样品：阴性样品、弱阳性样品、强阳性样品，这些样品的数量一定要足，一定要均匀，每份样品分装成小份，满足整个优化试验需要。

② 重复性验证样品盘 对建立的 PCR 检测方法进行重复性验证时需要用3种（最好5种）样品组成的样品盘，3种样品的靶基因的浓度分别为高、中、低，如果是5种样品，靶基因的浓度应分别为高、中、中、低、低。重复性验证样品盘最好来自临床样品，若为人工样品，样品的基质应与临床样品相同。

③ 分析特异性样品盘 分析特异性样品盘包含所检测病原的型、亚型、菌毒株样品及临床症状相近病原体的样品，其数量因检测病原的不同而不同，有些病原有很多型、亚型，甚至毒株，引起相似症状的相近病原体多，这种病原的分析特异性样品盘样品数量就多，有些分析特异性样品盘还应包括容易交叉的病原体样品等。

④ 分析敏感性样品盘 可以只包含一种样品，将病原或带有靶基因的样品用样品基质进行系列稀释（终点稀释法），将系列稀释的样品用要评估的检测方法和另一种金标方法同时进行检测。

⑤ 诊断特异性样品盘 诊断特异性样品盘至少包含30份阴性样品，这30份阴性样品必须来自30头阴性动物，用其他方法确定是真阴性。

⑥ 诊断敏感性样品盘 诊断敏感性样品盘至少包含30份阳性样品，这30份阳性样品必须来自30头阳性动物，阳性值范围应涵盖 PCR/荧光 PCR 的检测范围，要确保30份阳性样品为真阳性。

样品盘的种类繁多，归根结底样品盘是为了保证建立的方法结果可靠，仅能检出目标靶基因，而且不漏检检测范围界定的群、型、亚型、毒株等，不与其他引起相近临床症状的病原发生交叉反应，检测方法在实验室间应用具有可重复性，用于临床检测敏感性高、特异性强。

样品盘作为检测方法建立的对照品成为诊断试剂盒生产厂家的必备。样品盘中的样品最好来自临床动物，而且来源明确、性质明确、阴阳明确、强弱明确、分型明确。另外，样品盘的数量一定要足，均匀性、稳定性一定要满足要求。目前，值得庆幸的是检测方法的标准越来越多，标准物质越来越受到重视，PCR 类试剂用的核酸标准物质也受到大家青睐。

6.4.3 绝对定量方法

绝对定量是指通过某种方法对样品中的靶基因数量进行定值，严格意义来说，数字

PCR 用有限稀释法对靶基因的定量为绝对定量，荧光 PCR 的绝对定量是针对其相对定量来说的。荧光 PCR 的绝对定量一般是用已知拷贝数的标准品做标准曲线推算未知样品的拷贝数。首先将已知拷贝数的标准品做倍比稀释，一般做 4～5 个稀释度，然后将其作为模板进行荧光 PCR 扩增反应，以标准品拷贝数的对数值为横坐标，以 C_t 值为纵坐标（反之亦然），绘制标准曲线，根据未知样品的 C_t 值，可以在标准曲线中得到样品靶基因的拷贝数。荧光 PCR 的绝对定量还有一种是不用建立标准曲线，利用通用标准物质 λ 噬菌体 DNA 结合 SYBR Green I 染料法进行"光学校准"，对靶基因进行定量。

6.4.3.1 标准曲线法计算公式的推导

描述 PCR 扩增的基本公式为：

$$X_n = X_0 (1+E)^n \qquad (6\text{-}11)$$

式中 X_n ——第 n 次循环后的扩增产物量；

X_0 ——靶基因初始模板量；

E ——扩增效率；

n ——循环数。

n 次循环后的 X_n 与 X_0 有关。整理式（6-11）得：

$$X_0 = X_n / (1+E)^n \qquad (6\text{-}12)$$

知道 X_n 的数值后，如果知道扩增效率，就能计算出靶基因的初始模板量 X_0。实时荧光 PCR 的特点是可用荧光值监测扩增产物的量，Higuchi 根据这一特点，建立了简单的 X_n 值确定方法，即比较每个扩增反应达到相同扩增产物量的点（C_t 值）。先选定荧光阈值（F_t），根据荧光阈值计算出每个扩增反应达到荧光阈值时的 C_t 值。根据这种"阈值"方法，X_n 在 C_t 值时就变为常数，式（6-12）变为：

$$X_0 = X_{C_t} / (1+E)^{C_t} \qquad (6\text{-}13)$$

式中 C_t ——达到荧光阈值时的循环数；

X_{C_t} ——达到荧光阈值时的扩增产物量。

将已知拷贝数的 DNA 进行倍比稀释，进行扩增，根据 C_t 值与 DNA 各稀释度做出的标准曲线，可以对未知靶基因进行绝对定量。标准曲线的数学算法可以由式（6-14）取对数而得：

$$\lg X_0 = \lg X_{C_t} - \lg (1+E)^{C_t}$$
$$\lg X_0 = \lg X_{C_t} - \lg (1+E) \cdot C_t$$
$$\lg X_0 = -\lg (1+E) \cdot C_t + \lg X_{C_t} \qquad (6\text{-}14)$$

假定 E 和 X_{C_t} 是常数，式（6-14）即变成线性方程 $Y = kX + b$ 模式。$\lg X_0$（纵坐标）与 C_t（横坐标）值之间就变成线性关系：

$$\text{斜率 } K = -\lg (1+E)$$
$$E = 10^{-k} - 1$$
$$\text{截距 } b = \lg X_{C_t}$$
$$X_{C_t} = 10^b \qquad (6\text{-}15)$$

E 为由斜率求得的扩增效率，k 为 -0.301 时，E 为 100%。若以 C_t 值为纵坐标，以 $\lg X_0$ 为横坐标，由式（6-14）得：

$$C_t = -\frac{1}{\lg(1+E)}\lg X_0 + \frac{1}{\lg(1+E)}\lg X_{C_t} \tag{6-16}$$

$$\text{此时斜率 } k = -\frac{1}{\lg(1+E)}$$

$$E = 10^{-1/k} - 1$$

$$\text{截距} \quad b = \frac{1}{\lg(1+E)}\lg X_{C_t} \tag{6-17}$$

当 $k = -3.32$ 时，E 为 100%。

通过标准曲线的斜率来推算扩增效率已被大量报道，但是通过截距直接推算达到阈值时的扩增产物量还没有被完全接受。需要说明的是，所有这些推导都是在所有的扩增反应扩增效率相同且在达到阈值之前所有循环的扩增效率不变的情况下才有效。

阈值法另一重要又经常被忽视的问题是 C_t 值和 X_{C_t} 值依赖于荧光阈值（F_t），只有当荧光阈值一致时，不同次的扩增得出的 C_t 值才能用作比较。X_{C_t} 与 F_t 之间的关系与扩增产物的大小有关。因为 F_t 值是由扩增产物而致的荧光决定的，而扩增产物而致的荧光与扩增产物的质量呈线性相关。F_t 直接反映了达到阈值时扩增产物的质量，与 X_{C_t} 的关系式为：

$$M_{C_t} = (X_{C_t} \cdot As)/9.1 \times 10^{11} \tag{6-18}$$

M_{C_t} 为达到荧光阈值时扩增产物的质量，以 ng 表示，As 为扩增产物的碱基数，9.1×10^{11} 为每纳克单个碱基对分子的数量。

如果已知 M_{C_t}，则可推算出已知扩增产物碱基数的 X_{C_t}，其前提是扩增产物的大小和碱基组成不影响荧光值。

6.4.3.2　标准曲线法-标准品的类型及定值方法

用作绘制标准曲线的标准品应稳定且容易定量，标准品一般有以下几种：

（1）**含有目的基因的质粒**　这是最常用的标准品，为保证标准品的通用，一般将扩增片段所在区域的全长基因进行扩增，比如扩增禽流感病毒 H5N1 的血凝素基因（H）、非洲猪瘟病毒的 P72 基因全长构建禽流感病毒 H5、非洲猪瘟病毒 P72 标准物质，如果仅为本实验室应用，也可以扩增小片段基因连接到载体上。为了与扩增的病原体靶基因具有相同的性质，还可以将含有目的基因的质粒进行线性化。

（2）**由目的基因质粒转录的 RNA**　对于 RNA 病毒或进行 RNA 测定的试验，制作标准曲线的标准物质最好是 RNA 片段或全长，这样的标准物质能够参与反转录过程，与靶基因的扩增过程保持一致，对于靶基因的定量、减少反转录过程造成的误差是有益的。

（3）**PCR 产物**　较目的基因长的 PCR 产物可以用作标准品，前提是能够把扩增产物纯化和定量，并且保持 PCR 产物的稳定。

（4）**基因组 DNA 或 cDNA**　基因组 DNA 或经过反转录获得的基因组 cDNA 也可以作为标准品，其与待测的靶基因所在的基因组一致，更能代表靶基因的实际状况，根据标准曲线进行的定量能更为贴近实际数值。但是基因组 DNA 的准确定量比较困难，需要多种方法进行验证。

标准物质首先要进行拷贝数准确定量，以前用分光光度计测定进行定量，现在多用数字 PCR 进行测定，其次是均匀性、稳定性要达到要求。既然绝对定量用到已知拷贝数的标准品做标准曲线，那么标准品是否标准就十分重要了。目前有些疫病有经过认证的核酸标准物质，如非洲猪瘟病毒 P72 基因核酸标准物质，而其他大多数疫病的所谓标准品都未经过认证，相信在不远的将来，会有越来越多的核酸标准物质经过认证，用于方法的验证。

6.4.3.3　标准曲线的建立方法

要建立标准曲线，首先扩增标准品的引物探针应与扩增靶基因的引物探针相同，其次扩增效率与靶基因的扩增效率应相同，再者每组试验时必须用相同的荧光阈值来确定 C_t 值。我们知道，即使同一个稀释度的标准物质，重复检测所得的 C_t 值也有差异，更不用说不同批次试验的差异了。试验批内及批间 C_t 值差异对达到荧光阈值时的扩增产物量的影响很大，会对靶基因的绝对定量结果产生影响。为了减少试验误差导致的影响，通常将标准品稀释 4～5 个稀释度，浓度范围尽量覆盖样品中靶基因的浓度区间，一般一个稀释度重复 3～5 次，将每个稀释度 C_t 值超出 0.5 的数值舍去，然后将其他 C_t 值进行平均后做标准曲线。以 C_t 值为纵坐标，以 $\lg X_0$ 为横坐标做出的标准曲线，斜率最理想的值是 -3.32，代表扩增效率为 100%，实际上，斜率值介于 -3.10 到 -3.74 之间（扩增效率 $85\%～110\%$）是可以接受的，最理想的相关系数（R^2）是 1，实际应用时，R^2 应大于 0.98。

6.4.3.4　S 形曲线拟合法进行绝对定量

Robert G Rutledge 等人提出不建立标准曲线，利用 S 形曲线拟合法（sigmoidal curve-fitting，SCF）结合扩增效率的线性回归进行靶基因的绝对定量。SCF 方法在相对定量方法中有介绍。在 S 形曲线模型下，最初始的循环其扩增效率是最高的，随后逐渐降低，每个循环都有各自的扩增效率，进入平台期后扩增效率接近零。而靶基因扩增的荧光值在初始时接近零，随着循环数增加，扩增产物增加，荧光值也随着逐渐增加，进入平台期后，荧光值达到最大值，如图 6-25 所示。

图 6-25　PCR "S" 形曲线模型

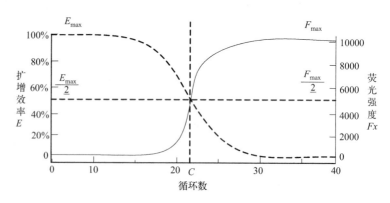

数学方法预测支持这样一种观点：每个循环的荧光值与扩增效率之间存在线性关系，荧光值与扩增产物的量呈比例关系。根据这种观点，可以得出扩增效率：

$$E_C = \frac{F_C}{F_{C-1}} - 1 \tag{6-19}$$

式中　E_C——C 循环时的扩增效率；

F_C——C 循环时的荧光值；

F_{C-1}——$C-1$ 循环（C 循环前一个循环）时的荧光值。

荧光值与扩增产物的量呈比例关系，这在 SYBR Green I 染料法荧光 PCR 比较明显。为了实现对靶基因的绝对定量，应用商品化的标准 λ 噬菌体基因组 DNA 作为通用定量基准对靶基因进行 "光学校准"。用 λ 噬菌体基因组 DNA 结合 SYBR Green I 染料法作为通用定量基准的主要目的是将荧光值用扩增产物的质量来表示。扩增已知量的 λ 噬菌体基因组 DNA，将代表其基因数量的荧光值 F_0 除以扩增产物 DNA 的质量（纳克）M_0，得 "光学校准因子"。其中：

$$M_0 = \frac{\lambda \text{DNA(ng)} \cdot As}{48502} \tag{6-20}$$

式中　λDNA(ng)——λ 噬菌体基因组 DNA 的量，ng；

　　　　As——从噬菌体 DNA 中扩增的扩增产物碱基数；

48502 是 λ 噬菌体基因组 DNA 的碱基数。

$$\text{OCF} = \frac{F_0}{M_0} \tag{6-21}$$

OCF 为 "光学校准因子"，即每纳克双链 DNA 的单位荧光值。

光学校准的概念首先在依据标准曲线进行定量的文章中提到，该文章认为将反应荧光值与 DNA 的质量相关联能够简化定量方法，随后，依据非线性回归的 SCF 方法提到用光学校准进行绝对定量。结合扩增效率的线性回归分析，利用光学校准不需要建立标准曲线就能实现绝对定量。利用 λ 噬菌体基因组 DNA 获得光学校准因子，将获得的靶基因的荧光值 F_0 转换成靶基因 DNA（双链）的质量：

$$M_0 = \frac{F_0}{\text{OCF}} \tag{6-22}$$

对于单链 DNA，公式为：

$$M_0 = \frac{F_0}{\text{OCF} \times 0.5} \tag{6-23}$$

M_0 为靶基因的质量，以 ng 表示，根据靶基因的质量，就能计算出靶基因的拷贝数：

$$N_0 = \frac{M_0 \times 9.1 \times 10^{11}}{As} \tag{6-24}$$

式中　N_0——靶基因的拷贝数；

　　　As——靶基因的碱基对数；

9.1×10^{11}——每纳克双链 DNA 的碱基对数。

用这种方法，只需要几个要素就能实现绝对定量，但是，需要强调的是，这种方法是建立在假设所有的扩增产物产生相似荧光强度的基础上。

6.4.4　相对定量方法

实时荧光定量 PCR 方法已被广泛应用于基因表达水平的测定，对荧光 PCR 数据的分析有两种方法：绝对定量和相对定量。绝对定量是根据标准曲线来推测起始模板的数量，而相对定量是与参比基因相比得出靶基因表达水平的变化。与绝对定量相比，相对定量操作起来要简单些，不需要利用标准物质做标准曲线，也避免了做标准曲线时因标准物质倍比稀释而产生的误差，有时两个试验组靶基因相对量的变化比靶基因绝对量更令人关注，因此相对定量被广泛应用。

6.4.4.1 $2^{-\Delta\Delta CT}$ 方法

Kenneth J 介绍了 $2^{-\Delta\Delta CT}$ 的推导方法。

PCR 指数扩增期的公式为：

$$X_n = X_0(1+E_X)^n \tag{6-25}$$

式中　X_n——n 个扩增循环后靶基因扩增产物的数量；

　　　X_0——靶基因的起始数量；

　　　E_X——靶基因的扩增效率；

　　　n——循环数。

阈值循环数（C_t）表示扩增的靶基因数量达到一个固定阈值时的扩增循环数，因此

$$X_{C_t} = X_0(1+E_X)^{C_{t.x}} = K_x \tag{6-26}$$

式中　X_{C_t}——扩增达到阈值时的靶基因扩增产物的数量；

　　　$C_{t.X}$——靶基因扩增达到阈值时的循环数；

　　　K_X——常数。

对于内源性的参比基因（内部对照基因）同样可以得到一个类似的公式：

$$R_{C_t} = R_0(1+E_R)^{C_{t.R}} = K_R \tag{6-27}$$

式中　R_{C_t}——扩增达到阈值时参比基因扩增产物的数量；

　　　R_0——参比基因的起始数量；

　　　E_R——参比基因的扩增效率；

　　　$C_{t.R}$——参比基因扩增达到阈值时的循环数；

　　　K_R——常数。

将 X_{C_t} 除以 R_{C_t} 得

$$\frac{X_{C_t}}{R_{C_t}} = \frac{X_0(1+E_X)^{C_{t.x}}}{R_0(1+E_R)^{C_{t.R}}} = \frac{K_x}{K_R} = K \tag{6-28}$$

对于用 TaqMan 探针法进行的实时荧光 PCR 扩增，X_{C_t} 和 R_{C_t} 的值是否准确与很多因素有关，包括探针标记的荧光报告基团、扩增序列对探针荧光特性的影响、探针水解效率、探针的纯度、荧光阈值的设定，因此常数 K 也并不一定等于 1。假设靶基因的扩增效率与参比基因的扩增效率是一样的，即 $E_x = E_R = E$　　则

$$\frac{X_{C_t}}{R_{C_t}} = \frac{X_0(1+E_X)^{C_{t.x}}}{R_0(1+E_R)^{C_{t.R}}} = \frac{X_0}{R_0}(1+E)^{C_{t.x}-C_{t.R}} = K \tag{6-29}$$

或

$$X_N(1+E)^{\Delta C_t} = K \tag{6-30}$$

其中 $X_N = \dfrac{X_0}{R_0}$ 即靶基因的起始数量除以参比基因的起始数量。ΔC_t 为靶基因和参比基因扩增达到阈值循环数的差值，即

$$\Delta C_t = C_t(靶基因) - C_t(参比基因) \tag{6-31}$$

整理式（6-30）为

$$X_N = K(1+E)^{-\Delta C_t} \tag{6-32}$$

为了便于理解 $2^{-\Delta\Delta CT}$ 相对定量方法，用表 6-7 阐述有关样品与基因表达水平测定的典型的相对定量试验设计方法。

表 6-7　典型的相对定量试验设计方法

项目	对照组样品	实验组样品
参比基因	A	B
靶基因	C	D

实验组 ΔC_t 用 $\Delta C_{t,T}$ 表示，为 $C_{t,D}-C_{t,B}$，对照组 ΔC_t 用 $\Delta C_{t,C}$ 表示，为 $C_{t,C}-C_{t,A}$。

实验组样品靶基因的 X_N 用 $X_{N,T}$ 表示，对照组样品靶基因的 X_N 用 $X_{N,C}$ 表示，将实验组的 X_N 除以对照组样品的 X_N 得

$$\frac{X_{N,T}}{X_{N,C}}=\frac{K(1+E)^{-\Delta C_{t,T}}}{K(1+E)^{-\Delta C_{t,C}}}=(1+E)^{-\Delta\Delta C_t} \tag{6-33}$$

$$-\Delta\Delta Ct=-(\Delta C_{t,T}-\Delta C_{t,C})=-[(C_{t,D}-C_{t,B})-(C_{t,C}-C_{t,A})] \tag{6-34}$$

当引物探针浓度、Mg^{2+} 浓度、循环参数等都优化达到最佳条件时，靶基因的扩增效率和参比基因的扩增效率相等，并且等于 1 时，

$$\frac{X_{N,T}}{X_{N,C}}=(1+E)^{-\Delta\Delta C_t}=2^{-\Delta\Delta C_t} \tag{6-35}$$

上式给出了实验组与对照组中靶基因在用参比基因校准后表达倍数的变化。实验组样品和对照组样品可以是处理的样品与未处理的样品，也可以是来自不同组织的样品、不同时间点处理的样品或来自不同试验组的样品。

为了纠正每份样品核酸加样量的差别，降低 PCR 建立及循环过程中的偏差，所以要用参比基因或内部对照基因对 PCR 进行标化。常用管家基因 GAPDH（甘油醛-3-磷酸脱氢酶）、β-actin 和 18S rRNA 等作为参比基因，因为这些基因表达水平相对稳定，不受处理的干扰。试验前还应对参比基因进行评估，找出适合的参比基因，有时需要用两个或两个以上的参比基因。

6.4.4.2　改良 $2^{-\Delta\Delta CT}$ 方法

$2^{-\Delta\Delta CT}$ 方法是假定所有样品中靶基因和参比基因的扩增效率为 100%，这种假定使该方法容易实施，在各种条件均最优时，这种方法是有效的。但是，诸如 PCR 反应中存在抑制剂或增强剂又会使 PCR 的扩增效率达不到 100%，另外提取核酸的纯度、不同的引物探针、不同的酶和不同缓冲液等也会影响 PCR 的扩增效率。实际上，样品间的扩增效率是不同的，所以这种假设就有问题了，有研究表明，PCR 的扩增效率存在 60%～110% 的不同，扩增效率不同，导致了 $2^{-\Delta\Delta CT}$ 方法结果的不准确。靶基因的扩增效率与参比基因的扩增效率存在 5% 的差异就会导致表达率计算错出 432%，因此在用 $2^{-\Delta\Delta CT}$ 方法相对定量之前，必须首先评估靶基因和参比基因的扩增效率。

荧光 PCR 数据分析存在的另一个问题是背景荧光值的确定，背景荧光值来自染料法的染料、探针法的探针荧光素猝灭不彻底和到达阈值之前的荧光等，不去除背景荧光值或者不正确地减掉背景荧光值，可能会导致无效的结果。首先，减掉不正确的背景荧光值会导致计算基因的量和扩增效率不准确；其次，不同模型导致对背景荧光值的估值不同；最后，对 PCR 试验或不同 PCR 试验中所有的样品使用固定的背景荧光值是不合理的。

Xiayu Rao 等人提出了一种新的计算方法——单个样品扩增效率修正计算方法，该方

法把单个样品的扩增效率考虑在内，应用单个样品独有的扩增效率计算样品间基因表达水平的变化，此外，该方法还去除了背景荧光值。

$$Y_K = Y_B + F \cdot X_0 \cdot E^K \tag{6-36}$$

式中　Y_K——K 循环后的荧光值；

　　　Y_B——背景荧光值；

　　　X_0——初始靶基因拷贝数；

　　　F——靶基因量与荧光值的换算系数；

　　　E^K——1＋扩增效率。

$K+1$ 循环荧光值较 K 循环荧光值的增量 Z_K 为：

$$Z_K = Y_{K+1} - Y_K = F \cdot X_0 \cdot E^K (E-1) \tag{6-37}$$

两边取对数得

$$\lg Z_K = \lg F \cdot X_0 \cdot (E-1) + K \lg E \tag{6-38}$$

$$\lg Z_K = U_K, \lg F \cdot X_0 \cdot (E-1) = \beta_0, K \lg E = K\beta_1$$

则

$$U_K = \beta_0 + K\beta_1 \tag{6-39}$$

$$E = 10^{(\beta_1)} \tag{6-40}$$

$$Z_{C_t} = F \cdot X_0 \cdot E^{C_t}(E-1) = \frac{T}{2} \Rightarrow X_0 = \frac{T}{2F \cdot E^{C_t}(E-1)} \tag{6-41}$$

$$靶基因倍数变化 = \frac{X_{0.D}}{X_{0.B}} \bigg/ \frac{X_{0.C}}{X_{0.A}} = \frac{E_B^{C_{t.B}}(E_B-1)}{E_D^{C_{t.D}}(E_D-1)} \bigg/ \frac{E_A^{C_{t.A}}(E_A-1)}{E_C^{C_{t.C}}(E_C-1)} \tag{6-42}$$

$X_{0.D}$ 为实验组靶基因初始拷贝数，$X_{0.B}$ 为实验组参比基因初始拷贝数，$X_{0.C}$ 为对照组靶基因初始拷贝数，$X_{0.A}$ 为对照组参比基因初始拷贝数。

计算 C_t 值：

$$Y_{K+1} = Y_K \cdot E \Rightarrow Y_{C_t} = Y_m \cdot E^{C_t-m} = \frac{T}{2} \tag{6-43}$$

$$C_t = m + \frac{\lg \dfrac{T}{2} - \lg Y_m}{\lg E} \tag{6-44}$$

新阈值 Y_{C_t} 设定为荧光阈值的一半，m 为 C_t 值前面的那个整数循环数。单个样品扩增效率修正计算方法，选择四个连续的 PCR 循环数进行计算，前三个循环数荧光值低于荧光阈值，最后一个循环数荧光值高于荧光阈值。

6.4.4.3　S形曲线拟合法

SCF 方法的优点是不需要做标准曲线，直接利用非线性回归估算靶基因的初始拷贝数。SCF 方法的中心原理是用 F_{max}、F_b、b、c 这四个参数来描述每个循环的扩增情况，公式如下：

$$F_x = \frac{F_{max}}{1 + e^{\left[-\frac{1}{b}(x-c)\right]}} + F_b \tag{6-45}$$

式中　F_x——x 循环数时的荧光值，与 x 循环的扩增产物成比例；

　　　F_{max}——最大荧光值，指平台期的荧光值；

c——荧光值达到 F_{max} 一半时的循环数；

b——曲线的斜率；

F_b——荧光本底值。

F_{max} 是仪器读取的最大荧光值，不一定代表反应结束后扩增产物的量，每个循环进行一次非线性回归分析，F_{max}、F_b、b、c 这四个参数将用来评估 F_x。当 $x=0$ 时：

$$F_0 = \frac{F_{max}}{1+e^{\frac{c}{b}}} \tag{6-46}$$

F_0 代表靶基因数量的初始荧光值。

与普遍认为的初期扩增效率是固定的相反，S 形曲线模型认为扩增效率从开始就不同，根据循环数荧光值公式，扩增效率与循环数间的关系为：

$$E_X = \frac{F_x}{F_x - 1} = \frac{1+e^{-(x-1-c)/b}}{1+e^{-(x-c)/b}} \tag{6-47}$$

6.4.4.4 Cy0 方法

对原始数据的非线性回归 Richard 曲线的拐点（一阶导数极大值）作切线，该切线与 X 轴横坐标的交叉点的循环参数值即为 Cy0 值（图 6-26）。

Michele Guescini 等人提出改良 Cy0 方法，以在扩增效率显著下降时，提高定量结果的准确性。

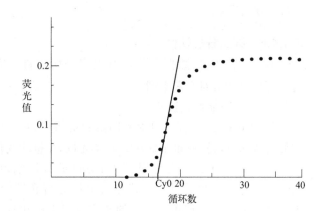

图 6-26 Cy0 方法示意图

$$F_x = \frac{F_{max}}{\left[1+e^{\left[-\frac{1}{b}(x-c)\right]}\right]^d} + F_b \tag{6-48}$$

F_x 为 x 循环数时的荧光值，与 x 循环的扩增产物成比例；F_{max} 为最大荧光值，指平台期的荧光值；c 指荧光值达到 F_{max} 一半时的循环数；b 是曲线的斜率；F_b 为荧光本底值；d 代表 Richard 系数。

$$Cy0 = C + b\ln d - b\left(\frac{d+1}{d}\right)\left[1 - \frac{F_b}{F_{max}}\left(\frac{d+1}{d}\right)^d\right] \tag{6-49}$$

就像 C_t 值、C_p 值一样，Cy0 是一具体数值，是根据荧光数值拐点的斜率计算出来的。

6.4.4.5 PCR 两参数机械模型（MAK2）

Gregory J、Peter J 提出 PCR 两参数机械模型，由于 MAK2 是机械模型而不是经验模型，所以用 PCR 数据进行定量不需要假设 PCR 的扩增效率。MAK2 描述了 PCR 过程中扩增产物的积累，是根据 PCR 退火延伸反应动力学推导而来，MAK2 表述为：

$$D_n = D_{n-1} + k\ln(1 + \frac{D_{n-1}}{k}) \tag{6-50}$$

D_n 为 n 循环后双链 DNA 的量或荧光值，常数 k 决定 DNA 累积的速率，每一循环 PCR 过程中，D_0 和 k 是唯一决定 D_n 的两个参数。这两个参数对 MAK2 曲线形态有很明显的影响。改变 D_0 值可使曲线左右移动，改变 k 值可以改变曲线的斜率。扩增效率 E_n 为：

$$E_n = \frac{D_n - D_{n-1}}{D_{n-1}} \tag{6-51}$$

将 D_n 代入式(6-51)，得：

$$E_n = \frac{k\ln(1 + \frac{D_{n-1}}{k})}{D_{n-1}} \tag{6-52}$$

从而可以看出，扩增效率与扩增产物的浓度有关，随着扩增产物浓度的升高，扩增效率下降。

另外，相对定量方法还有 Linzhong Zhang 等人提出的 CyC* 方法，基于 gompertz 模型的 CqMAN 方法，Tichopad 等人提出的 4PLM 方法，Charles Gaudreault 等人提出的 SGSD 方法等。

6.4.4.6 数据分析软件

对于荧光 PCR 数据分析，有很多分析软件，有些基于原始荧光数据，有些基于 C_t 值，下面介绍几种分析软件。

（1）Window 工具

① CopyCaller　是一种对基因组 DNA 进行相对定量分析的独立软件，能够在没有校准样品的情况下，检测和测量特定基因组 DNA 量的变化，给出计算的拷贝数及估测其可信度。

② DART-PCR　是一种基于 Excel 的分析原始荧光数据的分析工具（没减去背景荧光值）。计算 C_t 值并进行后续相对定量分析和试验间的差异分析，通过检测异常值进行扩增效率分析，根据用户设定的扩增效率来标化和计算相对数值，可以用条形图来展示。DART-PCR 不支持用参比基因的标化。

③ LinRegPCR　是一种利用用户图形界面分析原始荧光数据的独立分析软件，接受 Excel 输入模式，LinRegPCR 能算出并减掉背景荧光值，设置线性窗口，计算每份样品的扩增效率，进而计算出每份 C_t 值及初始浓度，该软件提供原始荧光曲线图，可绘制比较不同样品的扩增效率，算出的 C_t 值及扩增效率可用于相对定量分析。

④ qBase　是一种基于 Excel 进行荧光 PCR 数据的分析工具，它使用 C_t 值来分析，支持多种仪器系统得出数据的直接输入，而且 qBase 支持 RDML 格式，计算误差累积及支持多参比基因标化，计算扩增效率的标准曲线可以用图形展示，定量结果可用条形图来看。

⑤ qCalculator　是一种基于 Excel 的可视化的、基本的相对定量分析工具，输入 C_t 值后，以多张工作表进行数据操作和结果展示。qCalculator 可根据标准曲线计算扩增效率，支持参比基因的标化，对于多个参比基因，则需要分别进行标化。

⑥ qPCR-DAMS　是一种基于 Microsoft Access 2003 的荧光 PCR 数据分析工具，用

来分析、管理、储存荧光 PCR 相对定量和绝对定量数据，系统的分析模块允许使用者进行绝对定量和相对定量，包括多个参比基因标化。

另外还有 Relative Expression Software Tool、SARS 等软件。

（2）基于网络的工具

① CAmpER　是一种基于网络的荧光 PCR 数据基本分析工具，可以通用 CSV 格式导入原始荧光数据，支持不同品牌仪器的文件格式，利用 DART 和 FPLM 两种不同的方法计算扩增效率和 C_t 值，相对定量后数据以 CSV 格式输出，不提供参比基因的标化数据。支持定量结果以条形图显示。

② Cy0 方法　是一种免费的网络界面，支持原始荧光数据输入，该方法利用非线性回归获取最佳反应参数估值，同传统 C_t 值方法一样，也是基于阈值的方法，但是 Cy0 值是根据阈值与扩增曲线获得的，对样品间的差异进行弥补，计算结果不直接提供给用户，而是通过电子邮件传达。

③ MAKERGAUL　根据 MAK2（PCR 两参数机械模型），利用原始荧光数据进行定量数据计算，利用简单的网络界面，基于 MAK2 方法，不需要标准曲线或参比基因标化即可进行，该软件没有上线，需要安装配置在本地服务器上。

④ PCR-Miner　是一种网络应用的计算 C_t 值和扩增效率的软件，接受原始荧光数据输入，将数据转化为特殊的文本输入模式，用这种软件不需要注册，结果可直接在网上反馈或通过电子邮件反馈。

⑤ qPCR　是一种网络软件，支持储存、管理和分析 PCR 数据，它包含一个解析器，可从荧光 PCR 仪器直接导入数据，并支持 RDML 格式，qPCR 整合很多方法来计算扩增效率和 C_t 值，分析通道包括复制处理、用多个参比基因标化、试验内校准、误差累积和倍数变化，计算出的定量结果可用条形图展示，当在私人服务器应用时，需要进行安装和配置。

另外还有基于 R 的软件，如 ddCT、dPCR、EasyqPCR、FPK-PCR、HTqPCR、NormqPCR、qPCRNorm、qPCR library、chipPCR，其他平台包括 Deconvolution、LRE Analyzer、LRE Analysis、PyqPCR、SASqPCR 等。

6.4.5　荧光 RT-PCR 反应体系

6.4.5.1　荧光 RT-PCR 反应体系基本成分介绍

荧光 RT-PCR 反应体积一般为 $25 \sim 50 \mu L$。基本成分：模板 DNA 或 RNA，$1 \times$ 反应缓冲液，引物，探针，$MgCl_2$，dNTP，酶/酶混合物。

① 模板 DNA 或 RNA　荧光 RT-PCR 模板可以是单、双链 DNA，也可以是 RNA，后者的扩增需要增加反转录过程才能进行正常的 PCR 循环。模板的质量对荧光 PCR 来说至关重要，如果模板中含有抑制 PCR 的成分，会导致扩增效率低，甚至出现无扩增产物情况。因此需要通过提取和纯化过程来去除样品中的蛋白酶、核酸酶、Taq DNA 聚合酶抑制剂以及能结合核酸的蛋白质。提取核酸的目的主要在于去除杂质，特别是去除干扰 Taq 酶活性的物质；使待扩增的核酸暴露和浓缩，从而保证有足量的模板启动反应；便于对扩增体系的效果进行评价和对靶核酸的定量分析。提取模板的方法和试剂盒很多，目前用得最多的是磁珠提取和柱式提取。同样的提取方法，不同厂家生产的提取试剂盒提取

效率也不同，在应用时要首先验证，满足要求时再使用。在进行检测时，一般都关注模板的拷贝数，有些关注模板的分子质量，表 6-8 列出模板拷贝数与模板分子质量的关系。

表 6-8 模板拷贝数与模板分子质量的关系

拷贝数	1kb DNA	大肠杆菌 DNA	人基因组 DNA
10	0.01fg	0.05pg	36pg
100	0.11fg	0.56pg	360pg
1000	1.10fg	5.60pg	3.6ng
10000	11.0fg	56.0pg	36ng

② 缓冲液　购买 Taq 酶时一般都配有缓冲液。缓冲液是 PCR 反应必需的，一来提供缓冲环境，保持溶液的 pH 值；二来提供反应需要的离子，保证反应效率。通常的缓冲液含有 $10\sim50$ mmol/L 的 Tris-HCl(pH8.3～8.8)、50mmol/L 的 KCl 等，对于（G＋C）含量较高的模板，需要使用 PCR 增强剂，否则扩增效率较低。常见的 PCR 增强剂包括二甲基亚砜（DMSO）、甘油或甲酰胺、牛血清白蛋白（BSA）、明胶、Tween-20 以及二硫苏糖醇（DTT）等，可提高反应的扩增效率及特异性。这些增强剂可能是通过消除引物和模板的二级结构，降低解链温度，提高退火温度以及改变酶的稳定性来实现其作用的。对于不同的体系，增强剂的浓度对反应的影响是不同的，当增强剂的浓度超过某一范围时，反而会抑制扩增反应。表 6-9 归纳了几种增强剂的使用浓度。

表 6-9 影响荧光 PCR 反应的增强剂的浓度

名称	产生抑制作用的浓度/%	具有促进作用的浓度/%
DMSO	＞10	5
PEG	＞20	5～15
甲酰胺	＞10	5
甘油	＞20	10～15
Tween-20	＞2.5	0.1～2.5

③ 引物探针　引物探针的质量对荧光 PCR 反应非常重要，直接关系到荧光 PCR 灵敏度及其特异性。引物探针的质量包括两方面内容：一是合成的质量，荧光 PCR 对引物、探针的合成质量要求较高，对于引物来说，至少需要聚丙烯凝胶电泳（PAGE）纯化，探针则需要高效液相色谱（HPLC）纯化，以减少非特异性扩增和降低本底信号；二是设计的优劣。一个好的检测试剂盒首要的是引物探针要特异，并且不漏检，引物探针还影响反应的 C_t 值，进而影响灵敏度。引物浓度一般在 $0.1\sim0.5\mu$mol/L，太低影响灵敏度，太高容易引起非特异扩增。探针浓度一般在 $0.05\sim0.4\mu$mol/L，当然要根据探针的荧光值及扩增曲线的质量进行调整。探针浓度一般比引物浓度低，但也有例外。

④ $MgCl_2$　Taq 酶是 Mg^{2+} 依赖性酶，对 Mg^{2+} 浓度较为敏感，因此反应液中 Mg^{2+} 浓度对于荧光 PCR 反应影响很大，一来影响扩增产物的量，二来影响反应的特异性，过量会导致非特异性产物的扩增，而浓度过低，又会降低 Taq 酶的活性。Mg^{2+} 浓度与引物探针浓度、dNTP 浓度等有很大关系，引物探针浓度提高、dNTP 浓度增加都需要调整 Mg^{2+} 浓度。此外，模板中存在 EDTA 或其他螯合物，会螯合 Mg^{2+}，也需要适当提高 Mg^{2+} 浓度。

⑤ dNTP　dNTP 的质量与浓度和荧光 PCR 扩增效率密切相关。一般荧光 PCR 反应液中每种 dNTP 的浓度 200μmol/L 足够，扩增片段短时 100μmol/L 也能出现好的结果，但是当扩增长片段时 dNTP 浓度应相应提高。dNTP 过高，会促进合成时的错配，从而可能过早终止反应，过低则影响产物的量。

⑥ *Taq* 酶 商品化 *Taq* 酶的浓度一般是 5U/μL，25μL 和 50μL 反应体系中 *Taq* 酶的用量 1～2.5U 已足够，为防止非特异扩增，热启动酶成为试剂盒用酶的首选。TaqMan 荧光 PCR 反应所用的 DNA 聚合酶除具有 5'- 3'聚合酶活性外，还需有 5'-3'外切酶的活性。甘油能增加酶的热稳定性，但是降低 T_m 值，DMSO 降低 T_m 值，但是也降低酶的热稳定性。

⑦ 反转录酶 常用反转录酶有两种：AMV 反转录酶和 M-MLV 反转录酶。商品化的 AMV 反转录酶的浓度一般是 5U/μL 或 10U/μL，商品化的 M-MLV 反转录酶的浓度一般是 200U/μL。AMV 反转录酶的温度范围为 37～55℃，使用时可用 50℃；M-MLV 反转录酶最佳温度是 37℃，但在 42℃仍具有良好反转录活性。根据需要选择适合的反转录酶。

⑧ RNA 酶抑制剂 由于 RNA 不稳定，容易被 RNA 酶降解，所以在对 RNA 进行检测时，需要加入 RNA 酶抑制剂，商品化的 RNA 酶抑制剂浓度是 40U/μL。

6.4.5.2 荧光 PCR 反应体系的优化

荧光 PCR 扩增体系需要优化的组分有缓冲液、引物、探针、$MgCl_2$、dNTP、酶、循环参数等。一个灵敏度高、特异性好的扩增体系都是经过大量的优化试验后建立的。有很多公司和实验人员购买商品化预混液（Premix 或 Master mix），加入引物探针即可，不同公司的预混液配出的反应液扩增曲线不一、扩增效率不一，灵敏度也有差异，如果购买预混液配制试剂盒，要先进行试验，选择适合自己引物探针的预混液，确保试剂盒的灵敏度符合心理预期。

购买预混液，这样可优化的组分减少，看起来省事了，但是成本增加，对反应液进行再优化就比较困难，不同的引物探针需要的缓冲液的 pH 值、离子浓度也不一样。荧光 PCR 缓冲液通常包括 10～50mmol/L Tris-HCl(pH8.3～8.8)、50mmol/L KCl，有时添加 NH_4^+，增加引物与模板退火的特异性，有些添加甘油、DMSO(5%～20%)、甲酰胺、四甲基氯化铵（0.01～10mmol/L）。对于（G+C）含量较高的靶基因，需添加 PCR 增强剂。

（1）引物、探针、$MgCl_2$、dNTP 的优化

① Taguchi 方法 如果对反应体系中四个组分变量如引物、探针、$MgCl_2$、dNTP 浓度进行优化，每个组分有三种浓度变量，要完成所有四个组分、三个浓度的试验，需要配制 81 个反应，再加上每个反应需要对多个样品进行检测，工作量可想而知，而且做起来也很困难，如表 6-10 所示。但是，采用 Taguchi 方法，仅需要 9 个反应。反应数可以用下述公式计算：

$$E=2K+1 \qquad (6-53)$$

式中 E——反应数；

K——变量组分数。

表 6-10 Taguchi PCR 方阵试验

反应管	变量 1	变量 2	变量 3	变量 4
1	A	A	A	A
2	A	B	B	B
3	A	C	C	C
4	B	A	B	C
5	B	B	C	A
6	B	C	A	B
7	C	A	C	B
8	C	B	A	C
9	C	C	B	A

举例：假设变量 1 为引物，体系中 A、B、C 分别为：$0.2\mu mol/L$、$0.4\mu mol/L$、$0.8\mu mol/L$；变量 2 为探针，体系中 A、B、C 分别为 $0.1\mu mol/L$、$0.2\mu mol/L$、$0.4\mu mol/L$；变量 3 为 $MgCl_2$，体系中 A、B、C 分别为 $1.5mmol/L$、$2mmol/L$、$3mmol/L$，变量 4 为 dNTP，体系中 A、B、C 分别为 $50\mu mol/L$、$100\mu mol/L$、$200\mu mol/L$。根据 Taguchi PCR 方阵试验表，反应管 1 引物、探针、$MgCl_2$、dNTP 的浓度分别为 $0.2\mu mol/L$、$0.1\mu mol/L$、$1.5mmol/L$、$50\mu mol/L$；反应管 2 引物、探针、$MgCl_2$、dNTP 的浓度分别为 $0.2\mu mol/L$、$0.2\mu mol/L$、$2mmol/L$、$100\mu mol/L$，其他反应管引物、探针、$MgCl_2$、dNTP 的浓度根据表中所列即可推出。

根据 Taguchi 方法优化的各组分的浓度只是大概使用的浓度，为使建立的荧光 PCR 曲线好看、扩增效率最高、灵敏度最优，可对利用 Taguchi 方法优化好的各组分浓度进行微调。当然，经验丰富的研发人员可以根据经验，预估组分的浓度进行优化，一旦优化不出来，还是要按照正规优化方法进行。对于多个组分变量可以利用上述方法一起进行优化，也可以分开单独优化。

② 单个优化法　很多研发人员经过大量的优化试验，对优化有了自己独特的见解，形成了独特的优化方法。

a. 引物浓度的优化　尽管有些引物浓度对 PCR 的影响不是很大，浓度变化对扩增曲线及检测灵敏度影响甚微，但是大多数引物的浓度需要优化，以保证扩增效率及检测灵敏度，降低或杜绝非特异性。大量试验表明，引物浓度若优化不好，灵敏度甚至会低至 $1/100$。过多的引物对扩增没有必要，有时甚至会导致非特异扩增，引物的浓度直接影响扩增曲线及扩增效率。通常引物的浓度在 $200\sim400nmol/L$ 之间，但是每一具体试验，引物的浓度应根据优化的结果而定。引物浓度低于 $50nmol/L$ 通常会影响检测的灵敏度，但是对有些仪器也有例外。

引物探针优化的目的是获得最小的 C_t 值、最大的荧光增值和最优扩增效率，Michael R. Green 和 Joseph Sambrook 制定了荧光 PCR 引物探针浓度的优化方法。将引物、探针配成 $10\mu mol/L$，采用 $20\mu L$ 反应体系，先固定探针浓度优化引物浓度，将探针的终浓度固定为 $250nmol/L$，然后用 DEPC 水将上下游引物分别稀释成 $1\mu mol/L$、$2\mu mol/L$、$3\mu mol/L$、$6\mu mol/L$，每个稀释度 $20\mu L$，按照表 6-11，加上下游引物到反应管中，每个稀释度上下游引物各加 $1\mu L$，每个稀释度重复 3 次，另外，在最小浓度和最大浓度（$1\mu mol/L$ 上游引物＋$1\mu mol/L$ 下游引物，$6\mu mol/L$ 上游引物＋$6\mu mol/L$ 下游引物）再多做 3 个重复，用于无模板对照。模板最好做 5 个稀释度，用于标准曲线的建立。

表 6-11　荧光 PCR 引物探针浓度的优化

上游引物 ↑	$1\mu mol/L$	$2\mu mol/L$	$3\mu mol/L$	$6\mu mol/L$
下游引物 ↓	终浓度/nmol/L			
$1\mu mol/L$	50/50	50/100	50/150	50/300
$2\mu mol/L$	100/50	100/100	100/150	100/300
$3\mu mol/L$	150/50	150/100	150/150	150/300
$6\mu mol/L$	300/50	300/100	300/150	300/300

每个反应体系各组分的量如表 6-12 和表 6-13 所示。

表 6-12　SYBR Green I 法体系

组分	加量/μL
上游引物	1
下游引物	1
水	3
模板	5
SYBR Green I Master Mix	10

表 6-13　TaqMan 探针法体系

组分	加量/μL
上游引物	1
下游引物	1
探针	0.5
水	2.5
模板	5
TaqMan Master Mix	10

无模板对照管，将模板去掉，用水代替。

反应程序为：

SYBR Green I 法：50℃ 2min；95℃ 10min；（40 个循环）95℃ 15s，60℃ 1min；熔解曲线 55～95℃。

TaqMan 探针法：50℃ 2min；95℃ 10min；（40 个循环）95℃ 15s，60℃ 1min。

SYBR Green I 法的目的是观察熔解曲线，看看是否有引物二聚体形成和非特异扩增，如果出现引物二聚体和/或非特异扩增，将会影响反应的灵敏度。无模板对照应为阴性，无特异扩增曲线。通过测定不同引物对组合，优化出最佳引物浓度，通过建立标准曲线，观察不同引物组合的扩增效率。

b. 探针浓度的优化　引物浓度优化好后，需要优化探针的浓度，将探针终浓度配成 50～400nmol/L，以 50nmol/L 递增，用 10 倍倍比稀释的模板进行优化，根据观察不同浓度探针的标准曲线、扩增曲线的形态、荧光强度的增幅、检测灵敏度来确定最佳探针使用量。

c. Mg^{2+} 浓度的优化　一般购买的 TaqMan Master Mix 或预混液里面的 Mg^{2+} 浓度已经优化好，只加入引物探针即可，但是有时需要对 Mg^{2+} 浓度进行继续优化，还有自配的缓冲液，当启用新的引物探针时，都需要对 Mg^{2+} 浓度进行优化，这样才能达到最佳效果。将 Mg^{2+} 的浓度从 1.5mmol/L 至 6.0mmol/L，以 0.5mmol/L 为间距递增，用 10 倍倍比稀释的模板进行优化，观察不同浓度 Mg^{2+} 的标准曲线、扩增曲线的形态、荧光强度的增幅、检测灵敏度、是否出现非特异扩增以确定最佳 Mg^{2+} 使用浓度。

（2）循环参数的优化　循环参数有两步法和三步法之分，为了用户使用方便，在优化循环参数时，将常用的不同疫病的检测试剂盒用同一循环参数来优化，这样客户可将不同疫病的样品检测在同一台仪器同时进行，这就对引物探针的设计提出更高要求。最常用的两步法循环温度是 95℃/15s、60℃/30s，这样变性时间和退火延伸时间足够满足扩增要求和不同仪器的要求。三步法在两步法之间加一步退火温度，使得退火温度较低的引物探针可以正常退火延伸。当然最理想的扩增是将变性温度和时间、退火温度和时间、延伸温度和时间进行优化。

① 初始变性　在 PCR 开始时，DNA 模板的彻底变性是十分重要的，变性不彻底，在第一个循环，引物不能充分与所有模板结合，导致扩增产物量少。如果模板（G＋C）

含量小于等于50%，初始变性时间1～3min，如果模板（G＋C）含量大于50%，初始变性时间要延长，甚至到10min。

② 变性　94～95℃变性0.5～2min通常是足够的，大多数试剂盒变性时间为15s，通过第一轮扩增，合成的PCR产物要比模板DNA短得多，所以变性更容易。如果扩增产物（G＋C）含量较高，变性时间可适当延长，可加入甘油（多至10%～15%）或DMSO（多至10%）或甲酰胺（多至5%），加入这些添加剂后，退火温度要通过试验进行调整，因为引物-模板DNA的解链温度由于添加物而降低，反应液所用的酶量则应增加，因为DMSO、甲酰胺能够抑制DNA聚合酶的活性。另外，降低PCR产物解链温度的常用方法是将反应液中的dGTP用7-脱氮-dGTP取代。

③ 退火　通常最佳的退火温度比引物模板解链温度低5℃，退火时间20～60s足矣，如果出现非特异扩增产物，将退火温度逐步提高1～2℃，再观察扩增产物非特异扩增情况。低的退火温度容易出现非特异扩增，靶基因的扩增效率也低。

④ 延伸　普通PCR通常的延伸温度是72℃，荧光PCR的延伸温度一般为60℃，时间30s足够。

（3）循环数的优化　通常荧光RT-PCR在PCR阶段40个循环就已够，有些荧光PCR方法为追求高灵敏度，将循环数设定为45，这在非洲猪瘟病毒荧光PCR检测中常见。理论上，1个拷贝的模板，经过30个循环，扩增产物量可达10^9拷贝，但实际上，扩增产物量也就10^6拷贝左右，因为每一循环的扩增效率都不是100%，所以一般的荧光PCR检测试剂将循环数定为40。

酶、dNTP的选择和优化也是很重要的，优化好了，灵敏度、扩增曲线都会大为改观。

6.4.5.3　荧光PCR基线和阈值的设定

（1）基线设定　荧光PCR数据分析的前提是确定扩增的靶基因荧光值何时高于背景荧光信号，这就涉及基线设置问题。通常荧光PCR仪自动设置的基线为3～15个循环荧光信号的平均值，虽然大多数试验不需改动仪器自动设置的基线，但是每次试验确定基线是否正确或需要调整是十分重要的，观察所有样品的扩增曲线，包括做标准曲线用的所有样品稀释度的曲线，判断有无不正常，大多数畸形曲线是由于基线设置不当造成的，需要手工对相关孔的基线进行调整。基线的正确设置需要经验，一般来说，基线的最低值应高于最初的背景杂音信号的拖尾，基线的最高值应低于扩增曲线的转换信号。调整基线最好在log曲线图进行，以方便观察到扩增时背景荧光信号的变化。

（2）阈值设定　荧光阈值是每次荧光PCR反应后赋予的一个数值，是PCR早期循环的荧光信号的标准差乘以调节因子，阈值高于基线值才具有统计意义，阈值应设在PCR产物指数增长期的区域。大多数荧光PCR仪自动设置阈值为基线背景信号标准差的10倍。基线设置好后，可以对阈值进行手动调整，与调整基线一样，手工调整阈值也需要经验。

6.4.5.4　PCR检测方法验证

PCR反应体系各组分、反应参数等优化好了，这只是检测方法建立的第一步，接下来需要对建立的方法进行验证。

（1）设置对照验证

① 宿主成分对照　在验证 PCR 检测方法时，不仅要考虑检测步骤，还要考虑样品的采集和提取，以保证样品的来源可靠、提取方法可行，如果样品采集有问题，那么检测方法再好也可能得到阴性结果。如在进行禽流感检测时，需要采集拭子样品，要保证采集到鸡的组织成分，否则拭子没接触到禽的组织，就有可能采集不到病毒。验证是否有鸡的组织成分，常检测管家基因，如 β-actin，如果这种管家基因只是一种动物的，则相对简单，如果这种管家基因代表所有禽类样品，那难度就会增加。像组织或血液处理后直接进入提取过程时不需要设宿主成分对照，但是对于像拭子类的样品均需要设置宿主成分对照。

② 无模板对照　无模板对照顾名思义就是只是反应液和酶，不加模板。设置无模板对照的目的是判别反应液或酶是否被污染，以避免没有靶基因成分的样品出现假阳性，应考虑设置无模板对照的数量和放置位置，一般设置 5％反应孔/管为无模板对照，这些孔/管在板/管中随机分布。

③ 阳性对照　每块板或每次试验应设置阳性对照，荧光 PCR 阳性对照的 C_t 值应设一定范围，不能太大也不能太小，太小容易造成污染，太大容易不稳定，而普通 PCR 阳性对照的设定与荧光 PCR 相似，主要与浓度大小有关。带有靶基因的质粒适合做阳性对照，来验证试验的扩增情况，但是不能对提取效率进行评估，提取效率评估需要用已知临床样品或攻毒试验样品。

④ 抑制对照　这种对照可以检测抑制 PCR 反应的抑制物，如果抑制对照为阴性，说明样品中含有抑制物，PCR 的阴性结果不能判为样品阴性，某些样品如粪便和精液常含抑制物，而血液样品和病原培养物含的抑制物就少些。对在方法验证过程中收集到的有关靶基因的不同样品基质数据进行分析，决定是否对每份样品检测增加抑制对照，或者给出反应体系不受抑制物影响。如果抑制物影响很大，需要对每份样品设置抑制对照。

用何种抑制对照最为合适总是有争论，常用以下两种：

一段人工靶基因连接到质粒，加入提取的样品核酸中，用与靶基因相同的引物进行扩增，抑制对照也叫作内部扩增对照（IAC），其扩增产物大小和碱基序列与靶基因不同。这种抑制对照的优点是，由于抑制对照与靶基因共用引物，对照可以以准确的浓度加入样品核酸中，但是靶基因和抑制对照竞争引物、dNTP 等会降低荧光 PCR 的分析性能。在做方法优化时要格外注意，不要让抑制对照影响分析敏感性，因此对于每个扩增反应添加到 IAC 的分子数，需要慎重考虑。首先 IAC 的拷贝数必须充足，以保证在标准试验条件下产生可靠信号，并且必须按经验进行优化。不适当的高拷贝数 IAC 可能会导致与目标模板的竞争和无法检测到明显的抑制。基本的原则是每一个扩增反应的 IAC 拷贝数应为已确定的试验最低检测限的 3～5 倍。例如，检测灵敏度为 10 个模板拷贝数的试验，通常应包含 30～50 个 IAC 分子。该方法的另一缺点是仅对扩增过程进行验证，对提取过程则没有。

抑制对照的另一种替代是扩增管家基因或结构基因，如靶组织中的 β-actin，如果样品中的管家基因扩增被样品中的抑制物抑制，说明靶基因的扩增同样会受到抑制。管家基因的量通常很多，有时抑制物存在也并不能被完全抑制，还能被检出，但是当靶基因的数量有限时则可被抑制物完全抑制。在这种情况下，管家基因检出阳性不足以说明没有抑制物，会导致产生靶基因检测假阴性结果的风险，因此检测低拷贝数的靶序列，特别是疫病病原体，不能用这些含相对丰富对照序列的内源性对照作质控，否则可能得到假阴性结果。但是管家基因存在样品中，又可对样品的采集、提取、保存全过程进行验证。

（2）检测方法的检测范围验证　在确认检测方法的过程中，需确定检测上下限。为确定此范围，可将强阳性样品使用与待检样品性质相同的基质进行系列倍比稀释直至不可能检出，然后进行提取，用建立的检测方法检测，检测结果与已知浓度核酸的系列稀释检测结果进行比较。

（3）检测方法的稳健性　建立的检测方法应能承受试剂浓度、试验温度/时间等微小的变化，保证在多家不同实验室应用时能够获得可重复性的结果。这种稳健性可在反应体系优化时进行验证，包括对一些关键步骤、试剂、仪器等进行测试。如果有些因素改变会导致不可接受的结果，应在操作说明中指出，以便在操作时特别注意。

（4）用标准品进行校准　最好用国际或国家标准品对检测方法进行校准，但这不容易做到，所以需要建立实验室对照品或样品盘。需要制备、分装、储存足够量的工作标准品，供每次验证及验证后日常试验使用。作为每次试验使用的工作标准品可以是某一特定样品，也可以是加到样品基质中的带有目标基因的质粒，应用质粒可以确定检测出的样品中靶基因的拷贝数量。

（5）检测方法的分析性能验证

① 重复性验证　重复性验证是在实验室内对同一方法进行的试验内和试验间检测数据的一致程度的测定，通常用三种样品（最好五种）的一组样品盘，这组样品盘涵盖检测方法的检测范围，对样品盘进行包含提取在内的全过程检测，每份样品重复检测 5 次，计算试验内变异系数，试验间的变异系数可由不同试验人员对样品盘在不同时间进行至少 20 次检测来计算，变异系数越小说明重复性越好。

② 分析特异性（ASp）　PCR 检测方法的分析特异性验证是对建立的方法，根据其覆盖范围，用尽可能多的来自不同区域、不同宿主的型、亚型、菌毒株进行检出情况验证，并且用引起相似临床症状的其他病原体进行验证，需不发生交叉反应。对于用菌毒株进行验证，即使保存菌毒株再多的实验室也不能保证验证的全面覆盖性，这就要求要在网络上进行尽可能全面的网络验证（in silico），从理论上排除与其他病原的可能交叉，引物/引物探针序列覆盖基因库里所有的目的基因。

③ 分析敏感性（ASe）　可用两种方法来评估检测方法的分析敏感性，也就是检测限。一种方法是将靶病原用样品基质进行系列稀释（终点稀释法），将系列稀释的样品用待评估检测方法和另一种金标方法同时进行检测，如评估禽流感病毒荧光 RT-PCR 检测方法时，可用病毒分离方法同时进行检测，能够在至少 95% 的检测反应中检测到阳性靶基因的最高稀释度或最小目标分子数即为检测限（LOD）；另一种方法是将带有靶基因的质粒用样品基质进行系列稀释，然后进行检测，用这种方法可以评估检测方法测出的靶基因拷贝数。检测极限的测定参见荧光 PCR 检测极限的测定一节。

④ 与标准方法进行比较　在有些情况下，不可能对建立的检测方法进行所有项目的验证试验，要么缺少相应的病原如外来病病原，要么需要在验证完成前进行紧急使用，这时可将建立的方法与标准方法或已经建立的方法（最好已发表）进行比较，如果结果满意可作为方法的临时验证通过；也可与实验室日常应用的方法进行比较。需要注意的是，不同方法检测的病原体针对靶点也许不同，因此病原分离检测结果或抗原检测结果也许与PCR 检测结果不一致。另外，用于评估的样品盘的广泛代表性在验证中也是非常重要的。

⑤ 检测方法的诊断特异性（DSe）和诊断敏感性（DSp）验证　诊断特异性和诊断敏感性是建立的检测方法能否用于临床诊断的指标，进行这些验证时需要选择足够数量的临床样品，对外来病来说，有时难以获得足够的阳性样品，对于流行较广的疾病，有时难以

获得足够的阴性样品。阴性样品通常选择无该病地区的动物采集样品，阳性样品选择有临床症状的并经实验室确认过的样品。样品通常用细菌分离或病毒分离方法进行检测，在对新的核酸检测方法进行验证时，这种方法与分离方法进行比较会存在一定问题，比如细菌分离方法是从样品中分离出活的细菌，而核酸检测方法是检测样品中活的或死的细菌的核酸，病毒分离方法对样品基质中的抑制物和污染物比较敏感，特别容易导致低估样品的阳性情况，当出现核酸检测方法阳性而分离培养阴性时，可对核酸检测产物进行测序或用另一种核酸检测方法进行验证。根据对阳性样品和阴性样品的检测结果计算检测方法的诊断敏感性和诊断特异性。

⑥ 实验室间可重复性评估　不同实验室用同样检测试剂、同样操作规程、相似仪器对同一样品盘进行测定，以此来评估实验室间可重复性。样品盘由 20～30 份样品组成，少量样品是 4 个重复样品，样品应涵盖方法的检测范围，有些接近临界值。根据每个实验室的检测结果评估可重复性。

6.4.5.5　荧光 PCR 检测极限测定

荧光 PCR 检测方法建立时，除对引物探针浓度、Mg^{2+} 浓度、缓冲液、退火温度、循环参数等进行优化外，还需要对扩增效率进行测定，验证确实后对荧光 PCR 检测极限进行测定。我们知道，初始拷贝数为 X_0，扩增效率为 E_x，经过 n 个循环后达到阈值拷贝数 $X_n = X_0(1+E_x)^{C_t}$，两边取对数，$C_t = (\lg X_n - \lg X_0)/\lg(1+E_x)$，从这个式子可以看出，$C_t$ 值与初始拷贝数、扩增效率密切相关，当然 C_t 值还与阈值设定有关，阈值线设得越高，C_t 值越大。当靶基因初始拷贝数减少，C_t 值就变大，一般 C_t 值小于 35 时，复测的重现性较好；C_t 值变化在 0.5 以内时，当初始拷贝数少到一定程度（达到每个反应几拷贝），就会出现时阳时阴的现象，这种现象的出现与加样误差有关，也与取样概率有关。取样概率符合泊松分布，当每个反应靶基因低于 100 拷贝时，泊松取样误差对 C_t 值的影响要比加样误差大得多。那如何测出荧光 PCR 的检测极限（LOD）呢？这里总结测定 LOD 的三种方法。

（1）LOD_6 测定方法　AFNOR 介绍了该方法，将已知拷贝数的靶基因进行系列稀释，使其终浓度至少包括 100、50、20、10、5、2、1、0.1 拷贝/反应的稀释度，每个稀释度做 6 个重复，该方法应重复 3 轮，每轮重新系列稀释，即每个稀释度做 18 次检测，3 轮检测均为阳性的最低拷贝数/反应为 LOD_6。0.1 拷贝/反应是用来验证稀释过程是否准确的，6 次重复检测中，0.1 拷贝/反应不应多于 1 个阳性，否则靶基因的浓度应修正。

（2）$LOD_{95\%}$ 测定方法　EU-RL GMFF 在 LOD_6 测定方法的基础上，介绍了 $LOD_{95\%}$ 测定方法，将 LOD_6 稀释度的靶基因做 60 次重复，对上一个稀释度和下一个稀释度的靶基因同样做 60 次重复，60 次重复全部出现特异性扩增的最高稀释度为 $LOD_{95\%}$。

（3）95% 可信区间测定法　以 95％的反应能检测出的靶基因的最低拷贝数为检测极限。该方法是目前常用的方法，将系列稀释的靶基因每个稀释度做 8 个重复检测，根据每个稀释度的阳性检出数，用概率回归分析软件 StatgraphicsPlus software（version 5.0；Statistical Graphics Corp）进行分析，得出 95％可信区检测极限的上下范围，如图 6-27 所示。

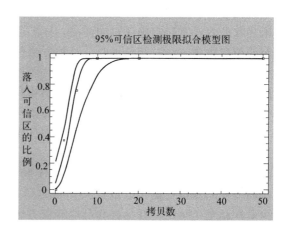

图 6-27　95%可信区检测极限

应注意的是，在符合泊松分布的情况下，荧光 PCR 的检测极限（LOD）理论值不能低于 3 个拷贝/反应，即假设荧光 PCR 能扩增 1 拷贝的靶基因，泊松取样误差把最低检测极限定在 3 拷贝/反应，允许有 3% 的假阴性，所以，试验测出的 LOD 值低于理论值没有意义。

6.4.5.6　PCR 抑制物确定及降低方法

很多物质通过不同方式能够抑制 PCR 的扩增，比如很少的血液能够完全抑制含 Taq 酶的反应液。不同厂家生产的反应液对抑制物的耐受能力也不一样。PCR 抑制物主要有两种来源，一是来源于样品，二是来源于样品的处理及提取过程。样品中的抑制物包括粪便中的胆盐和复合多糖，食品中的胶原蛋白，血液中的血红素、免疫球蛋白 G、乳铁蛋白，土壤中的腐殖质，组织中的黑色素和肌红蛋白，乳品中的蛋白酶和钙离子，尿中的尿素，脂肪组织，环境样品中的铁离子；加入样品中的抗凝剂如肝素钠等。样品处理和提取过程产生的抑制物包括螯合剂 EDTA，它能螯合反应液中的 Mg^{2+}，影响酶的活性；痕量的苯酚能抑制 Taq 酶的活性，但是有意思的是，Tth 聚合酶在含 5% 的苯酚时仍能保持 DNA/RNA 依赖的 DNA 聚合酶活性；过量的 KCl、NaCl 及其他盐类如异硫氰酸胍，离子洗涤剂如脱氧胆酸钠、十二烷基肌氨酸钠、十二烷基磺酸钠（SDS）以及乙醇和异丙醇也抑制 PCR；有些消毒剂如 84 消毒液对 PCR 有强烈抑制作用。在做 PCR 试验前，用医用酒精或 84 消毒液对手和操作台消毒是非常常见的，但是一定要等酒精和 84 挥发后再进行试验，否则会干扰 PCR 的扩增效果。

荧光 PCR 中确定样品中是否有抑制物主要有两种方法，一种是倍比稀释法，将样品进行倍比稀释，可通过 C_t 值与样品中靶基因浓度的对数曲线，以斜率计算扩增效率，如果扩增效率低于无抑制物靶基因核酸的扩增效率，则说明样品中存在抑制物；另一种是内部扩增对照（IAC）法，内部扩增对照是指加到样品中的已知量的与靶基因共同扩增的非靶基因 DNA 或 RNA，扩增完成后，内部扩增对照的 C_t 值与没加入样品中的相同量的内部扩增对照单独扩增的 C_t 值进行比较，如果 C_t 值有差别，说明有抑制物。根据是否与靶基因进行竞争，将内部扩增对照分为两类：一类是竞争性内部扩增对照，这类内部扩增对照与靶基因的扩增引物相同，用这类内部扩增对照时要格外注意浓度，过高将过多消耗引物，影响靶基因扩增，过低靶基因过多消耗引物，影响内部扩增对照的扩增，不能真实反映抑制物的水平，如果将这类内部扩增对照优化好了，它的扩增动力学与靶基因的扩增动力学相似，对抑制物的敏感程度也相似；另一类是非竞争性内部扩增对照，这类内部扩增对照与靶基因不共享引物，不具有竞争性，浓度要求不是那么严格，但是这类对照与靶基因完全不同，不能够反映对序列依赖的抑制物。更需要注意的是，内部扩增对照的长度和（G+C）含量对于抑制物的测定也有影响，长度越长，（G+C）含量越低，抑制物对其抑制作用越明显。

对于抑制物对 PCR 的干扰可以采取三种方法来减少：一是去除样品中的已知抑制物，如血液样品中的肝素钠可以用肝素酶 I 或 II 来消除；二是提高靶基因提取的纯度，尽量获得较纯的靶基因，这就要求试剂盒用户筛选核酸提取方法，在洗掉杂质的同时，降低提取过程中对靶基因核酸的污染，如可用 K_2HPO_4 去除提取过程中 SDS 的残留；三是在反应液中加入抗干扰的物质，使用耐干扰的 DNA 聚合酶，这就要求生产厂家在研发生产产品时，提高产品的抗干扰能力，比如加入牛血清白蛋白、T4 基因、32 蛋白、精胺等。

6.5

PCR 试验常见的问题

（1）**无扩增产物**　操作失误、模板质量差、引物和探针质量差、缓冲液不匹配、温度因素等容易导致没有扩增产物。操作失误：忘记加某种组分，计算错误，加量错误，仪器设置错误等。模板质量差：在实际应用中经常出现，很少引起检测人员的注意，有些样品（如环境拭子样品）成分复杂，含有过多金属离子或 PCR 抑制成分，在核酸提取过程中，没有很好地去除掉这些物质，导致扩增产物少甚至无扩增产物，出现假阴性。提高模板质量，要选择质量过关的核酸提取试剂盒，严格按照操作规程操作，尽可能保证模板的纯度，对 DNA 模板来说，OD_{260}/OD_{280} 应在 1.8 左右。另外，试剂盒研发人员尽可能研发抗干扰能力强的试剂盒，降低因模板质量差导致的假阴性现象，模板降解也是不可忽略的因素，提取的模板尽快用于扩增，不能在短时间内扩增，应放置 -70℃ 以下保存。引物、探针质量差：包含两层意思，一是合成公司合成质量差，有时合成错误，合成序列与设计序列不一致，纯化不当导致引物探针不纯，稀释错误，没达到试验所需浓度；由于储存不当、稀释液污染等导致引物、探针降解；二是引物、探针设计得不合理，要么引物或探针与靶基因错配碱基多，不能有效地与靶基因进行结合，要么探针的 T_m 值与引物的 T_m 值没有拉开，导致探针没能够先于引物与靶基因结合。缓冲液对于 PCR 方法建立十分重要，不同的引物探针需要用不同的缓冲液来进行优化，如果选择的缓冲液不匹配，轻者导致灵敏度降低，重者甚至不出现扩增曲线。温度因素：变性温度太高，导致酶失活；变性温度太低，导致模板变性不完全；退火温度太高，引物未能与模板结合；仪器温度不准，显示温度与实际温度不符。

（2）**扩增产物量低**　退火温度太高，延伸时间过短，酶浓度过低，Mg^{2+} 浓度不合适、缓冲液不匹配等均能引起扩增产物量低。

（3）**引物二聚体**　引物二聚体的形成容易影响靶基因扩增产物量，在做染料法荧光 PCR 时，引物二聚体会导致非特异扩增曲线。循环数太多、引物 3' 端有互补、退火温度太低等容易产生引物二聚体。多重 PCR 时的多对引物、靶基因数量少时也容易产生引物二聚体。提高靶基因模板量，提高退火温度，反应液中添加特定物质有助于消除引物二聚体。

（4）无模板对照出现扩增　一是反应液或酶受到扩增产物或靶基因的污染，若要保证反应液或酶不被污染，首先要加强原材料检验，保证各种组分包括水均不受到污染，所有配液、分装要在洁净车间进行。曾发现合成的引物探针受到严重污染，这个污染是由合成公司导致的，过去有些生物公司合成引物探针与合成阳性质粒是在同一建筑物内进行的，这也导致阳性质粒污染引物探针现象时有发生，现在合成公司都十分注意了，将引物探针合成与阳性质粒合成严格分开，相距一定距离，有的公司甚至将两者分开在不同的区域进行。二是环境中含有扩增产物形成的气溶胶，导致配液或加液过程中污染。

（5）扩增效率低　PCR 的准确性依赖于 PCR 的扩增效率，合理的扩增效率至少在80％。引物的质量差是扩增效率低的首要因素，缓冲液的不匹配也是扩增效率低的原因之一，另外，dNTP 也影响扩增效率，根据靶基因引物扩增区域各碱基的含量来适当调整 dNTP 中各组分的含量，这有利于提高扩增效率。用扩增效率差的反应液扩增做出的标准曲线斜率差，斜率为－3.32 相当于扩增效率为 100％。当然斜率差有很多原因，稀释不当、反应液中的抑制物、不适反应条件等都可引起。

（6）标准曲线的相关系数差　荧光 PCR 中基线或阈值设置不当，加样不准确，样品稀释不当，引物设计不合理导致扩增效率差等。

（7）非特异扩增　非特异扩增会导致假阳性结果，引物的特异性差、引物浓度过高、酶浓度过大、Mg^{2+} 浓度过高、未使用热启动酶、退火温度低等都容易导致非特异扩增。引物的特异是保证 PCR 反应结果准确的先决条件，虽然有时引物不特异而探针特异也能取得想要的结果，但是引物特异、探针特异才能充分地保障结果的特异性。熔解曲线是可以检验引物是否特异的重要手段，起码能看到是不是扩增出单一产物。对某些细菌进行检测时，好多试验针对的靶基因是 16S rRNA 或 23S rRNA，这时在设计引物时要格外注意，因为如果选择不当，引物容易与其他细菌有交叉。对于变异较小的靶区域，引物设计相对容易，特异性引物更易找到；对于变异较大的靶区域，要想做到不漏检又特异，则引物设计相对较难，可以考虑采用简并碱基，但是仍需兼顾特异性。

6.6

PCR 技术展望

随着生物技术和装备技术的革新，PCR 技术自诞生以来得到了长足的发展，由该技术延伸出现了一系列的新技术，有些技术已在生产实践中得到广泛应用，有些技术处于应用前期，有些技术在应用过程中不断完善，规范化、标准化正在成为检测技术标配，简便、快速、准确、优质、价廉、适合现场检测一直是研发人员和生产厂家追求的目标。可以说，PCR 技术的发展不仅为分子生物学研究提供了有力的武器，还将病原学研究和病原检测技术提高到一个新高度。

（1）继 PCR 技术后，荧光 PCR、数字 PCR、飞行时间核酸质谱检测系统等技术相继出现　二十世纪八十年代，PCR 技术诞生，随着耐热 *Taq* 酶的发现，PCR 技术在基因克隆、基因定位、突变检测等领域得到了广泛应用。有一段时间，PCR 还作为病原检测技术在检测实验室应用，但是由于普通 PCR 需要对扩增产物进行电泳，出现与扩增产物大小一致的一条带才能算阳性，导致扩增产物以气溶胶溢出的风险加大，稍有不慎就可能产生假阳性，给检测领域的应用带来一定困扰。九十年代，在 PCR 技术的基础上，反应液中添加与双链DNA 结合的染料或 TaqMan 水解探针，产生了实时荧光 PCR 技术，由于荧光 PCR 技术不需要对扩增产物开盖检测，利用仪器实时对扩增产物进行监控，大大降低了污染，特别是水解探针的应用，增强了检测的特异性，灵敏度较普通 PCR 高 100 倍以上。荧光 PCR 技术的出现，给病原检测带来了技术革命，过去作为"金标方法"的病原分离逐渐被荧光 PCR 检测方法替代，短短的二十几年的发展，无论仪器成本还是试剂成本都大大降低，荧光 PCR 技术已在各个领域大显身手，特别是非洲猪瘟病毒和新型冠状病毒出现后，荧光 PCR 技术在兽医和人医检测领域遍地开花，"做核酸"成为荧光 RT-PCR 检测新型冠状病毒的代名词。为了解决核酸定量问题，20 世纪末，Vogelstein 等人提出数字 PCR 的概念，通过将一个样本分成几十到几万份，分配到不同的反应单元，每个单元至少包含一个拷贝的目标分子（DNA 模板），在每个反应单元中分别对目标分子进行 PCR 扩增，扩增结束后对各个反应单元的荧光信号进行统计学分析，数字 PCR 实现了对起始样品的绝对定量。为了解决检测的高通量问题，飞行时间核酸质谱检测系统横空出世，该技术整合了 PCR 技术的高灵敏度、芯片技术的高通量、质谱技术的高精准度和计算机智能分析的强大功能，能够对样本中多基因多位点同时进行检测，该技术目前逐步在临床上开始应用。由 PCR 技术延伸的技术还有很多，今后可能还会有其他延伸新技术出现。

（2）随着 PCR 技术的应用，仪器设备向小而精、高通量方向发展　最初的 PCR 设备很简单，由三个不同温度的水浴锅来完成，随后出现了 PCR 仪，体积越来越小，温控越来越精确。荧光 PCR 仪刚开始出现时，各品牌仪器形状各异、体积庞大，采用的光源及采集方式均不同，反应管有毛细管、反应板等，毛细管容易断裂，反应板有时封板不严，导致扩增产物溢出。经过更新换代，荧光 PCR 仪精度越来越好，体积也变小了，国产荧光 PCR 仪质量也得到很大提升，价格方面，也从最初的几十万、上百万降到几万、十几万，反应管普遍采用透明 8 排管或不透明 8 排管，相信以后的荧光 PCR 仪体积会更小，不同应用场合的荧光 PCR 仪相映生辉，系统软件更人性化，分析结果更加便利。数字 PCR 仪对于样本中核酸的绝对定量是非常有用的，但是目前数字 PCR 仪价格昂贵，还没有大面积普及，随着装备技术的发展及规模化生产，相信价格适宜的仪器会很快研发生产出来。飞行时间核酸质谱检测系统已有国产仪器，随着该技术的普及和市场的认可，仪器设计会越来越合理，价格会越来越低。

（3）规范、标准、简便、快速、优质、准确、高通量、适合现场检测是 PCR 检测技术发展的大势所趋　PCR 技术，特别是荧光 PCR 技术在疫病检测领域应用广泛，成为目前疫病检测的"金标准"，世界动物卫生组织（WOAH）也将荧光 PCR 技术推荐为疫病检测首选方法。过去只有省级以上实验室才配备的荧光 PCR 仪，由于非洲猪瘟疫情的出现，县级动物疫病预防控制中心甚至养猪企业都配备，专门用于非洲猪瘟的检测和"拔牙"工作。可以说，荧光 PCR 检测技术在非洲猪瘟防控工作中起到十分重要的作用，但是我们也应当认识到，荧光 PCR 检测方法还有很多需要改进和逐步完善的地方，以便更好地服务于疫病防控工作。

① 规范、标准是根本。PCR 技术的应用也经历了不同阶段，由最初的青涩逐渐走向成熟，伴随着检测方法的建立，各种 PCR 检测技术的国家标准和行业标准也应运而生，

可以说这些标准的颁布对 PCR 技术的应用起到积极推动作用，但是也应该认识到这些标准的可行性还有待进一步加强，标准物质研究还相对滞后，有标准无标准物质的现象还没有解决，按照标准操作还存在很多不确定因素。试剂盒的合法化生产对于规范检测标准起到很好保障作用，保证了检测结果的一致性和准确性。只有检测方法规范了、有标准可循，降低 PCR 试剂的不确定因素，才能让 PCR 检测技术在生产实践中更好地发挥作用。

② 简便、快速是方向。与 PCR 技术刚诞生比，现在的 PCR 检测技术已经有所改进，操作简化了，速度提升了，但是与人们的期待相比还有很大差距，还需要继续完善。比如现在还需要先对核酸进行提取，不仅增加额外劳动，还增加了成本，虽然直扩的 PCR 技术已经面世，但是灵敏度还有差距，还需要进一步研究。检测时限随着技术的改进或者快速酶的应用有望进一步降低，相信不远的将来，简便、快速的检测试剂会越来越多。

③ 优质、准确是目的。PCR 检测市场还不成熟，存在鱼龙混杂现象，从无序到有序需要一个过程，试剂盒质优价廉、结果准确的生产商将在市场上立足，这是试剂盒的发展趋势。PCR 检测技术不是一成不变的，企业没有创新就没有灵魂，这就需要研发人员和检测人员共同努力，不断地将优质、准确、规范、标准、简便、快速的 PCR 检测技术研发出来推向市场，更好地为动物疫病检测服务。

④ 高通量、多目标检测是追求。在疫病检测中，需要高通量、多目标检测试剂，特别是大规模的疫病筛查，准确、灵敏的高通量方法是市场急需，多目标检测节省检测时间，能够很快锁定目标病原基因，但是，目前的高通量、多目标检测要么仪器价格昂贵，要么灵敏度、覆盖面还不能满足要求。随着 PCR 技术的发展和与多学科深度融合，高通量、多目标检测技术水平一定会得到大幅度提升。

⑤ 适合现场检测是终端需求。现在的 PCR 技术不仅要在专业检测实验室应用，而且要满足现场检测需求。我们知道疫病的控制要做到"早发现、早处理"，早发现就需要尽早检测到病原，进而采取相应防治措施。现场条件是有限的，不像专业检测实验室具备各种检测人员和检测条件，这就要求现场应用的技术越容易操作越好，仪器设备越简便越好，但是灵敏度还不能降低。目前虽有部分现场检测的试剂，但是仍不能满足终端需求，随着技术的改进，适合现场检测的试剂一定会发挥其独特的优势，以达到其满意的现场检测结果。

PCR 技术从未停息发展的步伐。利用酶或其他蛋白降低变性温度可以缩短反应时间；改善缓冲液组成成分可以对目标基因直接扩增，省掉核酸提取步骤；改善仪器检测精度可进一步提高检测灵敏度和稳定性。分子诊断技术进展迅速，各种等温检测方法应运而生，基于 CRISPR/CAS 检测系统也应用于病原检测，二代测序技术逐渐得到应用，还有其他检测技术即将或正在应用到检测领域。所有这些，都为 PCR 技术的发展提供良好的前提条件，在不久的将来，可能由 PCR 技术衍生出全新的检测技术。

主要参考文献

[1] Saiki R K, Scharf S, Faloona F, et al. Enzymatic amplification of beta-globin genomic se-

quences and restriction site analysis for diagnosis of sickle cell anemia[J]. Science, 1985, 230（4732）: 1350-1354.

[2] Saiki R K, Gelfand D H, Stoffel S, et al. Primer-directed enzymatic amplification of DNA with a thermostable DNA polymerase[J]. Science, 1988, 239（4839）: 487-491.

[3] Holland P M, Abramson R D, Watson R, et al. Detection of specific polymerase chain reaction product by utilizing the 5'-3'exonuclease activity of *Thermus aquaticus* DNA polymerase [J]. Proceedings of the National Academy of Sciences, 1991, 88（16）: 7276-7280.

[4] Sykes P J, Neoh S H, Brisco M J, et al. Quantitation of targets for PCR by use of limiting dilution[J]. Biotechniques, 1992, 13: 444-449.

[5] Higuchi R, Dollinger G, Walsh P S, et al. Simultaneous amplification and detection of specific DNA sequences [J]. biotechnology, 1992, 10（4）: 413-417.

[6] Higuchi R, Fockler C, Dollinger G, et al. Kinetic PCR analysis: real-time monitoring of DNA amplification reactions[J]. Biotechnology, 1993, 11（9）: 1026-1030.

[7] Vogelstein B, Kinzler K W. Digital PCR[J]. Proc Natl Acad Sci USA, 1999, 96（16）: 9236-9241.

[8] 李金明. 实时荧光 PCR 技术[M]. 北京: 科学出版社, 2016.

[9] 马尧, 孙占学. 现代分子生物学研究方法综述[J]. 生命科学研究, 2005, 9（4）: 23-26.

[10] 高贵田, 李冰, 张宝善, 等. PCR 技术基本原理教学方法[J], 农产品加工学刊, 2012（1）: 127-132.

[11] Innis M A, Myambo K B, Gelfand D H, et al. DNA sequencing with *Thermus aquaticus* DNA polymerase and direct sequencing of polymerase chain reaction-amplified DNA[J]. Proceedings of the National Academy of Sciences, 1988, 85（24）: 9436-9440.

[12] Clark J M. Novel non-templated nucleotide addition reactions catalyzed by procaryotic and eucaryotic DNA polymerases[J]. Nucleic acids research, 1988, 16（20）: 9677-9686.

[13] Magnuson V L, Ally D S, Nylund S J, et al. Substrate nucleotide-determined non-templated addition of adenine by *Taq* DNA polymerase: implications for PCR-based genotyping and cloning[J]. BioTechniques, 1996, 21（4）: 700-709.

[14] Hu G. DNA Polymerase-catalyzed addition of nontemplated extra nucleotides to the 3' of a DNA fragment[J]. DNA and cell biology, 1993, 12（8）: 763-770.

[15] Cline J, Braman J C, Hogrefe H H. PCR fidelity of pfu DNA polymerase and other thermostable DNA polymerases[J]. Nucleic acids research, 1996, 24（18）: 3546-3551.

[17] Michael R. Green and Joseph Sambrook. Nested Polymerase Chain Reaction（PCR）[M]. Molecular Cloning collection. ©2019 Cold Spring Harbor Laboratory Press: 175-178.

[18] 黄留玉. PCR 最新技术原理方法及应用[M]. 北京: 化学工业出版社, 2011.

[19] Stefan R, Michał B, Andrej-Nikolai S, et al. Enabling reproducible real-time quantitative PCR research: the RDML package[M]. Bioinformatics, 2017.

[20] Mathilde H J, Charlotta L, Helle M S, et al. Diagnostic PCR: Comparative sensitivity of four probe chemistries [J]. Molecular and Cellular Probes, 2009, 23: 201-203.

[21] Arya M, Shergill I S, Williamson M, et al. Basic principles of real-time quantitative PCR[J]. Expert Review of Molecular Diagnostics, 2005, 5（2）: 209-219.

[22] Barbara D' haene, Jo V, Jan H. Accurate and objective copy number profiling using real-time quantitative PCR[J]. Methods, 2010, 50: 262-270.

[23] Benedict G, Archer. Note on the PCR threshold standard curve [J]. BMC Res Notes, 2017, 10: 731.

[24] Yulia P, Arno G, Brit G D, et al. Pairwise efficiency: a new mathematical approach to qPCR data analysis increases the precision of the calibration curve assay [J]. BMC Bioinformatics, 2019, 20: 295.

[25] Nicolò Z, Martina M, Marco A T, et al. PIPE-T: a new Galaxy tool for the analysis of RT-qPCR expression data[J]. Scientific Reports, 2019, 9: 17550.

[26] Zhang L, Dong R, Wei S, et al. A novel data processing method CyC* for quantitative real time polymerase chain reaction minimizes cumulative error [J]. PLOS ONE, 2019, June

11: 1-20.

[27] Silvan K, Fabian S, Etienne G, et al. ELIMU-MDx: a web-based, open-source platform for storage, management and analysis of diagnostic qPCR data [J]. BioTechniques , 2020, 68: 22-27 .

[28] Guescini M, Sisti D, Rocchi M B L, et al. Accurate and precise DNA quantification in the presence of different amplification efficiencies using an improved Cy0 method[J]. PLOS ONE, 2013（8）: 7.

[29] Michael F G, Joseph S, Synthesis of single-stranded RNA probes by In vitro transcription [J]. Cold Spring Harb Protocs, 2020（1）: 100628.

[30] Tellinghuisen J, Spiess A. Absolute copy number from the statistics of the quantification cycle in replicate quantitative polymerase chain reaction experiments [J] . Analytical Chemistry, 2015.

[31] Joel T, Andrej-Nikolai S. Absolute copy number from the statistics of the quantification cycle in replicate quantitative polymerase chain reaction experiments anal chemactions[J]. 2015, 87（3）: 1889-1895.

[32] Joel T. Estimating real-time qPCR amplification efficiency from single-reaction data[J]. Life, 2021, 11（7）: 693.

[33] Yang J X, Kemps M B, Marijke S G, et al. The source of SYBR green master mix determines outcome of nucleic acid amplification reactions[J]. BMC Res Notes,2016,9: 292.

[34] Cheng Y H. a novel teaching-learning-based optimization for improved mutagenic primer design in mismatch PCR-RFLP snp genotyping[J]. Transactions on Computational Biology & Bioinformatics,2016,13（1）: 86-98.

[35] Jan R, Milan S, Emilia N, et al. Comparison of different DNA binding fluorescent dyes for applications of 2 high-resolution melting analysis [J]. Clinical Biochemistry, 2015, 48（9）: 609-616.

[36] Robert G R, C. Côté. Mathematics of quantitative kinetic PCR and the application of standard curves[J]. Nucleic Acids Res, 2003 31（16）: 93.

[37] Michael R G, Joseph S. Labeling of DNA probes by nick translation[J]. Cold Spring Harb Protoc, 2020（7）: 100602.

[38] Michael R G, Joseph S. Optimizing primer and probe concentrations for use in real-time polymerase chain reaction （PCR） assays[J]. Cold Spring Harb Protoc, 2018（10）.

[39] Catherine M G, Zena M U, Robin W C. Investigation of reproducibility and error associated with qPCR methods using quantifiler duo DNA quantification kit[J]. Journal of forensic sciences, 2010, 55（5）: 1331-1339.

[40] Broedersa S, Huberb I, Grohmannc L, et al. Guidelines for validation of qualitative real-time PCR methods[J]. Trends in Food Science & Technology , 2014, 37: 115-126.

[41] Ruslan K, Bekbolat K, Yerlan R, et al. FastPCR: An in silico tool for fast primer and probe design and advanced sequence analysis[J]. Genomics, 2017, 109（3）: 312-319.

[42] Erik V W, Engbert A K, Piet A V, et al. PCR diagnostics: In silico validation by an automated tool using freely available software programs[J]. J Virol Methods, 2019, 270: 106-112.

[43] Rasmus G, Trine O, Guanglin C, et al. Evaluation of absolute quantitation by nonlinear regression in probe-based real-time PCR[J]. BMC Bioinformatics, 2006, 7: 107.

[44] Yuanrong Y, Christoffer N, Ha K K. Evaluation of minor groove binding probe and Taqman probe PCR assays: Influence of mismatches and template complexity on quantification[J]. Mol Cell Probes, 2006, 20（5）: 311-316.

[45] Oddmund N, Jan T K, Ragne K F, et al. Error propagation in relative real-time reverse transcription polymerase chain reaction quantification models: The balance between accuracy and precision[J]. Analytical Biochemistry, 2006（356）: 182-193.

[46] Pfaff M W . A new mathematical model for relative quantification in real-time RT-PCR

[J]. Nucleic Acids Research, 2001, 29（9）:e45.

[47] Robert B P, Arnold J S. Linear methods for analysis and quality control of relative expression ratios from quantitative real-time polymerase chain reaction experiments[J]. Scientific World Journal, 2011, 11: 1383-1393.

[48] Dhanasekaran S, M. Doherty T, Kenneth J. Comparison of different standards for real-time PCR-based absolute quantification[J]. Journal of Immunological Methods, 2010, 354 （1）: 34-39.

[49] Katarina C, Dejan S, Tanja D, et al. Critical points of DNA quantification by real-time PCR-effects of DNA extraction method and sample matrix on quantification of genetically modified organisms[J]. BMC Biotechnology, 2006, 6: 37.

[50] Chen P, Huang X L. Comparison of analytic methods for quantitative Real-time polymerase chain reaction data[J]. Journal of Computational Biology A Journal of Computational Molecular Cell Biology, 2015, 22: 1-9.

[51] Brankatschk R, Bodenhausen N, Zeyer J, et al. simple absolute quantification method correcting for quantitative PCR efficiency variations for microbial community samples[J]. Appl Environ Microbiol, 2012, 78（12）: 4481-4489.

[52] Mano S, Richard A H, Eunice C C, et al. Improved strategies and optimization of calibration models for real-time PCR absolute quantification[J]. Water research, 2010, 44（16）: 4726-4735.

[53] Wang H H, Yin C, Gao J, et al. Development of a real-time taqman PCR method for absolute quantification of the biocontrol agent esteya vermicola[J]. Plant Disease, 2020, 104（6）: 1694-1700.

[54] Zhou Y H, Raj V R, Siegel E, et al. Standardization of gene expression quantification by absolute real-time qRT-PCR system using a single standard for marker and reference genes [J]. Biomark Insights, 2010, 16（5）: 79-85.

[55] Armbruster D A, Pry T. Limit of blank, limit of detection and limit of quantitation[J]. Clin Biochem Rev, 2008, 29（1）: 49-52.

[56] Amin F, Robert S, Jens B, et al. Methods to determine limit of detection and limit of quantification in quantitative real-time PCR （qPCR）[J]. Biomol Detect Quantif, 2017, 12: 1-6.

[57] Ravikumar H, Duraipandian R A. Real-time quantitative PCR: A tool for absolute and relative quantification[J]. Biochemistry and Molecular Biology Education, 2021, 49（5）: 800-812.

[58] Michele G, Davide S, Marco B L R, et al. Accurate and precise DNA quantification in the presence of different amplification efficiencies using an improved Cy0 method[J]. PLoS One, 2013, 8（7）: e68481.

[59] 付立芳，张航，吕文琼，等. 绝对定量 PCR 方法的建立及验证[J]. 解放军医学杂志，2019，44（11）906-911.

[60] Michael R G, Joseph S. Buffers[J]. Cold Spring Harb Protoc, 2018（2）.

[61] Joel T, Andrej-Nikolai S. qPCR data analysis: Better results through iconoclasm[J]. Biomolecular Detection and Quantification, 2019, 17（1）:100084.

[62] Green M R, Sambrook J. Polymerase chain reaction （PCR） amplification of GC-rich templates[J]. Cold Spring Harbor Protocols, 2019, 436-457.

[63] Stephan P, Gerhard G T, René S, et al. qPCR: Application for real-time PCR data management and analysis[J]. BMC Bioinformatics, 2009, 27（10）: 268.

[64] Bustin S A. Quantification of mRNA using real-time reverse transcription PCR （RT-PCR）: trends and problems[J]. Journal of Molecular Endocrinology, 2002, 29: 23-39.

[65] Marisa L W, Juan F M. Real-time PCR for mRNA quantitation[J]. BioTechniques, 2005, 39（1）: 75-85.

[66] Alan G, Mathew. Real-time PCR[M]. John Wiley & Sons, Ltd, 2012.

[67] Vijay J G, Martin F. New developments in quantitative real-time polymerase chain reaction technology[J]. Current Issues in Molecular Biology, 2014, 16: 1-6.

[68] Charanjeet S, Sinchita R C. Quantitative real-time PCR: recent advances[J]. Methods Mol Biol., 2016, 1392: 161-176.

[69] Marco K, Petra B. Accurate real-time reverse transcription quantitative PCR[J]. Methods in Molecular Biology, 2009: 61-77.

[70] Roberto B, Alessandro R. Quantitative real-time PCR methods and protocols[M]. Human Press, 2014.

[71] Mark W. PCR detection of microbial pathogens[M]. Human Press, 2012.

第 7 章
其他常见兽用
诊断技术

7.1

凝集试验

凝集试验（agglutination test）是细菌、红细胞等颗粒性抗原，或吸附在红细胞、乳胶颗粒性载体表面的可溶性抗原，与相应抗体结合，在适当电解质存在下，经过一定时间，形成肉眼可见的凝集团块。参与凝集试验的抗体主要为 IgG 和 IgM。凝集试验可用于检测抗体或抗原，最突出的优点是操作简便，便于基层诊断工作应用。

7.1.1 发展历史

1896 年，Widal 发现在伤寒杆菌中加入伤寒病人的血清可致伤寒杆菌发生特异性的凝集现象，利用这种凝集现象可有效诊断伤寒病，这是最早用于病原体感染诊断的免疫凝集试验，亦即著名的肥达试验（Widal test）。该试验是用已知的伤寒杆菌 O、H 抗原和甲、乙型副伤寒杆菌 H 抗原，与待测血清作试管或微孔板凝集试验，以测定血清中有无相应抗体存在。1900 年，维也纳大学病理解剖系的年仅 32 岁的助教 Landsteiner 发现一些人的血浆能使另一些人的红细胞凝集，这种同种凝集现象的发现，成为人类血型分类的基础，并由此而衍生了生物科学中的一个特殊分支即免疫血液学，Landsteiner 也因人类血型的发现获得了 1930 年的诺贝尔生理学或医学奖。并且，直至今天，我们仍然在使用基本的红细胞凝集试验鉴定 ABO 血型。

凝集试验经历了直接凝集试验、间接凝集试验和自身红细胞凝集试验等几个发展阶段。直接凝集试验常用的有玻片法和试管法两种，如在玻片上进行的红细胞 ABO 血型的鉴定试验，在试管中进行的肥达试验和外斐试验（Weil-Felix test）以及交叉配血凝集试验等。间接凝集试验中曾经应用较为广泛的有间接血凝试验和乳胶凝集试验，如国内 20 世纪 80 年代初广为应用于 HBsAg 测定的反向间接血细胞凝集试验，用于 hCG 和类风湿因子（RF）测定的乳胶凝集试验等。自身红细胞凝集试验则是近些年来发展的不同于以前的免疫凝集试验的快速检验技术，其最大的特点是采用一种双功能抗体试剂，以患者自身红细胞作为凝集反应指示系统，检测方便快速，只要 2min 就完成凝集反应。

7.1.2 反应原理和分类

凝集试验根据试验中使用的方法、材料及检测目的的不同，分为以下几种类型：

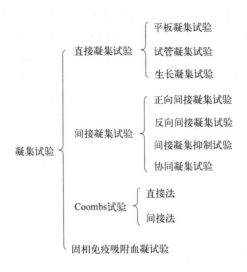

凝集试验 ┤
　　直接凝集试验 ┤ 平板凝集试验
　　　　　　　　　 试管凝集试验
　　　　　　　　　 生长凝集试验

　　间接凝集试验 ┤ 正向间接凝集试验
　　　　　　　　　 反向间接凝集试验
　　　　　　　　　 间接凝集抑制试验
　　　　　　　　　 协同凝集试验

　　Coombs试验 ┤ 直接法
　　　　　　　　 间接法

　　固相免疫吸附血凝试验

7.1.2.1　直接凝集试验

直接凝集试验（direct agglutination test）是颗粒性抗原与相应抗体直接结合并出现凝集现象的试验。参与反应的抗体称为凝集素。细菌、螺旋体、立克次体等微生物与其相应的抗体、红细胞与其抗体发生反应均可形成凝集。直接凝集试验包括平板凝集试验、试管凝集试验和生长凝集试验3种。

平板凝集试验用于待测抗原或待测抗体的定性测定。该方法简便快速，适用于新分离细菌的鉴定或分型，如沙门氏菌的鉴定、血清型的鉴定。也可用已知的诊断抗原悬液，检测待检血清中是否存在相应抗体，如布鲁氏菌的平板凝集试验和鸡白痢全血平板凝集试验等。

试管凝集试验用于抗体的定性和定量测定，多用已知抗原检测待检血清中是否存在相应抗体和测定抗体的效价，可用于临床诊断或流行病学调查，如布鲁氏菌的试管凝集试验。

生长凝集试验是当抗体与活的细菌（或霉形体）结合后，在没有补体存在的情况下，就不能杀死或抑制细菌生长，但能使细菌呈凝集生长，借助显微镜观察培养物是否凝集成团，以检测加入培养基中的血清是否含有相应抗体，如猪气喘病的微粒凝集试验和猪丹毒的悬浮凝集试验。

7.1.2.2　间接凝集试验

间接凝集试验（indirect agglutination test）是将可溶性抗原（或抗体）先吸附于一种与免疫无关的、一定大小的不溶性颗粒（统称为载体颗粒）的表面，然后与相应抗体（或抗原）作用，在电解质存在的适宜条件下，表现出的特异性凝集反应。间接凝集试验由于载体颗粒增大了可溶性抗原的反应面积，因此当颗粒上的抗原与微量抗体结合后，就足以出现肉眼可见的凝集反应，其优点是灵敏度高，比直接凝集反应高2～8倍。抗原多为可溶性蛋白质如细菌裂解物或浸出液，病毒，寄生虫分泌物、裂解物或浸出液，以及各种蛋白质抗原。某些细菌的可溶性多糖也可吸附于载体上。将可溶性抗原吸附于载体颗粒表面的过程称为致敏。常用的载体有红细胞（人"O"型红细胞、绵羊红细胞）、聚苯乙烯乳胶微球、活性炭等。根据试验时所用的载体颗粒不同分别称为间接血凝试验、乳胶凝集试验、炭素凝集试验等。根据载体致敏时所用试剂及反应方式的不同，间接凝集试验可分为正向间接凝集试验、反向间接凝集试验、间接凝集抑制试验和协同凝集试验。

正向间接凝集试验是以可溶性抗原致敏载体颗粒，用于检测相应抗体，间接血凝试验、乳胶凝集试验、炭素凝集试验均可进行正向间接凝集试验。

反向间接凝集试验是以特异性抗体致敏载体颗粒，用于检测相应抗原。试验方法与正向间接凝集试验基本相同，只是在试验时稀释待检抗原标本，加特异性抗体致敏的载体悬液进行测定。

间接凝集抑制试验是由间接凝集试验衍生的一种试验方法，其原理是将待检抗原（或抗体）与特异性抗体（或抗原）先行混合，作用一定时间后，再加入相应的致敏载体悬液，如待测抗原与抗体对应，即发生中和，随后加入的致敏载体颗粒不再被凝集，即原来本应出现的凝集现象被抑制，故而得名。该试验的灵敏度高于正向间接凝集试验和反向间接凝集试验。

协同凝集试验是利用葡萄球菌 A 蛋白（staphylococal protein A，SPA）能与多种哺乳动物 IgG 分子的 Fc 片段结合的特性，SPA 与 IgG 结合后，后者的 Fab 片段暴露于外并保持其抗体活性，覆盖特异性抗体的金黄色葡萄球菌与相应的抗原结合时，就可产生凝集反应。该方法广泛应用于多种细菌和某些病毒的快速诊断。

7.1.2.3　Coombs 试验

Coombs 试验又称为抗球蛋白试验（antiglobulin test），主要用于检测单价的不完全抗体（封闭抗体），在正常血凝试验时，应用该方法可以提高其灵敏度。单价抗体与颗粒性抗原结合后，不能引起可见的凝集反应，主要是由于抗原表面决定簇被单价抗体所封闭，故不能再与相应的完全抗体结合发生凝集反应。但抗体本身是一种良好的抗原，用其免疫异种动物即可获得抗球蛋白抗体（抗抗体），抗抗体与抗原颗粒上吸附的单价抗体结合，即可使其凝集，其实质也是一种间接凝集试验。该试验因首先由 Coombs 创立，故又称为 Coombs 试验。该试验分为直接 Coombs 试验和间接 Coombs 试验。

直接 Coombs 试验主要用于初生幼畜免疫溶血性贫血的检查。初生幼畜脐带血中含有的红细胞已被自身抗体所致敏，因而采脐带血并将此红细胞洗涤后，直接加入抗球蛋白血清，阳性者红细胞发生凝集。

间接 Coombs 试验多用于检测布鲁氏菌的不完全抗体。首先将抗原与待检血清按常规方法进行凝集试验，判定结果后，将不凝集的管，经离心弃上清后，沉淀物重悬于半量的稀释液中，再加入适当稀释的抗球蛋白血清，37℃水浴 2h，置冰箱过夜后判定结果。

7.1.2.4　血凝试验

血凝试验详见本章 7.5 节。

7.1.3　操作步骤和关键点

7.1.3.1　直接凝集试验

（1）平板凝集试验　以鸡白痢全血平板凝集试验为例。

① 操作步骤：在 20~25℃环境条件下，用定量滴管或吸管吸取抗原，垂直滴于玻片上 1 滴（约 0.05mL），然后用消毒的针头刺破鸡的翅静脉或冠尖，取血 0.05mL，与抗原

混合均匀，并使其散开至直径约为 2cm，计时判定结果。同时，设强阳性血清、弱阳性血清和阴性血清对照。

② 结果

a. 判定标准

100％凝集（＋＋＋＋）：紫色凝集块大而明显，反应液清亮。

75％凝集（＋＋＋）：紫色凝集块较明显，反应液有轻度浑浊。

50％凝集（＋＋）：出现明显的紫色凝集颗粒，反应液较为浑浊。

25％凝集（＋）：仅出现少量的细小颗粒，反应液浑浊。

0％凝集（－）：无凝集颗粒出现，反应液浑浊。

b. 结果判定：在 2min 内，抗原与强阳性血清应呈 100％凝集（＋＋＋＋），弱阳性血清应呈 50％凝集（＋＋），阴性血清不凝集（－），则判定试验有效；在 2min 内，被检全血与抗原出现 50％凝集（＋＋）以上凝集者判为阳性，不发生凝集则判为阴性，介于两者之间为可疑反应。

（2）试管凝集试验 以布鲁氏菌试管凝集试验（微量法）为例。

① 操作步骤

a. 受检血清稀释：以羊血清为例，每份血清用 4 个连续的 U 型孔，在聚苯乙烯反应板的第 1 孔加 184μL 稀释液，第 2～4 孔各加入 100μL 稀释液；用微量移液器取受检血清 16μL 加入第 1 孔并混匀；再从第 1 孔吸取 100μL 混合液加入第 2 孔充分混匀，如此倍比稀释至第 4 孔，从第 4 孔弃去混合液 100μL；稀释完毕，从第 1 至第 4 孔的血清稀释度分别为 1∶12.5、1∶25、1∶50 和 1∶100。牛血清稀释法与上述基本一致，差异是第 1 孔加 192μL 稀释液和 8μL 受检血清，其稀释度分别为 1∶25、1∶50、1∶100 和 1∶200。

b. 分别取按说明书要求稀释的抗原 100μL 加入上述各孔稀释好的血清中，并振荡混匀，羊的血清稀释度则依次变为 1∶25、1∶50、1∶100 和 1∶200，牛的血清稀释度则依次变为 1∶50、1∶100、1∶200 和 1∶400。

c. 将加完羊的聚苯乙烯反应板各孔用塑料薄膜严密封盖后，放湿盒内置温箱（37℃±1℃）孵育 18～24h，取出检查并记录结果。

d. 每次试验均应设阳性血清对照、阴性血清对照和抗原对照。

（a）阴性血清对照：冻干阴性血清按说明书稀释到规定容量后，对照试验中稀释和加抗原的方法与受检血清相同。

（b）阳性血清对照：冻干阳性血清按说明书稀释到规定容量后，对照试验中稀释和加抗原的方法与受检血清相同。

（c）抗原对照：抗原按说明书稀释到规定容量，取 100μL，再加 100μL 稀释液，观察抗原是否有自凝现象。

② 结果

a. 凝集反应程度：凝集反应程度分为 5 个等级，分别记为"＋＋＋＋""＋＋＋""＋＋""＋""－"，按以下说明判定。

（a）＋＋＋＋：菌体完全凝集，1～4 孔凝集物呈伞状均匀铺于孔底。

（b）＋＋＋：菌体几乎完全凝集，1～3 孔凝集物呈伞状均匀铺于孔底，第 4 孔孔底呈现白色点状。

（c）＋＋：菌体凝集显著，1～2 孔凝集物呈伞状均匀铺于孔底，3～4 孔孔底呈现白色点状。

（d）＋：凝集物有沉淀，第1孔凝集物呈伞状均匀铺于孔底，2～4孔孔底呈现白色点状。

（e）－：无凝集，1～4孔孔底均呈现白色点状。

b. 结果判定：当阳性对照血清出现完全凝集（＋＋＋＋），而阴性血清无凝集（－），抗原对照无自凝（－）现象时，试验成立，按以下对试验结果判定。

（a）受检血清出现"＋＋"及以上凝集现象时，判定为阳性。

（b）受检血清出现"＋"凝集现象时，判定为可疑。

（c）受检血清出现"－"时，判定为阴性。

（3）生长凝集试验　以猪丹毒的悬浮凝集试验为例，操作方法是将可疑病料直接接种于含抗血清及少量琼脂的选择培养基中，培养数小时后，病料中的猪丹毒杆菌与抗血清结合，呈凝集状生长，形成肉眼可见的细小菌落，悬浮于培养基上部。

7.1.3.2　间接凝集试验

（1）间接血凝试验　间接血凝试验是将可溶性抗原致敏于红细胞表面，用以检测相应抗体，称为正向间接血凝。或将抗体致敏于红细胞表面，用以检测相应抗原，称为反向间接血凝。常用绵羊红细胞（SRBC）或人"O"型红细胞，SRBC较易大量获取，血凝图谱清晰，但可能有个体差异，待测血清中如有嗜异性抗体时易出现非特异性凝集，需事先以SRBC进行吸附。人"O"型红细胞很少出现非特异性凝集。采血后可立即使用，也可保存于阿氏液1周内使用。致敏用抗原（如细菌或病毒）应纯化，以保证所测抗体的特异性。细菌应进行裂解或浸提。作反向间接血凝时，致敏用的抗体本身应具备高效价、高特异性、高亲和力，一般情况下可用50％、33％饱和硫酸铵盐析法提取抗血清的 γ-球蛋白组分用于致敏。

以猪支原体肺炎微量间接血凝试验为例。

① 操作步骤

a. 抗原制备：将猪肺炎支原体培养物以6500r/min低温离心60min，弃上清，沉淀的菌体经同转速用1/15mol/L pH7.2的PBS洗涤2次，用含0.01％硫柳汞PBS液配成为原培养物体积1％的菌悬液，冰浴超声波间隙裂解15min，吸取上清作为抗原，置－20℃保存不超过6个月。

b. 绵羊红细胞戊二醛化：在2～8℃保存2～3d的公绵羊血液（含50％阿氏液），经脱脂棉滤过，用PBS液反复离心洗涤5次，最后一次2000r/min离心30min，弃上清，取沉淀的红细胞，按每10mL红细胞体积滴加1％戊二醛PBS液100mL，5min内滴加完毕，在2～8℃经磁力搅拌45min，醛化后的红细胞用PBS液洗涤5次，再用灭菌蒸馏水洗涤5次，最后用灭菌蒸馏水（含0.01％硫柳汞）配成10％戊二醛红细胞悬液，置2～8℃保存不超过6个月。

c. 鞣化：取制成的10％戊二醛红细胞经PBS洗涤2次，用PBS液配成2％戊二醛红细胞悬液，加等量体积现配的1：20000浓度的鞣酸PBS液，摇匀后置37℃水浴中鞣化20min，用PBS液洗涤3次，最后用PBS液配成2％红细胞悬液，置2～8℃保存不超过1周。

d. 抗原致敏单位测定：将抗原用PBS液作20倍、30倍、40倍、50倍稀释后，分别致敏醛化红细胞，用标准的阳性、阴性猪血清测定，最少量抗原致敏红细胞与相应阳性猪血清出现最高效价的凝集作为 1 个致敏单位。

e. 冻干致敏红细胞制备：按 1 份稀释后的抗原（含 1～2 个致敏单位）加 2 份 2% 鞣化红细胞悬液，混匀置 37℃ 水浴中作用 45min，用含 1% 兔血清 PBS 液（稀释剂）洗涤 2 次，再用 4% 兔血清 PBS 液（含 10% 蔗糖和 0.01% 硫柳汞）配成 10% 抗原致敏红细胞悬液后分装冻干。

f. 血清检测

（a）抗原稀释：取冻干的 10% 抗原致敏红细胞加稀释剂稀释至 2%。

（b）加稀释剂：取 96 孔 "V" 型血凝板，第 1 列孔中加稀释剂 80μL，第 2 列不加，第 3～12 列孔中加入稀释剂 25μL。

（c）血清稀释：在第 1 列孔中分别加入待检血清、阳性血清和阴性血清 20μL，混匀。分别从第 1 孔吸取 50μL 加入第 2 孔，从第 2 孔吸取 25μL 加入第 3 孔混匀，依次 2 倍倍比稀释，待检血清、阳性血清稀释至第 12 孔，阴性血清稀释至第 6 孔，最后弃去 25μL。

（d）加抗原致敏红细胞：除第 1 列孔外，其余每孔加 2% 抗原致敏红细胞 25μL。

（e）设抗原对照孔：用 25μL 稀释剂＋25μL 2% 抗原致敏红细胞作为抗原对照孔，加入阴性血清稀释行剩余孔 2 孔。

（f）反应：加样完毕，置微量振荡器上振荡 15～30s，室温静置 40～70min，观察记录结果。

② 结果

a. 凝集反应程度：血凝反应强度判定标准如下。

（a）＋＋＋＋：红细胞在孔底凝成团块，面积较大。

（b）＋＋＋：红细胞在孔底形成较厚层凝集，卷边或锯齿状。

（c）＋＋：红细胞在孔底形成薄层均匀凝集，面积较上两者大，"＋＋" 以上的凝集为红细胞凝集阳性。

（d）＋：红细胞不完全沉于孔底，周围少量凝集。

（e）±：红细胞沉于孔底，但周围不光滑或中心空白。

（f）－：红细胞呈点状沉于孔底，周边光滑。

b. 结果判定：当阳性对照血清效价不低于 1∶40，阴性对照血清效价低于 1∶5，抗原对照无血凝现象时，试验成立。以呈现 "＋＋" 血凝反应的血清最高稀释度作为血清效价判定终点。当待检血清效价高于 1∶10 时，判为阳性；血清效价低于 1∶5 时，判为阴性；介于两者之间判为可疑。

（2）协同凝集试验　以脑膜炎双球菌协同凝集试验为例。

① 操作步骤

a. 取 A 群脑膜炎双球菌高效价免疫血清 0.1mL 加 10% 含 A 蛋白的葡萄球菌悬液 1mL，混匀，放 37℃ 水浴 30min，4000r/min 离心 20min，弃上清，沉淀用 PBS 洗涤 2 次后配成 1% 悬液（即抗体标记的葡萄球菌悬液）备用。

b. 取 10% 含 A 蛋白的葡萄球菌悬液 1mL，4000r/min 离心 20min，弃上清，将待检脑脊液或血清 0.3mL 加至沉淀的菌体中，混匀，室温静置 5min 后离心，吸取上清液作为吸收过的检样备用。

c. 于洁净载玻片上加一滴吸收过的检样和一滴抗体标记的葡萄球菌悬液，混匀，摇动玻片 5min，肉眼观察凝集现象。

② 结果

a. 判定标准

100%凝集（＋＋＋＋）：紫色凝集块大而明显，反应液清亮。

75%凝集（＋＋＋）：紫色凝集块较明显，反应液有轻度浑浊。

50%凝集（＋＋）：出现明显的紫色凝集颗粒，反应液较为浑浊。

25%凝集（＋）：仅出现少量的细小颗粒，反应液浑浊。

0%凝集（－）：无凝集颗粒出现，反应液浑浊。

b. 结果判定：在2min内，抗原与强阳性血清应呈100%凝集（＋＋＋＋），弱阳性血清应呈50%凝集（＋＋），阴性血清不凝集（－），则判试验有效；在2min内，被检全血与抗原出现50%凝集（＋＋）以上凝集者判为阳性，不发生凝集则判为阴性，介于两者之间为可疑反应。

7.1.3.3 Coombs试验

（1）直接Coombs试验

① 操作步骤

a. 取受检者红细胞，以生理盐水充分洗涤3次，最后一次洗涤离心后，弃上清液，用生理盐水配成3%红细胞悬液。

b. 取试管3支，分别标记为受检者、阳性对照、阴性对照，其中受检者试管中加入3%受检红细胞悬液1滴，再加入抗球蛋白血清1滴，混匀；阳性对照试管中加入抗球蛋白血清1滴，IgG抗-D致敏的3% RhD阳性红细胞悬液1滴，混匀；阴性对照试管中加入抗球蛋白血清1滴，AB型血清致敏的正常人3% RhD阳性红细胞悬液1滴，混匀。

c. 1300g离心15s，肉眼观察有无凝集，若肉眼不见凝集，以显微镜检查，记录结果。

② 结果判定：阳性对照试管凝集，阴性对照试管不凝集，试验成立。受检红细胞凝集者为阳性，表示红细胞上有相应抗体存在；受检红细胞不凝集者为阴性，表示红细胞上没有相应抗体存在。

（2）间接Coombs试验

① 操作步骤

a. 取被检血清200μL于试管中，加入等量3%已知抗原红细胞悬液（或被检5%红细胞悬液加入等量已知抗体血清），置37℃水浴1h。如血清与红细胞存在相应特异性抗原抗体，则会使红细胞致敏。

b. 取出试管，用生理盐水洗涤后，参照直接Coombs试验方法操作。

② 结果判定：阳性对照试管凝集，阴性对照试管不凝集，试验成立。受检血清凝集者为阳性，表示受检血清中有与已知红细胞抗原相对应的不完全抗体（或受检红细胞凝集者为阳性，表示受检红细胞上有与已知抗体相对应的抗原）；不凝集者为阴性，表示受检血清中没有与已知红细胞抗原相对应的不完全抗体（或受检红细胞上没有与已知抗体相对应的抗原）。

7.1.4 主要技术特点

凝集反应的发生分两阶段：抗原抗体的特异结合；出现可见的颗粒凝集。通常，细菌和红细胞等颗粒抗原在悬液中带弱负电荷，周围吸引一层与之牢固结合的正离子，外面又排列一层松散的负离子层，构成一个双层离子云。在松散层内界和外界之间的电位差形成Z电位。溶液中的离子强度愈大，Z电位也就愈大。Z电位使颗粒相互排斥。当特异抗体与相应抗原颗粒互补结合时，抗体的交联作用克服了抗原颗粒表面的Z电位，而使颗粒聚集在一起。但当抗体分子太少，不足以克服相当厚度的离子云层时，则不能使颗粒聚集。因此在凝集反应中，IgM类抗体的作用比IgG类抗体要大数百倍，所以IgG类抗体常出现不完全反应，即不可见的抗原抗体反应。这种抗体有时又称不完全抗体。不完全的含义是可与抗原牢固结合，但因其分子量较小，不能起到由桥联作用而形成的可见凝集现象。在试验过程中，为促使凝集现象的出现，可采取以下措施：增加蛋白质或电解质，降低溶液中离子强度以缩短颗粒间的距离；增加试液的黏滞度，如加入右旋糖酐或葡聚糖等；用胰酶或神经氨酸酶处理，改变细胞的表面化学结构；以离心方法克服颗粒间的排斥等。

凝集试验是一个定性的检测方法，即根据凝集现象的出现与否判定结果阳性或阴性；也可以进行半定量检测，即将标本作一系列倍比稀释后进行反应，以出现阳性反应的最高稀释度作为效价。由于凝集反应方法简便，敏感度高，因而在临床检验中被广泛应用。

7.2

沉淀试验

由颗粒性抗原参与的凝集试验和由可溶性抗原参与的沉淀试验均属于凝聚性试验，是一类比较简单的血清学试验。沉淀试验（precipitation test）或沉淀反应（precipitation reaction）是指可溶性抗原与相应抗体结合后，在适当电解质存在条件下，出现肉眼可见的沉淀物。可以在液体中进行，也可以在半固体琼脂糖凝胶中进行。在兽医各类疾病的检测及各类免疫球蛋白的定量测定等领域广泛应用。

7.2.1 发展历史

1897年，Kaus首先发现霍乱弧菌、伤寒杆菌、鼠疫杆菌的培养液能与相关的抗血清产生沉淀反应，是免疫检测中最早使用的方法。1902年，Ascoli首先建立了环状沉淀试验。1905年，Bechhold在凝胶介质中进行了免疫沉淀试验，随后在1946年Oudin首先建立了琼脂扩散试验，在试管中将抗原溶液加在含有抗体的琼脂糖凝胶柱上进行扩散。1965年Mancini等人提出了单一径向免疫扩散技术，并实现了定性试验向定量测定的发展，单一径向免疫扩散技术是通过将反应的两个伙伴之一（通常是抗体）以均匀的浓度掺入琼脂凝胶中，而将另一种反应物（通常是抗原）引入琼脂凝胶中，它可以扩散到凝胶中，在那里它将与"内部反应物"发生反应。1948 年，Elek 和 Ouchterlony 分别建立了双向双扩散试验。1953 年，Crabar 与 Williams 最早将电泳技术与琼脂凝胶免疫沉淀试验相结合建立了免疫电泳技术。20 世纪 70 年代，免疫浊度测定试验的问世，代替了环状沉淀试验和絮状沉淀试验，并具有快速简便、微量和自动化的优势，目前在临床中已得到了广泛应用。

7.2.2　反应原理和分类

免疫沉淀试验的基本原理是将可溶性抗原与相应抗体置于温度、酸碱度适宜的一定电解质溶液中，两者按适当比例形成沉淀，产生浊度，或在琼脂等凝胶中形成肉眼可见的沉淀线或沉淀环，并根据所形成的沉淀物计算待测抗原或抗体的含量。沉淀试验分为液相沉淀试验（liquid phase precipitation test）、琼脂扩散试验（agar diffusion test）和免疫电泳试验（immuno electrophoresis test）。

7.2.2.1　液相沉淀试验

可溶性抗原与相应抗体在含有适宜电解质的液相介质中反应，形成肉眼可见的沉淀物。依据不同的试验方法和所呈现的沉淀现象，将液相沉淀试验分为环状沉淀试验（ring precipitation test）、絮状沉淀试验（flocculent precipitation test）和浊度沉淀试验（turbidity precipitation test）。

（1）环状沉淀试验　例如用已知抗体来检测未知抗原。在小口径试管中先加入已知抗血清，然后将待检抗原小心地加在血清的表面，成为界面清晰的两层。数分钟后，两界面交界处出现白色沉淀环，为阳性反应。本试验常用作抗原定性，如炭疽的诊断（Ascoli 氏试验）、鉴别血迹、媒介昆虫的嗜血性等。

（2）絮状沉淀试验　可溶性抗原与相应抗体特异性结合，在适当电解质存在的条件下，形成肉眼可见的絮状沉淀物。该方法常用于测定抗原-抗体反应的最适比例。

（3）浊度沉淀试验　又名免疫比浊法（immunonephelometry），一定量的抗体溶液中加入不同含量的可溶性抗原后会形成不同含量的免疫复合物，使反应体系呈现不同的浊度，根据浊度即可检测可溶性抗原的含量。免疫比浊法快速简便，敏感度和精确度较高，目前在临床上已得到广泛使用，分为散射比浊法、透射比浊法、免疫乳胶比浊法和自动生化分析仪检测法等。自动生化分析仪可同时对样本中的多种抗原物质如各类免疫球蛋白、补体、α2 巨球蛋白和转铁蛋白等进行精确定量。抗原抗体的比例、抗体的质量、反应液的环境、增浊剂等是影响浊度沉淀试验的主要因素。

7.2.2.2　琼脂扩散试验

琼脂是一种含有硫酸基的多糖体，高温时能溶于水，冷却后凝固形成凝胶。琼脂凝胶呈多孔结构，孔内充满水分，常用 1%～1.2% 的琼脂凝胶，含水量 98% 以上，允许大部分抗原抗体（分子量在 20 万以下）在琼脂凝胶中自由扩散，当抗原与抗体相遇且达到适当比例时，就会互相结合、凝聚，出现白色的沉淀线；反之，则不会出现沉淀线。琼脂扩散试验是定量试验，包含单向琼脂扩散试验（single agar diffusion test）和双向琼脂扩散试验（double agar diffusion test）。琼脂扩散试验既可以用于已知抗原测定未知抗体，也可以用于已知抗体测定未知抗原。世界动物卫生组织将其作为牛地方流行性白血病、马传染性贫血病等动物疫病的指定诊断方法，作为禽流感、马立克病、蓝舌病等动物疫病的替代诊断方法。我国将其作为口蹄疫、禽流感、马传染性贫血等动物疫病的检测方法，作为放线杆菌胸膜肺炎型鉴定试验方法，也可用于鸡传染性法氏囊病、小鹅瘟、羊口疮病、绵羊进行性肺炎、猪瘟、炭疽等疾病的诊断。

（1）单向琼脂扩散试验　又名单向免疫扩散试验，先将一定量的抗体混于琼脂凝胶中，使待测的抗原溶液在琼脂内从局部向周围自由扩散，在一定区域内形成可见的沉淀环。根据试验形式可分为试管法和平板法，因沉淀环不易观察和定量，试管法目前已经很少应用。平板法是指将一定量的抗体混于琼脂凝胶中，浇注成板，凝固后，在琼脂板上打孔，然后在孔中加入抗原，抗原就会向孔的四周自由扩散，边扩散边与琼脂中的抗体结合。一定时间后，在两者比例适当处形成白色沉淀环。最后测量沉淀环的直径或计算环的面积，沉淀环的直径或面积的大小与抗原含量呈正相关。抗原量与沉淀环直径的关系有两种计算方法，Mancini 曲线和 Fahey 曲线。如事先用不同浓度的标准抗原制成标准曲线，则从曲线中可求出标本中抗原的含量。单向琼脂扩散试验可用于血清中免疫球蛋白（IgG、IgA、IgM）、补体 C3、甲胎蛋白 AFP 或其他可溶性抗原的定量测定，敏感性很高。

① Mancini 曲线　适用于处理大分子抗原（如测定 IgM）和长时间（＞48h）扩散的结果，抗原浓度（C）与沉淀环直径的平方（d^2）呈线性关系，常数 $K = C/d^2$，此为 Mancini 曲线。

② Fahey 曲线　适用于处理小分子抗原（如测定 IgG、IgA）和较短时间（24h）扩散的结果。抗原浓度的对数（$\lg C$）与沉淀环直径（d）呈线性关系，常数 $K = \lg C/d$，此为 Fahey 曲线。用半对数坐标值画曲线。

（2）双向琼脂扩散试验　将抗原和抗体加在同一琼脂板对应孔中，各自向对方扩散，在浓度比例恰当处形成沉淀线，观察沉淀线的位置、形状及对比关系，可对抗原或抗体进行定性分析。同单向琼脂扩散试验，也可分为试管法和平板法。试管法操作复杂，只能测定一个标本，目前已经很少应用。平板法是鉴定抗原抗体最基本、最常见的方法之一，制备琼脂板，打孔，然后加入抗原或抗体，放置湿盒 37℃ 作用一定时间后，抗原和抗体在琼脂中自由扩散，在比例适当处形成可见的沉淀线。可以用于判断抗原或抗体的存在及估计相对含量、分析抗原或抗体分子量、分析抗原的性质、测定抗体的效价、鉴定抗原或抗体的纯度。

① 判断抗原或抗体的存在及估计相对含量　沉淀线靠近抗原孔，则提示抗体含量大；靠近抗体孔，则提示抗原含量较多；不出现沉淀线则表明抗体或抗原的缺乏或抗原过剩，属阴性。另外，如出现多条沉淀线，则说明抗原和抗体皆不是单一的成分。

② 分析抗原或抗体分子量　抗原或抗体在琼脂凝胶内自由扩散的速率受分子量的影响，分子量越小则扩散越快，反之越慢。因此，扩散慢的扩散圈小、局部浓度高，形成的沉淀线会弯向分子量大的一方，若两者分子量大致相等，则沉淀线呈直线。

③ 分析抗原的性质　存在两种待检抗原（或待检抗原与标准抗原）的性质完全相同、部分相同或完全不同三种情况，若两条沉淀线互相吻合相连，说明抗体与两个抗原中的相同表位结合形成沉淀，但不能说明两个抗原完全相同。若两条沉淀线交叉，说明两个抗原完全不同。若两条沉淀线相切，说明两个抗原之间有部分相同。

④ 测定抗体的效价　双向琼脂扩散试验是测定抗体效价的常用方法。固定抗原的浓

度，按比例稀释抗体；或同时按比例稀释抗原和抗体，然后抗原、抗体在琼脂凝胶内自由扩散，形成沉淀线，以出现沉淀线最高的抗体稀释度作为该抗体的效价。

⑤ 鉴定抗原或抗体的纯度　使用混合的抗原或抗体鉴定相应抗体或抗原的纯度，若仅出现一条沉淀线，则表示待测抗原或抗体的性质单一。若出现多条沉淀线，则表示待测抗原或抗体的性质多样。

7.2.2.3　免疫电泳试验

免疫电泳试验是将琼脂电泳和双向琼脂扩散结合起来，用于分析抗原组成的一种定性方法。此项技术由于既有抗原抗体反应的高度特异性，又有电泳分离技术的快速、灵敏和高分辨力，是广泛应用于生物医学领域的一项免疫学基本技术。此方法样品用量少、特异性高、分辨力强，但所分析的物质必须有抗原性，而且抗血清必须含所有的抗体组分。免疫电泳试验包含对流免疫电泳（counter immuno electrophoresis）、火箭免疫电泳（rocket immuno electrophoresis）、免疫电泳（immunoelectrophoresis）、免疫固定电泳（immunofixation electrophoresis）、交叉免疫电泳（crossed immunoelectrophoresis）、自动化免疫电泳。

（1）对流免疫电泳　将琼脂内电泳和凝胶内沉淀反应相结合的一种常用的免疫电泳技术。在琼脂板上打两排孔，一侧孔内各加入待测抗原，另一侧孔内加入相应抗体，抗原在负极（阴极）侧，抗体在正极（阳极）侧。通电后，在 pH 8.5 的琼脂凝胶中，只带有微弱负电荷的抗体，由于它分子又较大，泳动慢，受电渗作用的影响也大，往往不能抵抗电渗作用，故向负极泳动。而一般常带较强负电荷的抗原，由于分子又较小，泳动快，故向正极泳动。如将抗原置负极，抗体置正极，电泳时，两种成分相对泳动，一定时间后抗原和抗体将在两孔之间相遇，并在比例适当的地方形成肉眼可见的沉淀线。这样由于电泳的作用，不仅帮助抗体定向移动，加速了反应的出现，而且也限制了琼脂扩散时，抗原抗体向四周自由扩散的倾向，因而也提高了敏感性。对流免疫电泳比琼脂扩散法（AGP）的灵敏度要高 10～16 倍，而且反应时间较短。在兽医领域，对流免疫电泳是世界公认的并且应用最为广泛的水貂阿留申病（aleutian disease of mink，AD）的诊断方法，也常常用于鸡传染性法氏囊病、布鲁氏菌病的诊断。同时可用于各种蛋白的定性和半定量测定。

（2）火箭免疫电泳　是单向免疫扩散与电泳相结合的一种定向加速的单向免疫扩增试验。电泳时，含于琼脂凝胶中的抗体不发生移动，而在电场的作用下促使样品中的抗原向正极泳动。当抗原与抗体分子达到适当比例时，形成一个形状如火箭的不溶性免疫复合物沉淀峰，峰的高度与检样中的抗原浓度呈正相关。因此，当琼脂中抗体浓度固定时，以不同稀释度标准抗原泳动后形成的沉淀峰为纵坐标，抗原浓度为横坐标，绘制标准曲线。根据样品的沉淀峰长度即可计算出待测抗原的含量；反之，当琼脂中抗原浓度固定时，便可测定待测抗体的含量（即反向火箭免疫电泳）。

（3）免疫电泳　又称免疫区带电泳-免疫双扩散试验，是区带电泳与双向免疫扩散相结合的一种免疫分析技术。先将抗原在琼脂糖凝胶中作区带电泳，根据其所带电荷、分子量和构型不同分成不可见的若干区带，再沿电泳方向挖一与之平行的抗体槽，加入相应抗体，进行双向免疫扩散，在两者浓度比例适合处形成弧形沉淀线。根据沉淀弧的数量、位置和外形，参照已知抗原、抗体形成的电泳图，即可分析样品中所含成分。

（4）免疫固定电泳　免疫固定电泳是由琼脂凝胶蛋白电泳和免疫沉淀相结合的免疫

化学分析技术。血清免疫固定电泳可检测 IgG、IgM、IgA 等及 κ 轻链、λ 轻链，其原理是将样品在琼脂平板上作区带电泳，分离后在上面覆盖抗血清滤纸，滤纸分别含抗 κ 轻链、抗 λ 轻链，或抗各类重链抗血清，当抗体与某区带中的单克隆 Ig 结合，可形成免疫复合物沉淀，即固定，再通过漂洗与染色，呈浓而窄的着色区带，即可判别单 Ig 的轻链和重链的类别。血清样品要尽量避免溶血。临床上最常用于 M 蛋白的鉴定。

（5）交叉免疫电泳　是区带电泳与火箭免疫电泳相结合的一种免疫电泳分析技术。用琼脂糖作支持物，先将抗原经电泳展开，然后在同一玻板上浇注含抗体的琼脂糖凝胶，在后一个凝胶中进行第二次电泳（与第一次电泳方向垂直）。这种方法实际上是在凝胶电泳后进行免疫扩散。不同抗原形成互相独立的峰状免疫沉淀，至最适抗原/抗体比值处停止运动，沉淀峰的高度和面积与抗原量成比例关系。用此法可进行各种抗原的定量测定。

（6）自动化免疫电泳　包括电泳系统（自动化电泳仪）和光密度扫描系统，只需人工加入标本、固定剂和抗血清，其余步骤均实现自动化。解决了传统电泳技术手工操作不易标准化和耗时长的问题，得到了广泛的应用。

7.2.3　操作步骤和关键点

7.2.3.1　Ascoil 试验

世界动物卫生组织将环状沉淀试验（Ascoil 试验）作为检测炭疽抗原的方法，以皮张标本炭疽的沉淀试验检查为例。

（1）标本采集和运输

① 在每张皮的腿根内侧剪取皮张标本一块约 2.0g，并做好标记。复检时，仍在第一次取样的附近部位采取标本。

② 将皮张标本装入耐高压蒸汽灭菌的加盖塑料试管（10～30mL）中，以记号笔标号。皮垛的编号应与装皮张标本的试管号相一致。

③ 在未收到检疫结果通知单前，取样完毕的皮张应保持原状，不得重新分类、包装、加工和移动。

④ 病料标本的包装和运输应符合《病原微生物实验室生物安全管理条例》（国务院令第 424 号）的要求，运输时间超过 1h，应在 2～8℃条件下运输。

（2）灭菌

① 收到皮张标本后，应按送检单内容进行登记。

② 检查无误后，将试管放入高压蒸汽灭菌器内，121℃高压灭菌 30min。

（3）被检皮张抗原的制备

① 每份标本加入浸泡液（0.5％苯酚生理盐水）10～20mL，在 10～25℃条件下，浸泡 16～25h。

② 用双层滤纸将待检标本浸泡液滤过，透明滤过液即为待检抗原，其编号应与原始标本编号相符。

（4）操作方法

① 本试验应在 15～25℃的条件下进行。

② 实施本试验前须按下列要求，设对照试验：

a. 炭疽沉淀素血清，与炭疽皮张抗原作用 15min，应呈阳性反应。

b. 炭疽沉淀素血清，与健康皮张抗原和 0.5% 苯酚生理盐水作用 15min，应呈阴性反应。

c. 阴性血清，与炭疽皮张抗原作用 15min，应呈阴性反应。

③ 将最小反应管按标本的编号顺序排好，向反应管内加炭疽沉淀素血清 0.1～0.2mL。然后吸取等量的待检抗原，沿反应管壁缓缓加入，并记录加完后的时间，待判。

④ 血清与抗原的接触面，界限应清晰、明显可见。界限不清者应重做。

⑤ 如为盐皮抗原，应在炭疽沉淀素血清中加入 4% 氯化钠后，方能做血清反应。

（5）结果观察 判定时，将反应管置于水槽中蘸水取出，放于眼睛平行位置，在光线充足、黑色背景下观察与判定。按下列标准记录结果，对可疑和无结果者，须重做一次。

① 抗原与血清接触后，经 15min 在两液接触面处，出现致密、清晰明显的白环为阳性反应。

② 白环模糊，不明显者为疑似反应。

③ 两液接触面清晰，无白环者为阴性反应。

④ 两液接触面界限不清，或其他原因不能判定者为无结果。

（6）复检

① 初检呈阳性和疑似的标本应复检。复检的方法同初检。

② 复检再呈阳性反应时，判为炭疽沉淀试验阳性。复检再呈疑似反应时，按阳性处理。

③ 经确定为阳性的标本，应将对应的阳性皮张及其相邻的皮张挑出，无害化焚烧处理。

7.2.3.2　乳牛全乳环状试验（MRT）

（1）材料

① 试剂　商品化布鲁氏菌全乳环状试验抗原。

② 乳样　受检乳样应为新鲜的全乳或混合乳；采乳样时应将乳牛的乳房用温水洗净、擦干，然后将乳汁（前三把乳不作为检测用）挤入洁净的器皿中；采集的乳样夏季时应于当日内检测。

③ 器材　微量移液器，灭菌移液器吸头，内径为 1cm 的灭菌试管。

（2）操作方法

① 将乳样和布鲁氏菌全乳环状试验抗原平衡至室温。

② 取乳样 1mL，加于灭菌凝集试管内。

③ 取充分振荡混合均匀的布鲁氏菌全乳环状试验抗原 50μL 加入乳样中充分混匀。

④ 置 37～38℃ 水浴中孵育 60min。

⑤ 孵育后取出试管勿使振荡，立即进行判定。

（3）结果判定

① 强阳性反应（＋＋＋）：乳柱上层乳脂形成明显红色的环带，乳柱白色，临界分明。

② 阳性反应（＋＋）：乳脂层的环带呈红色，但不显著，乳柱略带颜色。

③ 弱阳性反应（+）：乳脂层的环带颜色较浅，但比乳柱颜色略深。

④ 疑似反应（±）：乳脂层的环带颜色不明显，与乳柱分界不清，乳柱不褪色。

⑤ 阴性反应（-）：乳柱上层无任何变化，乳柱颜色均匀。

7.2.3.3　SPF 鸡琼脂扩散试验

这个试验适用于对 SPF 鸡进行多数病原微生物的血清抗体检测，包含禽流感病毒（avian influenza）、传染性支气管炎病毒（infectious bronchitis virus）、传染性法氏囊病病毒（infectious bursa disease virus）、传染性喉气管炎病毒（infectious laryngotracheitis virus）、禽痘病毒（fowl pox virus）、禽脑脊髓炎病毒（avian encephalomyelitis virus）、网状内皮增殖病病毒（reticuloendotheliosis virus）、禽呼肠孤病毒（病毒性关节炎）（avian reovirus）、马立克病病毒（Marek's disease virus）、禽腺病毒Ⅰ群（avian adenovirus group Ⅰ）、多杀性巴氏杆菌（pasteurella multocida）。

（1）材料

① 试剂　琼脂扩散抗原或抗体，标准阳性血清，被检血清或羽髓，优质琼脂粉或琼脂糖。

8%氯化钠磷酸盐缓冲液（0.01mol/L，pH 7.2），8%氯化钠磷酸盐缓冲液（0.01mol/L，pH 6.4）（检测禽流感病毒抗体时使用）。

配制方法：A. 配制 0.01mol/L、pH 7.2(pH 6.4)的磷酸盐缓冲溶液，氯化钠 8g、磷酸二氢钠 0.2g、磷酸氢二钠（$Na_2HPO_4 \cdot 12H_2O$）2.9g、氯化钾 0.2g，调 pH 至 7.2 或 6.4，加蒸馏水或纯化水或超纯水至 1L，112kPa 高压灭菌 20min，置 2～8℃冰箱保存备用。

B. 配制 0.01mol/L、pH 7.2(pH 6.4)的 8%氯化钠磷酸盐缓冲溶液，向 100mL 0.01mol/L、pH 7.2（pH 6.4）的磷酸盐缓冲溶液中加入 8g 氯化钠，混匀。

② 器材　琼扩板、打孔器、移液器。

（2）操作方法

① 琼脂板制备　将 1g 优质琼脂粉或 0.8～1.0g 琼脂糖加入 100mL 的 8%氯化钠磷酸盐缓冲液（0.01mol/L，pH 7.2）（检测禽流感病毒抗体时使用 0.01mol/L、pH 6.4 的 8%氯化钠磷酸盐缓冲液），水浴加热溶化，待冷却至 60～65℃时，倒入琼脂板内，厚度为 3mm，待琼脂凝固后，2～8℃冰箱保存备用。

② 打孔　用打孔器在琼脂板上按 7 孔梅花图案打孔，孔径 3～4mm，孔距 3mm。用 8 号针头挑出孔内琼脂，挑出时从孔一侧边缘插入针头，轻轻移动，等空气进入孔底后再向上挑出。

③ 封底　用酒精灯轻烤平皿底部至微溶化，以防侧漏。

④ 加样　用移液器吸取抗原悬液，滴入中间孔（图 7-1 中的⑦号孔），周围①④号孔加入标准阳性血清，作为阳性对照；其余孔加入被检血清，每孔均以不溢出为度，每加一个样品应换一个枪头。

⑤ 感作　将琼脂板加盖保湿，放于 37℃温箱内作用 24～72h，观察沉淀线。

（3）结果判定

① 判定方法　将琼脂板置于日光灯或侧强光下观察，若标准阳性血清（图 7-1 中的①和④号孔）与抗原孔之间出现一条清晰的白色沉淀线，则试验成立。

② 判定标准

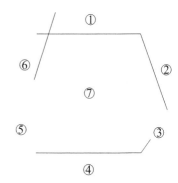

图 7-1 琼脂扩散试验结果示意图

阳性结果：被检血清孔与中心抗原孔之间出现清晰的沉淀线，而且该线和抗原与标准阳性血清之间沉淀线的末端相吻合。

弱阳性结果：被检血清孔与中心抗原孔之间不出现沉淀线，标准阳性血清（图 7-1 中的④号孔）的沉淀线一端向被检血清孔内侧弯曲，则此孔的被检样品判定为弱阳性（弱阳性者应重复试验，仍为弱阳性者，判为阳性）。

阴性结果：被检血清孔（图 7-1 中的⑤号孔）与中心抗原孔之间不出现沉淀线，而且标准阳性血清沉淀线直向被检血清孔，则被检血清判定为阴性。被检血清孔（图 7-1 中的⑥号孔）与中心抗原孔之间的沉淀线粗而浑浊或标准阳性血清孔与抗原孔之间的沉淀线先交叉并直伸，则被检血清孔为非特异性反应，应重做，若仍出现非特异反应则判为阴性。

可疑结果：介于阴性、阳性之间为可疑。可疑应重检，仍为可疑判为阳性。

7.2.3.4　对流免疫电泳试验

（1）材料

① 试剂　0.05mol/L、pH 8.5 的巴比妥缓冲液，优质琼脂粉或琼脂糖，已知（或待测）抗原，待测（或已知）抗体。

② 器材　琼扩板，打孔器，移液器等。

（2）操作方法

① 制琼脂板　使用 0.05mol/L、pH 8.5 的巴比妥缓冲液配成 1%～1.5% 琼脂凝胶板，厚度 2～3mm。

② 打孔　琼脂冷却后，打成对的小孔数列（2 列×3 孔），孔径 0.3～0.6cm，孔距 0.4～1.0cm。挑去孔内琼脂，封底。

③ 加样　一对孔中，一孔加已知（或待测）抗原，另一孔加待测（或已知）抗体。

④ 电泳　将抗原孔置于负极（阴极）端，血清孔置于正极（阳极）端。电压 2.5～6V/cm，或电流强度 3～5mA/cm，电泳时间 30～90min。

（3）结果判定　断电后，将琼脂板置于灯光下，衬以黑色背景观察。在抗原抗体孔之间形成一条清楚致密的白色沉淀线，则判为阳性；不产生沉淀线者，则判为阴性。如沉淀线不清晰，可把琼脂板放在湿盒中 37℃ 数小时或置电泳槽过夜再观察。

7.2.3.5　关键点

沉淀试验的基础是抗原抗体反应，凡是对抗原抗体反应有影响的因素可能都会影响沉淀试验结果。

（1）抗原、抗体因素

① 抗原因素　抗原的种类、抗原决定簇的数目、分子量、水溶性等均可影响抗原抗体结合反应。进行沉淀试验的抗原必须是水溶性的，常见的水溶性抗原有细菌毒素、病毒可溶性抗原、细胞培养液、组织浸出液等。抗原决定簇越多时，与抗体越容易形成大的免疫复合物，那么试验的敏感性和结果可判性越高，但是特异性可能会受到影响。

② 抗体因素　抗体的来源、特异性和亲和力等均可影响抗原抗体结合反应。例如，家兔等大多数动物的免疫血清较人和马的免疫血清具有更宽的等价带，与相应可溶性抗原结合更易出现可见的抗原抗体复合物。大多数情况下用多克隆抗体，但是多克隆抗体会引起一定的交叉反应和非特异性反应。

③ 抗原-抗体因素　抗原抗体的浓度、纯度、反应比例、可逆性等均可影响抗原抗体结合反应。例如，在琼脂扩散试验中所形成的沉淀线的粗细、清晰度与抗原抗体的量成正比。当抗原抗体浓度较高时，试验的敏感性会提高，容易形成清晰可见的沉淀线；但是当进行抗原或抗体的定量检测时，若浓度过高可能会导致沉淀线连线或无法判定结果。若抗原抗体的纯度较低，含有过多与反应无关的蛋白质、多糖、类脂质等物质，可能会引起非特异性反应。只有抗原抗体的比例合适，才能形成明显的沉淀线，否则所形成的沉淀线不清晰或者没有沉淀线，必要时每份待测样品均可做几个不同的稀释度来进行检查。

（2）实验环境因素　电解质、pH 值、反应温度等均可影响抗原抗体结合反应。

① 电解质　抗原、抗体均为蛋白质分子，等电点分别为 pI 3～5 和 pI 5～6 不等，在中性或弱碱性条件下，抗原抗体表面带有较多的负电荷，而适当浓度的电解质会减少一定量的负电荷而相互结合，出现肉眼可见的沉淀物或凝集块。实验中最常使用的电解质有氯化钠磷酸盐缓冲液、Tris-HCl 缓冲液、巴比妥缓冲液等。需要指出的是，由于家禽免疫球蛋白的特殊性，琼脂扩散试验中配制琼脂糖凝胶所用的氯化钠含量为 8％，而哺乳动物通常使用的是 0.85％氯化钠磷酸盐缓冲液。

② pH 值　抗原抗体反应最适的 pH 一般在 6～8，pH 值过高或过低，会直接影响抗原抗体的理化性质。当进行抗原抗体反应的介质（反应液或琼脂）的 pH 值接近抗原或抗体的等电点时，抗原抗体所带正负电荷相等，由于自身吸引会出现非特异性的沉淀，即假阳性反应。

③ 反应温度　一般来说，抗原抗体反应最常用的温度是 37℃和室温（10～30℃，《中华人民共和国兽药典》三部）。在一定范围内，适当提高反应温度会增加抗原抗体分子的碰撞概率，加速抗原抗体复合物的形成。但是当温度过高（56℃以上）时反应速度反而变慢，可能会导致抗原抗体变性失活，影响实验结果。如琼脂扩散试验最适的反应温度为 37℃。

（3）影响琼脂扩散试验的其他因素　对于琼脂扩散试验来说，除了抗原抗体因素和实验环境因素之外，琼脂板或其他因素均可能对实验结果造成影响。

① 琼脂板的浓度　实验中一般要求使用优质琼脂粉或琼脂糖，琼脂浓度越低，扩散速度越快，浓度越高，则黏度越大，形成的凝胶分子筛孔变小，扩散阻力增大，扩散速度便减慢。可以以打孔后其孔壁不塌的最低琼脂浓度为好，琼脂板做好后，一般不宜马上打孔，而是放 2～8℃冰箱过夜再用，此时打孔坚韧性较好。目前常用的琼脂浓度为 0.8％～1.0％，1.0％的琼脂凝胶孔径为 85nm，大多数的抗原、抗体都能在琼脂中自由扩散。

② 孔间距离　抗原孔与抗体孔之间距离会影响到沉淀线出现的时间，孔间距离远则沉淀线出现慢且浅，太近又影响到抗原抗体的合适比例。打孔时，孔径通常为 3mm，孔

间距为 3～5mm，因此在操作时，为确保实验结果的准确性，尽量保证打孔的孔径、间距要准确、合适。

③ 琼脂板的厚度　琼脂扩散试验使用的琼脂板凝胶厚度应为 2～4mm。琼脂板凝胶过厚，可能增大抗原抗体扩散的不均匀性的概率，可能使沉淀线发生扭曲，影响结果判断。但是当琼脂板太薄时所加抗原和抗体总量减少，形成的沉淀线非常模糊甚至不出现沉淀线。

④ 湿度　琼脂扩散试验是抗原抗体在琼脂网格的水中扩散时形成的结果。若空气中湿度太低，琼脂中的水分很容易蒸发，使琼脂网格中的水分减少，琼脂孔径变小，不利于抗原抗体的自由扩散，降低实验敏感度和精确度，所以在进行琼脂扩散实验时，往往倒置平皿，放在湿盒或者一个有湿棉纱布的有盖搪瓷盘中进行反应，以防水分蒸发。当湿度过大时可能使琼脂表面形成水滴，导致抗原、抗体发生混合，也会影响实验结果的判断。

⑤ 反应时间　抗原抗体在琼脂中的扩散需要一定的时间。如果反应时间过短，抗原抗体扩散和反应不完全，不能形成清晰的沉淀线；如果时间太长，抗原抗体可能会失去生物活性，导致已经形成的沉淀线发生解离而消失。

7.2.4　主要技术特点

7.2.4.1　阶段性

免疫沉淀试验分为两个阶段，第一阶段为抗原抗体特异性结合，此阶段可以在几秒到几十秒内完成并出现不可见的可溶性复合物，主要受抗原抗体特异性和结合力的影响。第二阶段则形成可见的免疫复合物，约需几十分钟到数小时完成。经典的沉淀反应以观察此阶段形成的沉淀线或沉淀环来判断结果。

7.2.4.2　特异性

免疫沉淀试验的本质是抗原与相应的抗体发生特异性结合反应的过程，因此沉淀试验具有特异性。

7.2.4.3　抗原特性

用于沉淀试验的抗原必须为可溶性抗原。

7.2.4.4　优缺点

液相沉淀试验操作简便，敏感性和特异性较高，但其检测结果受到多种因素的影响，对样品的质量要求也较高。琼脂扩散试验由于其操作简单、所用的仪器少、结果易判断，是临床中疾病诊断、抗体检测应用最为广泛的实验方法之一。但是琼脂扩散试验易受到抗原抗体、琼脂板、反应条件等因素的干扰而导致试验的特异性、敏感性、精确性等受到影响，甚至出现试验结果无法判读的现象。免疫电泳试验具有抗原抗体反应的高度特异性，电泳分离技术的快速、灵敏和高分辨力，以及实验设备和操作简便等优点，但是，当琼脂质量差时，电渗作用太大，而使血清中的其他蛋白成分也泳向负极，造成非特异性反应。在某些情况，琼脂糖由于缺乏电渗作用而不能用于对流免疫电泳；当抗原抗体在同一介质中带同样电荷或迁徙相近时，则电泳时两者向着一个方向泳动，故不能用对流免疫电泳来检查。目前免疫电泳大量应用于纯化抗原和抗体成分的分析等。

7.3

补体结合试验

当一些可溶性抗原（如蛋白质、多糖、类脂质、病毒等）与相应的抗体结合形成"抗原-抗体"复合物（antigen-antibody complex）时，能够消耗或者吸收一定量的补体物质，这一过程肉眼无法察觉，若再加入致敏红细胞（即溶血系统或称指示系统），便可根据体系内是否出现免疫溶血现象，直观判定反应系统中是否存在对应的抗体或者抗原，这种检测方法称之为补体结合试验（complement fixation test）。在实际应用环节，该技术主要借助已知抗原来检测动物（包括人类）受到某些病原感染或免疫后所产生的血清抗体。其中，与抗原结合后可激活补体的抗体被称作"补体结合抗体"（complement-fixing antibody），补体结合抗体通常为 IgG1、IgG2、IgG3 和 IgM，它们主要通过经典途径来激活补体；而 IgG4、IgA、IgD 和 IgE 往往不能结合补体，它们则是通过旁路途径来激活补体。补体结合试验的整个操作流程非常烦琐，试剂的标准化难以实现，改良方法众多，这就使得用于检测不同疾病的补体结合试验方法之间存在一定的差异。

7.3.1 发展历史

补体结合试验是一种古老而又经典的血清学技术。1894 年，Richard Pfeiffer 证明免疫血清的溶菌特性可用于霍乱疾病的实验室诊断。1901 年，Jules Bordet 在此基础上改良了其试验方法，证实该试验可以在试管中进行，并与 Octave Gengou 合作率先建立了补体结合试验技术。1906 年，Wassermann 应用此法来诊断人的梅毒病，即著名的"华氏反应"（Wassermann reaction）。此后，这一传统试验经过不断改进，逐渐发展成为人、畜传染病广泛使用的血清学诊断方法之一。该技术不仅可用于诊断某些虫媒病毒病（如马传染性贫血、流行性乙型脑炎等）、细菌病（如结核、副结核、马鼻疽、牛肺疫、布鲁氏菌病、钩端螺旋体病等）、立克次体病、衣原体病、锥虫病等，还可对埃可病毒（Echovirus）、口蹄疫病毒（foot and mouth disease virus）等进行定型；除此之外，它还可在一些自身抗体、某些蛋白质、酶、激素、肿瘤相关抗原以及组织相容性抗原的鉴别与分析中得以应用。

7.3.2 反应原理和分类

7.3.2.1 反应原理

补体结合抗体的 Fc 段上通常分布着补体受体（complement receptor），当抗体未与抗原特异性反应时，其 Fab 片段向后卷曲，掩盖住 Fc 片段上的补体受体，因而不能单独结合补体。但是当抗体与相应的抗原特异性结合形成抗原-抗体复合物时，其分子构型出现改变，两个 Fab 片段便向前伸展，处于 Fc 片段上的补体结合位点（受体）被暴露，补体的各种成分相继与之结合使得补体系统被激活，从而引发一系列的生物学反应。因此，可以通过检测补体是否被活化来验证抗原与抗体有无发生相互作用。

补体结合试验是用细胞免疫溶血机制作为指示系统来直观判定样品中是否存在特定的抗原或者抗体，共有5种成分参与该反应，可分为两大系统。一种是指示系统，其含有溶血素（红细胞抗体）包裹的红细胞[图 7-2(A)]。另一种是样品系统，即已知的探针抗原或抗体、待检的目标抗体或抗原以及补体[图 7-2(B)]。如果样品系统中含有目标分子，抗原和抗体的识别与特异性结合将会形成"抗原-抗体"复合物，其能够结合补体导致无剩余的游离补体与指示系统中的致敏红细胞结合，而不会发生溶血现象[图 7-2(C)]。若样品系统中没有配对形成的"抗原-抗体"复合物，单独的抗原或抗体无法激活补体反应，因此被保留下来的补体与指示系统中溶血素包裹的红细胞（另一种"抗原-抗体"复合物）结合反应，最终引发红细胞的溶解[图 7-2(D)和(E)]。

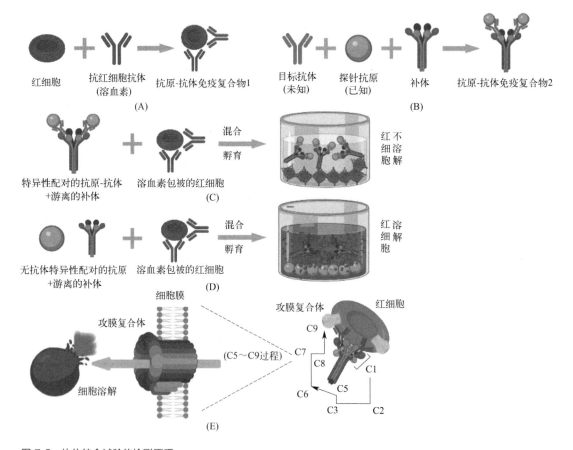

图 7-2　补体结合试验的检测原理

（A）参与补体结合试验的指示系统；（B）参与补体结合试验的样品系统；（C）当样品系统存在目标抗体，形成的抗原-抗体免疫复合物将激活和消耗补体，因此无剩余的补体溶解指示系统中的红细胞；（D）当样品系统不存在目标抗体，补体则被红细胞抗体包被的红细胞激活导致溶血；（E）与细胞膜相结合的抗体与补体成分 1（C1）反应，引发了补体 3～9 部分的激活（C3～C9）。这种激活反应最终会形成攻膜复合体（MAC），其中包括 C5-C6-C7-C8-C9（C5～C9），从而导致红细胞的溶解。

7.3.2.2 分类

根据反应介质的不同，可以将补体结合试验分为液相补体结合试验（直接补体结合试验、间接补体结合试验）和固相补体结合试验；根据反应中抗原、抗体、补体等样本用量的不同，可以将补体结合试验分为常量补体结合试验（全量法、半量法）和微量补体结合试验（半微量法或小量法、微量法），前者在试管内进行，后者在微孔塑料板上进行。

7.3.3　操作步骤和关键点

7.3.3.1　材料准备

（1）器材　大试管（7.5cm×1.0cm）、小试管（3.7cm×1.2cm）、试管架、离心管、96孔U形底微量反应板、琼脂糖凝胶反应盘（2.5cm×7.5cm）、刻度吸管（10mL、2mL、1mL）、8道微量移液器、一次性无菌枪头、一次性无菌注射器、电热恒温水浴锅、水平转子离心机、微量板振荡器、低温冷冻冰箱、紫外分光光度计、高压蒸汽灭菌锅、玻璃量筒（1000mL、500mL、200mL、100mL）、微量电子天平等。

（2）试剂

① 稀释液和阿氏液的制备　过去多用生理盐水作为稀释液，现多改用明胶-巴比妥缓冲液（gelatin-veronal buffer），其中含有少量 Ca^{2+} 和 Mg^{2+}，可促进补体活性，明胶可提高反应的稳定性。配制方法：先取氯化钠 85.0g，巴比妥钠 3.75g 和巴比妥酸 5.75g，加入去离子水或双蒸水定容至 2000mL，初步配制成巴比妥缓冲液（veronal buffer saline）；再从混合液中取出 400mL，单独加入 2% 明胶 100mL、0.03mol/L $CaCl_2$10mL 和 0.1mol/L $MgCl_2$10mL，最后加入去离子水或双蒸水定容至 2000mL，即成 0.147mol/L、pH 7.5 的明胶-巴比妥稀释液。阿氏液的配制：葡萄糖 2.05g，氯化钠 0.42g，柠檬酸钠 0.8g，所有试剂充分溶解于去离子水或双蒸水中，最后定容至 100mL，115℃、56kPa 灭菌 20min，4℃备用。

② 溶血素的制备　溶血素（hemolysin）通常由洗涤过的绵羊红细胞（sheep red blood cell）经多次免疫家兔制备而成，即"兔抗绵羊红细胞抗体"。抽取家兔抗红细胞的抗血清，经灭活后，加入等量甘油于 4℃保存或不加甘油于 -20℃ 冻结保存。溶血素置于冰箱中可保存两年以上，每隔两三个月使用时需测定一次效价。

③ 补体的制备　各种动物的血清中都含有一定量的补体，它是动物血清中的一种具有辅助溶解细胞的因子。但是不同动物的血清，补体含量差异很大，甚至同种动物中不同个体之间补体水平也有差异。研究表明豚鼠血清中所含有的补体成分最为全面，而且补体效价最高。为避免个体差异，选择健康的成年雄性豚鼠 3～5 只，于使用前一天早晨饲喂前或者停食 6～12h 后用无菌注射器自心脏采血，立即放于 4℃冰箱，待 2～3h 分离血清，小量分装后，-20℃冻结保存，冻干后可保存数年，期间要防止反复冻融，以免影响其活性。

④ 阳性抗原或抗体的制备　阳性抗原可用微生物培养物或者病变组织等经提纯制备获得，纯度越高，特异性越强。对于细菌，通常用其浸出液、抽提液或菌体悬液作抗原；对于病毒，一般采用含毒组织的裂解液或直接用细胞培养液、鸡胚尿囊液等。在制备阳性

抗原时，需同时用无微生物的培养物或正常组织制备阴性抗原对照。阳性抗体可用恢复期动物血清或通过抗原免疫动物制备，也需同时制备正常动物血清作为阴性抗体对照。

⑤ 绵羊红细胞悬液的制备 颈静脉采集适量成年健康的公绵羊血液于盛有玻璃珠的无菌容器中，充分振摇，使其脱去纤维，此时血液失去凝固性，称为"脱纤血"。将脱纤血与等体积的阿氏液混合摇匀后，放置4℃冰箱可保存4周。使用时，取25mL绵羊抗凝全血与25mL稀释液混匀，400g离心10min，弃上清液。将沉淀重悬于50mL稀释液中，如此反复洗涤3次后，取2.2mL压积红细胞加入98mL稀释液，制成2%绵羊红细胞悬液。由于补体结合试验中绵羊红细胞的常用浓度为10^9个/mL，可利用光密度进一步校正悬液中红细胞浓度。取1mL 2%绵羊红细胞悬液加入14mL去离子水或双蒸水，使红细胞充分破解（液体清亮），用紫外分光光度计测定光密度OD_{550}值，利用下列公式可计算出稀释倍数。

$$红细胞悬液稀释倍数 = \frac{吸收值 \times 稀释体积}{0.25}$$

例如：在某次试验中，光密度OD_{550}测定值为0.5。根据上述公式可知，制备吸光值为0.25的标准液，2%绵羊红细胞悬液的稀释倍数为$(0.5 \times 15mL)/0.25 = 30$，即只要在2.2mL压积红细胞加入98mL稀释液的基础上做30倍稀释即可。

（3）待检样品 动物采血的过程中应避免污染，操作时所用注射器、针头和试管等需要高压灭菌，或用稀释液煮沸消毒，以防止溶血。无菌分离血清后，需将其密封装入另一灭菌试管或小瓶内，于2~8℃暂存或-20℃长期保存。如不能冷藏或在3d内进行检测，可在吸出的每毫升血清中加1~2滴5%石炭酸生理盐水防腐。

7.3.3.2 预备试验

（1）配制标准溶血管/孔 溶血程度应对照标准溶血管/孔进行判断，标准溶血管/孔的具体配制方法如下：

① 制备血红素：取2%绵羊红细胞1.5mL，加入10.5mL的去离子水或双蒸水中，使其充分破解，再加入4.25%氯化钠3.0mL即可。

② 制备0.2%的绵羊红细胞：取2%的绵羊红细胞1.5mL，加入13.5mL的稀释液中。

③ 标准溶血管的配制：按照表7-1进行配制。

④ 标准溶血孔的配制：取0%~100%溶血度的溶液各100μL，加到相应的微量孔内。

表7-1 标准溶血管配制范例

项目	试管号										
	1	2	3	4	5	6	7	8	9	10	11
溶血度	0%	10%	20%	30%	40%	50%	60%	70%	80%	90%	100%
血红素/mL	0	0.2	0.4	0.6	0.8	1.0	1.2	1.4	1.6	1.8	2.0
0.2%绵羊红细胞/mL	2.0	1.8	1.6	1.4	1.2	1.0	0.8	0.6	0.4	0.2	0

（2）溶血素效价滴定 在过量补体的作用下，能够使定量绵羊红细胞完全溶解的最高稀释度称为一个溶血素单位，即最小溶血素量（minimum hemolysis dose）。具体滴定方法：取溶血素混合物0.2mL，其中含有等量的甘油（溶血素实际含量为0.1mL），加入9.8mL的稀释液混匀，先制成1:100稀释的溶血素，再按照表7-2稀释成不同稀释效价的溶血素。然后根据表7-3进行溶血素效价的滴定，本范例的结果表明可以完全溶血的溶

血素最高稀释倍数为 1：7000，故在补体滴定、抗原滴定和正式试验时，应以 2 个溶血单位进行使用，即按 1：3500 进行稀释。

表 7-2　溶血素稀释范例

项目	试管号								
	1	2	3	4	5	6	7	8	9
稀释倍数	1：1000	1：2000	1：3000	1：4000	1：5000	1：6000	1：7000	1：8000	1：9000
稀释液/mL	9	1	2	3	4	5	6	7	8
1：100 溶血素/mL	1	0	0	0	0	0	0	0	0
1：1000 溶血素/mL	0	1	1	1	1	1	1	1	1

表 7-3　溶血素效价滴定范例

项目	试管号											
	1	2	3	4	5	6	7	8	9	10	11	12
	试验组										对照组	
稀释倍数	1：1000	1：2000	1：3000	1：4000	1：5000	1：6000	1：7000	1：8000	1：9000	1：100	0	0
稀释后的溶血素/mL	0.1	0.1	0.1	0.1	0.1	0.1	0.1	0.1	0.1	0.1	0	0
1：60 补体/mL	0.2	0.2	0.2	0.2	0.2	0.2	0.2	0.2	0.2	0.2	0.2	0
1%红细胞/mL	0.1	0.1	0.1	0.1	0.1	0.1	0.1	0.1	0.1	0.1	0.1	0.1
稀释液/mL	0.2	0.2	0.2	0.2	0.2	0.2	0.2	0.2	0.2	0.2	0.3	0.5
感作	摇匀，37℃水浴 30min											
结果判定	—	—	—	—	—	—	—	+	＋＋	—	#	#

注：1. "#" 为 100%不溶血。
2. "＋＋＋" 为 75%不溶血。
3. "＋＋" 为 50%不溶血。
4. "＋" 为 25%不溶血。
5. "−" 为 100%溶血。

（3）制备致敏红细胞　按照测定的溶血素效价稀释溶血素，缓慢加入等量的绵羊红细胞悬液中，置于 37℃水浴箱中感作 30min。同时，为了避免试验结果出现假阳性，每次水浴前务必保证溶血素和绵羊红细胞能够充分混合均匀。

（4）补体效价的滴定　补体由一系列蛋白质的复合成分组成，性质不稳定，除经多次的补体对照试验证明所采用的同一补体是稳定的以外，否则应在每次试验前滴定补体效价。通常用 CH_{100} 或 CH_{50} 来表示补体效价，在 2 个单位溶血素条件下，能使标准量绵羊红细胞全部溶解的最小补体量为 1 个 CH_{100}（100%溶血单位）；使 50%标准量绵羊红细胞溶血的最小补体量为 1 个 CH_{50}（50%溶血单位）。正式试验时通常采用 1.25～2 倍的 CH_{100} 或者 5～6 倍的 CH_{50}。1942 年，Rutstein 和 Walker 发现溶血程度与补体量之间的关系呈 S 形曲线，在 20% ～80%溶血时，溶血率与补体量呈直线关系，超过 80%时，虽补体量剧增，但溶血率递增平缓。因此，用 50%溶血作为终点要比 100%完全溶血作为终点更为精确和敏感，故近年多改用 CH_{50} 作为滴定终点，反应时使用 5～6 个 CH_{50} 的补体。补体用量对试验结果影响很大，如偏小，则出现假阳性；如偏大，则出现假阴性。

补体单位滴定需用到 8 支试管，按表 7-4 加入各种试剂，所有准备工作应在冰浴状态下进行。第 6 管为 100%溶血对照，第 7 管为机械溶血对照，第 8 管为补体色对照。摇匀后 37℃水浴作用 90min，离心后测定 OD_{541} 值。1～6 管的 OD_{541} 值减去机械溶血和补体色的 OD_{541} 值得到校正值，然后计算溶血率 Y 及 $Y/(1-Y)$。

$$Y = \frac{\text{计算管 OD}_{541}\text{ 值}}{\text{溶血对照管 OD}_{541}\text{ 值}}$$

在双对数坐标纸上，以各管的 $Y/(1-Y)$ 为横坐标，补体量为纵坐标制图。从 $20\%\sim80\%$ 溶血区间通过各试验点连接成一条直线。由于 50% 溶血 $(Y=0.5)$ 的 $Y/(1-Y)$ 等于 1，因此横坐标等于 1 的一点即为溶血率等于 50% 的补体量，也就是 1 个 CH_{50} 补体单位。

表 7-4 补体效价滴定范例

项目	试管号							
	1	2	3	4	5	6	7	8
	试验组					对照组		
稀释液/mL	5.0	4.5	4.0	3.5	3.0	3.5	6.5	6.5
致敏红细胞/mL	1.0	1.0	1.0	1.0	1.0	1.0	1.0	0
1:600 补体/mL	1.5	2.0	2.5	3.0	3.5	0	0	0
1:60 补体/mL	0	0	0	0	0	3.0	0	1.0
37℃水浴 90min，1000r/min，离心 10min，测上清 OD$_{541}$								
OD$_{541}$	0.072	0.220	0.387	0.505	0.577	0.712	0.006	0.01
机械溶血	0.006	0.006	0.006	0.006	0.006	0.006	0	0
补体色校正	0.0015	0.002	0.0025	0.003	0.0035	0.003	0	0
校正值	0.064	0.212	0.387	0.496	0.567	0.676	0	0
溶血率(Y)	0.095	0.314	0.559	0.734	0.838	1	0	0
$Y/(1-Y)$	0.105	0.458	1.268	2.759	5.713			

（5）抗原和指示血清效价滴定 抗原和指示血清效价的滴定需用倍比稀释的抗原和已知指示血清作方阵滴定。具体操作时，先加稀释后的抗原和指示血清及工作量的补体，在 37℃水浴中振荡作用 $20\sim30$min 后，以能与最高稀释度的指示血清呈现完全抑制溶血反应的抗原最高稀释度为抗原效价（1 个抗原单位）。如表 7-5 所示，1:100 的抗原能与 1:40 的指示血清呈现完全抑制溶血反应，则抗原的效价为 1:100，指示血清的效价为 1:40（1 个指示血清单位）。正式试验时，一般使用 2 个单位抗原和 1 个单位指示血清。

表 7-5 抗原和指示血清效价滴定范例

项目	试管号					
	1	2	3	4	5	6
抗原稀释倍数	1:25	1:50	1:100	1:200	1:400	对照组
抗原用量/mL	0.1	0.1	0.1	0.1	0.1	
阳性血清						
A 列 1:5/mL	0.1	0.1	0.1	0.1	0.1	0.1
B 列 1:10/mL	0.1	0.1	0.1	0.1	0.1	0.1
C 列 1:20/mL	0.1	0.1	0.1	0.1	0.1	0.1
D 列 1:40/mL	0.1	0.1	0.1	0.1	0.1	0.1
阴性血清						
E 列 1:5/mL	0.1	0.1	0.1	0.1	0.1	0.1
稀释液/mL	0	0	0	0	0	0.1
2 个单位补体/mL	0.2	0.2	0.2	0.2	0.2	0.2
摇匀，37℃水浴 30min						
致敏红细胞/mL	0.2	0.2	0.2	0.2	0.2	0.2
摇匀，37℃水浴 30min，取出静置 $2\sim3$h，判定结果						
阳性血清						
A 列 1:5	#	#	#	#	#	—
B 列 1:10	#	#	#	#	#	—
C 列 1:20	#	#	#	+++	++	—

项目	试管号					
	1	2	3	4	5	6
D列1∶40	♯	♯	♯	＋＋＋	＋	—
阴性血清						
E列1∶5	—	—	—	—	—	—

注：1.“♯”为100%不溶血。

2.“＋＋＋”为75%不溶血。

3.“＋＋”为50%不溶血。

4.“＋”为25%不溶血。

5.“－”为100%溶血。

7.3.3.3 正式试验

（1）直接补体结合试验　在补体结合反应中，将已知抗原、补体和待检血清先行混合，经过一段时间感作后，再加入致敏红细胞，从红细胞是否被溶解来判定待检血清中有无特异性抗体的存在，这便是直接补体结合试验，又叫作"经典补体结合试验"或"常规补体结合试验"。该试验主要分以下两步进行。第一，由倍比稀释的待检血清（4～6个稀释度）加最适浓度的抗原和4～5个CH_{50}单位的补体。混匀后37℃水浴作用30～90min或4℃冰箱过夜。第二，向上述反应管中加入致敏红细胞，置37℃水浴30～60min，反应结束时，观察溶血程度。在对照组结果成立的前提下，对照标准比色管进行判读，待检血清按照1∶4稀释，抑制溶血≥50％则判定为阳性；抑制溶血在25％～50％之间则判定为可疑；溶血程度在75％～100％溶血则判定为阴性。达到50％抑制溶血或以上时血清的最高稀释度为血清的效价（表7-6）。

表7-6　直接补体结合试验（常量法）范例

成分	待检血清						各项对照组				溶血素	稀释液
	试验管						抗补体对照	阳性血清	阴性血清	抗原对照		
	1∶4	1∶8	1∶16	1∶32	1∶64	1∶128	1∶4	2个工作量	1∶4	2个工作量		
血清/mL	0.1	0.1	0.1	0.1	0.1	0.1	0.1	0.1	0.1	0	0	0
2个工作量抗原/mL	0.1	0.1	0.1	0.1	0.1	0.1	0	0.1	0	0.1	0	0
4个CH_{50}单位补体/mL	0.2	0.2	0.2	0.2	0.2	0.2	0.2	0.2	0.2	0.2	0	0
稀释液/mL	0	0	0	0	0	0	0.1	0	0	0.1	0.2	0.4
混匀,4℃感作16～18h,取出后37℃水浴30min												
致敏红细胞/mL	0.2	0.2	0.2	0.2	0.2	0.2	0.2	0.2	0.2	0.2	0.2	0.2
混匀,37℃水浴30min												
结果判定	♯	♯	＋＋＋	＋＋	＋	—	—	♯	—	—	—	♯

注：1.“♯”为100%不溶血。

2.“＋＋＋”为75%不溶血。

3.“＋＋”为50%不溶血。

4.“＋”为25%不溶血。

5.“－”为100%溶血。

（2）间接补体结合试验　鸡、鸭、火鸡及大部分家禽的血清抗体与相应抗原形成复合物后，不能结合哺乳动物补体。因此，设计了一种间接补体结合试验，就是在常规的补体结合试验的基础上另外加入一个证明抗原是否已被结合的"指示抗体"（即与该抗原相应的哺乳动物抗体）。此反应专用于检查禽类血清中的补体结合性抗体。猪血清具有前补体因子，能增强检验系统中所加补体的溶血作用，故也常用间接补体结合试验检测猪血清中的抗体。

如果待检血清中含有抗体，其与抗原相遇将形成抗原-抗体复合物，随后向体系中加入指示抗体和补体，指示抗体因结合不到抗原，故补体不被消耗，再加入溶血系统时，系统中会出现溶血现象[图 7-3(A)]；相反，如果待检血清中没有特异性抗体，则抗原不被结合，其与随后加入的指示抗体以及补体结合，因此，最终加入的溶血系统就会因缺乏补体而不能产生溶血现象[图 7-3(B)]。试验结果判定为：溶血者为阳性，不溶血者为阴性。间接补体结合试验的操作与常规补体结合试验相似，通常是在不同稀释度的待检血清中分别加入工作价抗原，4℃感作 8h 后，加入指示抗体和补体，再置 4℃感作 8h，加入致敏红细胞，37℃感作 30min 判定结果（表 7-7）。溶血素、补体和抗原的滴定方法与直接补体结合试验相同，但在本方法中，抗原的用量不能太大，一般用其效价或比效价高 50% 的质量分数。

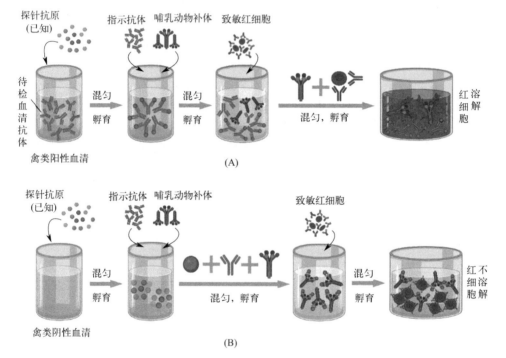

图 7-3　间接补体结合试验方法示意图

（A）禽类血清抗体与特异性抗原先行反应，形成的复合物不能结合哺乳动物补体，当加入致敏红细胞后，游离的补体在溶血系统中被激活，进而引发免疫溶血现象。（B）无禽类血清抗体存在时，探针抗原则与随后加入的指示抗体特异性结合，其复合物能够消耗哺乳动物补体，因此在溶血系统加入体系后，不会出现免疫溶血现象。

表 7-7　间接补体结合试验（常量法）范例

| 试验成分 | 待检血清 | | | | | | | 间接补反对照 | | 指示血清对照 | 抗原对照 |
	试验组						抗补体对照	阳性血清	阴性血清		
血清稀释度	1：4	1：8	1：16	1：32	1：64	1：128	1：4	1 个单位	1：4	1 个单位	
待检血清/mL	0.1	0.1	0.1	0.1	0.1	0.1	0.1	0.1	0.1	0	0
1 个单位抗原/mL	0.1	0.1	0.1	0.1	0.1	0.1	0	0.1	0.1	0.1	0.1
充分混匀，置 4℃ 6~8h											

试验成分	待检血清							间接补反对照		指示血清对照	抗原对照
	试验组						抗补体对照	阳性血清	阴性血清		
血清稀释度	1:4	1:8	1:16	1:32	1:64	1:128	1:4	1个单位	1:4	1个单位	
1个单位指示血清/mL	0.1	0.1	0.1	0.1	0.1	0.1	0.1	0.1	0.1	0.1	0
2个单位补体/mL	0.2	0.2	0.2	0.2	0.2	0.2	0.2	0.2	0.2	0.2	0.2
稀释液/mL	0	0	0	0	0	0	0.2			0.1	0.2
混匀后置4℃ 10~18h,取出放37℃水浴30min											
致敏红细胞/mL	0.2	0.2	0.2	0.2	0.2	0.2	0.2	0.2	0.2	0.2	0.2
混匀,37℃水浴30min											
结果判定	—	—	+	++	+++	#	—	—	#	#	—

注: 1. "#"为100%不溶血。
2. "+++"为75%不溶血。
3. "++"为50%不溶血。
4. "+"为25%不溶血。
5. "-"为100%溶血。

（3）固相补体结合试验 固相补体结合试验（solid phage-complement fixation test）与直接补体结合试验的反应原理相同，同样是以有无溶血为标志来间接测定补体有无被待检的"抗原-抗体"复合物所消耗的一种反应。如果不溶血，即为阳性；反之则为阴性，只是该反应是在琼脂糖凝胶反应盘中进行的，因反应要素和反应结果固相化而得名。本试验方法常用于鼻疽的检测，在固相补体结合试验中，除与类鼻疽血清发生明显交叉反应外，与被试的其他多种血清均不发生交叉反应。这种方法对马鼻疽病的检出率比直接补体结合反应高1倍，而且操作简单。本方法还可用于马传染性贫血抗体以及流行性乙型脑炎病毒抗原的检测。具体操作步骤如下：

① 致敏红细胞琼脂糖凝胶反应盘的制备及打孔 吸取制备好的致敏红细胞悬液3.3mL，加入溶化后冷却至50~55℃的100mL 1%琼脂糖凝胶中，混匀后倾注入特制的塑料反应盘内，每盘约2.5mL，待其凝固后，用直径6mm打孔器打孔。一块2.5cm×7.5cm的致敏红细胞反应盘一般打孔两列，每列不超过4孔，而且孔距不得低于8mm。否则会由于打孔过多，孔距太近，容易产生溶血排斥现象，严重的可影响试验结果。在制备致敏红细胞反应盘时，还必须注意厚度均一，应于呈水平的台面上浇制为宜，否则反应盘两端的琼脂糖厚度不同，势必会造成薄者的溶血环大，厚者的溶血环小。

② 敏感性试验 每批固相致敏血球板制好后，必须进行敏感性试验，选其中一板，在琼脂孔滴入已稀释的3倍量补体，盖上盖子，放入37℃温箱中1h后取出观察，应出现溶血环，放置4h后溶血环的直径达8mm以上者为合格固相致敏板。

③ 加样 将1:2稀释的待检血清与1:50稀释的已知抗原及1:2稀释的补体等量混合，放37℃恒温箱感作1h后，用微量吸管吸取三者的混合物等量加至制备好的琼脂糖凝胶盘孔槽中，然后将反应盘置37℃恒温箱中感作2.5~3h后，观察结果。每次试验应作标准阳性血清和阴性血清、抗原及补体对照，每个对照孔诸要素的混合、感作及滴加量均与试验孔保持相同。

④ 结果判定 所设对照必须是阳性血清孔周围完全不溶血，其余3个对照孔必须出现大而透明的溶血环，说明反应条件正常，才能对每份待检血清试验孔进行判定，初判

时，如果反应不清晰，可在滴样后 4h 再做一次终判。根据每份血清对照孔之间发生的溶血环的直径差的大小确定结果。当初判与终判结果发生矛盾时，以初判为准。

（4）微量补体结合试验　过去常用全量法补体结合试验，每种成分 1.5mL，总量 7.5mL，需在大试管中进行，消耗材料试剂多，而且操作麻烦，占据工作台面大。现发展用微量法，在微量滴定板上进行，用滴计算，每一标准滴为 0.025mL，每种成分 1 滴，有时补体 2 滴，故 1 个反应仅需 5～6 滴的样品量。微量法在病毒病诊断中很实用，已有逐渐代替全量法的趋势。

7.3.3.4　关键点

（1）影响因素

① 血清　血清质量是影响试验结果的重要因素之一，而血清采集的时间与分离方式直接影响血清的质量。因此，动物采血最好在早晨喂料前或停食后 6～12h 进行，以保证血清新鲜透明。采血后可以先将装有血液的注射器斜置于 37℃ 温箱中 30min，然后再将其置于 4℃ 冰箱中 1～2h，以促进血清更好地析出，避免发生溶血或形成胶冻状。试验前，标准阳性血清、标准阴性血清及待检血清必须进行水浴灭活，这是试验成败的关键步骤。血清灭活时间均为 30min，以充分破坏血清中的补体和抗补体物质，避免非特异性反应的发生，同时还可使其在反应中的作用趋于稳定。灭活温度视动物种类不同而异，黄牛、水牛和猪的血清一般用 56～57℃，马、羊血清为 58～59℃，驴、骡血清为 63～64℃，兔血清为 62～63℃，鹿、骆驼血清为 54℃，豚鼠血清为 56℃，人血清 60℃。灭活温度高的血清应事先用稀释液稀释成 1∶5 或 1∶10，再进行灭活，以免凝固。如果待检血清灭活后没有立即进行试验，第二天再进行试验时，还需灭活 10～15min，才能进行检测。

② 感作温度和时间　补体结合试验感作阶段可以运用温补体结合（37℃感作 30min）或者冷补体结合（2～8℃感作 14～18h）两种方式。对于质量差的血清抗补体活性检测，世界动物卫生组织（OIE）认为冷补体结合效果更好，而用热补体结合会增加前带现象的频率和密度。这一表述很早被 Burgess 等人证实，其对比了微量冷补体结合试验与温补体结合试验检测绵羊布鲁杆菌感染情况，结果发现同等条件下，冷补体结合试验比温补体结合试验的敏感性高 1～2 个效价，而且较温补体结合试验早一周检测到阳性血清抗体。

③ 抗补体现象　补体结合试验中某些血清有非特异性结合补体的作用，称"抗补体现象"。抗补体现象是补体结合试验中必须注意的问题。引起抗补体作用的原因很多，如血清中存在某种变性的球蛋白和脂类、陈旧血清或被细菌污染的血清、器皿不干净，带有酸、碱等。因此，本试验要求血清等样本及诊断抗原、抗体应防止细菌污染，玻璃器皿必须洁净。如出现抗补体现象可采用增加补体用量、提高灭活温度和延长灭活时间等方法加以处理。

④ 前带现象　当前带现象发生时，含有较浓血清的孔或管出现溶血而较高的稀释度呈现不溶血。在反刍类动物血清中，主要的补体结合抗体为免疫球蛋白 IgG1，IgG2 不结合豚鼠补体而且能够阻止其他的免疫球蛋白结合补体而产生前带现象。

（2）注意事项

① 试验对照的设立　正式试验要根据实际情况，同时设立阳性血清对照、阴性血清对照、抗原对照、补体对照、溶血素对照、稀释液对照以及抗补体对照，以判断试验是否成立，是否存在抗补体现象。

② 绵羊红细胞的保存　在实际操作中，使用不同保存时间的绵羊红细胞滴定同一批

次溶血素和补体时，结果存在较大差异，有时效价可能相差一倍以上。绵羊红细胞作为滴定补体结合试验其他组分效价的基点，其敏感性主要受保存条件和保存时间的影响。相同保存条件的绵羊红细胞在未发生溶血的前提下，其在阿氏液中保存的时间与其敏感性成正相关，即绵羊红细胞在阿氏液中 $2\sim8℃$ 保存时间越长，敏感性就越高。蒋等人发现保存 14d 的绵羊红细胞敏感性最高，保存 7d 的绵羊红细胞敏感性次之，保存 3d 的绵羊红细胞敏感性最低。相同条件保存 18d 的绵羊红细胞可能发生轻微溶血，相对于保存 14d 的绵羊红细胞其敏感性显著下降，效价由 1:1000 下降至 1:400，下降幅度达 60%。其研究结果表明，在补体结合试验中，绵羊红细胞应置于阿氏液中 $2\sim8℃$ 保存 $7\sim14d$ 具有较高的敏感性和重复性，其中 14d 最佳。

③ 溶血素、补体和抗原的用量　参与补体结合试验的各组分用量应具备恰当的比例，以保证反应体系能够处于平衡状态。其中，补体的用量必须恰如其分，例如，抗原抗体呈特异性结合，吸附补体，本应不溶血，但因补体过多，多余部分转向溶血系统，发生溶血现象。当抗原抗体为非特异性结合，不吸附补体，补体转向溶血系统，本应完全溶血，但由于补体过少，不能全溶，影响结果判定。溶血素的使用量出现偏差，也会干扰试验结果的准确性，例如，阴性血清应完全溶血，但溶血素量少，溶血不全，可被误认为弱阳性。此外，抗原过量会影响补体的结合，抗原不足不能完全结合补体等情况，最终都有可能导致假阳性或假阴性结果的出现。由于这些因子的用量又与其本身活性有关：活性强，用量少；活性弱，用量多，故在正式试验开始之前，参与试验的各项已知成分的效价必须预先精确测定，配制成规定浓度后使用，方能保证结果的可靠性。

④ 试验结果的判定　补体结合试验以往采用"目视比色法"，利用肉眼将样品管/孔与标准溶血管/孔进行比浊，进而判断试验结果中的溶血情况，这是一种定性的判定方式。因此，对于同一级别的溶血现象，操作者无法描述各个管/孔之间的细微差别，试验结果也较易受主观因素的影响而存在一定的误差。为了能够科学地评价反应体系溶血程度，靖等人将低速离心技术应用于奶牛布病补体结合试验中，通过比较样品离心管和标准对照管中红细胞沉淀的多少来判定结果，该种方式在一定程度上不仅减少了主观因素的影响，同时还保证了试验结果的客观、公正。史等人尝试引入了将溶血度量化的概念，即将血红蛋白稀释成不同浓度，以浓度为横坐标，对应的 OD_{490} 值为纵坐标，绘制血红蛋白浓度反应曲线，据此计算出每个测量 OD 值所对应的血红蛋白浓度。

7.3.4　主要技术特点

7.3.4.1　补体结合试验的优缺点

补体结合试验具有特异性强、终点判定明确、结果重现性好等优点，是免疫学诊断中最为常用的经典方法之一。与其他非均相血清学免疫分析法如酶联免疫吸附试验（en-zyme linked immunosorbent assay）或荧光免疫分析法（fluoroimmunoassay）相比，其最突出的优势在于操作过程中不涉及蛋白的固定、封闭、洗涤及酶标抗体的使用，大大简化了实验步骤。补体结合试验还具有对中、后期传染病和慢性病检出率高的特点。机体感染传染病后主要产生两种抗体成分，即 IgG 和 IgM 两种免疫球蛋白。IgM 在感染后首先出现，它产生得快，消失得也快，因而在发病早期，抗体尚未形成或形成量少，此时不易检测出阳性病例。而 IgG 多出现在发病的中后期（机体感染传染病后出现抗体的时间有所差别，通常细菌性传染病在发病后 5～7 天或更长时间内产生抗体，3 个月时抗体含量最高，6 个月时开始下降），它产生较慢，消失也较慢。鉴于 IgG 特有的消长规律，补体结合试验对病程中后期及慢性的病例检出率为最高。

但是，补体结合试验是在试管或孔板内进行，存在一些缺陷，如试剂用量大、反应时间慢、耗时长和受实验室操作地点限制等。此外，传统补体结合试验是通过肉眼观察反应后溶液的澄清度和红细胞沉积量来判定最终结果，因此灵敏度并不高。此外，补体结合试验程序复杂烦琐，关联因素较多，需要训练有素的人员把控试剂的有效保存、组分的精准滴定以及结果的正确判断。

7.3.4.2 传统补体结合试验的改良

传统补体结合试验的指示系统能很好地反映出抗原抗体反应的特异性，但问题在于其敏感性较低。为改进免疫学诊断技术的精准度，毛等人建立了一种基于补体结合的免疫学检测新技术——"补体结合酶联免疫吸附试验"（complement fixation-enzyme linked immunosorbent assay）。补体结合酶联免疫吸附试验技术将辣根过氧化物酶（horseradish peroxidase）标记的抗豚鼠补体 C3 抗体及其酶显色系统作为指示系统，采用酶联免疫吸附试验的方法进行补体结合试验。其研究结果表明，运用该技术手段可以检测到 0.01IU 的布鲁氏菌抗体，灵敏度是传统补体结合试验的 10000 倍。由此可见，补体结合酶联免疫吸附技术有望成为一种综合补体结合试验的高特异性和酶联免疫吸附试验的高敏感性两大技术优点的免疫学检测新技术。

李等人还建立了聚二甲基硅氧烷/玻璃复合微流控芯片、纸基微流控芯片和封口膜微流控芯片这三种便携、易操作、低成本的微流控装置体系，以它们为操作平台或结合鲁米诺化学发光反应开展补体结合试验，并在实验条件下及模拟真实样品中实现了病原标志物"癌胚抗原"及 rH7N9 快速、灵敏且高特异性的检测，展现了微流控免疫芯片的可行性和在真实样品检测中的应用潜力。通过与微流控芯片技术结合，传统补体结合试验的分析形式得到改进，使得这种古老的血清学免疫分析法走上小型化的即时检测道路。此外，鲁米诺化学发光反应协同补体结合试验实现了超灵敏的蛋白质检测，大大提高了分析灵敏度。

7.4

中和试验

中和试验是将病原体及其产物（毒素）与免疫血清相混合，在体内或体外检测其致病力，用以检查动物的免疫状态、测定抗原效价，以及病原鉴定等。根据抗体能否中和病毒的感染性而建立的免疫学试验，称为中和试验（neutralization test）。中和试验既能定量也能定性，主要用于病毒感染的血清学诊断、病毒分离株的鉴定、病毒抗原性的分析、疫苗免疫原性的评价、血清抗体效价的检测等，既可在体外进行也可在体内进行。

体内中和试验又称为保护性试验，试验时先对实验动物接种疫苗或抗血清，间隔一定时间后，再接种一定量的病毒进行攻击，最后根据动物是否得到保护进行判定，常用于疫苗免疫原性的评价和抗病原血清的质量评级。

体外中和试验是将病毒和血清在体外进行混合，在一定的条件下作用一定的时间后，接种于敏感细胞、鸡胚或动物，以检测混合液中病毒的感染性。根据保护效果的差异，判断该病毒是否已被中和，并可计算中和指数，即中和抗体的效价。

目前，WHO 认可的标准化的中和抗体试验已在较为成熟的流感疫苗、EV71 疫苗、狂犬病疫苗、脊髓灰质炎疫苗等中应用，并且有相应的 WHO 标准品和推荐使用的标准毒株，并设定了明确的 cut-off 值。其他疫苗，即使尚没有国际公认的参考方法，各疫苗厂商也建立了相对标准化的中和抗体试验方法。

7.4.1 发展历史

1890 年，柯霍研究所的德国学者埃米尔·冯·贝林（Emil von Behring）用白喉类毒素注射动物，发现其血清中产生一种能中和白喉外毒素的抗体物质，称之为抗毒素（antitoxin）。白喉抗毒素是第一个直接以病菌理论为基础的创新，这种方法在大量的患者身上得到使用，并使得临床医生确信病菌理论与医疗实践相关，是一种成功的治疗方法。血清疗法被认为是一项伟大的发明，是对治疗医学的一个重要补充。1901 年，埃米尔·冯·贝林被授予第一个诺贝尔生理学或医学奖。

1889 年，日本学者北里柴三郎是全球首个成功完成破伤风芽孢杆菌纯培养的科学家，在此研究基础上，次年发现了破伤风菌的抗毒素，这些抗体物质能使正常动物获得被动免疫。在之后的半个世纪里，Paul 用中和试验的方法来诊断脑炎；Palker 用中和试验的方法测定牛痘病毒的病毒效价；Burnet 用某些病毒能在鸡胚绒毛尿囊膜上繁殖形成痘疱样病灶，用来作为中和试验的测定材料；Hirst 利用流行性感冒病毒能凝集红细胞的性能以作中和试验，Habel 以同样方法作流行性腮腺炎病毒的中和试验。近代研究人员利用组织或细胞培养病毒的致病作用作中和试验，以滴定病毒的感染力，在此基础上用中和试验来检验疫苗和免疫血清的效价等。

1953 年，G. A Young 等人先测定猪传染性胃肠炎病毒（TGEV）的病毒含量，然后取抗 TGEV 阳性血清在 56℃ 灭活 30min，与 2000 个感染剂量的 TGE 病毒均匀混合后，在 37℃ 中和作用 1h，然后将感作液接种易感仔猪，同时作阳性对照，通过仔猪的腹泻程度来判定血清的中和效价。

1963 年，M. J Rosenbaum 等人首次提出了微量中和试验作为在体外开展中和试验的方法，它于 1965 年被用于检测和定量血清中针对脊髓灰质炎病毒（poliovirus）的抗体。

1962 年，D. P Durand 等人提出使用毛细管病毒中和试验，在脊髓灰质炎病毒滴定中得以使用。正常细胞的毛细管和有病毒培养的毛细管根据颜色差异被标记出来，由于 CO_2 在油封的不含代谢细胞的毛细管中逐渐流失，培养基 pH 值则更偏向于碱性，并且这种颜色差异会随着培养时间增加而变得更强。正常细胞数量越多，培养基 pH 值转化为酸性的反应就越快。这种技术由于其检测的方便性和经济性，可以与细菌学诊断实验室的普通设备一起使用。1969 年，A. S Greig 等人建立了基于培养基中指示剂颜色变化和细胞病变（CPE）效应的血清中和检测方法用于检测针对传染性牛鼻气管炎病毒的抗体。

1964 年，L Coggins 等人建立了猪瘟病毒中和试验的标准化操作规程；同年，S

Yamada 等人通过中和试验方法在牛、山羊、绵羊上进行牛流行性热病的流行病学研究。1965 年，Nicholas Hahon 等人开发了一种灵敏、精确和特异的血清学检测方法，即荧光细胞计数中和试验，可在 24h 内检测和定量测定鹦鹉热血清中和抗体。该检测方法基于特定抗血清中和感染因子颗粒导致 McCoy 单层细胞中荧光细胞的减少。

1965 年，D. A KING 等人建立了针对狂犬病毒的中和试验方法，血清 56℃ 灭活 30min，进行 2 倍系列稀释后，加入等量的狂犬病毒稀释液（含有 $50 \sim 100\text{FCID}_{50}$/0.1mL），室温作用 90min，加入细胞进行培养，37℃ 5%CO_2 培养 72h 后，固定细胞通过间接免疫荧光方法判定中和抗体效价；1966 年，H. N Johnson 等人建立了针对狂犬病毒的血清中和试验标准。

在随后的几十年间，全球学者针对不同病毒建立了中和试验方法，比如针对鼻病毒的蚀斑减少中和试验；在 RK13 细胞和 LLC-RK1 兔肾细胞中建立了风疹病毒的中和试验方法；针对马脑脊髓炎血清中 IgG 的中和试验；针对牛痘病毒的蚀斑减少中和试验；通过病毒中和试验对禽传染性支气管炎病毒进行血清分型；针对寨卡病毒建立中和抗体检测方法；基于萤光素酶系统，开发了一种具有来自 NanoLuc 萤光素酶的 11 个氨基酸亚基的新型 SNT，作为瘟病毒中和抗体的高通量检测方法等。

COVID-19 疫情于 2019 年 12 月在中国武汉首次被发现，此后在全球各地开始蔓延。尽管聚合酶链反应（PCR）和二代测序等分子检测技术在病毒遗传变化的诊断和监测中发挥了重要作用，但仍迫切需要可靠且通用的血清学或抗体检测方法。这种检测有利于接触者追踪、无症状感染率调查、病死率的准确确定、康复患者和候选疫苗接受者的群体免疫和体液保护性免疫评估。研究者竞相生产能够以足够的特异性和灵敏度检测 COVID-19 感染的抗体检测方法。首选是传统的病毒中和测试（cVNT），它检测患者血液中的中和抗体（Nab）。cVNT 需要在专门的生物安全 3 级（BSL-3）收容设施中处理活的新冠病毒，既烦琐又耗时，需要 2～4 天才能完成。另一种是基于伪病毒的 VNT（pVNT）可以在 BSL-2 实验室中进行，但仍需要使用活病毒和细胞。假病毒（pseudovirus）系病毒衣壳蛋白或者包膜蛋白包裹携带有报告基因的异源重组病毒载体核酸为骨架形成的类似于真病毒的病毒颗粒，故能够模拟病毒入侵细胞的过程。但被包裹的核酸不具有复制形成病毒的全部核酸序列的能力，因此无感染及致病性生物安全隐患。与活病毒中和试验方法相比，pVNT 方法操作更简单、安全。

2020 年，Tan C. W 等人建立了一种替代 VNT（sVNT），使用来自冠状病毒 S 蛋白和宿主细胞受体 ACE2 的纯化受体结合域（RBD），检测方法在 ELISA 板中模拟病毒-宿主相互作用，进行中和抗体检测，不需要任何活病毒和细胞，可以在 BSL-2 实验室中 1～2h 内完成。

A Vanderheiden 等人建立了基于 mNeonGreen 的焦点减少中和测试（FRNT-mNG），W. Y Tsai 等人建立了基于含有单体红外荧光蛋白的新冠病毒假病毒作为报告基因的实时高通量中和试验方法。

7.4.2　反应原理和分类

免疫血清中的中和抗体具有很高的特异性，也是一种具有较强保护力的抗体物质。在实际工作中，中和试验常作为诊断疾病和测定免疫血清中抗体效价的手段。

当特异性的中和抗体与其相应的抗原（毒素或病毒）结合后，病毒或毒素便失去对易感动物的致病力和感染力，叫作中和反应（neutral reaction）。中和试验主要是用来阐明抗原与抗体之间数量的消长关系。在质的方面表现为抗体只能中和其相应抗原的特异性，在量的方面表现为一定的抗原量，必须要有一定浓度抗体效价才能中和保护。

中和活性抗体对病毒的中和可能涉及至少六种可能的机制：抗体（Abs）聚集病毒粒子，防止病毒粒子附着在细胞上；Abs 抑制病毒粒子和细胞受体之间的附着后相互作用；通过内吞作用对病毒内化的 Abs 造成损害；通过抗体阻断病毒穿透细胞膜的步骤（已知该途径的有脊髓灰质炎病毒和其他无包膜的病毒）；抗体干扰病毒在细胞质中的脱壳或病毒核心在细胞内定位；与病毒粒子表面结合的抗体干扰病毒酶催化的早期复制事件，例如转录。

7.4.3　操作步骤和关键点

根据测定方法不同，中和试验有终点法中和试验和空斑减数法中和试验。毒素和抗毒素也可进行中和试验，其方法基本和病毒中和试验基本相同。

7.4.3.1　终点法中和试验

终点法中和试验（endpoint neutralization test）是滴定病毒感染力减少至 50% 时，血清的中和效价，有固定病毒稀释血清法和固定血清稀释病毒法。

（1）固定病毒稀释血清法

① 单层细胞制备：取长成良好单层的细胞，加入胰酶进行消化，制备细胞悬液，混匀，加入细胞培养板中，置 37℃ 5% CO_2 培养箱中培养。

② 样品灭活：将待检血清经灭活后（一般为 56℃ 水浴灭活 30min），2～8℃ 保存备用。

③ 指示病毒制备：将测好病毒含量的病毒液稀释为 100～200TCID$_{50}$ 的病毒悬液。

④ 样品稀释：在 96 孔微量培养板中将血清作连续倍比稀释，每个稀释度作 4 孔重复。

⑤ 在上述各孔内加入 50μL 稀释好的病毒悬液，混匀后放入 37℃ 5% CO_2 培养箱中作用 45～60min。

⑥ 同时设待检血清毒性对照，阴、阳性血清对照，病毒对照和正常细胞对照。

⑦ 感作完成后每孔加入 100μL 细胞悬液，放 37℃ 5% CO_2 培养箱培养，或者将感作后的样品加入制备好的单层细胞中，进行培养，逐日观察并记录结果。

⑧ 结果计算，按 Reed-Muench 法（表 7-8）或 Karber 法进行统计和计算。

计算公式：lgPD$_{50}$＝高于或等于 50% 保护率的血清稀释度的对数＋距离比例×稀释系数的对数

表 7-8　Reed-Muench 计算方法

血清稀释度	死亡比例	死亡数(CPE)	存活数（无 CPE）	累计结果			
				死亡数	存活数	死亡比例	保护率
1:4($10^{-0.6}$)	0/4	0	4	0	9	0/9	100%
1:16($10^{-1.2}$)	1/4	1	3	1	5	1/6	83%

血清稀释度	死亡比例	死亡数(CPE)	存活数 (无 CPE)	累计结果			
				死亡数	存活数	死亡比例	保护率
$1:64(10^{-1.8})$	2/4	2	2	3	2	3/5	40%
$1:256(10^{-2.4})$	4/4	4	0	7	0	7/7	0%
$1:1024(10^{-3.0})$	4/4	4	0	11	0	11/11	0%

高于或等于 50% 保护时（上例中为 83%），血清稀释度（$10^{-1.2}$）的对数值为 -1.2。血清稀释度 1:4 的对数为 -0.6。

$$距离比例 = \frac{高于或等于 50\% - 50\%}{高于或等于 50\% - 低于 50\%} = \frac{83\% - 50\%}{83\% - 40\%} = 0.77$$

$$\lg PD_{50} = -1.2 + 0.77 \times (-0.6) = -1.66$$

则：该血清的中和效价为 $10^{-1.66}$（1:45.9），表明该血清在 1:45.9 稀释时可保护 50% 的实验动物、胚或细胞免于死亡或感染或出现 CPE。

（2）固定血清稀释病毒法

① 将病毒液作连续 10 倍系列稀释。

② 将稀释好的病毒液接种 96 孔板，每个稀释度接种一纵排共 8 孔，每孔 $50\mu L$；在一块板子的每孔加入 $50\mu L$ 待检血清（试验组），另一块板子的每孔加入 $50\mu L$ 正常血清（对照组），混合后置 37℃ 5%CO_2 培养箱作用 1h。

③ 感作完成后每孔加入 $100\mu L$ 细胞悬液，放 37℃ 5%CO_2 培养箱培养，或者将感作后的样品加入制备好的单层细胞中，进行培养。同时，设置正常细胞对照。

④ 将 96 孔培养板置 37℃ 5%CO_2 培养箱培养，逐日观察并记录结果。

⑤ 分别计算每组病毒的病毒含量，然后计算血清的中和指数（表 7-9）。

表 7-9 病毒含量和中和指数的计算

病毒稀释度	10^{-1}	10^{-2}	10^{-3}	10^{-4}	10^{-5}	10^{-6}	10^{-7}	病毒含量	中和指数
对照组	/	/	/	4/4	3/4	1/4	0/4	$10^{-5.5}$	$10^{3.3} = 1995$
试验组	4/4	2/4	1/4	0/4	0/4	0/4	0/4	$10^{-2.2}$	

$$中和指数 = \frac{试验组\ TCID_{50}}{对照组\ TCID_{50}} = 10^{3.3} = 1995$$

7.4.3.2 空斑减数法中和试验

1952 年，Dulbecco 把噬菌体空斑技术应用于动物病毒学，从而使病毒蚀斑技术（virus plaque formation）成为许多病毒的滴定和研究方法。该试验的操作比较烦锁，目前在国内极少应用，国际上也没有把它作为一种各国都接受的诊断方法，仅在 OIE 国际动物卫生法典（第六版）中列为对裂谷热的规定诊断方法之一。

试验原理：病毒感染细胞后，由于固体介质的限制，释放的病毒只能由最初感染的细胞向周边扩散。经过几个增殖周期，便形成一个局限性病变细胞区，此即病毒蚀斑。从理论上讲，一个蚀斑是由最初感染细胞的一个病毒颗粒形成的。但在实际操作中，常出现几个病毒颗粒同时感染一个细胞的情况，影响滴定的准确性和克隆的单一性，因此接种的病毒液要充分分散和稀释。对于细胞结合性病毒，如鸡马立克病病毒，需要使用单层细胞；对细胞释放性病毒，既可用固相介质悬浮的细胞，也可用单层细胞，但后者需要用琼脂等固体介质盖在细胞上，以防释放的病毒在液体介质中流动。固体介质的浓度由病毒的大小而定，病毒颗粒较大的用浓度较低的介质，病毒颗粒较小的用浓度较高的介质，以便将蚀斑的生长速度控制在适宜的范围内。

空斑或蚀斑是指病毒接种单层细胞，经过一段时间的培养，进行染色，原先感染病毒的细胞及病毒扩散周围的细胞会形成一个近似圆形的斑点，类似于固体培养基上的菌落形态。空斑减数试验是应用空斑技术，使空斑数减少50%的血清稀释度为该血清的中和效价。具体操作步骤如下：

（1）**细胞单层制备** 细胞经胰酶消化后吹散混匀，制备细胞悬液，取6孔板每孔加入2mL细胞悬液，培养24h长成单层，可用于试验。

（2）**覆盖层的制备** 用双抗、胎牛血清、谷氨酰胺、MEM和1%羧甲基纤维素的MEM等量混合溶解，然后用7.5%碳酸氢钠（$NaHCO_3$）调节pH至7.0～7.2，50℃保温备用。

（3）**病毒含量的测定**

① 取病毒液，在小试管中稀释，并作连续10倍稀释。

② 取0.5mL病毒液接种于长满单层的6孔细胞板中，每个稀释度接种3孔重复样，于37℃孵育1.5h。

③ 弃去残余病毒液，每孔加入3mL新鲜覆盖物，于37℃ 5%CO_2培养5d。

④ 培养结束后，每孔加入1%结晶紫200μL，37℃放置染色1h。

⑤ 弃上清液，并用培养液洗净，于倒置显微镜下观察蚀斑数（PFU），以蚀斑数介于30～100个的稀释度为准，计算平均蚀斑数。例如，10^3稀释度蚀斑平均数为80。

⑥ 按下述公式进行计算：

$$PFU/mL = (稀释倍数×蚀斑数)/接种量$$
$$即 PFU/mL = 10^3 × 80 ÷ 0.5 = 1.6×10^4$$

（4）**减数试验操作步骤**

① 根据病毒含量结果，将病毒配制成100～200PFU/mL。

② 将稀释好的病毒与对照血清（阴性血清、阳性血清）、待检血清等量混合，37℃ 5%CO_2孵育1.5h。

③ 将血清和病毒混合液1.0mL（含50～100PFU）接种于长满单层细胞的6孔板中，每个样品重复2孔，置37℃ 5%CO_2孵育1.5h，期间每隔20min摇动1次。

④ 孵育后于6孔板中加入以MEM培养液、羧甲基纤维素、0.03%谷氨酰胺、7.5%碳酸氢钠（$NaHCO_3$）及胎牛血清组成的营养液覆盖物，置37℃ 5%CO_2温箱中培养5d。

⑤ 培养结束，每孔加入1%结晶紫200μL，37℃放置染色1h。

⑥ 弃上清液，并用无血清培养液洗净，于倒置显微镜下观察蚀斑数作好记录。

（5）**判定标准**

① 阳性对照血清完全中和病毒，无蚀斑形成；阴性对照血清未能中和病毒，蚀斑数应为50～70个/孔（6孔板），该试验质控成立。

② 按公式：减数率＝（阴性蚀斑数－待检血清蚀斑数）/阴性蚀斑数×100%，进行蚀斑减数率结果计算。

③ 当蚀斑数大于阴性蚀斑数时，蚀斑减数率计为0；蚀斑减数率大于50%的血清判为阳性。

7.4.4 主要技术特点

病毒的复制需要宿主细胞供应原料、能量和复制场所，因此病毒必须在活的细胞内复制增殖。病毒进入机体后，吸附于敏感细胞的表面，然后通过穿入、脱壳、侵入细胞，进行病毒复制和装配，并引起机体感染。特异性的抗病毒抗体（中和抗体）与病毒结合之后，使病毒失去吸附、穿入宿主细胞的能力，从而阻止了病毒在宿主细胞内的复制和病毒感染机体的过程。进行中和试验时，首先将病毒与抗体在适当的条件下混合、孵育后，接种给敏感宿主或者易感细胞，然后要观察病毒感染敏感宿主或者易感细胞的情况，即观察残存的病毒对宿主或者细胞的感染力。用敏感动物进行中和试验时，主要观察抗体能否保护易感动物免于发病、死亡等；用细胞培养法进行中和试验时，主要观察抗体能否抑制病毒的细胞病变效应（cytopathic effect，CPE）或病毒空斑形成等；用鸡胚接种法进行中和试验时，主要通过观察绒毛尿囊膜上的痘疱结构来检测病毒或用血凝试验检测鸡胚尿囊液流感病毒的效价。

中和试验是最敏感而特异的血清学方法，只有抗体与病毒颗粒上的表面抗原相对应，特别是与吸附到宿主细胞上的病毒表面抗原相对应时，才能在实验中取得满意的显示效果。因此，某一个血清型的中和试验抗体只与同组内的其他病原表现出有限的交叉反应。由于病毒中和实验操作烦琐，耗时费料，临床上几乎不用，但作为经典方法在病毒鉴定中起着重要的作用，许多新的检测方法都要以之为标准来进行比较。

血清中和实验既可用已知抗病原的血清来鉴定可疑病毒，又可用已知的病原来测定血清中是否含有特异性抗体，以确定动物群体是否感染过该病原。

毒素的中和抗体是指能够与毒素结合，并使其丧失致病性的抗体，主要的作用机制是：中和抗体与毒素结合后，能够改变毒素的构象，从而阻止毒素与相关受体细胞的结合并进入细胞；中和抗体与毒素结合后，形成抗原抗体复合物，更容易被巨噬细胞识别并清除掉；毒素与中和抗体结合后，激活补体促进巨噬细胞的活性。

一般来说，在群体水平上血清学诊断易操作，特异性强，敏感性高。但对个体的检测则比较困难，有时出现非特异性反应，但可以在 2～3 周后取样复测解决此问题。血清学检测一般用吸附实验（如 IPMA、IFA、ELISA），这些实验常用某种抗原型的病毒进行，对其他抗原异型病毒抗体的灵敏度较低。应用抗体结合试验，在病猪感染 7～14 天可检出抗病毒抗体，30～50 天抗体效价达到高峰。有些在病猪感染后 3～6 个月内血清转为阴性，有些病猪血清阳性维持较久。中和抗体在病猪感染后出现较慢，且效价不高。可在感染后 3～4 周检测到中和抗体，这种抗体能维持 1 年或更长时间。有报道，在血清中和试验中使用补体能提高试验的灵敏度。

7.5

血凝和血凝抑制试验

某些病毒或病毒的血凝素，能选择性地使某种或某几种动物的红细胞表面相应受体结合，发生肉眼可见的凝集，这种凝集红细胞的现象称为血凝（hemagglutination，HA），利用这种特性设计的试验称血凝试验。当病毒的悬液中加入特异性抗体，而且这种抗体的量足以抑制病毒颗粒或其血凝素，则红细胞表面的受体就不能与病毒颗粒或其血凝素直接接触，这时红细胞的凝集现象就被抑制，称为红细胞凝集抑制（hemagglutination inhibition，HI）反应，利用这种特性设计的试验称血凝抑制试验。常见的病毒有禽流感病毒（AIV）、新城疫病毒（NDV）、犬细小病毒（CPV）、痘病毒等。

血凝和血凝抑制试验可用于检测抗原或抗体，还可用于疫病定型。血凝试验可用于病毒的检测和初步鉴定，病毒的血凝效价测定；血凝抑制试验可用于测定血清的抗体效价，鉴定未知病毒，评价疫苗免疫效果等方面。世界动物卫生组织将血凝抑制试验作为 AIV、NDV、禽支原体病等动物疫病的替代诊断方法。我国将其作为 AIV、NDV、流行性乙型脑炎等动物疫病的检测方法。该试验是目前世界卫生组织进行全球流感监测普遍采用的试验方法。

血凝和血凝抑制试验不需应用活的试验宿主系统，而且可在几十分钟到几小时内获得结果，具有操作简便、快捷、成本低的特点，但在实际应用中许多因素都会影响其结果的正确性。

7.5.1 发展历史

1941 年，G. H. Hirst 发现流感病毒能使鸡的红细胞发生凝集，其后又发现其他各种病毒也能引起同样的红细胞凝集反应。1942 年，Hirst 建立了血凝抑制试验，Salk 于 1944 年进行了完善。1969 年，Hierholzer 等人发表了 HA 和 HI 试验的标准化微量滴定方法。这些技术已用于检测和滴定腺病毒、黏液病毒、副黏液病毒、风疹病毒、呼肠病毒和牛痘的抗体。

7.5.2 反应原理和分类

7.5.2.1 血凝试验的原理

原理因不同的病毒而有所不同，例如流感病毒的血凝作用是病毒囊膜上的血凝素与红细胞表面的受体糖蛋白相互吸附而发生的；痘病毒对鸡的红细胞发生凝集并非病毒本身，而是痘病毒的产物——类脂蛋白的作用。血凝的类型有可逆转型、不可逆转型和凝集条件严格型。

（1）可逆转型　血凝素与病毒颗粒易分开，经超速离心后，病毒颗粒沉淀于管底，血凝素则游离于上清液体中。这种血凝素凝集红细胞的现象是可逆的，即被凝集的红细胞释放了吸附于表面的血凝素后，可再与该血凝素发生凝集，如鼠疫等病毒。

（2）不可逆转型　血凝素与病毒颗粒结合得比较紧密，不经过特殊处理血凝素不能与病毒颗粒分开，这种病毒引起的红细胞凝集，是不可逆转的。在一定的温度（37℃）下，病毒释放出一种能破坏红细胞表面受体糖苷键的 N-乙酰神经氨酸酶，当病毒颗粒从红细胞表面游离出来后，红细胞表面受体已被破坏而失去了再凝集病毒的能力，如流感病毒、鸡新城疫病毒等。

（3）凝集条件严格型　有些病毒及其血凝素凝集红细胞的条件很严格，不仅对不同种动物的红细胞有严格的选择，即使对同种动物，由于性别和年龄的不同，对红细胞的凝集性能亦有差异。除此之外，还对缓冲液的 pH 值、温度及盐浓度等的要求很严格。

7.5.2.2　血凝抑制试验的原理

原理是特异性抗体与相应病毒结合，使病毒失去凝集红细胞的能力，从而抑制血凝现象，即抗原抗体的特异性反应。

7.5.3　操作步骤和关键点

7.5.3.1　材料准备

（1）器材　微量移液器及配套枪头、96 孔微量反应板、微量振荡器、加样槽等。

（2）试剂

① 稀释液和阿氏液的制备　稀释液一般使用 pH 为 7.0～7.2 的 PBS 缓冲液。例如禽流感病毒血凝和血凝抑制试验用 0.01mol/L pH 7.2 PBS 的配制方法：先取 2.74g 磷酸氢二钠和 0.79g 磷酸二氢钠，加入蒸馏水定容至 100mL 配成 25×PB，再从 25×PB 中取 40mL，加入 8.4g 氯化钠，加蒸馏水至 1000mL，用氢氧化钠或盐酸调 pH 至 7.2，灭菌或过滤，PBS 一经使用，于 4℃保存不超过 3 周。阿氏液的配制：葡萄糖 2.05g，柠檬酸钠 0.8g，柠檬酸 0.055g，氯化钠 0.42g，加蒸馏水定容至 100mL，加热溶解后调 pH 值至 6.1，69kPa 高压灭菌 15min，4℃保存备用。

② 红细胞悬液制备　不同科的病毒具有独特的血凝谱，进行血凝试验时，只有配制适合的动物红细胞悬液，才能正确反映病毒的血凝活性。几种常见畜禽病毒病的血凝谱见表 7-10。

表 7-10　几种常见畜禽病毒病的血凝谱

病毒	禽类	哺乳动物
禽流感	凝集鸡、鸭、鸽、鹌鹑、麻雀等红细胞	凝集羊、小白鼠和人 O 型的红细胞，不凝集牛、猪、犬、兔红细胞
猪流感	凝集鸡红细胞	凝集小鼠、豚鼠、兔、猪、绵羊和牛红细胞
鸡新城疫病毒	凝集鸡、鸭、鸽、鹌鹑、麻雀等红细胞	凝集牛、猪、羊、犬、小白鼠和人 O 型的红细胞，不凝集兔的红细胞
犬细小病毒	凝集鹅、鸭红细胞	凝集猪、非洲绿猴、犬、豚鼠、地鼠、马和猫的红细胞
鸡减蛋综合征	凝集鸡、鸭、鹅、鸽子、麻雀的红细胞	不凝集燕子、牛、马、狗、兔、小白鼠、豚鼠、人 O 型红细胞
鸡传染性气管炎	凝集鸡红细胞	凝集小白鼠红细胞

几种常用红细胞悬液的配制如下：

a. 鸡红细胞悬液的配制　采取 2～4 只 2～6 月龄 SPF 鸡的血液，与等量阿氏液混合，然后用 PBS（0.1mol/L，pH 7.0～7.2，下同）洗涤 3～4 次，每次以 1500r/min 离心 5～10min，将沉淀的红细胞用 PBS 配制成一定比例的红细胞悬液。

b. 豚鼠红细胞悬液的配制　采取豚鼠血液，与等量阿氏液混合，用 PBS 反复洗涤 3 次，每次以 1500r/min 离心 10min，最后将沉淀的红细胞配制成 0.5％红细胞悬液。

c. 绵羊红细胞悬液的配制　采取公绵羊血液，脱纤后，用 PBS 洗涤 3 次，每次以 2000r/min 离心 10min，最后取沉淀的红细胞，配制成 2.5％或 2.8％红细胞悬液。

d. 人 O 型红细胞悬液的配制　将人 O 型红细胞悬液以 2000r/min 离心 10min，弃上清液；用 PBS 洗涤红细胞 3 次，每次以 2000r/min 离心 10min，最后将沉淀的红细胞配制成一定比例的红细胞悬液。

e. 猪红细胞悬液的配制　采集纯白色、健康良好的猪全血与等体积阿氏液混合（4℃最长不超过 7d），用 PBS 洗涤 3 次，每次均以 1500r/min 离心 5min，最后一次 1500r/min 离心 10min，用 PBS 将沉淀的红细胞配制成一定比例的红细胞悬液。

f. 红细胞悬液的标定　对首次配制的红细胞悬液进行标定，取配制好的红细胞悬液 60mL，自然沉淀后，弃掉上部 PBS 50mL，混匀后装入刻度离心管内，以 10000r/min 离心 5min，观察红细胞压积，如 1％鸡红细胞悬液的红细胞压积应为 6.0％。

③ 标准抗原、阳性血清和阴性血清　标准抗原可以是商品化的标准物质，也可以是实验室分离鉴定的明确的病毒液。阳性血清可以是商品化的标准阳性血清，也可以是通过抗原免疫动物制备，同时需制备正常动物血清作为阴性血清对照。

（3）待检样品　动物采血的过程中应避免污染，操作时所用注射器、针头和试管等需要高压灭菌，或用稀释液煮沸消毒，以防止溶血。待血液凝固，血清析出后，无菌收集血清。样品采集后置保温箱中，加入预冷的冰袋，密封，宜 24h 内送实验室。若在 1 周内进行检测，可放 4℃冰箱内保存；如果短时间内不能检测，应放在 -20℃以下冰箱内保存。

7.5.3.2　血凝试验（HA，微量法）

（1）样品处理　冷冻样品，待溶化后放在冰浴中待检；冻干制品，按照要求用无菌水还原待检，还原后不能及时检测，可在 2～8℃暂存，但不应超过 2h。

（2）微量反应板准备　室温下，取出 96 孔微量反应板，正面向下轻拍 2～3 次确保微量反应板干净无杂物，用移液器每孔加入 PBS 0.025mL（根据实验需要选择需要加的孔数）。

（3）加样　在微量反应板上标记样品信息，吸取 0.025mL 样品至第 1 孔，混匀。

（4）稀释　从第 1 孔起，每孔反复吹打几次，再从底部吸取 0.025mL 液体，吸取到第 2 孔吹打几次，如此依次做 2 倍系列稀释至最后 1 个所需倍数孔，弃去移液器中 0.025mL 液体（稀释倍数依次为 2、4、8、16、32…4096，操作术式见表 7-11）。

表 7-11　微量凝集试验（96 孔板微量板法）术式

项目	孔号									对照
	1	2	3	4	5	6	7	8	…	
稀释倍数	2	4	8	16	32	64	128	256		
PBS/mL	0.025	0.025	0.025	0.025	0.025	0.025	0.025	0.025		0.025
待检样品/mL	0.025	0.025	0.025	0.025	0.025	0.025	0.025	0.025		
红细胞悬液/mL	0.025	0.025	0.025	0.025	0.025	0.025	0.025	0.025		0.025

（5）加红细胞悬液　使用前，缓慢旋转装有红细胞悬液的容器，使容器底部的红细胞泥均匀悬浮后，倒适量红细胞于加样槽中。由高稀释度向低稀释度依次悬空加入0.025mL红细胞悬液（根据待检样品类型选择相应的红细胞），每加完1孔轻轻振摇红细胞悬液，使红细胞悬液保持均一性，同时设不加样品的红细胞对照孔，立即在微量板振荡器上摇匀，置室温20～40min或置2～8℃40～60min，当对照孔中的红细胞呈显著纽扣状时判定结果。

（6）结果判定　判定时，将反应板倾斜60℃，观察红细胞有无泪珠状流淌，完全无泪珠样流淌（100%凝集）的最高稀释倍数判为血凝效价。

7.5.3.3　血凝抑制试验（HI，微量法）

（1）血凝素工作液准备

① 血凝素凝集价测定

按血凝试验96孔微量反应板法进行，操作术式见表7-12。用PBS将血凝素稀释成不同倍数，加入与抑制试验中血清量等量的PBS，再加入相应的红细胞悬液，将96孔微量反应板在振荡器上摇匀，置室温20～40min或置2～8℃40～60min，当对照孔中的红细胞呈显著纽扣状时判定结果。以使红细胞完全凝集的最高稀释度作为判定终点。

表7-12　血凝素凝集价测定（96孔板微量板法）术式

项目	孔号									对照
	1	2	3	4	5	6	7	8	…	
稀释倍数	2	4	8	16	32	64	128	256		
PBS/mL	0.025	0.025	0.025	0.025	0.025	0.025	0.025	0.025		0.025
								弃0.025		
血凝素/mL	0.025	0.025	0.025	0.025	0.025	0.025	0.025	0.025		
PBS/mL	0.025	0.025	0.025	0.025	0.025	0.025	0.025	0.025		0.025
红细胞悬液/mL	0.025	0.025	0.025	0.025	0.025	0.025	0.025	0.025		0.025

② 血凝素工作液配制

4 HAU血凝素的配制：抗原稀释倍数＝抗原血凝价/4。如果血凝素凝集价测定结果为1:1024，4个血凝单位（即4HAU）=1024/4=256（即1:256）。取PBS 9.0mL，加血凝素1.0mL，即成1:10稀释，将1:10稀释液1.0mL加入24.6mL PBS中，使最终浓度为1:256。

③ 血凝素工作液检验

检查4HAU的血凝价是否准确，应将配制的1:256稀释液分别以1.0mL的量加入PBS 1.0mL、2.0mL、3.0mL、4.0mL、5.0mL和6.0mL中，使最终稀释度为1:2、1:3、1:4、1:5、1:6和1:7。然后，从每一稀释度中取0.025mL加入96孔微量反应板，加入PBS 0.025mL，并设阴性对照，再加入相应红细胞悬液0.025mL，混匀。将血凝板置室温20～40min或置2～8℃40～60min，当阴性对照孔的红细胞呈显著纽扣状时判定结果，以使红细胞100%凝集的最高稀释度作为判定终点，如果配制的抗原液为4HAU，则1:4稀释度将给出凝集终点；如果4HAU高于4个单位，可能1:5或1:6为终点；如果较低，可能1:2或1:3为终点。应根据检验结果将血凝素稀释度做适当调整，使工作液确为4HAU。

（2）血凝抑制试验

① 样品处理：冷冻样品，待溶化后放在冰浴中待检；冻干制品，按照要求用 PBS 还原待检。

② 血凝板准备：室温下，取出 96 孔微量反应板，正面向下轻拍 2～3 次确保微量反应板干净无杂物，用移液器每孔加入 PBS 0.025mL（根据实验需要选择需要加的孔数）。

③ 加样：在微量反应板上标记样品信息，吸取 0.025mL 样品至第 1 孔，混匀。

④ 稀释：从第 1 孔起，每孔反复吹打几次，再从底部吸取 0.025mL 液体，吸取到第 2 孔吹打几次，如此依次做 2 倍系列稀释至最后一个所需倍数孔，弃去移液器中 0.025mL 液体（稀释倍数依次为 2、4、8、16、32…4096，操作术式见表 7-13）。

表 7-13　微量凝集抑制试验（96 孔板微量板法）术式

项目	孔号								
	1	2	3	4	5	6	7	…病毒对照	红细胞对照
稀释倍数	2	4	8	16	32	64	128		
PBS/mL	0.025	0.025	0.025	0.025	0.025	0.025	0.025	0.025	0.05
							弃 0.025		
待检血清/mL	0.025	0.025	0.025	0.025	0.025	0.025	0.025		
4 HAU 抗原/mL	0.025	0.025	0.025	0.025	0.025	0.025	0.025	0.025	
红细胞悬液/mL	0.025	0.025	0.025	0.025	0.025	0.025	0.025	0.025	0.025

⑤ 加 4 HAU 血凝素：从高稀释度到低稀释度每孔加入混匀且已标定好的 4 HAU 血凝素 0.025mL，设立红细胞对照（不加工作液）和病毒对照（加工作液），充分振摇后，置室温下至少 20min 或在 2～8℃下至少 60min。

⑥ 加红细胞悬液：从高稀释度到低稀释度每孔加入混匀的红细胞悬液，红细胞对照和病毒对照直接加入红细胞悬液，立即混匀，置室温 20～40min 或置 2～8℃ 40～60min，当红细胞对照孔中的红细胞呈显著纽扣状时判定结果。

（3）结果判定　抗原（病毒）对照孔红细胞完全凝集，而且阴性对照血清抗体效价不高于 1∶4，阳性对照血清抗体效价与已知效价误差不超过 1 时，试验方可成立。将反应板倾斜 60℃，观察结果。以完全抑制 4 HAU 抗原的最高血清稀释倍数判为该血清的 HI 抗体效价。

7.5.3.4　关键点

（1）影响因素

① 血清样品　血清样品质量是影响试验结果的重要因素之一，而血清样品处理和保存方法直接影响血清的质量。采样后将血清样品倾斜放置一段时间（夏天放在室内，冬天可放置在 37℃温箱中），让其自然析出血清。避免摇晃，防止溶血。采血后不宜立刻进行离心，以免分离后的血清形成胶冻状或不完全胶冻样，从而造成血清抗体含量不均匀，这将会给实验结果带来很大的误差。短时间内检测的血清，可在 4℃存放，但最好不超过 5 天；长期存放在 -20℃ 以下，但需避免血清样品反复冻融，这可能会导致抗体效价降低。

② 红细胞悬液　红细胞悬液的选择及其浓度也是影响血凝及血凝抑制试验结果的重要因素之一。需要根据病毒的血凝特性来选择适宜的红细胞，只有选择病毒凝集相对应的红细胞，才能得到正确的试验结果。在红细胞采集时，由于供血动物有个体差异，一般采

用3～4只动物的混合液，确保配出的红细胞均应一致。洗涤红细胞时，1500～2000r/min离心10min，去除阿氏液与白细胞层，然后用PBS洗涤，洗涤次数3～5次，不应少于3次，直至上清液与PBS颜色接近为止。洗涤时吹洗动作要轻柔，避免溶血，使用溶血后的血球相当于红细胞的有效浓度降低，会影响试验结果。同时洗涤次数不能太少，以保证得到纯净的红细胞，如果红细胞中含有杂质，会干扰病毒与红细胞的反应，造成试验误差。最后一次洗涤将离心后的上清液尽量吸干净，用移液器准确吸取血细胞，加入PBS液混匀，放置于4℃保存，最好现用现配。通常使用浓度为1%的红细胞。

③ 稀释液　稀释液的离子强度和酸碱度均影响试验结果。适当的离子强度（即浓度）能降低抗原抗体之间相互排斥的能力，呈现沉淀或凝集，常用0.85%～0.90%的生理盐水或PBS缓冲液。有些病毒的血凝特性可在广泛的pH条件下呈现血凝，而有些病毒只在很窄的pH范围才能出现凝集，所以，很多研究者会对血凝条件进行摸索，选择不同浓度、pH的PBS进行比较试验，选择出最合适的条件。文献资料显示，当盐量达到一定浓度时，没有血清抗体也能发生凝集反应；缓冲液的pH在5.8以下，红细胞易自凝；pH 7.8以上凝集的红细胞洗脱加快，会使得凝集价检测偏低，凝集抑制价偏高。因此，在进行血凝和血凝抑制试验时，一般采用pH为7.0～7.2的0.01mol/L PBS缓冲液来作为稀释液。

④ 反应温度　由于病毒本身血凝特性对温度的要求不同，所以血凝和血凝抑制试验时反应的温度是影响试验结果的重要因素之一。有些病毒的血凝作用具有温度依赖性，只在某个温度范围内才出现血凝现象，例如细小病毒在2～8℃条件下与猪红细胞发生凝集反应，有较高敏感性；而有些病毒血凝性对温度要求范围较广，在4℃、室温、37℃都能发生凝集。通常温度为20～25℃，不能过高或过低，温度低于20℃时反应速度减慢，需要较长时间才能出现清晰的结果，在规定时间观察，对照结果不成立，此时读孔血凝价易判高；温度高于37℃时，凝集的红细胞易洗脱，红细胞很快沉降下来，导致试验不成立。

（2）注意事项

① 试验对照的设立　根据实际情况，同时设立红细胞对照、病毒抗原对照、阳性血清对照、阴性血清对照，以判断试验是否成立。

② 抗原相的差异　在禽流感病毒的血凝和血凝抑制试验中，经常会出现不同厂家生产的相同亚型的禽流感抗原检测同一血清的血凝抑制效价不同，这是因为禽流感病毒变异较快，存在抗原相的差异。有的禽流感病毒株对本株和异株免疫血清均呈较高的效价，而有的毒株对本株效价高对异株效价低。如果在试验中出现相的差异，所测结果会相差2～3个效价，因此在试验时，选择合适的毒株，会提高诊断的灵敏度。

③ 非特异因素的消除　一些动物血清中经常会存在非特异性血凝或血凝抑制的物质，会造成假阳性或假阴性反应，因此在进行血凝和血凝抑制试验前，要消除被检血清中的非特异物质。禽类血清中，尤其是水禽血清，可能对鸡红细胞产生非特异性的凝集。世界动物卫生组织手册推荐用鸡红细胞对待检血清进行吸附，可以去除非特异性凝集素；还可以利用受体裂解酶去除非特异性凝集抑制因素。

④ 抗原的标定　在血凝抑制试验中抗原标定是至关重要的一个环节。抗原配制后，需对所配制的抗原进行标定，看所配制的抗原是否达到所需标准，若工作抗原效价过高或过低都会对结果有一定的影响。过高，测定抗体效价偏低；过低，测定抗体效价偏高，甚至很高。

⑤ 严格规范操作　在进行试验操作时很容易出现错误，所以进行试验时一定要严格

操作。如进行倍比稀释时，吹打过程中避免产生气泡，每孔混匀完毕，将吸头内液体排尽；加红细胞悬液时，要将红细胞混匀，使红细胞始终保持均匀一致的悬液，单板加样时加样顺序为先对照、再高稀释倍数、最后低稀释倍数，多板加样时要进行悬空操作。

⑥ 结果判定的及时性　试验结果判定要在规定的时间观察，作用时间短会使反应不充分、效价低；时间过长会导致红细胞全部沉积，使结果无法判读。

7.5.4　主要技术特点

血凝和血凝抑制试验是我国各地防疫监督机构和养殖场进行流行病学调查、疫病诊断及免疫效果监测的主要方法之一，主要有以下特点。

（1）**敏感性高**　血凝和血凝抑制试验可以检测微量的抗原和抗体，而且试验结果较为准确，是较敏感的血清学反应之一。

（2）**特异性强**　病毒对红细胞凝集只能被特异的抗体所抑制，如 H9 亚型的禽流感病毒对鸡红细胞的凝集，只能被 H9 亚型的抗体所抑制，不能被其他血清亚型的禽流感抗体所抑制，更不能被其他病毒抗体所抑制。

（3）**操作简便、快速**　血凝和血凝抑制试验对环境和设备要求不高，操作过程简单，几十分钟到几小时内可获得结果，因此在基层得到广泛应用。

（4）**成本低**　血凝和血凝抑制试验使用的材料简单易得，如 96 孔微量反应板，而且还能重复使用。

（5）**易受其他因素影响**　在实践中，血凝和血凝抑制试验易受样品、试剂、器材、人员、环境等因素影响，使其敏感性和准确度降低，造成试验结果偏差，甚至误判。所以，不同实验室最好制定出适合自身的标准操作规程，所有人员充分理解试验的原理和要领，按标准进行操作，减少试验误差，保证试验的准确性。

血凝和血凝抑制试验是人工判定结果，会给试验结果带来一定的偏差。所以在未来，给试验配上专门的仪器和电脑，实现试验操作、试验结果处理和记录自动化，用仪器代替人工操作是血凝和血凝抑制试验的发展趋势。

7.6

间接免疫荧光试验

间接免疫荧光实验（indirect immunofluorescence assay，IFA）是将抗原抗体反应的特异性和敏感性与显微示踪的精确性相结合。以荧光素作为标记物，与已知的抗体（或抗原）结合，但不影响其免疫学特性。然后将荧光素标记的抗体作为标准试剂，用于检测和鉴定未知的抗原或抗体。在荧光显微镜下，可以直接观察呈现特异荧光的抗原抗体复合物及其存在部位，借此对组织细胞抗原进行定位和定性检测，具有高度特异性、敏感性和直观性。目前，间接免疫荧光试验已经广泛应用于临床检验和科学研究中。

7.6.1 发展历史

免疫荧光技术于20世纪40年代初由Coons等建立，首次用异硫氰酸荧光物质标记抗体，检测小鼠组织切片中可溶性肺炎球菌多糖抗原。20世纪50年代末，开创了免疫荧光技术，又称为抗体荧光技术。Riggs等人合成性能较为优良的异硫氰酸荧光素（fluorescein isothio cyanate，FITC），并由Marshal等人对荧光抗体的标记方法进行了改进，从而使荧光免疫技术逐渐推广应用。在实际工作中，由于间接免疫荧光试验应用广泛，已成为兽医学研究和临床快速诊断中不可缺少的重要手段。

7.6.2 反应原理

间接免疫荧光技术是将免疫学技术和荧光染色法结合在一起的试验方法。利用抗原抗体反应的原理，先将已知的抗原或抗体标记上荧光素制成荧光标记物，再用这种荧光抗体或抗原作为分子探针检查细胞或组织内的相应抗原或抗体。在细胞或组织中形成的抗原抗体复合物上含有荧光素，利用荧光显微镜观察标本，荧光素受激发光的照射而发出明亮的荧光（黄绿色或橘红色），从而对抗原或抗体进行定性以及定位。在荧光显微镜下，可以直接观察呈特异荧光的抗原抗体复合物及其存在部位。常用的荧光素为含有多环芳烃的有机分子，异硫氰酸荧光素（FITC）是目前应用最为普遍的荧光素，罗丹明等荧光素也作为FITC的配合染料使用。

7.6.3 操作步骤和关键点

7.6.3.1 材料准备

（1）**器材** 荧光显微镜、抗原板（片）、荧光二抗、2~8℃冰箱、恒温培养箱、振荡器、微量移液器、离心管、湿盒。

（2）**试剂** 丙酮，阴、阳性参考血清（对照），PBS-Tween（PBST）缓冲液，封片剂。

（3）**待检样品** 待检样品血清或抗体应低温保存，于2~8℃暂存或-20℃、-80℃以下长期保存，而且应保存在无菌密闭管中，避免污染或抗体降解。

7.6.3.2 操作步骤

（1）**病毒吸附及固定** 根据病毒特性选择合适的细胞接毒，待细胞发生一定程度的病变后，2~3d，弃掉培养基，加入80%冷丙酮，4℃固定20~30min，弃掉丙酮，并晾干置-20℃备用。

（2）**抗原抗体反应** 在已固定的抗原上滴加经适当稀释的一抗，置湿盒内，在一定温度下孵育适当时间，一般为37℃ 1h，应同时设立阴阳性对照。用PBST液充分洗涤、干燥。然后加入相应的二抗，一般为37℃ 30～60min，用PBST液充分洗涤，玻片的话加入封片剂，96孔细胞板加入适量缓冲液。

（3）镜检　结果最好当天在荧光显微镜下观察。检测样本可见特异性荧光，即为阳性。观察时，应将形态学特征和荧光强度相结合。针对不同特征的病毒，应观察荧光所在的部位，即有的病毒呈细胞质荧光，有的病毒呈细胞核荧光，有的在细胞质和细胞核均可见荧光。荧光强度在一定程度上可反映抗体或抗原的含量。

（4）结果判定　在阴性、阳性对照血清成立的情况下，即阴性血清与正常细胞和病毒感染细胞反应均无特异性荧光；阳性血清与正常细胞反应无特异性荧光，与病毒感染细胞反应有特异性荧光，即可判定结果。

阴性：待检血清与正常细胞和病毒感染细胞反应均呈无特异性荧光，判为阴性。

阳性：待检血清与正常细胞反应无特异性荧光，而与病毒感染细胞反应有特异性荧光，判为阳性。根据荧光强弱可判定为＋～＋＋＋＋。

7.6.3.3　关键点

（1）影响因素

① 抗原的完整性　制备标本片或细胞抗原板时，尽量保持抗原的完整性，减少形态变化，而且使包含抗原的细胞保持单层，不能叠加，使抗原抗体复合物易于接收激发光源，以便观察。另外，应选择合适的抗原固定方法，不破坏抗原的完整性，使其保持天然状态。

② 待检抗体质量　待检抗体的质量是影响试验结果的重要因素之一，对于血清样品，血清采集的时间与分离方式直接影响血清的质量，采集前需使动物停食一段时间，以保证血清新鲜透明。采集后可以先将装有血液的注射器斜置于37℃温箱中30min，然后再将其置于4℃冰箱中，以促进血清更好地析出，避免发生溶血或形成胶冻状。而且待检抗体的保存方式也是影响因素之一，应低温保存，短期保存可置于2～8℃，长期保存应置于-80℃以下，防止抗体降解。而且注意无菌，避免污染引起非特异反应。

③ 结果判定　由于试验结果是通过肉眼在荧光显微镜下观察荧光进行判定，存在一定的主观性，因此，对操作人员有一定的要求，需充分理解试验目的、原理，而且具有较丰富的经验。

（2）注意事项

① 试验对照的设立　必须设置阳性对照与阴性对照，以避免出现非特异假阳性，只有在对照成立时，才可对检测样本进行判定。结果应将形态学特征和荧光强度相结合。

② 染色的温度和时间　需要根据不同的标本及抗原调整。染色时间可以从10min到数小时，一般以30min为宜。染色温度多采用室温（25℃左右），高于37℃可加强抗原抗体反应和染色效果，但对不耐热的抗原（如流行性乙型脑炎病毒）可采用0～2℃的低温，延长染色时间，低温染色过夜效果相对高温较好。

③ 抗原状态　抗原需在操作的各个步骤中，始终保持湿润，避免干燥。

④ 荧光标记抗体浓度　荧光素标记抗体浓度要适宜，荧光抗体浓度过高容易产生非特异荧光，荧光抗体浓度过低产生荧光过弱，影响结果的观察。

⑤ 荧光强度　由于荧光素和抗体分子的稳定性都是相对的，因此，随着保存时间的延长，在各种因素的影响下，荧光素标记的抗体可能变性解离，失去其应有的亮度和特异

性。因此，经荧光染色的标本最好当天观察，随时间延长，荧光强度会逐渐下降。一般标本在高压汞灯下照射时间超过 3min 有荧光减弱的现象，因此镜下观察时间应小于 3min。

7.6.4 主要技术特点

7.6.4.1 间接免疫荧光试验特点

间接免疫荧光试验是建立在血清学反应的基础上，利用相应抗原抗体的特异性反应而设计的，具有可靠、快速、敏感性高（与放射免疫相当，高于酶标免疫方法）、特异性强、应用范围广的优点，对病原的快速诊断具有非常重要的意义。与一般的血清学方法相比，间接免疫荧光技术可在细胞水平上对特异性抗原或抗体进行定位。但是也存在需要使用较为昂贵的荧光显微镜，结果判定存在一定的主观性，对操作人员有一定要求，结果存在荧光猝灭无法长期保存的缺点。

7.6.4.2 间接免疫荧光试验的应用

间接免疫荧光技术在兽医学中的应用比较普遍，而且范围广泛，可供检查的标本种类很多，包括细胞、细菌涂片、组织切片以及感染病毒的单层培养细胞等，在兽医临床诊断中起着至关重要的作用。由于间接免疫荧光技术的敏感性高于 ELISA，通常在 ELISA 试剂盒的研发和结果验证中将间接免疫荧光技术作为"金标准"进行比较。在病毒鉴定方面，是世界动物卫生组织规定的国际贸易中猪繁殖与呼吸综合征、非洲猪瘟等多种动物疫病的推荐诊断方法，我国猪繁殖与呼吸综合征诊断方法的国家标准中也将免疫荧光技术列入其中。在寄生虫学领域里，该技术作为一种血清学方法可用于寄生虫病的诊断、流行病学调查和治疗后的复查。另外，间接免疫荧光技术可用于测定细胞表面抗原和受体，组织抗原的定性和定位研究。通过观察结合在抗原-抗体复合物上的荧光素激发出的特异性荧光的位置，更直观地显示病原微生物在感染组织中聚居场所或其靶器官位置，为研究该病原微生物的发生机制提供依据。

7.7

核酸杂交技术

核酸杂交技术是 20 世纪 70 年代逐渐发展起来的一种分子生物学技术，是一种基于 DNA 分子碱基互补配对原理，用特异性标记探针与待测样品的 DNA 或 RNA 形成杂交分子的过程。其被广泛应用于基因克隆的筛选、酶切图谱的制作、基因序列的定量和定性分析、基因突变的检测等，随着其他技术的发展，核酸杂交的固相支持物在不断优化，如基因芯片、乳胶颗粒、磁性微球、微孔板等均可以作为固相支持物，提高了通量、敏感性、特异性、简便性，并具有多重分析能力，能够更好地应用于检测。利用核酸杂交技术特异性强的特点，核酸杂交与其他技术进行组合，运用其他技术的自身优点，创造出更适应临床应用的检测方法。PCR 微孔板核酸杂交 ELISA 技术是将基因扩增、核酸杂交和抗原抗体酶联免疫吸附试验三大生物诊断技术有机融为一体，将 PCR 技术的高灵敏度、核酸杂交技术的强特异性、ELISA 方法的信号检测方便的优点结合在一起，取长补短。PCR 电化学核酸杂交，由体外核酸扩增方法、电化学方法和核酸杂交方法结合，从而提高检测信号物质的灵敏度。随着技术的发展，从固相支持物的选择、探针标记、靶序列和探针扩增、杂交后信号放大等方面进行优化更新，核酸杂交技术才能够更广泛地应用到更多领域。

7.7.1 发展历史

核酸杂交技术起源于 1960 年，哈佛大学化学系的 Julius Marmur 和 Paul Doty，在对 DNA 进行物理化学性质的研究过程中，发现在特定的溶液中，DNA 加热会失去双螺旋结构，当溶液慢慢冷却，DNA 会恢复双螺旋结构。1961 年，Hall 等研究人员将探针和靶序列在适当溶液中杂交，通过密度梯度平衡离心的方法分离杂交体。该方法费时、费力且不精确，但为核酸杂交技术奠定了基础。1962 年，Bolton 等人设计了一种简单的固相杂交方法，称为 DNA-琼脂技术，变性的 DNA 固定在固相的琼脂凝胶中，DNA 不能复性，但是能与其他游离核酸分子进行互补序列杂交。将 DNA 凝胶制剂与游离 RNA 或变性 DNA 分子一起孵育，能够形成稳定的双链体捕获分子，再通过清洗凝胶，使与其他分子分离。加热或改变离子条件，使结合的分子分离，并使双链之间的氢键分解。该方法可用于定量比较，嵌入琼脂中的与 DNA 结合的同源和异源 RNA 或 DNA 的数量。

20 世纪 60 年代中期，Nygaard 等人应用放射性核素标记 DNA 或 RNA 探针，检测固定在硝酸纤维素（NC）膜上的 DNA 序列，为标记探针作为后续特异性检测奠定基础。20 世纪 60 年代末，Britten 等人设计了一种分析细胞基因组的方法，首先从不同生物体（细菌、酵母菌、鱼和哺乳动物等）内分离 DNA，用水压器剪切成长约 450 核苷酸（nt）的片段。剪切的 DNA 液，经煮沸使双链 DNA(dsDNA) 热变性成单链 DNA(ssDNA)。然后冷却至约 60℃，在此温度孵育过程中，通过测定溶液一定时间内的 UV 260nm 的吸光度（减色效应）来监测互补链的复性程度。通常该实验可比较不同来源生物 DNA 的复性速率，并可建立序列复杂度与动力学，Browm 等人应用这一技术评估了爪蟾 rRNA 基因的拷贝数。这些早期过量探针膜杂交试验实际上是现代膜杂交试验的基础。

进入 20 世纪 70 年代早期，许多重要的发展促进了核酸杂交技术的进展。例如，mRNA 纯化技术的发展首次使用珠蛋白 mRNA 用于合成特异的探针，以分析珠蛋白基因的表达。20 世纪 70 年代末期到 80 年代早期，分子生物学技术有了突破性进展，限制性内切酶的发展和应用使分子克隆成为可能。1975 年，Southern 发明了 Southern 印迹杂交，随后出现了 Norhtern 印迹杂交。后来，各种载体系统的诞生，尤其是质粒和噬菌体 DNA 载体的构建，使特异性 DNA 探针的来源变得十分丰富。人们可以从基因组 DNA 文库和 cDNA 文库中获得特定基因克隆，只需培养细菌，便可提取大量的探针 DNA。迄今为止，已克隆和定性了许多特异 DNA 探针。由于核酸自动合成仪的诞生，现在可常规制备 18～100 个碱基的寡核苷酸探针。应用限制酶和 Southern 印迹来测定，与之前的技术相比，大大提高了杂交水平和可信度。DNA 芯片的发展，使杂交技术进入规模化和信息化。随着核酸-核酸、蛋白质-核酸相互作用研究的深入，核酸杂交技术的应用越来越广，新的核酸分子杂交类型和方法也不断涌现。

7.7.2 反应原理和分类

7.7.2.1 核酸杂交基本原理

基于核酸分子的碱基互补理论，通过核酸变性和复性理论来实现，即双链的核酸分子（待检测核酸）在适当的理化因素（适宜的温度及离子强度等）作用下，将双链解开，再次通过改变条件及根据碱基配对原则重新形成新的双链结构（杂交）。杂交双方是待检测核酸序列和特异性标记探针，将核酸从待检测细胞分离纯化后可在体外与探针杂交，也可直接在细胞或组织内进行原位杂交。

7.7.2.2 分类

核酸杂交根据作用环境可分为固相杂交、液相杂交、原位杂交。

（1）固相核酸杂交 一种是将待测核酸样品结合到支持物（硝酸纤维素滤膜、尼龙膜、化学活化膜）上，然后与溶液中的标记探针进行杂交。另一种是指将特异性标记探针固定在固相支持物上（乳胶颗粒、磁性微球等），与溶液中存在的目标分子进行杂交。

① 固相杂交的特点：固相杂交后，未杂交的游离片段易除去，从而使膜上留下的杂交分子较易检测，并可有效避免靶 DNA 自我复性。

② 常用的固相支持物有硝酸纤维素滤膜、尼龙膜、化学活化膜、乳胶颗粒、磁珠、微孔板和芯片等。

硝酸纤维素滤膜是常用的固相支持物 优点：a. 硝酸纤维素滤膜具有较强的吸附单链 DNA 和 RNA 的能力，特别在高盐溶液中，结合能力达到 $80\sim100\mu g/cm^2$。b. 杂交信号本底较低。由于硝酸纤维素滤膜非特异性吸附蛋白质的能力较弱，因此特别适合于那些涉及蛋白质作用（如抗体和酶等）的非放射性标记探针的杂交体系。

缺点：a. 硝酸纤维素滤膜同 DNA 的结合仅靠疏水性的相互作用，所以并不十分牢固，在洗膜时，特别是在高温条件下洗膜，DNA 会慢慢脱落，因而影响杂交效率。b. 硝酸纤维素滤膜比较脆，容易破裂，操作不方便。c. 硝酸纤维素滤膜在低盐浓度下同 DNA 结合的能力不强，因此不适宜电转移印迹法。d. 硝酸纤维素滤膜对于小分子量的 DNA 片段（特别是小于 200bp 的 DNA 片段）结合能力弱，不宜使用。

尼龙膜 优点：a. 经久耐用，核酸能够与多个不同的探针相继杂交而不损害尼龙膜。b. 不易破裂，操作方便。c. 在低离子强度的缓冲液中，适宜电转移印迹。缺点：杂交信号本底较高。尼龙膜主要用于以多探针对 RNA 进行的连续杂交实验。尼龙膜有两种基本类型：未经修饰的尼龙膜和带电荷修饰的尼龙膜。正电荷尼龙膜（带有氨基基团）表面具有较大的结合容量，更适用于转移和杂交。

基因芯片 又称 DNA 微阵列，通过自动化设备将皮摩尔（10^{-12} mol）级的微量特定寡核苷酸序列通过共价键固定在玻璃、塑料或硅片表面的纳米级点上，将制备的待检单链 DNA 片段在适宜的条件下与芯片进行杂交，再清洗掉未结合的片段，继续进行精密扫描，分析芯片上具体位置的荧光信号，即可获知所检测样本中是否存在相应片段。基因芯片根据用途不同分为多种类型，包括基因表达谱芯片、比较基因组杂交芯片、SNP 探测芯片、选择性剪切位点探测芯片和捕获芯片等。其具有高通量的特点，广泛应用于 DNA 测序；检测基因表达和表达差异；检测基因突变和基因组的多态性；病原分析；基因诊断和疾病预后分析；病理学、毒理学、药理学、疫苗研究和肿瘤研究等多个方面。

磁性微球 其固相支持物因为易于磁分离、便于自动化的优点而被广泛地应用在分子诊断领域，例如 LuminexR xMAPi 系统，通过流式细胞仪检测不同荧光颜色编码的微球，可以为各种生物学应用提供高通量的核酸检测平台，能够快速采集数据，灵敏度和特异性高，具备多重分析能力，用于检测人类的遗传性疾病，检测细菌、病毒和真菌病原体等。

微孔板　作为固相支持物，一般是与其他方法进行组合，例如核酸杂交和 ELISA 方法结合在一起进行检测，利用了核酸杂交技术特异性强、ELISA 方法信号检测方便的优点，主要用于病原微生物的核酸定量、基因分型、基因耐药突变，还可用于人类遗传性疾病、肿瘤及其他病原微生物的诊断和研究中。

③ 常用的固相杂交类型有印迹杂交、菌落原位杂交、斑点原位杂交、狭缝原位杂交、组织原位杂交。

a. 原位分子杂交是固相杂交中的一种，杂交过程中待测 DNA 处于未经抽提的染色体上，并在原位置上被变性成单链，与探针进行分子杂交。原位杂交与其他杂交技术主要区别在于待测碱基序列位于染色体上，不需要固相支持物。特点是可以准确定位目的 DNA 在染色体上的位置。因此在分子遗传学研究、癌基因定位、遗传性疾病临床诊断方面广泛应用。

b. 印迹核酸杂交根据核酸类型分为 DNA 和 RNA，即 Southern 杂交（Southern blot）和 Northern 杂交（Northern blot）。Southern 杂交是将 DNA 在凝胶中变性，形成单链 DNA 片段转移至硝酸纤维素滤膜上，再与互补配对的已标记的探针进行杂交反应，从而检测特定核酸片段的含量。Northern 杂交由 Southern 杂交演变而来，其被测样品是 RNA，是将 RNA 从琼脂糖凝胶中转印到硝酸纤维素滤膜上进行杂交反应，用于检测基因中特定 mRNA 分子的量与大小。

（2）液相核酸杂交　指待测核酸和探针都存在于杂交液中，探针与待检测核酸在液体环境中，按照碱基互补配对形成杂交分子的过程。但是液相核酸杂交不常用，主要原因是液相杂交后，在溶液中较难除去过量的未杂交的探针，影响实验结果的准确性。该方法较慢、费力，但其开拓了核酸杂交技术的研究视野。虽然此方法有各种弊端，但是随着杂交检测技术的不断进步，近年来商业检测试剂盒的开发等液相杂交技术得到了迅速发展。常用的液相杂交类型有：吸附杂交、发光液相杂交、液相夹心杂交、复性速率液相分子杂交等。

（3）核酸探针按照探针的类型和来源　可分为四种：DNA 探针、RNA 探针、cDNA 探针和寡核苷酸探针。

① DNA 探针　又称为基因组 DNA 探针，是应用最广泛的一类探针，长度为几百个碱基以上。现有的 DNA 探针种类很多，包括细菌、病毒、真菌、动物以及人体细胞的 DNA 探针。DNA 探针的获得有赖于分子克隆技术，首先从现有的基因文库中找到所需要的含目的基因片段的重组体，再通过克隆技术将目的基因重组到适当的质粒中，得到该基因的重组质粒，再将它转入合适的细菌体中。在制备探针时，只需将其从细菌体中提取出来，通过一定的方法回收、标记目的片段，即可得到 DNA 探针。

该探针的主要优点有：a. 保存在合适的菌体中，可以进行无限繁殖，制备方法简单；b. DNA 探针相对于 RNA 来说不易降解；c. DNA 探针标记方法成熟，标记方式多样。

② RNA 探针　这是一类有着广泛应用前途的核酸探针，优点：RNA 是单链分子，与靶序列的杂交效率高，在杂交过程中 RNA 探针不存在互补双链的竞争，不易产生非特异性杂交。缺点：容易降解，标记方法复杂。

③ cDNA 探针　是一类能与 mRNA 互补的探针，cDNA 是由 RNA 经一种称为逆转录酶的 DNA 聚合酶催化产生的，该酶以 RNA 为模板，根据碱基配对原则，按照 RNA 的核苷酸顺序合成 DNA。该类探针具有 DNA 探针的所有优点，同时不具有内含子以及

其他高度重复序列，是一类较理想的核酸探针。

④ 寡核苷酸探针　是以核苷酸为原料，通过 DNA 合成仪合成，避免真核细胞中存在的高度重复序列带来的不利影响。合成原则：探针长度为 $20\sim50nt$，分子量少，杂交时间比 DNA 探针短。碱基成分中（G+C）含量为 $40\%\sim60\%$，超出此范围会增加非特异性杂交；探针分子内不应该存在互补区，否则会出现抑制探针杂交的"发夹"状结构；避免重复出现单一碱基；一旦选定了某一序列符合以上标准，最好将该序列和核酸库中的核酸序列进行比对，探针序列应与靶序列核酸杂交，而与非靶区域的同源性不应超过 70%。常用的有 3 种：特定序列的单一寡核苷酸探针；较长而简并性较低的成套寡核苷酸探针；较短的而简并性较高的成套寡核苷酸探针。

（4）**核酸探针的标记**　理想的标记物应是与核酸结合后对核酸分子的主要理化特性没有影响，对杂交反应的特异性和杂交体的解链温度（T_m 值）没有较大影响，并且这种标记物应对环境没有污染，对人体无损害、价格低廉等。但是实际上很难找到一种与此完全吻合的理想标记物。目前，实验中主要采用的是放射性同位素和非放射性物质。

① 放射性同位素核酸探针的标记　最早采用的核酸探针标记方法是放射性同位素标记，最常用的放射性同位素有 ^{32}S、^{125}I、^{32}P 和 ^3H 等。

放射性同位素标记方法具有以下优点：a. 灵敏度高，可检测 $0.5\sim5pg$ 或更低浓度的核酸分子水平；b. 特异性强，放射自显影样品中不相关的核酸成分及非核酸分子不会干扰检测结果；c. 方法简便。缺点：a. 半衰期短，必须经常对探针进行标记；b. 费用高；c. 放射性同位素对人体有害，实验室及环境容易被污染，应小心处理放射性废物。

② 非放射性核酸探针的标记　一直以来科学家都在寻找一种安全可靠的标记物来取代放射性同位素标记物，近年来非放射性同位素已被广泛应用。优点：稳定性好，无放射性污染，保存时间长，处理方便。缺点：灵敏度和特异性不是很理想。非放射性标记物主要有 5 类（表 7-14）。a. 半抗原：磺酸胞嘧啶和地高辛都是半抗原，可以利用这些半抗原的抗体进行免疫学检测，根据显色反应检测杂交信号。这两种物质是目前使用较普遍的非核素标记物。b. 生物素：生物素与亲和素反应进行杂交信号的检测。c. 荧光素：如FITC、AMCA、罗丹明类等，可以观察到发出的紫色荧光，适用于细胞原位杂交。d. 化学发光探针：一些标记物可与某种物质反应产生化学发光现象，通过化学发光像核素一样直接使 X 射线胶片上的乳胶颗粒感光。化学发光探针可能是今后非核素标记研究的主要方向。

表 7-14　探针标记物

标记物性质	标记物	杂交体的检测法
半抗原	磺酸胞嘧啶 地高辛	酶标抗体+底物显色
生物素	Bio-ll-dUTP 光敏生物素 生物素肼	酶标亲和素或酶标抗生物素抗体显色
荧光素	罗丹明，FITC AMCA	直接荧光显微镜观察或酶标抗体+底物显色
酶	微过氧化物酶 碱性磷酸酯酶	直接底物显色或用酶标记+底物显色
化学发光	普通化学发光 生物化学发光 电致化学发光	直接测定或偶合反应或时间分辨

（5）核酸探针的标记方法

① 切口平移法

a. 原理：先用适量的 DNase I 在 Mg^{2+} 存在下，双链 DNA 上打开若干个单链缺口，利用 *E.coli* DNA 聚合酶 I 的 5'-3'核酸外切酶活性在切口处将旧链从 5'末端逐步切除。同时在 DNA 聚合酶 I 的 5'-3'聚合酶活性的作用下，顺序将 dNTP 连接到切口的 3'末端-OH 上，使生物素或同位素标记的互补核苷酸补入缺口。在这两种酶活性同时作用下，缺口不断向 3'方向移动，DNA 链上的核苷酸不断被标记的核苷酸取代，成为带有标记的DNA，纯化除去游离脱氧核苷酸后成为标记 DNA 探针。

b. 特点：各种螺旋状态（超螺旋、闭环及开环）及线性的双链 DNA 均可作为缺口平移法的标记底物，但单链 DNA 和 RNA 不能采用此方法进行标记。双链 DNA 小片段（100～200bp）也不是标记的理想底物。DNA 多聚酶必须是 *E.coli* DNA 多聚酶的全酶。DNA 模板要用纯化过的 DNA。

② 随机引物法

a. 原理：用六个核苷酸作为随机引物，将这些引物和探针 DNA 片段一起热变性，退火后，引物与单链 DNA 互补结合，再在 DNA 聚合酶的作用下，按碱基互补配对原则不断在其 3'末端-OH 添加标记的单核苷酸修补缺口，合成新的标记的探针片段。

b. 特点：除了能进行双链 DNA 标记外，也可用于单链 DNA 和 RNA 探针的标记。所得到的标记产物是新合成的 DNA 单链，而所加入的 DNA 片段本身并不能被标记。新形成才标记 DNA 单链的长度与加入寡核苷酸引物的量成反比，因为加入的寡核苷酸数量越多，合成起点也越多，得到的片段的长度也越短。按标准方法得到的标记产物长度一般为 200～400bp。

③ 末端标记法 用酶促反应将其中一端（5'或 3'端）进行部分标记。其特点是可得到全长 DNA 片段，DNA 片段并非均匀标记，标记活性不高。如 T4 DNA 聚合酶、T4 多核苷酸激酶、末端脱氧核苷酰转移酶和 Klenow DNA 聚合酶等。

④ 生物素光照法

a. 原理：光敏生物素是一种可用光照活化的生物素衍生物，它的乙酸盐很容易溶于水，在水溶液中将光敏生物素乙酸盐与需要标记的核酸混合，用强的可见光照射，就可将生物素标记在单链或双链的 DNA 或 RNA 上，形成稳定的共价结合。

b. 特点：方法简便易行、快速可靠、易于重复，不需特殊试剂，只需在水溶液中直接光照标记；适用面广，单链、双链 DNA 或 RNA 均可标记；标记核酸的量可从 1μg 至数毫克。标记核酸量较大时，标记后探针呈橘红色，便于观察；探针稳定性好，20℃贮存至少可达 12 个月不变；标记后的探针只需要用简单的乙醇沉淀法回收；标记物的检测灵敏度可达到 1～5pgDNA；没有放射性污染问题。

7.7.3 操作步骤和关键点

7.7.3.1 菌落原位杂交

（1）基本原理 菌落原位杂交是将细菌从培养平板转移到硝酸纤维素滤膜上，然后将滤膜上的菌落裂解释放出 DNA。借助同位素标记、酶促标记或化学标记探针筛选出带有目的基因的菌落。

（2）操作步骤

① 细菌的培养　按照细菌特点，将纯菌种点入特定培养基的平皿中，长成密度适中的菌落，用于转模。

② 转模　在含有选择性抗生素的琼脂平板上放一张硝酸纤维素滤膜。用无菌牙签将各个菌落先转移至滤膜上，再转移至含有选择性抗生素但未放滤膜的琼脂主平板上。应按一定的格子进行划线接种（或打点）。每菌落应分别位于两个平板的相同位置上。倒置平板，于37℃培养至划线的细菌菌落生长到 0.5～1.0mm 的宽度。用空的注射器针头穿透滤膜直至琼脂，在 3 个以上的不对称位置作标记。在主平板大致相同的位置上也作上标记。用封口膜封好主平板，倒置存于 4℃，直至获得杂交反应的结果。

③ 裂解　使长有菌落的膜面向上，将滤膜置于浸有 10％SDS 的普通滤纸上，勿使膜与纸之间有气泡，室温放置 3min；将滤膜转移至用变性液（1.5mol/L NaCl，0.5mol/L NaOH）浸透的滤纸上，室温放置 5min；将滤膜转移至用中和液（1.5mol/L NaCl，1mol/L Tris，pH 7.4）浸透的滤纸上，室温放置 5min；将滤膜转移至用 $2\times$SSC（柠檬酸钠缓冲液）浸透的滤纸上，室温放置 5min；将膜置于干的滤纸上，菌落面向上，于室温至少放置 30min，使滤膜干燥；用两张滤纸上下包夹滤膜，在普通烘箱内 65～70℃ 干烤 3～4h，固定 DNA。

④ 杂交　将制备好的滤膜小心放入杂交袋中，加入 30mL 的预杂交液，使膜全部浸入溶液中，55℃水浴摇床，轻摇 4h；将标记好的寡核苷酸探针以终浓度为 50ng/mL 加入预杂交液（30％去离子甲酰胺，$6\times$SSC，0.1％SDS，$1\times$Denhardt，0.1mg/mL 变性鲑鱼精 DNA）中，混匀后，55℃水浴摇床杂交过夜。

⑤ 洗膜　剪开杂交袋，用镊子取出膜，放入装有 20mL 的 $2\times$SSC 0.1％SDS 溶液的平皿中，在室温下振荡洗涤 2 次，每次 5min；用镊子将膜转入 $0.1\times$SSC 0.1％SDS 溶液（先放 50℃水浴预热）中，50℃水浴振荡洗涤 2 次，每次 15min；用镊子将膜取出转入装有 20mL 洗涤缓冲液（$1\times$顺丁烯二酸缓冲液，0.3％体积分数 Tween-20）的平皿中振荡洗涤 5min。

⑥ 显色　在杂交和严谨的洗涤后，在洗涤缓冲液中浸润 1～5min；在 20mL 的阻断液中孵育 30min；在 10mL 的抗体液中孵育 30 分钟；在 20mL 洗涤液中洗涤 2 次，每次 15min；在 15mL 检测缓冲液中平衡 2～5min；在避光条件下，于 10mL 新鲜制备的显色底物液中反应显色，在显色过程中勿摇动；当达到所需要的点或带强度后，用 50mL 的双蒸水将膜漂洗 5min 终止反应。

7.7.3.2　斑点杂交

斑点杂交是将被检标本（变性 DNA 或 RNA，细胞培养物等）点到滤膜上，一张膜上可同时检测多个样品，为使点样准确方便，市售有多种多管吸印仪，如 Minifold Ⅰ 和 Ⅱ、Smart Blotter（Wealtec）、Bio-Dot（Bio-Rad）和 Hybri-Dot，有许多孔，样品加到孔中，在负压下就会流到膜上呈斑点状或狭缝状。反复冲洗进样孔，取出膜烤干或紫外线照射固定标本。与已标记探针进行杂交，洗膜，显色，检测到目的抗原。

7.7.3.3　Southern 杂交

（1）基本原理　分析基因结构或检测 DNA 中是否含有特定序列，是研究 DNA 图谱的基本技术，主要用于遗传病诊断、DNA 图谱分析及 PCR 产物分析。先将 DNA 片段做凝胶电泳，并将电泳后的 DNA 区带吸附到膜上，与已标记探针进行杂交，显色，检测 DNA 样品中含有的特定 DNA 序列。

（2）操作步骤

① 待测 DNA 样品的制备　提取基因组 DNA，用 DNA 限制性酶消化基因组 DNA，切割成大小不同的片段。将消化后的样品直接或浓缩后进行电泳分离。

② 琼脂糖凝胶电泳分离待测 DNA 样品　在恒定电压下，将 DNA 样品放在 0.8%～1.0% 琼脂糖凝胶中进行电泳。琼脂糖凝胶的选择，根据大片段需要低浓度的胶，小片段需要高浓度的胶。经电泳后，DNA 按分子大小在凝胶中形成许多条带。

③ 电泳凝胶预处理　DNA 样品在制备和电泳过程中始终保持双链结构。将电泳凝胶浸泡在 0.25mol/L 的 HCl 溶液中进行短暂的脱嘌呤处理，再移至碱性溶液中浸泡，使 DNA 变性并断裂形成较短的单链 DNA 片段，再用中性 pH 缓冲液中和凝胶中的缓冲液。

④ 转膜　将琼脂糖凝胶中的单链 DNA 片段转移到固相支持物上。此过程最重要的是保持各 DNA 片段的相对位置不变，因此称为印迹（blotting）。

⑤ 预杂交　将转印后的滤膜浸泡在含有预杂交液的封闭塑料袋中，水浴摇床过夜。预杂交液实际上就是不含探针的杂交液，主要含有鲑鱼精子 DNA（该 DNA 与哺乳动物的同源性极低，不会与 DNA 探针杂交）、牛血清等，这些大分子可以封闭膜上所有非特异性吸附位点。

⑥ 杂交　转印后的滤膜在预杂交液中温育 4～6h，即加入标记的探针，进行杂交反应。杂交是在相对高离子强度的缓冲盐溶液中进行。杂交过夜，然后在较高温度下用盐溶液洗膜。

⑦ 洗膜　取出转印后的滤膜，使用洗涤液进行洗膜，注意在此过程中要不断振荡。

⑧ 显色　根据探针的标记物，选择不同的显色方法。

7.7.3.4　Northern 杂交

用于研究特定类别的 RNA 分子的表达模式（丰度和大小），是将 RNA 从琼脂糖凝胶中转印到滤膜上的方法，其他步骤与 Southern 杂交一样。需要注意几点：进行琼脂糖凝胶电泳时，不能在胶中加入 EB 染色，会影响 RNA 与滤膜的结合。在进样前用甲基氢氧化银、乙二醛或甲醛使 RNA 变性，NaOH 会水解 RNA 的 $2'$-羟基基团。RNA 在高盐溶液中进行转印，但在烘烤前与膜结合得不牢固，转印后用低盐缓冲液洗脱。

7.7.3.5　组织原位杂交

简称原位杂交，指组织或细胞的原位杂交，它与菌落原位杂交不同，菌落原位杂交需裂解细菌释放出 DNA，然后进行杂交，而原位杂交是经适当处理后，使细胞通透性增加，让探针进入细胞内与 DNA 或 RNA 杂交，因此原位杂交可以确定探针互补序列在胞内的空间位置，可用于检测细胞合成多肽或蛋白质的基因表达。基本方法：组织、细胞或染色体的固定、具有能与特定片段互补的核苷酸序列（即探针）、有与探针结合的标记物。

7.7.3.6　荧光原位杂交

20 世纪 80 年代末在放射性原位杂交技术基础上发展起来的一种非放射性分子生物学和细胞遗传学结合的新技术，是以荧光标记取代同位素标记而形成的一种新的原位杂交方法。

7.7.4　主要技术特点

（1）探针的选择　原则是敏感性高、特异性好、稳定性好的探针。

（2）探针的标记　选择敏感性高、特异性好、稳定性好，无放射性污染，保存时间长，处理方便，非放射性标记物进行标记。

（3）杂交固相物的选择　根据需要选择，尼龙膜韧性好，转膜时不容易破裂，但是杂交信号本底较高；硝酸纤维素滤膜，杂交信号本底低；高通量可选择基因芯片、磁性微球等。

（4）杂交温度的选择　对于寡核苷酸探针，可用下列公式计算 T_m 值，$T_m = 81.5 + 16.61gM(Na^+) + 0.41(G\% + C\%) - (500/N) - 0.61(甲酰胺\%)$，杂交温度的选择低于 T_m 值 $10 \sim 15℃$。杂交温度的确定是试验是否成功的一个关键因素。

（5）盐浓度、pH、变性剂浓度　必须严格控制，需要预实验进行摸索。杂交时用的盐粒子浓度较低、甲酰胺浓度较高（50%或更高）、较高的杂交温度（最高可用68℃），这时只有完全互补的核酸才能杂交，并保持双链核酸构象。

（6）杂交时间的选择　根据杂交探针、杂交方法、杂交膜选择时间，时间的长短影响杂交信号的本底。

7.8

核酸片段多态性分析

核酸片段多态性分析技术即DNA分子标记（molecular marker），是以生物大分子多态性为基础的分析技术，该技术具有超越传统的形态标记（morpho logical marker）、细胞学标记（cytological marker）和生化标记（biochemical marker）的显著优点，它的出现使遗传分析的准确性和有效性得到更好的保证。随着核酸片段多态性分析技术的进步，目前发展出的一、二、三代标记技术出现了十几种不同的标记分类，不同的核酸片段多态性分析技术因原理的不同，而呈现出不同的技术特点。本节集中介绍了限制性内切酶片段长度多态性、随机扩增多态性、简单重复序列、扩增片段长度多态性和单核苷酸多态性等常见的核酸片段多态性的分类、操作步骤、关键点及其主要技术特点，为生物多样性研究、生物资源的鉴定和应用提供了多种可供选择的方法。

7.8.1　发展历史

任何物种都有其特定的遗传物质，随着进化的选择，生物基因组DNA的不同区域也具有不同遗传的多样性。通过分析生物体遗传物质 DNA 的多态性可诊断其内在的基因顺序与外在的性状变化。而标记技术能检测出核酸碱基序列的变异，目前，遗传学标记主要包括形态标记、细胞学标记、生化标记和 DNA 分子标记 4 种类型，其中以 DNA 多态性为基础的遗传标记是 DNA 分子标记，它更能直接反映生物个体或群体间基因组中的特异性。经过几十年的发展，核酸片段多态性分析技术已增至十多种。1974 年，Grozdicker 等人在鉴定腺病毒 DNA 突变体的研究中，首次利用限制性内切酶酶切 DNA 获得差异性的 DNA 片段并实现同源 DNA 序列的变异分析，这标志着限制性内切酶片段长度多态性（restriction fragment length polymorphism，RFLP）标记技术的诞生。1980 年，人类遗传学家 Bostein 的研究，标志着以传统 Southern 杂交为基础的第一代分子标记技术的成熟。随着技术进步，第二代标记技术发展并逐步细分为两类——基于聚合酶链式反应为核心的分子标记技术和基于 PCR 与限制性酶切技术结合的 DNA 标记技术，主要包括：1982 年 Hamada 开发的简单重复序列（simple sequence repeat，SSR）标记技术、1990 年 Williams 发明的随机扩增片段多态性 DNA（randomly amplified polymorphic DNA，RAPD）标记技术和 1993 年 Zabeaut 发明的扩增片段长度多态性（amplified fragment length polymorphism，AFLP）标记技术等。1996 年在人类基因组计划实施过程中该中心负责人 ES Lander 等人发现了单核苷酸多态性（single nucleotide polymorphism，SNP），它是目前最常见、最丰富的 DNA 序列变化形式，是一种最常见的遗传变异，该遗传标记的出现标志着第三代标记技术的诞生。依据分类的差异，主要的核酸片段多态性分析技术见表 7-15。

技术代别	标记名称	核心技术
1 代	限制性内切酶片段长度多态性，RFLP	分子杂交
2 代	随机扩增多态性，RAPD	随机 PCR
	内部简单重复序列，ISSR	PCR
	任意引物 PCR，AP-PCR	PCR
	DNA 扩增指纹印记，DAF	PCR
	简单重复序列，SSR	重复序列
	序列标记位点，SRS	重复序列
	序列特异性扩增区，STS	特异 PCR
	单引物扩增反应，SCAR	PCR
	DNA 单链构象多态性，SSCP	PCR
	双脱氧化指纹法，ddF	PCR
	扩增片段长度多态性，AFLP	酶切和 PCR
	酶切扩增多态性序列，CAPS	酶切和 PCR
3 代	单核苷酸多态性，SNP	数据/杂交/PCR/酶切/测序

表 7-15　主要核酸片段多态性分析技术分类

7.8.2　反应原理和分类

7.8.2.1　限制性内切酶片段长度多态性分析

限制性内切酶片段长度多态性（RFLP）标记技术是最早的 DNA 标记技术，也是分子生物学重要的分析方法之一，以分子杂交技术为基础，用于检测 DNA 序列的多样性。根据 RFLP 产生的原因该分析技术可以分为三种类型，单碱基突变型、序列重排型和甲基化类型，具体见表 7-16。

表 7-16 RFLP 分类和产生原因

类别	等位片段	产生的原因
单碱基突变型	两个	DNA 链中的单个碱基突变，丢失原有酶切位点/形成新的酶切位点，也称为点多态性
序列重排型	两个/两个以上	DNA 链发生突变（包括缺失、重复、易位和插入等）变异，改变原有酶切位点在基因组中的相对位置，但其本身酶切识别位点未变
甲基化类型	两个	限制性位点的碱基甲基化后，丢失原有酶切位点/形成新的酶切位点

该技术使用一种或几种限制性内切酶（restriction endonuclease）专一地识别不同个体或种群间基因组 DNA 的特定核苷酸序列，消化切割后产生长度数量不等的限制片段。当生物个体或种间的碱基发生变异，如突变、插入、缺失或者重排时，可能导致酶切位点的改变，从而引起酶切后限制性片段的种类、长度、数量的差异。可利用聚丙烯酰胺凝胶电泳分离酶切后的限制片段，不同数量、大小的限制片段转印于膜支持物后，再与相应的分子探针进行 Southern 印记杂交，通过放射自显影（化学发光或化学显色）进行检测，并形成特异性图谱，最终反映出生物个体或群体间基因组 DNA 序列的差异，如图 7-4。

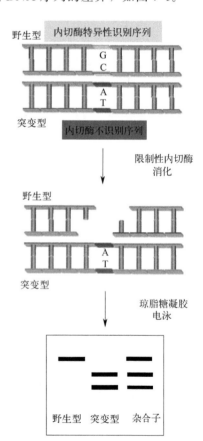

图 7-4 RFLP 检测原理

另外，在使用限制性内切酶片段长度多态性分析基因组 DNA 时，一般选择一种限制性内切酶，特殊情况下，也可分别用不同的限制性内切酶。多种限制性内切酶可用于该分析技术，如 *Hind*Ⅲ、*Bam*HⅠ、*Eco*RⅠ、*Eco*RⅤ、*Xba*Ⅰ等。印迹常用的转移膜选择时，需考虑目的片段与不同种类膜支持物的结合能力和膜孔径大小等，常用的有硝酸纤维素膜（nitrocellulose filter membrane，NC 膜），此外还有尼龙膜和滤纸等。选定的膜支持物还与后续显色检测方法相关。

限制性内切酶片段长度多态性分析中使用的 Southern 印记杂交有毛细管转移法、电转移和真空转移法三种方法。相对应的分子探针可以是纯化的 DNA 探针、RNA 探针或是人工合成的寡核苷酸探针，不同类型的探针用量不同，一般 RNA 探针用量多于 DNA 探针，而寡核苷酸探针最少。在 Southern blot 中，由于 DNA 大都是以双螺旋的形式存在，所以在使用 DNA 探针时，需要先将探针在 100℃变性为单链，然后再进行分子杂交，如本身为单链的探针则无需变性。对于具有与目标序列同源序列的核酸探针，通常会使用放射性元素、荧光染料或酶（与相应底物孵育可产生化学发光信号），如 Q-32p、地高辛标记 dUTP 等进行标记。如何选择合适的探针标记物主要取决于探针或探针模板的性质、所需的灵敏度、定量要求等因素。同时，不同探针适用的标记方法也不同，以地高辛标记核酸探针为例，其主要标记方法见表 7-17。

表 7-17　地高辛标记核酸探针的主要标记方法

探针种类	主要标记方法		
DNA 探针	PCR 掺入法	随机引物法	切口平移法
寡核苷酸探针	3′末端标记法	5′末端标记法	3′末端加尾法
RNA 探针	RNA 聚合酶 SP6、T7 或 T3 体外转录		

7.8.2.2　随机扩增多态性

随机扩增多态性 DNA 标记（RAPD），又称任意引物 PCR，是一种不必预先知道 DNA 序列信息而进行核苷酸序列多态性检测的方法。RAPD 技术以 PCR 技术为基础，通常将单个随机排列的寡核苷酸单链（8～10nt）作为扩增引物（一般称为正向引物），对基因组 DNA 模板进行随机 PCR 扩增。产生的特定扩增产物经琼脂糖凝胶电泳分离溴乙锭染色后，利用紫外线进行检测。在使用该技术分析基因组 DNA 的多态性时，单个随机引物可检测部分基因组 DNA 多态性的区域，如果是使用一系列（常常是数百个）不同的随机引物，那么就可以实现对整个基因组 DNA 多态性的检测。

每个特定随机引物在基因组 DNA 上有多个特定的结合位点，经过基因组 DNA 变性解链（90～94℃），较低温度（36～37℃）退火和 72℃延伸后而产生不同长度的 DNA 片段，然后以这些片段为模板继续大量扩增。理论上，同一基因组 DNA，用相同的特定随机引物扩增既可能得到相同的带谱（具有同源性的基因组 DNA），也可能得到不同的带谱。一般来说，基因组复杂性越高所产生的扩增条带数也越多。如果基因组 DNA 在特定结合位点区域发生变异（如 DNA 片段插入、缺失或碱基突变），可能就会导致这些特定结合位点的分布发生变化，进而引起扩增产物的数量和大小发生改变。

7.8.2.3　简单重复序列

简单重复序列（SSR），也称为微卫星 DNA（microsatelite，MS）或短串联重复序列（short tandem repeat，STR），通常是基因组中由 1～6 bp 核苷酸核心序列组成的一段串联重复 DNA 序列。事实上，在各类真核生物基因组 DNA 复制或修复过程中，因为核苷酸链的滑动错配或者减数分裂期姐妹染色单体不均等交换等因素，所以使得 1 个或几个重复序列插入或缺失改变了简单重复序列的长度，从而导致简单重复序列在位置和数量上的差异，决定了生物的高度多态性（PIC 值大于 0.7）。

简单重复序列两端侧翼序列多是保守的单拷贝序列，可根据这两端的序列设计一对含有一定长度和重复序列的 SSR 引物，因为它结合的目标序列在 DNA 复制的过程中存在滑动和不均等交换现象，所以它们在不同品种或个体间的重复次数存在较大差异，因此通过 PCR 反应会扩增出包含简单重复序列的 DNA 序列，如图 7-5。由于核心序列串联重复数目不同，导致扩增出的 PCR 片段长度不同，扩增的各片段经凝胶电泳分离后，根据其大小能进行基因分型和计算等位基因发生的频率。

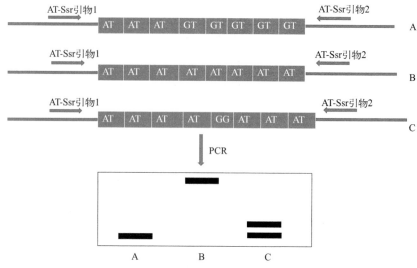

图 7-5　SSR 原理图
A、B、C—3 种类型核心序列的基因

　　每个简单重复序列都由核心序列和侧翼序列组成，其核心序列呈串联重复排列。侧翼序列位于核心序列的两端，是保守的特异单拷贝序列，能使 SSR 特异地定位于染色体常染色质区的特定部位。核心序列重复串联数目不同，但每个 SSR 的核心序列结构却相同，最常见的是两个核苷酸（AT）n 和（GT）n 重复序列，少数情况下有 1 个、3 个、4 个或更多核苷酸的重复序列出现，所有的单核、双核、四核苷酸重复序列都分布在非编码区，而在含 GXC（其中 X 为 A/T/C/G 任意核苷酸）碱基对的三核苷酸重复序列中有 57% 位于编码区。重复序列划分时一般认为：CA＝AC＝GT＝TG；AGC＝GCA＝CAG＝GCT＝CTG＝TGC。根据 SSR 核心序列排列方式的不同，可分为 3 种类型见表 7-18，其中完全型是 SSR 标记中应用较多的一种类型。

表 7-18　SSR 核心序列排列方式分类

名称	定义	示例
完全型/单一型	指核心序列以不间断单一的重复单元首尾相连组成的序列	（AT）n： AT AT AT AT AT
间隔型	核心序列由其他连续的非重复碱基分隔开的序列	（GT）n（GT）m： GT GT GT GT GTGG GT GT GT GT GT
复合型	指 2 个或 2 个以上的重复单元串联组成的序列	（AT）n（GT）m： AT AT AT AT AT GT GT GT GT GT

注：n 代表重复数目；m 代表与 n 不同的重复数目。

7.8.2.4　扩增片段长度多态性

　　扩增片段长度多态性（AFLP）标记技术，是一种基于 PCR 反应的选择性扩增限制性片段方法，它高效地融合了 RFLP 和 PCR 两类技术的特点。在进行扩增片段长度多态性分析时，基因组 DNA 被两种不同的限制性内切酶双酶切，产生分子量大小不同的酶切 DNA 片段（含酶切位点的黏性末端），使用连接酶将以上酶切 DNA 片段的黏性末端和人工合成的双链接头连接，将其互补成为 DNA 模板进行预扩增，然后根据基因组的大小，选择在接头互补链上添加 1～3 个选择性核苷酸的不同引物，对模板 DNA 进行选择性扩增，获得的产物通过聚丙烯酰胺凝胶电泳分离，然后根据引物的标记物质进行相应的产物检测，检测方法主要包括放射自显影检测、银染检测和荧光检测等，如图 7-6。

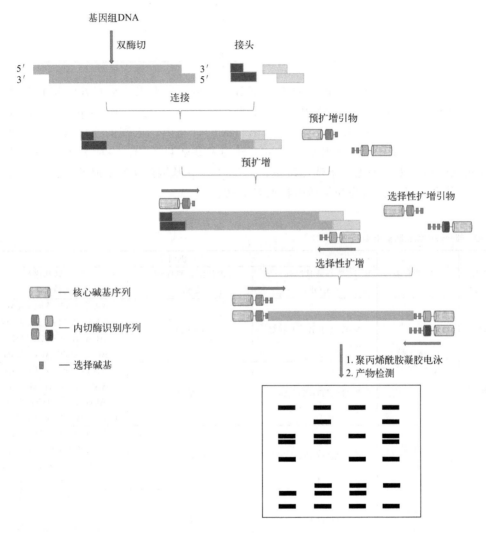

图 7-6　AFLP 原理图

AFLP 分析的准确度与限制性内切酶的选择有直接关系，常用的内切酶有：*Eco*R I 、*Pst* I 、*Sac* I 、*Mse* I 和 *Taq* I 等，具体的酶切位点、最适温度、相关的人工接头见表 7-19。AFLP 分析时，可使用以上内切酶进行单酶切、双酶切或者三酶切，一般情况下，多采用两种不同的限制性内切酶进行双酶切，即由一种稀有位点酶（如 *Eco*R I 、*Pst* I 和 *Sac* I 等）和另一种多切点酶（*Mse* I 和 *Taq* I 等）进行组合酶切。内切酶组合的选择需结合生物体自身的特点来决定，高（G＋C）含量的基因组需选择识别位点富含（G＋C）的内切酶组合，相反则选择富含 AT 的内切酶组合。

表 7-19　常用内切酶酶切位点、最适温度、人工接头

注：人工接头中 E 代表 EcoR Ⅰ，ad 代表接头，其他依此类推。

内切酶	酶切位点	最适反应温度	人工接头
*Eco*R Ⅰ	G↓AATTC CTTAA↓G	37℃	Ead
Pst Ⅰ	CTGCA↓G G↓ACGTC	37℃	Pad
Sac Ⅰ	GAGC↓T C↓TCGAG	37℃	Sad
Mse Ⅰ	T↓TAA AAT↓T	65℃	Mad
Taq Ⅰ	T↓CGA AGC↓T	65℃	Tad

涉及预扩增和选择性扩增的引物有 3 部分，包括：与人工接头互补的核心碱基序列（core sequence，CORE）、限制性内切酶识别序列（enzyme-specific sequence，ENZ）和 3′末端的选择碱基序列（selective extension，EXT），其中 3′末端的选择碱基数目决定了 AFLP 扩增片段的数目。不同大小基因组选择的碱基数目不同，一般大于 10^8 bp 基因组 DNA 可在引物 3′末端加上 3 个选择碱基；$10^5 \sim 10^8$ bp 基因组 DNA 则可加上 2 个选择碱基。配套使用的部分预引物和扩增引物见表 7-20。

表 7-20　部分预引物和随机引物

预引物	对应酶种类	随机引物		
		核心碱基序列 CORE	内切酶识别序列 ENZ	选择碱基序列 EXT(3 个)
EA	*Eco*R Ⅰ 端引物	5′-GACTGCGTACC	AATTC	AAA/AAT/AAC/AAG/ ATA/ ATT/ATC/ATG/ ACA/ACT/ACC/ACG/ AGA/AGT/AGC/AGG/
EC		5′-GACTGCGTACG	AATT	AAT/TGC/GAC/TGA/ AAC/GCA/ ATG/AGC/ ACG/TAG/TCG/GTC/ GGT/CAG/CTG/CGG/CCA
P	*Pst* Ⅰ 端引物	5′-GACTGCGTACA	TGCAG	AGA/AGT/CAC/CAG/ CCA/CTG/GCA/GCT/ GGA/GGT/ GTT/TGA/ TGT/TGC/ACA/ACT
SA	*Sac* Ⅰ 端引物	5′-GACTGCGTACA	AGCTC	AAA/AAT/AAC/AAG/ ATA/ ATT/ATC/ATG/ ACA/ACT/ACC/ACG/ AGA/AGT/AGC/AGG/
MC	*Mse* Ⅰ 端引物	5′-GATGAGTCCTGAG	TAA	CAA/CAT/CAC/CAG/ CTA/ CTT/CTC/CTG/ CCA/CCT/CCC/CCG/ CGA/CGT/CGC/CGG/
MG				GAA/GAT/GAC/GAG/ GTA/ GTT/GTC/GTG/ GCA/GCT/GCC/GCG/ GGA/GGT/GGC/GGG/

预引物	对应酶种类	随机引物		
		核心碱基序列 CORE	内切酶识别序列 ENZ	选择碱基序列 EXT(3 个)
TC	*Taq* I 端 引物	5'-GATGAGTCTGTCA	CGA	CAA/CAT/CAC/CAG/ CTA/ CTT/CTC/CTG/ CCA/CCT/CCC/CCG/ CGA/CGT/CGC/CGG/
TG				GAA/GAT/GAC/GAG/ GTA/ GTT/GTC/GTG/ GCA/GCT/GCC/GCG/ GGA/GGT/GGC/GGG/

7.8.2.5 单核苷酸多态性

单核苷酸多态性（SNP），主要是指在基因组水平上由单个核苷酸 A、T、C、G 的变异所引起的 DNA 序列多态性，该多态性占已知多态性的 90％以上。在基因组内特定核苷酸位置上（SNP 位点）可以有 4 种不同的变异形式，包括转换（CT、GA）、颠换（CA、GT、CG、AT）、单个碱基的插入或单个碱基的缺失，但实际变异时只发生转换和颠换这两种形式，而且变异频率大于 1 ％。SNP 在 CG 序列上出现频繁且多是 C→T 转换，这是因为 CG 序列中含有的甲基化 C 常自发地脱去氨基而形成胸腺嘧啶 T 残基。

按 SNP 在基因组 DNA 的位置可以分为 3 类，如表 7-21，基因编码区 SNPs(coding-region SNPs，cSNPs)、基因周边 SNPs(perigenic SNPs，pSNPs) 和基因间 SNPs(inter-genic SNPs，iSNPs)。根据基因编码区 SNPs 是否改变生物的遗传性状，又可进一步分为"同义的"和"非同义的"，同义 cSNP 是指 SNP 所致的编码序列改变不影响其翻译蛋白质的氨基酸序列，即突变碱基与未突变碱基的含义相同；而非同义 cSNP 指突变碱基可使其对应翻译的蛋白质序列发生改变，从而影响蛋白质的功能。非同义 cSNP 常是导致生物性状改变的直接原因，而 cSNP 中约有一半为非同义 cSNP。

表 7-21 SNP 的分类

按基因中的位置	按生物的遗传性状
cSNPs	同义 cSNP
	非同义 cSNP
pSNPs	—
iSNPs	—

目前筛选已知或未知 SNP 多态性的检测技术大致分为 6 大类共 20 多种，包括：①数据库法，利用生物信息学方法从已有的数据库中搜寻 SNP，如表 7-22，常用的分析软件有 Polybayes 和 SNP pipeline；②基于杂交的方法，如等位基因特异寡核苷酸片段分析（ASO）、基因芯片技术（gene chips）、TaqMan 探针技术、动态等位基因特异性杂交 DASH 和分子信标技术等；③基于酶或 PCR 的方法，如 DNA 聚合酶（等位基因特异性 PCR、多重等位基因特异性 PCR、引物延伸法、焦磷酸测序法）、连接酶、限制性内切酶、外切酶 FEN、RNaseH 等；④以构象为基础的方法，如单链构象多态性（SSCP）、化学或酶错配修饰分析、变性梯度凝胶电泳（DGGR）、变性高效液相色谱（DHPLC）等；⑤测序的方法，包括 Sanger 测序法、微测序技术、二代测序法等；⑥其他方法，包括 Mu 转座子检测和双链 DNA 解链的动力学检测等。

表 7-22 SNP 数据库

序号	名称	主要内容
1	dbSNP 单核苷酸多态性数据库	全基因组 SNP
2	HapMap 国际人类基因组单体型计划网	四个区域全基因组 SNP
3	HGVbase 人类基因组变异数据库	包括 SNP 和突变的所有单核苷酸变异的补充数据库
4	JSNP	日本的 SNP
5	PharmGKB 遗传药理学和药物基因组学数据库	药物基因组 SNP
6	SNP500Cancer	癌症基因 SNP
7	NIEHS（国立环境健康科学研究所）SNPs 计划	环境应激基因 SNP
8	Human Cytochrome P450（CYP）Alle Nomenclature 细胞色素 P450 等位基因命名委员会 Committee	人类细胞色素 P450 基因 SNP

7.8.3 操作步骤和关键点

不同的核酸片段多态性分析方法的操作步骤因原理不同而异，但每种分析方法都需要以基因组 DNA 为研究基础。针对不同生物、不同种类或同一种类不同组织的基因组 DNA，提取分离方法不同则获得的 DNA 质量和浓度也会不同。常见的基因组 DNA 提取方法有 CTAB 法和 SDS 法。提取高质量的基因组 DNA 并保证其完整性是限制性内切酶片段长度多态性、随机扩增多态性、简单重复序列、扩增片段长度多态性和核苷酸多态性分析等研究所必需的，同时，除了提取时裂解液的 pH 值会影响核酸的质量以外，还应适时考虑在提取过程中除去组织中富含的多糖或酶类物质，以避免在酶切、PCR 反应中引起较强的抑制作用。

7.8.3.1 限制性内切酶片段长度多态性的操作步骤和关键点

（1）RFLP 主要操作步骤

① 基因组 DNA 提取　采用 CTAB 或 SDS 法提取基因组 DNA。（方法视 DNA 来源而异）

② 基因组 DNA 的酶切　选用合适的限制性核酸内切酶对基因组 DNA 进行酶切。以 $50\mu L$ 酶切体系为例：$5\mu g$ 基因组 DNA（DNA 分子量大于 50kb 为宜）、$5\mu L$ $10\times$酶切缓冲液、20 单位（U）合适的限制性核酸内切酶一种，加 ddH_2O 至 $50\mu L$。振荡混匀，加入矿物油覆盖后离心，37℃反应过夜。

③ 电泳分离　酶切完毕后，经 0.8%～1.0%琼脂糖凝胶电泳分离，酶解出来的各长度 DNA 片段因大小不同而彼此分开，溴乙锭染色后，在紫外线下观察各种限制性片段的大小及其位置。

④ Southernblot 印记转移　将凝胶块浸没于 0.25mol/L HCl 中脱嘌呤 10min 后取出，去离子水漂洗后转至变性液变性 45～60min，去离子水二次漂洗后转至中和液中和 30min，最后转移至预处理的膜支持物上。以 NC 膜毛细管转移法为例：取出转移后的 NC 膜，用滤纸吸干，NC 膜光面朝上平铺于变性液中变性，重复中和两遍，每遍 5min。通过毛细作用在高盐缓冲液中以原位将单链核酸转印到 NC 膜上，80℃烘烤 1～2h，印记

膜可立即进行预杂交和杂交，也可保存于4℃备用。

⑤ 预杂交　在进行杂交前，为避免印记膜直接结合探针DNA，必须将印记膜上所有能与DNA结合的位点全部封闭。不同的杂交液因配方不同杂交温度也会有差异，标准杂交液的杂交温度为42℃，其他杂交液最佳杂交温度的确定（Thyb）需要结合探针、靶基因和杂交液各因素。以此为例，预杂交时，印记膜先浸入2×SSC中5min，除净后加入42℃预热的预杂交液，$100\mu g/mL$ 鲑鱼精DNA变性后加入，混匀，置于42℃水浴中温育4h。

⑥ 杂交　将已标记好的探针沸水浴中变性10min，立即放入冰水浴冷却10min（探针一经变性，立即使用）。倒出浸泡印记膜的预杂交液，换入等量新的已升温至42℃的杂交液（含变性的鲑鱼精DNA），迅速将变性探针和杂交液混匀，42℃杂交过夜。

⑦ 洗膜　杂交后，使用高、低严格度不同的缓冲液进行多次洗涤，除去未杂交的探针。其中低严格度洗涤（如使用2×SSC或SSPE）可除去杂交溶液和未杂交的探针。高严格度洗涤（如使用0.1×SSC或SSPE）可除去部分杂交的分子探针。洗膜完成后只有完全杂交的标记探针分子与目标区域的互补序列保持结合。

⑧ 显色检测　在结果分析中，使用所用标记物对应的方法检测结合的标记探针。a. 可以使用X射线胶片或磷光成像仪器检测放射性标记探针；b. 化学发光检测：使用封闭剂对洗膜进行处理，依次加入酶联抗体-半抗原复合物和化学发光底物CSPD或CDP-Star，充分反应后在X光片上曝光记录化学发光信号；c. 化学显色检测：同化学发光检测的显色原理相同，不同的是化学显色加入的显色底物是X-磷酸盐（BCIP）和氮蓝四唑盐（NBT），它与酶联抗体-半抗原（DIG）复合物在酶促作用下呈现蓝紫色，时间越长颜色越深，24h终止反应后记录。

（2）RFLP的关键点　RFLP分析时，被酶切的基因组DNA浓度不能太高且应尽量保持完整，避免机械性操作使DNA断裂，从而出现RFLP图谱假象。酶消化过程要充分，可通过 $5\mu L$ 酶切反应液的琼脂糖电泳观察基因组DNA是否酶切彻底，如果酶切不充分电泳将观察到大于30kb的明显亮带出现。为防止加入的限制性内切酶过量，酶切后，有必要加入EDTA，65℃进行灭活。另外，未酶切的DNA还需防止发生降解。电泳时，选用的琼脂糖凝胶多为0.8%浓度，特殊情况下分辨大片段DNA使用较低浓度的胶，反之，使用较高浓度的胶。必要时，酶切片段乙醇沉淀浓缩后再进行电泳分离。洗膜的关键在于洗膜的条件与探针标记、探针与靶DNA间序列互补情况以及G、C含量有直接关系。探针应避免反复冻融；使用寡核苷酸探针的杂交温度比 T_m 低约10℃。在显色检测的时候，自显影的时间需根据杂交膜上放射性元素和化学发光/显色底物来决定。

7.8.3.2　随机扩增多态性的操作步骤和关键点

（1）RAPD主要操作步骤

① 基因组DNA提取　采用CTAB或SDS法提取基因组DNA。（方法视DNA来源而异）

② DNA质量检测　用紫外分光光度计分别测定基因组DNA溶液在260nm、280nm波长下的OD值，以及 OD_{260}/OD_{280}，计算样品的纯度，并通过260nm处的吸光值计算基因组DNA含量。取 $10\mu L(100\sim200ng)$ 基因组DNA于0.8%琼脂糖凝胶中电泳，电压5V/cm，电泳1.5h，于紫外投射仪下检测基因组DNA。根据试验需要调整DNA浓度（20～30mg/L）。

③ RAPD-PCR 扩增　以需分析的基因组 DNA 为基础，检索相关文献，初步确定 RAPD-PCR 扩增体系中各组分的浓度，然后将模板 DNA、随机引物、$10 \times$ PCR buffer、$MgCl_2$、dNTP、Taq DNA 聚合酶依次加入 PCR 反应体系，最后补足 ddH_2O，混匀离心，扩增试剂表层加入矿物油后进行扩增。一般情况下，RAPD 反应设置的条件是：94℃预变性 $60 \sim 120s$，$92 \sim 95$℃变性（常用 94℃）$30 \sim 60s$；$35 \sim 40$℃退火 $30 \sim 90s$，72℃延伸 $60 \sim 120s$，经过 $40 \sim 45$ 个循环后，于 72℃保温 $5 \sim 20min$。循环结束后，反应产物置于 4℃保存。根据扩增结果，对各组分浓度和反应条件逐个进行优化，确定 RAPD-PCR 扩增各组分的最佳浓度和扩增反应条件。

④ 检测　以最佳浓度和反应条件完成 PCR 扩增后的 RAPD 片段，必须通过分离进行检测，分离的方法包括琼脂糖凝胶电泳、聚丙烯酰胺凝胶电泳等，而最常用的是琼脂糖凝胶电泳。电泳分辨率高便于检测结果的观察，通过增加凝胶长度至 20cm 或提高浓度至 2% 可有助于琼脂糖凝胶提高分辨率，聚丙烯酰胺和银染虽然有时会有试验误差，但分辨效果比琼脂糖和溴乙锭要高。因此，实际应用时，可根据需求选用分离 RAPD 片段的电泳类型、凝胶浓度及化学组分。另外，对某些有标准谱带的物种，其检测结果还可对照鉴别并记录。

（2）RAPD 的关键点　RAPD 分析对 DNA 模板的纯度要求不高，适宜的模板浓度范围却比较大，因此，非常有必要通过梯度试验筛选出 DNA 模板的最佳使用浓度。根据分析需要确定最佳随机引物浓度，有研究表明，RAPD 随机引物的最佳浓度范围是 $1 \sim 1.5 \mu mol/L$。如果引物最后 4 个 $3'$ 端短核苷酸的（G+C）含量高更有利于 RAPD 的扩增，而引物（G+C）含量高于 60% 还可增加扩增出的强信号条带。Taq DNA 酶用量会对结果有较大影响，用量过大会减少扩增特异性和产物的电泳弥散。不同厂家的 Taq DNA 酶活性和纯度不同，扩增的 RAPD 结果也会出现差异。目前，RAPD 反应体系中其他组分如 Mg^{2+}、dNTP 较为认可的终浓度分别是 $2mmol/L$ 和 $100 \mu mol/L$。在 RAPD-PCR 扩增中还需关注退火温度，一般退火温度在 $35 \sim 40$℃较为合适，40℃以上会抑制 PCR 产物，而 35℃以下则每降低 1℃都会出现不同的分析结果。另外，除了 PCR 反应体系中的各关键因素外，还存在配套体系影响因素，如扩增仪器、反应程序、凝胶电泳的类别和质量等。

7.8.3.3　简单重复序列的操作步骤和关键点

（1）SSR 主要操作步骤

① 基因组 DNA 提取　采用 CTAB 或 SDS 法提取基因组 DNA。（方法视 DNA 来源而异）

② DNA 质量检测　用紫外分光光度计分别测定基因组 DNA 溶液在 260nm、280nm 波长下的 OD 值，以及 OD_{260}/OD_{280}，计算样品的纯度，并通过 260nm 处的吸光值计算基因组 DNA 含量。取 $10 \mu L$ 基因组 DNA 于 0.8% 琼脂糖凝胶中电泳，电压 5V/cm，电泳 1.5h，于紫外投射仪下检测基因组 DNA。

③ SSR-PCR 扩增　选择合适方式进行 SSR 引物开发，常用的四种 SSR 引物的设计途径包括：借鉴其他近缘种的 SSR 引物，选择从有关 GenBank、EMBL DDBJ 等公共数据库搜寻，相关文献查询以及通过基因组文库筛选 SSR 位点开发引物。SSR 的 PCR 扩增体系中除引物（SSR 左引物、SSR 右引物）以外，其他体系组分基本与 RAPD 相同，包括：模板 DNA、$10 \times$ PCR buffer、$MgCl_2$、dNTP、Taq DNA 聚合酶。设计单因素试验对 PCR 反应各组成组分（模板、引物、$MgCl_2$、dNTP、Taq DNA 聚合酶）浓度进行梯

度优化，在此基础上，利用正交试验筛选最佳反应体系。用梯度 PCR 筛选出适合引物扩增的退火温度以获得好的扩增效果。

④ 检测　扩增产物的染色和鉴定是 SSR 检测一个重要环节。SSR-PCR 片段分离的方法有琼脂糖凝胶电泳、聚丙烯酰胺凝胶电泳和荧光标记毛细管电泳等。由于 SSR-PCR 片段一般小于 300bp，基因间的差异仅为几个 bp，所以通常使用分辨率高的聚丙烯酰胺凝胶电泳来进行 SSR 检测，而且优选变性聚丙烯酰胺凝胶电泳，以避免非变性聚丙烯酰胺凝胶电泳的异源双链分子所导致的假象（SSR 杂合子中出现 3~4 条带的情况），染色方法根据选择的电泳方式可对应选择溴乙锭染色法或银染法。

（2）SSR 的关键点　SSR 技术分析多态性时，须提前知晓重复序列两端的 DNA 序列信息，如数据库无法查询则需先对其进行测序。在进行 SSR 分析时，基因组 DNA 的质量及数量直接影响结果，需避免交叉污染或外来污染以及机械性操作引起的 DNA 断裂。电泳时间不宜过长，需保证 SSR 条带间距和清晰度，特别是分子量大的基因组 DNA 电泳时，需控制扩增产物加入量，如果加入量过多容易出现拖尾弥散的现象。SSR-PCR 扩增中，需要选择适当的缓冲液浓度，因为低离子浓度 DNA 迁移慢，而高离子强度迁移快却可能由于导热使 DNA 变性。SSR-PCR 的退火温度维持在 50℃ 左右，虽然比 RAPD 的 35~40℃ 高，但该反应的敏感性却比 RAPD 低。为使电泳的背景颜色减弱，条带清晰，必要的情况下，可在 PCR 反应体系中加入 2% 甲酰胺降低由于引物滑动而引起的背景模糊或者加入 2%~4%DMSO 提高反应的特异性。

7.8.3.4　扩增片段长度多态性的操作步骤和关键点

（1）AFLP 主要操作步骤

① 基因组 DNA 提取　采用 CTAB 或 SDS 法提取基因组 DNA。（方法视 DNA 来源而异）

② DNA 质量检测　用紫外分光光度计分别测定基因组 DNA 溶液在 260nm、280nm 波长下的 OD 值，以及 OD_{260}/OD_{280}，计算样品的纯度，并通过 260nm 处的吸光值计算基因组 DNA 含量。取 $10\mu L$ 基因组 DNA 于 0.8% 琼脂糖凝胶中电泳，电压 5V/cm，电泳 1.5h，于紫外投射仪下检测基因组 DNA。

③ 基因组 DNA 的酶切　一般选用合适的限制性核酸内切酶组合对基因组 DNA 进行双酶切。先吸取基因组 DNA 加入酶切管中，再配制内切酶组合、$10\times Buffer$ 和 ddH_2O 的混合液，配制好的混合液与模板振荡混匀，加入矿物油覆盖后离心，37℃ 过夜反应，之后将其放置于 65℃ 灭活 1h，可立即使用或 $-20℃$ 保存备用。常见的限制性核酸内切酶组合及反应体系见表 7-23。

表 7-23　常见的限制性核酸内切酶组合及反应体系

酶切反应体系	模板(50ng/μL)	限制性内切酶(10V/μL)		$10\times Buffer$	ddH_2O	总体积
E-M 组合	DNA 1.5μL	EcoR I　0.25μL	Mse I　0.15μL	$10\times Tango Buffer$ 2.5μL	8.1μL	12.5μL
P-M 组合	1.5μL	Pst I　0.25μL	Mse I　0.15μL	$10\times Buffer$ R 1.25μL	9.35μL	12.5μL
P-T 组合	1.5μL	Pst I　0.5μL	Taq I　0.15μL	$10\times Buffer Taq$ 1.25μL	9.1μL	12.5μL
M-S 组合	1.5μL	Mse I　0.3μL	Sac I　0.5μL	$10\times Tango Buffer$ 1.25μL	8.95μL	12.5μL
E-T 组合	1.5μL	EcoR I　0.25μL	Taq I　0.3μL	$10\times Buffer Taq$ 1.25μL	9.2μL	12.5μL
T-S 组合	1.5μL	Taq I　0.3μL	Sac I　0.25μL	$10\times Buffer Sac$ I　1.25μL	9.2μL	12.5μL

④ 连接　充分酶切后的基因组 DNA 片段在 T4 连接酶作用下，与两种内切酶相应的接头相连接。不同酶切组合对应不同的接头组合，形成带接头的特异片段，即连接

产物。

⑤ 预扩增 将连接产物稀释后，混匀作为预扩增模板，预扩增过程中每种内切酶都有其对应的一组或两组预扩增引物，不同的酶切组合就用对应的一组或多组预扩增引物组合。以 E-M 组合为例：连接产物稀释后的 DNA $5\mu L$、$10\times$ Buffer $2.5\mu L$、$MgCl_2$ $2.0\mu L$、dNTP $0.4\mu L$、Taq 酶 $0.2\mu L$、预引物（EA-MC/EA-MG/EC-MC/EC-MG）$1.0\mu L$，用 ddH_2O 补齐至 $25\mu L$ 体系。按常规 PCR 反应条件进行预扩增反应。预扩增产物用 0.8% 琼脂糖凝胶电泳进行检测，根据检测结果来确定选择性扩增模板的稀释倍数。

⑥ 选择性扩增 取适当稀释后的预扩增产物，加入与预扩增引物对应的选择性引物对进行选择性扩增，仍以 E-M 组合为例：预扩增产物稀释后的 DNA $3\mu L$、$10\times$ Buffer $1.5\mu L$、$MgCl_2$ $1.2\mu L$、dNTP $0.3\mu L$、Taq 酶 $0.2\mu L$、预引物（EA-MC/EA-MG/EC-MC/EC-MG）$1.0\mu L$，用 ddH_2O 补齐。选择性引物 $3'$ 端有 3 个选择碱基的延伸，通过 3 个选择碱基的变换可获得丰富的 DNA 片段。选择性扩增的反应条件与常规 PCR 有所不同，不同之处主要在于复性温度，以比常规 PCR 高 $10\,^{\circ}\!C$ 的温度高温复性，常采用温度梯度逐步降低至复性效果最佳温度（一般为 $56\,^{\circ}\!C$），然后保持该温度完成循环。

⑦ 扩增产物的分离、检测和数据分析 扩增产物一般在 $4\%\sim6\%$ 的变性聚丙烯酰胺凝胶上电泳，然后根据引物的标记物质进行相应的产物检测。应用放射自显影检测、银染检测和荧光测序仪等方法显示结果，通过 Quantity One、GeneScan Gelcompar BandScan 和 NTSYS 等软件进行数据统计、遗传相似性系数分析。

（2）AFLP 的关键点 AFLP 技术分析多态性时，需对模板、酶、dNTP、Mg^{2+} 的量和浓度以及扩增循环次数等因素进行摸索和优化，找到最佳反应条件。基因组 DNA 不能含有内切酶的抑制剂，如残留酚、多糖等。限制性内切酶的选择对 AFLP 分析的准确度具有关键性作用，需根据分析对象和想要达到的分辨率来选择适宜的内切酶。酶切时间和连接时间也是影响 AFLP 分析结果的重要因素，时间太短会使酶切不充分，导致预扩增产物不符合 AFLP 分析要求，也会使人工接头与酶切片段不能完全连接，导致预扩增产物与底物不匹配使试验失败；时间太长又会加长实验周期。配制连接液时 T4 连接酶 Buffer 易产生沉淀，须振荡溶解后使用，将配制好的连接液等体积加入酶切产物，室温过夜连接。

7.8.3.5 核苷酸多态性的操作步骤和关键点（以 Sanger 测序为例）

测序技术能够让我们高效全面地分析基因组多态性，结合 SNP 数据库信息，可将全基因组测序数据与参考基因组序列做比较，用以分析已有的 SNPs 或者挖掘新的 SNPs。近年来，高通量、自动化程度较高的 SNPs 的方法逐步发展，但 Sanger 测序仍然是 SNP 检测的"金标准"，Sanger 测序在获取目标基因组的核酸序列后，可直接、准确地发现未知的 SNP 位点，是确定 SNP 的突变类型和位置的经典检测方法。

（1）Sanger 测序主要操作步骤

① 基因组 DNA 提取 采用 CTAB 或 SDS 法提取基因组 DNA（方法视 DNA 来源而异）

② DNA 质量检测 用紫外分光光度计分别测定基因组 DNA 溶液在 260nm、280nm 波长下的 OD 值，以及 OD_{260}/OD_{280}，计算样品的纯度，并通过 260nm 处的吸光值计算基因组 DNA 含量。取 $10\mu L$ 基因组 DNA 于 0.8% 琼脂糖凝胶中电泳，电压 5V/cm，电泳

1.5h，于紫外投射仪下检测基因组 DNA。

③ 测序反应　加热变性将基因组 DNA 解螺旋为两条单链 DNA，并在单链模板 3 端′添加单向引物，然后将结合了引物的序列等量放入含有 DNA 聚合酶和 dNTP 的 4 个单独的反应体系中；再分别对应加入四种不同颜色荧光标记的 A、T、C、G 双脱氧核苷酸（ddNTP），在延伸过程中由于其碱基上无 3′-OH，从而随机在某一特定碱基处终止反应。因为 ddNTP 结合位点不同，故合成的新 DNA 双链再次变性后将生成一系列不同长度的单链 DNA。

④ 测序反应后纯化　用乙醇沉淀（利用 96 孔板离心机）等方法去掉反应产物中的 dNTP、ddNTP 和盐分；纯化得到 DNA 测序反应产物。

⑤ On-line 变性、毛细管电泳和检测　将 4 个独立体系中的产物分别进行毛细管电泳分离，荧光标记的 DNA 片段在毛细管中按大小顺序进行迁移；使用 DNA 测序仪器来识别每个核苷酸被激发出的不同颜色的荧光信号。DNA 测序仪相关软件将其转化为可识别的电信号，最终生成可视化的彩色谱图，根据不同碱基标记的彩色荧光峰可直观获得 DNA 的核苷酸序列。

（2）SNP 的关键点（Sanger 测序）　对于 Sanger 测序分析准确定量基因组 DNA 的浓度及纯度是十分重要的，模板过多会导致信号过强超出正常范围，软件也将不能进行正确的数据分析。纯化获得的基因组 DNA 需储存在无 DEPC 灭菌水中，否则所含的 ED-TA 将抑制后续的测序反应。测序产物纯化中须使用 -20℃ 预冷的 70% 酒精，离心速度不能太快，时间也不能太长，以防止小片段丢失。如果不进行测序产物纯化，那么在测序产物进行毛细管迁移时，测序反应中残留的 ddNTP 就会随之迁移，从而导致碱基误判。当彩色谱图中四种荧光颜色都出现拖尾峰，表明毛细管损坏需及时更换，如果只有 C 或 G 峰拖尾，则通常是由于 pH、温度变化、氧化或者暴露于光下的影响。另外，分析中使用的荧光标记的 ddNTP 需分装保存于 -20℃。

7.8.4　主要技术特点

核酸片段多态性分析方法多种多样，不同技术各有不同的特点，表 7-24 对部分常用分析方法的主要技术特点进行了汇总。

表 7-24　常见核酸片段多态性分析的主要技术特点

项目	RFLP	RAPD	AFLP	SSR	SNP
预知信息	是	否	否	是	是
DNA 质量	高	低	高	中高	高
探测部分	低拷贝编码区域	整个基因组	整个基因组	整个基因组	整个基因组
探针类型	低拷贝 DNA 或 cDNA 克隆	随机序列	特异 DNA 序列	特异 DNA 重复序列	特异 DNA 序列
检测位点	单	多 1~10	多	单	单
标记种类	Ⅰ型或Ⅱ型	Ⅱ型	Ⅱ型	Ⅱ型	Ⅰ型或Ⅱ型
可靠性	高	中等	高	高	高

项目	RFLP	RAPD	AFLP	SSR	SNP
重复性	高	中等	高	高	高
遗传模式	共显性	显性/极少数共显性	显性/共显性	共显性	共显性
多态性	低	中	非常高	高	高
技术难度	高	简单	中等	简单	高

7.8.4.1　RFLP 的主要技术特点

限制性内切酶片段长度多态性（RFLP）分析无表型效应，不受性别、年龄的局限，也不会因为表达的组织、发育阶段或外界环境的不同而受影响。其具种属特异性，只适应单/低拷贝基因，但对基因组 DNA 的用量大且纯度要求较高；可靠性较高是因为它由限制性内切酶切割特定位点产生；多态信息过分依赖于限制性内切酶的种类和数量，酶识别序列如有甲基化则核苷酸将不被切割。依据 DNA 上丰富的碱基变异不需任何诱变剂处理；通过酶切反应来反映 DNA 水平上所有差异，在数量上无任何限制，具有多样性；酶切阳性结果可以确定所检测具体序列，阴性结果仅可说明非酶识别序列，但不能准确判定具体序列。等位基因间呈共显性，能通过电泳、杂交后的带型直接分析基因型和区别杂合体与纯合体；非等位基因不存在上位互作效应，互不干扰。RFLP 操作步骤烦琐，工作量大且费时，需用放射性同位素或非同位素标记探针。随着 PCR 技术的出现与发展，PCR-RFLP 技术应运而生，它提高了 RFLP 的分辨率，降低了技术难度，并且可用生物素标记探针代替放射性探针，避免污染。

7.8.4.2　RAPD 的主要技术特点

RAPD 与常规 PCR 比，不需要预先知道 DNA 序列信息；其主要使用一种随机引物在两条 DNA 互补链上的随机配对进行基因组扩增。RAPD 反应灵敏度较高，却容易受反应成分（模板 DNA 的质量和浓度、引物序列、包括 Mg^{2+} 和 dNTP 在内的优化反应体系、Taq 酶）和退火温度等反应条件的影响出现重复性差的现象，严格标准的实验条件可以在一定程度上改善重复性差的情况。或者可通过将 RAPD 标记转化为序列特异性扩增（sequence characterized amplified regions，SCAR）来提升稳定性。RAPD 分析时，需要的基因组 DNA 纯度低、数量少（为 RFLP 需求量的 1/1000～1/200）；不需针对基因组 DNA 设计特异性的 RAPD 引物和 DNA 探针，应用随机引物使 RAPD 分析具有广泛性，可用于任何生物基因组的多态性分析而无严格的种属特异性；在通用性方面，不同物种 RAPD 反应不同，在实际分析时需参照相近物种的 RAPD 反应条件，来建立待测基因组的 RAPD 反应条件。扩增反应中随机引物和基因组 DNA 链随机配对进行非特异性扩增，35～40℃的退火温度既保证了随机引物与基因组 DNA 的配对稳定性，也扩大了配对的随机性，提升了多态性分析的效率。RAPD 操作技术简单，不涉及分子杂交和放射自显影等技术，而且 RAPD 检测灵敏度高，检测过程可标准化，计算机自动化系统能对结果进行快速分析。但是，RAPD 技术只能分开不同长度的 DNA 片段，却不能分开长度相同而碱基序列不同的 DNA 片段。大多数情况下，RAPD 技术以孟德尔方式显性遗传（即待扩增的 DNA 变异在引物结合位点），此时，无法区分纯合基因型和杂合基因型，不能提供完整的遗传信息；极少数变异在扩增区域的情况为共显性遗传。

7.8.4.3　SSR 的主要技术特点

微卫星 DNA 在真核生物中存在广泛，该技术便于生物遗传动态的跟踪，并能极大地提高育种等研究中相关基因选择的准确性和预见性。微卫星寡聚核苷酸在相同物种的不同基因型间的重复次数差异大，在不同物种间又具有广泛位点变异，因此，SSR比 RFLP 和 RAPD 分子标记呈现出更高的多态性。SSR 具有分类性标记位点，多态性丰富且随机分布于整个基因组。它的共显性遗传特点使其能够区别纯合基因型和杂合基因型，这就揭示了单个微卫星位点上多等位基因的信息，为遗传分析提供了大量的信息。SSR 多态性检测和应用的稳定性依赖于 PCR 扩增，并呈现出重复性好、可靠性高的特点。该技术进行分析时，仅需微量 DNA（即使 DNA 降解）就可有效地分析鉴定，而且单碱基分辨率高，能检测到一个单一的多等位基因位点。虽然多数情况下，同种生物体不同遗传型的两侧序列是相同的，SSR 序列两侧序列保守性强，但是，因为重复序列两端的序列信息需先经过核酸数据库筛选或测序，或借鉴其他近缘种序列，所以 SSR 引物设计难度仍然较大。另外，现有的标记数量有限，不能标记所有的功能基因，所以相对投入的费用也较高。

7.8.4.4　AFLP 的主要技术特点

AFLP 结合了 RFLP 的稳定性和 PCR 技术的高效性，是非常有效的分子标记。该 AFLP 技术适用性广，基因组覆盖面大。该技术不需要预知序列信息，适用于基因组 DNA、cDNA、质粒、某一个基因或基因片段等不同类型的样品。分析时，所需基因组 DNA 要求纯度高、用量少，一定范围内基因组 DNA 浓度的高低不影响多态性分析。但 AFLP 对于亲缘关系很远的物种不适用，因为个体间序列同源性低于 90% 时，该技术在个体间很少得到相同的带。对各种生物的基因组 DNA 进行多样性研究时，可使用相同的限制性内切酶、接头和引物，而且通过限制性内切酶和选择性碱基的多组合类型，能调节扩增的条带数，产生无限的标记数。同 RAPD 类似，AFLP 产生的标记多数是显性的，也有少数为共显性，无法区分杂合基因还是纯合基因，所以不能很好地进行种群遗传结构分析。PCR 过程中较高的退火温度和较长的引物能最大限度降低扩增中的错误，使 AFLP 分析具有很强的可重复性，而高质量的 DNA 和过量的酶能降低假阳性，提升可靠性。因为扩增片段短，所以适合在变性序列凝胶上电泳分离且分辨率高。虽然 AFLP 分析不涉及 Southern 杂交，但操作复杂且对人员技术和成本都要有较高要求。

7.8.4.5　SNP 的主要技术特点

SNP 是基因组中最常见、最简单的多态性形式，遍布整个基因组，覆盖密度大，大约每 300 个碱基对中就有 1 个，总数可达 300 万以上。与 SSR 等多态性相比，基于单核苷酸突变的 SNP 具有突变率低、精确性高等遗传稳定性。某些位于基因内部的 SNP 变异可直接影响产物蛋白质结构或基因表达水平，所以，它们本身可能是疫病或性状相关遗传机制中的关键位点。SNP 是二态标记（即二等位基因），检测时只需分析"有或无"，不用分析片段长度和数量。这使得检测快速、数据分析简单，缩短了研究时间，并且易于实现自动化和规模化。另外，SNP 具有共显性，使其能够区别纯合基因型和杂合基因型，从而获得大量标记，提供了大量的遗传信息。但是 SNP 技术也存在一定缺点，如分析成本高，需要大量单个扩增反应对 SNP 进行靶扩增；增加 SNP 的扩增密度才能提高准确性，但是错误率又随大批量扩增和检测反应的增加而增大等。

主要参考文献

[1] Widal F M. Serodiagnostic de la fiévre typhoide a-propos d'uve modification par MMC Nicolle et al. Halipie[J]. Bull Soc Med Hop Paris, 1896, 13: 561-566.

[2] Landsteiner K. Zur Kenntnis der antifermentativen, lytischen und agglutinierenden Wirkungen des Blutserums und der Lymphe[J]. Zentralbl Bakteriol, 1900, 27: 357-362.

[3] 中华人民共和国农业部. 禽沙门氏菌病诊断技术: NY/T 2838—2015[S]. 北京: 中国农业出版社, 2015.

[4] 中华人民共和国农业部. 鸡伤寒和鸡白痢诊断技术: NY/T 536—2017[S]. 北京: 中国农业出版社, 2017.

[5] 中华人民共和国国家质量监督检验检疫总局. 中国国家标准化管理委员会. 动物布鲁氏菌病诊断技术: GB/T 18646—2018[S]. 北京: 中国标准出版社, 2018.

[6] Matthews J, Newton S. The Coombs test[J]. Clin J Oncol Nurs, 2010, 14（2）: 143-145.

[7] 杨汉春. 动物免疫学[M]. 北京: 中国农业大学出版社, 2015: 302-327.

[8] Odell, Ian D, Deborah. Immunofluorescence Techniques[J]. Journal of Investigative Dermatology, 2013, 133（1）: e4.

[9] 王小环, 杨莲如, 赵林立, 等. 免疫荧光检测技术及其在寄生虫检测中的应用进展[J]. 中国畜牧兽医, 2012, 39（3）: 81-84.

[10] 唐秋艳, 王云龙, 陈兴业. 免疫诊断试剂实用技术[M]. 北京: 海洋出版社, 2009: 163-228.

[11] 沈福晓, 程安春, 汪铭书. 免疫荧光技术在家禽传染病研究和诊断中的应用[J]. 中国家禽, 2009, 31（1）: 30-34.

[12] 田克恭, 李明. 动物疫病诊断技术——理论与应用[M]. 北京: 中国农业出版社, 2013: 97-109.

[13] Bolea R, Monleon E, Schiller I, et al. Comparison of immunohisto-chemistry and two rapid tests for detection of abnormal prion protein in different brain regions of sheep with typical scrapie[J]. J Vet Diagn Invest, 2005, 17（5）: 467-469.

[14] 田克恭, 倪建强, 顾小雪, 等. 动物疫病实验室诊断技术研究现状及发展趋势[C]. 北京: 中国兽医发展论坛, 2010.

[15] 李金明, 刘辉. 临床免疫学检验技术[M]. 北京: 人民卫生出版社, 2015.

[16] 田克恭, 李明. 动物疫病诊断技术: 理论与应用[M]. 北京: 中国农业出版社, 2014.

[17] Mancini G, Carbonara A O, Heremans J F. Immunochemical quantitation of antigens by single radial immunodiffusion[J]. Immunochemistry, 1965, 2（3）: 235-254.

[18] 曹雪涛. 医学免疫学[M]. 7版. 北京: 人民卫生出版社, 2018.

[19] 庄金秋, 梅建国, 王玉茂, 等. 对流免疫电泳在水貂阿留申病诊断中的应用进展[J]. 经济动物学报, 2015（3）: 176-179.

[20] 中华人民共和国农业部. 动物炭疽诊断技术: NY/T 561—2015[S].

[21] 中华人民共和国国家质量监督检验检疫总局. 中国国家标准化管理委员会. SPF 鸡 微生物学监测 第5部分: SPF 鸡 琼脂扩散试验: GB/T 17999.5—2008[S].

[22] 何元龙, 吴静. 琼脂扩散试验结果影响因素的分析[J]. 家禽科学, 2006（10）: 40-42.

[23] 陶义训, 马宝骊. 免疫学和免疫学检验[M]. 北京: 人民卫生出版社, 1989.

[24] Seppo M, Carl-Henrik V B. Complement fixation test [M]. Encyclopedia of Immunology (Second Edition), Academic Press, 1998: 617-619.

[25] Wassermann A, Neisser A, Bruck C. Eine serodiagnostische Reaktion bei Syphilis [J]. Dtsch Med Wochenschr, 1906, 32（19）: 745-746.

[26] Porter R R, Reid K. Activation of the complement system by antibody-antigen complexes: the classical pathway[J]. Advances in Protein Chemistry, 1979, 33: 1-71.

[27] Kuo C Y, Thompson J J, Hoffmann L G. Cooperative binding of a complement component to antigen-antibody complexes. III. Complexes containing IgM antibodies[J]. Ztschrift Für Immunittsforschung Immunobiology, 1976, 152（2）: 151-166.

[28] Li M, Shi Z Z, Fang C, et al. Versatile microfluidic complement fixation test for disease biomarker detection[J]. Analytica Chimica Acta, 2016, 916: 67-76.

[29] Office international des epizooties. OIE terrestrial manual[M]. World Organization for Animal Health, 2009: 15-16.

[30] Benson H N, Brumfield H P, Pomeroy B S. Requirement of avian C'1 for fixation of guinea pig complement by avian antibody-antigen complexes[J]. J Immunol, 1961, 87（5）: 616.

[31] 王楠, 姚学军, 马立峰, 等. 布鲁氏菌病补体结合酶联免疫吸附试验抗体检测试剂盒敏感性和特异性评价[J]. 中国兽药杂志, 2014, 48（1）: 2-6.

[32] Li M, Shi Z Z, Li C M, et al. Combining complement fixation and luminol chemiluminescence for ultrasensitive detection of avian influenza A rH7N9[J]. Analyst, 2016, 141（6）: 2061.

[33] Young G A, Underdahl N R, Hinz R W. A serum-neutralization test for transmissible gastroenteritis of swine[J]. Cornell Veterinarian, 1953（43）: 561-567.

[34] Coggins L, Baker J A. Standardization of hog cholera neutralization test[J]. American Journal of Veterinary Research, 1964（25）: 408-412.

[35] King D A, Croghan D L, Shaw E L. A rapid quantitative in vitro serum neutralization test for rabies antibody[J]. Canadian Veterinary Journal, 1965（6）: 187-193.

[36] Fiala M. A study of the neutralization of rhinoviruses by means of a plaque-reduction test [J]. Journal of Immunology, 1969（103）: 107-113.

[37] Crowe J E, Suara R O, Brock S, et al. Genetic and structural determinants of virus neutralizing antibodies[J]. Immunologic Research, 2001（2-3）: 135-145.

[38] Klasse P J, Sattentau Q J. Occupancy and mechanism in antibody-mediated neutralization of animal viruses[J]. Journal of Gnenral Virology, 2002（83）: 2091-2108.

[39] Dulbecco R. Production of plaques in monolayer tissue cultures by single particles of an animal virus[J]. Proceedings of the National Academy of Sciences of the United States of America, 1952（38）: 747-752.

[40] Hierholzer J C, Suggs M T. Standardized viral hemagglutination and hemagglutination-inhibition tests. I. Standardization of erythrocyte suspensions[J]. Appl. Microbiol, 1969（18）: 816-823.

[41] Hierholzer J C, Suggs M T, Hall E C. Standardized viral hemagglutination and hemagglutination-inhibition tests. II. Description and statistical evaluation[J]. Appl Microbiol, 1969, 18: 824-833.

[42] 国家市场监督管理总局. 国家标准化管理委员会. 高致病性禽流感诊断技术: GB/T 18936—2020[S].

[43] 李慕瑶, 刘羿均. 病毒血凝素的性质及影响血凝试验结果的因素[J]. 当代畜牧, 2014（8）: 2.

[44] 杨丽仙, 孙艳平, 肖桂萍, 等. 新城疫、禽流感血凝抑制试验解析[J]. 中国畜禽种业, 2021, 17（11）: 2.

[45] 许建华, 赵辉, 贺薪. 浅析影响血凝和血凝抑制实验的原因[J]. 中国畜牧兽医文摘, 2014（1）: 1.

[46] 李旭蓉, 李珊. 血凝抑制实验中常出现的误差及解决办法[J]. 畜牧兽医杂志, 2015, 34（5）: 2.

[47] 靳艳玲, 罗薇, 于学辉, 等. 血凝及血凝抑制试验的应用[J]. 西南民族大学学报: 自然科学版, 2005（S1）: 3.

[48] 戴毅. 应用基因芯片捕获和新一代高通量测序技术建立 Duchenne/Becker 型肌营养不良基因诊断平台及相关临床应用[D]. 北京：北京协和医学院，2013.

[49] 王爱迪. 磁性/磁性荧光微球的制备及在转基因食品检测中的应用[D]. 天津：天津大学，2012.

[50] 刘元元. 利用菌落原位杂交技术进行乳酸杆菌 SLP 基因的筛选[D]. 长沙：湖南农业大学，2010.

[51] 周梦婷. 基于磁球的核酸杂交效率影响规律的探究[D]. 上海：上海交通大学，2019.

[52] 张文娟. 基于微孔板核酸杂交酶联免疫吸附法检测 DNA 结合蛋白[D]. 合肥：中国科学技术大学，2011.

[53] 刘潜，孙云娟，付洁，等. 基于核酸杂交-酶联桥接的悬浮芯片技术同时定量反义寡核苷酸药物原型及其代谢物方法的初步建立[J]. 国际药学研究杂志，2014，41（1）：118-124.

[54] 赵启祖. 核酸探针制备方法简介[J]. 中国兽医科技，1991，21（10）：44-45.

[55] 彭琴，王远亮，李玉筱. 原位杂交技术在组织工程研究中的应用[J]. 中国组织工程研究与临床康复，2010，14（24）4499-4502.

[56] 魏春红. 现代分子生物学实验技术（第 2 版）[M]. 北京：高等教育出版社，2012.

[57] 张晓燕，谷鸿喜，郭彩玲，等. 光敏生物素标记法制备 HPV DNA 探针[J]. 生物技术，1993，3（4）：44-46.

[58] Grodzicker T, Williams J, Sharp P, et a1. Physical mapping of temperature-sensitive mutations of adenoviruses[J]. Cold Spring Harb Symp Quant Biol, 1974, 39（1）: 439-446.

[59] Botstein D, White R L, Skolnich M, et a1. Construction of a genetic linkage map in nlan using restriction fragment length polymorphism[J]. American Journal of Human Genetics, 1980, 32（3）: 314-331.

[60] Hamada H, Petrino M G, Kakunaga T. A novel repeat element with Z-DNA-forming potential is widely found in evolutionarily diverse eukaryotic genomes[J]. Proc Natl Acad Sci, 1982, 79（21）: 6465-6469.

[61] Williams J G, Kubelik A R, Livak K J, et a1. DNA polymorphism amplified by arbitrary primers are useful as genetic markers[J]. Nucl Acids Res, 1990, 18（22）: 6531-6535.

[62] Adams M D, Kelley J M, Gocayne J D, et al. Complementary DNA sequencing: expressed sequence tags and human genome project[J]. Science, 1991, 252（5013）: 1651-1656.

[63] Zabeau M, Vos E. Selective restriction fragment amplification: a general method for DNA fingerprints: European Patent, 92402629[P]. 1993: 1.

[64] Wang D G, Fan J B, Siao C J, et al. Large-scale identification, Mapping and genotyping of single-nucleotide polymorphisms in the haman genome[J]. Science, 1998, 280（5366）: 1077-1082.

[65] Li G, Quiros C F. Sequence-related amplified polymorphism（SRAP）, a new marker system based on asimple PCR reaction: its application to mapping and gene tagging in Brassica [J]. Theo Appl Genet, 2001, 103（2）: 455-461.

[66] Hu J, Vick B A. Target region amplified polyrnorphism: a novel marker technique for plant genotyping[J]. Plant Mol Biol Raptr, 2003, 21（3）: 289-294.

[67] 郑学顶，冯素萍. 李维国. DNA 分子标记研究进展[J]. 安徽农业科学，2009，37（26）：12420-12422.

第 8 章
新型兽用
诊断技术

8.1

蛋白芯片技术

生物芯片技术是通过缩微技术，根据分子间特异性相互作用的原理，将生命科学领域中不连续的分析过程集成于硅芯片或玻璃芯片表面的微型生物化学分析系统，以实现对细胞、蛋白质、基因及其他生物成分准确、快速、大信息量的检测。按照芯片上固化的生物材料不同，可以将生物芯片划分为基因芯片、蛋白芯片、多糖芯片和神经元芯片。

本节重点介绍蛋白芯片技术。蛋白芯片技术的研究对象是蛋白质，其原理是对固相载体进行特殊的化学处理，再将已知的蛋白分子产物固定其上（如酶、抗原、抗体、受体、配体、细胞因子等），根据这些生物分子的特性，捕获能与之特异性结合的待测蛋白（存在于血清、血浆、淋巴、间质液、尿液、渗出液、细胞溶解液、分泌液等），经洗涤、纯化，再进行确认和生化分析。它为重要生命信息（如未知蛋白的组分和序列、体内表达水平、生物学功能、与其他分子的相互调控关系、药物筛选、药物靶位的选择等）的获取提供有力的技术支持。

8.1.1 定义和分类

8.1.1.1 蛋白芯片的定义

蛋白芯片（protein microarray 或 protein chip）是一种新型的生物芯片，是由固定于不同种类支持介质上的蛋白微阵列组成，阵列中固定分子的位置及组成是已知的，用未经标记或标记了荧光物质、酶或化学发光物质等的生物分子与芯片上的探针进行反应，然后通过特定的扫描装置进行检测，结果由计算机分析处理。蛋白质微阵列由大量蛋白质组成，这些蛋白质排列在一个表面上，能够以高通量的方式研究蛋白质的功能和相互作用。

蛋白芯片技术起源于 20 世纪 90 年代，其技术的难点在于一块面积极小的基片上进行成百上千次的化学反应，目前通常受到以下因素的限制：a. 蛋白质相对较低的稳定性；b. 非特异性结合；c. 蛋白质天然构象的改变；d. 合适的固相载体的选择。然而在高通量和微量生物样品的双重要求下，高通量多位点的蛋白芯片成为从珍贵的小样本量中获取大量生物信息最大化的关键要素和实施手段。因此，需要生产大量高质量的蛋白质，将其固定在合适的载体上，并且确保其在相当长的时间内可以保持样本的活性，以实现成功的商业化和强劲的性能。在这种情况下，鉴于抗体、抗原相互作用的性质，通过抗体来捕获靶标分子可提高生物芯片的特异性，借助不同蛋白质间的相互作用可提升生物芯片的性能。

目前，蛋白芯片被广泛应用于生命研究的各个领域，如利用蛋白芯片发现新的蛋白并且阐明其功能；寻找与疾病有关或直接引发疾病的新蛋白；在蛋白芯片上筛选与这些疾病蛋白有关的新药，发现新的药物靶标和新药研制等。蛋白芯片技术不仅适用于大分子化合物（如蛋白质、核酸、细菌等）的检测，也适用于小分子化合物（如抗生素、激素等）的测定，甚至可用于无机物（如重金属等）的测定。

蛋白芯片技术与传统的研究方法相比具有如下优点：

① 蛋白芯片是一种高通量研究方法。它能在一次实验中获取相当大的信息量，使人们能够全面、准确地研究蛋白质表达谱。

② 蛋白芯片的灵敏度高。它可以检测出蛋白质样品中微量蛋白质的存在，检测水平已达到纳克级别。

③ 蛋白芯片具有很高的准确性。

8.1.1.2 蛋白芯片的分类

目前，尚无统一的方法对蛋白芯片进行分类，不同的研究者采用不同的方法名称来描述其微阵列系统。以下根据应用目的、捕获分子种类、密度高低和样品差异等，对蛋白芯片的分类进行介绍。

（1）根据应用目的分类　根据蛋白芯片制作方法和用途不同可将其分为两类，即蛋白质功能芯片和蛋白质检测芯片。

① 蛋白质功能芯片　蛋白质功能芯片是研究蛋白质间、蛋白质修饰、DNA-蛋白质、RNA-蛋白质、蛋白质与脂质、蛋白质与药物、酶与底物、小分子与蛋白质等相互作用的芯片。它是将所研究体系中的每种天然蛋白质点加在基片上制成芯片，用于天然蛋白质活性及分子亲和性的高通量平行研究。

要了解体系中有哪些蛋白质能与蛋白质结合，则将制成的蛋白质功能芯片与荧光标记的蛋白质温育，经荧光显微镜扫描检测即可知，芯片上的亮点即为蛋白质的潜在结合物。蛋白质功能芯片主要用来检测蛋白质的生物学活性。从这种类型芯片获得的生物学信息，无法从基因组芯片技术中取得。

② 蛋白质检测芯片　蛋白质检测芯片，又称为蛋白质分析芯片或蛋白质表达芯片，主要包括抗体芯片、抗原芯片、配体芯片等。它是将具有高度亲和特异性的探针分子（如单克隆抗体）固定在基片上，用以识别复杂生物样品溶液（如细胞提取物）中的目标多肽，当放射性同位素或荧光标记的靶分子与芯片上的探针分子结合后，通过激光共聚焦扫描或电荷耦合检测装置（CCD）对信号的强度进行检测，从而判断样品中靶分子的数量。

这种芯片可以作为一种分析工具，但不是将天然蛋白质本身点加在基片上，类似于DNA芯片。蛋白质检测芯片可以高通量监测生物样品中的蛋白质水平，用于蛋白质谱研究。若蛋白质的表达仅仅被控制在转录水平，那么基因芯片可部分代替蛋白芯片。但应用于高通量和平行检测蛋白质的表达水平方面，包括抗原-抗体定量、半定量检测时，基因芯片就无法代替蛋白芯片。

（2）根据检测试剂分类　如前所述，可以作为捕获分子的分子很多，最常应用的有抗体、重组蛋白或纯化蛋白、肽、适配体等。不同捕获分子或检测试剂制成的蛋白芯片，人们通常分别称为抗体芯片、蛋白芯片、肽芯片、适配体芯片、小分子芯片等。为了检测自身抗体，自身抗原也被用作检测试剂。因此，这些类型的蛋白芯片被称为自身抗原蛋白芯片或抗原芯片。肽、适配体、小分子等是作为特殊检测试剂应用于蛋白质微阵列中的。

（3）根据密度分类　根据密度不同对蛋白质微阵列的分类比较简单，即低密度蛋白芯片和高密度蛋白芯片。密度的差异主要来自制备方法的不同。

（4）根据样本分类　蛋白芯片能够从不同的生物样品中检测到单一的蛋白质。因此，蛋白芯片也被分为细胞溶解物蛋白芯片、条件化培养基蛋白芯片、血清蛋白芯片、反相蛋白芯片等。

8.1.2 技术特点与应用现状

8.1.2.1 蛋白芯片的特点

蛋白芯片较之传统的分析方法有以下特点。

（1）**直接测量非纯化分析物** 在进行生物分子的特异性结合研究时，可直接测量非纯化分析物。

（2）**多元样品同时检测** 由于观测的样品面积大，所以能够用于多元样品观察，在同一表面上可以同时观察几个、几十个、上百个以至更多样品单元。该技术可以同时检测体液中的多种蛋白质，并可以同时测量多对生物分子，包括蛋白质、核酸、多糖、磷脂，甚至生物小分子以及候选药物的分子间相互作用的情况。它提供了同时分析多元分子溶液综合信息和多样品检测的技术手段。

（3）**样品用量少** 采用了可以达到单分子层分辨能力的光学成像技术和集成蛋白芯片技术，样品用量可达到 10 微升量级。

（4）**样品无需任何标记物** 直接测量生物分子的特异性结合所形成的生物分子复合物，并不需要像酶联免疫或放射免疫法那样对生物分子作标记，不会对待测生物分子活性造成任何扰动或损伤。

（5）**实时检测** 可以实时测量多对生物分子的分子间相互作用过程，如分子间是否存在特异性结合、结合的强度和速度、解离的快慢以及结合部位的分析，可以获得生物分子反应的动力学信息。

（6）**面阵式芯片测量** 具有分辨和排除干扰信号的能力。

（7）**检测速度快** 电子图像采样具有快速摄取图像的能力，为生物分子动力学研究提供可能性。

（8）**结果直观** 检测结果均以数字图像形式输出，可以进行定性和定量测量。

然而在生物医学领域中，尽管蛋白芯片技术已逐步发展成为热点之一，但是在实际应用中仍面临许多挑战。主要基于下列原因：

（1）**蛋白质的脆弱性** 蛋白质是两性电解质，能和酸碱发生作用，容易发生变性，而变性的蛋白质与天然形式的蛋白质相比，其性质和功能会有明显的差异。

（2）**尚无有效的蛋白质扩增系统** 相对而言，DNA 与 RNA 可以非常容易地通过 PCR 或 RT-PCR 进行扩增获得；而目前尚无有效的蛋白质扩增技术，蛋白质的鉴定仍然是一项艰巨的任务。

（3）**蛋白质的配体制备相当烦琐** 对 DNA 与 RNA 而言，互补链能够用来鉴定特异的 DNA 或 RNA；对蛋白质而言，抗体技术是最常应用的鉴定手段，而抗体的制备是一个复杂而耗时的过程。因此，蛋白质的生产操作实施有一定的困难。

（4）**蛋白质的结构复杂** 蛋白质在翻译后要经过多水平修饰，并存在多种同分异构体。从人类基因组序列分析估计大约有 3 万个基因，而蛋白质有 10 万种之多。

（5）**蛋白质存在多种变异体** 变异体的存在，使得蛋白质的数目高达 10 万至 100 万种之多。在生物医学领域，如何检测数目如此庞大的蛋白质，仍是一项巨大的挑战。

（6）**蛋白质的表达存在着时空性** 在不同的细胞和状态，蛋白质的丰度变化有多种级别，并不是所有的蛋白质在单一条件下都能够被提取和分析。

8.1.2.2 蛋白芯片的应用现状

与 DNA 芯片一样，蛋白芯片能够用来检测特异的蛋白质表达。与 DNA 芯片不同的是，蛋白芯片还可以用来鉴定蛋白质间的相互作用、蛋白质修饰、DNA-蛋白质间的相互作用、小分子蛋白质间的相互作用及抗体的检测。

蛋白芯片技术的应用范围正在逐步扩大。许多新的、特异的方法已经被开发并应用于蛋白芯片技术。这些方法主要分为两类：以标记为基础的方法和以 ELISA 为基础的方法。以标记为基础的方法原理与 DNA 微阵列的原理类似。样品用可以检测到的染料进行染色，并应用于蛋白质微阵列的载体上，经冲洗去除结合弱的或未结合的分子后，在表面被捕获的蛋白质可以通过被标记有染料的物质而检测出来。这一方法的特点是可以创建高密度蛋白芯片，只需要一种检测分子，方法简单且直接。存在的问题是每一种分子缺乏统一的标记效果，也可能会因为检测分子的结合而改变了蛋白质分子的高级结构。

以 ELISA 为基础的方法依赖于两种连接分子，其中第一种分子作为捕获分子，第二种分子作为检测试剂。用微阵列载体来温育样品，在微阵列载体的表面，被保留的分子能够通过检测试剂检测到，检测试剂和捕获分子连接在同一分子的不同抗原决定簇。此方法的优点是可以维持蛋白质的高级结构且能够被检测到，可以作为一种定量的检测方法，具有高度的特异性。缺点是在某些情况下，不可能制备高密度的微阵列系统，有时很难找到一对相匹配的、连接在相同分子上的、针对不同抗原决定簇的检测试剂。

（1）在蛋白差异表达分析方面的应用　确定蛋白质的表达是蛋白芯片应用的主要方向之一。细胞生理病理学改变是非常复杂的过程。每种生物过程都涉及多种基因，因此，从总体上分析基因表达对于了解细胞功能是至关重要的，有利于维护人类健康，研究疾病的发展进程。

目前，人们已经开发了多种方法用于特异性蛋白的表达检测。最为常用的是夹心 ELISA 法检测细胞因子的表达。其基本原理是应用两种抗体检测一种蛋白质，一种抗体作为捕获分子点加于载体表面，另一种抗体作为检测试剂（通常用生物素进行标记）。此方法的优点是实验易于操作，可作为一种定量检测标准。缺点是很难开发一种高密度蛋白芯片，因为要把数千种抗体混合到一起几乎是不可能的，同时还要求两种抗体识别同一分子的不同抗原决定簇。

在蛋白芯片技术中，另一种常用的检测蛋白表达的方法是直接用荧光素或生物素进行蛋白质标记。现在有多种商品化的荧光染色剂。双色检测器能够从同一个实验样品中检测到蛋白质表达水平，对照样品在同一玻片上。这种方法避免了由于点加样品大小不同、被沉积的抗体数量及温育条件不同而引起检测结果出现差异，使微阵列检测技术减少了多种外界人为因素的干扰。这一方法中主要还存在两个问题：一是这种方法有可能已经改变了蛋白质的高级结构；二是缺少统一的标记方法。应用这种方法，Screekumar 等人研究了放射线治疗时诱发细胞凋亡的信号途径，观察到了放射线治疗癌胚抗原的表达下调。

（2）在蛋白质间相互作用方面的应用　大部分生物学行为的发生都是蛋白质相互作用的结果，这种相互作用涉及几种甚至 100 多种蛋白质。这一现象说明蛋白质间相互作用不仅具有生物学意义，而且对新药发现也将产生巨大影响。研究蛋白质间相互作用的关键是获得重组蛋白以及纯化蛋白。重组蛋白以及纯化蛋白都被点加到芯片载体的表面，其他的纯化蛋白也被点加在玻片上，被检测到的蛋白质同时也反映了蛋白质之间相互作用。

蛋白质芯片技术应用于蛋白质学的研究已经取得了突破性的进展。Zhu 等人已经成功地克隆了 5800 个酵母基因，并表达和纯化了相关蛋白。然后将它们高密度地点布于蛋白芯片上，形成酵母蛋白质组芯片。研究微阵列上的蛋白质和其他蛋白质、DNA 和磷脂之间相互作用，已发现和证实了许多新的钙调蛋白和磷脂相关蛋白，对钙调蛋白等结合蛋白的进一步分析，揭示了一个共同的可能结合位点。这种高通量的技术可用于制备 4 万种人体蛋白，并进行分析。此项技术不仅提供了建立全基因组研究蛋白质间相互作用图谱的方法，而且可用于大量的蛋白质和药物相互作用的筛选和翻译后蛋白质修饰的检测研究。但是，这种相互作用只是反映了在体外蛋白质间的相互作用，体内能够影响蛋白质间相互作用的因素，如修饰、离子化和共同作用等因素却不能很好地反映出来。

蛋白质间相互作用的方法也存在如下缺点：首先是重组蛋白的纯化问题；其次是蛋白质经标记后，可能已经改变了它的空间构象，破坏其生物学活性，而影响到蛋白质之间作用的特异性和亲和力；再次是蛋白质标记方法的一致性也具有一定的难度；最后膜结合蛋白或有毒蛋白，也很难在细菌等表达体系中进行表达。

上述方法的某些局限性可以通过抗体芯片来解决，抗体芯片用于蛋白质间相互作用检测的原理已经来研究 TNF-α 信号转导途径和确定 STAT1 是 TN-FRI-TRADD 信号复合物中的一种组成成分。这一系统的优点是没有蛋白质纯化的要求，这样蛋白质之间相互作用更加类似于体内环境。存在的问题是，捕获分子和检测试剂必须可以在蛋白质间相互作用的位置识别同一小分子不同部位的抗原表位。

（3）在蛋白质修饰方面的应用 蛋白质翻译后的修饰作用对蛋白质功能具有重要影响，特别是对那些涉及信号途径和细胞周期的蛋白质，翻译后的修饰作用尤其重要。

用于检测蛋白质修饰作用的研究内容主要有标记底物、修饰型抗体和激酶底物等。标记底物的方法是将被标记的底物在修饰发生时掺入蛋白质中，如用被标记的 ATP 来检测磷酸化修饰。Zhu 等人建立了含有不同底物的蛋白质微阵列，将这些微阵列与含有磷酸根的纯化蛋白激酶共同温育，这些纯化蛋白激酶的底物可以通过被掺入了用放射性物质标记的 ATP 而检测出来。用这种方法鉴定了个别蛋白激酶的新活性。

针对修饰型蛋白的抗体，也可用于制备蛋白芯片。在这一途径中，样品与抗体芯片共同孵育，修饰的蛋白就能由特异性修饰抗体检测出来。Lesaicherre 等人应用荧光标记抗丝氨酸磷酸化和抗酪氨酸磷酸化抗体，发展了定量检测肽磷酸化作用的荧光芯片。Benjamin 等人开发了一种新的肽芯片，把激酶底物通过 Deils-Alder 介导固化在金表面的硫醇烷烃（alkanethiolates）自组装分子单层上，成功地证实了其肽芯片能够用来鉴定激酶的抑制物和磷酸化。应用修饰作用特异性的抗体，如针对酪氨酸磷酸化、丝氨酸磷酸化和乙酰化作用的抗体，也可进行蛋白质修饰的作用研究。这种方法易于操作，但检测结果完全有利于针对特殊修饰作用的抗体，目前可应用于检测蛋白质修饰作用的抗体数量是有限的。

（4）在蛋白质-DNA 相互作用方面的应用 DNA 与蛋白质相互作用可以通过将蛋白质或双链 DNA 点加到固相载体的表面进行检测。有两种方法可以用于蛋白质-DNA 之间相互作用研究，即蛋白芯片和寡核苷酸芯片。

Zhu 及其合作者过量表达和纯化了 5800 个酵母蛋白，所有这些蛋白质都被高密度地点印在覆盖有镍的玻片表面，以标记的双链 DNA 作为探针来筛选这种类型的蛋白芯片，可以快速鉴定出与 DNA 具有相互作用的蛋白质。

Bulyk 等人建立了双链寡核苷酸芯片，对 DNA 结合蛋白质（如转录因子）的特性与鉴定研究具有十分重要的作用。

上述两种芯片均具有鉴定 DNA 结合蛋白质的能力，并且可以找到新的顺式元件和反式作用蛋白质因子。这种方法的局限性是只有少量被标记的蛋白质或 DNA 能够用来作筛选。

为了同时绘制多种转录因子的图谱，Panomics 公司开发了转录信号蛋白质/DNA 微阵列。在这一系统中，细胞核提取物用磁珠进行标记，与生物素标记的多种保守转录因子结合序列共同温育，然后结合的双链寡核苷酸与蛋白质共沉淀，并作为探针与点加在薄膜上的同一双链寡核苷酸进行杂交。应用这一系统可以同时鉴定 90% 以上的转录因子。

（5）在新药研制方面的应用 鉴定小分子和蛋白质之间的相互作用，是新药发现的一个主要途径，蛋白芯片技术应用于小分子-蛋白质之间的相互作用研究将会大大加快新药发现的进程。

新药研制基本流程是根据疾病的发病机制确定药物作用的靶点，建立相应的新药筛选模型，筛选不同来源的化合物，发现先导化合物，然后将其开发成新药。筛选模型建立的关键是寻找、确定和获得药物作用靶标，即药靶。目前使用组合化学技术和药物合理设计就是希望筛选出对蛋白靶标有特异性作用的小分子药物，蛋白芯片技术在药靶有效筛选方面发挥着独到的作用。

研究药物发现的蛋白芯片主要有两种方式：一是将小分子固化在芯片，与标记的蛋白共同孵育；二是应用标记的小分子去筛选蛋白芯片上的蛋白质。以上两种方法提供的数据只能提示小分子可以结合何种蛋白质，或某种蛋白质可以与一定的小分子物质结合，并不能提供生物学行为方面的相关信息。

将小分子固定在芯片上，然后与被标记的靶蛋白共同温育，蛋白质所在的特殊位置可能就是潜在的靶分子位点。在制药工业领域，这种技术能够高通量、平行地进行小分子筛选或研究配体-受体间的相互作用，只需要很少量的样品，即可增加所筛选活性物的量。

Ducruet 等人用这种方法成功地在小分子靶的芯片上鉴定了新的 Cdc25 双特异磷酸酶抑制物 FY3-aa09 和 FY21-aa09。

Senior 等人利用蛋白芯片技术检测了来自健康人和前列腺癌患者的血清样品，在短短的 3 天内发现了 6 种潜在的治疗前列腺癌的药物靶点，而用传统方法也许要花费数月到数年的时间。

Ciphergen Biosystems 公司建立了一种先进的蛋白芯片检测系统，它可通过应用表面增强的 SELDI 技术直接从体液或组织样品中选择性地捕获微量蛋白，并描绘出所捕获蛋白的表达图谱。该系统已用于鉴定在同一类型的抗体表面捕获的不同分子量的淀粉样多肽，并定量测定了 Aβ40 和 Aβ42 的比例。

蛋白质芯片还可用于药物毒性和安全性的评价。多个研究小组已开始致力于应用芯片技术研究药物毒性机制，以及通过比较候选化合物的表型指纹进行药物安全性的评价。

（6）在抗体检测方面的应用 在抗体检测研究中，一直存在着一个问题，即同一物种的不同抗体在 mRNA 序列上的相似性，无法应用 Northern 印迹、RT-PCR、cDNA 微阵列等以 mRNA 为基础的技术进行抗体检测。鉴于蛋白芯片可用来检测抗体或绘制抗原-抗体相互作用的结构域，以蛋白质为基础的技术可能是最有效的抗体检测途径。

Tomlison 等人发展了一种抗体微阵列技术，可以高通量筛选重组抗体。这种技术能够从不纯的蛋白质或复杂的抗原中分离抗体。应用蛋白质检测技术进行抗体检测已得到实验证明，具有高敏感性、高特异性原理。如果只需检测某一特定物种免疫球蛋白的一种抗体，抗体微阵列技术比其他的蛋白检测技术具有更容易、更简便的特点。

应用蛋白质微阵列技术进行自身抗体检测，对于临床治疗和诊断将有深远的意义。

（7）在动物疫病检测方面的应用 病毒感染是全世界畜禽养殖场发病率的主要原

因。血清学检测技术包括血细胞凝集抑制（hemagglutination inhibition，HI）、琼脂凝胶沉淀素（agar gel precipitin，AGP）测试、免疫荧光测定（immunofluorescence assay，IFA）和酶联免疫吸附测定（ELISA）等。虽然这些方法的价值和重要性是显而易见的，但它们不能同时进行检测。蛋白芯片法可同时检测多种血清样本中的抗体。石霖等人利用可视化蛋白芯片法对禽流感、新城疫 2 种禽病血清抗体和禽流感、新城疫、鸡传染性支气管炎和传染性法氏囊病 4 种禽病血清抗体同时检测。该芯片具有快速、简便、灵敏、特异性的特点，无需特殊仪器，成本低。血清样品检测可信度高，而且灵敏度高于琼脂扩散实验，可推广到基层使用。Wang 等人开发了一种可视化蛋白芯片可以同时检测禽流感病毒、新城疫病毒、传染性支气管炎病毒和传染性法氏囊病病毒诱导的抗体。与传统方法相比，该蛋白芯片显示出良好的灵敏度，是琼脂凝胶沉淀法的 400 倍以上，而且相互之间无交叉反应。Sheng 等人制备的琼脂糖凝胶蛋白芯片，实现了对鱼淋巴囊肿病毒的检测。通过优化琼脂糖凝胶基片表面的化学结构和检测抗体的标记物等，实现鱼淋巴囊肿病毒的最低检测限为 $0.0686\mu g/mL$，与酶联免疫吸附测定（ELISA）的一致率为 100%，与免疫荧光测定技术的一致率为 98%。赵玉辉等人建立一种检测 A 型禽流感病毒（avian influenza virus，AIV）抗体的蛋白芯片，利用蛋白芯片分别对 15 个亚型流感病毒免疫血清、SPF 鸡血清、抗新城疫病毒血清、抗法氏囊病毒血清和现地血清样品进行检测，通过与血凝抑制试验比较，表明建立的蛋白芯片方法具有良好的灵敏性和特异性，为 AIV 抗体检测及制备检测 AIV 不同亚型或多种病原抗体的蛋白芯片提供方法。顾大勇等人将禽流感病毒 H1、H3、H5、H7、H9、N1、N2、NP、NSl 等 9 种亚型抗原以最佳浓度，点样于玻璃载体表面，构建相应抗体的检测芯片，分别用于禽类不同类型禽流感病毒血清及随机选择的人血清检测，并对特异性、敏感性及重复性进行测试，与血凝抑制法进行双向验证比较，结果一致。刘志玲等建立了牛地方流行性白血病的液相蛋白芯片检测方法，检测结果与 ELISA 试剂盒检测结果的符合率为 94.6%，为牛地方流行性白血病的进出境检疫、疫病监测和流行学调查研究提供了一种特异、敏感的新型快速检测技术。曾梦等人建立了猪繁殖与呼吸综合征病毒抗体的荧光微球免疫学检测方法，纪方晓等人建立了猪戊型肝炎病毒液相蛋白芯片检测方法，与商品化 ELISA 试剂盒检测结果一致，为建立猪病多重检测方法提供了基础。

（8）在农兽药残留检测方面的应用 在食品安全检测中，农兽药残留检测是非常重要的一个环节。在实际生产过程中，快速筛选方法比实验室中确证的定量分析更具有实际意义，而蛋白芯片具有高通量、快速检测的特点正适用于大规模生产中的快速筛选。目前蛋白芯片法检测各种残留物为食品生产企业对产品出厂的把关，以及相关部门对食品质量安全的快速抽查提供了技术支持。

（9）在生物毒素残留检测方面的应用 在过去的几十年里，农业食品系统中的霉菌毒素污染一直是全球的一个严重问题。真菌毒素是真菌在农产品和饲料中生长时产生的有毒次生代谢产物。近年来开发了多种霉菌毒素的检测技术，基于免疫的蛋白芯片检测方法由于其灵敏度高和检测时间短而得到了广泛应用。

利用蛋白芯片技术，研制出毒理芯片（ToxChip），已成为目前研究的热点。ToxChip 可帮助预防一些环境和食品中污染物引起的疾病，还可用于新药的临床试验，甚至还可以帮助建议合适的治疗剂量。另外，也可以利用毒理芯片进行环境污染物的检测、监测与环境质量评价，研究环境污染物对人体健康的影响、环境污染物的分布与转归、环境污染物治理效果评价、环境生物修复微生物的筛选与改造等。

（10）在食品分析和卫生检验方面的应用 蛋白芯片在食品分析方面也具有较好的

应用前景。食品营养成分的分析（蛋白质），食品中有毒、有害化学物质的分析（包括农药、重金属、有机污染物、激素），食品中污染的致病微生物的检测，食品中污染的生物毒素（细菌毒素、真菌毒素）的检测等大量工作几乎都可以用蛋白芯片来完成。

食源性致病微生物是食源性流行病的原因，因此需要迅速检测食品中的病原体。在琼脂平板上接种进行预富集培养是标准检测方法，qPCR 的分子检测方法实现了 24h 内检测病原体。此外，生物传感器可以在富集培养早期实现快速检测。Palmiro 等人开发并测试了一种蛋白芯片，用于筛选和鉴定 5 种常见病原体，包括沙门氏菌、大肠杆菌、金黄色葡萄球菌、弯曲杆菌和李斯特菌，该蛋白芯片在病原体鉴定中具有高度特异性，可以快速、可靠地筛选出污染食品中这 5 种常见病原体。

随着全球转基因技术的迅猛发展，研究人员利用转基因技术培育出了抗除草剂、抗重金属、抗病虫害、抗干旱、耐盐碱和营养价值高的品种，这对于提高产量、减少损失以及增加农产品营养价值具有重要作用。然而转基因作物在带来巨大社会和经济效益的同时也存在许多问题，主要集中在转基因食品的安全性及对生态环境的安全性方面。因此世界各国都在加强对转基因食品的管理。蛋白芯片法可以检测出转基因食品中外源基因表达出来的蛋白质，具有较高的灵敏度、特异性和可靠性。

目前国内此领域的工作才刚刚开始，但已显示出良好的应用前景。例如已建立了利用免疫芯片技术检测食品中黄曲霉毒素和葡萄球菌肠毒素、农药、雌激素、生物碱的方法。另外，研究者还建立了检测各种蛋白毒素类生物试剂和化学试剂的免疫芯片和酶芯片技术。相信在不久的将来，蛋白芯片技术将作为一种高灵敏、快速的分析方法在食品安全监测和检验方面获得广泛的应用。

8.1.3　产业化难点和关键点

蛋白芯片技术虽然经历了数年的发展，但是许多技术问题有待发展和完善，如蛋白芯片检测的特异性、重复性、灵敏度、定量等。此外，蛋白芯片标准化也是一个亟待解决的问题，包括产品质量的标准化、数据处理及实验操作的标准化等。

蛋白芯片要成为实验研究和临床上可以普遍采用的技术，仍有一些关键瓶颈问题亟待解决：a. 提高蛋白芯片的稳定性；b. 样品制备和标记操作简化；c. 增加信号检测的灵敏度；d. 高度集成化样品制备、基因扩增、核酸标记及检测仪器的研制和开发等。

蛋白芯片作为生物技术的一个重要研究领域，具有潜在的经济和社会效益，但必须理智地认识到该技术毕竟还处在研究和开发的初期，距离成功的产业化和临床应用还有相当长的一段距离。对蛋白芯片技术的过分宣传和炒作可能起到误导作用。在人们还不明白技术真相时，过分炒作也许对蛋白芯片技术的发展可以起到一定的推动作用，但最后如果达不到所期望的目标，终将使企业失去投资信心，最终受害的是蛋白芯片产业本身。过分炒作带来的另一个负面影响就是盲目立项，重复建设和投资，但又缺乏创新性较强且有知识产权的核心技术，使研究和开发的产品技术含量低、缺乏新意、低水平重复、缺乏国际竞争力。另外，在蛋白芯片知识产权与新药审批方面，专利批准周期不适合时代发展的需要，甚至成为制约蛋白芯片产业化发展的瓶颈。

蛋白芯片产业化进程总的来说可能不像人们预想得那样迅速。由于蛋白芯片技术研发难度大，生产周期长，成本高，其产品价格近期内较高，短期内难以形成产业化规模。未来蛋白芯片的最大市场是诊断试剂领域。美国虽然已有多个蛋白芯片上市公司，产品也五花八门，但至今没有一家公司的产品获得美国医疗卫生部门的认证，在中国蛋白芯片技术发展过程中存在的过分商业炒作和短期暴利行为，直接导致了中国蛋白芯片技术严重的低水平重复投资。

据统计，目前中国生物芯片企业不少于100家，而且大部分机构在做低水平的重复研究开发工作，造成资源的严重浪费。绝大部分生物芯片产品还只是处于初期研发阶段，离完全商业化还有一段很大距离。近年来仍然有几种产品获得国家市场监督管理总局批准的生物芯片新药证书，但从医院或新药开发单位等生物芯片潜在用户的使用情况来看，正式开始使用这些生物芯片产品的用户却寥寥无几，其中的深层次原因值得深思。

针对上述种种问题，在此提出一些建议和对策。a. 国家立项要慎重，投资要公开招标，项目不能盲目上马，保证公平、公开、公正。b. 加强关键技术特别是关键生物芯片设备引进。引进一些国际一流的生物芯片先进技术和生产线，既可避免国外生物芯片产品先期进入中国市场，保护中国生物芯片公司的利益，又可节省大量研发费用，并避开专利问题，同时促进技术引进和产品进入国际市场。c. 鼓励民营企业参与竞争。无论国有企业还是民营企业，甚至合资企业或外资企业，只要它在中国境内纳税，都应该支持参与生物芯片技术的研究和开发，这一方面有利于技术水平的提高和产品的国际竞争力，另一方面也可利用外资和合资企业的国际渠道，加强产品的出口。d. 采用"补偿式资助"模式。资助那些已经开发成功的产品，如即将产业化的成熟产品和已经获得国家新药证书的产品。

8.1.4　发展趋势

随着蛋白质组学研究的技术需求，蛋白芯片刚刚兴起就成为研究热点。

蛋白芯片技术的优点主要体现在：

① 由于抗原与抗体阵列芯片探针的结合特异性高、亲和力强、受其他杂质的影响较低，因此对生物样品的要求较低，可简化样品的前处理，只需对少量实际标本进行沉降分离和标记后，即可加于芯片上进行分析和检测。甚至可以直接利用生物材料（血样、尿液、细胞及组织等）进行分析，便于诊断，实用性强。

② 能够快速高通量定量分析大量的蛋白质样品。

③ 蛋白芯片使用相对简单，结果正确率较高。

④ 相对传统的酶标 ELISA 分析，蛋白芯片采用光敏染料标记，灵敏度高、准确性好。

⑤ 蛋白芯片所需的试剂和样品少，产品化后，价格相对低廉。

综上所述，蛋白芯片技术具有快速、准确、高通量、灵敏度高、平行等特点，是生物医学研究领域的一种强而有力的工具，在免疫检测、疾病诊断、药物筛选和蛋白质组研究等方面具有巨大的应用价值和发展前景。

必须指出的是，蛋白芯片技术尽管取得了重大进展，但仍处于发展阶段，还存在着许多问题与挑战。作为一项新的技术，蛋白芯片所获得的信息并不能完全解释生命过程中所有分子机制。然而，蛋白芯片的确能够帮助人们去发现有关生命过程的新分子靶点或新的机制，促进人们提出新的假说或设想，并努力去证实和研究。蛋白芯片与其他传统方法和新技术的结合与应用，将会极大地推动生命科学的进展。

未来的蛋白芯片，将在以下几个方面得到发展：a. 捕获试剂与标准化；b. 检测技术发展；c. 检测放大系统研究和开发。

目前以抗体为基础的蛋白芯片存在着交叉反应的问题，发展易于合成、简便操作的高蛋白特异性和高亲和力捕获试剂已经迫在眉睫。如果没有一个完整的、高特异结合单一蛋白的捕获分子库，很难实现用蛋白芯片检测和分析全部蛋白质组结构与功能。

发展定量蛋白芯片技术，实现检测不同蛋白的定量化，可以帮助研究者比较不同实验或不同实验室的研究结果。

信息与数据处理是分析和掌握大量蛋白芯片所获资料的关键。令人欣慰的是，基因芯片生物信息学的进展可以直接引入或经过适当改进即可引入蛋白芯片的研究中。但是，为蛋白芯片专门设计的分析工具对于日益普及的蛋白芯片显得格外重要。

描述单一细胞在体内的基因表达，将是蛋白芯片的未来任务之一。生物学研究的一个核心问题是，找出某一特定细胞表型的特异基因表达的相关性。目前的蛋白芯片检测蛋白质表达均必须破坏细胞的结构，无法解决上述问题。为了得到单一细胞水平的实时蛋白表达，有必要发展一种可以同时检测同一细胞中多种蛋白变化的有效技术。将计算机化荧光显微镜（computational fluorescence microscopy）与多种探针设计相结合可能是未来的发展方向之一。

蛋白芯片技术与 cDNA 芯片相结合，就可以从全基因组中检测基因表达的能力。应用 cDNA 芯片筛选基因表达和鉴定某一基因，并经蛋白芯片做更进一步的验证。蛋白芯片技术也应与蛋白分离技术相结合。

纵观蛋白芯片技术和应用的诸多方面，技术难题的解决将主要集中在以下几个方面：

① 建立快速、廉价、高通量的蛋白质表达和纯化方法。高通量制备抗体并定义每种抗体的亲和特异性，第一代蛋白质检测芯片主要依赖于抗体和其他大分子，显然，用这些材料制备复杂的芯片，尤其是规模生产会存在很多实际问题，理想的解决办法是采用化学合成的方法大规模制备抗体。

② 改进基质材料的表面处理技术以减少蛋白质的非特异性结合。

③ 提高芯片制作的微阵列速度，以便能够迅速地将微升至纳升级的样品加到基片表面，提供合适的温度和湿度以保持芯片表面蛋白质的稳定性及生物活性。

④ 研究通用的高灵敏度、高分辨率检测方法，实现成像与数据分析一体化。

⑤ 蛋白芯片与相关技术的结合问题。

这些问题是蛋白芯片技术能否从实验室推向临床应用的关键所在。随着研究的不断深入和技术的更加完善，如表面化学修饰技术的进步，可以做到在载体上固定多种活性蛋白质；蛋白质工程可获得大量重组高特异性蛋白用于芯片制造；纳米标记的引入可提高芯片检测的灵敏度，近期也有望开发出简便可靠的检测系统，蛋白芯片一定会在生命科学领域中发挥出巨大的作用。

不仅在生命科学领域，在中国的农牧养殖行业，蛋白芯片也有极为广阔的应用前景。目前中国养殖业发展快速，为了保证养殖业平稳、健康的发展，必须对常见传染病进行及时监测及清除。因此，建立高通量、快速、灵敏度高、特异性好，并且适用于大量样品检测的体外诊断方法尤为重要。传统 ELISA 虽能满足快速、高效的检测需求，但若想获得多种疾病的检测结果就需要进行多次检测，耗时耗力。而利用蛋白芯片技术可以构建高通量检测试剂盒，一份样品一次检测获得多个结果，必将实现体外诊断试剂的技术变革，促进养殖业的稳定及发展，实现现代农业的终极目标。

8.2

基因芯片技术

8.2.1 定义和分类

（1）定义 基因芯片（genechip）又称 DNA 芯片、DNA 微阵列（microarray），是指将特定的 DNA（或 cDNA）片段或寡聚核苷酸片段有序地、高密度地排列于固相载体上所形成的微型检测元件。特定的基因芯片可与标记的靶序列，按照碱基互补配对原则进行杂交反应，经过扫描仪扫描并分析杂交反应的信号，即可得到待检样品的基因信息。

（2）分类 基因芯片属于生物芯片的一种类型，目前其分类方法尚未完全统一。根据靶标制备和反应步骤的集成方式，可将基因芯片分为微阵列基因芯片、微流控基因芯片（将样品预处理、核酸提取、杂交和结果判读等所有程序高度集成、自动完成的基因芯片）。其中，微阵列基因芯片根据结果判读方式，又可细分为常规微阵列芯片（扫描仪判读结果）和可视化基因芯片（肉眼判读结果）。因此，本节根据基因芯片的制备工艺和结果判读方式，将基因芯片分为 DNA 微阵列（常规基因芯片）、可视化基因芯片和微流控基因芯片三个技术介绍。

8.2.2 技术特点与应用现状

8.2.2.1 常规基因芯片（DNA 微阵列）

通常所说的基因芯片即 DNA 微阵列，是迄今研究最成熟、应用最广泛的一类基因芯片。DNA 微阵列芯片种类多，按照固定在载体上的探针类型，可分为寡核苷酸芯片、DNA（cDNA）芯片两类。

寡核苷酸芯片是目前最广泛用于病原检测的一类基因芯片，该芯片主要根据病原的基因变异区或保守区的序列，设计不同的寡核苷酸探针作为靶标而构建。寡核苷酸芯片一般以原位合成的方法固定到载体上，具有密集程度高、可合成任意序列的寡核苷酸等优点，适用于 DNA 序列测定、突变检测、SNP 分析等；其缺点是合成寡核苷酸的长度有限，因而特异性受一定程度影响，而且随着长度的增加，合成错误率增加。

DNA（cDNA）基因芯片主要是根据微生物的特定基因区设计引物，然后用 PCR 或 RT-PCR 反应进行扩增基因片段，将扩增的基因片段建立靶基因库，再进行靶标的扩增和纯化，再将纯化的靶基因片段点制到氨基等活化的玻片上制备微阵列。这类基因芯片吸附 DNA 片段的主要方式通常是非共价结合，不需要修饰探针和连接臂，可降低制作的成本。DNA（cDNA）基因芯片的点样密度没有寡核苷酸芯片高，其最大优点是靶基因的检测特异性非常好，主要运用于表达谱研究。

DNA 微阵列芯片的要优势在于能平行、高通量、可寻址分析和检测不同的大量生物样品，并能将大量的生物信息制作在微小的阵列中，具有高度精确性、高度集成性、高信息量、检测系统微型化自动化等优点。

（1）**技术特点**　基因芯片技术自二十世纪末诞生以来，由于其具有精确、灵敏、快速高效和全自动分析等众多优点，已在众多领域得到了广泛应用。其主要特征如下：

① 精确性高：基因芯片上的每个探针都能够被精确定位和选址，其可以精确检测出不同的靶基因、同一靶基因不同的状态以及在一个碱基上的差别。

② 灵敏性好：基因芯片是由玻片、硅片等不易产生扩散作用的材料制备而成，探针及样品靶基因的杂交点非常集中，加上杂交前样品靶基因的扩增和杂交后检测信号的扩张，极大地提高了基因芯片检测的灵敏度。

③ 高通量：基因芯片上可以固定上万个探针，可同时检测样本中上万的生物大分子，而传统的检测方法一次只能检测一个或少数几个生物大分子。

④ 自动化：在一定的条件下基因芯片中的多个探针与样品中的靶基因片段进行杂交后，采用扫描仪器测量杂交信号和分析处理数据，从根本上提高了测量工作的速度和效率，也极大降低了测量工作的强度和难度。

（2）**技术步骤**　基因芯片技术主要包括几个步骤：基因芯片的设计制备、样品的处理及标记、杂交反应、信号扫描和检测、图像处理和数据分析。

① DNA 微阵列制备：芯片微阵列的制备过程，主要是通过原位合成或点样法将已知的靶基因序列固定在已修饰好的固体支持物上，固体支持物可以是玻片、硅片、塑料等材料，其中玻片是目前最常用的支持物。

原位合成法：一般只能合成几十个核苷酸，长片段 DNA 一般是经过靶基因克隆或 PCR 扩增后纯化的产物经机械点样制成基因芯片。以靶基因的重组质粒 DNA 为模板，PCR 扩增和异丙醇沉淀法纯化制备靶基因。位置质控为 5′端连接一个氨基，3′端连接一个 Cy3 荧光基团的一段随机序列，由于其自带荧光基团，所以一旦点至基片上不需杂交便可观察到信号，用于确定矩阵位置、监控杂交前芯片制备的质量等；杂交质控为 5′端连接一个 Cy3 荧光基团的一段随机序列，它的互补序列便是杂交质控探针，与其他探针一样，5′端通过 15 个胸腺嘧啶核苷酸连接一个氨基，杂交质控探针和杂交质控共同作为杂交过程有效性和整个试验成功与否的直接观察判断阳性标准；阴性质控为不含任何探针的点样液，可用于评估背景和非特异性杂交程度。

点样法：分配法一般是将 PCR 扩增获得的靶标采用点样法分配在微阵列表面，片段较长，一般在 100bp 以上。DNA 微阵列制作采用氨基化基片，用基因芯片点样缓冲液稀释靶基因，再用点样系统（例如 SpotArray®24）将靶基因分配到微阵列表面，点样参数要设置点样中心距、点样直径、点样后室温干燥时间、水合处理时间、紫外线交联时间、洗涤时间、洗涤后离心干燥以制备 DNA 微阵列。

② 样品的处理与标记

样品处理：除了个别特殊的样品外，生物样品通常都是生物分子的混合物。这种混合物是不能够直接与芯片反应的，因此在杂交之前必须对样品中的目的基因进行提取和扩增，从而获取较高浓度的 RNA、DNA 或蛋白质等，然后对提取的生物分子进行荧光标记，以此来提高杂交反应的灵敏度。

样品标记：是获得基因杂交信号的重要手段，是将指标分子如荧光素等导入待检样品之中，荧光素是目前芯片技术中最常用的指标分子，主要采用酶促介导的反应如体外转录、PCR、反转录等进行标记。如 PCR 标记是通过 DNA 聚合酶将荧光标记的引物或荧光分子修饰的核苷酸掺入 PCR 产物中，在完成对样品荧光标记的同时实现对目标片段的特异性扩增。在此过程中，荧光分子通过三种主要途径掺入 PCR 产物中：第一种是在合成 PCR 引物时，直接以化学方法将荧光分子合成在引物的 5′端；第二种是在 PCR 反应中加入荧光修饰的核苷酸类似物如 Cy3-dCTP 等，由 DNA 聚合酶将其掺入 PCR 产物中；第三种是对 PCR 产物通过非模板依赖性的酶促加尾反应在其 3′端随机加入荧光修饰的核苷酸。

③ 杂交反应：杂交反应是指将经荧光标记的样品分子，与芯片上的探针在一定条件下进行反应，从而产生一系列信息的过程。在基因芯片杂交时，靶基因双链中与探针杂交的实际上只是其中的一条链，而另一条链对杂交起到一定的竞争抑制作用，使得靶基因双链的杂交效率低于靶基因单链的杂交效率。因此在探针和靶基因以单链或者双链存在的选择上进一步影响了芯片的检测质量。

④ 信号扫描与检测：待分析样品与芯片上的探针杂交以后，即可对基因芯片进行荧光成像分析。通常使用激光共聚焦显微镜作为扫描器，扫描器带有的激光光源，可以产生激发不同荧光染料的光源（对 Cy3 为绿光，波长为 540nm；对 Cy5 为红光，波长为 650nm），扫读的目的是采集各杂交点的荧光信号位置、荧光强弱、背景荧光强度，双色荧光测定分别读两种荧光强度。CCD 照相机等其他设备也可进行信号读值。

⑤ 图像处理和数据分析：数据分析采用 QuantArray® Ver. 3.0 等软件进行，量化处理时分别用总信号和信号中位值模式获得芯片信息，污染斑点消除采用信号中位值代替样点信号强度≥平均值±2SD 的方法，可信信号确定采用通用标准，即 SNR≥1.5（总信号模式）或信号强度在 1000（信号中位值模式）以上的样点信号为可信信号。

（3）应用现状 基因芯片出现的初始阶段主要用于基因测序和基因表达分析方面的研究，随着技术的多样化发展，现已广泛用于单核苷酸多态性、基因突变研究、新药物开发、药理学、毒力基因组学、遗传病、癌症、传染病检测等医学领域的研究和应用。其中，通过基因芯片技术对传染病病原的检测和分型是当前动物医学领域的研究热点。基因芯片技术与传统的 PCR 技术相比有较多优势，包括特异性好、灵敏度高、可高通量检测、可同步平行鉴别多种病原，因此在检测和鉴别多种病原的混合感染方面有明显优势。此处，重点介绍其在动物疫病领域的应用情况。

① 猪病检测：随着我国频繁的国外引种、我国养猪规模化程度的不断提高，我国猪病流行情况日趋复杂化，以 PCR 技术、ELISA 技术为主导的传统分子和免疫学技术无法满足多病原高通量快速鉴别的需求。基因芯片技术在高通量检测或多病原鉴别方面，具有无可比拟的优势，在猪病检测领域的研究和应用越来越广泛。

猪病毒性腹泻病：四川农业大学猪病研究中心黄小波等人制备了猪传染性胃肠炎病毒（transmissible gastroenteritis virus，TGEV）检测基因芯片，能检测出最低含量为 10ng/μL 的探针，与 HCV、PPV、PRV、PRRSV、JEV、APP 等疾病无交叉反应，批间和批内重复试验结果均无显著差异，一张芯片至少可重复利用 10 次。胡中凯等人制备了一套鉴别猪流行性腹泻病毒（porcine epidemic diarrhea virus，PEDV）-猪传染性胃肠炎病毒（transmissible gastroenteritis virus，TGEV）-猪轮状病毒（porcine rotavirus，PoRV）联合诊断芯片，该最低检测浓度为 20pg/μL，可重复使用至少 7 次，而且重复性良好，真空密封后于 4℃条件下至少保存 150 天；马锐等人结合金标银染技术和不对称 PCR 单链扩增技术，构建了一套 PEDV-TGEV-PoRV 联合共检可视化基因芯片，该芯片显示结果不需借用扫描仪器，直接可视化判定，其检测结果与 RT-PCR 的检测总符合率均为 100%；刘志鹏等人制备了猪流行性腹泻病毒-猪传染性胃肠炎病毒-猪轮状病毒 A 型-猪 delta 冠状病毒的联合共检芯片，能高通量检测四种仔猪腹泻疾病，该基因芯片特异性强，灵敏度高，各探针基因的灵敏性均可达 $10pg/\mu L$（$2.83 \times 10^6 copies/\mu L$），该芯片在保存 180 天后仍可进行有效检测。

猪繁殖障碍性疫病：肖驰等人构建了可鉴别猪圆环病毒（PCV2）、猪瘟病毒（classical swine fever virus，CSFV）及猪繁殖与呼吸综合征病毒（porcine reproductive and respiratory syndrome virus，PRRSV）的 PCR 产物芯片；张焕容等人制备了伪狂犬病病毒（porcine pseudorabies virus，PRV）、猪细小病毒（PPV）和流行性乙型脑炎病毒（Japanese encephalitis virus，JEV）检测基因芯片；邓静等人在张焕容建立的 PRRSV-CSFV-JEV 基因芯片基础上，进一步改进优化样品处理与标记技术。当进行掺入标记，标记物 Cy3-dCTP 使用浓度为 $100\sim250\mu mol/L$ 时，引物标记法相对于掺入标记法荧光信号值更高，而应用不对称 PCR 技术对样品进行标记后，芯片的杂交效率有所提高；张仙等人开展了 PRRSV-CSFV-JEV 直观可视化基因芯片的构建，并进行了临床应用评价，结果表明该芯片能区分 PRV 强弱毒株和基因缺失株，能同时检出 PRV、PPV 和 JEV；赵玉佳等人以 CSFV、HP-PRRSV、JEV、PCV 和 PRV 5 种病毒为研究对象，针对 CSFV 的 *E0* 保守基因、HP-PRRSV 的 *Nsp 2* 保守基因、JEV 的 *Prm/M* 保守基因、PCV 的 *ORF2* 保守基因以及 PRV 的 *gB* 保守基因分别合成设计特异性引物，通过金标银染显色技术，构建了一套能够同步鉴别这五种猪繁殖障碍性疫病的可视化基因芯片检测技术。该芯片为进一步开展基因芯片的应用推广奠定了基础。

猪呼吸道细菌病：肖国生等人针对猪胸膜肺炎放线杆菌、肺炎支原体和多杀性巴氏杆菌建立的基因芯片检测技术能够有效鉴别诊断混合感染病例，与 PCR 检测及病原检测阳性率结果重复率达 95% 以上。该技术在猪群疾病中的检测应用在一定程度上填补了传统检测技术的空白，能够满足我国猪病流行日趋复杂形势下的多样本、高精度、低浓度的检测需求。

② 禽病检测：禽类病毒性疾病的检测对保障养禽业健康发展具有重要意义，特别是重大禽病的快速精准鉴别诊断技术，在家禽疫病净化方面发挥着重要作用。近年，基因芯片在禽病方面的研究越来越广泛。

曹三杰等人针对鸡新城疫（newcastle disease，ND）和鸡传染性支气管炎（infectious bronchitis，IB）首次构建制备了 NDV-IBV 基因检测芯片，该技术可应用于基因表达谱分析、基因位点突变分析和疫病检测等方面。黄宁等人分别利用 NDV、IBV 和传染性喉气管炎病毒（infectious laryngotracheitis virus，ILTV）的两个保守基因，制备了禽呼吸道疫病 NDV-IBV-ILTV 共检基因芯片。韩雪清等人开发出禽流感病毒亚型鉴定基因芯片，利用收集自 49 个地区的 2653 份标本对其特异性和敏感性进行了初步评价，结果发现用于评价的各亚型参考毒株均出现良好的特异性杂交信号，检测的敏感度可达 2.47PFU/mL 或 2.5ng 靶 DNA 片段，而且与禽类常见的 IBV、NDV 等 6 种病毒均交叉反应。

③ 其他动物疫病：在草食动物疫病检测领域，基因芯片技术主要应用在牛、羊、马等草食家畜的烈性传染病防控中，其中围绕人兽共患病病原，如口蹄疫病毒、布鲁氏菌、结核杆菌等存在公共卫生潜在风险的病原，基因芯片技术发挥着疫病跟踪监测的重要作用。李铁锋等人构建了检测布鲁氏菌特定菌株抗原的膜基因芯片技术，特异性较强，适合于基层检测。陈圣军等人建立了同时检测牛传染性鼻气管炎和赤羽病 2 种牛群传染病的基因芯片检测方法，体现出较好的特异性，而且反应灵敏度高。水产动物疫病防控是困扰渔业发展的重要难题，目前基因芯片技术也被国内研究人员尝试应用在鱼类等水产动物疾病

的检测中。弧菌病是危害鱼类养殖的一大类重要传染性疾病，某些弧菌感染严重影响鱼类的正常生长发育，造成鱼类群体发病和死亡。朱鹏飞等人针对副溶血弧菌等 4 类弧菌病建立了同步检测的基因芯片技术，在检测性能上相较于普通 PCT 方法更为灵敏。王胜强等人建立了对 7 种海水养殖鱼类病毒的检测技术，与普通 PCR 检测结果基本相符，而且具备较好的重复性和特异性。

8.2.2.2　可视化基因芯片

可视化基因芯片是以传统的基因芯片技术为基础，进行技术改良而形成的新技术，该技术的原理与 ELISA 检测技术相似，主要利用生物素与链霉亲和素特异性结合的特点，在杂交时引入链霉亲和素标记的纳米金、酶或磁珠，通过不同的显色反应形成肉眼可见的斑点，从而实现检测结果的可视化。由于传统的芯片技术采用的是荧光标记，如 Cy3/Cy5 荧光染料、量子点荧光标记等，这些标记方法导致结果判定都依赖于昂贵的荧光扫描仪，限制了芯片技术在临床上大规模推广应用。可视化芯片具有传统芯片无可比拟的优势。可视化芯片大致分为可视化基因芯片和可视化蛋白芯片（此处，仅介绍可视化基因芯片）。

（1）分类　根据显色技术的不同，可视化基因芯片可分为金标银染可视化基因芯片、酶和底物可视化基因芯片及磁珠可视化基因芯片。这些技术的主要特点是使芯片的检测结果可视化，同时提高了芯片检测的敏感性，其中以金标银染技术最为常用。

（2）技术环节

① 芯片的制备：根据检测类型的不同，可视化芯片分为可视化基因芯片和可视化蛋白芯片。可视化芯片的制备是通过芯片点样仪以喷样的形式将 cDNA、一定长度的寡核苷酸、抗原或抗体等不同类型的探针固定在基片上，通过烘焙、紫外交联、水合和离心干燥等程序保证探针的固定。针对寡核苷酸探针，通常需要在 5′ 或 3′ 端加 15poly（T），以增强寡核苷酸探针与基片的距离，降低空间位阻效应。可视化芯片的基片在使用前要进行活化处理，如对基片进行醛基、环氧化物修饰，使基片表面具有相应的活性基团，以便与生物大分子特异性结合。此外，也可通过紫外交联将探针固定在高分子聚合材料的基质上或者以尼龙膜或纤维素薄膜为介质固定在芯片的基片上，制备可视化芯片。

② 靶基因的制备与标记：靶基因的制备与标记是可视化基因芯片技术的一个重要环节。可视化基因芯片最常用的是生物素标记，利用生物素标记脱氧核糖核苷酸、上游引物或下游引物，通过 PCR 扩增技术产生大量生物素标记的靶基因片段，以生物素和链霉亲和素的特异结合为基础，引入纳米金、磁珠和酶等，通过不同的方式实现检测结果的可视化。可视化蛋白芯片是通过生物素标记的抗原或抗体，利用抗原与抗体的特异性结合，将生物素标记的抗原或抗体引入可视化蛋白芯片检测体系。

③ 可视化芯片的杂交：芯片的杂交是体现芯片检测效能的关键环节。可视化基因芯片的基本原理是以核酸分子杂交为基础，将 PCR 扩增技术获得的 cDNA 探针或合成的寡核苷酸探针与生物素标记的靶基因进行杂交。影响核酸杂交的因素主要包括核酸的浓度、核酸的长度、（G+C）含量和杂交温度等。随着探针浓度的增加，杂交信号的强度增强，但不呈线性关系。探针长度过短，特异性差；探针长度过长，由于二级结构的产生会影响探针与靶基因的杂交。通过优化探针的浓度，选择合适的探针长度且保证各个探针之间的（G+C）含量一致，可以获得最佳杂交信号值。可视化蛋白芯片的基本原理是在抗原与抗体特异性免疫反应的基础上，通过不同的显色反应来判断检测结果。可视化蛋白芯片杂交

过程中需要优化抗原或者抗体的最佳浓度及其固定时间，以获得最佳信号值。

④ 可视化芯片的显色反应：可视化芯片通过不同的显色技术形成肉眼可见的信号，主要包括金标银染技术（gold label silver staining，GLSS）、酶和底物显色技术以及磁珠显色技术，其中 GLSS 应用最为广泛，但也有研究人员在此基础上进行改进引入信号放大技术，使检测的敏感性大幅度提高，如酪胺信号放大技术（tyramine signal amplification，TSA）和量子点银染增强显色技术。

⑤ 可视化芯片的结果判定：传统的生物芯片是以信噪比（signal noise ratio，SNR）作为结果的判定标准，可视化芯片主要特点是实现了检测结果的可视化，其检测结果可以通过肉眼直接观察，也可以通过灰度扫描仪进行扫描定量，分析杂交位点的信号值和背景值，比较各个杂交位点的信号强度。

（3）可视化芯片显色技术　可视化芯片的基本原理是将 PCR 扩增获得的 cDNA、合成的一定长度的寡核苷酸、抗原或抗体作为探针，通过芯片点样仪以喷样的形式使其有序地排列在芯片基片上，将 PCR 扩增技术获得生物素标记的靶基因或生物素标记的抗原或抗体与芯片上的探针进行杂交反应，最后在生物素和链霉亲和素系统下，引入不同的信号标记分子，通过不同的显色技术形成肉眼可见的信号。不同的显色技术其基本原理类似，图 8-1 是以金标银染技术为例的可视化芯片原理图。

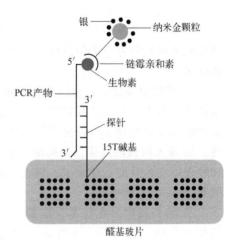

图 8-1　可视化基因芯片原理模式图

① 银染技术

a. 金标银染技术：金标银染是通过纳米金对银离子催化还原，还原的银原子沉积在纳米金周围，形成一层银壳，最终形成肉眼可见的银染信号。向华分别使用禽白血病病毒 ALV-env、鸡马立克病病毒 MDV-meq、IBDV-vp2、AIV-np、NDV-f 和 ILTV-tk 的基因，设计寡核苷酸探针，结合金标银染显色技术，构建 ALV-MDV-IBDV-AIV-NDV-ILTV 的可视化共检芯片。该芯片检测的灵敏度为 1pg/μL。芯片在常温条件下保存 60 天，在 4℃条件下保存 75 天仍可有效检测，临床病料检测结果与 PCR 结果一致。此外，该研究团队还构建了同时检测禽流感病毒不同亚型的可视化芯片，发现其敏感性高于普通 RT-PCR。马锐等人针对金标银染可视化基因芯片制备中点样缓冲液的使用、点样次数、杂交温度、杂交时间、胶体金浓度以及银染时间等条件进行优化，确定了病毒性腹泻可视化共检芯片的最佳反应条件。马锐等人采用常规 PCR 和不对称 PCR 对靶基因的下游引物进行生物素标记，比较两种标记方法对可视化芯片杂交效率的影响，结果表明，不对称 PCR 标记技术可以明显提高芯片的杂交效率，其敏感性是常规 PCR 标记技术的 10～100 倍。Wang 等人将纳米金标记在通用引物上，通过 PCR 扩增将其引入芯片检测系统，构建了同时检测 PCV-2、PPV、PRV、SIV、CSFV、FMDV 和 PRRSV 7 种猪病毒病的可视化寡核苷酸芯片，不需要依赖生物素与链霉亲和素系统，节省了实验时间。Zou 等人构建了可视化寡核苷酸芯片用来检测人的乙型肝炎，并对其单核苷酸的多态性进行研究分析。

随着金标银染技术的逐渐成熟，金标银染的信号放大技术也迅速发展起来，主要包括酪胺信号放大技术和量子点银染增强显色技术。Qi 等人在金标银染的基础上引入酪胺信号放大技术（TSA），建立了用于检测人病原微生物的可视化基因芯片。该技术的检测敏感性与酪胺信号放大-荧光素 Cy3（TSA-Cy3）的敏感性相同，而且是金标银染技术的 100 倍。Chen 等人将鼠抗人的 IgG 作为探针固定在基片上，通过抗原与抗体的特异性免疫反应以及辣根过氧化物酶与酪胺的反应，使信号位点存在大量的生物素，然后通过与链霉亲和素包被的纳米金反应形成肉眼可见的信号。Qi 等人利用生物素与链霉亲和素特异性结合的特性，引入辣根过氧化物酶，然后以纳米金标记的 DAB 作为酶的反应底物，最后通过银染试剂进行显色反应，该技术与 TSA-GLSS 技术的敏感性一致，但是该技术的背景值较低，并且减少了生物素标记的酪胺孵育步骤，为实验节省了时间。张春等人建立了一种酪胺信号放大-量子点标记银染增强（TSA-quantum dots-silver enhancement，TSA-QDS）的可视化基因芯片，并对牛布鲁氏菌 210105 株进行检测，以 TSA-Cy3 检测法为对照比较两种检测方法的敏感性，结果表明该方法的敏感性与荧光法相当，并且可以肉眼观察结果。

b. 其他银染技术：金标银染技术在可视化芯片中应用最为广泛，但也有将其他的银染技术应用于可视化芯片研究中。Wang 等人用纳米钯代替纳米金作为标记物，并结合银染和钴染反应构建了可视化基因芯片，并通过检测碱基的错配验证该芯片的特异性和灵敏性。Li 等人将核酸适体修饰的纳米银作为检测探针，基于纳米银催化同种金属离子的特异性还原显色反应，建立了一种人 IgE 的可视化微孔板蛋白芯片检测方法。该芯片可以检测到 20ng/mL 的 IgE。

② 酶和底物显色技术　酶和底物显色技术是利用酶的催化作用，通过与不同底物的相互作用，形成不溶性的有色化合物，从而在芯片上形成肉眼可见的信号。在生物素与链霉亲和素高度特异性结合的基础上，通过碱性磷酸酶和 NBT/BCIP 的显色反应建立的可视化寡核苷酸芯片技术，可以对台湾地区 H5 型禽流感病毒的不同亚型进行鉴别检测。以 LV7 为例进行敏感性试验，结果显示该芯片的敏感性为 RT-PCR 的 1000 倍。杨国淋等人以尼龙膜作为芯片的基质载体，结合不对称 PCR，通过辣根过氧化物酶和 DAB 显色反应，构建同时鉴定 AIV、NDV、IBV 和 ILTV 4 种常见禽呼吸道病毒的可视化寡核苷酸芯片。Li 等人利用多重 PCR 技术进行靶基因的扩增标记，通过同样的显色技术建立了一种可视化 DNA 芯片检测技术，该技术能够同时检测志贺氏菌、沙门氏菌、单细胞增生李斯特菌和大肠杆菌 O157：H7 4 种食源性病原菌。同样，利用该显色技术分别制备检测 12 种转基因玉米和 3 种禽肿瘤性疾病的可视化寡核苷酸芯片。Zhang 等人结合亲和素包被的辣根过氧化物酶，与生物素包被的抗辣根过氧化物酶抗体的信号放大技术，通过辣根过氧化物酶和 TMB 的显色反应，建立了检测食源性病原菌的可视化寡核苷酸芯片，该芯片可以检测到 5 拷贝的病原菌，具有更高的敏感性、稳定性和特异性。

③ 磁珠显色技术　磁珠显色技术是通过生物素与链霉亲和素包被的磁珠的特异结合，在外磁场的作用下，利用磁珠的超顺磁性，形成肉眼可见的信号。Shlyapnikov 等人采用链霉亲和素包被的磁珠作为标记物，建立的用于检测转基因食品可视化寡核苷酸芯片，该技术与酶和底物显色技术及 Cy5 荧光标记技术进行比较，结果显示其敏感性为 1pmol/L，而其他两种检测方法的敏感性分别为 10pmol/L 和 0.5nmol/L。Sun 等人结合不对称 PCR 技术与磁珠显色，构建了可视化寡核苷酸芯片，该芯片可检测大肠杆菌、霍乱弧菌、沙门氏菌、金黄色葡萄球菌、轮状病毒和诺瓦克病毒 Ⅰ 型和 Ⅱ 型 7 种致人腹泻的病原微生物，该芯片的敏感性为 25ng/μL，以传统方法、PCR 法和芯片法同时检出 86 份临床样品，结果三种方法的符合率为 100%。Li 等人制备了检测 4 种食源性病原菌的可视化芯片，并对商品化和自制的链霉亲和素偶联磁珠（SA-MNP）的敏感性进行比较，结果表明自制的 SA-MNP 结合生物素的能力为商品化的 7 倍。

8.2.2.3　微流控基因芯片

为了内容的完整性，此处仅概述"微流控基因芯片"，具体技术细节见 8.3 微流控技术。

微流控基因芯片（microfluidic chip）是将样品制备、稀释分离以及检测分析集成于一块几平方厘米的芯片上，自动完成分析的全过程的一种技术。微流控基因芯片将样品前处理等多个实验步骤在同一芯片上集成化和并行化，满足了样品实时、快速检测的需求，达到了微型化、自动化、低消耗和高效率的目的，是一种新型自动化、集成化、便携化、低成本化和快速化的检测技术。此外，微流控基因芯片还具有高分辨率和高灵敏度的检测分析能力。目前，基于 LAMP 的微流控基因芯片利用多通道微流控芯片核酸检测的独特优势，既可实现同步多重检测（即一次加样，同时可检测多种指标，最大限度地节约时间和成本），还适合临床现场的即时检测（point-of-care test，POCT）。目前，微流控基因芯片已广泛应用于医学诊疗、食品安全检测、环境监测和药物化学等领域。

微流控基因芯片诊断技术，在医学上已开始被广泛关注，部分产品进入市场，但目前在动物医学院领域研究还较少。

8.2.3　产业化难点和关键点

8.2.3.1　DNA 微阵列芯片

尽管基因芯片技术已经取得了长足的发展，但目前仍存在着许多问题，例如成本相对比较昂贵、技术步骤复杂、需要特殊设备等问题。这些问题主要表现在样品的制备、探针合成与固定、分子的标记、数据的读取与分析等几个方面。

（1）样品制备　多数公司的检测芯片在检测前，都要预先对样品进行一定程度的扩增以提高检测灵敏度，但仍有不少人在尝试绕过该问题，包括 Mosaic Technologies 公司的固相 PCR 扩增体系以及 Lynx Therapeutics 公司提出的大量并行固相克隆方法，两种方法各有优缺点，但目前尚未进入临床应用。

（2）探针的合成与固定　制作高密度的探针阵列比较复杂。使用光导聚合技术每步产率不高（95%），较难保证有好的聚合效果。其他多种方法，例如压电打压、微量喷涂等多项技术，虽然技术难度较低、方法也比较灵活，但存在的问题是难以形成高密度的探针阵列，所以只能小规模使用。近年，我国学者已将分子印章技术用于探针的原位合成，取得了比较满意的结果。

（3）目标分子的标记　也是一个重要的限速步骤，如何简化或绕过这一步仍需解决。

（4）杂交方面的问题　首先，杂交位于固相表面会有一定程度的空间阻碍作用，有必要设法减小这种不利因素的影响，有报道通过向探针中引入间隔分子而使杂交效率提高了150倍。其次，探针分子的（G+C）含量、长度以及浓度等都会对杂交产生一定的影响。

（5）信号的获取与分析　基因芯片多数使用荧光法进行检测和分析，重复性较好，但灵敏性仍不高。基因芯片上有成千上万的寡核苷酸探针，由于序列本身有一定程度的重叠因而产生了大量的丰余信息，这可为样品检测提供大量的验证机会，但同时要对如此大量的信息进行精准解读，仍存在一些技术问题。

基因芯片技术因其拥有灵敏、高效、精确及同步高通量平行检测等优势，许多部门、大学、重点实验室及制药公司相继参与相关研发工作，我国也相继成立了一批基因芯片公司。当前医学领域还存在着许多无法治疗的疾病，利用基因芯片提前进行精准筛选，提高预测的准确性，提前进行干预和治疗，可有效降低疾病的发生率。基因芯片技术的优越性使其相关产品备受患者青睐，未来诊断基因芯片的市场将不断扩大。此外，中国基因芯片行业处于逐步产业化阶段，基因芯片产品领域需要成本低、快捷和简便的新技术。

8.2.3.2　可视化基因芯片

可视化基因芯片具有其独特的优点，但仍然存在一些技术缺陷需要克服。

（1）背景值高　金标银染显色是以银增强试剂作为显色剂，它被纳米金催化显色的同时，在光照的情况下也会较快发生自身催化沉积反应，使信号点周围产生黑色沉淀，产生高背景值。酶促底物显色技术由于酶和薄膜之间有较强的静电吸附作用，同样易产生高背景值。

（2）稳定性差　标记方法的影响因素多，如反应时间、显色试剂的使用量、反应温度等，因此稳定性较差。此外，酶促底物显色技术是以尼龙膜或者纤维素薄膜为载体，这种载体易变形，不利于芯片的保存。因此，可视化芯片技术在应用中需要不断改进，以便能更好地应用于临床实践。

（3）产业化关键点　可视化芯片技术若要很好地推广应用，就必须具备高质量和合理的价格。若要制备高质量的可视化芯片，则有很多技术问题需要解决。

① 特异性：提高可视化芯片的特异性，一方面要提高探针的特异性，就要丰富基因文库，设计出高度特异性的探针；另一方面要提高检测信号的特异性。

② 灵敏度：可视化芯片的灵敏度涉及很多方面，包括制作过程的点样温度、湿度、点样量的控制，也包括芯片使用过程中杂交时间、温度等。此外，探针的浓度和纯度也会影响灵敏度。

③ 标准化：目前，可视化芯片结果判定没有通用的标准，也限制了可视化芯片的发展。

④ 简便性：常规的芯片经过杂交就可直接扫描获取信号，但可视化芯片还要经过一系列的反应来读取结果，虽然一定程度上降低了成本，但这个过程相对耗时费工。

⑤ 重复性：可视化芯片为了达到可视的效果，在整个体系中又引入了很多试剂，随着使用次数的增加背景值会明显增高。

8.2.3.3 微流控基因芯片

（1）检测样品的标准化处理　微流控芯片创新多集中于分离、检测体系方面；对芯片上如何引入实际样品分析的诸多问题，如样品引入、换样、前处理等相关研究还不完善。

（2）工艺的优化　微流控基因芯片的发展依赖于多学科交叉的发展，目前阻碍微流控技术发展的瓶颈仍然与一些制造工艺技术问题相关。

8.2.4　发展趋势

8.2.4.1　基因芯片的可视化是发展趋势之一

基因芯片技术已在病原检测、药物筛选、突变检测、基因组学和个体化诊治等方面逐渐得到广泛应用，未来基因芯片技术可能主要朝两个方向发展：一是诊断（检测）基因芯片，会朝快速化、便携化和可视化方向发展，使其能更加适用于临床应用；二是研究基因组、表达谱或是高通量的基因芯片，将更趋向于微型化、集成化的芯片实验室（laboratory on a chip）。其中，可视化基因芯片具有特殊优点，不需昂贵的荧光扫描设备，降低了成本，不受环境局限等，增加了芯片的使用范围，在临床应用方面将具有更好的前景。当然芯片的可视化研究尚存在一些问题，相信随着研究深入，这些问题将会逐步解决。医学领域已有多个芯片试剂盒被政府批准使用，相信随着技术改进，基因芯片会逐步成为常规应用技术。

8.2.4.2　微流控基因芯片也是检测芯片的发展趋势之一

目前大众认知的生物芯片（例如基因芯片、蛋白质芯片等）多是微阵列杂交芯片，功能非常有限。微流控芯片高度集成和自动化，具有更广泛的类型、功能与用途，可以开发出基于生物计算机、基因测序、质谱和色谱等多种分析系统，成为诊断新技术开发极为重要的技术基础，随着样品标准和工艺标准的不断完善，微流控基因芯片将是诊断技术的一个重要发展趋势。

8.3

微流控技术

诊断技术的发展对于动物健康监测有着巨大的推动作用，作为新兴交叉学科的微流控技术以精准操控亚微米结构著称，在微尺度环境下对集成于一体的样品分析过程进行简单的自动化操作。在降低了人工误差及污染的前提下，为动物育种、病原体分析、药物残留检测、动物健康及环境日常监测在内的兽用诊断技术提供了平台。尽管存在技术壁垒，但微流控技术的优势仍然是巨大的，随着生产技术的发展，基于微流控的兽用诊断技术会成为不可取代的重要部分。

8.3.1　定义和分类

微流控（microfluidics）是一种通过微管道（数十到数百微米）来精准操控微尺度流体（体积为纳升到皮升）的科学技术，该技术涉及化学、流体物理、微电子、新材料、生物学和生物医学工程等多领域学科的相互交叉。

微流控的重要特征之一是微尺度环境下具有独特的流体性质，如层流和液滴等；借助这些独特的流体现象，微流控可以实现一系列常规方法所难以完成的微加工和微操作。微流控能够把生物、化学、医学分析过程的样品制备、反应、分离、检测等基本操作单元集成到一块微米尺度的芯片上，自动完成分析全过程。因其微型化、集成化等特征，微流控装置通常被称为微流控芯片，也被称为芯片实验室和微全分析系统（micro-total analytical system）。

微流控的早期概念可以追溯到 19 世纪 70 年代采用光刻技术在硅片上制作的气相色谱仪，而后又发展为微流控毛细管电泳仪和微反应器等。一般认为微流控技术的研究正式开始于 1990 年 Manz 和 Widmer 等人采用芯片实现了此前一直在毛细管内完成的电泳分离，首次提出微型全分析系统（miniaturized total analysis system，μTAS）的概念；而后1995 年首家微流控技术公司 Caliper Life Sciences 成立；2000 年左右 G. Whitesides 等人关于 PDMS 软刻蚀的方法在 Electrophoresis 和 Analytical Chemistry 上发表；再到 Quake 等以"微流控芯片大规模集成"为题在 Science 上发表文章；2001 年，"Lab on a Chip"杂志创刊，它很快成为本领域的一种主流刊物，引领世界范围微流控芯片研究的深入开展；2003 年微流控技术被 Forbes 杂志评为影响人类未来 15 件最重要的发明之一；Business 也在 2004 年把微流控技术誉为"改变未来的七种技术之一"；2006 年 7 月，Nature 杂志发表了一期题为"芯片实验室"专辑，从不同角度阐述了芯片实验室的研究历史、现状和应用前景，并在编辑部的社评中指出：微流控技术可能成为"这一世纪的技术"。这些里程碑式的工作使学术界和产业界看到了微流控芯片超越"微全分析系统"的概念而发展成为一种重大的科学技术的潜在能力。

目前在学术界微流控技术的分类暂无统一标准，可根据其控制流体的方式，将其分为被动式微流控和主动式微流控。被动式微流控通常利用表面疏水特性或毛细力进行流体的运输与处理，典型的材质有纤维级微流控（包括纸基、布基、聚合物塑料基等材料）；其特点是自驱动、无需额外泵源和能源，可用于简单的流体驱动与控制。而主动式微流控一般利用外源性驱动力（包括压力、表面波、磁力、电渗、电流、热等驱动方式）进行流体控制。

现阶段大部分的微流控芯片由样本裂解区、流体控制区、核酸扩增检测区三大区块构成。样本加入裂解区完成处理后转移到流体控制区与 LAMP 扩增体系混合均匀，再转运到核酸扩增检测区完成扩增检测反应。通过对裂解区体积结构，流体控制区的阀门、流路、气路、分配称量池排布，核酸扩增检测区的反应池体积及反应池间的间距角度等的优化设计，达到控制微流控芯片反应的目的（图 8-2）。由于微流控的种种优势，其在生物医学研究中具有巨大的发展潜力和广泛的应用前景。

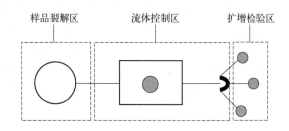

图 8-2　芯片构架

8.3.2　技术特点与应用现状

微流控技术将生物、化学、医学分析过程中的样品制备、分离、反应、检测等基本操作单元集成于一体，对微尺度下的流体样本进行精确控制与自动化的检验和分析，具有体积小、样品使用量少、检测速度快等优势，使其在医学检测领域有着广泛的应用。此外在兽医学领域，动物的大规模养殖条件下，现如今更需要一种能够进行快速和大量检测的医学检测手段，微流控技术现如今在兽医领域的初步探索也证明了它的潜能。在动物的繁殖育种、动物传染病病原体及药物残留的检测、动物的日常健康情况检测中，传统的检测方法耗费大量的人力和时间，微流控技术以其更准确、更快速、更易操作的特点迅速引起了人们的注意。

8.3.2.1　繁殖育种

在兽医领域中，动物的繁殖育种无论作为宠物品系的优化或增加牲畜生产群体的良种数量都是必要的；动物繁殖与人相似，首先需要对其进行繁殖前检测，即先检测其繁殖障碍疾病或传染性病原体，再通过对其激素的调控影响其繁殖行为。将电化学检测与微流控芯片相结合对无标示的 DNA 杂交进行分析，可用于诊断繁殖障碍疾病；同时精液中可能会带有传染性疾病的病原体，一种基于纸张的传感器应运而生，通过等温扩增和荧光法扩增检测牛疱疹病毒-1（BoHV-1）、布鲁氏菌和钩端螺旋体。

繁殖疾病与传染病监测完成后，可以将微流控芯片毛细管电泳与化学发光检测器相结合，在最佳条件下迅速、准确地检测出雄激素睾酮，或对唾液样品干燥后的蕨类植物形态进行定量荧光检测，以分析血液中雌激素雌二醇水平，而后调节动物体内雌雄激素的含量影响动物的繁殖行为。并通过以荧光染料乙二胺盐酸盐为衍生化试剂的毛细管电泳激光诱导荧光检测并量化精子中的 ATP，筛选出动物高活性的精子用于繁殖。

在分离、选择精子和卵母细胞用于受精繁殖过程中，已提出了各种非侵入性的、更快（仅需几分钟）、易于标准化、消耗微量样本及需要更少操作的基于微流体的方案。现有系统通过建立类似血管的性腺组织以保证精管的持续氧合和营养以及激素的刺激，通过分离样本组织与流动介质获得更好的睾丸组织，进而产生有活力的精子供卵母细胞受精，已经在小鼠青春期前睾丸组织上进行了开创性的培养，培养时间长达 6 个月，实现了完全的配子体发育。而对于卵母细胞的体外培养和成熟，则通常将卵泡用 0.5% 海藻酸钠和 2.0% 氯化钙包裹并封装在 3D 水凝胶基质中，以模拟卵巢组织中的 3D 机械、生理和解剖环境，并放置在微流控芯片室中，通过液滴微流体技术控制、分离水凝胶微球中的单个细胞。目前已应用于各种实验动物模型、牲畜、宠物和人。

培养出的精子和卵母细胞仍需进一步地筛选方可进行受精。利用惯性微流体技术，可以从有限的精子样本中分离出最佳的精子细胞；而对于卵母细胞，无应力且潜在高通量的微流体平台已被报道用于使用集成结构去除卵丘细胞，通过持续暴露于成熟介质成熟，并使用集成光学或机械传感器实时监测并根据其成熟水平和质量进行选择，最后在芯片上通过调节流速或使用双向电泳来控制卵母细胞附近的精子浓度，可以降低多精子的风险，同时提高受精率。此外，由于精子细胞必须在装置中游向卵母细胞，因此它们同时以一种非侵入性的方式被预先选择。成功受精的胚胎在集成微流控平台中培养生长，使用延时成像技术进行实时监测，可与人工智能、机器学习或集成传感器或其他分子分析模块或光谱分析相结合，最终根据发育能力选择最佳的胚胎用于繁殖（图 8-3）。

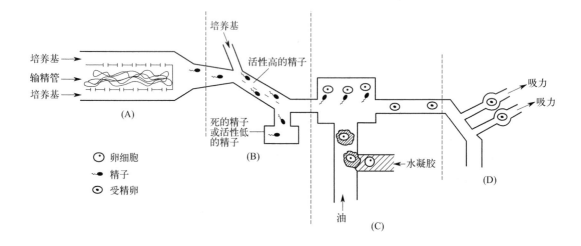

图 8-3　基于微流控芯片的精子、卵细胞分离及受精培养过程
（A）输精管两侧通道模拟血管以促进输精管产生有活性的精子；（B）利用惯性微流体技术筛选出活力高的精子用于受精；
（C）通过液滴微流体技术控制包裹在水凝胶中的卵泡细胞使之分离为单个培养，经过获能反应的精子游向卵细胞进行受精；
（D）已受精的胚胎通过吸力固定在微腔中给定的位置培养

繁殖是生物体最基本的特征之一，是一个物种延续和进化的保证。微流控技术避免了传统精子根据沉降和迁移速度筛选过程中导致精子 DNA 过氧化损伤、断裂和精子质量降低；对于卵母细胞的选择不依赖人工筛选，同时可以考虑到其发育过程对其进行实时记录，减少因人工失误导致多次促排卵引发的机体损伤。微流控通道形状和尺寸的灵活设计可以更好地模拟生理环境，以促进受精过程的顺利进行，其低消耗和高度集成性更促进了在生殖领域的发展。

8.3.2.2　药物残留分析

用于兽医治疗的药物往往有不同的滞留时间，动物机体内的药物残留对动物健康甚至消费者健康存在潜在的威胁。因此建立一种定量、灵敏、高效的兽药检测方法势在必行。作为口服使用的广谱驱虫药甲苯咪唑的药物残留对动物机体有明确的毒性，同时用于治疗牛肺炎和乳腺炎的氯霉素类抗生素常导致牛奶中抗生素残留，从而对消费者健康产生巨大的危害。可使用液相色谱和质谱联用的检测方法检测甲苯咪唑在猪、鸡、马的肌肉中的残留及氯霉素类抗生素（氯霉素、甲砜霉素）在牛奶及牛奶制品中的残留。

兽药大多为抗生素类化学药物，常通过免疫荧光法对其进行检测。有研究合成了具有不同配体的多色 CdTe QD，用于显示对不同兽药的荧光感应，并基于不同配体的 CdTe QD 对兽药的灵敏荧光响应，随着兽药浓度的增加，探针的荧光逐渐有不同程度的降低，可在超几秒内实现兽药的快速视觉灵敏检测；也可以建立一个载有铜的磁珠并放置于微流控芯片中，以利用四环素与二价离子的优先相互作用预浓缩具有相似性能的四环素、土霉素和金霉素，无需任何预处理并可以将其集成到一个紧凑便携的设备中，用于牛奶及牛奶制品的现场检测；或是使用一种基于微流控技术的自动化多组分介观流控系统（MCMS），由珠子引入模块、生物反应模块、溶液处理模块、液体驱动模块和信号收集模块组成，使整个检测流程自动化，减少人工操作，通过免疫学方法将待检测物与抗原、二抗结合通过荧光检测动物源性食品中兽药残留或环境中的其他污染物。

对于含量较低难以检测的检测物，可以借助金标记的特异性适配体探针将这一过程与杂交链式反应相结合；或使用催化发夹组装法；磁珠编码探针标记的目标特异性适配体与引物一起激活杂交链反应；搅拌棒探针配合滚圈机制使仅在抗生素存在的情况下触发扩增，并用微流控芯片分离圆形 DNA 模板进行检测；将 Cy5 标记的相应单链 DNA 与官能化石墨烯氧化物用作核心检测传感器；通过金纳米粒子增强化学发光，用于放大检测信号提高检测限，并提高检测的稳定性，便于检测食物及环境中的多种重金属离子、细菌污染物、抗生素及激素残留。

8.3.2.3 传染病的检测

动物传染病主要由细菌、病毒等病原体引起，这些疾病严重影响牲畜、野生动物或宠物的身体健康，并导致生产力和经济效益下降，同时动物的病毒感染也会造成人畜共患传染病进而对人类构成威胁。为了降低传染病造成的危害，在早期疾病诊断和及时治疗方面迫切需要快速、低成本和方便用户的战略。与传统的微生物学方法相比，微流控芯片检测的临床敏感性和特异性高，运行时间短，通过微流体技术对传染性病原体的检测已经有了许多发展。通过芯片的旋转促进样品与检测试剂的结合已成为一种优秀的方法（图 8-4）。

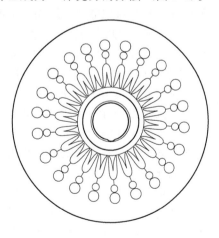

图 8-4 博奥公司碟式芯片

对于病原菌或病毒的检测最常用的方法就是提取其 DNA 进行扩增分析。现有一种带有传感器的硅基微流控芯片，采用环介导等温扩增（LAMP）技术分析致病菌 DNA 序列；或直接进行 PCR 对病原体进行定量检测。对于单独的病原体检测上述方法完全可以达到要求，但在某些情况下由多种感染原共同感染，导致出现疾病重叠产生复杂症状使其难以检测时，则需要针对每种疾病进行多项独立的诊断检测方可进行确诊，微流控技术也为不同病原体的同时检测提供了方法。

病毒的检测一般基于 PCR 法进行。现已经开发出瞬时检测并可鉴别几种对兽医诊断极具重要性病毒的方法，用户只需进行样品、消耗品及试剂的放置，仪器的选择和启动两项工作，其余包括核酸提取、多重 RT-PCR、反向斑点杂交检测和结果报告在内的所有过程均完全自动化。该系统可在 6 小时内检测 24 个样品，其准确、特异地检测了经典猪瘟（CSF）、非洲猪瘟（ASF）、口蹄疫（FMD）、水疱性口炎（VS）和猪水疱病（SVD）5 种靶病毒的 37 种实验室扩增毒株，与非靶病毒无交叉反应，是第一个全自动、集成、能同时检测多种对兽医诊断极具重要性病毒的检测方法；多重逆转录 RT-PCR 和新型伴随的自动电子微阵列检测也可同时检测 3 种不同的冠状病毒，或者多种样品的共同检测，同时具有较高的灵敏度和准确性。

细菌的多重检测可以使用免疫学方法来完成。快速分析物检测通常通过使用光学或电化学方法来实现。使用微铜线和永磁体制造的用于捕获 Fe_3O_4 磁性纳米粒子（MNP）共轭的免疫传感器芯片，借由 MNP 有限空间中捕获抗原的高能力，增强了检测信号。采用特异性抗体包被磁珠分离靶菌并与半导体量子点（QD）抗体偶联物反应形成三者的复合物后，通过每一种 QD 抗体与独特发射峰结合的有效性可以用来同时目视检测和量化大肠杆菌和鼠伤寒沙门氏菌等多种细菌。检测结果表明 QD 抗体偶联物能够均匀、完全地附着在细菌细胞表面，说明偶联的 QD 分子仍然保持有效的荧光，而偶联抗体分子保持活性，并能够在复杂的混合物中识别其特定的目标细菌，对多种细菌的检测是十分有帮助的。由聚甲基丙烯酸甲酯（PMMA）制成的多路复用微流控生物传感器被集成到有机混合异质结光电二极管（OPD）阵列中，每个腔室分别检测一种病原体，将病原体与腔室中的单克隆抗体结合后再在其上结合生物素化的抗体及链霉亲和素辣根过氧化物酶（HRP）缀合物，再进行发光。能在 35min 之内识别大肠杆菌、空肠弯曲菌和腺病毒，实现了细菌、病毒的同时检测。经过进一步微型化后可同时快速检测 16 种分析物。利用激光诱导的方法开发了集机械、共焦光学、电子和软件功能于一身的一种空气绝缘的便携式微流控核酸分析仪，其高灵敏度使其适用于即时检测。通过在微流控芯片内对 DNA 的恒温扩增并结合 EvaGreen 荧光染色剂，实现该便携式微流控核酸分析仪的实时荧光信号检测，能在 45min 内同时检测包括肺炎支原体、金黄色葡萄球菌甚至耐甲氧西林金黄色葡萄球菌在内的 24 种与肺炎相关的病原体，而且不会出现交叉污染。

拉曼显微镜系统正变得越来越普遍，微流控与之兼容性较好，二者的集成将越来越实用。但拉曼光谱有一个很严重的缺点即拉曼信号强度较低，表面增强拉曼散射（SERS）效应与拉曼光谱的特征分子指纹相结合克服了这一缺点，使 SERS 成为各种应用中非常有前途的候选者。特别是在很大程度上取决于生物标记物检测的动物疾病早期诊断与控制方面，同样基于免疫反应的检测，利用 SERS 效应可以灵敏而又高效地测定多种生物标记物，如免疫球蛋白 IgG、前列腺特异性抗原、猫杯状病毒、乙型肝炎病毒、分枝杆菌以及猪圆环病毒 2 型。所以其被用作基于免疫测定的高灵敏度生物标志物检测平台是可靠的，将有助于快速开发更个性化的检测方向。

8.3.2.4 动物机体健康监测

动物的机体健康对于其本身和人类来讲都是十分重要的，对其进行实时的检测可以有效保证动物的健康，在保护动物与人生命安全的同时提高动物生产力。

呼吸道是机体与外界互通的主要通道，通过环介导等温扩增试剂产生的荧光产物对其进行多种病原体的同时检测，并通过智能手机进行检测、分析，从而实时得出准确的检测结果。而血液、唾液和尿液的检测有助于对动物的生理健康进行实时的监测，尤其对于血液中血细胞的分析，使用微流控技术相比传统的血细胞计数准确性更高、使用更便捷。现有研究研发了一种从样品的采集到诊断全过程都可以在现场进行的微流体装置，该装置通过等温扩增在寄生虫产卵开始前几周即可针对 DNA 进行检测，可快速检测出血浆和血清中的血吸虫与潜伏期的病原体，并可通过对芯片的修改实现对其他寄生蠕虫的检测，以及唾液中的艾滋病病毒和尿液中的致病性大肠杆菌的检测，还可以用于疟原虫的传播媒介蚊子的快速基因分型；也有研究将电化学与纸质微流控芯片相结合实现了对生物标记物的多通路检测，通过八个电化学传感器组成的阵列，利用手持式定制电化学读取器进行信号读取，能够同时对尿液中的葡萄糖、乳酸盐、和尿酸进行检测，以达到对动物生理健康的监测作用。

身体自然持续地分泌汗液进行体温调节，其速率可以反映潜在的健康状况，包括神经损伤、自主神经和代谢紊乱以及慢性压力，低分泌率和蒸发对收集静止的体温调节汗液进行身体生理学的非侵入性分析提出了挑战。将穿戴式微流控芯片佩戴于身上，在休息时可持续监测汗液，使用微流体技术来防止蒸发，并实现对分泌速率与机体代谢进行实时监测。

可将亲水性填料集成到传感通道中，以快速吸收汗液，减少实时测量所需的汗液积累时间。就汗液分析而言，比色法（如酶法、化学法或其混合反应）、电化学法（如伏安法、电位法、安培法或电导法）和汗液含量的多重测量有助于通过分析组合的多种数据，如生命信号，以及来自皮肤的信息，集成了出汗率传感器；用于 pH 和左旋多巴监测的电化学传感器；与日常活动、应激事件、低血糖和帕金森病相关的动态出汗分析贴片功能，在休息时对身体生理进行连续、自主的监测，可由人体热量（30～37℃）触发，并将生物传感器的应用程序与智能手机相连接，将微流控组件和感官要素集合在智能手机上，从而使基于智能手机的微流体生物医学的感官系统达到了广泛的应用。或可以将其设计成一个紧凑的多隔间可穿戴系统，集成了微型离子导入接口、胶黏薄膜微流控传感模块和控制/读出电子器件并分隔成多个隔间，其中每个隔间可以单独被激活，以自主诱导/调节汗液分泌（通过离子导入驱动），并在设定的时间点分析汗液，以跟踪与每日食物摄入量相关的出汗葡萄糖水平的日变化，达到持续性监测的效果。考虑到传感元件直接与皮肤接触引发的潜在性皮肤刺激，可将电极嵌入微流体通道中仅用于连续电化学分析并避免直接接触皮肤，并使用生物相容性线通过毛细吸收来收集汗水，然后将收集的汗水自发地输送到亲水性微流体通道，形成连续流动用以分析（图 8-5）。将芯片固定于纺织品上，通过其上圆孔对汗液的吸收使两层输水纺织物中的冻干生物传感器再水化，以激发其中的 LED 灯照明，将光照发射至集成于其上的光学传感器进行接收以达到实时监测健康情况的目的。

机体健康的日常监测通常为佩戴式微流控芯片或简易的反应器，可将结果实时传输到智能手机中进行展现，操作简单结果易得。相比整套的医疗设施，使用微流控芯片易于保存，使用其进行机体健康的日常监测成本较低，准确性高，能够直观地显示出机体健康状况，适合几乎全部人群使用。

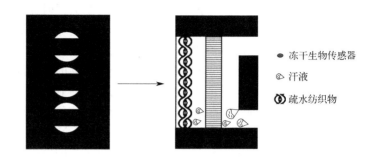

图 8-5 佩戴式实时监测芯片

右侧图例：
- 冻干生物传感器
- 汗液
- 疏水纺织物

8.3.2.5 其他检测

任何动物都生存在环境中，环境安全是保证其健康生长的必要条件，那么对于环境的监测尤其是水的监测是首要任务。常规的理化参数例如温度、pH、盐度、氧平衡、酸中和能力和营养浓度（硝酸盐和亚硝酸盐、磷酸盐、铵盐、硅酸盐、硫酸盐等），是确保水质质量的先决条件。微流控技术降低了传统测量方式的高昂费用，减少了人工操作，提供了一种原位实时测定的方法并可以在远程位置执行分析。尽管微流控技术可以对细菌、寄生虫、重金属离子、放射性物质或其他污染物进行分析，如通过构建可区分 DNA 损伤试剂和非损伤试剂的基因工程菌，有效筛选各种放射性物质、有毒化学品及药物等，但常用于生物医学方面而非环境分析，将微流控技术与工程学、材料科学、生物学和环境化学加强合作，对于将这项技术从实验室推向应用至关重要。

8.3.2.6 动物产品转化

无论是对动物繁殖技术的优化，或是对药物、病毒、细菌等病原体的检测，又或者对环境中理化参数的检测，微流控技术均在传统技术上有所突破，集各学科之所长于一体。北京泰豪生物科技有限公司以创新性微流控技术和分子诊断方法学为基础，结合先进的试剂工艺与仪器技术，研发领先时代的生物医学检测技术平台，在不牺牲高特异性和敏感性的同时兼具便携、操作简易、快速、密闭、适用于多种场景的特点，为微流控的兽用检测提供了完整的平台。对比市场现有分子 POCT 平台，可避免其常见的假阳假阴不准不稳、靶标单一、检测时长较长等问题（表 8-1）。

表 8-1 市场现有分子 POCT 平台对比

项目	传统 PCR 技术	已有核酸 POCT 技术	泰豪生物芯片检测技术
灵敏度	相对较高	相对较低	相对较高
成本	低	高	适中
检验靶标数	单一	可多靶标	3～36
检验时长	4～8h	1.5～4h	30min
运输保存	冷链	冷链	常温
人工操作时间	烦琐,时间长	较短	≤1min
试剂	需要配制	随时可用	随时可用
对操作者要求	专业人员	普通人亦可	普通人亦可
现场快检场景	不适合	适合	适合

不管其检测内容及平台效用如何变化，检测手段可简要综合为针对核酸、生化指标及理化参数的检测。针对于核酸的检测，博奥公司现已开发了一种集成了实时荧光环介导等温扩增方法的双样品碟式微流控芯片，通过对提取出的病原体核酸扩增进行检测，为多种病原体的同时检测提供了优秀的方法。芯片由底部底物的反应孔、缓冲孔、初级通道和进

出口孔以及顶部盖板组成；芯片分为两个半区可同时完成 2 份样本的 22 个指标检测。天津微纳芯公司则开发了一种免核酸提取的检测设备，进一步提高了检测效率，降低了人工操作所造成的误差。针对生化指标及理化参数的检测，微纳芯公司则提供了一种依靠 3 滴全血检测 30 个指标的试剂盘片，顶部包含一个水盒，无需调配稀释液，在避免浓度和加量误差的前提下，在 7min 左右完成血浆分离、定量、输送、混合、反应到打印检验结果的全过程，对生物体健康与否进行快速、准确的检测。

8.3.3 产业化难点和关键点

微流控芯片微尺度和功能集成的特点弥补了传统方法操作烦琐、成本高等缺点，减少了试剂和样品消耗，提升了检测的速度和灵敏度，满足了兽用试剂诊断的新需求。同时，集成化的微流控器件通常将微流体控制与分析单元集成在芯片上，从而实现样品准备模块和检测功能模块的集成。原本需要多个或者大型装置才能完成的复杂操作，在一个微型化、功能集成的便携微流控器件上得以实现，并在较短时间内精确完成"样品进-结果出"的全部过程。

微流控芯片常以具有良好的生化相容性、光学性能、可修饰性的单晶硅片、石英、玻璃、有机聚合物，如聚甲基丙烯酸甲酯（PMMA）、聚二甲基硅氧烷（PDMS）、聚碳酸酯（PC）等作为芯片材料。但是其加工方式、键合技术、流体控制、表面修饰等技术壁垒制约了其产业化。那么首先需要解决的问题就是微流控芯片批量生产工艺（微加工、键合、表面修饰），尤其是对芯片本身的质量控制。一个成熟的微流控产品，通常包括光电检测模块、信号处理模块、核心的微流控芯片、芯片驱动平台、人机交互的软件系统以及配套使用的试剂等组件。芯片质控方案的推行专业性强、门槛较高，而且应用领域广、涉及的专业领域多，导致其开发和推广需要大量的多学科交叉人才、高水平研发人才和专业的市场人才，而国内产品开发的芯片技术人员较为缺乏。同时由于一些微流控前沿公司对于微流控专利领域严加布控形成技术垄断，导致一般企业很难打破这种专利技术垄断现状，大多数公司没有相对成熟的技术，微流控产品的标准和规范并不完整，组件的通用化目前也无法实现，上下游公司对于一个产品合作开发的模式也无法形成。

微流控检测芯片的核心在于检测，而非微流控技术，这也意味着其今后的发展取决于它的应用方向。同时微流控检测芯片制作出来后只能一次性使用，更增加了检测的成本。对研发技术和时间的高要求，也造成了微流控芯片的研发经费高昂，短期无法实现盈利，需要有长远战略目标的资本或金融机构的鼎力帮扶，也需要同具有强大研发实力的企、事业单位和丰富技术积累的科研院所展开深入的交流和积极的合作。

8.3.4 发展趋势

未来几十年内，微流控芯片注定成为一种被深度产业化的科学技术，世界范围内有关微流控芯片的科学研究及产业竞争也将日趋激烈。尽管中国被认为是微流控芯片领域研究水平较高的国家之一，但是国内的微流控芯片产业仍处于起步阶段，仅有为数不多的微流控产品面世，远落后于欧美等发达国家。近年来中国开始涌现出越来越多的微流控技术学者，各科研院校也在关注并投身于微流控芯片的研究，政策也在向着更好的方向发展。科炬生物在2019年已经成功突破微流控工艺专利技术壁垒和生产依赖的问题，建设了国内第一条自动化生产线，并投入使用，无需人工参与，多环节质控，严格把关产品质量。随着3D打印、器官集成芯片、器官仿生、药物活性及毒性研究等多个领域逐步发展，微流控芯片的舞台也会更加广阔。

8.4
量子点技术

8.4.1　定义和分类

8.4.1.1　历史沿革

量子点（quantum dot，QD）是20世纪80～90年代提出来的一个概念，从原理上来说量子点是一类半导体，它具有把导带电子、价带空穴及激子在三个空间维度上束缚住的半导体纳米结构。在量子点中，载流子运动在三维空间都受到了限制，因此有时量子点也被称为"人造原子""超晶格"或"量子点原子"。

20世纪80年代早期，美国贝尔实验室的Louis Brus和苏联Yoffe研究所的Alexander Efros最早开启了量子点的研究。Brus等人发现不同大小的CdS颗粒可产生不同的颜色，并据此提出了耳熟能详的"量子限域效应"理论，之后量子点特性及机制的研究逐渐在国际上成为热门课题。通常，量子点的粒径为1～10nm，由于电子和空穴被量子限域，连续的能带结构变为具有分子特性的分立能级结构，当其受激后便可以发射荧光。经过30多年的发展，量子点已经从最开始的单一结构发展到现在的不同组分、不同结构等复杂结构和体系的量子点。比如，量子点的粒径也从早期的1～10nm逐渐扩展到了更宽的领域，笔者目前就正在大量合成和使用介于10～20nm之间的量子点。对这些变化起到关键作用的还是化学合成方法的不断优化及对量子点生长机制的深入理解。从1993年有机热注入法发展以来，随着量子点制备技术的不断提高和成熟，量子点已越来越可能应用于生物学和电子器件研究，这开启了量子点应用的大门。1998年，Alivisatos和Nie两个研究小组分别在《科学》Science期刊上发表有关量子点作为生物探针的论文，首次将量子点作为荧光标记物，并应用于活细胞体系。这是油溶性量子点应用的重大突破，他们解决了量子点水溶性修饰和与生物大分子偶联的问题，从此，量子点在生物医学应用的研究成为热门项目。同时，基于量子点的尺寸效应、表面效应、介电限域效应、量子隧穿效应、库仑阻塞效应等原理的研究团队也开启了基于量子点的发光和显示器件、光电探测、催化、分子和细胞标记及超灵敏检测等领域的研究。这使量子点产生了巨大的市场，目前以三星为代表的企业率先把量子点应用于显示产品，如量子点电视等。

8.4.1.2 定义和分类

简洁来讲,量子点是一类由少量原子组成的半导体纳米粒子,其颗粒核心特点是粒径小于或接近相应半导体材料的激子玻尔半径。由于量子点三个维度尺寸均在纳米量级,其内部电子在各方向上的运动都受到局限,因此量子限域效应显著。同时,由于量子点的电子和空穴的运动被限制,连续的能带结构变为具有分子特性的分立能级结构,带隙随尺寸的减小而增大,受激后可以发射荧光。

量子点一般为球形或者类球多边形,通常由Ⅱ-Ⅵ族、Ⅳ-Ⅵ族或Ⅲ-Ⅴ族半导体制成。常见的量子点材料主要包括硫化镉(CdS)、碲化镉(CdTe)、硒化镉(CdSe)、硫化锌(ZnS)等Ⅱ-Ⅵ族半导体量子点,硫化铅(PbS)、硒化铅(PbSe)等Ⅳ-Ⅵ族半导体量子点,以及磷化铟(InP)、砷化铟(InAs)等Ⅲ-Ⅴ族半导体量子点。近年来,不含镉或铅等重金属元素的半导体量子点吸引了越来越多的研究投入,如Ⅰ-Ⅲ-Ⅵ族和Ⅲ-Ⅴ族量子点。近些年关于Ⅳ族量子点和铅卤钙钛矿量子点的研究也是一大热点。量子点既可由一种半导体材料组成,也可以由两种或两种以上的半导体材料组成。

量子点按几何形状区分,可分为球形量子点、四面体量子点、柱形量子点、立方体量子点、盘形量子点等类型。

按材料组成,量子点可分为元素半导体量子点、化合物半导体量子点和异质结量子点。其中,异质结量子点按其电子与空穴的量子封闭作用,可分为Ⅰ型量子点和Ⅱ型量子点。此外,原子及分子团簇、超微粒子、小尺寸的碳纳米粒子和多孔硅等从性质也可以归属于量子点结构范畴。

另外,从环境友好的程度来区分,量子点又可分为有毒量子点和环境友好型量子点。传统的量子点主要包括镉基Ⅱ-Ⅵ族和铅基Ⅳ-Ⅵ族量子点,由于其含有对生物系统有毒的镉、铅等元素,在医学和环境相关的应用受到了阻碍。因此,环境友好的Ⅲ-Ⅴ族、Ⅰ-Ⅲ-Ⅵ族和Ⅳ族半导体量子点逐渐引起人们的注意。其中Ⅳ族碳和硅元素生物相容性良好,储量丰富,并且广泛应用于微电子工业。类似地,在过去的十几年里,碳及其他二维材料量子点也逐渐引起人们的注意,但碳、硅及二维材料的量子点研究还处于初始阶段。

8.4.1.3 结构和性质

量子点被认为是连接单个小分子和大晶体之间的桥梁,它既具有类似于孤立原子和分子离散的电子跃迁态,也具有结晶材料的性能。量子点作为微小的半导体晶体,表现出尺寸依赖的电子性能,同时也有许多不同于宏观体系材料的物理化学性质。通过调整量子点的尺寸,可调整带隙能量从而改变发射光的波长,这种尺寸依赖特性主要是由纳米晶的内部结构决定的。量子点独特的性质源于它自身的量子效应,当晶体颗粒尺寸进入纳米量级时,将引起量子限域效应、宏观量子隧穿效应和表面效应等,从而派生出纳米体系所具有的与宏观和微观体系不同的特性。需要指出的是,除了尺寸调控外,大量设计合成量子点结构的新方法如核-壳结构、合金化、掺杂、梯度组分调控、应力调谐和带边翘曲等将可能在进一步发展这些粒子用于光电子和生物医学领域中起到关键作用。深入理解量子点的结构,对于其带隙调控和电子波函数工程具有决定性意义。量子点主要的效应如下:

(1)**量子限域效应** 量子限域效应是指当粒子尺寸下降到某一数值时,通常为小于该材料的玻尔半径时,费米能级附近的电子能级由准连续变为离散能级及带隙变宽的现象。通过控制量子点的形状、结构和尺寸,就可以方便地调节其带隙宽度、激子束缚能的大小及激子的能量蓝移等。随着量子点尺寸的逐渐减小,量子点的吸收和发射光谱出现蓝移现象，尺寸越小，光谱蓝移现象也越显著。量子限域效应最重要的结果是半导体量子点带隙的尺寸依赖性，通过限制半导体的激子，带隙可以根据维度和尺寸调节到精确的能量。形貌上各向异性的半导体纳米晶在各个方向上具有不同的量子限域效应，可将带隙变化分别在三维量子点、二维纳米片或一维纳米棒进行限制。

（2）表面效应　量子点的粒径很小，大部分原子位于量子点的表面，量子点的比表面积随粒径减小而增大。由于比表面积很大，表面原子的配位不足，不饱和键和悬键增多，这些表面原子具有很高的活性和表面能，很容易与其他原子结合或反应。表面原子的活性不但引起纳米粒子表面输运和结构的变化，同时也引起表面电子自旋构象和电子能谱的变化。表面缺陷导致陷阱电子或空穴，它们反过来会影响量子点的发光性质，引起非线性光学效应。比如，金属体材料通过光反射而呈现出各种特征颜色，表面效应和尺寸效应使纳米金属颗粒对光的反射明显下降，通常低于1%，因此纳米金属颗粒一般呈深色，粒径越小，颜色越深，即纳米颗粒的光吸收能力越强，呈现出宽带强吸收谱现象。此外，在热力学性质方面，由表面效应导致的最直观现象就是随着纳米微粒尺寸减小，其熔点逐渐降低。与此同时，纳米粒子的表面张力也随着粒径的减小而增大，这会引起纳米粒子表面层晶格的畸变，晶格常数变小，从而发生显著的晶格收缩现象。

（3）介电限域效应　介电限域效应是纳米微粒分散在异质介质中由于界面引起的体系介电增强的现象，主要来源于微粒表面和内部局域场的增强。当介质的折射率与微粒的折射率相差很大时，就产生了折射率边界，导致微粒表面和内部的场强比入射场强明显增加，这种局域场强的增强称为介电限域效应。一般来说，过渡金属氧化物和半导体量子点都可能产生介电限域效应，介电限域对光吸收、光化学等性质都有重要影响。

（4）量子隧穿效应　只要障壁的能量不是无穷高，障壁的厚度也不是无穷厚，粒子就有概率可以穿透这道障壁形成通道，这就是量子隧穿效应。电子在纳米尺度空间中运动，载流子的运输过程呈现明显的电子波动性。由于纳米导电域之间存在薄薄的量子势垒，当电压很低时，电子被限制在纳米尺度范围运动；当升高电压后，可以使电子越过纳米势垒形成自由电子费米海，体系变为导电。

（5）库仑阻塞效应　库仑阻塞效应源自库仑相互作用。当一个量子点与周围外界之间的电容足够小的时候，只要有一个电子进入量子点，系统增加的静电能就会远大于电子的热动能，这个静电能会阻止随后的电子进入量子点，从而难以形成电流，这种效应称为库仑阻塞效应。基于库仑阻塞效应可以制造多种量子器件，如量子点旋转门、超高灵敏静电计等。

8.4.2　量子点的合成和原理

8.4.2.1　合成方法简介

早期量子点的合成方法一般以水溶性盐类作为前驱体，加入一定量的配体稳定剂，如巯基醇、巯基酸、巯基胺和巯基氨基酸等，通过高温回流制备量子点。广泛使用的，以巯基乙酸、巯基丙酸及胺类、醇类的巯基化合物作为配体，可以合成 CdSe、CdTe、CdS、PbS、ZnS、ZnTe 等不同种类量子点。

而目前采用最多的量子点有机相合成工艺主要是通过高沸点的有机溶剂和前驱体来完

成，相比于水溶性合成路线，这能得到更高质量的量子点。1993 年是胶体化学法合成半导体量子点的里程碑式工作的一年，美国麻省理工学院的 Murray 和 Bawendi 等在氩气环境下，用三辛基氧膦（TOPO）作配位溶剂，将二甲基镉（CdMe$_2$）和硒-三辛基膦（Se-TOP）混合溶液作前驱体注入 300℃以上的高温溶剂中反应得到 CdSe 量子点，同时结合尺寸分离技术制备出了单分散的 CdS、CdSe、CdTe 量子点。该方法即我们通常所说的"金属有机-配位溶剂-高温"合成路线。美国劳伦斯伯克利国家实验室的 Alivisatos 等人改进该方法制备了不同形状的量子点，但是由于合成路线选用了毒性很大、成本高且室温不稳定的二甲基镉，导致在后来近十年这个领域发展并不快。2001 年，一个新的里程碑的研究出现。Z A Peng 和 X G Peng 发现二甲基镉与工业级 TOPO 中的有机膦酸杂质反应先生成有机膦酸镉，再和 Se 反应生成 CdSe，真正的前驱体是有机膦酸镉盐。基于此，新的工艺选用 CdO 代替二甲基镉作为 Cd 的前驱体可以一步合成高质量的 CdS、CdSe、CdTe 量子点。2002 年，Z A Peng 和 X G Peng 又提出了非配位溶剂方法，同时引入了目前最常用的非配位溶剂十八烯（ODE）。Peng 的方法被誉为"绿色合成路线"，由于不采用有机镉作为原料，不需要苛刻的无水无氧条件，而且反应温和、成核速度快、实验重现性好，该合成路线极大地促进了量子点的发展和推广。近年来，量子点的合成工艺不断被改进。2005 年，Mulvaney 等人用 Se 粉与 ODE 反应作为 Se 源，提高了反应活性和转化率。这种方法简单，在合成复杂结构量子点中具有独特优势。

目前世界知名的几家量子点公司如美国的 Nanosys、美国的 QD Vision、英国的 Nanoco、中国的纳晶科技、武汉珈源科技、深圳金准生物等，都是在该"绿色合成路线"推出后成立的，并最终促成了量子点器件在商业化产品中的应用。其中美国 QD Vision 公司因为利用该"绿色合成路线"制造出一种可用于高能效显示器和照明产品的量子点，被授予"2014 年美国总统绿色反应条件奖"。

8.4.2.2　成核和生长模型

量子点的尺寸分布很大程度上取决于在成核过程中核的均匀性，这是量子点形成的基础。然而，核初始的形成过程和随后生长过程的机制解释是一个非常具有挑战性的任务。量子点的生长通常用 LaMer 模型的热力学原理来解释。模型的基本思想是金属和硫族元素前驱体反应形成单体，单体快速聚结成较大的核，然后核通过单体"加成"生长成量子点，即

$$前驱体 \longrightarrow 单体 \Longleftrightarrow 量子点$$

由于通过单体"加成"引起的生长速率是量子点半径 R 的倒数，因此小粒子比大粒子长得快。随着单体消耗，无法继续通过单体加成得到更大的量子点。实验中也发现了量子点光谱和这些模型预测结果之间良好的一致性。近几年关于量子点晶体生长的讨论主要集中在更简单的速率方程模型、关于各种初始浓度的化学前体大小和尺寸分布的演变。

LaMer 模型是描述量子点生长最广泛应用的模型。它的一个主要不足是不考虑在生长阶段的粒度分布变化。图 8-6 展示了 LaMer 模型中高反应活性前驱体（黑色）和低反应活性前驱体（灰色）的生长过程示意图。前驱体反应活性高时，种子的快速成核导致生成最终尺寸小的颗粒；反之，前驱体反应活性低时，导致生成最终尺寸更大的颗粒。一般来说，量子点的生成反应可分为三个阶段：第一阶段，通过加入前驱体或改变反应参数实现溶质/单体浓度的改变或过饱和的建立；第二阶段，单体过饱和达到成核的临界浓度 c^* 时，成核过程开始进行，直到单体浓度低于成核临界浓度；第三阶段，核生长阶段，在随

后的生长阶段中，理想情况下单体的消耗和产生保持平衡，并维持一定的单体过饱和度。如果不是这种情况，则溶液生长可能伴随奥斯特瓦尔德熟化过程，这种现象是由整个体系中小粒子的溶解度较大引起的（Kelvin 效应），并会导致宽的尺寸分布。因此，添加稳定剂分子（配体和表面活性剂，如三辛基氧膦、油酸根、油胺等）可以提高量子点的胶体稳定性。然而，目前量子点成核和生长的研究主要集中于 CdSe 量子点。相关的原理一般也适用于合成具有类似化学键的其他Ⅱ-Ⅵ族和Ⅳ-Ⅵ族化合物量子点，而Ⅲ-Ⅴ族和Ⅳ族半导体量子点一般不遵循这些规律。

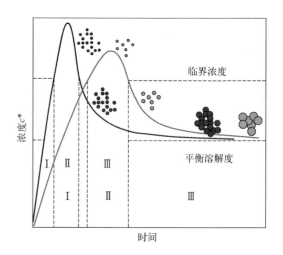

图 8-6　LaMer 模型示意图
Ⅰ—单体累积阶段；Ⅱ—成核阶段；
Ⅲ—生长阶段

8.4.2.3　生物相容性的配体设计

配体对于前驱体转化、量子点的尺寸和形状控制比较重要，非常适合量子点的自组装，以及量子点在非极性溶剂或脂肪族聚合物中的分散。然而，为了进一步的功能化需求，如在水中的溶解度、生物相容性等，需要进行配体交换和设计。这里，主要以我们关注的生物医学和检测领域的应用为例来简要阐述。

表面配体是建立量子点与生物环境之间的桥梁，在靶向识别、检测和药物递送中发挥重要作用。配体除了能够提供胶体稳定性环境，对于生物医学应用而言，配体还能够提供连接染料、聚合物、肽/蛋白质、DNA、糖类的官能团。配体设计依赖于三个方面：亲水分子在量子点表面的稳固锚定、对血液和细胞质中蛋白质的有效排斥和靶向生物功能单元的可控连接。水溶性量子点是通过在量子点表面的天然疏水性配体上覆盖或直接替代来制备的。两亲性分子，如磷脂、烷基糖或嵌段共聚物，将有机封端的量子点包封在胶束的疏水性核中从而产生极性强的表面，不过封装会留下非功能性内部碳氢化合物壳，增加有效粒度，影响量子点进入小的受限区域，并可能阻碍量子点的体内清除。包覆层的重要性和需求促进了使用亲水配体直接共价连接的方法。例如使用巯基乙酸、巯基丙酸、二氢硫辛酸（DHLA）和二巯基琥珀酸等亲水配体，由于这些配体一端具有巯基可以连接到金属或半导体量子点的表面金属原子上，从而引入了亲水的羧基，这在制备亲水性量子点上已经被广泛使用。螯合效应在配体锚定强度和所得量子点在生物环境中的胶体稳定性中起关键作用，可以对抗 pH 变化、高浓度电解质和竞争性金属配位物质，如使用一个或两个二齿DHLA 锚接的分子。螯合也可以使用低聚膦和多巴胺、结合几个末端组氨酸或半胱氨酸残基的多肽、基于咪唑的共聚物等。聚乙二醇（PEG）已被证明是非常有用的包覆层。PEG 与其他分子的共价连接最初被开发用于辅助多肽药物递送，是目前使用的大多数生物相容性表面配体的常见结构特征。PEG 作为惰性保护包覆层归因于其与水的强相互作用，产生紧密关联的水合壳，有效地抵消了 PEG 封端的量子点水护套作用。对 PEG 封端量子点的蛋白质吸附研究表明，PEG 接枝密度和链长度影响蛋白质吸附和细胞摄取，其具有的长而致密的包覆层能使两者最小化。与水分子相互作用，比 PEG 更强的两性离子（ZW）表面活性剂能够进一步减小包覆层厚度，同时保持有效的吸附物排斥作用。PEG 或 ZW 配体与多齿配体的组合提供了与生物系统相容的高度稳定和紧凑的量子点，并且适合于长期生物成像、病毒追踪等。然后，通过共价结合，将次级分子附着在 PEG 或 ZW 配体旁边或上面，使其能够产生具有可调节生物功能的纳米材料。这种连接可以通过以上的锚定、稳定和束缚单元进行，也可以"串联"连接，将功能单元以每次一个的方式与量子点表面末端结合，或者平行地接枝到聚合物支架上以获得同时具有锚接、稳定化和束缚模块的共聚物，从而获得表面官能团丰富的量子点颗粒。

8.4.3 技术特点与应用现状

20 世纪 80 年代初，人们提出量子点概念时，其多功能化应用还鲜有涉及。直到 1998 年，Science 上发表的文章明确指出这种新型量子点可应用于生物传感并作为新一类的荧光团，才被广泛接受。量子点已成为一种研究体外和体内生物成像的重要荧光探针。现在，我们以广泛使用的 Cd 基量子点作为模型来讨论。应该注意到，量子点荧光标记探针在组织成像、活体成像、活细胞和动物体内的靶向示踪等研究领域取得了一系列瞩目的成果。这些成果预示了量子点将会在生物化学、细胞生物学、分子生物学、蛋白质组学、临床医学和药物筛选释放等研究领域发挥重要作用。下面我们会探讨量子点在应用方面的一些现状。

8.4.3.1 量子点在生物医学成像上的应用

对于生物成像而言，荧光染料和荧光蛋白存在一些缺点，如激发光谱狭窄、斯托克斯位移较小、荧光半峰宽较大及极易被光漂白。同时，与生物体自身荧光相比，其荧光寿命几乎相同。此外，窄的吸收光谱使得几乎不可能同时有效地激发多种染料。相比之下，量子点具备多重优势：①单一激发源，多元发射波长；②荧光强、稳定性高且抗光漂白；③大两个数量级的双光子界面，更利于近红外的体内应用；④可检测单量子点的荧光信号；⑤通过粒径和结构可调控不同波长的荧光。因此，量子点一直被关注作为体内外成像的优质原料，特别是在体内成像方面，量子点具备的稳定性和可发射红外线等特点成为关注的重点。表 8-2 简要总结了量子点在生物成像中的应用。

尽管量子点表现出优异的光学性质，但它们也有一些缺点，如荧光闪烁、胶体行为和有争议的毒性问题等。因此，量子点还没有并且不会完全取代有机染料或荧光蛋白在生物成像方面的应用。与量子点相比，有机染料分子体积小，在不改变其生物功能的条件下，易于与不同的生物分子结合，这在下文中也会被提及。此外，多个染料可以同时连接到较大的生物分子（如抗体等），以增加生物共轭体荧光的整体亮度。大量染料-生物共轭体的商业可用性是有机染料的另一个重要优点，而体积和密度较大是量子点要克服的难点，需要突破更多的现有技术。荧光蛋白在生物系统内直接表达荧光，不需要化学偶联，这也减少了对生物功能的扰乱。

表 8-2　量子点在生物成像中的应用

荧光检测			荧光透射电镜检测	PET 和 MRI 荧光检测
生物分析测定	生命活体成像	生物传感器	固定细胞成像	
FACS 分析	胞内细胞器和分子	量子编码复用微珠	免疫化学复合荧光法	动物体内靶向性（细胞、组织、器官、肿瘤）
细胞的多色光学编码	膜表面受体	FRET-QD 传感器	细胞组织部分	光诱导治疗
微数列		量子点标记抗体		辅助药动学研究

8.4.3.2　量子点在基因和免疫色谱检测的应用

基于量子点优异的荧光特性和可改变的配体结构，除了在荧光成像上的应用，人们建立了多种用于医学检测的量子点荧光探针。量子点荧光探针除了用来检测离子，还可以用来检测一些小分子和生物活性分子，特别是在人类和动物的医学和检测方面发挥重要作用。

（1）人类病原体的检测　量子点可用于检测人类的病原体和毒素。目前，几种病原体已经作为靶向检测目标，包括担孢子、隐孢子虫、蓝氏贾第鞭毛虫、埃希氏菌属大肠杆菌和伤寒沙门氏杆菌等。利用量子点通过免疫荧光方法来同时多色标记小隐孢子虫和贾第虫可产生高的信噪比，比常用的商业化染色方法具有更好的光稳定性和光强度。然而，也有研究发现，基于量子点分析技术的灵敏度不如酶联免疫吸附测定技术。量子点连接麦胚凝集素和铁传递蛋白已用于标记细菌和真菌。铁传递蛋白结合量子点可以测试致病毒素，因为人类的铁传递蛋白和毒素密切相关。在这个研究中，只有葡萄球菌的致病家族会被铁传递蛋白-量子点结合体标记，因此可以用于快速检测侵害性的葡萄球菌。量子点也已被用于病毒检查，利用免疫荧光技术来检测呼吸道合胞病毒 F 蛋白，能够定量地分析出家族之间 F 蛋白表达的区别。利用原位杂交和量子点技术检测乙型和丙型肝炎病毒也已经取得成功，利用与乙肝和丙肝病毒互补的 DNA 微阵列与量子点结合，检测信噪比高达 150，并且不需要长的孵育时间。此外，量子点还可以用于毒素的检测，如量子点免疫荧光探针可用于标记葡萄球菌的肠毒素 B、霍乱毒素、志贺样毒素和蓖麻毒素等。其中对于葡萄球菌肠毒素 B 的检测限可以低达 3×10^{-9} g/mL。利用毒素的混合物多色检测表明，多种毒素均可以被检测到，但仍存在交叉反应和非特异性结合的问题，还有待进一步改进。罗阳等人也建立了量子点荧光双杂交核酸检测平台，实现了铜绿假单胞菌的快速、准确检测。李蒙等人采用量子点和磁微粒技术，成功地建立了丙型肝炎病毒核心抗原的检测体系，与 ELISA 相比具有更好的灵敏度和特异性，而且检测时间大大缩短。

（2）动物病原体的检测　量子点不仅可以用于人类病原体的检测，在动物疫病的检测方面也发挥出重要作用。量子点作为一种灵敏的检测手段，研究者很容易想到这种方法学在基因检测方面和 PCR 对比表现如何。王占伟等人利用猪肺炎支原体核酸探针和量子点荧光显色系统对不同感染组和对照组的试验样品进行原位杂交检测和 PCR 检测，结果表明猪肺炎支原体的量子点荧光原位杂交检测结果和 PCR 检测结果相比符合率达到 100%。张文韬和赵妍等不同的研究者也探索了量子点与磁颗粒结合在禽流感和猪瘟病毒的应用，并提出了基于磁颗粒的新的基因检测方法，而且该方法呈现出和 PCR 结果很好的一致性。这些研究对开发基于量子点技术的快速核酸检测方法提供了很好思路，有待于读者继续思考并进行更多的研究。

在抗原检测方面，量子点得到了更多研究者的关注和应用。丁乔棋等人以羧基化 CdTe/ZnSe 量子点荧光微球为标记物，通过 1-乙基-（3-二甲基氨基丙基）碳二亚胺/N-羟基琥珀酰亚胺（EDC/NHS）活化法将氯霉素（CAP）单克隆抗体与量子点荧光微球偶联制备荧光探针，制备成新型氯霉素量子点荧光微球免疫色谱试纸条，该试纸条可在15min内完成牛奶样品中CAP的定量检测，线性范围为0.1～100.0μg/L，检出限为0.1μg/L。林彦星等人根据非洲猪瘟病毒（ASFV）VP73蛋白的氨基酸序列推测抗原表位优势区域，合成多肽并与牛血清白蛋白（BSA）偶联，筛选有抗原性的多肽作为试纸条检测线的包被抗原，采用量子点作为标记，材料对葡萄球菌蛋白A（SPA）进行标记，制备快速检测ASFV抗体的量子点免疫色谱试纸条，该试纸条与常见相关猪疫病阳性血清无交叉反应，与进口ELISA试剂盒对临床样品的检测符合率为100%。江地科等人分别采用胶体金和量子点免疫色谱技术，制备了猪瘟病毒抗原检测试纸条，结果显示胶体金试纸条在临床样品中阳性检出率为84.38%，与CSFV抗体检测ELISA试剂盒检测阳性符合率为92.05%，而量子点试纸条阳性检出率为87.50%，与ELISA试剂盒检测阳性符合率为95.45%。张晨俊等人采用近红外量子点检测了两种不同的猪病，为研究者提供了一种低背景、高灵敏的量子点检测手段。猪繁殖与呼吸综合征（porcine reproductive and respiratory syndrome，PRRS）又称蓝耳病，是由猪繁殖与呼吸综合征病毒（PRRSV）引起的一种急性传染病。该病流行范围广，死亡率高，给我国养猪业带来了巨大的经济损失，成为我国养猪业中危害最大的传染病之一。李晨旭等人采用二氧化硅量子点微球替换传统的辣根过氧化物酶建立了荧光免疫检测法对PRRS进行了检测，建立了一种快速、高灵敏检测猪繁殖与呼吸综合征（PRRS）的手段。刘旭辉等人介绍了一种用CdSe量子点标记技术检测H5N1型禽流感病毒检测的方法，与鸡胚分离法比较其结果符合率为98.46%。高晓龙则将羧基化CdSe/ZnS量子点与犬细小病毒单克隆抗体5G7共价偶联作为捕获探针制备了量子点免疫色谱试纸条，该试纸条最低检测限为103 TCID$_{50}$/mL，与PCR方法符合率为94%，准确率高于商品化胶体金试纸条。在量子点技术的产业化上，很多公司已经在人类免疫检测方面做出众多工作，该数据可以通过中华人民共和国市场监督管理总局医疗器械数据库进行检索，这也为动物疫病的检测提供了很多产业化借鉴。

8.4.3.3　量子点电化学传感器的应用

免疫分析法是一种利用抗原与抗体特异性结合而建立的具有高度选择性的生物化学分析方法。它通过抗原与抗体特异相互作用形成免疫复合物，进而对待分析物进行定量检测。通过将电化学免疫分析的高选择性与纳米材料的高灵敏度结合在一起，为发展新型免疫分析传感器提供了一种新的途径。量子点具有优秀的氧化还原性质和电催化活性。标记有量子点的生物分子通过抗原-抗体或生物素-亲和素等特异相互作用组装到传感器界面后，通过电压高低的响应，可定量检测相应物质的浓度。同其他免疫学检测方法相似，电化学免疫分析分为直接免疫分析、竞争位点分析和夹心免疫分析。量子点也可作为载体大量用于电化学催化标记，达到增强分析灵敏度的效果。基于量子点的电化学免疫分析具有灵敏度高、特异性强、分析方法多样和适用面广等优点。量子点电化学为临床诊断提供了一种超微量的非同位素免疫检测手段，在医学、食品和环境分析等方面显示出广阔的应用潜力。

8.4.4　产业化难点和关键点

8.4.4.1　量子点的制备难度较高

如前面章节所述，量子点的合成工艺和机制研究仍然是一项十分具有挑战性的工作。由于量子点原料的毒性，在量子点的合成方面，人们希望设计出合理的制备方法来精确控制量子点的尺寸、光强度和半峰宽。尽管传统量子点的合成比较成熟，但是量子点的大量精准合成，仍然是一个有挑战的工作，特别是一个批次获得公斤级、产率高、荧光强度高、稳定性强且半峰宽窄的量子点。在过去几年中，人们对前驱体转化为单体的理解逐渐清晰，也发展了一些新的制备方法。目前正在努力加深对量子点的成核和生长机制的理解，并且试图把它们与前驱体-单体转化反应相关联。量子点的成核阶段和早期的生长阶段对于量子点的生长控制至关重要，因此，针对这一过程的原位观察也非常重要。在合成方法上，与在反应烧瓶中进行的常规合成相比，微流控技术可以实现反应条件的快速筛选、精准的合成条件控制，以及大量可重复的量子点合成。同样，对于新型量子点合成，我们还应该考虑到其设计的独特性，以及绿色合成方法的发展，如无磷合成法和电化学合成法等。

8.4.4.2 对量子点毒性的担忧

尽管量子点与其他荧光材料相比具有优越的光物理性质，但也存在不足。其中一个主要原因是它们的毒性效应，所以量子点还没有实现在人类的临床成像和药物传递应用，文献中已经有许多关于纳米颗粒毒性影响的评述。同时，我们也对该材料所制备的检测试剂在使用后的处理方法表示担忧，若使用后的试剂没有被合理处理，量子点被释放到环境中可能导致局部环境重金属镉的富集，从这一点出发，在产业化的过程中我们也必须考虑试剂制备方法对工人和技术员的影响，以及加强对产品使用后处理方法的引导。

8.4.4.3 量子点的偶联技术

有效地将生物分子偶联在量子点表面并保持其生物学活性，是制备量子点探针和传感器中至关重要的一步。生物分子与量子点偶联的最大挑战在于偶联后的分散性、回收率、稳定性以及生物分子亲和力是否能够保持较高的水平。研究者通过对量子点进行改性和修饰等方法，使这些问题得到了一定程度上的改善。到目前为止，已经有一些类型的偶联技术在量子点抗体偶联中得到应用。表 8-3 中总结了量子点的修饰与生物偶联的典型方法和途径。下面将从非共价偶联方法和共价偶联方法两个方面进行简单介绍。

表 8-3 量子点生物偶联方法

偶联方法	表面修饰	偶联方法	表面修饰
生物素-链霉亲和素结合	羧基两亲聚合物	异双功能交联	双性离子配体
聚组氨酸自组装	两亲聚合物	腙化反应	羧基配体
酰胺偶联	配体	菌株促进叠氮-炔环加成	无

一个典型的非共价偶联体系是生物素-亲和素系统。该系统具有众多优点，比如亲和素与生物素之间的亲和力极强、结合迅速、特异性强、效率高、具有多级放大效应，又不影响蛋白的活性。基于生物素-亲和素的非共价结合反应也被应用于量子点抗体偶联中，即亲和素化的量子点与生物素化的抗体分子之间进行的非共价结合。另外一个典型的非共价结合的例子是双功能衔接器/蛋白 A 系统，该系统的特点是抗体和量子点通过双功能衔接器或者蛋白 A 为媒介偶联。Mattoussi 等人首次将衔接器蛋白应用于 IgG 抗体偶联。衔接器蛋白同时具有亮氨酸拉链结构域和 G 蛋白结构域，其中亮氨酸拉链结构域带有正电荷，可以与量子点静电结合，G 蛋白结构域则可结合抗体的 Fc 区域。应用双功能衔接器进行偶联时，抗体的 Fc 末端和量子点表面结合，其抗原结合靶点的 F(ab)₂。另外一个在蛋白纯化中常用的类似偶联方式是，组氨酸标记的肽和抗体使用镍-氨三乙酸结构作为

双功能衔接器用于量子点偶联。在该反应中，氨三乙酸基团通过共价作用和量子点表面结合，镍离子与组氨酸标记的抗体则通过螯合作用结合。与生物素-亲和素结合相比较，这种组氨酸标记的方法优点有：可以控制配体结合的方向、偶联物尺寸紧凑、生产成本较低。蛋白 A 是在葡萄球菌细胞壁上发现的一种表面蛋白，该蛋白可以通过与 Fc 片段的相互作用结合于免疫球蛋白表面。蛋白 A 可作为衔接蛋白用于抗体和量子点的偶联。蛋白 A 与谷胱甘肽包覆的量子点表面的羧基进行反应，抗体再与蛋白 A 结合。各种类型的抗体通过该种非共价偶联的方式能够很容易地结合在量子点表面。目前，蛋白 A、蛋白 G 等 IgG 结合结构域的衔接蛋白用于抗体和量子点之间偶联的案例越来越多。

除了非共价结合，最常用的共价结合偶联方法是使用交联剂 1-［3-二甲氨基丙基］-3-乙基碳二亚胺盐酸盐（EDC）将抗体和量子点直接偶联在一起。在该反应中，首先用 N-羟基琥珀酰亚胺（NHS）将量子点表面的羧基活化，在 EDC 的作用下，活化的羧基和抗体表面的原始氨基形成酰胺键。由于大部分蛋白都包含氨基和羧基，因此在进行量子点偶联之前不需要进行化学修饰。但是，在偶联反应中存在一种可能，即抗原的抗体结合位点被结合在附近的氨基酸非特异性封闭，同时由于该反应非常迅速，因此该偶联反应可能会导致较低的抗体效价和偶联产物的聚集。

另外一种抗体和量子点共价偶联的方案，琥珀酰亚胺基 4-［N-马来酰亚胺甲基］环己烷-1-羧化物（SMCC）偶联反应经常被采用。SMCC 是一类含有 N-羟基琥珀酰亚胺（NHS）活性酯和马来酰亚胺的双功能偶联剂，可以将分别含有巯基的抗体和带有氨基的量子点接在一起。NHS 活性酯与伯胺在 pH 7～9 的环境形成酰胺键。马来酰亚胺与巯基在 pH 6.5～7.5 的环境下形成稳定的硫醚键。用 SMCC 来制备抗体-量子点，经常采用两步合成法。首先，氨基量子点与几倍的偶联剂反应，反应结束后通过脱盐柱或者透析的方法除掉没有反应完的 SMCC。然后，再与含有巯基的抗体反应。在实际操作中要注意的是，SMCC 怕潮湿，存放时要和干燥剂一起，以免遇水凝结破坏 SMCC 结构。在 SMCC 的偶联反应中，抗体 Fc 片段产生巯基，这可以减少对抗体的抗原结合位点的位阻。这个反应采用了氨基的量子点，通过将氨基功能化的 PEG 偶联于量子点表面可以改善其稳定性和水溶性，通常氨基酸结尾的 PEG-500 通过 EDC 和量子点偶联。相对来说，可利用的自由巯基基团在天然生物大分子中很少存在，而且由于氧化作用通常不是很稳定，因此在氨基和巯基的共价反应中，巯基多是由二巯基乙醇或二硫苏糖醇还原抗体片段生成。

再介绍一种常用的抗体和量子点共价偶联的方案，基于醛基和酰肼的交联反应。由于很多免疫球蛋白分子是糖蛋白，因此可以使用高碘酸盐氧化构建醛基。同时，羧基化的量子点可以通过 ADH 修饰在表面产生酰肼，酰肼进而和氧化的抗体通过醛基-酰肼的共价反应偶联。由于抗体表面碳水化合物位点是已知的，该方法可以控制量子点-抗体结合的位置和数量。表 8-4 对不同的量子点-抗体偶联方法的特点进行了比较。

表 8-4　不同的量子点-抗体偶联方法的特点

偶联方法	偶联配体	位点特异性	配体方向性	抗体:量子点
生物素-亲和素(非共价)	整个抗体	否	固定或随机	<3
组氨酸标记(非共价)	Sc Fv 或肽	是	固定	3～25
蛋白 A(非共价)	抗体片段	是	固定	约 10
巯基(共价)	抗体片段	是	固定	约 4
氨基(共价)	整个抗体	否	随机	约 15
Fc-糖基(共价)	整个抗体	是	固定	约 15

值得注意的是，与小的有机染料分子相比，量子点尺寸相对较大，这也导致量子点-生物分子复合体的生物学功能的改变。此外，量子点的大尺寸及易于带电的表面为非特异性相互作用提供了较大的发展空间，但这一点也可能干扰特异性的识别。同时，由于抗原、抗体和核酸制备的差异，偶联工艺开发过程中往往还会引入更多的变量。为了获得最优的探针分子，经验上也很难完全统一一种固定的工艺路线完成量子点探针分子的制备，这大大延长了产业化周期。胶体金技术虽然为快速色谱法提供了很好的工艺参照模板，但是我们仍然不能忽视量子点和胶体金在本质上采用了截然不同的偶联路径所产生的差异。

8.4.4.4 量子点微球的需求

虽然量子点是一个优质的荧光材料，但并非一个万能的材料。对于免疫学反应，我们不仅要考虑荧光分子对最终信号结果的影响，还需要考虑反应时间和反应的界面大小对分子间"碰撞"概率的影响，以及总荧光量的强弱。由于微球包裹有数百至数万的量子点，同时粒径增大降低了色谱的速度，从而可产生更具优异的荧光性能。这一特点在免疫色谱方法中得到众多验证。Hu 等人采用溶胀法制备了量子点微球，并将其作为标记探针，构建了检测 C 反应蛋白的免疫色谱试纸条。其最低检测灵敏度为 27.8pmol/L，较传统胶体金免疫色谱方法提高了约 257 倍。Huang 等人采用自组装法制备了量子点微球，将其作为检测探针也构建了 C 反应蛋白的免疫色谱试纸条。其最低检测灵敏度较 Hu 等人构建的量子点微球试纸条进一步提高了 43 倍。Li 等人采用微乳液法制备了量子点微球，并以此为检测探针构建了检测前列腺特异性抗原的免疫色谱试纸条，其最低检测灵敏度较量子点提高了约 12 倍。

随着对高灵敏检测试剂的需求，量子点微球逐渐得到众多研究者和商业公司的青睐。然而，微球技术面临着众多的挑战，特别是如何制备出粒径均一、量子点装载量多的微球成为众多人员研究的热点。如前章节所述，量子点是一个纳米级别的微球，由于其个体大、密度大，导致更大微球制备难度远远高于其他荧光材料如 FITC、聚集诱导发光材料（AIE）、罗丹明、Cy5 等小分子材料微球的制备。为了给该技术的产业化带来更多的启发，下面介绍几种常见的量子点微球制备方法以供读者参考。

（1）自组装法　自组装法的基本原理为先制备带功能团表面的支撑材料与量子点，随后通过静电或其他化学键形式将量子点大量组装至支撑材料表面，形成量子点微球。Hong 等人采用层层自组装法，制备了磁性量子点微球。研究者首先制备了带强正电表面的四氧化三铁纳米粒子（Fe_3O_4）与带负电的量子点，随后通过静电吸附方式将量子点组装至 Fe_3O_4 表面。但是，静电自组装将量子点与支撑材料进行结合会导致量子点吸附不牢固，在某些化学环境中量子点容易解离，导致微球荧光强度下降。然而，如果要制备夹心型微球，静电吸附又是一种必不可少的方法。Xiang 等人通过链霉亲和素-生物素体系将生物素标记的量子点组装至聚苯乙烯微球表面形成量子点微球。这种方式所需的试剂较少，但由于是通过生物学反应连接，对制备的微球具有较高的保存要求。为克服自组装过程中量子点易脱落的缺点，Huang 等人制备了巯基表面的多孔硅球，通过金属-硫配位键形式将量子点组装至硅球的孔道内，随后将制备的量子点微球表面包覆了 SiO_2 壳层。由于受到 SiO_2 壳层的保护，该方法制备的量子点微球展现了优良的抗干扰能力和存放稳定性。

（2）溶胀法　溶胀法是制备荧光微球的一种更为常见的方法，通常采用的支撑材料是聚苯乙烯。基本原理如图 8-7 所示。使用有机溶剂将微球溶胀，并加入疏水性的量子点，随后去除有机相，利用微球与量子点表面之间的强疏水作用将量子点包裹微球中（必要时可通过超声加速这一过程），形成量子点微球。Han 等人首次通过溶胀法将量子点包裹于聚苯乙烯微球中制备了量子点微球，Zhang 等人使用类似的方法制备微米级别的聚苯乙烯量子点微球，并在表面包覆了 SiO₂ 壳层。结果显示，量子点仅在微球表层分布，难以进入内部，导致微球荧光强度存在一定缺陷。为克服这一缺陷，Gao 等人合成了多孔聚苯乙烯微球，并将其溶胀制备了量子点微球，结果表明，其荧光强度较同粒径无孔聚苯乙烯微球提高了约 1000 倍。Song 等人使用同样多孔聚苯乙烯微球溶胀包裹量子点，并在溶胀过程中逐渐蒸发有机溶剂以提高量子点浓度，更有利于其进入微球内部。但由于量子点通过疏水作用进入微球内部，而且微球孔径较大，易导致量子点泄漏。为克服这一问题，Song 等人提出高温溶胀法，在溶胀过程中进行加热使聚苯乙烯微球分子链发生变化从而使表面孔径变小甚至消失，该方法一定程度上克服了溶胀法中量子点泄漏的缺陷。总的来说，溶胀法是目前制备荧光微球最常用的方法，但制备周期长、装载能力低、操作步骤多而烦琐，并需要多次洗涤等是需要继续克服的困难。

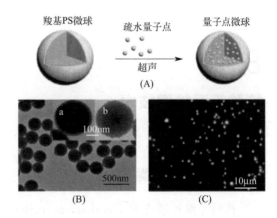

图 8-7 溶胀法制备量子点微球
示意图

（3）微乳液法 将量子点与聚合物溶解于有机相中，然后投入含有表面活性剂的水相中进行超声搅拌从而制备出水包油的微球乳液。将乳液中有机相挥发后即可形成表面亲水且包裹有量子点的微球。Joumaa 等人将苯乙烯与量子点溶于有机溶剂，并以十二烷基磺酸钠为表面活性剂，采用微乳液法制备了粒径为 100～350nm 的聚苯乙烯量子点微球。但所制备的微球量子包覆率较低，导致荧光强度不高。针对此缺陷，文凯等人提出了改进的措施，首先合成了量子产率超过 90％ 的 CdSe/CdS 核壳量子点，然后通过表面配体交换将微球内量子点包覆率提高到 87％。Wang 等人使用正硅酸乙酯替换 CdSe/Cd、ZnS 量子点表面的油胺，随后通过反向微乳液法成功制备了二氧化硅量子点微球。该方法需要对量子点表面进行修饰，这将破坏量子点的表面结构从而造成荧光的损失。这种方法制备的量子点微球表面还需进一步修饰官能团以方便后续生物偶联，这增加了制备的复杂性。Li 等人通过微乳液法，制备了聚（叔丁基丙烯酸-甲基丙烯酸）包裹的量子点微球，由于微球表面含有羧基，可直接用于生物偶联。同样的，Shao 等人也通过微乳液法制备表面带有羧基官能团的量子点微球，其荧光强度是单个量子点的 924 倍。微乳液法制备量子点微球操作简单，但其粒径往往达不到溶胀法所制备微球的水平。因此，如何制备出高水平的量子点微球仍然有待于读者和更多的研究者去思考和探索。

8.4.5 发展趋势

我们通过较长的篇幅介绍了量子点的制备原理和相关产业化难点，不难看出，在该技术应用于动物疫病检测的过程中，基础材料学中的问题无疑是需要解决的重大课题。如何制备高强度和稳定的量子点，如何制备稳定性强的荧光微球都是在未来继续面临的挑战和难点。偶联技术作为检测领域一项核心点，如何提高偶联复合物的回收率并降低非特异性反应也将是产业化重点探讨的问题，那么量子点和磁颗粒的技术的结合也将成为未来微球制备的一个重要方向。同时，量子点荧光技术能否得到更为充分的应用，我们不可避开的是探讨量子点多色性的应用，这一点在目前的商业化产品上还未充分体现并具备长远价值。我们在以上章节没有进行该方面的介绍是因为目前流式荧光技术、微球技术的不成熟所致。然而，量子点在液相检测体系中多色性的应用必然成为未来量子点荧光技术最为突出和重要的发展方向之一。

8.5

核酸等温扩增技术

8.5.1 定义和分类

核酸等温扩增技术（isothermal nucleic acid amplification technology，INAAT）是指在某一特定的温度下，扩大特定 DNA 或 RNA 片段的拷贝数。核酸等温扩增技术属于核酸扩增技术（nucleic acid amplification technology，NAAT）范畴。核酸扩增技术分为两大类：以 PCR 为代表的核酸变温（变性、复性、延伸，在不同温度下进行）扩增技术和核酸等温扩增技术。核酸等温扩增技术是指在特定温度条件下实现核酸扩增，扩增反应的全过程均在同一温度下进行。目前，核酸等温扩增技术可分为环介导的核酸等温扩增技术、重组酶聚合酶等温扩增技术、交叉引物等温扩增技术、依赖于核酸序列的扩增技术、滚环扩增技术、单引物等温扩增技术、依赖于解旋酶的等温扩增技术、链替代扩增技术、快速等温检测放大技术、切刻内切酶核酸恒温扩增技术。

8.5.1.1 环介导的核酸等温扩增技术

环介导的核酸等温扩增技术（loop mediated isothermal amplification，LAMP）是2000 年由日本研究人员 Notomi 等人发明的一种新型的体外等温扩增核酸特异性片段的技术。扩增条件包括，针对靶基因 6 个区域，设计 4 条特殊引物和具有链置换活性的 Bst（*Bacillus stearothermophilus*）DNA 聚合酶。Bst DNA 聚合酶最适反应温度是 60～65℃。在此恒温条件下，利用可以产生环状结构的引物和 Bst DNA 聚合酶链置换合成的活性，在靶序列两端引物结合处循环不断地产生环状单链结构，使得引物在等温条件下引发新链合成，从而使靶基因高效扩增，$15\sim60\text{min}$ 内扩增出 $10^9\sim10^{10}$ 倍靶序列拷贝，得到高达 $500\mu\text{g/mL}$ 的 DNA。该技术克服了传统 PCR 反应需要通过反复的热变性、复性、延伸多温度循环的过程而获得单链模板的缺点，并避免了反复升降温的耗时过程，避免对精密仪器的依赖。LAMP 的扩增产物是由一系列反向重复的靶序列构成的颈环结构和多环花椰菜样结构的 DNA 片段混合物。产物可以通过常规的荧光定量和电泳检测，也可以通过简易直观的荧光目测比色和焦磷酸镁浊度检测。若在反应体系中加入逆转录酶，LAMP 还可以实现对 RNA 模板的扩增（即 RT-LAMP）。LAMP 技术具有简单、快速、特异性强的特点。目前，LAMP 已在临床病原微生物检测、遗传病诊断、SNP 分型、传染病监测和转基因食品鉴定等领域显示出巨大的应用潜力。

8.5.1.2 重组酶聚合酶等温扩增技术

重组酶聚合酶扩增技术（recombinase polymerase amplification，RPA）是 2006 年由 Piepenburg 等人首次提出。它是由重组酶（T4 uvsX）、聚合酶（Bsu）和单链结合蛋白（gp32）以及两条特异性的上下游引物参与的等温扩增。首先，T4 uvsX 在辅助因子 uvsY 的作用下与引物结合形成核酸蛋白复合物，然后该复合物寻找与靶标 DNA 的互补区域进行杂交并置换下另一条单链，置换下的单链马上被 gp32 结合，防止其再与互补链杂交，最后 T4 uvsX 在 ATP 的作用下与引物解离，聚合酶 Bsu 与引物结合并沿模板进行延伸。该反应在 $37\sim42\text{℃}$ 下 30min 内可以获得 10^{12} 拷贝的扩增产物，其灵敏度可达到单拷贝，其扩增产物长度在 500bp 以内最佳。对 RPA 产物的检测可采用琼脂糖凝胶电泳、荧光探针实时检测及侧流色谱检测等多种方法。该方法具有恒温扩增、反应快速、灵敏度高的特点。

8.5.1.3 交叉引物等温扩增技术

交叉引物等温扩增技术（crossing priming isothermal amplification，CPA）由杭州优思达生物公司研发，是中国首个具有自主知识产权的体外核酸扩增技术。根据体系中交叉引物数量的不同，分为单交叉扩增和双交叉扩增。CPA 扩增体系包括置换引物、交叉引物、Bst DNA 聚合酶、甜菜碱及其他必要成分，在 $60\sim65\text{℃}$ 保温 60min。

CPA 扩增主要步骤：①带有交叉引物位点的扩增产物的产生。正向交叉引物（PFs）的 $5'$ 端与反向交叉引物（PRa）的杂交识别序列相同。置换引物分别位于交叉引物的上游。置换引物的浓度低于交叉引物的浓度。Bst DNA 聚合酶通过置换作用不断延伸交叉引物以及置换引物。通过置换引物和交叉引物的不断延伸产生固定的正向链 $5'$ 端。同样的原理 PFa 通过延伸和置换产生另一个固定链。②交叉引物的扩增。置换链包含两端新产生的引物位点同时作为 $3'$ 端交叉引物的引入点模板。通过引物不断的杂交、延伸以及扩增产物的自我杂交和延伸，产生多个引物杂交位点从而加速扩增过程。③检测产物的产生。反应结束后将产生单链、双链或者部分双链混合物，混合物中有两条探针同时结合的产物即可被试纸条检测到。

CPA 反应产物的检测方法：①琼脂糖凝胶电泳法。核酸扩增产物在琼脂糖凝胶上呈现的并不是一条带而是呈现出典型的梯形条带。可根据电泳结果是否呈现梯度条带来判断反应是否发生。②添加荧光染料法。通过向反应体系中添加嵌入荧光染料（溴乙锭、SYBR Green Ⅰ）等进行呈色，然后通过反应液中的荧光强度变化来判断产物的产生进而判断扩增反应是否发生。如在反应体系中添加 $1\mu\text{L}$ SYBR Green Ⅰ 荧光染料（只与双链

DNA 小沟结合），当有扩增产物生成时，它与 DNA 双链结合，肉眼观察荧光染料由原来的橘黄色变为绿色。③可视化检测。使用一次性核酸检测装置以及核酸薄膜色谱快速检测试纸条等产品，通过肉眼观察试纸条来判断结果，仅出现一条红线（在质控区 C）时，则判断为阴性，即无反应发生；如果出现两条红线，一条位于检测区（T），另一条位于质控区（C），则判断检测为阳性，即有反应发生；如果无红线出现，说明检测结果无效。

8.5.1.4 依赖于核酸序列的扩增技术

依赖于核酸序列的扩增技术（nucleic acid sequence-based amplification，NASBA）是基于 PCR 发展起来的一种扩增核酸序列的新技术。1991 年，由加拿大 Can-gene 公司首先介绍。以核酸序列中 RNA 为模板的快速等温扩增技术，主要用于 RNA 的检测和测序，具有高度敏感性和特异性。其特点是反应无需温度循环，不需要特殊的控温仪器，整个反应过程由三种酶（AMV 逆转录酶、RNase H、T7 RNA 聚合酶）控制，两个特殊设计的引物以及脱氧核糖核苷三磷酸（dNTP）、核糖核苷三磷酸（NTP）和适宜的缓冲液，同一温度（41℃）温育 1.5～2h 得到扩增产物，可以通过琼脂糖凝胶电泳、Northern 杂交、电化学发光、分子信标等多种方法进行快速检测。该技术已成功应用于病毒、细菌、霉菌、细胞因子等的检测，特别适用于低拷贝数 RNA 的微生物检测。

8.5.1.5 滚环扩增技术

滚环扩增技术（rolling circle amplification，RCA）是 1998 年建立起来的一种恒温核酸扩增技术。该技术模拟自然界微生物环状 DNA 的滚环复制过程，在具有链置换活性的 DNA 聚合酶（phi29）作用下由一条引物即可引发沿环形 DNA 模板的链置换合成，实现环状 DNA 模板的体外等温（30℃）线性扩增。在此基础上增加一条与 DNA 模板序列一致的引物，RCA 则可以实现模板的指数扩增。通过锁式探针与线性模板结合，在连接酶（T4 连接酶）作用下模板被连接成闭合环状，所形成的环状结构作为后续 RCA 的模板，进行信号放大，进行指数扩增实现 10^9 倍的模板扩增，其产物分别是由上千个环状 DNA 拷贝衔接而成的 DNA 单链和长度分布不连续的 DNA 双链。该技术适用于环状 DNA 的扩增、基因测序、基因表达图谱制作、芯片技术、免疫组化、单核苷酸多态性（SNP）检测及病毒和细胞基因组检测分型等方面。

8.5.1.6 单引物等温扩增技术

单引物等温扩增技术（single primer isothermal amplification，SPIA）是近年来报道的一种新型核酸等温扩增技术。其扩增反应需要一条 3′端是 DNA 片段、5′端是 RNA 片段的混合引物，链终止多聚核苷酸（blocker）、RNase H 和具有强链置换活性的 DNA 聚合酶（Bca 酶、Vent 酶、Bst 酶）来实现 DNA 的体外线性等温扩增。在扩增反应中，混合引物和 blocker 分别与单链模板 DNA 结合，在 DNA 聚合酶作用下，引物延伸合成 DNA，当延伸到 blocker 结合处时，因 blocker 序列无法被置换出来，延伸反应终止。混合引物部分的 RNA 和 DNA 单链形成 DNA 和 RNA 的杂合双链，RNase H 可不断降解 DNA/RNA 杂合链中的 RNA 部分，使未结合的混合引物中的 RNA 能够不断得到结合位点，并与模板结合，在具有链置换活性的 DNA 聚合酶的作用下，进行链置换反应，置换出上一个反应循环中合成的 DNA 单链，并使引物延伸合成新的 DNA 单链，在 blocker 结合处终止，如此往复循环，最终扩增出大量的 cDNA 单链。SPIA 扩增反应一般在 55～65℃进行，需 30min，产物为单链 cDNA。若要获得与靶序列同义的 RNA 单链产物，还需要在反应体系中加入转录启动子序列和相应的 RNA 聚合酶。产物的检测通过琼脂糖凝胶电泳或探针杂交的方法进行。适用于核酸扩增、核酸检测、核酸测序、基因突变分析、SNP 检测、单链模板制备以及基因芯片探针制备。

8.5.1.7　依赖于解旋酶的等温扩增技术

依赖于解旋酶的等温扩增技术（helicase dependent isothermal DNA amplification，HDA）是由美国 NEB 公司研究人员 Vincent 等人于 2004 年发明的一种模拟动物体内 DNA 复制的等温扩增技术。该技术利用解旋酶（大肠杆菌 UvrD 解旋酶）在恒温条件下解开 DNA 双链，同时 DNA 单链结合蛋白（single stranded DNA-binding protein，SSB）稳定解开的单链为引物提供结合模板，再由 DNA 聚合酶催化而合成互补链。详细分为 6 个阶段，解旋酶解开 DNA 双链、单链结合蛋白（T4 噬菌体基因 32 蛋白或 RB49 噬菌体基因 32 蛋白）结合并维持单链、引物结合、聚合酶（Bst DNA 聚合酶或 DNA 聚合酶 Ⅰ Klenow 片段）结合、催化靶序列合成、解旋酶新链再循环，最终实现靶序列的指数式增长。HDA 技术的引物设计及产物检测方面与传统 PCR 没有明显的区别。适用于现场诊断产品的开发。

8.5.1.8　链替代扩增技术

链替代扩增技术（strand displacement amplification，SDA）首先是 1992 年由 Walker 等人在《美国国家科学院汇刊》中发表，标志着一种新的 DNA 扩增技术的诞生。SDA 技术是一种基于等温、酶控的体外核酸扩增技术，其主要利用限制性内切酶（如 *Hinc* Ⅱ）识别并切割半硫酸磷酸化 DNA 未修饰链（即打开缺口）以及 5′-3′ 外切酶缺陷的 DNA 聚合酶（如 exo-Klenow），在缺口处向 3′ 聚合延伸并置换下游链的特性。这种"打开缺口-聚合/替代"不断循环往复达到靶序列呈几何倍数级扩增。适用于临床病原微生物检测、传染病监测等。

8.5.1.9　快速等温检测放大技术

快速等温检测放大技术（rapid isothermal detection and amplification，RIDA）是由中国科学院广州生物医药与健康研究院的研究人员于 2005 年发明的。该技术在待检测样品的核酸中加入含有切刻内切酶（N. BstNBI）识别位点的单链检测探针及切刻内切酶，检测探针与目标基因序列杂交后形成切刻内切酶识别位点，在此酶作用的反应温度（55℃）下，检测探针被切割，并与目标基因脱离，成为 5′ 部分检测探针和 3′ 部分检测探针，如此反复反应，最后检测产生的 5′ 部分检测探针和（或）3′ 部分检测探针。通过对探针的标记，可以通过荧光识别仪、质谱、凝胶电泳、分子夹、序列分析、DNA/RNA 传感器、检验色谱纸条、微阵列系统或变色反应等方式检测探针。可以用于 DNA、RNA 的检测，具有较广阔的发展潜力。

8.5.1.10　切刻内切酶核酸恒温扩增技术

切刻内切酶核酸恒温扩增技术（nicking endonuclease mediated amplification，NEMA）是基于链置换扩增和切刻内切酶联合基础上发展出的一种新的恒温扩增技术。扩增引物（含有切刻内切酶识别序列）与核酸靶分子杂交，聚合酶以核酸靶分子为模板进行延伸，形成双链，切刻内切酶作用于该双链的切刻位点处，进行切刻，形成切口，聚合酶结合到该切口处，进行延伸链置换，聚合酶和切刻酶同循环扩增，不断产生扩增产物。

8.5.2　技术特点与应用现状

核酸等温扩增技术的突出特点是扩增反应的全过程均在单一温度下进行，无需专门的升降温扩增仪器，克服了 PCR 反应需经历多个温度变化的循环过程，其优缺点主要体现在以下几个方面。

8.5.2.1　对仪器要求简单

不需要精密的仪器。以 SPIA 技术为例，该技术主要是通过一条 3′端是 DNA 片段、5′端是 RNA 片段的混合引物，RNase H 及具有强链置换活性的 DNA 聚合酶，来实现 DNA 的体外线性等温扩增。在扩增反应中，RNase H 不断降解引物与模板 DNA 所形成的 DNA/RNA 杂合链中的 RNA 部分，使未结合的引物能够不断获得结合位点并与模板结合进行链置换合成，最终扩增出大量的具有高度忠实性的 cDNA 单链。其等温扩增过程仅需以交流电源或电池为能源的加热器即可，操作简单、成本低、便于携带，特别适用于边远地区和基层医疗单位的病原体快速诊断。

8.5.2.2　检测时间短

以 RIDA 为例，该技术通过在待检样品中加入含有切刻内切酶识别位点的单链检测探针及切刻内切酶，检测探针与目标基因序列杂交后形成切刻内切酶识别位点，检测探针被切刻内切酶切割，形成 5′部分检测探针和 3′部分检测探针并与目标基因脱离。由于目标基因仍然保持完整，并可与另一完整的检测探针杂交，重复前述反应，最后通过检测产生的 5′部分检测探针或 3′部分检测探针显示是否有目标基因序列存在。整个反应过程在 5～10min 内即可完成，特别适用于突发公共卫生事件的现场诊断，对传染性疾病的早期发现和控制具有重要的意义。

8.5.2.3　检测灵敏度高

以 LAMP 为例，该技术主要利用两对特殊设计的引物和具有链置换活性的 DNA 聚合酶，在反应过程中，模板两端引物结合处循环出现环状单链结构，让引物可以在等温条件下顺利结合上去，并进行链置换扩增反应，同时因为两对引物针对靶基因的 6 个区域，使其灵敏度和扩增产物的量比 PCR 高出 1 个数量级。日本荣研化学株式会社（Eiken Chemical Co.，Ltd.）基于 LAMP 技术开发出了一系列等温检测试剂盒。国内也有生物公司将 LAMP 技术开发成商品化检测试剂盒，如北京森康生物技术开发有限公司（非洲猪瘟病毒荧光等温扩增检测试剂盒）、珠海市银科医学工程股份有限公司［肺炎支原体（MP）核酸检测试剂盒（等温扩增法）］等。

8.5.2.4　检测特异性强

以 NASBA 为例，该技术是由两条引物参与、连续均一的，等温扩增特异性核苷酸序列的酶促过程，整个反应由 AMV 逆转录酶、RNase H 和 T7 RNA 聚合酶控制，循环次数少，忠实性高。该反应不需高温变性，所以 NASBA 不会受到双链 DNA 的污染，同时由于外来双链 DNA 无 T7 启动子序列，不可能被扩增，因此极大地提高了 NASBA 反应的特异性。NASBA 特别适用于扩增单链 RNA，并且已经成功应用于 DNA、RNA 病毒和细菌检测工作中。在我国发布的 8 项禽流感系列标准中有两项应用了 NASBA 检测方法，即《H5 亚型禽流感病毒 NASBA 检测方法》（GB/T 19439—2004）和《禽流感病毒

NASBA 检测方法》（GB/T 19440—2004）。

8.5.2.5　易于同其他技术联合，实现自动化与高通量检测

　　随着微流控技术的发展，LAMP 与微流控技术结合，形成 LAMP 微流控集成诊断系统，微流控技术采用大小不同的微量密闭反应通道和微反应空间，有效克服了 LAMP 易产生气溶胶，造成实验室污染的弊端。微流控技术可提供平行且互不干扰的微反应区，可以构成多通道 LAMP 诊断集成系统。再以 SDA 技术为例，该技术在靶 DNA 两端带上被化学修饰的限制性核酸内切酶识别序列，核酸内切酶在其识别位点将双链 DNA 打开缺口，DNA 聚合酶继续延伸缺口的 3′端并替换下一条 DNA 链。被替换下来的 DNA 单链可与引物结合并被 DNA 聚合酶延伸成双链。该过程不断反复进行，使靶序列被高效扩增。再通过联合荧光偏振光技术的检测手段，将荧光共振能量转移探针（FRET）加入 SDA 方法中，最终能实现实时、自动检测的目的。BD 公司基于 SDA 技术和 FRET 技术开发出了 BD ProbeTec™ET 系统并广泛应用于临床和实验室检测。此系统最大的优点是自动化操作与高通量样品检测，大大地节省了人力，提高了工作效率。

8.5.2.6　引物设计难

　　LAMP、CPA、SDA 和 NASBA 方法涉及引物较多和引物设计要求较高等问题，从而限制了其在病原检测中的应用，尤其是对于多种变异大的病毒，病毒的保守位点不好找，从而导致临床检测敏感性低，试剂盒存在漏检风险。

8.5.2.7　容易污染，产生假阳性

　　等温扩增产物多为同一片段形成的多拷贝长链，反应体系中即使只含有一条因气溶胶污染而存在的扩增产物，其扩增的目的片段浓度也提高了几十倍甚至几千倍，因此容易产生假阳性。

8.5.2.8　试剂成本高

　　等温扩增，虽然对仪器要求低，但是其试剂成本较高，LAMP、RPA、RCA 等常用的等温酶有一种或多种，一般都是进口产品，价格昂贵。由于专利、技术等问题，等温酶类存在市场壁垒。

8.5.2.9　普适性差

　　核酸恒温扩增方法很多，但是检测适用性是有一定要求的，如 NASBA 方法，适用于低拷贝数 RNA 的微生物检测；滚环扩增技术（RCA），要求扩增模板必须为环状 DNA 模板，若要扩增线性模板，则需要先进行环化。而且由于产物检测的问题，为了避免污染、增强敏感性还需要额外增加仪器等，对于现有的实验室仪器预算，也是需要一笔不菲的开支。

8.5.2.10　产物检测方法复杂

　　上述讲的方法，都是核酸等温扩增，扩增完成后的产物，需要进行检测，如 LAMP，简易直观的荧光目测比色和焦磷酸镁浊度检测。基于 Cas 酶的核酸等温扩增技术，是应用 Cas 酶检测系统作为一种高特异性的核酸序列识别与报告方法，主要用于等温扩增产物检测。而有的方法，产物检测只能依赖琼脂糖凝胶电泳或探针杂交，不利于基层现场诊断的应用。

8.5.2.11 多重检测难

LAMP 对单一靶标的扩增需要 4~6 个引物，qPCR 需要 2 个引物，因此 LAMP 多重检测的难度大大高于 qPCR。如何实现单管闭管条件下的多重或多靶标等温扩增检测，并同时具有高灵敏度和特异性，也限制了等温扩增技术的应用范围。

8.5.2.12 方法不成熟，应用范围窄

依赖解旋酶的等温扩增技术（HDA），受解旋酶的解旋结合、延伸长度和解旋速度影响，一般可扩增模板靶序列不超过 400bp，对于更长片段则无法有效扩增，如果筛选出更优质的 DNA 解旋酶，提高扩增效率，此方法可以有更广泛的用途。链替代扩增技术（SDA），一般可扩增模板靶序列不超过 200bp，无法用于长片段扩增，由于 SDA 产物两端带有所用限制性内切酶的识别序列或其残端，不能直接用于克隆，在基因工程方面缺乏优势。

8.5.2.13 方法不稳定，特异性差

切刻内切酶是快速等温检测放大技术（RIDA）的核心和关键，目前，商业化的切刻内切酶数量有限，其中 N. BstNBI 最佳反应温度是 55℃，如果此酶在高于此温度的反应条件下，活性快速下降，影响 RIDA 的反应灵敏性。近来研究发现，此切刻内切酶在某些反应条件下，还具有模板非依赖性的非特异性核酸合成能力，从而可能产生非特异性信号。待切刻内切酶的稳定性、特异性和活性进一步优化后，RIDA 技术才能更容易实现产业化。

8.5.3 产业化难点和关键点

我国在核酸等温扩增技术方面的研究还比较薄弱，形成产业化之路还很艰辛，影响我国核酸等温扩增技术产业化进程的因素主要有以下几个方面。

8.5.3.1 资金来源单一

因为我国目前有关生物技术产品的立法还不完善，增加了投资风险，所以长期以来我国的核酸等温扩增技术研究主要靠国家的投入，企业的投入严重不足。国外经验表明，高新技术只有通过资本市场的商业运作才能加速它的产业化进程，而中国很少有企业参与核酸等温扩增技术的研究和成果转化。另外，由于缺乏正确的指导和相关的投资机制，民间的社会闲散资金不敢贸然进入。核酸等温扩增技术产业是资金密集型产业，是高投资、高风险、高收益的产业，属于新兴经济增长点。在技术、人才、设备等方面需要高投入，而且随着技术的进步，研发费用也在不断增加，因此资金不足将极大地限制该技术的创新研究和产业化进程。

8.5.3.2 缺乏创新

多年来，我国核酸等温扩增技术的研究和产品开发多采用跟踪研究，真正像 RIDA 等温扩增技术这样具有我国自主知识产权的产品不多。我国必须形成自己强有力的技术创新体系，才能取得我国核酸等温扩增技术的长足发展，形成科研生产一条龙体系，加快科研成果的产业化。技术创新基地的建设当以企业为主体，在国家政府支持的同时融入包括高

校在内的多方力量，以求在高新技术领域实现一些重大突破，使我国在核酸等温扩增技术领域保持竞争优势。

8.5.3.3 成果转化慢

我国目前用于核酸等温扩增技术研究、开发及生产所用的仪器、设备等大多依赖进口，中试、产业化能力相对薄弱，生产规模小和工艺不配套等问题导致了成果转化和进入市场较慢，严重影响了核酸等温扩增技术的产业化。另外我国从事核酸等温扩增技术研发的人员大多数是研究生物科学的科研人员，缺乏既精通生物技术研究又懂得现代企业管理的复合型人才。核酸等温扩增技术产业是典型的技术密集型高新技术企业，企业要在激烈的竞争中求得生存和发展，就必须拥有一批高素质的复合型人才。

8.5.3.4 技术含量低

国内大多数企业都是技术拿来主义，他们只顾生产高新产品，而不注重研制开发高新技术产品。一个产品往往有多家厂家在生产，而要获得高额利润，如何集中有限的资金和人力，进行高、精研究是我国核酸等温扩增技术产业化亟待解决的问题。

8.5.3.5 应用的深度和广度不够

应用的深度和广度体现在应用技术和应用范围两方面。国内生产公司缺乏根据生产的品种建立相应车间，缺少一批专业人员研究应用技术，没有根据原料、工艺和装备的情况，通过试验提出相应的应用方法，也没有一整套完整的应用技术文件，导致生产和应用不稳定。在应用范围方面，等温酶的品种开发不够，跟不上技术发展的需要。

8.5.4 发展趋势

核酸等温扩增技术在病原检测中仍不能替代 PCR 技术，但是弥补了传统 PCR 检测技术设备依赖、检测环境严格、检测人员培训和检测周期长的不足，极具发展潜力，使得核酸等温扩增技术在现场快速检测、全自动一体化检测等方面展现出独特的应用前景，是传染性病原体核酸检测技术未来发展的方向。面对机遇与挑战，我们应采取积极的对策，促进我国核酸等温扩增技术产业化飞速发展。

8.5.4.1 拓宽融资渠道

国家应尽快制定和完善相应的法规，创造良好的公共政策环境，在加大国家投入的前提下，引导资金与高科技结合，以银行为中介，充分发挥银行间接融资的优越性；建立健全风险资金市场，吸引风险投资基金；充分利用民间资金和外商投资，引导资金合理流动，推动资金的合理配置，内外并举发展我国的核酸等温扩增技术产业。

8.5.4.2 加强技术创新

随着全球经济一体化时代的到来，提高我国核酸等温扩增技术产业化水平的关键是进行技术创新，研究开发具有我国自主知识产权的产品，尽快抢占技术制高点，大力发展具有自身优势和市场前景的核酸等温扩增技术。建立新技术研发专项，鼓励探索性和原创性研究，重点扶持具有中国自主知识产权的核酸等温扩增技术的研发和产业化体系。

8.5.4.3　加快成果转化

加快科技成果向生产力转化，打通科技和经济社会发展间的通道，通过市场需求引导创新资源有效配置，进一步突出企业的技术创新主体地位，推动人员、资金等各种创新要素向企业聚集，使企业真正成为技术创新决策、研发投入、科研组织、成果转化的主体，加快核酸等温扩增技术产业化的发展。

8.5.4.4　多学科结合

同时与新技术结合，补齐现有技术的短板，使其更好应用于检测中。微流控芯片作为一种新型的反应和检测载体，可以与不同的等温扩增反应结合开发出小巧便携的即时检测平台。微流控芯片也可以将多重反应整合在一起，实现多样本或多靶标同时检测。

8.5.4.5　实现现场应用

真正实现核酸等温扩增技术的现场应用，还需要考虑仪器的小型化或无仪器的可视化判读，可接受的检测成本，智慧数据传输和电池驱动装置等。充分发挥等温核酸检测信息化、小型化、简单化和自动化的作用，真正用于生产实践中。

8.6

数字 PCR 技术

8.6.1　定义和分类

数字 PCR 也叫 Digital PCR（dPCR），被称为第三代 PCR 技术，是一种核酸高灵敏检测和绝对定量的新方法。同传统的 PCR 相比，数字 PCR 增加了对反应体系进行分隔的操作，将几十微升的反应体系分隔成了数万微小独立反应体系，核酸模板在这种分隔过程中被充分稀释，理想状态下每个微滴中含有 1 个分子的核酸模板，扩增完成后对所有的液滴进行荧光信号识别并计数，计算出阴性和阳性反应的数量，通过泊松分布原理计算靶标分子的浓度，从而实现靶标分子的绝对定量。数字 PCR 不依赖标准曲线定量，并且不受 PCR 扩增效率影响，具有更高的灵敏度和准确度。

数字 PCR 的概念起源于 20 世纪末期。早在 1992 年，荧光定量 PCR（quantitative PCR，qPCR）技术成熟之前，Sykes 等人就使用有限稀释、PCR 和泊松分布模型的方法，对复杂背景下低丰度的 IgH 重链突变基因进行了定量研究，灵敏度达到 2/160000。该研究奠定了数字 PCR 的基础，并且明确了数字 PCR 检测中一个极其重要的原则，即以"终点信号的有或无"作为定量方法，这也是后来这一方法被命名为数字 PCR 的主要原因。

1999 年，Bert Vogelstein 等人在美国科学院院刊 PNAS 上首次提出了数字 PCR（Digital PCR，dPCR）的概念。他们在结肠癌患者粪便中检测 *KRAS* 基因突变时，将含有约 100 个模板的 PCR 反应体系均分到 288 个孔中，使得平均每 2 个孔内含有 1 个模板。

通过对这些孔内的反应体系进行 PCR 扩增，就能在一些孔内检测到较强的荧光，即"阳性信号"，对这些显示阳性信号的孔的个数进行统计学分析，即可得到 PCR 反应体系内的模板拷贝数。Volgestein 等人的研究工作首次通过 PCR 反应体系的分配实现了模板拷贝数的绝对定量分析，首次正式提出了数字 PCR 的概念，开创了数字 PCR 研究领域。但是，将 PCR 反应体系分配到微孔内需要大量的移液操作，在一般的生物实验室开展起来是比较困难的。

2003 年，Dressman 继续完善 dPCR，并创建了一种改进的方法，他们将其称为 BEAMing（Beads，Emulsion，Amplification and Magnetics）技术，即"珠子、乳状液、扩增和磁性"的首字母缩写。BEAMing 技术使用乳状液在单个试管中分隔扩增反应。这一变化能在一次运行中将该 PCR 扩展到成千上万的反应。该方法步骤如下：①磁珠修饰，将一系列与模板特异性结合的寡核苷酸修饰到磁珠上；②振荡乳化，将模板、微珠与油相混合物振荡形成油包水的乳液，模板与微珠就以分散相的形式分散在油相中；③PCR 扩增，在乳液中与微珠结合模板进行 PCR 反应，使得微珠上布满模板的扩增产物；④流式分析，采用荧光染料对磁珠结合的扩增产物染色，使用流式细胞仪对微珠进行检测，从而确定含有扩增产物的微珠的个数。Dressman 等人的研究工作避免了大量的移液操作，在微孔数量上和操作性上实现了飞跃，为数字 PCR 在生物学实验室使用提供了解决方案。但是，振荡方式制备乳液很难保证液滴的均一性，模板进入每个液滴时不符合同分布原则，导致定量结果出现偏差不准确可靠。

随着纳米制造技术和微流体技术的发展，数字 PCR 技术遇到了突破瓶颈的最佳契机。研究者开发了微流控的方式制备乳液。2005 年，Dorfman 等人首次使用液滴微流控的方式将 PCR 反应体系分割为大小均一的微液滴，并在微流道内驱动这些微液滴循环地通过不同的温区，实现了基于微液滴的数字 PCR。这种数字 PCR 被称为微液滴数字 PCR（droplet digital PCR，ddPCR）。由于 ddPCR 使用尺寸均一的微液滴，因此模板进入每个微液滴可以视为独立同分布的过程，从而为 ddPCR 实现模板拷贝数的准确、绝对定量奠定了良好的数学基础。

2006 年，Fluidigm 公司推出了第一台商业化的基于芯片的商品化数字 PCR 系统，Fluidigm 的 IFC 平台使用物理矩阵的策略，他们的 qdPCR 37K 系统"集成电路"利用该公司的微流控专长，可将 48 个样品逐个分布在 770 个微反应单元中。

2009 年，Life Technologies 推出了 OpenArray 和 QuantStudio 12K Flex dPCR 系统。

2013 年，Life Technologies（目前已被 Thermo Fisher Scientific 收购）又推出了 QuantStudio 3D^{TM} 数字 PCR 系统。采用高密度的纳升流控芯片技术，样本均匀分配至 20000 个单独的反应孔中。

此系统包括数字 PCR 芯片、芯片加样仪、PCR 热循环仪和芯片阅读仪。数字 PCR 芯片包含芯片盒盖、微孔芯片和芯片盒 3 个部分。其中，芯片盒盖用于密封芯片以进行热循环扩增和成像检测；微孔芯片仅 $10mm^2$，含有 20000 个纳升级微孔结构，芯片的微孔外部作疏水处理，内部作亲水处理，使得 PCR 试剂能够更有效、均匀的加载；芯片盒含导热基座，用于固定和保护芯片。芯片加样仪与一次性加样刮刀配合使用，可将试剂自动刮入芯片，并以芯片盒盖密封芯片盒。此外，芯片盒盖上有个注入孔，完成 PCR 试剂加载和压盖后，通过该孔注入浸液油（immersion fluid）覆盖芯片，能够抑制 PCR 过程中试剂的挥发，防止污染。在芯片完成加样与密封后，采用 ProFlex^{TM}PCR 热循环仪进行 PCR 扩增，该热循环仪有 2 块平板热学模块，可同时扩增 24 片数字 PCR 芯片。扩增完毕后，将芯片放入芯片阅读仪，该阅读仪采用 CMOS 相机对荧光信号进行成像检测，检测速度快，能够在 30s 完成单个芯片的检测，另 30s 进行数据处理给出初步定量结果。此外，此阅读仪配有 3 种荧光通道（FAM、VIC 和 ROX，ROX 为被动参考荧光）。

QuantStudio^{TM} 3D 数字 PCR 系统具有以下优势：①操作简单、自动化程度高；②PCR 扩增与荧光信号检测过程保持芯片密封，有效防止交叉污染；③检测速度较快（约 4.5h 完成 24 个样本检测）；④兼容性优异，可直接使用 TaqMan^{TM} 实时 PCR 分析试剂。但另一方面，由于微孔芯片采用硅基材料，价格较贵。

2011 年，Bio-Rad 公司推出了基于微滴的 QX100 dPCR 仪（目前升级为 QX200），利用油包水技术，将样品平均分配到 20000 个微滴油包水中，利用微滴分析仪对微滴进行分析。

此系统包括微液滴生成芯片（droplet generator cartridge）、微液滴生成仪（droplet generator）、PCR 热循环仪和微液滴阅读仪（droplet reader）。

对于微液滴生成芯片有 8 个相同的微液滴生成单元，每个单元包括生成油（70μL）加样口、PCR 反应体系（20μL）加样口和微液滴出口。待加样完成，将微液滴生成芯片放入微液滴生成卡座并盖上垫片，放入微液滴生成仪生成微液滴。微液滴生成仪以恒压驱动流体，使生成油和 PCR 反应体系在十字形状的微流道处，以液滴逐个生成的形式，生成约 20000 个纳升级微液滴。接下来，需要将微液滴转移到 96 孔 PCR 板并密封，此时需要注意使用厂家推荐的移液吸头，以保证微液滴的稳定性，防止液滴在转移过程中破碎。之后将 96 孔 PCR 板放入常规的 PCR 热循环仪进行 PCR 扩增。PCR 扩增后将 96 孔 PCR 板放入微液滴阅读仪进行荧光信号检测，1 次运行可检测 96 个样本。微液滴阅读仪采用流式细胞术，检测过程中，使用钢针刺破 96 孔 PCR 板上的密封铝膜，将微液滴吸入液滴检测的微流道内，以硅光子计数器（MPCC）串行检测微液滴的荧光信号，这种检测方式对荧光信号分辨能力强、信噪比高，并配有 2 个荧光通道（FAM/EvaGreen 和 VIC/HEX），可以同时检测每个微液滴的两种荧光信号。

QX200^{TM} 微液滴数字 PCR 系统具有以下优势：①通量高，微液滴阅读仪可在 1 次运行检测 96 个样本；②芯片制作工艺要求相对低，仪器成本和耗材成本相对低；③检测精准、灵敏度高；④可扩展性高，易通过增加微液滴数扩大检测动态范围。但另一方面，由于此系统在工作过程中有液滴转移操作，操作步骤较烦琐，而且较容易发生微液滴融合、损失，而因此影响检测结果；另外，因采用流式检测方式，每次检测一个孔内的微液滴，检测所需时间较长。

2012 年，RainDance 公司推出了 RainDrop dPCR 仪，在高压气体驱动下，将每个标准反应体系分割成包含 100 万至 1000 万个皮升级别微滴的反应乳液。

2013 年，Stilla Technologies 公司成立，随后推出一款首次采用微液滴阵列的数字 PCR 系统——Naica^{TM}Crystal 数字 PCR 系统。

此系统由 Sapphire 微液滴生成芯片、Naica Geode 微液滴生成与热循环仪和 Naica Prism3 微液滴阅读仪组成。Sapphire 芯片为此系统的核心部件，一张芯片集成了 4 个样品检测单元，每个单元结构包含 1 个液滴收集腔体，腔体的其中两条边有微液滴生成结构。此芯片采用新型的微液滴生成方式，将水相从入口通道（宽度 w 和高度 h_0）推入含有静止油相的宽储液器中，其中储液器的顶壁以角度 α 倾斜，由于微流道高度改变，在油水两相界面将产生拉普拉斯压力突变和表面张力梯度使得界面曲率不平衡，导致单分散液滴的分离，生成微液滴。此方法与传统的液滴制备方式不同，不需要依赖流体的流动（如

T 形交叉、流动聚焦、同向轴流等微液滴制备方式）。生成的微液滴在液滴收集腔体形成微液滴阵列，后续的 PCR 扩增与荧光检测都在同一芯片内进行。Naica Geode 仪器集成了微液滴制备和 PCR 扩增两个功能，将反应体系加载到 Sapphire 芯片，拧紧加样口密封帽后，将芯片放入 Naica Geode 进行微液滴制备，每个单元可生成 25000～30000 个微液滴，微液滴阵列形成后将直接进行 PCR 扩增。PCR 扩增结束后，将芯片转移到 Naica Prism3 进行荧光信号检测，Naica Prism3 采用 CCD 对荧光进行成像检测，而且配有三色荧光通道（FAM，…//Cy3，VIC，HEX，…//Cy5，Quasar® 705，…）。Naica Geode 和 Naica Prism3 可同时放入 3 张芯片（12 个样本）运行，因此提高了检测通量。

Naica™Crystal 数字 PCR 系统具有以下优势：①集成化程度高、操作简单；②全程保持芯片密封，有效防止交叉污染；③检测速度快（约 2.5h 完成 12 个样品检测）；④三色荧光通道，增加可检测指标数量。但另一方面，此芯片制作工艺要求较高，而且平铺的荧光检测方式限制了反应单元数的扩增。

2018 年，北京新羿生物科技有限公司推出了中国第一款具有自主知识产权的数字 PCR 系统——TD-1 及配套的试剂耗材。

TD-1 系统以更多的微液滴数量和更大的加样量来获得更准确的定量结果。与上述 ddPCR 系统相比，TD-1 系统生成的微液滴的直径更小，约为 $100\mu m$，对于相同体积的 PCR 反应体系来说，TD-1 系统能够生成更多的微液滴，例如对于 $30\mu L$ 的 PCR 反应体系，TD-1 系统能够生成超过 50000 个微液滴，是目前其他常见数字 PCR 系统液滴数的两倍左右，而更多的微液滴（独立的反应单元）数目，意味着计算得出的原始模板数具有更窄的置信区间，即更好的定量准确性。

TD-1 系统内部配置了八个独立的微液滴生成通道，一次可以将 1～8 个 PCR 反应体系制备成微液滴。该系统采用单个 8 连 PCR 反应管来接收每次生成的微液滴，因此可使用目前市面上常见的 96 孔 PCR 扩增仪，同时对 12 个 8 连 PCR 反应管内的微液滴进行扩增，这种方式有效地提高了数字 PCR 的检测通量。

TD-1 系统实现了数字 PCR 产物的全封闭检测，避免了扩增产物产生气溶胶污染，从而保证了临床检验的准确性

2022 年，新羿生物获得我国首个 NMPA 基于数字 PCR 技术的新冠检测试剂批文。

2020 年，QIAGEN 推出了 QIAcuity 一体化集成式自动化数字 PCR 系统，为了满足不同的通量需求，提供了 QIAcuity One、QIAcuity Four 及 QIAcuity Eight 三个型号的仪器。

使用人员仅需将配制好的 PCR 反应液加入纳米微孔板的加样孔中，使用专用弹性胶膜密封微孔板后，即可将微孔板放入 QIAcuity 仪器内部。仪器内部使用挤压杆隔着弹性胶膜挤压加样孔内部空间，产生的压力使 PCR 反应液填充满微孔。之后，仪器内部的滚轴会滚压微孔板底部薄膜，使得微孔之间的通道封闭，各个微孔便成为了独立的微反应单元，由此避免热循环过程中各微孔之间的交叉污染。仪器内部的机械手将微孔板放置到热循环模块，完成 PCR 扩增。最后，机械手将微孔板转移到光学成像检测模块上方，通过机械手的移动，依次对各个样本孔进行成像荧光检测。

Qiagen QIAcuity 一体化集成式自动化数字 PCR 系统的优势在于：①全集成且操作方便，使用人员仅需完成进行加样、封膜、将微孔板放入仪器三个步骤，仪器便可以完成剩余所有的操作，给出最终的检测结果；②多种型号的仪器和纳米微孔板，可以满足使用者多样化的需求；③配有五色荧光通道，可以满足多重检测的需求；④通量高，检测速度

快，QIAcuity Eight 在 8h 内可完成 1344 个样本的检测。

2021 年，赛默飞推出了全自动一体化数字 PCR 系统 QuantStudio^{TM}Absolute Q^{TM}。QuantStudio^{TM}Absolute Q^{TM} 是基于微流体阵列式芯片的数字 PCR 系统，该系统将液滴生成、液滴扩增和数据分析集成到一体化仪器中，其实验流程如同 qPCR 实验一般，实现在 1.5h 内从样本到数据结果的快速简便工作流程。

目前根据 dPCR 样本稀释分配的方式，基本可分为三大类，第一种是基于大规模集成微流控芯片；第二种是使用微反应室/孔板；第三种是微滴式。目前，市场上主要的数字 PCR 产品主要是基于微滴式和芯片式，如 Bio-Rad 公司的 QX200 微滴式系统和 Thermo Fisher 公司的 Quant Studio 芯片系统等。

8.6.2 技术特点与应用现状

不论是芯片式还是微滴式，其基本原理都是将大量稀释后的核酸溶液分散至芯片的微反应器或者微滴当中，每个反应器的核酸模板数少于 1 或者等于 1。经过 PCR 扩增之后，有一个核酸分子的模板的反应器就会给出荧光信号，没有模板的反应器没有荧光信号。根据相对比例和反应器的体积，可以推算出原始溶液的核酸浓度。

数字 PCR 采用直接计数的方法进行定量分析，即在 PCR 扩增结束后有荧光信号的反应单元记为 1，无荧光信号记为 0，有荧光信号的单元说明至少含有一个拷贝的目标分子。如果目标 DNA 浓度极低的情况下，理论上可以认为有荧光的单元数目就等于 DNA 分子的拷贝数，但通常情况下，数字 PCR 的反应单元中可能会包含两个甚至两个以上的目标分子，因此需要采用泊松概率分布公式来进行计算：

公式中 λ 为每个反应单元中所含目标 DNA 的平均拷贝数（浓度）；

λ 由样本的稀释倍数 M 决定，样本的原始拷贝数（浓度）为 C，即 $C=\lambda M$；

P 为在一定的条件（λ 条件）下，每个反应单元中所含 k 个拷贝目标分子的概率。

（1）微液滴的生成过程 设 PCR 反应体系中有 k 个拷贝的模板，通过生成过程被分割为 N 个微反应单元，那么每个微反应单元中的模板拷贝数 X 满足次数为 K、概率为 $1/N$ 的二项分布，如式(8-1)。

$$P(X=x)=C_K^x\left(\frac{1}{N}\right)^x\left(1-\frac{1}{N}\right)^{K-x} \tag{8-1}$$

（2）微液滴的检测结果 扩增结束后，采集每个反应单元的荧光信号，记有荧光信号的单元为 1，不含有荧光信号的单元为 0。统计检测到所有微液滴数量为 N'，阳性微液滴的数量为 M'，那么，微液滴内含有模板的频率为 M'/N'。当 $N'\to\infty$ 时，微液滴内含有模板的频率等于微液滴内含有模板的概率 $P(X>0)=1-P(X=0)$，因此可以得到式(8-2)。最后通过直接计数或者泊松分布公式计算得到样品的原始浓度或含量

$$1-C_K^0\left(\frac{1}{N}\right)^0\left(1-\frac{1}{N}\right)^{K-0}=1-\left(1-\frac{1}{N}\right)^K=\frac{M'}{N'} \tag{8-2}$$

根据式(8-2)计算得到 PCR 反应体系中的模板拷贝数 K，如下：

$$K=\frac{\ln\left(1-\frac{M'}{N'}\right)}{\ln\left(1-\frac{1}{N}\right)} \tag{8-3}$$

一般情况下，各个反应单元中可能包含两个或两个以上的目标分子。由于扩增前进行稀释，可以认为样品中原始 DNA 的浓度极低，有荧光标记的反应单元数等于目标分子的拷贝数，所以采用泊松分布公式计算。即近似满足 $N \to \infty$ 这个条件，$\ln(1 - 1/N) \approx -1/N$，因此，PCR 反应体系中的模板拷贝数 K 近似为式(8-4)。

$$K \approx -N\ln\left(1 - \frac{M'}{N'}\right) \tag{8-4}$$

8.6.2.1 数字 PCR 系统的技术流程

与荧光 PCR 技术相比，数字 PCR 技术流程的主要区别在于对 PCR 反应体系进行了一定数目的分隔，目前市售的数字 PCR 系统一般根据技术能力和应用场景的不同来确定这一数值。每一份被分隔的体系构成了一个独立的反应单元，每个单元内部的 PCR 扩增以及荧光检测都将独立进行。一般来说，分隔数目越多，数字 PCR 检测结果的精确度越高，除此之外，过低或者过高的阳性反应单元比例会使结果的精确度显著下降。下面以采用流式细胞术检测方法的 ddPCR 技术为例，对数字 PCR 技术流程进行详细说明。

第一步：将 PCR 反应体系分配到多个反应单元中。使用液滴微流控的方式将 PCR 反应体系分割为大量尺寸均一的微液滴。

第二步：模板在分配过程中进入反应单元，模板在 PCR 反应体系被分割为尺寸均一的微液滴的过程中，以独立同分布（泊松分布）的方式进入微液滴中。

第三步：对反应单元中的 PCR 反应体系进行 PCR 扩增。

第四步：在完成 PCR 扩增后，读取各个反应单元整体的荧光强度的分布。经过 PCR 扩增后的微液滴以流式细胞术的方式通过用于荧光检测的微流道；在该过程中，相应的检测装置对微液滴内的荧光分子进行激发和检测，得到反映微液滴内荧光强度的波形。

第五步：对荧光强度波形进行信号处理，获得每个反应单元的荧光强度。提取每个峰值的强度代表每个微液滴内的荧光强度，并绘制在散点图中。散点图的横轴为微液滴的编号（按被检测的先后顺序从小到大排列），纵轴为该微液滴内的荧光强度。

第六步：根据每个反应单元的荧光强度，界定这些反应单元的阴阳性。通过荧光阈值的划定，即可鉴定出该 PCR 反应体系中的两种不同的微液滴：不含有模板的微液滴和含有模板的微液滴。通过这些分类中的微液滴数量，结合统计学模型，即可得到模板拷贝数的准确、绝对定量。

8.6.2.2 数字 PCR 的优势

（1）能够绝对定量　常规 PCR 定量需要制定已知拷贝数的标准 DNA 曲线，但是由于待检样本与标准曲线不在统一体系，条件上会存在差异，另外加上 PCR 扩增效率的差异从而影响定量结果的准确性。而数字 PCR 不受标准曲线和扩增动力学影响，可进行绝对定量。

（2）数字 PCR 的定量结果更为直观和准确　传统 PCR 的结果展示方式为凝胶电泳，条带的强度受到曝光和拍照条件的影响，仅能定性地表示模板数量的多和少，难以确定模板的数量。荧光定量 PCR 的结果展示方式为扩增曲线，一般需要使用最大二阶导数的位置确定 ΔC_t 值，模板的 ΔC_t 值与参比的 ΔC_t 值之差仅能半定量地表示模板相对于参比的倍数关系，很难做到精确的绝对定量。而数字 PCR 在通过阳性/阴性两种状态对每个反应单元进行结果判读，不依赖于 C_t 值，受扩增效率的影响大为降低，因此数字 PCR 的定量结果更具有直观性和准确性。

（3）**灵敏度高** 数字 PCR 是将传统 PCR 反应体系分割成数万个独立 PCR 反应，这些反应可以精确地检测很小的目的片段差异、单拷贝甚至低浓度的混杂样本，而且能避免非同源异质双链的形成。

（4）**高耐受性** 由于目的序列被分配到多个独立反应体系中，显著降低了背景信号和抑制物对反应的干扰，扩增基质效应大大减小。血液、粪便、食品、土壤等样本中含有大量 PCR 反应的抑制物，极大地影响了 PCR 反应效率。dPCR 不受 PCR 抑制物的影响，使其特别适合于这些复杂样本中基因表达的准确定量检测。

dPCR 也有一些缺点，数字 PCR 系统成本高，通量有限、操作烦琐等。

8.6.2.3 数字 PCR 的应用

科学界对于数据准确性和结果可靠性的要求越来越高，更多的实验室将目光转向拥有绝对定量方式、高灵敏度和高重复性特质的数字 PCR 技术。dPCR 作为一种新兴的靶核酸绝对定量技术，对低丰度 DNA 具有高度的敏感性和特异性，对扩增抑制剂具有高度的抗性。因此，dPCR 可用于低拷贝病毒的检测、病毒载量的测定、标准物质的制备、环境中病毒浓度的监测、病毒变异的检测和 COVID-19 药物的评价。

（1）**标准物质的研制** 近年来，我国生物制品产业逐步发展壮大，目前这些生物制品类型主要包括病毒性疫苗、细菌性疫苗、基因工程产品、血液制品、诊断试剂、基因芯片和基因治疗产品等。同时，以核酸扩增为基础的分子诊断技术正快速发展，并广泛应用于医学、出入境检验检疫等领域。为了准确地定量核酸，需要用已知测量未知靶核酸序列（拷贝数或拷贝数浓度）作为标准物质。数字 PCR 作为一种绝对定量的方法，在多个领域的核酸标准物质研制中均有应用。

新冠疫情发生后中国计量院首次研制出新冠病毒核酸体外转录 RNA 和全基因组 RNA 标准物质，采样建立的绝对定量数字 PCR 方法对其准确定值，不确定度≤15%。数字 PCR 技术还应用在水稻 KeFeng6 号质粒标准物质、转基因水稻品系"Bt 汕优 63"、转基因水稻 KMD 的标准物质研制中。在动物病毒方面，已有研究通过数字 PCR 法制备出了非洲猪瘟病毒和猪繁殖与呼吸综合征病毒国家标准物质。采用高精确度的数字 PCR 技术进行定值，从而充分保障了定值结果的可靠性和技术权威性。

（2）**微生物检测** Liu 等人使用数字 PCR 检测新冠暴发期间武汉两家医院不同区域气溶胶中的病毒 RNA，发现在大多数情况下无法在公共区域检测到 COVID-19 RNA；气溶胶中病毒 RNA 的浓度在隔离病房和通风病房较低，但是在患者及医疗工作人员使用的厕所区域较高，根据这些结果，他们认为 COVID-19 可能通过气溶胶传播。Lv 等人使用 RT-qPCR 和数字 PCR 检测残留在实验室相关物体表面的病毒，例如样品运输和接待相关设施、测试仪器和个人防护设备等。RT-qPCR 检测结果显示所有样本均为阴性，而 61 个样本中数字 PCR 检测出 13 份样本为阳性；COVID-19 RNA 浓度最高的是处理病毒样本的实验室人员的手套外侧。这些研究表明，数字 PCR 可以监测不同环境中的病毒 RNA，为疾病预防和消毒策略提供依据。

原霖建立了一种具有高灵敏度的检测非洲猪瘟病毒的微滴数字 PCR 方法，该方法的最低检测限可达 0.8 拷贝/μL，敏感性高于 qPCR 方法，不与猪常见的 6 种病毒发生交叉反应，而且重复性较好。采用建立的微滴数字 PCR 和 OIE 的 qPCR 方法分别对 78 份临床病料进行非洲猪瘟病毒的检测，结果显示 2 种方法的符合率为 100%。本研究建立的微滴数字 PCR 方法具有理想的敏感性和特异性，适用于临床上非洲猪瘟病毒的检测。

赵珊等人根据猪圆环病毒 2 型（PCV2）的 ORF2 基因序列设计并合成一对特异性的引物和探针，在进行引物探针浓度和 PCR 退火温度的优化后，分别建立了 PCV2 的 ddPCR 和 qPCR 检测方法，敏感性试验表明 ddPCR 的最低检测极限约为 25 拷贝/μL，比 qPCR 高出了 4 倍。此外，利用这两种方法分别去检测 107 份疑似发病猪的内脏组织样本，结果显示，相较于 qPCR 的核酸阳性检出率 29.2%，ddPCR 表现出了更高的灵敏度（检出率为 41.7%）。

（3）癌症标志物稀有突变检测　在一份给定的样本中，相比于野生型 DNA，癌症相关的突变序列比例较低，经常无法检测。而 dPCR 系统可以凭借其超高的灵敏度，很容易地定量分析低至 0.0001%～0.001% 的突变频率。之前用任何方法都无法实现准确稳定检测的样本，现在可以使用 dPCR 轻松进行定量分析。

是否能够开发出有效的靶向治疗药物，与突变基因的检测密切相关。其中携带药物作用突变位点的癌细胞百分比；突变的特定等位基因是否可以被准确检测到，这两点都直接影响到靶向治疗是否有效。很显然，在肿瘤均质细胞内检测单一突变相对简单，但是如果在异质组织内，在仅有少量突变存在的情况下，如何准确检测出突变/稀有变异，或者针对于同一种癌症中多种亚克隆的准确鉴定，对个性化医疗的发展是一个巨大的挑战。

实现肺癌相关的表皮生长因子受体（EGFR）中 T790M 突变的检测，可以更好地评估抗酪氨酸激酶抑制剂的治疗。然而，由于其他技术检测灵敏度有限，无法在高背景 EGFR 野生型中可靠地检测到 T790M 突变。研究人员使用 dPCR 技术开发出精确度很高的检测方法，以准确定量 T790M 的浓度。

（4）与 NGS 的无缝对接　相对于 NGS，dPCR 不仅可以富集待测序样品中的靶基因，还可以验证或精确定量测序结果。由于人间充质干细胞（MSC）在人体内的含量极低，所以目前应用于临床治疗的 MSC 都来源于体外培养。研究人员分别对体外培养 p1、p8 和 p13 阶段的人骨髓源 MSC 采用全基因组测序（WGS）。WGS 结果显示在 p1 和 p8 阶段的培养细胞中没有拷贝数变异（CNV）和非常低频的单核苷酸突变（SNV），但是 p13 阶段的 SNC 数目显著增加，达到 677 个。采用 ddPCR 对 WGS 发现的 8 个非同义突变进行了确认，结果发现在未经培养的单核细胞内就含有极低频对应的突变（0.01%），在 p1 和 p8 阶段培养的 MSC 内其突变比例依然处于极低比例状态（0.1%～1%），但是在 p13 培养的阶段对应突变的比例显著地上升到 17%～36%。

（5）基因表达分析　实时荧光定量 PCR 常用于检测基因表达差异，但该方法一般只能检测出两倍或者更大的差异。而一些研究则需要检测低于两倍的表达变化。dPCR 的检测精度可达 ±10% 甚至更高，能够分辨更小的差异。dPCR 尤其适合：基因相对表达变化差异较小（<2 倍）的研究，低丰度基因或单细胞的表达分析，以及 RNA 编辑、等位基因差异表达等研究。

（6）拷贝数变异分析　拷贝数变异（CNV）分析的目的是确认目的序列的拷贝数是否偏离野生型序列，以及偏差多少。拷贝数变异与疾病（癌症）、代谢途径、生物种进化等关系密切。临床上，CNV 可为具体治疗方案的制定与修正提供参考；农业及畜牧业，CNV 可作为遗传育种的遗传标记。

传统实时荧光定量 PCR 平台提供了足够的分辨率，可以鉴别低拷贝数（如 0 至 5 的拷贝数）；但更高的拷贝数需要更精确的测量，以确定确切的拷贝数。dPCR 尤其适用于更高拷贝数分析，检测精度超过 ±10%。

（7）其他　数字 PCR 技术在环境检测、食品检测、基因检测和疾病检测等方面都有着多种应用能力。

在环境检测方面，传统 PCR 检测和平板培养法可能会出现病毒和微生物漏检的情况，数字 PCR 技术更加快速和敏感，并且可以实现绝对定量。

在食品检测方面，通过测定肉类 DNA 片段检测食物中是否有掺假成分，也可以鉴定餐饮业卫生、食品使用卫生安全情况。

在基因检测方面，数字 PCR 技术弥补传统数字 PCR 技术的不足，对于低含量的基因成分也能进行准确稳定的检测，推动基因学科的发展。

数字 PCR 技术在疾病诊断和分析研究中广泛使用，对于多种病毒的检测效果显著，显示了巨大的应用价值。

8.6.3　产业化难点和关键点

随着技术的不断进步及临床需求的增加，未来的数字 PCR 将向着高通量、自动化和快速的方向发展。高通量是指单位时间可以处理更多指标和更多样本，更自动化是指减少整个数字 PCR 流程中的人为操作和参与，更快速是指缩短数字 PCR 流程所需的时间。

8.6.3.1　数字 PCR 改进方向

（1）提高样本检测通量　目前，便携式数字 PCR 系统的样本处理通量仍然比较有限。QuantStudio 的每张芯片只能处理 1 个样本，Naica 的每个芯片能处理 4 个样本。与实时定量 PCR 通用的 96 孔板相比，目前系统的样本检测通量有待提高。

对于提升数字 PCR 技术样本处理通量的瓶颈在于两点：第一，生成反应单元的芯片很难实现放大，芯片结构为二维结构，很难通过三维堆叠或者批量加工变成的三维微液滴生成方式；第二，检测反应单元的过程需要对每个反应单元进行信号采集，难以实现并行。对于平铺成像式检测方法，目前技术很难对多个样本同时平铺成像检测；对于流式细胞术检测方法，激发光路一般是固定的，也难以实现多样本的并行检测。通过各行各业技术的不断进步，突破上述瓶颈，有望大幅提高数字 PCR 系统的样本处理通量。

（2）提高单个反应检测的指标数　目前成熟数字 PCR 系统能够检测的指标数一般不超过 3 个荧光通道。尽管可以通过荧光强度和荧光强度配比的调配实现单个反应检测更多指标，但是这种方式还难以满足需求。朱修锐等人的研究工作开发了两种能够用于多指标数字 PCR 的新型算法，从软件和统计的角度确立了多重数字 PCR 反应的结果分析的可行性。目前更大的挑战是如何在硬件和化学材料等方面实现多光路数字 PCR 的多重检测，即多光路的设计、可靠的荧光材料选择等。这些方面的关键进展能够在保证反应可靠性的前提下，将单个数字 PCR 反应提高到百种以上，以更快速、更经济的方式实现类似于二代测序的疾病多组学筛查检验。

（3）提高自动化程度　便携式数字 PCR 系统在硬件方面的自动化程度是比较高的，因为反应单元的生成和检测过程基本上都可以自动完成。综观数字 PCR 技术的未来发展方向，便携式数字 PCR 系统的自动化程度还可以在以下两个方面进行提升：

第一，将数字 PCR 的生成、扩增和检测集成。从样本输入到扩增和检测实现全流程的自动化，避免人为操作。这也将推动数字 PCR 检测技术在临床的检验科室的大规模应用。

第二，进一步提升数据分析的自动化程度。虽然目前已经有一些自动分析的方法，但是它们的准确性和可靠性还存在可提升空间。荧光检测结果的高精准和高可靠的分类和判读可以避免自动化过程对样本带来的误判和漏判。

（4）提高样本检测速度　数字 PCR 系统的样本检测速度主要受限于 PCR 扩增时间和反应单元的检测两个环节。数字 PCR 系统的扩增时间是整个样本处理阶段耗时最长的，为了缩短 PCR 扩增时间，可以在芯片上引入激光或水浴变温等方法，通过缩短升降温耗时完成快速扩增，这对微反应单元的热稳定性提出更高的要求，还可以进行试剂及发光染料的优化通过缩短扩增次数完成快速扩增。为了缩短检测时间，可以采用更灵敏的成像或采集信号器件，实现在单位时间内检测更多微液滴，同时开发更快速分析算法，对大量数据结果快速处理缩短分析时间，提高样本检测速度。截至 2020 年，中国的数字 PCR 市场规模大致为 20.7 亿元，从 2015 年的 5.5 亿元发展到现在，市场规模的年复合增长率为 30.5%。

8.6.3.2　数字 PCR 产业化难点

数字 PCR 的上游主要是原材料供应商，不仅包括了光学元件、电子零件等仪器制造需要的传统行业，还包括了芯片、生物化学原料等新型技术行业。相对于传统行业厂家众多，价格透明，对数字 PCR 产业链影响不大，芯片的供应更为重要。生物化学原料包括生物制品、精细化学品以及提取介质材料，主要由罗氏等国外巨头垄断，国内仅有少数厂家生产个别产品且规模较小。

数字 PCR 行业的中游是数字 PCR 设备厂家，主要是仪器和耗材的研发、生产和销售。数字 PCR 仪器分为微滴式数字 PCR 仪器和芯片式数字 PCR 仪器，芯片式数字 PCR 企业主要有 Thermo Fisher、臻准生物、Stilla Technologies、小海龟科技等，微滴式数字 PCR 厂家主要有新翼生物、Bio-Rad、永诺生物和锐讯生物等企业。

数字 PCR 仪器在跨国企业竞争的焦点是产品质量和售后服务，相较于国际品牌，我国本土厂商的数字 PCR 仪器普遍价格更低，但性能却能达到同一水平，甚至在某些性能方面可以超越国外的品牌，我国企业在研发力度和技术水平上并不会受到外国专利的制约。在销售数字 PCR 仪器的同时，各公司也销售配套的数字 PCR 耗材。

数字 PCR 下游主要构成为各类医疗机构、科研机构和第三方检测机构。中国各大医院均已建立起癌症医疗中心、病理科和检验科，而数字 PCR 技术精准高效地应用于伴随诊断、病毒检测、药物基因组学和无创产检等方面，使医院对数字 PCR 等检测仪器的需求大幅增加。随着医疗机构数量的增加，未来医院将成为数字 PCR 市场的重要需求端。

科研机构的需求极具前瞻性，对于临床需求有驱动作用。科研项目的检测需要开发更加高精尖的指标，而新指标往往能够带动分子诊断产品研发。

第三方检测机构以集中提供医学检验服务为经营模式，按照客户需求对样品进行检测并且出具报告。检测企业对于数字 PCR 试剂盒的需求非常明确，成为数字 PCR 中游厂商的最主要的客户。

8.6.4　发展趋势

数字 PCR 市场分为数字 PCR 耗材和数字 PCR 仪器市场，数字 PCR 仪器市场的增长率在 20% 以上，从 2015 年的 1.7 亿元增长到 2020 年的 4.4 亿元，数字 PCR 耗材的市场增长率要高于数字 PCR 仪器的增长率，约为 30%，从 2015 年的 3.8 亿元增长到 2020 年的 16.3 亿元，数字 PCR 仪器虽然单价在百万级别，但是更换频率毕竟还是不能和耗材相比的。

目前市面上的企业里，Bio-Rad 作为最早进入中国数字 PCR 市场的企业，占到了 70% 的市场份额，剩下 30% 的市场份额由其他国内外的企业占有，但是由于中国数字 PCR 行业起步较晚，还在发展的初期，各个企业还在积极竞争，扩大自己的市场。

相对于欧美市场，中国的数字 PCR 行业起步较晚，但是发展速度较快，市场规模不断地扩大。数字 PCR 的绝对定量方式使其在食品、环境、疾病等领域有着广泛的应用范围。随着临床进程的推进，未来数字 PCR 将会因临床的需求而发展出新的应用场景。

医疗器械的进口替代是近年来国家政策导向，国家各个职能机构出台政策鼓励创新型的医疗器械设备的研发。自 2018 年中国本土企业新羿生物推出了中国首款拥有完全自主知识产权的芯片数字 PCR 系统 TD-1，随后国内品牌纷纷推出自己的数字 PCR 产品。

国内的数字 PCR 仪器已经完全可以实现进口替代，并且在某些方面性能甚至可以超越国外产品。分子诊断相关政策的出台也在规范化数字 PCR 行业，数字 PCR 技术一旦走入临床，市场规模将会呈现指数级增长。

随着国内医院和基层医疗卫生机构数量逐年增加、中国医疗水平的不断上升，越来越多的医疗机构开始重视分子诊断技术。作为基因检测的主流技术，数字 PCR 在医疗机构中的需求持续增加。

数字 PCR 技术的广泛应用场景吸引着投资方的关注。数字 PCR 作为高端精密仪器，在研发和生产线建设环节需要资金的持续投入，良好的融资环境和资金的支持促进数字 PCR 行业技术的完善和应用范围的扩大，进一步推动数字 PCR 行业的发展。

8.7

核酸适配体技术

核酸适配体技术是 20 世纪 90 年代发展起来的一种技术，该技术基于核酸适配体可折叠成独特的三维结构，进而在空间上能够特异性地识别并结合靶标。核酸适配体具有均一性高、稳定性强、亲和性高、特异性好等优点，目前基于该技术已开发出多种诊断方法。本节将从核酸适配体技术的定义和分类、特点与现状、产业化难点和关键点、发展趋势共四个方面进行介绍。

8.7.1　定义和分类

8.7.1.1　核酸适配体的定义

核酸适配体（aptamer）源于拉丁语 aptus，意为"适合"，是人为设计并经体外筛选技术合成，具有独特的分子内构象并且能够与小分子、蛋白质等物质特异性结合的特定寡核苷酸链。特定寡核苷酸链，分子量通常在 5～25kDa 之间，包括 DNA 序列、RNA 序列和 XNA（核酸类似物）。

核酸适配体的体外筛选，最早由 Gold、Loyce 和 Szostak 等人于 1990 年提出，并通过指数富集的配体系统进化技术（systematic evolution of ligands by exponential enrichment，SELEX）筛选出了世界上首条可以和有机染料特异性结合的核酸适配体，命名为 aptamer。自那以后，aptamer 一词被广泛用于代指任何短的可以和目标分子特异性结合的寡核苷酸，包括自然产生的环核糖体。截至目前，已经报道了上千种核酸适配体，包含病毒、金属离子、有机小分子、蛋白质、病毒感染细胞、干细胞、细菌和癌细胞等。通过氢键、静电、碱基对堆积作用和疏水等协同作用，核酸适配体折叠形成独特的三维结构，在空间上能够特异性与靶标匹配，从而能够特异性识别靶标。核酸适配体的结合常数 K_d 范围通常为皮摩尔到微摩尔，这种高度亲和作用的性质，促使核酸适配体在肿瘤标志物鉴定、药物开发、诊断和治疗中具有十分重要的潜在应用价值。

8.7.1.2 核酸适配体的分类

（1）根据核酸适配体组成　可将核酸适配体分为 DNA 适体和 RNA 适体。

DNA 和 RNA 之间在分子结构上的主要区别在于分子中的糖基部分。组成 DNA 的五碳糖是脱氧核糖，即在 2 号碳位上只连接一个 H，活性较低，而且 DNA 通常能形成双螺旋结构，双螺旋表面凹下去形成沟槽结构可以提高 DNA 抗酶切能力。组成 RNA 的五碳糖是核糖，即在 2 号碳位上是羟基，属于活泼基团，易水解，而且 RNA 通常是以单链形式存在，更易被酶切。因此，相较 RNA 适体，DNA 适体具有更高的稳定性。在广泛应用中，DNA 适体和 RNA 适体证实均有效，但在研究与应用过程中，应考虑 DNA 适体和 RNA 适体之间存在的差异，根据设定的目标选择最适核酸适配体。

（2）根据核酸适配体特异性识别靶标物质种类　可将核酸适配体分为蛋白质适体、抗生素适体、细菌适体、金属离子适体等。

① 蛋白质适体。目前，对于蛋白质适体的研究报道最多，主要包括激素、酶、生物毒素、微生物蛋白质等。蛋白质为大分子，含有氢键和羧基等特殊基团，易于被修饰，因此蛋白质适体的应用十分广泛，尤其是在食品、药品开发和疾病治疗等方面。

② 抗生素适体。抗生素适体是指利用核酸适配体技术，筛选出能够快速检测微生物代谢产生的抗生素或具有生物活性物质的核酸适配体。由于抗生素的种类多样，对应筛选的抗生素适体种类很多，常见的几大类包括青霉素、氯霉素、链霉素和四环素等抗生素适体。当前抗生素的残留问题，已危及食品安全，因此需要对食品中的抗生素残留进行精准测定。在乳制品行业中，由于抗生素残留量低，采用常规的检测方法不易检出，而抗生素适体可以高效、快速地检测乳品等动物源性食品中抗生素残留，因此广受关注。目前已筛选出的抗生素适体有卡那霉素 A、卡那霉素 B、链霉素等抗生素适体。

③ 细菌适体。食品和环境中的细菌超标对人体危害很大，沙门菌属和大肠菌群较为普遍，很多人类急性消化道疾病常常是受其感染所致，如肠炎、腹泻等。应用细菌适体进行相关病原菌的检测，可以从食品源头、加工半成品、食品包装、食品成品等各个环节进行检测和把控，以确保食品安全。目前，针对食品污染中一些常见的有害细菌，如沙门氏菌、大肠杆菌、金黄色葡萄球菌、副溶血性弧菌、李氏杆菌、阪崎肠杆菌等，已筛选获得了相应的核酸适配体。由于细菌种类多样，而且容易出现新的血清型或基因型，开发针对

单一细菌的核酸适配体诊断试剂,凸显不出其社会意义和经济价值,因此开发可同时检测多种病原菌的细菌适体,以满足食品安全检测需要,是未来很有发展前景的研究方向。

④ 金属离子适体。金属离子作为维持多相体系渗透平衡的主要组成部分,在核酸适配体的筛选中常常发挥着重要作用。金属离子在核酸适配体的检测过程中可发挥荧光作用,包括荧光猝灭或荧光增强等变化;另外,金属离子的引入也可起到催化化学反应和放大信号的作用。现在引起人类关注的主要是重金属检测,受土壤或水质环境等污染的影响,重金属很容易进入植物或动物体内,人类直接或间接食用动物源性食品后,可能出现头晕、呕吐等中毒反应,核酸适配体应用在重金属的检测中显得尤为重要。已报道的金属离子适体有 K^+、Hg^{2+}、Pb^{2+}、Zn^{2+}、Cd^{2+} 等,经过修饰后的金属离子适体可以达到快速、痕量检测的效果。

8.7.2 技术特点与应用现状

8.7.2.1 核酸适配体的技术特点

(1)多样性 早期核酸适配体研究主要集中在 RNA,当时人们普遍认为,与 DNA 适体相比,RNA 适体能形成更多样化和更复杂的三维构型,进而具备更强的亲和力。尽管 RNA 适体能形成比同等碱基数目的 DNA 适体更小的结构,但研究人员更青睐于 DNA 适体,尤其在组织或活细胞核酸适配体筛选方面。最近研究结果,揭示了 DNA 核酸适配体能特异性形成特定二维和三维结构,如发夹结构、凸起环、内环、假接、kiss 复合物或者 G-四联体结构,使得 DNA 核酸适配体具有高结合亲和性和结构稳定性。虽然 DNA 和 RNA 核酸适配体文库已经筛选出针对广泛靶标的高质量适体,其中靶标包括高度相似的化合物,但仍需要更多研究来确定是否需要通过使用 RNA 或者定制文库来增强适体的结构多样性,以便产生高亲和性的核酸适配体可以区分单个氨基酸或单个官能团不同的化合物。

(2)均一性 核酸适配体为寡核苷酸序列,一般由 $25\sim80$ 个核苷酸组成,通常具有较高的均一性。目前研究发现,一些因素可能会影响到核酸适配体的均一性,如核酸适配体的结构、金属离子浓度等。研究单一茶碱 RNA 核酸适配体表明,未结合的适体会形成 8 种不同的二维构型,其中只有 4 种有利于配体结合;对配体结合、金属离子和适体构型的研究表明,只有 58% 的可用适体可以在 10mmol/L Mg^{2+} 存在下与茶碱结合,仅有 25% 的潜在适体可以在不含 Mg^{2+} 的情况下与茶碱结合。有关金属离子对 DNA 适体构型影响的研究结果显示,在含有 Na^+ 的溶液中,适体的构型呈反向平行的 G-四联体结构;而加入 4.7mmol/L K^+ 后,该适体构型转换成平行的 G-四联体结构,而这一构型是公认的优质构型。因此,需要注意研究 DNA 或 RNA 核酸适配体在体内和体外的不同条件下构型的均一性。优化核酸适配体的构型均一性和结构稳定性,对于核酸适配体用于治疗制剂、药物递送制剂和开发诊断试剂都是非常重要的。

(3)稳定性 与抗体相比,核酸适配体的稳定性更好,更利于运输和保存。除此之外,蛋白质在高温变性之后通常无法恢复,而核酸在高温变性之后可以重新折叠成有活性的三维立体结构。如果都不加以修饰,DNA 核酸适配体比 RNA 核酸适配体更稳定,因为 RNA 核酸适配体在血浆中的体外半衰期为几秒钟,而 DNA 核酸适配体为 2min。RNA

通常作为信使,并且由于 $2'$-OH 的存在而不稳定,易被水解,特别是在碱性溶液中影响更大;此外,$2'$-OH 的存在会催化核糖核酸内切酶如 RNase A 对 RNA 链的剪切。因此,大多数 RNA 适体在筛选之初会对 RNA 文库进行化学修饰或者在筛选扩增过程中对嘧啶的 2 号碳位进行化学修饰以提高适体的稳定性。同时,研究者也对未修饰和修饰的 DNA 核酸适配体在人血清中的稳定性进行了详细研究,结果显示,相较于未修饰的 DNA 核酸适配体,修饰的适体在人血清中的半衰期从几分钟延长至几天。越来越多的 DNA 和 RNA 核酸适配体可以通过化学修饰来提高自身在特定条件下的稳定性和靶向性。因此,为了满足稳定性要求,设计出合适的化学修饰位点是筛选核酸适配体的关键因素之一。

(4)三维结构特征 核酸适配体分子可以折叠成三维立体结构,借助氢键作用、疏水作用和范德华力等作用,与靶标分子形成空间特异性结合。其中,有一类碱基 G 含量丰富的适体,会形成 G-四联体,比如核仁素蛋白适体 AS1411,除了会自身形成右手或者左手平行的单倍体 G-四联体外,还会形成反向平行的二倍体 G-四联体。

(5)高亲和性和特异性 亲和性和特异性是亲和分子的重要表征参数,亲和性强弱由解离常数 K_d 表示,K_d 越小表示亲和能力越强;特异性是用适体与同源性靶标的 K_d 与非同源性靶标(通常是一个没有广谱核酸亲和性非靶标蛋白)的 K_d 之比来测定。绝大多数的核酸适配体对蛋白靶标亲和性在皮摩尔每升或者纳摩尔每升的水平。特异的核酸适配体可以区分一个蛋白家族中的不同亚型,比如可以从其他三种组蛋白中(H2A、H2B 和 H3)区分出组蛋白 H4 的 DNA 适体。靶向小分子的核酸适配体甚至可以区分小分子上不同的官能团,比如一个甲基基团的不同。

(6)便于大量制备 抗体是通过对动物进行活体免疫刺激后,从血清中或者腹水中分离得到,制备所需周期长,制备量级也有限;而核酸适配体是通过固相合成方法制备,本质是化学偶联反应,并且合成和纯化工艺已经相当成熟,可以根据需求量进行合理地制备生产。另外,由于使用 SELEX 技术筛选出的核酸适配体易于大量制备,其价格相较于抗体更低。

(7)易于化学修饰 为了增强核酸适配体在体内的稳定性,抵抗体内核酸酶的降解,研究者设计开发了很多化学修饰方法,如核酸酶结合位点的化学修饰。另外,为了增加核酸适配体的功能,也可以引入一些功能性官能团,比如用于成像示踪的荧光基团,或者用于后续检测和固定的氨基、生物素等。这些化学修饰基团可以在固相合成的时候直接合成上去,也可以通过简单的点击化学反应合成,因此,相较于抗体的化学修饰,核酸的化学修饰操作更为简单。

(8)靶标范围广 核酸适体与抗体具有相似的功能,但抗体只能结合抗原,而核酸适体的靶标范围十分广泛,既可以与完整结构的细胞、细菌和病毒颗粒结合,还能够与抗体、蛋白质、生长因子、基因调节剂、酶等生物大分子结合,也可以与氨基酸、核苷酸、药物分子、多肽、金属离子、无机离子、有机染料、抗生素等小分子物质结合。目前,已报道的适配体靶标中,蛋白靶标占据了绝大部分。

(9)低免疫原性 核酸适配体的分子量通常小于蛋白质,有利于组织穿透,并且核酸适配体在体内的免疫排斥较低。啮齿类动物的体内研究表明,核酸适配体基本上没有免疫原性。在灵长类和人类体内也研究了适体的潜在免疫原性,均没有检测到抗原反应。

8.7.2.2 核酸适配体的筛选现状

(1) SELEX 技术 核酸适配体的筛选是通过体外筛选技术,常用的方法为 SEL-

EX，从随机的单链核苷酸序列文库中筛选获得，其基本原理为：首先，在体外制备生成一个大的随机单链核酸序列文库；然后，将靶标物与核酸文库共孵育，文库中的部分核酸分子会与靶标物结合形成复合物，进一步洗脱掉溶液中与靶标物没有亲和性的核酸分子并分离得到靶标物与核酸的复合物；最后，将与靶标物有亲和性的核酸分子分离出来并进行聚合酶链式反应扩增，进一步以扩增得到的核酸分子作为文库进行下一轮的筛选。经过多次 PCR 扩增和重复筛选后，那些与靶标物无亲和性或亲和性较低的核酸分子会被洗脱除掉，而与靶标物有高亲和性的核酸适配体便能从随机文库中分离出来，而且核酸适配体的纯度会随着 SELEX 过程的重复进行而不断增高。

如今随着计算机行业的发展，在计算机软件的支持下，目前 SELEX 技术在经历了无数的变化和改进之后，筛选时间由最初的数月、数周缩短到最快仅需要几小时便可以完成。在进行筛选之前，可以利用计算机预测适体的结构以及与靶标的亲和力，从而大大缩短筛选需要的时间，使筛选过程更具有成本和时间效益。SELEX 技术最大的特点是能够在体外实现筛选过程，但在实际的筛选过程中，经常会受到涉及分离和鉴定技术的限制，影响到筛选的效率和结果，因此 SELEX 技术仍在不断的改进与发展过程中。

DNA 适体与 RNA 适体具有不同的筛选过程。适体筛选过程起始于建立超过 10^{15} 条寡核苷酸序列的初始文库。适体筛选过程中的每一个阶段都涉及与靶标结合，洗去不与靶标结合的核苷酸序列以及扩增以选择适合靶标的高亲和性适体。对于 DNA 核酸适配体的筛选，起始文库由单链 DNA 寡核苷酸组成；而对于 RNA 核酸适配体的筛选，须转录双链 DNA 文库以创建起始 RNA 文库。在 RNA 核酸适配体筛选过程中，必须在每轮筛选中进行反转录，以促进 DNA 的扩增以及随后转录用于下一轮筛选。筛选过程中，DNA 和 RNA 之间的这种相互转换使得 RNA 核酸适配体筛选过程耗时又昂贵。

（2）CE-SELEX 及其衍生技术　如何高效无损地将与靶标结合的寡核苷酸从体系中分离出来，是限制传统 SELEX 技术发展的瓶颈之一。研究者将毛细管电泳分离技术与 SELEX 技术相结合，开发出 CE-SELEX，该方法将筛选轮数由传统 SELEX 的 20 轮缩减到 4 轮，同时保持适体与靶标结合的亲和力，可以显著提高筛选效率。CE-SELEX 的原理，是根据适体与靶标结合后分子质量、构象和电荷发生改变导致的电泳迁移率的不同，将与靶标结合后的 DNA 单链分离出来。在 CE-SELEX 技术基础上，研究者开发了毛细管电泳的微量流体技术，尤其适用于针对不易获得的极少量靶标的适体筛选。另外，研究者将动力学方法与毛细管电泳相结合，开发了平衡混合物非平衡毛细管电泳技术（NE-CEEM）、平衡混合物平衡毛细管电泳技术（ECEEM）和扫描毛细管电泳（sweep CE）等技术，应用于核酸适配体的筛选。

（3）消减 SELEX 技术　在核酸适配体筛选的过程中，有些非特异性寡核苷酸能够与已知或未知的共有靶标物质结合，从而导致干扰。在这种情况下，通常使用 tRNA 或亲和基质作为筛选的非特异性作用对象进行反筛，将这些非特异性寡核苷酸从随机库中除去作为次级文库，再从次级文库中进行核酸适配体的筛选，该方法称为消减 SELEX（subtractive-SELEX）技术。利用该方法能够减少靶标物质类似物的干扰，从而能以高度相似的靶分子筛选到具有较强特异性的核酸适配体，因此，消减 SELEX 技术在临床诊断和疾病的个性化治疗方面具有优势。

（4）加尾 SELEX 技术　随机寡核苷酸库中的序列设计通常包括两端的固定区和中间的随机区，固定区作为引物结合位点引发 PCR 扩增，但同时也会影响随机序列的退火效果；固定区参与到核酸适配体与靶标物质的结合中，对后续活性序列的截短造成影响。

研究人员在寡核苷酸库的序列随机区两端设计了长度较短的固定序列，并引入接头序列与固定序列形成搭桥，PCR 反应过程中引物与模板序列通过搭桥连接，这种方法称为加尾 SELEX（tailored-SELEX）技术。与其他方法不同的是，采用加尾 SELEX 技术随后产生的 PCR 产物中的引物序列要被裂解，因而进入下一轮循环的寡核苷酸两端仍保持较短的固定序列，最终筛选获得的核酸适配体只包含随机区序列。由于两端不含引物结合序列而无需进行常规的序列截短，加尾 SELEX 技术避免了常规 SELEX 筛选方法带来的序列后续处理问题。

（5）混合 SELEX 技术　为了减少非特异性寡核苷酸吸附带来的干扰，在筛选所用的随机寡核苷酸库中加入小分子物质二苯磷酸酯衍生物，它能够促使潜在的核酸适配体与靶标物质结合，利用这种方法能够更高效地筛选出靶标物质的核酸适配体，该技术被称为混合 SELEX（blended-SELEX）技术。在该技术的基础上，研究者又衍生出表达盒 SEL-EX（expression cassette-SELEX）技术。表达盒 SELEX 技术的主要原理，是将核酸适配体序列与基因表达框设计在一起，可将获取的核酸适配体在体内能够通过表达框实现上调表达。

（6）复合靶分子 SELEX 技术　核酸适配体筛选技术出现的早期，靶标物质往往需要预先纯化，而实际筛选时很多靶标物质不易获得，甚至靶标物质本身比较复杂或还未研究透彻（如完整的细胞），在这种情况下就需要一种针对复合靶标物质的筛选方法，因此，研究者发明了复合靶分子 SELEX（complex targets-SELEX）技术。研究者以人红细胞总蛋白混合物作为靶标物质，通过复合靶分子 SELEX 技术在同一个库中成功筛选到针对混合物中不同靶标的核酸适配体，筛选结果显示，此方法能够做到不同核酸适配体间互不干扰，极大地扩展了 SELEX 技术的应用范围。目前，针对肿瘤细胞核酸适配体筛选，是复合靶分子 SELEX 技术应用最为成功的领域。由于肿瘤细胞表面结构复杂，利用该技术则无需对其表面结构进行透彻研究便可将整个肿瘤细胞作为靶标物质进行核酸适配体的筛选，由此衍生而来的筛选方法被称为细胞 SELEX（cell-SELEX）技术。采用细胞 SELEX 技术已经筛选获得了一批针对肿瘤细胞的核酸适配体，在临床疾病的诊断治疗研究中起到重要的作用。

（7）荧光分析筛选 SELEX 技术　SELEX 筛选过程中最关键的问题是如何将能够与靶标物质特异结合的核酸序列从库中有效分离出来。在细胞 SELEX 筛选过程中，通常采用离心的方法进行分离，但离心会破坏细胞，并且无法区分活细胞和死细胞。基于以上原因，研究者改进了细胞 SELEX 技术，将活细胞和死细胞的混合液与寡核苷酸库进行孵育，再用流式细胞仪对孵育后的细胞进行分选，最后将分离后的核酸序列经 PCR 扩增形成次级寡核苷酸库，经过 10 轮筛选获得了针对活细胞的核酸适配体。这种与流式细胞仪结合的荧光分析筛选方法称为 FACS（fluorescence-activated cell sorting）SELEX 技术，该方法为复杂样本中靶标细胞亚群核酸适配体的快速筛选提供了可行途径。

（8）基因组 SELEX 技术　核酸适配体的筛选是以靶标物质与核酸序列的相互作用为基础，研究者构建了大肠杆菌的基因组序列库，并以这种天然基因库作为核酸适配体筛选的基础，从基因库中快速筛选获得了代谢调节酶的特异性核酸适配体，该方法被称为基因组 SELEX（genomic-SELEX）技术。基因组 SELEX 技术的最大特点是以生物活性分子作为靶标物质，从某种生物基因库中识别出与之相互作用的序列。该方法为研究生物活性分子与自身基因的互作提供了一种新方法，尤其是为蛋白质等调控元件参与基因调控的原理研究提供了新颖有效的手段。为了保证筛选结果的可靠性，该方法对所建立的起始文库提出了较高的质量要求，构建的初始基因组文库必须包括全部基因的序列和全部内含子序列，否则，筛选结果将出现漏洞。

（9）荧光磁珠 SELEX 技术　研究者将磁珠和荧光素联用，以筛选链霉亲和素的核酸适配体，由此建立了荧光磁珠 SELEX（Flu Mag-SELEX）技术。荧光磁珠 SELEX 技术的特点是以磁珠作为固定相固定靶标物质，与寡核苷酸库孵育后利用磁场对磁珠的吸附将游离寡核苷酸和复合物快速分离，然后对洗脱的特异性吸附序列通过 PCR 扩增库再投入下一轮筛选。虽然荧光磁珠 SELEX 技术的分离过程操作简便，但筛选过程大部分需要人工操作，在自动化方面有待提高。

（10）自动化 SELEX 技术　常规 SELEX 筛选过程往往需要人工操作 9～16 个循环，费时费力且效率低下。在 Beckmann Coulter Biomek 2000 Pipetting 系统的基础上，经过整合和改进，研究者成功研制了第一个自动化 SELEX（automated-SELEX）筛选工作站。自动化 SELEX 技术的机制，是将靶标物质通过链霉亲和素-生物素作用固定到磁珠表面，利用类似于荧光磁珠 SELEX 的方法结合已设定的 RT-PCR 程序进行自动筛选，经过 12 轮筛选首次得到溶菌酶的核酸适配体。随后，研究者对该平台进行完善，实现了自动筛选过程的实时在线监控。2009 年，研究者又将微流控芯片整合到自动化 SELEX 筛选平台，在微流通道中植入磁性装置，实现磁性微球的自动化精准控制，仅通过一轮筛选便获得了特异性核酸适配体，该方法被称为微流控 SELEX（Nicrofluidic-SELEX）技术。自动化 SELEX 极大地提高了筛选速度，降低了筛选成本，克服了人为操作导致的不利因素，实现了对核酸适配体的高通量筛选，所以自动化 SELEX 技术是未来的发展趋势。

8.7.2.3　核酸适配体的应用现状

（1）靶向诊断与治疗　核酸适配体与单克隆抗体相类似，也可用于靶向诊断与治疗，但是其获得途径与抗体不同。抗体需要抗原对生物体进行刺激，激活免疫细胞，免疫细胞分化后分泌抗体；而核酸适配体可以通过体外筛选获得，不需要借助生物体，生产更容易。相较于小干扰 RNA（small interfering RNA，siRNA）只能在细胞内发挥作用，核酸适配体可针对细胞内、细胞外或者细胞表面的靶点发挥作用，而无需穿越细胞膜屏障，所以，理论上核酸适配体可以治疗细胞外任何由于蛋白功能异常所致的疾病。具备高亲和性和高特异性的核酸适配体是作为靶向诊断试剂的最佳候选材料。

2005 年，哌加他尼钠注射液（商品名 Macugen）被美国 FDA 批准上市，是目前唯一批准上市的核酸适配体治疗制剂。哌加他尼钠注射液中的核酸适配体全长是 27 个碱基，嘌呤位点的糖环上的 2 位置采用甲氧基修饰，嘧啶位点糖环上的 2 位置采用氟原子修饰，同时为了增强抗核酸酶的稳定性，3′端采用一个倒置的 T 碱基修饰，5′端偶联分子量为 40kDa 的聚乙二醇。Macugen 的靶点为血管内皮生长因子，它能够结合并抑制靶点蛋白的功能，抑制血管新生，可用于治疗老年性黄斑病。

AS1411 是一个靶向核仁素蛋白的 DNA 适体，可以形成 G-四联体结构。由于很多肿瘤细胞表面高表达核仁素蛋白，AS1411 对大多数肿瘤细胞也有高度亲和性和内化效果。细胞对 AS1411 的内化不是通过核仁素蛋白介导的内吞，而是通过巨胞饮作用；AS1411 被肿瘤细胞内化的同时，也表现出了对一些肿瘤细胞生长的抑制作用。研究结果显示，AS1411 可以抑制人乳腺癌 MCF-7 细胞的生长，却对人正常乳腺上皮 MCF-10A 细胞的生长没有影响。研究者进一步发现，抑制表皮生长因子受体 3（HER3）的 RNA 适体，能抑制 HER3 的聚合，从而成功抑制了乳腺癌 MCF-7 细胞的生长。除此之外，目前已经发表用于疾病治疗研究的核酸适配体，数量多达几十种，包括能够抑制血栓形成的结合 α-凝血酶的适体、能够调节免疫回应的 CD4 适体等。

（2）靶向"诊疗合一"　　将疾病诊断和治疗分开的传统模式有其自身的局限性，随着核酸适配体的发展及新型功能纳米材料的不断涌现，研究者有机会将疾病的诊断和治疗合二为一，同步进行以期达到提高药效、改善预后、减少患者痛苦的目的，开创了靶向"诊疗合一"的生物医学研究的新模式。

为了增强抗肿瘤药物的亲水性和生物兼容性，研究者将某些具有荧光性质的肿瘤化疗药物，比如阿霉素（DOX），负载于核酸适配体修饰的石墨烯、碳纳米管等载体表面，对肿瘤细胞实施荧光成像诊断的同时释放药物杀灭肿瘤细胞，实现诊疗合一。对于某些具有化疗抗药性的肿瘤细胞，为了改善治疗效果，研究者引入具有光敏性质的药物或纳米材料，比如金纳米粒子、二硫化钼等，利用纳米材料的光热作用抑制肿瘤细胞，同时释放DOX实施化疗并进行荧光成像诊断。这种将光动力疗法（PDT）或光热疗法（PTT）与化疗结合的方式，极大地提高了单一药物的作用效果。此外，研究者还将磁共振造影剂、放射性核素和荧光染料等与化疗药物结合，发展成为 MRI 成像-化疗、CT 成像-化疗、荧光成像-化疗等一系列诊疗合一的新方法。其中，将核酸适配体与 G-四联体设计在同一条序列中，并在其中嵌入光敏剂，将核酸序列修饰到具有荧光效应转换的纳米材料表面，靶向进入肿瘤细胞后在激发光照射下纳米材料产生发射光；光敏剂在发射光的作用下，进一步产生单线态氧杀死肿瘤细胞，该方法能针对特定的肿瘤细胞进行成像并杀灭，具有过程可控的巨大优势。

（3）生物传感器　　核酸适配体应用到生物传感器领域有很多优势，而且核酸适配体可以通过筛选获得，因此，可以依据不同传感器的应用环境和自身特征来设计筛选流程。核酸适配体易于修饰和固定，可以满足特异性功能表面的需求；而且核酸适配体变性及复性是可逆的，可以应用到多轮、持续传导过程中。

电化学传感器是生物传感中的一个重要组成部分，一些催化标记反应，例如酶催化、有机无机催化反应和纳米粒子等，经常被用于识别步骤。用于催化反应的酶，经常会与抗体或者核酸偶联在一起，用于电化学信号放大。研究发现，利用酶的生物催化性质来检测凝血酶，同时进行了信号放大，其中第一步是在金电极表面修饰了硫醇标记的凝血酶适体，结合的凝血酶作为蛋白酶可以将硝基苯胺功能化的多肽水解为对硝基苯胺，然后对后者进行电化学分析；第二步是在凝血酶的另一个结合位点再引入一个核酸适配体，形成三明治结构，适体的另一端连接辣根过氧化酶、葡萄糖脱氢酶或者金属铂，作为信号放大基团，这个系统的本质是两个凝血酶适体实现了凝血酶的检测和信号放大。除了信号放大，还有降低表面电势的应用，利用可以识别蛋白的核酸适配体修饰在电极表面，逆转了电极表面的电荷，依赖于电子转移阻碍，形成了新型生物电子检测系统。

许多对代谢物质有响应的核酸适配体与荧光基团偶联，可作为光传感器。研究报道，在 DNA 适体的糖环 $2'$ 端修饰荧光基团，可用于三磷酸腺苷（adenosine triphosphate，ATP）、精氨酰胺和酰胺的检测。

（4）与纳米技术联用　　高灵敏度、低样本需求、实时检测和高通量分析是理想的检测系统应具备的特征，修饰了核酸适配体的纳米物质具备满足这些要求的特性。量子点是由半导体材料构成的纳米晶体，在低能量光照射的时候可以发出强发射光，量子点的发射光谱窄、可调谐，所以被应用于多路复用传感器。研究者将结合凝血酶的 DNA 适体修饰在量子点表面，并且将修饰了猝灭基团的反义链与适体先结合，使适体保持失活状态；添加凝血酶之后，适体恢复功能，与凝血酶结合，导致猝灭基团脱落，量子点表面的荧光会有十几倍的增强，实现了检测凝血酶的目的。另外，将凝血酶适体修饰到单壁碳纳米管表面，因为 DNA 骨架带负电，适体与凝血酶的结合导致碳纳米管门限电压向右移动，添加凝血酶后会导致碳纳米管导电率突然降低，从而用于相关检测。

（5）药物筛选以及可用药物靶位的发现　核酸适配体与靶标之间较强的结合亲和力，以及适体与靶标相互作用的高稳定性使得能够解析适体-靶标形成的复合物的晶体结构，如凝血酶、HIV TAR 和 NF-κB 与它们对应的适体。这些结构揭示了适体-靶标相互作用的位点，可以进一步应用于基于结构的药物设计和筛选。因此，适体可以作为模板用于高通量药物筛选，换言之，与适体竞争结合靶标的小分子可确定为候选药物。2007 年，研究者报道了针对 HIV 逆转录酶的小分子抑制剂 SY-3E4 的鉴定。该抑制剂是通过用小分子候选物去置换逆转录酶与其适体之间的结合发现的，并进一步证实该小分子可以抑制病毒复制。更重要的是，通过对靶蛋白的结构分析，显示这种药物结合位点在之前并没有被认为是治疗 HIV 病毒的可用药位点。因此，对适体-靶标复合物的结构分析是研究适体作为药物设计、高通量药物筛选和替代药物可用位点发现的新途径。

8.7.3　产业化难点和关键点

8.7.3.1　核酸适配体的筛选

虽然核酸适配体是一种公认的快速、低成本的诊疗试剂，但是将其商品化依然有许多局限性。经历近 30 年的发展，核酸适配体的筛选流程依然要依赖几种经典的筛选方法，并且分离得到的适体通常在体外效果显著，但是应用到复杂的体内环境中时，经常导致诊疗效果有所下降。究其原因，可能是因为核酸适配体结构稳定性不够，当应用环境与筛选环境差别较大时，会发生结构变化，失去原有的靶向活性，因此，很多研究者提出核酸适配体筛选时应增加筛选环境的复杂性，理想状况是筛选环境即是应用环境。

8.7.3.2　核酸酶的降解

核酸适配体在正常血浆中的半衰期仅为 2min，主要原因是核酸酶的降解作用。核酸适配体的靶标主要存在于血浆中或者存在于可从血浆接近的细胞表面，因此适体易暴露于不利状况，如核酸酶降解、肾脏过滤、肝脏或脾脏吸收。研究者已经开发出不同的方法来增强适体在体内的半衰期，如通过对核苷酸进行化学修饰，当碱基上的 2 号碳被修饰成氟、氨基或 2'-甲氧基时，可以增加核酸适配体的抗酶切能力。核酸适配体药物 Macugen 在研究阶段，采用了多种方法保持其结构的稳定性，最后通过化学修饰的方法以提高抗酶切能力。化学修饰可以在 SELEX 筛选之前，也可以在筛选之后进行。值得注意的是，筛选之后对适体进行化学修饰可能会影响适体对靶标的亲和力。

提高核酸适配体抵抗血液中核酸酶降解的另一种方法是，翻转 3'-末端的核苷酸。由于核酸酶对 DNA 5'-末端的活性比 3'-末端低，所以此策略可以提高抗酶切能力。根据类似的原理，研究者设计了一种环形核酸适配体，封闭单链核酸适配体上暴露的碱基末端，从而可以提升核酸适配体抗酶切性能。

避免适体在体内降解的新方法是使用镜像异构体。这些适体与正常适体不同，其骨架由 L-核糖（RNA）或 L-脱氧核糖（DNA）寡核苷酸组成，而天然 RNA 和 DNA 分别由 D-核糖和 D-脱氧核糖构成。核酸酶仅能切割天然存在的 D 型寡核苷酸，不会降解其非天然的镜像异构体。因此，将 D 型适体转化为 L 型适体可以有效增加核酸适配体的抗酶切能力。

8.7.3.3 肾脏过滤

适体用作治疗药物另一个需要解决的问题是肾脏过滤。与抗体相比，适体的分子量非常小（通常为 15～50kDa），而肾脏容易清除分子量低于 50kDa 的物质，因此，需要考虑适体的肾脏过滤问题。研究表明，可以通过将大分子化合物与适体偶联，增加适体的分子量，从而减少肾过滤。据报道，聚乙二醇 PEG 与核酸适配体偶联后，可以增加适体在血液中循环时间至几天，胆固醇分子同样可以增加适体在血液中的循环时间。

8.7.3.4 核酸适配体作用时间的控制

当核酸适配体用作治疗药物时，其动力学参数非常重要，如作用持续时间。药物的作用持续时间取决于多种因素，包括酶降解、代谢过程的参与以及肾脏排泄等，应当在药物可作为处方前充分考虑这些因素。将核酸适配体作为药物，必须解决其作用时间的问题。因此，第一种策略是通过合成互补寡核苷酸链来充当适体的解毒剂，核酸适配体与解毒剂杂交，可导致其构象发生改变并完全丧失结合靶分子的能力。这种方法已通过动物模型实验得到证实。在动物体内，适体被递送到血液中并发挥出治疗效果，随后注射解毒剂使适体失活并停止其作用。适体与血液中解毒剂高效率杂交提供了控制治疗时间的策略，这使得适体的应用更为可行，因为要控制抗体或小分子药物的作用时间是不可能的或者非常困难的。

第二种策略是通过聚阳离子生物聚合物来控制血液中适体的活性，这是一种有效且廉价的方法。许多最初用于基因治疗和递送 DNA 或 siRNA 的聚合物具有结合寡核苷酸的能力。由于核酸酶的高活性，血液中不含有大量游离的寡核苷酸，因此，推测阳离子生物聚合物将优先结合外来的寡核苷酸适体并使其失活。还有一些小分子，如卟啉，也可以结合到特定构象的适体中并使其失活。

第三种策略是通过外界刺激来控制适体的活性。含有特定光敏修饰的寡核苷酸的非活性适体不结合靶分子，在暴露于特定波长的光后，适体失去光敏基团并转变成活性状态，这种方法可以控制适体作用的时间和地点，提高其时空分辨率。

8.7.3.5 适体交叉反应

交叉反应性是某些核酸适配体在应用中遇到的另一个障碍。理想情况下，核酸适配体只能结合靶标。在实际医学应用中，由于活体内复杂的情况，筛选的适体仍然可以与具有与靶标相当结构的其他分子结合。这种情况利弊交加，因为有可能使适体靶向某个结构家族而不是一个特定分子。但是，交叉反应也可能导致副作用，应当适当控制，以减少非特异性结合所引起的副作用。为了减少交叉反应，可以优化 SELEX 条件，引入更严苛的负筛选条件。

8.7.4 发展趋势

8.7.4.1 核酸适配体在筛选技术中的发展趋势

经过几十年的发展，SELEX 技术已经发展出了多种多样的筛选方式应用于与各种核酸适配体的筛选中，其中自动化 SELEX 技术以及利用计算机技术参与核酸适配体已经表现出巨大的优势。随着计算机技术的不断发展以及与自动化系统的不断结合，未来利用计算机技术以及自动化系统与其他多种 SELEX 技术共同协作，实现核酸适配体的快速筛选、选取合适的载体，以及完成核酸适配体的修饰是发展趋势之一。

8.7.4.2 核酸适配体在临床靶向诊断和治疗中的发展趋势

传统的疾病诊断以生化指标检测、影像学、组织切片观察等方法为主，然而对于肿瘤等某些疾病的诊断，传统诊断方法仍存在一定的局限性，比如灵敏度不高、空间分辨率低、检查过程患者痛苦增加等。此时，靶向诊断技术的优势便凸显出来。鉴于核酸适配体具有靶标多样化、较高的亲和力和特异性、良好的生物相容性及稳定性等优点，核酸适配体未来在肿瘤等疾病的诊断中将有巨大的发展前景。核酸适配体与某些载体结合可以实现靶向诊断的目标，如某些纳米材料，由于这些材料具有荧光效应、超顺磁性等特殊性质，研究者将核酸适配体通过 T-T 堆积作用、共价键等方式连接到纳米材料表面，赋予了这些纳米材料靶向进入肿瘤细胞的能力。将纳米材料偶联的核酸适配体注射至动物体内，在核酸适配体的靶向介导作用下实现了对活体肿瘤的荧光成像或磁共振成像（MRI）诊断，也可进一步与放射性核素联合用于正电子发射计算机断层成像（CT）。

针对肿瘤等疾病治疗的药物存在药物利用率低、代谢速度快、副作用大、疗效差等缺点，而靶向给药技术可以针对病灶实现定点给药，从根本上减少副作用、提高疗效，是疾病治疗方式的重要发展方向。核酸适配体可以将基因调控过程中的参与分子作为靶标，并与之特异性结合，从而对基因表达的过程进行调节，达到疾病治疗的目的。因此，核酸适配体本身可以作为疾病的基因治疗药物。在肿瘤靶向基因治疗方面，核酸适配体的调节作用可以归纳为四点：①抑制与肿瘤细胞黏附入侵相关分子的基因表达；②增强肿瘤免疫系统；③通过抑制激酶、磷酸酶等酶类的转录阻断肿瘤细胞的信号通路；④与肿瘤发展过程中的相关蛋白识别结合阻止其功能的发挥。

"诊疗合一"是未来核酸适配体在靶向诊断与治疗中的重点发展方向之一。将疾病诊断和治疗分开的传统模式有其自身的局限性，随着核酸适配体的发展及新型功能纳米材料的不断涌现，研究者有机会将疾病的诊断和治疗合二为一，同步进行，以期达到提高药效、改善预后、减轻患者痛苦的目的，开创靶向"诊疗合一"的生物医学研究新模式。

8.7.4.3 核酸适配体在生物检测与分析中的发展趋势

① 将核酸适配体与荧光传感器、电化学传感器、纳米材料等偶联实现快速、便捷的检测。将核酸适配体与各种传感器偶联一直是核酸适配体应用的重要方向之一，目前已经研发出多种核酸适配体传感器，并且有部分已投入到实际生产实践中。随着纳米材料的不断发展，研究者又利用纳米材料之间的特殊互作效应构建传感体系，并将核酸适配体与纳米传感体系偶联，实现免标记检测信号的放大。

② 通过信号放大技术实现对被检物质的超灵敏检测。常见的信号放大技术有酶切循环放大技术、寡核苷酸链置换技术、序列扩增、荧光标记等。最近，研究人员发展了一种酶切循环放大体系，原理是利用核酸适配体和两条 DNA 辅助链构建聚丙烯酰胺水凝胶，同时将金-铂纳米粒子（Au@Pt NPs）包裹在其中，当遇到目标物质时，核酸适配体与靶标物质结合导致水凝胶中 Au@Pt NPs 释放出来，并催化 H_2O_2 产生 O_2，通过 O_2 推动芯片通道中红墨水的移动距离对靶标物质进行定量检测。将核酸适配体通过荧光染料标记可

以实现检测信号的转变与放大，也是实现被检物质超灵敏检测的方法之一。在循环肿瘤细胞的检测中，研究者将核酸适配体以荧光染料标记建立检测方法，检测效果远远优于以单一抗体检测循环肿瘤细胞的传统方法。

③ 通过与微流控技术等结合实现检测的自动化与微型化。将核酸适配体与微流控芯片结合不仅可以实现检测的自动化与微型化，更是增强检测方法稳定性和实用性的关键环节。例如，研究人员利用单个流感病毒的通用型核酸适配体和金纳米粒子结合，在不同条件下可以对不同亚型的流感病毒加以区分并检测出来，而整个过程通过一个微流控芯片即可自动完成。因此，微型检测系统在核酸适配体的临床即时检测方面，有望发挥更大作用。

目前，核酸适配体在实验室研究中表现出了巨大的潜力，但应用于实际生产却屈指可数。为了安全有效地利用核酸适配体，未来有必要进一步拓展对核酸适配体的基础研究，如生化特性方面，开展包括对其结构、折叠方式、靶标亲和力等的相关研究；临床应用方面，开展包括其在体内的药代动力学、药效、细胞毒性、全身反应及基因调节机制等的研究。

8.7.4.4　核酸适配体在动物疫病检测中的发展趋势

近些年，已有学者尝试将核酸适配体技术运用到动物疫病防控工作中。董丽丽等人首次报道了特异性识别猫细小病毒（feline panleukopenia virus，FPV）的适配体序列，其利用磁珠 SELEX 方法，以 FPV 为靶标，筛选得到候选适配体 Apt27 和 Apt52，经验证，Apt27 和 Apt52 均能特异性地结合 FPV，而不与 FHV、FCV、BSA 结合，且不具有细胞毒性。胡腾等人成功制备了重组狂犬病毒 L 蛋白片段，并以重组狂犬病毒为靶标分子，采用 SELEX 技术筛选出两条能够与靶标分子高亲和力结合的核酸适配体。经鉴定，该适配体对于狂犬病毒的复制有一定的抑制作用。焦美会等人借助消减 SELEX 技术靶向兔出血症病毒（rabbit hemorrhagic disease virus，RHDV）的衣壳蛋白 VP60，成功筛选得到 3 个特异性的核酸适配体，这也为探索 RHDV 新的诊断和治疗方法奠定了基础。甄思慧等人为了弥补现有牛呼吸道合胞体病毒（bovine respiratory syncytium virus，BRSV）检测手段的不足，基于核酸-蛋白的特异性结合原理，利用 SELEX 技术筛选出 5 条可以与 BRSV G 蛋白在结构上特异且稳定结合的核酸适配体 G-6、G-13、G-39、G-55 和 G-72，这些适配体在 BRSV 的诊断方面具有应用潜能，可用于 BRSV 抗原或者抗体的酶联适配体检测方法的建立，为该病的早期快速诊断技术的开发提供帮助。尽管当前的研究正处于起步阶段，但是这些初步探索将会为动物疫病诊断性和治疗性制剂的开发提供新的思路和策略。

主要参考文献

[1] 肖西志，陈煜，邓明俊，等. 蛋白质芯片技术在传染病检测中的应用研究进展[J]. 动物医学进展，2010，31（5）：94-98.

[2] 邱实，刘芳，袁晓红，等. 蛋白芯片应用研究进展[J]. 食品科学，2014，35（17）：332-337.

[3] 翟绪昭，王广彬，赵亮涛，等. 高通量生物分析技术及应用研究进展[J]. 生物技术通报，2016，

32（6）：38-46.

[4] 张仙，常晓霞，赵松，等．可视化芯片技术研究进展[J]．动物医学进展 2015，36（4）：100-103.

[5] 夏俊芳，刘箐．生物芯片应用概述[J]．生物技术通报，2010（7）：73-77.

[6] 张煜超，王芳芳，李周敏，等．小分子药物人工抗原的合成与鉴定研究进展[J]．药物分析杂志，2014，34（6）：947-951.

[7] 曾梦，纪方晓，冀池海，等．猪繁殖与呼吸综合征病毒抗体的荧光微球免疫学检测方法的建立[J]．中国兽医科学，2017，47（12）：1497-1502.

[8] 纪方晓，陈济铠，梁焕斌，等．猪戊型肝炎病毒液相蛋白芯片检测方法的建立[J]．中国兽医学报，2017，37（1）：60-65.

[9] Man Y, Liang G, Li A, et al. Recent advances in mycotoxin determination for food monitoring via microchip[J]. Toxins, 2017, 9（10）：324.

[10] Palmiro P, Fabio C, Enrico DL, et al. Protein chips for detection of Salmonella spp. from enrichment culture[J]. Sensors, 2016, 16（4）：574.

[11] 高志勇．生物芯片发展及寡核苷酸基因芯片应用研究[M]．北京：科学出版社，2017.

[12] 谢纳著（美），张亮 译．生物芯片分析[M]．北京：科学出版社，2004.

[13] 文心田，曹三杰，肖驰，等．应用基因芯片技术检测禽 4 种主要疫病的研究 II．检测基因芯片的构建及制备[J]．中国兽医学报，2007，27（3）：311-314.

[14] 曹三杰．鸡新城疫、鸡传染性支气管炎基因芯片的构建及其检测技术研究[C]．中国畜牧兽医学会禽病学分会学术研讨会，2004.

[15] 肖驰．猪繁殖与呼吸道综合征，猪瘟和猪圆环病毒病诊断 DNA 微阵列的构建及其检测技术研究[D]．四川农业大学．

[16] 赵玉佳．同步共检五种猪繁殖障碍性疫病可视化基因芯片的建立与初步应用[D]．四川农业大学.

[17] 韩雪清，等．禽流感病毒分型基因芯片的研制[J]．微生物学报，2008．48（9）：1241-1249.

[18] 李慧，钟文英，许丹科．生物素修饰纳米银探针的制备及在蛋白芯片可视化检测中的应用[J]．高等学校化学学报，2010，11（11）：2184-2189.

[19] Chin-I C, Pei-Hsin H, Chia-Che W, et al. Simultaneous detection of multiple fish pathogens using a naked-eye readable DNA microarray[J]. Sensors（Basel），2012，12（3）：2710-2728.

[20] Zhang H, Zhang Y, Lin Y, et al. Ultrasensitive detection and rapid identification of multiple foodborne pathogens with the naked eyes[J]. Biosens Bioelectron, 2015, 71: 186-193.

[21] Yang Z, Xu G, Reboud J, et al. Rapid veterinary diagnosis of bovine reproductive infectious diseases from semen using paper-origami DNA microfluidics [J]. ACS Sens, 2018, 3（2）：403-409.

[22] Gargus E S, Rogers H B, Mckinnon K E, et al. Engineered reproductive tissues [J]. Nat Biomed Eng, 2020, 4（4）：381-393.

[23] Hu L, Zuo P, Ye B C. Multicomponent mesofluidic system for the detection of veterinary drug residues based on competitive immunoassay [J]. Anal Biochem, 2010, 405（1）：89-95.

[24] Lung O, Fisher M, Erickson A, et al. Fully automated and integrated multiplex detection of high consequence livestock viral genomes on a microfluidic platform [J]. Transbound Emerg Dis, 2019, 66（1）：144-155.

[25] Chrimes A F, Khoshmanesh K, Stoddart P R, et al. Microfluidics and raman microscopy: current applications and future challenges [J]. Chem Soc Rev, 2013, 42（13）：5880-5906.

[26] Huang E, Wang Y, Yang N, et al. A fully automated microfluidic PCR-array system for rapid detection of multiple respiratory tract infection pathogens [J]. Anal Bioanal Chem, 2021, 413（7）：1787-1798.

[27] Li S, Ma Z, Cao Z, et al. Advanced wearable microfluidic sensors for healthcare monitoring [J]. Small, 2020, 16（9）：e201903822.

[28] Ma B, Chi J, Xu C, et al. Wearable capillary microfluidics for continuous perspiration sensing [J]. Talanta, 2020, 212: 120786.

[29] Wang W, Yu Y, Li X, et al. Microfluidic chip-based long-term preservation and culture of engineering bacteria for DNA damage evaluation [J]. Appl Microbiol Biotechnol, 2022, 106（4）: 1663-1676.

[30] 彭涛．核酸等温扩增技术及其应用[M]．北京：科学出版社．

[31] 何祥鹏，邹秉杰，齐谢敏，等．基于核酸等温扩增的病原微生物微流控检测技术[J]．遗传，2019, 41（7）: 611-624.

[32] 王璐璐．交叉引物扩增技术快速检测肠出血性大肠杆菌的研究[D]．吉林大学，2013.

[33] 蒋天伦．链置换扩增术（SDA）及其进展[J]．国外医学临床生物化学与检验学分册．1999, 20（5）: 196-198.

[34] 高威芳，章礼平，朱鹏．等温扩增技术及其结合 CRISPR 在微生物快速检测中的研究进展[J]．生物分析方法与标准物质专题．2020, 36（5）: 22-31.

[35] 韩延平，宋亚军，张敏丽，等．单引物耐热链替代扩增 HBV X 区方法的初步探讨[J]．军事医学科学院院刊，2002, 26（3）: 194-196.

[36] 林彩琴．基于滚环扩增的目视法核酸检测技术[D]．浙江大学，2013.

[37] 丁雄．新型等温核酸扩增技术（IMSA）的建立及其对传染病原 EV71、CVA16、H7N9 和 HIV-1 的快速检测应用[D]．华南理工大学，2014.

[38] 马学军．核酸等温扩增技术的应用现状与思考[M]．临床实验室，2022.

[39] 贾辉，胡兰，马晓威．依赖解旋酶 DNA 等温扩增技术的研究进展[J]．新农业，2015（09）: 9-10.

[40]（美）乔治·卡林-诺伊曼．数字 PCR: 方法和方案[M]．北京：科学出版社，2021.

[41] 原霖，董浩，倪建强，等．非洲猪瘟病毒微滴数字 PCR 检测方法的建立[J]．畜牧与兽医，2019, 51（7）: 81-84.

[42] 原霖，杨林，辛盛鹏，等．非洲猪瘟病毒国家标准物质的研制[J]．中国兽医杂志，2019, 55（09）: 21-25.

[43] Yu F, Yan L, Wang N, et al. Quantitative detection and viral load analysis of SARS-CoV-2 in infected patients[J]. Clinical Infectious Diseases, 2020.

[44] Suo T, Liu X, Feng J, et al. ddPCR: a more accurate tool for SARS-CoV-2 detection in low viral load specimens[J]. Emerg Microbes Infect, 2020, 9（1）: 1259-1268.

[45] Gulab S Y, Vikas K, Neeraj K A. Aptamers[J]. Singapore: Springer, 2019.

[46] Mascini M. Aptamers in Bioanalysis[J]. New Jersey: John Wiley & Sons Inc, 2008.

[47] Rakesh N V. Aptamers[J]. Weinheim: Pan Stanford Publishing, 2017.

[48] 安源．核酸适体在肿瘤细胞识别、标志物发现及基因编辑调控中的应用[D]．厦门大学，2018.

[49] 陈亮．CELL-SELEX 技术筛选 IL-17RA 特异性 DNA 适配子抑制关节炎小鼠滑膜炎症[D]．武汉大学，2011.

[50] 段烨．氯霉素核酸适体的筛选及基于核酸适体生物传感器的建立[D]．北京化工大学，2016.

[51] 何嘉轩．核酸适体-药物偶联物的设计、合成与抗肿瘤应用研究[D]．湖南大学，2020.

[52] 卢棒．功能性核酸修饰的磁性纳米材料在肿瘤标志物诊断中的应用研究[D]．南京邮电大学，2020.

[53] 李欣彤．非天然核酸适体的体外筛选及非天然核酸的纳米孔测序[D]．南京大学，2020.

[54] 罗琼，张素云，李娟，等．核酸适体在肿瘤诊治中的应用进展[J]．现代肿瘤医学，2021, 29（16）: 2908-2912.

第 9 章
兽用诊断
技术国际
标准

纵观历史，动物及动物产品移动一直是导致动物疫病扩散的重要因素之一。随着全球经济一体化进程的加快，动物和动物产品的国际贸易也进入了高速发展时代，通常情况下，当两国在进行动物及动物产品进出口贸易谈判的时候，通常是依据双方贸易国间的动物及动物产品是否满足特定需要的卫生情况讨论并制定相关卫生要求。为了保护自身产业发展，各国对进口动物的健康状况、卫生疫病水平以及动物产品的安全性提出了更加严格的要求。一些国家借此设置各种技术壁垒，限制别国的产品出口，以此实现贸易保护。为了促进国际动物及动物产品进出口贸易谈判以及加速谈判进程，国际社会需要一个科学准确、中立客观并具有可操作性的国际标准来指导规范国际贸易，该国际标准需要能够做到既保护进口国的动物卫生状况又保护出口国免于遭受不合理的贸易要求。

标准是为了在一定范围内获得最佳秩序，经协商一致制定并由公认机构批准，为各种活动或其结果提供规则或指南，供重复使用和共同使用的一种规范性文件，是一个国家治理体系和治理能力现代化的基础性制度。通常情况下，国际标准为国际组织认定采用的具有外部规范价值的广泛文书标准，其中大部分文书不具有法律约束力。国际技术标准是为响应利益相关者通过自下而上的方式表达的特定领域的需求而制定的自愿性文书。它们可能由国家纳入其国内立法或由国家直接实施。国际标准没有公认的定义，尽管如此，世界贸易组织（WTO）的《卫生和植物检疫措施（SPS）应用协定》认可了三个国际组织作为 WTO/SPS 国际标准指定机构。其中就包括了世界动物卫生组织（World Organisation of Animal Health，WOAH，前称 OIE），负责制定动物及动物产品相关的卫生国际标准。

9.1

国际兽医诊断标准概况

20 世纪 20 年代，当牛瘟病毒在全球蔓延之际全球各个国家形成共识，迫切需要有一个国际组织制定国际动物及动物产品移动贸易的卫生标准，为此在 1924 年成立了世界动物卫生组织。1995 年，世界动物卫生组织制定的动物卫生标准成为被 WTO/SPS 唯一认可的动物卫生标准，作为计数法规和仲裁国际贸易纠纷的技术依据，得到了世界各国兽医工作者的一致认可。任何 WTO 和 WOAH 的成员在进行动物及动物产品国际贸易的时候，必须遵从 WOAH 制定的国际标准。与此同时，为了保证国际标准能够有效地与国家动物疫病防疫管理程序相接，实施践行 WOAH 国际标准也需要各成员充分理解吸纳国际标准并将之考虑并纳入到国家层面政策制定当中。国际贸易中，任何希望实施较 WOAH 国际标准更高要求的动物卫生标准，需要依据风险分析（risk analysis）提供详细理由并阐述其科学性。在动物健康领域之外，国际食品法典委员会（CODEX）、国际植物保护公约（International Plant Protection Convention，IPPC）也被 WTO/SPS 认定为食品安全和植物安全领域的国际标准制定组织。

依托分布于全球的 264 个参考实验室和 64 个协作中心作为技术后盾，WOAH 在各成员政府的支持和参与下设立了一系列基于最新科学信息的国际兽医诊断标准。该系列诊断标准覆盖兽医相关工作的各个方面，如兽医实验室生物安全及质量体系管理、疫苗的诊断研发、诊断方法的建立与验证，以及近 100 种动物疫病的实验室诊断标准。考虑到 WOAH 制定的标准将作为世界各国兽医在开展动物疫病诊断以及出具国际动物及动物产品贸易健康证明时所采用的方法；而且 WOAH 182 个成员中有接近 70％的成员都是发展中或经济转型国家，客观上所有成员不可能具备同样的能力、专家储备、财政拨款、实验室硬件设施和软件条件。因此 WOAH 在制定动物疫病国际诊断标准时，不仅要考虑内容科学性以及目前全球兽医工作中最先进的科研成果，更需要考虑推荐用于疫病诊断的实验室方法的实用性、稳定性、可依赖性以及各成员实验室的能力及经费情况。

目前 WOAH 国际兽医诊断标准囊括 24 种多种动物易感染动物疫病，10 种猪病，15 种禽病，16 种牛病，12 种羊病，2 种骆驼病，11 种马病，2 种兔病以及 10 种其他疫病。

9.1.1 世界动物卫生组织的发展历史

世界动物卫生组织是一个成立于 1924 年的国际性政府间组织，由 28 个发起国成立。截至 2022 年，WOAH 共拥有成员 182 个。

WOAH 的历史至少能追溯到十九世纪末期。1872 年，欧洲大面积暴发牛瘟疫情，奥地利召集欧洲多个国家在维也纳召开了一个国际会议，协商各国为控制牛瘟采取统一行动。比利时、法国、德国、英国、意大利、罗马尼亚、俄罗斯、塞尔维亚、瑞士和土耳其参加了本次会议。

1920 年，比利时再次大规模暴发牛瘟疫情，次年，法国组织发起了一个邀请全世界所有国家参加的国际动物流行病学大会，与会代表一致认为，应在巴黎建立一个控制动物疫病传染的国际机构。经过漫长的外交努力，1924 年 1 月 25 日，28 个国家的代表再次聚集巴黎重申了成立世界动物卫生组织的必要性。

1927 年初，24 个国家和地区签署了协议并召开了一个由 26 位成员代表参加的第一次代表大会。比利时代表被选举为首位委员会主席。1928 年初，WOAH 发出声明即只有具有合法兽医管理机构的国家提供的动物健康信息才能作为动物及动物产品进出口谈判的依据。1945 年，联合国成立并组建了联合国粮农组织（The Food and Agriculture Organization of the United Nations，FAO）和世界卫生组织（The World Health Organization，WHO），这两个组织尤其是 FAO 与 WOAH 存在一定的职能交叉使得国际社会对 WOAH 的存在必要性起了疑问，后来在成员的集体表决下 WOAH 得以保留。

截至目前 WOAH 已与 70 个国际组织或区域政府性国际组织签订合作协议，其中包括 FAO、WHO、WTO、欧洲共同体（The European Communities）、世界兽医学会（The World Veterinary Association）、国际标准化组织（The International Organization for Standardization）、东南亚国家联盟（The Association of Southeast Asian Nations）等。随着 WOAH 制定的动物卫生标准成为 WTO/SPS 唯一认可的动物卫生标准，以及与一系列国际组织合作的加深，其在动物健康与动物贸易领域的影响力获得了进一步扩大。

9.1.2 国际动物疫病诊断标准体系

9.1.2.1 国际动物疫病标准的组成和用途

WOAH 制定和发布两类国际动物卫生标准，即贸易标准（code）和动物疫病诊断标准（manual）。这些标准是通过选举产生的专门委员会修改讨论，并在一年一度的 WOAH 大会期间由 WOAH 成员国在会议上表决通过。

WOAH 制定的动物及动物产品标准主要包括：

① 陆生动物法典（The Terrestrial Animal Health Code）

② 水生动物法典（Aquatic Animal Health Code）

③ 陆生动物诊断试验与疫苗手册（Manual of Diagnostic Tests and Vaccines for Terrestrial Animals）

④ 水生动物诊断试验手册（Manual of Diagnostic Tests for Aquatic Animals）

陆生动物法典和水生动物法典提供陆生动物和水生动物国际贸易中需要遵循的国际标准。陆生动物诊断试验与疫苗手册和水生动物诊断试验手册阐述了动物疫病诊断的参考技术方法，在各种不同目的情况下推荐的诊断方法，以及出具相应出口卫生健康证明需要使用的国际标准等。其中，陆生动物诊断试验与疫苗手册主要包括采样方法、动物疫病诊断方法及其选择、实验室管理、兽用疫苗生产设施管理标准、疫苗或者诊断生物制剂生产、生物技术和抗微生物药物敏感性测试的要求。手册的每个疫病章节都包含摘要为从业人员提供疫病和病原的相关信息以及对该疾病可用的检测方式和对疫苗进行的总体概述，而且为实验室工作人员提供了不同实验方法更详细的信息以及在使用时应纳入的考量等。通常在每个疫病章节中，A 部分概述疫病，B 部分涉及该疫病的实验室诊断，C 部分（如适用）涉及对疫苗或体内诊断及生物制品的要求。此外，在手册的每个疫病章节内 WOAH 都制定了一个表格，用于推荐针对不同应用目的时各成员应当考虑选择的检测方法，这些目的包括：群体无疫证明、个体动物调运前无疫证明、疫病根除计划监察、临床病例确诊、疫病感染情况监测和免疫接种后免疫状况监测。

这些贸易标准，旨在确保动物（哺乳动物、鸟类和蜜蜂）和水生动物（鱼、软体动物、两栖动物和甲壳类动物）及其产品的国际贸易的卫生安全。这种保证是通过详细说明要实施的健康措施和贸易措施来实现的，同时也要求进出口国的兽医服务体系或其他主管当局建立能够满足安全进出口动物和动物产品的卫生体系。此类措施旨在避免进一步传播对动物和/或人类致病的病原物质，与此同时避免使用不合理的贸易限制。

在使用这些国际标准时，兽医相关部门和其他主管部门应该认识到法典和手册是国际贸易的参考指南和标准。

9.1.2.2 国际动物疫病标准的制修定流程

WOAH 制定和更新国际标准的流程不同于其他国际标准的流程。因为它非常灵活，并允许对标准做出持续改进以使其可以长期遵循最新科学信息以保持其合理性和科学性。图 9-1 说明了该过程。

制定新章节或修订现有章节要求足够的科学信息证明该标准需要被制定或者修订的必要性，这些信息可以来自 WOAH 代表、科学家、其他国际组织和 WOAH 内部。

通常，WOAH 代表的提案被给予最高优先权，尤其是那些有多个 WOAH 成员都支持的修改提案。与 WOAH 签订合作协议的国际和区域组织的提案也会得到优先考虑。来自其他组织的要求，无论是科学的还是行业的组织或者非政府组织（NGO）也会被考虑，但通常优先级较低。专家委员会可以提议由它自己或另一个专家委员会进行的新章节的制定工作。

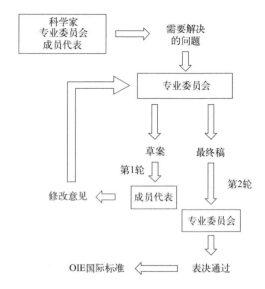

图 9-1　WOAH 国际标准制定流程

专家委员会的工作计划是在 WOAH 的战略计划指导下制定的。这些委员会收到的提案根据以下方面进行评估：

① 成员国支持的可能程度，从与请求相关的评论意见中可以看出；

② 是否存在足够制定标准所需的科学信息。

制定新的标准或更新已有标准需要由来自不同地区成员组成的独立专家小组起草草案文本，并交由相关专业委员会审查认可，然后分发给各个成员征求意见。各成员代表在收到征求意见稿后，会协调各领域专家研讨 WOAH 拟制定或更新国际标准并提出相应修改意见。这些由各成员提交的修改评论意见由独立专家小组和相关专业委员会研究并对文本进行适当的更改，更改后的文本会重新提交给成员国进行第二轮意见征集。一般情况下制定标准或更新标准的正常周期是两年，但如果有必要，例如当出现严重的新发疫病时，WOAH 的流程也允许在一个年度内完成标准制定或修改。

（1）制定新的 WOAH 国际标准的流程　　当决定制定新的章节或修订现有的章节时，首先由总干事决定本章的工作将如何进行，即哪个专家委员会负责、临时特设小组或永久工作小组的成员和他们的职权等。考虑到各个地区都有不同的养殖特点和实际实践经验，在组成工作小组时，会努力邀请所有区域的专家以确保广泛的区域代表性以及专业知识的多样性。此外，成员也可以依据本国/地区的专家一直在研究的内容提出新章节或修订章节的初稿。

总干事还可以要求由专家起草"支持文件"，这份文件通常是由来自 WOAH 参考实验室或合作中心的人员起草。这份"支持文件"囊括这章标准参考的最新科学信息，如宿主分布、传染机制、防控和控制疫病方式等信息，这份"支持文件"也是临时特设小组或永久工作小组制定或修改章节的科学基础。

（2）更新已有的 WOAH 国际标准的流程　　同制定新标准一样，修订现有标准同样依据 WOAH 各种来源提交的意见。

在各个委员会确定有足够的科学信息来支持修订现有标准的情况下，专家委员会组织特别工作小组展开相关工作，并根据收到的修订意见对已有章节进行修订，同时依据通用标准程序征求成员和其他相关组织的意见。如无重大意见冲突，经过 2 轮或更多轮次修订的更新后版本将在每年 5 月召开的世界代表大会（WOAH World Assembly）上表决通过。

9.1.2.3 WOAH 国际动物疫病诊断标准的实施

即使 WOAH 的国际标准受到 WTO/SPS 协议的强烈推荐，WOAH 规范性文书对于 WOAH 成员来说也是自愿的，并无法律强制力。在 WOAH 规范框架中，WOAH 成员的唯一义务是根据 WOAH 的组织章程通报疫病状况和疫病控制措施。这一通报义务后来被纳入了陆地和水生动物法典。WOAH 国际标准及其规范性文书的自愿性质有可能导致以下几种情况，即：

① WOAH 成员可以以与其特定情况（例如疾病状况、国内监管框架等）最适宜的方式采用和使用这些诊断标准。在极特殊情况下，考虑到全球各成员情况以及能力各不相同，所有 WOAH 标准可能并不适用于所有国家。

② 如果 WOAH 成员有科学依据（如科学开展的风险分析或最新的实验室科学研究报道），他们可以选择比 WOAH 标准更高的保护水平。WTO/SPS 协议（第 3.3 条）承认了这一点。WOAH 出版物中的某些标准提供了特定的风险分析方法，这有助于 WOAH 成员在尊重 WOAH 标准的同时可以采取更适宜自身的措施。

9.2

动物疫病实验室诊断国际标准

由于动物疫病诊断方法及其标准主要在 WOAH 每年修订的手册中收录以及表现，因此本章节中的内容主要参考并引自 WOAH 最新发布的（2021 年版）陆生动物诊断试验与疫苗手册。WOAH 手册在编写时，除了部分最新修订的章节，部分疫病诊断章节并未明确阐述实验方法的具体内容，读者如需参考详细细节需翻阅 WOAH 手册对应章节以获得更多信息。

9.2.1 多种动物易感染疫病

WOAH 陆生动物诊断试验与疫苗手册中共囊括了 24 种多种动物易感染疫病：炭疽、伪狂犬病、蓝舌病、布鲁氏菌病、克里米亚-刚果出血热病毒、棘球蚴病、流行性出血热、口蹄疫、心水病、日本脑炎、利是曼原虫病、钩端螺旋体病、新世界螺旋蝇蛆病和旧世界螺旋蝇蛆病、尼帕和亨德拉病毒病、副结核病、Q 热、狂犬病、裂谷热、牛瘟、苏拉病、旋毛虫病、兔热病、水疱性口炎和西尼罗河热。

结合疫病可能造成的影响以及我国的养殖产业，本节将主要围绕能对家畜造成严重影响或对人类健康造成威胁的疫病进行阐述，部分疫病如蓝舌病将在反刍动物疫病章节进行阐述。

9.2.1.1 炭疽

炭疽病是一种会感染食草动物和人类的急性细菌性人畜共患病，病原体为炭疽芽孢杆菌，是一种革兰氏阳性芽孢杆状细菌。动物通过摄入孢子或者通过被叮食过感染动物的苍蝇叮咬而感染。由于动物可能在感染 24 小时以内死亡，所以通常发现的炭疽病例都是死亡病例。为避免环境污染以及进一步扩大疫病传播，在没有适宜生物安全保护下的任何怀疑死于炭疽的动物都不鼓励进行尸检。炭疽最常见的病变是全身性病变、败血症常伴有脾脏肿大，呈"黑莓果酱"稠度且凝血不良。可能会发现死亡动物有鼻子、嘴巴、阴道或肛门出血。

虽然在来自新鲜炭疽感染尸体的血液或组织涂片中证实有炭疽芽孢杆菌并且病原在血琼脂平板上的生长相对简单，除必要时并在具备适当的生物安全保护条件的实验室内，不得用解剖的方式取得标本。

常见的检测方法包括：细菌培养、涂片、荚膜染色、光镜检查；噬菌体裂解实验，青霉素抑制试验；Asoli 试验以及 PCR 检测。其中细菌鉴定中用于确定炭疽芽孢杆菌的两个检测方法为噬菌体裂解实验和青霉素抑制试验。检测方法主要是将疑似炭疽芽孢杆菌的菌铺在血平板上，将 $10\sim15\mu L$ 噬菌体悬浮液滴在菌落上，另一边加入 10 个单位的青霉素。如果培养物是炭疽芽孢杆菌，噬菌体下方的区域将没有细菌生长，在加有青霉素的菌落周围会看到一个清晰的区域，表明抗生素易感性。需要注意的是，某些炭疽芽孢杆菌对噬菌体或青霉素具有抗性。PCR 可用于确定菌株毒性，目前建立的方法主要针对 pXO1 和 pXO2 质粒。然而，针对 pXO1 和 pXO2 质粒的引物虽已被证明可以确认在来自分离物的纯培养物中是否存在 pXO1 和/或 pXO2 质粒，但可能不适合用于直接检测炭疽病原。

针对炭疽病的诊断，WOAH 推荐实时荧光 PCR 方法用于种群疫病情况监测，荚膜检查、动力检查、噬菌体裂解实验、青霉素抑制试验在适当情况下可考虑用于临床病例确认。详情见表 9-1。

表 9-1　WOAH 推荐的针对不同目的应考虑采用的炭疽检测方法

诊断方法	目的					
	群体无疫证明	个体动物调运前无疫证明	疫病根除计划监察	临床病例确诊	疫病感染情况监测	免疫接种后免疫状况监测
病原检测						
荚膜检查	不适用	不适用	不适用	++	不适用	不适用
动力检查	不适用	不适用	不适用	++	不适用	不适用
噬菌体裂解实验	不适用	不适用	不适用	++	不适用	不适用
青霉素抑制试验	不适用	不适用	不适用	++	不适用	不适用
实时荧光 PCR（real-time PCR）	不适用	不适用	不适用	+	+++/++	不适用

注：+++——推荐方法；

++——合适的方法，但可能需要进一步验证；

+——可能在某些情况下使用，但成本、可靠性或其他因素严重限制了其应用。

9.2.1.2　伪狂犬病

伪狂犬病是由一种 α 疱疹病毒引起感染除人类和无尾猿以外的多种哺乳动物中枢神经系统和其他器官如呼吸道等的一种疾病。它主要与天然宿主猪（猪或野猪）有关，它们在临床康复后仍处于潜伏感染状态（2 周龄以下的仔猪除外，因为仔猪会死于脑炎）。该病可以通过控制受感染的畜群、使用疫苗、移除潜伏感染的动物来防控。

伪狂犬病的诊断是通过检测病原体（通过病毒分离或 PCR）以及对活体动物进行血清学检测。

① 病原检测：可以通过将组织匀浆（例如脑、扁桃体或从鼻子/喉咙收集的材料）接种到易感细胞系［例如猪肾细胞（PK-15 或 SK6）］或初级或次级肾细胞中来分离伪狂犬病毒。细胞病变的特异性可以通过免疫荧光、免疫过氧化物酶或特异性抗血清中和来验证。病毒 DNA 也可以使用 PCR 和实时 PCR 来检测。

建立 PCR 方法时，引物需要根据 SHV-1 菌株的保守序列如 gB 或 gD 基因设计。此外基于 gB 和 gE 基因建立的方法可以用于区分 gE 缺失疫苗株和野生病毒。

② 血清学检测：可以通过病毒中和、乳胶凝集试验或 ELISA 来检测伪狂犬病抗体。许多商用 ELISA 试剂盒在世界范围内均可购得。一些 ELISA 试剂盒可以用于区分自然感染产生的抗体和基因缺失疫苗接种产生的抗体。WOAH 国际标准参考血清定义了实验室进行血清学检测的灵敏度下限。

目前商用伪狂犬病毒抗体 ELISA 检测试剂盒在抗原制备、结合物和底物都各有不同，这些试剂盒许多都是依据 Eloit 在 1989 年和 Van Oirschot 在 1986 年报道的方法研发的。详情见表 9-2。

表 9-2　WOAH 推荐的针对不同目的应考虑采用的伪狂犬检测方法

诊断方法	目的					
	群体无疫证明	个体动物调运前无疫证明	疫病根除计划监察	临床病例确诊	疫病感染情况监测	免疫接种后免疫状况监测
病原检测①						
病毒分离	—	—	—	+++	—	—
实时荧光 PCR（real-time PCR）	—	+	+	+++	+	—
检测免疫反应						
乳胶凝集实验	+++	+++	+++	+	+++	+++
ELISA	+++	+++	+++	+	+++	+++
VN	+	+	+	+	+	+++

① 推荐对同一份样品进行多种组合不同方法的病原检测。

9.2.1.3　布鲁氏菌病

布鲁氏菌病（*Brucellosis*）简称布病是由布鲁氏菌属（*Brucella*）的细菌侵入机体，引起传染-变态反应性的人兽共患病。对于动物来说主要引起发病的是流产布鲁氏菌（*B. abortus*）、*B. melitensis* 和 *B. suis*。牛布鲁氏菌感染通常由流产布鲁氏菌引起，较少由 *B. melitensis* 引起，偶尔也由 *B. suis* 引起。*B. melitensis* 是绵羊和山羊感染布鲁氏菌的主要病原体。猪布鲁氏菌感染是由 *B. suis* biovars 1~3 引起，但 biovar 2 引起的疾病受宿主不同和地理分布有所不同。在某些地区，野猪已感染 *B. suis*。临床上，动物布鲁氏菌感染的特征有以下一种或多种症状：流产、胎盘滞留、睾丸炎、附睾炎和罕见的关节炎，伴有子宫分泌物和乳汁中检出微生物。疾病确诊需要在流产物、乳房分泌物或死后取出的组织中检出布鲁氏菌。 *B. abortus*、 *B. melitensis* 和 *B. suis* 对人类具有很高致病性，因此受到污染的组织、培养物和材料必须在适当的密闭条件下或适当生物安全条件下处理。

布鲁氏菌的诊断需要在流产材料或阴道分泌物中通过使用改良的抗酸染色法检测出布鲁氏菌并且需要有血清学测试的支持。此外，PCR 方法可作为检测样品中是否存在布鲁氏菌 DNA 的附加方法。在条件允许的情况下，应分离培养子宫分泌物、流产的胎儿、乳房分泌物或选定的组织样本中的布鲁氏菌。细菌型和 biovars 应通过噬菌体裂解试验、生化、血清学检测确定，PCR 可以提供基于特定基因组序列的鉴定和分型等补充信息。

缓冲布鲁氏菌抗原实验（虎红平板凝集实验和缓冲板凝集实验）、补体结合试验、酶联试验免疫吸附实验（ELISA）或荧光偏振等试验适合检测羊等小反刍动物、骆驼科动物和牛（牛和水牛）等动物。然而，没有一个单一的血清学检测方法适用于所有动物物种和流行病学情况，并且其中一些方法不能用于猪布鲁氏菌病。因此，应对筛选试验中呈阳性的样品应使用确诊或候补方法进行确认。间接 ELISA 或全乳环状实验对散装牛奶样品进行检测，这两种方法对筛选和检测奶牛是有效的。布鲁氏菌素皮试可用于未接种疫苗的反刍动物和猪，作为筛查或在没有明显风险的情况下出现阳性血清反应时的确认性群体情况的方法。详情见表 9-3 和表 9-4。

表 9-3　WOAH 推荐的针对不同目的应考虑采用的布鲁氏菌检测方法

检测目的	推荐方法
诊断布鲁氏菌	1. Bricker 等，2002 2. Lopez-Goñi 等，2011 3. Ocampo-Sosa 等，2005 4. Whatmore 和 Gopaul 等，2011
鉴定布鲁氏菌种与内部生物型	1. Bricker，2002 2. Moreno 等，2002 3. Whatmore 和 Gopau，2011
多重 PCR 方法确定布鲁氏菌分型	Ocampo-Sosa，2005
布鲁氏菌分型与区分疫苗株	Kang，2011

表 9-4　WOAH 推荐的针对不同目的应考虑采用的布鲁氏菌检测方法

诊断方法	目的					
	群体无疫证明	个体动物调运前无疫证明[①]	疫病根除计划监察[②]	临床病例确诊[③]	疫病感染情况监测	免疫接种后免疫状况监测
病原检测						
染色检测	—	—		+	—	不适用
分离培养	—	—		+++	—	不适用
PCR[④]	—	—		+/++	—	不适用
检测免疫反应						
BBAT （RBT 或 BPAT）	+++	++	+++	+	+++	不适用

诊断方法	目的					
	群体无疫证明	个体动物调运前无疫证明①	疫病根除计划监察②	临床病例确诊③	疫病感染情况监测	免疫接种后免疫状况监测
检测免疫反应						
FPA	++	++	+	++	++	不适用
CFT	++	++	+++	++	+++	不适用
间接 ELISA	+++	++	+++	++	+++	不适用
竞争 ELISA	++	+	+	+	++	不适用
BST	—	—	+	+++	++	不适用
SAT	++	+	+	—	+	不适用
NH 和胞浆蛋白检测	—	—	+	++	—	—
散装牛奶检测间接 ELISA 或全乳环状实验⑤	+++	—	+++	+	+++	不适用

注： +++ ——推荐方法；

++ ——合适的方法，但可能需要进一步验证；

+ ——可能在某些情况下使用，但成本、可靠性或其他因素严重限制了其应用；

— ——不适用于这个目的。

① 仅适用于没有布鲁氏菌感染的国家或地区。

② 为了提高感染畜群根除措施的实施效率，建议进行平行测试，以便增加诊断的敏感性，即至少做两种不同血清学检测，例如 BBAT 或 FPA 和 CFT 或 ELISA。

③ 在低流行区或几乎无疫区，血清学检测的阳性预测值可能非常低。在这种情况下，通常需要进行病原检测以确认临床病例。在感染畜群中，任何血清学检测的阳性结果都可被视为临床病例的确认。即使在没有临床症状的情况下，任何血清学检测中的阳性结果也应被视为感染。在低流行区或几乎无疫区，单一血清学反应阳性病例可通过培养（或 PCR）或 BST 确认。在无疫国家或地区，可疑病例不仅需要通过血清学检测进行确认，还可以通过培养（或 PCR）和/或 BST 进行确认。

④ 可能会出现假阳性。

⑤ 仅适用于奶牛。

9.2.1.4 日本脑炎

日本脑炎病毒（JEV）是黄病毒科黄病毒属的成员，主要在马和人类中引起脑炎。JEV 还会感染猪，临床导致流产和死胎。JEV 在蚊子、猪和水鸟之间循环存在于自然界中。JEV 在亚洲大部分地区的主要传播媒介是三带喙库蚊，猪是 JEV 的重要放大器，同时鸟类也可能参与病毒在环境中的放大和传播。在亚洲大部分地区以及最近在西太平洋地区都观察到了这种疾病。在马属动物中，感染造成的临床症状通常不明显，主要表现出发热、抑郁、肌肉震颤和共济失调等临床症状。对于猪，当怀孕母猪第一次感染 JEV 时，可能会发生流产和死胎，已经感染过的怀孕母猪通常没有临床症状。

① 病原检测：如果需要做病毒分离，病料应从表现出脑炎临床症状的病马或死马身上收集大脑组织。该病毒可以在鸡胚、猪或仓鼠肾细胞和已建立的细胞系如非洲绿猴肾（Vero）、小仓鼠肾（BHK-21）或蚊子（C6/36）细胞制成的原代细胞培养物中分离。血清学或 RT-PCR 方法也可以用于病毒检测。

目前报道的有关日本脑炎 RT-PCR 的检测方法包括：Jan 等人 2000 年；Lian 等人 2002 年；Tanaka，1993 年和 Williams 等人 2001 年报道的方法。最近还报道了一种应用逆转录环介导的等温扩增（RT-LAMP）的方法。尽管还有一些用于人类日本脑炎诊断的其他方法，但是应用于兽医中的核酸检测方法发表数据很少。

②血清学检测：抗体可用于确定马群中的感染率，也可用于诊断患病个体是否感染日本脑炎。抗体检测可用病毒中和（VN）、血凝抑制（HI）、补体结合（CF）和酶联免疫吸附试验（ELISA）。与其他黄病毒（如西尼罗病毒）存在血清学交叉反应，可能会混淆诊断。病毒蚀斑减少中和试验（VN PRNT）是最有效的可用于区分 JEV 感染和其他黄病毒感染的方法。由于乙型脑炎血清复合体中的交叉中和作用，血清学调查应同时检测其他相关黄病毒。WOAH 推荐方法见表 9-5。

表 9-5　WOAH 推荐的针对不同目的应考虑采用的日本脑炎检测方法

诊断方法	目的					
	群体无疫证明	个体动物调运前无疫证明	疫病根除计划监察	临床病例确诊	疫病感染情况监测	免疫接种后免疫状况监测
病原检测						
病毒分离	—	—	—	+++	—	—
抗原检测	+	+	+	+	+	—
实时荧光 RT-PCR	++	++	++	+++	++	—
检测免疫反应						
HI	++	+++	++	+++	+++	+++
CFT	+	+	+	+	+	+
ELISA	++	++	++	++	++	++
VN（PRNT）	+	++	+	+++	++	++

9.2.1.5　狂犬病

狂犬病是一种十分重要的人畜共患病，是由狂犬病毒侵犯神经系统引起的疾病，目前其诊断技术已在国际层面上标准化。由于既没有明显的病理性病变，也没有特异性和持续的临床体征，因此狂犬病只能在实验室进行确诊。检测样品最好使用从颅骨中取出的中枢神经系统（CNS）组织（例如脑干、丘脑、大脑皮层、小脑和延髓）。狂犬病检测应使用 CNS 不同部位的混合样本，其中脑干是混合取样中应被着重取样的部分。值得注意的是，检测狂犬病的实验室应遵循适当的生物安全措施以遏制潜在的生物风险。

①病原检测：病原诊断建议优先使用初级诊断方法，如直接荧光抗体实验（DFA）、直接快速免疫组化实验（dRIT）或泛狂犬病 PCR 检测。DFA 测试、dRIT 和 PCR 在使用适当的引物和探针的情况下，可检测出 98%～100% 的狂犬病病毒株。对于大批量样本，常规和实时荧光 PCR 可以在专门配备的实验室中提供快速的诊断结果。

现今条件下，不建议使用锡勒（seller）染色法在神经细胞内检查内基小体等组织学技术用于诊断。

如果初级诊断测试（DFA 测试、dRIT 或泛狂犬病病毒 PCR）和进一步的确诊试验（分子试验、细胞培养或小鼠接种试验）的检测结果并不确定，建议对其他样本进行相同的或重复初步诊断测试。如果有可能，病毒分离应取代小鼠接种试验。

狂犬病病原鉴定可以在专业实验室中使用单克隆抗体，部分或全基因组测序，然后进行系统进化树分析。这种技术可用于区分田间毒株和疫苗毒株，识别田间来源菌株。这一非常敏感的测试以及结果分析应该由训练有素的人员进行。

目前有两种 RT-PCR 方法可以用于狂犬病临床诊断，具体见表 9-6 和表 9-7。

表 9-6　WOAH 推荐的普通 RT-PCR 方法

普通 RT-PCR	引物	引物 JW12 5'-ATG-TAA-CAC-CYC-TAC-AAT-G-3'
		引物 JW6UNI 5'-CAR-TTV-GCR-CAC-ATY-TTR-TG-3'
		引物 JW10UNI 5'-GTC-ATY-ARW-GTR-TGR-TGY-TC-3'
	反应体系 （第一轮）	50μL 反应体系： 10μL 5×buffer，2μL dNTP(10mmol/L)，3μL(7.5pmol/μL)JW12 引物，3μL(7.5pmol/μL)JW6UNI 引物，1μLRNA 模板，2μL 酶混合液和 29μL 无核酸酶水
	扩增程序	逆转录 50℃ 30min；预变性 95℃ 15min；变性 94℃ 30s，退火 45℃ 45s；延伸 72℃ 1min(45 个循环)；最后延伸 72℃ 7min
	反应体系 （第二轮）只有当第一轮反应无检出时才进行第二轮检测	50μL 反应体系： 25μL 2×高保真 Taq 聚合酶(50mmol/L)，1μL(3.5pmol/μL)JW12 引物，1μL(3.5pmol/μL) JW10UNI 引物，1μL 第一轮反应模板和 22μL 无核酸酶水
	扩增程序	预变性 95℃ 15min；变性 94℃ 30s，退火 45℃ 10s；50℃ 15s；延伸 72℃ 1min(35 个循环)；最后延伸 72℃ 7min

表 9-7　WOAH 推荐的实时荧光 RT-PCR 方法

实时荧光 RT-PCR	Pan-lyssavirus 特异性引物 （用于检测泛狂犬病毒）	引物 JW12 RT/PCR 5'-ATG-TAA-CAC-CYC-TAC-AAT-G-3'
		引物 N165-146 PCR 5'-GCA-GGG-TAY-TTR-TAC-TCA-TA-3'
	多物种 β-actin 引物 （用于内部质控；如该引物所在体系获得的扩增结果为隐性则需要重新进行检测）	引物 BatRat β-actin intronic 5'-CGA-TGA-AGA-TCA-AGA-TCA-TTG-3'
		引物 BatRat β-actin reverse 5'- AAG-CAT-TTG-CGG-TGG-AC-3'
	反应体系	21μL 反应体系： 反应体系 1： 7.55μL 无核酸酶水，10μL 含有染料(2×)的通用反应混合物，0.6μL(20pmol/μL) JW12 引物，1μL(20pmol/μL) N165-146 引物，0.25μL RT 酶混合物。 反应体系 2： 7.55μL 无核酸酶水；10μL 含有染料(2×)的通用反应混合物；0.6μL 内含子(intron)(20pmol/μL)；1μL Reverse (20pmol/μL)；0.25μL RT 酶混合物。 吸取 19μL 混合液，加入 2μL 模板进行反应
	扩增程序	逆转录 50℃ 10min；预变性 95℃ 5min；95℃ 10s，60℃ 30s(40 个循环)；95℃ 1min；55℃ 1min，55～95℃ 10s(80 个循环)

② 血清学检测：病毒中和（VN）和酶联免疫吸附试验（ELISA）是适用于狂犬病控制框架内检测接种动物抗体反应的合适方法。在国际动物移动或贸易之前检测对疫苗接种的抗体反应，只有 VN 方法（FAVN 测试和 RFFIT）是可接受的。血清学检测不应用于初步诊断。WOAH 推荐方法见表 9-8。

表 9-8　WOAH 推荐的针对不同目的应考虑采用的狂犬病检测方法

诊断方法	目的					
	群体无疫证明	个体动物调运前无疫证明	疫病根除计划监察	临床病例确诊	疫病感染情况监测	免疫接种后免疫状况监测
病原检测						
DFA	+++	不适用	+++	+++	+++	不适用
dRIT	+++	不适用	+++	+++	+++	不适用
ELISA	+	不适用	+	+	+	不适用
细胞培养（病毒培养）	+	不适用	+++	+++	+++	不适用
乳鼠脑内接种法（病毒培养）	不适用	不适用	+	+	+	不适用
传统 RT-PCR	+++	不适用	+++	+++	+++	不适用
实时荧光 RT-PCR	+++	不适用	+++	+++	+++	不适用
检测免疫反应						
VN	不适用	+++	+++	不适用	不适用	+++
ELISA	不适用	不适用	+++	不适用	不适用	+++

注：+++——推荐方法；

++——合适的方法，但可能需要进一步验证；

+——可能在某些情况下使用，但成本、可靠性或其他因素严重限制了其应用。

9.2.1.6　尼帕和亨德拉病毒

亨德拉病毒（HeV）和尼帕病毒（NiV）出现在 20 世纪的最后十年，是该时代呼吸道和神经系统疾病暴发的原因之一，它们可以感染许多动物物种和人类。1994 年，HeV 在澳大利亚布里斯班一个马厩的马群中导致了严重的呼吸道疾病和一名驯马师的死亡。NiV 于 1998 年 9 月至 1999 年 4 月期间以一种致命性急性脑炎在马来西亚人群中出现，此前主要作为一种病因不明的导致严重呼吸道症状的疫病在猪群中传播。自人群中发现病例后，有超过一百万头猪被扑杀。HeV 已导致澳大利亚 7 名感染者中的 4 人死亡，而据报道，在马来西亚、新加坡、孟加拉国和印度，人类感染了 585 例 NiV 病例，其中约 300 人死亡。最近在菲律宾报告了致命的 NiV 脑炎，17 例人类病例中有 9 例死亡。果蝠（狐蝠）是这两种病毒的天然宿主。

猪感染尼帕病毒具有高度传染性，但最初并未将其确定为一种新疾病，因为发病率和死亡不明显，临床症状与其他疾病没有显著差异。根据暴发期间和实验攻毒结果，猪感染尼帕病毒的特征是发热，伴有呼吸道和神经系统症状，但有许多感染是亚临床的。一些受感染的动物表现出不寻常的大声吠叫、咳嗽，此外也有母猪流产的报道。在受感染动物的呼吸系统（气管炎、支气管和间质性肺炎）和脑（脑膜炎）中发现了免疫组织化学病变。

人类感染主要通过和养殖动物的接触，而不是直接来自天然宿主蝙蝠。在马来西亚和新加坡，尚未发现亨德拉和尼帕病毒在人际间传播，但怀疑在孟加拉国暴发的尼帕病毒病中存在有限的人际传播。

这两种病毒是危险的人类病原体，需要在生物安全级别 4（BSL4）的实验室中进行操作，同样可疑动物样本的运送也需要在合规的生物条件下进行。

① 病原检测：HeV 和 NiV 都可以在细胞系中传代，因此可以在确保操作人员安全的情况下尝试从未固定的现场样本中分离病毒。病毒分离后的鉴定程序包括感染细胞的免疫染色、用针对病毒的中和实验和 RT-PCR 或实时荧光 RT-PCR 方法。

可以从猪呼吸道上皮中采样进行尼帕病毒检测。如果通过免疫组织化学（IHC）检查

HeV 和 NiV 抗原，则样品应包括肺、脾、肾和脑（脑膜）的不同水平的样本。在动物怀孕或流产的情况下，应酌情采取子宫、胎盘和胎儿组织。用于病毒分离和分子检测的样本应取自感染器官的新鲜组织，尿液、咽喉或鼻拭子。

目前有多种 RT-PCR 方法可以用于尼帕和亨德拉病毒临床诊断，这些方法分别被 Mungall 等人于 2006 年，Macharapluesadef 等人于 2007 年，Smith 等人于 2001 年和 Feldman 等人于 2009 年报道，引物见表 9-9。

表 9-9　WOAH 推荐的 RT-PCR 方法

方法 1：普通 RT-PCR	HeV M 基因（初步 PCR）	引物 HeV M 5481F 5'-GCC-CGC-TTC-ATC-ATC-TCT-T-3' 引物 HeV M 5781R1 5'-CCA-CTT-TGG-TTC-CGT-CTT-TG-3' 300bp
	HeV M 基因（半套式 PCR）	引物 HeV M 5481F 5'-GCC-CGC-TTC-ATC-ATC-TCT-T-3' 引物 HeV M 5781R2 5'-TGG-CAT-CTT-TCA-TGC-TCC-ATC-TCG-G-3' 211bp
	HeV P 基因（初步 PCR）	引物 HeV P 4464F1 5'-CAG-GAG-GTG-GCC-AAT-ACA-GT-3' 引物 HeV P 4798R 5'-GAC-TTG-GCA-CAA-CCC-AGA-TT-3' 335bp
	HeV P 基因（半套式 PCR）	引物 HeV P 4594F2 5'-TCA-ACC-ATT-CAT-AAA-CCG-TCA-G-3' 引物 HeV P 4798R 5'-GAC-TTG-GCA-CAA-CCC-AGA-TT-3' 205bp
	NiV M 基因（初步 PCR）	引物 NiV M 5659F 5'-TGG-AAT-CTA-CAT-GAT-TCC-ACG-AAC-CAT-G-3' 引物 NiV M 5942R1 5'-TAA-TGT-GGA-GAC-TTA-GTC-CGC-CTA-TG-3' 279bp
	NiV M 基因（套式 PCR）	引物 NiV M 5659F 5'-TGG-AAT-CTA-CAT-GAT-TCC-ACG-AAC-CAT-G-3' 引物 NiV M 5942R2 5'-GTG-AAA-ACT-GCA-ATT-TCA-TCC-TAT-CAA-TC-3' 250bp
方法 2：实时荧光 RT-PCR	HeV_TQM_M 方法	引物 HeV M 5755F 5'-CTT-CGA-CAA-AGA-CGG-AAC-CAA-3' 引物 HeV M 5823R 5'-CCA-GCT-CGT-CGG-ACA-AAA-TT-3' 探针 HeV M 5778P 5'-TGG-CAT-CTT-TCA-TGC-TCC-ATC-TCG-G-3' 荧光标记 FAM-TAMRA
	HeV_TQM_N 方法	引物 HeV N119F 5'-GAT-ATI-TTT-GAM-GAG-GCG-GCT-AGT-T-3' 引物 HeV N260R 5'-CCC-ATC-TCA-GTT-CTG-GGC-TAT-TAG-3' 探针 HeV N198-220P 5'-CTA-CTT-TGA-CTA-CTA-AGA-TAA-GA-3' 荧光标记 FAM-MGBNFQ
	NiV_TQM_N 方法	引物 NiV_N_1198F 5'-TCA-GCA-GGA-AGG-CAA-GAG-AGT-AA-3' 引物 NiV_N_1297R 5'-CCC-CTT-CAT-CGA-TAT-CTT-GAT-CA-3' 探针 NiV_N_1247comp 5'-CCT-CCA-ATG-AGC-ACA-CCT-CCT-GCA-G-3' 荧光标记 FAM-TAMRA

② 血清学检测：ELISA 目前被用作群体筛选工具，而病毒中和试验目前被用于疫病确诊。HeV 和 NiV 抗体在有限程度上可以发生交叉中和，意味着使用任何一种病毒的单一中和抗体不能提供抗体特异性的明确鉴定。WOAH 推荐的方法见表 9-10。

表 9-10　WOAH 推荐的针对不同目的应考虑采用的尼帕-亨德拉病毒检测方法

诊断方法	目的					
	群体无疫证明	个体动物调运前无疫证明	疫病根除计划监察	临床病例确诊	疫病感染情况监测	免疫接种后免疫状况监测
病原检测						
病毒分离	+	+	—	+++		—
RT-PCR 或实时荧光 RT-PCR	++	++	++	+++	++	—
IHC	—	—		+++		
检测免疫反应						
ELISA	+++	+++	+++	+	+++	+++
VN	+++	+++	+++	+	+++	+++
Bead assays	+++	+++	+++	+	+++	+++

9.2.1.7　口蹄疫

口蹄疫（FMD）是哺乳动物传染性最强的疾病，能够对易感动物偶蹄动物造成严重经济损失。其血清型包括 O、A、C、SAT 1、SAT 2、SAT 3 和亚洲 1 型，口蹄疫在临床上无法与其他水疱性疾病（如猪水疱病、水疱性口炎和水疱性皮疹）区分。因此，对任何疑似 FMD 病例进行实验室诊断是当务之急。

口蹄疫典型病例的特征包括足部、颊黏膜以及雌性的乳腺出现水疱。临床症状从轻微到严重不等，严重时可能会导致死亡。在某些物种如非洲水牛，感染可能表现为亚临床症状。诊断的首选组织是未破裂的或新鲜破裂的水疱或水疱液的上皮。

如果无法从反刍动物身上获得上皮组织，例如动物在疾病晚期或恢复期中，或者在没有临床症状的情况下怀疑感染，则可以通过擦拭喉咙收集 OP 液样本。采集到的样品可以提交给实验室通过 RT-PCR 或病毒分离进行检测。采集猪咽拭子时，应将动物仰卧在木制摇篮中，颈部伸展，将拭子放在合适的器械（例如动脉钳）中，将拭子推到口腔后部并进入咽部。

考虑到 FMD 的传染性以及对国际贸易产生的影响，疑似病例的样本必须在国际规定的安全条件下进行运输，而且只能发送到授权的实验室。

口蹄疫的诊断主要通过病毒分离，组织或体液样本中口蹄疫病毒抗原或核酸的证明。病毒特异性抗体的检测也可用于诊断，非结构蛋白（NSP）的抗体可用作感染指标，与疫苗接种状态无关。

① 病原检测：口蹄疫病毒抗原或核酸的检出足以做出阳性诊断。由于口蹄疫的高度传染性和经济上的重要性，病毒的实验室诊断和血清型鉴定应在适当的生物安全和生物安全保证下进行。ELISA 可用于检测口蹄疫病毒抗原和进行血清分型。在样品量有限的情况下也可以通过 RT-PCR 方法检测或使用易感细胞分离病毒。培养物最好是原代牛（小牛）甲状腺，但也可以使用猪、羔羊或小牛肾细胞，或具有相当敏感性的细胞系。一旦培养物中观测到细胞病变，就可以使用 ELISA 或 RT-PCR 等方法检测培养液中的口蹄疫病毒。

ELISA 法：检测 FMD 病毒抗原和鉴定病毒血清型的首选方法是由 Ferris 等人于

1992 年报道的间接夹心 ELISA 方法，板中铺有针对 FMDV 七种血清型的兔抗血清作为"捕获"血清。

RT-PCR 法：可用于检测的样品包括上皮、牛奶、血清和 OP 液。实时荧光 RT-PCR 方法可参考 Reid 等人于 2003 年发表的方法。此外还有用于鉴别血清型的方法，如 Vangerysperre 等人于 1996 年报道报道的方法。可以考虑使用的引物见表 9-11。

表 9-11　WOAH 推荐的 RT-PCR 方法

普通 RT-PCR	上游引物	5′-GCCTG-GTCTT-TCCAGGTCT-3′
	下游引物	5′-CCAGT-CCCCT-TCTCA-GATC-3′
实时荧光 RT-PCR	上游引物	ACTGG-GTTTT-ACAAA-CCTGT-GA
	下游引物	GCGAG-TCCTG-CCACG-GA
	探针	TCCTT-TGCAC-GCCGTGGGAC

② 血清学检测：未接种疫苗的动物中检测出结构蛋白（SP）的特异性抗体表明先前感染过口蹄疫病毒，这种方法对于轻度病例或者无法采集上皮组织的病例尤为管用。无论免疫状态如何，针对某些 FMD 病毒的非结构蛋白（NSP）的抗体测试可用于证明此前或当前病毒正在宿主中复制。NSP 与 SP 不同，是高度保守的。因此，NSP 抗体的检测不受血清型的限制。

病毒中和试验和针对结构蛋白抗体的 ELISA 是用于区分血清型的试验。由于病毒中和试验依赖于组织培养，因此比 ELISA 更容易发生偏差，检测速度较慢且容易受到污染。ELISA 由于可以使用灭活或重组抗原，因此较少受到生物防护设施的限制。WOAH 推荐的方法见表 9-12 和表 9-13。

表 9-12　WOAH 推荐的 ELISA 方法

| 固相竞争 ELISA | 使用抗 7 种 FMDV 血清型之一的 146S 抗原的兔抗血清作为捕获抗体 |
| 液相阻断 ELISA | 与待测抗原同源的兔抗血清 |

表 9-13　WOAH 推荐的针对不同目的应考虑采用的口蹄疫检测方法

| 诊断方法 | 目的 | | | | | |
	群体无疫 证明	个体动物调运 前无疫证明	疫病根除 计划监察	临床病例 确诊	疫病感染 情况监测	免疫接种后 免疫状况监测
病原检测						
病毒分离	—	+	+++	+++	—	—
ELISA	—	—	+++	+++	—	—
CFT	—	—	+	+	—	—
LFD	—	—	+++	+++	—	—
实时荧光 PT-PCR	+	+	+++	+++	+	—
传统 PT-PCR	+	+	+++	+++	+	—
检测免疫反应						
NSP 抗体 ELISA	+++	++	+++	+++	+++	—
SP 抗体 ELISA[①]	++	++	+++	+++	++	+++
病毒中和[①]	++	++	+++	+++	++	+++
AGID	+	+	+	+	+	—

CFT：补体结合试验，complement fixation test。

LFD：横向流测试，lateral flow device。

AGID：琼脂凝胶免疫扩散，agar gel immunodiffusion。

① 该方法无法区分感染动物和免疫接种的动物。

9.2.2 猪病

WOAH 陆生动物诊断试验与疫苗手册中共囊括了 10 种猪病：非洲猪瘟、猪萎缩性鼻炎、经典猪瘟、尼帕病毒脑炎、猪繁殖与呼吸综合征、猪囊尾蚴病、猪流感、猪水疱病、猪铁士古病毒性脑脊髓炎和传染性胃肠炎。

结合我国流行病学现状以及需求，本节将着重针对非洲猪瘟、经典猪瘟、猪繁殖与呼吸综合征、猪流感和传染性胃肠炎疫病的国际诊断标准进行详细阐述。

9.2.2.1 非洲猪瘟

非洲猪瘟是由 ASF 病毒（ASFV）引起的可感染所有品种和不同年龄段的家猪和野猪的一种烈性传染病。临床症状取决于病毒的毒力，表现为超急性、急性、亚急性到慢性不等。急性的特点是高热、网状内皮系统出血和高死亡率。钝缘蜱属（Ornithodoros）的软蜱虫，尤其是 O. moubata 和 O. erraticus，已被证明是非洲猪瘟病毒的宿主和传播媒介。该病毒存在于蜱的唾液腺中并在进食过程中传播给新宿主（家猪或野猪）。非洲猪瘟病毒也可以在蜱之间通过性传播，垂直传播或在蜱的整个生命周期中传播。

非洲猪瘟病毒的实验室诊断可分为两类：病原检测和血清学检测。检测方式的选择取决于该地区或国家的疾病情况和实验室诊断能力。

① 病原检测：实验诊断病原鉴定需要通过接种猪白细胞或骨髓原代细胞来分离病毒，通过荧光抗体检测涂片或组织低温切片中的病原；或通过 PCR 以及实时荧光 PCR 来检测病毒基因组。经过比对验证，PCR 方法在各种情况下对于检出非洲猪瘟病毒均表现出了出色的灵敏性、特异性和时效性。考虑到部分采集到的组织可能不适合用于病毒分离和抗原检测，PCR 在绝大部分情况下都适用的特性凸显其优势。如果实验室对检测获得的结果有疑问或无法准确分析时可以考虑做病毒分离、二次检测或采用其他备用方法进行检测。

目前，WOAH 推荐了三种 PCR 方法用于非洲猪瘟检测。第一种是 Agüero 等人发表于 2003 年的传统 PCR 方法，这种方法中用于检测非洲猪瘟病毒的 ASFV 引物还可以用于建立多重 RT-PCR 方法同时检测非洲猪瘟和经典猪瘟；第二种方法是 King 等人在 2003 年发表的实时荧光 PCR 方法；第三种方法是 Fernández-Pinero 等人在 2013 年发表的实时荧光 PCR 方法。目前已有多种 PCR、实时荧光 PCR 方法被建立。WOAH 推荐使用的引物和反应体系见表 9-14。

表 9-14 WOAH 推荐的 PCR 方法

普通 PCR	上游引物	5′-AGTTAT-GGG-AAA-CCC-GAC-CC-3′
	下游引物	5′-CCC-TGAATC-GGA-GCA-TCC-T-3′
实时荧光 PCR	上游引物	5′-CTG-CTCATG-GTA-TCA-ATC-TTA-TCG-A-3′
	下游引物	5′-GAT-ACCACA-AGA-TC(AG)-GCC-GT-3′
	探针	5′-(FAM)-CCA-CGG-GAG-GAA-TAC-CAA-CCC-AGT-G-3′-[6-carboxytetramethyl-rhodamine(TAMRA)]
实时荧光 RT-PCR	上游引物	5′-CCC-AGG-RGA-TAA-AAT-GAC-TG-3′
	下游引物	5′-CAC-TRG-TTC-CCT-CCA-CCG-ATA-3′
	探针	5′-[6-carboxy-fluorescein（FAM）]-TCC-TGG-CCR-ACC-AAG-TGC-TT-3′-[black hole quencher(BHQ)]

② 血清学检测：自然感染后依然存活的猪通常会在感染后 7～10 天产生针对非洲猪瘟的抗体，并且这些抗体会持续很长时间。如果非洲猪瘟已经呈地区流行态势，或者初次

暴发是由低毒力或中毒力的菌株引起的，疫病暴发地区的调查还应包括在采集到的血清或组织提取物中检测特异性抗体。对于抗体检测 WOAH 推荐采用酶联免疫吸附试验（ELISA）、间接荧光抗体试验（IFAT）、间接免疫过氧化物酶试验（IPT）、免疫印迹试验（IBT）等多种方法。

对于其他动物疫病血清学检测是最常用的诊断测试，因为它们简单、成本相对较低，并且几乎不需要专门的设备或设施。因为目前没有合法针对非洲猪瘟的商品化疫苗可用，这意味着一旦检测到非洲猪瘟抗体则表示感染。然而，被强毒株感染的家猪和野猪通常会在产生特异性抗体免疫反应之前死亡，所以血清学检测不适合用于强度株感染的猪只。在非洲猪瘟感染严重的地区，弱毒和低毒力病毒分离株也在传播，血清学检测对于识别康复和无症状感染的动物至关重要。WOAH 推荐的方法见表 9-15。

表 9-15 WOAH 推荐的针对不同目的应考虑采用的非洲猪瘟检测方法

诊断方法	目的					
	群体无疫证明	个体动物调运前无疫证明	疫病根除计划监察	临床病例确诊	疫病感染情况监测	免疫接种后免疫状况监测
病原检测						
病毒分离/血球吸附	不适用	不适用	++	+++	+++	—
荧光抗体实验（FAT）	不适用	不适用	++	+++	++	—
ELISA/抗原检测	+	++	+	+	+	—
传统 PCR	++	++	++	+++	++	—
实时荧光 PCR	+++	+++	+++	+	+++	—
检测免疫反应						
ELISA	+++	+++	+++	+	+++	—
间接免疫过氧化物酶试验（IPT）	+++	+++	+++	+	+++	—
间接荧光抗体试验（IFAT）	+++	+++	+++	+	+++	—
免疫印迹试验（IBT）	++	++	++	+	++	—

9.2.2.2　经典猪瘟

经典猪瘟（CSF）是一种由黄病毒科瘟病毒属猪瘟病毒引起家猪和野猪发病的一种急性、发热、接触性传染病。经典猪瘟只有一种血清型。

该疾病可能呈急性、亚急性、慢性、迟发性或不明显的病程，这取决于病毒的毒力和宿主条件，其中动物的年龄、病毒的毒力和感染时间（感染前或感染后）是最重要的。成年猪通常比幼猪表现出较轻的疾病迹象，并且有更大的生存机会。在怀孕的母猪中，病毒可能会穿过胎盘屏障感染胎儿。中等或低毒力的病毒株在子宫内感染可导致所谓的带毒母猪综合征，表现产前或产后早期死亡、生出患病仔猪或表现健康但持续感染的仔猪等。家猪暴发经典猪瘟可以对猪和猪产品贸易造成严重后果。

经典猪瘟导致的疾病多种症状很难仅仅通过临床或病理检测诊断。因此，实验室检测对于经典猪瘟诊断至关重要。检测血液中的病毒或病毒核酸存在和血清中的抗体是诊断活猪是否感染经典猪瘟的首选方法，而检测器官样本中的病毒、病毒核酸或抗原最适合死猪样品。

① 病原检测：病原分离可以在猪肾（PK-15、SK-6）细胞系或其他经典猪瘟高允许性细胞系中分离病毒。病毒分离培养应在不含猪瘟病毒（并且优选不含其他污染物，例如支原体、猪圆环病毒）的细胞系中进行，并通过免疫荧光或免疫过氧化物酶染色确定病毒生长存

在。分离到的病毒可以进一步通过基因测序来分型，如果该方法不可用，则使用单克隆抗体（mAb）。用于检测猪瘟的 PCR 现已获得国际认可，并被许多实验室使用。此外，也可以考虑通过直接荧光抗体实验（FAT）检测组织切片中存在的猪瘟病毒；mAb 样品盘也可以用于区分疾病是否由猪瘟病毒引起。ELISA 方法可用于畜群筛选，但不得用于单一动物。

目前许多 RT-PCR 方法已经被开发和发表中。通过使用 RT-PCR 技术，可以检测出潜伏期和已康复的感染动物。也有一些实时荧光 RT-PCR 方法。此外，Hoffmann 等人发表的 RT-qPCR 也在一些实验室间广泛使用，该方法在国际实验室间比对试验显示了和其他方法较为一致的结果。

② 血清学检测：特异性抗体的检测对于怀疑 21 天前感染过猪瘟的畜群特别有用。此外，血清学方法对于疾病监测和流行率研究也很有价值，如果一个国家希望在没有疫苗接种的情况下获得国际无疫认可，该方法是必不可少的。

由于偶尔会观察到猪瘟与其他病毒的交叉反应，在筛选之后必须对阳性样品使用特异性较高的方法进行确认。某些 ELISA 方法相对特异性比较高，但能给出确定结果的方法是比较中和试验，它能够比较不同瘟病毒分离株的中和抗体效价。WOAH 推荐的方法见表 9-16。

表 9-16　WOAH 推荐的针对不同目的应考虑采用的猪瘟检测方法

诊断方法	目的					
	群体无疫证明	个体动物调运前无疫证明	疾病根除计划监察	临床病例确诊	疫病感染情况监测	免疫接种后免疫状况监测
病原检测						
病毒分离	—	+	—	+++	—	—
PCR	+	+	++	+++	++	—
ELISA/抗原检测	++	++	+	+	—	—
FAT	—	—	+	+	—	—
检测免疫反应						
ELISA	+++	+++	+++	—	+++	+++
病毒中和（FAVN 或 NPLA）	+	+++	++	++	+++	+++

FAVN——荧光抗体病毒中和实验（fluorescent antibody virus neutralisation）。

NPLA——免疫过氧化物酶试验（neutralising peroxidase-linked assay）。

9.2.2.3　猪繁殖与呼吸综合征

猪繁殖与呼吸综合征（PRRS）是导致猪群发生以繁殖障碍和呼吸系统症状为特征的一种急性、高度传染的病毒性传染病。该疾病是由 PRRS 病毒（PRRSV）引起的，该病毒的主要靶细胞是猪的分化巨噬细胞，主要是肺泡巨噬细胞和肺血管内巨噬细胞，但病毒也可能在淋巴组织中的单核细胞衍生巨噬细胞中复制。越来越多的证据表明，PRRSV 的高致病性菌株也能够感染肺、心脏和大脑的内皮细胞，该属性被认为与更高的致病性有关。

从历史上看，PRRSV-1（以前称为基因型 1 或欧洲型）曾仅限于欧洲，而 PRRSV-2（以前称为基因型 2、2 型或美洲型）曾仅限于北美；目前这两种亚型分布于全球。该病毒主要通过直接接触传播，也可通过接触粪便、尿液、精液和污染物传播。昆虫媒介（家蝇和蚊子）和短距离的气溶胶也已被证实可能性较小。PRRS 发生在世界上大多数主要的生猪产区，特点是不育、晚期胎儿木乃伊化、流产、产下死胎，以及出生后仔猪因呼吸道疾病和继发感染而死亡。年长的猪可能表现出轻微的呼吸道疾病症状，通常并发继发感染。2006 年，我国出现了一种高致病性 PRRSV 毒株，引起所有年龄组的高烧（40～42℃），母猪流产，吸乳仔猪、断奶仔猪和生长猪死亡率高。

① 病原检测：PRRSV 可从感染猪的血清或器官样本中分离，例如肺、扁桃体、淋巴结和脾脏。由于猪肺泡巨噬细胞是病毒最敏感的培养系统之一，因此推荐使用这些细胞进行病毒分离。需要注意的是不同批次的巨噬细胞对 PRRSV 的易感性存在差异，因此，有必要确定具有高敏感性的批次。MARC-145 细胞适用于分离美洲型 PRRSV，可将该细胞系保存在液氮中备用。此外也可通过特异性抗血清或单克隆抗体进行免疫染色来鉴定和分型。其他技术，如免疫组织化学和固定组织原位杂交、RT-PCR 和实时 RT-PCR，都已被开发用于实验室确认 PRRSV 感染。

最常用也最被推荐的诊断技术之一是使用 RT-PCR、巢式 RT-PCR 和实时 RT-PCR 检测 PRRSV 核酸。这种方法的优点是高特异性和灵敏性以及对当前感染状态的快速评估。然而，该技术无法区分灭活病毒与野生病毒，通常用于检测组织和血清中的核酸。有人建议，口腔液检测也可为诊断提供可靠的结果。另一种可用于监测种猪群中 PRRSV 感染情况的方法是使用从仔猪阉割和断尾期间收集的组织中渗出液检测。大多数 PCR 方法和当前可用的商品化试剂盒提供了区分 PRRSV 美洲型和欧洲型的方法。目前，没有单一的 RT-PCR 检测能够检测所有 PRRSV 毒株，尤其是在面对高度多样化的欧洲株，所以在临床开展检测的时候应仔细评估 RT-PCR 结果，并根据最近流行的 PRRSV 毒株进行持续验证。WOAH 推荐使用的 RT-PCR 引物对及探针见表 9-17。

表 9-17 WOAH 推荐的猪繁殖与呼吸综合征 PT-PCR 检测方法

普通 RT-PCR	上游引物	5′-ATG-GCC-AGC-CAG-TCA-ATCA-3′
	下游引物	5′-TCG-CCC-TAA-TTG-AAT-AGG-TGA-CT-3′
实时荧光 RT-PCR 欧洲株(ORF6,ORF7)	EU-1 上游引物	5′-GCA-CCA-CCT-CAC-CCR-RAC-3′
	EU-1 下游引物	5′-CAG-ATG-CAG-AYT-GTG-TTG-CCT-3′
	EU-2 上游引物	5′-CAG-TTC-CTG-CRC-CYT-GAT-3′
	EU-2 下游引物	5′-TGG-AGD-CCT-GCA-GCA-CTT-TC-3′
	EU-1 探针	5′-(6-FAM)-CCT-CTG-YYT-GCA-ATC-GAT-CCA-GAC-(BHQ1)-3′
	EU-2 探针	5′-(6-FAM)-ATA-CAT-TCT-TGGC-CCC-TGC-CCA-YCA-CGT-(BHQ1)-3′
实时荧光 RT-PCR 美洲株(ORF7, 3′UTR)	上游引物	5′-ATR-ATG-RGC-TGG-CAT-TC-3′
	下游引物	5′-ACA-CGG-TCG-CCC-TAA-TTG-3′
	探针	5′-(TEX)-TGT-GGT-GAA-TGG-CAC-TGA-TTG-ACA-(BHQ2)-3′

② 血清学检测：目前有多种血清学方法可用于检测血清、口腔液和肉汁中的 PRRSV 抗体。PRRSV 血清学诊断最常用的是 ELISA 商品化试剂盒，间接 ELISA、阻断 ELISA 以及双重阻断 ELISA 已被开发并使用。此外，目前已经有成熟的商品化 ELISA 试剂盒专门用于检测口腔液中 PRRSV，实验室也可考虑免疫过氧化物酶单层测定和免疫荧光测定用于检测欧洲型或美洲型 PRRSV 的特异性抗体。WOAH 推荐的方法见表 9-18。

表 9-18 WOAH 推荐的针对不同目的应考虑采用的猪繁殖与呼吸综合征检测方法

诊断方法	目的					
	群体无疫 证明	个体动物调运 前无疫证明	疫病根除 计划监察	临床病例 确诊	疫病感染 情况监测	免疫接种后 免疫状况监测
病原检测①						
病毒分离	—	++	—	+++	—	—
传统 PCR	+++	+++	+++	+++	++	—
实时荧光 PT-PCR	+++	+++	+++	+++	++	—
IHC	—	—	—	++	—	—
ISH	—	—	—	++	—	—

诊断方法	目的					
	群体无疫证明	个体动物调运前无疫证明	疫病根除计划监察	临床病例确诊	疫病感染情况监测	免疫接种后免疫状况监测
	检测免疫反应[②]					
ELISA	+++	++	+++	++	+++	++
IPMA	++	++	++	+	++	+++
IFA	++	++	++	+	++	+++

① 推荐对同一临床样本使用多种方法检测。

② 任何一种血清学检测足够满足要求。

IHC——免疫组化（immunohistochemistry method）。

ISH——原位杂交（in-situ hybridization）。

IPMA——免疫过氧化物酶单层试验（immunoperoxidase monolayer assay）。

IFA——免疫荧光（immunofluorescence assay）。

9.2.2.4 猪流感

猪的甲型流感病毒（IAV-S）会引起猪呼吸系统高度传染性疾病，其特征是咳嗽、打喷嚏、流鼻涕、直肠温度升高、嗜睡、呼吸困难和食欲不振。在某些情况下，猪甲型流感也会与流产等生殖障碍有关。IAV-S 感染的发病率可达到 100%，但死亡率通常较低，但是继发性细菌感染会加剧 IAV-S 感染后的临床症状。该病毒传播主要是通过接触含有 IAV-S 的分泌物，如鼻涕和咳嗽或打喷嚏产生的气溶胶等。

① 病原检测：应在出现临床症状后 $24\sim72h$ 内收集用于病毒鉴定的样本。采样时应选择未经治疗呈现急性症状的个体的肺组织或鼻拭子，此外挂在猪圈中的棉绳收集的口腔液也可用作群体检测。如果要进行病毒分离需要在鸡胚和连续细胞系或原代细胞培养物中进行。病毒分型可以使用血凝抑制（HI）和神经氨酸酶抑制试验，或者通过直接对临床材料或分离株进行 RT-PCR 检测。

IAV-S 目前最推荐的诊断方法是实时荧光 RT-PCR 方法，目前国际上认可的方法为一步实时 RT-PCR。特异引物和反应体系在 WOAH 陆生动物手册 3.9.7 章节进行了详细阐述，其中推荐使用的可应用于多种流感病毒的引物、反应体系和扩增程序见表 9-19。

表 9-19　WOAH 推荐的 RT-PCR 方法

实时荧光 RT-PCR 甲型流感	M+25[①] 5′引物	5′-AGA-TGA-GTC-TTC-TAA-CCG-AGG-TCG-3′
	M+64[①] 探针	5′-FAM-TCA-GGC-CCC-CTC-AAA-GCC-GA-BHQ1-3′
	M-124[①] 3′引物	5′-TGC-AAA-AAC-ATC-TTC-AAG-TCT-CTG-3′
	M-124[①] SIV 3′引物*	5′-TGC-AAA-GAC-ACT-TTC-CAG-TCT-CTG-3′
	反应体系	25μL 反应体系： 无核酸酶水 0.83μL，2×RT-PCR buffer 12.5μL，M+25 引物（20μmol/L）0.25μL，M-124 引物（20μmol/L）0.25μL，M-124 SIV 引物（20μmol/L）0.25μL，25×RT-PCR 酶混合物 1μL，M+64 探针（6μmol/L）0.25μL，检测增强物（Detection enhancer）15×1.67μL；模板 8μL
	扩增程序	逆转录 45℃ 10min，预变性 95℃ 10min；变性 94℃ 1s，退火 60℃ 30s；延伸 72℃ 15min（45 个循环）；最后 72℃ 延伸

① 用于检测 H1N1 毒株的引物。

② 血清学检测：历史上，IAV-S 抗体检测主要是通过 HI 检测亚型。在采样时，两次采样最好间隔 $10\sim21$ 天，如果第一个和第二个样本之间的效价增加四倍或更多，则提示近期有 IAV-S 感染。其他可用的血清学检测方法还包括琼脂凝胶免疫扩散测试、间接荧

光抗体测试、病毒中和实验和 ELISA。由于猪甲型流感病毒抗原多样性在不断增加，并且需要在 HI 检测中使用多种 H 型，因此普遍倾向于使用非亚型特异性的市售 ELISA 做检测。WOAH 推荐方法见表 9-20。

表 9-20　WOAH 推荐的针对不同目的应考虑采用的猪流感检测方法

诊断方法	目的					
	群体无疫证明	个体动物调运前无疫证明	疫病根除计划监察	临床病例确诊	疫病感染情况监测	免疫接种后免疫状况监测
病原检测						
病毒分离	+	+++	++	+++	++	—
实时荧光 PT-PCR	+++	+++	+++	+++	+++	—
传统 PT-PCR	—	—	—	++	—	—
检测免疫反应						
HI	+	+		++	++	+++
ELISA	+++	+++	+++	+	+++	+

9.2.2.5　猪传染性胃肠炎

猪传染性胃肠炎（TGE）是由冠状病毒科的成员 TGE 病毒（TGEV）引起的猪肠道疾病。自 1984 年以来，一种可能是 TGEV 基因缺失的独特的导致呼吸道疾病的病毒猪呼吸道冠状病毒（PRCV）已在世界许多地方传播。虽然 PRCV 似乎不是一种重要的原发病原体，但它会使 TGE 的诊断尤其是血清学诊断变得非常复杂。目前，实验室诊断主要是通过检测疑似病例样品中存在的病毒、病毒抗原或病毒核酸或病毒特异性体液抗体来进行诊断的。

① 病原检测：TGEV 可以通过病毒分离、电子显微镜检查、各种免疫诊断分析以及病毒 RNA 的特异性检测来鉴定。最常用的快速检测方法可能是免疫诊断检测方法，尤其是对粪便样品的 ELISA 检测和对肠道组织低温恒温器切片的荧光抗体检测。在鉴别诊断上如果选用电子显微镜诊断则需要注意与另一种猪肠道疾病即猪流行性腹泻区分，猪流行性腹泻是由血清型不同的冠状病毒引起的，但在电子显微镜下却具有相同的外观。为了解决这个问题，实验室可以使用免疫电子显微镜。

② 血清学检测：最广泛使用的方法是病毒中和实验和 ELISA 方法。由于 TGEV 和 PRCV 会发生抗体完全交叉中和，如果通过血清学方法检测出阳性则需要进行进一步实验区分 TGEV 和 PRCV。

TGEV 特异性检测是阻断或竞争 ELISA，该方法利用可识别 TGEV 但不识别 PRCV 的 mAb。单克隆抗体的制备方式可以参考 Brown 和 Paton 等人于 1991 年发表的文章。

9.2.3　禽类动物疫病

WOAH 陆生动物诊断试验与疫苗手册中共囊括了 15 种禽类动物疫病：禽衣原体病、禽传染性支气管炎、禽传染性喉气管炎、禽流感、禽支原体病、禽结核病、鸭病毒性肠炎、鸭病毒性肝炎、禽霍乱、鸡痘、鸡伤寒、传染性法氏囊病、马立克病、新城疫、火鸡传染性鼻气管炎。

结合疫病可能造成的影响以及我国的养殖产业结构，本节将主要围绕禽流感、新城疫等进行重点阐述。

9.2.3.1 禽流感

甲型流感是由正黏病毒科成员中的特定病毒引起的，被归入甲型流感病毒属。流感病毒有 7 个属，已知只有甲型流感病毒可以感染鸟类。主要诊断方式是通过分离病毒或检测基因片段。不能通过临床病例确诊是因为禽类感染禽流感病毒可引起各种各样的临床症状，这些症状可能因宿主、毒株、宿主的免疫状态、是否存在任何继发性感染和环境条件而有所不同。

① 病原检测：检测方法包括免疫与扩散试验，实时荧光 RT-PCR 方法和血凝活性测试，即将含有抗生素溶液的活禽咽拭子和泄殖腔拭子（或粪便）或死禽的粪便和器官混合样本悬浮液接种到 9～11 日龄的鸡胚尿囊腔中。鸡蛋在 37℃（35～39℃）孵育 2～7 天。在孵化期间，对死亡或垂死胚胎的尿囊液和孵化期结束时的所有鸡胚进行血凝活性测试。使用胚胎分离病毒的方法目前很大程度上已被实时荧光 RT-PCR 或其他经验证的分子技术取代。

对于病毒的血清型检测，实验室应对甲型流感病毒的 16 种血凝素（H1～16）和 9 种神经氨酸酶（N1～9）亚型的每一种多克隆或单特异性抗血清进行血凝和神经氨酸酶抑制试验。另一种方法是利用基因检测技术，即利用亚型特异性引物和探针（如 RT-PCR）或测序和系统发育分析来鉴定特定 H 和 N 亚型。

一般术语"高致病性禽流感"和俗语"鸡瘟"指的是甲型流感病毒的高致病性毒株感染，因此对禽流感病毒感染的病例有必要通过该分离株对家禽的致病性进行评估。迄今，分离到的所有自然发生的高致病性禽流感（HPAI）毒株均为 H5 或 H7 亚型，然而并不是所有 H5 或 H7 毒株感染的病例都为高致病性。近年来，随着对致病性的原理有了更深入的了解，用于测定毒株毒力的方法已经得到了进一步的发展。无论对鸡的致病性如何，H5 或 H7 病毒的 HA0 切割位点氨基酸序列与在高致病性病毒中观察到的任何一种类似，都被认为是具有高致病性的甲型流感病毒。对鸡不具有高致病性的 H5 和 H7 分离株，其HA0 切割位点氨基酸序列与在高致病性病毒中观察到的氨基酸序列不同，则被认为具有低致病性。然而，在某些情况下，必须通过静脉接种至少 8 只 4～8 周龄易感鸡来验证病毒毒株的高致病性或低致病性。如果该毒株在 10 天内造成 75% 以上的死亡率，或接种 10只 4～8 周龄易感鸡导致静脉内接种致病指数（IVPI）大于 1.2，则认为该菌株具有高致病性。疑似高致病性病毒毒株的鉴定应在适当的生物安全实验室进行。家禽中的低致病性禽流感（LPAI）可能发生突然和意想不到的毒性增强或人对该毒株的易感性提升导致严重后果。通常情况下，应由政府对相关家禽种群进行监测。

PCR 方法：目前已经报道了大量的实时荧光 RT-PCR 针对 M 或 NP 基因的检测方法，其特异性和敏感性满足筛选试验的标准。对于亚型鉴定，使用的引物针对的是 HA2区域，这是 H5 和 H7 亚型血凝素基因中相对保守的区域。考虑到此前一些建立的方法不适用于（Gs/GD）H5N1 亚型和其他欧亚 H5 亚型，Slomka 在 2007 年建立的实时荧光RT-PCR 法，Hoffmann 在 2016 建立的 PCR，array 和 Kwon 在 2019 年建立的 microchip方法可以满足检测这些毒株的需求。目前被广泛使用的 RT-PCR 方法，包括适用于众多H5NX 和其他亚型的欧亚实时荧光 RT-PCR 方法以及 James 在 2018 年建立的用于鉴定神经氨酸酶亚型的方法。

基因测序：目前，实时荧光 RT-PCR 是病毒检测的首选方法，其为检测 H5、H7 和H9 亚型提供了高通量、快速、敏感的诊断方法。随着测序技术的改进以及单位成本降低，为在实验室或现场环境中同时检测和测序临床样本提供了很好的机会。基因测序不仅被越来越多地应用于分子流行病学的病毒详细特征鉴定，也被用于病毒分型和确定宿主范围的标记物。Sanger 测序方法能够在 24～36h 内快速确定单个（H）靶基因以确定病毒的致病性。通过使用下一代测序技术快速确定基因组数据，可以使用一系列生物信息学工具进行更广泛的分析。

② 血清学检测：由于所有甲型流感病毒都有抗原相似的核蛋白和基质抗原，这些是甲型流感病毒组血清学检测的首选目标。ELISA（间接或竞争 ELISA）被广泛用于检测这些抗原的抗体。血凝抑制试验也被用于常规的血清学诊断，但由于血凝素具有亚型特异性，该试验可能会漏掉一些特定的感染。WOAH 推荐方法见表 9-21。

表 9-21　WOAH 推荐的针对不同目的应考虑采用的禽流感检测方法

诊断方法	目的					
	群体无疫证明	个体动物调运前无疫证明	疫病根除计划监察	临床病例确诊	疫病感染情况监测	免疫接种后免疫状况监测
病原检测						
病毒分离	+	+++	+	+++	+	—
抗原检测	+	+	+	+	+	—
实时荧光 RT-PCR	++	+++	++	++	++	—
检测免疫反应						
AGID	+ （甲型流感）	+ （甲型流感）	++ （甲型流感）	+ （康复期）	++ （甲型流感）	++ （甲型流感）
HI	+++ （H5 或 H7）	++ （H5 或 H7）	+++ （H5 或 H7）	++ （康复期）	+++ （H5 或 H7）	+++ （H5 或 H7）
ELISA	+	+	++	+ （康复期）	++	++

AGID——琼脂凝胶免疫扩散。

9.2.3.2　新城疫

新城疫（ND）是由禽副黏病毒 1 型（APMV-1）的强毒株引起的，也称为新城疫病毒（NDV）。APMV-1 已被证明能够感染 200 多种鸟类，但所产生的疾病的严重程度因病毒的宿主和毒株而异。即使是低毒力的 APMV-1 菌株，在其他生物体或不利环境条件存在下也可能诱发严重的呼吸道和肠道疾病。经验证的 RT-PCR 和测序是诊断的首选方法，与此同时病毒分离仍然是重要的实验室工具。

① 病原检测：将含有抗生素溶液的活禽咽拭子和泄殖腔拭子（或粪便）或死禽的粪便和器官混合样本悬浮液接种到 9～11 日龄的鸡胚的尿囊腔中，37℃孵育 2～7 天。在孵化期间对死亡或垂死胚胎的尿囊液以及孵化期结束时的所有鸡胚进行血凝活性检测和/或使用经过验证的特定分子方法检测病毒基因组。

由于 APMV-1 可能与其他禽副黏病毒血清型（尤其是 APMV-3、APMV-7 和 APMV-12）存在抗原交叉关系，因此应使用针对 APMV-1 的单特异性血清进行抑制试验。使用实时荧光 RT-PCR 检测尿囊液也可作为 APMV-1 初步鉴定的替代方法。

任何新分离的 APMV-1 的毒力都可以通过 RT-PCR 和测序来评估。此外，还可采用脑内致病性指数（ICPI）来评价毒力。在大多数国家，新城疫被认为是需要防控的疫病，由于病毒从实验室传播的风险很高，因此必须在适当的实验室生物安全条件下进行相关操作。任何 ICPI≥0.7 的 APMV-1，或 F2 蛋白 c 端有多个基本氨基酸，或 F 蛋白 117 残基有苯基丙氨酸的 APMV-1 被认为是强毒株。

② 血清学检测：ELISA 和 HI 可用于评估禽类的新城疫抗体水平。目前，HI 检测用于检测禽类的 APMV-1 抗体最广泛，同时商品化 ELISA 试剂盒也被广泛用于评估疫苗接

种后抗体水平。一般而言，病毒中和抗体或 HI 抗体效价更能体现群体抗体水平而不是个体抗体效价情况。由于家禽几乎普遍使用疫苗，血清学测定抗体效价在监测和诊断新城疫方面的价值有限。此外，用于检测当前流行的病毒毒株抗体时，如使用原先病毒毒株生产的抗原可能会降低 HI 检测的敏感性。因此，研究实验室中使用的抗原与当前流行病毒之间的一致性是很重要的。WOAH 推荐的方法见表 9-22。

表 9-22　WOAH 推荐的针对不同目的应考虑采用的新城疫检测方法

诊断方法	目的					
	群体无疫证明	个体动物调运前无疫证明	疫病根除计划监察	临床病例确诊	疫病感染情况监测	免疫接种后免疫状况监测
病原检测						
病毒分离	－	＋＋＋	＋	＋＋＋	＋	－
PT-PCR	＋	＋＋	＋	＋＋＋	＋	－
实时荧光 RT-PCR	＋＋	＋＋＋	＋＋	＋＋＋	＋	－
检测免疫反应						
ELISA	＋	＋	＋＋	－	＋＋	＋＋
HI	－	－	＋	－	＋＋	＋＋＋

9.2.3.3　马立克病

马立克病（MD）是一种家禽的淋巴瘤和神经性疾病，由一种细胞结合性疱疹病毒即马立克病病毒（MDV）引起。

该病可根据临床症状或肉眼观察到病变作出诊断，必须通过诊断疾病（肿瘤）而不是感染来做出明确诊断。鸡可能会持续感染 MDV 而不会出现临床疾病。MDV 感染可以通过病毒分离和检测病毒核酸、抗原或抗体来证明。

从 3~4 周或更大的年龄开始，鸡可以在任何时间感染 MDV。临床症状主要是腿和翅膀麻痹，周围神经增大，成年家禽有时候观察不到神经症状。毒力较高的 MDV 毒株也可能导致缺乏母源抗体的 1~2 周龄幼鸟的死亡率增加。淋巴瘤性病变可发生在多个器官中，例如卵巢、肝脏、脾脏、肾脏、肺、心脏、胃腺和皮肤。由 MDV 产生的肿瘤也可能类似于由逆转录病毒病原体如禽白血病病毒和网状内皮组织增殖病病毒诱导的肿瘤。如何区分见表 9-23。与在淋巴样白血病中观察到的均匀细胞群相比，MD 淋巴瘤由各种类型的多形性淋巴样细胞组成。

① 病原检测：在田间条件下，大多数鸡在生命的最初几周内感染 MDV，然后在其一生中携带这种病毒，通常不会出现明显的疾病症状。通过在鸡肾细胞或鸡/鸭胚胎成纤维细胞的单层培养物上共培养活的血沉棕黄层细胞来检测感染，其中特征性 CPE 可以在几天内形成。MDV 包括三个血清型，称为鸡疱疹病毒 2（血清型 1）、鸡疱疹病毒 3（血清型 2）和 Meleagrid 疱疹病毒 1 或火鸡疱疹病毒（HVT）（血清型 3）。血清型 1 包括所有致病毒株和一些减毒疫苗株。血清型 2 包括天然无毒株，其中一些可以用作疫苗。抗原相关的 HVT 也被用作针对 MD 的疫苗，最近还用作重组病毒疫苗载体。MDV 基因组 DNA 和病毒抗原可以分别使用 PCR 和免疫沉淀试验在受感染鸟类的羽毛尖端中检测到。分子诊断测试可用于区分致病菌株和疫苗菌株。

目前，分子技术检测临床样本中的 APMV-1 已成为许多实验室的首选方法。此外，RT-PCR 和测序广泛用于确定 APMV-1 的毒力或系统发育研究。气管或咽拭子通常被用作首选标本，因为它们易于处理，并且有很少的外来有机物质。除此以外，组织和器官样本甚至粪便因为可能有更高的病毒载量也可以采用。APMV-1 可能具有不同的趋向性，因此建议在采集样品时收集和测试口咽和泄殖腔拭子。

② 血清学检测：MDV 抗体在感染后 1~2 周内产生，通常通过琼脂凝胶免疫扩散试验或间接荧光抗体试验识别。WOAH 推荐的方法见表 9-24。

表 9-23　区分马立克病、淋巴性白血病和网状内皮组织增殖病的方法

类别	马立克病	淋巴性白血病	网状内皮组织增殖病
年龄	任何年龄 通常六周之后	16 周之后	16 周之后
症状	经常瘫痪	无特异性症状	无特异性症状
频率	在未接种疫苗的鸡群中通常高于 5%。 免疫鸡群中较为罕见	很少超过 5%	很少
肉眼可见病变			
神经症状	经常	无	不太常见
法氏囊	弥漫性扩大或萎缩	结节性肿瘤	结节性肿瘤
皮肤、肌肉和腺胃肿瘤，灰眼	可能发生	很少发生	很少发生
显微镜下病变			
神经病变	出现	不出现	不太常见
肝肿瘤	通常是血管周围	集中或扩散	集中
脾	弥散	通常集中	集中或扩散
法氏囊	滤泡间肿瘤和/或滤泡萎缩	滤泡内肿瘤	滤泡内肿瘤
中枢神经系统	出现	不出现	不出现
皮肤和毛囊中的淋巴增生	出现	不出现	不出现
肿瘤细胞学	多形性淋巴细胞，包括淋巴母细胞、小、中、大淋巴细胞和网状细胞。很少只有淋巴母细胞	淋巴母细胞	淋巴母细胞
肿瘤淋巴细胞分类	T 细胞	B 细胞	B 细胞

表 9-24　WOAH 推荐的针对不同目的应考虑采用的马立克病检测方法

诊断方法	目的					
	群体无疫证明	个体动物调运前无疫证明	疫病根除计划监察	临床病例确诊	疫病感染情况监测	免疫接种后免疫状况监测
病原检测						
组织病理学	—	—	—	+++	+	—
病毒分离	—	—	—	+	—	—
抗原检测	—	—	—	+	—	—
实时荧光 PCR	—	—	—	++	+	—
检测免疫反应						
AGID	—	—	—	—	+	+
IFA	—	—	—	—	+	+

9.2.3.4　禽传染性喉气管炎

禽传染性喉气管炎（avian infectious laryngotracheitis，ILT）是一种由鸡 α 疱疹病毒 1 引起的呼吸道疾病。它主要是鸡的疾病，但也可以影响野鸡、鹧鸪和孔雀。临床症状和观察到的病理反应可能从极其严重（一些鸡死于窒息）到非常轻微（与鸡的其他轻微呼吸道疾病无法区分）不等。主要表现为气管炎。在受感染的禽类中，病毒可以潜伏并排毒而

没有临床症状。

ILT实验室诊断可以考虑病毒分离，以及检测病毒抗原或病毒DNA。气管的特征性核内包涵体和合胞细胞形成等组织病理学检查具有诊断价值。这节描述的许多诊断方法尚未经过现代的标准程序正式验证，但通过长期广泛使用而被从业人员接受。

① 病原检测：病毒分离可以通过将可疑病料接种到鸡胚的尿囊膜上，或接种到禽胚胎细胞培养物中来完成。这些方法很耗时，但仍然有用。目前使用的快速方法包括对气管渗出液或冰冻切片进行免疫荧光检测，以及使用ELISA来证明黏膜刮片中的病毒抗原存在。现在已被广泛使用的PCR方法证明比病毒分离更敏感，可用于检测临床材料。常规PCR和实时荧光PCR均用于检测ILT病毒核酸。实时荧光PCR可相对定量每个样本的病毒基因组的含量，这一指标可以指示鸡群中的感染阶段和病毒传播水平。目前，组织病理学检查和实时荧光PCR是用于检测ILT病毒感染的最常见的一对快速检测方法。使用PCR和限制性片段长度多态性（RFLP）或测序可以对疫苗和野生型病毒进行区分。WOAH法典推荐可以考虑用于ILT病毒诊断的PCR引物见表9-25。

表9-25　WOAH推荐的禽传染性喉气管炎RT-PCR方法

普通RT-PCR （Kirkpatrick等，2006年）	上游引物	5′-CTG-GGC-TAA-ATCATC-CAA-GAC-ATC-A-3′
	下游引物	5′-GCT-CTC-TCG-AGT-AAG-AAT-GAG-TAC-A-3′
实时荧光RT-PCR （Callison等，2007年）	上游引物	5′-CCT-TGC-GTT-TGA-ATT-TTT-CTG-T-3′
	下游引物	5′-TTC-GTG-GGT-TAG-AGGTCT-GT-3′
	探针	5′-FAM-CAG-CTC-GGT-GAC-CCC-ATT-CTA-BHQ1-3′

② 血清学检测：ILT病毒的抗体可以通过在鸡蛋或细胞培养物中进行的病毒中和试验，或AGID、间接免疫荧光或ELISA来检测。ELISA是对鸡群健康状况进行筛选的首选。WOAH推荐的方法见表9-26。

表9-26　WOAH推荐的针对不同目的应考虑采用的禽传染性喉气管炎检测方法

诊断方法	目的					
	群体无疫证明	个体动物调运前无疫证明	疫病根除计划监察	临床病例确诊	疫病感染情况监测	免疫接种后免疫状况监测
病原检测						
病毒分离	—	—	—	＋＋	—	—
ELISA-病原检测	—	＋＋	＋	＋＋＋	＋	—
PCR	＋＋	＋＋＋	＋＋	＋＋＋	＋＋＋	—
检测免疫反应						
病毒中和	＋	—	＋	—	—	＋
ELISA-抗体检测	＋＋	＋	＋＋＋	＋	＋＋＋	＋＋＋

9.2.3.5　禽支原体病

禽支原体病是由几种致病性支原体引起的，其中鸡毒支原体（MG）和滑膜支原体（MS）被认为是最重要的。MG会导致家禽慢性呼吸道疾病，尤其是当鸡群受到压力或存在其他呼吸道病原体时。这种疾病的特征是鼻炎、结膜炎、打喷嚏和鼻窦炎，特别是在火鸡和猎鸟身上。它可能导致肉型鸟类的重大生产损失以及产蛋量的损失。MS可能导致呼吸道疾病、滑膜炎、蛋壳改变、产蛋量减少和胴体降级，或者可能导致无声感染。MG和MS的传染性和毒力不同，有时感染可能不明显。

① 病原检测：MG和MS可以在支原体培养基中分离后通过免疫学方法或通过在样品或培养物中检测其DNA来鉴定。用于分离的临床样品可以是器官或组织的拭子、渗出

液、稀释的组织匀浆、来自眶下窦或关节腔的抽吸物或来自蛋黄或胚胎的材料等。临床症状和病变将影响样本选择。肉汤和琼脂结合基本生化测试用于支原体的分离和初步识别，然后通过免疫学测试（例如荧光抗体或免疫过氧化物酶测试）或生物分子测试来确定属和种。

基于 PCR 的 DNA 检测方法通常用于专业实验室。WOAH 法典推荐可以考虑用于诊断的 PCR 引物见表 9-27。

表 9-27　WOAH 推荐的禽支原体 PCR 方法

MG 16S rRNA	MG-14F	5′-GAG-CTA-ATC-TGT-AAA-GTT-GGT-C-3′
(Lauerman 等，1998 年)	MG-13R	5′-GCT-TCC-TTG-CGG-TTA-GCA-AC-3′
MG mgc2	MG-1	5′-CGC-AAT-TTG-GTC-CTN-ATC-CCC-AAC-A-3′
(Garcia 等，2005 年)	MG-2	5′-TAA-ACC-CRC-CTC-CAG-CTT-TAT-TTC-C-3′
MS 16S rRNA	MS-F	5′-GAG-AAG-CAA-AAT-AGT-GAT-ATC-A-3′
(Lauerman 等，1998 年)	MS-R	5′-CAG-TCG-TCT-CCG-AAG-TTA-ACA-A-3′

② 血清学检测：几种血清学方法可以用于检测 MG 或 MS 抗体，但由于检测特异性和敏感性的差异，建议仅用于鸡群筛查而不是用于检测个体。

最常用的是快速血清凝集（RSA）试验、ELISA 和血凝抑制（HI）试验。在 RSA 测试中，将血清与商业生产的染色抗原混合，反应 2min；以及血清在 56℃ 下加热 30min 并与样品，尤其是稀释后的血清进行重新测试，结果仍然反应的血清，可被判定是阳性的。此样品可通过 ELISA 或 HI 进行确认。目前已经有几种商品化 MG 和 MS 抗体 ELISA 试剂盒可供选择。WOAH 推荐的方法见表 9-28。

表 9-28　WOAH 推荐的不同目的应考虑采用的禽支原体检测方法

诊断方法	目的					
	群体无疫证明	个体动物调运前无疫证明	疫病根除计划监察	临床病例确诊	疫病感染情况监测	免疫接种后免疫状况监测
病原检测						
细菌分离	+①	—	+	+	—	—
传统 PCR	++①	++①	++	+++	++	—
实时荧光 PCR	+++①	+++①	+++	+++	+++	—
检测免疫反应						
HI	++②	—	++	++	++	+
RSA	+③	—	+	+	+	+
ELISA	++②	—	++	++	++	++④

① 不适合一日龄家禽。

② 适用于确定过去 2~3 周的感染状况。

③ 适用于确定过去 5~8 天的感染状况。

④ 仅适用于接种灭活疫苗、F 株和温度敏感疫苗的群体。

9.2.3.6　禽传染性支气管炎

禽传染性支气管炎（IB）是由传染性支气管炎病毒（IBV）引起的。该病毒主要在鸡中引起感染，并且是商品肉和蛋类鸟类的重要病原体。IB 是一种急性传染性疾病，主要以生长鸡的呼吸道症状为特征。在母鸡中，经常观察到产蛋量下降，也可能导致间质性肾炎和死亡。IBV 引起的呼吸道疾病的严重程度因其他病原体（包括细菌）的存在而加剧，从而导致慢性复杂性气囊炎。IB 需要通过病毒分离、抗原染色或从患病鸡群中检测病毒核酸来确诊。血清抗体升高也可能对该病诊断有用。在临床诊断工作中，活疫苗和灭活疫苗的广泛使用可能会使病毒检测和血清学结果的解释复杂化。抗原变异株的出现可能会使疫苗接种无效。

① 病原检测：IBV 可以在鸡感染几天到一周后从气管黏膜和肺中分离出来。对于处于慢性感染或亚临床症状的 IB，肠道组织、肾脏、输卵管或盲肠扁桃体可能是更好的病毒分离来源。RT-PCR 较多地被用于鉴定 IBV 野毒株 S 糖蛋白基因型。使用针对 S 基因的 S1 部分特异的引物进行基因分型或对同一基因进行测序通常得到与血凝抑制（HI）或病毒中和（VN）试验进行的血清分型相似但并不总是相同的结果。补充检测方法包括电子显微镜、VN、免疫组化或免疫荧光等。SPF 鸡胚或来自胚胎的鸡气管器官培养物（TOC）可用于病毒分离。接种尿囊腔后，通常会在三个传代内产生胚胎发育迟缓、卷曲、杆状体或尿酸盐沉积。

WOAH 法典推荐可以考虑用于诊断的 PCR 引物见表 9-29，这些方法参考了 Cavanagh 等人于 1999 年和 Roh 等人于 2014 年发表的文章。

表 9-29　WOAH 推荐的禽传染性支气管炎 PT-PCR 方法

普通 RT-PCR 方法 1	XCE3	5′-CAG-ATT-GCT-TAC-AAC-CAC-C-3′
	MCE1＋	5′-AAT-ACT-ACT-TTT-ACG-TTA-CAC-3′
普通 RT-PCR 方法 2	XCE3	5′-CAG-ATT-GCT-TAC-AAC-CAC-C-3′
	BCE1＋	5′-AGT-AGT-TTT-GTGTAT-AAA-CCA-3′

② 血清学检测：商品化 ELISA 试剂盒通常用于监测群体血清抗体情况，需要注意的是试剂盒中使用的抗原在血清型之间具有广泛的交叉反应。尤其是在幼年生长的鸡中，HI 测试可以用于识别疫苗和野毒的血清型特异性反应。由于实际生产中可能存在多次感染和多次接种疫苗，种鸡和蛋鸡的血清极有可能含有交叉反应性抗体，HI 和 VN 检测结果对感染进行血清分型并不是十分可信的方法。WOAH 推荐的方法见表 9-30。

表 9-30　WOAH 推荐的针对不同目的应考虑采用的禽传染性支气管炎检测方法

诊断方法	目的					
	群体无疫证明	个体动物调运前无疫证明	疫病根除计划监察	临床病例确诊	疫病感染情况监测	免疫接种后免疫状况监测
病原检测						
病毒分离	＋[①]	＋＋[③]	—	＋＋＋	＋	＋[⑥]
基因测序	—	—	—	—	＋＋	—
RT-PCR	＋[①]	＋＋	＋＋	＋＋	＋	＋[⑥]
实时荧光 RT-PCR	＋[①]	＋＋	＋＋	＋＋	＋	＋[⑥]
血凝试验	—	—	—	—	—	—
病毒中和-病原检测	—	—	—	—	＋	—
检测免疫反应						
病毒中和-抗体检测	—	—[④]	—	＋[⑤]	—	＋[⑤]
ELISA-抗体检测	＋＋[②]	＋＋	＋＋	＋＋[③]	＋＋[④]	＋＋[⑤]

① 仅用于确定过去 10 天内没有感染。

② 适用于确定过去超过 10 天期间没有感染。

③ 适用于确定排毒期间个体状况。

④ 适用性有限，因为它可能对用作抗原的血清型过于特异。

⑤ 适用于分析间隔几周采集的配对样品。

⑥ 有时用于评估疫苗以评估对排毒的保护作用，但即使疫苗达到良好的临床保护作用动物也可能是阳性的。

9.2.3.7 传染性法氏囊病

传染性法氏囊病（IBD）是一种可感染鸡、火鸡、鸭、珍珠鸡和鸵鸟，但仅在幼鸡中引起症状的临床疾病。严重的急性 IBD 通常发生在 3～6 周龄的鸡只身上，而且有较高死亡率，但非急性或亚临床感染在生命早期很常见。IBDV 导致法氏囊中的淋巴耗竭，可能导致体液抗体反应的显著抑制，从而促进继发感染。IBDV 有两种血清型，称为血清 1 型和 2 型。临床疾病仅与血清 1 型相关，因此所有商品化疫苗都针对该血清型制备。血清 1 型 IBDV 的某些抗原变异株可能需要特殊疫苗才能获得最大保护。血清 1 型 IBDV 的高致病性毒株在世界范围内很常见，并会导致严重的疾病。

临床 IBD 可以通过特异性体征和死后病变来组合诊断。亚临床型可以通过在未接种疫苗的鸡中检查免疫反应或通过检测组织中的病毒抗原或病毒基因来确认。

① 病原检测：IBDV 病毒分离在常规诊断中很少使用。可以使用特异性抗体阴性（SAN）鸡或 SAN 来源的胚胎或细胞培养物。IBDV 可能难以在 SAN 来源的胚胎或细胞培养物中存活。分离到的病毒应通过病毒中和实验（VN）来确认。

在产生 IBDV 抗体之前，可以在法氏囊中检测到病毒抗原，这对于早期诊断很有用。在琼脂凝胶免疫扩散（AGID）法中，法氏囊匀浆可用作针对已知阳性抗血清的抗原。RT-PCR、ELISA 和免疫染色法也可以用于检测 IBDV。

WOAH 法典推荐可以考虑用于诊断的 PCR 引物见表 9-31，这些方法参考自 Eterradossi 等人于 1998 年和 Le Nouen 等人于 2006 年发表的文章。

表 9-31　WOAH 推荐的传染性法氏囊病检测方法

普通 RT-PCR 方法 1	Upper U3	5′-TGT-AAA-ACG-ACG-GCC-AGT-GCA-TGC-GGT-ATG-TGA-GGC-TTGGTG-AC-3′
	Lower L3	5′-CAG-GAA-ACA-GCT-ATG-ACC-GAA-TTC-GAT-CCT-GTT-GCC-ACT-CTTTC-3′
普通 RT-PCR 方法 2	Upper+290	5′-TGT-AAA-ACG-ACG-GCC-AGT-GAA-TTC-AGA-TTC-TGC-AGC-CAC-GGTCTC-T-3′
	Lower-861	5′-CAG-GAA-ACA-GCT-ATG-ACC-CTG-CAG-TTG-ATG-ACT-TGA-GGT-TGATTT-TG-3′

IBDV 可以通过 SAN 鸡的病理分型、病毒中和试验或基于单克隆抗体测试进行抗原分型，或对 IBDV 基因组两个片段的 RT-PCR 扩增产物的核苷酸测序来确定。这些检测应在专业的实验室进行，并应设立参考毒株。

② 血清学检测：可以通过 AGID、病毒中和或 ELISA 方法来进行检测。IBDV 感染通常可以在鸡群内迅速传播，如果在未接种疫苗的鸡群中发现阳性反应，则必须将整个鸡群视为感染。因此在实际工作中只需要对一小部分鸡群进行检测抗体。WOAH 推荐的方法见表 9-32。

表 9-32　WOAH 推荐的针对不同目的应考虑采用的传染性法氏囊病检测方法

诊断方法	目的					
	群体无疫证明	个体动物调运前无疫证明	疫病根除计划监察	临床病例确诊	疫病感染情况监测	免疫接种后免疫状况监测
病原检测						
法氏囊组织病理学检测	+[①]	—		+++	+[①]	+[②]
病毒分离	+[①]	—[③]	—	+[④]	+[④]	—
病毒鉴定（核酸测序等）	+[⑤]	—	—	+++	+[⑤]	+[②]
免疫方法检测法氏囊中的病毒	+[①]	—[③]		+++		+[①]
RT-PCR	+[①]	—[③]	+[①]	+++	—[⑥]	+

诊断方法	目的					
	群体无疫证明	个体动物调运前无疫证明	疫病根除计划监察	临床病例确诊	疫病感染情况监测	免疫接种后免疫状况监测
	检测免疫反应					
AGID	++①	++	++	—	—	+
ELISA-抗体检测	+++①	+++	+++	—	—	+++
病毒中和	+⑦	++⑦	—	—	—	++⑦

① 在未进行弱毒疫苗接种的地区大规模进行检测且结果始终为阴性,或检查亚临床 IBD 病例。

② 可用于接种活疫苗后检测在法氏囊中的复制情况。

③ 不适合,如果在检测前几周感染则检测结果可能为阴性。

④ 需要大量人力,且需要辅以病毒分型来区分活疫苗和野毒株。

⑤ 如果在鸡群中使用了活疫苗这种方法可以是必要的。

⑥ 不适合,通常不能区分活疫苗和野毒株。

⑦ 需要大量人力,可以作为非鸡类家禽检测 IBD 的参考方法,或可用于调查少量鸡群或将检测到的抗体与保护水平联系起来。

9.2.4 反刍动物疫病

WOAH 陆生动物诊断试验与疫苗手册中共囊括了 31 种反刍动物疫病,其中牛病包括:牛边虫病,牛巴贝斯虫病,牛囊尾蚴病,牛生殖道弯曲杆菌病,牛海绵状脑病,牛结核病,牛病毒性腹泻,传染性胸膜肺炎,牛白血病,牛出血性败血症,牛传染性鼻气管炎,牛结节性皮肤病,牛恶性卡他热,牛锥虫病,牛泰勒虫病,牛滴虫病。羊病包括:边界病,山羊关节炎脑炎,羊传染性无乳症,山羊传染性胸膜肺炎,绵羊地方性流产,内罗毕绵羊病,绵羊附睾炎,绵羊肺腺瘤病,小反刍兽疫,沙门氏菌病,痒病,羊痘和山羊痘,绵羊和山羊泰勒虫病。骆驼病包括:驼痘,中东呼吸综合征。

结合疫病可能造成的影响以及我国的养殖产业结构,本节将主要围绕能对家畜造成严重影响或对人类健康造成威胁的疫病进行阐述。此外,考虑到读者群体的阅读习惯,部分被 WOAH 放在多种动物易感疾病中的重要反刍动物疫病,如蓝舌病会放在本节中进行阐述。

9.2.4.1 牛海绵状脑病

牛海绵状脑病(bovine spongiform encephalopathy,BSE)又称疯牛病,是一种由朊病毒病引起的神经系统疾病,可导致成年牛的死亡。该疾病首先在英国被发现,目前分为经典(c 型 BSE)和非典型(H 和 L 型)。c 型疯牛病和非典型疯牛病在大多数欧洲国家、美洲、亚洲和太平洋地区的牛中都已发现。

c 型疯牛病流行是由于动物饲料中含有的肉骨粉和牛奶替代品中反刍动物衍生蛋白中的朊病毒引起的。由于目前各国采取了控制措施,c 型疯牛病在动物间的流行呈下降趋势。非典型 BSE 被认为在所有的牛种群中自发地以非常低的比率发生,并且只在老牛中被发现。许多国家都是在对 c 型疯牛病进行密集监测时偶然发现了这种病毒。

实验证明疯牛病可以各种形式传染给牛,c 型疯牛病也被认为是其他反刍动物和猫科动物通过饮食途径传播海绵状脑病的共同来源。有证据表明,c 型疯牛病与人类变异型克雅氏病（vCJD）之间存在因果关系，因此建议将疯牛病假设为一种人畜共患病来处理受疯牛病感染的材料，对可能受污染的材料的操作必须在适当的生物安全水平上进行。

病原检测：临床 c 型 BSE 在 4～5 岁的牛中有一个高峰发病率。临床病程变化不定，但可延长至数月。该病早期的临床症状可能是微妙的，主要表现为行为性的症状，并可能导致牛在怀疑发生疯牛病之前被处理。在对该病有防控政策的国家，临床怀疑病例必须处死，进行大脑诊断并销毁尸体。现在，在大多数国家，在屠宰场进行主动监测并筛查生产性能下降的病例，可识别临床症状出现前病例和可能存在的未被识别的临床症状的病例。目前还没有针对活体动物的诊断测试方法。

一种最初命名为 PrP^{Sc} 的疾病特异性的膜蛋白 PrPc 的错误折叠，在疾病发病机制中具有至关重要的意义。根据朊病毒假说，PrP^{Sc} 是传染源的主要或唯一成分。通过免疫组织化学（IHC）或免疫组化检测脑组织中的 PrP^{Sc} 可以确认诊断牛海绵状脑病。目前已经有可用的 BSE 商品化试剂盒，抗 PrP 抗体也可以购买或从 WOAH 参考实验室以及其他主动监测 TSE 的实验室获得。WOAH 推荐的方法见表 9-33。

表 9-33　WOAH 推荐的针对不同目的应考虑采用的牛海绵状脑病检测方法

诊断方法	目的					
	群体无疫证明	个体动物调运前无疫证明	疫病根除计划监察	临床病例确诊	疫病感染情况监测	免疫接种后免疫状况监测
病原检测						
免疫组化	—	—	++	+++	++++	—
蛋白质免疫印迹	—	—	++	+++	++	—
快速筛选方法	—	—	+++	+	+	—

9.2.4.2　牛结节性皮肤病

牛结节性皮肤病（lumpy skin disease，LSD）是一种牛痘病毒病引起的疾病，其发病特征是发热，皮肤、黏膜和内脏出现结节，消瘦，淋巴结肿大，皮肤水肿，有时甚至出现死亡。这种疾病具有一定经济意义，因为它会导致产奶量暂时减少、公牛暂时或永久不育、皮革受损，偶尔还会导致死亡。山羊痘病毒是造成这种疾病的原因。导致 LSD 的病原与引起羊痘和山羊痘的毒株在抗原上无法区分，但在基因水平上却不同。LSD 的地理分布与绵羊和山羊痘有部分不同，这表明牛痘病毒株不会在绵羊和山羊之间感染和传播。LSD 病毒（LSDV）的传播被认为主要是通过节肢动物，在没有载体的情况下自然接触传播效率低下。结节性皮肤病在大多数非洲和中东国家流行。2012 年至 2018 年间，LSD 作为欧亚 LSD 流行的一部分传播到东南欧、巴尔干和高加索地区。

① 病原检测：LSD 实验室检测最快速的方法是实时荧光 PCR 或者 PCR，并结合牛全身结节性皮肤病的临床病史和扩大的浅表淋巴结的病变进行确诊。在超微结构上，痘病毒不同于引起牛丘疹性口炎和假牛痘的副痘病毒，但在形态学上无法与正痘病毒区分开来。在细胞培养物中，与牛疱疹病毒 2 感染不同的是 LSDV 引起特征性的细胞病变和胞浆内包涵体。可以使用免疫过氧化物酶或免疫荧光染色在组织培养中证明 LSDV 抗原的存在。

目前已有多种 PCR、实时荧光 PCR 方法和 LAMP 方法被建立。可以考虑使用的引物和反应体系见表 9-34。

表 9-34　WOAH 推荐的不同目的应考虑采用的牛结节性皮肤病检测方法

普通 RT-PCR	上游引物	5'-TCC-GAG-CTC-TTT-CCT-GAT-TTT-TCT-TAC-TAT-3'
	下游引物	5'-TAT-GGT-ACC-TAA-ATT-ATA-TAC-GTA-AAT-AAC-3'
	反应体系	50μL 反应体系： 5μL 10×PCR buffer，1.5μL MgCl$_2$(50mmol/L)，1μL dNTP(10mmol/L)，1μL 上游引物，1μL 下游引物，1μL DNA 模板，0.5μL Taq DNA 聚合酶和 39μL 无核酸酶水
	扩增程序	预变性 95℃ 2min；变性 95℃ 45s，退火 50℃ 50s；延伸 72℃ 1min(34 个循环)；最后延伸 72℃ 2min

② 血清学检测：病毒中和试验和 ELISA 被广泛使用并已得到充分验证。由于 LSDV 会与其他痘病毒抗体发生交叉反应，琼脂扩散试验和间接免疫荧光抗体试验的特异性低于病毒中和试验。用免疫印迹方法（抗原为 LSDV 的 P32 蛋白）检测待检血清既灵敏又特异，但由于需要一定实验室能力且花费较高在临床应用较为困难。WOAH 推荐的方法见表 9-35。

表 9-35　WOAH 推荐的针对不同目的应考虑采用的牛结节性皮肤病检测方法

诊断方法	目的					
	群体无疫 证明	个体动物调运 前无疫证明	疫病根除 计划监察	临床病例 确诊	疫病感染 情况监测	免疫接种后 免疫状况监测
病原检测						
病毒分离	+	++	+	+++	+	—
PCR	++	+++	++	+++	+	—
透射电子显微镜	—	—	—	+	—	—
检测免疫反应						
病毒中和	++	++	++	+++	++	++
IFAT	+	+	+	+++	+	+
ELASA	++	++	++	+++	++	++

9.2.4.3　牛结核病

牛结核病是一种由牛分枝杆菌引起的动物和人类慢性细菌性疾病。在许多国家，牛结核病是牛、其他驯养动物和某些野生动物种群中的主要传染病，因其能传播给人类也构成了一个公共卫生问题。

牛分枝杆菌气溶胶暴露被认为是牛最常见的感染途径，但也会发生因摄入受污染材料而感染的情况。感染后，可能会出现称为结节的非血管结节性肉芽肿。典型的结核性病变最常发生在肺和咽部、支气管和纵隔淋巴结。病变也可见于肠系膜淋巴结、肝、脾、浆膜和其他器官。

牛结核感染通常可以在活体动物中根据迟发的超敏反应进行诊断。临床上感染通常是亚临床的尤其是在晚期，症状没有特别明显，可能包括虚弱、厌食、消瘦、呼吸困难、淋巴结肿大和咳嗽。对于死亡动物可以通过 PCR、尸检、组织病理学和细菌学技术确定感染。传统的分枝杆菌培养是牛结核的金标准方法。

① 病原检测：可以通过显微镜观察确认牛分枝杆菌的存在，在选择性培养基上分离出分枝杆菌并随后通过培养和生化测试或 PCR 方法对其进行鉴定，从而确认感染。

② 迟发性过敏试验：该方法是检测牛结核病的标准方法。它包括测量皮肤厚度，将牛结核菌素皮内注射到测量区域，并在 72 小时后测量注射部位的任何后续肿胀。

这种方法主要用于区分被感染动物和因接触其他分枝杆菌或相关属而对结核菌素敏感

的动物。应根据当地结核病感染的流行程度和环境暴露于其他致敏生物的水平决定是否仅使用该种方法或使用其他比较试验。

由于其更高的特异性和更容易标准化，纯化的蛋白质衍生物（PPD）产品目前已取代合成基结核菌素。牛 PPD 的推荐剂量至少为 2000 国际单位（IU），在比较结核菌素试验中，剂量应不低于 2000IU。实验结果的分析应根据所使用的测试方法做出适当反应。

③ 基于血液的实验室检测：现在可以进行诊断性血液检测，例如使用 ELISA 检测 γ 干扰素、淋巴细胞增殖试验、检测细胞介导的免疫反应、间接 ELISA、抗体反应等。其中一些方法可能由于实验室能力有限无法开展，但是这些方法对于难处理的牛、动物园动物和野生动物可能十分有用，尽管对某些物种的数据缺乏可能会妨碍对检测的解释。Cousins 等人于 2005 年发表的综述中提供了有关在牛以外的动物物种中使用各种方法的相关信息。

9.2.4.4　牛病毒性腹泻

所有年龄的牛都容易感染牛病毒性腹泻病毒（BVDV）。尽管一些国家最近已根除该病毒，但该病仍在全球范围内广泛分布。BVDV 感染会导致多种临床表现，包括任何类别的牛的肠道和呼吸道疾病或导致母牛生殖障碍或死胎。如果在妊娠前三个月发生子宫内感染，存活的动物几乎持续感染（PI）。PI 动物是牛群中病毒的主要宿主，可在尿液、粪便、排泄物、牛奶和精液中排出大量病毒。因此识别此类 PI 牛是控制感染的关键因素，避免此类动物的交易也十分重要。PI 牛可能在临床上看起来健康或者虚弱，但许多 PI 牛在性成熟之前就死了。急性感染恢复后的牛一般不会发生潜伏感染。然而，公牛可能有少数持续的睾丸感染并在精液中长时间排出病毒这种情况。

① 病原检测：BVDV 是黄病毒科中的一种，与经典猪瘟病毒和羊边界病病毒密切相关。这两种基因型（1 型和 2 型）在瘟病毒属中被分类为不同的物种。最近还提出了第三种基因型即 BVDV3 型。尽管 BVDV 1 型和 2 型的细胞病变和非细胞病变生物型都存在，但非细胞病变毒株通常只在野外感染中遇到，并且是细胞培养中诊断的主要焦点。PI 动物可以通过检测各种血液和组织样品中的病毒或病毒 RNA 的方法轻松识别，也可以通过将样品接种到易感细胞培养物上，然后用免疫标记方法检测培养物中病毒的复制来分离病毒。病毒感染的持续性应通过至少间隔 3 周后的重新采样确认。PI 动物通常表现为血清学阴性。急性感染病例病毒血症期间较为短暂，所以临床难以检测。从急性或持续感染公牛的精液中分离病毒需要特别注意样本的运输和检测。

PCR 方法在检测 BVDV 上特别有用，因为速度快、灵敏度高且不依赖于细胞培养物的使用。WOAH 推荐可以考虑使用的引物和反应体系见表 9-36，这一信息参考自 Mcgoldrick 等人于 1999 年发表的文章。

表 9-36　WOAH 推荐的牛病毒性腹泻 PT-PCR 方法

实时荧光 RT-PCR	上游引物	5′-GRA-GTC-GTC-ART-GGT-TCG-AC-3′
	下游引物	5′-TCA-ACT-CCA-TGT-GCC-ATG-TAC-3′
	探针 1	5′-FAM-TGC-YAY-GTG-GAC-GAG-GGC-ATG-C-TAMRA-3′
	反应体系	25μL 反应体系： 12.5μL 2×RT-PCR buffer，1μL 上游引物（20μmol/L），1μL 下游引物（20μmol/L），1μL 探针（3μmol/L），2μL tRNA（40ng/μL），1.5μL 无核酸酶水，1μL 25×酶混合物，5μL 模板
	内部质控	阴性对照； 两个阳性对照，包括：中等阳性样品［CT 29-32］，弱阳性样品［CT 32-35］

实时荧光 RT-PCR	扩增程序	48℃ 10min，95℃ 10min； 95℃ 15s，60℃ 1min；45 个循环
	结果分析	所有质控品应当为相应结果，而且中等阳性样品和弱阳性样品 CT 值应在预估范围内

② 血清学检测：BVDV 的急性感染理想情况下通过来自同组群中的几只动物，使用连续配对样本通过血清转化来确认。配对样品（急性和恢复期样本）的检测应至少间隔 21 天进行，样本应同时进行检测。最广泛使用的方法是 ELISA 和病毒中和试验。WOAH 推荐的方法见表 9-37。

表 9-37 WOAH 推荐的针对不同目的应考虑采用的牛病毒性腹泻检测方法

诊断方法	目的					
	群体无疫证明	个体动物调运前无疫证明	疫病根除计划监察	临床病例确诊	疫病感染情况监测	免疫接种后免疫状况监测
病原检测						
病毒分离	+	+++	++	+++	—	—
ELISA-病原检测	++	+++	+++	+++	+++	
免疫组化	—	—	—	++	—	—
实时荧光 PT-PCR	+++	+++	+++	+++	+++	
检测免疫反应						
ELISA	+++	++	+++	—	+++	+++
病毒中和	+	+++	++	—		+++

9.2.4.5 牛传染性鼻气管炎

传染性牛鼻气管炎/传染性脓疱性外阴阴道炎（IBR/IPV）由牛疱疹病毒 1（BoHV-1）引起，是一种养殖牛和野牛的疾病。该病毒已在世界范围内传播，但部分欧洲国家已将其根除，而且也有些国家也为此病制定了根除计划。

该疾病的临床表现为上呼吸道症状，如脓性鼻涕、口鼻充血（红鼻病）和结膜炎。一般的迹象是发热、抑郁、食欲不振、流产和产奶量减少。该病毒还可以感染生殖道并引起脓疱性外阴阴道炎和龟头包皮炎。尸检可显示鼻炎、喉炎和气管炎。死亡率很低，而且大多数感染都是亚临床过程。继发性细菌感染可导致更严重的呼吸道疾病，BoHV-1 还可能在"运输热"等多因素疾病中发挥作用。

① 病原检测：该病毒可以在感染的急性期采集，从具有呼吸道症状、外阴阴道炎或龟头包皮炎的动物的鼻腔或生殖器拭子中分离出来。在严重的情况下，也可以从尸检时采集的各种器官中分离出来。感染后，BoHV-1 可能会在感染动物的感觉神经元中（如三叉神经或骶神经节）以潜伏状态持续存在。当病毒被重新激活，病毒会重新排泄而不表现出临床疾病。由于这种潜伏现象，抗体阳性动物必须被归类为感染了 BoHV-1，只有当动物接种了灭活疫苗或由初乳抗体引起的血清学反应时为例外。

病毒分离可以使用牛来源的各种细胞系，例如次级肺或肾细胞或 Madin-Darby 牛肾细胞系。该病毒可以在 2～4 天内产生细胞病变。通过使用单特异性抗血清或单克隆抗体的中和反应进行鉴定。BoHV-1 分离株可通过 DNA 限制酶进一步分为亚型 1.1 和 1.2。BoHV-1.2 分离株可进一步区分为 2a 和 2b。鼻气管炎或外阴阴道炎/龟头包皮炎的发展更多地取决于感染途径而不是病毒的亚型。以前称为 BoHV-1.3 的病毒是一种神经病原体，现在被归类为 BoHV-5。

对于病毒检测，PCR 和实时荧光 PCR 技术越来越多地用于常规诊断。可以考虑使用的引物和反应体系见表 9-38，这一信息参考自 Wang 等人在 2008 年发表的文章。

表 9-38　WOAH 推荐的传染性鼻气管炎 PCR 方法

实时荧光 PCR	上游引物	*gB*-F：5'-TGT-GGA-CCT-AAA-CCT-CAC-GGT-3'
	下游引物	*gB*-R：5'-GTA-GTC-GAG-CAG-ACC-CGT-GTC-3'
	探针	5'-FAM-AGG-ACC-GCG-AGT-TCT-TGC-CGC-TAMRA-3'
	反应体系	$25\mu L$ 反应体系： $12.5\mu L$ $2\times$RT-PCR 反应混合液，ROX dye $0.5\mu L$（选用），$1\mu L$ 上游引物（$4.5\mu mol/L$），$1\mu L$ 下游引物（$4.5\mu mol/L$），$1\mu L$ 探针（$3\mu mol/L$），$4\mu L$ 无核酸酶水，$5\mu L$ 模板
	扩增程序	50℃ 2min，95℃ 2min； 95℃ 15s，60℃ 45s；45 个循环
	结果分析	所有质控品应当为相应结果，阳性质控 CT 值误差应在 3 以内。 CT 值小于 45 且表现出扩增曲线可判定为阳性

② 血清学检测：病毒中和试验和各种 ELISA 被广泛用于抗体检测。ELISA 可以用于检测血清或血浆中的抗体，但对牛奶样品的灵敏度较低。使用 *gE* 抗体 ELISA 试剂盒可以区分野毒感染和接种了 *gE* 缺失标记疫苗的牛。WOAH 推荐的方法见表 9-39。

表 9-39　WOAH 推荐的针对不同目的应考虑采用的传染性鼻气管炎检测方法

诊断方法	目的					
	群体无疫证明	个体动物调运前无疫证明	疫病根除计划监察	临床病例确诊	疫病感染情况监测	免疫接种后免疫状况监测
病原检测						
病毒分离	—	+	+	++	—	—
实时荧光 PCR	—	+	+	+++	—	—
检测免疫反应						
ELISA	+++	+++	+++	++	+++	+++
病毒中和	++	++	++	+	++	++

9.2.4.6　羊痘

绵羊痘和山羊痘是绵羊和山羊的病毒性疾病，其特征是发热、全身性丘疹或结节、水疱（很少）、内部病变（特别是肺部）和死亡。这两种疾病都是由山羊痘病毒株引起的，所有这些病毒都可以感染绵羊和山羊。羊痘病毒（SPPV）和山羊痘病毒（GTPV）是导致绵羊痘和山羊痘的病原，与 LSDV 一起组成痘病毒科的山羊痘病毒属。绵羊痘和山羊痘疫情在赤道以北的非洲、中东和亚洲流行，而欧洲、中东和亚洲部分地区最近也暴发了疫情。

① 病原检测：使用 PCR 方法结合临床病史，可以最快速地确诊山羊痘，此外已经有商品化 ELISA 试剂盒可以用于病原检测。病毒可以在绵羊、山羊或牛来源的组织培养物中生长，田间毒株可能需要长达 14 天才能生长或需要一个或多次的细胞传代。病毒引起的胞浆内包涵体可以使用苏木精和伊红染色清楚地看到，也可以使用特异性血清和免疫过氧化物酶或免疫荧光技术在组织培养中检测抗原。

用于检测痘病毒的 PCR 方法，如 Heine 等人于 1999 年、Ireland 等人于 1998 年和 Zro 等人于 2014 年发表的文章可以作为参考，需要注意的是该方法对羊痘和山羊痘病毒具有不同的特异性。还有 Balinsky 等人于 2008 年、Bowden 等人于 2008 年以及 Das 等人于 2012 年发表的文章，针对山羊痘病毒基因组中一个小的保守基因位点进行的多种实时荧光 PCR 方法，但这些方法不能区分羊痘病毒、山羊痘病毒或结节性皮肤病病毒。此外还有 Gelaye 等人于 2013 年和 Lamien 等人于 2011 年发表的一种实时荧光 PCR 方法无需基因测序即可直接进行山羊痘基因分型。

② 血清学检测：病毒中和试验是最特异的血清学试验。由于 SPPV 和 GTPV 可以与其他痘病毒发生交叉反应，间接免疫荧光检测的特异性较低不适用于羊痘的诊断。WOAH 推荐的方法见表 9-40。

表 9-40　WOAH 推荐的针对不同目的应考虑采用的羊痘检测方法

诊断方法	目的					
	群体无疫证明	个体动物调运前无疫证明	疫病根除计划监察	临床病例确诊	疫病感染情况监测	免疫接种后免疫状况监测
病原检测						
病毒分离	++	++	++	++	++	－
PCR	++	+++	++	+++	++	－
检测免疫反应						
病毒中和	++	++	++	++	++	++
IFAT	+	+	+	+	+	+

9.2.4.7　小反刍兽疫

小反刍兽疫（PPR）是由副黏病毒科小型反刍动物麻疹病毒引起的一种急性传染病。它主要影响绵羊和山羊，偶尔也会影响野生小反刍动物。基于在骆驼、牛和水牛中多次报告 PPR 的这一事实，尽管它们在 PPR 病毒传播中的潜在作用尚未正式确定，这些动物物种也被认为是易感动物。PPR 发生在除非洲南部以外的非洲大陆、阿拉伯半岛、近东和中东的大部分地区、中亚和东南亚以及我国。

该病临床症状类似于牛瘟。通常它的急性期病征是发热、眼部和鼻部出现浆液性分泌物、腹泻和肺炎，以及不同黏膜特别是口腔的糜烂性病变。尸检时，可能会发现胃肠道和泌尿生殖道有糜烂。肺部可能表现出间质性支气管肺炎和继发性细菌性肺炎。PPR 也可以亚临床形式发生。

PPR 必须通过实验室方法确认，因为蓝舌病、口蹄疫和其他糜烂性或水疱性疾病，以及山羊传染性胸膜肺炎，可引起临床上类似的症状。

① 病原检测：在正确的时间采集样品对于病毒分离很重要，应在疾病的急性期临床症状明显时采集样本。推荐的活体动物采集的样品为结膜分泌物拭子、鼻腔分泌物、口腔和直肠黏膜，以及经抗凝剂处理的血液。实验室诊断可以通过 ELISA 或 PCR 法完成。此外，也可以使用反向免疫电泳和琼脂凝胶免疫扩散方法检测。Penside 方法也可用于现场快速诊断。

近年来针对 N 和 F 蛋白基因的 RT-PCR 技术已被开发用于 PPR 的诊断，其中两种最常用的针对 N 和 F 蛋白基因的 RT-PCR 在表 9-41 中有所阐述。

表 9-41　WOAH 推荐的小反刍兽疫 RT-PCR 方法

	NP3 引物	5′-GTC-TCG-GAA-ATC-GCC-TCA-CAG-ACT-3′
普通 RT-PCR（Couach-Hymann 等，2002 年）	NP4 引物	5′-CCT-CCT-CCT-GGT-CCT-CCA-GAA-TCT-3′
	反应体系	50μL 反应体系： 15μL 无核酸酶水，5×RT-PCR buffer 10μL，dNTP 2μL，Q solution 10μL，NP3 引物（10mmol/L）3μL，NP4 引物（10mmol/L）3μL，酶混合物 2μL
	扩增程序	50℃ 30min；预变性 95℃ 15min；变性 94℃ 30s，退火 60℃ 30s，延伸 72℃ 1min（40 个循环）；最后延伸 72℃ 5min

普通套式 RT-PCR （Forsyth 等，2003 年）	引物 F1b	5′-AGT-ACA-AAA-GAT-TGC-TGA-TCA-CAG-T-3′
	引物 F2d	5′-GGG-TCT-CGA-AGG-CTA-GGC-CCG-AAT-A-3′
	如果第一轮检测阴性或为弱阳性，则应使用第一轮扩增产物以下一组引物进行再次检测	
	引物 F1	5′-ATC-ACA-GTG-TTA-AAG-CCT-GTA-GAG-G-3′
	引物 F2	5′-GAG-ACT-GAG-TTT-GTG-ACC-TAC-AAG-C-3′

② 血清学检测：常规使用的血清学检测方法为病毒中和试验和竞争 ELISA（表 9-42）。

表 9-42　WOAH 推荐的针对不同目的应考虑采用的小反刍兽疫检测方法

诊断方法	目的					
	群体无疫 证明	个体动物调运 前无疫证明	疫病根除 计划监察	临床病例 确诊	疫病感染 情况监测	免疫接种后 免疫状况监测
病原检测						
RT-PCR	—	++	++	+++	—	—
实时荧光 PT-PCR	—	++	+++	+++	+	—
病毒分离	—	—	—	++	—	—
免疫捕获 ELISA	—	+	++	+++	+	—
penside（胶体金）	—	—	++	++	—	—
AGID	—	—	+	+	—	—
检测免疫反应						
病毒中和	+++	+++	—	++	++	++
竞争 ELISA	+++	+++	+++	+	+++	+++
AGID	—	—	+	+	—	+

AGID——琼脂凝胶免疫扩散。

9.2.4.8　山羊传染性胸膜肺炎

山羊传染性胸膜肺炎（CCPP）是一种影响山羊和一些野生反刍动物的疫病，由山羊支原体亚种 McCp 引起。山羊表现为厌食、发热、呼吸困难、咳嗽和流鼻涕等呼吸道症状。急性和亚急性疾病的特点是单侧血清纤维蛋白性胸膜肺炎伴严重胸腔积液。诊断主要通过临床和尸检观察进行，这些观察最终应通过实验室检测来确认。由于病原分离困难，分子技术应该是实验室确认的首选方法。

① 病原检测：活体动物的样本可以使用支气管肺泡冲洗液或通过穿刺获得的胸腔积液。尸检时要采集的样本是肺部病变、淋巴结和胸腔积液。为了分离病原体需将组织在缓冲溶液中研磨并接种到选择性肉汤和含有抗生素的固体培养基中，以防止其他细菌的生长。McCp 的生长需要含有高百分比血清的培养基。McCp 的生长非常缓慢，在肉汤中，病原生长在 4～15 天内可见，但浑浊度很微弱。McCp 有时会在未动摇的液体培养物中产生"彗星"现象。在琼脂培养基上，典型的"煎蛋"菌落很小，只有 0.1～0.5mm。分子技术应该是实验室确认的首选方法。PCR 方法可以考虑使用的引物见表 9-43。

表 9-43　WOAH 推荐的不同目的传染性胸膜肺炎 PCR 方法

普通 PCR （Bascunana 等，1994 年）	上游引物	5′-ATC-ATT-TTT-AAT-CCC-TTC-AAG-3′
	下游引物	5′-TAC-TAT-GAG-TAA-TTA-TAA-TAT-ATG-CAA-3′
	扩增程序	94℃ 2min； 94℃ 30s，47℃ 15s，72℃ 15s，35 个循环 72℃ 5min
	结果判定	扩增产物大小为 316bp

② 血清学检测：山羊经常被发现与 McCp 密切相关的其他支原体感染，并且会在非特异性测试中引起交叉反应。多糖-乳胶凝集可用于现场暴发确认，特异性 ELISA 可用于血清流行率研究或监测疫苗接种。WOAH 推荐的方法见表 9-44。

表 9-44 WOAH 推荐的针对不同目的应考虑采用的传染性胸膜肺炎检测方法

诊断方法	目的					
	群体无疫证明	个体动物调运前无疫证明	疫病根除计划监察	临床病例确诊	疫病感染情况监测	免疫接种后免疫状况监测
病原检测						
体外培养	−	−	−	++	−	−
PCR	−	−	−	+++	−	−
检测免疫反应						
补体结合试验	−	−	+	++	+	−
乳胶凝集试验	+	+	−	+++	+	−
ELISA	+++	++	−	++	+++	+++

9.2.5 马病、兔病和其他疫病

WOAH 陆生动物诊断试验与疫苗手册中共囊括了 11 种马属动物疫病、2 种兔病、8 种蜜蜂病以及 10 种其他动物疫病。其中马病包括：非洲马瘟、马传染性子宫炎、马媾疫、流行性淋巴管炎、马脑脊髓炎、马传染性贫血、马流感、马焦虫病、马鼻肺炎、马病毒性动脉炎、马鼻疽等。2 种兔病包括：兔黏液瘤病、兔病毒性出血病。其他动物疫病主要包括：隐孢子虫病、囊虫病、大肠弯曲杆菌感染、李斯特菌病、疥癣病、沙门氏菌病、弓形体病和产志贺毒素大肠杆菌病等。

结合疫病可能造成的影响以及我国的养殖产业结构，本节将主要围绕能对家畜造成严重影响的疫病非洲马瘟进行阐述。

非洲马瘟（AHS）是一种由呼肠孤病毒科环状病毒引起的有传染性但非接触性传染的病毒性疾病，该病可以影响所有马科动物，其特征是改变动物呼吸和循环系统功能。AHS 目前已经报道有九种不同的血清型，由至少两种库蠓动物传播。

尽管 AHS 的临床症状和病变是特征性的，但由于可能与其他马疾病相混淆所以实验室诊断是必不可少的。作为一种病毒性疾病，AHS 的实验室诊断包括检测病毒核酸、病毒抗原或特异性抗体。目前，多种方法已被证明适用于检测 AHSV 其特异性抗体。

① 病原检测：每当在非 AHS 流行地区发生 AHS 疫情时，为了选择疫苗的同源血清型，进行病毒分离和血清分型实验尤为重要。

AHSV 可以从发热早期阶段采集的血液中分离出来。对于病毒分离，可以在尸检时选择的其他组织是脾脏、肺和淋巴结。病毒或样品可以接种在细胞培养物中，细胞系如 BHK-21、MS、Vero、昆虫细胞（KC）或在鸡胚胎中静脉注射。目前市场上已经开发了几种用于快速检测血液、脾组织和感染细胞上清液中的 AHSV 抗原的 ELISA 方法。AHSV RNA 的也可以使用 RT-PCR 方法实现。病毒分离物可以通过特定类型的血清学测试［如病毒中和（VN）］和特定类型的 RT-PCR 或测序进行血清分型。RT-PCR 方法可以考虑使用的引物和方法见表 9-45 和表 9-46。

表 9-45　WOAH 推荐的非洲马瘟 RT-PCR 方法

普通 RT-PCR (Zientara 等,1994 年)	上游引物	5′-GTTAAA-ATT-CGG-TTA-GGA-TG-3′
	下游引物	5′-GTA-AGT-GTA-TTC-GGT-ATT-GA-3′
	扩增程序	37~55℃ 45min~1h; 95℃ 5~10min,94~95℃ 1min,55℃ 1~1.5min,70~72℃ 2~2.5min,40 个循环 70~72℃ 7~8min
	结果判定	扩增产物大小为 1179bp

表 9-46　两种实时荧光 RT-PCR 方法的比较

	Agüero 方法	Guthrie 方法
目标片段	VP7	VP7
引物(5′-3′)	CCA-GTA-GGC-CAG-ATC-AAC-AG	AGA-GCT-CTT-GTG-CTA-GCA-GCC-T
	CTA-ATG-AAA-GCG-GTG-ACC-GT	GAA-CCG-ACG-CGA-CAC-TAA-TGA
探针(5′-3′)	FAM-GCT-AGC-AGC-CTA-CCA-CTA-MGB	FAM-TGC-ACG-GTC-ACC-GCT-MGB
退火温度	55℃	60℃
循环数	40	40
分析敏感性 (LOD)	$TCID_{50}$ 为 $10^{6.3}$ 的 AHSV-4 标准毒株在稀释度为 10^{-5} 可以在 CT 值 34±0.5 被检测到	稀释度为 $3.02×10^{-6}$ 的 AHSV 阳性血清可以在 CT 值为 35.71 检测到
特异性	100%	99.9%
敏感性	97%	97.8%

② 血清学检测:自然感染后存活的马会在感染后 8~12 天内产生针对其感染的 AHSV 血清型的抗体。这可以通过几种血清学方法来确定,如补体结合试验、ELISA、免疫印迹和 VN,其中 VN 可以用于血清分型。WOAH 推荐的方法见表 9-47。

表 9-47　WOAH 推荐的针对不同目的应考虑采用的非洲马瘟检测方法

诊断方法	目的					
	群体无疫证明	个体动物调运前无疫证明	疫病根除计划监察	临床病例确诊	疫病感染情况监测	免疫接种后免疫状况监测
病原检测						
实时荧光 RT-PCR	+	+++	+	+++	++	—
传统 RT-PCR	—	+	+	++	+	—
病毒分离	—	++	—	+++	—	—
检测免疫反应						
ELISA(基于 VP7 片段用于血清学分型)	+++	++	+	++	++++	++
CFT	+	+	+	+	+	+
VN	+	+	—	+	+	+++

9.2.6　抗微生物药物耐药性检测类国际标准

随着细菌对传统抗微生物药物耐药性的增加,临床医生越来越难以凭经验选择合适的抗微生物药物。因此,应使用经过验证的方法对采集到的样品中的相关细菌病原体进行体外抗微生物药敏试验(antimicrobial susceptibility testing,AST)。因此,AST 是全球畜牧业谨慎使用抗微生物药物行动计划的重要组成部分,所有国家的兽医都应获得并依据这些数据做出明智的兽用抗微生物药物使用以及管理相关的决策。目前可提供 AST 检测相关技术国际标准或指导手册组织机构为美国临床实验室标准化协会(The Clinical & Laboratory Standards Institute,CLSI)和欧洲药敏试验委员会(European Committee on

Antimicrobial Susceptibility Testing，EUCAST）。

尽管存在多种方法，但体外抗微生物药敏试验的目标是提供一个可靠的预测指标，即预测动物对抗微生物药物治疗可能产生的反应（耐药和敏感），或出于监测目的评估是否微生物已发展出耐药性。此类信息有助于临床医生选择合适的抗微生物药物，有助于制定抗微生物药物使用政策，并为流行病学监测提供数据。此类流行病学监测数据为选择适当的经验性治疗（一线治疗）和检测不同细菌中耐药菌株或耐药决定因素的出现或传播提供了基础。AST 方法的选择基于许多因素，例如验证数据、实用性、灵活性、自动化性、成本、再现性、准确性、标准化和协调性等。

使用基因型方法检测可以导致抗微生物药物耐药性的基因也被推广为提高药敏试验速度和准确性的一种方式。目前正有许多基于 DNA 的检测方法用以检测基因水平上细菌抗微生物药物耐药性。这些方法与表型分析结合使用时，有助于提高检测特定已知耐药基因的灵敏度、特异性和速度，并可与传统的实验室 AST 方法结合使用。

有许多 AST 方法可用于确定细菌对抗微生物药物的敏感性。实际操作中，方法的选择基于许多因素，例如实用性、灵活性、自动化、成本、再现性、准确性、可访问性和个人偏好。如果要实现不同成员间的数据可以互相比较对照，则用于抗微生物药物耐药性流行病学监测的 AST 方法的标准化以及协调至关重要。AST 方法必须在日常实验室常规使用中具有良好的可重复性，并且得到的结果与通过公认的"黄金标准"参考方法获得的结果具有高度相似性。目前，AST 的参考方法是肉汤微量稀释方法，该方法可确定 ISO 所描述的最小抑菌浓度（MIC）。纸片扩散法、肉汤稀释法和琼脂稀释法已被证明在正确遵循操作规程的情况下可以提供可重现和可重复的结果。

9.2.6.1 纸片扩散法

纸片扩散法是指抗微生物药物从含有特定浓度药剂纸片扩散到已接种纯培养物的固体培养基（通常为 Müller-Hinton 琼脂）中。纸片扩散法结果是通过测量纸片周围抑菌圈的直径来确定的，直径与细菌对纸片中存在的抗菌剂的敏感性成正比。

抗微生物药物的扩散效果形成培养基中抗微生物药物存在梯度，即越靠近纸片浓度越高。当抗微生物药物的浓度变得稀薄以至于不能再抑制待检细菌的生长时，就会形成围绕纸片周围的抑菌圈。抑菌圈与测试细菌的 MIC 成反比，通常，抑菌圈越大则抑制微生物生长所需的抗微生物药物浓度越低。然而，这取决于纸片中抗微生物药物的浓度及药物的扩散性。大分子药物在琼脂中扩散很差，使得这些药物的纸片扩散法不可靠。出于这个原因，不推荐使用纸片扩散方法对黏菌素和多黏菌素的敏感性测试。

纸片扩散法的优点：检测费用低，可以通过更换检测用抗微生物药物纸片来改变检测药物盘，可以用于大规模筛查以及通过适当的对照标准细菌来进行质控。

纸片扩散法的缺点：实验时间较长、读数耗时，以及实验试剂的配制及保存具有一定要求。

9.2.6.2 微量肉汤稀释法和琼脂稀释法

微量肉汤和琼脂稀释法的目的是确定待检细菌在肉汤或琼脂上可见生长的抗微生物药物的最低浓度。在肉汤和琼脂稀释法中药物的测试浓度是通过 2 倍梯度稀释得来的，所以实验得到的 MIC 未必能够准确地代表。因此，"真实的" MIC 可能在检测获得的 MIC 上浮动±1 稀释度。

稀释法比纸片扩散法更具有可重复性，这就是为什么肉汤微量稀释是当前的参考检测方法。然而，抗微生物药物通常以双倍稀释进行测试，这可能会产生不准确的 MIC 数据。

因此，在筛选大量易感分离株时，纸片扩散法在某些情况下可能更有优势。

（1）微量肉汤稀释法　　在该方法中，将预定最佳浓度的细菌悬浮液与不同浓度的抗微生物药物（通常是连续的两倍稀释）在液体培养基中进行测试。肉汤稀释法可以在微量滴定板中进行，目前已有商用的预包被冻干或干燥的预稀释抗生素的96孔板。由于大多数肉汤微量稀释检测板是商业制备的，因此在适应监测计划不断变化的需求方面，这种方法不如琼脂稀释或圆片扩散法灵活。

（2）琼脂稀释法　　琼脂稀释法是将连续两倍稀释的不同浓度的抗微生物药物混入琼脂培养基中，然后将待检细菌接种于琼脂表面。通过阅读细菌的生长情况读取MIC数值。对于某些特定抗微生物药物如磷霉素、美西林和某些肉汤稀释法尚未完全建立方法的细菌，该方法被认为是最可靠的MIC测定方法。

琼脂稀释法的优点：可以在同一组琼脂板上同时测试多种细菌（除了群居细菌）以及使用接种装置使方法具有半自动化的可能性。

琼脂稀释法的缺点：如果不使用自动化设备，该方法十分费时费力，平板制备好后，通常应在1～3周内使用以及检测数值后并不总是易于阅读。

9.2.6.3　其他AST方法

MIC同样可以通过使用包被有抗微生物药物梯度浓度的商用试剂条（Etest）检测获得，这种方法具有商品化试剂盒检测快速简单的优点。相较于其他传统检测方法，使用Etest的费用相对较高且对于某些药物（如青霉素类、环丙沙星、氧氟沙星和利福平等）其检测结果与标准方法的结果不甚相符。

近年来随着测序技术的不断发展，Next generation sequencing（NGS）方法被广泛地应用于诊断发现样品中AMR相关基因。近年来报道的分子层面上预测AMR的文章不断增多，这种方法可以辅助传统检测方法提高检测速度以及敏感度，尤其是在甲氧西林耐药金黄色葡萄球菌（MRSA）和耐万古霉素肠球菌（VRE）的检测上。然而推广以及在临床广泛使用NGS技术还需更多研究及校准，因此在现阶段NGS还不能够取代传统AST检测技术。

常见的表型敏感性检测法的优缺点见表9-48。

表9-48　常见的表型敏感性检测法的优缺点

检测方法	是否具有国际标准	是否有发布的方法	是否可用于国家监测计划	是否可用于临床治疗目的	是否有参考分界诊断值（breakpoint）	检出结果表现形式	与其他方法结果的可比较性	其他
微量肉汤稀释法	具有（ISO 20779-1），CLSI，EUCAST	是CLSI，EUCAST	是最好选用MIC	是	临床分界值（clinical break-point）或流行病学分界值（ECOFF）	MIC	高	当前最推荐的标准方法。实验得到的MIC值可以通过和分界值（例如临床断点或ECOFF）的比较分析检测结果。目前许多国家AMR监测计划都采用这种方法。MIC值有时可以指示可能的耐药机制（例如，高水平的阿米卡星耐药和rRNA甲基化酶）或提供流行病学标志物。目前,这是唯一适用黏菌素敏感性检测的方法

检测方法	是否具有国际标准	是否有发布的方法	是否可用于国家监测计划	是否可用于临床治疗目的	是否有参考分界诊断值（breakpoint）	检出结果表现形式	与其他方法结果的可比较性	其他
琼脂稀释法	无	是CLSI，EUCAST	并未被广泛使用	是	临床分界值（clinical breakpoint）或流行病学分界值（ECOFF）	MIC	取决于所用方法的一致性	参考方法。适用于肉汤稀释的分界值可能不适用于琼脂稀释法。目前特别用于测试某些生长条件比较挑剔的微生物
Etest	无	是厂家说明书	并未被广泛使用	是	临床分界值（clinical breakpoint）或流行病学分界值（ECOFF）	MIC	高	一种方便的检测MIC的替代方法，所需的设备最少
纸片扩散法	无	是CLSI，EUCAST还有一些其他可行的方法，但通常来说是不等效的	可以选用，但是微量肉汤稀释法更佳	是	临床分界值（clinical breakpoint）或可应用EUCAST纸片扩散法的流行病学分界值（ECOFF）	抑制区直径	取决于所用方法的一致性	经常用于以治疗为目的的药敏试验。该方法可以使用含有不同可用于治疗的抗微生物药物纸片。不同的方法通常不是等效的（使用一种方法获得的区域大小不能使用另一种不同方法的标准来解释）

主要参考文献

[1] WOAH. Procedures used by the OIE to set standards and recommendations for international trade, with a focus on the terrestrial and aquatic animal health codes. WOAH 出版社，巴黎，2016.

[2] WOAH. Terrestrial animal health code. WOAH 出版社，巴黎，2021.

[3] WOAH. Terrestrial animal health manual. WOAH 出版社，巴黎，2021.

[4] OECD. International regulatory co-operation: the role of international organisations in fostering better rules of globalisation. OECD 出版社，巴黎，2016.

[5] OECD/WTO. Facilitating Trade through Regulatory Cooperation: The Case of the WTO's TBT/SPS Agreements and Committees. OECD 出版社，巴黎/日内瓦，2019.

[6] WOAH. Manual of diagnostic tests and vaccines for terrestrial animals, WOAH 出版社，巴黎，2021.

第 10 章
兽用诊断
技术国家和
行业标准

动物卫生标准包括国家标准、行业标准、地方标准、团体标准和企业标准，是我国标准体系的重要组成部分，是动物防疫法律法规规章的重要技术支撑，是各项防疫措施落实到位的重要技术保障。

10.1

我国动物卫生标准概况

10.1.1 我国动物卫生标准的发展历史

我国的动物卫生国家标准和行业标准由全国动物卫生标准化技术委员会归口管理，秘书处挂靠在中国动物卫生与流行病学中心。标委会前身是 20 世纪 70 年代农业部批准成立的"农业部动物检疫规程委员会"，委员会成立后共颁布 80 多项《动物检疫规程》，标志着我国动物检疫工作开始规范化。1991 年，国家标准委批准组建第一届"全国动物检疫标准化技术委员会"，初步搭建了动物检疫标准体系。动物卫生标准化工作破难起步、首程建功。1996 年，首批公布的 7 项动物检疫国家标准，获得国家质量技术监督局科技进步三等奖。2004 年，标委会更名并组建第二届"全国动物防疫标准化技术委员会"，此阶段通过加大标准制修订力度，标准数量快速积累，建立起较为完善的动物防疫标准体系。2014 年，顺应动物卫生工作不断扩展的趋势，标委会再次更名并组建第三届"全国动物卫生标准化技术委员会"，贯彻新标准化法实施，动物卫生标准由增量进入提质阶段。2021 年，第四届全国动物卫生标准化技术委员会组建。目前，标委会工作范围包括动物疫病防控、动物产品卫生、动物卫生监督、动物疾病临床诊疗（伴侣动物除外）、动物福利、兽医机构效能评估等。

我国动物卫生标准工作经过 30 年发展，标准制修订管理机制不断健全，标准体系框架已较为完善，标准水平持续提升，标准应用范围不断扩大，行业影响力显著增强。截至 2021 年，全国动物卫生标准化技术委员会归口管理的已发布动物卫生标准 279 项，其中国家标准 147 项、行业标准 132 项，覆盖动物疫病检测和诊断、动物疫病防控、动物产品安全、动物卫生监督、动物福利、中兽医等多个领域，在非洲猪瘟等重大动物疫病防控、动物调运、兽医社会化服务、畜禽标准化养殖、无疫区和无疫小区建设等方面发挥了重要作用。

10.1.2 动物卫生标准体系

按照行业发展需要和动物卫生标准内容，目前动物卫生标准体系构建情况主要包括基础通用型标准（动物卫生术语等）、动物疫病检测诊断类标准（重要动物疫病）、动物疫病防控类标准（监测、净化规范）、动物检疫监督管理类（产地检疫、屠宰检疫）、动物疾病诊疗类、中兽医类、兽医体系建设评估类、动物福利类等，详见图 10-1。

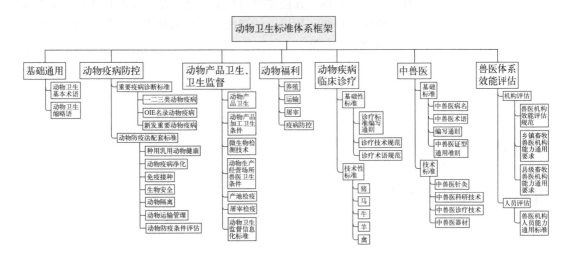

图 10-1 动物卫生标准体系

10.1.3 动物卫生标准的作用

动物卫生标准是国家标准体系的重要组成部分，在有效防控我国高致病性禽流感、口蹄疫、非洲猪瘟、布鲁氏菌病等重大动物疫病，确保养殖业生产安全、公共卫生安全、产品质量安全等方面发挥了重要作用。

首先，动物卫生标准是动物防疫工作的重要技术支撑。重大动物疫情防控工作中，"早快严小"是我们始终遵循的重要原则和方针，其关键在于"早"字，要做到"早检测、早发现、早诊断"，这就必须建立成熟稳定可靠的检测或诊断方法。近年来，动物卫生标准为各项法规规章尤其是防治技术规范的顺利实施提供了充分的技术保障，在高致病性禽流感、口蹄疫、非洲猪瘟、小反刍兽医等重大动物疫病防控工作中做出了重要贡献。我国首例非洲猪瘟确诊病例就是按照动物卫生标委会的非洲猪瘟诊断标准得出的。2020 年，对非洲猪瘟诊断标准又及时修订并通过快速程序及时发布，为后续的非洲猪瘟诊断和检测监测工作提供了有力技术依据。

其次，动物卫生标准是动物产品质量安全和公共卫生安全的重要保障。党的十九届五中全会提出要"强化绿色导向、标准引领和质量安全监管"，将强化标准引领摆在了更加突出的位置。保障畜禽产品质量安全需要最严谨的标准。近年来，布鲁氏菌病、动物结核病、包虫病等人畜共患传染病在我国部分地区流行情况加重，对养殖业安全和公共卫生安全造成了严重危害。为做好人畜共患传染病的防控工作，一方面要加强监测预警，及时采取防控措施，防止由动物传染给人；另一方面又要积极采取净化检测措施，不断淘汰感染动物，这都需要动物卫生标准提供技术支持。

最后，动物卫生标准是动物防疫监管执法有效开展的基础依据。标准是国家治理的基础性规范，与法律制度相比，标准更加具体细致，是法律法规规章的细化和延伸，具有较强的可操作性。动物卫生标准可以作为动物卫生监督执法的技术基础和判定依据。在技术层面，动物卫生标准尤其是诊断技术类标准，是检测机构开展检测工作的技术依据和出具有法律效力检测报告的法律依据，是监督执法甚至是行政执法与刑事司法衔接的重要支撑，可切实提高监管的科学性和针对性。在法律执行层面，法律法规在严格执行标准方面做出了明确规定，并设立了相应的罚则，所以，法律法规的有效贯彻执行和动物卫生监督执法的有效开展，都离不开动物卫生标准。

10.2
兽用诊断类国家标准

10.2.1 多种动物共患病

10.2.1.1 口蹄疫

口蹄疫（foot and mouth disease，FMD）是由口蹄疫病毒（foot and mouth disease virus，FMDV）感染引起偶蹄动物的一种急性、烈性、接触性传染病。据记载，全球首例 FMD 发生于 1514 年，随后在欧洲地区不断发生、流行，呈全球性分布，目前北美洲、南美洲、欧洲、大洋洲有部分国家宣布消灭该病，我国于 1952 年首次发生疫情。该病潜伏期 1~14d（因种属差异略有不同），猪、牛、羊等 70 余种家养和野生偶蹄类动物均易感。FMDV 可经呼吸道、消化道等多种途径侵染易感动物，通过直接或间接接触、空气（含气溶胶）、污染的食物和饮水、器具等途径传播。WOAH 将其列为须报告的动物疫病，我国将其列为一类动物疫病，2003 年国家发布口蹄疫诊断技术标准（GB/T 18935，2018 年修订），适用于偶蹄类动物以及其他易感动物 FMD 诊断。

（1）临床诊断　临床症状：易感动物卧地不起或跛行，牛可见呆立流涎；发病动物的可见唇部、舌面、齿龈、鼻镜、蹄踵、蹄叉、乳房等部位出现水疱；发病后期，水疱破溃、结痂，严重者蹄壳脱落，恢复期可见痂痕、新生蹄甲。本病传播迅速，发病率高，成年动物死亡率低，幼龄动物突然死亡且死亡率高，仔猪常成窝死亡。

病理变化：消化道可见水疱、溃疡，幼畜骨骼肌、心肌表面有白色条纹（虎斑心）。

易感动物出现上述临床症状和病理变化，可初步判定为临床疑似口蹄疫病例。

（2）实验室检测　样品：水疱液、水疱皮与周边溃烂组织、淋巴结、脊髓、扁桃体、心脏肌肉、O-P 液（反刍动物）、血清等。

方法：病毒分离鉴定、定型 ELISA、多重 RT-PCR、定型 RT-PCR、VP1 基因序列分析、荧光定量 RT-PCR、病毒中和试验（VN）、液相阻断 ELISA、固相竞争 ELISA、3ABC-I-ELISA、3ABC-B-ELISA。

（3）综合判定　疑似病例病毒分离成功，或经定型 ELISA 检出 FMDV 抗原，或经多重 RT-PCR、定型 RT-PCR、荧光定量 RT-PCR、FMDV VP1 基因测序任一方法检出

FMDV 核酸，判为确诊病例。

无明显特异症状的非免疫动物，经 VN、液相阻断 ELISA、固相竞争 ELISA、3ABC-I-ELISA、3ABC-B-ELISA 任一方法检出 FMDV 抗体阳性，判为 FMDV 感染。

无明显特异症状易感动物，O-P 液或组织样品经病毒分离，或定型 ELISA、多重 RT-PCR、定型 RT-PCR、荧光定量 RT-PCR、VP1 基因测序任一方法检出阳性，可判为 FMD 带毒（潜伏感染或持续感染）。

10.2.1.2　狂犬病

狂犬病（rabies）是由狂犬病毒（rabies virus，RV）感染人及犬、猫等动物所引起的一种人兽共患、急性、接触性传染病。该病在全球野生动物（狼、狐、蝙蝠等）中广泛存在，150 多个国家/地区存在此病。本病易感群体广泛，人、家养动物（犬、猫、牛、马、猪等）、野生动物（狼、虎、狐、豺等）均可感染，以犬、猫最为易感。各种动物潜伏期不一，从 10 天到数月或 1 年以上，WOAH 法典中该病潜伏期为 6 个月。病毒主要经破损皮肤或黏膜侵入，通过动物间撕咬、挠抓或舔舐等途径感染、传播，也通过食用感染动物传播，感染后致死率 100%。WOAH 将其列为须报告的动物疫病，我国将其列为二类动物疫病，2002 年国家发布狂犬病诊断技术标准（GB/T 18639，2023 年修订），适用于各种易感动物（以犬为主）狂犬病的诊断和检疫。

（1）**临床诊断**　临床症状：①前驱期，病犬精神不振，怕见光，喜暗处，行为异常，不喜主人抚摸，双眼无神，意识恍惚，反射兴奋性明显提高，唾液增多，流涎，食欲反常，喜吃异物。②狂躁期，病犬暴躁不安，到处乱跑，兴奋异常，性情狂躁，咽喉肌肉麻痹，叫声沙哑，下颌低垂，交替出现狂躁和沉郁，表情惊恐，眼睛斜视人和物，神志时而清醒。③麻痹期，病程 2~4 天，下颌、尾巴下垂，唾液外流，呼吸困难，麻痹期症状不明显，初步诊断时应向犬主人询问有无被咬伤史。

病理变化：口腔和咽喉黏膜充血、糜烂，胃内空虚，黏膜可见充血、出血，脑和脊髓有出血，血管发生扩张，中枢神经实质及脑膜水肿、充血、出血；在大脑、小脑的神经细胞浆内可观察到嗜酸性包涵体，也称为内基氏小体，形状为圆形或卵圆形，在其内部可见明显的嗜碱性颗粒。

易感动物出现上述临床症状和病理变化，可初步判定为狂犬病疑似病例。

（2）**实验室检测**　样品：病死或被扑杀动物的大脑海马回、小脑皮质和延髓，唾液样品。

方法：直接免疫荧光检测（DFA）、直接快速免疫组化检测（dRIT）、巢式 RT-PCR 检测等及小鼠和细胞培养物感染试验。

（3）**综合判定**　疑似病例经 DFA、dRIT 及小鼠和细胞培养物感染试验任一方法检测阳性，则判定为狂犬病确诊病例。

10.2.1.3　布鲁氏菌病

布鲁氏菌病（brucellosis）是由布鲁氏菌属（*Brucella*）的细菌感染羊、牛、猪以及人等引起的一种人兽共患传染病。1860 年始发于地中海地区，称为"地中海热"或"波浪热"，现呈全球分布。本病潜伏期 2~6 个月，羊、牛、猪易感性最高，羊发病多于牛、猪，母畜比公畜易感。患病和带菌动物是主要传染源，主要通过消化道传播，也可通过皮肤、黏膜、交配、蜱虫叮咬传播。WOAH 将其列为须报告的动物疫病，我国将其列为二类动物疫病，2002年国家发布布鲁氏菌病诊断技术标准（GB/T 18646，2018年修订），适用于动物布鲁氏菌病的诊断与监测。

（1）**临床诊断** 临床症状：典型症状是妊娠母畜发生流产。流产后可能发生胎衣滞留和子宫内膜炎，阴道流出污秽不洁、恶臭的分泌物。新发病的畜群流产较多，老疫区畜群流产较少，较多发生子宫内膜炎、乳腺炎、关节炎、局部脓肿、胎衣滞留、久配不孕。公畜往往发生睾丸炎、附睾炎或关节炎。

病理变化：妊娠或流产母畜子宫内膜和胎衣的炎性浸润、渗出、出血及坏死，有的可见关节炎。胎儿主要呈败血症病变，浆膜和黏膜有出血点和出血斑，皮下结缔组织发生浆液性、出血性炎症。组织学检查可见脾、淋巴结、肝、肾等器官形成特征性肉芽肿。

易感动物出现上述临床症状和病理变化，可初步判定为布鲁氏菌疑似病例。

（2）**实验室检测** 样品：血清、乳汁、患病动物流产胎衣、绒毛膜水肿液、肝、脾、淋巴结、胎儿胃内容物等组织。

方法：血清学检测包括虎红平板凝集试验、乳牛全乳环状试验、试管凝集试验、补体结合试验、间接ELISA、竞争ELISA，病原学检测包括涂片染色镜检、分离培养、细菌鉴定、布鲁氏菌Bruce-Ladder检测。

（3）**综合判定** 疑似病例经虎红平板凝集试验、乳牛全乳环状试验和间接ELISA任一方法检测阳性，判为疑似布鲁氏菌病例；经试管凝集试验、补体结合实验、竞争ELISA和病原学诊断任一方法检测阳性，判为确诊。

患病奶牛经试管凝集试验、补体结合实验、竞争ELISA和病原学诊断任一方法检测阴性，30d后采样复检，经虎红平板凝集试验、试管凝集试验、补体结合实验和竞争ELISA任一方法检测阳性，判为确诊。

10.2.1.4 炭疽

炭疽（anthrax）是由炭疽芽孢杆菌（*Bacillus anthracis*）感染草食家畜和人等引起的一种人兽共患急性、热性、败血性传染病。多种草食动物（羊、牛、马、骡、驴）、野生动物（骆驼、鹿、大象等）均可感染，草食动物最易感，患病动物为主要传染源，病原菌经口-消化道和皮肤创伤感染，主要通过消化道、吸血昆虫叮咬和呼吸道传播。WOAH将其列为须报告的动物疫病，我国将其列为二类动物疫病，2002年国家发布炭疽诊断技术标准（NY/T 561，2015年修订），适用于该病的诊断和检疫以及环境标本中炭疽芽孢杆菌的检测。

（1）**临床诊断** 临床症状：①最急性型，主要发生于羊和部分牛，发病急剧，突然站立不稳、摇晃，呼吸困难，可视黏膜发绀，昏迷，倒卧，全身战栗，心悸亢进，濒死期天然孔出血，不易凝固，绵羊几分钟内死亡，死亡率100%。②急性型，多见于牛和部分马，体温升高可达40～42℃，呼吸困难，可视黏膜发绀，有出血点，初期便秘，后期腹痛腹泻，便中带血，尿呈暗红色，孕畜流产，病畜兴奋不安，后期昏迷，濒死期体温急剧下降，呼吸极度困难，出现痉挛症状，死亡率80%。③亚急性和慢性型，颈部、胸前、腹下、肩胛部、乳房、直肠、口腔黏膜局部肿胀形成炭疽痈，初期热痛，后期变冷无痛，中央部可坏死溃疡。

病理变化：在生物安全完全可控条件下可以解剖。剖检时可见尸体天然孔出血、血液凝固不良并且黏稠如煤焦油样，尸体迅速腐败，皮下和浆膜下有出血性胶样浸润，脾脏明显肿大，脾髓软化如泥等变化，可作为炭疽病诊断依据。

易感动物出现上述临床症状和病理变化，可初步判为炭疽疑似病例。

（2）**实验室检测** 样品：患病动物全血，陈旧病死动物的肉、脏器、骨粉、皮张、鬃、毛等，被污染的土壤和水体样品。

方法：新鲜样品的检测方法包括细菌染色法、细菌分离培养、噬菌体裂解试验和青霉素抑制试验、荚膜形成试验、普通 PCR。病死动物样品检测方法包括细菌分离培养、噬菌体裂解试验和青霉素抑制试验、荚膜形成试验、普通 PCR、小鼠滤过试验、Ascoli 反应。

（3）**综合判定** 新鲜样品经细菌染色法、细菌分离培养、噬菌体裂解试验和青霉素抑制试验、荚膜形成试验、普通 PCR 任一方法检测为阳性，判定为炭疽阳性病例；陈旧病死动物样品经细菌分离培养、噬菌体裂解试验和青霉素抑制试验、荚膜形成试验、普通 PCR、小鼠滤过试验、Ascoli 反应任一方法检测为阳性判定为阳性病例。

10.2.1.5 伪狂犬病

伪狂犬病（pseudorabies，PR）是由伪狂犬病病毒（pseudorabies virus，PRV）感染猪、牛、羊、犬、猫等多种动物引起的一种急性、热性、高度接触性传染病。1813 年美国首发，1910 年成功分离到 PRV，我国最早报道时间是 20 世纪 40 年代，除部分欧美国家根除猪伪狂犬病外，全球多数国家/地区存在此病。该病潜伏期最短 1d，最长可达 1 年，易感动物广泛，各年龄、品种的猪（家猪、野猪）均易感，猪是 PRV 的唯一贮存宿主，病毒经黏膜入侵，通过直接接触（鼻-鼻）、间接接触（粪-口）传播，怀孕母猪可突破胎盘屏障垂直传播，也可经气溶胶、啮齿动物、媒介生物等途径传播。WOAH 将其列为须报告的动物疫病，我国将其列为三类动物疫病，2002 年国家发布伪狂犬病诊断技术标准（GB/T 18641，2018 年修订），适用于猪、牛、羊、犬、猫及其他易感动物伪狂犬病的诊断、检疫、免疫抗体评估与流行病学调查。

（1）**临床诊断** 临床症状：猪对本病最易感，发病后，其临床症状因日龄而异，成年猪一般呈隐性感染，怀孕母猪可导致流产、产死胎和木乃伊胎以及种猪不育等综合征。15 日龄以内的仔猪常表现为最急性型，病程不超过 72h，死亡率 100%。主要表现为体温升高，呈稽留热，体温达 41℃；唾液分泌增多，运动障碍，共济失调，眼睑水肿，闭目昏睡，眼眶发红，呕吐和腹泻；静卧时可见咬肌、臀肌呈间歇性痉挛，股部有粟粒大小紫色斑点，后肢震颤，发作时呈划水样运动，最后昏迷死亡。育肥猪则大多数伴有体温升高，呼吸困难，一般不发生死亡，耐过后呈长期隐性感染，并带毒或排毒。成年猪不常呈现可见临床症状，或仅表现为轻微体温升高，一般不发生死亡。妊娠初期母猪可在感染后的 20d 左右发生流产，而在妊娠后期，经常产死胎和木乃伊胎，或者弱胎和死胎。

病理变化：新生仔猪和哺乳仔猪在自然感染和人工感染 PRV 时均表现出较为明显的眼观病变，如脑膜充血、水肿，脑脊液明显增多，鼻黏膜和咽部广泛充血，肺水肿、出血和小叶性肺炎，肺表面有时可见灰白色坏死灶。仔猪人工感染 PRV 强毒后出现特征性的扁桃体坏死，淋巴结轻度充血或周边出血，肝和脾的浆膜面下有时可见散在的黄白色疱疹样坏死灶，肾脏柔软肿胀，表面小点出血。成年猪感染 PRV 发生坏死性肠炎。母猪感染 PRV 后可见轻微子宫内膜炎和坏死性胎盘炎，公猪可发生阴囊炎。病理组织学变化为非化脓性脑脊髓炎、神经节炎、出血性肺炎、坏死性脾炎和淋巴结炎并有微血栓形成。

易感动物出现上述临床症状和病理变化，可初步判为疑似伪狂犬病例。

（2）**实验室检测** 样品：脑组织、肺脏、淋巴结、扁桃体等，鼻拭子，公猪精液，血清。

方法：病毒分离鉴定、PCR、家兔感染试验、SNT、乳胶凝集试验（LAT）、gB-ELISA、gE-ELISA。

（3）综合判定 疑似病例血清样品经 gE-ELISA 检测阳性，可判定为野毒感染抗体阳性；样品经 PCR、家兔接种试验、病毒分离与野毒鉴定阳性，可判为确诊；其他各项结果为阳性，可判为病毒感染/免疫阳性，但无法区分疫苗株和野毒株。

10.2.1.6 钩端螺旋体病

钩端螺旋体病（leptospirosis）是由钩端螺旋体属的不同血清型钩端螺旋体感染牛、猪、犬等引起的一种人畜共患传染病。1886 年德国医师 Weil 首次报道该病，1937 年在我国广东省首次发现。该病潜伏期 2～20d，鼠类和猪是主要传染源，通过直接接触传播以及经鼻腔黏膜或消化道黏膜传播。我国将其列为三类动物疫病，2001 年发布《实验动物——钩端螺旋体检测方法》国家标准（GB/T 14926.46，2008 年修订），适用于犬钩端螺旋体病的检测。

（1）临床诊断 临床症状：①犬型钩端螺旋体，亚急性型主要表现肾炎、出血性胃肠炎和溃疡性口腔炎，病初体温升高，肌肉疼痛，然后精神沉郁，呕吐，粪便带血和蛋白尿，发展至尿毒症时临床上无尿；触诊肾肿大，多数死于尿毒症。慢性型主要由亚急性型转化而来，主要表现慢性肾炎。②出血黄疸型，急性型病例突然体温升高，极度虚弱，震颤及颈腹部肌肉弛缓，口唇部出现血性疱疹，齿龈及口腔黏膜出血，呕吐，淋巴结肿大，结膜炎，但无黄疸。黄疸型病犬一开始体温升高，出现黄痕，尿呈豆油色，呕吐物里混有血液，便秘，尿内含有胆色素和血红蛋白，结膜炎，齿龈发黄。

病理变化：全身严重脱水和黄疸，口腔黏膜、胸膜、腹膜和肾等脏器有出血点和出血斑。肝和脾肿大变性。呼吸道水肿，肺淤血和出血，切面呈暗红色。死于亚急性钩端螺旋体病的犬尸，全身脱水，能嗅到明显的尿臭味。肾严重肿大，皮质层布满出血点和粟粒至米粒大的灰白色病灶。长期患病后死亡犬的肾脏则以变性萎缩变化为主。

易感犬只出现上述临床症状和病理变化，判为钩端螺旋体病疑似病例。

（2）实验室检测 样品：血清。

方法：显微镜凝集试验、ELISA。

（3）综合判定 疑似病例经显微镜凝集试验或 ELISA 检测为阳性，判为钩端螺旋体病病例。

10.2.2 猪病

10.2.2.1 猪水疱病

猪水疱病（swine vesicular disease，SVD）是由水疱病病毒（swine vesicular disease virus，SVDV）感染猪引起的一种烈性传染病。1966 年首发于意大利，主要流行于欧洲、亚洲等地，1971 年我国出现该病。该病潜伏期 2～6d，各年龄、品种的猪均易感。SVDV 经受损的皮肤伤口、消化道、呼吸道侵入，通过垂直传播，以及接触污染的食物、器具、车辆等途径传播。WOAH 将其列为须报告的动物疫病，我国将其列为一类动物疫病，2003 年国家发布诊断技术标准（GB/T 19200），适用于该病临床诊断、检测、检疫、监测和流行病学调查。

（1）**临床诊断** 临床症状：病猪体温达41℃，跛行，常弓背行走或卧地不起；蹄冠、蹄叉皮肤有水疱、破溃，伴有蹄壳松动、脱壳；唇部、舌面、鼻镜、乳头出现水疱，其他症状与猪口蹄疫类似。

病理变化：主要表现为水疱性损伤、非化脓性脑脊髓炎。

易感动物出现上述临床症状和病理变化，可初步判定为疑似猪水疱病病例。

（2）**实验室检测** 样品：水疱液、水疱皮、血清等。

方法：病毒分离鉴定、反向间接血凝试验（RIHA）、AGID和VN。

（3）**综合判定** 疑似病例样品病毒分离成功，经RIHA鉴定为阳性，判为确诊病例。非免疫疑似病例血清样品，经AGID、VN任一方法鉴定阳性，判为确诊病例。

10.2.2.2 非洲猪瘟

非洲猪瘟（African swine fever，ASF）是由非洲猪瘟病毒（African swine fever virus，ASFV）感染家猪、野猪引起的一种急性、出血性、烈性传染病。1921年首现肯尼亚，随后在非洲、西欧、拉美、南美、中东欧、亚洲等地出现，2018年我国发生ASF疫情。该病潜伏期5～19d，各年龄、品种的家猪、野猪均易感。ASFV主要经呼吸道、消化道侵入，通过直接或间接接触、污染的食物、钝缘软蜱等媒介等途径传播。WOAH将其列为须报告的动物疫病，我国将其列为一类动物疫病，2002年发布国家诊断标准（GB/T 18648，2020年修订），适用于家猪、野猪ASF的诊断与监测。

（1）**临床诊断** 临床症状：①最急性病例，在未出现明显症状时突然死亡。②急性病例，体温可高达42℃，精神沉郁、厌食，耳、四肢、腹部皮肤有出血点，可视黏膜潮红、发绀；眼、鼻有黏液脓性分泌物，呕吐，粪便表面有血液和黏液，或腹泻，粪便带血；部分病猪有神经症状；妊娠母猪流产；病程4～10d，病死率100％。③亚急性病例，病情较轻，临床症状与急性病例类似，体温可达40.5℃，波动无规律，病程5～30d，病死率较低。④慢性病例，呈波状热，呼吸困难，湿咳，消瘦或发育迟缓，体弱，毛色暗淡，关节肿胀，皮肤溃疡，跛足，病程较长，死亡率低。

病理变化：浆膜表面充血、出血，肾脏、肺脏表面有出血点，心内膜和心外膜有大量出血点，胃、肠黏膜弥漫性出血，胆囊、膀胱出血；肺肿大，切面有泡沫性液体，气管内有带血泡沫；脾肿大、易碎，暗红色至黑色，表面有出血点，边缘钝圆、梗死；颌下与腹腔沟淋巴结肿大、出血。最急性病例无明显病理变化。

易感动物出现上述临床症状、病理变化，初步判定为ASF临床疑似病例。

（2）**实验室检测** 样品：口鼻拭子，全血（EDTA）样品，血清，病死猪、被扑杀猪的脾脏、扁桃体、肾脏、骨髓、淋巴结等组织。

方法：核酸检测方法（以ASFV B646L为靶基因），包括普通PCR、荧光PCR、荧光RAA。抗原检测方法，包括高敏荧光免疫分析法、夹心ELISA抗原检测法。抗体检测方法包括间接ELISA、阻断ELISA、夹心ELISA、间接免疫荧光试验。

（3）**综合判定** 临床疑似病例经任一ASFV核酸检测方法判为ASFV核酸阳性，或经任一ASFV抗原检测法判为ASFV抗原阳性，判为ASF病例；经普通PCR检测为ASFV核酸阴性，或经两种ASFV抗原检测法判为ASFV抗原阴性，但经荧光PCR或荧光RAA判为ASFV核酸阳性，亦判为ASF病例。

无明显临床症状易感动物，经任一ASFV核酸检测法判为ASFV核酸阳性，或经任一 ASFV 抗原检测法判为 ASFV 抗原阳性，判为 ASFV 感染；经普通 PCR 判为 ASFV 核酸阴性，或经两种 ASFV 抗原检测法判为 ASFV 抗原阴性，但荧光 PCR 或荧光 RAA 判为 ASFV 核酸阳性，亦判为 ASF 感染。

经任一 ASFV 免疫学方法检出 ASFV 抗体，判为 ASFV 抗体阳性。3 种 ELISA 抗体检测结果不一致时，需经间接免疫荧光方法进行确认。

随着非洲猪瘟变异株的不断出现和非法疫苗株的使用，农业农村部又于 2020 年以后发布了《非洲猪瘟病毒流行株与基因缺失株鉴别检测规范》《养猪场非洲猪瘟变异株监测技术指南》，提供了 *P72*、*MGF360-505R*、*CD2v* 三个基因鉴别检测方法，以及核酸检测法和抗体检测法的应用策略。

10.2.2.3　猪乙型脑炎

猪乙型脑炎又称日本脑炎（Japenese encephalitis，JE）是由乙型脑炎病毒（Japenese epcephalitis virus，JEV）引起的一种人兽共患传染病。1935 年在日本首次分离到 JEV，太平洋沿岸等国家/地区均存在此病。JE 为自然疫源性疾病，猪、马、牛、羊和人等可感染，猪最易感，潜伏期 3～4d，病畜为主要传染源，三带喙库蚊等蚊虫为重要传播媒介。WOAH 将其列为须报告的动物疫病，2022 年以前我国将其列为二类动物疫病，2002 年发布国家诊断标准（GB/T 18638，2021 年修订），详细规定了 JEV 的临床诊断、样品采集与处理、实验室检测方法及结果判定，适用于家猪、野猪 JEV 的诊断与监测。

（1）**临床诊断**　临床症状：感染后出现发热，少数猪会出现神经症状，怀孕母猪流产、产死胎，公猪出现睾丸肿大。

病理变化：流产胎儿脑水肿，皮下血样浸润，肌肉似水煮样，腹水增多；肝、脾、肾有坏死灶；全身淋巴结出血，肺淤血、水肿，子宫黏膜充血、出血和有黏液，胎盘水肿或见出血；公猪睾丸实质充血、出血和小坏死灶，睾丸硬化、体积缩小，与阴囊粘连，实质结缔组织化。

易感动物出现上述临床症状、病理变化，可判为疫病乙型脑炎病例。

（2）**实验室检测**　样品：血清、脑脊髓液，脑组织（大脑皮质、脑干、中脑、海马回及桥脑）。

方法：病毒分离鉴定、RT-PCR、补体结合试验、HI、间接 ELISA、IFA、VN。

（3）**综合判定**　血清样品经 HI、间接 ELISA、IFA、VN 任一方法进行检测，适用于筛查，但不能确诊。疑似病例样品，经病毒分离鉴定、JEV RT-PCR 或补体结合试验任一方法阳性，可判为确诊。

10.2.2.4　猪瘟

猪瘟（classical swine fever，CSF）是由猪瘟病毒（classical swine fever virus，CS-FV）感染猪引起的一种急性或慢性、热性、高度接触性传染病。1833 年首发于美国，现已传遍全球各养猪国家、地区，据记载我国 1935 年发生 CSF 疫情。该病潜伏期 5～7d，各年龄、品种的家猪、野猪均易感。CSFV 主要通过接触、经消化道侵入，通过直接或间接接触、污染的食物、饮水、垫料、器具等媒介传播。WOAH 将其列为须报告的动物疫病，我国将其列为二类动物疫病，2008 年国家发布诊断技术标准（GB/T 16551，2020 年修订），适用于家猪、野猪的 CSF 诊断。

（1）**临床诊断**　临床症状：发病急、病死率高，体温高达 40.5℃，高热稽留或间歇性发热；精神萎靡、畏寒、厌食甚至不食，呕吐、步态不稳或跛行；先便秘后腹泻，或便秘和腹泻交替出现；腹部皮下、鼻镜、耳尖、四肢内侧可见紫色出血斑点，指压不褪色，结膜炎；怀孕母猪流产、死胎、木乃伊胎，或所产仔猪有衰弱、震颤、痉挛、发育不良等表现。

病理变化：淋巴结水肿、出血，呈红白相间"大理石样变"；肾脏呈土黄色，表面可见出血点，部分病例可见雀斑肾；全身浆膜、黏膜和心脏、膀胱、胆囊、扁桃体均可见出血点和出血斑；脾脏不肿大，表面有点状出血或边缘可见突起的楔状梗死区；慢性病例在回肠末端、盲肠和结肠可见"纽扣状"溃疡。

易感动物出现上述临床症状或病理变化，可初步判定为 CSF 临床疑似病例。

（2）实验室检测　样品：活动物主要采集扁桃体、抗凝全血、血清；病死动物可采集扁桃体、淋巴结、胰脏、脾脏、回肠、肝脏和肾脏等。

方法：病原学方法包括病毒分离鉴定、CSFV RT-nPCR（GB/T 36875）、荧光定量 RT-PCR（GB/T 27540）、免疫荧光抗体试验（FAT）、免疫过氧化物酶试验（IPT）。血清学方法包括 VN、阻断 ELISA（GB/T 34729）、间接 ELISA（GB/T 35906）、猪瘟病毒化学发光抗体检测。

（3）综合判定　疑似病例，经 FAT 或 IPT 检测为 CSFV 抗原阳性，或病毒分离成功，或经 RT-nPCR、荧光 RT-PCR 检测为 CSFV 核酸阳性，判为 CSF 确诊病例。无明显 CSF 症状、病理变化的易感动物，经 FAT 或 IPT 检测为 CSFV 抗原阳性，或病毒分离成功，或经 RT-nPCR、荧光 RT-PCR 检测为 CSFV 核酸阳性，判为 CSF 阳性。临床诊断与 CSFV 抗原 FAT 或 IPT 检测结果不符，但经 RT-nPCR、荧光 RT-PCR 检测为 CSFV 核酸阳性，判为 CSF 阳性。临床疑似病例，经 FAT、IPT、病毒分离任一方法检测为阳性，或经 RT-nPCR、荧光 RT-PCR 任一方法检测为 CSFV 核酸阳性，判为 CSF 阳性。

感染样品经病毒分离鉴定、CSFV RT-nPCR、荧光定量 RT-PCR、FAT、IPT 均鉴定为 CSFV 病原阳性，若待检样品采自 50d 内未免疫 CSFV 疫苗的易感猪，则判定为野毒感染；若 50d 内免疫过 CSFV 疫苗，经 RT-nPCR 扩增阳性，经基因测序分析，确定具体基因亚型后再行判定。

无明显临床症状的未免疫且无母源抗体的动物，经 VN（NIF、NPLA）、阻断 ELISA、间接 ELISA、猪瘟病毒化学发光抗体检测任一方法检出 CSFV 抗体，可判定该动物曾经或正在感染 CSFV。

在易感动物免疫 CSFV 疫苗 21d 后，采血测抗体，经 VN（分为 NIF、NPLA 两种方法）、阻断 ELISA、间接 ELISA、猪瘟病毒化学发光抗体检测任一方法检测阳性，判为免疫合格。

10.2.2.5　猪繁殖与呼吸综合征

猪繁殖与呼吸综合征（porcine reproductive and respiratory syndrome，PRRS）又称猪蓝耳病，是由猪繁殖与呼吸综合征病毒（porcine reproductive and respiratory syndrome virus，PRRSV）感染猪引起的以母猪繁殖障碍、仔猪呼吸道综合征为主要特征的传染病。1987 年在美国首先报道，1996 年我国首次发现，现已遍及全球所有养猪的国家和地区。猪是该病的唯一自然宿主，潜伏期 3～37d，各年龄、性别、品种的家猪、野猪均易感，主要经呼吸道感染，通过直接接触、间接接触、气溶胶等途径传播。WOAH 将其列为须报告的动物疫病，我国将其列为二类动物疫病，2000 年国家发布诊断标准（GB/T

18090，2023 年第二次修订），2011 年、2018 年另行发布两个单项检测标准：鉴别猪繁殖与呼吸综合征高致病性与经典毒株复核 RT-PCR 方法（GB/T 27517）、猪繁殖与呼吸综合征病毒荧光 RT-PCR 检测方法（GB/T 35912），适用于家猪、野猪 PRRS 诊断与监测。

（1）临床诊断

临床症状：①急性型，妊娠母猪以繁殖障碍为主，表现为晚期流产、早产、产死胎、木乃伊胎和弱仔，死亡率一般为 1%～4%。哺乳仔猪表现为体温升高、精神萎靡、食欲废绝、嗜睡、扎堆、消瘦、呼吸困难和结膜水肿等，断奶前的死亡率可达 60%。保育猪、生长育肥猪食欲下降、精神沉郁、耳发绀、呼吸困难、咳嗽、被毛粗乱、平均日增重降低，死亡率可达 12%～20%。如果继发或并发其他疾病，可致死亡率升高。公猪表现食欲下降、精神沉郁、呼吸道症状、精液质量下降等。②慢性型，妊娠母猪散发性流产、胎儿异常、不规律返情、空怀等，产活仔率下降。仔猪和生长育肥猪有不同程度的呼吸系统症状，猪只生长迟缓，如有细菌性继发感染，生长猪的死亡率可达 5%～20%。持续性感染和亚临床感染猪无明显临床表现。③非典型，以高热、高发病率和死亡率为特征。妊娠母猪的流产率为 40%～100%，死亡率可达 10% 以上，哺乳仔猪的死亡率可高达 100%，保育猪的死亡率可达 50% 以上。

病理变化：①剖检病理变化，感染猪肺脏轻度或中度水肿、呈橡胶样，大部分淋巴结肿大。高致病性 PRRSV 毒株感染猪的皮肤出血，肺脏严重水肿和实变。继发细菌感染的病例可出现胸膜炎、心包炎、腹膜炎、关节炎等。②组织病理学变化，肺脏呈典型的间质性肺炎、肺泡间隔增厚、单核细胞与淋巴细胞浸润以及 II 型肺泡上皮细胞增生，具有诊断意义。淋巴结生发中心变大、增生、坏死，淋巴窦内有多核巨细胞浸润。

（2）实验室检测

①样品：淋巴结、扁桃体、肺、脾等组织，腹水，鼻拭子、肛拭子，血清。

②方法：病毒分离鉴定、RT-PCR、免疫过氧化物酶单层试验（IPMA）、IFA、间接 ELISA。

（3）综合判定　PRRS 的诊断方法有多种，当临床怀疑时，可以根据情况选用不同的方法进行确诊。通常，根据临床症状和病理变化，可以判定为疑似 PRRS。对于未免疫疑似病例，病毒分离与鉴定试验为阳性，可判为 PRRSV 阳性；对于免疫疑似病例，病毒分离与鉴定试验为阳性时，如有临床症状，则判定为 PRRSV 阳性，如无临床症状，应进一步采用 RT-PCR 序列测定以区分疫苗株或者野毒感染。RT-PCR 适用于该病的快速诊断。IFA、IPMA 和间接 ELISA 适用于群体诊断，但不能区分疫苗免疫猪和野毒感染猪。

10.2.2.6　猪流行性腹泻

猪流行性腹泻（porcine epidemic diarrhea，PED）是一种能够引起新生仔猪高死亡率的肠道传染性疾病，其病原是猪流行性腹泻病毒（porcine epidemic diarrhea virus，PEDV）。猪流行性腹泻于 1971 年首次在英国被报道，20 世纪 90 年代末，PED 疫情在欧洲出现，但未引起大规模流行，1973 年我国首次报道了 PED 疫情，随后证实其病原为 PEDV。2010 年以后，PEDV 变异毒株出现在包括中国在内的许多其他亚洲国家，随后加拿大、墨西哥、哥伦比亚、日本、韩国、菲律宾、泰国、德国、荷兰和瑞士等许多美洲、亚洲和欧洲国家也相继报道了 PED 疫情。所有日龄的猪均易感染，而且不同日龄的猪感染后临床特征也有差别，新生仔猪感染后症状较为严重；发病猪和带毒猪是该病的主要传染源。我国将其列为二类动物疫病，2017 年发布国家诊断标准（GB/T 34757），适用于该病诊断与监测。

（1）**临床诊断**　临床症状：病猪首先表现为呕吐，多发生在吮乳或吃食后，吐出的胃内容物呈黄色或乳白色。随后出现水样腹泻，腹泻物呈灰黄色、灰色，或呈透明水样，顺肛门流出，沾污臀部。表现脱水、眼窝下陷，行走蹒跚，精神沉郁，食欲减退或停食。症状与年龄大小有关，年龄越小症状越重。1周龄以内的仔猪在发生腹泻3～4d后，常因严重脱水而死亡。断乳猪、育肥猪以及母猪症状较哺乳仔猪轻，表现精神不振、厌食，持续腹泻4～7d后逐渐恢复正常，少数猪生长发育不良。成年猪表现为厌食和腹泻，个别表现为呕吐。

病理变化：肉眼可见的病理变化只限于小肠，可见小肠膨胀，肠壁变薄，外观明亮，肠管内有黄色或灰色液体或带有气体。肠系膜充血及肠系膜淋巴结肿大。组织学检查可见，小肠绒毛细胞的空泡形成和脱落，肠绒毛萎缩、变短，绒毛高度与隐窝深度从正常的7∶1降低为3∶1。超微结构的变化，主要发生在肠细胞的胞浆，可见细胞器的减少，产生电子半透明区，微绒毛终末网消失。细胞变得扁平。细胞脱落，进入肠腔。在结肠也可见到细胞变化，但未见到脱落。

（2）**实验室检测**

样品：①粪便样品，用洁净的药匙和其他物品，刮取适量新鲜粪便，放置于EP管或其他洁净容器中。②肛拭子，将灭菌的医用棉签插入肛门（以棉签棉花部分全部插入肛门为准），同一方向转动3次，确保充分获取粪便。③肠道样品，选择充血、出血、肠壁变薄、含多量水样粪便等病变明显的小肠组织。提取模板前，用无菌剪刀剪取约0.5cm×0.5cm，作为待检样品。④母猪乳汁样品，用无菌EP管收集母猪产后乳汁2.0～3.0mL。

方法：RT-PCR、多重RT-PCR、病毒分离鉴定、双抗体夹心ELISA、血清中和试验、间接ELISA等。

（3）**综合判定**　上述诊断方法任一方法阳性，即可判断该病为猪流行性腹泻。

10.2.2.7　猪传染性胃肠炎

猪传染性胃肠炎（transmissible gastroenteritis，TGE）是由猪传染性胃肠炎病毒（transmissible gastroenteriti virus，TGEV）引起的猪的一种急性、高度接触性传染性的肠道疾病，以呕吐、水样腹泻、脱水和10日龄内仔猪的高死亡率为主要特征。1946年在美国发生，目前已在多个国家流行发生，我国于二十世纪六十年代对该病有所报道，近年来流行形势颇为严峻。发病猪和带毒猪是该病的主要传染源，不同年龄和不同品种的猪对本病都易感。WOAH将其列为须报告的动物疫病，我国将其列为三类动物疫病，2015年发布实施农业行业诊断标准，2018年发布国家诊断标准（GB/T 36871），适用于该病诊断与监测。

（1）**临床诊断**　临床症状：潜伏期通常为18h至3d。感染发生后，传播迅速，2～3d可波及整个猪群。新生仔猪的典型症状是呕吐、水样腹泻、脱水、体重迅速下降，发病率和死亡率高。腹泻严重的仔猪，常出现未消化的乳凝块。粪便腥臭，病程短，症状出现后2～7d死亡。泌乳母猪发病，一过性体温升高、呕吐、腹泻、厌食、无乳或泌乳量急剧减少。3周龄仔猪、生长期猪和出栏期猪感染时仅表现厌食，腹泻程度较轻，持续期相对较短，偶尔伴有呕吐，极少发生死亡。

病理变化：肉眼可见的病理变化常局限于消化道，特别是胃和小肠。胃膨胀，胃内充满凝乳块，胃黏膜充血或出血，胃大弯部黏膜淤血。小肠壁弛缓、膨满，肠壁菲薄呈半透明。小肠内容物呈黄色、透明泡沫状的液体，含有凝乳块。空肠黏膜可见肠绒毛萎缩，哺乳仔猪肠系膜淋巴管的乳糜管消失。组织学变化主要以空肠为主，从胃至直肠呈广范围的渗出性卡他性炎症变化，肠绒毛萎缩变短，回肠变化稍轻微。新生猪小肠上皮细胞的微绒毛、线粒体、内质网以及其他细胞质内的成分变性，细胞质空泡内有病毒粒子存在。

（2）**实验室检测**　样品：应采集出现腹泻症状12～24h内猪的粪便、肛拭子样品或剖检猪的小肠；母猪可采集乳汁（初乳最佳）。采集母猪乳汁前要对乳房外表消毒；采集病变小肠时，先结扎拟采集肠道区域两端后，再剪取该组织（防止肠内容物流出），将其全部放入样品袋内。每个样品要单独采集和分装，避免交叉污染。样品避免接触甲醛或高温，以免降低检出率。

方法：病毒分离鉴定、直接免疫荧光、双抗体夹心ELISA、RT-PCR、血清中和试验、间接ELISA、多重RT-PCR等。

（3）**综合判定**　只要实验室诊断中的任何一种方法的结果成立，即可判断该病为猪流行性腹泻。

10.2.2.8　猪链球菌病

猪链球菌病是一种人畜共患的急性、热性传染病，可引起人、猪、牛、马、羊和禽等多种动物感染。自1951年首次报道该病以来，猪链球菌病已在所有养猪业发达的国家报道，并引起广泛流行。在我国，猪链球菌病已成为猪的主要细菌性传染病。该病表现为急性出血性败血症、心内膜炎、脑膜炎、关节炎、哺乳仔猪下痢和孕猪流产等，常呈地方性暴发，发病率和死亡率高。猪链球菌有35个血清型，其中猪链球菌2型流行最广，对猪致病性最强。我国将其列为三类动物疫病，2005年发布了一系列国家诊断标准（GB/T 19915等），详细规定了猪链球菌的病原鉴定、实验室检测方法及结果判定，适用于家猪的诊断与监测。

（1）**临床诊断**

临床症状：①急性败血型多表现为发病急、传播快。病猪突然发病，体温升高至41～43℃，精神沉郁、嗜睡、食欲废绝，流鼻涕、咳嗽，眼结膜潮红、流泪，呼吸加快。多数病猪往往头晚未见任何症状，次晨已死亡。少数病猪在发病后期，于耳尖、四肢下端、背部和腹下皮肤出现广泛性充血、潮红。②脑膜炎型多见于70～90日龄的小猪，病初体温40～42.5℃，不食、便秘，继而出现神经症状，有的后期出现呼吸困难，如治疗不及时往往死亡率很高。③关节炎型表现为关节肿胀，疼痛，有跛行，甚至不能起立。病程2～3周。④化脓性淋巴结炎（淋巴结脓肿）型多见于颌下淋巴结，其次是咽部和颈部淋巴结，表现为淋巴结肿胀，坚硬，又热又痛，可影响采食、咀嚼、吞咽和呼吸，伴有咳嗽、流鼻液。至化脓成熟，肿胀中央变软，皮肤坏死，自行破溃流脓，以后全身症状好转，局部逐渐痊愈。病程一般为3～5周。

病理变化：①急性败血型常表现鼻、气管、肺充血呈肺炎变化；全身淋巴结肿大、出血；心包积液，心内膜出血；肾肿大、出血；胃肠黏膜充血、出血；关节囊内有胶样液体或纤维素脓性物。②脑膜炎型表现脑膜充血、出血，脑脊髓白质和灰质有小出血点，脑脊液增加；心包、胸腔、腹腔有纤维性炎。③关节炎型表现滑膜血管扩张和充血，出现纤维素性多浆膜炎，关节肿胀、滑膜液增多而浑浊，严重者关节软骨坏死，关节周围组织有多发性化脓灶。④化脓性淋巴结炎型表现淋巴结肿大、出血，并伴有其他型病理变化。

（2）**实验室检测**　样品：无菌采集死亡猪的肝、脾、肺、肾、心和淋巴结等组织及心血样品，脑膜炎病例还可采集脑脊液、脑组织等样品。活猪采集扁桃体拭子及血液5mL。

方法：病原分离鉴定、平板和试管凝集试验、PCR、荧光 PCR 等。

（3）综合判定　出现以上临床症状与病理变化的判为疑似，确诊需符合病原分离鉴定、平板和试管凝集试验、PCR、荧光 PCR 检测方法结果判定为阳性。

10.2.2.9　猪囊尾蚴病

猪囊尾蚴病又称猪囊虫病，俗称"痘猪""米掺子猪"，是一种严重影响人体健康和养猪业发展的重要人畜共患寄生虫病，猪患囊尾蚴病后，除重度感染引起死亡外，一般来说，临床症状并不明显。该病呈世界性分布，尤以经济和文化不发达地区居多。主要流行于南非、东南亚和印度次大陆，在我国亦广泛流行。猪囊尾蚴是人类绦虫病和囊尾蚴病的重要传染源。WOAH 将其列为须报告的动物疫病，我国将其列为三类动物疫病，2002 年发布国家诊断标准（GB/T 18644，2020 年修订），适用于该病的诊断。

（1）临床诊断

临床症状：①寄生于脑部时，可破坏大脑的完整性，会引发癫痫、惊厥、角弓反张、共济失调等神经症状，此时动物机体防御能力显著下降，严重时直接导致死亡；②寄生于眼部时，可引起视力障碍、羞明或失明；③寄生于呼吸系统（肺部、气管及支气管）时，可致呼吸困难、吞咽困难、呼吸啰音等；④寄生于腿部肌群时，可致运动障碍、行走困难、肢体不灵活、跛足及瘫痪等。整体视诊可见病猪生长发育明显抑制、渐进式消瘦及贫血，发病后期严重营养不良，体型会出现异常变化，如"纺锤形、葫芦型、狮子头"等。

病理变化：大部或局部肌群组织中含有囊尾蚴，在脑、肝、脾、肺、眼及淋巴、脂肪组织中亦可发现囊尾蚴活体，发病早期囊尾蚴外部有细胞浸润现象，之后逐步发生纤维性变化，达 180d 以后囊虫死亡并逐渐钙化，所以此时病灶组织中可见到灰白色或灰黄色硬性结节。

（2）实验室检测　样品：肉眼观察舌肌、咬肌、内腰肌、膈肌、肩胛肌及心肌、肝脏、肺脏等组织，采集有虫体寄生部位的肌肉或内脏组织。

方法：显微镜检查、PCR 法、Dot-ABC-ELISA、间接 ELISA 等。

（3）综合判定　经 ELISA 检测出猪囊尾蚴抗体的，判定为该动物猪囊尾蚴抗体阳性。经 Dot-ABC-ELISA 检测出猪囊尾蚴抗原的，判定为该动物猪囊尾蚴抗原阳性。经显微镜检查和 PCR 任一项鉴定为猪囊尾蚴虫体的，确诊该动物感染猪囊尾蚴。

10.2.2.10　旋毛虫病

旋毛虫病（trichinelliasis）是一种危害严重的人兽共患寄生虫病，可感染人和 150 多种动物。1835 年首次在英国伦敦一人尸体内发现，同年 Richard Owen 把该病原定名为 Trichinella spiralis。1964—2009 年我国有记录的旋毛虫病暴发流行已达 850 余起，其中猪肉是人旋毛虫病的主要风险来源。旋毛虫病主要通过生食或半生食寄生有旋毛虫病的肉类引发，一直是我国屠宰检疫中肉类的首检和必检病原。我国将其列为三类动物疫病，2002 年发布国家诊断标准（GB/T 18642，2021 年修订），适用于家畜和野生动物的诊断与监测。

（1）临床诊断　临床症状：病猪轻微感染多不显症状而带虫，或出现轻微肠炎。严重感染，体温升高，下痢，便血；有时呕吐，食欲不振，迅速消瘦，半个月左右死亡，或者转为慢性。感染后，由于幼虫进入肌肉引起肌肉急性发炎、疼痛和发热，有时吞咽、咀嚼、运步困难和眼睑水肿，1 个月后症状消失，耐过猪成为长期带虫者。

病理变化：幼虫侵入肌肉时，肌肉急性发炎，表现为心肌细胞变性，组织充血和出血。后期，采取肌肉做活组织检查或死后肌肉检查发现肌肉表现为苍白色，切面上有针尖大小的白色结节，显微镜检查可以发现虫体包囊，包囊内有弯曲成折刀形的幼虫，外围有结缔组织形成的包囊。成虫侵入小肠上皮时，引起肠黏膜发炎，表现黏膜肥厚、水肿，炎性细胞侵润，渗出增加，肠腔内容物充满黏液，黏膜有出血斑，偶见溃疡出现。

（2）**实验室检测**　样品：从完整胴体两侧的横膈膜肌脚部各采样一块，不完整胴体可从肋间肌、腰肌、咬肌、舌肌采样。

方法：压片镜检法、集样消化法、ELISA、荧光免疫色谱试纸卡法、多重 PCR 法、荧光 PCR 等。

（3）**综合判定**　受检动物样本经压片镜检法和集样消化法任一项检测出旋毛虫虫体或包囊，判定为该动物感染旋毛虫。经 ELISA 法和荧光免疫色谱试纸卡法任一项检测出旋毛虫特异抗体的，判定为该动物血清旋毛虫抗体阳性，需进一步通过集样消化法进行确证。多重 PCR 法鉴定可区分旋毛虫同种属于基因型。

10.2.2.11　猪圆环病毒病

猪圆环病毒 2 型（porcine circovirus type2，PCV2），是导致断奶仔猪多系统衰竭综合征（postweaning multisysrenic wasting syndrome，PMWS）的主要病原。引起的主要症状为进行性消瘦、黄疸、呼吸困难，剖检可见淋巴结肿大、间质性肺炎、肾水肿、苍白等。本病最早见于 1991 年加拿大北部地区，随后美国、法国、英国、德国、意大利、西班牙、新西兰、丹麦、加拿大等国家先后报道发生该病，我国最早于 1999 年通过血清学方法证实存在该病感染。猪对 PCV2 具有较强的易感性，感染猪可自鼻液、粪便等废物中排出病毒，经口腔、呼吸道途径感染不同年龄的猪。怀孕母猪感染 PCV2 后，可经胎盘垂直传播感染仔猪。我国将其列为三类动物疫病，2008 年、2017 年与 2018 年发布实施一系列国家推荐诊断标准，详细规定了 PCV2 样品采集与处理、实验室检测方法及结果判定，适用于家猪的 PCV2 的检测。

（1）**临床诊断**　PCV2 感染后会出现断奶仔猪多系统消耗综合征、猪皮炎肾病综合征（porcine dermatitis and nephropathy syndrome，PDNS）、猪呼吸系统混合疾病（porcine respiratory diseas complex，PRDC）、猪繁殖障碍症（reproductive failure）、肉芽肿性肠炎（granulomatous enteritis）、急性肺水肿（acute pulmonary edema，APE）、增生性坏死性肺炎（proliferative and necrotizing pneumonia，PNP）等。

（2）**实验室检测**

样品：①血清样品，无菌注射器抽取抽检猪静脉血不少于 5mL，置于无菌离心管内，室温或者 37℃倾斜放置自然凝集 20～30min，2000～3000r/min 离心 10min，吸取上清液于离心管中备用。②粪便样品，取猪新鲜粪便 1g，装入 15mL 灭菌离心管中，加入 5mL PBS，混匀。③组织样品，采取病死猪（包括流产的死胎）或扑杀猪主要脏器（淋巴结、脾脏、肺脏、肾脏和肝脏）装入灭菌 15mL 离心管中。

方法：病原分离鉴定、PCR、荧光 PCR、阻断 ELISA、SYBR Green Ⅰ实时荧光定量 PCR、间接免疫荧光试验（IFA）等。

（3）**综合判定**　PCV2 感染症状复杂，诊断必须将临床症状、病理变化和实验室的病原或抗体检测相结合才能得到可靠的结论。最可靠的方法为病毒分离与鉴定。

10.2.2.12　猪流感

猪流感（swine influenza，SI）是由 A 型流感病毒属的猪流感病毒（swine influenza

virus，SIV）引起的一种急性、高度接触传染性的群发性猪呼吸道疾病。美国 1918 年首次报道，随后欧洲、美洲、亚洲、非洲、澳洲等世界各地均有该病的发生和报道。SIV 四季均可在猪群中流行，不同品种、年龄的猪均可感染，病猪是传染源。我国将其列为三类动物疫病，2011 年发布国家诊断标准（GB/T 27536），适用于该病的诊断与监测。

（1）临床诊断　临床症状：病猪突然发热，体温在 40.5～41.5℃ 之间，有时达 42℃。

病理变化：鼻、喉、气管及大支气管黏膜充血、肿胀并覆有黏稠的液体，小支气管充填渗出物，胸腔积蓄多量混有纤维素的浆液，纵隔淋巴结和支气管淋巴结肿大，心脏的病变发生在尖叶、心叶、中间叶及隔叶的背部和基底部，呈紫红色，坚实，塌陷，而周围的肺组织则呈苍白色气肿状态，界限分明，肺的间质增宽，并出现炎症变化，心包腔蓄积有纤维素状的液体，胃肠黏膜呈现卡他性炎症；脾脏微肿。

（2）实验室检测

样品：①鼻拭子，将拭子伸入鼻腔旋转，取鼻腔分泌液；将采样后的拭子分别放入盛有 1.0mL PBS 的 1.5mL 离心管中，加盖、编号。②组织样品，病死猪取肺脏或气管分泌物，用无菌镊子和剪刀采集肺脏等，装入一次性塑料袋或其他灭菌容器，编号。③血清样品，无菌注射器直接吸取至无菌 1.5mL 离心管中，编号。

方法：病毒分离鉴定、HI 抗体检测、RT-PCR、HA 试验、NI 试验、AGID 试验、荧光抗体检测、免疫组化、ELISA 等。

（3）综合判定　根据流行病学资料、临床症状以及实验室检查结果的综合分析进行诊断。

10.2.2.13　副猪嗜血杆菌病（格拉瑟病）

副猪嗜血杆菌（*Haemophilus* parasuis，HPS）是引起猪的多发性浆膜炎、脑膜炎和关节炎的一种革兰氏阴性杆菌，该病又称为 Glasser′S 病。副猪嗜血杆菌病主要发生在断奶后和保育阶段，主要感染 2 周龄到 4 月龄的猪，发病率一般在 10%～15%，严重时死亡率可达 50%。副猪嗜血杆菌分为 15 种血清型，美国、日本、法国、西班牙、巴西、加拿大和中国，分布最广泛的是血清 4 型和 5 型。猪副嗜血杆菌只感染猪，通过呼吸系统传播。我国将其列为三类动物疫病，并改名为格拉瑟病，2017 年发布国家诊断标准（GB/T 34750），适用于副猪嗜血杆菌的检测。

（1）临床诊断　临床症状：表现为发热、咳嗽、呼吸困难、关节肿胀、跛行、站立困难甚至瘫痪、消瘦和被毛粗乱等，母猪发病可导致流产，公猪则表现为慢性跛行，而哺乳母猪的跛行可能导致母性的极端弱化。病猪死亡时体表发紫，有大量黄色腹水，还可引起败血症。

病理变化：剖检症状表现为纤维素性胸膜炎、心包炎、腹膜炎、关节炎和脑膜炎等，并以浆液性、纤维素性渗出为特征的炎症。肺脏有间质性水肿，粘连，心包有积液和心壁增厚，腹腔有积液，肝脏和脾脏肿大与腹腔粘连。后肢关节内有胶冻样液体。

（2）实验室检测　样品：无菌采集疑似副猪嗜血杆菌感染病死猪的肺脏、心脏、脑等新鲜组织，胸腔、腹腔、心包积液或关节液，抗凝血等样品。

方法：病原分离培养、巢式 PCR、实时荧光 PCR 等。

（3）综合判定　根据流行病学资料、临床症状以及实验室检查结果的综合分析进行诊断。

10.2.3 禽病

10.2.3.1 高致病性禽流感

高致病性禽流感（highly pathogenic avian influenza，HPAI）是由正黏病毒科流感病毒属的 A 型流感病毒引起的禽类（鸡、鸭、鹅、野禽等）急性传染病。1878 年在意大利发生了全球首例 HPAI 疫情，2004 年我国报告首例家禽 HPAI 疫情，现已遍布全球。该病潜伏期数小时到数天不等，最长 21 天。家禽、野禽均可感染，鸡和火鸡最易感。病毒经呼吸道、消化道侵入，通过直接或间接接触、空气（飞沫）、食物和饮水等方式等传播。WOAH 将其列为须报告的动物疫病，我国将其列为一类动物疫病，2003 年发布国家诊断标准（GB/T 18936，2020 年修订），适用于该病的诊断、检疫、检测、监测和流行病学调查等。

（1）临床诊断　临床症状：禽类发病后主要表现精神沉郁，嗜睡，头翅下垂，呆立；食欲不振；呼吸困难及其他呼吸道症状。发病鸡鸡冠发绀、发紫；眼结膜发红；排黄、白、绿色稀便，并有未完全消化的饲料；脚鳞或有出血。蛋禽的产蛋下降，软壳蛋、畸形蛋增多，有歪脖子等神经症状。鸭、鹅等水禽可见神经、腹泻症状，有时可见角膜发红、充血，有分泌物，甚至失明。

病理变化：剖检可见病死禽气管呈弥漫性充血、出血，有少量黏液，肺部有炎性症状；腹腔有浑浊的炎性分泌物，肠道可见卡他性炎症，输卵管内浑浊炎性分泌物，卵泡充血、出血、萎缩、破裂，有的可见"卵黄性腹膜炎"，胰腺边缘有出血，直肠黏膜及泄殖腔出血。

易感动物出现上述临床症状、病理变化，初步判定为 HPAI 临床疑似病例。

（2）实验室检测

样品：①咽喉拭子、泄殖腔拭子，采集后应加入适量样品稀释液。②组织样品，无菌采集适量发病、病死禽鸟的气管、肺、脑、肠（含内容物）、肝、脾、肾、心等。③血清样品，无菌采集禽类血液（2mL），分离血清。采样后，应根据样品类型予以妥善保藏，并立即送检。

方法：依据检测靶基因不同有 7 种普通 RT-PCR、8 种荧光定量 RT-PCR 方法，病原学诊断包括病原分离，HA 和 HI、IVPI（静脉内接种致病指数）测定、RT-PCR、实时荧光 RT-PCR 等，HI 试验既可用于抗原检测，也可用于抗体检测。

（3）综合判定　临床样品经 H5 或 H7 RT-PCR、荧光定量 RT-PCR 检测阳性，判为 HPAI 疑似病例。疑似病例样品病毒分离物经 HA 和 HI 试验鉴定为流感病毒阳性，而且分离物 IVPI 值大于 1.2，判定为 HPAIV；IVPI 值小于 1.2 的 H5 或 H7 AIV，在 HA 裂解位点处具有与 HPAIV 相似的氨基酸序列，亦判定为 HPAIV。成功分离到 HPAIV 的病例判为确诊病例。

10.2.3.2 新城疫

新城疫（newcastle disease，ND）是由新城疫病毒（newcastle disease virus，NDV）强毒株感染禽类引起的一种急性、烈性传染病。1926 年首发于印度尼西亚，1927 年在英国首次分离到病毒，我国于 1935 年首发，呈全球性分布。NDV 可感染 240 多种禽类，家鸡和珠鸡最易感，火鸡、野鸡、鸭、鹅亦可感染。本病潜伏期 21d，经呼吸道、消化道、创伤等途径侵入，通过直接或间接接触等方式传播，感染禽（野鸟）与带毒禽（野鸟）是主要的传染源。WOAH 将其列为须报告的动物疫病，我国将其列为二类动物疫病，1996

年发布国家诊断标准（GB/T 16550，2008 年、2020 年两次修订），适用于该病的诊断、检疫、监测与流行病学调查。

（1）临床诊断　临床症状：典型症状为发病急、病死率高，体温升高、精神沉郁、呼吸困难、食欲下降，粪便稀薄，呈黄绿色或黄白色；发病后期出现扭颈、翅膀麻痹、瘫痪等神经症状；免疫群出现产蛋下降，蛋壳质量变差，产畸形蛋或异色蛋。依据临床表现分五种类型，其中，嗜内脏速发型以消化道出血性病变为主要特征；嗜神经速发型以呼吸道和神经症状为主要特征，死亡率高；中发型以呼吸道和神经症状为主要特征，死亡率低；缓发型以轻度或亚临床呼吸道感染为主要特征；无症状肠道型以亚临床肠道感染为主要特征。

病理变化：全身黏膜和浆膜出血，以呼吸道和消化道最为严重，气管环状出血；腺胃黏膜水肿，乳头间有出血点；盲肠扁桃体肿大、出血、坏死；十二指肠和直肠黏膜出血，泄殖腔黏膜出血，有的可见纤维素性坏死病变；脑膜充血、出血；鼻窦、喉头、气管黏膜充血，偶见出血，肺可见淤血和水肿。

易感禽类出现上述临床症状、病理变化，可为疑似病例。家禽感染 HPAI 后临床表现和死亡率与 ND 类似，但 HPAI 以全身器官出血为特征，应注意鉴别。

（2）实验室诊断　样品：血清，口咽和泄殖腔棉拭子，病死禽的脑、肺、脾、肾、肠（含内容物）、气管、肝、心脏等病变组织。

方法：病毒分离与鉴定（HA 和 HI 试验、ICPI 测定），HA 和 HI，RT-PCR，实时荧光定量 RT-PCR。

（3）综合判定　疑似病例样品病毒分离成功且 ICPI≥0.7，或分离毒株经 RT-PCR 鉴定阳性且测序证明 F 蛋白裂解位点具有强毒特征，或分离毒株经实时荧光定量 RT-PCR 检测阳性，可判定为 ND 阳性。临床无明显特异症状的非免疫动物血清经 HA、HI 试验检出 NDV 抗体，可判为 NDV 感染。被检测禽虽无明显临床症状和病理变化，但经病原检测符合病原检测判定标准，可判为 NDV 强毒感染。

10.2.3.3　鸭瘟

鸭瘟（duck plague，DP）又名鸭病毒性肠炎（duck viral enteritis，DVE），是由鸭肠炎病毒（duck viral enteritis virus，DVEV）引起的鸭、鹅、天鹅和其他雁形目禽类的一种急性、热性、败血性传染病，俗称"大头瘟"。1923 年荷兰首发，我国 1957 年首次报道，现已遍布全球。该病潜伏期为 3～4d，人工感染 2～4d，不同年龄、品种的鸭均易感，番鸭、麻鸭易感性较高，北京鸭、半番鸭、樱桃谷鸭次之，成年鸭和产蛋鸭发病、死亡较多；病鸭和带毒鸭是主要传染源，通过消化道、呼吸道、交配、眼结膜、吸血昆虫等途径传播。我国将其列为二类动物疫病，2008 年发布国家诊断标准（GB/T 22332），适用于 DVE 的诊断与检疫。

（1）临床诊断　临床症状：因品种、年龄、性别以及病毒毒力不同，临床症状会有很大差异。易感鸭群突发持续性高死亡，产蛋量明显下降。种鸭临床症状为流泪、怕光、烦渴、缺乏食欲、共济失调、水样腹泻和流鼻液。通常病鸭羽毛蓬乱，肛门粘有污物。病鸭借助翅膀支撑方能保持平衡，整个外观虚弱、精神沉郁。但 2～7 周龄鸭损失比成鸭低，其症状为脱水、体重下降，喙呈蓝色，肛门染有血迹。

病理变化：剖检发现死亡鸭并不消瘦，性成熟的公鸭阴茎脱垂。性成熟母禽的卵巢滤泡出血。特征性大体病变以血管受损，带有组织出血和体腔游离血液，消化道黏膜表面有环状出血和白喉样损坏，淋巴样器官受损，实质器官呈退行性病变为特征。北京鸭的特征性病变是血管及内脏器官损伤，消化道上皮细胞出现嗜酸性核内包涵体和胞浆内包涵体。

易感动物出现上述临床症状、病理变化，初步判为疑似病例。

（2）**实验室检测**　样品：血清，泄殖腔拭子，肝、脾、脑等组织。

方法：病毒分离、PCR、荧光定量 PCR、FAT、SNT、ELISA。

（3）**综合判定**　疑似病例样品病毒分离成功，经 PCR、荧光定量 PCR、FAT 任一方法鉴定为阳性，判为确诊。疑似病例血清，经 SNT、ELISA 任一方法鉴定为阳性，可判为确诊或疫苗免疫。

10.2.3.4　鸡传染性支气管炎

鸡传染性支气管炎（infectious bronchitis，IB）是由冠状病毒科、冠状病毒属的鸡传染性支气管炎病毒（infectious bronchitis virus，IBV）引起的一种急性、高度接触传染性呼吸道疾病。1930 年首发于美国，1972 年出现在我国广东，全球各地均有发生。该病潜伏期 36h 或更长，仅感染鸡，病鸡和带毒鸡是本病主要的传染源，病毒主要经呼吸道、消化道侵入，主要通过飞沫、直接或间接接触被污染的饲料、饮水等传播，也可经卵垂直传播。WOAH 将其列为须报告的动物疫病，我国将其列为三类动物疫病，2008 年发布国家诊断标准（GB/T 23197，2022 年修订），2003 年发布出入境检验检疫行业标准（SN/T 1221，2016 年修订），适用于该病的诊断、检疫。

（1）**临床诊断**　临床症状：根据病变类型，分为呼吸道型、肾型，临床以呼吸道型最为普遍。呼吸道型表现为呼吸困难，有啰音或喘鸣声。雏鸡感染可引起死亡，青年鸡和产蛋鸡感染后可引起产蛋停止或下降，产软皮蛋、砂壳蛋或畸形蛋，蛋清稀薄如水。肾型主要表现为病鸡排白色稀便，脱水，急性肾炎或尿结石，死亡率高。

病理变化：病鸡气管、鼻道或窦中有浆液性、卡他性或干酪样渗出物，气囊出现浑浊或含有黄色干酪样渗出物。死亡雏鸡气管后端或支气管中可见干酪样栓子，大的支气管中周围可见小的肺炎区。肾病型病例的肾脏苍白、肿大，肾小管和输尿管因尿酸盐沉积而扩张。

鸡出现以上临床症状、病理变化，可判为疑似病例。

（2）**实验室诊断**　样品：血清，气管渗出物、支气管和肺组织（呼吸道型），肾脏、输卵管、大肠、盲肠、扁桃体、鸡粪便（肾型和产蛋下降型）。

方法：VI、RT-PCR、HA、HI、ELISA、气管环组织培养、SNT。

（3）**综合判定**　未免疫疑似病例经 VI、RT-PCR、HA、HI、ELISA、气管环组织培养、SNT 任一方法检测阳性，判定为 IBV 感染鸡群。免疫保护或已过保护鸡群，如病毒分离成功且鉴定阳性，判定为 IBV 感染鸡群。如仅有血清学检测（HA、HI、ELISA）阳性，应结合疫病史鸡疫苗免疫情况综合判定，不可一律视为 IBV 感染群。

10.2.3.5　禽白血病

禽白血病（avian leukosis，AL），也称淋巴细胞白血病、大肝病，是由反转录病毒科 C 型禽白血病病毒（avian leukosis virus，ALV）引起的一种诱发鸡不同组织良性和恶性肿瘤的传染病，是除马立克病和禽网状内皮增殖病之外的又一类重要肿瘤病。ALV 分为 A～J 共 10 个亚群，其中 A、B、C、D、E 和 J 亚群病毒与鸡相关，E 亚群为内源性病毒，其他 5 种属外源性病毒。1868 年发生全球首例，呈全球性分布。鸡是本病的自然宿主，各品种的肉鸡均易感，蛋鸡较少发病，野鸡、珠鸡、鸭、鸽、鹌鹑、火鸡和鹧鸪人工接种均可引起肿瘤。病鸡和带毒鸡是主要传染源，潜伏期较长，16周龄或性成熟后开始发病，主要经种蛋垂直传播。我国将其列为三类动物疫病，2010年发布国家诊断标准（GB/T 26436），适用于判断鸡群或病料中是否有外源性ALV感染。

（1）**临床诊断**　临床症状：以成年鸡淋巴样肿瘤和产蛋性能下降为特征，感染率和发病死亡率高低不等，死亡率最高可达20%。

病理变化：淋巴样白血病最为常见，病鸡的肝、脾、法氏囊、肾、肺、性腺、心、骨髓等器官可见肿瘤，表现为较大的结节状（块状或米粒状），或弥漫性分布细小结节。结节的大小和数量差异很大，表面平滑，切开后呈灰白色至奶酪色，但很少有坏死区。在成红细胞性白血病、成髓性细胞白血病、髓细胞白血病中，多使肝、脾、肾呈弥漫性增大。J亚群ALV主要诱发髓细胞样肿瘤，特征性变化是肝、脾肿大或布满无数的针尖大小的白色增生性肿瘤结节。某些病例可在胸骨和肋骨表面出现肿瘤结节。

易感动物出现上述临床症状、病理变化，可初步判为疑似病例。

（2）**实验室检测**　样品：全血、血清或血浆，脾、肝、肾等病变脏器，咽喉、泄殖腔棉拭子。

方法：病毒分离、IFA、ELISA、荧光定量PCR。

（3）**综合判定**　疑似病例样品经病毒分离后，用IFA、ALV-p27抗原ELISA任一方法检测阳性，判为确诊。可用荧光定量PCR进行亚群鉴定。无论商品鸡群还是SPF鸡群，在血清样品中检出A亚群、B亚群及J亚群抗体，判为外源性ALV感染。

10.2.3.6　鸡传染性法氏囊病

鸡传染性法氏囊病（infectious bursal disease，IBD），又称甘布罗病（Gumboro disease），是由传染性法氏囊病病毒（infectious bursal disease virus，IBDV）引起的一种急性、高度传染性疾病。本病主要侵害鸡法氏囊，引起严重的免疫抑制。IBDV分为血清1型、2型，仅1型致病。1962年首发于美国，1979年出现在我国，呈全球性分布。本病潜伏期2～3d，自然条件下仅感染鸡，火鸡、鸭、珍珠鸡和鸵鸟也可感染；3～6周龄鸡发病急且重，1～3周龄鸡常呈亚急性或亚临床症状。病鸡和带毒鸡是主要传染源，主要经呼吸道、眼结膜及消化道感染，通过间接接触饲料、饮水、垫料等传播。WOAH将其列为须报告的动物疫病，我国将其列为三类动物疫病，2003年发布国家诊断标准（GB/T 19167，2020年修订），适用于该病的诊断、检测、监测和流行病学调查。

（1）**临床诊断**　临床症状：本病常呈急性经过，通常在感染后第3天开始死亡，5～7天达到高峰，随后快速下降。易感鸡群发病突然，体温突然升高，腹泻，排出白色黏稠或水样稀便，随后食欲废绝，颈和全身震颤，病鸡步态不稳，羽毛蓬松，精神委顿，卧地不动，呼吸困难，泄殖腔周围的羽毛被粪便污染。后期病鸡脱水严重，趾爪干燥，最后衰竭死亡。

病理变化：严重者剖检可见腿部、胸部肌肉有条索状或斑块状出血。法氏囊水肿、出血，体积增大，重量增加，严重者呈紫黑色、葡萄状；部分法氏囊出现萎缩。有些法氏囊淡黄色水肿。肾肿大褪色，肾小管有尿酸盐沉积，呈红白相间"花斑肾"。

易感动物出现上述临床症状、病理变化，可判为疑似病例。

（2）**实验室检测**　样品：法氏囊、血清。

方法：VI、RT-PCR、实时荧光RT-PCR、AGID。

（3）综合判定 疑似病例样品经病毒分离、RT-PCR、实时荧光 RT-PCR、AGID 任一方法检测阳性，判为确诊。

10.2.3.7 鸡马立克病

鸡马立克病（Marek's disease，MD）是鸡疱疹病毒 2 型，即马立克病病毒（Marek's disease virus，MDV）引起的一种高度传染性、以淋巴细胞增生为特征的肿瘤性疾病。1907 年首发于匈牙利，1967 年成功分离到病毒，1970 年出现在我国，呈全球性分布。本病潜伏期 3～4 周，病鸡常因极度消瘦、逐渐衰竭而死。各品种的鸡均易感，病鸡和带毒鸡是主要的传染源，火鸡、野鸡、鹌鹑和鹧鸪等可感染但发病极少，病毒主要经呼吸道侵入，通过气溶胶，或间接接触被污染的饲料、饮水、人员等传播，炎热季节吸血昆虫也可传播，是严重危害养鸡业健康发展的三大禽病之一。我国将其列为三类动物疫病，2002 年发布国家诊断标准（GB/T 18643，2021 年修订），适用于该病的检测、诊断、检疫和流行病学调查。

（1）临床诊断 临床症状：病鸡主要表现严重消瘦，瘫痪且两腿前后伸展呈"劈叉"状，皮肤毛囊结节以及眼盲症等示病症状。

病理变化：①内脏型，肝、性腺、脾、肾、肺、前胃及心脏出现广泛的弥漫性淋巴瘤，青年鸡肝脏一般中度肿大，成年鸡肝脏严重肿大。②神经型，外周神经肿胀，呈半透明水肿样，色泽变淡，横纹消失，其肿胀程度一般为正常神经的 2～3 倍。这些变化多发生在腰荐神经丛、坐骨神经丛、臂神经丛、颈部迷走神经丛等部位，多为不对称性。③皮肤型，以皮肤的羽毛囊为中心形成半球形隆起的肿瘤，表面有时可见鳞片状棕色痂皮。④眼型，虹膜呈环状或斑点状褪色，出现淡灰色，瞳孔不规则，有时偏向虹膜一侧。

采集病鸡肿胀外周神经和内脏肿瘤组织制备石蜡切片、染色、镜检，外周神经可发现 A、B、C 三种病变型，A 型病变以淋巴母细胞，大中小淋巴细胞和巨噬细胞增生性浸润为主；B 型表现为神经水肿，神经纤维被水肿液分离，可见小淋巴细胞、浆细胞和许旺氏细胞增生；C 型病变为轻微的水肿和轻度小淋巴细胞增生。内脏和其他组织肿瘤与 A 型相似，以淋巴细胞增生为主。

易感动物出现上述临床症状、病理变化，可判定为 MD 疑似病例。

（2）实验室检测 样品：发病鸡抗凝全血、羽髓组织、血清。

方法：病毒分离鉴定、AGID、PCR、荧光定量 PCR。

（3）综合判定 疑似病例样品经病毒分离、AGID、PCR 检测、荧光定量 PCR 任一方法检测阳性，可判定为 MDV 感染。疑似病例病毒分离成功，而且鉴定为野毒株感染，或经 AGID 检出抗原阳性，或经 PCR 检测符合野毒株特征，可判定为确诊。无明显特异症状的鸡，成功分离病毒且鉴定为野毒株感染，或经 PCR 检测符合野毒株特征，判定为野毒株感染；临床无明显特异症状的鸡，成功分离到病毒且鉴定为疫苗株，或经 PCR 检测符合疫苗株特征，判定疫苗免疫。

10.2.3.8 鸡球虫病

鸡球虫病（avian coccidiosis）是由多种柔嫩艾美耳球虫感染鸡所引起的一种急性、流行性原虫病，临床以消瘦、贫血、血痢、生长发育受阻为特征。各品种、年龄的鸡均易感，15～60 日龄的雏鸡、青年鸡最易感，成年鸡不发病，病鸡和带虫成年鸡是主要传染源，主要经粪-口途径感染，苍蝇、甲虫、鼠类等是传播媒介。我国将其列为三类动物疫病，2002 年发布动物球虫病国家诊断标准（GB/T 18647，2020 年修订），适用于该病的实验室诊断。

（1）临床诊断

临床症状：①急性型，病程数日至三周不等，病初发病鸡精神不振，羽毛松乱，呆立，食欲减退，泄殖腔周围被稀便污染，粪便带血或全是血便，后期有神经症状，昏迷，翅膀轻度瘫痪，两脚外翻，不久死亡。柔嫩艾美耳球虫感染引起的病例，开始粪便为咖啡色，后期为血便。②慢性型，多见于 4～6 龄鸡或成年鸡，病鸡消瘦，足、翅发生瘫痪，产蛋量下降，有间歇性下痢（不带血），很少死亡。

病理变化：因球虫种类不同所致病理变化存在差异。柔嫩艾美耳球虫寄生于盲肠，引起黏膜出血及坏死，肠内容物血样，内含坏死剥落的黏膜，或为混有血的干酪样凝栓。毒害艾美耳球虫感染后，因致病力较强，通常发生在 2 月龄以下的雏鸡，病鸡精神不振，翅下垂，弓腰，下痢和脱水。小肠中部高度肿胀或气胀，有时可达正常时的 2 倍以上，这是本病的重要特征。肠壁充血、出血和坏死，黏膜肿胀增厚，肠内容物含有血液、血凝块和坏死脱落的上皮组织。感染后 5 天出现死亡，第 7 天达到高峰，死亡率仅次于盲肠球虫。

易感动物出现上述临床症状和病理变化，初步判定为鸡球虫病疑似病例。

（2）实验室检测　新鲜粪便、典型病变脏器（肠道、肝脏、肾脏等）。方法包括病原形态学检查、组织病理学检查（病变检查、裂殖子/裂殖体、卵囊检查）。

（3）综合判定　疑似病例新鲜粪便样品经病原形态学检查或典型病变脏器组织病理学检查发现球虫，判为确诊。

10.2.3.9　禽传染性脑脊髓炎

禽传染性脑脊髓炎（avian encephalomyelitis，AE）是由禽脑脊髓炎病毒（avian encephalomyelitis virus，AEV）引起的，以主侵幼鸡中枢神经系统引起非化脓性脑炎为主要病理特征的一种病毒性传染病。1930 年首发于美国，1980 年开始出现在我国，呈全球性分布。自然感染潜伏期 9～11d，经胚胎感染潜伏期 1～7d；AEV 对鸡易感，雉鸡、鹌鹑、火鸡和山鸡也可自然感染，主要通过种蛋垂直传播，也可通过间接接触被污染的饲料、饮水、养殖环境等水平传播。我国将其列为三类动物疫病，2011 年发布国家诊断标准（GB/T 27527），适用于该病的诊断、检疫与流行病学调查。

（1）临床诊断　临床症状：自然感染和人工感染雏鸡的临床症状基本一致，初期精神沉郁、嗜睡、易惊、斜视、呈半蹲姿势、头颈偏向一侧、饮水困难，双腿紧缩、叉开或爪蜷缩，以后可出现站立不稳、进行性运动失调、头颈快速震颤等症状，甚者常因瘫痪、衰竭而死亡。成年鸡感染后一般不出现明显症状，有时仅见轻微腹泻，产蛋率下降（10%～40%）和种蛋孵化率降低。

病理变化：典型病变为非化脓性脑炎，镜下可见神经元发生中央染色质溶解和逐渐坏死，小胶质细胞增生，血管周围管套现象。人工感染病鸡进行病理学研究发现，肉眼可见脑组织表面有充血淤血，或有针尖大出血点和灰白色小病灶。镜下可见毛细血管增多、充血、水肿、管套形成，小血管外围出现围管性细胞浸润，浸润的细胞以淋巴细胞为主，也有少量浆细胞和巨噬细胞，这些细胞少则 1～2 层或散在，多则几层、十几层，密集排列形成管套，严重时可压迫血管使之狭窄或闭塞；神经细胞变性和中央染色质溶解，变性的神经细胞肿大、淡染或浓缩，有的呈现中央染色质溶解现象。此外，外周神经和其他实质气管也有一定病变，并有淋巴细胞增生。

易感动物出现上述临床症状、病理变化，判为临床疑似病例。

（2）**实验室诊断**　样品：发病早期鸡的大脑、中脑、小脑、延脑和脊髓等组织，血清。

方法：病毒分离鉴定、RT-PCR、IFA、AGID、ELISA。

（3）**综合判定**　疑似病例样品病毒分离成功，经 RT-PCR 和/或 IFA 鉴定阳性，判为确诊。血清样品经 ELISA、AGID 任一方法检测抗体阳性，判为确诊病例或疫苗免疫。

10.2.4　反刍动物疫病

10.2.4.1　牛海绵状脑病

牛海绵状脑病（bovine spongiform encephalopathy，BSE）俗称疯牛病，是由朊病毒引起的牛的一种慢性致死性神经性疾病。1936 年首次发现该病毒，1985 年英国首发，已扩散至欧洲、美洲和亚洲 30 多个国家，我国未发现，而且得到 "BSE 风险可忽略" WOAH 认证。BSE 潜伏期为 2～8 年，多发于 4～6 岁的牛，2 岁以下青年牛罕见，6 岁以上成年牛明显减少，多数病例病程数月至一年，预后不良。牛科、猫科动物易感，奶牛尤其是黑白花奶牛最易感，家猫、虎、豹、狮等野生动物以及人也可感染。患病绵牛羊鸡、带毒牛是主要传染源，通过食入含有朊病毒的肉骨粉或饲料经消化道感染。WOAH 将其列为须报告的动物疫病，我国将其列为一类动物疫病，2003 年发布国家诊断标准（GB/T 19180，2020 年修订），适用于该病的诊断。

（1）**临床诊断**　一般表现四种特异性症状：①行为异常，表现为不安、恐惧、异常震惊或沉郁；不自主运动，如磨牙、震颤；不愿经过有缝隙的地面或进入畜栏等。②感觉或反应过敏，表现为视、听、触三觉过于敏感；对光线的明暗变化、外部声响以及颈部触摸很敏感，这是 BSE 病牛的特征性临床表现。③运动异常，病牛步态呈 "鹅步"，共济失调，四肢伸展过度，有时倒地，难以站立。④体重和体况下降，病牛的体重和体况下降，表现出异常消瘦，体质虚弱。

剖检无明显病理变化。

出现上述特征性临床症状，可初步判为疑似 BSE 病例。

（2）**实验室诊断**　样品：病死或被屠宰牛羊的大脑、小脑和脑干组织，脑闩部组织。

方法：H.E 组织病理染色、免疫组织化学、免疫印迹。

（3）**综合判定**　免疫组织化学法应和 H.E 组织染色法同时进行，免疫印迹法诊断时，如样品适宜进行 H.E 组织染色法应同时检测。临床无明显症状或疑似易感动物组织，经免疫组织化学或免疫印迹检出朊病毒病原，可判为感染 BSE（确诊）。

10.2.4.2　牛传染性胸膜肺炎

牛传染性胸膜肺炎（contagious bovine pleuropneumonia，CBPP）又称牛肺疫，是由丝状支原体引起牛的一种接触性传染病。本病最早发生于 16 世纪，在欧洲、非洲、美洲、亚洲多数国家存在此病，非洲最为严重，1996 年我国宣布消灭。本病潜伏期 8 天至 4 个月，各品种的牛（黄牛、牦牛、水牛、犏牛、奶牛等）易感，3～7 岁的牛多发，犊牛少见；病牛、康复牛和带菌牛是主要传染源，致病菌通过呼吸道（肺脏）入侵，主要通过直接接触（易感牛与病牛）、呼吸道吸入 "飞沫" 等途径传播。WOAH 将其列为须报告的动物疫病，我国将其列为一类动物疫病，2002年发布国家诊断标准（GB/T 18649，2014年修订），适用于该病的诊断、检验检疫。

（1）**临床诊断** 临床症状：暴发流行时多呈急性病程，体温在41℃以上稽留。呼吸系统症状非常明显，表现为呼吸困难，呈腹式呼吸，咳嗽弱而无力，有浆液或脓性鼻汁流出，食欲废绝。

病理变化：急性期病变以浆液渗出性纤维素性胸膜肺炎，间质多孔多汁，肺小叶出现各期肝变、多色，呈大理石样肺，肺胸膜和肋胸膜粘连，以及胸腔渗出液大量潴留为特征。转为慢性后逐渐形成肺包膜或坏死块。

易感动物出现上述临床症状、病理变化，判为疑似牛传染性胸膜肺炎。

（2）**实验室** 样品：关节液、胸腔积液、鼻拭子、全血、血清。

方法：病原分离鉴定（菌落形态观察、染色镜检、糖发酵等生化试验等）、PCR、微量补体结合试验、竞争ELISA。

（3）**综合判定** 疑似病例血清经微量补体结合试验或竞争ELISA检测阳性，可判为抗体阳性，但不表明感染本病；对疑似病例组织等（含关节液、鼻拭子）病原分离鉴定成功方可确诊。

10.2.4.3 痒病

痒病（scrapie）俗称震颤病或摇摆病，是由朊病毒（也称之为痒病病毒）侵害绵羊、山羊中枢神经系统所致的一种进行性、致死性、神经退行性疾病。本病以剧痒、共济失调和高致死率为特征。本病已有200多年的流行史，欧洲、北美洲、大洋洲、亚洲和非洲均有发生，我国未有报道。本病潜伏期1~3年，18月龄以下羊罕见，多数病例病程数周或数月，预后不良。不同品种、性别的羊均易感，绵羊更易感。患病羊是主要传染源，经消化道（口腔或黏膜）侵入，可在绵羊群中水平传播（传播缓慢），也可突破胎盘屏障垂直传播。WOAH将其列为须报告的动物疫病，我国将其列为一类动物疫病，2008年发布国家诊断标准（GB/T 22910，2023年修订），适用于绵羊、山羊痒病的诊断。

（1）**临床诊断** 该病临床症状各异，病程短则几周，长则1年以上，预后不良。患病母羊可发生流产。少数病例取急性经过，但症状轻微，发病数日后突然死亡。病羊死亡后内脏无肉眼可见病变。一般有五种特异症状：①行为异常，病初不易察觉，表现为耐力下降，然后步态不稳并逐渐加重。时常有饮欲但饮水很少。此外，表现为焦躁不安、恐惧、精神错乱；呈攻击性或离群独处，呆立一旁，要摇头竖耳、凝试，或高抬腿跑步。3~4个月后，患羊因感染加剧而进一步消瘦，行为异常逐渐加剧。②瘙痒，这是本病最重要的指标症状，表现为头顶、臀部和尾部开始擦痒，甚至强烈摩擦，啃咬或用后蹄搔抓身体，致使头顶、颜面、耳部、躯干体表和四肢皮肤脱毛、破损甚至撕脱。尤其胸部、肋部和后肢被毛广泛脱落。人为摩擦病羊尻部脊梁可诱导啃咬反应，或反射性伸颈摇头、咬唇和舌头。③感觉或反应过敏，患羊反应过敏，对声音敏感，易受惊。有的病例的随意肌，特别是头、颈、肋腹和股部呈现肌肉震颤，因人为接近而兴奋使震颤加剧，安静时则震颤变轻。④共济失调，首先表现为转弯僵硬，后肢落地困难，随后病羊蹒跚或倒地不起。⑤体重和体况异常，患羊的体重和体况明显下降，并随着病程发展而进一步恶化，最后消瘦而死。剖检无明显病理变化。

易感动物出现上述特征性临床症状，可初步判为疑似痒病病例。

（2）**实验室诊断** 样品：病死或被屠宰羊全脑、淋巴结。

方法：组织病理学检查、免疫组织化学检查、免疫印迹方法。

（3）综合判定　临床症状结合组织病理学检查可做出初步诊断，确诊必须结合组织化学法或其他免疫学方法。如易感羊或病羊组织经组织病理学检查阳性，且组织化学法检查阳性或者免疫印迹方法检查出病原，则判为确诊病例。

10.2.4.4　小反刍兽疫

小反刍兽疫（peste des petits ruminants，PPR）俗称羊瘟，是由小反刍兽疫病毒（peste des petits ruminants virus，PPRV）引起山羊和绵羊以发热、口炎、腹泻、肺炎为特征的急性接触性传染病。1942年科特迪瓦首次发生，在非洲、中东、中亚、南亚等地多有发生，2007年我国首发。本病潜伏期一般为4～6d，最长21d；山羊、绵羊是本病唯一自然宿主，山羊比绵羊更易感，不同品种的易感性有差异，牛多呈亚临床感染，猪表现为无症状亚临床感染（不排毒），鹿、野山羊、长角大羚羊、东方盘羊、瞪羚羊、驼可感染发病。该病主要通过直接或间接接触传播，以呼吸道为主。WOAH将其列为须报告的动物疫病，我国将其列为一类动物疫病，2007年我国发布《小反刍兽疫防治技术规范》，2011年发布国家诊断标准（GB/T 27982），适用于该病的诊断、监测与应急处置。

（1）临床诊断　临床症状：山羊临床症状比较典型，绵羊症状一般较轻微。表现为病羊突然发热，第2～3d体温达40～42℃，持续3d左右，死亡多集中在发热后期。病初有水样鼻液，此后变成大量的黏脓性卡他样鼻液，阻塞鼻孔造成呼吸困难。鼻内膜发生坏死。眼流分泌物，遮住眼睑，出现眼结膜炎。发热症状出现后，病羊口腔内膜轻度充血，继而出现糜烂。初期多在下齿龈周围出现小面积坏死，严重病例迅速扩展到齿垫、硬腭、颊和颊乳头以及舌，坏死组织脱落形成不规则的浅糜烂斑。部分病羊口腔病变温和，并可在48h内愈合，可很快康复。多数病羊发生严重腹泻或下痢，造成迅速脱水和体重下降。怀孕母羊可发生流产。易感羊群发病率通常达60%以上，病死率可达50%以上。特急性病例发热后突然死亡，无其他症状，在剖检时可见支气管肺炎和回盲肠瓣充血。

病理变化：口腔和鼻腔黏膜糜烂坏死；支气管肺炎，肺尖肺炎；有时可见坏死性或出血性肠炎，盲肠、结肠近端和直肠出现特征性条状充血、出血，呈斑马状条纹；有时可见淋巴结特别是肠系膜淋巴结水肿，脾脏肿大并可出现坏死病变。组织学上可见肺部组织出现多核巨细胞以及细胞内嗜酸性包涵体。

易感动物上述特征性临床症状、病理变化，可初步判为疑似PPR病例。

（2）实验室诊断　样品：发热期病畜的结膜、鼻腔和颊部棉拭子、血清；病死或被扑杀病畜的肠系膜和支气管淋巴结、脾脏、胸腺、肠黏膜及肺等组织。

方法：病毒分离鉴定、普通RT-PCR、荧光定量RT-PCR、竞争ELISA。

（3）综合判定　疑似病例样品病毒分离鉴定（需RT-PCR或荧光定量RT-PCR鉴定），或RT-PCR、荧光定量RT-PCR检测、竞争ELISA任一方法检测阳性，均判为PPR阳性。

10.2.4.5　蓝舌病

蓝舌病（bluetongue，BT）是由蓝舌病病毒（bluetongue virus，BTV）引起的反刍动物的一种传染病，以病畜口腔、鼻腔和胃肠道黏膜发生溃疡性炎症为特征，牛一般不表现症状。1876年首次在南非发现，在全球各大洲均有发生或流行，我国1976年首次发生。本病潜伏期3～9d，各品种的牛羊均易感，牛和山羊多呈隐性感染，绵羊可发病死亡，多呈地方性流行，具有明显的季节性。病畜是主要传染源，通过吸血昆虫（库蠓、蚊、虻、牛虱、羊虱和蜱等）叮咬传播，也可突破胎盘、交配等途径传播。WOAH 将其列为须报告的动物疫病，我国将其列为二类动物疫病，2002 年发布国家诊断标准（GB/T 18636，2017 年修订），适用于牛羊蓝舌病的诊断、检疫与流行病学调查。

（1）临床诊断　临床症状：一般情况下，牛感染后几乎不表现临床症状，但可长时间保持病毒血症；BTV-8 型感染牛后能出现流涎、流涕和口腔充血等症状。病初羊体温可达 40.5～42℃，呈稽留热型，持续 2～3d；病羊双唇水肿、充血，有流涎和流涕等现象；口腔充血，后呈青紫色或蓝紫色，很快口腔黏膜发生溃疡和坏死，鼻腔有脓性分泌物，干后结痂，引起呼吸困难；鼻腔和口腔病变持续 5～7d 后愈合；舌头充血、点状出血、肿大，严重者舌头发绀，表现出蓝舌病的特征性症状；脚基部和蹄冠周围有红圈，蹄冠和蹄叶有炎症，甚至蹄壳脱落，出现跛行，行动僵直；有时腹泻、粪便带血，孕羊流产；全身皮肤呈弥散性发红，皮肤上有针尖大小出血点或出血斑，被毛容易折断和脱落；部分病例可因并发肺炎和胃肠炎死亡，如果感染发生在阴冷、湿润的深秋季节，死亡率更高。

病理变化：病羊鼻液稀薄，并有水样或黏液性出血；脾脏肿大，肾充血和水肿，皮质部可见界限清晰的淤血斑；肺表现为肺泡充血，局部水肿，支气管充满泡沫，胸腔可能有大量浆液性液体；心包积水，有点状出血，左心室与肺动脉基部常有明显的心内膜出血。

易感动物出现上述临床症状、病理变化，可判为疑似蓝舌病。

（2）实验室诊断　样品：抗凝（肝素钠）全血，精液，淋巴结、脾脏、肝脏、肾脏等，血清。

方法：病毒分离鉴定、免疫酶染色、抗原捕获 ELISA、RT-PCR、荧光定量 RT-PCR、定型微量中和试验、噬斑及噬斑抑制定型试验、AGID、竞争 ELISA。

（3）综合判定　疑似病例经病毒分离鉴定、RT-PCR、荧光定量 RT-PCR 任一方法阳性，判为确诊。对隐性感染动物（无明显临床症状），经病毒分离鉴定、RT-PCR、荧光定量 RT-PCR、AGID、竞争 ELISA 任一方法阳性，判为 BTV 感染。因 AGID 试验结果判定存在主观差异，检测结果需经竞争 ELISA 再次验证。

10.2.4.6　日本血吸虫病

日本血吸虫病（*Schistosomiasis japonica*）是由日本血吸虫寄生于牛等哺乳动物及人门静脉系统所引起的一种人兽共患寄生虫病，以下痢、便血、消瘦、实质脏器散布虫卵结节等为特征。其主要分布在我国、日本及东南亚国家，呈地方性流行。本病潜伏期长短不一，不同品种、年龄的水牛、黄牛易感，其他哺乳动物和人也可感染。带虫动物、人是本病的传染源，中间宿主为钉螺，通过接触含尾蚴的污染水体（疫水）感染，经皮肤、口腔黏膜及胎盘等途径侵入，季节性明显。我国将其列为二类动物疫病，2002 年发布国家诊断标准（GB/T 18640，2017 年修订），适用于牛日本血吸虫病诊断、检疫、流行病学调查以及防治效果评价。

（1）临床诊断

临床症状：①急性型多见于重度感染小牛，偶见于成年黄牛。典型症状为体温升高达 40℃以上，消瘦，被毛粗乱，拉稀，便血，生长停滞，黄牛使役力下降，奶牛产奶量下降，母畜不孕或流产。特别严重者肛门括约肌松弛。直肠外翻、疼痛，食欲不振，步态摇摆、久卧不起，呼吸缓慢，最后衰竭而死亡。②慢性型为消瘦，畏寒，被毛粗乱，拉稀，偶有便血，精神不振。轻度感染者可无症状。

病理变化：病畜尸体消瘦，贫血，皮下脂肪萎缩；肝脾肿大，被膜增厚呈灰白色，肝脏有粟粒大小灰白色或黄色沙粒状卵结节；腹腔积液；肠壁肥厚，浆膜表面粗糙并伴有淡黄色黄豆样结节，黏膜有溃疡、瘢痕和乳头样结节；肠系膜淋巴结肿大，心、肾、胰、脾、胃等器官有时可见虫卵结节。

易感动物出现上述临床症状和病理变化，初步判定为疑似病例。

（2）**实验室检测** 采集有疫水接触史牛只或疑似病例血清、粪便、肝脏组织，用IHA或虫体收集与观察、肝脏组织压片、肝脏虫卵毛蚴孵化、粪便毛蚴孵化等方法进行检查。

（3）**综合判定** 疫水接触史牛只血清样品经IHA检测阳性，判为可疑。活畜粪便样品发现肉眼和显微镜都能观察到所述特征的毛蚴，易感动物肝脏组织压片镜检发现虫卵或能孵化出肉眼和显微镜可见毛蚴，均判为确诊。

10.2.4.7 牛结节性皮肤病

牛结节性皮肤病（lumpy skin disease，LSD）又称牛疙瘩皮肤病、牛结节疹，是由牛结节性皮肤病病毒（lumpy skin disease virus，LSDV）感染牛所引起的一种急性、亚急性或慢性传染病，临床以牛发热、消瘦、淋巴结肿大、皮肤局部形成坚硬结节或溃疡为特征。1929年于赞比亚首发。随后在非洲、中东、欧洲、亚洲等地出现，2019年8月我国首次报道。该病潜伏期28d，各品种、年龄的黄牛、水牛、瘤牛、牦牛、奶牛均易感。病牛是主要传染源，吸血昆虫（蚊、蝇、蠓、虻、蜱等）是主要传播媒介，通过吸血昆虫叮咬、牛相互舔舐、摄入被污染的饲料和饮水等感染、传播，也能通过自然交配或人工授精、被污染的针头传播。WOAH将其列为须报告的动物疫病，我国将其列为二类动物疫病，2020年发布国家诊断标准（GB/T 39602）、《牛结节性皮肤病防治技术规范》（农牧发〔2020〕30号），适用于该病的诊断、监测、免疫效果评估、流行病学调查及突发疫情应急处置。

（1）**临床诊断** 临床症状：临床表现与动物的健康状况、感染的病毒量有关。发病后表现为体温升高，可达41℃，持续1～2周；浅表淋巴结肿大，肩前淋巴结肿大明显；奶牛产奶量下降；精神消沉，不愿活动；眼结膜炎，流鼻涕，流涎；发热后48h皮肤上会出现直径10～50mm的结节，以头、颈、肩部、乳房、外阴、阴囊等部位居多；结节可能破溃，吸引蝇蛆，反复结痂，迁延数月不愈；口腔黏膜出现水疱，继而溃破和糜烂；牛的四肢及腹部、会阴等部位水肿，导致牛不愿活动。公牛可能暂时或永久性不育，怀孕母牛流产，发情延迟可达数月。

病理变化：消化道和呼吸道内表面有结节病变。淋巴结肿大，出血；心脏肿大，心肌外表充血、出血，呈现斑块状淤血；肺脏肿大，有少量出血点；肾脏表面有出血点；气管黏膜充血，气管内有大量黏液；肝脏肿大，边缘钝圆；胆囊肿大，为正常2～3倍，外壁有出血斑；脾脏肿大，质地变硬，有出血状况；胃黏膜出血；小肠弥漫性出血。

易感动物出现上述临床症状、病理变化，可判定为LSD疑似病例。

（2）**实验室检测** 样品：皮肤结痂，淋巴结、肺、脾表面病变结节及周围组织，抗凝（EDTA）全血、唾液、口鼻拭子，精液，牛奶，血清。

方法：电镜观察，病毒分离与鉴定，实时荧光PCR，普通PCR，血清中和试验（SNT）。

（3）**综合判定** 疑似病例样品经电镜观察、病毒分离鉴定、实时荧光PCR、PCR任一方法检测出阳性（或核酸阳性），可判为确诊。临床无明显特异症状的非免疫动物，经 SNT 检出 LSDV 抗体阳性，可判为曾经感染过 LSDV，需结合其他方法进行确诊。临床无明显特异症状的易感动物，经电镜观察、病毒分离鉴定、实时荧光 PCR、普通 PCR 任一方法检出阳性，可判为确诊。

10.2.4.8　牛结核病

牛结核病（bovine tuberculosis，BT）是由牛分枝杆菌（*Mycobacterium* bovis）引起的一种人兽共患、慢性传染病。该病流行史长，呈全球性分布，我国首例发病时间为 1955 年。潜伏期一般 10～45d，患病牛是本病主要的传染源，经呼吸道、消化道、交配感染，吸入带菌的飞沫或媒介，直接或间接接触污染的饮水、饲料和器具等是本病重要的传播途径。不同品种、年龄的动物均可感染，奶牛最易感，其次为水牛、黄牛、牦牛、猪和犬，人也可感染。WOAH 将其列为须报告的动物疫病，我国将其列为二类动物疫病，2002 年发布国家诊断标准（GB/T 18645，2020 年修订）、《牛结核病防治技术规范》（农办牧〔2002〕74 号），2011 年、2016 年发布结核病原菌实时荧光 PCR 检测方法、牛结核病诊断　体外检测 γ 干扰素法国家标准（GB/T 27639、GB/T 32945），适用于该病的流行病学调查、诊断与监测。

（1）临床诊断

临床症状：①肺结核，以长期顽固性干咳为特征，清晨最明显。患畜易疲劳，逐渐消瘦，严重者呼吸困难。②乳房结核，先是乳房淋巴结肿大，继而乳腺区发生局限性或弥漫性硬结，硬结无热无痛，表面凹凸不平；泌乳量下降，乳汁变稀，严重时乳腺萎缩，泌乳停止。③肠结核，消瘦和持续下痢或与便秘交替出现，粪便常带血或脓汁。

病理变化：分增生型、渗出型两种。机体抵抗力强时，以细胞增生为主，形成增生性结核结节（非特异性肉芽肿）；抵抗力较低时，以渗出性炎症为主，常发生干酪性坏死、化脓或钙化，多见于肺和淋巴结。

易感动物出现上述临床症状和病理变化，初步判定为牛结核病疑似病例。

（2）实验室检测　样品：痰液、抗凝（EDTA）全血、血清、奶样、精液、子宫分泌物、粪尿等，病死牛采集下颌、咽喉、支气管、肺、纵隔和肠系膜淋巴结及病变组织（肝、脾）。

方法：细菌学检查（姜-尼氏抗酸染色、分离培养和生化鉴定）、结核菌素皮内变态反应、PCR 和 γ-干扰素体外检测。

（3）综合判定　疑似病例经细菌学检查、病原分离鉴定、结核菌素皮内变态反应、PCR、γ 干扰素体外检测任一方法检测阳性，判为确诊。疑似病例经结核菌素皮内变态反应试验或结核菌素皮内变态反应和 γ 干扰素体外检测结果阳性，判为 BT 感染。

10.2.4.9　牛出血性败血病

牛出血性败血病（bovine haemorrhagic septicaemia），又称牛巴氏杆菌病，是由于多杀性巴氏杆菌（*Pasteurella multocida*）感染牛引起的出血性败血症或传染性肺炎。该病潜伏期 2～5d，黄牛、水牛、牦牛和奶牛均易感，病畜及带菌动物是主要传染源，病菌经皮肤创伤、黏膜、呼吸道等传染入侵，通过直接接触（病畜或带菌动物）、间接接触污染物、飞沫、吸血昆虫等传播。我国将其列为三类动物疫病，2011 年发布国家诊断标准（GB/T 27530），适用于本病的诊断与检疫。

（1）临床诊断

临床症状：①败血型，病程12~24h，体温高达41~42℃，呼吸、心跳加快，鼻镜干裂，皮温不整，食欲减退甚至废绝；病初便秘，后腹泻；粪便始呈粥样，后为液状并混有黏液、黏膜片及血液，恶臭；有时出现鼻漏和血尿；腹泻开始后体温下降，不久即死亡。②浮肿型，病程12~36h，除体温升高等一般性全身症状外，病牛颈部、咽喉及胸前部皮下出现迅速扩展的炎性水肿，伴有舌及周围组织高度肿胀，舌伸出齿外，呈暗红色；呼吸高度困难，皮肤和黏膜发绀，常因窒息或下痢而死。③肺炎型，病程3~7d，除体温升高等一般性全身症状外，表现为急性纤维素性胸膜肺炎的症状，体温升高，呼吸困难，干咳，流泡沫样鼻液，后鼻液呈脓性，胸部叩诊有痛感；病初便秘，后腹泻，粪便恶臭并混有血液。

病理变化：①败血型，皮下、黏膜、浆膜、肌肉等均有出血点，胸腹腔有大量渗出液，真胃、小肠及大肠常见出血性炎症，肠内容物稀薄且多混有血液，淋巴结水肿，脾点状出血，肺淤血、水肿。②浮肿型，咽喉、颈部及肢体皮下水肿，切开水肿部位流出深黄色透明液体，间或杂有出血；咽周围组织及会厌软骨韧带呈黄色胶样浸润，咽淋巴结和前颈淋巴结肿胀；上呼吸道黏膜卡他性炎症。③肺炎型，胸腔有大量浆液性纤维素性渗出液，肺和胸膜表面有小出血点并覆有纤维素膜，肺脏切面呈大理石状，心包与胸膜粘连，内有干酪样坏死物，胃肠道急性卡他性炎症和出血性炎症，支气管与纵隔淋巴结呈紫色、肿大并布满出血点。

易感动物出现上述临床症状和病理变化，初步判定牛出血性败血病疑似病例。

（2）实验室检测　样品：体腔渗出液，抗凝（EDTA）全血，血清，病死牛或被扑杀牛的肝脏、脾脏、淋巴结、长骨骨髓等组织。

方法：染色镜检、病原分离与生化试验、IHA、AGID、对流免疫电泳试验、动物接种试验。

（3）综合判定　疑似病例样品经染色镜检、病原分离鉴定和生化试验均符合多杀性巴氏杆菌特性时，判为确诊。血清样品经IHA、AGID、对流免疫电泳试验任一方法检测为阳性，判为抗体阳性。

10.2.4.10　伊氏锥虫病

伊氏锥虫病（Trypanosomosis evansi）是由伊氏锥虫（*Trypanosoma evansi*）寄生于牛血液和造血器官中引起的一种原虫病。公元前8世纪古印度有发病（苏拉病）报道，1940年在我国确诊首个病例，现呈全球性分布。黄牛、水牛和骆驼易感，多呈慢性经过，马属动物感染多呈急性经过。我国将其列为三类动物疫病，2009年发布国家诊断标准（GB/T 23239），适用于该病的诊断、检疫与流行病学调查。

（1）临床诊断　黄牛、水牛感染后表现为不定期间歇发热，食欲不振，消瘦，肿脚和耳、尾干枯症状，无其他明显症状。马属动物感染后一般呈急性经过，体温高达40℃以上，稽留数日，经短暂间歇后再行发作；体表水肿，结膜和第三眼睑常有血斑。易感动物出现上述临床症状和病理变化，初步判定为伊氏锥虫病疑似病例。

（2）实验室检测　采集抗凝（EDTA）全血、血清，分别用于病原鉴定（新鲜血片检查、薄血膜染色检查、毛细管集虫检查、动物接种）、血清学试验（LAT、IHA、ELISA）。

（3）综合判定　疑似病例经新鲜血片检查、薄血膜染色检查、毛细管集虫检查、动物接种任一方法观察到虫体者，或者 LAT、IHA、ELISA 任一血清学方法检测到伊氏锥虫抗体阳性，判为确诊。其中，血清样品抗体阳性，判为锥虫抗体阳性。

10.2.4.11　牛病毒性腹泻/黏膜病

牛病毒性腹泻/黏膜病（bovine viral diarrhea/mucosal disease，BVD/MD）是由牛病毒性腹泻/黏膜病病毒（bovine viral diarrhea virus/mucosal disease virus，BVDV/MDV）感染牛引起的以发热、黏膜糜烂溃疡、白细胞减少、腹泻、咳嗽及怀孕母牛流产或产出畸形胎儿为特征的一种传染病。1946 年首现美国，我国 1980 年首次发生，现呈全球性分布。本病潜伏期为 7～14d，最短 2d。各年龄牛都易感，幼龄牛最为易感。病牛或带毒牛（俗称 PI 牛）是主要的传染源，主要经消化道、呼吸道传染，通过直接或间接接触传播，也可垂直或水平传播。WOAH 将其列为须报告的动物疫病，我国将其列为三类动物疫病，2002 年发布国家诊断标准（GB/T 18637，2018 年修订），适用于本病的诊断。

（1）临床诊断

临床症状：①亚临床感染，发生在免疫功能健全、血清抗性阴性的牛，70%～90% 的感染牛处于亚临床感染状态，导致温和型发热、白细胞减少症和产生中和抗体，奶牛产奶量降低。②急性感染，主要表现为不同程度高热、厌食、精神沉郁、白细胞减少、眼鼻分泌物增加、口腔溃疡、口腔脓包和出血、腹泻以及产奶量降低等，出现症状后 3～10d 死亡。③严重急性感染，显著特征为高发病率和高死亡率，各年龄牛均有发生，表现为高热、肺炎和突然死亡，怀孕母牛流产。④黏膜病是 BVDV 感染引起的一种最严重临床类型，一般呈散发性，主要表现为突然发病、高热、食欲减退、呼吸急促、产奶量降低、大量水血样腹泻。腹泻通常以出现黏膜排泄、纤维蛋白样物质、血便和恶臭为特征。

病理变化：急性感染往往导致胃肠道、消化道和呼吸系统表皮损伤。严重急性感染病牛剖检时可见溃疡、出血、胃肠表面淤血、血性腹泻等病灶。急性黏膜病死牛剖检可见大量坏死性溃疡和胃肠道腐烂，鼻孔和上呼吸道黏膜可见溃疡症状。

易感动物出现上述临床症状和病理变化，初步判定为疑似病例。

（2）实验室检测　样品：血清，精液，奶样，鼻腔棉拭子，肠黏膜刮取物、肾、肝、肺、淋巴结、脾等，胎儿组织，疑似黏膜病牛的血块、肠道淋巴组织、扁桃体和淋巴结。

方法：病毒分离与鉴定（荧光染色鉴定）、病毒中和试验、实时荧光 RT-PCR、间接 ELISA。

（3）综合判定　疑似病例样品病毒分离成功，且免疫荧光鉴定阳性，或直接进行实时荧光 RT-PCR 检测阳性，判为病原诊断阳性。病毒中和试验、间接 ELISA 任一方法检测阳性，判为抗体阳性。

10.2.4.12　牛生殖道弯曲杆菌病

牛生殖道弯曲杆菌病（bovine genital campylobacteriosis）是由专嗜牛生殖系统的胎儿弯曲杆菌（campylobacter fetus）引起的一种以不育、流产和腹泻等为特征的人兽共患传染病。胎儿弯曲杆菌分胎儿和性病两个亚种，胎儿弯曲杆菌胎儿亚种主要通过口腔、生殖道交配等方式传播，胎儿弯曲杆菌性病亚种主要通过自然交配、人工授精两种接触方式传播。WOAH 将其列为须报告的动物疫病，我国将其列为三类动物疫病，2002 年发布病菌分离鉴定国家标准（GB/T 18653），2002 年发布出入境检验检疫行业标准（SN/T

1086，2011 年修订），适用于本病的诊断、检疫及流行病学调查。

（1）临床诊断 公牛一般无明显临床表现，包皮黏膜有时出现短暂潮红。母牛交配感染 10～14d 后，阴道出现卡他性炎症，黏膜发红，黏液增多，有的可持续 3～4 个月。如胚胎早期死亡并被吸收，母牛可再发情，发情周期不规则。如胎儿在妊娠中后期（妊娠 5～6 个月）死亡，可致流产。早期流产时，胎衣常随胎儿排出。妊娠 5 个月以上，胎衣滞留，胎盘水肿，胎儿病变与布鲁氏菌病病例相似。

易感动物出现上述临床症状及病理变化，初步判为疑似病例。

（2）实验室检测 样品：公牛包皮垢与精液，母牛阴道黏液，流产胎儿及胎盘。

方法：病原分离与鉴定、PCR、IFA。

（3）综合判定 疑似病例经病毒分离鉴定、PCR、IFA 任一方法检测阳性，判为确诊。

10.2.4.13 牛皮蝇蛆病

牛皮蝇蛆病（bovine hypodermosis）是由皮蝇科（*Hypodermine*）、皮蝇属（*Hypoderma*）的牛皮蝇（*H. bovis*）、纹皮蝇（*H. lineatum*）和中华皮蝇（*H. sinense*）寄生于牦牛或黄牛体内而引起的一种寄生虫病，在欧洲、北美、亚洲等地广泛流行。本病危害主要表现为牛皮穿孔，肉、奶产量降低且品质下降，严重感染可致动物死亡。2008 年发布国家诊断标准（GB/T 22329），2020 年发布出入境检验检疫行业标准（SN/T 5183），适用于该病的诊断、检疫与流行病学调查。

（1）临床诊断 一般不表现明显临床症状，严重感染时，幼畜可表现出消瘦、生长缓慢、贫血，母牛产乳量下降，役畜的使役能力降低等症状。当皮蝇幼虫钻入脑部时，可引起神经症状，如作后退运动、突然倒地、麻痹或晕厥等，重者可造成死亡。此外，如因第三期幼虫在皮肤上形成穿孔，可因继发细菌感染导致化脓，形成瘘管，常有脓液或浆液流出，瘘管愈合后形成瘢痕。如牛背部出现瘤肿状隆起和皮下蜂窝组织炎，隆起处有小孔，孔周围常见干涸脓痂，孔内结缔组织囊中可见幼虫。易感动物出现以上临床症状、病理变化，可判为疑似病例。

（2）实验室检测 疑似病例血清用于 ELISA 检测，食管黏膜、背部皮下、瘤胃浆膜、大网膜、食管浆膜等组织一般用于形态学检查。

（3）综合判定 疑似病例经形态学检查发现虫体，判为确诊；ELISA 检测阳性，判为牛皮蝇蛆感染阳性，否则判为阴性。

10.2.5 马病

10.2.5.1 非洲马瘟

非洲马瘟（African horse sickness，AHS）是由非洲马瘟病毒（African horse sickness virus，AHSV）感染马科动物所引起的一种非接触性传染病。马、骡易感，经库蠓属节肢动物传播。WOAH 将其列为须报告的动物疫病，我国将其列为一类动物疫病，2008 年发布国家诊断标准（GB/T 21675，2022 年修订），适用于该病的诊断、检测、检疫、监测和流行病学调查。

（1）临床诊断

临床症状：①最急性型/肺型，潜伏期 3～5d，以严重的渐进性呼吸道症状为特征，初期仅限发热反应，最高体温可达 40～41℃，持续 1～2d 后降至常温，之后出现不同程度的呼吸困难，可见前腿分开，头前伸，鼻孔扩大。通常出汗较多，最后可见痉挛性咳嗽，同时从鼻孔流出泡沫样黄色液体，以其自身的浆液性液体而溺死，存活率不到 5%。②亚急性型/水肿型或心型，潜伏期 7～14d，初期发热，体温达 39～41℃，持续 3～6d，发热后期出现特征性水肿，水肿首先出现在颈部、眶上窝和眼睑，随后扩散至嘴唇、面颊、舌部、下颌骨间、咽喉区，有时皮下水肿从颈部至胸部不等，严重时胸部和肩部都出现水肿。晚期可见结膜和舌腹侧、皮下有出血点。最后变得烦躁不安，死于心力衰竭。一般在发热反应后 4～8d 内死亡，死亡率约 50%。康复后 3～8d 内水肿消失。③急性或混合型，不多见，潜伏期 5～7d。病初肺部有轻微症状，然后头、颈部出现明显水肿，最后死于心力衰竭。或出现亚急性症状，然后突发呼吸困难和其他临床表现。通常在发热后 3～6d 死亡，死亡率可达 70%。④温和型，潜伏期 5～14d，后期表现弛张热（39～40℃），持续 5～8d。可能出现结膜轻度出血，脉搏加快，轻微厌食和精神沉郁，其他症状不明显。

病理变化：最特征的病变是皮下和肌肉组织间胶样浸润，并以眶上窝和喉头最为明显。胃底黏膜肿胀一直延伸至小肠前部。咽、气管、支气管充满黄色浆液和泡沫，肺泡、胸膜下和肺间质水肿，约有 2/3 病例有急性水肿。亚急性病例，头部、颈部和肩部水肿严重。心内膜和心包膜有出血点和出血瘀斑，心肌变性。有些病例胸腔和心包积存大量黄白色-红色液体，淋巴结肿大，肝、胃出血。

易感动物出现上述临床症状、病理变化，判为疑似非洲马瘟病例。

（2）**实验室检测** 样品：发热动物抗凝全血，病死动物的肺、脾、淋巴结，血清。

方法：病毒分离鉴定，RT-PCR，间接 ELISA，微量补体结合试验。

（3）**综合判定** 疑似病例的抗凝全血、组织样品，经病毒分离鉴定、RT-PCR 方法检测阳性，判为确诊。疑似病例血清经间接 ELISA、微量补体结合试验检测阳性，判为确诊。

10.2.5.2 马传染性贫血

马传染性贫血（equine infectious anemia，EIA）是由马传染性贫血病毒（equine infectious anemia virus，EIAV）感染马属动物（马、驴、骡）所引起的一种传染病。1843年首发于法国，1904 年得以确认，现呈全球分布。我国于 1955 年证实发生该病，目前已基本消灭。该病潜伏期从数小时到数天不等，最长达 21d。自然条件下，马最易感，骡、驴次之。本病主要通过吸血昆虫（虻、刺蝇、蚊、蠓）叮咬经皮肤或经过消化道侵入，通过直接或间接接触带毒动物、污染物以及带毒器械等传播。WOAH 将其列为必须通报的动物疫病，我国将其列为二类动物疫病。1998 年发布国家标准（GB/T 17494，2009 年第一次修订，2023 年第二次修订）。2002 年发布农业行业标准（NY/T 569），2010 年发布马传染性贫血检疫技术规范（SN/T 2717）。

（1）**临床诊断** 临床症状：依据病程不同、体温差异及临床表现分为四种，①急性病例，病程 3～5d，病马体温突然升高至 40～41℃ 及以上，稽留热；快速消瘦，体力差，运动时步态不稳，易出汗，精神不振，胸、腹浮肿。②亚急性病例，病程 1～2 个月，体温 39～40℃，体温先升、后降、再升，出现温差倒转。③慢性病例，病程可达数月或数年，病马体温常在 39.5℃ 左右，热型不规则，持续 2～3 天，温差倒转现象更多。④隐性感染，一般不表现临床症状。

病理变化：舌底、口腔、鼻腔、阴道黏膜及眼结膜等处常见鲜红色至暗红色出血点

（斑）、贫血、黄疸、心脏衰弱、浮肿和消瘦等特征性症状及病理变化。急性病例可见败血性变化，亚急性、慢性病例主要表现贫血性和增生性变化。

易感动物出现上述临床症状、病理变化，初步判定为临床疑似病例。

（2）实验室检测 样品：抗凝全血、血清。全血样品经室温静置 30～40min，收白细胞层，经 4000r/min 离心后取白细胞沉淀，用于病毒分离。

方法：包括病毒分离鉴定、间接 ELISA 和 AGID 试验。

（3）综合判定 出现前述临床症状、病理变化可判定为疑似病例。病原分离鉴定阳性判定为确诊病例，间接 ELISA 阳性、AGID 阳性可初步判定为血清学阳性。

10.2.5.3 马鼻肺炎

马鼻肺炎（equine rhinopneumonitis，ER），又称马病毒性流产，是由马疱疹病毒Ⅰ型（equine herpes virus，EHV）感染马引起的一种急性、发热性传染病，临床以马头部和上呼吸道黏膜卡他性炎症、白细胞减少、妊娠母马流产为特征。临床致病毒株以 EHV1 型（主要导致孕马流产）、EHV4 型（主要导致呼吸道症状）为主。本病于 20 世纪 30 年代首发于美国，现已传至 50 多个国家和地区，1980 年在我国首次发现。该病自然潜伏期 2～10d，人工感染 2～3d，主要经呼吸道、消化道即交配传染，通过直接或间接接触、胎盘传播。我国将其列为三类动物疫病，2011 年发布马鼻肺炎病毒 PCR 检测国家标准（GB/T 27621），适用于马匹的流通和进出境检疫现场检疫、疫病监测。

（1）临床诊断 两种病毒所致症状不同，EHV1 型感染早期，孕马呼吸道症状轻微，个别马有一过性体温升高，经过 1～4 个月后流产，产死胎或弱仔，很快恢复且不影响后期配种、受孕。个别孕马有神经症状、共济失调，后肢和腰部麻痹，甚至瘫痪死亡。EHV4 型感染多见于幼驹，成年马无明显症状，病马体温升至 39.5～41℃，持续 1～4d，流鼻汁，鼻黏膜和眼结膜充血，颌下淋巴结肿胀、食欲减退，一周后自然康复。

（2）实验室检测 样品：流产胎儿的肺、脾或淋巴结，病马鼻咽棉拭子。

方法：病毒分离、一步法 PCR、巢式 PCR。

（3）综合判定 出现上述临床症状，可判为疑似病例。对疑似病例，采样进行病毒分离，经一步法 PCR 检测阳性，依据目的条带大小判定病毒基因型，即确诊。巢式 PCR 适用于临床样品直接检测，依据两次检测结果，判定可能致病的毒株基因型。

10.2.5.4 马伊氏锥虫病

马伊氏锥虫病（equine Trypanosoma evansi，ETE）是由伊氏锥虫（*Trypanosoma evansi*）引起的一种血液原虫病，马属动物（马、驴、骡）最易感，其次可感染牛、骆驼、鹿、犬、猪、鼠等动物。1880 年首见于印度，逐步扩散至非洲、南美洲、亚洲、拉丁美洲、欧洲等地，我国 1949 年前就有发生。本病潜伏期为 4～11d，主要通过吸血昆虫（虻、蝇）机械传播。WOAH 将其列为须报告的动物疫病，我国将其列为三类动物疫病。2009 年发布国家诊断标准（GB/T 23239），适用于伊氏锥虫病的诊断、检疫、流行病学调查。

（1）临床诊断 马属动物一般呈急性经过，感染后，体温突然升高到 40℃ 以上，稽留数日，经短时间的间隙，再行升温，表现为"间歇热"。发病后期，病畜精神高度沉郁、嗜睡，出现各种神经症状，步态拘谨，左右摇晃，茫然站立或前冲或转圈。病理变化主要表现为体表水肿，结膜和第三眼睑有出血斑。

出现上述示病症状、病理变化，可怀疑感染，确诊需实验室诊断。

（2）**实验室检测**　样品：血清、全血。

方法：病原学方法包括新鲜血片检查、薄血膜染色检查、毛细管集虫检查、动物接种。血清学方法包括乳胶凝集试验、间接血凝试验、酶联免疫吸附试验。

（3）**综合判定**　病原分离鉴定适用于急性病例确诊、新疫区确定。血清学方法主要用于检测伊氏锥虫抗体，在群体水平上进行血清学诊断较易操作、特异性强、敏感性高。个体检测比较困难，有时出现非特异性反应。当在临床上怀疑有伊氏锥虫感染时，可根据实际情况，由上述几种方法中选用一种或两种方法进行确诊。

10.2.6　犬猫等宠物病

10.2.6.1　犬瘟热

犬瘟热（canine distemper，CD）是由犬瘟热病毒（canine distemper virus，CDV）引起的一种高度接触性传染病。1905 年 Carre 提出该病原是一种病毒，1951 年 Dedie 首次成功分离到 CDV。自然条件下 CDV 感染犬科动物和鼬科动物，主要经呼吸道黏膜侵入，通过直接或间接接触病原污染物、空气和飞沫等方式传播，潜伏期 3～6d，最长可达90d。该病与犬细小病毒病并列为严重危害犬只的重要疾病，我国将其列为三类动物疫病，2011 年发布国家标准（GB/T 27532），适用于该病的流行病学调查、诊断与监测。

（1）**临床诊断**　临床症状：发病初期，病犬体温可达 40℃以上，表现为流清涕、脓性眼屎、咳嗽、呼吸急促等肺炎症状。腹下可见米粒样丘疹。发病后期，因病毒侵袭大脑会表现神经症状，头、颈、四肢抽搐，并迅速恶化，预后不良。

病理变化：新生幼犬感染后表现胸腺萎缩；成年犬多表现结膜炎，鼻炎、气管支气管炎和卡他性肠炎。有神经症状的犬可见鼻、脚垫皮肤角质化。中枢神经系统的病变有脑膜充血、脑室扩张、脑脊液增多。黏膜上皮细胞、网状细胞、白细胞、神经胶质细胞和神经元中可见包涵体。

易感动物出现上述临床症状、病理变化，初步判定为疑似病例。

（2）**实验室检测**　样品：活犬采集泪液、鼻液、唾液、粪便，病死犬采集肝、脾、肺等组织。

方法：病毒分离鉴定、免疫酶检测、免疫组织化学检测、RT-PCR。

（3）**综合判定**　对疑似病例，采集样品进行病毒分离，盲传三代若出现典型细胞病变（Vero 细胞培养，细胞变圆、胞浆内颗粒变性、形成空泡，出现包涵体），免疫酶检测阳性或 RT-PCR 检测阳性，则判为确诊。采集病理组织，经组织化学检测阳性或经 RT-PCR 检测阳性，亦可判为确诊。

10.2.6.2　犬细小病毒病

犬细小病毒病（canine parvovirus disease，CPD），又称细小病毒性肠炎，是由犬细小病毒（canine parvovirus，CPV）感染犬只引起的一种具有高度接触性传染的烈性传染病。1967 年首次发现，与犬瘟热并列为严重危害犬只的重要犬病。该病潜伏期 4～14d，主要经消化道侵入，通过直接或间接接触方式传播。我国将其列为三类动物疫病，2011年发布国家诊断标准（GB/T 27533），2017 年发布犬细小病毒基因分型方法国家标准（GB/T 34746），适用于该病的流行病学调查、诊断、监测，以及犬细小病毒病鉴定。

（1）**临床诊断**　临床症状：病初无任何症状，食欲减退或废绝，体温40℃以上，粉红色黏稠血样物。之后出现呕吐，吐出白色泡沫或黄色液体，继而腹泻，粪便稀薄而恶臭，严重腹泻病例呈喷射状，粪便呈红色，混有大量黏液或假膜。后期排番茄汁样稀便，并有特殊的腥臭味。患犬迅速消瘦，倦卧不起，目光呆滞，眼窝下陷，腹围紧缩，机体脱水，皮肤干燥、弹性降低。

病理变化：心脏肿大呈灰黄色，切面外翻，质地松软，心肌有出血性斑纹。肝脏肿大，包膜紧张，多呈黄褐色，质地松软有局灶性坏死，断面有豆蔻状花纹。胃空虚，黏膜轻度潮红，附有大量黏液；小肠壁增厚，肠管变粗，肠腔狭窄，形成厚层黏膜皱褶，易于剥落，肠腔内充满紫红色粥样内容物并混有血凝块。

易感动物出现上述临床症状和病理变化，初步判为疑似病例。

（2）**实验室检测**　样品：活犬的泪液、鼻液、唾液、粪便，病死犬的肝、脾、肺等组织器官。

方法：血凝与血凝抑制试验、PCR检测，以及CPV基因分型PCR。

（3）**综合判定**　对疑似病例的体液或组织处理上清依次进行血凝与血凝抑制试验，被已知犬细小病毒阳性血清抑制血凝者，判为CPV阳性，即确诊。疑似病例经CPV PCR检测为阳性，判为CPV阳性，再经分型PCR检测、基因测序、比对分析，以确定感染病毒的具体基因型。

10.2.6.3　犬传染性肝炎

犬传染性肝炎（infectious canine hepatitis，ICH）是由犬传染性肝炎病毒（infectious canine hepatitis virus，ICHV）所引起的犬科动物的一种急性败血性传染病。1947年在瑞典首次发现，之后在世界各地广泛存在，我国1983年发现该病。本病潜伏期5~9d，各品种、年龄的犬均易感，幼犬、年老犬最易感，也可感染狼、野犬、黑熊、负鼠和臭鼬，也有研究表明ICHV可感染人、大熊猫、马、兔、松鼠、刺猬、黑猩猩等，以及实验动物豚鼠。病毒主要经消化道入侵，通过直接或间接接触、空气以及体表寄生虫等方式传播。我国将其列为三类动物疫病，2001年发布实验动物——传染性犬肝炎病毒检测方法国家标准（GB/T 14926.58，2008年修订），2003年发布犬传染性肝炎诊断技术（NY/T 683），适用于该病的诊断。

（1）**临床诊断**　临床症状：最急性病例，患犬在呕吐、腹痛和腹泻等症状出现后数小时内死亡。急性型病例，患犬体温呈马鞍形升高，精神抑郁，食欲废绝，渴欲增加，呕吐，腹泻，粪便中带血。亚急性病例，呈现角膜一过性混浊，即"蓝眼"病，有的出现溃疡。慢性病例多发于老疫区或流行后期，患犬多不死亡，可以自愈。

病理变化：表现全身性败血症。实质器官、浆膜、黏膜可见大小、数量不等的出血斑点。肝肿大，呈斑驳状，表面有纤维素附着。胆囊壁水肿增厚，灰白色，半透明，胆囊浆膜被覆纤维素性渗出物，胆囊的变化具有诊断意义。

易感动物出现上述临床症状和病理变化，初步判定为疑似病例。

（2）**实验室检测**　样品：病死犬的扁桃体、肝脏、脾脏等组织脏器，血清。

方法：病毒分离培养，酶联免疫吸附试验，免疫组织化学试验。

（3）**综合判定**　未免疫疑似病例，经上述任一方法检测为阳性，判为确诊。已免疫临床疑似病例，如病毒分离鉴定阳性，判为确诊。如待检血清经酶联免疫吸附试验抗体呈阳性，判为ICHV抗体获保护，如血清抗体检测阴性，判为ICHV抗体未获保护。

10.2.7　兔病——兔出血症

兔病毒性出血病（rabbit hemorrhagic disease，RHD），又名兔出血性肺炎、兔出血症，俗称兔瘟，是由兔病毒性出血症病毒（rabbit hemorrhagic disease virus，RHDV）引起的急性、热性、败血性、高度接触传染性、致死性传染病。1984年首发于我国江苏，各大洲已有40多个国家存在该病。本病潜伏期2～3d，主要经呼吸道、消化道及创伤处侵入，通过直接或间接接触、气溶胶等途径传播。WOAH将其列为须报告的动物疫病，我国将其列为二类动物疫病，1995年发布出入境检验检疫行业标准（SN/T 0423，2010年修订），2001年发布兔出血症病毒检测国家标准（GB/T 14926.21，2008年修订），2002年发布农业行业标准（NY/T 572，2023年发布最新版），适用于该病的实验室诊断、流行病学调查、出入境检验检疫。

（1）临床诊断

临床症状：①最急性型，多见于新疫区或发病初期，无任何症状突然死亡，呈勾头弓背或"角弓反张"样，鼻孔流出红色泡沫样液体。②急性型，病程12～48h，病兔少食或不食、精神沉郁、被毛粗乱、喜饮水、呼吸急迫；体温达41℃，稽留后急剧下降；死前瘫软，不能站立，挣扎，撞击笼架，倒地后四肢抽搐或惨叫，很快死亡；死前鼻孔流出红色泡沫，死后呈角弓反张状。③慢性型，2月龄内幼兔多发，病程长，迅速消瘦，持续性腹泻，部分因衰竭而死，耐过兔生长发育缓慢。

病理变化：以实质器官淤血、出血为主要特征，鼻腔、喉头和气管黏膜弥漫性充血、出血，气管内充满大量血染泡沫；肺一侧或两侧有数量及大小不一的出血斑点，并有水肿；心包积液，心包膜点状出血；肝脏肿大、淤血，呈土黄色或淡黄色，质地变脆；脾脏充血、淤血、肿大；肾脏淤血，呈暗紫色；十二指肠、空肠黏膜出血，肠腔内有黏液。

（2）实验室检测　样品：鼻咽棉拭子，抗凝心血，肝脏等病变组织、血清。

方法：血凝试验（HA试验），血凝抑制试验（HI试验），RHDV PCR，ELISA。

（3）综合判定　出现上述临床症状、病理变化，判为RHD疑似病例。疑似病例经RHDV PCR检测为阳性，或HA试验凝集价≥1∶160，或HI试验相应两排孔的血凝效价相差2个效价以上，判为阳性。待检血清经ELISA检测阳性，判为RHDV抗体阳性。

10.3

兽用诊断/检疫/检测类行业标准

10.3.1　多种动物共患病

10.3.1.1　棘球蚴病

棘球蚴病（echinococcosis）又名包虫病（hydatid disease/hydatidosis），是由棘球属（*Echinococus*）绦虫的幼虫即棘球蚴感染家畜、人所引起的一种人兽共患寄生虫病。中间宿主为牛、羊、猪、人等，终末宿主为犬、狼、狐狸。终末宿主吞食带有棘球蚴包囊的肉或脏器而传播，人通过食入被污染的水和食物而感染。WOAH将其列为须报告的动物疫病，我国将其列为二类动物疫病，2007年发布农业行业诊断标准（NY/T 1466，2018年修订），适用于家畜细粒棘球蚴病血清抗体的检测、家畜与野生动物棘球蚴病流行病学调查和检测。

（1）临床诊断

临床症状：①细粒棘球蚴寄生于羊肝脏严重时，腹部明显膨大，扣触有浊音，触诊和按压肝区时出现疼痛；寄生于羊肺部时咳嗽，咳后长久卧地不起。②细粒棘球蚴寄生于牛肝脏严重时，营养失调，反刍无力，消瘦，右腹部显著增大，触诊和按压检查时有疼痛感，叩诊有半浊音往往超过季肋。寄生于牛肺部严重时，呼吸困难和有微弱的咳嗽；听诊时在不同部位有局限性的半浊音灶，在病灶处肺泡呼吸音减弱或消失。

病理变化：①肝细粒棘球蚴病，羊肝细粒棘球蚴包囊外层（即外囊）呈典型的特殊肉芽肿病变，由纤维组织和上皮样细胞构成，结构致密、无血管。内囊呈乳白色、半透明、表面平滑、有光泽的球形包囊；角质层由生发层细胞的分泌物形成，板层样结构，富含糖原，PAS染色反应阳性，即红染，这是棘球蚴病的示病性特征。包囊周围肝细胞受压迫而发生萎缩；肝间质结缔组织大量增生，将肝小叶分割，形成假小叶，小胆管显著增生。肝细胞呈明显的水疱变性，细胞肿胀。有些部位的肝细胞消失，取而代之的是一些均质、淡红染的浆液、纤维素性渗出物，渗出物中可见大量以嗜酸性粒细胞为主的炎性细胞浸润、充血、出血。②肺细粒棘球蚴病，棘球蚴包囊内充满囊液，有时有原头蚴。包囊的囊壁内侧为均质红染的板层结构，板层结构外侧为普通肉芽组织；有的包囊囊壁由上皮样细胞和成纤维细胞构成，未见均质红染的板层结构（PAS阴性）。部分肺间质增生，伴随大量淋巴细胞浸润，发生炎症反应；包囊外侧肺泡腔受压迫呈裂隙状；肺泡壁高度增生，小血管充血，有大量淋巴细胞与嗜酸性粒细胞浸润。外囊壁包含肺组织和小气管。

易感动物出现上述临床症状、病理变化，可判为临床疑似病例。

（2）实验室检测　样品：血清，棘球蚴可疑包囊病灶、肝脏、肺脏等组织。

方法：组织病理学检查、间接红细胞凝集试验、ELISA、普通PCR。

（3）综合判定　疑似病例组织样品经棘球蚴病理学检查阳性，或血清样品经间接红细胞凝集试验或ELISA检测阳性，判为确诊。无明显临床症状的动物经病理组织学检查，或PCR检测阳性，判为棘球蚴病感染病例。

10.3.1.2　产气荚膜梭菌病

魏氏梭菌病（botulism）是由魏氏梭菌即产气荚膜梭菌（*Clostridium perfringens*）感染牛、羊、猪等多种动物引起的一种条件致病性、急性传染病，俗称"猝死症"，属人兽共患传染病。1892年Welchii首次成功分离致病菌，1964年在我国首次发现，呈全球分布。不同年龄、不同品种的牛、羊、猪、兔等均可感染，牛的易感性最高，发病和带菌动物是主要传染源，主要通过粪-口途径传播，经消化道（吞食菌体或芽孢）、皮肤创伤感染，我国将其列为三类动物疫病，2017年发布农业行业诊断标准（NY/T 3073），适用于家畜魏氏梭菌病的诊断、监测、检验检疫以及流行病学调查。

（1）临床诊断

临床症状：①牛魏氏梭菌病，临床表现为突然不安、呼吸困难。最急性型病例无任何前驱症状，倒地死亡，有的在使役中或使役后突然死亡。急性型病牛体温升高或正常，呼吸急促，精神沉郁或狂躁不安，全身肌肉震颤、抽搐，行走不稳，口流白沫，最后倒地而死。亚急性型呈阵发性不安，发作时两耳竖直，两眼圆睁，表现出高度的精神紧张，后转为安静，如此周期性反复发作，最终死亡。急性和亚急性病牛有的发生腹泻，肛门排出含有多量黏液、呈酱红色并带有血腥异臭的粪便，有的排便呈喷射状水样。②羊魏氏梭菌病，一般急性发作，病羊磨牙流涎，排带黏液粪便，或为黏液性黑色混血稀便。死后腹部迅速膨大，口鼻常有白色或带血泡沫流出。③猪魏氏梭菌病，病程短、死亡快且死亡率高，仔猪大批死亡，病猪腹泻，粪便呈红褐色有腥臭味。④家兔魏氏梭菌病，急性腹泻，排黑色水样或带血胶冻样粪便，肛门周围、后肢及尾部被毛被稀便污染。抓起病兔摇晃躯体有泼水音。

病理变化：①牛魏氏梭菌病，以全身实质器官出血和小肠出血为主要特征，肠道臌气。②羊魏氏梭菌病，整个肠道黏膜充血，特别是小肠充血、出血，黏膜脱落；胃黏膜脱落，有出血性炎症；肾变软（肾糜烂），稍加触压即溃烂，水冲洗后，肾表面呈绒毛状。③猪魏氏梭菌病，肠黏膜及黏膜下层广泛出血，肠壁呈深红色，部分肠段膨气。肠壁变得薄而透明，空肠与回肠充满胶冻状液体。盲肠内有稀便且有恶臭气体，胃黏膜脱落。④家兔魏氏梭菌病，胃底黏膜脱落，并有大小不等的黑色溃疡，肠黏膜呈弥漫性充血或出血，小肠充有气体，肠壁变薄，盲肠和结肠内充满气体和黑绿色稀粪便，有腐败臭味，膀胱积有茶色尿液。

易感动物出现上述临床症状、病理变化，可判为临床疑似病例。

（2）**实验室检测**　样品：病死家畜肠内容，粪便，血清。

方法：细菌分离、鉴定（生化特性鉴定、暴烈发酵试验），产气荚膜梭菌毒素基因 PCR 检测、产气荚膜梭菌毒素型 ELISA 鉴定、产气荚膜梭菌 α 毒素 ELISA、产气荚膜梭菌 α 毒素胶体金试剂条检测。

（3）**综合判定**　疑似病例经细菌分离鉴定、毒素基因 PCR 检测阳性，经 α 毒素 ELISA 或 α 毒素胶体金试剂条检测任一方法阳性，判为确诊病例。

10.3.1.3　大肠杆菌病

仔猪黄痢是由致病性大肠杆菌（*Escherichia coli*）感染仔猪引起的一种高致死性、急性传染病。1885 年，由 Escherich 首先发现。7 日龄以内的仔猪易感性最高，该病一个重要的传染源是带菌母猪，同时耐过的仔猪也是主要的传染源，以消化道传播为主。我国将其列为三类动物疫病，2015 年发布农业行业诊断标准（NY/T 2839），适用于致仔猪黄痢大肠杆菌病的诊断。

（1）**临床诊断**　临床症状：病猪开始时就突然出现腹泻，排出如水样稀薄的黄色粪便，接着腹泻进一步加重，几分钟就会腹泻 1 次。机体迅速脱水，体重减轻，精神萎靡，反应迟钝，双眼无神，皮肤粗糙且存在皱褶，最终陷入昏迷而死。

病理变化：病死猪严重脱水，肠壁呈半透明状，明显变薄。肠内存在黄红色或者黄色物质，且其中存在乳汁凝块，并散发明显的腥臭味。肠系淋巴结出现严重的变性，颜色不断变淡，并存在小点的出血现象，质地较为脆软。十二指肠呈淡红色、鲜红色或者暗红色。

出现上述临床症状和病理变化，判为大肠杆菌病疑似病例。

（2）**实验室检测**　样品：病死仔猪肠道（十二指肠、空肠、回肠），肛拭子。

方法：细菌分离与纯化、生化特性鉴定、玻板凝集试验、PCR 鉴定。

（3）**综合判定**　疑似病例经细菌分离与纯化、生化特性鉴定、玻板凝集试验和 PCR 鉴定均为阳性，判为大肠杆菌病病例。

10.3.1.4 副结核病

副结核病（paratuberculosis）是由副结核分枝杆菌（*Mycobacterium paraenberculosis*）感染牛、羊、马、骆驼等引起的一种慢性消化道疾病，又称副结核性肠炎，临床以腹泻、渐进性消瘦、肠黏膜增厚并形成皱襞为特征。

该病潜伏期长达 6～12 个月，（乳牛）犊牛和小牛最易感，羊、鹿、骆驼、马、驴、猪亦可感染，病畜是主要传染源，通过粪便、乳汁和尿液长期向外排毒，易感动物通过与病畜或致病菌污染物接触（消化道）传染，也可经哺乳、胎盘垂直感染。我国将其列为三类动物疫病，2002 年发布农业行业诊断标准（NY/T 539，2017 年修订），适用于该病的诊断、免疫状态监测、疫病流行病学调查。

（1）**临床诊断** 临床症状：牛发病初期无明显症状，然后出现间歇性腹泻，而后日益扩散，而且更为严重和频繁。重者粪便如水样，喷射状排出或稀粥样，含有蛋白凝块、气泡和多量黏液，偶见血丝。早期精神、食欲、泌乳无明显改变，以后食欲减退，精神不佳，泌乳减少或停止。患畜逐渐消瘦，体力不支，经常卧地。被毛粗乱，下颌及肉垂水肿。但体温常无变化。随腹泻症状的延续，则出现进行性消瘦，直至死亡。部分鹿感染后可能突发腹泻，体重骤降，并在 2～3 周内死亡。其他动物可能在无明显腹泻情况下，几个月后表现为极度消瘦。

病理变化：牛小肠和大肠末端黏膜增厚，检查回肠末端是否有特征性增厚和皱褶病变。早期病变可于强光下观察到散在的蚀斑。鹿小肠和大肠末端可见黏膜充血、糜烂和瘀斑。山羊、绵羊的肠系膜淋巴结可见干酪样坏死或钙化。增生性肠炎病变样品经福尔马林固定、切片、苏木紫-伊红染色，可见黏膜固有层浸润、淋巴集结和肠系膜淋巴结皮质有大的淡染上皮样细胞和多核朗罕氏巨细胞浸润；经蔓-尼氏染色；可见两种细胞中有成丛的或单个的抗酸菌。

易感动物出现上述临床症状、病理变化，可判为疑似副结核病例。

（2）**实验室检测** 样品：粪便，病变肠段、回盲瓣及相邻部位淋巴结，血清。

方法：病原显微镜检查、病原分离鉴定（生化特性、PCR）、皮内变态反应试验、ELISA、AGID。

（3）**综合判定** 疑似病例组织样品经病原显微镜检查或病原分离培养（PCR 检测）为阳性，判为确诊病例；疑似病例经副结核 PPD 皮内变态反应，或血清样品经 AGID、ELISA 任一方法检测为阳性，判为确诊。

10.3.1.5 附红细胞体病

附红细胞体病（eperythrozoonosis，EHS）是由附红细胞体（*Eperythrozoon*，EH）寄生于人和动物红细胞表面、血浆以及骨髓液等部位而引起的一种人兽共患传染病。1928 年 Schilling 首次报道，1981 年在我国发生，已成为全球关注的公共卫生问题。本病宿主范围广泛，啮齿动物（鼠、兔）、家养畜禽（猪、牛、羊、马、驴、骡、鸡等）、野生动物（骆驼、羊驼、驯鹿等）、肉食动物（犬、猫、狐、貂等）以及人类均可感染或发病，猪易感性最高，发病最为严重。潜伏期 2～45d，因物种而异；患病动物是主要传染源，主要通过吸血昆虫和节肢动物、血源机制、垂直途径、消化道以及接触等方式传播，但以第一种方式较为常见。我国将其列为三类动物疫病，2010 年发布《猪附红细胞体病诊断技术规范》农业行业诊断标准（NY/T 1953），适用于猪附红细胞体病的实验室诊断。

（1）**临床诊断**

临床症状：①EH 的临床症状因发病动物种类和并发/继发情况不同而异，共同的临床症状为贫血、发热和黄疸；急性感染可见心跳和呼吸频率加快，精神沉郁、消瘦和食欲不振等。②猪感染发病后，表现为发热，体温升高到 40～42℃，食欲下降，精神委顿，呼吸困难，排棕红色尿液。感染初期皮肤潮红，后期背部及四肢末梢发绀，特别是耳廓边缘发绀。贫血，全身皮肤及可视黏膜苍白或黄染。慢性病猪表现消瘦、苍白，部分猪出现荨麻疹或病斑型皮肤变态反应。血液稀薄，凝固不良，红细胞数量减少；母猪繁殖障碍。

病理变化：①动物感染发病后共同的病理变化，腹下和四肢内侧有紫红色出血斑，全身淋巴结肿胀，血液稀薄，黏膜黄染，皮下脂肪轻度黄染，肝脾肿大、质地变软，心肌坏死，心包积液，肺间质水肿，肾脏肿胀、质地较脆。②猪发病后的病理变化，全身肌肉色泽变淡，脂肪及肺、胸腔、胃、肠、膀胱等内脏器官浆膜有不同程度的黄染。淋巴结、脾脏、肝脏肿大；肾脏肿大，质地变脆，外观黄染。膀胱蓄积棕红色尿液，黏膜黄染。

易感动物出现上述临床症状、病理变化，可判为临床疑似病例。

（2）实验室检测　样品：新鲜血样，抗凝（肝素钠）全血。

方法：新鲜血样用于涂片染色镜检，抗凝全血用于 PCR、荧光定量 PCR。

（3）综合判定　疑似病例新鲜血样经涂片染色镜检阳性，再经 PCR、荧光定量 PCR 任一方法检测阳性，判为确诊病例。

10.3.1.6　片形吸虫病

肝片吸虫病（fascioliasis）属于片形吸虫病，又称肝蛭病，是由肝片吸虫寄生于草食哺乳动物和人的肝脏和胆管内，引起的一种人畜共患的慢性消耗性寄生虫病。该病潜伏期数天至 3 个月不等，主要通过椎实螺传播和感染。我国将其列为三类动物疫病，2010 年发布农业行业诊断标准（NY/T 1950），适用于牛、羊片形吸虫病的诊断、流行病学调查及检疫。

（1）临床诊断　临床症状：多呈慢性型，主要症状为体态消瘦，食欲减退，颌下、前胸、下腹部水肿，贫血，结膜与口黏膜苍白，生长受阻，产奶量降低，孕畜可能流产。急性型仅偶见于羊，可出现微热，肝脏浊音区扩大，肝部有压痛，有时突然死亡。

病理变化：①急性型时，可见到急性肝炎，肝肿大，包膜有纤维素沉积，有 2～5mm 长的暗红色虫道，内有凝固的血液和很小的童虫，常伴有腹膜炎。②慢性型时，主要呈现慢性肝炎和慢性胆管炎。早期肝脏肿大，以后萎缩硬化，小叶间结缔组织增生，胆管扩张、肥厚、变粗，呈绳索样突出于肝脏表面。胆管内壁有盐类沉积，内膜粗糙，切时有沙沙声，在牛多见。

易感动物出现上述临床症状和病理变化，判为肝片吸虫病疑似病例。

（2）实验室检测　样品：①粪便样品，采集疑似患病动物粪便样品 10g，密封后低温保存。②组织样品，采集病死动物肝脏组织，密封后低温保存。③血清样品，采集疑似患病动物全血 5mL，分离血清，低温保存。

方法：虫卵检查、肝脏虫体检查、酶联免疫吸附试验。

（3）综合判定　疑似病例经虫卵检查、虫体检查和 ELISA 检测为阳性，判为确诊。

10.3.1.7　弓形虫病

弓形虫病（toxoplasmosis）是由刚第弓形虫（*Toxoplasma gondii*）感染多种动物和人引起的一种人兽共患寄生虫病。1908 年首发于法国，1955 年出现在我国，现呈世界性分布。刚地弓形虫的宿主广泛，家养畜禽、宠物、野生动物、鸟类、水生动物均可感染，其中以猪、牛、羊、犬、猫感染较为严重。本病潜伏期不明确，带虫哺乳动物（尤其是犬、猫）、鸡群和鸟类是主要传染源，经受损的创口、黏膜入侵，通过直接接触（动物与动物、宠物与人等）、间接接触（污染的土壤、水体和肉品等）、胎盘等途径传播。我国将其列为三类动物疫病，2002年发布农业行业诊断标准（NY/T 573，2022年修订），适用于家畜弓形虫病的诊断和疫病普查。

（1）临床诊断

临床症状：①猪弓形虫病临床症状包括高热，精神委顿，食欲减退或废绝，渴欲增加。呼吸困难呈腹式呼吸，严重者呈犬坐姿势，流水样或黏液性鼻涕。耳、唇、腹部及四肢下部皮肤前期充血，后期发绀或有淤血斑，耳尖出现干性坏死。腹股沟淋巴结肿大。妊娠期母猪发生流产、产死胎或产出患有先天性弓形虫病的仔猪。②羊弓形虫病临床症状包括发病急，精神沉郁，体温可达41℃以上，呈稽留热。呼吸频率加快，呈明显腹式呼吸。流泪、流涎，病羊眼内有大量的浆液性或黏脓性分泌物。少数病羊运动失调、全身震颤，出现神经系统和呼吸系统的症状。妊娠羊发生流产，妊娠早期胚胎死亡和吸收、胎儿死亡和木乃伊化。③其他动物弓形虫病临床症状包括牛、鸡、犬、猫等动物都可以被弓形虫感染。孕牛感染弓形虫，增加流产的风险。鸡急性弓形虫病出现斜颈和侧卧位等神经症状。除急性症外，大多数宿主呈慢性（或隐性）感染，在体内形成包囊，多不表现出明显临床症状。

病理变化：①急性感染，常出现全身性病变，表现为全身淋巴结肿大，有出血点和小坏死灶。肺高度水肿，有出血斑点和白色坏死灶。脾脏肿大，呈棕红色。肝脏呈灰红色，散在有小点坏死。肠系膜淋巴结肿大，肠道重度充血，肠黏膜上常可见到扁豆大小的坏死灶，肠腔和腹腔内有多量渗出液。肾皮质有出血点和灰白色坏死灶。膀胱有少数出血点。弓形虫病心肌炎的特征是多灶性坏死性心肌炎。②慢性感染，各内脏器官水肿，并有散在的坏死灶。在脑组织和肌肉中可见弓形虫包囊。

易感动物出现上述临床症状、病理变化，判为疑似弓形虫病例。

（2）实验室检测

① 样品：脑组织、心、肝、肺、肾、骨骼肌，血清。

② 方法：直接镜检、动物接种、PCR检测、改良凝集试验（MAT）、间接免疫荧光试验（IFA）。

（3）综合判定　疑似病例，经直接镜检或动物接种或PCR检测阳性，判为弓形虫病病例。改良凝集试验（MAT）或者间接免疫荧光试验（IFA）检测阳性，为抗体阳性动物。

10.3.2　猪病

10.3.2.1　猪轮状病毒病

猪轮状病毒病（porcine rotavirus disease，PRD）是由猪轮状病毒（porcine rotavirus，PRoV）引起的一种急性肠道传染病，临床以仔猪厌食、呕吐、腹泻、脱水和酸碱平衡紊乱为特征。自1975年首次从猪样品中发现该病毒以来，在全球养猪国家和地区普遍存在。该病潜伏期12～24h，各品种的猪易感，10～20d仔猪最易感，还可感染人、牛、羊，病猪、隐性感染猪或带毒猪是主要传染源，成年猪带毒是仔猪的主要传染源；病毒主要经消化道入侵，主要通过粪-口途径水平传播，也可通过呼吸道传播。我国将其列为三类动物疫病，2019 年发布该病的间接 ELISA 抗体检测方法（NY/T 3468），2020 年发布出入境检验检疫行业标准（SN/T 5196），适用于该病的抗体检测与病原的核酸鉴定。

（1）临床诊断 临床症状：发病初期，病猪精神不振、食欲不良，不愿活动、嗜睡扎堆；随后出现呕吐和腹泻，腹泻是本病的主要症状，粪便呈黄色、灰色或黑色，水样或糊样，严重者带有黏液和血液，3～4d 后部分病例出现严重脱水，多在 2～3d 后恢复，死亡率 10%左右，如继发/并发其他疾病，可使病情恶化，死亡率升高。

病理变化：剖检可见病变主要集中在消化道（胃肠道），病死仔猪胃肠道内充盈凝乳块或消化不全、带腥臭味的食糜，肠管壁变薄呈半透明状，小肠绒毛明显萎缩或脱落，有时可见胃肠道出血（导致排血便），肠系膜淋巴结明显水肿。

易感猪群出现上述临床症状、病理变化，可判为疑似病例。

（2）实验室诊断 样品：病猪血清、粪便或肛拭子，病死猪胃、肠道及内容物。

检测：间接 ELISA、RT-PCR、荧光定量 RT-PCR。

（3）综合判定 未免疫疑似病例，经 ELISA 或 RT-PCR 或荧光定量 RT-PCR 任一方法检测阳性，判为确诊。免疫猪 ELISA、RT-PCR 检测阳性无法判断疫苗免疫、野毒感染。

10.3.2.2 猪副伤寒

猪副伤寒（swine paratyphoid）即沙门氏菌病，是由沙门氏菌属细菌引起的一种传染病，临床上以急性败血症、顽固性腹泻和回肠及大肠发生固膜性肠炎为特征。自 1885 年首次报道该病以来，沙门氏菌所引起的疾病遍发于世界各地，给牲畜的繁殖和幼畜的健康带来了严重威胁。引起该类疾病的沙门菌血清型非常复杂，临床常见血清型主要包括猪霍乱沙门菌、鼠伤寒沙门菌、德尔卑沙门菌、猪伤寒沙门菌、都柏林沙门菌、肠炎沙门菌等。猪霍乱沙门菌具有宿主特异性，是猪沙门菌病的主要病原。我国将其列为三类动物疫病，2018 年发布农业行业诊断标准（NY/T 3190），适用于该病的诊断与监测。

（1）临床诊断

临床症状：①败血症型，体温突然升高（41～42℃），精神不振，不食；随后腹泻，呼吸困难，耳根、胸前和腹下皮肤有紫红色斑点。病程 2～4d，病死率高。②坏死性肠炎型，体温升高（40.5～41.5℃），畏寒，食欲不振，眼有黏性或脓性分泌物。初便秘后腹泻，粪便淡黄色或灰绿色，恶臭。部分病猪出现弥漫性皮肤湿疹和溃疡，特别在腹部皮肤。病程 2～3 周或更长，最后极度消瘦，衰竭而死。③小肠结肠炎型，腹泻，排黄色水样稀便，持续 3～7d。有时反复腹泻 2～3 次，病程长达数周，粪便中可见少量血液。大多数病猪可康复，少数生长发育不良。

病理变化：①败血症型，病猪的脾脏肿大，色暗，坚实似橡皮，脾髓质不软化；肝和肾也有不同程度的肿大、充血和出血，肝脏上有灰黄色坏死点；肠系膜淋巴结索状肿大；全身黏膜、浆膜均有不同程度的出血斑点，胃肠黏膜有急性卡他性炎症。②坏死性肠炎型，病猪盲肠、结肠或回肠后段的肠壁增厚，黏膜表面覆盖糠麸状伪膜，伪膜拨开后可见不规则的溃疡面；少数病例的淋巴滤泡周围黏膜坏死，有纤维蛋白渗出物聚集，呈隐约可见的轮环状。肠系膜淋巴结索状肿大，脾脏肿大，肝脏上有灰黄色坏死点。③小肠结肠炎型，病猪出现局灶性或弥散性的坏死性小肠炎、结肠炎或盲肠炎。肠黏膜粗糙，表面黏附有灰黄色的组织残骸，结肠和盲肠内容物容易被胆汁所染色，混有黑色、沙子样坚硬物质。

（2）**实验室检测**　样品：无菌采集活猪的新鲜粪便、肛拭子，以及病死猪或剖检猪的肝脏、脾脏、肾脏、淋巴结、胆囊内容物和肠内容物。

方法：病原分离鉴定分型、多重 PCR、实时荧光 PCR、ELISA 等。

（3）**综合判定**　出现以上临床症状与病理变化任一条的判为疑似病例，确诊需经病原分离鉴定与多重 PCR 方法，检出猪霍乱沙门氏菌或鼠霍乱沙门氏菌。

10.3.2.3　猪支原体肺炎

猪支原体肺炎（mycoplasmal pneumonia of swine，MPS）又称猪气喘病，是一种猪慢性呼吸道传染病。四季均可发生，可感染不同阶段、品种的猪只，仔猪易感，其次为妊娠后期和哺乳期的母猪。其主要临床症状是咳嗽与气喘，发病猪生长缓慢，饲料报酬低下，从而使饲养期延长。1965 年，美国研究者 Maxe 等从肺组织中分离出猪肺炎支原体，随后猪支原体肺炎（MPS）为主引起的地方流行性肺炎（SEP）就一直是影响世界养猪业发展巨大问题之一。1973 年，在我国发现此病，本病易感染我国地方品种猪，曾一度蔓延全国，给我国养猪业造成重大经济损失，严重制约我国养猪业的可持续发展。患病母猪为该病重要的传染源，我国将其列为三类动物疫病，2006 年发布农业行业诊断标准（NY/T 1186，2017 年修订），适用于该病的诊断与监测。

（1）**临床诊断**

临床症状：①急性型，病猪呼吸困难，严重者张口喘气，不是呼吸或犬坐姿势，时发痉挛性阵咳。食欲大减或废绝，日渐消瘦。病程 1～2 周，病猪可因窒息致死。②慢性型，长期咳嗽，清晨进食前后及剧烈运动时最明显，严重的可发生痉挛性咳嗽。体温正常，但消瘦，发育不良，被毛粗乱。病程 2～3 个月或半年以上。

病理变化：①急性型，可见不同程度的肺水肿与肺气肿。在心叶、尖叶、中间叶及部分病例的膈叶前缘出现融合性支气管炎，以心叶最为显著，尖叶和中间叶次之，然后波及膈叶。早期病例变化发生在心叶粟粒大至绿豆大，逐渐扩展为淡红色或灰红色，半透明状，界限明显，俗称"肉变"。后期或病情加重，病理变化部颜色转为浅红色、灰白色或灰红，半透明状态减轻，俗称"胰变"或"虾肉样实变"。扩张的泡腔内充满浆液性渗出物，杂有单核细胞、中性粒细胞、少量淋巴细胞和脱落的肺泡上皮细胞。②慢性型，肺泡腔内的炎性渗出物中液体成分减少，主要是淋巴细胞浸润。

（2）**实验室检测**　样品：病死猪或发病猪，采集病肺中具有特征病变组织与未见异常组织的连接处的肺组织；采集新鲜未破损的猪肺脏，经气管注入 50～100mL 灭菌的 0.01mol/L PBS 溶液，轻揉肺脏 3～5min，转移 5～10mL 灌洗液至无菌容器中。

方法：病原分离鉴定、PCR、IHA、ELISA。

（3）**综合判定**　出现以上急性型与慢性型临床症状与病理变化中的一条或一条以上，疾病发生符合流行病学，可判定为疑似猪支原体肺炎。确诊需符合实验室检测方法结果判定为阳性。

10.3.2.4　猪细小病毒感染

猪细小病毒病（porcine parvovirus disease，PPD）是由于感染猪细小病毒（porcine parvovirus，PPV）而引起的一种母猪繁殖障碍性传染病，主要是导致胚胎和胎儿发生感染及死亡，但母猪自身不会表现出临床症状。1965 年，Anton Mayr 和 Mahenl 于德国慕尼黑从猪肾原代细胞进行猪瘟病毒组织培养的污染物中首次分离出 PPV，随后，比利时、德国、美国等 10 余个国均发生了该病毒导致的疫情。1982 年潘雪珠在繁殖障碍的母猪病料中用乳猪肾原代细胞分离得到 PPV S-1 毒株，随后相继在上海、四川、广西、黑龙江、天津和湖北等地分离到 PPV，这表明 PPV 呈全国性分布。该病既可通过垂直传播，还可通过水平传播，而且具有广泛的传染源，导致猪群感染病毒后呈现出持续感染的现象，并会持续很长时间。我国将其列为三类动物疫病，2007 年发布出入境检验检疫行业标准（SN/T 1919，2016 年修订）适用于该病的诊断与监测。

（1）临床诊断　猪细小病毒感染的特征主要是孕猪在怀孕前容易受到感染，可引起胚胎和胎儿的感染和死亡，导致母猪发生流产、死胎、胎儿木乃伊化，以及新生仔猪的死亡。母猪在妊娠 55～88d 时感染 PPV，胎儿已逐渐发生免疫应答，多数可以正常生产，但是可以引起母猪子宫内膜轻度炎症，胎盘有部分钙化。感染的胎儿表现不同程度的发育障碍和生长不良，剖检可见胎儿充血、出血和水肿、体腔积液及坏死等畸变。需鉴别诊断猪繁殖与呼吸综合征、猪衣原体病、猪伪狂犬病。

（2）实验室检测　样品：产胎儿、木乃伊胎的实质器官如心、肝、脾、肺、肾等。
方法：病毒分离鉴定、HI、ELISA、胶体金试验、PCR、荧光 PCR。

（3）综合判定　根据流行病学资料、临床症状以及实验室检查结果的综合分析进行诊断；确诊需要依靠抗体检查或病原分离。

10.3.2.5　猪丹毒

猪丹毒（swine erysipelas）是由红斑丹毒丝菌引起的一种急性、热性传染病。红斑丹毒丝菌能够感染猪、牛、羊、鱼、海豚、禽类等多达十余种动物，并表现出交叉感染特点。急性猪丹毒常伴有突然死亡或全身性的败血症，亚急性和慢性感染最常见的特点是局部的关节炎或心内膜炎。日本、美国、澳大利亚、巴西、丹麦、瑞典、克罗地亚、韩国等许多国家都有分离到该菌的报道，最早可追溯到 1876 年。红斑丹毒丝菌有 28 个血清型，我国感染流行的血清型主要为 1a 和 2 型。该菌在自然界中广泛存在，我国将其列为三类动物疫病，2002 年发布农业行业诊断标准（NY/T 566，2019 年修订），适用于家猪的诊断与监测。

（1）临床诊断

临床症状：①急性型，急性经过，突然死亡。病猪体温高达 42℃ 以上，呈稽留热。精神沉郁，喜卧，不愿走动，厌食，有的呕吐。感染后 2～3d 在猪的耳后、颈部、胸腹部等部位出现各种形状的暗红色或暗紫色丘疹，用手指按压褪色。②亚急性型，病猪食欲减退，体温升高至 41℃ 以上，精神沉郁，不愿走动。发病 1～3d 后在胸、腹、背、肩、四肢外侧等部位的皮肤出现方形、菱形或圆形的紫红色疹块，稍突起于皮肤表面，用手指按压褪色。③慢性型，浆液性纤维素性关节炎，四肢关节肿胀、变形，肢体僵硬，出现跛行，严重者卧地不起。心内膜炎：精神萎靡，消瘦，不愿走动，呼吸急促。听诊心脏有杂音，心律不齐。皮肤坏死：背、肩、耳、蹄和尾部等部位皮肤坏死，可能出现皮肤坏疽、结痂。

病理变化：①急性型，肾脏肿大，呈花斑状，外观呈暗红色，皮质出血，切面外翻，肾包膜易剥离。脾脏肿大充血，呈樱桃红色，切面外翻，用刀背轻刮有血粥样物，脾脏切面的白髓周围有“红晕”现象。淋巴结肿大，紫红色，切面有斑点状出血。②亚急性型，疹块内血管扩张，皮肤和皮下结缔组织水肿。③慢性型，心内膜炎，心内膜上有灰白色菜花样血栓性增生物，主要发生在二尖瓣，其次是主动脉瓣、三尖瓣和肺动脉瓣上。

（2）实验室检测　样品：急性病例采耳静脉血，病死动物心血、肝、脾、淋巴结等；亚急性病例可采皮肤疹块病料；慢性病例可采集关节液和心内膜的增生物。

方法：病原分离鉴定、PCR、琼脂扩散试验、试管凝集试验等。

（3）综合判定 出现以上急性型与慢性型临床症状与病理变化的判为疑似，确诊需符合琼脂扩散试验、试管凝集试验与PCR检测结果判定为阳性，如出现亚急性型临床症状与病理变化可以确诊。

10.3.2.6 猪波氏菌病

猪波氏菌病，即猪传染性萎缩性鼻炎（swine infectious atrophic rhinitis），是由支气管败血波氏杆菌或/和产毒素多杀性巴氏杆菌引起的猪的一种慢性呼吸道传染病。各个品种、年龄的猪都能够感染发病，对2~5月龄猪造成最严重危害，而且日龄越小症状越明显。该病会导致患病猪鼻梁和鼻夹骨出现萎缩，坏死变形，从而导致面部出现扭曲变形，严重影响猪群对饲料的利用效率，最终导致猪生长发育迟缓，育肥效果变差，养殖周期变长。该病首发于德国，随后向生猪养殖发达国家传播蔓延，该病在我国传播流行，主要是因为引种不当所致。该病的主要传染源是病猪和隐性带菌猪。我国将其列为三类动物疫病，2002年发布农业行业诊断标准（NY/T 546，2015年修订），适用于该病的诊断与监测。

（1）临床诊断

临床症状：①仔猪，有一定数目的仔猪流鼻汁、流泪、经常喷嚏、鼻塞或咳嗽，但无发热，个别鼻汁混有血液。一些仔猪发育迟缓，犬齿部位的上唇侧方肿胀。②育成猪群和成猪群，鼻塞，并不能长时间将鼻端留在粉料中采食；衄血，饲槽沿染有血液。两侧内眼角下方颊部形成"泪斑"。鼻部和颜面变形，伴有生长欠佳。

病理变化：①鼻部横断检查，在鼻部做1~3个横断，检查横断面。检查鼻道内分泌物的性状和数量及黏膜的变化（水肿、发炎、出血、腐烂等）。检查鼻甲骨、鼻中隔和鼻腔周围骨变形、骨质软化或疏松、萎缩甚至消失。②肺部检查，少数病仔猪伴有波氏杆菌性支气管肺炎，肺炎区主要散在于肺前叶及后叶的腹面部分，特别是肺门部附近，也可能散在于肺的背面部分。病变呈斑块状或条状发生。急性死亡病例为红色肺炎灶。

（2）实验室检测 样品：由猪鼻腔采取鼻黏液。

方法：病原分离鉴定、PCR、试管凝集试验、平板凝集试验等。

（3）综合判定 对猪群的检疫应综合应用临床检查、细菌检查及血清学检查，并选择样品病猪作病理解剖检查。检疫猪群诊断有鼻漏带血、泪斑、鼻塞、喷嚏，特别有鼻部弯曲等颜面变形的临床指征病状，鼻腔检出支气管败血波氏杆菌Ⅰ相菌及/或产毒素性多杀巴氏杆菌，判定该猪群为传染性萎缩性鼻炎疫群。具有鼻甲骨萎缩病变，无论有或无鼻部弯曲等症状的猪，诊断为典型病变猪。检出支气管败血波氏杆菌Ⅰ相菌及/或产毒素性多杀巴氏杆菌的猪，诊断为病原菌感染、排菌猪。检出猪支气管败血波氏杆菌K凝集抗体的猪，判定为猪支气管败血波氏杆菌感染血清阳转猪。疫群中的检菌及血清阴性的外观健康猪，需隔离多次复检，才能做最后阴性判定。

10.3.2.7 猪塞内卡病毒感染

塞内卡病毒感染，即塞内卡病毒病（senecaviral disease，SVD），是由塞内卡病毒（seneca virus type A，SVA）感染猪引起的一种以蹄部出现水疱性损伤为特征的新发猪传染病。2002年首见于美国，2008年至今在加拿大、巴西、泰国、越南等国发生，2015年我国发生该病。该病潜伏期2~3d，各年龄、品种的猪均易感。SVA主要经呼吸道、消化道侵入，通过直接或间接接触、气溶胶、污染的食物和饮水及器具等媒介传播。我国将其列为三类动物疫病，2020年发布农业行业诊断标准（NY/T 3790），适用于SVA诊断、检测、检疫、监测和流行病学调查。

（1）临床诊断　临床症状：卧地不起或跛行，偶伴有嗜睡、腹泻和发热；病猪唇部、舌面、齿龈、鼻镜、蹄踵、蹄叉等部位出现水疱，发病后期水疱破裂，结痂，严重者蹄壳脱落，恢复期可见嫩痕、新生蹄甲；新生仔猪发病后体态虚弱，嗜睡，不愿吸乳，有时会急性死亡。

病理变化：截至目前，SVA感染猪的特异性病理变化尚不清楚。研究发现，具有水疱症状的母猪，剖检可见下颌与腹股沟淋巴结水肿、出血，肺气肿和小叶性肺炎，心脏充血、出血，肝和肾表面有白斑；典型病例可见纤维素性腹膜炎和心包炎，局部广泛出血性空肠炎和胃溃疡。发病仔猪全身性淋巴结肿大、出血，局灶性间质性肺炎，心瓣膜、小脑和肾表面出血。

易感动物出现上述临床症状、病理变化，可判定为SVD疑似病例。

（2）实验室检测　样品：水疱液、水疱皮与周边溃烂组织、淋巴结、扁桃体、血清等。

方法：病毒分离鉴定、荧光定量RT-PCR、VN、ELISA。

（3）综合判定　SVD疑似病例：出现上述典型临床症状、剖检病变的，判为SVD疑似病例。

SVD确诊病例：自疑似病例的病原检测样品种分离到SVA，或经荧光RT-PCR检测为SVA核酸阳性，血清样品经病毒中和试验、间接ELISA检出病毒抗体的，可判定为SVD确诊病例。

SVD感染：易感动物未出现SVD特异症状，经病毒中和实验或间接ELISA检出SVA抗体的，可判定为SVA感染；经病毒分离或SVA荧光RT-PCR检测为核酸阳性的，可判定为SVA带毒或潜伏感染。

10.3.2.8　猪痢疾

猪痢疾（swine dysentery，SD）又称血痢、黑痢，是由猪痢疾短螺旋体（*Brachyspira hyodysenteriae*）感染引起，以大肠黏膜卡他性、出血性及坏死性炎症、黏液性或黏液出血性腹泻为特征的猪肠道传染病。猪痢疾于1921年在美国首先被发现，但直到1972年才证实该病的病原为螺旋体。1978年，我国在上海口岸从由美国进口的商品猪中首次检验诊断出该病。该病传染源主要是病猪和带菌猪，潜伏期一般1～2周，我国将其列为三类动物疫病，2002年发布农业行业诊断标准（NY/T 545，2023年修订），适用于该病的诊断与监测。

（1）临床诊断

临床症状：①最急性病例，多见于暴发本病之初，表现急性剧烈腹泻，排便失禁，呈高度脱水状态而迅速死亡，病程12～24h。②急性病例，病初多为排软便或稀便，随后粪便中出现大量黏液和血液（凝块），呈油脂样、蛋清样或胶冻状，粪便颜色为棕色、红色或黑红色不等，病猪迅速消瘦，常转为慢性或死亡，病程1～2周。③亚急性或慢性病例，黏液出血性下痢时轻时重，生长发育停滞，常呈恶病质状态。部分康复猪经一定时间可以复发，病程4周以上。

病理变化：主要病变见于大肠，其他组织气管均无特征性病变。早期病变出现在结肠旋袢顶部，随病情进一步发展可蔓延至盲肠、整个结肠和直肠前段。急性病例表现为黏液性、出血性和纤维素性渗出，肉眼可见大肠黏膜充血、肿胀和出血，并有胶冻样附着物，常混有血液和纤维素。严重时，黏膜表面有散在性或弥散性糠麸样或干酪样坏死物覆盖，刮去后露出不规则糜烂出血溃疡面。

（2）**实验室检测**　样品：病猪新鲜粪便（含黏液）或直肠拭子或大肠内容物及黏膜。

检测：显微镜检查、病原分离培养鉴定等。

（3）**综合判定**　显微镜检查发现菌体的判定为猪痢疾短螺旋体感染。

10.3.2.9　猪捷申病毒性脑脊髓炎

猪捷申病毒性脑脊髓炎（teschovirus encephalomyelitis）又称猪传染性脑脊髓炎、猪捷申病，是由猪捷申病毒（porcine teschovirus，PTV）感染引起的猪脑脊髓灰质炎、繁殖障碍、肺炎、下痢、心包炎和心肌炎、皮肤损伤等为特点的一种病毒性传染病。1929 年首发于捷克，随后波及整个欧洲、北美洲、大洋洲及亚洲等地，2003 年在我国内蒙古首次分离到 PTV。该病潜伏期最短 4～28d，只感染猪，各年龄、品种的猪均易感。幼龄猪更易感。病猪、康复猪和隐性感染猪是主要传染源。病毒经消化道、呼吸道或眼结膜和生殖道黏膜等途径感染，通过直接接触、气溶胶、粪口途径或间接接触病毒污染物而传播。2015 年我国发布出入境检验检疫行业标准（SN/T 4299），适用于该病的诊断及流行病学调查。

（1）**临床诊断**

临床症状：①急性病例，发病初期体温升高，可达 41～42℃或更高；病猪精神较差，厌食，后肢动作失调；随病程发展，会出现脑炎症状，如四肢僵硬、眼珠震颤、抽搐、阵性惊厥；受到刺激时会出现角弓反张；最后可见全身麻痹，温度调节中心的麻痹导致高温，呼吸肌麻痹可致猪死于窒息；病猪一般在出现症状后 3～4d 内死亡。个别病例病程可达数月，并表现出肌肉萎缩和麻痹等后遗症。②亚急性病例，症状温和，发病率、死亡率较低。14 日龄内仔猪常见，但症状严重，新生仔猪发病率、死亡率可达 100%，3 周龄以上猪较少发病。一般表现为病猪食欲不振，体温略有升高；神经症状通常在数日后出现。14 日龄内的仔猪表现感觉过敏，共济失调，向后退着走，呈犬坐姿势，最后出现脑炎症状。

病理变化：剖检常无肉眼可见病变，仅见脑、脑膜充血、水肿；死亡胎儿可见肠系膜水肿，胸腔、心包积液，脑膜和肾皮质可见小出血点。病理组织学变化主要在脊髓、脑干和小脑血管周围淋巴细胞浸润，形成血管套，病灶性神经胶质增生，神经元坏死和嗜神经细胞作用引起非化脓性脑脊髓炎。患病后期出现神经元变性（肿胀、溶解、坏死、嗜神经现象、轴突变性），并逐渐转变成星形胶质细胞增生。病毒在消化道及有关淋巴结内增殖，引起病毒血症。在肺的心叶、尖叶和中间叶有灰色实变区，肺泡及支气管内有渗出液。严重的出现心肌坏死和浆液性纤维素性心包炎病变。

易感动物出现上述临床症状、病理变化，可判为疑似病例。

（2）**实验室诊断**　样品：病猪的脑和脊髓、粪便，血清。

方法：病原学诊断方法为病毒分离、VN、IFA；血清学诊断方法为 SNT、ELISA。

（3）**综合判定**　病毒分离成功，而且经 VN 或 IFA 鉴定阳性，判为确诊。血清样品经 SNT 或 ELISA 检测阳性，判为 PTV 阳性。

10.3.3　禽病

10.3.3.1　小鹅瘟

小鹅瘟（gosling plague）又称鹅细小病毒病（goose parvovirus disease），是雏鹅的

一种急性败血性传染病。1956年在我国江苏扬州首先发现，全球水禽养殖国家和地区均存在此病。本病潜伏期2～7d，各品种的鹅和番鸭易感，3～20日龄的雏鹅和雏番鸭最易感；发病雏鹅和带毒成年禽是主要传染源，通过水平方式、消化道及间接接触等途径传播，也可经种蛋垂直传播。我国将其列为二类动物疫病，2002年发布农业行业诊断标准（NY/T 560，2018年修订），适用于该病的诊断、检测以及流行病学调查。

（1）临床诊断　临床症状：发病雏鹅精神沉郁，昏睡，缩头垂翅，食欲减退，病鹅出现稀便，粪便中含有气泡或纤维碎片，甚至有血黏液，肛门附近有稀便黏附；常伴随着呼吸困难症状，脚发绀；少数病鹅有神经症状，并出现抽搐倒地死亡现象；病程2～3d，发病急且病死率高。

病理变化：剖检肉眼可见小肠的中后段肠管肿胀变粗，肠壁紧张，肠道黏膜脱落与内容物形成同心圆栓塞（肠栓），易剥离，肠壁光滑且变薄，部分肠道卡他性出血。肝脏肿大淤血呈古铜色，胆囊稍有肿大，充满蓝绿色胆汁。肾脏肿胀，输尿管可见尿酸盐沉积；个别病死鹅胰腺有出血点；有神经症状的病死鹅脑膜充血或有出血点。

易感动物出现上述临床症状和病理变化，可以初步判定为小鹅瘟。

（2）实验室检测　样品：肝、脾、肾、肠道及内容物，血清。

方法：病毒分离、AGID、夹心 ELISA、IFA、PCR、中和试验、冰冻切片。

（3）综合判定　临床疑似病例，病毒分离物经 AGID、夹心 ELISA、冰冻切片 FAT、PCR 及中和试验任一检测阳性，可判为确诊。

10.3.3.2　禽霍乱

禽霍乱（fowl cholera）又名禽巴氏杆菌病（Avian *pasteurellosis*）、禽出血性败血症，是由多杀性巴氏杆菌（Avian *pasteurella multocida*，APM）引起的家禽和野禽的急性、接触性、细菌传染病，呈全球性分布。本病潜伏期2～9d，多种家禽（鸡、鸭、鹅）和野禽均可感染，鸭、火鸡、鹌鹑和鸡最易感，以3～4月龄育成禽和产蛋禽多见。APM 条件致病菌，健康家禽可带菌，主要经呼吸道和皮肤创伤传染，通过直接接触病禽、间接接触被污染的养殖环境、饲料、饮水、用具等传播。我国将其列为三类动物疫病，2002年发布农业行业诊断标准（NY/T 563，2016年修订），适用于该病的实验室诊断。

（1）临床诊断

临床症状：①急性型，禽只突然死亡，随即出现感染禽只发热、厌食、沉郁、流涎、腹泻、羽毛粗乱、呼吸困难，临死前出现发绀。②慢性型，急性型耐过或由弱毒菌株感染的禽只呈慢性型病程，其特征为局部感染，在关节、趾垫、腱鞘、胸骨黏液囊、眼结膜、肉垂、咽喉、肺、气囊、骨髓、脑膜等部位呈现纤维素性化脓性渗出、坏死或不同程度的纤维化。

病理变化：急性型的病变主要是淤血、出血，肝、脾肿大和局灶性坏死，肺炎、腹腔和心包液增多。慢性型主要是局灶性化脓性渗出、坏死和纤维化。

易感动物出现上述临床症状、病理变化，初步判定为疑似禽霍乱。

（2）实验室检测　样品：急性病例的肝、脾、心血，慢性病例的局部病灶组织，活禽的鼻腔黏液或鼻腔棉拭子。

方法：细菌分离培养、直接显微镜检查、细菌生化鉴定、动物接种、多杀性巴氏杆菌 PCR、荚膜多重 PCR。

（3）综合判定　疑似病例样品经细菌分离鉴定阳性，或经多杀性巴氏杆菌 PCR 检测阳性，即可确诊。根据荚膜多重 PCR 检测结果可鉴定禽多杀性巴氏杆菌的荚膜型。

10.3.3.3 鸡伤寒和鸡白痢

鸡伤寒和鸡白痢（fowl typhoid and pullorum disease）分别是由鸡沙门菌（Salmonella gallinarum）和雏沙门菌（Salmonella pullorum）引起的鸡和火鸡等的传染病。两病的潜伏期 2～5d，各日龄的鸡、火鸡（鸡伤寒）均易感，水禽、野禽也可感染。病鸡和带毒鸡是主要传染源，主要经蛋、消化道传播，通过间接接触被污染的饲料、饮水、器械等传播，鸡伤寒还可通过昆虫、野鸟进行传播。我国将其列为三类动物疫病，2002 年发布农业行业诊断标准（NY/T 536，2017 年修订），2012 年发布出入境检验检疫行业标准（SN/T 1222），适用于该病的诊断、检疫、流行病学调查以及健康鸡群监测。

（1）临床诊断

临床症状：①鸡伤寒，成年鸡易感，急性经过者突然停食，排黄绿色稀便，体温上升 1～3℃；病鸡可迅速死亡；雏鸡发病时，临诊症状与鸡白痢相似。②鸡白痢，以 2～3 周龄雏鸡的发病率和死亡率为最高，雏鸡和成年鸡症状和经过有显著差异；出壳后感染的雏鸡，多在孵出后几天出现临诊症状，在第 2～3 周达到高峰；发病雏鸡呈最急性者，无临诊症状迅速死亡。稍缓者表现精神委顿，绒毛松乱，两翼下垂，缩颈闭眼，昏睡，不愿走动，拥挤在一起。病初食欲减少，后停食，多数出现软嗉临诊症状。腹泻，排稀薄如糨糊状粪便。有的病雏出现眼盲或肢关节肿胀，呈跛行临诊症状。成年鸡感染后常无临诊症状，母鸡产蛋量与受精率降低。有的因卵黄囊炎引起腹膜炎，腹膜增生而呈"垂腹"现象。

病理变化：①鸡伤寒，死于鸡伤寒的雏鸡病理变化与鸡白痢相似。成年鸡，最急性者眼观病理变化轻微或不明显，急性者常见肝、脾、肾充血肿大。亚急性和慢性病例，特征病理变化是肝肿大呈青铜色，肝和心肌有灰白色粟粒大坏死灶，卵子及腹腔病理变化与鸡白痢相同。②鸡白痢，雏鸡急性死亡，病理变化不明显。病期长者，在心肌、肺、肝、盲肠、大肠及肌胃肌肉中有坏死灶或结节，胆囊肿大。输尿管扩张。盲肠中有干酪样物，常有腹膜炎。稍大的病雏有出血性肺炎，肺有灰黄色结节和灰色肝变。育成阶段的鸡肝肿大，呈暗红色至深紫色，有的略带土黄色，表面可见散在或弥散性的小红色或黄白色大小不一的坏死灶，质地极脆，易破裂，常见有内出血变化。成年母鸡最常见的病理变化为卵子变形、变色，呈囊状。有腹膜炎及腹腔脏器粘连。常有心包炎。成年公鸡睾丸极度萎缩，有小肿胀，输精管管腔增大，充满稠密的均质渗出物。

易感动物出现上述临床症状、病理变化，可判为疑似病例。

（2）实验室诊断　样品：肝、脾、肺、卵巢等病变组织，发病禽新鲜全血。

方法：细菌分离、生化试验和运动性检查、血清型鉴定、鸡沙门菌和雏沙门菌鉴别生化试验、鸡沙门菌和雏沙门菌鉴别 PCR，全血平板凝集试验。

（3）综合判定　鸡伤寒疑似病例：PCR 扩增出约 174 bp 和 252 bp 的片段和/或鸟氨酸脱羧酶和葡萄糖（产气）为阴性，卫茅醇为阳性，平板凝集试验阳性等判为鸡伤寒。

鸡白痢疑似病例：PCR 扩增出 252 bp 的片段和/或鸟氨酸脱羧酶和葡萄糖（产气）为阳性，卫茅醇为阴性，平板凝集试验阳性等判为鸡白痢。

10.3.3.4 禽支原体病

禽支原体病（avian mycoplasmosis，AM）又称鸡败血支原体感染（Mycoplasma gallisepticum）、滑液囊支原体（Mycoplasma synovial）感染。禽感染各类致病性支原体引起的疾病统称为禽支原体病（AM），其中由 MG 感染所致的 AM 最为常见，又称鸡慢性呼吸道病，全球各地均有本病的发生或流行。本病潜伏期 1～3 周不等，各品种、年龄的鸡和火鸡均易感，以 3～8 周龄的鸡最为易感。病原一旦进入鸡场容易形成地方性流行，通过垂直和水平两种方式进行传播。我国将其列为三类疫病，2002 年发布农业行业诊断标准（NY/T 553，2015 年修订），适用于本病的流行病学调查和诊断。

（1）临床诊断　临床症状：单独感染一般不表现症状，或仅有轻微的前驱症状，一旦继发或与其他病原协同感染，可表现出典型的呼吸道症状。自然感染病例，一般表现为咳嗽、鼻炎打喷嚏、啰音以及张口呼吸等。鼻炎症状火鸡比鸡更为严重，并伴有一侧或双侧眶下窦肿胀，形成窦炎。严重时眼睑闭合，在火鸡鼻分泌物更多，污染羽毛，经常摆头；鸡和火鸡出现轻度结膜炎，眼中伴有泡沫状分泌物，可成为病情恶化的征兆。火鸡出现运动失调，表明脑部受损，鸡的跗关节肿胀，跛行。非特异性症状还表现为产蛋率和生长率降低，这一现象在复合感染中更为明显。

病理变化：最常见的病理变化是呼吸道，其次是输卵管和跗关节。表现为轻度的鼻炎、眼眶窦炎，黏膜肥厚和黏液滞留，可进一步波及气管、肺和气囊；在鼻腔和眶下窦中有黄白色奶油样或干酪样渗出物，黏膜潮红肿胀，黏液增多；气囊肥厚，有黄白色纤维素样渗出物附着；肺内有时可见灰白色或淡红色细小的实变灶。呼吸道的组织学损伤表现为鼻腔、气管与支气管黏膜上皮细胞纤毛缺损，上皮细胞坏死脱落，固有膜充血水肿，腺体增生，在气管中呈索状扩散到整个黏膜层；并见淋巴组织反应性增生，淋巴小结生发中心扩大；肺内病变显微镜下可见大量单核细胞和异嗜性细胞浸润。

易感动物出现上述临床症状、病理变化，可判为疑似病例。

（2）实验室检测　样品：活禽采集鼻腔、口咽部、眼部、食管、气管、泄殖腔和交合器棉拭子，死禽采集鼻腔、眶下窦、气管或气囊棉拭子或组织，也可吸取眶下窦和关节渗出物或结膜内冲洗物；血清。

方法：病原分离，病原鉴定方法包括生化特性鉴定（糖发酵试验）、间接免疫荧光抗体试验、PCR 鉴定；血清学诊断方法有 HA 和 HI、ELISA。

（3）综合判定　疑似病例样品病原分离成功，经生化鉴定、病原学鉴定（间接免疫荧光或 PCR）阳性，或经血清学鉴定（HA、HI、ELISA）阳性，判为确诊。

10.3.3.5　禽传染性喉气管炎

鸡传染性喉气管炎（avain infectious laryngotrachitis，AILT）是由 α 疱疹病毒亚科、禽疱疹病毒 1 型的传染性喉气管炎病毒（avain infectious laryngotrachitis virus，AILTV）引起的急性、接触性鸡上呼吸道疾病。1925 年美国首次报道，1950 年出现在我国，现已遍及全世界。该病潜伏期 2～6d，最短 1d，自然条件下主要侵害鸡，各年龄、品种的鸡均易感，成年鸡症状明显，幼龄火鸡、野鸡、鹌鹑和孔雀亦可感染。病毒主要经呼吸道、消化道侵入，通过直接接触或间接接触被污染的饲料、饮水、垫料和用具等传播。我国将其列为三类动物疫病，2002 年发布农业行业诊断标准（NY/T 556，2020 年修订），适用于该病的诊断、检疫、检测、监测和流行病学调查。

（1）临床诊断

临床症状：①最急性型，发病突然，病鸡呼吸困难，伸颈呼吸，伴随咯咯声或咳嗽声；在鸡舍、地面可见咳出的血块；传播迅速，发病率高，死亡率可超过 50%。②亚急性型，发病较慢，呼吸道症状持续数天；与急性型相比，发病率高，但死亡率为 10%～30%。③慢性或温和型，突发咳嗽或气喘，伴有口鼻流液和产蛋下降，发病率仅为 1%～2%，但大部分发病鸡预后不良。

病理变化：①急性型，带血凝块的出血性气管炎，黏液性鼻炎，气管内有带血黏液。

②亚急性型，气管内有带血或不带血的黏液性渗出物，喉和气管上部黏膜附着有黄白色纤维素性干酪样假膜。③慢性或温和型，气管、喉和口腔内有白喉样和干酪样的坏死斑和阻塞物，有时仅有结膜炎、窦炎和黏液性气管炎。

易感动物出现上述临床症状、病理变化，判为疑似病例。

（2）**实验室诊断** 活禽宜采集口咽棉拭子或气管分泌物、眼分泌物，以及血清。病死禽采集喉头和气管。检测方法有 VI、SNT、AGID、PCR 和荧光定量 PCR。

（3）**综合判定** 疑似病例经 VI、PCR、荧光定量 PCR、SNT、AGID 任一方法检测阳性，判为确诊。无明显临床症状、病理变化的，但病原检测阳性，可判定为感染。

10.3.3.6 禽痘

禽痘（fowlpox）又称白喉，是由禽痘病毒（avian poxvirus，APV）引起家禽和野鸟的一种急性、高度接触传染病。鸡和火鸡是本病的自然宿主，各年龄、性别和品种的禽类都可感染，潜伏期一般为 4~14d，病鸡是主要传染源。病毒经损伤的皮肤和黏膜入侵，通过直接接触或吸血昆虫（库蚊、伊蚊、按蚊、蜱、虱等）叮咬传播。我国将其列为三类动物疫病，2003 年发布出入境检验检疫行业标准（SN/T 1226，2015 年修订），适用于进出境该病的检疫、诊断与监测。

（1）**临床诊断** 临床症状：临床分皮肤型、白喉型、混合型、败血型四种，以体表无毛处皮肤痘疹，在上呼吸道、口腔和食管部黏膜形成纤维素性坏死假膜（白喉型）为特征。发病后，病鸡的皮肤、口腔和咽喉部的黏膜，如冠、肉垂、嘴角、眼皮、耳球、腿脚、泄殖腔以及翅的内侧形成特殊的痘疹。痘疹最初为灰白色小点，随后增大成豌豆样大小，灰色或灰黄色结节，数目较多时可连接成痂块。眼部痘痂可使眼缝完全闭合，口角痘痂则影响家禽采食，可作为本病初步诊断的依据。

病理变化：病毒侵入皮肤或黏膜后首先在上皮细胞内增殖，引起细胞增生、肿胀，而后形成结节。上皮细胞产生空泡性变化和水肿，此时病毒在胞浆中形成特异性嗜酸性包涵体。痘疹结节中变性的上皮细胞进一步液化，真皮中的炎性白细胞渗入结节，可使结节与基层分离，结节表面干燥结痂而后脱落。黏膜病变与此相似，常因继发细菌感染引起黏膜上皮细胞化脓、坏死，形成大量含有纤维蛋白复合物的假膜。病毒血症一般发生在感染后2~5d。少数病例会因病毒随血液循环到达更远处的皮肤和黏膜中，引起皮肤或黏膜痘疹或者内脏病变。

易感动物出现上述临床症状、病理变化，可判为疑似病例。

（2）**实验室检测** 样品：典型病变的皮肤、黏膜等组织，血清。

方法：病毒分离与鉴定（VI）、抹片镜检、AGID、FAT、HA 和 HI、PCR。

（3）**综合判定** 疑似病例样品病毒分离成功，经 HA、FAT、PCR 等任一方法鉴定阳性，判为确诊。疑似病例血清经 HI、AGID 等方法检测阳性，可判为确诊。

10.3.3.7 鸭病毒性肝炎

鸭病毒性肝炎（duck viral hepatitis，DVH）是由鸭肝炎病毒（duck hepatitis virus，DHV）引起雏鸭的一种以肝脏出血性炎症为特征的急性接触性传染病。1949 年在美国首次分离到病毒，1963 年我国报告首例，现已遍布全球。本病潜伏期 1~4d，各品种的雏鸭易感，不感染鸡、鹅，病鸭和带毒鸭是主要传染源，经消化道、呼吸道和泄殖腔感染，通过直接接触或间接接触被污染的饲料、饮水、垫料和器具传播。我国将其列为三类疫病，

2002 年发布农业行业诊断标准（NY/T 554，2023 年修订），适用于该病的诊断与检疫。

（1）**临床诊断**

① 临床症状：该病主要发生于 3 周龄以内的雏鸭，并且以 1 周龄内的雏鸭为主。感染鸭发病急、传播快、病死率高。发病初期，病鸭精神萎靡，食欲减退或废绝，眼半闭呈昏睡状，头触地；12～24h 后病鸭出现神经症状，表现为运动失调、身体倒向一侧、两脚痉挛，死前头向背部扭曲，两腿伸直、向后张开，呈典型的角弓反张状。最急性病鸭，通常未见任何异常而突然抽搐痉挛死亡。

② 病理变化：大体病变主要为肝脏肿大、质地易脆，表面呈黄红色或花斑状，并有特征性的点状出血或刷状出血。多数病例可见胆囊肿胀、胆汁充盈，部分病例脾脏肿大。急性病例的组织学病变表现为肝细胞坏死、变性和淋巴细胞浸润，慢性病例或耐过鸭常见不同程度的空泡变性和淋巴细胞聚集。

雏鸭群出现上述临床症状、病理变化，可判为疑似病例。

（2）**实验室检测** 病毒分离鉴定、RT-PCR 检测、RT-qPCR 检测、DHAV-1 微量中和试验、胚胎中和试验检测 DHAV-1 或 DHAV-3 中和抗体。

（3）**综合判定** 根据临床症状和病理变化，经 RT-PCR 检测后出现不同的特异条带，可判定为鸭甲型病毒性肝炎 1 型或者鸭甲型病毒性肝炎 3 型；根据临床症状和病理变化，微量中和试验阳性可判定为鸭甲型病毒性肝炎 1 型。根据血清学方法，可分别判定 DHAV-1 或 DHAV-3 中和抗体阳性或者阴性。

10.3.3.8　鸭浆膜炎

鸭浆膜炎（duck serositis）又称鸭疫里默氏病，是由鸭疫里默氏杆菌（*Riemerella anatipestifer*）感染雏鸭所引起的一种急性败血性传染病。1904 年首次报道，1932 年发生于美国，1982 年出现在我国，呈全球性分布。本病潜伏期 1～3d，水禽均易感，但以 2～8 周龄的雏鸭最易感，主要经呼吸道或皮肤伤口侵入，主要通过空气传播，经蛋可长距离传播。我国将其列为三类动物疫病，2018 年发布农业行业诊断标准（NY/T 3188），适用于鸭浆膜炎的诊断。

（1）**临床诊断** 临床症状：急性病例，多见于 2～3 周龄雏鸭，病程 1～3d；病鸭表现为倦怠，缩颈，不愿走动或行动迟缓，采食量下降，眼、鼻有分泌物；濒死前出现神经症状，头颈震颤，角弓反张，不久抽搐而死。慢性病例，多见于 4～7 周龄鸭，病程 1 周及以上；病鸭精神沉郁，食欲降低，共济失调，痉挛性点头或摇头摆尾，前仰后翻，呈仰卧姿态，有时头颈歪斜，做转圈或倒退运动，最后衰竭而死。

剖检病变：纤维素性心包炎、肝周炎、气囊炎；慢性病例常见胫跗关节及跗关节肿胀，切开见关节液增多。

易感动物出现上述临床症状和眼观病变，判为疑似鸭浆膜炎。

（2）**实验室诊断** 样品：血清，脑、心、肝等组织。

方法：细菌分离鉴定，PCR。

（3）**综合判定** 疑似病例组织样细菌分离成功，菌落特征明显，革兰氏染色阴性，生化反应符合特性，或 PCR 检测阳性，判为鸭疫里默氏杆菌阳性，否则，判为阴性。

10.3.3.9　禽网状内皮组织增殖病

禽网状内皮组织增殖病（avian reticuloendotheliosis，AR）是由网状内皮组织增殖病病毒（reticuloendotheliosis virus，REV）引起禽类的一组肿瘤性疾病总称，包括急性网状细胞增生、生长抑制综合征（矮小综合征）、淋巴组织和其他组织的慢性肿瘤，以及免疫抑制。1958 年首发于美国，1986 年出现在我国，呈全球性分布。鸡、火鸡、鸭、鹅、鹌鹑以及野禽等易感，火鸡最易感，雏鸡发病率高，且能引起严重的免疫抑制或免疫耐受。患病家禽是本病的主要传染源，主要通过直接接触、间接接触、蚊子等媒介以及污染 REV 的疫苗等途径传播。我国将其列为三类动物疫病，2006 年发布农业行业诊断标准（NY/T 1247，2022 年修订），适用于该病的实验室诊断、监测以及流行病学调查。

（1）**临床诊断** 急性网状细胞增生（肿瘤）型：由缺陷型 REV-T 株引起，潜伏期 3d，通常在感染后 6～21d 死亡。少有特征性临床表现，雏鸡死亡率可达 100%。剖检可见肝、脾肿大，有时有局灶性灰白色肿瘤结节；胰、心、小肠、肾及性腺也可见肿瘤；常见胸腺、法氏囊萎缩。偶尔引起火鸡、鸡的外周神经肿大。组织学变化以多灶性同型网状细胞或原始间质细胞浸润或增生为特征，有时可见纤维；血液中异嗜性白细胞减少，淋巴细胞增多。

生长抑制综合征（矮小综合征）：由完全型 REV 引起的几种非肿瘤疾病的总称，病禽瘦小，羽毛发育异常。剖检可见胸腺、腔上囊发育不全或萎缩，前胃、肠发炎。肝脾肿大，呈局灶性坏死；外周神经水肿；内有淋巴样细胞、浆细胞或网状细胞浸润。

淋巴组织和其他组织的慢性肿瘤：包括鸡法氏囊淋巴瘤、非法氏囊淋巴瘤和其他淋巴瘤。由非缺陷型 REV 毒株引起，主要包括鸡和火鸡经漫长的潜伏期后发生的肿瘤。

易感动物出现上述临床症状和病理变化，初步判定为疑似。

（2）**实验室检测** 样品：血清或血浆，脾脏、肝脏、肾脏等组织，可能受污染的疫苗。

方法：病毒分离鉴定，间接免疫荧光，ELISA。

（3）**综合判定** 疑似病例样品病毒分离成功，经间接免疫荧光鉴定阳性，判为确诊。血清样品经 ELISA、IFA 检测阳性，可判定为抗体阳性。

10.3.3.10 鸡病毒性关节炎

鸡病毒性关节炎（avian viral arthritis）又称传染性腱鞘炎，是由禽呼肠孤病毒（avian reoviridae）引起鸡和火鸡的一种传染病。1957 年报道全球首个病例，1980 年后出现在我国，遍及全球几乎所有养禽的国家和地区。该病潜伏期长短不一，鸡和火鸡易感，肉鸡发病率高于蛋鸡，发病率随日龄增加而降低，10 周龄以上的鸡发病率明显降低。病鸡和带毒鸡是主要传染源，经消化道或呼吸道入侵，通过直接或间接接触等水平方式传播，也可经种蛋传播。我国将其列为三类动物疫病，2003 年发布出入境检验检疫行业标准（SN/T 1173，2015 年修订），适用于该病的检验检疫。

（1）**临床诊断** 临床症状：Ⅰ 型（吸收障碍型）病例，病鸡以体弱、精神不振、羽毛生长不良和腿弱及跛行为特征。1～3 周龄雏鸡吸收障碍的症状包括色素沉着不良、羽毛异常、生长不均、骨质疏松、腹泻、粪便中有未消化的饲料，死亡率增加等；发病率 5%～20%，病死率一般 12%～15%。Ⅱ 型（关节炎/腱鞘炎型）病例，多发于 4～7 周龄肉鸡，主要症状为跗关节上方胫骨和腱束双侧肿大，腱移动受限，表现不同程度的跛行继而出现腓肠肌腱断裂。1～7d 雏鸡可见肝炎、心肌炎。病鸡可能在 1～3 周内由急性期恢复，但也可能变为慢性。病程稍长时，患肢多向外扭转，步态蹒跚。同时病鸡发育不良，而且长期不能恢复。发病率高达 100%，但死亡率不及 6%。Ⅲ 型病例，表现为吸收障碍和/

或关节炎（腱鞘炎）的临床症状。

病理变化：患鸡跗关节周围肿胀，切开皮肤可见关节腓肠腱水肿，滑膜内常有充血或点状出血，关节腔内含有淡黄色或血样渗出物。根据病程的长短，有时可见周围组织与骨膜脱离。成年鸡容易发生腓肠腱断裂。慢性病例的关节腔内渗出物较少，腱鞘硬化和粘连，在跗关节远端关节软骨上出现凹陷的点状溃烂，然后变大、融合，延伸到下方的骨质，关节表面的纤维软骨过度增生。有的切面可见肌和腱交接部发生不全断裂和周围组织粘连，关节腔有脓样、干酪样渗出物。

易感动物出现上述临床症状、病理变化，判为临床疑似病例。

（2）**实验室检测** 样品：全血或血清，肝、脾、肿胀的腱鞘、气管和支气管等组织，关节腔内渗出物，泄殖腔棉拭子。

方法：病原分离与鉴定、实时荧光 RT-PCR、IFA、AGID、ELISA。

（3）**综合判定** 疑似病例病原学样品病毒分离成功，经 IFA 或实时荧光 RT-PCR 鉴定阳性，判为病原学阳性，即确诊。疑似病例血清样品，经 AGID、ELISA 任一方法检测阳性，判为抗体阳性，非免疫动物则判为确诊。

10.3.3.11 鸡传染性鼻炎

鸡传染性鼻炎（chicken infectious coryza）是由副鸡禽杆菌（*Avibacterium para-gallinarum*）引起的一种鸡的急性呼吸道传染病。1878 年在意大利首发，1980 年出现在我国，呈世界性分布或流行。该病潜伏期 1～3d，各日龄、品种的鸡均易感，成年鸡发病严重，病程较长；雏鸡、珠鸡、鹌鹑也可感染或发病；病鸡和带菌鸡是主要传染源，主要通过飞沫、尘埃经呼吸道传染，也可通过污染的饲料和饮水经消化道传染。我国将其列为三类动物疫病，2002 年发布农业行业诊断标准（NY/T 538，2015 年修订），2005 年发布出入境检验检疫行业标准（SN/T 1556，2020 年修订），适用于该病的诊断、检疫、流行病学调查以及免疫抗体检测。

（1）**临床诊断** 临床症状：主要表现为精神不振、食欲减退、打喷嚏、流鼻涕、面部水肿、呼吸困难并有啰音。病症较轻的鼻腔流稀薄液体，严重者鼻窦腔发炎并流出黏稠液体，气味恶臭，分泌物干燥后多在鼻孔周围形成淡黄色结痂。如炎症蔓延至下呼吸道，则呼吸困难并有啰音，病鸡常摇头欲将呼吸道内的黏液甩出，最后窒息而死。发病率约 80%，死亡率 10%～15%，有并发症死亡率升高。康复病理表现慢性间质性肾炎，最终仍会死亡。

病理变化：剖检可见病鸡的鼻腔有突发性急性卡他性炎症，黏膜充血、红肿，表面有大量黏液和渗出物凝块。严重者口腔内有大量黏液，并有干酪样物质覆盖于黏膜上，气管分泌物增多、肺充血、出血，气囊膜浑浊增厚，有干酪样物质。病程较长的病鸡可见鼻窦、眶下窦和眼结膜囊内蓄积干酪样物质，蓄积过多时常使病鸡的眼部发生显著肿胀和向外突出，严重的引起巩膜穿孔和眼球萎缩、失明。

易感动物出现上述临床症状、病理变化，初步判定临床疑似病例。

（2）**实验室诊断** 样品：疑似病例眶下窦分泌物棉拭子，血清。

方法：细菌分离鉴定、PCR、HA（鉴定血清型）、血清平板凝集试验、HI（检测副鸡禽杆菌抗体）、间接 ELISA。

（3）**综合判定** 临床疑似病例棉拭子，细菌分离成功，经 PCR 或 HA 检测阳性，判为确诊。血清样品，经平板凝集试验、HI（检测副鸡禽杆菌抗体）、间接 ELISA、

AGID 任一方法检测抗体阳性，判为确诊病例或抗体阳性（因免疫状况而异）。

10.3.3.12　禽坦布苏病毒感染

　　鸭坦布苏病毒病（duck Tembusu virus disease，DTMUVD）是由坦布苏病毒（Tembusu virus，TMUV）感染鸭所引起的一种生长迟缓、高热、食欲不振、产蛋下降乃至死亡的新发传染病。1955 年、2007 年先后出现在马来西亚、泰国，2010 年出现在我国南方地区，现已传至我国主要的水禽（鸭、鹅）养殖地区。该病潜伏期 2～5d，各品种水禽均易感，以雏鸭最易感，野鸭、鸡也可感染。DTMUVD 主要经呼吸道侵入，经粪-口、空气、蚊虫叮咬、卵传播。我国将其列为三类动物疫病，2018 年发布农业行业诊断标准（NY/T 3233），适用于该病的诊断、检测、监测和流行病学调查。

　　（1）临床诊断　临床症状：雏鸭感染后出现生长迟缓，产蛋鸭采食下降，产蛋量下降甚至停产。病鸭精神沉郁、扎堆，羽毛倒立，拉绿色稀便；少量病鸭出现站立不稳、震颤、行走困难和姿势异常。雏鸭病死率可达 100%，随日龄增大死亡率下降。

　　病理变化：雏鸭脑水肿，脑膜有出血点，毛细血管充血，心包和胸腔积液，伴有尿酸盐沉积，肠黏膜弥漫性出血。产蛋鸭卵巢变性、坏死，卵泡变形、充血、出血和破裂，有卵黄性腹膜炎；气管环出血，肺脏出血，胃腺出血，肠黏膜脱落，脾肿大、坏死，肝脏肿大，胰腺有出血和坏死。

　　易感动物出现上述临床症状、剖检变化，可判为疑似鸭坦布苏病毒病。

　　（2）实验室诊断　样品：病死禽肺、脾、肾、卵巢（如有）等组织，血清。

　　方法：病毒分离、FAT、RT-PCR（PrM 基因）、荧光 RT-PCR（E 基因）、阻断ELISA、HI。

　　（3）综合判定　疑似病例成功分离到病毒，经 FAT、RT-PCR、荧光 RT-PCR 任一方法检测阳性，判为确诊。阻断 ELISA、HI 任一方法检测阳性，判为确诊或疫苗免疫。

10.3.3.13　禽腺病毒感染（产蛋下降综合征）

　　产蛋下降综合征（egg drop syndrome，EDS）又名减蛋综合征，是由禽类Ⅲ型腺病毒——产蛋下降综合征病毒（egg drop syndrome virus，EDSV）引起的一种以鸡产蛋量严重下降为特征的传染病。1976 年首发于荷兰，我国 1986 年开始出现，全球多数养鸡国家和地区都存在此病。各年龄、品种的鸡均易感，幼龄鸡不表现症状，27 周龄以上产蛋鸡最易感，火鸡、珍珠鸡、鸭、鹅亦可自然感染，潜伏期 7～9d，病鸡和带毒鸡是主要的传染源，通过种蛋垂直传播，也可水平传播。我国将其列为三类动物疫病，2002 年发布农业行业诊断标准（NY/T 551，2017 年修订），适用于鸡产蛋下降综合征的诊断、监测和检疫。

　　（1）临床诊断　临床症状：鸡群在产蛋高峰期（27～49 周龄）产蛋下降 15%～50%，一般持续 4～10 周逐渐恢复正常；鸡蛋破损率 5%～20%；鸡蛋中有较多的畸形蛋、软壳蛋、无壳蛋、薄壳蛋、砂壳蛋，蛋清稀薄如水样，褐壳蛋鸡产浅壳蛋、白壳蛋；不同品种鸡感染时，产褐壳蛋的品种减蛋甚于白壳蛋的品种。

　　病理变化：一般无明显的特征性病理变化，可见输卵管卡他性炎症，偶见输卵管黏膜水肿和/或腔内有白色渗出物。

　　易感鸡群出现上述临床症状、病理变化，可判为疑似病例。

　　（2）实验室检测　样品：输卵管和卵泡膜等组织，劣质或异常蛋的蛋清，血清。

方法：VI、HA 和 HI、PCR。

（3）**综合判定**　疑似病例经病毒分离、PCR、HA 和 HI 任一方法检测阳性，判为确诊。

10.3.3.14　禽结核病

禽结核病（avian tuberculosis）是由禽分枝杆菌种禽型分枝杆菌亚种感染多种家禽和野禽引起的一种慢性接触性传染病。多种家禽具有易感性，鸡和火鸡最易感且发病严重，其他禽类症状轻微。本病潜伏期 2 月～1 年，病禽是主要传染源，经消化道、呼吸道感染并传播，也可经气溶胶传播。我国将其列为三类动物疫病，2017 年发布农业行业诊断标准（NY/T 3072），适用于该病的诊断、监测和检疫。皮内变态反应不适用于野鸡、火鸡、水禽等其他禽类。

（1）**临床诊断**　临床症状：以病禽消瘦、贫血、受侵器官组织结核性结节等为主要特征。病禽表现胸肌萎缩、胸骨突出或变形，冠、肉髯苍白。如果关节和骨髓发生结核，可见关节肿大、跛行；肺结核病禽可见呼吸困难；肠结核可引起严重腹泻。

病理变化：在肠道、肝和脾上形成不规则的灰黄色或灰白色大小不等的结节，切开后可见结节外面有一层包膜，包有黄白色干酪样物；不同大小的结节，有时融合成一个大的结节，在外观上呈瘤样轮廓。组织学检查可见发病初期结节中心为变质性炎症，周围被渗出物浸润，结节的外围是淋巴样细胞、上皮样细胞和朗罕氏多核巨细胞。当病程进一步发展，中心形成干酪样坏死。

易感动物出现上述临床症状、病理变化，则判为临床疑似病例。

（2）**实验室诊断**　样品：有结节病灶的病变组织，如肠道、脾、肝、肺、卵巢。

方法：细菌学检查（直接染色镜检、细菌培养后染色镜检、多重 PCR），禽型结核分枝杆菌 PPD 皮内变态反应试验。

（3）**综合判定**　疑似病例，细菌学检查（直接染色镜检或培养后染色镜检）阳性或多重 PCR 检测出现特异性三条带，判为确诊，皮内变态反应阳性，也可判为确诊。

10.3.3.15　禽组织滴虫病

禽组织滴虫病（histomoniasis）又称盲肠肝炎或黑头病，是由火鸡组织滴虫（*Histomonas meleagridis*）感染鸡形目禽类所导致的以肝脏坏死、盲肠肿大为主要特征的寄生虫病，呈全球分布。潜伏期 15～21d，火鸡和鸡易感，鹧鸪、鹌鹑、孔雀、珍珠鸡、锦鸡等均可感染；通过消化道感染，病禽以及被污染的饲养环境是主要传染源，雉和北美鹑类等野生动物是保虫宿主，蝇、蚱蜢、蟋蟀等节肢动物是机械性传播媒介。2019 年我国发布农业行业诊断标准（NY/T 3463），适用于该病的诊断和检疫。

（1）**临床诊断**　临床症状：4～6 周龄的雏鸡、3～12 周龄的火鸡发病率、死亡率均较高，成年禽一般不表现症状。发病后，病禽缩头、垂翅、羽毛松乱，排黄绿色恶臭稀便；急性严重病例粪便带血或排泄物全是血液，部分病禽的头部皮肤发绀。

病理变化：肝脏肿大，典型病变为表面呈黄绿色，中心凹陷且边缘隆起似火山口样的圆形坏死灶，单独存在或融合成片状，少数病例坏死灶呈点状；盲肠一侧或两侧肿胀，肠壁肥厚，肠腔内形成干酪状的肠芯。

易感禽类出现上述临床症状、病理变化，则判为临床疑似病例。

（2）**实验室诊断**　样品：新鲜粪便，盲肠及内容物，肝脏。

方法：病原体分离与镜检，PCR。

（3）**综合判定**　疑似病例样品分离到虫体，经镜检阳性或经 PCR 检测阳性，判为确诊。无明显临床症状、病理变化的易感禽类，检查到虫体或 PCR 结果阳性，判为火鸡组织滴虫携带者。

10.3.3.16　鸡心包积液综合征

鸡心包积液综合征（hydropericardium syndrome，HPS）又称安卡拉病或肝炎-心包积液综合征（hepatitis- hydropericardium syndrome，HHS），主要由 I 群腺病毒 4 型（fowl adenovirus serotype 4，FAdV-4）引起鸡的一种高度接触性传染病。1987 年首发于巴基斯坦，多见于南亚、南美、东亚等地，2012 年以来出现在我国。本病潜伏期极短，各年龄、品种的肉鸡、蛋鸡易感，多见于 3～6 周龄肉鸡，日龄越小发病死亡严重；病鸡、康复鸡是主要传染源，可在鸡群（场）间经粪口途径水平传播，也可垂直传播，或经人员、野生动物（家禽）等传播。2020 年我国发布农业行业诊断标准（NY/T 3791），适用于该病的诊断、检疫、检测、监测以及流行病学调查。

（1）**临床诊断**　临床症状：3～6 周龄开始发病，初期死亡率低，因呈零星发生常被忽视，4～5 周龄症状逐渐明显，突然死亡且死亡率迅速增加，持续 8～15d，死亡率可达 30%～70%。发病鸡无明显征兆的突然倒地，沉郁，羽毛成束，出现呼吸道症状，甩鼻，呼吸加快，排黄色稀便，有神经症状，两腿划空。

病理变化：剖检可见心包腔中有淡黄色清亮的积液，肝脏肿大、坏死，表面有出血点或出血斑；死亡鸡的肾脏普遍呈花斑状，有疑似肾穿支的病变；有的肺脏水肿，有的腺胃有出血点，胰腺潮红，卵巢充血。

易感鸡群上述临床症状、病理变化，则判为临床疑似病例。

（2）**实验室诊断**　样品：活禽采集泄殖腔拭子，病死禽主要采集肝脏。

方法：病毒分离鉴定、AGID、PCR、荧光定量 PCR、VN。

（3）**综合判定**　疑似病例样品病毒分离成功，经 AGID、PCR、荧光定量 PCR、VN 任一方法鉴定为 FAdV-4 阳性，判为确诊；临床无明显症状的病例，经病毒分离鉴定、AGID、PCR、荧光定量 PCR、VN 任一方法检测阳性，判为 FAdV-4 感染。

10.3.3.17　禽肾炎

禽肾炎（avian nephritis，AN）是由禽肾炎病毒（avian nephritis virus，ANV）感染鸡引起的一种导致肾脏病变的传染病，与临床僵鸡综合征有关。1979 年首发于日本，现呈世界性分布。ANV 仅能引起 1～2d 雏鸡发病，而且症状不典型，随日龄增长抗病力增强；成鸡虽不发病，也无肾炎表现，但能检出抗体。ANV 的感染性很强，能引起感染鸡（胚胎）的生长抑制。各品种的鸡和火鸡易感，但易感性因品种略有差异，雏禽易感性更高，本病主要经消化道入侵，经口腔、鼻和结膜感染，通过接触、胚胎/卵传播。2020 年我国发布出入境检验检疫行业标准（SN/T 5191），适用于该病的诊断和检疫。

（1）**临床诊断**　雏鸡感染情况较大日龄鸡更严重，但症状不明显，鸡矮小和生长停滞可能是该病唯一的症状。ANV 主要损害肾脏和肠道，剖检变化主要表现在肾脏，随日龄增大病变程度减轻，4 日龄的雏鸡病变最为严重，剖检可见肾脏、脾脏和腹膜表面及腿部筋腱周围大量的尿酸盐沉积，2 月龄仅发生较轻肾炎病变。

易感禽类出现上述临床症状、病理变化，则判为临床疑似病例。

（2）**实验室诊断** 样品：活禽泄殖腔拭子、新鲜粪便、血清，病死禽肾脏和直肠内容物。

方法：病原体分离培养、RT-PCR、实时荧光 RT-PCR、ELISA。

（3）**综合判定** 疑似病例样品成功分离到病毒，经 RT-PCR 或实时荧光 RT-PCR 鉴定阳性，或血清样品经 ELISA 检测阳性，判为确诊；无明显临床症状、病理变化的易感禽样品经任一方法检测阳性，判为 ANV 感染。

10.3.4 反刍动物疫病

10.3.4.1 牛瘟

牛瘟（rinderpest）是由牛瘟病毒（rinderpest virus，RV）感染牛引起的一种急性、高度接触性传染病，以突然发病、高热、黏膜发炎坏死、病程短、死亡率高为主要特征。公元前 7 世纪欧洲就有该病发生的记录，遍及欧洲、亚洲和非洲，我国自 1956 年以来已无该病的发生。该病潜伏期 2~9d，牛、绵羊、山羊等反刍动物易感，主要侵害牛和水牛，病牛和带毒牛是主要传染源，病毒经鼻、喉黏膜入侵，经呼吸道和消化道感染，通过吸入被污染的空气、食入被污染的饲料等传播，猪可以感染和传播本病。WOAH 将其列为须报告的动物疫病，我国将其列为一类动物疫病，2004 年发布农业行业诊断标准（NY/T 906），2010 年发布出入境检验检疫行业标准（SN/T 2732），适用于该病的诊断、监测、检验检疫。

（1）**临床诊断** 临床症状：分为最急性型、急性型、亚急性型、非典型、皮肤型、神经型、慢性型共 7 个临床型。病牛一般表现为神经症状、高热稽留、精神极度萎靡、心力衰竭、呼吸困难和全身严重的代谢障碍。病势严重的，急性型多在症状出现 4~7d 内死亡，有的 2~5d 内死亡，也有延长至 14~16d 死亡的。病畜痊愈需 2~3 周。

病理变化：典型病例的尸体外观呈脱水、消瘦、污秽；鼻和嘴角可能有黏性分泌物，眼凹陷、结膜充血。口腔常有大面积坏死的皮屑，坏死区轮廓明显，与毗邻的健康黏膜区界限清楚，病变常可延伸至软腭，也可能蔓延至喉头和食管上部。偶尔可见瘤胃上有坏死斑，真胃特别是幽门区受到严重侵害，表现为充血、淤斑和黏膜下水肿，上皮坏死使黏膜呈石板样颜色。小肠除在集合淋巴结处有淋巴样坏死和腐肉脱落，形成充血的黑色结缔组织等变化外，其他不受影响。回盲瓣、盲肠扁桃体和盲肠皱襞出现高度充血，慢性病例可形成斑马状条纹。

易感动物出现上述临床症状、病理变化，判为疑似牛瘟病例。

（2）**实验室检测** 样品：活畜可采集外周淋巴结、齿龈组织碎片、泪液、抗凝（EDTA）全血以及血清。病死畜可采集脾脏、淋巴结（尤其是肠系膜淋巴结），食管、呼吸道和尿道黏膜，以及扁桃体。

方法：病原学诊断方法包括 AGID、捕获 ELISA、RT-PCR、直接法荧光抗体试验、病毒分离鉴定；血清学诊断方法包括血清中和试验、竞争 ELISA。

（3）**综合判定** 疑似病例样品，经 AGID、捕获 ELISA、RT-PCR、直接法免疫荧光试验任一方法检测阳性，判为牛瘟病毒阳性；经病毒分离成功，而且捕获 ELISA、RT-PCR、病毒中和实验任一方法检测阳性，判为确诊。疑似病例血清样品，经血清中和试验检出阳性判为中和抗体阳性，竞争 ELISA 检出阳性，判为牛瘟抗体阳性。

10.3.4.2 牛传染性鼻气管炎

牛传染性鼻气管炎（infectious bovine rhinotracheitis，IBR）是由牛传染性鼻气管炎病毒（infectious bovine rhinotracheitis virus，IBRV），即牛疱疹病毒Ⅰ型（bovine herpesvirus 1，BoHV-1）感染家养牛和野牛引起的一种接触性传染病。1955 年首现美国，1980 年我国从进口奶牛样品中首次分离到 IBRV，现呈全球性分布。IBR 潜伏期 4～6d，各年龄、品种的牛均易感，新生犊牛最为易感，水牛、山羊、猪、鹿也可自然感染，病牛和带毒牛是主要传染源，主要经呼吸道入侵，通过直接或间接接触传染、交配和人工授精传播。WOAH 将其列为须报告的动物疫病，我国将其列为二类动物疫病，2002 年发布农业行业标准（NY/T 575，2019 年修订），2011 年发布实时荧光定量 PCR 检测国家标准（GB/T 27981），适用于该病的流行病学调查、监测、诊断和检疫。

（1）**临床诊断**　临床症状：IBRV 具有泛嗜性，能侵袭多种组织器官，因而引起多种临床症状，可表现为高热、呼吸困难、鼻炎、脓疱性外阴道炎、龟头炎、结膜炎、脑膜炎（犊牛）、乳腺炎、流产等。但死亡率较低，许多感染牛呈亚临床经过，常因继发细菌感染而导致较为严重的呼吸道疾病，如肺炎。

病理变化：喉头、气管或生殖道黏膜出现局灶性坏死，这些损伤是病毒繁殖和致细胞病变的直接后果。伴有强烈炎症反应的病例，损伤可融合由大量白细胞浸润形成的化脓灶，继发细菌感染时，可能引发肺炎。流产胎儿体内可见多种组织（如肝脏）出现较小的坏死灶。

易感动物出现上述临床症状和病理变化，初步判为 IBR 疑似病例。

（2）**实验室检测**　样品：血清，精液，鼻道、生殖道和眼分泌物棉拭子，病死牛或被扑杀牛的呼吸道黏膜、扁桃体、肺、三叉神经节等组织，流产胎儿的肺、肾、脾等组织。

方法：病毒分离鉴定、微量血清中和试验、ELISA、实时荧光定量 PCR。

（3）**综合判定**　疑似病例经病毒分离鉴定、实时荧光 PCR、微量血清中和试验、ELISA 任意一项检测阳性，均判为 IBR 确诊。微量血清中和试验、ELISA 任一方法检出 IBRV 抗体阳性，判为 IBR 抗体阳性。ELISA 两次检测结果均为可疑，判为抗体阴性。

10.3.4.3 绵羊痘和山羊痘

绵羊痘和山羊痘（sheep pox and goat pox）是绵羊痘病毒、山羊痘病毒分别引起绵羊、山羊全身皮肤、黏膜出现痘疹的一种接触性传染病。非洲、欧洲、北美洲、亚洲多数养羊国家和地区都存在此病。本病潜伏期 5～14d，最长 21d；自然条件下，绵羊痘只能使绵羊发病，山羊痘只能使山羊发病，不同品种、性别、年龄的羊均可感染，羔羊较成年羊易感，细毛羊较其他品种羊易感，粗毛羊和土种羊有一定抵抗力。病羊是主要传染源，病毒主要经损伤的皮肤或黏膜侵入，通过呼吸道感染，也可通过携带病毒的养殖场人员，被污染的饲料、饮水、垫草、体外寄生虫与器械等途径传播。WOAH 将其列为须报告的动物疫病，我国将其列为二类动物疫病，2002 年发布农业行业诊断标准（NY/T 576，2015年修订），适用于该病的诊断、检疫与流行病学调查。

（1）**临床诊断**　临床症状：感染初期表现为发热，体温超过 40℃，精神、食欲渐差。经 2～5d 后开始出现斑点，先在体表无毛或少毛皮肤、可视黏膜上出现明显的小充血斑，随后在全身或腹股沟、腋下、会阴部出现散在或密集的痘疹，进而形成痘肿，分典型痘肿和非典型痘肿。①典型痘肿：初期时，痘肿呈圆形，皮肤隆起，微红色，边缘整齐；进而发展为皮下湿润、水肿、水疱、化脓、结痂等反应。同时，痘肿的质地由软变硬；皮肤颜色由微红逐渐变为深红、紫红，严重的可成为"血痘"。患羊一般为全身发痘，并伴有全身性反应。②非典型痘肿：在痘肿的发生、发展和消退过程中，皮肤无明显红色，无严重水肿，未出现水疱、化脓、结痂等反应，痘肿较小，质地较硬，有的成为"石痘"。患羊无严重的全身性反应。随病程发展，有的病羊尚可见鼻炎、结膜炎、失明、体表淋巴结特别是肩胛前淋巴结肿大。病羊喜卧不起、废食、呼吸困难，严重的体温急剧下降，随后死亡。存活病羊可在痘肿结痂后1～2个月痂皮自然脱落，在皮肤上留下痘痕（疤）。

病理变化：病羊痘疹皮肤的主要病理变化表现为一系列的炎性反应，包括呼吸器官和消化器官上有大小、数量不等的痘斑、结节或溃疡；在肝脏、肾脏表面偶可见白斑；全身淋巴结肿大；细胞浸润、水肿、坏死和形成毛细血管血栓。尸体剖检，通常可见不同程度的黏膜坏死。

易感动物出现上述特征性临床症状、病理变化，判为疑似羊痘病例。

（2）**实验室诊断**　样品：活体或剖检羊的皮肤丘疹、肺部病变组织、淋巴结，病毒血症病例的病变及病变周围组织，血清。

方法：病毒分离、负染电镜观察、包涵体检查、PCR、中和试验。

（3）**综合判定**　疑似病例组织样品经病毒分离成功，而且经负染电镜观察、包涵体检查、PCR、中和试验任一方法检测阳性，判为确诊。可疑病例血清经中和试验，试验孔出现CPE判为羊痘抗体阴性，试验孔无CPE判为羊痘抗体阳性。

10.3.4.4　地方流行性牛白血病

牛白血病（bovine leukemia），又称地方流行性牛白血病（enzootic bovine leukosis，EBL），是由牛白血病病毒（bovine leukemia virus，BLV）感染牛引起的一种慢性、肿瘤性、接触性传染病。1878年德国首先发生，1969年首次成功分离到BLV，我国1974年首次发生，该病现呈全球性分布。该病潜伏期长达4～5年，牛、牦牛、水牛、野牛等易感，乳牛最易感，肉牛次之。也可跨种传播，感染绵羊、山羊，是否感染人尚存在争议。BLV主要经消化道入侵，牛感染BLV后终生带毒，成为传染源，通过直接接触（哺乳）、间接接触污染物、胎盘等方式传播，吸血昆虫是重要媒介。WOAH将其列为须报告的动物疫病，我国将该病列为三类动物疫病，2002年发布琼脂凝胶免疫扩散试验农业行业标准（NY/T 574），2003年发布出入境检验检疫行业标准（SN/T 1315，2010年修订），适用于本病的诊断、检疫。

（1）**临床诊断**　临床症状：多数感染牛不表现临床症状，以血液中存在白血病抗体并出现持续性淋巴细胞增多症和异常淋巴细胞为特征。疫病发展形成肿瘤后则出现淋巴结肿大和一些组织脏器的生理功能障碍，并表现体重减轻、贫血和泌乳减少等症状。

病理变化：感染后，病牛会出现淋巴结肿大，遍及全身各个脏器，形成大小不等的结节性或弥漫性肉芽肿病灶。特别是真胃、心脏和子宫等为最常发的器官。

易感动物出现上述临床症状和病理变化，初步判为疑似病例。

（2）**实验室检测**　样品：血清，抗凝（EDTA）全血，奶样。

方法：病原分离及鉴定、AGID、间接ELISA、阻断ELISA。

（3）**综合判定**　疑似病例经病原分离鉴定、PCR、AGID、间接ELISA、阻断

ELISA 任一方法检测阳性，判为确诊。血清样品经 AGID、间接 ELISA、阻断 ELISA 任一方法检出 BLV 抗体阳性，判为抗体阳性。

10.3.4.5　牛流行性热

牛流行性热（bovine ephemeral fever，BEF），俗称三日热，是由牛流行性热病毒（bovine ephemeral fever virus，BEFV）引起黄牛、水牛、奶牛、肉牛的一种急性、非接触性传染病。1867 年首次报道在东非发生该病，多发于非洲、亚洲和澳大利亚，1955 年我国报告首例并于 1976 年分离到 BEFV。该病潜伏期 3～7d，3～5 岁的牛多发，病牛是主要的传染源，主要经过呼吸道、吸血昆虫（蚊子、库蠓）传染，通过直接或间接接触传播，发病具有明显的季节性、跳跃性。我国将其列为三类动物疫病，2002 年发布微量中和试验农业行业标准（NY/T 543），2017 年发布诊断技术农业行业诊断标准（NY/T 3074），适用于该病的实验室诊断、监测与检疫。

（1）临床诊断　临床症状：多良性经过，发病率高、死亡率低。病牛突然高热，体温高达 39.5～42.5℃，持续 2～3d；病牛流泪、畏光，眼结膜充血；有鼻炎性分泌物；口腔发炎、流涎；呼吸急促、困难；高热期病牛食欲废绝，反刍停止，瘤胃臌胀、蠕动停止，便秘或腹泻；妊娠母牛流产、死胎；乳牛泌乳量明显降低，甚至停止。

病理变化：主要表现在肺部，急性死亡病例可见明显的肺间质气肿，偶见肺充血、水肿；淋巴结肿胀、充血；真胃、小肠和盲肠有卡他性炎症和渗出性出血。

易感动物出现上述临床症状和病理变化，初步判为疑似病例。

（2）实验室检测　抗凝全血、血清，适用方法包括病毒分离鉴定、RT-PCR、间接 ELISA、微量中和试验。

（3）综合判定　疑似病例样品经 RT-PCR、病毒分离鉴定任何一项检测阳性，判为阳性。疑似病例或健康动物血清经间接 ELISA、微量中和试验任一方法检出 BEFV 抗体，判为 BEFV 抗体阳性。

10.3.4.6　毛滴虫病

牛毛滴虫病（bovine trichomoniasis）是由胎儿三毛滴虫（*Tritrichomonas foetus*）寄生于牛生殖道所引起的一种以生殖器官炎症、死胎、流产、不育为特征的寄生虫病。发病牛或带虫牛（尤其公牛）是主要的传染源，主要通过自然交配、人工授精传播。我国将其列为三类动物疫病，2007 年发布农业行业标准（NY/T 1471，2017 年修订），适用于该病的诊断。

（1）临床诊断　公牛很少或没有临床症状，偶见黏液性包皮炎、包皮肿胀，并分泌出大量脓性物质；包皮黏膜上出现粟粒大的红色结节，有痛感，不愿交配。母牛出现阴道损伤，卡他性炎症，阴道红肿，黏膜出现粟粒大或更大的小结节，排出黏液性分泌物；宫颈和子宫内膜出现炎症；随后发生不规则的发情，子宫脱垂、子宫积脓和早期流产。易感动物出现以上临床症状、病理变化，初步判定疑似病例。

（2）实验室检测　样品：母牛阴道黏液，公牛包皮腔内黏液，精液。

方法：病原显微镜观察、PCR。

（3）综合判定　疑似病例经病原显微镜观察结果阳性，判为阳性。病原显微镜观察阴性，PCR 检测阳性，病原显微镜再次观察阳性的，判为阳性。病原显微镜观察阴性且 PCR 检测阳性，判为阳性；病原显微镜观察阴性且 PCR 阴性，判为阴性。

10.3.4.7　牛梨形虫病

牛梨形虫病（bovine babesiosis and theileriosis）亦称焦虫病，是由梨形虫纲的巴贝斯虫或泰勒虫感染牛所引起的一种蜱传血液原虫病，呈全球性分布。本病潜伏期 8～15d，各品种、年龄的牛（黄牛、水牛、牦牛等）均易感，奶牛最易感，发病牛、带虫牛、蜱为传染源，季节性明显。我国将其列为三类动物疫病，2011 年发布牛巴贝斯虫病出入境检验检疫行业标准（SN/T 2974），2019 年发布牛泰勒虫病诊断技术农业行业标准（NY/T 3464），适用于本病的诊断与检疫。

（1）临床诊断

临床症状：①急性型，病程 7d 左右，体温 40～42℃，呈稽留热。病牛初期食欲减退、前胃迟缓；中后期喜啃食异物，反刍减少甚至停止，贫血、消瘦，可视黏膜色淡、黄染、黄尿或红尿。②慢性型，临床症状不明显，仅见食欲下降，呼吸加快，体温稍高，渐进性贫血或消瘦。

病理变化：血液稀薄、血凝不全，全身淋巴结肿大，可视黏膜苍白、黄疸，肝肿大、色黄，皮下组织充血、黄染，脾肿大，膀胱内有血尿，肺淤血水肿等。

易感动物出现上述临床症状和病理变化，判为疑似病例。

（2）实验室检测　样品：血清，抗凝（EDTA）全血，肩前或腹股沟淋巴结、肝、脾等组织。

方法：虫体检查、牛巴贝斯焦虫 PCR、IFA、微量补体结合试验。

（3）综合判定　疑似病例全血或组织样品经虫体检查或 PCR 检测阳性，判为确诊。疑似病例血清样品经 IFA、微量补体结合试验任一方法检测阳性，判为确诊。

10.3.4.8　山羊关节炎/脑炎

山羊关节炎脑炎（caprine arthritis-encephalitis，CAE）是由反转录病毒科、慢病毒属的山羊关节炎脑炎病毒（caprine arthritis-encephalitis virus，CAEV）引起的一种慢性进行性传染病。1964 年首发于瑞士，1985 年在我国发现，呈全球分布。CAEV 主要经消化道入侵，通过直接接触、哺乳、接触污染的饲料和饮水等途径传播，潜伏期较长，各年龄、品种的山羊均易感，成年羊较为多见，绵羊不易感。WOAH 将其列为须报告的动物疫病，我国将其列为三类动物疫病，2019 年发布农业行业标准（NY/T 3465），适用于该病的临床诊断、实验室检测及检验检疫。

（1）临床诊断

临床症状：①脑脊髓炎，2～6 月龄羔羊常见脑脊髓炎，偶见青年羊和成年羊。感染早期病羊表现虚弱、共济失调和后肢站立不稳，也可见反射亢进和肌张力亢进，继而发展为后肢轻瘫、四肢软弱和瘫痪，也可见沉郁、头部歪斜、转圈运动、角弓反张、斜颈和划水样等神经症状。②关节炎，成年羊多见，病羊关节囊肿胀，跗关节最常见，伴有不同程度的跛行。③肺炎，病羊可见呼吸困难偶见干咳，也可见食欲下降，精神不振，体重下降。④乳腺炎，病羊分娩后乳腺肿胀、坚硬，无乳，产奶量低下。

病理变化：①脑脊髓炎，剖检可见脑脊髓出现不对称分布、颜色呈淡褐色的肿胀；病理组织学可见脑和脊髓出现多处单核细胞浸润的炎性病灶，伴有不同程度的脱髓鞘。②关节炎，剖检可见关节囊增厚和滑膜绒膜明显增生，也可见关节囊、腱鞘和黏液囊软组织钙化，严重病例可见软骨损伤、韧带和肌腱断裂、关节周围形成骨刺。病理组织学可见滑膜细胞增生，滑膜下单核细胞浸润、绒毛过度增生、滑膜水肿和滑膜坏死。③肺炎，剖检可见肺脏坚实，呈暗红色，有白色病灶；支气管淋巴结可见肿胀；病理组织学可见肺泡隔膜、支气管及周围组织的淋巴细胞浸润。④乳腺炎，乳导管基质周围单核细胞浸润，正常结构不清晰，出现坏死灶。

易感动物出现上述临床症状、病理变化，可判为 CAE 疑似病例。

（2）实验室检测　样品：疑似感染羊的抗凝全血、血清、乳汁、外周血、关节囊液，病死羊的肺脏、关节滑膜、乳腺等组织。

方法：病毒分离鉴定、CAEV PCR、琼脂凝胶免疫扩散试验、竞争 ELISA。

（3）综合判定　临床疑似病例经病原分离鉴定、PCR 检测、琼脂凝胶免疫扩散试验、竞争 ELISA 任一方法检测为阳性，判为 CAE 阳性。临床疑似病例经以上 4 种方法检测均为阴性，判为 CAE 阴性。

10.3.4.9　梅迪-维斯纳病

梅迪-维斯纳病（maedi-visna disease，MVD），亦称为绵羊进行性肺炎（ovine progressive pneumonia，OPP），是由梅迪-维斯纳病毒（maedi-visna virus，MVV）感染绵羊引起的一种以渐进性消瘦、多器官损伤以及呼吸困难为特征的慢性病毒病。1935 年首发于冰岛，1984 年出现在我国新疆，全世界养羊国家和地区均存在此病。MVD 潜伏期 1～3 年，经消化道侵入，通过直接接触，哺乳，污染的饮水、饲料、器械等传播，也可垂直传播。WOAH 将其列为须报告的动物疫病，我国将其列为三类动物疫病，2002 年发布农业行业标准（NY/T 565），2012 年发布出入境检验检疫行业标准（SN/T 3091），适用于该病的实验室诊断、出入境检验检疫。

（1）临床诊断

临床症状：①梅迪病，潜伏期较长，临床症状多见于 2～3 岁的成年绵羊。病羊消瘦，因有肺部损伤呼吸困难，每分钟呼吸次数可达 80～120 次。肺部听诊可听到啰音，叩诊肺的腹侧可听到实音；体温一般正常；母羊发生流产或产弱羔。②维斯纳病，潜伏期较梅迪病短，多见于 2 岁以上的羊，病羊经常落群、后肢易失足、发软，休息时常柘骨着地，四肢麻痹并逐渐发展，行走困难，后肢步态不稳，不明原因跌倒，头姿异常，有时口唇和眼睑震颤。

病理变化：病理剖检可见病羊的肺肿大 2～4 倍，充满整个胸腔，呈淡灰色或暗红色，组织致密，质地变实，以膈叶变化最为明显，心叶和尖叶次之。在肺胸膜下散在许多针尖大小、半透明、暗灰色小点。小结节突出于肺表面，间质增宽，切面干燥。支气管淋巴结和纵膈淋巴结肿大，切面均质发白。脑膜充血，在白质切面上有灰黄色小斑。

组织学检查可见：①肺，呈慢性、间质性肺炎，以肺泡间隔增厚、淋巴滤泡增生为特征，肺泡间隔增厚，在血管周围可眼观胸肺膜下有小点或小结节。细支气管上皮组织增生，管腔内有坏死崩解的嗜中性白细胞，在炎区内肺泡体积缩小或消失。②淋巴结，支气管淋巴结和纵膈淋巴结内淋巴滤泡增生、增大，呈慢性增生性淋巴结炎，淋巴细胞和网状细胞显著增生，淋巴小结肿大，有明显的生发中心。③脑，呈灶性、脱髓鞘性、脑脊髓白质炎，脑白质局灶性脱髓鞘，形成脱髓鞘腔（空斑），白质中有淋巴细胞性管套，脊髓和脑膜发生非化脓性脑脊髓膜炎，脑膜增厚。④乳腺，呈淋巴细胞-浆细胞性乳腺炎，乳腺小叶间质中有淋巴细胞、浆细胞浸润，在导管周围形成淋巴滤泡灶。⑤关节，表现为关节囊、滑膜囊、滑液囊增生和关节软骨及骨头的变性退化。

易感动物出现上述临床症状、病理变化，可判为疑似病例。

（2）实验室检测　血清用于间接 ELISA、AGID 试验，病毒分离培养、PCR 检测宜采集抗凝外周血，组织共培养试验用样品包括乳腺、脾、肺等。

（3）综合判定　对疑似病例，上述任一方法检出阳性（含病毒分离成功），判为确诊。因本病的细胞培养分离耗时，一般推荐 AGID、ELISA 及 PCR。

10.3.4.10　绵羊肺腺瘤病

肺腺瘤病（ovine pulmonary adenomatosis，OPA）是由绵羊肺腺瘤病毒（jaagsiekte sheep retrovirus/ sheep pulmonary adenomatosis virus，JSRV/SPAV）感染绵羊所引起的一种慢性、进行性、接触传染性的肺脏肿瘤性疾病。1825 年首发于南非，1951 年在我国出现，全球都有报道。本病潜伏期较长，各品种、年龄、性别的绵羊均易感，美利奴绵羊易感性最高，母羊、3～5 岁成年绵羊发病多。病毒经呼吸道侵入，通过直接接触病羊、气溶胶、垂直传播途径传播。我国将其列为三类动物疫病，2013 年发布出入境检验检疫行业标准（SN/T 3484），2017 年发布国家标准（GB/T 34736），适用于该病的实验室诊断、出入境检验检疫。

（1）临床诊断　临床症状：主要症状是渐进性呼吸障碍，尤其是在羊运动后，呼吸困难更为明显。典型症状是呼吸道积液，听诊很容易听到湿啰音。将病羊后肢抬起、低头，经鼻孔会流出大量泡沫样黏液，即典型的"小推车试验"，这一特征具有典型诊断意义。发病早期，咳嗽和厌食不常见，一旦出现典型症状，体重呈渐进性下降。经数周或数月后，常因伴发细菌性肺炎（以溶血性曼氏杆菌为主）死亡。部分患病动物出现外周淋巴细胞减少症。

病理变化：剖检可见病变局限于肺部，偶见于胸腔内外，也可转移到淋巴结和其他组织。典型病例可见肺肿大，尤其是肺的尖叶、心叶和膈叶，广泛存在大量灰白-浅黄褐色结节和灰色坚硬病变。结节直径 1～3cm，呈圆形、质地坚实。密集的结节发生融合，形成大小不一、形态各异的大结节。病羊的肺脏比正常的大 2～3 倍。两个肺叶都有不同程度变化，有坚硬的肿块，呈灰色或浅紫色，有光泽、半透明，经常以狭窄的气肿带与正常的肺组织分开。呼吸道内存在清凉泡沫状白色液体。在病变严重的情况下，切断气管或将气管下垂，即可流出白色液体。切开肿瘤可见大量液体渗出，细支气管周围淋巴结增生和显著肿大。肿瘤表面上方的胸膜炎明显。非典型性病例的肿瘤由单个或聚集的白色结节组成，表面干燥，切开肿瘤，渗出液较少，并与周围组织有明显的分界。

（2）实验室检测　样品：肺脏组织（特别是病变与正常交界处）、抗凝全血、血凝块。

方法：SPAV 核酸斑点杂交检测、实时荧光 PCR。

（3）综合判定　SPAV 核酸斑点杂交检测、荧光定量 PCR 任一方法阳性，判为 SPA 确诊。

10.3.4.11　羊传染性脓疱皮炎

传染性脓疱又称羊接触传染性脓疱皮炎（contagious pustular dermertitis），俗称羊口疮，是由痘病毒科副痘病毒属的传染性脓疱病毒（contagious pustular dermatitis virus，CPDV）/羊口疮病毒（orf virus，ORFV）引起羊的一种急性接触传染性、嗜上皮性人兽共患病。1787 年首发，1920 年成功复制病例，我国 1955 年发生，全球均有分布。本病潜伏期 4～7d，绵羊、山羊均易感，3～6 月龄羔羊或小羊发病最为严重。CPDV/ORFV 经损伤的皮肤、黏膜感染，通过直接或间接接触传播。我国将其列为三类动物疫病。2018 年发布农业行业标准（NY/T 3235），2020 年发布出入境检验检疫行业标准（SN/T 5194），适用于该病的诊断、检疫。

（1）临床诊断　临床症状：病羊口角、上唇或鼻镜上出现散在的小红斑点，并迅速变为丘疹，继而发展为水疱或脓疱。水疱或脓疱破裂后形成黄色或棕色的疣状硬痂。病羊良性经过时，硬痂增厚、干燥，并于1～2周内脱落而恢复正常。严重病例的患部继续发生丘疹、水疱和脓疱，痂皮互相融合，波及整个口唇周围和眼睑，可形成大片具有龟裂并容易出血的污秽痂垢，呈桑葚状或花椰菜状，痂下肉芽增生。严重影响采食，以致日渐消瘦，并导致死亡，病程长达2～3周。口腔黏膜也常出现水疱、脓疱和烂斑，恶化时可形成大面积溃疡。母羊乳头病变与口唇相似，但痂皮稍薄。有时在蹄叉、蹄冠部皮肤上也会出现水疱、脓疱，破裂后形成污秽溃疡。

病理变化：口唇、蹄、外阴等处黏膜形成丘疹、水疱、脓疱、溃疡和疣状痂，组织上皮高度增生、变性、角化、坏死，表皮细胞胞浆中有嗜酸性包涵体形成。

易感动物出现以上临床症状、病理变化，可判为疑似病例。

（2）实验室检测　样品：病羊的口、唇、乳房等部位的痂皮，未破裂丘疹水疱液。

方法：病毒分离培养、动物接种、电镜形态学观察、PCR和荧光定量PCR。

（3）综合判定　疑似病例，经病毒电镜形态学观察、PCR、荧光PCR任意一项检测阳性，可判为确诊病例。病毒分离培养、动物接种试验结果阳性，经电镜形态学观察、PCR、荧光定量PCR任意一项检测阳性，可判为CPDV病毒分离阳性。

10.3.4.12　干酪性淋巴结炎

干酪性淋巴结炎（caseous lymphadenitis，CLA），又称绵羊和山羊伪结核病（pseudotuberculosis in sheep and goat），是由伪结核棒状杆菌（*Corynebacterium pseudotuberculosis*）引起绵羊、山羊的一种接触性慢性传染病，属人畜共患病。1891年首次从羊肾脏脓肿样品中分离致病菌，1974年在我国首次发现，呈全球性分布。本病潜伏期长短不一，山羊、绵羊易感，羊驼、骆驼、马、牛也可感染，以山羊发病较为多见。病菌经皮肤创伤、呼吸道和消化道入侵，主要通过直接或间接接触病羊或带菌动物传播。我国将其列为三类动物疫病，2004年发布农业行业标准（NY/T 908），适用于该病的流行病学调查、诊断、检疫。

（1）临床诊断　本病以病畜体表淋巴结和胸腔淋巴结肿大、呈干酪性坏死为特征。发病羊的淋巴结发炎、肿大，呈脓性、干酪性坏死；病羊消瘦，生产性能下降，孕羊产死胎，严重者死亡。绵羊常发于肩前、股前等体表淋巴结，山羊常发于腮、颈部和肩前淋巴结，羔羊还可见腕关节、跗关节发生化脓性关节炎。剖检可见病死羊的胸腔、腹腔、肺、肝、脾、肾、乳腺/睾丸、子宫角等有大小不等的结节，内含淡黄色干酪样物质。

（2）实验室检测　无菌采集发病羊病变淋巴结中的干酪性脓汁，血清，分别进行病原菌的分离鉴定、ELISA检测，病原菌鉴定方法有菌落形态观察、染色及糖发酵等生化试验。

（3）综合判定　易感动物出现上述临床诊断、病理变化，可判为疑似病例。采集病料、血清进行病原分离鉴定或ELISA检测，成功获得病原菌或ELISA阳性，判为确诊。

10.3.4.13　绵羊地方性流产

绵羊地方性流产，即绵羊衣原体病（ovine chlamydiosis），是由鹦鹉热衣原体（*Chlamydia psittaci*）、反刍动物衣原体（*Chlamydia pecorum*）感染绵羊引起的一种以妊娠后期流产、早产、死胎或产弱羔、发热、肺炎、肠炎、结膜炎、多发性关节炎、脑脊髓炎等为主要特征的人兽共患传染病,全球均有分布。衣原体的感染谱广泛,猪、牛、羊、禽等均可感染、发病。病畜、带菌者是本病的主要传染源,主要经呼吸道、消化道传染,通过直接或间接接触、交配等途径传播。我国将其列为三类动物疫病,2002年发布农业行业标准(NY/T 562,2015年修订),适用于动物衣原体病的流行病学调查、监测、诊断、产地检疫。

(1)**临床诊断** 临床症状:妊娠中后期发生流产、死产或产弱羔,胎衣滞留,恶露不尽,常因继发感染子宫内膜炎死亡;流产过的羊,一般不再发生流产。公羊患睾丸炎及附睾炎。山羊流产的后期,有角膜炎及关节炎。

病理变化:流产胎儿肝脏充血、肿胀,表面有白色针尖大病灶。皮肤、皮下、胸腺及淋巴结等处有点状出血、水肿,尤以脐部、鼠蹊部、背部和脑后为重。体腔内有血色渗出物。母羊有胎盘炎,胎盘子叶及绒毛膜表现有不同程度的坏死,子叶的颜色呈暗红色或粉红色或土黄色。绒毛膜由于水肿而整个或部分增厚。组织学变化主要表现为灶性坏死、水肿、脉管炎及炎性细胞浸润,在组织切片中的细胞浆内可见有衣原体。

易感动物出现上述临床症状、病理变化,初步判为疑似病例。

(2)**实验室检测** 样品:无菌采集肝、脾、流产胎儿胃液(首选)、胎衣、流产分泌物,血清。

方法:病原分离培养、PCR、直接补体结合试验(DCF)、间接补体结合试验(ICF)、间接血凝试验(IHA)。

(3)**综合判定** 疑似病例经细菌分离、鉴定(显微镜检查、PCR检测)阳性,判为确诊。疑似病例经PCR第一次检测阳性,两次PCR阳性,第一次PCR阴性,但第二次PCR阳性,均可判为阳性;两次PCR均为阴性,判为阴性。

疑似病例经直接或间接补体结合试验,待检血清效价≥1∶8判为阳性,待检血清效价≤1∶4判为阴性,待检血清效价等于1∶8或1∶4判为可疑,复检仍可疑,判为阳性。

疑似病例经间接血凝试验检测阳性(血凝价≥1∶64)判为阳性(确诊),血凝价价≤1∶16判为阴性,介于二者之间判为可疑并复检。

10.3.5 马病

10.3.5.1 马鼻疽

马鼻疽(glanders)是由鼻疽伯克霍尔德菌(*Burkholdeia mallei*)感染马属动物(马、驴、骡)而引起的一种高致死性传染病,属人兽共患病。全球马鼻疽发病、流行的历史久远,目前在中东、南亚、东南亚、非洲、欧洲、北美、南美等地仍有流行。我国于东晋时期就有该病的描述,新中国成立后逐渐得到有效控制,2005年正式消灭该病。该病自然感染潜伏期2周至数月,人工感染潜伏期2~5d。马属动物最为易感,人、骆驼、犬、狮、虎、猫等亦可感染,自然感染主要通过与病畜或带毒动物接触,经消化道或损伤的皮肤、黏膜以及呼吸道传染。WOAH将其列为须报告的动物疫病,我国将其列为二类动物疫病。2002年发布农业行业诊断标准(NY/T 557,2021年修订),2005年发布马鼻疽控制技术规范(NY/T 904),2007年发布出入境检验检疫行业标准(SN/T 2018)。

(1)**临床诊断** 临床症状:按流行过程分为急性鼻疽和慢性鼻疽,马多为慢性经过、驴、骡呈急性经过。按临床症状可分为肺鼻疽、鼻腔鼻疽和皮肤鼻疽。急性病例表现为体温明显升高，可视黏膜潮红，常伴有轻度黄染，颌下淋巴结急性肿大，并有鼻腔鼻疽、肺鼻疽或皮肤鼻疽的临床症状，2～3周后死亡。慢性鼻疽无明显临床症状，病程可长达10余年。肺鼻疽病例常发生干性短咳，有时鼻衄血或咳出带血黏液和肺炎症状。鼻腔鼻疽病例可见一侧或两侧鼻孔流出浆液性或黏液性鼻汁，呈白色或黄白色，鼻腔黏膜上常见鼻疽结节、特征性溃疡或疤痕，偶见鼻中隔穿孔。皮肤鼻疽病例在四肢、胸侧、腹下或体表其他部位皮肤上出现结节、溃疡，结节和溃疡附近的淋巴结肿大，形成串珠状索肿。

病理变化：主要为急性渗出和增生性变化。渗出为主的病变多见于急性鼻疽或慢性鼻疽的恶化过程中，增生性病变多见于慢性鼻疽。

依据临床症状、病理变化可做出初步判断，应注意与流行性淋巴管炎、马腺疫和类鼻疽的鉴别诊断。

（2）**实验室检测** 样品：对患病的活动物，主要采集鼻腔分泌物棉拭子、皮肤溃疡物或脓肿穿刺物，以及血清。死亡动物采集病变肝、肺等脏器。

方法：补体结合试验、细菌分离鉴定，病原鉴定方法包括革兰氏染色、平板凝集试验、生化鉴定、动物试验。

（3）**综合判定** 临床疑似病例，经鼻疽菌素点眼试验、鼻疽菌素眼睑皮内注射、鼻疽菌素皮下注射试验任一方法阳性，补体结合试验阳性，判为急性鼻疽病例。临床疑似病例，细菌分离鉴定阳性，判为鼻疽阳性病例。无鼻疽症状，鼻疽菌素点眼试验或鼻疽菌素眼睑皮内注射试验或皮下注射试验阳性，补体结合反应阴性反应者，判定为慢性病例。无鼻疽症状，或鼻疽菌素眼睑皮内注射试验或皮下注射试验阴性，补体结合试验阴性，判为非鼻疽病例。

10.3.5.2 马流行性淋巴管炎

马流行性淋巴管炎（epizootic lymphangitis，EL）是由伪皮疽组织胞浆菌（*Histoplasma farciminosum*，HF）感染马属动物（马、驴、骡），临床以淋巴管、淋巴结周围组织炎症、肿胀、化脓、溃疡和肉芽肿结节为特征的慢性传染病。溃疡性淋巴管炎与本病的致病原不同，前者的致病原为棒状杆菌；易感动物不同，前者主要感染牛羊等反刍动物，其次是马属动物，后者主要感染马属动物。本病呈全球性分布，Rivolta于1873年首次发现该病原，1934年正式定名为伪皮疽组织胞浆菌，我国于1955年首次成功分离到该病菌。该病潜伏期长短不一，最短40d，最长可达半年以上。各年龄段马属动物均易感，主要经受损的皮肤和黏膜侵入，通过直接与间接接触、刺蜇昆虫等媒介传播。WOAH将其列为须报告的动物疫病，我国将其列为三类动物疫病。2002年发布农业行业标准（NY/T 552）；2004年发布出入境检验检疫行业标准（SN/T 1449，2011年修订）。

（1）**临床诊断** 临床症状：马属动物感染发病后的主要症状是皮肤、皮下组织及黏膜有结节和溃疡，淋巴结肿大，有串珠结节或溃疡。全身性症状不明显，重症病例会出现食欲减退、体温略高、逐渐消瘦等体征，病程可持续数月。

病理变化：①皮肤病变，常见四肢、头部、颈部及胸侧皮肤及皮下组织，发病初期结节小呈扁平丘疹状，随后逐渐增至蚕豆大甚至鸡蛋样大，化脓形成脓肿，中心变软有波动，局部被毛脱落，最后破溃，流出黄色或黄绿色黏稠的脓汁，溃疡底部有肉芽组织赘生，形成蘑菇状溃疡，而且溃疡不易愈合，并向周围扩散，或几个溃疡融合形成一个较大的溃疡面，愈后常遗留疤痕。②黏膜病变，可见鼻腔、唇部、眼结膜及阴道黏膜等处有结节，结节大小不等，呈圆形或椭圆形、扁平或盘状突起，边缘整齐，周围无红晕，表面黄白色或灰白色。结节化脓破溃后形成溃疡。病变发生在鼻腔时，流出少量黏脓性鼻液。③淋巴管炎病变，受侵害的淋巴管变粗变硬，如索状，并沿肿胀的淋巴管形成数个结节，呈串珠状排列，最终破溃形成蘑菇状溃疡；局部淋巴结肿大、化脓。

（2）**实验室检测**　样品：化脓灶、病变淋巴结。

方法：脓汁显微镜检查、病原分离鉴定，病原菌鉴定技术包括菌落鉴定、革兰氏染色检查、病理组织学检查、荧光抗体实验、ELISA。

（3）**综合判定**　易感动物出现上述临床症状、病理变化初步判为疑似病例，经皮肤变态反应鉴定阳性判为阳性病例（即确诊）。脓汁检查阳性、病原分离鉴定（病原鉴定或血清学鉴定）任一阳性判为确诊病例。

本病应注意与马鼻疽、溃疡性淋巴管炎、孢子丝菌病和组织胞浆菌病进行鉴别。

10.3.5.3　马流感

马流行性感冒（equine Influenza，EI）是由马 1 型（H7N7）或 2 型（H3N8）流行性感冒病毒（equine Influenza virus，EIV）引起的传染性极强的急性呼吸系统疾病。1956 年首次从捷克斯洛伐克的马体中分离，新中国成立前就存在该病。本病潜伏期 1～3d，自然条件下马最易感，驴、骡次之，病毒主要经呼吸道入侵，通过直接或间接接触气溶胶、飞沫进行传播。我国将该病列为三类动物疫病，2006 年发布农业行业诊断标准（NY/T 1185，2018 年修订），适用于该病流行病学调查、临床诊断以及实验室诊断。

（1）**临床诊断**　轻症型：较为多见，主要表现为轻度咳嗽，流水样或浆液样鼻汁，体温稍升高或正常，眼结膜潮红，一般经一周后康复。

重症型：马匹突然发病，精神委顿、食欲减退、肌肉疼痛、不愿活动。体温升高至 39℃以上，稽留 3～4d，发热的同时出现阵发性咳嗽，初为干咳，后转为湿咳，遇冷空气或尘埃等刺激时剧烈咳嗽。初期流浆液性或黏液性鼻汁，后期为黄白色脓性鼻汁。鼻黏膜潮红，眼结膜充血肿胀，流泪，分泌物增多。呼吸加快，有的会出现心律不齐，四肢下端或腹下浮肿。

出现上述症状、病理变化，可初步确诊。

（2）**实验室检测**　样品：鼻腔深部棉拭子、血清。

方法：病毒分离鉴定、HA 和 HI、RT-PCR、单放射免疫扩散溶血试验。

（3）**综合判定**　疑似病例病毒分离阳性、鉴定正确，或 RT-PCR 检测为马流感病毒核酸阳性，即为确诊。血清样品经 HI 或单放射免疫扩散溶血试验鉴定阳性，判为确诊。

10.3.5.4　马腺疫

马腺疫（equine strangles）是由 C 型链球菌马链球菌马亚种（*Streptococcus equi* subspecies *equi*，*S. equi*）引起的以马属动物（马、驴、骡）发热、上呼吸道即咽喉黏膜呈卡他性炎症、颌下淋巴结急性化脓性炎症为特征的一种急性传染病。本病最早的报道时间是 1251 年，全球均有分布。20 世纪 70 年代在我国多地暴发。该病潜伏期 1～8d，主要通过消化道、呼吸道、创伤处以及交配侵入，通过直接与间接接触传播。我国将其列为三类动物疫病，2002 年发布农业行业标准（NY/T 571，2018 年修订），适用于马、驴、骡等马属动物马腺疫的诊断。

（1）**临床诊断**　一过型腺疫：鼻腔黏膜潮红，流浆液性或黏液性鼻液，颌下淋巴结轻度肿胀。

典型腺疫：体温39～41℃，鼻腔流出黏性至脓性鼻液。颌下淋巴结肿大，表面凹凸不平，触之硬实，界限清楚，如鸡蛋大甚至拳头大。周围发生炎症时，肿胀加剧，充满整个下颌间隙，界限不清，热痛明显。随着炎症发展，局部组织肿胀化脓，肿胀完全成熟后自行破溃，流出大量黄白色黏稠脓汁。随后，创内肉芽组织新生，逐渐愈合。病程2～3周。6～12月龄幼驹最易感。

恶性型腺疫：如病马抵抗力弱，病菌可由颌下淋巴结的化脓灶转移到其他淋巴结，并形成化脓灶，甚至转移至肺、脑等器官并发生脓肿；体温多稽留不降，常因极度衰弱或继发脓毒败血症死亡。

易感动物出现上述典型、恶性临床症状，可诊断为马腺疫。

（2）**实验室检测**　样品：无菌采集病马颌下淋巴结未破溃脓肿内的脓汁，如脓肿已破溃则用棉签采集脓汁或鼻腔分泌物，妥善冷藏，尽快送检。

方法：直接镜检、细菌分离培养、分离菌株生化鉴定、马链球菌PCR鉴定。

（3）**综合判定**　出现上述典型或恶性临床症状（临床检查）可诊断为马腺疫。病原菌生化鉴定阳性、马腺疫PCR检测阳性且测序正确，判为马链球菌马亚种阳性。

10.3.5.5　马巴贝斯虫病

马巴贝斯虫病（equine *babesiosis*），即马焦虫病（equine piroplasmosis，EP），是由马泰勒氏焦虫（*Theileria equi*）、驽巴贝斯虫（*Babesia caballi*）感染马属动物（马、驴、骡）和斑马所引起的一种血液原虫病。1887年首发于罗马尼亚，我国于1922年在进口奶牛中首次发现。该病潜伏期为10～21d，病马是主要的传染源，主要经蜱传播，也可经胎盘传播。WOAH将其列为须报告的动物疫病，我国将其列为三类动物疫病。2012年发布出入境检验检疫行业标准（SN/T 3304），2010年发布马焦虫病检疫规范（SN/T 2693），适用于马巴贝斯虫病的血清学调查、诊断和监测。

（1）**临床诊断**　临床症状：分为最急性、急性、亚急性和慢性四种。最急性病例比较少见，发现时马已死亡或濒死。急性病例较常见，特征是发热，通常体温超过40℃，食欲降低和不安，呼吸和脉搏加速，黏膜充血，粪球小而干。亚急性临床症状与急性相似，感染动物体重减轻，间歇发热；黏膜呈浅粉色至粉红色或浅黄色至深黄色，黏膜上也可见到淤斑、瘀点；正常肠蠕动降低，动物表现轻微疝痛；有时小腿末端可见轻度水肿。慢性病例通常出现非特征性临床症状，如轻微食欲降低，动作迟缓，体重下降，直肠检查常发现脾肿大。

病理变化：病死动物的尸体消瘦、黄疸、贫血和水肿；心包和体腔积水，脂肪变为胶胨样，并黄染；脾肿大，软化，髓质呈暗红色；淋巴结肿大；肝肿大，充血，褐黄色，肝小叶中央呈黄色，边缘带黄绿色；肾呈黄白色，有时有溢血，肠黏膜和胃黏膜有红色条纹。

（2）**实验室检测**　样品：无菌采集发病或疑似发病动物的全血。

方法：病原学检查、间接免疫荧光试验、酶联免疫吸附实验、微量补体结合试验和聚合酶链式反应方法。

（3）**综合判定**　对疑似病例，采全血涂片镜检发现典型虫体，可确诊。对疑似病例，经补体结合试验、间接免疫荧光试验、酶联免疫吸附试验任一方法阳性即确诊。巢式PCR检测阳性病例，需要结合其他方法的检测结果综合判定。

10.3.6　兔病

10.3.6.1　兔波氏杆菌病

兔波氏杆菌病（bordetella caniculum）是由支气管败血波士杆菌（*Botrytis Bronchiseptica*）感染兔引起的一种慢性呼吸道传染病。本病潜伏期 7～10d，兔、犬、猫、豚鼠、马等多种动物易感，人亦可感染，不同日龄的兔均易感，仔兔和幼兔感染后多呈急性经过，幼兔发病率高、死亡率低，成年兔发病较少；病菌经呼吸道侵入，通过空气传播。我国将其列为三类动物疫病，2016 年我国发布农业行业诊断标准（NY/T 2959），适用于该病的诊断、检疫与流行病学调查。

（1）临床诊断

临床症状：①鼻炎型，病兔精神不佳，闭眼，鼻腔流出浆液性或黏性脓性分泌物，病兔打喷嚏，呼吸困难，经常用前爪抓擦鼻孔，鼻孔周围及鼻腔黏膜充血，流出多量浆液性或黏性分泌物。②支气管肺炎型，鼻腔黏膜红肿、充血，有多量白色黏性脓性分泌物，打喷嚏，呼吸困难，鼻孔形成堵塞性痂皮。

病理变化：鼻腔、气管黏膜充血、水肿，鼻腔内有浆液性、黏液性或脓性分泌物；严重病例可见鼻甲骨萎缩；肺部多见于心叶和尖叶有大小不一的病灶，重症病例侵及全部肺叶，病变部稍隆起、坚实，呈暗红色、褐色；有些病例肺有脓包，脓包内有黏稠奶油样乳白色脓汁。

易感动物出现上述临床症状、病理变化，可判为疑似病例。

（2）实验室检测　样品：病兔鼻腔棉拭子、血清，病死兔肝脏、脾脏、肺脏以及胸腔渗出液。

方法：细菌分离鉴定、PCR、玻片凝集试验。

（3）综合判定　疑似病例样品分离出支气管败血波士杆菌，经鉴定（菌落形态、理化特性、染色镜检等）阳性，或经 PCR 检测阳性，可判为确诊。非免疫动物血清样品经玻片凝集试验检测阳性，可判为血清学阳性。

10.3.6.2　兔球虫病

兔球虫病（rabbit coccidiosis）是由艾美耳球虫属（*Eimeria*）的一种或数种球虫寄生于兔肠道或肝脏胆管上皮细胞所引起的以下痢、生长迟缓、饲料转化率低甚至死亡为特征的寄生虫病。各品种、年龄的兔都可感染，1～3 月龄兔易感性最高，而且病情严重、死亡率高，成年兔发病轻微，病兔是主要传染源。本病主要经口食入含有孢子化卵囊的水或饲料，或接触携带有卵囊的人员、媒介及物品等途径传播。我国将其列为三类动物疫病，2020 年我发布出入境检验检疫行业标准（SN/T 5193），适用于该病的进出口检疫、实验室诊断、流行病学调查与监测。

（1）临床诊断　临床症状：该病分为肠型、肝型和混合型 3 种。发病初期的病兔食欲减退、精神沉郁、伏卧不动、生长停滞。眼鼻分泌物增多，体温升高，腹部胀大，臌气，下痢，肛门沾污，排便频繁。肠球虫病症状有顽固性下痢，甚至拉血痢，或便秘与腹泻交替发生。肝球虫病症状则为肝脏肿大，肿区触诊疼痛，黏膜黄染。家兔球虫病的后期往往出现神经症状，四肢痉挛、麻痹，因极度衰竭而死亡。肠型死亡快，肝型死亡较慢。

病理变化：肠型球虫病见十二指肠壁厚，内腔扩张，黏膜炎症。小肠内充满气体和大量微红色黏液，肠膜充血并有出血点。慢性者的肠黏膜呈灰色，有许多小而硬的白色小结节，内含有卵囊。肝球虫病症状则为肝肿大，肝表面与实质内有白色或淡黄色的结节性病灶，取结节压碎镜检，可见到各个发育阶段的球虫。日久的病灶，其内容物变为粉粒样钙化物。

易感动物出现上述临床症状和病理变化，初步判定为兔球虫病疑似病例。

（2）**实验室检测** 病死兔，可采集肝脏结节病灶、肠黏膜结节病灶组织；发病兔或健康兔宜采集新鲜粪便样品。实验室检测（诊断）方法包括形态学鉴定、粪便饱和盐水漂浮法、PCR 检测。

（3）**综合判定** PCR 检测阳性，可判为样品可疑。在肝组织或肠黏膜中镜检发现球虫卵囊，根据形态学鉴定感染种类，卵囊形态特征可疑的样品提取 DNA 进行 PCR 扩增，根据 PCR 结果及测序比对分析结果进行感染情况判定。

10.3.6.3 兔黏液瘤病

兔黏液瘤病（rabbit myxomatosis）是由黏液瘤病毒（Myxoma virus，MV）引起的一种家兔、野兔的高接触传染性、高致死性传染病。1896 年首发于乌拉圭，随后陆续出现在南美、北美、欧洲、大洋洲等近 60 个国家或地区，我国尚未有发病报道。家兔、野兔易感，潜伏期为 3～7d，最长 14d，主要通过直接接触方式传播，传播媒介为吸血昆虫（伊蚊、库蚊、按蚊、兔蚤、刺蝇等）。2002 年发布农业行业标准（NY/T 547）。

（1）**临床诊断** 临床症状：以全身黏液性水肿、皮下胶冻样肿瘤为特征。兔被带毒吸血昆虫叮咬后，在叮咬部位出现原发性肿瘤样结节；病兔流泪、眼睑肿胀，有黏性或脓性眼垢，严重病例的上下眼睑发生粘连。肿胀可蔓延至整个头部、耳朵皮下组织，呈"狮子头"状。肛门、生殖器、口、鼻周围浮肿，浮肿部位出现胶冻样肿瘤。

病理变化：皮肤肿瘤，皮下水肿，以颜面和天然孔周围皮肤最为明显；部分毒株可致皮肤出血，胃及肠道浆膜淤血，心内、外膜出血，肝、脾、肾、肺充血。

家兔、野兔出现上述临床症状、病理变化，可判为兔黏液瘤病疑似病例。

（2）**实验室检测** 采集发病兔、同群兔全血，分离血清，进行琼脂凝胶免疫扩散试验（AGID）。

（3）**综合判定** 阳性：抗原孔和血清孔之间有沉淀线。

可疑：阳性参考血清末端形成的沉淀线在被检血清处稍弯，复检仍为可疑时，判为阳性，其中弯向中央孔者为含抗体阳性；弯向周边孔者为抗原阳性。

阴性：被检血清孔和阳性血清孔之间无沉淀线，阳性参考血清形成的沉淀线直伸到被检血清孔的边缘；被检血清虽形成沉淀线，但与阳性参考血清的沉淀线末端交叉或不相融合，该血清应判为阴性。

10.4

兽用诊断技术国家和行业标准展望

习近平总书记多次强调标准对经济发展具有重要推动作用，将标准视为国际经济科技竞争的"制高点"，是企业、产业、装备走出去的"先手棋"。标准是经济活动和社会发展的技术支撑，是国家基础性制度的重要方面。标准化在推进国家治理体系和治理能力现代化中发挥着基础性、引领性作用，新时代推动高质量发展、全面建设社会主义现代化国家，迫切需要进一步加强标准化工作。动物卫生标准作为动物疫病防控的重要技术支持依据，未来必将发挥更大的作用，在现有工作基础上，应着重推进以下几方面工作，推动动物卫生标准化工作再上新台阶。

10.4.1　补充完善动物卫生标准体系

标准体系建设规划是指导今后一个时期标准制修订的纲领性文件，要建立健全结构合理、科学统一的动物卫生标准体系，为有效做好动物防疫工作提供有力支撑。一要突出重点。以重大动物疫病诊断技术类标准为制修订重点，加强对急需标准的制修订，继续推进标准项目整合力度，着力解决标准中存在的交叉、重复、矛盾的问题。二要系统全面。动物卫生标准要涵盖诊断技术类、检验检测类、动物卫生监督管理类、中兽医类、体系机构效能评估类、动物福利类等。三要配套衔接。要构建以国家标准、行业标准为主体，地方标准、团体标准和企业标准为补充的标准体系。要加强标准与部门规章、规范性文件的配套衔接，形成规章规范与标准有机结合、共管共治的良好局面。

10.4.2　继续提升兽医诊断标准质量

兽医诊断标准的质量体现在两方面，一方面是诊断标准方法及诊断流程本身的准确性和可靠性，另一方面是诊断标准方法的可操作性和可执行性。因此，提升兽医诊断标准质量，一是严把立项关。立项是标准项目质量把控中最为重要的一个环节，要充分论证立项的必要性、协调性与科学性。必要性，就是行业对该标准技术是否有迫切的需求，是否属于法律法规规章的配套技术规范，是否必须以标准的形式予以体现；协调性，就是该项目是否与其他已经发布或正在制定的标准有重复或冲突的地方；科学性，就是该项目内容是否已经成熟稳定可靠、具有可重复性。二是严把起草过程关，对其中的关键技术要充分研究、论证，并和技术复核比对，广泛征求意见并积极开展同行评议或试用，及时对文本内容进行修改和完善，建议标委会秘书处要及时跟踪标准起草过程，并在文本格式要求、程序适用等方面提供必要的指导。三是严把审查关。要充分考虑评审专家的技术水平，严格按照标委会要求，对诊断标准方法的准确可靠以及可操作性进行充分审查和评估，把好质量管控最后一道关。

10.4.3　严格认真执行动物卫生标准

一要贯彻法律法规有关要求，配合《动物防疫法》及配套规章和规范性文件的制定和实施，积极推动标准实现与有关政策文件的有效衔接。二要加大标准宣贯力度，促进标准的有效实施。多渠道提供标准文本或内容，提高标准文本或内容的易获得性；要做好技术性强、公众关注度高的技术标准的宣传和解读。三要加强标准跟踪评价，建立标准实施信息反馈机制。开展重要标准实施效果评价，掌握标准执行情况和存在的问题，适时修订完善。

10.4.4　积极开展国际交流与合作

一是加强标准跟踪研究，为标准制修订做好技术储备。重点跟踪国际食品法典委员会（CAC）、世界动物卫生组织（WOAH）和国际标准化组织（ISO）工作动态，及时收集新标准和制标新方法。根据工作需要，系统开展前期研究，增强标准的科学性和实用性。二是以有效满足动物防疫工作发展和监管需要为目标，全面加强标准制修订工作。三是积极采用国际标准，增强标准制修订的适用性。在充分考虑国情的基础上，积极采用国际组织和国外相关标准，提升我国动物卫生标准技术水平。在某些新发动物疫病和重大动物疫病方面积极参与国际标准的制修订项目，主动争取制定国际标准。

主要参考文献

[1] 刘湘涛，张强，郭建宏，等．口蹄疫诊断技术（GB/T 18935—2018）．北京:中国标准出版社，2018.

[2] 扈荣良，张守峰，缪发明，等．狂犬病诊断技术（GB/T 18639—2023）．北京: 中国标准出版社，2023.

[3] 李璐，赵晓彤，曹东，等．动物布鲁氏菌病诊断技术（GB/T 18646—2018）．北京: 中国标准出版社，2018.

[4] 冯书章，祝令伟，刘军，等．动物炭疽诊断技术（NY/T 561—2015）．北京: 中国农业出版社，2015.

[5] 吴晓东，李林，胡永新，等．非洲猪瘟诊断技术（GB/T 18648—2020）．北京: 中国标准出版社，2020.

[6] 王琴，赵启祖，徐璐，等．猪瘟诊断技术（GB/T 16551—2020）．北京: 中国标准出版社，2020.

[7] 王秀荣，田国彬，刘环，等．高致病性禽流感诊断技术（GB/T 18936—2020）．北京: 中国标准出版社，2020.

[8] 刘华雷，王静静，于晓慧，等．新城疫诊断技术（GB/T 16550—2020）．北京: 中国标准出版社，2020.

[9] 崔治中，孙淑红，赵鹏，等．禽白血病诊断技术（GB/T 26436—2010）．北京: 中国标准出版社，2010.

[10] 王志亮，刘雨田，孙成友，等．牛海绵状脑病诊断技术（GB/T 19180—2020）．北京: 中国标准出版社，2020.

[11] 辛九庆，李媛．牛传染性胸膜肺炎诊断技术（GB/T 18649—2014）．北京: 中国标准出版社，2014.

[12] 包静月，吴晓东，王志亮，等．小反刍兽疫诊断技术（GB/T 27982—2011）．北京：中国标准出版社，2011.

[13] 刘金明，林娇娇，石耀军，等．家畜日本血吸虫病诊断技术（GB/T 18640—2017）．北京：中国标准出版社，2017.

[14] 聂福平，李林，李应国，等．牛结节性皮肤病诊断技术（GB/T 39602—2020）．北京：中国标准出版社，2020.

[15] 吴晓东，李林，徐天刚，等．非洲马瘟诊断技术（GB/T 21675—2022）．北京：中国标准出版社，2022.

[16] 胡哲，王晓钧，郭巍，等．马传染性贫血诊断技术（GB/T 17494—2023）．北京：中国标准出版社，2023.

[17] 单虎，黄娟，熊炜，等．犬瘟热诊断技术（GB/T 27532—2011）．北京：中国标准出版社，2011.

[18] 柴同杰，李卫华，郭梦娇，等．家畜魏氏梭菌病诊断技术（NY/T 3073—2017）．北京：中国农业出版社，2017.

[19] 郑海学，田宏，杨帆，等．塞内卡病毒感染诊断技术（NY/T 3790—2020）．北京：中国农业出版社，2020.

[20] 张仲秋，支海兵，陈先国，等．牛瘟诊断技术（NY/T 906—2004）．北京：中国农业出版社，2004.

第 11 章
兽用诊断
试剂的注册

中国兽药
研究与应用全书

兽医诊断制品作为我国兽用生物制品的重要组成部分，对我国动物疫病防控起到了监测作用，为各种预防类、治疗类生物制品的使用效果起到了评价作用。在我国，兽医诊断制品实行注册管理，通过申请新兽药注册，获得农业农村部批准、核发的新兽药注册证书或兽药产品批准文号，从而获得生产和上市销售的资质。

本章节包含了兽医诊断制品的注册相关管理法规、注册评审程序、注册评审相关要点等内容。本章内容为兽用诊断试剂的研发者提供了申请注册的法律指导，同时针对以提高注册成功率为导向而进行的试验设计、申报资料准备、注册过程应关注的问题等方面的问题进行了梳理和解答。

11.1

兽医诊断制品注册相关管理法规

兽医诊断制品属于兽药，服从兽药的相关管理。根据《兽药管理条例》和《兽药注册办法》的规定，制定了《兽医诊断制品注册分类及注册资料要求》，发布于中华人民共和国农业部公告第 442 号，自 2005 年 1 月 1 日起施行，自此有了专门针对兽用诊断制品的注册评审工作。随后发布的中华人民共和国农业部公告第 683 号中明确了《兽用诊断制品试验研究技术指导原则》《兽用免疫诊断试剂盒试验研究技术指导原则》。

随着时代的发展，为进一步加强兽医诊断制品注册评审工作，农业部先后于 2015 年 12 月 16 日发布农业部公告第 2335 号、2020 年 10 月 13 日发布农业农村部公告第 342 号对《兽医诊断制品注册分类及注册资料要求》进行了修订。

目前，评审中心的评审程序依据的是自 2021 年 4 月 15 日起施行的农业农村部公告第 392 号《兽药注册评审工作程序》。

因此，现阶段兽用诊断制品申请新兽药注册，依据农业农村部公告第 342 号《兽医诊断制品注册分类及注册资料要求》，以及农业农村部公告第 392 号《兽药注册评审工作程序》进行技术评审工作。

对我国自 2010 年至 2023 年的新兽药注册（诊断制品）进行统计和分析，表明诊断制品的批准数量逐年增加。2010—2023 年共计批准 136 个，其中 2010—2015 年共计批准 25 个，2016—2020 年共计批准 47 个，2021—2023 年共计批准 64 个。在以上 136 个批准的制品中，一类新兽药 17 个，二类新兽药 50 个，三类新兽药 53 个，其它新兽药 16 个。

11.1.1 《兽药管理条例》

兽药管理条例

（2004 年 4 月 9 日中华人民共和国国务院令第 404 号公布

2014 年 7 月 29 日中华人民共和国国务院令第 653 号第一次修订

2016 年 2 月 6 日中华人民共和国国务院令第 666 号第二次修订

2020 年 3 月 27 日中华人民共和国国务院令第 726 号第三次修订）

第一章　总则

第一条　为了加强兽药管理，保证兽药质量，防治动物疾病，促进养殖业的发展，维护人体健康，制定本条例。

第二条　在中华人民共和国境内从事兽药的研制、生产、经营、进出口、使用和监督管理，应当遵守本条例。

第三条　国务院兽医行政管理部门负责全国的兽药监督管理工作。

县级以上地方人民政府兽医行政管理部门负责本行政区域内的兽药监督管理工作。

第四条　国家实行兽用处方药和非处方药分类管理制度。兽用处方药和非处方药分类管理的办法和具体实施步骤，由国务院兽医行政管理部门规定。

第五条　国家实行兽药储备制度。

发生重大动物疫情、灾情或者其他突发事件时，国务院兽医行政管理部门可以紧急调用国家储备的兽药；必要时，也可以调用国家储备以外的兽药。

第二章　新兽药研制

第六条　国家鼓励研制新兽药，依法保护研制者的合法权益。

第七条　研制新兽药，应当具有与研制相适应的场所、仪器设备、专业技术人员、安全管理规范和措施。

研制新兽药，应当进行安全性评价。从事兽药安全性评价的单位应当遵守国务院兽医行政管理部门制定的兽药非临床研究质量管理规范和兽药临床试验质量管理规范。

省级以上人民政府兽医行政管理部门应当对兽药安全性评价单位是否符合兽药非临床研究质量管理规范和兽药临床试验质量管理规范的要求进行监督检查，并公布监督检查结果。

第八条　研制新兽药，应当在临床试验前向临床试验场所所在地省、自治区、直辖市人民政府兽医行政管理部门备案，并附具该新兽药实验室阶段安全性评价报告及其他临床前研究资料。

研制的新兽药属于生物制品的，应当在临床试验前向国务院兽医行政管理部门提出申请，国务院兽医行政管理部门应当自收到申请之日起 60 个工作日内将审查结果书面通知申请人。

研制新兽药需要使用一类病原微生物的，还应当具备国务院兽医行政管理部门规定的条件，并在实验室阶段前报国务院兽医行政管理部门批准。

第九条　临床试验完成后，新兽药研制者向国务院兽医行政管理部门提出新兽药注册申请时，应当提交该新兽药的样品和下列资料：

（一）名称、主要成分、理化性质；

（二）研制方法、生产工艺、质量标准和检测方法；

（三）药理和毒理试验结果、临床试验报告和稳定性试验报告；

（四）环境影响报告和污染防治措施。

研制的新兽药属于生物制品的，还应当提供菌（毒、虫）种、细胞等有关材料和资料。菌（毒、虫）种、细胞由国务院兽医行政管理部门指定的机构保藏。

研制用于食用动物的新兽药，还应当按照国务院兽医行政管理部门的规定进行兽药残留试验并提供休药期、最高残留限量标准、残留检测方法及其制定依据等资料。

国务院兽医行政管理部门应当自收到申请之日起 10 个工作日内，将决定受理的新兽药资料送其设立的兽药评审机构进行评审，将新兽药样品送其指定的检验机构复核检验，并自收到评审和复核检验结论之日起 60 个工作日内完成审查。审查合格的，发给新兽药注册证书，并发布该兽药的质量标准；不合格的，应当书面通知申请人。

第十条　国家对依法获得注册的、含有新化合物的兽药的申请人提交的其自己所取得且未披露的试验数据和其他数据实施保护。

自注册之日起 6 年内，对其他申请人未经已获得注册兽药的申请人同意，使用前款规定的数据申请兽药注册的，兽药注册机关不予注册；但是，其他申请人提交其自己所取得的数据的除外。

除下列情况外，兽药注册机关不得披露本条第一款规定的数据：

（一）公共利益需要；

（二）已采取措施确保该类信息不会被不正当地进行商业使用。

第三章　兽药生产

第十一条　从事兽药生产的企业，应当符合国家兽药行业发展规划和产业政策，并具备下列条件：

（一）与所生产的兽药相适应的兽医学、药学或者相关专业的技术人员；

（二）与所生产的兽药相适应的厂房、设施；

（三）与所生产的兽药相适应的兽药质量管理和质量检验的机构、人员、仪器设备；

（四）符合安全、卫生要求的生产环境；

（五）兽药生产质量管理规范规定的其他生产条件。

符合前款规定条件的，申请人方可向省、自治区、直辖市人民政府兽医行政管理部门提出申请，并附具符合前款规定条件的证明材料；省、自治区、直辖市人民政府兽医行政管理部门应当自收到申请之日起 40 个工作日内完成审查。经审查合格的，发给兽药生产许可证；不合格的，应当书面通知申请人。

第十二条　兽药生产许可证应当载明生产范围、生产地点、有效期和法定代表人姓名、住址等事项。

兽药生产许可证有效期为 5 年。有效期届满，需要继续生产兽药的，应当在许可证有效期届满前 6 个月到发证机关申请换发兽药生产许可证。

第十三条　兽药生产企业变更生产范围、生产地点的，应当依照本条例第十一条的规定申请换发兽药生产许可证；变更企业名称、法定代表人的，应当在办理工商变更登记手续后 15 个工作日内，到发证机关申请换发兽药生产许可证。

第十四条　兽药生产企业应当按照国务院兽医行政管理部门制定的兽药生产质量管理规范组织生产。

省级以上人民政府兽医行政管理部门，应当对兽药生产企业是否符合兽药生产质量管理规范的要求进行监督检查，并公布检查结果。

第十五条　兽药生产企业生产兽药，应当取得国务院兽医行政管理部门核发的产品批准文号，产品批准文号的有效期为 5 年。兽药产品批准文号的核发办法由国务院兽医行政管理部门制定。

第十六条　兽药生产企业应当按照兽药国家标准和国务院兽医行政管理部门批准的生产工艺进行生产。兽药生产企业改变影响兽药质量的生产工艺的，应当报原批准部门审核批准。

兽药生产企业应当建立生产记录，生产记录应当完整、准确。

第十七条 生产兽药所需的原料、辅料，应当符合国家标准或者所生产兽药的质量要求。

直接接触兽药的包装材料和容器应当符合药用要求。

第十八条 兽药出厂前应当经过质量检验，不符合质量标准的不得出厂。

兽药出厂应当附有产品质量合格证。

禁止生产假、劣兽药。

第十九条 兽药生产企业生产的每批兽用生物制品，在出厂前应当由国务院兽医行政管理部门指定的检验机构审查核对，并在必要时进行抽查检验；未经审查核对或者抽查检验不合格的，不得销售。

强制免疫所需兽用生物制品，由国务院兽医行政管理部门指定的企业生产。

第二十条 兽药包装应当按照规定印有或者贴有标签，附具说明书，并在显著位置注明"兽用"字样。

兽药的标签和说明书经国务院兽医行政管理部门批准并公布后，方可使用。

兽药的标签或者说明书，应当以中文注明兽药的通用名称、成分及其含量、规格、生产企业、产品批准文号（进口兽药注册证号）、产品批号、生产日期、有效期、适应症❶或者功能主治、用法、用量、休药期、禁忌、不良反应、注意事项、运输贮存保管条件及其他应当说明的内容。有商品名称的，还应当注明商品名称。

除前款规定的内容外，兽用处方药的标签或者说明书还应当印有国务院兽医行政管理部门规定的警示内容，其中兽用麻醉药品、精神药品、毒性药品和放射性药品还应当印有国务院兽医行政管理部门规定的特殊标志；兽用非处方药的标签或者说明书还应当印有国务院兽医行政管理部门规定的非处方药标志。

第二十一条 国务院兽医行政管理部门，根据保证动物产品质量安全和人体健康的需要，可以对新兽药设立不超过 5 年的监测期；在监测期内，不得批准其他企业生产或者进口该新兽药。生产企业应当在监测期内收集该新兽药的疗效、不良反应等资料，并及时报送国务院兽医行政管理部门。

<h3 align="center">第四章　兽药经营</h3>

第二十二条 经营兽药的企业，应当具备下列条件：

（一）与所经营的兽药相适应的兽药技术人员；

（二）与所经营的兽药相适应的营业场所、设备、仓库设施；

（三）与所经营的兽药相适应的质量管理机构或者人员；

（四）兽药经营质量管理规范规定的其他经营条件。

符合前款规定条件的，申请人方可向市、县人民政府兽医行政管理部门提出申请，并附具符合前款规定条件的证明材料；经营兽用生物制品的，应当向省、自治区、直辖市人民政府兽医行政管理部门提出申请，并附具符合前款规定条件的证明材料。

县级以上地方人民政府兽医行政管理部门，应当自收到申请之日起 30 个工作日内完成审查。审查合格的，发给兽药经营许可证；不合格的，应当书面通知申请人。

第二十三条 兽药经营许可证应当载明经营范围、经营地点、有效期和法定代表人姓名、住址等事项。

---

❶ 应为"适应证"。

兽药经营许可证有效期为 5 年。有效期届满，需要继续经营兽药的，应当在许可证有效期届满前 6 个月到发证机关申请换发兽药经营许可证。

第二十四条 兽药经营企业变更经营范围、经营地点的，应当依照本条例第二十二条的规定申请换发兽药经营许可证；变更企业名称、法定代表人的，应当在办理工商变更登记手续后 15 个工作日内，到发证机关申请换发兽药经营许可证。

第二十五条 兽药经营企业，应当遵守国务院兽医行政管理部门制定的兽药经营质量管理规范。

县级以上地方人民政府兽医行政管理部门，应当对兽药经营企业是否符合兽药经营质量管理规范的要求进行监督检查，并公布检查结果。

第二十六条 兽药经营企业购进兽药，应当将兽药产品与产品标签或者说明书、产品质量合格证核对无误。

第二十七条 兽药经营企业，应当向购买者说明兽药的功能主治、用法、用量和注意事项。销售兽用处方药的，应当遵守兽用处方药管理办法。

兽药经营企业销售兽用中药材的，应当注明产地。

禁止兽药经营企业经营人用药品和假、劣兽药。

第二十八条 兽药经营企业购销兽药，应当建立购销记录。购销记录应当载明兽药的商品名称、通用名称、剂型、规格、批号、有效期、生产厂商、购销单位、购销数量、购销日期和国务院兽医行政管理部门规定的其他事项。

第二十九条 兽药经营企业，应当建立兽药保管制度，采取必要的冷藏、防冻、防潮、防虫、防鼠等措施，保持所经营兽药的质量。

兽药入库、出库，应当执行检查验收制度，并有准确记录。

第三十条 强制免疫所需兽用生物制品的经营，应当符合国务院兽医行政管理部门的规定。

第三十一条 兽药广告的内容应当与兽药说明书内容相一致，在全国重点媒体发布兽药广告的，应当经国务院兽医行政管理部门审查批准，取得兽药广告审查批准文号。在地方媒体发布兽药广告的，应当经省、自治区、直辖市人民政府兽医行政管理部门审查批准，取得兽药广告审查批准文号；未经批准的，不得发布。

第五章 兽药进出口

第三十二条 首次向中国出口的兽药，由出口方驻中国境内的办事机构或者其委托的中国境内代理机构向国务院兽医行政管理部门申请注册，并提交下列资料和物品：

（一）生产企业所在国家（地区）兽药管理部门批准生产、销售的证明文件；

（二）生产企业所在国家（地区）兽药管理部门颁发的符合兽药生产质量管理规范的证明文件；

（三）兽药的制造方法、生产工艺、质量标准、检测方法、药理和毒理试验结果、临床试验报告、稳定性试验报告及其他相关资料；用于食用动物的兽药的休药期、最高残留限量标准、残留检测方法及其制定依据等资料；

（四）兽药的标签和说明书样本；

（五）兽药的样品、对照品、标准品；

（六）环境影响报告和污染防治措施；

（七）涉及兽药安全性的其他资料。

申请向中国出口兽用生物制品的，还应当提供菌（毒、虫）种、细胞等有关材料和资料。

第三十三条 国务院兽医行政管理部门，应当自收到申请之日起 10 个工作日内组织初步审查。经初步审查合格的，应当将决定受理的兽药资料送其设立的兽药评审机构进行评审，将该兽药样品送其指定的检验机构复核检验，并自收到评审和复核检验结论之日起 60 个工作日内完成审查。经审查合格的，发给进口兽药注册证书，并发布该兽药的质量标准；不合格的，应当书面通知申请人。

在审查过程中，国务院兽医行政管理部门可以对向中国出口兽药的企业是否符合兽药生产质量管理规范的要求进行考查，并有权要求该企业在国务院兽医行政管理部门指定的机构进行该兽药的安全性和有效性试验。

国内急需兽药、少量科研用兽药或者注册兽药的样品、对照品、标准品的进口，按照国务院兽医行政管理部门的规定办理。

第三十四条 进口兽药注册证书的有效期为 5 年。有效期届满，需要继续向中国出口兽药的，应当在有效期届满前 6 个月到发证机关申请再注册。

第三十五条 境外企业不得在中国直接销售兽药。境外企业在中国销售兽药，应当依法在中国境内设立销售机构或者委托符合条件的中国境内代理机构。

进口在中国已取得进口兽药注册证书的兽药的，中国境内代理机构凭进口兽药注册证书到口岸所在地人民政府兽医行政管理部门办理进口兽药通关单。海关凭进口兽药通关单放行。兽药进口管理办法由国务院兽医行政管理部门会同海关总署制定。

兽用生物制品进口后，应当依照本条例第十九条的规定进行审查核对和抽查检验。其他兽药进口后，由当地兽医行政管理部门通知兽药检验机构进行抽查检验。

第三十六条 禁止进口下列兽药：

（一）药效不确定、不良反应大以及可能对养殖业、人体健康造成危害或者存在潜在风险的；

（二）来自疫区可能造成疫病在中国境内传播的兽用生物制品；

（三）经考查生产条件不符合规定的；

（四）国务院兽医行政管理部门禁止生产、经营和使用的。

第三十七条 向中国境外出口兽药，进口方要求提供兽药出口证明文件的，国务院兽医行政管理部门或者企业所在地的省、自治区、直辖市人民政府兽医行政管理部门可以出具出口兽药证明文件。

国内防疫急需的疫苗，国务院兽医行政管理部门可以限制或者禁止出口。

第六章 兽药使用

第三十八条 兽药使用单位，应当遵守国务院兽医行政管理部门制定的兽药安全使用规定，并建立用药记录。

第三十九条 禁止使用假、劣兽药以及国务院兽医行政管理部门规定禁止使用的药品和其他化合物。禁止使用的药品和其他化合物目录由国务院兽医行政管理部门制定公布。

第四十条 有休药期规定的兽药用于食用动物时，饲养者应当向购买者或者屠宰者提供准确、真实的用药记录；购买者或者屠宰者应当确保动物及其产品在用药期、休药期内不被用于食品消费。

第四十一条 国务院兽医行政管理部门，负责制定公布在饲料中允许添加的药物饲料添加剂品种目录。

禁止在饲料和动物饮用水中添加激素类药品和国务院兽医行政管理部门规定的其他禁

用药品。

经批准可以在饲料中添加的兽药，应当由兽药生产企业制成药物饲料添加剂后方可添加。禁止将原料药直接添加到饲料及动物饮用水中或者直接饲喂动物。

禁止将人用药品用于动物。

第四十二条 国务院兽医行政管理部门，应当制定并组织实施国家动物及动物产品兽药残留监控计划。

县级以上人民政府兽医行政管理部门，负责组织对动物产品中兽药残留量的检测。兽药残留检测结果，由国务院兽医行政管理部门或者省、自治区、直辖市人民政府兽医行政管理部门按照权限予以公布。

动物产品的生产者、销售者对检测结果有异议的，可以自收到检测结果之日起 7 个工作日内向组织实施兽药残留检测的兽医行政管理部门或者其上级兽医行政管理部门提出申请，由受理申请的兽医行政管理部门指定检验机构进行复检。

兽药残留限量标准和残留检测方法，由国务院兽医行政管理部门制定发布。

第四十三条 禁止销售含有违禁药物或者兽药残留量超过标准的食用动物产品。

第七章　兽药监督管理

第四十四条 县级以上人民政府兽医行政管理部门行使兽药监督管理权。

兽药检验工作由国务院兽医行政管理部门和省、自治区、直辖市人民政府兽医行政管理部门设立的兽药检验机构承担。国务院兽医行政管理部门，可以根据需要认定其他检验机构承担兽药检验工作。

当事人对兽药检验结果有异议的，可以自收到检验结果之日起 7 个工作日内向实施检验的机构或者上级兽医行政管理部门设立的检验机构申请复检。

第四十五条 兽药应当符合兽药国家标准。

国家兽药典委员会拟定的、国务院兽医行政管理部门发布的《中华人民共和国兽药典》和国务院兽医行政管理部门发布的其他兽药质量标准为兽药国家标准。

兽药国家标准的标准品和对照品的标定工作由国务院兽医行政管理部门设立的兽药检验机构负责。

第四十六条 兽医行政管理部门依法进行监督检查时，对有证据证明可能是假、劣兽药的，应当采取查封、扣押的行政强制措施，并自采取行政强制措施之日起 7 个工作日内作出是否立案的决定；需要检验的，应当自检验报告书发出之日起 15 个工作日内作出是否立案的决定；不符合立案条件的，应当解除行政强制措施；需要暂停生产的，由国务院兽医行政管理部门或者省、自治区、直辖市人民政府兽医行政管理部门按照权限作出决定；需要暂停经营、使用的，由县级以上人民政府兽医行政管理部门按照权限作出决定。

未经行政强制措施决定机关或者其上级机关批准，不得擅自转移、使用、销毁、销售被查封或者扣押的兽药及有关材料。

第四十七条 有下列情形之一的，为假兽药：

（一）以非兽药冒充兽药或者以他种兽药冒充此种兽药的；

（二）兽药所含成分的种类、名称与兽药国家标准不符合的。

有下列情形之一的，按照假兽药处理：

（一）国务院兽医行政管理部门规定禁止使用的；

（二）依照本条例规定应当经审查批准而未经审查批准即生产、进口的，或者依照本条例规定应当经抽查检验、审查核对而未经抽查检验、审查核对即销售、进口的；

（三）变质的；

（四）被污染的；

（五）所标明的适应症❶或者功能主治超出规定范围的。

第四十八条 有下列情形之一的，为劣兽药：

（一）成分含量不符合兽药国家标准或者不标明有效成分的；

（二）不标明或者更改有效期或者超过有效期的；

（三）不标明或者更改产品批号的；

（四）其他不符合兽药国家标准，但不属于假兽药的。

第四十九条 禁止将兽用原料药拆零销售或者销售给兽药生产企业以外的单位和个人。

禁止未经兽医开具处方销售、购买、使用国务院兽医行政管理部门规定实行处方药管理的兽药。

第五十条 国家实行兽药不良反应报告制度。

兽药生产企业、经营企业、兽药使用单位和开具处方的兽医人员发现可能与兽药使用有关的严重不良反应，应当立即向所在地人民政府兽医行政管理部门报告。

第五十一条 兽药生产企业、经营企业停止生产、经营超过 6 个月或者关闭的，由发证机关责令其交回兽药生产许可证、兽药经营许可证。

第五十二条 禁止买卖、出租、出借兽药生产许可证、兽药经营许可证和兽药批准证明文件。

第五十三条 兽药评审检验的收费项目和标准，由国务院财政部门会同国务院价格主管部门制定，并予以公告。

第五十四条 各级兽医行政管理部门、兽药检验机构及其工作人员，不得参与兽药生产、经营活动，不得以其名义推荐或者监制、监销兽药。

第八章　法律责任

第五十五条 兽医行政管理部门及其工作人员利用职务上的便利收取他人财物或者谋取其他利益，对不符合法定条件的单位和个人核发许可证、签署审查同意意见，不履行监督职责，或者发现违法行为不予查处，造成严重后果，构成犯罪的，依法追究刑事责任；尚不构成犯罪的，依法给予行政处分。

第五十六条 违反本条例规定，无兽药生产许可证、兽药经营许可证生产、经营兽药的，或者虽有兽药生产许可证、兽药经营许可证，生产、经营假、劣兽药的，或者兽药经营企业经营人用药品的，责令其停止生产、经营，没收用于违法生产的原料、辅料、包装材料及生产、经营的兽药和违法所得，并处违法生产、经营的兽药（包括已出售的和未出售的兽药，下同）货值金额 2 倍以上 5 倍以下罚款，货值金额无法查证核实的，处 10 万元以上 20 万元以下罚款；无兽药生产许可证生产兽药，情节严重的，没收其生产设备；生产、经营假、劣兽药，情节严重的，吊销兽药生产许可证、兽药经营许可证；构成犯罪的，依法追究刑事责任；给他人造成损失的，依法承担赔偿责任。生产、经营企业的主要负责人和直接负责的主管人员终身不得从事兽药的生产、经营活动。

擅自生产强制免疫所需兽用生物制品的，按照无兽药生产许可证生产兽药处罚。

第五十七条 违反本条例规定，提供虚假的资料、样品或者采取其他欺骗手段取得兽

---

❶ 应为"适应证"。

药生产许可证、兽药经营许可证或者兽药批准证明文件的，吊销兽药生产许可证、兽药经营许可证或者撤销兽药批准证明文件，并处 5 万元以上 10 万元以下罚款；给他人造成损失的，依法承担赔偿责任。其主要负责人和直接负责的主管人员终身不得从事兽药的生产、经营和进出口活动。

第五十八条　买卖、出租、出借兽药生产许可证、兽药经营许可证和兽药批准证明文件的，没收违法所得，并处 1 万元以上 10 万元以下罚款；情节严重的，吊销兽药生产许可证、兽药经营许可证或者撤销兽药批准证明文件；构成犯罪的，依法追究刑事责任；给他人造成损失的，依法承担赔偿责任。

第五十九条　违反本条例规定，兽药安全性评价单位、临床试验单位、生产和经营企业未按照规定实施兽药研究试验、生产、经营质量管理规范的，给予警告，责令其限期改正；逾期不改正的，责令停止兽药研究试验、生产、经营活动，并处 5 万元以下罚款；情节严重的，吊销兽药生产许可证、兽药经营许可证；给他人造成损失的，依法承担赔偿责任。

违反本条例规定，研制新兽药不具备规定的条件擅自使用一类病原微生物或者在实验室阶段前未经批准的，责令其停止实验，并处 5 万元以上 10 万元以下罚款；构成犯罪的，依法追究刑事责任；给他人造成损失的，依法承担赔偿责任。

违反本条例规定，开展新兽药临床试验应当备案而未备案的，责令其立即改正，给予警告，并处 5 万元以上 10 万元以下罚款；给他人造成损失的，依法承担赔偿责任。

第六十条　违反本条例规定，兽药的标签和说明书未经批准的，责令其限期改正；逾期不改正的，按照生产、经营假兽药处罚；有兽药产品批准文号的，撤销兽药产品批准文号；给他人造成损失的，依法承担赔偿责任。

兽药包装上未附有标签和说明书，或者标签和说明书与批准的内容不一致的，责令其限期改正；情节严重的，依照前款规定处罚。

第六十一条　违反本条例规定，境外企业在中国直接销售兽药的，责令其限期改正，没收直接销售的兽药和违法所得，并处 5 万元以上 10 万元以下罚款；情节严重的，吊销进口兽药注册证书；给他人造成损失的，依法承担赔偿责任。

第六十二条　违反本条例规定，未按照国家有关兽药安全使用规定使用兽药的、未建立用药记录或者记录不完整真实的，或者使用禁止使用的药品和其他化合物的，或者将人用药品用于动物的，责令其立即改正，并对饲喂了违禁药物及其他化合物的动物及其产品进行无害化处理；对违法单位处 1 万元以上 5 万元以下罚款；给他人造成损失的，依法承担赔偿责任。

第六十三条　违反本条例规定，销售尚在用药期、休药期内的动物及其产品用于食品消费的，或者销售含有违禁药物和兽药残留超标的动物产品用于食品消费的，责令其对含有违禁药物和兽药残留超标的动物产品进行无害化处理，没收违法所得，并处 3 万元以上 10 万元以下罚款；构成犯罪的，依法追究刑事责任；给他人造成损失的，依法承担赔偿责任。

第六十四条　违反本条例规定，擅自转移、使用、销毁、销售被查封或者扣押的兽药及有关材料的，责令其停止违法行为，给予警告，并处 5 万元以上 10 万元以下罚款。

第六十五条　违反本条例规定，兽药生产企业、经营企业、兽药使用单位和开具处方的兽医人员发现可能与兽药使用有关的严重不良反应，不向所在地人民政府兽医行政管理部门报告的，给予警告，并处 5000 元以上 1 万元以下罚款。

生产企业在新兽药监测期内不收集或者不及时报送该新兽药的疗效、不良反应等资料的，责令其限期改正，并处1万元以上5万元以下罚款；情节严重的，撤销该新兽药的产品批准文号。

第六十六条　违反本条例规定，未经兽医开具处方销售、购买、使用兽用处方药的，责令其限期改正，没收违法所得，并处5万元以下罚款；给他人造成损失的，依法承担赔偿责任。

第六十七条　违反本条例规定，兽药生产、经营企业把原料药销售给兽药生产企业以外的单位和个人的，或者兽药经营企业拆零销售原料药的，责令其立即改正，给予警告，没收违法所得，并处2万元以上5万元以下罚款；情节严重的，吊销兽药生产许可证、兽药经营许可证；给他人造成损失的，依法承担赔偿责任。

第六十八条　违反本条例规定，在饲料和动物饮用水中添加激素类药品和国务院兽医行政管理部门规定的其他禁用药品，依照《饲料和饲料添加剂管理条例》的有关规定处罚；直接将原料药添加到饲料及动物饮用水中，或者饲喂动物的，责令其立即改正，并处1万元以上3万元以下罚款；给他人造成损失的，依法承担赔偿责任。

第六十九条　有下列情形之一的，撤销兽药的产品批准文号或者吊销进口兽药注册证书：

（一）抽查检验连续2次不合格的；

（二）药效不确定、不良反应大以及可能对养殖业、人体健康造成危害或者存在潜在风险的；

（三）国务院兽医行政管理部门禁止生产、经营和使用的兽药。

被撤销产品批准文号或者被吊销进口兽药注册证书的兽药，不得继续生产、进口、经营和使用。已经生产、进口的，由所在地兽医行政管理部门监督销毁，所需费用由违法行为人承担；给他人造成损失的，依法承担赔偿责任。

第七十条　本条例规定的行政处罚由县级以上人民政府兽医行政管理部门决定；其中吊销兽药生产许可证、兽药经营许可证，撤销兽药批准证明文件或者责令停止兽药研究试验的，由发证、批准、备案部门决定。

上级兽医行政管理部门对下级兽医行政管理部门违反本条例的行政行为，应当责令限期改正；逾期不改正的，有权予以改变或者撤销。

第七十一条　本条例规定的货值金额以违法生产、经营兽药的标价计算；没有标价的，按照同类兽药的市场价格计算。

第九章　附则

第七十二条　本条例下列用语的含义是：

（一）兽药，是指用于预防、治疗、诊断动物疾病或者有目的地调节动物生理机能的物质（含药物饲料添加剂），主要包括：血清制品、疫苗、诊断制品、微生态制品、中药材、中成药、化学药品、抗生素、生化药品、放射性药品及外用杀虫剂、消毒剂等。

（二）兽用处方药，是指凭兽医处方方可购买和使用的兽药。

（三）兽用非处方药，是指由国务院兽医行政管理部门公布的、不需要凭兽医处方就可以自行购买并按照说明书使用的兽药。

（四）兽药生产企业，是指专门生产兽药的企业和兼产兽药的企业，包括从事兽药分装的企业。

（五）兽药经营企业，是指经营兽药的专营企业或者兼营企业。

（六）新兽药，是指未曾在中国境内上市销售的兽用药品。

（七）兽药批准证明文件，是指兽药产品批准文号、进口兽药注册证书、出口兽药证明文件、新兽药注册证书等文件。

第七十三条 兽用麻醉药品、精神药品、毒性药品和放射性药品等特殊药品，依照国家有关规定管理。

第七十四条 水产养殖中的兽药使用、兽药残留检测和监督管理以及水产养殖过程中违法用药的行政处罚，由县级以上人民政府渔业主管部门及其所属的渔政监督管理机构负责。

第七十五条 本条例自 2004 年 11 月 1 日起施行。

11.1.2 《兽药注册办法》

中华人民共和国农业部令 第 44 号

《兽药注册办法》已于 2004 年 11 月 15 日经农业部第 33 次常务会议审议通过，现予以发布，自 2005 年 1 月 1 日起施行。

部 长 杜青林
二〇〇四年十一月二十四日

兽药注册办法
第一章 总 则

第一条 为保证兽药安全、有效和质量可控，规范兽药注册行为，根据《兽药管理条例》，制定本办法。

第二条 在中华人民共和国境内从事新兽药注册和进口兽药注册，应当遵守本办法。

第三条 农业部负责全国兽药注册工作。

农业部兽药审评委员会负责新兽药和进口兽药注册资料的评审工作。

中国兽医药品监察所和农业部指定的其他兽药检验机构承担兽药注册的复核检验工作。

第二章 新兽药注册

第四条 新兽药注册申请人应当在完成临床试验后，向农业部提出申请，并按《兽药注册资料要求》提交相关资料。

第五条 联合研制的新兽药，可以由其中一个单位申请注册或联合申请注册，但不得重复申请注册；联合申请注册的，应当共同署名作为该新兽药的申请人。

第六条 申请新兽药注册所报送的资料应当完整、规范，数据必须真实、可靠。引用文献资料应当注明著作名称、刊物名称及卷、期、页等；未公开发表的文献资料应当提供资料所有者许可使用的证明文件；外文资料应当按照要求提供中文译本。

申请新兽药注册时，申请人应当提交保证书，承诺对他人的知识产权不构成侵权并对可能的侵权后果负责，保证自行取得的试验数据的真实性。

申报资料含有境外兽药试验研究资料的，应当附具境外研究机构提供的资料项目、页码情况说明和该机构经公证的合法登记证明文件。

第七条 有下列情形之一的新兽药注册申请，不予受理：

（一）农业部已公告在监测期，申请人不能证明数据为自己取得的兽药；

（二）经基因工程技术获得，未通过生物安全评价的灭活疫苗、诊断制品之外的兽药；

（三）申请材料不符合要求，在规定期间内未补正的；

（四）不予受理的其他情形。

第八条　农业部自收到申请之日起 10 个工作日内，将决定受理的新兽药注册申请资料送农业部兽药审评委员会进行技术评审，并通知申请人提交复核检验所需的连续 3 个生产批号的样品和有关资料，送指定的兽药检验机构进行复核检验。

申请的新兽药属于生物制品的，必要时，应对有关种毒进行检验。

第九条　农业部兽药审评委员会应当自收到资料之日起 120 个工作日内提出评审意见，报送农业部。

评审中需要补充资料的，申请人应当自收到通知之日起 6 个月内补齐有关数据；逾期未补正的，视为自动撤回注册申请。

第十条　兽药检验机构应当在规定时间内完成复核检验，并将检验报告书和复核意见送达申请人，同时报农业部和农业部兽药审评委员会。

初次样品检验不合格的，申请人可以再送样复核检验一次。

第十一条　农业部自收到技术评审和复核检验结论之日起 60 个工作日内完成审查；必要时，可派员进行现场核查。审查合格的，发给《新兽药注册证书》，并予以公告，同时发布该新兽药的标准、标签和说明书。不合格的，书面通知申请人。

第十二条　新兽药注册审批期间，新兽药的技术要求由于相同品种在境外获准上市而发生变化的，按原技术要求审批。

第三章　进口兽药注册

第十三条　首次向中国出口兽药，应当由出口方驻中国境内的办事机构或由其委托的中国境内代理机构向农业部提出申请，填写《兽药注册申请表》，并按《兽药注册资料要求》提交相关资料。

申请向中国出口兽用生物制品的，还应当提供菌（毒、虫）种、细胞等有关材料和资料。

第十四条　申请兽药制剂进口注册，必须提供用于生产该制剂的原料药和辅料、直接接触兽药的包装材料和容器合法来源的证明文件。原料药尚未取得农业部批准的，须同时申请原料药注册，并应当报送有关的生产工艺、质量指标和检验方法等研究资料。

第十五条　申请进口兽药注册所报送的资料应当完整、规范，数据必须真实、可靠。引用文献资料应当注明著作名称、刊物名称及卷、期、页等；外文资料应当按照要求提供中文译本。

第十六条　农业部自收到申请之日起 10 个工作日内组织初步审查，经初步审查合格的，予以受理，书面通知申请人。

予以受理的，农业部将进口兽药注册申请资料送农业部兽药审评委员会进行技术评审，并通知申请人提交复核检验所需的连续 3 个生产批号的样品和有关资料，送指定的兽药检验机构进行复核检验。

第十七条　有下列情形之一的进口兽药注册申请，不予受理：

（一）农业部已公告在监测期，申请人不能证明数据为自己取得的兽药；

（二）经基因工程技术获得，未通过生物安全评价的灭活疫苗、诊断制品之外的兽药；

（三）我国规定的一类疫病以及国内未发生疫病的活疫苗；

（四）来自疫区可能造成疫病在中国境内传播的兽用生物制品；

（五）申请资料不符合要求，在规定期间内未补正的；

（六）不予受理的其他情形。

第十八条 进口兽药注册的评审和检验程序适用本办法第九条和第十条的规定。

第十九条 申请进口注册的兽用化学药品，应当在中华人民共和国境内指定的机构进行相关临床试验和残留检测方法验证；必要时，农业部可以要求进行残留消除试验，以确定休药期。

申请进口注册的兽药属于生物制品的，农业部可以要求在中华人民共和国境内指定的机构进行安全性和有效性试验。

第二十条 农业部自收到技术评审和复核检验结论之日起 60 个工作日内完成审查；必要时，可派员进行现场核查。审查合格的，发给《进口兽药注册证书》，并予以公告；中国香港、澳门和台湾地区的生产企业申请注册的兽药，发给《兽药注册证书》。审查不合格的，书面通知申请人。

农业部在批准进口兽药注册的同时，发布经核准的进口兽药标准和产品标签、说明书。

第二十一条 农业部对申请进口注册的兽药进行风险分析，经风险分析存在安全风险的，不予注册。

第四章　兽药变更注册

第二十二条 已经注册的兽药拟改变原批准事项的，应当向农业部申请兽药变更注册。

第二十三条 申请人申请变更注册时，应当填写《兽药变更注册申请表》，报送有关资料和说明。涉及兽药产品权属变化的，应当提供有效证明文件。

进口兽药的变更注册，申请人还应当提交生产企业所在国家（地区）兽药管理机构批准变更的文件。

第二十四条 农业部对决定受理的不需进行技术审评的兽药变更注册申请，自收到申请之日起 30 个工作日内完成审查。审查合格的，批准变更注册。

需要进行技术审评的兽药变更注册申请，农业部将受理的材料送农业部兽药审评委员会评审，并通知申请人提交复核检验所需的连续 3 个生产批号的样品和有关资料，送指定的兽药检验机构进行复核检验。

第二十五条 兽药变更注册申请的评审、检验的程序、时限和要求适用本办法新兽药注册和进口兽药注册的规定。

申请修改兽药标准变更注册的，兽药检验机构应当进行标准复核。

第二十六条 农业部自收到技术评审和复核检验结论之日起 30 个工作日内完成审查，审查合格的，批准变更注册。审查不合格的，书面告知申请人。

第五章　进口兽药再注册

第二十七条 《进口兽药注册证书》和《兽药注册证书》的有效期为 5 年。有效期届满需要继续进口的，申请人应当在有效期满 6 个月前向农业部提出再注册申请。

第二十八条 申请进口兽药再注册时，应当填写《兽药再注册申请表》，并按《兽药注册资料要求》提交相关资料。

第二十九条 农业部在受理进口兽药再注册申请后，应当在 20 个工作日内完成审查。符合规定的，予以再注册。不符合规定的，书面通知申请人。

第三十条 有下列情形之一的，不予再注册：

（一）未在有效期届满 6 个月前提出再注册申请的；

（二）未按规定提交兽药不良反应监测报告的；

（三）经农业部安全再评价被列为禁止使用品种的；

（四）经考查生产条件不符合规定的；

（五）经风险分析存在安全风险的；

（六）我国规定的一类疫病以及国内未发生疫病的活疫苗；

（七）来自疫区可能造成疫病在中国境内传播的兽用生物制品；

（八）其他依法不予再注册的。

第三十一条　不予再注册的，由农业部注销其《进口兽药注册证书》或《兽药注册证书》，并予以公告。

第六章　兽药复核检验

第三十二条　申请兽药注册应当进行兽药复核检验，包括样品检验和兽药质量标准复核。

第三十三条　从事兽药复核检验的兽药检验机构，应当符合兽药检验质量管理规范。

第三十四条　申请人应当向兽药检验机构提供兽药复核检验所需要的有关资料和样品，提供检验用标准物质和必需材料。

申请兽药注册所需的 3 批样品，应当在取得《兽药 GMP 证书》的车间生产。每批的样品应为拟上市销售的 3 个最小包装，并为检验用量的 3～5 倍。

第三十五条　兽药检验机构进行兽药质量标准复核时，除进行样品检验外，还应当根据该兽药的研究数据、国内外同类产品的兽药质量标准和国家有关要求，对该兽药的兽药质量标准、检验项目和方法等提出复核意见。

第三十六条　兽药检验机构在接到检验通知和样品后，应当在 90 个工作日内完成样品检验，出具检验报告书；需用特殊方法检验的兽药应当在 120 个工作日内完成。

需要进行样品检验和兽药质量标准复核的，兽药检验机构应当在 120 个工作日内完成；需用特殊方法检验的兽药应当在 150 个工作日内完成。

第七章　兽药标准物质的管理

第三十七条　中国兽医药品监察所负责标定和供应国家兽药标准物质。

中国兽医药品监察所可以组织相关的省、自治区、直辖市兽药监察所、兽药研究机构或兽药生产企业协作标定国家兽药标准物质。

第三十八条　申请人在申请新兽药注册和进口兽药注册时，应当向中国兽医药品监察所提供制备该兽药标准物质的原料，并报送有关标准物质的研究资料。

第三十九条　中国兽医药品监察所对兽药标准物质的原料选择、制备方法、标定方法、标定结果、定值准确性、量值溯源、稳定性及分装与包装条件等资料进行全面技术审核；必要时，进行标定或组织进行标定，并做出可否作为国家兽药质量标准物质的推荐结论，报国家兽药典委员会审查。

第四十条　农业部根据国家兽药典委员会的审查意见批准国家兽药质量标准物质，并发布兽药标准物质清单及质量标准。

第八章　罚则

第四十一条　申请人提供虚假的资料、样品或者采取其他欺骗手段申请注册的，农业部对该申请不予批准，对申请人给予警告，申请人在一年内不得再次申请该兽药的注册。

申请人提供虚假的资料、样品或者采取其他欺骗手段取得兽药注册证明文件的，按

《兽药管理条例》第五十七条的规定给予处罚，申请人在三年内不得再次申请该兽药的注册。

第四十二条　其它违反本办法规定的行为，依照《兽药管理条例》的有关规定进行处罚。

第九章　附则

第四十三条　属于兽用麻醉药品、兽用精神药品、兽医医疗用毒性药品、放射性药品的新兽药和进口兽药注册申请，除按照本办法办理外，还应当符合国家其他有关规定。

第四十四条　根据动物防疫需要，农业部对国家兽医参考实验室推荐的强制免疫用疫苗生产所用菌（毒）种的变更实行备案制，不需进行变更注册。

第四十五条　本办法自 2005 年 1 月 1 日起施行。

11.1.3　《兽医诊断制品注册分类及注册资料要求》

中华人民共和国农业农村部公告　第 342 号

为进一步提高兽医诊断制品研制积极性，促进商业化生产和应用，提高制品质量，进一步满足动物疫病诊断和监测等工作需要，我部组织修订了《兽医诊断制品注册分类及注册资料要求》，现予发布，自 2020 年 10 月 15 日起施行，并就有关事项公告如下。

一、纳入兽药注册管理的兽医诊断制品仅指用于动物疫病诊断或免疫监测的诊断制品。

二、自 2020 年 10 月 15 日起，新的兽医诊断制品注册申请应由具有相应 GMP 条件并进行中试生产的企业单独提出或联合其他研究单位提出。经评审认为符合注册要求的创新型兽医诊断制品，核发《新兽药注册证书》；经评审认为符合注册要求的改良型兽医诊断制品，核准制品生产工艺、质量标准、标签和说明书，由中试生产企业按《兽药产品批准文号管理办法》第六条规定的情形向我部申请核发兽药产品批准文号，并免除其提交《新兽药注册证书》的要求。

三、对体内兽医诊断制品的临床试验管理要求，与预防治疗类兽用生物制品相同。体外兽医诊断制品的临床试验无需审批，有关临床试验单位不需报告和接受兽药 GCP 监督检查。

四、2020 年 10 月 15 日前已申请的兽医诊断制品，按照原注册资料要求执行。

特此公告。

农业农村部

2020 年 9 月 29 日

兽医诊断制品注册分类及注册资料要求

一、注册分类

创新型兽医诊断制品：首次应用新诊断方法研制、具有临床使用价值且未在国内上市销售的兽医诊断制品。

申报创新型兽医诊断制品应着重于"首次、新诊断方法、未在国内上市销售"方面的研究和阐述。

改良型兽医诊断制品：与已在国内上市销售的兽医诊断制品相比，在敏感性、特异性、稳定性、便捷性或适用性等方面有所改进的兽医诊断制品。

申报改良型兽医诊断制品应着重于在以上几方面"有所改进"的比较性研究和阐述。

二、注册资料项目及其说明

（一）一般资料

1. 诊断制品的名称。包括通用名、英文名。

通用名应符合"兽用生物制品命名原则"的规定。

2. 证明性文件。

（1）申请人合法登记的证明文件。

一般应包括营业执照、兽药生产许可证、中试单位兽药GMP证书（应包含与申报产品生产条件相适应的兽用诊断制品GMP生产线）。

（2）对他人的知识产权不构成侵权的保证书。

（3）研究中使用了高致病性动物病原微生物的，应当提供有关实验活动审批的批准性文件复印件。

涉及病毒培养、分离、动物试验的，需要活动批件。若所用病料经灭活等无害化处理的，可不需要批件。

3. 生产工艺规程、质量标准及其起草说明，附各主要成品检验项目的标准操作程序。

4. 说明书和标签文字样稿。

5. 申报创新型兽医诊断制品的，应提供创新性说明。

（二）生产用菌（毒、虫）种或其他抗原的研究资料

6. 来源和特性。包括来源、血清学特性、生物学特性、纯粹或纯净性等研究资料。

7. 使用合成肽或表达产物作为抗原的，应提供抗原选择的依据。

8. 对于分子生物学类制品，应明确引物、探针等的选择依据。

（三）主要原辅材料的来源、质量标准和检验报告等

9. 对生产中使用的细胞、单克隆抗体、血清、核酸材料、酶标板、酶标抗体、酶等原辅材料，应明确来源，建立企业标准，提交检验报告。有国家标准的，应符合国家标准要求。

（四）生产工艺研究资料

10. 主要制造用材料、组分、配方、工艺流程等资料及生产工艺的研究资料。

（1）抗原、抗体、核酸、多肽等主要物质的制备和检验报告。

（2）阴、阳性对照品的制备和检验报告。

（3）制品组分、配方和组装流程等资料。

（五）质控样品的制备、检验、标定等研究资料

11. 成品检验所用质控样品的研究、制备、检验、标定等资料。包括检验标准、检验报告、标定方法和标定报告等。使用国际或国家标准品/参考品作为质控样品的，仅需提供其来源证明材料。

（六）制品的质量研究资料

12. 用于各项质量研究的制品批数、批号、批量，试验负责人和执行人签名，试验时间和地点。

13. 诊断方法的建立和最适条件确定的研究资料。

对于影响检测结果的对照成立条件和取值，应明确范围。

14. 敏感性研究报告。包括对已知弱阳性、阳性样品检出的阳性率，最低检出量（灵敏度）等。如检测标的物包含多种血清型/基因型，应提供制品对主要流行血清型/基因型

样品检测的研究报告。

阳性样品应包括：除以上样品外，如诊断制品用于检测多种动物，应包括每种动物种类的样品；应包括诊断制品所适用的每种样品类型（如全血、血清、血浆、口腔液、粪便等）。

15. 特异性研究报告。包括对已知阴性样品、可能有交叉反应的抗原或抗体样品进行检测的阴性率等。

样品选择要考虑的主要因素：要能涵盖可能与检测标的物产生交叉反应的抗原/抗体、产品自身组分（如空载体对照等）；要能涵盖制品作用与用途适用的样品类型（如全血、血清、血浆、口腔液、粪便等）。

16. 重复性研究报告。至少 3 批诊断制品的批间和批内可重复性研究报告。

17. 至少 3 批诊断制品成品的保存期试验报告。

18. 符合率研究报告。与其他诊断方法比较的试验报告。

19. 对于体内诊断制品，应提供 3 批制品对靶动物的化学物质残留、不良反应等安全性研究报告。

上述研究中，涉及多血清型/基因型/致病型等病原体或国内尚未发生的疫病病原体的，如需用到的病原体样品难以获得，可使用生物信息学方法等进行分析。

所用样品的来源和背景。检测抗原类试剂盒应有全病毒样品。检测抗体类试剂盒应有全病毒抗体样品。

（七）中试生产报告和批记录

20. 兽医诊断制品的中试生产应在申请人的相应 GMP 生产线进行。中试生产报告应经生产负责人和质量负责人签名，主要内容包括：

（1）中试时间、地点和生产过程。

（2）制品批数（至少连续 3 批）、批号、批量。

（3）制品生产和检验报告。

（4）中试过程中发现的问题及解决措施等。

21. 至少连续 3 批中试产品的批生产和批检验记录。

（八）临床试验报告

22. 应详细报告已经进行的临床试验的详细情况，包括不符合预期的所有试验数据。临床试验中使用的制品应不少于 3 批。每种靶动物临床样品检测数量应不少于 1000 份；若为犬猫等宠物样品，检测数量应不少于 500 份；若为难以获得的动物疫病临床样品，检测数量应不少于 50 份。至少 10％ 的临床样品检测结果需用其他方法（最好是金标准方法）确认。临床样品中应包括阴性样品、阳性样品（阳性样品一般应不少于 10％）。

（九）以下注册资料要求适用于创新型兽医诊断制品

23. 中试生产批数和临床试验样品数量要求加倍。

24. 由不少于 3 家兽医实验室（分布于不同省份）对 3 批诊断制品进行适应性检测（包括敏感性、特异性，所用样品应包括阳性、弱阳性、阴性等各类临床样品或质控样品），并出具评价报告（含批内、批间差异分析）。

三、进口注册资料项目及其说明

（一）进口注册资料项目

1. 一般资料。

（1）证明性文件。

（2）生产纲要、质量标准，附各项主要成品检验项目的标准操作程序。

（3）说明书和标签样稿。

2. 生产用菌（毒、虫）种或其他抗原的研究资料。

3. 主要原辅材料的来源、质量标准和检验报告等。

4. 生产工艺研究资料。

5. 质控样品的制备、检验、标定等研究资料。

6. 制品的质量研究资料。

7. 至少 3 批制品的批生产和检验报告、批生产和检验记录。

8. 临床试验报告。

（二）进口注册资料的说明

1. 申请进口注册时，应报送资料项目 1～8。

（1）生产企业所在国家（地区）有关管理部门批准生产、销售的证明文件，颁发的符合兽药生产质量管理规范的证明文件，上述文件应当经公证或认证后，再经中国使领馆确认。

（2）由境外企业驻中国代表机构办理注册事务的，应当提供《外国企业常驻中国代表机构登记证》复印件。

（3）由境外企业委托中国代理机构代理注册事务的，应当提供委托文书及其公证文件，中国代理机构的《营业执照》复印件。

（4）申请的制品或使用的处方、工艺等专利情况及其权属状态说明，以及对他人的专利不构成侵权的保证书。

（5）该制品在其他国家注册情况的说明。

2. 用于申请进口注册的试验数据，应为申请人在中国境外获得的试验数据。未经批准，不得为进口注册目的在中国境内进行试验。在注册过程中，如经评审认为有必要，可要求申请人提交由我国有关单位进行的临床验证试验报告。体内诊断试剂的临床验证试验应符合我国《兽药临床试验质量管理规范》的要求。

3. 进口注册申报资料应当使用中文并附原文，原文非英文的资料应翻译成英文，原文和英文附后作为参考，中、英文译文应当与原文一致。

4. 进口注册申报资料的其他要求原则上与国内制品注册申报资料相应要求一致。

11.2

兽医诊断制品的注册评审程序及要点

11.2.1　兽药注册评审工作程序（参照农业农村部公告第 392 号）

（1）评审工作方式

① 一般评审。常规兽药注册均采取一般评审方式。

② 优先评审。符合以下情形的兽药，采取优先评审方式：针对口蹄疫、高致病性禽流感、猪瘟、新城疫、布鲁氏菌病、狂犬病、包虫病、猪繁殖与呼吸综合征等优先防治的疫病，可实现鉴别诊断的且具有配套诊断方法或制品的疫苗；临床急需、市场短缺的赛马和宠物专用兽药以及特种经济动物、蜂、蚕和水产养殖用兽药；未在中国境内外上市销售的创新兽用化学药品；重大动物疫病防疫急需兽药等。评审中心对符合上述情形的兽药注册申请，第一时间进行评审，第一时间报出评审意见和评审结论；中监所第一时间安排复核检验。优先评审技术要求不降低，评审步骤不减少，评审流程同一般评审。

③ 应急评价。对重大动物疫病应急处置所需的兽药，农业农村部可启动应急评价。评审中心按照农业农村部畜牧兽医局要求开展应急评价，重点把握兽药产品安全性、有效性、质量可控性，非关键资料可暂不提供。经评价建议可应急使用的，农业农村部畜牧兽医局根据评审中心评价意见提出审核意见，报分管部领导批准后发布技术标准文件。有关兽药生产企业按《兽药产品批准文号管理办法》规定申请临时兽药产品批准文号。

④ 备案审查。根据动物防疫需要，强制免疫用疫苗生产所用菌毒种的变更可采取备案审查方式。具体评审流程和要求见《高致病性禽流感和口蹄疫疫苗生产毒种变更备案工作程序》及变更技术资料要求。

（2）一般评审工作流程和要求

① 申报资料接收和受理。农业农村部政务服务大厅（以下简称"政务服务大厅"）接收兽药注册申报资料。评审中心按照农业农村部行政审批办事指南的办事条件、兽药注册资料相关要求，对接收的申报资料进行形式审查，并将形式审查意见报农业农村部畜牧兽医局和政务服务大厅。政务服务大厅根据形式审查意见办理予以受理或不予受理手续，并书面通知申请人和评审中心。申请人应在受理后登录农业农村部兽药评审系统提交电子申报资料。

② 申报资料技术评审。评审中心收到受理的申报资料后，应在法定评审时限内提出评审结论，并报农业农村部畜牧兽医局。评审中心应建立实施评审中心专家主审与兽药注册评审专家库其他专家咨询相结合的兽药注册评审工作机制。评审过程通常分为初次评审和复评审，原则上，对每个兽药注册申请的评审，初次评审和复评审均不超过一次。经初次评审即可得出评审结论的，可不进行复评审。

评审中心专家对受理的申报资料进行技术评审，提出评审意见。根据工作需要，并按照开展评审专家咨询工作原则，可咨询兽药注册评审专家库中其他专家的意见。咨询时可采取现场或远程咨询会、函审/网审咨询等方式。参加技术评审的所有评审专家均应提出书面审查意见。召开评审专家咨询会时，由评审中心专家任产品主审专家，介绍注册资料和审查意见，并提出需要咨询的事项和问题。评审中心咨询专家意见时，按照评审中心制定的专家选取原则从兽药注册评审专家库中遴选专家，对于涉及到不同专业的品种或有疑难问题的品种，可分别或同时向不同专业的专家进行咨询。根据需要，也可向专家库以外的专家进行咨询。评审专家咨询会议由评审中心有关人员主持。评审中心可根据注册申请人的申请安排沟通交流。

评审中应按照兽药注册资料要求、指导原则、技术规范以及相关技术评审标准对申报资料进行科学评审。原则上，初次评审应一次性提出全面审查意见，并明确是否进行验证试验、复核检验和现场核查等。申请的兽药属于疫苗的，基于风险管理原则，必要时可提出对生产用菌毒种进行检验的要求。评审中心可根据注册申请人的申请安排沟通交流。根据初次评审意见，申请人一次性提交补充资料。收到申请人的补充资料后，评审中心进行复评审。如初次评审意见要求开展验证试验、复核检验、现场核查等，应在收到有关报告后一并进行复评审。

未能一次性提交补充资料或者补充资料明显不符合评审意见要求的，予以退审。对拟退审的，评审中心应将退审意见反馈申请人。如申请人有异议，应在收到意见后 10 个工作日内以书面形式提出，逾期未提出视为无异议。

③ 兽药质量标准复核和样品注册检验。技术评审期间需开展兽药质量标准复核和样品检验的，申请人应在收到评审中心复核检验通知后 6 个月内，向中监所提交复核检验所需样品及相关资料和材料。产品复核检验质量标准经申请人确认后，不得修改。中监所根据评审意见，按照《兽药注册办法》等相关规定开展兽药质量标准复核和样品检验工作，并在法定检验时限内完成，将检验报告书和复核意见送达申请人，同时报评审中心。

中监所在收到评审中心复核检验通知后或者发出第一次复核检验不合格报告后 6 个月内，未收到申请人复核样品、相关资料或材料不全导致无法开展检验的，中监所应向评审中心说明具体情况，评审中心根据说明对该项注册申请按自动撤回处理。第二次送样的复核检验应重新进行检验计时。

根据评审意见对疫苗菌毒种进行检验的，可与产品复核检验同步进行。中监所将菌毒种检验结果和结论报农业农村部畜牧兽医局和评审中心。

④ 补充资料及提交有关物质等。技术评审期间需补充资料、确认技术标准、提交标准物质以及菌毒种和细胞等的，评审中心以书面形式通知申请人。申请人按照评审意见应在规定时限内一次性提交补充资料、确认技术标准、向中监所提交标准物质等。

⑤ 审批。农业农村部畜牧兽医局根据评审中心的技术评审意见和结论以及中监所的复核检验结论，提出审批方案。建议予以批准的，报分管部领导审批，并根据分管部领导审批意见印发公告、制作注册证书等；建议不予批准的，由农业农村部畜牧兽医局局长审签。

⑥ 办结。政务服务大厅根据审批结论办结，并书面通知申请人。

⑦ 有关要求。农业农村部畜牧兽医局应加强兽药注册评审和检验工作的管理和指导。评审中心、中监所应加强内部管理，健全完善兽药注册评审和检验工作机制，制定并公开技术评审标准、工作制度和规范等，明确内部各环节办理时限，细化兽药注册评审承办人、评审中心专家的工作职责和要求；建立完善沟通交流和咨询机制，根据要求组织召开评审意见答疑会。评审专家应按照《农业部兽药评审专家管理办法》有关规定履行职责和义务，保守申报单位的商业秘密，严格执行回避制度，严格遵守评审纪律和廉洁规定。

应急评价和备案审查的技术评价工作方式参照一般评审执行。

11.2.2 申请人注意事项

（1）申报前期准备

① 试验设计和记录　申请人应根据《兽医诊断制品注册分类及注册资料要求》，结合本制品的工艺特点进行试验整体设计和规划。针对不同的项目要求，设计试验方法并得到所需试验结果。

除一般资料（证明性文件等）外，资料要求的其他项目均应形成独立的完整的研究报告。包含摘要、试验材料、试验方法、试验结果等要素。试验材料（如临床样品、标准物质等）应来源背景清晰，试验方法描述具有可操作性，试验结果完整且明确（如图片应尽量采用彩色图片，保证细节清晰可辨识）。

建议试验记录应尽量完整，文字规范，试验图片中不同反应条带、颜色应清晰可辨识，以保证试验结果的真实性和可靠性。试验结果与图片应与试验报告相对应，明确记录试验名称、样品编号等信息，禁止多个试验报告采用相同图片。原始试验记录应归档，并存放于固定地点，以备进入评审程序后可能进行的现场核查。

② 中间试制　应在具有本制品工艺相适应的兽医诊断制品 GMP 生产线上进行中间试制。如抗原/抗体为自制应在 A 类生产线进行中试等。中间试制单位应为申报单位之一。

（2）申报材料准备　申报资料分为三部分，新兽药注册申请表、申报材料（研究报告）、批生产检验记录（至少 3 批），以上资料均一式两份。

新兽药注册申请表，在农业农村部网上申请成功后，下载打印，签字盖章，一式两份。新兽药申请表中注册联系人为评审过程中第一联系人。

申报资料（研究报告），应有完整统一的目录，建议目录顺序与注册资料要求保持一致。申报资料中各申报单位数量和排序应与新兽药注册申请表一致。

批生产检验记录，为中间试制产品的批生产记录和批检验记录，按照批次顺序排序，应包含生产全过程的各个环节。如抗原/抗体为自制，应包含抗原制备。批生产检验记录应单独装订成册。

以上申报资料准备好后，可向农业农村部政务服务大厅提交新兽药注册申请。

（3）新兽药受理/不受理　材料提交后，材料接收单上承诺受理时限内会收到受理或者不予受理的通知书。

如收到不予受理通知书后，申请人可重新申请注册，资料要求与首次申请一致，且不得更改原始试验数据。建议再次申请注册时，资料中应附上对上一次不受理意见的说明。如果补充完善了相关试验，请简要介绍试验方法和结果，并注明试验编号和页码；如果其他项目和指标进行了调整，应说明理由。如果多次不受理后再次申报的，建议将屡次不受理的意见以及根据此意见进行的说明一并附上，有助于评审中心进行系统的审查。

如收到受理通知书，则根据评审中心要求提交至少 10 份申报材料至评审中心，进入评审程序。

（4）受理后的流程　进入评审程序后，评审中心会进行技术审查并发出评审意见。申请人会在不同阶段收到不同的文件，简要介绍如下。

① 初审意见　初审意见发文为评审中心发文，申请人会在初审会之后收到。初审意见为两个类型，第一类是经过初审无重大问题，补充材料后可进入质量复核检验；第二类是初审后存在较大问题拟退审，与申报单位沟通退审意见。

第一类初审意见为补充材料后可进入质量复核检验，在文件最后可见到要求申报单位在 6 个月内提交补充材料的描述。申报单位应根据文中评审意见，核对申报资料进行补充和完善。在收到初审意见后 6 个月内提交至评审中心。补充资料中应附上初审意见复印件、申报单位对初审意见的回复（逐条说明理由及补充报告的页码），本制品的标准文件、相关研究报告等，且所有申报单位均需盖章。

第二类初审意见为对退审意见进行沟通，在文件最后可见到要求申报单位对退审意见进行反馈的描述。申请人在收到此函后，如有异议应在规定时限内提出沟通交流的申请，并附上对评审意见的解释说明，可汇总梳理原申报材料的数据，评审中心不接受新提交的研究报告和数据。如对退审意见无异议，申报单位可提交同意退审意见的文件，也可不再提交文件。超过规定时限后，评审中心将以退审办理。

② 技术审查意见　此类发文为评审中心办公室发文，用于通知申报单位确认标准或补充材料。具体分为以下几类：

第一类是经专家审查后需补充材料的函，此类文件通常会在初审后确认复核检验标准之前，或者复审后确认报送农业农村部标准之前收到，在文件最后可见到要求申报单位在6个月内提交补充材料的描述。申请人可根据审查意见要求，逐条补充，在6个月内提交至评审中心。补充材料应包含评审中心审查意见复印件、申报单位对审议意见的回复说明、本制品的标准文件、相关研究报告等，且所有申报单位均需盖章。

第二类是对标准进行确认的函，此类文件通常会在复核检验标准之前，或者确认报送农业农村部之前收到。如果确认复核检验标准的函后附用于复核检验的质量标准，文中要求申报单位准备样品进行复核检验；如果是确认报送农业农村部标准的函后附质量标准、工艺规程、说明书和内包装标签，文中与申报单位确认报送农业农村部类别（创新型/改良型），根据产品特性可能要求提交本制品生产、检验用菌/毒/虫种、生产用细胞（附鉴定标准及全面鉴定报告）至中国微生物菌种保藏管理委员会兽医微生物保藏中心。申请人应在规定时限内（60个工作日）内提交确认函。

申请人在收到对标准进行确认的函后，应仔细阅读核实原文及附件。用于复核检验的质量标准一经确认，不得修改。请严格仔细认真审校质量标准及附注中各文字表述、方法、判定标准、操作术式等内容。如因文字表述错误、无法操作等导致复核检验无法开展，将按1次检验不合格或无结果计。

如需修改可提交修改的说明和理由，经评审中心审查通过后可再次发函确认。

如申报单位为代理进口注册的代理机构，应将标准文件翻译成英文，外方在中、英文文件上进行签字确认。

③ 复核检验的通知　此类发文为评审中心办公室发文，用于通知申报单位准备复核检验事宜。如应提交连续3个批号的样品及其生产检验记录、检验用试剂和相关标准物质并附试剂清单。在收到此通知后6个月内，应一次性向中国兽医药品监察所业务管理处提交满足每批制品三次检验所需的所有样品、试剂、材料等。

收到此函，即通知进入复核检验阶段，此阶段评审中心不再发文。复核完成后，申报单位将收到中国兽医药品监察所发出的复核检验报告。

④ 复审意见　复审意见发文为评审中心发文。

如复核检验合格，且复审会讨论同意注册，则申请人会收到复审意见，在文件最后可见到要求申报单位在6个月内提交补充材料的描述。申报单位应根据文中评审意见，核对申报资料进行补充和完善。在收到复审意见后6个月内提交至评审中心。补充资料中应附上复审意见复印件、申报单位对复审意见的回复、本制品的标准文件、相关研究报告等。

如复核检验合格，但仍存在其他问题的，评审中心可发出退审意见与申请人沟通，在文件最后可见到要求申报单位对退审意见进行反馈的描述。申请人在收到此函后，如有异议应在规定时限（10个工作日）内提出沟通交流的申请，并附上对评审意见的解释说明，可汇总梳理原申报材料的数据，评审中心不接受新提交的研究报告和数据。如对退审意见无异议，申报单位可提交同意退审意见的文件，也可不再提交文件，超过规定时限后，评审中心将以退审办理。

如果复核检验不合格，则不再给申请人发文，评审中心上报农业农村部畜牧兽医局退审。

（5）其他注意事项

所有提交评审中心的文件，均需全部申报单位盖章，且名称和顺序始终保持一致。

如注册过程中申报单位名称有变更、申报单位有退出或增加的情况，均需向兽医局和评审中心提交申请，且说明变更的理由，附上名称变更的证明性文件以及增加单位的资质证明等。

如注册联系人或代理机构有变化，应及时向评审中心提交说明备案。

11.2.3　注册评审注意要点

（1）注册材料的真实性　注册材料的真实性是评审过程中关注的首要重点。试剂盒各项指标（敏感性、特异性、临界值等）的制定必须来源于详实的试验数据。如发现数据造假或结果不可信，则是评审中比较严重的问题，可启动现场核查程序。数据可以不完美，但是不可以不真实。评审中涉及材料真实性的问题，常见问题如下：

① 擅自篡改研究数据　一般分为两种情况：

一是首次提交材料后不予受理或退审，再次提交申报资料时擅自篡改研究数据。申报材料第一次以及以后的每次注册申请材料，无论受理或者不予受理，评审中心均会进行存档，以便于该制品的重要数据进行核对。因此再次提交的材料，经与之前提交的材料核对后发现关键的研究报告的方法或结果不一致，甚至报告时间、地点、批号、执行人相同，而试验结果不同，而申请人在申报资料中未对此进行解释和说明。

二是进入评审程序，补充材料中擅自修改了工艺规程或质量标准中的重要指标，且未进行解释和说明。

以上两种情况都是比较严重的问题，可能导致直接退审。因此申请人在第一次提交申报材料时，应对重要指标进行确认，研究报告和结果不再修改。实在需要修改的，应在申报材料的明显位置做出解释和说明。研究报告需要完善的，应提供独立的报告，不可以修改原来的报告。已经完成的研究报告即是唯一的。

② 时间线不合理　在申报材料中，采集样品的时间早于该疫病在我国首次发现的时间；敏感性研究、特异性研究等试验的开始时间早于所采用试剂盒的生产时间；实验室产品的制备时间开始到申报材料的提交时间为止，无法完成该制品的保存期试验。

③ 数量不够　研究报告中描述采用的试剂盒数量，经统计无法完成该成品的全部检验（无菌检验、敏感性检验、特异性检验等）。研究报告中样品数量过少，无法得到具有统计学意义的试验结果。

④ 方法与结果描述不一致　研究报告的序言摘要、方法描述、结论与具体研究数据不一致。如方法中描述需进行的检验，在后面的研究结果中没有提及；或者结论中描述的结果在研究报告中缺少相应的数据支持。

⑤ 图片重复　研究报告中需要提供各种试验的检测图片，如电泳图片等。每一次检测的图片应是唯一的。如申报材料中发现同一张图片出现在不同的研究报告中且情况不合理。

⑥ 数据重复　研究报告中多个数据完全一致，不符合常理。如同一试验中，同一动物不同时间的体温完全一致；不同试验不同动物的体温完全一致；同一样品或不同样品的检测结果小数点后几位完全一致等。

（2）**审查要点** 试纸条说明书注意事项中应注明临床使用范围，如使用动物的状态、检测时机、检测结果是否需要其他方法进行确诊等信息。

试剂盒中阳性对照血清建议采用全病毒阳性血清。阴性对照血清检测值如果参与结果的计算，建议应根据研究数据规定范围。

临界值的确定是诊断制品非常重要的核心指标。在试验设计的研究报告中需通过足够数量的样本，通过科学且适合本制品特性的试验方法，得到本制品的临界值以及阴阳性判定的范围。其他所有的研究报告，均需以此临界值作为尺子来判定。以此临界值判定的结果与其他方法的符合率是否一致，也是重要指标。申报材料中的所有检测结果利用此临界值进行判定，均需符合标准。临界值确定的研究中所采用的必须是经过其他方法进行确认的血清。

敏感性研究中应通过对不同浓度标的物进行检测，用以得到本制品的最低检出限，同时用于敏感性检验的样品需经过其他检测方法或已批准的诊断制品检测证明为阳性的样品。如果敏感性质控品稀释之前为固定抗原含量，则敏感性样品无需检测到阴性；如果不是定值，则需要设检测到阴性的样品。敏感性研究报告中应包含临床阳性样品。

特异性研究中应采用与本试剂盒标的物可能存在交叉的样品。应关注样品的种类应与试剂盒的作用与用途中包含的品种相一致。特异性质控品可不包含作用与用途中描述的全部样品品种，而研究报告中必须包含全部样品种类，用以作为可检测样品种类的依据。特异性质控品应包含阴性血清、生产制备过程中可能产生交叉或干扰的阳性血清、与目标疾病病原存在交叉反应的相关病原免疫的阳性血清（其中阳性血清应经其他方法证明为阳性），其他样品根据自身特点可自行设置。

第 12 章
兽用诊断
试剂的生产

12.1

兽用诊断试剂生产厂房与设施

兽用诊断试剂生产厂房与设施是指用于专门从事动物体外疫病诊断或免疫监测试剂（盒）生产所需建筑物及其配套公用工程，企业的厂房和设施必须与企业所生产的各类品种相适应，包括生产规模、生产特点、生物安全等级等，是兽用诊断试剂生产的基础硬件条件。厂房与设施主要包括（不限于）厂区选址及总体规划、建筑单体、道路、绿化、围护结构，以及生产厂房附属公用设施，如空气净化系统、动力配电系统、照明系统、弱电自控系统、给排水系统（含工艺循环冷却水、纯化水、注射用水、生活污水、生产废水、活毒废水等）、动力气体系统（含空调冷热源、蒸汽、洁净蒸汽、压缩空气、洁净压缩空气、各类惰性气体等）、消防设施（消火栓、喷淋、防排烟、烟感报警等）、洗涤与卫生设施、生物安全关键防护设施等。

厂房与设施的设计应贯彻国家有关方针政策，确保设计质量，达到安全可靠、环保、节能、技术先进、经济适用等要求，满足不同类别兽用诊断试剂的生产工艺要求，符合相应生物安全防护要求，为施工安装、调试检测、系统设施验证、运行维护创造条件。除应符合《兽医诊断制品生产质量管理规范》和《兽医诊断制品生产质量管理规范检查验收评定标准》（农业部公告第 2334 号）的规定外，还应符合国家现行其他有关标准的规定。

12.1.1　厂房和设施的规划

12.1.1.1　厂址规划

兽用诊断试剂生产厂址的选择，应当根据厂房及生产防护措施综合考虑，应具有方便、经济的交通运输条件；应有满足生产、生活和发展所必需的水源和电源，以及相关配套设施；厂房所处的环境应当能够最大限度地降低物料或产品遭受污染的风险；应有建设必需的场地面积和适宜的地形坡度，并应根据企业发展规划的需要，留有适当的发展余地。除应满足农业部公告 2334 号中相关要求外，还可参照《兽药生产质量管理规范（2020 年修订）》《兽药工业洁净厂房设计标准》（T/CECS 805）、《医药工业洁净厂房设计标准》（GB 50457）、《医药工业总图运输设计规范》（GB 51047），并结合兽用诊断试剂生产特点进行布局。

厂址应选择在自然环境良好（室外大气尘、含菌浓度低、无有害气体等）的区域，厂区周围不应有影响产品质量的污染源，厂区的地面、路面及运输等不应对产品的生产造成污染；应远离铁路、码头、机场、交通要道及散发大量粉尘和有害气体的工厂、仓储、堆场等，远离严重空气污染、水质污染、振动或噪声干扰的地区；应尽可能位于所在地最大频率风向的上风侧，或全年最小频率风向的下风侧。厂区选址应具满足建设工程需要的工程地质条件和水文地质条件，不应受洪水、潮水或内涝威胁。

涉及生物安全风险生产的，还应满足生物安全相关要求，选址宜远离公共区域，应充分考虑车间对人群及环境的影响，应有可靠措施避免对外围的污染，满足生物安全和生物安保的要求；应提前做好地址相关的生物安全风险评估，充分考虑地震、水灾等自然灾害对厂区及车间的影响；选址应获得上级主管部门的立项批复。

12.1.1.2　厂区规划

通常情况下，厂区布局一般可分为生产、辅助、行政办公及生活区。生产区包括与生产直接相关的生产车间、仓储、质量控制及动物房等区域；辅助区主要为车间生产的配套区域，如公用工程（制水、空压站、循环冷却等）、动力（空调冷热源、蒸汽等）、配电、水处理（废液灭活及污水处理）等；行政办公及生活区比例应与企业生产规模、人力资源相匹配。其中辅助生产和动力公用设施也可布置在生产区区内；质量控制区通常与生产车间分开设置；动物房的设置应符合《实验动物环境及设施》（GB 14925）及《实验动物设施建筑技术规范》（GB 50447）相关要求，而且应尽量远离行政办公、住宿等常驻人员区域，应布置在生产厂区的常年主导下风向。动物实验室应与其他区域严格分开，其设计建造应符合国家有关规定。生产单位可自行设置动物实验室或委托其他单位进行有关动物实验，被委托实验单位的动物实验室必须具备相应的条件和资质，并应符合规定要求。

生产厂房为企业的生产核心环节，应根据产能规划和工艺特点确定合理的车间建筑面积。应注意生产区域与动力及仓储的规模比例及布局关系，仓储大小应满足工艺生产所需原材料、中间品及成品（冷库）的存放；动力站的设置应尽量接近动力负荷最大的区域以减少能源输送当中带来的损失，当由一个动力站承担多个负荷区域时，应平衡好不同负荷比例和输送距离之间的关系。厂区建筑间距应满足消防、安全、卫生的要求；应满足各种管线、管廊、道路、运输设施、竖向设计、绿化等布置要求；应满足施工、安装、检修的要求；同时宜满足建筑高度、造型和厂区空间塑造的需要。总平面布置应防止或减少有害气体、烟、雾、粉尘、强烈振动和强噪声对周围环境的污染和危害。

厂房周围宜设置环形消防车道（可利用交通道路），厂区主要道路应贯彻人流与货流分流、洁物与污物分流、人员和动物分流的原则，尽量避免交叉污染；应有适当绿化，尽量减少露土面积，不应种植对产品产生不良影响的植物。

某生物制药生产厂区鸟瞰效果图见图 12-1。

图 12-1　某生物制药生产厂区鸟瞰效果示意图

12.1.1.3　车间规划

厂房内应至少划分为生产区和仓储区，其空间和面积应与生产规模相适应，便于生产操作和安置设备以及存放物料、中间产品、待检品和成品，并应最大限度地减少差错和交叉污染。根据兽用诊断试剂生产特点及相关生物安全要求，为降低污染和交叉污染的风险，兽用诊断试剂生产厂房、设施和设备应当根据所生产产品的特性、工艺流程及相应洁净度级别要求合理设计、布局和使用：

①厂房应按生产工艺流程及所要求的空气洁净度级别进行合理布局，同一厂房内以及相邻厂房之间的生产操作不得相互妨碍；

②应当综合考虑不同兽用诊断试剂的特性、工艺和预定用途等因素，确定厂房、生产设施和设备多产品共用的可行性，并有相应评估报告；

③生产区域和检验区域应相对分开设置；

④生产区域的布局要顺应工艺流程，明确划分各操作区域，减少生产流程的迂回、往返；

⑤洁净度级别高的房间宜设在靠近人员最少到达、干扰少的位置，洁净度级别相同的房间要相对集中，洁净室（区）内不同房间之间相互联系应符合品种和工艺的需要，必要时要有防止交叉污染的措施；

⑥洁净室（区）与非洁净室（区）之间应设缓冲室、气锁等防止污染的设施；

⑦洁净厂房中人员及物料的出入应分开设置，物料传递路线应尽量缩短；

⑧人员和物料进入洁净厂房要有各自的净化用室（传递窗）和设施，净化用室（传递窗）的设置和要求应与生产区的洁净度级别相适应；

⑨操作区内仅允许放置与操作有关的物料，设置必要的工艺设备，用于生产、贮存的区域不得用作非区域内工作人员的通道；

⑩分子生物学类制品的生产应有独立区域，阳性组分操作与阴性组分操作的功能间及其人流、物流应分开设置；其中阳性对照组分生产操作间的空调净化系统或生物安全柜的排风应采取直排，不能回风循环；

⑪核酸电泳操作应有独立的房间，有排风和核酸污染物处理设施，并设置缓冲间，不能设在生产区域。

生产厂房布局实例见图12-2。

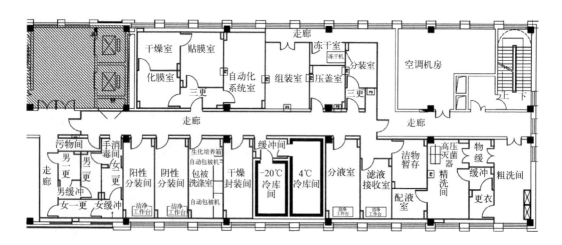

图12-2　生产厂房布局实例

12.1.2　环境影响评估

根据《产业结构调整指导目录（2024年本）》，兽用诊断试剂生产项目属于"鼓励类中一、农林牧渔业，10.动物防疫和农作物病虫害防治：重大病虫害、外来入侵物种及动物疫病及人兽共患病防治，动物疫病新型诊断试剂、疫苗及低毒低残留兽药（含兽用生物制品）新工艺、新技术开发及应用"项目，根据《中华人民共和国环境影响评价法》《建设项目环境保护管理条例》《建设项目环境影响评价分类管理名录（2021 年版）》，兽用诊断试剂生产项目属于"第二十四款医药制造业中第 27 条的化学药品制造，生物、生化制品制造"，应进行环境影响评价，并且编制环境影响报告书。

生产企业应根据兽用诊断试剂生产项目的工艺生产特点、生产规模、建筑形式，结合本类型项目排污特点及周围地区环境特征，来确定需要评估的主要环境问题，应包括（不限于）废水环境影响、废气环境影响、固体废弃物环境影响、噪声影响及环境风险影响等。

在项目施工期间，各项施工活动将不可避免地产生废气、废水、噪声、固体废弃物等污染因素，对周围环境将会产生一定的影响，其中以施工噪声的影响较为明显。施工期污染影响也将随着施工过程的结束而消失。更加需要注重的是投入运营后生产对环境的影响评估，下面以 ELISA（双抗体夹心法）生产工艺为例，对生产运营环节中各种污染源排放情况及治理措施进行分析。ELISA（抗体夹心法）生产工艺流程及废物产出示意图，见图 12-3。

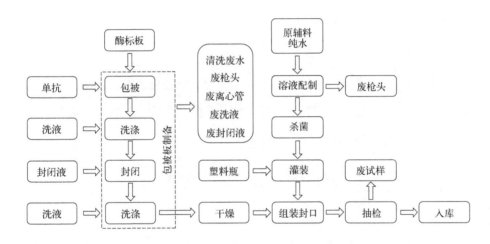

图 12-3 ELISA（抗体夹心法）生产流程及废物产出示意图

从图中可看出，兽用诊断试剂生产过程中会产生清洗废水、废弃枪头、废离心管、废洗液及废封闭液等。不同产污环节及其相应防止措施见表 12-1。

表 12-1 不同产污环节及其相应防止措施

序号	分类	产污环节	污染物类型	主要污染因子	污染防止措施
1	废水	设备、工器具清洗	生产设备、工具及器皿清洗废水	COD、氨氮、SS	厂区或车间污水处理设备
		纯水	浓缩水	COD、溶解性总固体	市政污水管网
		生产环节	废洗液、废封闭液、离心废液等	化学、生物试剂	危险废物，暂存于危废暂存间，定期委托有危险废物处理资质的单位处置
		生活用水	生物污水	COD、BODs、SS、氨氮	市政污水管网

序号	分类	产污环节	污染物类型	主要污染因子	污染防止措施
2	固体废物	生产环节	废枪头、废离心管、离心废渣、质检废试样	化学、生物试剂	危险废物,暂存于危废暂存间,定期委托有危险废物处理资质的单位处置
			化学试剂废包装	化学药品	
		原料包装	废弃原料包装材料	非危化品原辅材料废包装袋	一般工业固废,由相关单位回收再利用
3	废气	设施排气	涉及生物安全空调系统排风	活生物因子	排风设高效过滤排风装置,具有原位消毒检漏功能
4	噪声	生产设施设备运转声音	公用工程设备运行噪声	风机、空压机等设备运转	采用优质低噪产品,设备用房做消声处理
		生产设备运转声音	生产设备运行噪声	生物安全柜等设备运转	采用优质低噪产品

12.1.2.1 废水

排至生产厂房或生产园区设置的污水处理系统进行相应处理,兽用诊断试剂生产项目水平衡示意图,见图 12-4。

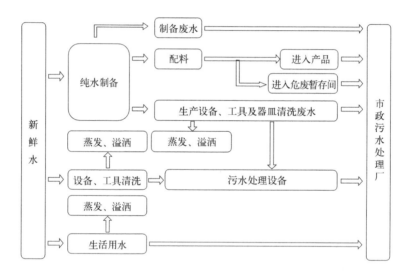

图 12-4 兽用诊断试剂生产项目水平衡示意图

污水处理指标和能力应能满足国家相关环保要求。以"微电解-絮凝沉淀"处理工艺为例,其工艺流程如图 12-5 所示。

生产废水收集至集水池,经提升泵定量提升(或重力流自流)至污水处理设备。在污水处理设备的 pH 调节池内设在线 pH 检测仪表,根据仪表信号自动加酸加碱,将处理溶液的 pH 值调节至中性,之后废水通过斜管沉淀池,将废水中悬浮物沉淀,上清废液利用过滤泵依次通过过滤系统和消毒系统,完成最后的深度处理,达标排放。处理后的废水水质应能满足《污水排入城镇下水道水质标准》(GB/T 31962—2015)中 A 级的要求,再经市政污水管网排市政污水处理厂处理。

12.1.2.2 废气

项目生产过程中不使用有机试剂,终止液一般选用无挥发性的硫酸进行配制,因此项目生产过程无废气产生。车间通风系统为净化空调系统，当生产涉及生物安全问题时，排风采用可原位消毒检漏的高效过滤排风装置。

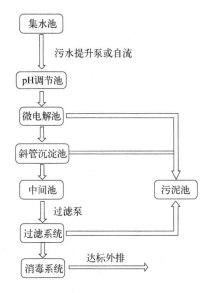

图 12-5 "微电解-絮凝沉淀"工艺流程示意图

12.1.2.3 噪声

项目营运过程中，对于车间设备噪声控制可分三步进行：

① 车间设备合理布置；

② 降低声源噪声，尽量选用低噪声设备；

③ 在传播途径上采取隔绝和吸收措施以减低噪声影响。

生产及公用工程均采用低噪声设备，产噪设备均位于工作区内，并应采取相应的减振、隔声措施，应能满足相关国家环保要求。部分产噪设备处理措施见表 12-2。

表 12-2 部分产噪设备处理措施

序号	设备名称	布局位置	单台声压级/dB(A)	处理措施
1	空压机	空压机房	90	减振、隔声
2	离心机	离心操作间	85	隔声
3	切条机	切割操作间	80	隔声

12.1.2.4 固体废物

兽用诊断试剂生产项目营运期产生的固体废物包括废枪头、废离心管、离心废渣、质检废试样、化学试剂废包装等危险废物；非危化品原料废包装等一般工业固废。

其中属于一般工业固废的，可集中收集后外售相关单位回收处理。危险废物则暂存于危废间，后定期委托有资质单位处理处置。

12.1.3 厂房和设施的技术要求

12.1.3.1 一般要求

洁净室（区）内各种管道、灯具、风口以及其他公用设施，在设计、安装和使用时应考虑避免出现不易清洁的部位。

不同空气洁净度级别的洁净室（区）之间的人员及物料出入，应有防止交叉污染的措施。

质量管理部门应根据需要设置检验、留样观察以及其他各类实验室，能根据需要对实验室洁净度、温湿度进行控制。检验中涉及动物病原微生物操作的，应在符合生物安全要求的实验室进行。

根据农业部公告第2334号，生产中涉及三、四类动物病原微生物操作的，其厂房设计、建设及布局还应符合以下要求：

① 动物病原微生物的操作应在专门的区域内进行，并根据动物病原微生物分类进行相应环境的生物安全控制；

② 不同抗原的生产可以交替使用同一生产区，可以交替使用同一灌装间和灌装、冻干设施，但必须在一种抗原生产、分装或冻干后进行清场和有效的清洁、消毒，清洁消毒效果应定期验证；

③ 密闭系统生物发酵罐生产抗原的可以在同一区域同时生产；

④ 活菌（毒）操作区与非活菌（毒）操作区应有各自独立的空气净化系统，来自动物病原微生物操作区的空气如需循环使用，则仅限在同一区域内再循环；

⑤ 强毒菌种与弱毒菌种、生产用菌毒种与非生产用菌毒种、生产用细胞与非生产用细胞、灭活前与灭活后、脱毒前与脱毒后应分开储存；

⑥ 用于加工处理活生物体的生产操作区和设备应便于清洁和去除污染，能耐受熏蒸消毒；

⑦ 生产、检验用动物设施与饲养管理应符合实验动物管理规定；

⑧ 应具有对生产、检验过程中产生的污水、废弃物、动物粪便、垫草、带毒尸体等进行无害化处理的相应设施。

12.1.3.2 车间布局要求

兽用诊断试剂厂房的设计与布局应服从于工艺需求，从质量风险管理（quality risk management，QRM）的理念出发，结合经济性、前瞻性、安全、环保及科学的要求开展。

（1）生产应与工艺匹配，产能和生产计划决定建设规模　车间建筑设计应充分考虑，建筑面积、平面形状、柱距、跨度、剖面形式、厂房高度、结构和构造等方面必须满足生产工艺的要求。生产应与工艺匹配，产能和生产计划决定了所需的建设规模，基于产能生产计划分析的车间建筑规模确定路线，见图12-6。

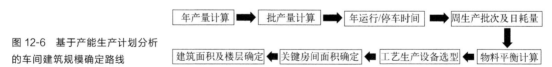

图12-6　基于产能生产计划分析的车间建筑规模确定路线

兽用诊断试剂车间应尽量采用规则的矩形布局，层高和面积应满足各类大型生产工艺设备的安装，跨距不宜低于8m，以便于工艺平面布局。建筑层高梁下不宜低于7m，洁净室吊顶高度应满足房间内最高工艺生产设备安装及检修空间要求，其余普通房间在2.6～2.8m为宜。

（2）根据工艺流程确定房间分区和布局　生产车间的布局应符合工艺流程的要求，根据生产品种的需要，设置相对分离的功能区以减少污染和交叉污染，在生产区内设控温控湿及通风设施以达到防潮、防霉的目的。车间应有合理的人流和物流设计便于运转，有足够的空间便于设备安置和物料存放。物料进入洁净室（区）前必须进行清洁处理。物料入口处须设置清除物料外包装的房间。无菌生产所需的物料，应经无菌处理后再从传递窗或缓冲室中传递。

厂房及仓储区应有防止昆虫、鼠类及其他动物进入的设施。生产区还应有防火、防爆、防雷击等安全措施。仓储区建筑应符合防潮、防火的要求，仓储面积应适用于物料及产品的分类、有序存放。待检、合格、不合格物料及产品应严格分库、分区或分设备贮存，并有易于识别的明显标记。对温度、湿度有特殊要求的物料或产品应置于能保证其稳定性的仓储条件下储存。易燃易爆的危险品、废品应分别在特殊的或隔离的仓库内保存。毒性药品、麻醉药品、精神药品、易制毒化学品等应按有关规定保存。仓储区应保持清洁和干燥，照明、通风等设施及温度、湿度的控制应符合储存要求并定期监测。

根据兽用诊断试剂车间生产工艺，一般可分为抗原、血清生产线，免疫学生产线等；根据是否自制涉及动物病原微生物培养的，分为 A 类（涉及）和 B 类（不涉及）两种生产线。

以某分子生物学 PCR 检测实验室为例，房间布局应独立成区，尽可能在车间建筑物内的一端或一角，有独立的出入控制，房间应至少包含（不限于）走廊、缓冲、试剂准备、样品制备（核酸提取）、扩增及扩增产物分析等。房间布局应有一定顺序，即试剂准备—样品制备（核酸提取）—扩增—扩增产物分析，各房间通过传递窗进行物品传递，所有核心工作间均应设置缓冲，起到动态隔离保护作用，阻断气流相互间可能的交叉污染，最大程度杜绝假阳性结果的产生。某兽用诊断试剂 PCR 实验室布局平面图，见图 12-7。

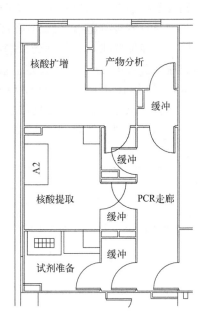

图 12-7　某兽用诊断试剂 PCR 实验室布局平面图

对于 A 类（涉及动物病原微生物培养）诊断试剂生产线，其抗原制备环节应独立成区，有独立的人、物流出入控制，空调系统应设置为独立的负压空调系统。某 A 类兽用诊断试剂生产线抗原制备单元布局平面图，见图 12-8。

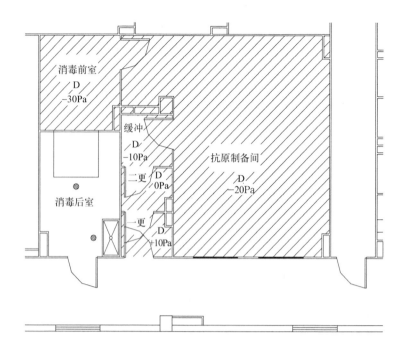

图 12-8　某 A 类兽用诊断试剂生产线抗原制备单元布局平面图

12.1.3.3　净化级别要求

进入洁净室（区）的空气必须净化，并根据生产工艺要求划分空气洁净级别，洁净级别参数按照现行《兽药生产质量管理规范》执行。根据 2020 年 6 月 1 日起施行的《兽药生产质量管理规范（2020 年修订）》及其配套附件，生产车间洁净区的设计应当符合相应的洁净度要求，包括达到"静态"和"动态"的标准。洁净区可分为 A～D 四个级别，农业部公告第 2334 号中规定的静态 10000 级可对应为 C 级（静态 10000 级，动态 100000级），静态 100000 级可对应 D 级（静态 100000 级，动态不做规定）。应特别指出，对 D级而言，虽然"动态"浓度限值未作规定，但适用时，企业应根据风险评估及历史数据制定其动态限值。结合公告第 2334 号中规定，配制分装阶段洁净度级别见表 12-3。

表 12-3　不同工序洁净度示例

洁净度级别	配制分装阶段生产操作示例
100000(D)级净化环境下超净工作台（A 级）	抗原、血清等的处理操作
100000(D)级净化环境下生物安全柜	抗原、血清等的处理操作、质粒/核酸等的处理操作
10000(C)级背景下的局部 100 级负压环境或生物安全柜	三、四类动物病原微生物操作
10000(C)级	抗原、血清等的处理操作、质粒/核酸等的处理操作
100000(D)级	酶联免疫吸附试验试剂、免疫荧光试剂、免疫发光试剂、聚合酶链反应(PCR)试剂、金标试剂、干化学法试剂、细胞培养基、标准物质、酶类、抗体和其他活性类组分的配液、包被、分装、点膜、干燥、切割、贴膜等工艺环节

注：质粒/核酸等的处理操作与相邻区域应保持相对负压。

12.1.3.4 空气净化系统要求

兽用诊断试剂生产车间应设置专门的空气净化系统，空气净化应采用全空气系统，风机宜采取变频措施。根据生产工艺、生物安全风险等情况，可采用正压空调回风系统、负压空调回风系统或负压直流式空调系统等，见图12-9～图12-11。

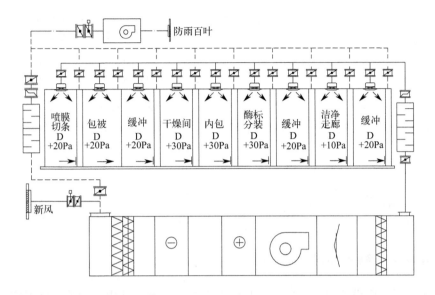

图 12-9　正压空调回风系统示意图

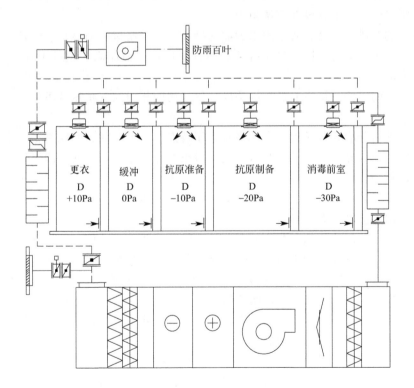

图 12-10　负压空调回风系统示意图

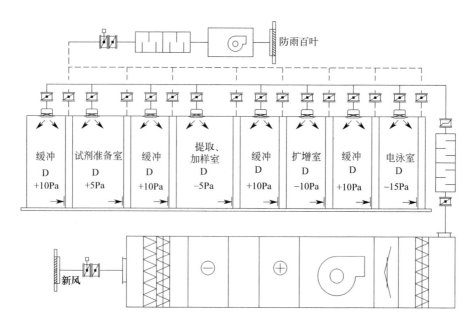

防雨百叶

缓冲 D +10Pa

试剂准备室 D +5Pa

缓冲 D +10Pa

提取、加样室 D −5Pa

缓冲 D +10Pa

扩增室 D −10Pa

缓冲 D +10Pa

电泳室 D −15Pa

新风

图 12-11 负压直流式（全新风）空调系统示意图

空气净化系统应设置初效、中效、高效三级空气过滤。其中，初效过滤器宜设置在新风口且便于检修处，中效过滤器宜设置在空气处理机组的正压段，高效过滤器应设置在系统的末端或紧靠末端，不宜设在空调箱内。

空调系统的新风口应具有防止雨水倒灌的措施，安装防鼠、防昆虫、阻挡绒毛等的保护网，材质应防水、不易生锈、易于拆装，而且新风口一般应高于室外地面 2.5m 以上，并应远离污染源。

有负压要求的空调系统应通过控制手段，保证房间相对大气负压及不同房间之间的压力梯度。

空调系统的划分应充分考虑生产类型及工序特点、生产时间、病原类型、房间热湿负荷特性等因素，采取分级分类设置及防止交叉污染的原则进行，不同洁净级别的空气净化系统宜分开设置。

与制品直接接触的干燥用空气、压缩空气和惰性气体应经净化处理，其洁净程度应与洁净室（区）内的洁净级别相同。

洁净室（区）的温度和相对湿度应与制品生产工艺要求相适应。无特殊要求时，温度应控制在 18~26℃，相对湿度控制在 30%~65%。有特殊要求的，功能间应增加相应设施以满足工艺要求。如酶标板干燥封装环节，通常会要求室内相对湿度低于 30%，需要特别的除湿处理，尤其在我国长江以南地区，多为夏季高温高湿气候，对干燥封装间往往需要采用转轮除湿空调系统进行除湿处理，以满足工艺要求。有低湿要求（如干燥封装装间等）空调系统示意图，见图 12-12。

兽用诊断试剂生产车间使用的生物安全柜，应根据生产的情况、生物危害分级和所从事的操作类型，综合考虑选取合适类型。空气净化系统也应与所使用的生物安全规定的类型相对应。目前国内常用的生物安全柜的型号为Ⅱ-A2 型和Ⅱ-B2 型。

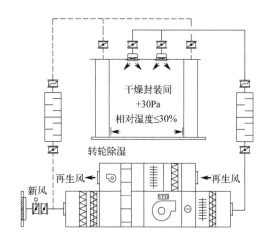

图 12-12 有低湿要求（如干燥封装装间等）空调系统示意图

（1）Ⅱ-A2 型生物安全柜 通风方式通常分为内排式和外排式 2 种。内排式就是将安全柜放置于实验室内合适位置，自房间引风，其中 70％在柜内循环，30％经高效过滤器过滤后直接排至安全柜外；外排式则是将上述 30％的排风排至室外。可根据操作对象及工作场合通过风险评估确定选择何种方式。对于外排式的通风方式，推荐套管的连接方式。安全柜的排风口通过排风罩与外排风管并不封闭连接，外排系统的排风量必须大于安全柜的外排风量，以完全收集安全柜排出的空气并排至室外。WHO 生物安全手册（第四版）推荐的套管式排风罩连接方式见图 12-13，排风罩安装在安全柜排风口的上方，套管包围安全柜排风过滤器的卡圈，将安全柜排出的空气吸入排风管道中；在套管和排风过滤器的卡圈之间应保留 3cm 的间隙和 1.5cm 交接的深度，使房间的空气可以被自由地吸入到外排系统中，避免外排系统强制抽吸安全柜内空气，干扰安全柜自身的气流分配，破坏安全柜的性能。采用套管式排风罩连接方式，可有效减少建筑物外部气流波动对生物安全柜运行工况的影响。

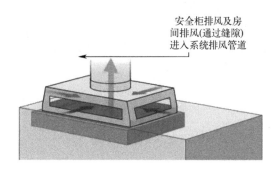

图 12-13 WHO 生物安全手册（第四版）推荐的套管式排风罩连接方式

（2）Ⅱ-B2 型生物安全柜 为 100％外排风系统，与系统排风管道密闭连接。当采用Ⅱ-B2 型生物安全柜时，其排风可与其他房间排风统一设置一台排风机排至室外，车间内排风口排风量与 B2 生物安全柜相同（调试获得）；当 B2 型生物安全柜开启时，该生物安全柜排风管上的电动阀开启，与之对应的房间排风管上的电动阀关闭；当 B2 型生物安全柜关闭时，该生物安全柜排风管上的电动阀关闭，与之对应的房间排风管上的电动阀开启。由于国内同型号生物安全柜的阻力及排风量可能有所不同，而且 B2 型生物安全柜本身阻力较大（某厂家提供的阻力值高达 800Pa），因此生物安全柜与其对应的室内排风口阻力相差甚远。

方案一，可在安全柜排风总管上设置定风量阀，保证启闭安全柜时房间排风量不变，如图 12-14 所示。当生产环境对室内的压力要求较高时，设计中各房间送风干管均设置定风量阀，排风干管设变风量阀，B2 型生物安全柜排风管设置定风量阀。这种设计不仅能保证房间压力，还使系统各支管间阻力相对平衡，利于调节。

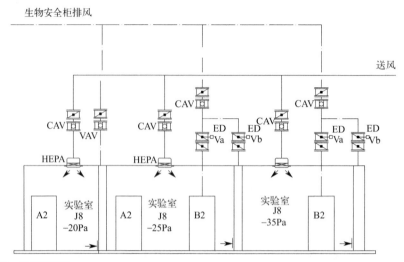

图 12-14　方案一系统示意图

HEPA—高效过滤器；CAV—定风量阀；VAV—变风量阀；ED—电动阀

方案二，B2 型生物安全柜的排风采用定风量阀控制，房间排风管变风量阀根据房间设置的压差要求调节开度，以消除 B2 型生物安全柜启闭时对房间压差产生的扰动，如图 12-15 所示。该方案的控制思路仍为定送变排方式，只要控制模式及阀门响应及时，系统运行调试及实际使用效果不错。

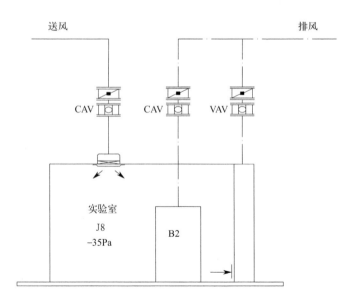

图 12-15　方案二系统示意图

两种 B2 型生物安全柜的排风控制模式在国内均较为常见，其关键点在于合理预设阀门动作顺序、采用快速响应阀门，建议响应时间不要超过 2s。阀门的调节或切换不可影响室内压差，同时需考虑系统的阻力平衡问题。

12.1.3.5　动力气体要求

供暖、通风、空调冷热源形式应根据建筑物规模、用途、冷热负荷，以及所在地区气象条件、能源结构、能源政策、能源价格、环保政策等情况，经技术经济比较论证确定，同时还应符合现行国家标准《工业建筑供暖通风与空气调节设计规范》（GB 50019）和《工业建筑节能设计统一标准》（GB 51245）的要求。

工业蒸汽系统宜设置蒸汽凝结水回收设施。当工业蒸汽源为过热蒸汽时，应设置蒸汽减温设施；当工业蒸汽源压力远大于用户使用压力时，应设置蒸汽减压设施。蒸汽管道在管道的低点应设置疏水阀。

厂房内使用的压缩空气，其供气品质应根据生产工艺对含水量、含油量、微粒粒径及其浓度等要求确定。

12.1.3.6　给水排水要求

厂房设施内给水、排水设置应满足农业部公告第 2334 号和兽药 GMP 要求，具体措施可参照《兽药工业洁净厂房设计标准》（T/CECS 805）及国家标准《医药工业洁净厂房设计标准》（GB 50457）相关内容，其他要求应满足相关国家规范标准。

工艺用水的水处理及其配套设施的设计、安装和维护应能确保达到设计的质量标准和需要。干管宜敷设在技术夹层、夹道中，并设吹扫器、放净口和取样口。

洁净室（区）内安装的水池、地漏不得对制品产生污染。百级洁净室（区）内不得设置地漏。

12.1.3.7　配电、照明及通信要求

兽用诊断试剂生产厂房的用电负荷等级和供电要求，应根据产品生产工艺、生产过程中的生物安全防护等级和设备要求，按照现行国家标准《供配电系统设计规范》（GB 50052）有关规定进行确定。系统供电措施既要能满足负荷等级所需的供电可靠性，又能得到外部供电条件的支持。电源系统的接地形式应以电气安全为前提，应该满足 GB/T 16895 系列国家标准的有关规定。

兽用诊断试剂生产厂房洁净室（区）内应根据生产要求提供足够的照明。主要工作室的最低照度不得低于 150lx，对照度有特殊要求的生产部位可设置局部照明。厂房应有应急照明设施。厂房内其他区域的最低照度不得低于 100lx。洁净室内照明光源宜采用高效荧光灯。若工艺有特殊要求，照度值或光的技术指标达不到设计要求时，可采用其他形式光源。洁净室内应选用外部造型简单、不易积尘、便于擦拭、密封良好、表面易于清洁消毒的照明灯具。洁净室内的洁净灯具各项技术指标应满足国家标准《洁净室用灯具技术要求》（GB 24461）的要求。

兽用诊断试剂生产厂房应设置通信装置。洁净区需要定期清洁、消毒、灭菌，因此洁净区内应选用不易积尘、便于擦拭并可消毒灭菌的洁净电话。出于安全的要求，防爆区内设置的电话应采取防爆隔离措施。

12.1.3.8　建筑装饰与围护结构

兽用诊断试剂生产厂房设施的建筑结构、车间围护结构与装饰装修等，应满足农业部公告第 2334 号及兽药 GMP 中关于厂房设施的相关要求，具体措施可参照《兽药工业洁净厂房设计标准》（T/CECS 805）及《医药工业洁净厂房设计标准》（GB 50457）相关内容，其他要求应满足其他相关国家规范标准。

厂房建筑设计应使得建筑面积、平面形状、柱距、跨度、剖面形式、厂房高度、结构和构造等方面满足生产工艺的要求。厂房内的通道宽度应满足人员操作、物料运输、设备安装和检修的要求，物流通道宜设置防撞构件。

防火设计应符合现行国家标准《建筑设计防火规范》（GB 50016）、《医药工业洁净厂房设计标准》（GB 50457）、《洁净厂房设计规范》（GB 50073）、《建筑防烟排烟系统技术标准》（GB 51251）及《建筑内部装修设计防火规范》（GB 50222）的有关规定，具体措施可参照《兽药工业洁净厂房设计标准》（T/CECS 805）执行。

厂房结构设计应符合现行国家标准《建筑结构可靠性设计统一标准》（GB 50068）的有关规定，应根据现行国家标准《建筑工程抗震设防分类标准》（GB 50223）的有关规定，按厂房生产、使用、存放的产品价值和地震破坏所产生的次生灾害，划分抗震设防类别。

厂房应便于进行清洁工作。厂房的地面、墙壁、天棚等内表面应平整、清洁、无污迹，易清洁。室内装修材料的燃烧性能应符合现行国家标准《建筑内部装修设计防火规范》（GB 50222）的有关规定。材料的烟密度等级试验应符合现行国家标准《建筑材料燃烧或分解的烟密度试验方法》（GB/T 8627）的有关规定。应采用便于清洁、气密性好且在温度和湿度变化的作用下变形小的材料。室内装饰材料及密封材料不得采用释放对室内各种产品品质有影响物质的材料，不得采用产（积）尘、产（积）菌的材料。

12.1.3.9　参数指标要求

在农业部公告第 2334 号《兽医诊断制品生产质量管理规范》和《兽医诊断制品生产质量管理规范检查验收评定标准》中，对不同生产环节的洁净度等综合性能指标做出相关规定。

（1）空气洁净度　根据工艺使用需求，农业部公告第 2334 号中给出了不同类型房间（区域）静态下洁净级别，包括 100 级、10000 级及 100000 级。在 2020 年 6 月 1 日施行的《兽药生产质量管理规范（2020 年修订）》中，已采取了动态净化级别管理办法，因此在兽用诊断试剂生产车间中可借鉴参考使用，将静态 10000 级房间对应为 C 级（静态 10000级、动态 100000 级）房间，将静态 100000 级房间对应为 D 级（静态 10000 级、动态不作规定）房间，值得提出的是，对 D 级而言，虽然"动态"浓度限值未作规定，但适用时，企业应根据风险评估及历史数据制定其动态限值，而不是简单放任。

（2）换气次数及截面风速　农业部公告第 2334 号未对不同洁净度房间换气次数指标和 100 级截面风速进行规定，在《兽药生产质量管理规范（2020 年修订）》中要求换气次数应满足工艺生产操作要求，房间应在根据热、湿负荷计算确定的送风量，恢复静态级别所需的自净时间确定的送风量及满足房间外排风和压力所需送风量三者中的最大值来确定送风量。在《兽药工业洁净厂房设计标准》（T/CECS 805）中给出的 A 级截面风速及不同洁净级别下兽药工业洁净室（区）用换气次数表示的送风量参数推荐值，见表 12-4。

表 12-4　A 级截面风速及不同洁净级别下兽药工业洁净室（区）送风量参数表（推荐）

空气洁净度级别	气流流型	平均风速/（m/s）	参考换气次数/（次/h）
A	单向流	0.45±20％	—
B	非单向流	—	40～60
C	非单向流	—	≥20
D	非单向流	—	15～20

A 级截面风速的目标值为 0.45m/s，范围为设定点周围的正负 20％。新版兽药 GMP 修订规定了不均匀度的要求，从近年国内各类洁净室 100 级的检测结果来看，由于设计或安装不合

理，相当比例局部百级截面风速不均匀，虽然平均值达到规范要求，但实际上存在极小或无风速区域，会产生较大扰流，即使静态下洁净度检测勉强达标，其在动态工况抗干扰能力偏弱。

表 12-4 中 C～D 级换气次数为推荐值，实际计算过程中还应结合房间热、湿负荷计算出的送风量，根据自净时间确定的送风量等取最大值。

自净时间指医药洁净室被污染后，净化空气调节系统在规定的换气次数条件下开始运行，直至恢复固有的静态标准时所需时间。测试验证方法如图 12-16 所示，反映洁净空气的稀释能力，可理解为换气次数的另一种体现。

自净时间的检测应对每分钟数值进行连续记录，生成曲线。一般不建议对 A 级区做自净时间检测，C 级自净初始浓度不少于目标浓度上限 100 倍，D 级和 E 级（ISO8 级和 9 级）自净初始浓度不少于目标浓度上限 10 倍。新版兽药 GMP 附件 1 中给出了自净时间的推荐值（15～20min），与欧盟及我国人药 GMP 相同。

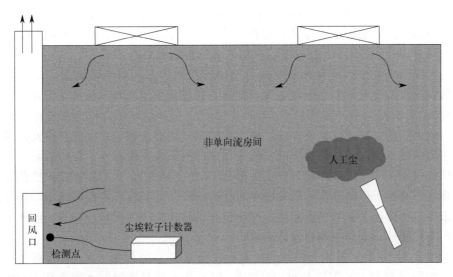

图 12-16　自净时间测试原理示意图

（3）压差　根据农业部 2334 号公告要求，兽用诊断试剂生产车间空气洁净度级别不同的相邻洁净室（区）之间的静压差应大于 5Pa。洁净室（区）与非洁净室（区）之间的静压差应大于 105Pa。洁净室（区）与室外大气（含与室外直接相通的区域）的静压差应大于 12Pa，并应有指示压差的装置或设置监控报警系统。

新版兽药 GMP 对压力的通用要求为：洁净区与非洁净区之间、不同级别洁净区之间的压差应当不低于 10Pa。必要时，相同洁净度级别的不同功能区域（操作间）之间也应当保持适当的压差梯度，并应有指示压差的装置和（或）设置监控系统。该要求与我国人药 GMP（2010）相同的 10Pa 作为统一指标。此外，最新的欧盟征求意见稿也增加了此前没有的 10Pa 压差要求，与我国一致。

在实际实施中，新建兽用诊断试剂车间在压力设置上可与新版兽药 GMP 要求保持一致，不同级别之间也设为不小于 10Pa。

（4）温湿度、照度和噪声　兽用诊断试剂生产车间洁净室（区）的温度和相对湿度应与制品生产工艺要求相适应。无特殊要求时，温度应控制在 18～26℃，相对湿度控制在 30%～65%。有特殊要求的，功能间应增加相应设施以满足工艺要求。

兽用诊断试剂生产厂房洁净室（区）内应根据生产要求提供足够的照明。主要工作室的最低照度不得低于150lx，对照度有特殊要求的生产部位可设置局部照明。厂房应有应急照明设施。厂房内其他区域的最低照度不得低于100lx。

在2334公告及新版兽药GMP中均未对噪声做出规定，可参照《兽药工业洁净厂房设计标准》（T/CECS 805）中相关要求：洁净厂房内非单向流洁净室的噪声不应高于60dB(A)；混合流洁净室不宜高于63dB(A)；混合流房间中的单向流区、单向流房间不宜高于65dB(A)。

12.1.4 GMP对厂房设施的要求

12.1.4.1 发展背景

药品生产质量管理规范（good manufacture practice of medical products，GMP）体系是国家药品生产质量的根本保证，是民生大计。我国目前分设两套独立的GMP体系：国家药监局管理的人药GMP和农业农村部管理的兽药GMP。

现行人药GMP于2010年修订实施，与国际接轨，基本对标了欧盟标准，相对于当时在厂房设施设备等硬件要求上做了大幅提高，其最新版配套技术标准《医药工业洁净厂房设计标准》（GB 50457—2019）于2019年12月1日开始设施，作为法规体系的技术支撑文件，为人用药生产企业、设计院、施工单位及上级监管部门在设施建设及环境控制上提供了主要的技术依据，并在多年的实践工作中取得了良好的指导、保障效果。

我国兽药于2005年12月起开始实施兽药GMP（2002），为近年来我国兽药行业发展奠定了良好的基础，但随着技术的发展和时代的进步，尤其在厂房设施领域，新的理念和技术要求层出不穷，企业加强国际化标准建设与国际接轨的需求日益提高，亟须结合我国兽药生产实际国情，重新梳理和修订法规。

2020年4月21日，中华人民共和国农业农村部令2020年第3号，《兽药生产质量管理规范（2020年修订）》正式公布，自2020年6月1日起施行。本次兽药GMP修订在厂房设施要求方面，考虑我国兽药行业的生产特点和国情，对标欧盟和我国人药GMP标准，吸收融合了国内外相关法规、标准及技术理念的更新变化，大幅提高了我国兽药生产厂房设施的建设标准和要求。2021年6月1日，作为新版兽药GMP的配套技术支撑性文件，中国工程建设标准化协会团体标准《兽药工业洁净厂房设计标准》（T/CECS 805—2021）（以下简称设计标准）正式实施，设计标准以新版兽药GMP为依托，旨在规范兽药工业洁净厂房设计的技术要求，提高兽药工业洁净厂房的设计质量，达到安全可靠、环保节能、技术先进、经济适用等目标，适用于为符合新版兽药GMP而新建、扩建和改建的兽药工业洁净厂房的设计。

12.1.4.2 厂房设施基本要求

（1）动态级别要求 动态级别的设置，是本次新版兽药GMP在硬件方面最大的变化。之前法规对各类工艺生产环节的洁净级别规定仅为静态，本次修订与国际接轨，亦和我国人药保持一致，采用A、B、C、D表示四个净化级别，每个字母分别同时定义了"静态"和"动态"两个状态下的净化级别，其中：

A级：高风险操作区，如灌装区、放置胶塞桶和与无菌制剂直接接触的敞口包装容器的区域及无菌装配或连接操作的区域，应当用单向流操作台（罩）维持该区的环境状态。

B级：无菌配制和灌装等高风险操作A级洁净区所处的背景区域。

C级和D级：无菌兽药生产过程中重要程度较低操作步骤的洁净区。

根据《洁净室及相关受控环境国际标准》（ISO 14644）相关规定，"静态"是指工程竣工，所有生产设备已安装就绪，但没有生产活动且无操作人员在场的状态。"动态"则为实际生产或（最不利情况）模拟操作时的工况状态。表12-5为新版兽药GMP附件1无菌兽药中列出的A~D级所对应的动、静态工况下的空气悬浮粒子浓度的标准规定。

表12-5 A~D各级别空气悬浮粒子的标准规定

| 洁净度级别 | 悬浮粒子最大允许数/m³ | | | |
| | 静态 | | 动态③ | |
	≥0.5μm	≥5.0μm②	≥0.5μm	≥5.0μm
A级①	3520	不作规定	3520	不作规定
B级	3520	不作规定	352000	2900
C级	352000	2900	3520000	29000
D级	3520000	29000	不作规定	不作规定

① A级洁净区（静态和动态）、B级洁净区（静态）空气悬浮粒子的级别为ISO 5，以≥0.5μm的悬浮粒子为限度标准。B级洁净区（动态）的空气悬浮粒子的级别为ISO 7。对于C级洁净区（静态和动态）而言，空气悬浮粒子的级别分别为ISO 7和ISO 8。对于D级洁净区（静态）空气悬浮粒子的级别为ISO 8。测试方法可参照ISO 14644-1。

② 在确认级别时，应当使用采样管较短的便携式尘埃粒子计数器，避免≥5.0μm悬浮粒子在远程采样系统的长采样管中沉降。在单向流系统中，应当采用等动力学的取样头。

③ 动态测试可在常规操作、培养基模拟灌装过程中进行，证明达到动态的洁净级别，但培养基模拟灌装试验要求在"最差状况"下进行动态测试。

新版兽药GMP在A级动、静态和B级静态（均为ISO 5级）时对5.0μm均已不作规定，这是由于ISO 4644-1在2015年的更新版本中取消了ISO 5级对5.0μm要求。本次新版兽药GMP修订也随之进行了相应调整。根据ISO 14644-1由来已久的规定，若所测量的关注粒径多于一个时，较大的粒径至少是相邻较小粒径的1.5倍。目前GMP规范中的A级小粒子关注粒径均延续美国联邦标准FS-209的旧例，为0.5μm，在取消了对A级大粒子5.0μm的要求后，在洁净室定级时可采用大于小粒子粒径1.5倍的1.0μm（推荐值）。以1.0μm为例，在ISO 14644-1中查得其在ISO 5级最大浓度限值为832pc/m³，最小采样量的计算见式(12-1)：

$$V_S = (20/C_{n,m}) \times 1000 \tag{12-1}$$

式中 V_S——每个采样点每次最少采样量，L；

$C_{n,m}$——相关洁净度等级规定的最大被考虑粒径的等级限值，pc/m³；

20——当粒子浓度处于该洁净度等级限值时，可被检测到的粒子数。

根据式(12-1)计算得到最小采样量仅为24L，如采用流量28.3L/min的尘埃粒子计数器进行采样，则A级单个采样点仅需1min，大幅减小了A级的验证时间和成本。

（2）洁净室及相关受控环境关键参数 与旧版兽药GMP（2002）相比，新版兽药GMP（2020年修订）除保留了压差和截面风速指标要求外，取消了对温度、相对湿度、换气次数、噪声、照度及新风量等指标的具体参数要求，增加了气流流型和自净时间概念，提出以"满足人员舒适性要求"和"符合生产工艺操作"等定性要求作为控制目标。这样调整也是对标国内、国际GMP规范的做法，不再对环境参数进行简单、机械的人为"一刀切"式的统一规定，车间根据各自的生产工艺特点和使用要求，制定出科学的、符合客观实际的洁净室受控参数指标，并通过验证予以确认。

① 温度、相对湿度 生产工艺对室内温湿度有明确工艺要求的，应按工艺要求进行设计和建设。如没有特殊工艺要求的，由于法规中不再明确数值，因此设计标准中给出了各种参数的推荐指导值，供车间和设计单位参考。表12-6为设计标准给出的在没有特殊工艺要求时兽药工业洁净厂房内洁净室温、湿度推荐范围。

表12-6 兽药工业洁净厂房设计标准给出的洁净室舒适性温、湿度推荐范围

房间性质	温度/℃		相对湿度/%
	冬季	夏季	
A、B、C级	20～24		45～60
D级	18～26		45～65
人员净化及生活用室	16～20	26～30	—

② 气流流型 根据新版兽药GMP要求，洁净室工作区的气流应均匀分布，气流流速应满足生产工艺要求。A级采用单向流，B～D级采用非单向流。单向流为通过洁净区整个断面、风速稳定，大致平行的受控气流；非单向流为送入洁净区的空气以诱导方式与区内空气混合的一种气流分布。生产中还多见由单向流和非单向流组合的混合流房间，如抗原、血清、质粒/核酸等的处理操作，就是典型的混合流房间代表。单向流、非单向流及混合流示意图见图12-17～图12-19。

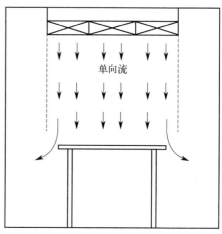

图12-17 单向流气流流型示意图

设计阶段要注意混合流房间的背景环境送风不应影响A级区域，实践中可通过烟气流型测试确保A级边界不会因气流的扰动而对单向流区域产生负面影响。

对单向流而言，不论是开放的单向流罩，还是受限屏障系统（restricted access barrier system，RABS）或隔离器，均应确保经高效过滤器过滤后的送风在不受任何干扰（部件、操作人员、设备等未灭菌物品的污染）的情况下覆盖或贯穿无菌生产操作环节，即确保无菌暴露操作在所谓高效过滤后无干扰送风的保护下进行。设计阶段可以使用实体模型进行操作模拟，生产阶段可采用烟气流型测试进行验证。

测试可通过水雾发生器等雾化装置，对单向流进行定期的气流流型测试。可通过视频资料作为验证结果备查。应注意：

Ⅰ. 不同的单向流要求不同的风速，对气流流型的影响不同；

Ⅱ. 操作人员应了解气流流型，通过肉眼判断所测试的气流结果是否满足要求；

Ⅲ. 应重点关注A级区内的抗干扰能力。

③ 截面风速 单向流系统在其工作区域应当均匀送风，风速为0.45m/s，不均匀度不超过±20%（指导值）。应当有数据证明单向流的状态并经过验证。在密闭的隔离操作

器或手套箱内，可使用较低的风速。

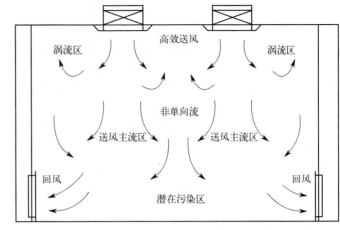

图 12-18 非单向流房间气流流型示意图

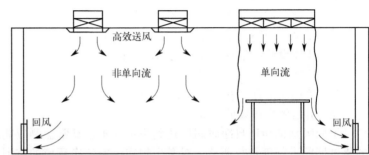

图 12-19 典型混合流房间气流流型示意图

④ 压力　洁净区与非洁净区之间、不同级别洁净区之间的压差应当不低于 10Pa。必要时，相同洁净度级别的不同功能区域（操作间）之间也应当保持适当的压差梯度，并应有指示压差的装置和（或）设置监控系统。

⑤ 照度　未给出相关照度指标，应满足工艺生产使用要求。

⑥ 静态环境检测与动态环境监测　新版兽药 GMP 设置动态级别的主要指导思想是对实际生产环境的控制。静态工况的检测须由具有相关资质的机构进行，而动态级别的保障主要靠企业对不同级别区域通过连续监测或日常监测完成。动态考核的是实际生产过程中的状态参数，是真正意义上对实际生产关键环境的控制要求。需要特别指出的是，D 级动态"不作规定"并不意味着就可以没有控制要求，在适用情况下，车间应根据风险评估及历史数据制定其动态限度。

a. 静态检测　2021 年 1 月 22 日，为进一步落实国务院"放管服"改革精神，严格执行新版兽药 GMP 有关要求，切实做好兽药生产企业洁净区检测工作，规范检测行为，农业农村部发布了第 389 号公告《兽药生产企业洁净区静态检测相关要求》，对兽药生产企业洁净区第三方检测单位资格、检测要求、检测项目及内容做出了明确规定，规范了行业检测标准。具体检测内容要求参见第 389 号公告的附件（兽药生产企业洁净区静态检测相关要求）。

b. 动态日常监测　企业应制定系统的洁净区环境监测程序，包括限度、监测方法（设备）、监测频率、取样位置、取样数量、超标结果应采取的纠偏措施、文件记录以及数据分析等，日常监测应包含所有可能影响到工艺生产条件的环境参数，包括但不限于：

Ⅰ. 悬浮粒子和微生物数量；

Ⅱ. 风速/风量/换气次数；

Ⅲ. 温度、相对湿度、压力分布；

Ⅳ. 过滤器的检漏；

Ⅴ. 气流流型；

Ⅵ. 自净时间。

应根据历史数据，采用风险评估的方法来建立合理的监测位点及频次。

常规监测取样点的确定，应考虑以下因素：

Ⅰ. 哪些部位的微生物污染，最可能对产品质量造成不良影响；

Ⅱ. 在生产过程中，哪些是最容易长菌的地方；

Ⅲ. 清洁、消毒或灭菌最难接触或覆盖到的部位；

Ⅳ. 什么活动会导致污染的扩散。

对反映产品的微生物污染水平有代表性的取样点必须进行取样和环境监测。出现以下情况后，应改变微生物测试的采样频次：

Ⅰ. 连续超过报警限度；

Ⅱ. 停工时间比预计延长；

Ⅲ. 关键区域内发现有被污染的东西；

Ⅳ. 在生产期间，空气净化系统进行任何重大的维修；

Ⅴ. 环境设施的限制引起工艺的改变；

Ⅵ. 日常操作记录反映出倾向性的数据；

Ⅶ. 净化和消毒规程的改变；

Ⅷ. 引起生物污染的事故。

不同级别洁净区自净时间应达到规定要求。日常监测应能满足验证要求，并根据每年的年度回顾进行复核与调整。对微生物实验室洁净环境的监测可参考《中国兽药典》中相关附录要求。

应制定适当的悬浮粒子、微生物监测的警戒限度和纠偏限度。可以根据历史数据，结合不同洁净区域的标准制订，对新厂房而言，可根据以前的类似设施或工艺来制定这些限度，并且要进行一段时间的环境监测，根据监测数据来评价事先确立的警戒限度是否合适，并做出相应调整。纠偏限度不得高于兽药 GMP 所规定的控制标准。

应定期对悬浮粒子、浮游菌、沉降菌、设施设备/人员表面微生物数据进行趋势分析，如发现异常趋势，应根据调查结果采取相应的行动。

12.2

生产许可证的申请

12.2.1 从事兽药生产企业应具备的条件

从事兽药生产的企业，应当符合国家兽药行业发展规划和产业政策，并具备以下条件：

① 与所生产的兽药相适应的兽医学、药学或者相关专业的技术人员；

② 与所生产的兽药相适应的厂房、设施；

③ 与所生产的兽药相适应的兽药质量管理和质量检验的机构、人员、仪器设备；

④ 符合安全、卫生要求的生产环境；

⑤ 兽药生产质量管理规范规定的其他生产条件。

同时，应遵循《兽药管理条例》《兽药生产质量管理规范》或《兽医诊断制品生产质量管理规范》《兽药生产质量管理规范检查验收办法》等规定取得兽药生产许可证和兽药GMP证书等。

12.2.2　兽药生产许可证的管理

12.2.2.1　管理部门

省级人民政府兽医主管部门负责本行政区域内兽药生产许可证的核发工作，农业农村部负责全国兽药生产许可证核发的监督管理工作。

12.2.2.2　管理原则

兽药生产许可证应当载明生产范围、生产地点、有效期和法定代表人姓名、住址等事项。样式由农业农村部统一印制，证书编号原则为年号（4位数字）＋兽药生产证字＋编号（企业所在地省份序号2位数字＋企业顺序号3位数字）。

原则上一家兽药生产企业持有一张兽药GMP证书和一张兽药生产许可证，对同时具有兽用生物制品和兽用化学药品（中药）生产线的，核发一张兽药生产许可证，并分别核发兽用生物制品、兽用化学药品（中药）兽药GMP证书。

兽药生产许可证有效期为5年。有效期届满，需要继续生产兽药的，应当在许可证有效期届满前6个月到发证机关申请换发兽药生产许可证。

12.2.3　审批程序

12.2.3.1　涉及GMP验收审批程序

（1）申请条件　新建、复验、原址改扩建、异地扩建和迁址重建企业应当提出兽药GMP检查验收申请。复验企业应当在兽药生产许可证有效期届满6个月前提交申请。申请验收企业应当填报《兽药GMP检查验收申请表》，并按《兽药生产质量管理规范检查验收办法》（农业部公告第2262号）要求报送电子资料及书面材料。

新建兽用生物制品生产企业、兽用生物制品企业部分生产线在兽药生产许可证有效期内从未组织过相关产品生产以及新增生产范围的，涉及的生产线均需先通过兽药GMP静态检查验收，再申请动态检查验收；其他情形可直接申请动态检查验收。属于抗原委托生产的体外诊断制品生产线（B类），而且生产过程不涉及微生物相关操作的，可直接申请兽药GMP动态检查验收。

兽药生产企业在兽药生产许可证有效期届满前未申请延期或虽提出申请但未经批准同意、并于有效期届满后提交核发兽药生产许可证申请的，按照新建企业要求开展兽药GMP检查验收；符合规定的，由审批部门重新编号核发兽药生产许可证，企业依法重新申请核发兽药产品批准文号。

（2）申请资料审查要求及时限　省级人民政府兽医主管部门应当自受理之日起30个工作日内组织完成申请资料技术审查。申请资料不符合要求的，书面通知申请人在20个工作日内补充有关资料；逾期未补充的或补充材料不符合要求的，退回申请。通过审查的，20个工作日内组织现场检查验收。对于申请资料存在弄虚作假的，退回申请并在一年内不受理其验收申请；对涉嫌或存在违法行为的企业，在行政处罚立案调查期间或消除不良影响前，不受理其兽药GMP检查验收申请。

（3）现场检查验收　申请资料通过审查的，省级人民政府兽医主管部门向申请企业发出《现场检查验收通知书》，同时通知企业所在地市、县人民政府兽医主管部门和检查组成员。

检查组应当按照《兽药生产质量管理规范检查验收办法》《兽药GMP检查验收评定标准》开展现场检查验收工作，并对企业主要岗位工作人员进行现场操作技能、理论基础和兽药管理法规、兽药GMP主要内容、企业规章制度的考核。

检查员应当如实记录检查情况和存在问题，组长应当组织综合评定，填写《兽药GMP现场检查验收缺陷项目表》，撰写《兽药GMP现场检查验收报告》，并作出"推荐"或"不推荐"的综合评定结论。对作出"推荐"评定结论，但存在缺陷项目须整改的，企业应提出整改方案并组织落实，并报送检查组组长；对作出"不推荐"评定结论的，省级人民政府兽医主管部门向申报企业发出检查不合格通知书。收到检查不合格通知书3个月后，企业可以再次提出验收申请。连续两次做出"不推荐"评定结论的，一年内不受理企业兽药GMP检查验收申请。

（4）审批与管理　省级人民政府兽医主管部门收到所有兽药GMP现场检查验收报告并经审核符合要求后，应当将验收结果在本部门网站上进行公示，公示期不少于15日（在新冠肺炎疫情防控期间，兽药GMP检查验收结果公示期由不少于15日调整为不少于7日）。公示期满无异议或异议不成立的，省级人民政府兽医主管部门根据有关规定和检查结果核发兽药GMP证书和兽药生产许可证，并予以公开。

12.2.3.2　不涉及GMP验收审批程序

兽药生产许可证变更企业名称、法定代表人等不涉及兽药GMP检查验收的，应当在办理工商变更登记手续后15个工作日内，到发证机关申请换发兽药生产许可证。

12.2.4　收回与注销

企业停产6个月以上或者关闭、转产的，由省级人民政府兽医主管部门依法收回、注销兽药GMP证书和兽药生产许可证，并报农业农村部注销其兽药产品批准文号。

12.3

兽用诊断试剂的规模化生产

兽用诊断试剂是指基于免疫学、分子生物学、微生物学等原理研制、生产用于动物疾病诊断和监测的检测试剂。免疫学诊断试剂是基于抗原与抗体特异性识别、结合开发的检测产品，主要的产品形式有酶联免疫（ELISA）、侧向免疫流色谱（胶体金和荧光），其中荧光侧向流色谱在兽医诊断领域的应用目前尚处于起步阶段，多用于宠物的疾病诊断和免疫监测；ELISA 和胶体金免疫色谱产品是主流的免疫学诊断试剂。分子生物学诊断试剂是基于 DNA/RNA 聚合酶对靶基因核酸序列的高效扩增的原理，针对动物病原、疾病标志物、抗生素耐药基因等开发的检测产品，主要的产品形式有 PCR/RT-PCR、荧光 PCR/RT-PCR，以及等温扩增试剂等。自我国非洲猪瘟疫情暴发以来，荧光 PCR/RT-PCR 产品因其灵敏度高、操作简便（无需电泳检测）等优势受到认可，其应用越来越广泛。等温扩增技术具有设备要求相对较低的优点，但由于存在专利保护、开发难度大、试剂成本高等缺陷，尚未在兽医诊断领域大范围应用。微生物学诊断试剂在兽医诊断领域主要是指基于细菌的生化反应特性开发的、用于动物病原菌鉴别的一系列显色培养基，然而随着高灵敏度的分子诊断产品的普及，其应用场景会受到一定的蚕食。

目前规模化生产的常见类型主要包括三类：酶联免疫、免疫色谱和荧光 PCR。下面分别介绍三种诊断试剂的规模化生产流程。

（1）**酶联免疫**　工作液的配制（包被液、封闭液、洗液、样品稀释液、底物缓冲液、终止液等），抗原表达、提取与纯化，抗体制备，抗原或抗体的包被，酶标微孔封闭，抗原、抗体或功能蛋白（如链霉亲和素、ProteinA/G 等）标记，试剂（洗液、样品稀释液、标准品、显色底物溶液、终止液等）分装、半成品质检、封装、装盒贴签、成品质检和成品入库等。

（2）**免疫色谱**　工作液的配制（柠檬酸三钠溶液、K_2CO_3 溶液、包被缓冲液、胶体金复溶液、释放垫处理液、样品垫处理液、T 线和 C 线包被液、样品稀释液等），抗原表达、提取与纯化，抗体制备，释放垫的预处理、释放垫的加工（胶体金的制备、胶体金标记、喷金、干燥、切条）、NC 膜的加工（包被液的准备、NC 膜包被、干燥）、样品垫的制备（样品垫预处理、干燥、切条）、吸水垫的制备（干燥、切条）、大板组装、半成品质检、组卡装袋、装盒贴签、成品质检、入库。

（3）**荧光 PCR**　PCR 反应酶的生产，阳性对照的生产，荧光 PCR 反应液、酶反应液、阳性对照和阴性对照的配制与过滤除菌，半成品质检，荧光 PCR 反应液、酶反应液、阳性对照和阴性对照分装与贴签，成品组装、成品质检、入库。

⇨ **规范要求引用**

《兽医诊断制品生产质量管理规范》
第九章　生产管理

第八十三条　生产单位应制订生产工艺规程、岗位操作法或标准操作规程，并不得任意更改。如需更改时应按原文件制订程序办理有关手续。

第八十四条　生产操作前，操作人员应检查生产环境、设施、设备、容器的清洁卫生状况和主要设备的运行状况，并认真核对物料、中间产品数量及检验报告单。

第八十五条　如果同一品种的多种组分由同一组人在同一天分别处理（标定、稀释、分装等），应按照防止组分交叉污染的原则，合理安排组分的操作顺序，其中阴性组分的操作要先于阳性组分。

第八十六条　可在同一功能间划分不同的操作区域，分别进行同一品种的不同环节操作，但不能同时进行。

第八十七条　同一生产线有多个功能间分别用于不同品种生产的，在不共用功能间情况下，可同时生产。

第八十八条　应当对每批产品中关键物料进行物料平衡检查，如有显著差异，必须查明原因，在得出合理解释、确认无潜在质量事故后，方可按正常产品处理。

第八十九条　批生产记录应及时填写，做到字迹清晰、内容真实、数据完整，并由操作人及复核人签名。记录应保持整洁，不得撕毁和任意涂改；更改时应在更改处签名，并使原数据仍可辨认。批生产记录应按批号归档，保存至制品有效期后一年，成品记录可与各组分制备记录分开保存。

第九十条　每批产品均应编制生产批号。在同一时间内采用同一批次组分生产出来的一定数量的制品为一批。

第九十一条　生产操作应采取以下措施：

（一）生产前应确认生产环境中无上次生产遗留物；

（二）不同品种、同品种不同规格的生产操作不得在同一生产操作间同时进行；

（三）生产过程应按工艺、质量控制要点进行中间检查，并填写生产记录；

（四）生产过程中应防止物料及产品所产生的气体、蒸汽、喷气、喷雾物或生物体等引起的交叉污染；

（五）每一生产操作间或生产用设备、容器应有所生产的产品或物料名称、批号、数量等状态标识。

第九十二条　配液、标定、分装、组装等区域的生产操作，应在前一道工艺结束后或前一种产品或组分生产操作结束后进行清场，确认合格后进行其他操作。清场后应填写清场记录，内容应包括：工序、品名、生产批号、清场人签名等。

12.3.1　规模化生产的一般流程

规模化生产的一般流程包括资源的准备、生产制造、质量控制等主要过程。其中资源的准备过程主要包括人力资源、设备设施、生产所用的物料（原料、辅料、包装材料、说明书等）、生产所需文件、生产场地等准备；生产制造过程主要包括原料制备、加工、组装等工艺过程，不同类型、不同剂型的产品工艺过程不尽相同；质量控制过程包括生产过程控制及中间品、成品的抽样检验。

兽用诊断制品生产应具备与其产品相适应的洁净厂房和设施，包括空气净化系统、照明、卫生清洁设施、灭菌设施、污水处理系统等。车间应按照工艺流程等要求合理布局。生产环境的空气洁净度级别应当与制品和生产操作相适应，各生产工序操作应在洁净区内分区域（室）进行。有菌（毒）操作区与无菌（毒）操作区应有各自独立的空气净化系统，且人流、物流应分开设置。

12.3.1.1　工艺流程图

兽用诊断制品的生产过程根据不同类型的产品各有区别，以下分不同产品类别进行介绍。

（1）**免疫学类诊断制品——酶联免疫试剂盒**　见图 12-20。

兽医诊断制品 ——酶联免疫试剂盒(以双抗体夹心法检测抗原为例)

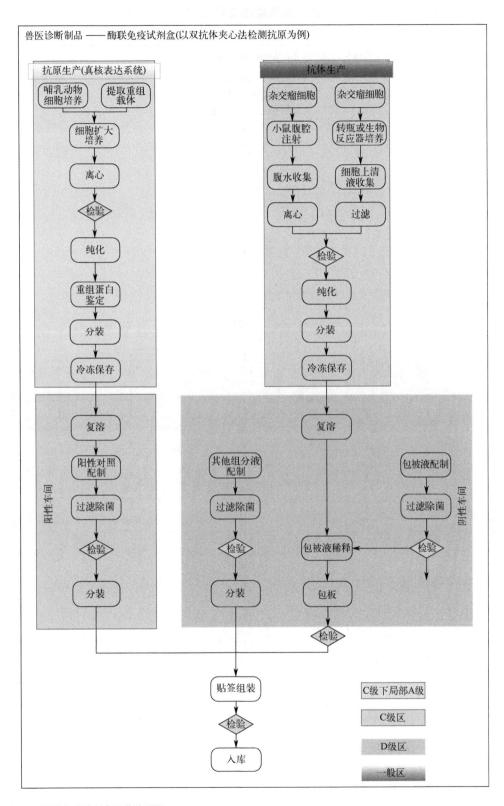

图 12-20 酶联免疫试剂盒工艺流程图

（2）免疫学类诊断制品——胶体金免疫色谱检测卡　见图 12-21。

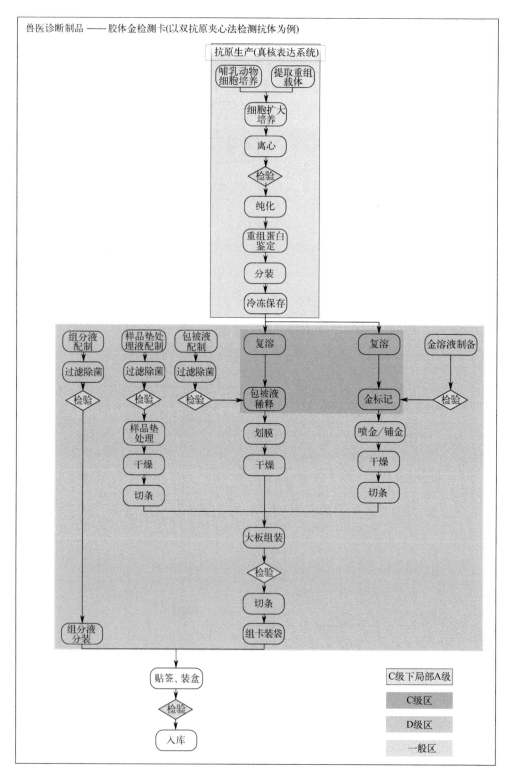

图 12-21　胶体金免疫色谱检测卡工艺流程图

（3）分子生物学类诊断制品　见图 12-22。

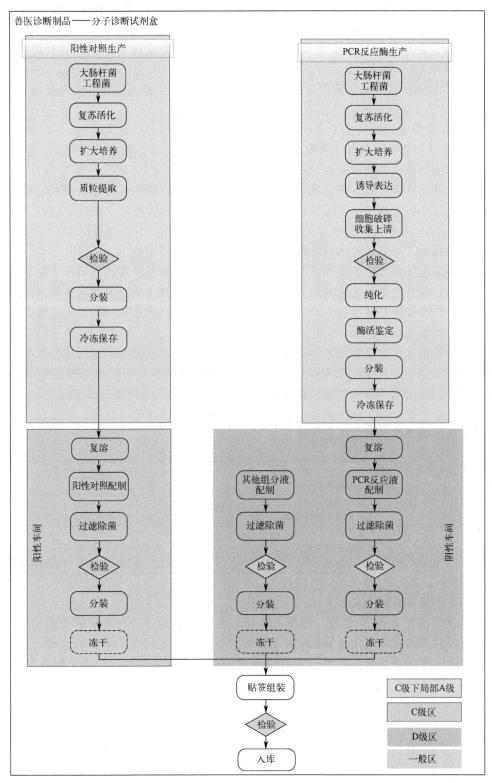

图 12-22　分子诊断试剂盒工艺流程图

12.3.1.2 工艺设备配置

企业根据生产实际需求选择与生产品种相适应的设备，设备选型应充分考虑产能需求，并结合环境控制要求和污染控制需求。

① 接触产品的设备材质应不得与制品发生反应、吸附或向制品中释放有影响物质，一般多采用316L不锈钢材质。

② 生产设备、容器具应有明显的状态标记，标明所加工产品名称、批号等信息。

③ 生产设备应使用密闭管路连接，以减少污染风险。

（1）免疫学类诊断制品工艺设备

① 抗体规模化生产设备　大规模单克隆抗体的生产目前主要有两种方式，包括腹水制备方式和生物反应器培养方式。

腹水制备具有成本低、产量高的特点，是国内抗体生产的主要方式。腹水制备是利用杂交瘤细胞在小鼠腹腔内增殖来获得单克隆抗体，包括杂交瘤细胞株的细胞培养、腹腔注射、腹水采集和ELISA等检测。一般情况下，采用BALB/c小鼠制备抗体，每只小鼠产生2~5mL腹水，每毫升腹水的抗体含量为1~10mg，生产周期为4~6周。

杂交瘤细胞生物反应器培养系统有多种类型和规模，包括转瓶细胞培养系统、搅拌式生物反应器、气升式生物反应器和一次性生物反应器，每种生物反应器都有其自身的特点和应用，培养规模从几升、几十升、几百升到几千升不等，在诊断试剂行业，转瓶和搅拌式生物反应器最为常用。

通过体外培养杂交瘤细胞来制备的单克隆抗体品质高，不含有小鼠的各种杂蛋白（包括Ig）和动物病毒。可采用低IgG胎牛血清或者无血清培养基培养杂交瘤细胞株，避免牛IgG污染。每升培养基生产的抗体量为20~100mg，生产周期为5~7周。

生产设备一般包括二氧化碳培养箱、转瓶细胞培养仪、生物反应器、液氮罐、超声波洗瓶机、灭菌烘箱等。设备性能参数见表12-7。

表12-7　抗体规模化生产设备示例

设备名称	设备性能参数
二氧化碳培养箱	温度、容量
转瓶细胞培养仪	转速、水平度
搅拌式生物反应器	材质、设备容积、搅拌速度、DO、pH值等
液氮罐	温度、容量
超声波洗瓶机	生产能力、适用瓶型等
灭菌烘箱	生产能力、适用瓶型、灭菌温度、灭菌时间等

关键生产设备详细介绍如下：

a. 细胞转瓶培养器/恒温箱　适用于悬浮培养和贴壁培养两种主要的细胞培养方式。有电热恒温培养箱和二氧化碳恒温培养箱供配套选择；细胞转瓶培养器通过转速的调节，满足悬浮或贴壁培养细胞的条件，能有效地增加细胞培养的面积，促进细胞与气体的交换，有利于细胞生长和收集，大大提高细胞培养的产量，如图12-23。

b. 搅拌式生物反应器　如图12-24，是用于工业单克隆抗体生产的最常用的生物反应器类型，主要由培养罐和自动化主机组成，培养罐由搅拌桨和搅拌罐组成。整套系统全封闭设计，常规生物实验室即可满足运行条件，罐体规格1~20L，可高温高压灭菌，满足不同客户的需求。该系统可高精度控制温度、溶氧、pH、转速；可实现空气、O_2、CO_2、N_2等细胞培养工艺参数的自动化控制。

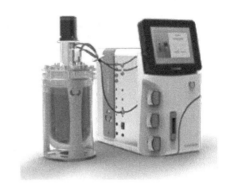

图 12-23 25孔位转瓶细胞培养仪   图 12-24 搅拌式生物反应器

② 抗原规模化生产设备 抗原是制备兽用诊断制品的原料，包括原核/真核重组抗原、天然抗原和合成肽抗原等。天然抗原的生产一般采用物理和化学方法裂解组织或细胞，再从组织或细胞裂解液中提取、纯化天然抗原。此种方法获得的抗原容易保持蛋白（抗原）的构象和天然修饰（磷酸化、甲基化、糖基化等），但是纯化难度和成本相对较大。合成肽抗原的生产主要是根据蛋白质抗原分子的某一抗原决定簇的氨基酸序列人工合成多肽片段，具有纯度高、特异性好的特点，但是产量小、成本高，很难大规模生产。重组抗原生产是通过基因工程重组技术将抗原基因在大肠杆菌、酵母菌、昆虫细胞、哺乳动物细胞等载体中表达，并通过蛋白纯化技术获得产量高、纯度好的蛋白抗原，是诊断抗原最重要的生产方式。一般来说，重组蛋白的表达系统可分为原核表达系统和真核表达系统，两种系统生产流程基本都包括培养、收集、破碎、纯化等步骤，所用的设备也基本相似。

重组蛋白生产过程中使用的设备涉及哺乳动物细胞的培养、储存以及蛋白表达纯化环节，主要设备见表 12-8。

表 12-8 抗原规模化生产设备示例

设备名称	设备性能参数
多功能培养摇床	温度、CO_2 浓度、转速度、振幅
超净工作台	紫外、风速、照明
液氮罐	外观、密闭性
细胞计数仪	细胞数量、直径
蛋白纯化仪	pH、波长、电导性、流速

关键生产设备详细介绍如下：

一般来说影响重组蛋白产量的条件有：碳源、pH 和培养时间、发酵温度、摇床转速、振幅等。其中碳源、pH 值等因素靠培养基来决定，发酵温度和摇床转速、振幅就需要恒温摇床（细胞恒温摇床）来实现，如图 12-25。

恒温培养摇床根据驱动原理一般分为电机皮带驱动和磁力驱动，目前高端产品主要采用磁力驱动技术，其利用电磁铁的磁场变化实现机械运转，来代替电机带动机械运转，实现摇床的圆周运动。磁力驱动有如下优点：

无皮带磨粒产生污染，发热量低，对周围环境的干扰极少；

不会因皮带抽拉或断裂造成转速不匀甚至停机，因而运行平稳，安全系数高；

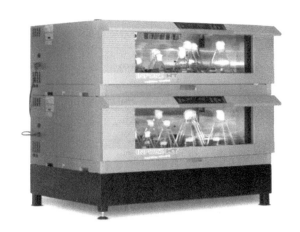

图 12-25　多功能细胞培养摇床

可以在恶劣环境下长时间工作（耐高温、高湿、弱酸碱），符合微生物培养的需要，有利于样本生长；

同时配备空气循环系统，使腔体内无温度死角，保证温场均匀性；

可为客户提供更多的扩展功能帮助，如控制制冷、CO_2 浓度、光照强度和湿度等，满足客户的复杂培养需求。

③ 酶联免疫产品生产设备　酶联免疫 ELISA 产品的生产流程一般包括包被板的制备、试剂的配制分装，大规模生产需要半自动或全自动设备，酶联免疫试剂盒生产常用设备见表 12-9。

表 12-9　ELISA 试剂盒生产设备示例

设备名称	设备性能参数
电子天平	称量量程、精度
pH 计	测量范围、误差、稳定性
包被机	加液量范围、加液速度、孔间一致性、板间一致性
洗板封闭一体机	加液量范围、加液速度、孔间一致性、板间一致性
真空包装机	真空室尺寸、抽气速率、最低压强、包装能力
不锈钢滤壳式过滤器(配蠕动泵)	滤径、有效过滤面积

关键生产设备详细介绍如下：

a. 自动化包被机　自动化包被机是包被 96 孔酶标板的专业仪器，采用蠕动泵加液方式，消除了液位差对注液量的影响；输送系统具有无级变速功能，可极大提升包被效率，每小时可完成近千块板的工作；采用大屏幕 LCD 中文显示，模块化设计，易操作，如图 12-26。

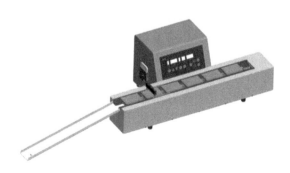

图 12-26　自动化包被机

b. 洗板封闭一体机　洗板封闭一体机涵盖了洗板、封闭自动流水作业功能，适用于批量试剂生产过程中的相关工序，如图 12-27。该系统平台关注生产工作中准备、清洗、维护等环节，操作系统简单快捷、节约生产成本、减少操作环节、提升产品产能。

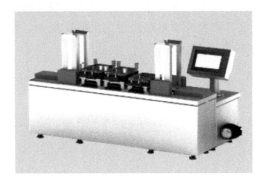

图 12-27　洗板封闭一体机

　　④ 侧流色谱产品生产设备　侧流色谱产品的主要生产过程包括胶体金的标记、抗原/抗体的 NC 膜包被、大板组装、组卡装袋等，其中涉及的专用设备主要有：划膜仪、喷膜仪、贴膜仪、斩切机、压壳机、读数仪。

　　a. 划膜仪　如图 12-28，使用软管将抗原/抗体/功能蛋白等溶液印迹到硝酸纤维素膜（NC 膜）表面，作为检测线（T 线）和质控线（C 线）。通过对划膜仪的参数设置，可调整 T 线和 C 线在 NC 膜上的位置与间距，以及单位 NC 膜长度上蛋白包被体积。其工作原理是依靠步进微量泵驱动蛋白溶液在管道中流动，在划膜软管处将蛋白溶液均匀且连续地印迹到 NC 膜上。

图 12-28　BioDot-XYZ3060 三维喷点平台（接触式划膜仪）

　　b. 喷膜仪　如图 12-29，利用步进微量泵推动胶体金标记物，压缩空气作为动力将标记物溶液通过气动喷头均匀喷点到聚酯膜或玻璃纤维膜上。标记物的喷量通常在 $1 \sim 16 \mu L/cm$ 范围可调，具有定量准确和喷布均匀的优点。

图 12-29　上海金标生物 XYZ 三维划膜喷金仪 HM3030

c. 贴膜仪　常见的贴膜仪分为两种：片式贴膜仪和卷式贴膜仪。片式贴膜仪的生产过程包括手动撕膜、自动贴膜和辅料斩切三道工序，通过手动投送已撕掉隔离纸的胶板，利用输送带传送完成对卷式辅料的连续粘贴，最后完成物料粘贴的胶板经自动识别斩切为指定长度。卷式贴膜仪适用于大规模的试纸条自动化贴膜工序，主要用于将 NC 膜、吸水纸等物料连续粘贴在卷式支撑底板上，粘贴好的物料可以按照需求长度斩切成片式大板，如图 12-30。

图 12-30　上海金标生物卷式贴膜仪 CTM650

d. 斩切机　斩切机的设备分为两种，一种是整张释放垫或样品垫切割成长条形（长度与支撑底板一致），然后与 NC 膜一起按照顺序粘贴在支撑底板上，组装成色谱大板半成品；另外一种设备是将组装好的色谱大板切割成一定宽度的单条试纸，如图 12-31 和图 12-32。切割过程可随时暂停或终止，并可更改切割宽度。斩切机刀片的角度及锋利程度对试纸成品率的影响较大，若刀片不合适可能会造成边缘挤压效应、粘连效应等，导致试纸条的成品率降低。

图 12-31　上海金标生物微电脑自动斩切机 ZQ2402（试纸条斩切机）

图 12-32　上海金标生物数控裁条机 CTDS300（吸水纸、样品垫、金标垫裁条机）

e. 压壳机　如图 12-33，其基本工作原理是采用可调节间隙大小的对辊对胶体金试纸卡壳进行压紧操作，其水平传动速度可调。试纸条装入塑料卡底后将上盖对准底卡盖上，即可放上压壳机输送带，然后由与输送带同步速度的对辊压紧闭合。

图 12-33　上海金标生物压壳机 YK725

f. 读数仪　试纸条读数仪可以通过将检测线和质控线的显色强度数值化，进而通过内置阴阳性判定标准对检测结果进行判读，如图 12-34。读数仪的使用可避免因检测人员主观判断带来的假阳性或假阴性结果，且检测结果可批量保存、传输。另外，依据 T 线和 C 线的显色强度，读数仪可依据标准曲线计算出定量数值。

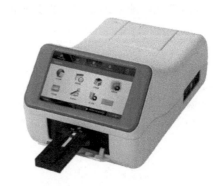

图 12-34　杭州奥盛胶体金读数仪 TSR-100A

除专用设备外，侧流色谱产品生产过程还需要用到一些常见通用设备：封口机、灌装机、喷码机、贴标机，以及 pH 计、鼓风干燥箱、高压灭菌锅、离心机、除湿机、加湿器、纯水仪等，详见表 12-10。

表 12-10　检测卡通用设备示例

设备名称	性能参数	用途
电子天平	感量 0.01g 和感量 0.0001g	化学试剂的称量
pH 计	测量范围 0.00～14.00	调节溶液 pH 值
纯水仪	电阻率 18.2MΩ·cm	制备纯水
离心机	离心力>10000g	胶体金标记、蛋白提取等
高压灭菌锅	最高灭菌温度>120℃	无菌耗材、试剂、培养基等的灭菌
除湿机	控制湿度<30%以内	控制环境湿度
封口机	温控范围：0～300℃	检测卡或试纸条装入铝箔袋后封口
灌装机	1～100mL，精度控制：0.5%	分装样品稀释液等
喷码机	喷印精度≥300DPI，速度≥1m/s	喷印标签或铝箔袋上信息
贴标机	贴标精度±1mm，生产能力>100/min	将标签贴于包装盒上

（2）分子生物学类诊断制品工艺设备

① 原料酶规模化生产设备　在分子诊断领域，常用到的酶类包括 DNA 聚合酶、反转录酶以及 UDG 酶等。酶作为分子诊断过程中的重要成分，其纯度和活性对于分子诊断的

敏感性与特异性至关重要。在规模化生产中，酶的生产主要通过原核表达的方式，包括酶表达菌株的扩大培养、酶蛋白的诱导表达、菌体超声破碎与蛋白表达、酶蛋白的纯化与活性鉴定以及酶的储存等步骤。

酶生产过程中使用到的设备涉及细菌培养以及蛋白表达、纯化、储存环节，主要设备见表12-11。

表 12-11　酶规模化生产设备示例

设备名称	设备性能参数
细菌培养箱	温度、容量
超净工作台	紫外、风速、照明
细菌摇床	转速、温度、容积、振幅
超声破碎仪	振幅、功率
蛋白纯化仪	pH、波长、电导性、流速
低温冰箱	温度、容积

关键生产设备详细介绍如下：

AKTA 系统是专门用于生物分子纯化的平台，集成了液相色谱系统、软件和预装柱，可高效准确地实现多类生物分子的纯化过程，如图 12-35。

图 12-35　AKTA PURE 蛋白纯化仪

② PCR 试剂生产设备　PCR 试剂的规模化生产步骤比较简单，主要包括试剂的配制和灌装，主要设备见表 12-12。

表 12-12　PCR 试剂盒设备示例

设备名称	设备性能参数
电子天平	称量量程、精度
pH 计	测量范围、误差、稳定性
全自动圆盘定位式灌装机设备	材质、分装速度、分装规格、分装精度、装量监控剔除装置
不锈钢滤壳式过滤器	滤径、有效过滤面积
磁力搅拌器	转速
生物安全柜	气流流速、排风量、工作区尺寸
蠕动泵	流量范围、转速范围、转速分辨率
卧式贴标机	生产能力、适用瓶型、适用标签、贴标精度
摇床（用于阳性对照生产）	转速、温度
低温离心机（用于阳性对照生产）	转速、温度

关键生产设备详细介绍如下：

全自动圆盘定位式灌装机是液体生产线中的灌装旋盖主机，如图12-36，主要用于诊断产品塑料瓶的灌装、上盖、旋盖，采用圆盘定位式灌装、蠕动泵加液方式，泵体采用柱塞泵，电磁振动送盖，升降式旋盖，具有无瓶不灌、无瓶不上盖功能，整套系统灌装和旋盖合二为一，结构紧凑，操作简单。

图 12-36　全自动灌装机

12.3.2　原辅材料质量检验

⇨规范要求引用

《兽医诊断制品生产质量管理规范》
第五章　物料和标准物质

第四十四条　物料和标准物质的购入、验收、贮存、发放、使用等应制定管理制度或操作规程，并有记录。

第四十五条　物料应符合兽药国家标准或药品标准、包装材料标准等，并应建立单位内控质量标准。所用物料不得对制品的质量产生不良影响。

第四十六条　应建立符合要求的物料供应商评估制度，委托加工的应提供委托加工合同，供应商的确定及变更应当进行质量评估，并经质量管理部门批准后方可采购。所用物料应从合法或符合规定条件的单位购进，签订固定的供需合同和按规定入库，并保存对合格供应商的评估记录。

第四十七条　主要物料的采购应能够进行追溯，应当按照采购控制文件的要求保存供方的资质证明、采购合同或加工技术协议、采购发票、供方提供的产品质量证明、批进货检验（验收）报告或试样生产及检验报告。

第四十八条　外购的标准物质应能证明来源和溯源性。应记录其名称、来源、批号、制备日期（如有）、有效期（如有）、溯源途径、主要技术指标（含量或效价等）、保存条件和状态等信息。应制定标准物质使用和管理程序，并做好记录。

第四十九条　自制已有国家标准物质的工作标准物质的，每批工作标准物质应当用国家标准物质进行溯源比对和标定，合格后才能使用。标定的过程和结果应当有相应的记录。

第五十条　自制尚无国家标准物质的工作标准物质的，应当建立制备技术规范，制定工作标准物质的质量标准以及制备、鉴别、检验、批准和贮存的标准操作规程，并由3人或3家单位以上比对或协作标定合格后才能使用。其技术规范应至少包括标准物质原材料筛选、样本量、协作标定方案及统计分析方法等。标定的过程和结果应当有相应的记录。

第五十一条　使用标准物质应能对量值进行溯源。对检测中使用的自制工作标准物质应当建立台账及使用记录。应记录其来源、批号、制备日期、有效期、溯源途径、主要技术指标（含量或效价等）、保存条件和状态等信息。应当定期对其特性值进行持续稳定性检测并保存有关记录。

第五十二条　应具备检验所需的各种标准菌（毒、虫）种，应说明标准菌（毒、虫）种来源、特性，并有鉴定记录及报告。

第五十三条　生产中涉及动物病原微生物培养的，应建立基础种子批，并提供种子批制备、鉴定记录、鉴定报告及保管记录。

第五十四条　应建立生产用细胞库，并提供细胞制备、鉴定记录及鉴定报告。

第五十五条　待检、合格、不合格物料应严格管理，有易于识别的明显标识和防止混淆的措施，并建立物料保存账、物、卡和流转账卡制度。不合格的物料应专区或在专门的冰箱、冰柜存放，并按有关规定及时处理。

第五十六条　对温度、湿度或其它条件有特殊要求的物料、中间产品和成品，应按规定条件贮存。固体、液体原料应分开贮存；挥发性物料应注意避免污染其它物料。生产用菌毒种子批和细胞库，应在规定储存条件下，专库存放，并指定专人负责。

第五十七条　兽用麻醉药品、精神药品、毒性药品、易燃易爆、易制毒化学品和其它危险品的验收、贮存、保管、使用、销毁应严格执行国家有关规定。菌毒种的验收、贮存、保管、使用、销毁应执行国家有关动物病原微生物菌种保管的规定。

第五十八条　物料应按规定的使用期限贮存，未规定使用期限的，其贮存期限一般不超过三年，期满后应复验。贮存期内如有特殊情况应及时复验。

第五十九条　制品的标签和说明书应符合国家关于标签和说明书管理有关规定，并与兽医行政管理部门批准的内容、式样、文字相一致。必要时标签和说明书内容可同时印制在制品包装盒、袋上。标签和说明书应经单位质量管理部门校对无误后印刷、发放、使用。

第六十条　标签、使用说明书应由专人保管、领用，并符合以下要求：

（一）标签、使用说明书均应按品种、规格专柜或专库存放，由专人验收、保管、发放、领用，并凭批包装指令发放，按实际需要量领取；

（二）标签要计数发放，领用人核对、签名，使用数、残损数及剩余数之和应与领用数相符，印有批号的残损或剩余标签及包装材料应由专人负责计数销毁；

（三）标签发放、使用、销毁应有记录。

《兽药生产质量管理规范（2020年修订）》
第六章　物料与产品
第二节　原辅料

第一百零九条　应当制定相应的操作规程，采取核对或检验等适当措施，确认每一批次的原辅料准确无误。

第一百一十条　一次接收数个批次的物料，应当按批取样、检验、放行。

第一百一十一条　仓储区内的原辅料应当有适当的标识，并至少标明下述内容：

（一）指定的物料名称或企业内部的物料代码；

（二）企业接收时设定的批号；

（三）物料质量状态（如待验、合格、不合格、已取样）；

（四）有效期或复验期。

第一百一十二条　只有经质量管理部门批准放行并在有效期或复验期内的原辅料方可使用。

第一百一十三条　原辅料应当按照有效期或复验期贮存。贮存期内，如发现对质量有不良影响的特殊情况，应当进行复验。

第四节　包装材料

第一百一十六条　与兽药直接接触的包装材料以及印刷包装材料的管理和控制要求与原辅料相同。

第一百一十七条　包装材料应当由专人按照操作规程发放，并采取措施避免混淆和差错，确保用于兽药生产的包装材料正确无误。

第一百一十八条　应当建立印刷包装材料设计、审核、批准的操作规程，确保印刷包装材料印制的内容与畜牧兽医主管部门核准的一致，并建立专门文档，保存经签名批准的印刷包装材料原版实样。

第一百一十九条　印刷包装材料的版本变更时，应当采取措施，确保产品所用印刷包装材料的版本正确无误。应收回作废的旧版印刷模版并予以销毁。

第一百二十条　印刷包装材料应当设置专门区域妥善存放，未经批准，人员不得进入。切割式标签或其他散装印刷包装材料应当分别置于密闭容器内储运，以防混淆。

第一百二十一条　印刷包装材料应当由专人保管，并按照操作规程和需求量发放。

第一百二十二条　每批或每次发放的与兽药直接接触的包装材料或印刷包装材料，均应当有识别标志，标明所用产品的名称和批号。

第一百二十三条　过期或废弃的印刷包装材料应当予以销毁并记录。

12.3.2.1　原辅料质量检验流程

物料接收管理基本流程见图12-37：

（1）来料检查

① 原辅料、包装材料　原辅料进厂到库后，库房管理人员来料检查内容包括：

a. 核实送货单是否与采购订单一致。

b. 依照批准的合格供应商名录，核实物料是否来自合格供应商。

c. 清点到货数量是否与采购订单相符。

d. 对到货的每个包装容器进行外观检查，检查是否有污染、破损、受潮、霉变、虫蛀等。

e. 检查物料包装标识，标识内容应清晰完整，至少包括物料名称、规格、批号、数量、生产厂家。

f. 必要时，要对容器外包装材料及桶、箱等容器外部进行清洁，除去灰尘及污物。如发现外包装损坏或其他可能影响物料质量的问题，应及时记录，并向质量管理部门报告，并启动相关调查。如有必要，可疑的容器或整批物料都要控制隔离以待处理。

g. 对于有特殊条件的物料，如有温度控制要求，还要检查送货的运输条件是否符合要求。

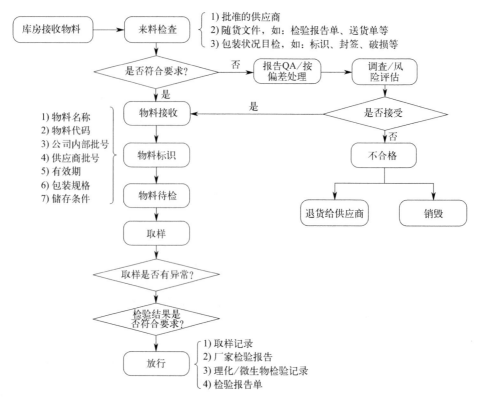

图 12-37　物料接收管理基本流程

h. 对于零头包装的物料，在接收时还要核实重量/数量。

生产用原辅料接收时，还应关注以下要求：

a. 生产用细胞系应从制品规程中规定的保藏单位获取。收到细胞后，由细胞库管理人员查看包装有无破损，核对细胞信息无误后，根据接收到的细胞状态进行处置。应建立细胞库，冻存的细胞放在液氮罐中指定位置保存；正在培养的细胞放在合适的培养条件下进行培养。建立细胞台账，详细登记细胞名称、来源、批号、代次、规格、数量和培养条件等相关信息。

b. 生产用菌（毒、虫）种应建立种子批和分级管理制度。种子分为原始种子、基础种子和生产种子三级，各级种子均应建立种子批，组成种子批系统。建立菌（毒、虫）种台账，详细登记基础种子的名称、代次、批号、数量、来源、生产日期和有效期等信息，将基础种子分类存放于种子库内，并将其检定报告或其他材料归档保存。

c. 生产用动物应来源清晰、品系明确，符合《中国兽药典》规定和相关注册要求。

② 特殊生产物料　对于一些特殊物料，如易制毒化学品或贵重物料，来料检查在符合上述基本要求的同时，还需要每批称重，核对重量，双人复核。在对特殊物料进行来料检查时，仓库工作人员在进行外包装卫生清洁的时候，还应佩戴相关的个人防护工具。在清洁后搬运至特殊物料仓库。

应建立麻醉药品、精神药品、毒性药品接收相关管理文件，其验收、入库、领用和发放都应做到严格控制。

（2）物料接收和待检　库房物料接收区域的设计要能保护物料免受环境的影响。接收区还应考虑设计可以对来料容器进行清洁的区域。

① 填写物料台账　物料在满足接收条件后，库房管理人员填写物料收货台账，包括物料名称、内部物料代码、规格、厂家批号、数量、生产厂家、收货人及日期、存放位置等。

② 码放货物　接收的物料放入存储区域指定货位，要求按品种、批号码放整齐，由库房管理人员填写货位卡。物料存放位置应与货位卡描述一致。

③ 管理货物　物料账卡管理的关键是要做到账、卡、物三者一致。如果物料不满足接收条件，必须尽快通知负责的质量管理部门或其他相关部门（如采购部）并启动调查。根据调查结果，决定物料最终是否被接收。如果不能接收，根据评估结果将物料销毁或退回给供应商。

④ 物料待检　物料在接收后，即处于待检隔离状态，其目的是防止物料在放行前进入企业物料流转链中。隔离方法可根据企业物料管理系统的实际情况进行选择，可以采用单独的隔离区域或已验证的计算机控制物料系统，但是无论是哪种控制方式，均需要确保验收前物料处于待验隔离状态。

（3）取样和检验　按照兽药GMP（2020年修订）要求，一次接收的物料如由数批构成，应逐批取样、检验。

① 取样　取样工作由经过培训的取样人员根据企业制定的取样规程进行，对进厂物料所取的样品应能代表整批产品情况。取样应在指定的区域（如独立的取样区域）内，取样量应符合恰当的标准，如考虑了可变性、置信水平、精密度、供应商以往产品质量情况的统计结果以及所需的检验量和留样量。一般原则为，设定取样总件数为 N，如果 $N \leqslant 3$，从每个包装进行取样；如果 $3 < N \leqslant 300$，从 $\sqrt{N} + 1$ 个包装取样；$N > 300$，从 $\sqrt{N}/2 + 1$ 个包装取样。

a. 取样规程　取样规程是根据物料或产品要取的样品数量而预先制定的取样程序，应包括以下内容：取样方法、取样工具、样品量（一般为全检量的2~3倍）以及需要取的样品数量、取样防护措施；是否有特殊取样要求，如分包样品、样品容器、取样包装上的取样标识；避免交叉污染应该采取的措施，特别是对无菌产品。

b. 贮存条件　样品应及时密封保存，贮存条件应与被取样产品或物料规定的贮存条件一致。

c. 取样操作　取样前应明确取样方法，包括样品数量及每个样品的取样量、取样位置、样品是否混合（一般用于物料逐个包装鉴别实验的样品不允许混合，样品混合需要在进行试验前根据规定的方法进行）。

d. 取样标识　取样后，原包装物料应做好密封后加贴取样标签。取号的样品要有明确标识，标签上至少应该包括样品名称、样品批号、样品重量、取样人等，必要时还应标注样品贮存条件、供应商或生产商名称。

e. 取样记录　取样后应及时填写取样记录，取样记录上应该包含样品名称、样品批号（厂内批号、生产厂家批号）、取样日期、供应商或生产商名称、取样量及取样人信息。

f. 取样的异常处理　取样时，取样人员需要对产品（物料）外包装和物料外观进行现场检查，需要检查核对物料信息（如品名、生产日期、失效日期等）。如果发现不符合要求的情形，取样人员应立即停止取样，将观察到的不符合现象记录在取样记录中，并通知公司质量管理相关部门进行调查处理。

② 检验　每批物料都应按批取样进行检验。物料的质量检验应根据所制定的质量标准及检验规程要求进行。检验要采用国家标准规定的方法，当采用新的检验方法、检验方

法需变更的、采用《中国兽药典》及其他法定标准未收载的检验方法时，要进行方法验证。采用不需要进行验证的方法时，必要时也应当对方法进行确认或方法转移确认。

a. 原料检验　原料检验应按规定的取样方法和检验操作规程对物料的相关指标进行检测，并根据检测结果出具检测报告。

应采取核对或检验等适当措施以便确认每一包装内的原料正确无误。若采用检验方法确认，除对混合样品进行全检外，可对每一包装的原料进行鉴别试验，通常采用快速便捷的红外或近红外的方法。

应将原料检验结果与供应原料的生产厂家提供的检验报告进行核对，如双方的检验结果相差较大时，质量检测部门应仔细检查所收到的供应厂家的检验证书的一致性（检验证书的一致性则是指所用的检验方法、判断合格与否应与现行法定标准一致），及时与供应厂家进行联系，共同分析检验结论不一致的原因，以取得双方检验方法、检验结果的一致性。

b. 包装材料的检验　包装材料检验项目主要包括材质、外观、尺寸、规格和理化性质。直接接触兽药的包装材料、容器，还要对其卫生状况进行检查。

检验部门根据检验结果对物料质量做出合格或不合格的评价结论，并经相关负责人签批后，将检验结果以适当的形式通知物料管理和使用的有关部门，如仓库、生产车间等，并由相关部门做出物料处理的决策。

（4）有效期和复验期　有效期是指在规定的贮存条件下，物料超此日期后不得使用的日期。复验期是指原辅料、包装材料贮存一定时间后，为确保其仍适用于预定用途，由企业确定的需重新检验的日期，目的是保障物料使用适合性。

① 生产企业应该根据物料国家标准、物料性质、出厂报告或稳定性考察结果，确定各种物料的有效期或复验期，有效期或复验期应该以文件的形式做出规定。

菌（毒）种基础种子的保存期，除另有规定外，均为冻干菌（毒）种的保存期。生产种子的保存条件和保存期应符合《制品制造及检验规程》或产品规程要求。

细胞冻存后应 3～5 年复苏一次，查看复苏后的细胞活力，以验证细胞贮存条件的稳定性。细胞活力在传代 2 次以上还未能达到 80% 以上时，应及时复壮重新冻存。

② 对于有明确有效期规定的物料，超过有效期后，不可再使用。

对于无有效期规定的物料，应根据历史数据分析或稳定性试验结果，确定贮存期限（或称使用期限）。物料的复验期应在贮存期限（或称使用期限）内。企业应根据物料的特性制定合理的复验期和复验次数，物料在复验合格后应立即使用，不可无限制地复验。超过贮存期限（或称使用期限）的物料，即使复验合格也不能使用。

对于规定复验期的物料，应在临近复验期前或经评估后在生产使用前完成复验，企业可制定相应的物料复检管理操作规程。对于超过复验期的物料应标识为待验状态，根据复验、评估结果将物料状态由合格或待检状态转为合格状态或不合格状态，并根据相应物料管理操作规程处理。如复验、评估后判为不合格，则按企业制定的不合格物料处理操作规程执行。

12.3.2.2　常见原辅料检测指标

原辅料是指兽用诊断制品生产过程中所需要的原料（如抗原、抗体、酶、胶体金、底物、荧光探针、引物等）和辅助用料（如 NC 膜、滤血膜、样品垫、牛血清白蛋白、酶标板、PCR 管、缓冲试剂、纯化水等）的总称。高质量的原辅料是确保制品质量和性能的基础，通过对原辅料质量进行检验，确保其性能指标满足生产的需求，以提高中间品、半成品和成品的合格率，从而提高诊断试剂成品的质量和成品率，降低生产成本和管理成本。

下面分别介绍免疫学类诊断制品和分子生物学类诊断制品及其关键原料（抗体、抗原和酶等）生产过程中涉及的原辅料检测指标。

（1）**抗体规模化生产**　抗体规模化生产常用原辅料及检测指标详见表12-13。

表12-13　常用原辅料及检测指标

常用原辅料	主要检测指标
RPMI-1640 基础培养基	气味、外观
DMEM 基础培养基	气味、外观
胎牛血清	颜色、外观
葡萄糖	颜色、外观

（2）**分子诊断用酶生产**　分子诊断用酶生产过程中所用的原辅料主要用于细菌的培养，以及蛋白纯化过程中所需的化学试剂，具体见表12-14。

表12-14　常用原辅料及检测指标

常用原辅料	主要检测指标
酵母提取物	气味、外观
胰化蛋白胨	气味、外观
氯化钠	颜色、外观
异丙基硫代-β-D-半乳糖苷(IPTG)	颜色、外观
氨苄青霉素钠	颜色、外观
硫酸卡那霉素	颜色、外观
Tris	颜色、外观
咪唑	外观、颜色
硫酸镍	外观、颜色
磷酸盐	外观、颜色

（3）**重组蛋白生产**　重组蛋白生产使用的原辅料用于细胞的培养、细胞计数、真核质粒转染，以及蛋白纯化过程，常见原辅料及检测指标见表12-15。

表12-15　常用原辅料及检测指标

常用原辅料	主要检测指标
293 细胞培养液	无菌、外观、4℃保存
转染缓冲液	无菌、外观、4℃保存
转染试剂	无菌、外观、4℃保存
293 蛋白表达增强剂	颜色、外观、－20℃保存
瞬时转染营养添加剂	颜色、外观、－20℃保存
台盼蓝染色液(0.4%)	颜色、外观、4℃保存
二甲基亚砜(DMSO)	外观
青链霉素混合液	外观、－20℃保存
Ni Sepharose 6 Fast Flow 填料	外观、颜色

（4）**ELISA 试剂生产**　ELISA 试剂生产常见原辅料及检测指标见表12-16。

表12-16　ELISA 常见原辅料及主要检测指标

常用原辅料	主要检测指标
抗体	外观、蛋白含量、效价
抗原	外观、含量、溶解性
牛血清或羊血清	外观、无菌试验、总蛋白含量、球蛋白含量
牛血清白蛋白	外观、溶解性、总蛋白含量、白蛋白净含量、酪蛋白、酸碱度等应符合生产所需的质量要求
标记用酶	外观、比活、酶的纯度 RZ 值(OD_{403}/OD_{280})应大于 3.0

常用原辅料	主要检测指标
化学原材料	外观、一般盐类检测、溶液 pH、溶解情况、干燥失重、炽灼残渣等
纯化水	性状、电导率、总有机碳、微生物限度以及酸碱度、硝酸盐、亚硝酸盐、氨、易氧化物、不挥发物、重金属等指标要满足待生产制品的要求和响应国家强制标准的要求
酶标板	微孔板条(酶标、化学发光试剂盒用):外观、吸附能力、孔间一致性,化学发光用板条还需要荧光本底满足要求
其他辅助材料	试剂瓶标签、黏胶纸、铝箔袋、衬垫、可密封塑料袋、说明书、干燥剂和包装外盒等,均应符合相应质量控制标准,如外观、尺寸、质量、数量、规格等要满足规定的要求

(5)侧流色谱产品生产 侧流色谱产品生产常见原辅料及检测指标见表12-17。

表 12-17 常见原辅料及主要检测指标

常用原辅料	主要检测指标
抗体	外观、蛋白含量、效价
抗原	外观、含量、溶解性
牛血清白蛋白	外观、溶解性、总蛋白含量、白蛋白净含量、酪蛋白、酸碱度等应符合生产所需的质量要求
化学原材料	外观、一般盐类检测、溶液 pH、溶解情况、干燥失重、炽灼残渣等
纯化水	性状、电导率、总有机碳、微生物限度以及酸碱度、硝酸盐、亚硝酸盐、氨、易氧化物、不挥发物、重金属等指标要满足待生产制品的要求和响应国家强制标准的要求
硝酸纤维素膜(胶体金试剂盒)	硝酸纤维素膜应具有厚度、孔径大小等要求,毛细迁移速度、韧性(切割时膜破损引起的废品率)、均一性(厚度偏差范围、毛细迁移速度偏差范围)应达到规定的要求
玻璃纤维或聚酯纤维膜(胶体金试剂盒)	玻璃纤维或聚酯纤维膜及滤纸应具有厚度、毛细迁移速度、重量等要求,均一性(厚度偏差范围、毛细迁移速度偏差范围、重量偏差范围)应达到规定的要求
玻璃纤维膜(胶体金试剂盒)	适用于全血检测的金标试剂,过滤红细胞所用玻璃纤维膜或其他材料具有不吸附蛋白质的特点,应具有厚度、孔径大小等要求
底板(胶体金试剂盒)	底板应具有厚度、硬度(切割时一次未能整条切下的百分率)、尺寸(与标识吻合)、黏性(切割时造成玻璃纤维与塑料衬片分离的百分率)等要求
其他辅助材料	包括试剂瓶标签、黏胶纸、铝箔袋、衬垫、可密封塑料袋、说明书、干燥剂和包装外盒等,均应符合相应质量控制标准,如外观、尺寸、质量、数量、规格等要满足规定的要求

(6)PCR 试剂生产 PCR 试剂生产常见原辅料及检测指标见表12-18。

表 12-18 常见原辅料及主要检测指标

常用原辅料	主要检测指标
分子诊断用酶(DNA 聚合酶/反转录酶/UDG 酶等)	外观,酶活性或比活性、蛋白含量、杂质含量等
引物探针	外观,HPLC 报告,溶解性
dNTP	外观,HPLC 报告,溶解性,无 DNase 和 RNase 污染
$MgSO_4$	外观,纯度,溶解性
甘油	外观,纯度
牛血清白蛋白	外观、溶解性、总蛋白含量、白蛋白净含量、酪蛋白、酸碱度等应符合生产所需的质量要求
表面活性剂	外观,纯度,杂质
纯化水	性状,无 DNase 和 RNase 污染,无菌
酵母提取物	气味、外观
胰化蛋白胨	气味、外观
氯化钠	颜色、外观
抗生素(卡那霉素,氨苄青霉素)	外观,纯度,溶解性
质粒提取试剂	外观,有效期

12.3.3　生产指令与标准操作规程

▷ 规范要求引用

- -

《兽医诊断制品生产质量管理规范》
第八章　文件

第七十九条　产品生产管理文件主要包括生产工艺规程、岗位操作法或标准操作规程、批生产记录等。

（一）生产工艺规程内容包括：品名，处方，生产工艺的操作要求，物料、中间产品、成品的质量标准和技术参数及贮存注意事项，物料平衡的计算方法，成品容器，内包装材料的要求等；

（二）岗位操作法内容包括：生产操作方法和要点，重点操作的复核、复查，中间产品质量标准及控制，安全和劳动保护，设备维修、清洗，异常情况处理和报告，工艺卫生和环境卫生等；

（三）标准操作规程内容包括：题目、编号、制定人及制定日期、审核人及审核日期、批准人及批准日期、颁发部门、生效日期、分发部门、标题及正文；

（四）成品批生产记录内容包括：产品名称、各成分规格、所用容器和内包装标签及包装材料的说明、生产批号、生产日期、操作者、复核者签名及日期、有关操作与设备、产品数量、物料平衡的计算、生产过程的控制记录、清场记录和合格证、检验结果及特殊情况处理记录及中间产品相关记录或追溯信息，并附产品标签、使用说明书。

- -

《兽药生产质量管理规范（2020年修订）》
第八章　文件管理
第四节　批生产与批包装记录

第一百六十五条　每批产品均应当有相应的批生产记录，记录的内容应确保该批产品的生产历史以及与质量有关的情况可追溯。

第一百六十六条　批生产记录应当依据批准的现行工艺规程的相关内容制定。批生产记录的每一工序应当标注产品的名称、规格和批号。

第一百六十七条　原版空白的批生产记录应当经生产管理负责人和质量管理负责人审核和批准。批生产记录的复制和发放均应当按照操作规程进行控制并有记录，每批产品的生产只能发放一份原版空白批生产记录的复制件。

第一百六十八条　在生产过程中，进行每项操作时应当及时记录，操作结束后，应当由生产操作人员确认并签注姓名和日期。

第一百六十九条　批生产记录的内容应当包括：

（一）产品名称、规格、批号；

（二）生产以及中间工序开始、结束的日期和时间；

（三）每一生产工序的负责人签名；

（四）生产步骤操作人员的签名；必要时，还应当有操作（如称量）复核人员的签名；

（五）每一原辅料的批号以及实际称量的数量（包括投入的回收或返工处理产品的批号及数量）；

（六）相关生产操作或活动、工艺参数及控制范围，以及所用主要生产设备的编号；

（七）中间控制结果的记录以及操作人员的签名；

（八）不同生产工序所得产量及必要时的物料平衡计算；

（九）对特殊问题或异常事件的记录，包括对偏离工艺规程的偏差情况的详细说明或调查报告，并经签字批准。

第一百七十条　产品的包装应当有批包装记录，以便追溯该批产品包装操作以及与质量有关的情况。

第一百七十一条　批包装记录应当依据工艺规程中与包装相关的内容制定。

第一百七十二条　批包装记录应当有待包装产品的批号、数量以及成品的批号和计划数量。原版空白的批包装记录的审核、批准、复制和发放的要求与原版空白的批生产记录相同。

第一百七十三条　在包装过程中，进行每项操作时应当及时记录，操作结束后，应当由包装操作人员确认并签注姓名和日期。

第一百七十四条　批包装记录的内容包括：

（一）产品名称、规格、包装形式、批号、生产日期和有效期。

（二）包装操作日期和时间。

（三）包装操作负责人签名。

（四）包装工序的操作人员签名。

（五）每一包装材料的名称、批号和实际使用的数量。

（六）包装操作的详细情况，包括所用设备及包装生产线的编号。

（七）兽药产品赋电子追溯码标识操作的详细情况，包括所用设备、编号。电子追溯码信息以及对两级以上包装进行赋码关联关系信息等记录可采用电子方式保存。

（八）所用印刷包装材料的实样，并印有批号、有效期及其他打印内容；不易随批包装记录归档的印刷包装材料可采用印有上述内容的复制品。

（九）对特殊问题或异常事件的记录，包括对偏离工艺规程的偏差情况的详细说明或调查报告，并经签字批准。

（十）所有印刷包装材料和待包装产品的名称、代码，以及发放、使用、销毁或退库的数量、实际产量等的物料平衡检查。

第五节　操作规程和记录

第一百七十五条　操作规程的内容应当包括：题目、编号、版本号、颁发部门、生效日期、分发部门以及制定人、审核人、批准人的签名并注明日期，标题、正文及变更历史。

第一百七十六条　厂房、设备、物料、文件和记录应当有编号（代码），并制定编制编号（代码）的操作规程，确保编号（代码）的唯一性。

第一百七十七条　下述活动也应当有相应的操作规程，其过程和结果应当有记录：

（一）确认和验证；

（二）设备的装配和校准；

（三）厂房和设备的维护、清洁和消毒；

（四）培训、更衣、卫生等与人员相关的事宜；

（五）环境监测；

（六）虫害控制；

（七）变更控制；

（八）偏差处理；

（九）投诉；

（十）兽药召回；

（十一）退货。

12.3.3.1　生产指令

生产指令是一批产品生产的总指令，是生产计划的具体体现，是生产操作及领料的依据。其要素主要包括生产的产品名称、规格、批号、批量、作业时间（开始时间和结束时间），所需原辅料和包装材料的名称、编号、用量等。下达生产指令的目的是确保生产作业现场的有序和可控。生产指令的下达是以"生产指令单"（或"生产任务单"）的形式实现的。

生产指令由生产管理部门（计划部门）依据既往销售情况、市场变化及公司销售政策调整等因素做周期性销售预测，并依据销售预测结果及内部资源状况编制阶段性生产计划，在生产计划的基础上形成并下达生产指令，包括批生产指令、批包装指令、岗位操作指令。

（1）批生产指令　主要内容包括：产品名称、批号、规格、批量、生产开始日期；生产品种所执行的工艺、规程编号、配方组成（原辅料的名称、规格、单位、用量）；指令编制人、审核人、签发人的姓名及日期等。

（2）批包装指令　主要内容包括：产品名称、批号、包装规格、批量、包装日期、生产日期、有效期；包材及标签的名称、规格、单位、数量；指令编制人、审核人、签发人的姓名及日期等。

（3）岗位操作指令　主要内容包括：按生产指令领取原辅料和包装材料；领料时要按复核制度的相关条款认真检查所领物料的品名、批号、规格、数量、产地，发现不符合条款要求的物料不得领取；做好物料领用记录，操作者和复核者都必须在领料记录上签字，领、发料员双方交接清楚并签字。

生产指令可以一式一份或多份，具体根据企业相关部门在生产计划安排时的需要自行确定；生产指令的原件和复印件均需要有控制，发放数量和去向要明确、可追溯，不得随意复印。

为防止混乱、差错、重复下达生产指令，通常生产指令由生产管理部门专人负责生产指令的制定和发放，生产指令的接收部门需指定专人负责接收和传达。接收的过程也是对指令中数量和内容准确性的确认。

12.3.3.2　标准操作规程

标准操作规程（standard operating procedure，SOP）就是将某一作业过程的标准化操作步骤和要求用统一的格式描述并文件化，用来指导和规范日常的作业；是批准用来指导设备操作、维护与清洁、验证、环境控制、生产操作、取样和检验等生产活动的通用性文件。标准操作规程是企业活动和决策的基础，编制标准作业程序的目的是通过对作业程序的细化、量化和优化来提升作业质量和效率。

标准操作规程应是经不断实践总结出来的、在当前条件下可以实现的最优化的操作程序，文件内容上主要包括程序名、程序编号、目的要求、适用范围、资源要求、操作步骤、注意事项、编制、审核批准人、发布日期等内容。标准作业程序的编制主要过程包括明确编制标准作业程序的必要性、确定目的和适用范围、明确过程细化和量化的程度、细化和优化作业过程、编制标准化作业程序、标准化作业程序的审批和发布等步骤。

12.3.4　中试生产与规模化生产

▷规范要求引用

《兽医诊断制品注册分类及注册资料要求》

（七）中试生产报告和批记录　兽医诊断制品的中试生产应在申请人的相应 GMP 生产线进行。中试生产报告应经生产负责人和质量负责人签名，主要内容包括：

（1）中试时间、地点和生产过程。

（2）制品批数（至少连续 3 批）、批号、批量。

（3）制品生产和检验报告。

（4）中试过程中发现的问题及解决措施等。

（5）至少连续 3 批中试产品的批生产和批检验记录。

《兽医诊断制品生产质量管理规范》

第一章　总则

第一条　为规范兽医诊断制品生产、质量管理，根据《兽药管理条例》规定，制定本规范。

第二条　本规范是兽医诊断制品生产和质量管理的基本准则，适用于兽医诊断制品生产全过程的管理。从事兽医诊断制品的生产单位应具有独立的法人资格。

第三条　本规范所称的兽医诊断制品（以下简称"制品"），是指用于动物体外疫病诊断或免疫监测的试剂（盒）。体内诊断制品的生产按《兽药生产质量管理规范》管理。

第四条　制品生产中涉及使用动物病原微生物制备抗原、抗体等可自制或委托加工。

自制涉及三、四类动物病原微生物的，应在符合本规范要求的生产线进行；自制涉及一、二类动物病原微生物的，制备场所应具有与所涉及动物病原微生物相适应的兽药 GMP 证书，或者具有《高致病性动物病原微生物实验室资格证书》等证明文件。

委托加工的，应委托具备相应生产条件的兽用生物制品 GMP 企业或具备相应实验室生物安全资格证书的实验室，并签订委托加工合同。

第五条　制品生产中涉及非动物病原微生物操作的，参照本规范规定的四类动物病原微生物操作要求执行。

12.3.4.1　中试生产

中试生产也称中试阶段，其目的是在研制的实验室样品合格后、规模化生产前就产品的配方、生产工艺过程以及工艺放大后的产品性能进行验证，以确保产品配方、工艺过程能满足规范化生产的需要，同时也是技术部门对生产、检验等作业人员进行培训和指导的过程。

产品研制的实验室工艺完成后，即工艺路线经评审确定后，一般都需要一个在小型实验规模基础上放大 50～100 倍的中试放大，以便进一步研究在一定规模装置中各工艺条件的变化规律，并解决实验室阶段未能解决或尚未发现的问题，确保按操作规程能始终生产出预定质量标准的产品，所以，中试放大的目的是验证、复审和完善实验室工艺所研究确定的生产工艺路线是否成熟、合理，主要经济技术指标是否接近生产要求，研究选定的工业化生产设备结构、材质、安装和车间布置等，为正式生产提供最佳物料量和物料消耗等数据。总之，中试放大要证明各个单元的工艺条件和操作过程。在使用规定原材料的情况下，在模型设备上能生产出预定质量指标的产品，且具有良好的重现性和可靠性。

（1）中试性能验证和确认

① 中试阶段验证

a. 中试生产准备工作　研发项目组编制中试生产阶段设计开发计划表，由部门相关负责人进行审核并批准。由研发项目组提出试剂中试生产验证申请、验证方案及风险管理计划，由研发部门、质量部门、生产部门负责人审批后，方可进行中试生产验证及其生产风险评估。

b. 确认准备　研发项目组填写中试生产申请单，核对内容，经采购、生产等主管领导批准后，进入试生产阶段。研发项目组负责试生产项目的工艺文件编写、确认与受控，以及对该项目的生产人员进行针对性的培训，培训内容包括试生产项目相关的各类 SOP 文件、标准化管理流程（SMP）文件、设备使用等，洁净车间相关规定由生产负责人培训。质量保证人员确保有关该项目的各类 SOP 文件齐全；洁净车间满足该产品的工艺要求，相关物料准备齐全，三废（废液、废气和废料）问题已有处理方案；已提出安全生产的要求，已制定操作规程和安全规程，相关设备配置到位且能正常运行，相关人员培训合格等。

c. 生产阶段　生产人员根据该产品生产工艺流程图及相关 SOP 文件逐步操作，进行中试连续三批试生产，并及时填写设备使用记录、操作相关记录及洁净车间相关记录等。质量保证人员对生产过程进行监控、对相关中间品进行抽样，经质检合格后，方能进入下一道工序。然后将中间品生产为成品试剂盒。

中试生产过程中，研发人员如发现可操作性差的工序，应及时进行调整并提供解决方案。应特别注意优化工序、简化操作、提高劳动生产率，从而最终确定生产工艺流程和操作规程。设备管理人员对试生产过程中仪器设备的使用情况进行实时监控，需校准的仪器设备确保在校准或检定有效期内，保留校准或检定记录；对于接触腐蚀性物料的设备材质的选择问题尤应注意，并对存在的风险进行评估，及时、高效处理突发状况。

研发人员及生产相关人员根据风险管理计划对生产过程各环节、环境、设备及安全进行风险评估。

d. 成品检验　中试生产完成后，质量部门组织对成品进行检验，至少需对连续三批的成品进行性能评价，出具检验报告。若成品检验合格，则初步认为生产工艺、设备、环境、人员等均能满足产品生产需要，可生产出合格的产品；若成品检验不合格，则由研发人员协同质检人员、生产人员一起对中试生产过程中的每个环节逐一分析，对出现的问题进行讨论并给出解决方案，在下次生产中进行验证，直至生产出合格的产品。研发人员及质量人员应对检验过程及安全等进行风险评估。

② 中试确认

a. 中试生产问题改进及文件修订归档　研发项目组与生产部门就中试连续三批生产过程中出现的问题进行改进，并将工艺流程图、工艺操作 SOP、管理 SMP 及物料清单等文件进行修订、归档。

研发项目组、注册部门根据检验结果对产品说明书及产品技术要求进行预评价及修订，经审核后交由注册部门归档。

研发项目组编写综述资料，连同修订的稳定性研究报告、工艺及反应体系研究资料、主要原材料研究资料、分析性能评估报告、阳性判断值或者参考区间研究报告等交由注册部门审核、定稿。

b. 风险管理小结　研发项目组联合生产、设备、质量等部门对生产和检验过程中出现及可能出现的风险进行评估，并结合设计开发各阶段的风险控制出具风险管理报告。

c. 中试生产评审　中试生产检验后，出具验证报告。由研发部门组织中试生产评审，评审的内容至少应包括：产品性能符合产品技术要求和相关国家或行业标准、技术指导原则；生产工艺是否稳定，按此工艺生产能否得到质量均一、稳定的产品；有无需要改进的设备、生产条件和操作步骤；生产过程中有无需要增加的检测、控制项；物料采购是否满足生产需求；工艺文件是否齐全、完整；生产、检验等过程风险是否在允许范围内；生产成本是否控制在合理范围内；生产工人是否培训到位。评审不合格者，转回研发部门继续进行工艺改进研究。评审合格后，由质量部门出具相关报告，该项目转生产部门正式生产。

（2）中试阶段验证流程　中试阶段验证流程见图12-38。

12.3.4.2　规模化生产

规模化生产是指产品正式投产后日常生产过程。规模化需要通过对所需的资源（包括但不限于人员、设施和设备）有效协调及管理，以期高质量、高效率地完成生产任务、满足客户需求并为自身创造经济效益。

规模化生产必须在适宜的生产场地及环境中进行。根据现行法规要求，兽用诊断制品规模化生产应遵循《兽医诊断制品生产质量管理规范》及《兽药生产质量管理规范（2020年修订）》的相关要求。要保证产品质量，生产过程中必须防止污染、交叉污染、差错和混淆。兽用诊断制品生产质量管理的基本原则包括：

生产企业必须有足够的资历合格的与所生产产品相适应的技术人员，清楚地了解自己的职责，具体承担兽用诊断制品生产和质量管理。

应对操作者进行培训，以便正确地按照规程操作。

保证产品按照批准的生产工艺、质量标准进行生产和控制。

应按每批生产任务下达书面的生产指令，不能以生产计划安排来代替批生产指令。

所有生产加工应按批准的工艺规程进行，并证明严格按照质量要求和规格标准生产产品。

确保生产厂房、环境、生产设备、卫生符合要求。

符合规定要求的原辅料、包装容器和标签。

合适的贮存和运输设备。

全生产过程严密且有效的控制和管理。

应对生产加工的关键步骤和加工产生的重要变化进行验证。

合格的质量检验人员、设备和实验室。

生产中使用手工或记录仪进行生产记录，证明已完成的所有生产步骤是按确定的规程和指令要求进行的，产品达到预期的数量和质量，任何出现的偏差都应记录和调查。

采用适当的方式保存生产记录及销售记录，根据这些记录可追溯各批产品的生产历史。

对产品的贮存和销售过程中影响质量的风险应降至最低限度。

建立由销售和供应渠道召回任何一批产品的有效系统。

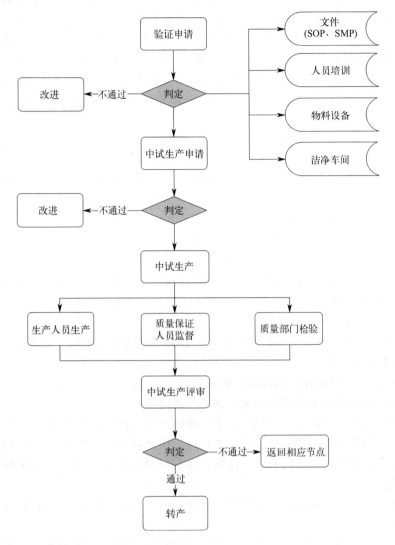

图 12-38 中试阶段验证流程

　　了解市售产品的用户意见，调查质量问题的原因，提出处理措施和防止再发生的预防纠正措施。

　　对一个新的生产过程、生产工艺及设备和物料进行验证，通过系统的试验以证明是否可以达到预期的结果。

12.3.5　生产过程控制/半成品质量控制

⇨ 规范要求引用

《兽医诊断制品生产质量管理规范》
第九章　生产管理

第八十三条　生产单位应制订生产工艺规程、岗位操作法或标准操作规程，并不得任意更改。如需更改时应按原文件制订程序办理有关手续。

第八十四条　生产操作前，操作人员应检查生产环境、设施、设备、容器的清洁卫生状况和主要设备的运行状况，并认真核对物料、中间产品数量及检验报告单。

第八十五条　如果同一品种的多种组分由同一组人在同一天分别处理（标定、稀释、分装等），应按照防止组分交叉污染的原则，合理安排组分的操作顺序，其中阴性组分的操作要先于阳性组分。

第八十六条　可在同一功能间划分不同的操作区域，分别进行同一品种的不同环节操作，但不能同时进行。

第八十七条　同一生产线有多个功能间分别用于不同品种生产的，在不共用功能间情况下，可同时生产。

第八十八条　应当对每批产品中关键物料进行物料平衡检查，如有显著差异，必须查明原因，在得出合理解释、确认无潜在质量事故后，方可按正常产品处理。

第八十九条　批生产记录应及时填写，做到字迹清晰、内容真实、数据完整，并由操作人及复核人签名。记录应保持整洁，不得撕毁和任意涂改；更改时应在更改处签名，并使原数据仍可辨认。批生产记录应按批号归档，保存至制品有效期后一年，成品记录可与各组分制备记录分开保存。

第九十条　每批产品均应编制生产批号。在同一时间内采用同一批次组分生产出来的一定数量的制品为一批。

第九十一条　生产操作应采取以下措施：

（一）生产前应确认生产环境中无上次生产遗留物；

（二）不同品种、同品种不同规格的生产操作不得在同一生产操作间同时进行；

（三）生产过程应按工艺、质量控制要点进行中间检查，并填写生产记录；

（四）生产过程中应防止物料及产品所产生的气体、蒸汽、喷气、喷雾物或生物体等引起的交叉污染；

（五）每一生产操作间或生产用设备、容器应有所生产的产品或物料名称、批号、数量等状态标识。

第九十二条　配液、标定、分装、组装等区域的生产操作，应在前一道工艺结束后或前一种产品或组分生产操作结束后进行清场，确认合格后进行其他操作。清场后应填写清场记录，内容应包括：工序、品名、生产批号、清场人签名等。

《兽药生产质量管理规范（2020年修订）》
第九章　生产管理
第一节　原则

第一百七十八条　兽药生产应当按照批准的工艺规程和操作规程进行操作并有相关记录，确保兽药达到规定的质量标准，并符合兽药生产许可和注册批准的要求。

第一百七十九条　应当建立划分产品生产批次的操作规程，生产批次的划分应当能够确保同一批次产品质量和特性的均一性。

第一百八十条　应当建立编制兽药批号和确定生产日期的操作规程。每批兽药均应当编制唯一的批号。除另有法定要求外，生产日期不得迟于产品成型或灌装（封）前经最后混合的操作开始日期，不得以产品包装日期作为生产日期。

第一百八十一条　每批产品应当检查产量和物料平衡，确保物料平衡符合设定的限度。如有差异，必须查明原因，确认无潜在质量风险后，方可按照正常产品处理。

第一百八十二条　不得在同一生产操作间同时进行不同品种和规格兽药的生产操作，除非没有发生混淆或交叉污染的可能。

第一百八十三条　在生产的每一阶段，应当保护产品和物料免受微生物和其他污染。

第一百八十四条　在干燥物料或产品，尤其是高活性、高毒性或高致敏性物料或产品的生产过程中，应当采取特殊措施，防止粉尘的产生和扩散。

第一百八十五条　生产期间使用的所有物料、中间产品的容器及主要设备、必要的操作室应当粘贴标签标识，或以其他方式标明生产中的产品或物料名称、规格和批号，如有必要，还应当标明生产工序。

第一百八十六条　容器、设备或设施所用标识应当清晰明了，标识的格式应当经企业相关部门批准。除在标识上使用文字说明外，还可采用不同颜色区分被标识物的状态（如待验、合格、不合格或已清洁等）。

第一百八十七条　应当检查产品从一个区域输送至另一个区域的管道和其他设备连接，确保连接正确无误。

第一百八十八条　每次生产结束后应当进行清场，确保设备和工作场所没有遗留与本次生产有关的物料、产品和文件。下次生产开始前，应当对前次清场情况进行确认。

第一百八十九条　应当尽可能避免出现任何偏离工艺规程或操作规程的偏差。一旦出现偏差，应当按照偏差处理操作规程执行。

第二节　防止生产过程中的污染和交叉污染

第一百九十条　生产过程中应当尽可能采取措施，防止污染和交叉污染，如：

（一）在分隔的区域内生产不同品种的兽药；

（二）采用阶段性生产方式；

（三）设置必要的气锁间和排风；空气洁净度级别不同的区域应当有压差控制；

（四）应当降低未经处理或未经充分处理的空气再次进入生产区导致污染的风险；

（五）在易产生交叉污染的生产区内，操作人员应当穿戴该区域专用的防护服；

（六）采用经过验证或已知有效的清洁和去污染操作规程进行设备清洁；必要时，应当对与物料直接接触的设备表面的残留物进行检测；

（七）采用密闭系统生产；

（八）干燥设备的进风应当有空气过滤器，且过滤后的空气洁净度应当与所干燥产品要求的洁净度相匹配，排风应当有防止空气倒流装置；

（九）生产和清洁过程中应当避免使用易碎、易脱屑、易发霉器具；使用筛网时，应当有防止因筛网断裂而造成污染的措施；

（十）液体制剂的配制、过滤、灌封、灭菌等工序应当在规定时间内完成；

（十一）软膏剂、乳膏剂、凝胶剂等半固体制剂以及栓剂的中间产品应当规定贮存期和贮存条件。

第一百九十一条　应当定期检查防止污染和交叉污染的措施并评估其适用性和有效性。

第三节　生产操作

第一百九十二条　生产开始前应当进行检查，确保设备和工作场所没有上批遗留的产品、文件和物料，设备处于已清洁及待用状态。检查结果应当有记录。生产操作前，还应当核对物料或中间产品的名称、代码、批号和标识，确保生产所用物料或中间产品正确且符合要求。

第一百九十三条　应当由配料岗位人员按照操作规程进行配料，核对物料后，精确称量或计量，并作好标识。

第一百九十四条　配制的每一物料及其重量或体积应当由他人进行复核，并有复核记录。

第一百九十五条　每批产品的每一生产阶段完成后必须由生产操作人员清场，并填写清场记录。清场记录内容包括：操作间名称或编号、产品名称、批号、生产工序、清场日期、检查项目及结果、清场负责人及复核人签名。清场记录应当纳入批生产记录。

第一百九十六条　包装操作规程应当规定降低污染和交叉污染、混淆或差错风险的措施。

第一百九十七条　包装开始前应当进行检查，确保工作场所、包装生产线、印刷机及其他设备已处于清洁或待用状态，无上批遗留的产品和物料。检查结果应当有记录。

第一百九十八条　包装操作前，还应当检查所领用的包装材料正确无误，核对待包装产品和所用包装材料的名称、规格、数量、质量状态，且与工艺规程相符。

第一百九十九条　每一包装操作场所或包装生产线，应当有标识标明包装中的产品名称、规格、批号和批量的生产状态。

第二百条　有数条包装线同时进行包装时，应当采取隔离或其他有效防止污染、交叉污染或混淆的措施。

第二百零一条　产品分装、封口后应当及时贴签。

第二百零二条　单独打印或包装过程中在线打印、赋码的信息（如产品批号或有效期）均应当进行检查，确保其准确无误，并予以记录。如手工打印，应当增加检查频次。

第二百零三条　使用切割式标签或在包装线以外单独打印标签，应当采取专门措施，防止混淆。

第二百零四条　应当对电子读码机、标签计数器或其他类似装置的功能进行检查，确保其准确运行。检查应当有记录。

第二百零五条　包装材料上印刷或模压的内容应当清晰，不易褪色和擦除。

第二百零六条　包装期间，产品的中间控制检查应当至少包括以下内容：

（一）包装外观；

（二）包装是否完整；

（三）产品和包装材料是否正确；

（四）打印、赋码信息是否正确；

（五）在线监控装置的功能是否正常。

第二百零七条　因包装过程产生异常情况需要重新包装产品的，必须经专门检查、调查并由指定人员批准。重新包装应当有详细记录。

第二百零八条　在物料平衡检查中，发现待包装产品、印刷包装材料以及成品数量有显著差异时，应当进行调查，未得出结论前。成品不得放行。

第二百零九条　包装结束时，已打印批号的剩余包装材料应当由专人负责全部计数销毁，并有记录。如将未打印批号的印刷包装材料退库，应当按照操作规程执行。

生产过程控制是为确保生产过程处于受控状态，对直接或间接影响产品质量的生产、

安装和服务过程所采取的作业技术和生产过程的分析、诊断和监控。其作用在于对生产过程的质量控制进行系统安排，对直接或间接影响过程质量的因素进行重点控制并制定实施控制计划，确保过程质量。

12.3.5.1　生产前的检查

（1）文件检查

a. 确认现场是否有产品《批生产指令》《工艺规程》《岗位标准操作规程》《设备标准操作规程》《清场标准操作规程》等文件。

b. 批生产指令是否明确指出所生产产品的名称、批号、生产批量等内容。

c. 现场是否有上批生产清场记录副本。

d. 现场各种岗位生产记录表格、领料单、书写工具等是否齐全。

e. 现场其他有关执行的文件齐全。

（2）生产现场状态检查

a. 检查生产区域清场状态标识，是否有清场合格证。

b. 检查设备设施的状态标识，设备是否可正常运行；是否已清洁/灭菌，且在有效期内。

c. 检查计量器具是否符合生产要求，并有检定合格证。

d. 检查水、电、气是否可正常使用。

（3）物料检查

a. 依据生产指令单核对物料名称、规格、批号、数量等内容。

b. 检查物料包装是否完好，并称量、核对等。

12.3.5.2　生产过程管理

生产过程管理是以最佳的方式将兽用诊断制品生产的诸要素、各环节和各方面的工作有效地结合起来，形成生产系统，以最少的耗费，取得最大的生产成果和经济效益。生产过程是指从投料开始，经过一系列的加工，直至兽用诊断制品成品生产出来的全部过程，是一个复杂的系统工程。生产过程管理的目的就在于使生产过程这个复杂系统具有以下特点：

a. 连续性。产品在生产过程中始终处于运动状态，通过各环节、各阶段、各工序时，在时间上能紧密衔接。

b. 平行性。生产过程中各项活动、各道工序，凡是在时间上同时交叉进行的必须组织平行作业。

c. 协调性。生产过程中各阶段、各工序之间，在生产能力上保持一定的比例关系，各生产环节的工人人数、设备数量、生产速率等都能满足生产的要求，并保持相互协调。

d. 均衡性。企业及其各个生产环节的工作，都能按照计划进度进行，保持负荷和产品出产的相对稳定。

下面分别介绍免疫学类诊断制品和分子生物学类诊断制品及其关键原料（抗体、抗原和酶等）的生产过程管理措施。

（1）免疫学类诊断制品生产工艺

① 抗体生产工艺（腹水生产方式）

a. 小鼠腹腔预处理　核对 BALB/c 小鼠和试剂的相关信息，包括批号、代次等。确认无误后按操作规程进行腹腔注射液体石蜡。

b. 细胞复苏　核对生产用细胞信息，包括细胞名称、批号、代次。确认无误后按操作规程进行细胞复苏，复苏后确认细胞活性。

操作结束后及时记录。

c. 接种细胞　核对注射用细胞信息，包括细胞名称、浓度、活力等。确认无误后按操作规程进行腹腔注射。

d. 收集腹水　核对注射后 BALB/c 小鼠的信息，包括小鼠标号、接种时间等。确认无误后按操作规程进行操作。

e. 腹水纯化　核对腹水样品的信息，包括标号、名称、收集腹水时间等。确认纯化设备正常无故障，按照操作规程进行操作。

操作结束后及时做好标记，记录抗体浓度、纯度等信息。

f. 分装保存　核对抗体信息，包括标号、名称等。正确配制稀释液，按照操作规程进行分装，冻存－70℃备用。

② 抗体生产工艺（转瓶培养工艺）

a. 细胞扩繁　细胞传代次数应符合生产工艺要求，确保细胞传代次数与已批准注册材料中的规定一致。

每次扩繁前应进行细胞挑选，挑选标准为肉眼观察营养液清亮、细胞贴壁均匀，镜下观察细胞轮廓清晰，形态符合细胞特性。

操作人员应按操作规程进行操作，确保扩繁比例、培养条件等关键参数符合工艺要求。

b. 收集上清液　培养时间符合工艺要求，核对扩繁细胞信息，包括名称、体积等，确认无误后按操作规程进行离心收集上清操作。

c. 上清液纯化　核对上清液样品的信息，包括标号、名称、体积等。确认纯化设备正常无故障，按照操作规程进行操作。

操作结束后及时做好标记，记录抗体浓度、纯度等信息。

d. 分装保存　核对抗体信息，包括标号、名称等。正确配制稀释液，按照操作规程进行分装，冻存－70℃备用。

③ 抗原生产工艺

a. 细胞培养　确认复苏细胞的信息无误，包括细胞名称、代次、时间等，按照工艺要求进行细胞培养；核对培养基信息无误，包括培养基的类型、储存温度、保质期等，在细胞培养过程中需对细胞密度进行计数，控制细胞密度，保持良好生长状态。

b. 转染　确认转染的细胞信息无误，包括细胞名称、代次、培养时间、细胞密度等；确认待转质粒的信息无误，包括质粒的名称、浓度以及提取和保存时间等，按标准用量质粒转染细胞；核对转染试剂的信息，包括转染试剂的种类、保存条件等，确认无误后注意质粒及转染试剂的比例，按照标准操作规程进行转染，转染后及培养过程中注意摇床 CO_2 浓度、温度以及转速等指标。

c. 纯化抗原　蛋白表达完成后，分别标记清楚抗原类型，收集培养基上清，按照标准蛋白纯化过程进行抗原的纯化。抗原纯化后，SDS-PAGE 确定抗原的浓度及纯度，－80℃冰箱内储存备用。

④ ELISA 生产工艺　ELISA 生产工艺包括工作液的配制（包被液、封闭液、样品稀释液、酶浓缩液、酶稀释液、显色液、终止液、阳性对照和阴性对照等）、酶标板包被

（包被，封闭，干燥，真空包装）、工作液分装、装盒贴签、成品质检、入库。

a. 溶液配制

纯水：性状、电导率、总有机碳、微生物限度以及酸碱度、硝酸盐、亚硝酸盐、氨、易氧化物、不挥发物、重金属等指标要满足待生产制品的要求和国家强制标准的要求；并按照要求定期对生产用纯水进行监测。

试剂：记录所用试剂的品牌、批号及有效期，确保在有效期内，并观察试剂的性状（颜色、气味、状态等）是否发生改变。

核对溶液配方，在溶液配制过程中要精确称量、量取所需各种试剂，并做好详细记录；配制完成后，需要对所配试剂进行检测，是否符合要求，必要时可带入产品进行验证。

b. 酶标板包被　核对抗原、抗体、包被液、封闭液的信息，包括性状、气味、浓度、配制时间；确保包被机、自动化洗板封闭机无故障，按照工艺要求的包被时间和封闭时间严格操作；真空包装后要检查是否漏气，记录包被日期、半成品批号等信息。

c. 工作液分装　核对不同工作液的信息，包括性状、气味、名称、装量等；确保自动化分装机无故障，分装后要称重质检装填量。

d. 贴签组盒　首先核对物料信息，包括标签、包装盒、说明书等，核对数量，确认无误后按照操作规程进行成品生产；提前做好清场工作，避免混入其他项目/批次的组件；按照要求做好详细的生产记录。

⑤ 侧流色谱产品生产工艺　侧流色谱产品生产工艺主要包括工作液的配制（柠檬酸三钠溶液、K_2CO_3 溶液、包被缓冲液、胶体金复溶液、释放垫处理液、样品垫处理液、T 线和 C 线包被液、样品稀释液等）、释放垫的预处理、释放垫的加工（胶体金的制备、胶体金标记、喷金、干燥、切条）、NC 膜的加工（包被液的准备、NC 膜包被、干燥）、样品垫准备（样品垫预处理、干燥、切条）、大板组装、组卡装袋、装盒贴签等。

a. 溶液配制　同 ELISA 生产工艺。

b. 样品垫和释放垫的预处理　核对所用溶液、样品垫、释放垫的信息，包括名称、品牌、批号、数量（体积），确认无误后按照操作规程进行操作。操作结束后，做好详细记录。

c. 胶体金的制备　氯金酸粉末及溶液需 2～8℃，避光保存；

使用洁净的器皿，精确投料，按照规程严格控制反应温度、搅拌速度和反应时间，做好及时清场管理；

外观、OD 值、最大吸收波长符合质量标准，做好生产批号和批次管理。

d. 胶体金标记　核对标记抗体/抗原的名称、批次、浓度等，以及胶体金、复溶液、封闭溶液的名称与批次信息，核对无误后按照操作规程进行胶体金标记；

标记过程中，确保胶体金溶液 pH 值、抗体/抗原的添加量、反应时间、离心力大小和离心时间、复溶液的用量等关键参数；

操作结束后，做好详细记录。

e. 释放垫的制备　核对胶体金标记物、预处理释放垫的名称、批次和数量（体积）信息，按照操作规程进行释放垫的制备；

严格控制标记物的浓度、喷量及后续烘干的温度、时间等关键参数，并做好标记和记录；

将烘干后的释放垫干燥、密封 4～30℃保存，特殊要求的除外。

f. 色谱膜的加工 核对待包被抗原/抗体/功能蛋白，包被缓冲液的名称、浓度、批次，以及 NC 膜的品牌、规格等信息；

按照要求设置蛋白包被量、T 线和 C 线的边距，并控制烘干的温度和时间，做好批次标记和相关记录。

g. 样品垫的制备 核对空白样品垫和预处理缓冲溶液的信息，确认无误后按照操作规程进行样品垫的制备，并控制烘干的温度和时间，做好批次标记和相关记录。干燥、密封 4～30℃保存，特殊要求的除外。

h. 大板组装 组装前要做好清场工作，避免混入其他项目/批次的组件（NC 膜、释放垫、样品垫、吸水垫和支撑底板等）；

核对吸水垫、NC 膜、释放垫、样品垫和支撑底板的名称、批次信息，确认无误后按照操作规程进行操作；

组装过程要严格控制吸水垫、NC 膜、释放垫、样品垫之间重叠的宽度大小，尽可能减小工差，保证大板性能。

i. 组卡装袋、贴签组盒 首先核对物料信息，包括半成品大板、铝箔袋、包装盒、标签、说明书、样品稀释液等，确认无误后按照操作规程进行成品生产；

提前做好清场工作，按照要求设置试纸条切条宽度、压壳机对辊间隙大小关键参数；

试纸条宽度和卡壳紧密度应随时检查，剔除不合格品，出现异常时，及时调整；

按照要求做好详细的生产记录。

（2）分子生物学类诊断制品生产工艺

① 分子酶生产工艺

a. 大肠工程菌活化 确认活化工程菌的信息无误，包括细菌名称、代次、保存时间等，按照工艺要求进行活化培养。

b. 扩大培养和诱导表达 确认诱导表达条件的信息无误，包括 IPTG 浓度、诱导时间、温度等，按照工艺要求进行表达。

c. 细胞破碎和上清收集 确认表达菌株的信息无误，包括菌株名称、收菌时间、体积等；核实细胞破碎仪无故障，按照工艺要求收集细胞上清液。

d. 蛋白纯化 核对上清液样品的信息，包括标号、名称、体积等。确认纯化设备正常无故障，按照操作规程进行操作。

操作结束后及时做好标记，记录抗体浓度、纯度等信息。

e. 活性鉴定 核对活性鉴定合格标准的信息，包括酶活等，按照操作规程进行活性测试。

f. 分装保存 核对酶蛋白的相关信息，包括标号、名称等。正确配制稀释液，按照操作规程进行分装，冻存－70℃备用。

② 阳性对照生产工艺 阳性对照生产工艺主要包括工程菌活化、扩大培养、菌体收集、质粒提取、分装保存等。

a. 大肠工程菌活化 确认活化工程菌的信息无误，包括细菌名称、代次、保存时间等，按照工艺要求进行活化培养。

b. 扩大培养 确认细胞状态、耐药信息无误；确认摇床无故障，按照工艺要求进行扩大。

c. 菌体收集 确认克隆菌株的信息无误，包括菌株名称、培养时间、体积等；核实离心机无故障，按照工艺要求收集菌体。

d. 质粒提取　确认菌体的信息无误，包括菌株名称、菌体体积等；核实核酸提取试剂有效期，按照工艺要求提取质粒。

e. 分装保存　确认提取质粒信息无误，包括载体名称、得率和体积等，分装离心管应无 RNA 酶和 DNA 酶，按照工艺要求保存于－20℃。

③ PCR 试剂生产工艺　PCR 试剂生产工艺主要包括工作液的配制（荧光 PCR 反应液、样品裂解液、阳性对照和阴性对照等）、组分液分装、装盒贴签等。

a. 溶液配制

纯水：性状、无 DNase 和 RNase 污染、无菌。

试剂：记录所用试剂的品牌、批号及有效期，确保在有效期内，并观察试剂的性状（颜色、气味、状态等）是否发生改变。

核对溶液配方，在溶液配制过程中要精确称量、量取所需各种试剂，并做好详细记录；配制完成后，需要对所配试剂进行检测，是否符合要求，必要时可带入产品进行验证。

b. 组分液分装　核对不同工作液的信息，包括性状、名称、装量等；确保自动化分装机无故障，分装后要称重质检装填量。

c. 组盒贴签　首先核对物料信息，包括标签、包装盒、说明书等，核对数量，确认无误后按照操作规程进行成品生产；提前做好清场工作，避免混入其他项目/批次的组件；按照要求做好详细的生产记录。

（3）物料平衡检查　生产结束后应按规定计算物料平衡，确保物料平衡符合设定限度。物料平衡超出设定限度，应按程序由指定人员进行偏差调查处理，查找原因并制定纠正预防措施。偏差调查未得出结论前，产品不得放行。

物料平衡是指产品或物料实际产量或实际用量及收集到的损耗之和与理论产量或理论用量之间的比较，并考虑可允许的偏差范围。物料平衡是所有可见产出与投入的比值，是一个质量指标。设置物料平衡是为了更好地发现生产过程中出现的异常，可以有效地防止物料、不合格品、包材的误用与非正常流失。对于每一个工序产出数量（实际产出、取样/留样、废品）与投入量的比值应该在规定的范围内，这是实施 GMP 的基本要求。

物料平衡控制是避免或及时发现差错、混淆的有效方法之一，在每个品种各关键生产工序的批生产记录、批包装记录都必须明确规定物料平衡的计算方法，以及根据验证结果确定的物料平衡合格范围，超出合格范围要进行偏差调查。

a. 物料平衡必须列入工艺规程/批生产记录中，其计算应规定合理的限度范围，限度应经工艺验证后确定。

b. 在产品的工艺规程中要明确：

预期的最终产量限度，必要时还应当说明中间产品的产量限度，以及物料平衡的计算方法和限度；

待包装产品、印刷包装材料的物料平衡计算方法和限度。

c. 产品的理论产量与实际产量之间应该要有一个合理的可允许的误差。

d. 超出合理误差的限度属于偏差范围，需重点调查物料数量的多少，包括领用的数量、称量的准确性；生产称量过程是否有抛洒、残留、挥发，是否出现了其他产品（批号）混淆等问题，以确认是否影响制品的质量。还应及时填写差异或偏差处理记录、异常评价记录、特殊处理记录或放行记录。

e. 在批包装记录中要记录所有印刷包装材料和待包装产品的名称、代码，以及发放、使用、销毁或退库的数量、实际产量等的物料平衡检查。

f. 收率，也称成品率，是合格产品与投入的比值。这是一个经济指标，收率计算是为控制生产成本。

（4）**清场** 生产现场在生产结束、更换批号、更换品种及规格时，应按清场管理的规定进行清场。清场由操作人员按经批准的 SOP 进行操作并记录，清洁后的生产场所、设备设施、容器具等应清洁无异物、无上一批次制品的残留物。清场后悬挂清洁状态标识，标明清场日期及有效期。

（5）**生产记录管理** 各工序操作人应及时填写本工序的生产记录，每批结束时，由现场 QA 收集汇总各工序生产记录，按批次进行整理汇编成批生产记录并进行物料平衡计算。审核后交质量管理部门归档保存。成品放行前，需对批生产记录进行质量审核和评估，符合要求才能批准放行。

12.3.5.3 质量控制要点

产品质量控制是企业为生产合格产品、提供顾客满意的服务和减少无效劳动而进行的控制工作。

兽用诊断制品的质量控制内容主要涉及以下几个方面：

a. 设备：对影响产品质量特性的设备工具、计量器具等作出相应规定，在使用前应验证其精确度，合理存放和保养，并定期验证和再校准；制定预防性设备维修计划，保证设备的精度和生产能力，以确保持续的过程能力。

b. 物料：生产过程所需材料的类型、数目及要求要作出相应规定，确保过程物资的质量，保持过程中产品的适用性、适型性，对过程中的物资进行标识，以确保物资标识和验证状态的可追溯性。

c. 关键生产过程：对不易测量的产品特性、有关设备保养和操作所需特殊技能以及特殊过程进行重点控制；及时改善和纠正生产过程中的不足，以适当的频次监测控制和验证过程参数，以把握所有设备及操作人员等能满足产品质量的需要。

下面主要介绍免疫学类诊断制品和分子生物学类诊断制品及其关键原料的关键生产过程控制要点，一般包括控制关键项目、检测次数等。

（1）**单克隆抗体生产质量控制要点**

① 腹水生产方式 见表 12-19。

表 12-19 单克隆抗体规模化生产（腹水生产）质量控制要点

工序	质量控制点	质量控制项目	频次
小鼠预处理	石蜡接种	小鼠来源和 SPF 级	每次
细胞复苏	细胞复苏	细胞信息、复苏条件	每批
	细胞扩繁	传代次数、培养条件	每批
腹腔接种细胞	细胞稀释	细胞活力	每批
	接种	接种量	每批
收集腹水	收集	小鼠状态	每批
腹水纯化	纯化	适合的纯化方式	每批
分装保存	保存	保存液的配制	每批

② 转瓶培养工艺　见表 12-20。

表 12-20　单克隆抗体规模化
生产（转瓶培养）质量控制
要点

工序	质量控制点	质量控制项目	频次
细胞复苏	细胞复苏	细胞信息、复苏条件	每批
	细胞扩繁	传代次数、培养条件	每批
转瓶培养	细胞接种	无菌操作、接种剂量	每批
收集上清液	收集	培养时间，离心方式	每批
上清液纯化	纯化	适合的纯化方式	每批
分装保存	保存	保存液的配制	每批

（2）抗原生产质量控制要点　抗原生产质量控制要点见表 12-21。

表 12-21　抗原生产质量控制
要点

工序	质量控制点	质量控制项目	频次
细胞复苏	细胞复苏	细胞信息、复苏条件	每批
细胞培养	细胞培养	无菌操作、培养密度	每批
细胞转染	转染条件	无菌操作、转染量、细胞密度	每批
蛋白收集	收集	培养时间，离心方式	每批
蛋白纯化	纯化	适合的纯化方式	每批
蛋白鉴定	鉴定	纯度及活性	每批
分装保存	保存	保存液的配制、温度条件	每批

（3）ELISA 试剂质量控制要点　ELISA 试剂质量控制要点见表 12-22。

表 12-22　ELISA 试剂生产质量控制要点

项目	工序	质量控制项目	频次
/	称量	精度准确，天平放置水平，无强风	每次使用
超纯水	配液	超纯水仪水质电阻率正常	每月
包被板	包被缓冲液配制	称量准确，搅拌时间达到标准要求，pH 值准确	1 次
	包被液配制	称量准确，搅拌时间达到标准要求	1 次
	1×洗涤液配制	量取准确，搅拌时间到标准要求	1 次
	封闭液配制	称量准确，搅拌时间达到标准要求	1 次
	包被	注液量(100±5)μL，无漏注，2～8℃冷藏孵育时间	4 次
	封闭	1×洗涤液注液量(300±20)μL，无漏注；封闭液注液量(200±5)μL，无漏注；2～8℃冷藏孵育时间	4 次
	干燥	干燥条件，干燥时间	1 次
	装袋	真空包装机 200℃，加干燥剂真空热封	1 次
HRP 标记	配制	称量准确，搅拌时间达到标准要求，pH 值准确	1 次
样品稀释液	配制	称量准确，搅拌时间达到标准要求，pH 值准确，0.22μm 滤膜过滤	1 次
20×洗涤液	配制	称量准确，搅拌时间达到标准要求，pH 值准确	1 次
显色液	配制	称量准确，搅拌时间达到标准要求，0.22μm 滤膜过滤，棕色玻璃瓶	1 次
终止液	配制	量取准确，搅拌时间达到标准要求	1 次
各组分液	分装	装量准确，瓶盖紧实无漏液	1 次
	贴签	标签信息准确、清晰，张贴平整	1 次
成品	组装	组分完整，盒标签信息准确、清晰，张贴平整	1 次

（4）侧流色谱产品质量控制要点　侧流色谱产品质量控制要点见表 12-23。

表 12-23　侧流色谱产品生产质量控制要点

项目	工序	质量控制项目	频次
/	称量	精度准确，天平放置水平，无强风	每次
超纯水	配液	超纯水仪水质电阻率正常	每月

项目	工序	质量控制项目	频次
试剂	配液	试剂的外观、性状正常,有效期内	每次
溶液配制	释放垫处理液	称量准确,搅拌时间达到标准要求,pH 值准确	1 次
	包被缓冲液	称量准确,搅拌时间达到标准要求,pH 值准确	1 次
	样品垫处理液	称量准确,搅拌时间达到标准要求,pH 值准确	1 次
	样品稀释液	称量准确,搅拌时间达到标准要求,pH 值准确,0.22μm 滤膜过滤	1 次
释放垫的制备	释放垫预处理	选用正确的样品垫和预处理液,处理过程中避免损坏释放垫,烘干温度和时间符合要求	1 次
	胶体金制备	器皿要洁净,试剂用量准确,严格控制反应温度、转子速度和反应时间	1 次
	胶体金标记	pH 值准确,标记蛋白用量精确,标记与离心时间及离心力大小达到要求	1 次
	喷金/铺金	喷金/铺金精确控制,烘干温度和时间、切割宽度符合要求	1 次
色谱膜的制备	配液	核对抗原/抗体信息和包被缓冲液种类,进行准确稀释	1 次
	NC 膜包被	准确设置包被量,T 线和 C 线间距与边距,选用正确的 NC 膜型号	1 次
	烘干	及时烘干,烘干温度和时间符合要求	1 次
样品垫的制备	/	选用正确的样品垫和预处理液,处理过程中避免损坏样品垫,烘干温度和时间、切割宽度符合要求	1 次
大板组装	清场	组装前需要清场,避免混入其他物料	1 次
	物料核对	仔细核对支撑底板、NC 膜、释放垫、样品垫的信息和数量	1 次
成品生产	组装	严格控制吸水垫、NC 膜、释放垫、样品垫之间重叠的宽度大小	1 次
	切条	设置正确的切条宽度,剔除有瑕疵的试纸条	1 次
	组卡	选择正确的卡壳,试纸条在卡壳中方向正确、位置合适,避免弓起	1 次
	压壳	压壳机对辊间隙设置合适,避免过松或过紧	1 次
	装袋	再次核对铝箔袋信息,检测卡方向一致,避免漏装干燥剂和滴管(需要时)	1 次
	封口	封口紧密、平整,封口位置正确	1 次
	装盒	单盒中组分完整、数量准确	1 次
	贴签	盒标签信息准确、清晰,张贴平整	1 次

（5）酶工程质量控制要点 酶工程质量控制要点见表 12-24。

表 12-24 酶工程质量控制要点

工序	质量控制点	质量控制项目	频次
细菌复苏	细菌复苏	无菌操作,单克隆菌种	每批
细菌培养	细菌培养	无菌操作,培养密度	每批
蛋白诱导	诱导条件	无菌操作,IPTG 浓度,诱导浓度与时间	每批
细菌超声	超声条件	超声时间,超声温度	每批
蛋白收集	收集条件	离心温度,离心转速	每批
蛋白纯化	纯化	适合的纯化方式	每批
蛋白鉴定	鉴定	纯度及活性	每批
分装保存	保存	保存液的配制,温度条件	每批

（6） PCR 试剂质量控制要点 PCR 试剂质量控制要点见表 12-25。

表 12-25 PCR 试剂质量控制要点

项目	工序	质量控制项目	频次
阴性对照	过滤	0.22μm 滤膜过滤	每批
样品裂解液	配制	称量准确,搅拌时间达到标准要求,pH 值准确	每批
	过滤	0.22μm 滤膜过滤	每批
荧光反应液	配制	称量准确,搅拌时间达到标准要求	每批
	过滤	0.22μm 滤膜过滤	每批
阳性对照	工程菌活化	工程菌信息、活化条件、培养条件	每批
	扩大培养	无菌操作,接种剂量,抗生素浓度	每批
	收集菌体	培养时间,离心方式	每批
	质粒提取	提取步骤,离心机操作	每批
	分装保存	保存液的配制	每批
	过滤	0.22μm 滤膜过滤	每批
各组分液	分装	装量准确,瓶盖紧实无漏液	每批
	贴签	标签信息准确、清晰,张贴平整	每批
成品	组装	组分完整,盒标签信息准确、清晰,张贴平整	每批

12.3.5.4 确认/验证工作要点

确认是证明厂房、设施、设备能正常运行并达到预期结果的一系列活动。验证是证明任何操作规程（或方法）、生产工艺或系统能达到预期结果的一系列活动。验证和确认本质上是相同的概念，确认通常用于厂房、设施、设备和检验仪器；验证则用于操作规程（或方法）、检验方法、清洁方法、生产工艺或系统，在此意义上，确认是验证的一部分。兽用诊断制品具有自己独特的确认/验证工作要点，如表 12-26～表 12-31。

表 12-26 单克隆抗体规模化生产确认/验证要点

内容分类	确认/验证对象	确认/验证工作要点
厂房及辅助系统	车间(细胞间,蛋白纯化室)	洁净度
主要生产设备	二氧化碳培养箱	温度,二氧化碳浓度
	冷库	温度
	转瓶细胞培养机	速度、装量
	超声波洗瓶机	洗瓶速度、瓶子破损率、瓶子可见异物、残留水量
	生物安全柜	无菌,上下风压控制,排风系统
	高压灭菌	速度、灭菌效果
	生物反应器	搅拌速度、温度、罐体及管道密封性
	离心机	速度、制冷、离心力
	蛋白纯化仪	纯化柱兼容性、缓冲液梯度
	设备清洁	表面清洗效果、活性成分残留(淋洗水和棉签擦拭)、不溶性微粒、微生物限度
工艺	细胞培养	培养时间,补料时间,接种比例
	纯化工艺	缓冲液配方,吸收峰位置

表 12-27 重组抗原规模化生产确认/验证要点

内容分类	确认/验证对象	确认/验证工作要点
厂房及辅助系统	车间(细胞间,蛋白纯化室)	洁净度
主要生产设备	二氧化碳培养箱	温度,二氧化碳浓度
	冷库	温度
	细胞摇床	速度、载量
	生物安全柜	无菌,上下风压控制,排风系统
	高压灭菌	速度、灭菌效果

内容分类	确认/验证对象	确认/验证工作要点
主要生产设备	倒置显微镜	调节观察倍数
	细胞计数仪	准确性、便携性
	离心机	速度、制冷、离心力
	蛋白纯化仪	纯化柱兼容性、缓冲液梯度
	设备清洁	表面清洗效果、活性成分残留（淋洗水和棉签擦拭）、不溶性微粒、微生物限度
工艺	细胞培养	培养时间，补料时间，接种比例
	转染	转染剂量
	纯化工艺	缓冲液配方，吸收峰位置

表 12-28 ELISA产品生产确认/验证要点

内容分类	确认/验证对象	确认/验证工作要点
厂房及辅助系统	车间（包被间，配液间，分装间，组装间）	洁净度、温度、湿度
主要生产设备	包被机	加液量精度，板内精密度
	洗板封闭一体机	加液量精度，效率
	真空封口机	速度、密封性
	恒温培养箱	温度，风力
	天平	称量准确性（定期校准）
	pH 计	测量 pH 准确性
	灌装机	速度、分装均匀度
	喷码机	喷印精度、速度
	贴标机	贴标精度和速度
	冷库	温度
工艺	配液	严格按照配方和 SOP 进行配液，详细记录
	包被酶标板	控制抗原抗体浓度，包被封闭时间，温度

表 12-29 侧向色谱产品生产确认/验证要点

内容分类	确认/验证对象	确认/验证工作要点
厂房及辅助系统	车间（划膜间、喷膜间、组装间等）	洁净度、温度、湿度
	冷库	温度
	烘房	温度、风量
主要生产设备	划膜仪	划膜量精度、线形完整与均一性
	喷膜仪	喷量控制精度与均匀程度
	贴膜仪	贴膜效率，贴膜精度
	斩切机	刀片的角度和锋利程度
	压壳机	速度、轧壳效果
	离心机	离心力大小
	灌装机	速度、分装均匀度
	天平	称量准确性（定期校准）
	pH 计	测量 pH 准确性
	高压灭菌锅	压力、温度、灭菌效果
	灌装机	灌装精密度、速度
	喷码机	喷印精度、速度
	贴标机	贴标精度和速度
	超声破碎仪	工作频率、温度准确性

内容分类	确认/验证对象	确认/验证工作要点
主要生产工艺	配液	严格按照配方和 SOP 进行配液,详细记录
	胶体金制备	投料准确,温度、搅拌速度、反应时间
	胶体金标记	pH 值、抗体用量、标记时间等
	释放垫制备	喷金量、烘干温度和时间、切条宽度
	色谱膜的制备	包被浓度,包被量,T 线和 C 线间距和边距,烘干温度、时间
	大板组装	仔细清场、控制吸水垫、NC 膜、释放垫、样品垫之间重叠区域大小精度
	成品生产	仔细清场,物料清单,切条宽度,试纸条在卡壳内方向,压壳机对辊间隙,成品组分完整,说明书及标签信息无误

表 12-30　阳性对照生产确认/验证要点

内容分类	确认/验证对象	确认/验证工作要点
厂房及辅助系统	车间(细菌培养间)	洁净度
主要生产设备	普通摇床	温度,转速
	冰箱	温度
	生物安全柜	无菌,上下风压控制,排风系统
	高压灭菌	速度、灭菌效果
	离心机	速度、制冷,离心力
	Nanodrop 微量分光光度计	精度、准确性
	设备清洁	表面清洗效果、活性成分残留(淋洗水和棉签擦拭)、不溶性微粒、微生物限度
工艺	细菌培养	培养时间,接种比例
	质粒提取	缓冲液配方,离心操作

表 12-31　PCR 产品生产确认/验证要点

内容分类	确认/验证对象	确认/验证工作要点
厂房及辅助系统	车间(配液间,分装间,组装间)	洁净度、温度、湿度
主要生产设备	制冰机	制冰量、制冰速度
	全自动圆盘定位式灌装机	加液量精度、速度
	天平	称量准确性(定期校准)
	喷码机	喷印精度、速度
	贴标机	贴标精度和速度
	冷库	温度
工艺	配液	严格按照配方和 SOP 进行配液,详细记录

12.3.5.5　工艺用水控制要点

① 检查制水设备是否运行正常,分配系统回水流量、水温等是否正常,并完成相关记录。

② 检查工艺用水系统是否在灭菌效期内,贮罐、水及空气滤芯是否在灭菌、完整性测试效期内。

③ 水质检查:工艺用水应符合饮用水、纯化水质量要求。

④ 配制制品的工艺用水及直接接触制品的设备、器具和包装材料最后一次洗涤用水应符合《中国兽药典》纯化水质量标准。

⑤ 配制用水应使用新制备的纯化水,其贮存时间应经过验证确认。

12.3.5.6　标识和可追溯性

通过对产品及生产过程的物料、中间产品容器、主要设备、管道和必要的操作室进行适当标识，可有效地防止发生污染、交叉污染、混淆和差错。生产中使用的标识分为物料/产品标识、设备标识、生产标识、清洁标识等。

① 物料/产品标识包括信息状态标识和质量状态标识两类。其中，质量状态标识采用醒目的色标管理方式进行；信息状态标识有物料标签和货位卡两种，其目的是避免物料在贮存、发放、使用过程中发生混淆和差错，并通过货位卡的作用，使物料具有可追溯性。

② 生产设备状态标识一般分为待修、检修、运行、备用、停用。

③ 生产标识分为生产中、产品标识牌。

④ 清洁标识按生产岗位分为在清场、已清场；按设备、容器具、工具、洁具分为待清洁、已清洁。

⑤ 各类管路标识颜色与管路内容物相对应，一般绿色代表工艺用水，红色代表蒸汽、暖气、消防水、酒精、碱液、消毒水、电线等，白色代表真空、压缩空气，蓝色代表氮气、氧气、液化气，黑色代表排水、污水。

12.3.5.7 偏差处理

当生产过程各种原因造成偏离工艺规程或操作规程的偏差时，可能导致产品质量出现偏差。生产中出现的偏差，可能由以下几方面引起：

① 混淆：两种不同的产品、同种不同批号的产品或同种/同批使用不同包材的产品混在一起。

② 异物：在原辅料、包装材料、成品或生产包装过程中发现影响产品质量的不明异物。

③ 潜在的污染：不能正确清除，可能导致产品的污染。

④ 过期的物料/设备：物料（原辅料、中间品、成品）超过规定的贮存期限；使用超出校验期的设备。

⑤ 设备故障/过程中断：因设备故障导致产品质量缺陷或潜在威胁；生产中断指动力原因（电力、蒸汽、工艺用气、工艺用水）导致生产流程中断。

⑥ 环境：与兽药生产相关的空调系统、厂房设施的防尘捕尘设施、防止蚊虫和其他动物进入的设施、照明设备的故障；洁净区悬浮粒子检测超标，生产车间人员、空气、地面、墙面环境监测指标超限、温湿度控制超限、压差超限等偏差事件。

⑦ 校验/预防维修：仪器设备校验不能按计划执行或在校验过程中发现超出要求范围；预防维修未按计划开展或预防维修过程中发现设备关键部件存在问题影响到已生产产品质量。

⑧ 不按规程执行操作：违反批准的 SOP、生产指令等。

⑨ 人员失误：人为失误导致的产品问题、未能按正常程序执行，录入数据错误等。

⑩ 包装材料：包装设计缺陷、生产过程中出现零散不合格包装材料、标签使用数、剩余数、残损数之和与领用数发生差额。

12.3.5.8 污染控制

兽用诊断制品生产和质量管理的基本要求就是最大限度地降低生产过程中的污染、交叉污染、混淆和差错等风险，确保持续稳定地生产出符合注册要求的产品。在实际生产过程中，污染和交叉污染的风险主要来自人员操作、设备、物料、生产方法、生产环境等各个环节，为防止污染，应从以下几方面进行控制。

（1）人员管理措施

① 生产操作和管理人员需经过污染控制等的培训。

② 养成良好的个人卫生习惯，勤洗澡、理发、洗手、剪指甲，保持清洁。

③ 避免体表有伤口、患有传染病或其他可能污染制品疾病的人员从事直接接触制品的生产。

④ 进入洁净区的生产人员不得化妆和佩戴饰品。

⑤ 参观人员和未经培训的人员不得进入生产区和质量控制区。

⑥ 操作人员避免直接裸手接触制品、与制品直接接触的包装材料和设备表面。

⑦ 生产区、存储区应禁止吸烟和饮食，禁止存放食品、饮料和香烟等非生产用物品。

⑧ 不大声喧哗、尽量不说话、肢体不做大幅度动作，不得在洁净室内跑动。

⑨ 严格按规定程序、限定进入洁净厂房的人数。

⑩ 不同工序之间，人员一般不得互相流动，必要时应采取有效的措施，防止交叉污染。

（2）设备管理措施

① 尽可能使用密闭的生产设备，使用敞口设备时，必须采用相应的防护措施，如局部排风系统、除尘系统、层流保护等。

② 在灌装线周围建立隔离区，将操作人员隔离在灌装区以外。

③ 生产过程中物料/产品的转移尽量在管道等密闭系统内进行，如利用位差、压差（真空、压缩空气）通过管道密闭转移，也可采用特殊结构的装置（α、β阀）密闭转移物料/产品。

④ 不能实现密闭转移物料/产品时，建议采用一次性无毒、洁净塑料袋密封后转移。

⑤ 在生产过程中如有气体、蒸汽、喷雾物等产生时，应在厂房设计及设备造型时予以考虑，尽量降低交叉污染。

⑥ 采用隔离技术及局部吸尘的设备、捕尘设施等手段来防止尘埃产生和扩散。

（3）物料管理措施

① 物料的取样须在与生产同等洁净级别下进行，取样后确保密封不会被污染。

② 进入洁净区的物料要严格按照规定的净化程序进行处理。

③ 生产区或贮存区的物料与产品应做到存放有序，按规定的贮存条件和贮存期限存放。

④ 易产尘物料的称量操作须在负压称量间进行。

⑤ 对生产用制药用水质量要严格控制，当发现微生物污染达到警戒限度、纠偏限度时应当按照规定及时处理。

⑥ 对于生产用压缩空气要进行过滤处理。

（4）清洁管理措施

① 制定生产设备、器械与容器具的清洁操作规程，规定具体而完整的清洁方法、清洁用设备或工具、清洁剂的名称和配制方法、待清洁设备与器械及容器具的最长放置时限，以及已清洁设备、器械、容器具的最长保存时限，还有保护已清洁设备在使用前免受污染的方法。

② 对非专用设备、管道、容器、工具应规定拆洗或消毒方法。

③ 直接接触制品的设备及管道、工具、容器等应按验证确定的清洁周期进行。

④ 制定清洁卫生管理措施，清洁时使用的清洁剂应当方便去除，不得存在不易去除

的复杂成分；直接接触制剂内表面的清洁工具必须一次性使用；清洁工具必须不脱落纤维且易清洗；清洁后的容器具应当及时进行干燥。

⑤ 通过清洁验证证明按照清洁操作规程执行能够达到所要求的效果，并定期对清洁方法进行再确认，证明清洁方法的重现性。

（5）生产环境控制措施

① 采取有效设施与措施保证非洁净区的空气不得直接进入洁净区，低洁净级别区域的空气不得进入高级别洁净区，产尘量大的操作间的空气不得"外溢"。

② 洁净级别较高的 A、B 级设置专门的房间或区域并采用单向气流保护操作面。

③ 洁净室内的设备尽可能安装在接近送风口处，产尘设备配备吸尘装置。整个洁净区的表面要定期进行清洁与消毒。

④ 生产高活性、高毒性或高致敏性产品时，要使用专用和独立的厂房、设施和设备。

⑤ 生产流程应顺向布置，防止交叉污染。

⑥ 缩短生产区与原料、成品存放区的距离。

⑦ 控制生产过程的时间，减少可能存在的微生物污染。

⑧ 每一生产操作间或生产用设备、容器应有所生产产品的物料名称、物料代码、批号、数量等状态标识。

⑨ 空气净化系统应 24 小时运行并定期对空气净化系统和洁净区环境进行消毒。

⑩ 纯化水分配系统应 24 小时循环并定期进行管道清洗和消毒。

企业应对产品共线生产进行可行性评估，确认是否可以避免因共线生产造成产品的污染或者混淆。如果经过评估无法避免该种情况，则应当进行专线生产。

12.3.5.9　不合格产品控制

（1）基本要求　为了防止不合格品流入市场，企业必须建立一套完善的不合格品处理制度及规程，将不合格品消灭在企业内部。不合格品管理是为了对不合格品做出及时的处置，如销毁等。但作为生产企业也需要及时了解产生不合格品的原因，使生产过程持续保持受控状态。

不合格中间品应严格管理，有易于识别的明显标识和防止混淆的措施，并建立物料结存卡。除在标识上使用文字说明外，还应采用不同的颜色区分被标识物的状态，不合格品通常采用红色的状态标识。

不合格的产品应当专区隔离存放并按有关规定及时处理。

（2）不合格品处理流程　生产过程中由于各种原因造成的不合格品，应该按照不合格品的处理制度及规程来执行。对不合格品的管理至少应包括以下几个方面：

① 不合格的原辅料不投入生产，不合格中间品不流入下道工序，不合格成品不出厂。

② 当发现不合格的原辅料、中间产品（半成品）、成品时，应采取以下措施：

立即将不合格品转入规定的区域内，悬挂明显的不合格标识。

必须在每一个不合格品的最小包装单元或容器上标明品名、批号、规格、日期，以防止某一单元被混淆。

填写不合格品处理申请表，应写明不合格品的品名、规格、批号、数量、申请日期、申请部门、来源、不合格项目和原因等，分送各部门。

由质量管理部门会同生产管理部门共同查明原因。

待质量管理部门会同生产管理部门查明造成不合格的根本原因后，提出书面处理意见，由质量管理部门负责人批准后执行。

不合格的中间产品、待包装产品和成品一般不得进行返工。如需返工需满足：返工不影响产品质量、要符合相应质量标准、有预定且经批准的操作规程、相关风险被充分评估、返工应有相应记录。

不合格品的处理过程应有详细记录。需返工的不合格品应规定返工次数，一般返工2次仍不合格者应作销毁处理，不能多次返工直至合格。必须销毁的不合格品，应由仓库或生产部门填写销毁单，经质量管理部门批准后按规定销毁。

生产中剔除的不合格品，必须标明品名、规格、批号，尽快撤离生产现场，妥善隔离存放，与正常生产的产品要有明显的区别，同时按企业制定的有关规定进行处理。

对整批不合格的产品，应由生产部门写书面报告详细说明该批产品的质量情况，事故差错的原因，采取的补救措施，对其他批号的影响及以后防止再发生类似错误的措施等，报告经质量管理部门审核后，决定处理程序。

12.3.6 中间品/成品质量检验

⇨ 规范要求引用

《兽医诊断制品生产质量管理规范》
第十章 质量管理

第九十三条 生产单位质量管理部门负责制品生产全过程的质量管理和检验，受单位负责人直接领导。质量管理部门应配备一定数量的质量管理和检验人员，并有与制品生产规模、品种、检验要求相适应的场所、仪器、设备。

第九十四条 质量管理部门的主要职责：

（一）制订单位质量责任制和质量管理及检验人员的职责；

（二）负责组织自检工作；

（三）负责验证方案的审核；

（四）制修订物料、中间产品、成品、标准物质的内控标准和检验操作规程，制定取样和留样观察制度；

（五）制订检验用设施、设备、仪器的使用及管理办法；制订实验动物管理办法及消毒剂使用管理办法等；

（六）决定物料和中间产品的使用；

（七）负责标准物质的制备、采购、保管与使用；

（八）审核成品发放前批生产记录，决定成品发放；

（九）审核不合格品处理程序；

（十）对物料、标签、中间产品、成品、标准物质进行取样、检验、留样，并出具检验报告；

（十一）定期监测洁净室（区）的尘粒数和微生物数及工艺用水的质量；

（十二）评价原料、中间产品及成品的质量稳定性，为确定物料贮存期、制品有效期提供数据；

（十三）负责产品质量指标的统计考核及总结报送工作；

（十四）负责建立产品质量档案工作。产品质量档案内容应包括：产品简介；质量标准沿革；主要原辅料、中间产品、成品质量标准；历年质量情况及留样观察情况；与国内外同类产品对照情况；重大质量事故的分析、处理情况；用户访问意见、检验方法变更情况、提高产品质量的试验总结等；

（十五）负责组织质量管理、检验人员的专业技术及本规范的培训、考核及总结工作；

（十六）会同单位有关部门对主要物料供应商质量体系进行评估；

（十七）负责汇总、统计、分析质量检验数据及质量控制趋势。

《兽药生产质量管理规范（2020 年修订）》
第十章　质量控制与质量保证
第一节　质量控制实验室管理

第二百一十条　质量控制实验室的人员、设施、设备和环境洁净要求应当与产品性质和生产规模相适应。

第二百一十一条　质量控制负责人应当具有足够的管理实验室的资质和经验，可以管理同一企业的一个或多个实验室。

第二百一十二条　质量控制实验室的检验人员至少应当具有药学、兽医学、生物学、化学等相关专业大专学历或从事检验工作 3 年以上的中专、高中以上学历，并经过与所从事的检验操作相关的实践培训且考核通过。

第二百一十三条　质量控制实验室应当配备《中华人民共和国兽药典》、兽药质量标准、标准图谱等必要的工具书，以及标准品或对照品等相关的标准物质。

第二百一十四条　质量控制实验室的文件应当符合第八章的原则，并符合下列要求：

（一）质量控制实验室应当至少有下列文件：

1. 质量标准；

2. 取样操作规程和记录；

3. 检验操作规程和记录（包括检验记录或实验室工作记事簿）；

4. 检验报告或证书；

5. 必要的环境监测操作规程、记录和报告；

6. 必要的检验方法验证方案、记录和报告；

7. 仪器校准和设备使用、清洁、维护的操作规程及记录。

（二）每批兽药的检验记录应当包括中间产品和成品的质量检验记录，可追溯该批兽药所有相关的质量检验情况；

（三）应保存和统计（宜采用便于趋势分析的方法）相关的检验和监测数据（如检验数据、环境监测数据、制药用水的微生物监测数据）；

（四）除与批记录相关的资料信息外，还应当保存与检验相关的其他原始资料或记录，便于追溯查阅。

第二百一十五条　取样应当至少符合以下要求：

（一）质量管理部门的人员可进入生产区和仓储区进行取样及调查；

（二）应当按照经批准的操作规程取样，操作规程应当详细规定：

1. 经授权的取样人；

2. 取样方法；

3. 取样用器具；

4. 样品量；

5. 分样的方法；

6. 存放样品容器的类型和状态；

7. 实施取样后物料及样品的处置和标识；

8. 取样注意事项，包括为降低取样过程产生的各种风险所采取的预防措施，尤其是无菌或有害物料的取样以及防止取样过程中污染和交叉污染的取样注意事项；

9. 贮存条件；

10. 取样器具的清洁方法和贮存要求。

（三）取样方法应当科学、合理，以保证样品的代表性；

（四）样品应当能够代表被取样批次的产品或物料的质量状况，为监控生产过程中最重要的环节（如生产初始或结束），也可抽取该阶段样品进行检测；

（五）样品容器应当贴有标签，注明样品名称、批号、取样人、取样日期等信息；

（六）样品应当按照被取样产品或物料规定的贮存要求保存。

第二百一十六条　物料和不同生产阶段产品的检验应当至少符合以下要求：

（一）企业应当确保成品按照质量标准进行全项检验。

（二）有下列情形之一的，应当对检验方法进行验证：

1. 采用新的检验方法；

2. 检验方法需变更的；

3. 采用《中华人民共和国兽药典》及其他法定标准未收载的检验方法；

4. 法规规定的其他需要验证的检验方法。

（三）对不需要进行验证的检验方法，必要时企业应当对检验方法进行确认，确保检验数据准确、可靠。

（四）检验应当有书面操作规程，规定所用方法、仪器和设备，检验操作规程的内容应当与经确认或验证的检验方法一致。

（五）检验应当有可追溯的记录并应当复核，确保结果与记录一致。所有计算均应当严格核对。

（六）检验记录应当至少包括以下内容：

1. 产品或物料的名称、剂型、规格、批号或供货批号，必要时注明供应商和生产商（如不同）的名称或来源；

2. 依据的质量标准和检验操作规程；

3. 检验所用的仪器或设备的型号和编号；

4. 检验所用的试液和培养基的配制批号、对照品或标准品的来源和批号；

5. 检验所用动物的相关信息；

6. 检验过程，包括对照品溶液的配制、各项具体的检验操作、必要的环境温湿度；

7. 检验结果，包括观察情况、计算和图谱或曲线图，以及依据的检验报告编号；

8. 检验日期；

9. 检验人员的签名和日期；

10. 检验、计算复核人员的签名和日期。

（七）所有中间控制（包括生产人员所进行的中间控制），均应当按照经质量管理部门批准的方法进行，检验应当有记录。

（八）应当对实验室容量分析用玻璃仪器、试剂、试液、对照品以及培养基进行质量检查。

（九）必要时检验用实验动物应当在使用前进行检验或隔离检疫。

第二百一十七条　质量控制实验室应当建立检验结果超标调查的操作规程。任何检验结果超标都必须按照操作规程进行调查，并有相应的记录。

第二百一十八条　企业按规定保存的、用于兽药质量追溯或调查的物料、产品样品为留样。用于产品稳定性考察的样品不属于留样。

留样应当至少符合以下要求：

（一）应当按照操作规程对留样进行管理。

（二）留样应当能够代表被取样批次的物料或产品。

（三）成品的留样：

1. 每批兽药均应当有留样；如果一批兽药分成数次进行包装，则每次包装至少应当保留一件最小市售包装的成品；

2. 留样的包装形式应当与兽药市售包装形式相同，大包装规格或原料药的留样如无法采用市售包装形式的，可采用模拟包装；

3. 每批兽药的留样量一般至少应当能够确保按照批准的质量标准完成两次全检（无菌检查和热原检查等除外）；

4. 如果不影响留样的包装完整性，保存期间内至少应当每年对留样进行一次目检或接触观察，如发现异常，应当调查分析原因并采取相应的处理措施；

5. 留样观察应当有记录；

6. 留样应当按照注册批准的贮存条件至少保存至兽药有效期后一年；

7. 企业终止兽药生产或关闭的，应当告知当地畜牧兽医主管部门，并将留样转交授权单位保存，以便在必要时可随时取得留样。

（四）物料的留样：

1. 制剂生产用每批原辅料和与兽药直接接触的包装材料均应当有留样。与兽药直接接触的包装材料（如安瓿瓶），在成品已有留样后，可不必单独留样。

2. 物料的留样量应当至少满足鉴别检查的需要。

3. 除稳定性较差的原辅料外，用于制剂生产的原辅料（不包括生产过程中使用的溶剂、气体或制药用水）的留样应当至少保存至产品失效后。如果物料的有效期较短，则留样时间可相应缩短。

4. 物料的留样应当按照规定的条件贮存，必要时还应当适当包装密封。

第二百一十九条　试剂、试液、培养基和检定菌的管理应当至少符合以下要求：

（一）商品化试剂和培养基应当从可靠的、有资质的供应商处采购，必要时应当对供应商进行评估。

（二）应当有接收试剂、试液、培养基的记录，必要时，应当在试剂、试液、培养基的容器上标注接收日期和首次开口日期、有效期（如有）。

（三）应当按照相关规定或使用说明配制、贮存和使用试剂、试液和培养基。特殊情况下，在接收或使用前，还应当对试剂进行鉴别或其他检验。

（四）试液和已配制的培养基应当标注配制批号、配制日期和配制人员姓名，并有配制（包括灭菌）记录。不稳定的试剂、试液和培养基应当标注有效期及特殊贮存条件。标准液、滴定液还应当标注最后一次标化的日期和校正因子，并有标化记录。

（五）配制的培养基应当进行适用性检查，并有相关记录。应当有培养基使用记录。

（六）应当有检验所需的各种检定菌，并建立检定菌保存、传代、使用、销毁的操作规程和相应记录。

（七）检定菌应当有适当的标识，内容至少包括菌种名称、编号、代次、传代日期、传代操作人。

（八）检定菌应当按照规定的条件贮存，贮存的方式和时间不得对检定菌的生长特性有不利影响。

第二百二十条　标准品或对照品的管理应当至少符合以下要求：

（一）标准品或对照品应当按照规定贮存和使用；

（二）标准品或对照品应当有适当的标识，内容至少包括名称、批号、制备日期（如有）、有效期（如有）、首次开启日期、含量或效价、贮存条件；

（三）企业如需自制工作标准品或对照品，应当建立工作标准品或对照品的质量标准以及制备、鉴别、检验、批准和贮存的操作规程，每批工作标准品或对照品应当用法定标准品或对照品进行标化，并确定有效期，还应当通过定期标化证明工作标准品或对照品的效价或含量在有效期内保持稳定。标化的过程和结果应当有相应的记录。

第二节　物料和产品放行

第二百二十一条　应当分别建立物料和产品批准放行的操作规程，明确批准放行的标准、职责，并有相应的记录。

第二百二十二条　物料的放行应当至少符合以下要求：

（一）物料的质量评价内容应当至少包括生产商的检验报告、物料入库接收初验情况（是否为合格供应商、物料包装完整性和密封性的检查情况等）和检验结果；

（二）物料的质量评价应当有明确的结论，如批准放行、不合格或其他决定；

（三）物料应当由指定的质量管理人员签名批准放行。

第二百二十三条　产品的放行应当至少符合以下要求：

（一）在批准放行前，应当对每批兽药进行质量评价，并确认以下各项内容：

1. 已完成所有必需的检查、检验，批生产和检验记录完整；

2. 所有必需的生产和质量控制均已完成并经相关主管人员签名；

3. 确认与该批相关的变更或偏差已按照相关规程处理完毕，包括所有必要的取样、检查、检验和审核；

4. 所有与该批产品有关的偏差均已有明确的解释或说明，或者已经过彻底调查和适当处理；如偏差还涉及其他批次产品，应当一并处理。

（二）兽药的质量评价应当有明确的结论，如批准放行、不合格或其他决定。

（三）每批兽药均应当由质量管理负责人签名批准放行。

（四）兽用生物制品放行前还应当取得批签发合格证明。

第三节　持续稳定性考察

第二百二十四条　持续稳定性考察的目的是在有效期内监控已上市兽药的质量，以发现兽药与生产相关的稳定性问题（如杂质含量或溶出度特性的变化），并确定兽药能够在标示的贮存条件下，符合质量标准的各项要求。

第二百二十五条　持续稳定性考察主要针对市售包装兽药，但也需兼顾待包装产品。此外，还应当考虑对贮存时间较长的中间产品进行考察。

第二百二十六条　持续稳定性考察应当有考察方案，结果应当有报告。用于持续稳定性考察的设备（即稳定性试验设备或设施）应当按照第七章和第五章的要求进行确认和维护。

第二百二十七条　持续稳定性考察的时间应当涵盖兽药有效期，考察方案应当至少包括以下内容：

（一）每种规格、每种生产批量兽药的考察批次数；

（二）相关的物理、化学、微生物和生物学检验方法，可考虑采用稳定性考察专属的检验方法；

（三）检验方法依据；

（四）合格标准；

（五）容器密封系统的描述；

（六）试验间隔时间（测试时间点）；

（七）贮存条件（应当采用与兽药标示贮存条件相对应的《中华人民共和国兽药典》规定的长期稳定性试验标准条件）；

（八）检验项目，如检验项目少于成品质量标准所包含的项目，应当说明理由。

第二百二十八条　考察批次数和检验频次应当能够获得足够的数据，用于趋势分析。通常情况下，每种规格、每种内包装形式至少每年应当考察一个批次，除非当年没有生产。

第二百二十九条　某些情况下，持续稳定性考察中应当额外增加批次数，如重大变更或生产和包装有重大偏差的兽药应当列入稳定性考察。此外，重新加工、返工或回收的批次，也应当考虑列入考察，除非已经过验证和稳定性考察。

第二百三十条　应当对不符合质量标准的结果或重要的异常趋势进行调查。对任何已确认的不符合质量标准的结果或重大不良趋势，企业都应当考虑是否可能对已上市兽药造成影响，必要时应当实施召回，调查结果以及采取的措施应当报告当地畜牧兽医主管部门。

第二百三十一条　应当根据获得的全部数据资料，包括考察的阶段性结论，撰写总结报告并保存。应当定期审核总结报告。

为了保证产品符合注册要求，兽用诊断制品的质量管理要求不仅局限于对其生产所涉及的原辅料、包装材料、中间产品、待包装产品的检验和成品的出厂检验，更重要的是要对影响产品生产的各种因素，包括人（人员）、机（设施设备）、料（物料）、法（方法）、环（环境）、测（检测）等进行有效的管理，通过制定相应的工艺和操作规程，明确生产管理和质量控制活动，按照书面规程进行兽用诊断制品产品的生产、检查、检验和复核，保证整个生产过程处于受控状态（如必要的环境监测等），并通过自检定期检查评估质量保证系统的有效性和适用性，确保质量管理体系持续改进。

兽药 GMP（2020 年修订）在质量控制与质量保证方面明确指出，兽药生产企业应建立严密的质量控制实验室管理系统，确保检测数据的准确可靠和可追溯性；对所有物料和产品的放行应确保上市产品符合兽药注册和 GMP 要求；应对上市兽药开展持续稳定性考察，监控其效期内的质量；对兽药生产过程中影响产品质量的所有变更进行评估和管理；任何偏差都应得到恰当处理。另外，兽药生产企业还应建立纠正措施和预防措施系统，持续改进产品和工艺；对供应商进行评估和批准，确保物料的稳定供应；应定期进行产品质量回顾分析；对上市后产品的质量投诉和不良反应进行处理和收集。通过对生产全过程实施有效的质量控制和质量保证活动，最大限度地降低兽药生产过程中的污染、交叉污染以及混淆、差错等风险，确保持续稳定地生产出符合注册要求的兽药产品，保证质量管理体系的有效实施和不断完善。

12.3.6.1　产品检验目的

（1）**中间品检验**　中间品检验的目的是及时有效地对生产过程的各个环节实施监控，防止批量不合格的产生和流转，同时经过纠正和整改，避免造成更多的损失。半成品检验主要依据企业内部的检验规程和产品的技术要求。半成品主要检验指标，除原辅料的外观、pH、电导率、试剂均一性、稳定性、瓶间差、水分等指标外，也可以结合部分产品性能要求进行检定。

（2）**成品检验**　成品检验的目的是防止不合格品流到用户手中及防止不合格品的非预期使用，避免对用户造成损失，也是为了保护企业自身的声誉。成品检验依据是经批准的产品技术要求、国家标准、行业标准的产品检验规程。

12.3.6.2　产品检验流程

（1）**基本要求**　检验是指依据质量标准规定的项目，运用一定的检验方法和技术，对产品及物料质量进行综合评定。检验是质量体系中的一个要素。产品质量的形成由于受人员、设备、物料、方法、环境等因素的影响，生产过程中出现生产漂移、产品质量发生波动是必然的，因此应该进行检验工作。严格按照批准的方法对兽用诊断制品（包括物料和产品）进行全项检验，是保证诊断制品质量的重要措施和有效手段，对防止不合格物料或中间产品进入下一环节，杜绝不合格产品出厂销售，以及保证兽用诊断制品质量起到重要作用。

① 应制定检验操作规程，其内容应该符合国家及行业的标准，应该确保兽用诊断制品检测过程中所采用方法的科学合理。

② 检验应该严格按照检验规程进行，操作过程应有记录，内容应真实完整。

③ 检验完成后，应编写检验报告书。检验报告书中的结论作为物料和产品放行的重要依据之一。

④ 产品只有在质量管理负责人批准放行后方可销售，兽用诊断制品还应经过批签发才能销售。

（2）**样品登记与核对**　根据相应的取样规程，对物料、中间产品或待包装产品、成品进行取样，并将检验样品在规定条件下贮存。同时在取样、分样记录上登记。详细要求参照"12.3.2.1原辅料质量检验流程（3）取样和检验"中取样的相关要求。

检验人员应核对检验样品和检验记录的品名、规格、批号，无误后方可进行检验。

（3）**样品检验**　企业应根据《兽药生产质量管理规范》和《兽医诊断制品生产质量管理规范》的要求，制定相应的质量标准和检验操作规程，开展产品检验，及时书写检验记录，出具检验报告书。

质量控制部门承担企业质量检验的职责，所有的中间产品（半成品）、成品等检验工作均由质量控制部门按质量标准规定的检验项目组织实施。

检验方法要采用国家标准规定的方法。当采用新的检验方法、检验方法需变更的、采用《中国兽药典》及其他法定标准未收载的检验方法时，要进行方法验证。采用不需要进行验证的方法时，必要时也应当对方法进行确认或方法转移确认。

① 中间产品（半成品）的检验　中间产品（半成品）的检验是在生产中进行的，应

按其质量标准进行检验并记录。如瓶身、标签等印字后要进行内容、字迹清晰度的检验；装盒后要对装入盒内支数进行抽查；贴盒签后，要对盒签粘贴位置进行检查；装箱前要对盒子完整性进行检查；装箱后要对装入箱内的盒数进行抽查等。中间产品（半成品）的每一步检验，都应该由专职或兼职质量检验员来完成，检验后质检员要填写检验记录。经检验合格，由质量检验员签字并经质量管理人员审核评价符合要求后，方可进入下一步的生产程序。

② 成品的检验　成品在批准销售以前，均应按经批准的成品质量标准进行检验，包括物理、化学、微生物或生物检测等内容，以保证产品质量符合法定、内控标准或说明书的要求。

（4）检验记录　在检验过程中，检验人员应及时、完整地填写检验原始记录和实验室相关记录。实验结束后，检验记录应由有资质的第二个人进行复核，确保结果与记录一致。如检验结果异常，进行偏差调查。出具检验结果后，检验人员应将结果与质量标准中规定的接受标准进行比对，作出该检验项目符合或不符合规定的判定。

检验记录的内容应包含产品质量标准的所有项目（按质量标准书写），格式上应清晰易读，留有足够空格进行记录填写，便于复核和审核。记录内容通常包括：

① 产品或物料的名称、剂型、规格、批号或供货批号，必要时注明供应商和生产商（如不同）的名称或来源。

② 依据的质量标准和检验操作规程。

③ 检验所用的仪器或设备的型号和编号。

④ 检验所用的试液和培养基的配制批号、对照品或标准品的来源和批号。

⑤ 检验所用动物的相关信息。

⑥ 检验过程，包括对照品溶液的配制、各项具体的检验操作、必要的环境温湿度。

⑦ 检验结果，包括观察情况、计算和图谱或曲线图，以及依据的检验报告编号。

⑧ 检验日期。

⑨ 检验人员的签名和日期，检验、计算复核人员的签名和日期。

（5）检验报告书　当全部检验项目完成后，检验人员根据检验结果出具检验报告书。如涉及委托外部实验室进行检验，应符合委托检验的有关规定，委托检验报告书应与检验记录一起保存。检验报告书包括物料检验报告书、中间产品或待包装产品检验报告书、成品检验报告书，只有经过质量负责人或其授权人审核批准后方可发放。

企业应建立检验报告书的管理规程，包括检验报告书的内容、格式，检验报告书审核与批准、发放的程序等。检验报告书通常包括：

① 生产企业信息。

② 产品的相关信息（品名、规格、批号、数量、生产日期、有效期等）。

③ 检验依据。

④ 检验项目、标准值、检验结果和结论。

⑤报告日期。

⑥ 报告人、复核人、审批人及日期。

（6）成品放行　生产和包装完成的产品，即使是经检验合格也不能马上放行，还需由质量管理人员对每批兽药进行质量评价，评价内容主要包括：

① 生产和质量控制过程在可控范围内，经岗位管理人员审核签字。

② 已按产品质量标准完成检验，批生产记录和检验记录完整。

③ 已对生产过程物料平衡进行分析计算。

④ 与该批产品相关的变更或偏差按管理制度已处理完毕，如偏差还涉及其他批次要一并处理。

兽用诊断制品实行批签发管理制度，企业将检验合格的产品报中国兽医药品监察所签发审核后，方可批准放行；批签发未通过不可放行销售。

批准放行的产品要有经质量管理负责人签发的放行证明。放行的产品要按产品性质及贮存条件要求进行贮存，摆放在合格品区，做好标识。

对于存在微小偏差的产品放行，需要进行必要的原因调查和风险分析评估，确认其对质量的影响；需要确认偏差是偶发个例，影响微小；偏差对检验结果无影响；产品质量标准符合规定；风险分析确认偏差对质量、安全、效果无影响。经过以上确认才可审批放行。

12.3.6.3 产品检验指标

兽用诊断制品的产品检验分为：中间品的检验和成品的检验。中间品的质量检验指标主要包括：外观、灵敏度、敏感性、特异性、精密度、稳定性、试剂均一性、板间差或管间差等。成品的质量检验指标主要包括：外观、标识、装量、无菌检验、灵敏度、敏感性、特异性、精密度、稳定性等。

（1）ELISA 试剂盒

① 中间品检验指标见表 12-32。

表 12-32 ELISA 中间品检验指标

检验指标	质量要求
外观	包被板无破损，无漏气；其他试剂组分均为无沉淀透明液体
灵敏度	灵敏度测定满足技术要求
敏感性	阳性样本检测结果满足技术要求
特异性	阴性样本检测结果满足技术要求
精密度	板内及板间重复性满足产品技术要求
稳定性	工作试剂的稳定性、加速稳定性（如有特殊要求）满足产品技术要求

② 成品检验指标见表 12-33。

表 12-33 ELISA 成品检验指标

检验指标	质量要求
外观	试剂盒外观应满足产品技术要求中对于试剂外观的要求，包括包装盒要求、试剂组分的外观要求、组分完整性要求、试剂盒标签（产品名称、生产日期、批号、有效期等）的符合性等
无菌检测	应无菌生长
装量	试剂的装量不得低于试剂盒标示的装量
灵敏度	灵敏度测定满足技术要求
敏感性	敏感性测定满足技术要求
特异性	特异性测定满足技术要求
精密度	批间、批内重复性满足产品技术要求
稳定性	工作试剂的稳定性、加速稳定性（如有特殊要求）满足产品技术要求

（2）侧流色谱检测卡

① 中间品检验指标见表 12-34。

表 12-34　侧流色谱中间品检验指标

检验指标	质量要求
外观	半成品大板组件完整、粘贴位置正确,表面无污损
显色	检测线和质控线的显色强度符合产品要求,线型均一
灵敏度	灵敏度测定满足技术要求
准确度	阴阳性样本检测结果满足技术要求
精密度	板内及板间重复性满足产品技术要求
稳定性	工作试剂的稳定性、加速稳定性(如有特殊要求)满足产品技术要求

② 成品检验指标见表 12-35。

表 12-35　侧流色谱成品检验指标

检验指标	质量要求
外观	试剂盒外观应满足产品技术的外观要求,包括包装盒要求、组分完整性要求、试剂盒标签(产品名称、生产日期、批号、有效期等)的符合性等
装量	检测卡和样品稀释液的装量不得低于试剂盒标示的装量
显色	检测线和质控线的显色强度符合产品要求,线型均一
灵敏度	灵敏度测定满足技术要求
准确度	试剂测定结果偏差满足技术要求
精密度	重复性满足产品技术要求
稳定性	工作试剂的稳定性、加速稳定性(如有特殊要求)满足产品技术要求

(3) PCR 试剂盒

① 中间品检验指标见表 12-36。

表 12-36　PCR 试剂盒中间品检验指标

检验指标	质量要求
外观	试剂为无沉淀透明液体
灵敏度	灵敏度测定满足技术要求
特异性	阴性样本检测结果满足技术要求
精密度	批间、批内重复性满足产品技术要求
稳定性	工作试剂的稳定性、加速稳定性(如有特殊要求)满足产品技术要求

② 成品检验指标见表 12-37。

表 12-37　PCR 试剂盒成品检验指标

检验指标	质量要求
外观	试剂盒外观应满足产品技术要求中对于试剂外观的要求,包括包装盒要求、试剂组分的外观要求、组分完整性要求、试剂盒标签(产品名称、生产日期、批号、有效期等)的符合性等
无菌检测	应无菌生长
装量	试剂的装量不得低于试剂盒标示的装量
灵敏度	灵敏度测定满足技术要求
特异性	特异性测定满足技术要求
精密度	批间、批内重复性满足产品技术要求
稳定性	工作试剂的稳定性、加速稳定性(如有特殊要求)满足产品技术要求

12.3.6.4　检验结果判定

　　根据相关法规,只有质检合格并且经过批签发的兽用诊断制品才可以上市销售。成品检验只有所有检验指标检验合格才能判定成品检验合格,否则判定成品检验不合格。

　　根据我国《兽药管理条例》规定,兽用诊断制品的规模化生产应符合《兽药生产质量管理规范》(兽药 GMP)和《兽医诊断制品生产质量管理规范》(兽医诊断制品 GMP)的要求。实施此 GMP 规范,对于完善企业质量体系、保证产品质量、提高企业信誉均具有巨大的推动作用，各兽用诊断制品生产企业应正确而深入地认识产品质量与兽药 GMP 之间的关系，从硬件和软件的各个方面持续提升，为我国兽医事业提供高质量的诊断技术及制品。

主要参考文献

[1] 中华人民共和国农业农村部．兽用诊断制品生产质量管理规范（第 2334 号公告），2015.

[2] 中华人民共和国农业农村部．兽药生产质量管理规范（2020 年修订）（第 3 号令），2020.

[3] 中国建筑科学研究院有限公司．兽药工业洁净厂房设计标准（T/CECS 805—2021）．北京：中国建筑工业出版社，2021.

[4] 中国兽药协会．兽药生产质量管理规范（2020 年修订）指南．北京：中国农业出版社，2021.

[5] World Health Organization. Laboratory design and maintenance[S/OL], 2021.

[6] 梁磊．《兽药生产质量管理规范（2020 年修订）》洁净室受控环境关键参数的理解[J]. 暖通空调，2021,51（10）：87-91.

[7] 王燕芹，等．生物安全柜在生物洁净实验室中的空调系统设计探讨[J]. 暖通空调，2019.

[8] 中石化上海工程有限公司．医药工业洁净厂房设计标准（GB 50457—2019）．北京：中国计划出版社，2019.

[9]《兽药管理条例》：中华人民共和国国务院令第 404 号公告．

[10]《农业部行政审批综合办公办事指南》：中华人民共和国农业部公告第 1704 号．

[11]《国务院关于取消和调整一批行政审批项目等事项的决定》：国发〔2015〕11 号．

[12]《农业部办公厅关于兽药生产许可证核发下放衔接工作的通知》：农办医〔2015〕11 号．

[13]《兽药生产质量管理规范检查验收办法》：中华人民共和国农业部公告第 2262 号．

[14]《农业部办公厅关于兽药生产许可证管理有关工作的通知》：农办医〔2015〕29 号．

[15]《农业农村部办公厅关于进一步做好新版兽药 GMP 实施工作的通知》：农办牧〔2021〕35 号．

[16]《农业农村部办公厅关于进一步创新优化兽药审批服务的通知》：农办牧〔2022〕18 号．

第 13 章

兽用诊断试剂的质量控制

随着技术的进步，新兴的诊断试剂及检测平台和检测程序不断推陈出新，正确评价各类检测方法就变得至关重要。在第一节兽医检测方法的验证原则和方法中详细介绍了检测方法建立和验证的流程，包括分析性能、诊断性能、再现性和方法应用。

兽用诊断试剂的生产必须按《兽医诊断制品生产质量管理规范》相关要求，在第二节兽用诊断试剂的质量控制中主要介绍了酶联免疫诊断试剂、免疫色谱类试剂和核酸扩增类试剂对原材料、半成品及成品的质量控制。

无论是检测方法的建立和验证，还是各类诊断试剂的生产质控，质量控制物质都必不可少，在第三节兽用诊断试剂用的质量控制物的技术要求中从国家标准物质、兽药标准物质和体外诊断试剂用质控物三个方面介绍了各类质量控制物的研制要求。

13.1

兽医检测方法的验证原则和方法

应首先明确检测目的，因其决定了随后所有的确认步骤。通过确定可影响检测性能的因素，可更加明晰地确定验证中应采用的标准。这些变量可分为三类，a. 样品：影响目标分析物数量或性质的单个样品或混合样、基质组成及宿主/微生物间的相互作用；b. 检测系统：影响到样品特定分析物检测能力的各种物理、化学、生物及与操作者相关的因素；c. 测试结果判读：根据检测系统获得的分析物检测结果，准确预测个体或群体状况的能力。

在含有目标分析物的基质中（如血清、粪便、组织等），也可能含有内源性或外源性抑制剂，可抑制酶从而影响到 PCR、ELISA 等试验。还有其他一些因素会影响样品中分析物（主要是抗体）的浓度和组分，如宿主内在因素（如年龄、性别、品种、营养状况、妊娠、免疫反应等）或外在因素（如被动获得抗体、因接种疫苗或感染而主动免疫抗体等）。样品污染或变质等非宿主因素也会影响到试验方法检出目标分析物的能力。

干扰检测系统分析性能的因素包括仪器使用、操作员失误、试剂选择（包括化学试剂和生物试剂）、仪器校准、方法的准确性和可接受范围、反应器和平台、水质、缓冲液和稀释液的 pH 和离子强度、培育温度和持续时间以及因检测到密切相关的分析物而导致的误差。此外，保证生物试剂中无外源污染也很重要。

干扰检测诊断性能的因素也与选择对照样品有关，即从已知感染动物或已知未感染动物中挑选对照样品，用于评估检测方法的诊断敏感性和特异性。这是一个比较难处理的问题，对照样品能否切实代表目标种群中所有宿主和环境因子，可直接影响到实验结果判读的置信度。因此，选择正确的对照样品非常重要，难度也很大。

13.1.1 检测方法建立流程

13.1.1.1 基本概念

分析物对照样品（analyte reference sample）：含有不同浓度的相关分析物，可用于建立和评估检测方法的确认标准。

检测方法的工作范围：检测方法能提供适当精确度和准确性的分析物浓度（量）范围。

精确度（precision）：在特定条件下，对同一样本进行一系列测量时的离散程度。包括重复性、中间精密度和再现性。

重复性评估：在某一特定实验室内使用同一方法重复检测样品所得结果之间的一致程度。可通过在一块或多块板中进行测试；在多块板之间同时进行平行测试。

中间精密度评估：通过在同一天内的不同时段，或在不同日期的相似条件下进行测试或在不同日期、由不同操作者进行测试。

再现性评估：在不同实验室进行测试。

准确度（accuracy）：已知浓度或效价的对照标准试剂的实测值和预期（真实值的接近程度）。

优化（optimisation）：对检测方法中最重要的物理、化学和生物参数进行评估和调整，以确保该方法具备适用于既定目的应用的最佳性能特点。

稳健性（robustness）：供多个实验室使用的检测方法在试验条件发生重大变化时不受其影响的能力。

国际和国家标准物质（international and national reference standard）：含有已知浓度分析物的国际标准物质，应作为所有检测方法标化的参考物质。此类标准物质由国际参考实验室制备和分发。国家标准物质应尽可能按照国际标准物质进行校准，并由国家参考实验室制备和分发。在缺乏国际标准物质的情况下，国家标准物质即成为待验证方法的参考物质。

室内质控品（in-house reference standard）：国际或国家标准进行校准的质控标准品。

工作质控品（working standard）：通常作为分析物或过程控制用的质控品，按照国际、国家标准物质或室内质控品予以标定，制备量较大，须等分存储，以供每次诊断检测时使用。

标准化（normalisation）：为显著提高实验室内部和实验室之间测试结果的可比性，每次检测工作运行时，必须包含一个或多个标准工作试剂，每个样品的原始测试值可被转化成与标准工作试剂相应的活性单位。这个过程名为标准化。如阳性对照百分比（如在ELISA中）、来自某标准曲线的分析物浓度或效价、实时PCR中源于循环阈值（C_t）标准曲线的目标基因拷贝数等。

分析特异性（analytical specificity）：检测方法区分目标分析物和其他可能检出组分的能力。

分析敏感性（analytical sensitivity）或检测限：用基质系列稀释分析物后，通过直接方法在每一稀释度至少50%的复制样本中检测到的分析物最小量。

诊断敏感性（diagnostic sensitivity）：已知感染对照动物样品检测为阳性结果的比例。

诊断特异性（diagnostic specificity）：已知未感染对照动物样品检测为阴性结果的比例。

"金标准"：一词通常指用于相互比较的标准。

阳性或阴性试验结果的预测值（predictive value，PV）：PV＋指检测结果阳性的动物已接触病原或被感染的可能性。PV－指检测结果阴性的动物未被感染或未接触病原的可能性。

13.1.1.2 确定检测方法的既定目的

《WOAH 陆生动物诊断试验与疫苗手册》(2008) 规定，实验方法和相关程序必须适用于特定诊断，以保证得到相关的试验结果。换言之，该方法必须"适用于既定目的"。验证检测方法时，须考虑的最重要因素为能否通过该方法得出的阳性和阴性结果，准确预测动物群体和/或标准化，通过积累确认数据，获得偏差较小、更加精确的诊断敏感性和特异性估测值。这些估测值和基于实证的被检群体感染流行率数据，为阳性和阴性结果的高置信度奠定了基础。为确保测试结果能为动物群体的感染状况提供有用的诊断推论，验证过程应包括最初的试验开发、有关检测方法性能的文件资料以及对质量控制和质量保证程序的持续性评估。图 13-1 显示了验证检测方法的全过程，包括检测方法的设计（建立与确认）及其实施、发展和改进工作。

13.1.1.3 影响检测方法确认的因素

（1）**质量保证** 无论是在实验室建立检测方法，还是分析临床资料，其目标都是获得高质量的数据，这要求实验室必须达到关键质量指标。须建立质量保证（QA）和质量控制（QC）体系，并制定包括使用对照样品在内的质量程序，以此保证系统正常运作，并确保数据的可再现性和质量。世界许多实验室已建立了保证和质量控制系统，并拥有训练有素的合格人员。

（2）**设备选择** 设备维护和校准不良可严重影响到检测方法的质量。必须按照实验室质量保证程序的要求校准各种仪器和设备（如冷藏库、加热块、培养箱、冰箱、色度计、热循环仪、洗板机、移液管等）。须校准的设备还包括在常规诊断程序中，用于整个或部分检测过程中的自动化设备。例如，不应假定自动化提取核酸等同于以前使用的手工提取方法，也不应认为 ELISA 自动洗板机能均匀洗涤反应板上各孔，必须校准设备并验证操作程序，以确认其有效性，确保在核酸分析系统中不出现交叉感染，或在自动洗板机中不出现清洗不充分的现象。

（3）**样品的选择与完整性** 选择、搜集、制备和管理样品是设计、开发和验证检测方法时的重要因素。此外，运输、监管链、样品跟踪、实验室信息管理系统等因素也是产生变化/误差的重要来源。实验方法用于常规检测时，正确控制这些因素尤其重要。在检验方法的开发和确认过程中，试验结果的完整性取决于在试验或常规诊断中样品的质量。进行确认前，必须首先明确可能会对样品质量产生负面影响的因素。检测方法的开发和确认中所用到的对照样品，应与检测中使用的样品基质相同（如血清、组织、全血），且对于该方法检测的物种具有代表性。参考物质应能恰当地表示试验方法可检出的分析物浓度范围。

13.1.2 检测方法确认流程

13.1.2.1 分析性能研究

第一阶段研究的重复性、可再现性及分析敏感性（检测限），应以双盲和随机选择样品的方式进行。应根据目前掌握的最新知识，正确选择生物株、菌株或血清型，以评估检测方法的特异性，从而了解到最适用于特定目标分析物的实验设计。

（1）**重复性** 评估检测方法的重复性时，可通过检测至少 3 个（最好 5 个）能体现

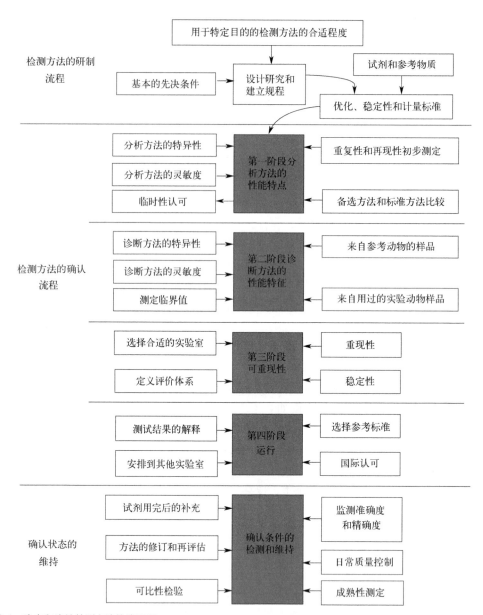

图 13-1　建立和确认检测方法的流程图

方法操作范围内分析物活性的样品，并分析检测结果之间的差异。可将每个样品等分装入 3 个独立容器里，作为与原始样品相同、包含原始分析物和基质浓度的复制品。每个复制样品被视为采集自目标群体的待测样品，按照检测方法的所有步骤（包括稀释成工作浓度），逐项进行测试。有两种方法不可取，一种是将样品在分装的试管里稀释成工作浓度，随后用移液管加到反应容器里；另一种是以一次抽提的核酸制备复制样品，而不是在加入反应容器稀释前，分别抽提核酸。如此制备的样品无法作为有效的复制样品用于重复性研究。确定批间差异时，由至少两位操作员，分别在至少 5 天内多次（约 20 次）运行相同的样品进行检测。重复结果的变化差异可表示为标准差、置信区间等。

（2）分析特异性（ASp）　分析特异性以至少 3 种不同方法，在检测中区分目标分析物和其他组分，分别为检测方法的选择性、排他性和包容性。

选择性：检测方法在存在下列物质时仍能准确量化目标分析物的能力，a. 干扰物质，如基质组分（如反应混合物中的酶抑制剂）；b. 降解产物（如毒性因子）；c. 非特异性结合到固相的反应物（如 ELISA 中吸附到微量滴定板孔中的结合物）；d. 疫苗接种产生的抗体，可与因活性病原感染而产生的抗体相混淆。这些干扰物会在检测过程中导致错误地降低或提高反应程度，影响分析特异性。

排他性：检测方法检出目标生物独有的分析物或基因序列、并可排除所有其他已知有潜在交叉反应生物体的能力。这也可作为确诊性检测方法的定义。

包容性：检测方法可检出某品种的若干菌株或血清型、某属的若干品种或一组密切相关生物体或抗体的能力。包容性描述了筛查性检测方法的工作范围。

在尽可能消除干扰物后，根据检测方法的既定目的选择一组适当的样品，评估检测方法的包容性或/和排他性。

分析特异性适用于分析物检测的直接和间接方法。如要求有排他性，田间样品应从受遗传特异性相关但不致病的生物体感染的动物上采集，但这可能很难，甚至是不可能的。在这种情况下，培养的微生物可用于直接检测方法，也可从模拟自然途径人工感染的动物上取得血清，用于间接检测方法。此类交叉反应能否被接受，在很大程度上取决于测试目的及有交叉反应的微生物/分析物在目标群体中的流行情况。电脑模拟技术对 PCR 方法很有用，可作为分析特异性实验室评估的辅助工具，但只依靠此项技术不足以正确评估分析特异性。

检测病毒抗体时会遇到一个特殊情况，即动物可对疫苗中的载体蛋白产生抗体反应。此类载体蛋白也是一种可对选择性产生负面影响的干扰物。如在 ELISA 中，这种蛋白质出现在酶标板的固相抗原中，可导致疫苗载体蛋白诱导的抗体与之结合，从而出现假阳性结果（检测方法缺乏排他性）。因此，不推荐用疫苗制品作为 ELISA 中的抗原。

（3）分析敏感性（ASe） 分析敏感性指检测方法在测定分析物时的最低检出限（LOD）。直接检测方法的分析敏感性可用病原的基因拷贝数、感染剂量、菌落总数、噬斑形成单位等来表示，这些值能从样品基质背景值中检出，并能与背景值相区别，最常用的是指定体积或重量的重复样品中有 50% 阳性结果的拷贝数、补体形成单位或噬斑形成单位。间接检测方法的分析敏感性是检测到的抗体最小量，通常指在样品被系列稀释后，恰好无法区别目标分析物和样品基质时的倒数第二个稀释度。

如既定目的是检测含量极低的分析物或亚临诊感染，而且难以获得适合的参考物时（如早期感染阶段样本），可分别使用待确认检测方法和另一种方法同时检测一组样品，随后对比结果，确定检测方法的分析敏感性。此方法虽较为实用，但须谨慎选择用于比较的试验方法，以确保所检分析物（如不同）就暴露于传染病原后的出现时间而言，表现出同类致病属性，而且在检测样本中含量充足。

建立一个更敏感的新试验方法时，可能需要检测一系列感染动物样品，包括从早期感染到发展为临诊病例或出现暴发性疫病的动物，并以此前使用的测试方法做平行测试，以证明新方法的敏感性确实有所提高。这也可提供与疫病发病机制有关的最早检测时间点的比较。

（4）与待确认方法比较的标准检测方法 在某些情况下，因为很难获得目标群体中的适当样品和动物（如外来性疫病），无法或不宜继续进行确认流程的第二阶段。此时，可同时使用待确认方法和标准方法，对一组少量但经认真挑选、高度定性并可体现分析物浓度范围的试验样品，进行平行测试。

（5）辅助检测方法或程序的分析准确性 一些检测方法或程序可作为分析工具在诊断实验室使用，通常用作二次辅助试验或程序，分析经主要检测方法检测过的分析物。使用这种分析工具，旨在进一步验证分析物的特性。此类辅助测试的实例包括对已分离到的病毒做中和试验定型、用分子测序确认实时 PCR 的检测结果以及致病性测定、血凝抑制、耐药性测定等。此类试验既可独立进行，也可作为主要检测方法的一部分。

这种辅助测试必须经过性能特点分析验证，但与常规诊断检测的不同之处在于无须验证诊断性能特点。这些工具的分析准确性可通过与标准参考试剂比较来界定，或根据分析工具（如终点滴定法）本身的特性来决定。在所有这些例子中，分析工具均可对目标分析物进一步定量或定性。

（6）再现性的初步评价 在确认过程中，只有少量高度定性的适用样品时，可初步评估待确认方法的重复性。这组样品可用于相对有限地评估可再现性，有助于检测方法得到临时确认。评估时，一个或多个研究机构的实验室均采用待确认的检测方法，按照相同程序，采用同样的试剂和类似的设备来检测样品，评估方法的可再现性。这是一个简化的检测方法确认流程第三阶段。

（7）检测方法的临时认可 经验表明，开展确认流程第二阶段的最大障碍是计算诊断敏感性（DSe）和特异性（DSp）所需的指定样品数量。计算公式已众所周知，还可使用相关计算表格，以便根据评估的允许误差值和置信度水平，确定估算不同诊断敏感性和特异性水平所需的检测样品数量。该公式假定已考虑到所有可能影响测试结果的大量宿主/病原因素，但这种假设可能存在问题，估算出的样品量至多仅可达到最小实际需要量。在疫病尚未流行或未广泛传播的情况下，可能一时无法获得所需样品量，但随着时间的推移和数据的不断积累，应可调整阈值，如无需调整阈值，可提高评估的置信度。

以往的情况显示，检测方法通常是对实验室内进行试验的产物，侧重于分析敏感性和特异性，而对田间采集的样品评估则有名无实。基准确认提供了诊断性能的置信度水平，而且符合国家主管部门关于有条件地使用检测方法用于诊断的规定，但绝不能替代完整的现场确认。因此，诊断方法的基准确认只能作为该方法的临时性认可，并预示将会制订完整的现场确认方法。

检测方法获得地方或国家主管部门的临时认可，意味着该方法尚未通过诊断性能评估。在这种情况下，实验室应制订相应的程序，并按照程序增加样品进行评估，以满足此项要求。理想情况下，这一过程应仅限于某一特定时段，并在这段时间内，为完成确认流程第二和第三阶段，增加样品量。这种临时认可的做法应仅限于在紧急情况下，经主管部门决定须快速引进新方法时使用。此外，在双边贸易中，如双方同意，可基于未经其中一国完全验证的方法（如标准方法），签订双边贸易协议。出现罕见疫病且无其他检测方法的特殊情况下，可采用临时认可的检测方法，但结果报告中应声明这一点。在任何情况下，在一组少量但经认真挑选、含有目标分析物的样品基础上，初步评估诊断敏感性和特异性都必须有可靠的证据。

13.1.2.2 诊断性能研究

诊断敏感性（DSe）和诊断特异性（DSp）是检测方法确认过程中确定的主要性能指标。这两项性能估测值是推论测试结果（如阳性和阴性结果预测值）所需参数的基础。因此，诊断敏感性和特异性的评估必须尽量准确。为此，最好检测一组已知病史和感染情况且与将使用该方法的国家或地区相关的对照动物样品，根据检测结果评估诊断敏感性和特异性。受试者工作特征（ROC）曲线分析可综合评估定量诊断检测方法在检测值范围内的整体准确度。因此，可作为评估诊断敏感性和特异性的辅助手段。

必须选择可评估诊断敏感性和特异性的抽样设计方案。所需已知阳性和阴性样品的数量取决于待确认检测方法的诊断敏感性和特异性估值及所需的置信度水平，详见表3-10。

（1）**参考动物群体** 理想情况下，选择对照动物时，要求动物具有目标群体的主要宿主特征，包括已感染或接触病原，或从未感染或接触过病原的动物。相关宿主特征包括（但不限于）物种、年龄、性别、繁殖状况、感染阶段、疫苗接种史及其他有关疫病史。

① 阴性参考样品 有时可能很难获得从未接触过病原动物的真阴性样品。通常可在已消灭或从未发现相关疫病的国家获得此类样品。样品来源群体应至少类似于待检测的目标群体。

② 阳性参考样品 获得足量的真阳性对照动物（即能分离到阳性病原的阳性动物）一般比较困难。因此，可能要采用经核酸检测系统等其他方法检出的阳性动物样本。

③ 来自未知状态动物的样品。

（2）**参考动物的感染状况**

① "金标准"模式 "金标准"一词通常指用于相互比较的标准，但在此，应仅限于能明确区分感染/接触病原动物与未感染/未接触病原动物的检测方法或方法组合。有些病原分离方法本身就存在重复性和分析敏感性的问题，因此，特别是对所谓阴性样本，没有真正的"金标准"。如所谓的参考标准不完美（这在大多数宰前检验中较为常见），则通过比较对照标准所得的估值会存在误差，从而影响到待确认检测方法的诊断敏感性和特异性估值（往往被高估）。

核酸分析检测方法可能比现有的"金标准"方法更敏感且特异性更高，使"金标准"不适合作为参考标准。如核酸分析法比"金标准"敏感，而相对较低的特异性会造成误导。此问题可通过评估样品来源、分析临诊病史、对PCR产物测序以确认分析物等方法予以部分解决。

② 潜类模型（latent-class model） 潜类模型无须假定参考方法完美无缺，而是评估待确认检测方法和对照标准在联合测试结果中的准确度。由于这类统计模型很复杂，须仔细设定假设，应由统计学专家从旁协助，分析和描述从目标群体中采集的样品以及在分析中包括的其他测试方法特点，指导如何在经同行评议的文献资料基础上，选用合适的模型和评估方法。

（3）**人工感染或免疫的对照动物** 人工感染或免疫动物的血清可用于抗体应答动力学研究，也可用于分析样品里是否存在抗原或病原。然而，对于个体实验动物暴露于病原前后获得的一系列结果，因其不符合统计学要求的独立观测原则，所以无法用于评估诊断敏感性和特异性，唯一可接受的方法是个体实验动物单一时间点取样。此外，用间接方法检测分析物时，在实验条件下接触病原或注射疫苗引起的抗体反应，可能与目标群体在典型自然感染时出现的反应在量和质上有所不同。应用诊断敏感性和特异性推断目标群体状况时，病原的株型、剂量、实验感染途径等变量都可导致错误结论。基于这些原因，确认检测方法时，不能只使用实验感染动物样本。

（4）**阈值（临界值）的确定** 获取待确认检测方法的诊断敏感性和特异性估值时，首先必须对测试结果进行分类（阳性、阴性或中间值）。这需要在连续性的测试结果里插入一个或两个临界点（阈值或决定限）。临界点的选择应反映出检测方法的目的及其应用，并支持所需的诊断敏感性和特异性。目前，就表达诊断敏感性和特异性的最佳确定方式已发表了一些可选方法和描述性的方法。如源于已知感染和未感染动物的测试结果在分布上出现大量重叠，则很难选择单一临界点，以根据感染状况准确分类。在这种情况下，可选择两个临界点，确定一个高诊断敏感性（如可包括99%感染动物的值）和一个高诊断特异性（如99%来自未感染动物的值）。这两个点之间的值可视为中间值，须通过血清学试验复检或通过测序予以确认。

以诊断性能为基础建立临界值的主要困难在于缺乏足量的明确定性样本。

（5）根据参考血清的检测结果计算诊断敏感性和特异性　评估诊断敏感性和特异性的一个典型方法是用检测方法测试对照样品，并在一个2×2的表格中交叉列出分类测试结果，详见表3-11。

13.1.2.3　再现性研究

在不同地区或国家的若干实验室使用相同的检测方法（即同一检测程序、试剂和控制方法）时，再现性是衡量该方法精确度的一个重要参数。操作时，应至少由3个实验室分别测试同一组样品（盲样），每组至少包含20份样品，而且每个实验室获得相同的等分样品。此类测试还可生成一些有关不同实验室使用同一方法而产生非随机性效果（又称检测方法的稳定性）的初步数据。此外，再现性研究也可加强实验室内部重复性评估，还可衡量可再现性与重复性实验数据的精确度。

13.1.2.4　方法应用

（1）测试结果判读　测试结果的预期值（PV）：如从一个试验方法的检测结果可推断出准确的结论，则该结果最具实用价值。测试结果的预测值须以目标群体中的实际暴发/感染率为基础。对用于监测无疫群体的筛选方法而言，假阳性结果是一个很大的问题。因此，根据实际需要选择适当的诊断阈值至关重要。应根据实情及目标群体的暴露或感染率，选择可将假阳性和/或假阴性结果对预测值的影响降至最低的阈值。此外，还可选择高特异性的确认方法，以确定筛查试验反应物是真阳性还是假阳性。

在核酸检测技术中，可能须通过对扩增产物测序，确认核酸检测中的阳性结果。

（2）国际认可　一直以来，凡是成为国际贸易制定或替代方法的检测试验均已获得OIE国际认可，这往往是因为这些方法的效用已在相关国家、区域或国际范围内得到证实。对已完成认证过程的试剂盒，最后一步是在OIE注册。登记册中列出的测试方法如已完成确认流程的第一、第二和第三阶段，则被鉴定为适用于相关特定目的。建立该登记册的目的在于向检测方法使用者提供内容准确详尽的信息，介绍测试方法及其相对于某既定目的的性能特点。

（3）检测方法的实施　一种检测方法被成功应用于其他实验室，被纳入其他国家、区域和/或国际相关计划等，这些均为该方法实效的最好证明。在这方面，参考实验室可发挥重要作用。随着诊断技术的不断完善，新的试验方法将逐渐成为可用作对照的标准方法，并将逐步获得国家、区域及国际认可。作为公认的标准，这些检测方法也将用于开发以质量控制、效能提高、工作协调等为目的的参考试剂，这些参考试剂也可能成为国际标准。

在实验室建立的检测方法用于现场工作时，无论是在当地实验室，还是养殖场，均应反复评估其稳定性。一些诸如极端温度、操作者水平等可预见的实际条件差异，也应作为可影响检测结果稳定性的可变因素（其稳定性估值主要源于可再现性评估）。

13.1.2.5 检测方法的监测

常规使用经确认的检测方法时，须经过过程控制，持续监测重复性，以评估检测精确性和准确性方面可能出现的变化。这些变化可通过在控制图中标绘控制值进行监测，并对偏离预期性能的情况进行调查，以便采取必要的纠正措施。此类监视工作可提供重要证据，证明经确认的检测方法在实施阶段是否名副其实。此外，持续评估检测性能也非常重要。为此，通常借助控制图，评估检测方法的精确度、准确度和异常偏离倾向。可再现性评估一般通过外部质量控制方案（如能力测试）来实现。

13.2

不同种类兽用诊断试剂的质量控制

研制、生产用的各种原料、辅料应当制定相应的质量指标，并应符合有关法规的要求。诊断试剂的生产必须按《兽医诊断制品生产质量管理规范》组织生产；企业应具备相应的专业技术人员，相适应的仪器设备和生产环境。诊断试剂的研制应当按照科学、规范的原则组织研发，各反应条件的选择和确定应符合基本的科学原理。研制生产过程中所用的材料及工艺，应充分考虑可能涉及的安全性方面的事宜。

13.2.1 酶联免疫诊断试剂的质量控制

酶联免疫诊断试剂是指在酶标板上包被相关的抗原（或抗体）后，利用直接或间接的方法与待测样品中的相关抗体（或抗原）反应，形成的抗原抗体复合物再与相应的酶标记的抗体和/或抗原进一步反应，经过酶催化底物发生显色反应，由形成的颜色强弱来判断样品中相应的抗体或抗原的存在。

13.2.1.1 原材料质量控制

（1）主要生物原料　与诊断试剂的质量最密切相关的生物原料主要包括各种生物活性抗原、重组抗原、单克隆抗体、多克隆抗体以及多肽类、激素类等生物原料。这类原料可用于包被酶标反应板、标记相关酶（辣根过氧化物酶、碱性磷酸酶等）、中和反应用抗原或抗体、制备校准品（标准品）等。使用前应按照工艺要求对这类生物原料进行质量检验，以保证其达到规定的质量标准。主要生物原料若为企业自己生产，其工艺必须相对稳定；若购买，其供应商要求相对固定，不能随意变更供应商，如果主要原料（包括工艺）或其供应商有变更，应依据国家相关法规的要求进行变更申请。

主要生物原料的常规检验项目一般包括：

① 外观　肉眼观察，大部分生物原料为澄清透明的液体，不含异物、浑浊或摇不散

的沉淀或颗粒；或者为白色粉末，不含有其他颜色的杂质；特殊生物原料应具备相应外观标准。

② 纯度和分子量　主要经 SDS-PAGE 电泳后，利用电泳扫描仪进行分析，也可用其他适宜的方法，如高效液相法等。根据所检测生物原料的分子量选择适宜聚丙烯酰胺凝胶浓度进行电泳。一般情况下，每个电泳道加样量为 $5\mu g$，同时用已知分子量的蛋白标准品作参照，采用合适的电泳电流、电压和电泳时间；电泳后的凝胶可用考马斯亮蓝染色或银染法染色。染色后的凝胶用电泳扫描仪分析原料的纯度和分子量，纯度应达到相应的质量标准，分子量大小应在正确的条带位置。

③ 蛋白浓度　蛋白浓度可通过 Lowry 法、280nm 光吸收法、双缩脲方法等进行检测。

④ 效价　效价的测定一般根据蛋白含量测定结果，通过倍比稀释法进行。效价应达到规定的要求。

⑤ 功能性实验　功能性实验是指生物原料用于试剂盒实际生产中的情况，一般考查使用该原料的试剂的灵敏度、特异性和稳定性等，并比较其与上批次原料的相关性。

（2）**生物辅料**　生物辅料指的是在生产过程中作为蛋白保护剂用途的一类生物原料，主要包括新生牛血清、牛血清白蛋白和酪蛋白等。建议作以下检验：

① 牛血清　外观：为浅黄色、澄清、稍黏稠的液体，无溶血或异物。

无菌检验：按《中华人民共和国兽药典》三部附录进行检验，应无菌生长。

支原体检验：按《中华人民共和国兽药典》三部附录进行检验，应无支原体生长。

外源病毒检验：取被检血清样品 10mL，3000r/min 离心 10min，取上清液，按《中华人民共和国兽药典》三部附录进行检验，应无外源病毒污染。

特异性抗体测定：根据血清的用途确定测定的抗体种类，采用血清学方法进行检验，应符合规定。

细菌内毒素测定：按《中华人民共和国兽药典》一部附录进行检验，每毫升血清的内毒素含量应低于 10EU。

② 牛血清白蛋白　外观：应为浅黄色冻干粉末，无吸潮，无结块，无肉眼可见的其他杂质颗粒。

溶解性：将牛血清白蛋白配成 10% 溶液，溶解时间在 18～26℃ 时应不大于 15min。

pH 值：1% 水溶液的 pH 应为 6.5～7.1。

总蛋白含量：用双缩脲方法测定，其标准为 ≥95%。

总蛋白中的 BSA 含量：采用硝酸纤维素膜电泳法，其标准为 ≥95%。

BSA 的净含量：总蛋白含量乘总蛋白中的 BSA 含量，其标准为 ≥90%。

③ 酪蛋白　酸度应符合生产所需的质量标准。

④ 标记用酶　应在产品的质量标准中明示所使用的标记用酶的名称（如辣根过氧化物酶、碱性磷酸酶等），同时应根据不同生产厂家的检验方法和质量标准进行检验，酶的纯度 RZ 值（OD_{403}/OD_{280}）应大于 3.0。

对于小牛血清或山羊血清、牛血清白蛋白以及酪蛋白等，还应进行功能性实验，即以其为原料配制一定浓度的稀释液作为样品，进行酶联免疫测定，均不得出现非特异性反应。

生物辅料的供应商同样要求相对固定，不得随意变更供应商。

（3）化学原材料　主要的检测指标包括：外观、一般盐类检测、溶液 pH 值、溶解情况、干燥失重、炽灼残渣等。主要化学原材料的供应商要求相对固定，不得随意发生变更。化学原材料在购入时，原材料的生产商必须提供该批次化学原材料的质量保证材料和质量检验报告，其质量标准应达到生产所需的质量标准。

（4）其他物料

① 酶标板　外观：明亮处用肉眼观察板条的外观质量。如有欠注、飞边、肮脏、表面光洁度差，底部有波纹及划伤等应剔除。

吸附能力和精密性：用一定浓度的鼠 IgG 包被板条，再用一定浓度的抗鼠 IgG 酶结合物吸附，通过显色反应，双波长酶标仪（主波长 450nm，参考波长 630nm）读数。计算 CV 值，批内 CV≤5％，批间 CV≤10％。

② 液体试剂装量瓶　包括阴阳性对照、样品稀释液、洗涤液、酶结合物或酶稀释液、底物或底物缓冲液等液体组分，均应有相应的装量瓶，并建立相应的质量控制标准，如不同的液体试剂所用的装量瓶规格、装量瓶的颜色、瓶盖的颜色等。

③ 其他材料　包括试剂瓶标签、粘胶纸、铝箔袋、衬垫、可密封塑料袋、说明书、干燥剂和包装外盒等，应参照国家相关法规建立相应质量控制标准。

（5）企业质控品　企业质控品一般包括阴阳性参考品的符合率、灵敏度（最低检出量）、精密性（均一性）、hook 效应等质控样品，对于定量检测试剂，还包括线性质控品样品。如该产品具有国家标准品或参考品，应使用国家标准品（参考品）进行标化；若该诊断试剂没有国家标准品（参考品），则企业参考品的质量标准不能低于国家已经批准的同类试剂的质量标准。

企业质控品的基质应与诊断试剂的待测样品的基质基本一致，如待测样品为血清/血浆，质控品基质也应为血清/血浆。

13.2.1.2　试剂盒的生产

酶联免疫诊断试剂盒的生产主要包括酶标记物的制备及酶工作液浓度确定、各种工作溶液的配制、包被酶标反应板、分装及包装等步骤，并通过产品的半成品检验和成品检验两个质控过程来保证其质量符合规定。

（1）各种工作液的配制　酶联免疫诊断试剂研制生产过程中所用的工作液一般包括：包被液、封闭液、阴性对照、阳性对照、样品稀释液、洗涤液、酶结合物或酶稀释液、底物或底物缓冲液、终止液等；对于定量检测试剂，还包括标准品（或校准品）溶液。若阴性、阳性对照或其他液体组分涉及生物安全性问题，制备时应在相应的生物安全实验室完成。

各种工作液在配制过程中应严格按质量标准中的配方进行配制，充分混匀确保液体中的各种成分均匀，同时进行相应的质量检验并达到质量标准后，方可使用或者分装。对于定量检测试剂，其标准品（或校准品）溶液应该在量值上具有溯源性。

应对配制过程及配制的液体进行质量控制，主要包括酶结合物的功能性实验及稳定性；各种溶液的外观、pH 值等；酶作用的底物应测定在无相应酶的情况下自身显色的情况，并制定合理的限定指标；终止液应对其终止酶促反应的能力进行测定。

（2）包被酶标反应板　包被前应对酶标反应板进行质量检验，如尺寸、外观、包装、吸附性能、精密性等，并记录酶标反应板的批号、数量、标识。酶标反应板经检验合格后方能用于包被。不同批号的板条不能混用。

选择经检验合格的包被原料（如抗原、抗体等），经一定的方法确定最佳包被浓度和酶结合物工作浓度，按照诊断试剂的生产规程，配制包被缓冲液、封闭液，经检验合格后，包被酶标反应板，经干燥后，已包被的酶标反应板用铝箔纸封闭（内置干燥剂），抽真空后，保存于2~8℃。

应对包被过程进行相应的质量控制，如包被用原料（抗原或者抗体等生物活性原料）的质量检验、包被液和封闭液的质控（如配方、外观、pH值）、包被过程的监控（包括包被和封闭的体积、温度、湿度、时间等）、包被均一性检验、干燥过程的监控等。

（3）分装和包装　样品稀释液、洗涤液、酶结合物或酶稀释液、底物或底物缓冲液等溶液应严格按照质量标准中的量进行无菌处理后再分装，分装量的误差应小于5%。

分装及包装均应按照相应SOP的要求进行。包装前，应严格检查试剂盒的品名、批号等，核对试剂盒各组分的数量，并在关盒前进行复核。

13.2.1.3　质量控制

用于半成品及成品质量控制的质控品包括灵敏度、特异性、均一性等指标，如具有国家标准品或参考品的产品应使用国家标准品（参考品）或经标化质控品进行检验。

（1）半成品质量控制

① 半成品抽样　检验人员按试剂的批号，根据抽样申请单抽取规定数量的半成品各组分，做好标记，待检。

② 半成品检验　利用上一批检验合格的试剂盒相应组分，对本批生产出的各种试剂盒组分分别进行检验，检验结果达到产品的质量标准。

检测所抽样半成品的试剂盒性能，包括阴、阳性参考品的符合率、灵敏度（最低检出量）、精密性等，均应达到相应质量标准的要求，对精密性，一般情况下CV不得高于15%（采用竞争抑制法的诊断试剂CV不得高于20%）。对定量检测试剂，同时应分析其线性相关系数和校准品检测结果的准确性。

企业应该对每一批试剂的半成品进行稳定性研究。试剂盒各组分应留样，2~8℃定期做稳定性考核，同时做37℃热稳定性试验，试验结果应符合产品的质量标准。

（2）成品质量控制　产品包装完成后，质检人员根据试剂的批号、实际包装量、抽样申请单的要求进行抽样，同时填写抽样数量和抽样日期，并且由抽样人签名。抽样数量应包括检验用数量和留样数量。质检人员同时应检查相关原始记录。

① 成品检验　应进行试剂盒是否完整、组分是否齐全、试剂是否漏液等外观检查，以及灵敏度、特异性、精密性等性能检测，均应符合产品的质量标准。

② 稳定性试验　在批放行前，每一批酶联免疫诊断试剂应完成37℃热稳定性试验，试验结果应符合产品的质量标准。

13.2.2　免疫色谱类试剂的质量控制

本类试剂是指应用色谱法的原理检测样品中的抗原或抗体的快速检测试剂，比如金标试剂，采用胶体金标记的抗体或抗原包被于玻璃纤维膜、聚酯膜或其他载体，将相关抗原或抗体固相连接在硝酸纤维素膜。

13.2.2.1　原材料质量控制

（1）**主要生物原料**　与生产的产品质量最密切相关的生物原料包括各种活性抗原、重组抗原、单克隆抗体、多克隆抗体以及多肽类生物原料。这类原料可用于胶体金标记、包被硝酸纤维素膜及用于制备质控线的抗原或抗体等。常规检验项目的外观、纯度和分子量、蛋白浓度、效价、功能性试验均与酶联免疫诊断试剂的主要生物原料一致。此外，用于制备质控线的抗原或抗体可采用其他适宜方法进行功能性实验。

（2）**生物辅料**　生物辅料指的是在生产过程中作为蛋白保护剂用途的一类生物原料，主要包括牛血清白蛋白材料等，检验同酶联免疫诊断试剂的生物辅料。

（3）**化学原材料**　检验同酶联免疫诊断试剂的化学原材料，常用试剂如下：

① 无机类　主要包括氯金酸、氯化钠、磷酸氢二钠、磷酸二氢钠、碳酸钠、碳酸氢钠等。

② 有机类　主要包括柠檬酸、柠檬酸钠、蔗糖、吐温20、乙二胺四乙酸二钠、三羟基氨基甲烷、氨基吡啉、葡萄糖等。

（4）**其他原辅料**

① 硝酸纤维素膜　应具有厚度、孔径大小等要求，毛细迁移速度、韧性（切割时膜破损引起的废品率）、均一性（厚度偏差范围、毛细迁移速度偏差范围）应达到规定的要求。

② 玻璃纤维或聚酯纤维膜及滤纸　玻璃纤维或聚酯纤维膜及滤纸应具有厚度、毛细迁移速度、重量等要求，均一性（厚度偏差范围，毛细迁移速度偏差范围，重量偏差范围）应达到规定的要求。

③ 玻璃纤维膜　适用于全血检测的金标试剂，过滤红细胞所用玻璃纤维膜或其他材料具有不吸附蛋白质的特点，应具有厚度、孔径大小等要求。

④ 塑料衬片　塑料衬片应具有厚度、硬度（切割时一次未能整条切下的百分率）、尺寸（与标识吻合）、黏性（切割时造成玻璃纤维与塑料衬片分离的百分率）等要求。

⑤ 其他　黏胶纸、铝箔袋、说明书、包装外盒、瓶子和干燥剂等应建立相应质量控制标准。

13.2.2.2　试剂盒的生产

本类试剂的生产主要包括胶体金及胶体金标记抗原或抗体的制备、检测线及质控线的制备、胶体金标记物工作浓度确定、各种工作溶液的配制等步骤，并通过产品的半成品检验和成品检验两个质控过程来保证其质量符合规定。

（1）**胶体金标记物的制备**　采用柠檬酸三钠还原法或其他方法制备胶体金，胶体金颗粒大小应符合规定，胶体金标记物在 $510\sim550nm$ 波长处应有最大吸收值，置 $2\sim8℃$ 保存，应在规定的保存期内使用。采用合适的方法确定胶体金标记物的工作浓度，将工作浓度的胶体金标记物吸附于玻璃纤维或聚酯纤维膜上。应对所用的玻璃纤维膜等进行质量检测，如尺寸、外观、包装及吸附性能等，并记录批号、数目、标识，不同批号的玻璃纤维膜不要混用。

（2）**检测线及质控线的制备**　取已确定使用浓度的相关抗原或抗体，在硝酸纤维素膜上制备检测线，应用同样方法制备质控线，根据生产工艺在规定的温度、湿度条件下干燥，置规定的湿度（通过验证方法确定相对湿度要求）条件下存放。检测线与质控线应具有间隔距离要求，应对所用的硝酸纤维素膜进行质量检测，如尺寸、外观、包装及吸附性能等，并记录批号、数目、标识，不同批号的硝酸纤维素膜不要混用。

（3）贴膜、切割、装袋　贴膜、切割及装袋应在具有湿度（通过验证方法确定相对湿度要求）要求条件下操作，切割的膜条应有宽度要求。

13.2.2.3　质量控制

用于半成品及成品质量控制的质控品包括灵敏度、特异性、均一性等指标，如具有国家标准品或参考品的产品应使用国家标准品（参考品）或经标化质控品进行检验。

（1）半成品质量控制

① 半成品抽样　检验人员按批号抽取规定数量的半成品，做好标记，待检。

② 半成品检验　对所抽样的半成品做灵敏度、特异性、均一性等试剂盒性能方面的检测，应符合质量标准。

（2）成品质量控制

① 物理检查　应进行外观是否平整、材料附着是否牢固、液体移行速度、膜条宽度等物理检查，应符合质量标准。

② 性能检测　灵敏度、特异性、均一性等试剂盒性能方面的检测，应符合质量标准。

13.2.3　核酸扩增类试剂的质量控制

核酸扩增检测技术泛指以扩增 DNA 或 RNA 为手段，从而检测特定核酸序列或筛查特定基因的检测技术，如聚合酶链式反应（PCR）、连接酶链反应（LCR）、转录依赖的扩增反应（TMA）等。核酸扩增法检测试剂是基于核酸扩增检测技术的体外诊断试剂，目前已经用于病原体检测、特定疾病的早期诊断和体内物质的鉴定等不同领域。

13.2.3.1　原材料质量控制

应提供主要原材料如引物、探针、企业参考品或标准品等的选择与来源、制备过程、质量分析和质量标准等的相关研究资料。若主要原材料为企业自己生产，其生产工艺必须相对稳定；如主要原材料来自市场（从其他单位购买），应提供的资料包括：对物料供应商审核的相关资料、购买合同、供货方提供的质量标准、出厂检验报告，以及该原材料到货后的质量检验资料。主要原材料（包括生产工艺）或其供应商发生变更，应依据国家相关法规的要求进行变更申请。

核酸类检测试剂的包装材料和耗材应无 DNase 和 RNase 污染。

（1）脱氧三磷酸核苷（dNTP）　核酸的组成成分，包括：dATP、dUTP、dGTP、dCTP 和 dTTP。应为 HPLC 纯、PCR 级，无 DNase 和 RNase 污染。−20℃保存。

（2）引物　引物是由一定数量的 dNTP 构成的特定序列，通常采用 DNA 合成仪人工合成，合成后经聚丙烯酰胺凝胶电泳或其他适宜方法纯化。

合成引物的冻干粉应保证序列正确，合成量应达到试剂生产要求。纯度应达到电泳级（PAGE）或 HPLC 级，不含杂质。应提供合成机构出具的合成产物的质检证明，如 PAGE 电泳结果或 HPLC 分析图谱。

应对合成的引物作 HPLC 分析和紫外光吸收分析。以紫外分光光度计测定 OD_{260}/OD_{280} 在 $1.6\sim2.0$ 之间，可视为合格引物。$-20℃$ 保存。

（3）**探针**　是指特定的带有示踪物（标记物）的已知核酸片段（寡聚核苷酸片段），能与互补核酸序列退火杂交，用于特定核酸序列的探测。通常采用 DNA 合成仪人工合成，合成后经聚丙烯酰胺凝胶电泳或其他适宜方法纯化，在 5′-端（和/或 3′-端）进行标记，如荧光素报告基团或其他发光标记物，在 3′+5′-端标记荧光素猝灭基团，并经 HPLC 或其他适宜方法纯化。

冻干粉，纯度应达到 HPLC 纯。应提供合成机构出具的合成产物的质检证明，如 HPLC 分析图谱；应对探针的核酸序列及标记的荧光素或化学发光物进行核实，并作 HPLC 分析。应以可见-紫外分光光度计进行 $200\sim800nm$ 扫描，在 $260nm$ 处应有吸收峰。另外，根据标记荧光素的不同，还应该在荧光素的激发波长处有吸收峰，如 FAM 荧光素在 $494nm$、TET 荧光素在 $521nm$、TAMRA 荧光素在 $560nm$ 处有特异的吸收峰，杂交探针在 $493nm$、$625nm$、$685nm$ 处有特异的吸收峰，检验合格后入库。避光、$-20℃$ 保存。

（4）**DNA 聚合酶**　如 *Taq* DNA 聚合酶。应具有 DNA 聚合酶活性，无核酸内切酶活性；具热稳定性，$94℃$ 保温 1h 后仍保持 50% 活性。$-20℃$ 保存。

（5）**尿嘧啶糖基化酶（UNG）**　具有尿嘧啶糖基化酶活性，无核酸外切酶及核酸内切酶活性；1U UNG 在 $37℃$ 处理 3min 后，103 拷贝以下含 U 模板应完全降解，不能产生扩增产物。$-20℃$ 保存。

（6）**逆转录酶**　具逆转录酶活性，无核酸内切酶活性。$-20℃$ 保存。

13.2.3.2　试剂盒的生产

核酸扩增类检测试剂的生产通常包括：配制工作液、半成品检验、分装和包装。配制工作液的各种原材料及其配比应符合要求，原材料应混合均匀，配制过程应对 pH、电导率等关键参数进行有效控制。

13.2.3.3　质量控制

（1）半成品质量控制

① 按批号抽取规定数量的半成品。

② 以参考品/对照品进行半成品质量控制。如果产品具有国家标准品或参考品，应以其进行标定。如果产品不具有国家标准品或参考品，应根据规定制备相应的企业参考品，企业参考品的制备应有规范的质量控制程序，以保证产品的安全性、有效性及质量可控。

③ 半成品检验内容应包括：阴/阳性参考品符合率、灵敏度、特异性、精密度。检测结果应符合质量标准的要求。

④ 半成品检验合格后，按试剂盒组成及时进行分装和包装。

（2）成品质量控制

① 产品完成包装后，应根据生产量进行抽样和生产记录审核。

② 以参考品/对照品进行成品质量检验，结果应符合要求。

③ 成品检验的内容应包括：阴/阳性参考品符合率、灵敏度、特异性、精密度、线性和稳定性。

④ 试剂批放行前，应对需要进行稳定性考核的试剂成分，在特定温度或条件下进行稳定性试验。稳定性试验可采用加速破坏试验。

13.3

兽用诊断试剂用质量控制物的技术要求

根据《标准物质管理办法》国家标准物质用于统一量值和量值溯源。

根据《兽药标准物质管理办法（试行）》，兽药标准物质主要用途为：校准设备、评价检测技术、控制质量或给供试兽药赋值。国家兽药标准物质是执行兽药质量标准的物质基础，它是用来直接测量并科学评价兽药质量是否优良的一把公平、公正的实物标尺，是确保我国兽药生产及产品质量安全的质控物质。

质控品（物）是实现体外诊断试剂临床检测及监督检验结果准确一致的主要工具，也是保证量值传递的实物计量标准。

13.3.1　国家标准物质

根据 ISO 导则 35，标准物质是具有足够均匀且稳定的特定特性的物质，其特性适用于测量或标称特性检查中的预期用途。

有证标准物质是附有由权威机构发布的文件，提供使用有效程序获得的不确定度和计量溯源性的一个或多个特性值的标准物质，包括化学成分分析标准物质、物理特性与物理化学特性测量标准物质和工程技术特性测量标准物质。

13.3.1.1　标准物质的制备

（1）**候选物**　候选物的选择应满足适用性、代表性，以及容易复制的原则。候选物的基体应和使用的要求相一致或尽可能接近。候选物的均匀性、稳定性以及特定特性量的量值范围应适合该标准物质的用途。系列化标准物质特性量的量值分布梯度应能满足使用要求，以较少品种覆盖预期的范围。候选物应有足够的数量，以满足在有效期间使用的需要。

（2）**制备**　根据候选物的性质，选择合理的制备程序、工艺，并防止污染及特定特性量的量值变化。对特定特性量不易均匀的候选物，在制备过程中除采取必要的均匀措施外，还应进行均匀性初检。候选物的特定特性量有不易稳定趋向时，在加工过程中应注意研究影响稳定性的因素，采取必要的措施改善其稳定性，如辐照灭菌、添加稳定剂等，选择合适的贮存环境。当候选物制备量大，为便于保存可采取分级分装。最小包装单元应以适当方式编号并注明制备日期。最小包装单元中标准物质的实际质量或体积与标称的质量或体积应符合规定的要求。

13.3.1.2　标准物质的均匀性检验

（1）**基本要求**　不论制备过程中是否经过均匀性初检，凡成批制备并分装成最小包装单元的标准物质，必须进行均匀性检验。对于分级分装的标准物质，凡由大包装分装成最小包装单元时，都需要进行均匀性检验。

（2）**抽取单元数**　抽取单元数目对样品总体要有足够的代表性。抽取单元数取决于总体样品的单元数和对样品的均匀程度的了解。当总体样品的单元数较多时，抽取单元数也应相应增多。当已知总体样品均匀性良好时，抽取单元数可适当减少。抽取单元数以及每个样品的重复测量次数还应适合所采用的统计检验要求。

① 当总体单元数少于 500 时，抽取单元数不少于 15 个，当总体单元数大于 500 时，抽取单元数不少于 25 个。

② 对于均匀性好的样品，当总体单元数少于 500 时，抽取单元数不少于 10 个；当总体单元数大于 500 时，抽取单元数不少于 15 个。

（3）取样方式

① 在均匀性检验取样时，应从特定特性量值可能出现差异的部位抽取，取样点的分布对于总体样品应有足够的代表性，例如对粉状物质应在不同部位取样；对圆棒状材料可在两端和棒长的 1/4、1/2、3/4 部位取样，在同一断面可沿直径取样；对溶液可在分装的初始、中间和终结阶段取样。

② 当引起特定特性量值的差异原因未知或认为不存在差异时，则进行随机取样。可采用随机数表决定抽取样品的号码。

（4）对具有多种特定的特性量值的标准物质　应选择有代表性的和不容易均匀的特性量值进行均匀性检验。

（5）选择不低于定值方法的精密度和具有足够灵敏度的测量方法　在重复性的实验条件下做均匀性检验。

（6）取样量　特定特性量值的均匀性与所用测量方法的取样量有关，均匀性检验时应注明该测量方法的最小取样量。当有多个特定特性量值时，以不易均匀特定特性量值的最小取样量表示标准物质的最小取样量或分别给出最小取样量。

（7）根据抽取样品的单元数，以及每个样品的重复测量次数　按选定的一种测量方法安排实验。

① 推荐以随机次序进行测定以防止系统的时间变差。选择合适的统计模式进行统计检验。

② 检测单元内变差与测量方法的变差，并进行比较，确认在统计学上是否显著。

③ 检测单元间变差与单元内变差，并进行比较，确认在统计学上是否显著。

④ 判断单元内变差以及单元间变差，统计显著性是否适合于该标准物质的用途。

⑤ 相对于所用测量方法的测量随机误差或相对于该特性量值不确定度的预期目标而言，待测特性量值的不均匀性误差可忽略不计，此时认为该标准物质均匀性良好。

⑥ 待定特性量值的不均匀性误差明显大于测量方法的随机误差，并是该特性量值预期不确定度的主要来源，此时认为该物质不均匀。

⑦ 待测特性量值的不均匀性误差与随机误差大小相近，而且与不确定度的预期目标相比较又不可忽略，此时应将不均匀性误差记入总的不确定度内。

（8）是否均匀性检验　需要对每个单元样品单个定值的标准物质（如渗透管等），均匀性检验仅按 13.3.1.2 执行。需要对每个单元样品单个定值且单元又是整体使用的标准物质则不存在均匀性检验。

13.3.1.3　标准物质的稳定性检验

① 标准物质应在规定的贮存或使用条件下，定期地进行特定特性量值的稳定性检验。

② 稳定性检验的时间间隔可以按先密后疏的原则安排。在有效期间内应有多个时间

间隔的监测数据。

③ 当标准物质有多个特定特性量值时，应选择那些易变的和有代表性的特性量值进行稳定性检验。

④ 选择不低于定值方法精密度和具有足够灵敏度的测量方法进行稳定性检验，并注意操作及实验条件的一致。

⑤ 考察稳定性所用样品应从分装成最小包装单元的样品中随机抽取，抽取的样品数对于总体样品有足够的代表性。

⑥ 按时间顺序进行的测量结果在测量方法的随机不确定范围内波动，则该特性量值在试验的时间间隔内是稳定的。该试验间隔可作为标准物质的有效期。在标准物质发放期间要不断积累稳定性数据，以延长有效期。

⑦ 一级标准物质有效期应在1年以上或达到国际上具有先进水平同类标准物质的有效期限。

13.3.1.4 标准物质的定值

（1）定值要求　均匀性合格，稳定性检验符合要求的标准物质方可进行定值。

（2）定值准备　定值的测量方法应在理论上和实践上经检验证明是准确可靠的方法。应先研究测量方法、测量过程和样品处理过程所固有的系统误差和随机误差，如溶解、消化、分离、富集等过程中被测样品的沾污和损失，测量过程中的基体效应等。对测量仪器要定期进行校准，选用具有可溯源的基准试剂，要有可行的质量保证体系，以保证测量结果的溯源性。

（3）选用下列方式之一对标准物质定值

① 用高准确度的绝对或权威测量方法定值　绝对或权威测量方法的系统误差是可估计的，相对随机误差的水平可忽略不计。测量时，要求有两个或两个以上分析者独立地进行操作，并尽可能使用不同的实验装置，有条件的要进行量值比对。

② 用两种以上不同原理的已知准确度的可靠方法定值　研究不同原理的测量方法的精密度，对方法的系统误差进行估计。采取必要的手段对方法的准确度进行验证。

③ 多个实验室合作定值　参加合作的实验室应具有该标准物质定值的必备条件，并有一定的技术权威性。每个实验室可以采用统一的测量方法，也可以选该实验室认为最好的方法。合作实验室的数目或独立定值组数应符合统计学的要求（当采用同一种方法时，独立定值组数一般不少于8个；当采用多种方法时，一般不少于6个）。定值负责单位必须对参加实验室进行质量控制的制订明确指导原则。

（4）特性量值的影响参数　对标准物质定值时必须确定操作条件对特性量值及其不确定度的影响大小，即确定影响因素的数值，可以用数值表示或数值因子表示。如标准毛细管熔点仪用的熔点标准物质，其毛细管熔点及其不确定度受升温速率的影响。定值时要给出不同升温速率下的熔点及其不确定度。

（5）特性量值的影响函数　有些标准物质的特性量值可能受测量环境条件的影响。影响函数就是其特性量值与影响量（温度、湿度、压力等）之间关系的数学表达式。因此，标准物质定值时必须确定其影响函数。

（6）定值数据的统计处理　测量数据可按如下程序处理：

① 对每个操作者的一组独立测量结果，在技术上说明可疑值的产生并剔除后，可用格拉布斯（Grubbs）法或狄克逊（Dixon）法从统计上再次剔除可疑值。当数据比较分散

或可疑值比较多时，应认真检查测量方法、测量条件及操作过程。列出每个操作者测量结果：原始数据、平均值、标准偏差、测量次数。

② 对两个（或两个以上）操作者测定数据的平均值和标准偏差分别检验是否有显著性差异。

③ 若检验结果认为没有显著性差异。可将两组（或两组以上）数据合并给出总平均值和标准偏差。若检验结果认为有显著性差异，应检查测量方法、测量条件及操作过程，并重新进行测定。

13.3.1.5　标准值的确定及总不确定度的估计

① 特性量的测量总平均值即为该特性量的标准值。

② 标准值的总不确定度由三个部分组成。第一部分是通过测量数据的标准偏差、测量次数及所要求的置信水平按统计方法计算出；第二部分是通过对测量影响因素的分析，估计出其大小；第三部分是物质不均匀性和物质在有效期内的变动性所引起的误差。将这三部分误差综合就构成标准值的总不确定度。

13.3.1.6　定值结果的表示

（1）定值结果　一般表示为：标准值±总不确定度。要明确指出总不确定度的含义并指明所选择的置信水平。当构成总确定度的第二部分和第三部分可以忽略时，定值结果也可用如下信息表示：标准值、标准偏差、测定数目。

对某些特性量值的定值未达到规定要求或不能给出不确定度的确切值时，可作为参考值给出。参考值的表示方式是将数值括以括号。

（2）定值结果的计量单位　应符合国家颁布的法定计量单位的规定。

（3）数值修约规则　按《数值修约规则与极限数值的表示判定》（GB/T 8170）进行。

（4）有效数字　总不确定度一般保留一位有效数字，最多只保留两位有效数字，采用只进不舍的规则。标准值的最后一位与总不确定度相应的位数对齐来决定标准值的有效数字位数。

13.3.1.7　标准物质的包装与贮存

① 标准物质的包装应满足该标准物质的用途。

② 标准物质的最小包装单元应贴有标准物质标签。

③ 标准物质的储存条件应适合该标准物质的要求和有利于特性量值的稳定。一般应贮存于干燥、阴凉、洁净的环境中。某些有特殊贮存要求的，应有特殊的贮存措施。

13.3.1.8　标准物质证书

"标准物质证书"是介绍标准物质的技术文件，是研制单位向用户提出的质量保证书和使用说明，必须随同标准物质提供给用户。

13.3.2　兽药标准物质

根据我国《兽药标准物质管理办法（试行）》，兽药标准物质是指具有兽药的一种或多种特性量值，用以校准设备、评价检测技术、控制质量或给供试兽药赋值的物质，分为化药标准物质、残留标准物质、中药标准物质和生物制品标准物质。

生物制品标准物质：用于生物制品效价、活性、含量测定或其特性鉴别、检查的生物标准品或生物参考物质，可分为生物标准品和生物参考品。

生物标准品系指用国际生物标准品标定的，或由我国自行研制的用于定量测定兽用生物制品效价、含量或毒性的标准物质，其生物学活性以国际单位（IU）或以单位（U）表示。

生物参考品系指用国际生物参考品标定的，或由我国自行研制的用于定性或定量测定兽医微生物（或其产物）、兽用生物制品特性、效价、纯度、含量或毒性等的标准物质，其效价以特定活性单位表示，不以国际单位（IU）或单位（U）表示。

（1）**兽药标准物质的制备**　兽药标准物质原（材）料主要通过向国内外有生产能力的单位购买、委托制备或自行制备。

兽药标准物质原（材）料的特性应与标准物质的使用要求相一致，原（材）料的均匀性、稳定性、纯净性、特异性、一致性以及特性量值范围等应适合该标准物质的用途，每批原（材）料应有足够的数量，以满足供应的需要。

原（材）料的基本要求如下：

生物制品标准物质原（材）料需经实验室进行确证性检验，不含有干扰性杂质，有足够的均匀性、稳定性和特异性。

兽药标准物质的包装容器必须能够保证内容物的稳定性。安瓿主要用于易氧化及液体标准物质等，常规品种可采用玻璃瓶或塑料瓶（管）包装。

兽药标准物质的分装环境应符合相应洁净度要求，室温为 $15\sim28℃$，相对湿度低于 60%，并应符合相应品种标准物质的特殊要求。

对于易潮解的品种，必须控制分装间的湿度；对于易氧化的品种，应充惰性气体分装。

生物制品标准物质可根据品种的要求进行配制、稀释后再进行分装、冻干和熔封，须加保护剂等物质者，所加物质应对标准物质的活性、稳定性和试验操作等无显著影响。

分装的实际装量与标示装量应符合规定的允差要求。固体、液体原（材）料的装量应不低于标示装量；需冻干保存者，冻干前分装精度应在 $\pm2\%$ 以内。

分装后的标准物质应按照相应标准物质质量标准进行检验。

冻干的标准物质应进行剩余水分测定，剩余水分应不高于 3.0%。其中抽真空者要进行真空度检测，充惰性气体者要进行残氧量测定。

（2）**兽药标准物质的定值**　兽药标准物质的定值方法应在理论上和实践上经检验证明是准确可靠的方法。要有可行的质量保证体系，以保证测量结果的溯源性。

标准物质可溯源是含量、效价测定用标准物质的基本要求。一般情况下，标准物质定值应溯源至国际/国家标准物质或上批标准物质，无法溯源的标准物质，可采用国内外认可的方法或建立合适的定值方法并进行验证。

兽药标准物质量值测定选择的定值方法应考虑到其相关兽药产品的质量标准及预期用途。

兽药标准物质定值的一般原则如下：

① 新兽药标准物质采用溯源标准物质定值时，原则上应由 2 个以上（含 2 个）外部实验室协作标定，负责定值的实验室必须对其他参加实验室制定明确的指导原则并进行质

量控制。每个实验室按照统一的实验方案进行测定。

② 换批标准物质的定值可由一个实验室按标准物质质量标准或相关质量标准的方法进行定值，一般情况下不再进行协作标定。

③ 对用于鉴别、检查等含量（效价）测定以外的标准物质可由一个实验室进行检测，按其相关用途确定定性或定量值。

④ 按上述要求进行定值时，每个实验室应由 2 人进行检测，测定数据按下述方法处理：

a. 容量法定值要求每人一般不得少于 5 份平行数据，实验室内个人相对平均偏差不得超过 0.2%，两人间相对偏差不得超过 0.2%；有协作标定的，要求实验室间相对偏差不得超过 0.3%。将符合要求的每个操作者的平均值合并统计计算。

b. 紫外分光光度法定值要求每人一般不得少于 5 份平行数据，实验室内个人相对平均偏差不得超过 0.3%，两人间相对偏差不得超过 0.3%；有协作标定的，要求实验室间相对偏差不得超过 0.5%。将符合要求的每个操作者的平均值合并统计计算。

c. 高效液相（气相）色谱法定值要求每人一般不得少于 5 份平行数据，实验室内个人相对标准偏差不得超过 0.5%，两人间相对偏差不得超过 0.3%；有协作标定的，要求实验室间相对偏差不得超过 0.5%。将符合要求的每个操作者的平均值合并统计计算。

d. 抗生素微生物检定法定值要求每人一般不得少于 5 份平行数据，采用三剂量法进行标定，个人测定数据与估计效价之差应在 ±2% 以内。采用抗生素微生物检定统计软件对测定数据进行合并计算和分析，异质性检验合格的数据方可采用。

e. 生物标准物质原则上要求每人进行不少于 2 次独立试验，特殊情况下可进行 1 次试验。按统计处理原则对所有试验数据进行计算。

（3）兽药标准物质的代码和批号　每种兽药标准物质应确定一个唯一性代码。当一种标准物质停止生产或使用时，其代码不可用于其他标准物质，该标准物质恢复制备和使用时仍沿用原代码。代码以代表标准物质类别的字母＋三位数字表示。

各类别标准物质分别以如下字母表示：H——化药标准物质；K——抗生素标准物质；Z——中药标准物质；C——残留标准物质；S——生物制品标准物质。

标准物质一次制备（同批原料、同批精制、同批标定）作为一个批号。批号按下述方法编制：标准物质代码＋两位数年份＋两位数月份，这里的年份和月份一般为标准物质标定时间。兽药标准物质更换批号、停止使用及撤销的品种应及时公布。更换新批次后，根据品种监测情况，一般对上一批次设置 3～6 个月仍可使用的缓冲期。

（4）兽药标准物质的标签和说明书　兽药标准物质的最小包装单元应贴有标准物质标签，标签中应标明标准物质名称、批号、装量、标定值和制备单位等信息。

兽药标准物质应有说明书，内容应包括标准物质的名称、批号、包装、装量、用途、使用方法、制备单位、量值、贮存条件和使用中注意事项等信息，必要时应附上相关标准图谱。

（5）兽药标准物质的贮存和稳定性监测　兽药标准物质一般应贮存于干燥、阴凉、洁净的环境中，某些有特殊贮存要求的，应有特殊的贮存措施，并应在标签与使用说明中注明。

兽药标准物质一般不设"有效期"，研制/制备部门应对兽药标准物质进行稳定性监测，应遵循以下原则：

① 稳定性监测的时间间隔可以按先疏后密的原则安排。在使用期间内应有多个时间

间隔的监测数据。

② 当兽药标准物质有多个特性量值时，应选择易变的和有代表性的特性量值进行监测。

③ 考察稳定性所用样品应从分装成最小包装单元的样品中随机抽取，抽取的样品数应对于总体样品有代表性和统计学意义。

④ 按时间顺序进行的测量结果在测量方法的偏差范围内波动，则该特性量值在试验的时间间隔内是稳定的，在兽药标准物质发放期间要不断积累稳定性数据。

⑤ 稳定性监测时，当产生新的杂质或纯度、含量、效价等特性值的改变损害了该批标准物质的一致性时，应立即公布并停止使用该批标准物质。

13.3.3　体外诊断试剂用质控物

体外诊断试剂校准品（物）（包括真实度控制品）、质控品（物）（简称校准品、质控品）是实现体外诊断试剂临床检测及监督检验结果准确一致的主要工具，也是保证量值传递的实物计量标准。校准品、质控品研究技术资料应包括产品技术要求、试验方法等重要信息，是指导注册申请人（简称申请人）单独申请注册校准品、质控品的重要技术性文件之一。

13.3.3.1　重要信息

（1）组成成分　应说明校准品、质控品的主要组成成分及其生物学来源。

（2）标示值　应注明校准品赋值及测量不确定度、质控品的赋值及参考范围，非定值质控品可通过标示目标浓度（如低、高、中）来表示。

（3）规格　应注明校准品、质控品的包装规格。

（4）用途　应详细注明校准品、质控品的预期用途。

（5）稳定性　应提供至少一批成品在实际储存条件下保存至有效期后的稳定性、开瓶稳定性研究资料。特殊情况应予以说明，必要时应提供加速破坏性试验资料。该资料可放入产品标准的规范性附录中。

（6）校准品的溯源性、互换性及定值质控品赋值的统计学处理　应提供校准品的溯源性资料，计量学溯源链的说明应始于该产品的值，止于计量上最高参考标准。校准品如有互换性，应提供互换性研究资料。应至少提供一批校准品靶值的赋值程序及测量不确定度资料；校准品如有互换性，应提供互换性验证时对其赋值进行统计学处理、修订的研究资料。

应至少提供一批定值质控品靶值的赋值程序、统计学处理、修订及可接受区间值的研究资料。

上述资料可放入产品标准的规范性附录中。

（7）生物安全性　生物源性基质（如血清、血浆、羊水等）的校准品、质控品需提供生物安全性资料。

（8）校准品、质控品主要原材料、工艺及产品质量控制　境内校准品、质控品生产企业应具备相应的专业技术人员、相适应的仪器设备和生产环境；应建立相应的质量管理体系，形成文件和记录，加以实施并保持有效运行；校准品、质控品生产过程中所用的各种原材料，涉及生物安全性时应按有关规定严格控制。境外企业应符合所在国的有关规定。

① 主要原辅料、包材质量控制　该部分应列出主要原辅料、包材的质量控制要点，如下：

a. 主要生物原料　与产品质量密切相关的主要生物原料，包括各种生物活性抗原、抗体、血清等，应注明来源、性质和质控指标等。应按照要求对其进行质量检验，达到规定的质量要求。

b. 生物辅料　生物辅料指的是在生产过程中作为蛋白保护剂用途的一类生物原料，主要包括血清、血清白蛋白等。这类生物原料的质量标准应符合相关规定并适合本产品的要求。

c. 化学原料　应建立适合本产品的质量控制标准。亦可由供应商提供合格报告。

d. 包材　分装小瓶、铝箔袋、包装盒等都应建立适合本产品的质量控制标准。亦可由供应商提供合格报告。

② 生产工艺控制　应注明本产品的生产工艺，列出关键工艺及质量控制要点。

③ 产品质量控制　应按照相关标准抽取规定数量的样品对其进行检测。

上述资料可放入产品标准的规范性附录中。

13.3.3.2　要求

（1）**外观**　应符合制造商声称的状态、包装、标识等要求。

（2）**装量**　液态质控物装量不少于标示量。

（3）**预期结果**　在声称的检测系统上测定质控物，结果应符合制造商声称的预期结果。

（4）**均匀性**　取同批号的一定数量（$n \geq 10$）最小包装单元的质控物，结果应符合制造商声称的均匀性的要求。

（5）**稳定性**

① 开封/复溶稳定性　可选用以下适用方法进行验证：

a. 应规定质控物首次开封/复溶后在规定储存条件下的稳定时间，稳定期末质控物与新开封/复溶质控物检测结果的相对偏差应符合制造商声称的范围要求。

b. 应规定质控物首次开封/复溶后在规定储存条件下的稳定时间，在稳定期内检测结果的变化趋势不显著。

c. 应规定质控物开封/复溶后在规定储存条件下的稳定期，在稳定期末进行检测，结果应符合制造商声称的预期结果。

② 效期或加速稳定性

a. 效期稳定性：可选用以下方法进行验证。

制造商应规定质控物在储存条件下的有效期，取有效期末的质控物进行检测，结果应符合声称的预期结果。

制造商应规定质控物在储存条件下的有效期，确定质控物有效期时，稳定期内检测结果的变化趋势不显著。

b. 加速稳定性：可选用以下方法进行验证。

取有效期内的质控物，根据制造商声称的加速稳定性方法进行检测，将加速稳定期末的质控物与正常储存的质控物同时检测，检测结果的相对偏差应在制造商声称的范围内。

取有效期内的质控物，根据制造商声称的加速稳定性方法检测，稳定期内检测结果的变化趋势不显著。

取有效期内的质控物，根据制造商声称的加速稳定性方法进行检测，加速稳定期末的检测结果应符合声称的预期结果。

13.3.3.3 试验方法

（1）**外观**　采用目测法。

（2）**装量**　使用通用量具测定装量，在装量为检测份数或试验次数时可通过测试系统检测装量。

（3）**预期结果**　在声称的检测系统上测定质控物，重复测量不少于 3 次，每次测量结果均应符合要求。

（4）**均匀性**　选择以下方法进行验证，结果应符合要求。

① 取同批次的 10 个最小包装单元的质控物，每个包装单元的质控物在检测系统上测定 1 次，计算 10 次检测结果的平均值和标准差；另用上述 10 个包装单元的质控物中的 1 个包装连续检测 10 次，计算 10 次检测结果的平均值和标准差，计算瓶间重复性 CV％：

$$\overline{X} = \frac{\sum\limits_{i=1}^{n} x_i}{n} \tag{13-1}$$

$$S = \sqrt{\frac{\sum (x_i - \overline{X})^2}{n-1}} \tag{13-2}$$

$$S_{瓶间} = \sqrt{S_1^2 - S_2^2} \tag{13-3}$$

$$CV_{瓶间}(\%) = S_{瓶间} / \overline{X}_1 \times 100 \tag{13-4}$$

当 $S_1 < S_2$ 时，令 $CV_{瓶间} = 0$

式中　$\overline{X}$——平均值；

S——标准差；

n——测量次数；

x_i——指定参数第 i 次测量值。

② 取同批次的 10 个最小包装单元的质控物，在检测系统上每个包装单元分别检测 3 次。考虑测量系统随时间等因素引起的随机变异，3 次测量采用不同的顺序进行，例如 1、3、5、7、9、2、4、6、8、10、10、9、8、7、6、5、4、3、2、1、2、4、6、8、10、1、3、5、7、9。

（5）**稳定性**

① 开封/复溶稳定性　可选用以下方法进行验证：

a. 应规定质控物首次开封/复溶后在规定储存条件下的稳定时间，取新开封/复溶质控物与稳定期末质控物同时进行检测，重复测定 3 次，其检测结果的平均值分别记为 X_0 和 X，根据式（13-5）计算结果的相对偏差 B，结果应符合要求。

$$B = (X_0 - X) / X_0 \times 100\% \tag{13-5}$$

式中　B——相对偏差；

X——稳定期末检测结果的均值；

X_0——新开封/复溶后初次检测结果的均值。

b. 应规定质控物首次开封/复溶后在规定储存条件下的稳定时间，取新开封/复溶质控物与稳定期末质控物同时进行检测，重复测定 3 次，用 t 检验方法式(13-6)进行趋势显著性检验，应符合要求。

$$t = \frac{|\overline{x}_1 - \overline{x}_2|}{\sqrt{\dfrac{s_1^2 + s_2^2}{n}}} \tag{13-6}$$

式中　$\overline{x}_1$——新开封/复溶质控物的测定均值；

$\overline{x}_2$——新开封/复溶稳定期末质控物的测定均值；

s_1——新开封/复溶质控物的测定标准差；

s_2——开封/复溶稳定期末质控物的测定标准差；

n——测定次数，为保证平均值和标准偏差的准确度，$n \geqslant 6$。

当 $t < t_{0.05(2n-2)}$ 时，$\overline{x}_1$ 和 $\overline{x}_2$ 之间无显著性差异。

c. 取同批次的 10 个最小包装单元的质控物，每个包装单元质控物检测 1 次，10 次测定结果应符合要求。

② 效期/加速稳定性

a. 效期稳定性：可选用以下方法进行验证：

取有效期末的质控物进行检测，结果应符合要求。

查看稳定性研究资料或以稳定性研究数据进行趋势显著性检验，结果应符合要求。

b. 加速稳定性：可选用以下方法进行验证：

取有效期内的质控物，根据制造商声称的加速稳定性方法检测，取正常储存且首次开封和加速稳定期末的质控物同时检测，重复测定 3 次，其平均值结果分别记为 X_0 和 X，根据式(13-5)计算结果的相对偏差 B，结果应符合要求。

查看加速稳定性研究资料或以加速稳定性研究数据进行趋势显著性检验，结果应符合要求。

取有效期内的质控物，根据制造商声称的加速稳定性方法，对加速稳定期末的质控物进行检测，结果应符合要求。

13.3.3.4　标签和使用说明书

（1）标签　应当符合国家相关规定的要求，包装标签上必须包括产品通用名称、生产企业名称、产品批号、注意事项。亦可同时标注产品通用名称、商品名称和英文名。

（2）说明书　应按国家的有关要求编写，说明书中的产品名称包括通用名称、商品名称和英文名称。通用名称应当符合《兽用生物制品通用名命名指导原则》。

13.3.3.5　包装、运输、储存

（1）包装　包装容器应保证密封性良好，完整，无泄漏，无破损。

（2）运输　质控物应按制造商的要求运输。

（3）储存　质控物应在制造商规定条件下储存。

13.3.4　兽医检测用核酸标准物质的研制

13.3.4.1　兽医检测用核酸标准物质的制备

（1）候选物选择　兽医检测用核酸标准物质的原料应选择具有代表性的病毒、细菌

或其他微生物，或含有其全部核酸或特定核酸片段的质粒。所有原料应获得全部核苷酸序列。

制备标准物质的候选物不应含有干扰性杂质，应有足够的稳定性和高度的特异性，并有足够的数量。特性值范围应适合该标准物质的用途。

（2）标准物质原料制备 兽医检测用核酸标准物质应根据候选物的性质，选择合理的制备程序和工艺，并防止污染及特定特性量的量值变化。需加保护剂等物质的，该类物质应对标准物质的活性、稳定性和试验操作过程无影响。

兽医检测用核酸标准物质的分装精确度应在±1.0%以内。需要干燥保存的应在分装后立即进行冻干和密封。冻干水分含量应不高于3.0%。

分装、冻干和密封过程中，应保持各瓶间含量的一致性和稳定性。

13.3.4.2 均匀性评估

（1）抽取单元数 按照 JJF 1343—2022 5.4 的规定，若记总体单元数为 N，当 $100 < N \leqslant 200$ 时，抽取单元数不少于 11 个；当 $200 < N \leqslant 500$ 时，抽取单元数不少于 15 个；当 $500 < N \leqslant 1000$ 时，抽取单元数不少于 25 个；当总体单元数 $N > 1000$ 时，抽取样品数不少于 30 个。对于均匀性好的样品，当 $N \leqslant 500$ 时，抽取单元数不少于 10 个；当 $N > 500$ 时，抽取单元数不少于 15 个。

一般情况下，每个抽取单元应独立取样，重复测量次数不少于两次。

（2）抽样方式 按照 JJF 1343—2022 5.5 的规定，抽样方法可以是简单随机抽样或分层随机抽样或系统抽样。

（3）检测方法 采用实时荧光定量 PCR 或数字 PCR 的方法进行均匀性评估。使用的方法不低于定值方法的精密度和灵敏度。

（4）最小取样量 将均匀性评估的取样量作为最小取样量。

（5）均匀性评估的结果评价 对标准物质的 m 个包装单元重复检测 n 次，采用方差分析方法对标准物质进行均匀性评估。

按式(13-7)和式(13-8)计算组间差方和与组内差方和：

$$Q_1 = \sum_{i=1}^{m} n_i (\bar{x}_i - \bar{\bar{x}})^2 \tag{13-7}$$

式中 Q_1——组间差方和；

n_i——每 i 个单元重复测定的次数；

m——均匀性检验抽取的单元数；

$\bar{x}_i$——第 i 个单元内测定的平均值；

$\bar{\bar{x}}$——m 个单元测量结果的总平均值。

$$Q_2 = \sum_{i=1}^{m} \sum_{j=1}^{n} (x_{ij} - \bar{x}_i)^2 \tag{13-8}$$

式中 Q_2——组内差方和；

m——均匀性检验抽取的单元数；

n——每一单元重复测定的次数；

x_{ij}——第 i 个单元内的第 j 个测定值；

$\bar{x}_i$——第 i 个单元内测定的平均值。

按式(13-9)和式(13-10)计算组间自由度和组内自由度：

$$v_1 = m - 1 \tag{13-9}$$

式中　v_1——组间自由度；

　　　m——均匀性检验抽取的单元数。

$$v_2 = N - m \tag{13-10}$$

式中　v_2——组内自由度；

　　　N——均匀性检验的总次数；

　　　m——均匀性检验抽取的单元数。

按式(13-11)和式(13-12)计算组间方差和组内方差：

$$s_1^2 = \frac{Q_1}{v_1} \tag{13-11}$$

式中　s_1^2——组间方差；

　　　Q_1——组间差方和；

　　　v_1——组间自由度。

$$s_2^2 = \frac{Q_2}{v_2} \tag{13-12}$$

式中　s_2^2——组内方差；

　　　Q_2——组内差方和；

　　　v_2——组内自由度。

按式(13-13)计算统计量 F：

$$F = \frac{s_1^2}{s_2^2} \tag{13-13}$$

式中　s_1^2——组间方差；

　　　s_2^2——组内方差。

根据自由度 (v_1, v_2) 及给定的显著性水平 α，可由 JJF 1343—2022 附录 D 表 D.1 和表 D.2 F 表查得 F_α 值。若按公式算得的 F 值满足 $F < F_\alpha$，则认为数据组间无明显差异，样品是均匀的；若 $F \geqslant F_\alpha$，则怀疑各组间有系统差异，即样品之间存在差异。兽医检测用核酸标准物质应达到均匀性评估的要求。

（6）**不均匀性引起的不确定度**　瓶间均匀性标准偏差 s_{bb} 可以按式(13-14)计算：

$$s_{bb}^2 = \frac{s_1^2 - s_2^2}{n} \tag{13-14}$$

式中　n——组内测量次数；

　　　s_1^2——组间方差；

　　　s_2^2——组内方差。

在这种情况下，s_{bb} 等同于瓶间不均匀性导致的不确定度分量 u_{bb}，见式(13-15)。

$$u_{bb} = s_{bb} \tag{13-15}$$

式中　s_{bb}——瓶间标准偏差；

　　　u_{bb}——标准物质的不均匀性引起的不确定度。

13.3.4.3　稳定性评估

（1）**稳定性的类型**　标准物质研制时，主要应检测两种稳定性（不稳定性）：

① 长期稳定性是物质在特定保存条件下有效期内的稳定性，通常不少于 6 个月，保存温度宜为 $-20℃\pm5℃$。

② 短期稳定性是设定运输条件下的稳定性，保存温度为 $4℃$、$25℃$、$37℃$。

（2）时间间隔的选择　稳定性评估的时间间隔可以按先密后疏的原则安排，预期有效期间内通常要求有 5 或 6 个取样时间点；短期稳定性通常考察周期较短，但至少应与标准物质运输的允许时间一样长，一般为 1 至 2 个月，通常涉及 $3\sim5$ 个时间点。在每个时间点，随机抽取 2 个以上最小单元。

（3）稳定性研究的实验设计　按照 JJF 1343—2022 6.3 的规定，采取多种类型进行评估。

（4）检测方法　应采用实时荧光定量 PCR 或数字 PCR 的方法进行稳定性评估。使用的方法不低于定值方法精密度和灵敏度。

（5）有效期　当稳定性评估结果表明特定特性值没有显著性变化，以被比较的时间段为标准物质的有效期。兽医检测用核酸标准物质有效期应不少于 6 个月。

（6）稳定性评估的结果评价　按照 JJF 1343—2022 6.5.2 的规定。每个时间点（X_i）抽取不少于一瓶样品进行重复测量，每个时间点会对应多个测量值（Y_i），因此每个时间点（X_i），可以使用所有取样单元的均值。

按式(13-16)计算斜率：

$$\beta_1 = \frac{\sum_{i=1}^{n}(X_i - \bar{X})(Y_i - \bar{Y})}{\sum_{i=1}^{n}(X_i - \bar{X})^2} \tag{13-16}$$

式中　β_1——用时间和特性值拟合直线的斜率；

X_i——第 i 个时间点；

Y_i——第 i 个时间点的观测值；

$\bar{X}$—— 所有时间点的平均值；

$\bar{Y}$——所有观测值的平均值。

按式(13-17)计算截距：

$$\beta_0 = \bar{Y} - \beta_1\bar{X} \tag{13-17}$$

式中　β_0——用时间和特性值拟合直线的截距；

$\bar{Y}$——所有观测值的平均值；

β_1——用时间和特性值拟合直线的斜率；

$\bar{X}$——所有时间点的平均值。

斜率的标准偏差见式(13-18)：

$$s(\beta_1) = \frac{s}{\sqrt{\sum_{i=1}^{n}(X_i - \bar{X})^2}} \tag{13-18}$$

式中　$s(\beta_1)$ ——斜率的标准偏差；

S——拟合直线的标准偏差；

n——拟合直线的点数；

$$X_i \text{——第 } i \text{ 个时间点;}$$

$$\bar{X} \text{——所有时间点的平均值。}$$

拟合直线的标准偏差见式(13-19):

$$s^2 = \frac{\sum_{i=1}^{n} (Y_i - \beta_0 - \beta_1 X_i)^2}{n-2} \tag{13-19}$$

式中 S——拟合直线的标准偏差;

n——测量次数;

Y_i——第 i 个时间点的观测值;

β_0——用时间和特性值拟合直线的截距;

β_1——用时间和特性值拟合直线的斜率;

X_i——第 i 个时间点。

按照 JJF 1343—2022 6.5.2 的规定,基于 β_1 的标准偏差,可用 t 检验进行以下判断:用式(13-18)和合适的 t 因子(自由度等于 n-2),可以检测出其显著性。若 $|\beta_1| < t_{0.95,n-2} \cdot s(\beta_1)$,则表明斜率不显著,没有观察到不稳定性。也可用 F 检验来进行显著性判断。兽医检测用核酸标准物质应符合稳定性要求。

（7）稳定性引起的不确定度   可根据式(13-20)计算由稳定性引入的不确定度 u_s:

$$u_s = s(\beta_1) \cdot X \tag{13-20}$$

式中 u_s——标准物质的不稳定性引起的不确定度;

$s(\beta_1)$——斜率的标准偏差;

X——给定的保存期限。

13.3.4.4 定值

（1）合作定值   采用多家实验室合作定值的方式对兽医检测用核酸标准物质进行定值。

合作定值实验室应通过实验室资质认定或认可,具备对相应的标准物质进行定量PCR 核酸检测的能力。

多家实验室合作定值应按照 JJF 1343—2022 的规定,参加定值的实验室数量不少于 8 家,每个参加定值的实验室至少有 2 个操作者独立测定 3 个以上最小单元,每个单元至少测 2 次,提供不少于 6 次独立重复测量数据。

组织定值的实验室应制定详细的定值方案,根据方案发放定值样品和试剂,明确实验方法和实验条件,规定结果报告方式,按照统一要求汇总定值数据。

（2）定值数据的统计处理

① 实验结果汇总   收集各实验室的单次测量结果,按独立测量组数汇总。审查各独立测量组的数据,如有疑问,通知有关实验室查找原因后重测。

② 数据的正态分布检验   按照 JJF 1343—2022 的规定,采用夏皮罗-威尔克法（Shapiro-Wilk）或达格斯提诺法（D'Agostino）检验数据正态性。

③ 定值数据的统计处理   按照 JJF 1343—2022 的规定,每一组独立测量结果可用格拉布斯（Grubbs）法或狄克逊（Dixon）法从统计上剔除可疑值。对各组数据的标准偏差用科克伦（Cochran）法进行等精度检验。当数据是等精度时,在数据服从正态分布或近似正态分布的情况下,将每个实验室的所测数据的平均值视为单次测量值。构成一组新的

测量数据，剔除可疑值后，计算出总平均值和标准偏差。

（3）标准值及不确定度的确定

① 标准值的确定　特性量的测量总平均值即为该特性量的标准值。兽医核酸检测标准物质的值以微生物核酸拷贝数或基因组数为单位。

② 不确定度的确定　按照 JJF 1343—2022 的规定，当单次测量值服从正态分布或近似正态分布时，计算以保留数据的总平均值作为标准值，标准偏差 u_{char} 作为标准不确定度，按式（13-21）计算。

$$u_{char} = \sqrt{\frac{\sum_{i=1}^{m}(\bar{x}_i - \bar{\bar{x}})^2}{m(m-1)}}$$ (13-21)

式中　u_{char}——标准物质的定值过程带来的不确定度；

$\bar{x}_i$——第 i 组数据的平均值；

$\bar{\bar{x}}$——所有数据的总平均值；

m——定值实验室组数。

13.3.4.5　不确定度的评定

（1）评定方式　定值结果的不确定度由 3 部分组成，分别为标准物质的均匀性引起的不确定度、标准物质的稳定性引起的不确定度以及标准物质的定值过程带来的不确定度。

（2）合成标准不确定度的计算　按照 JJF 1343—2022 的规定，按式（13-22）计算合成标准不确定度。

$$u_{CRM} = \sqrt{u_{char}^2 + u_{bb}^2 + u_s^2}$$ (13-22)

式中　u_{CRM}——标准物质的合成标准不确定度；

u_{char}——标准物质的定值过程带来的不确定度；

u_{bb}——标准物质的不均匀性引起的不确定度；

u_s——标准物质的不稳定性引起的不确定度。

（3）扩展不确定度的计算　按照 JJF 1343—2022 的规定，该合成标准不确定度乘以包含因子 k（若置信概率为 95%，$k \approx 2$）得出的不确定度称为扩展不确定度或总不确定度，记为 U_{CRM}。按式（13-23）计算。

$$U_{CRM} = k \times u_{CRM}$$ (13-23)

式中　U_{CRM}——研制标准物质的特性量标准值的扩展不确定度；

k——指定概率下的包含因子。

13.3.4.6　定值结果表示

（1）定值结果组成　定值结果由标准值和扩展不确定度组成，即标准值±扩展不确定度。

（2）扩展不确定度有效数字修约　扩展不确定度一般保留一位有效数字，最多只保留两位有效数字，采用只进不舍的规则。标准值的最后一位与扩展不确定度的相应位数要对齐。数值修约规则按 GB/T 8170 规定。

13.3.4.7　标签和使用说明书

（1）标签　标准物质最小包装单元应贴有标签，标签中应标明标准物质名称、批号、标示量、标准值±扩展不确定度和制备单位等信息。

（2）**说明书**　标准物质应附有说明书，其内容应包括：中文名称、英文名称、性状、含量、标准值±扩展不确定度、批号、保存条件、使用方法、有效期、制备单位等。

13.3.4.8　包装、贮存和运输

（1）**包装**　标准物质的包装应满足该标准物质的用途，最小包装单元应贴有标准物质标签。

（2）**贮存**　标准物质贮存条件应适合该标准物质的要求和有利于标准物质稳定的条件。

（3）**运输**　标准物质应按制造商的要求运输。

13.3.4.9　生物安全

所有实验活动应符合 NY/T 1948 的相关要求。

主要参考文献

[1] 世界动物卫生组织编著．农业农村部畜牧兽医局组译．OIE 陆生动物诊断试验与疫苗手册[M]．北京：中国农业出版社，2001.
[2] 体外诊断试剂生产及质量控制技术指导原则（征求意见稿）.
[3] YY/T 1652—2019. 体外诊断试剂用质控物通用技术要求.
[4] 兽药标准物质研制技术规范（试行）.
[5] T/CVMA 3—2018. 兽医检测用核酸标准物质研制技术规范.

第 14 章
兽用诊断
试剂的应用

动物疫病诊断检测是动物疫病预防与控制、净化、消灭的主要技术手段，是制定、评估动物防控政策的重要依据，也是兽医技术服务质量的基础。《动物防疫法》中有 4 个条款涉及诊断检测。第七条规定："从事动物饲养、屠宰、经营、隔离、运输以及动物产品生产、经营、加工、贮藏等活动的单位和个人，依照本法和国务院农业农村主管部门的规定，做好免疫、消毒、检测、隔离、净化、消灭、无害化处理等动物防疫工作，承担动物防疫相关责任。"第十二条规定："动物疫病预防控制机构承担动物疫病的监测、检测、诊断、流行病学调查、疫情报告以及其他预防、控制等技术工作；承担动物疫病净化、消灭的技术工作。"第二十三条规定："饲养种用、乳用动物的单位和个人，应当按照国务院农业农村主管部门的要求，定期开展动物疫病检测；检测不合格的，应当按照国家有关规定处理。"第二十四条规定："动物和动物产品无害化处理场所除应当符合前款规定的条件外，还应当具有病原检测设备、检测能力和符合动物防疫要求的专用运输车辆。"可以说，动物疫病检测是动物疫病防控的一项基础性工作，准确可靠的检测结果是采取相应措施预防与控制、净化、消灭动物疫病的先决条件，而兽用诊断试剂是动物疫病检测的关键工具，动物疫病检测的应用等同于兽用诊断试剂的应用。

结合我国动物防疫方针的总体要求，伴随动物疫病在一个国家或地区的发生发展规律，我国的动物疫病防控通常分为四个阶段：外来动物疫病监测和预防阶段、新发动物疫病暴发流行阶段、本土动物疫病稳定控制阶段、动物疫病净化和消灭阶段。以非洲猪瘟为例，2018 年 8 月以前，非洲猪瘟尚未传入我国，归属外来动物疫病，此时处于外来动物疫病监测和预防阶段；2018 年 8 月我国报告第一起疫情后，非洲猪瘟进入暴发流行阶段，到 2019 年 6 月发生了多起疫情；2019 年下半年之后非洲猪瘟病毒在我国猪群中定植并形成较大污染面，疫情呈现点状散发态势，国家对非洲猪瘟实施了常态化防控政策，此时进入了稳定控制阶段，目前尚未进入净化和消灭阶段。在动物疫病防控的每一阶段，每一个环节，动物疫病预防控制机构、海关技术机构、养殖场（户）（或委托第三方检测实验室）利用兽医诊断试剂对采集的样品进行动物疫病检测，以掌握该动物疫病发生、发展与流行的趋势和规律，实现疫情的早期预警并指导制定科学的防控政策，最大限度地预防和控制疫病流行，进而进行净化和消灭。在以上检测工作中，兽用诊断试剂应用较广泛的是 ELISA 试剂盒、免疫色谱试剂、IFA 试剂、凝集试验抗原、PCR 试剂、荧光 PCR 试剂等。

14.1

在外来动物疫病监测和预防中的应用

近年来，动物及其产品的国际贸易日趋频繁，野生动物走私日益严重，国际和周边国家动物疫情形势严峻，外来动物疫病的入侵风险时刻存在，仅 2013 年至 2021 年就有小反刍兽疫、非洲猪瘟、牛结节性皮肤病等重点防范的外来动物疫病相继传入国内，对畜牧业生产造成严重影响。动物疫病或某些血清型/基因型的动物疫病在传入我国前属于外来动物疫病，在此阶段，动物疫病检测一方面用于进境动物及其产品的检疫，以防范境外动物传染病、寄生虫病传入国内，通常由海关技术机构具体实施；另一方面用于高风险地区的外来动物疫病监测预警，一般由动物疫病预防控制机构、国家外来动物疫病中心、边境疫情监测站等机构具体实施。目前，检测机构多采用核酸检测试剂和血清学检测试剂开展检测。

14.1.1 进境动物及动物产品检疫

我国对进出境的动物、动物产品和其他检疫物，装载动物、动物产品和其他检疫物的装载容器、包装物，以及来自动物疫区的运输工具，实施检疫制度。《中华人民共和国进境动物检疫疫病名录（农业农村部 海关总署公告第 521 号）》规定了 15 种一类传染病、寄生虫病，155 种二类传染病、寄生虫病，41 种其他传染病、寄生虫病。其中，一类传染病、寄生虫病包括：口蹄疫、猪水疱病、猪瘟、非洲猪瘟、尼帕病、非洲马瘟、牛传染性胸膜肺炎、牛海绵状脑病、痒病、蓝舌病、小反刍兽疫、绵羊痘和山羊痘、高致病性禽流感、新城疫、埃博拉出血热。《中华人民共和国进出境动植物检疫法》第十六条规定："输入动物，经检疫不合格的，检出一类传染病、寄生虫病的动物，连同其同群动物全群退回或者全群扑杀并销毁尸体；检出二类传染病、寄生虫病的动物，退回或者扑杀，同群其他动物在隔离场或者其他指定地点隔离观察。"检疫过程通常包括现场查验和实验室检测等环节。海关实验室一般采用核酸检测试剂和血清学检测试剂开展检测。

《动物防疫法》第五十二条规定："进出口动物和动物产品，承运人凭进口报关单证或者海关签发的检疫单证运递。"《进境动植物检疫许可证》规定了具体要开展的实验室检测项目，通常是根据输出和途经国家或者地区有无相关的动物疫情，以及是否符合中国与输出国家或者地区签订的双边检疫协定（包括检疫协议、议定书、备忘录等）等进行综合研判。此外，《进境动植物检疫审批管理办法》第十条规定："海关总署或者初审机构认为必要时，可以组织有关专家对申请进境的产品进行风险分析，申请单位有义务提供有关资料和样品进行检测。"《进境动物隔离检疫场使用监督管理办法》第二十三条规定："海关负责隔离检疫期间样品的采集、送检和保存工作。隔离动物样品采集工作应当在动物进入隔离场后 7 天内完成。样品保存时间至少为 6 个月。"第二十四条规定："海关按照有关规定，对动物进行临床观察和实验室项目的检测，根据检验检疫结果出具相关的单证，实验室检疫不合格的，应当尽快将有关情况通知隔离场使用人并对阳性动物依法及时进行处理。"

出境动物及其产品的检疫同样也涉及实验室检测。除按照输入国要求和双边检疫协定开展外，《中华人民共和国进出境动植物检疫法实施条例》第五十六条规定："口岸动植物检疫机关可以根据需要，在机场、港口、车站、仓库、加工厂、农场等生产、加工、存放进出境动植物、动植物产品和其他检疫物的场所实施动植物疫情监测，有关单位应当配合。"海关总署每年制定出境动物及其产品监控计划。

14.1.2 高风险地区外来动物疫病监测预警

应对外来动物疫病，及时有效的监测预警非常关键。《动物防疫法》第二十条规定："陆路边境省、自治区人民政府根据动物疫病防控需要，合理设置动物疫病监测站点，健全监测工作机制，防范境外动物疫病传入。"针对外来动物疫病可能传入的高风险地区，包括边境地区、野生动物迁徙区以及海港空港所在地，农业行政主管部门组织动物疫病预防控制机构开展外来病监测预警工作。外来动物疫病监测应是一种基于风险评估的目标监测，以识别风险，尽可能早地发现和诊断疫病为首要任务。

在小反刍兽疫、H7 亚型禽流感、非洲猪瘟等动物疫病尚未传入我国前，《国家中长期动物疫病防治规划（2012—2020 年）》曾经要求，对内蒙古、吉林、黑龙江等东北部边境地区，重点防范非洲猪瘟、口蹄疫和 H7 亚型禽流感。对新疆边境地区，重点防范非洲猪瘟和口蹄疫。对西藏边境地区，重点防范小反刍兽疫和 H7 亚型禽流感。在非洲猪瘟尚未传入我国，在俄罗斯和东欧暴发疫情期间，农业部先后于 2012 年发布《关于切实做好非洲猪瘟防范工作的通知（农医发〔2012〕22 号）》，要求"按照国家动物疫病监测计划，加强对非洲猪瘟等外来动物疫病监测。林业部门要迅速开展边境地区野猪和媒介昆虫软蜱的调查监测。一旦发现可疑疫情，要及时采样送国家外来动物疫病研究中心确诊"，于 2017 年发布《农业部办公厅关于进一步加强非洲猪瘟风险防范工作的紧急通知（农办医〔2017〕14 号）》，要求"各地要结合国家动物疫病监测与流行病学调查计划，积极开展监测排查工作，加大高风险地区猪群特别是发病猪群的采样监测工作。各边境省份，特别是新疆、内蒙古、黑龙江以及新疆生产建设兵团的边境县（团场），要高度关注野猪和家猪的异常死亡情况，加大对家猪特别是放养猪群的临床巡查报告力度。一旦出现猪只异常发病死亡等情况，要按照当时的《非洲猪瘟防治技术规范（试行）》要求，做好报告、采样、送检等工作，严格规范开展应急处置工作"。

农业农村部制定了《国家动物疫病监测与流行病学调查计划（2021—2025 年）》，组织开展重点外来动物疫病监测工作，主要包括非洲马瘟和牛传染性胸膜肺炎两种疫病。非洲马瘟监测计划要求：31 个省份和新疆生产建设兵团在库蠓活动旺盛季节（夏秋季），对马、驴、骡等马属动物每年开展 1 次主动监测。被动监测持续进行。重点监测养马场、马术队、马术俱乐部马匹，以及养殖场驴、骡等马属动物，平行采集血液和抗凝血样品，血清学检测采用阻断或间接 ELISA 方法，病原学检测采用 RT-PCR 和病原分离等方法。疑似样品送中国动物卫生与流行病学中心确诊。牛传染性胸膜肺炎监测计划要求：全国特别是西藏、新疆、内蒙古、甘肃、黑龙江、吉林、辽宁、云南、广西等陆地边境省份和新疆生产建设兵团在 6～8 月份对黄牛、奶牛、水牛、牦牛等家养牛科动物开展 1 次主动监测。被动监测持续进行。血清学监测在边境县（团场）选择 5 个牛群，采集血清，采用 WOAH 推荐的补体结合试验。病原学监测采集屠宰场点的充血、实变及胸膜粘连等肺炎变化的牛肺脏病变样品，采用病原分离或 PCR 方法。

14.2

在新发突发动物疫病暴发流行中的应用

一般认为，某种疫病在某养殖场或某一地区在较短时间内（该病的最短潜伏期内）集中发生较多同类病例，称为暴发。新发动物疫病的暴发和流行具有在某一地区或国家内发病率高、流行范围广、传播速度快等特点。在暴发流行阶段，动物疫病检测主要用于新发突发动物疫病的确诊，其次用于接下来的暴发调查。暴发调查中，运用实验室检测对疫点、疫区、受威胁区中的动物以及相关物品进行监测排查，结合流行病学调查，以达到了解疫情分布情况、追溯疫情来源、探寻病因及风险因素、追踪疫情扩散范围的目的，为快速控制和扑灭动物疫情、防止疫病进一步扩散传播奠定基础。最后疫点解除封锁和恢复生产，也需要有相关病原检测阴性的证明。在这一环节中应用最广泛的是 PCR、荧光 PCR 等核酸检测试剂；有时，还会用到 ELISA、血凝抑制试验抗原等免疫抗体检测试剂。

14.2.1 新发突发动物疫病确诊和疫情确认

动物疫病的确诊一般包括临床诊断、流行病学诊断、实验室诊断等环节，当动物流行病学、临床症状、外观、大体剖检、实验室检测符合某一疫病的诊断依据，才能最终对该疫病进行确诊。临床诊断是最基本的诊断方法，它利用兽医的感官或借助一些最简单的器械直接对患病动物进行临床观察、动物体外观或大体解剖检查。流行病学诊断是针对患病动物群体、经常与临床诊断联系在一起的诊断方法，在流行病学调查的基础上进行，如调查疫病发生在动物群体中的群间、时间、空间分布情况，传播途径和方式，疫情来源，发生原因等。但是临床诊断有一定的局限性，仅能对某些具有特征临床症状或有特征性病理变化的典型疫病做出诊断。随着畜牧业生产规模不断扩大，养殖密度不断增加，畜禽混合感染机会增多，温和型、非典型病变出现概率加大，必须要结合实验室诊断才能做出确诊。如《非洲猪瘟诊断规范》指出，非洲猪瘟临床症状与古典猪瘟、高致病性猪蓝耳病、猪丹毒等疫病相似，必须通过实验室检测进行诊断。对于已知动物疫病，可通过临床症状和病理剖检情况，并结合流行病学调查，初步确诊疫病种类，再利用 PCR、实时荧光 PCR、病原分离培养，甚至基因测序分析等病原学诊断技术及试剂鉴定出致病病原，最终确诊。对于未知动物疫病，除以上步骤外，根据科赫原则（Koch′Postulates），分离到病原，再将该病原回归本动物复制病例（该病原可引发同样的疾病且被接种的动物中可以分离到同样的病原）是确诊未知动物疫病的重要依据。此外，新发病的致病性研究也需要通过接种动物和实验室检测来实现。

《动物防疫法》《重大动物疫情应急条例》《农业农村部关于做好动物疫情报告等有关工作的通知（农医发〔2018〕22 号）》等法律法规对及时、有效地确诊和确认重大动物疫情做出了明确规定：疑似发生口蹄疫、高致病性禽流感和小反刍兽疫等重大动物疫情的，由县级动物疫病预防控制机构负责采集或接收病料及其相关样品，并按要求将病料样品送至省级动物疫病预防控制机构。省级动物疫病预防控制机构应当按有关防治技术规范进行诊断（非洲猪瘟按照《非洲猪瘟疫情应急实施方案》），无法确诊的，应当将病料样品送相关国家兽医参考实验室进行确诊；能够确诊的，应当将病料样品送相关国家兽医参考实验室作进一步病原分析和研究。疑似发生新发动物疫病或新传入动物疫病，动物发生不明原因急性发病、大量死亡，省级动物疫病预防控制机构无法确诊的，送中国动物疫病预防控制中心进行确诊，或者由中国动物疫病预防控制中心组织相关兽医实验室进行确诊。动物疫情由县级以上人民政府农业农村主管部门认定；其中重大动物疫情由省、自治区、直辖市人民政府农业农村主管部门认定，必要时报国务院农业农村主管部门认定。新传入动物疫病疫情以及省级人民政府农业农村主管部门无法认定的动物疫情，由农业农村部认定。其中，明确疫情是不是由病原引起，是由哪种病原引起的，才能根据疫病病原种类和疫病发生范围以及危害程序，启动相应级别的重大动物疫情应急预案，并制定相应的疫情处理措施。

以非洲猪瘟为例，根据《非洲猪瘟疫情应急实施方案（第五版）》要求，非洲猪瘟疫情的确认按照"可疑疫情—疑似疫情—确诊疫情"的程序认定和报告疫情。经过现场诊断和流行病学调查，判定为可疑病例（满足流行病学、临床症状、剖检病变标准之一）的，经县级以上动物疫病预防控制机构实验室或经省级人民政府农业农村（畜牧兽医）主管部门认可的第三方实验室检出非洲猪瘟病毒核酸的，判定为疑似病例。疑似病例样品经省级动物疫病预防控制机构实验室或省级人民政府农业农村（畜牧兽医）主管部门授权的地市级动物疫病预防控制机构实验室复检，检出非洲猪瘟病毒核酸的，判定为确诊病例。由省级人民政府农业农村（畜牧兽医）主管部门根据确诊结果和流行病学调查信息，认定确诊疫情。其中疑似病例和确诊病例均要经过实验室检测，对于确诊病例，必要时，省级动物疫病预防控制机构还应按照《非洲猪瘟病毒流行株与基因缺失株鉴别检测规范》进行基因缺失株的鉴别诊断。

【应用案例1】非洲猪瘟在中国的首次暴发和确诊： 2018年6月中旬开始，辽宁省沈阳市附近的一个饲喂泔水的猪场，所有猪均出现了高热、厌食、皮肤广泛发红、脾脏明显肿大以及淋巴结、心脏、脾脏、肾脏充血和出血等急性临床和病理症状。在第一次出现临床症状后的一个月内，猪场的400只猪全部死亡。在沈阳市北部不同的猪场均观察到具有相似症状的散发病例。军事医学研究院军事兽医研究所采集了暴发地区一个猪场的两只死猪的脾脏、肝脏和肾脏，进行常规PCR检测（WOAH《陆生动物诊断试验与疫苗手册》推荐方法），检出非洲猪瘟病毒核酸阳性，同时进行 $E183L$ （$p54$）基因和 $B602L$ 基因测序，证实该猪场死猪感染非洲猪瘟病毒，分离株 $ASFV$-$SY18$ 属于基因Ⅱ型，其 $B646L$ （$p72$）基因与分离株 $Georgia\ 2007/1$、$Krasnodar\ 2012$、$Irkutsk\ 2017$、$Estonia\ 2014$ 核苷酸同源性达100%，表明中国的非洲猪瘟疫情是由非洲猪瘟病毒泛俄毒株引起的。2018年8月3日，经国家参考实验室确诊，中国首次确诊在辽宁省沈阳市沈北新区某养殖户发生非洲猪瘟首起疫情。根据《非洲猪瘟疫情应急实施方案（第五版）》，目前非洲猪瘟的确诊方法仍为病毒核酸检测（主要采用荧光PCR方法），随着2018年以来非洲猪瘟在我国的广泛发生，各级动物疫病预防控制机构、养殖场、屠宰场、第三方检测实验室病毒核酸检测能力显著提升，非洲猪瘟核酸荧光PCR检测试剂应用广泛，截至2022年3月，已有16个公司的荧光PCR检测试剂获得兽药产品批准文号。

2018年9月2日，中国农业科学院哈尔滨兽医研究所采集了黑龙江佳木斯的一个暴发非洲猪瘟的猪场的猪脾脏，利用猪原代巨噬细胞（PAMs）分离出一株非洲猪瘟毒株，命名为Pig/Heilongjiang/2018（Pig/HLJ/18），并通过基因分型、红细胞吸附试验、蛋白质印迹试验、免疫荧光试验和电子显微镜进行病毒鉴定，Pig/HLJ/18在猪原代巨噬细胞和猪骨髓细胞中的病毒效价高达 $10^{7.2}HAD_{50}/mL$。将剂量为 $10^{3.5}\sim10^{6.5}HAD_{50}/mL$ 的病毒接种SPF猪开展致病性试验，研究该疾病的潜伏期、疾病特征、病毒血症、接触传播、致病性和不同器官和组织中的病毒载量。接种猪只出现发热、出血等急性症状，潜伏期为3~5天，并于感染后6~9天死亡，接触感染猪只潜伏期为9天，感染后13~14天死亡。接种感染猪只于感染后第2天出现病毒血症，感染后2~5天从口腔拭子和直肠拭子样品中检出病毒，接触病毒感染猪只于感染后第9天出现病毒血症，感染后6~10天从口腔拭子和直肠拭子样品中检出病毒，证实Pig/HLJ/18毒株具有高致病性和传染性。感染猪只不同器官、组织及血液中的病毒载量检测，主要采用非洲猪瘟核酸荧光 PCR 检测试剂。

【应用案例 2】高致病性猪蓝耳病在中国的首次暴发和确诊： 2006 年春夏之交，我国南方部分省份的猪群突然出现大量不明原因的死亡病例。临床以持续高热、高发病率和高死亡率为特征。仔猪、育肥猪、成年猪和母猪均可发病死亡，怀孕母猪流产率高达 30% 以上，仔猪发病率可达 100%，死亡率达 50% 以上。由于病因不明，临床以持续高热为特征，一度被称为猪"高热病"。2007 年 3 月，中国动物疫病预防控制中心在流行病学调查、多种病原分离鉴定的基础上，排除了链球菌、大肠杆菌、支原体等细菌和其他病毒性病原，采用病理学、免疫组织化学、病毒分离、PCR、测序分析、电镜等检测手段，从江西的发病猪群中首次分离鉴定了高致病性 PRRSV 的代表毒株 NVDC-JXA1 株。通过动物回归试验（用该毒株接种 SPF 猪，接种后 6~10 天内死亡，并从感染猪中分离到该毒株，经 PCR 检测为 PRRSV），确认 PRRSV 高致病性变异毒株为猪"高热病"疫情的原发病原，将其命名为"高致病性猪蓝耳病"。2008 年农业部在修订的《一、二、三类动物疫病病种名录》中将其列为一类动物疫病。全基因组分析显示，NVDC-JXA1 株属于美洲型，与中国的经典毒株 HB-1 高度同源，核苷酸同源性达到 96.5%，其 Nsp2 蛋白第 482 位和第 534~562 位存在 30 个氨基酸的不连续缺失，为该病毒变异毒株的主要遗传特征，可作为其特异性鉴别诊断的靶区域。

【应用案例 3】伪狂犬病毒变异株在中国的暴发和确诊： 2011 年底至 2012 年初，北京、天津、山东、河北、河南、陕西、辽宁、吉林、黑龙江等多地的猪群相继暴发了伪狂犬病疫情。此次猪群暴发的疫情不仅较以往的伪狂犬病更加严重，流行规律也出现了新的特点，现有的 Bartha-K61 疫苗免疫不能完全保护猪群免受该病原的感染，感染猪表现高热（>40.5℃）、厌食、咳嗽、呼吸窘迫、眼结膜炎、精神沉郁、转圈、颤抖、抽搐、运动障碍等神经症状，首先发生于成年猪，2~3 天内传播至仔猪，病程为 5~7 天，患病率达 50%，死亡率为 3%~5%，成年猪和仔猪的病死率都很高，母猪流产率达 35%。之后疫情一直蔓延至南方省份。中国动物疫病预防控制中心从不同省份的死猪中采集肺、肾、心、肝、脾和血清，采用 PCR、ELISA、病毒分离、免疫组织化学染色和细菌分离培养等多种检测方法进行诊断。样品接种 Marc-145 细胞出现细胞病变，使用 PRV 单克隆抗体为一抗进行免疫组织化学染色，在感染组织中观察到阳性细胞，PRV PCR 结果为阳性，PRV gE-ELISA 结果为野毒抗体阳性。用分离毒株接种 PRV 减毒活疫苗免疫后 21 天猪只，表现出与田间毒株典型症状相似的临床症状，15 个基因的测序结果表明新分离的 PRV 毒株多处序列发生了变化，处于一个紧密聚集的分支。

14.2.2　暴发调查及紧急监测

当确认发生重大动物疫情时，需要对疫点、疫区和受威胁区中的动物以及相关物品进行紧急监测排查，一是结合流行病学调查，确认疫情的时间、空间、群间分布情况，确定暴发流行的性质、范围、强度；二是对传染源进行追溯调查，探寻病因及风险因素，此时无论是对与发病动物直接接触的易感动物，还是间接接触的人员、车辆、工具、饲料等的追溯都需要通过采样检测来确认；三是对疫情扩散范围进行追踪，此时对疫情发生前一个潜伏期至封锁之日疫点输出的易感动物及其产品、人员、车辆、工具等的追踪都需要通过采样检测来确认。准确可靠的实验室检测及试剂在判断疫情发生趋势，防止疫病继续扩散，最小化疫病暴发风险等方面具有非常关键的作用。

以非洲猪瘟为例，根据《非洲猪瘟疫情应急实施方案（第五版）》要求，非洲猪瘟疫情的暴发调查（紧急流行病学调查）包括以下几个步骤：①初步调查。在疫点、疫区和受威胁区内搜索可疑病例，寻找首发病例，查明发病顺序；调查了解当地地理环境、易感动物养殖和野猪分布情况，分析疫情潜在扩散范围。②追踪调查。对首发病例出现前至少21天内以及疫情发生后采取隔离措施前，从疫点输出的易感动物、风险物品、运载工具及密切接触人员进行追踪调查，对有流行病学关联的养殖、屠宰加工场所进行采样检测，评估疫情扩散风险。③溯源调查。对首发病例出现前至少21天内，引入疫点的所有易感动物、风险物品、运输工具和人员进出情况等进行溯源调查，对有流行病学关联的相关场所、运载工具、兽药等进行采样检测，分析疫情来源。此外，疫情所在县、市要立即组织对所有养殖场所开展应急排查，对重点区域、关键环节和异常死亡的生猪加大监测力度，及时发现疫情隐患。加大对生猪交易场所、屠宰加工场所、无害化处理场所的巡查力度，有针对性地开展监测。加大入境口岸、交通枢纽周边地区以及货物卸载区周边的监测力度。以上各环节均涉及非洲猪瘟核酸检测。

【应用案例1】一大型规模猪场的非洲猪瘟疫情暴发调查： 2019年初，两个存栏量达60000多头猪的大型猪场发生非洲猪瘟疫情。Li等人对其中的一个位于黑龙江的猪场进行暴发调查。该猪场有自动给料、给水和通风系统，入口处有车辆消毒站，生物安全管理硬件设施良好。2018年11月25日，猪场兽医观察到一只生病的断奶仔猪出现发热和皮肤充血的临床症状，根据尸检结果判断为猪传染性胸膜肺炎，但没有将采集的病料送到实验室进行检测。2018年12月17日，在育肥区的两个猪舍观察到非洲猪瘟疑似病例，经采样后，检测为ASFV核酸阳性，在疫情暴发的第22天至第32天，两个猪舍死亡600多头猪。暴发调查人员除调查疫情信息、生产数据（猪只场内外移动信息、每日死亡率）、猪只引进信息、人员和车辆进出信息外，从两个方面开展了实验室检测和分析：一是为确定可能的指示病例，描述疫情分布，追溯疫情来源，对未暴发时期（11月23日）采集的61份母猪血清，11月25日和12月5日采集的患病断奶仔猪的3份组织、1份分泌液，12月31日从所有猪舍采集的74份粪便、3头死猪的组织样品、患病母猪的30份血清，从猪场车辆表面采集的2份混合拭子、7个剩余饲料样品、28个剩余疫苗样品进行荧光PCR检测。结果显示，11月23日采集的母猪血清均为阴性，11月25日至12月31日采集的样品部分为阳性，饲料和疫苗均为阴性，判断病毒不太可能通过饲料、疫苗引入，而根据患病断奶仔猪的组织和分泌液为ASFV阳性，判断病毒至少从2018年11月开始就在猪场中传播，根据卡车A的混合拭子为ASFV阳性和靠近出口的猪舍感染风险极高（OR=14.4），判断猪场在销售淘汰猪时运猪车辆污染了病毒，之后病毒通过工人的靴子传播到靠近出口的猪舍再在猪场内进行了进一步传播。二是为追踪疫情扩散范围，采集已售母猪的17份血液、5份肾脏，出售育肥猪所在屠宰场的460份屠宰线拭子、出售育肥猪所在养殖场的13份拭子，运输车辆的68份环境拭子，未出售的36份猪肉，均为阴性，由此判断疫情尚未扩散至更大范围。由此案例可见，非洲猪瘟核酸检测对于疫情暴发时间、分布范围、传染来源、扩散范围的确认具有至关重要的作用。

【应用案例2】一养殖户的非洲猪瘟疫情暴发调查： 2018年11月18日，湖南省怀化市鹤城区排查发现一养殖户饲养的生猪出现不明原因死亡，经检测为ASFV核酸阳性，确诊为非洲猪瘟疫情。为追溯这起非洲猪瘟疫情的来源，怀化市动物疫病预防控制中心开展了暴发调查，调查发现猪场 2018 年 10 月曾使用收购的泔水喂养生猪。泔水、冷冻猪肉产品的 ASFV 核酸阳性率分别为 0.9%（3/348）、25.6%（10/39），而猪血清和饲料样品均为阴性。进一步采集冻库、餐饮机构和销售终端的猪肉、环境拭子、泔水进行检测，ASFV 核酸阳性率分别为 16.7%、1.8%、7.7%。根据该发病猪场的泔水饲喂时间、发病时间与 ASFV 自然感染的潜伏期相符，而且与泔水有关联的样品检测出 ASFV 核酸阳性，判断泔水喂养引起此次疫情的可能性最大。

【应用案例 3】一养殖场蛋鸡 H7N9 流感的暴发调查： 2018 年 3 月 30 日，山西省临汾市洪洞县某养殖户报告其饲养的蛋鸡出现大量异常死亡。经国家禽流感参考实验室确诊，证实该起疫情为 H7N9 流感暴发。山西省动物疫病预防控制中心为查明病因，了解疫情分布，通过现场剖检、实验室诊断、问卷调查、周边排查等方式，对该起疫情进行了暴发调查。其中采集 23 份血清学样品（发病舍 11 份、未发病舍 12 份），53 份病原学样品（发病舍 20 份咽/泄殖腔拭子、11 份脏器，未发病舍 20 份咽/泄殖腔拭子、2 份脏器），分别进行 H5、H7 亚型抗体检测和病原学检测。所有病原学样品均为 H5 亚型禽流感阴性，发病舍病原学样品 H7 亚型禽流感阳性率为 93.55%（29/31），未发病舍病原学样品 H7 亚型禽流感全部为阴性。所有血清样品 H5 亚型禽流感抗体全部为阳性，发病舍血清样品 H7 亚型禽流感抗体全部为阴性，未发病舍全部为阳性。H7N9 禽流感病毒的 HA 与 NA 基因与 2018 年 3 月引发陕西省 H7N9 禽流感疫情的病毒同源率较高，由此推测此次疫情可能是发病鸡舍未免疫 H7N9 禽流感疫苗引起，此外，还在监测排查中对同村的其他养殖场进行检测，发现 Y 养殖场为 H7 亚型禽流感病原学阳性场。这两个养殖场场主来往密切，疫情暴发前 20 天内，有频繁互相串门行为，且进入养殖场前未采取消毒等生物安全措施，由此推测人员物理性带入病毒，引发疫情的可能性较大，由于两个养殖场由同一个饲料商、同一辆运输车供应饲料，通过饲料运输车辆交叉感染引入病毒的风险也较高。

14.2.3　疫情解除封锁和恢复生产确认

《重大动物疫情应急条例》第四十条规定："自疫区内最后一头（只）发病动物及其同群动物处理完毕起，经过一个潜伏期以上的监测，未出现新的病例的，彻底消毒后，经上一级动物防疫监督机构验收合格，由原发布封锁令的人民政府宣布解除封锁，撤销疫区。"以非洲猪瘟为例，根据《非洲猪瘟疫情应急实施方案（第五版）》要求，非洲猪瘟疫情解除封锁要求包括：①疫点为养殖场（户）的。应进行无害化处理的所有猪按规定处理后 21 天内，疫区、受威胁区未出现新发疫情；所在县的上一级人民政府农业农村（畜牧兽医）主管部门组织对疫点和屠宰场所、市场等流行病学关联场点抽样检测合格。②疫点为生猪屠宰加工场所的。对屠宰加工场所主动排查报告的疫情，所在县的上一级人民政府农业农村（畜牧兽医）主管部门组织对其环境样品和生猪产品检测合格后，48 小时内疫区、受威胁区无新发病例。解除封锁后，符合下列条件之一的养殖场（户）可恢复生产：①具备良好生物安全防护水平的规模养殖场，引入哨兵猪饲养至少 21 天，经检测无非洲猪瘟病毒感染，经再次彻底清洗消毒且环境抽样检测合格；②空栏 5 个月且环境抽样检测合格；③引入哨兵猪饲养至少 45 天，经检测无非洲猪瘟病毒感染。

14.3

在本土动物疫病稳定控制中的应用

当某种动物疫病病原在一个国家或地区适应和定植后，可能呈现地方性流行或散发态势。地方性流行通常具有在一定地区带有局限性传播、小规模流行的特征，散发通常是在局部地区病例零星散在地发生。此时，本土动物疫病的发生多呈现温和型、非典型病变不断增多；多病原混合感染、继发感染；新病原或新病原型，亚型不断出现的特点。对此，国家综合实施（强制）免疫、监测、检疫监督、区域防控、无害化处理等预防、控制措施，以达到稳定控制动物疫病的目的，当养殖场（户）动物健康达到一定标准时，可进入动物疫病净化阶段。

在此阶段，动物疫病检测一是用于常发动物疫病监测，这是为了了解一个国家、地区或养殖场（户）的疫病分布情况，评估动物健康状况，评估环境污染状况，以及分析疾病传播风险因素。由于在此阶段，容易出现病原变异情况，变异病原监测也有利于早期发现和预警。二是用于常发动物疫病诊断，由于温和型、非典型病变不断增多，需要进行常发疫病的鉴别诊断，在此阶段，我国养殖场（户）免疫疫苗现象比较普遍，诊断方法主要以病原学检测方法为主，同时需要可以鉴别诊断野毒感染和疫苗免疫。三是用于疫苗免疫效果评价。四是用于动物检疫监督，包括产地检疫、屠宰检疫和运输管理。五是用于兽用投入品携带病原的监管。主要指饲料、兽用生物制品。其中，各级动物疫病预防控制机构主要负责重大动物疫病的检测，目的是预防控制动物疫病形成流行或大流行；养殖场（户）主要负责场内动物疫病的检测，目的是保障畜禽生产，减少经济损失。在监测、诊断、检疫监督中，应用最广泛的是 PCR、荧光 PCR 等核酸检测试剂，有部分存在疫苗免疫的病原，可应用荧光 PCR、ELISA 等鉴别检测试剂；在疫苗免疫效果评价中，应用最广泛的是 ELISA、血凝抑制试验抗原等抗体检测试剂。

14.3.1　常发动物疫病监测（主动监测）

动物疫病监测是长期、连续、系统地收集一定范围内某种或多种疾病的动态分布及其影响因素资料，经过分析和信息交流，为决策者采取干预措施提供技术支持的活动，主要是为了疫情的早期预警，确定疫病在群间、空间和时间上的分布情况，分析疫病传播风险因素，评价危害程度，判断发展趋势，评估防控政策措施的执行效果，指导制定科学的防控政策。狭义的监测主要强调通过实验室检测获取相应的疾病分布及其影响因素资料。由于监测结果直接服务于防控决策，需要强化全过程质量控制，其中检测方法和试剂的性能准确可靠也是关键因素之一。

在国家层面，农业农村部制定《国家动物疫病监测与流行病学调查计划（2021—2025年）》，组织开展全国优先防治病种和重点外来动物疫病监测和流行病学调查工作。计划要求将主动监测与被动监测相结合，病原监测与抗体监测相结合。被动监测一般指国家法定传染病报告系统，将在 14.3.3 小节重点描述，主动监测实施对象多为健康动物，监测敏感性较低。由于在本土动物疫病稳定控制阶段，我国有部分疫病采取强制免疫措施，对于其他疫病养殖场（户）也普遍进行疫苗免疫，因此想了解疫病分布情况，大部分免疫了疫苗的疫病只能采取病原检测手段，除非有相应的抗体鉴别诊断方法和试剂；对于不免疫疫苗或免疫基因缺失苗的疫病，感染抗体检测或野毒抗体检测可以作为病原感染的重要指标。《国家动物疫病监测与流行病学调查计划（2021—2025 年）》共包括 17 个病种的监测计划，其中 15 种为本土动物疫病：非洲猪瘟、动物流感、口蹄疫、布鲁氏菌、小反刍兽疫、马鼻疽、马传染性贫血、血吸虫病、包虫病、高致病性猪蓝耳病、猪瘟、新城疫、牛结核病、狂犬病、牛结节性皮肤病。

在养殖场（户）层面，各场点制定适用于本场的监测计划，定期开展监测，评估场内动物健康状况和感染风险。监测病种包括重大动物疫病和常见经济病。

【应用案例 1】非洲猪瘟监测计划：目前，非洲猪瘟监测计划主要包括四个方面。一是根据《国家动物疫病监测与流行病学调查计划（2021—2025 年）》，31 个省份和新疆生产建设兵团动物疫病预防控制机构对养殖场（户）、屠宰场、生猪无害化处理厂、生猪交易市场、农贸市场、公路监督检查站以及备案生猪运输车辆开展家猪、野猪的临床巡查和采样检测工作。病原学检测采用 PCR、荧光 PCR、等温扩增 PCR 或试纸条等核酸、抗原检测试剂。血清学检测采用 ELISA 抗体检测试剂。《2020 年全国非洲猪瘟监测方案》还曾要求各地对年出栏 2000 头以上规模养殖场、部分 500～2000 头规模猪场，以及生猪屠宰厂（场）、无害化处理厂、生猪运输车辆开展全覆盖检测。二是中国动物疫病预防控制中心组织 6 家单位对各省开展入场采样监测，每半月随机选择 5 家年出栏 5000 头以上的规模场及其周边屠宰厂（场）、无害化处理场、生猪运输车辆采集猪血、组织、分泌物、环境拭子等样品，进行荧光 PCR 检测。三是生猪养殖场（户）开展自检。2019 年，《农业农村部办公厅关于加强养殖环节非洲猪瘟疫情排查工作的通知（农办牧〔2019〕39 号）》鼓励规模猪场和种猪场开展非洲猪瘟自检。生猪养殖场（户），特别是大型规模猪场均建立了实验室，具备开展非洲猪瘟病原、抗体检测的能力，不仅对场内生猪频繁开展检测，对进入场内的人员、车辆、所有物品都进行检测，引进猪只还要同时进行病原和抗体检测，旨在实现早发现、早剔除阳性猪只。如阳性场彻底清洗消毒后要恢复生产，还要进行环境检测评估，采集污水、空气、栋舍环境样品，哨兵猪饲养一段时间后也要进行检测。四是生猪屠宰厂（场）开展自检。2019 年农业农村部下达多个文件，包括《农业农村部公告第 119 号》《农业农村部关于加强屠宰环节非洲猪瘟检测工作的通知（农牧发〔2019〕7 号）》《农业农村部关于开展落实生猪屠宰环节非洲猪瘟自检和官方兽医派驻制度百日行动的通知（农明字〔2019〕第 20 号）》《农业农村部关于进一步加强生猪屠宰监管的通知（农牧发〔2019〕34 号）》，要求屠宰厂（场）全面开展非洲猪瘟自检工作，做到批批检、全覆盖，可以车为单位采样混样检测，至 2019 年 5 月 1 日前，年屠宰 5 万头到 10 万头的生猪屠宰企业全部实现自检，7 月 1 日前，年屠宰量 5 万以下的生猪屠宰企业全部实现自检，旨在降低屠宰场污染面、污染程度，防止病毒从屠宰场再传播至养殖场。

非洲猪瘟监测有两个难点：一是实现监测早期预警极为困难，这是由于 ASFV 具有潜伏期长，感染开始时场内传播缓慢的特点。如 14.2.2 章节应用案例 1 所示，ASFV 至少从 11 月底开始就在场内哺乳仔猪和断奶仔猪中传播，但直到 12 月底工人和兽医才在育成猪群中发现该病，其间有一个多月的滞后时间。加之 2020 年后期出现基因缺失株、自然变异株、自然弱毒株等变异株，与典型的流行强毒株相比，生猪感染该毒株后潜伏期更长、排毒效价低、间歇性排毒，难以早期发现，需要同时进行病原核酸检测和抗体检测。二是病毒环境污染严重，病毒载量低的时候，较难检出。这些问题都需要选用敏感性高的检测试剂来提高检出率。三是多种毒株同时流行成为常态，需要鉴别检测方法和试剂。虽然当前国内 ASFV 流行毒株仍以基因Ⅱ型强毒株为主，但各实验室均监测到了一定比例的变异毒株，如 MGF、CD2v 单基因或双基因缺失毒株，2021 年还监测到了基因Ⅰ型毒株。鉴别这些毒株，需要同时进行病原核酸检测和测序分析。

【应用案例 2】禽流感监测计划：根据《国家动物疫病监测与流行病学调查计划（2021—2025 年）》，目前禽流感监测计划主要包括三个方面。一是对种禽场、商品禽场、散养户的鸡、鸭、鹅和其他家禽进行病原检测。二是对活禽交易市场、禽类屠宰场的鸡、鸭、鹅和其他家禽进行病原检测。三是对青海湖、洞庭湖、洪泽湖和鄱阳湖以及河口湿地等候鸟重要迁徙区域的野禽进行病原检测。病原检测主要采集禽咽喉/泄殖腔拭子、病料以及高风险区域环境样品，采用 RT-PCR 或荧光 RT-PCR 进行检测，国家禽流感参考实验室和禽流感专业实验室还需要进行病毒分离和测序分析。

【应用案例 3】口蹄疫监测计划：根据《国家动物疫病监测与流行病学调查计划（2021—2025 年）》，目前口蹄疫监测计划主要包括三个方面。一是对猪、牛、羊、鹿等偶蹄类动物的种畜场、规模饲养场、散养户进行病原检测和非结构蛋白抗体检测。二是对活畜交易市场、屠宰场、无害化处理厂进行病原检测和非结构蛋白抗体检测。三是国家口蹄疫参考实验室重点对发生过疫情地区、边境地区等高风险区域（如动物检查站）开展监测。病原检测对牛羊采集食道—咽部分泌物（O-P 液），对猪采集颌下淋巴结或扁桃体，采用 RT-PCR 或荧光 RT-PCR 进行检测。非结构蛋白抗体检测采集血清进行，但在免疫情况下，检测结果为阳性的，需要进一步确认，在非结构蛋白抗体首次检测 2～4 周后还要进行二次采样检测，对非结构蛋白抗体阳性率等于或低于首次检测结果的，可排除感染。

【应用案例 4】某种猪场监测计划：对场内后备猪、母猪、公猪、生长猪进行猪伪狂犬病 gE 抗体、gB 抗体，猪瘟病原和抗体，猪繁殖与呼吸综合征病原和抗体，猪口蹄疫非结构蛋白抗体和免疫抗体监测，每年检测 2～4 次。后备猪、母猪、公猪抽检比例为25%，生长猪抽检比例为 1%，后备猪引入时全部检测。病原检测采用 PCR 方法，抗体检测采用 ELISA 方法。

【应用案例 5】某种鸡场监测计划：对场内原种育雏鸡、育成鸡、产蛋鸡进行禽流感病毒 H5、H7、H9 亚型免疫抗体、新城疫免疫抗体监测，抽检比例为 0.3%，产蛋鸡每年检测 12 次，其他鸡每年检测 2 次。对核心鸡群进行禽白血病 p27 抗体、A/B 亚群抗体、J亚群抗体监测，p27 抗原抽检比例为 100%，每年检测 4 次，抗体抽检比例为 2%，每年检测 1 次。对所有鸡只进行鸡白痢抗体检测，抽检比例为 100%，每年检测 2 次。对育雏鸡、育成鸡、产蛋鸡进行 MS/MG 抗体、IB 抗体、CAV 抗体检测，抽检比例为 0.3%，每年检测 2 次。禽流感、新城疫抗体检测方法为 HI，鸡白痢抗体检测方法为平板凝集，其他疫病检测方法为 ELISA。

14.3.2　变异病原的监测预警

随着某种动物疫病病原在一个国家或地区的动物群体中持续传播，会不断发生病原变异的情况，尤其是 RNA 病毒的变异速度较快，病原变异可能引发这种疫病发生致病性增强、传染性增强、排毒规律改变等问题，有的变异病原甚至可能获得感染人类的能力（如

SARS-CoV 和 SARS-CoV-2）。研究表明，75％的人类新发传染病来源于动物或动物源性食品（包括埃博拉、艾滋病、流感等）。做好变异病原的早期监测预警，对及时了解该病的致病性、传染性变化，以及据此调整相应的防控措施具有重要意义。变异病原的检测一般采用核酸检测试剂（荧光 PCR）和基因测序。

【应用案例 1】H7N9 高致病性禽流感的监测和发生： 2013 年 3 月，我国在全球首次发现 H7N9 流感病毒，上海、安徽两地出现人间病例并造成死亡，同期，在活禽交易市场家禽中分离到低致病性 H7N9 流感病毒。此后，农业农村部一直对禽群中的低致病性 H7N9 流感病毒持续开展监测。2016 年和 2017 年流行季节，人感染 H7N9 疫情高峰较往年提前约一个月，发病水平大幅上升，疫情自东南沿海地区向西部、北部扩散。2017 年 2 月 9 日中国疾病预防控制中心从广东两例人感染 H7N9 流感病例标本中首次分离到对禽具有高致病性突变特征的病毒，命名为 A/广东/17SF003/2016（H7N9）和 A/广东/17SF006/2017（H7N9），病毒的 HA 链接肽位置突变为：PKRKRTAR↓G，提示病毒发生了对禽的高致病性突变。2 月，国家禽流感参考实验室、中国动物疫病预防控制中心、中国动物卫生与流行病学中心对江苏、广东、湖南、浙江、江西、山东、湖北、安徽、福建、上海、河南 11 个重点地区开展紧急监测，发现 H7N9 流感病毒污染面广，覆盖华东、华南、华中多地，并且向西南、东北地区扩散，在广东、湖南的多个交易市场分离到的毒株中发现 HA 裂解位点有碱性氨基酸插入，出现高致病性毒株特点。随后，3 月 19 日湖南省永州市家禽发生高致病性 H7N9 疫情。5 月底，已有 10 个省份的养殖场和活禽交易市场监测到变异毒株。监测中主要采用的检测方法和试剂为荧光 RT-PCR 试剂、H7 亚型和 N9 亚型鉴别荧光 RT-PCR 试剂、病毒分离、基因测序、血凝抑制抗原。通过监测，全面了解了全国养殖和市场环节 H7N9 病毒污染状况，准确掌握 H7N9 变异毒株的污染范围，及时摸清 H7N9 疫情形势。在此基础上，对 H7N9 高致病性禽流感的防控措施由全国家禽 H7N9 流感剔除计划调整为以全面免疫为主，支持活禽市场改造、引导肉鸡产业升级的综合防控模式。在对 H7N9 实施全面免疫后，禽间 H7N9 流感疫情得到有效控制，在随后的 7、8、9、10 月份 H7N9 病原学阳性率均降低至 0％，病毒污染率降至最低，9 月起无疫情报告。9 月和 11 月，中国动物疫病预防控制中心组织对试点免疫地区和全国 31 个省份进行抽样监测，采用血凝抑制抗原，共监测场点 150 个，证实试点免疫地区和全国普免效果较好，H7 免疫抗体场群合格率能够达到 90％以上。

【应用案例 2】非洲猪瘟自然变异株的监测和发生： 2020 年 6 月至 12 月，中国农业科学院哈尔滨兽医研究所国家非洲猪瘟专业实验室在开展非洲猪瘟流行病学监测及病原学研究中发现，我国部分省区出现了低致死率的非洲猪瘟基因 II 型自然变异流行株。这些变异株基因组序列均发生不同程度的改变，核苷酸突变、缺失、插入或短片段替换等。其中 11 株病毒的 *EP402R* 基因呈现四种不同类型的核苷酸自然突变或缺失，造成这些病毒的 CD2v 蛋白编码缺陷，失去红细胞吸附表型。与最早的强毒株 Pig/HLJ/2018 相比，这些缺失红细胞吸附表型的分离毒株致病力降低，但仍具有明显的残留毒力，较高剂量接种猪可引起亚急性、慢性病程和部分死亡，较低剂量感染则主要引起持续感染和慢性病程，而且具有很强的水平传播能力。这些变异株临床表现具有一定的隐蔽性，给非洲猪瘟早期诊断带来巨大的障碍，给非洲猪瘟防控带来全新的挑战。由于自然变异株的出现和非法疫苗的使用，农业农村部于 2020 年 8 月发布《非洲猪瘟病毒流行株与基因缺失株鉴别检测规范》，国家非洲猪瘟参考实验室于 2021 年 3 月发布《养猪场非洲猪瘟变异株监测技术指南》，在原有 ASFV 核酸检测的基础上，增加了 p72、MGF、CD2v 三重荧光 PCR 鉴别检测方法和 ASFV 抗体检测方法，市场上有相应的检测试剂。

【应用案例3】猪繁殖与呼吸综合征变异株的监测：2014 年前后，PRRSV 类 NADC30 毒株传入我国猪群，并逐渐成为优势毒株，目前国内现有的 PRRS 疫苗只能对 NADC30 毒株提供部分保护。2017 年首次在中国发现类 NADC34 毒株，早期的类 NADC34 毒株对仔猪多为中、低致病力。Tian 等人长期对类 NADC34 毒株的流行情况进行监测，发现近年来类 NADC34 毒株检出比例持续增加，2017—2019 年，这类毒株的阳性占比不到 3%，2020 年飙升至 11.5%，2021 年达到惊人的 28.6%，已经与类 NADC30（35.4%）和 HP-PRRSV（31.2%）一同成为我国部分地区的主要流行毒株之一。随着病例的增多，该类毒株也逐渐由起初的 3 个省扩散至 8 个省。目前，类 NADC34 PRRSV 已与我国地方流行毒株（类 NADC30 和 HP-PRRSV）发生了复杂的重组，并且部分毒株在 Nsp2 区域出现了与 NADC30 毒株相同的 131-aa 不连续缺失。类 NADC34 毒株在我国的快速流行和变异，进一步增加了我国 PRRSV 毒株的复杂性，需要持续监测其是否有重组形成新的强毒株的风险。

14.3.3 常发动物疫病诊断（被动监测）

一般动物疫病的诊断包括以下基本步骤：①流行病学调查；②临床症状观察；③对发病群中代表性病例剖检和采集样品；④根据临床初步诊断决定实验室检测项目（包括病例）；⑤开展治疗性诊断，观察效果；⑥综合分析判断后确诊。如前所述，本土动物疫病在稳定控制阶段的发生多呈现温和型、非典型病变，仅凭临床诊断往往不能确定病原，必须借助于实验室检测才能确诊。鉴于常发动物疫病在此阶段的发生特点，疫病检测也随之包括三个方面：一是病原学检测方法。疫病疫苗免疫是稳定和控制动物疫病的关键措施，我国养殖场（户）免疫疫苗现象比较普遍，疫苗免疫后会干扰抗体检测结果，因此诊断主要采用病原学检测方法，目前普遍使用的是荧光 PCR 试剂或 LAMP、RPA、RAA 等等温扩增类试剂。二是多病原鉴别检测方法。常发动物疫病在动物群体中经常呈现多病原混合感染的情况，因此需要采用多病原鉴别检测方法，如多重荧光 PCR 试剂、基因芯片等。三是疫苗免疫与动物自然感染鉴别方法。对使用弱毒疫苗的，可使用荧光 PCR 检测方法在基因水平上进行区分，也可对致病病原的基因进行测序。对使用基因缺失疫苗或标记疫苗的，可使用野毒抗体检测方法鉴别诊断感染抗体和疫苗免疫抗体，如猪伪狂犬病 gE 抗体检测 ELISA 试剂盒。对使用灭活疫苗的，有些病也通过检测非结构蛋白抗体鉴别感染抗体和免疫抗体，如口蹄疫非结构蛋白 ELISA 抗体检测试剂盒，但是由于口蹄疫疫苗抗原中还是含有少量的非结构蛋白，疫苗免疫特别是多次免疫后，免疫动物还是能产生非结构蛋白抗体，使免疫和感染动物的鉴别较为困难。在没有进行疫苗免疫的情况下，抗体检测试剂仍然能够起到诊断动物疫病或是否感染过该动物疫病的作用，即使在免疫疫苗的情况下，抗体水平离散度很大、抗体水平异常高的动物群体对感染抗体的评价也具有一定意义。

在国家层面，国家法定报告的动物疫病（指一、二、三类动物疫病），经县、市、省动物疫病预防控制机构诊断后上报至中国动物疫病预防控制中心。《一、二、三类动物疫病病种名录》规定了 11 种一类动物疫病，37 种二类动物疫病，126 种三类动物疫病。其中，一类动物疫病包括：口蹄疫、猪水疱病、非洲猪瘟、尼帕病毒性脑炎、非洲马瘟、牛海绵状脑病、牛瘟、牛传染性胸膜肺炎、痒病、小反刍兽疫、高致病性禽流感。

在养殖场（户）层面，当动物群体日常死淘率发生异常升高、生产性能下降时，种畜发生流产、产弱仔或死胎时，种禽发生产蛋率下降时，或发现临床症状时，采集相关样品送实验室进行疑似疫病诊断。

14.3.4 免疫效果评价

疫苗免疫在动物疫病的预防、控制和净化方面发挥了重要作用，例如，全球范围内控制和根除牛瘟，就在很大程度上归功于弱毒活疫苗的使用。对于接种过疫苗的动物群体，抗体检测可以评估群体的免疫抗体水平，从而对免疫效果进行评价。通常情况下，如果群体免疫抗体检测合格率高、抗体效价高且离散度小，则表明群体免疫力强，免疫质量好，群体处于疫病感染和暴发的低风险期，疫病暴发和流行的概率小，反之则群体处于疫病感染和暴发的高风险期。抗体检测试剂应用最广泛的主要有 ELISA 试剂盒、凝集试验抗原、血凝抑制试验抗原等。同时，根据免疫抗体检测结果，可确定是否需要及时补免，以及调整免疫程序。对于免疫合格的动物群体仍然暴发疫病的，利用病原检测技术对致病病原进行测序分析，了解使用的疫苗对发生病原的保护效果，进一步预防可能由于变异株引发的动物疫病暴发和流行。

对我国强制免疫病种，除养殖场（户）要定期进行抗体检测评价免疫效果，各级动物疫病预防控制机构每年也要定期开展免疫效果评价。中国动物疫病预防控制中心每年春季和秋季组织开展两次全国免疫抗体监测，监测对象包括规模场、屠宰场、市场、散养户，监测病种一般包括高致病性禽流感、新城疫、口蹄疫、猪瘟、猪繁殖与呼吸综合征、小反刍兽疫、布鲁氏菌病。省、市、县级动物疫病预防控制机构根据《国家动物疫病监测与流行病学调查计划（2021—2025 年）》制定本地区的免疫抗体监测方案。此外，根据《农业农村部办公厅关于深入推进动物疫病强制免疫补助政策实施机制改革的通知（农办牧〔2020〕53 号）》，到 2022 年全国所有规模养猪场（户）实行"先打后补"，各省份要组织动物疫病预防控制机构，加强养殖环节疫苗使用效果跟踪监测和评价，定期公布监测评价结果，确保强免疫苗安全有效。

对其他非强制免疫的疫苗免疫效果，养殖场（户）定期进行免疫抗体监测，这对于指导养殖场（户）合理科学免疫尤为重要。各场根据免疫抗体检测结果调整免疫程序，评估群体感染风险。调整免疫程序时，上次免疫残留抗体水平决定了再次免疫的时间，仔猪母源抗体水平的高低决定了首免时间。

【应用案例 1】高致病性禽流感免疫抗体监测方案：《2022 年国家动物疫病免疫技术指南》规定家禽免疫 21 天后，使用血凝抑制试验（HI）方法检测高致病性禽流感病毒 H5 和 H7 亚型免疫抗体，检测试剂主要为血凝抑制试验抗原和血清，HI 抗体效价不低于 1：16 判定为个体免疫合格。免疫合格个体数量占免疫群体总数不低于 70%，判定为群体免疫合格。养殖场定期对场内育雏育成鸡、产蛋鸡进行禽流感病毒 H5、H7、H9 亚型免疫抗体抽样检测，检测频率高低不一。进行 HI 抗体检测时，需要注意两个问题，一是要根据免疫疫苗的毒株选择 HI 试验抗原，才能有效评价相应疫苗的效果。2021 年重组禽流感病毒灭活疫苗毒株为 H5 亚型（Re-11＋Re-12）、H7 亚型（Re-3），2022 年根据农业农村部公告第 513 号，重组禽流感病毒灭活疫苗毒株更换为 H5N6 亚型（Re-13 株）、H5N8

亚型（Re-14 株）、H7N9 亚型（Re-4 株），第 513 号公告也同时公布了 Re-13 株、Re-14 株、Re-4 株血凝抑制试验抗原、阳性血清、阴性血清的工艺规程、质量标准。二是 HI 抗体效价界定在什么范围能够反映该疫苗对禽群的保护力抗体水平，研究资料显示，免疫鸡 HI 抗体≤1：8 的保护率（健活率）为 0/5，≥1：16 的保护率（健活率）为 100%，≥ 1：32 的保护率（健活且不排毒率）为 100%，≥1：64 的保护率为 100%，≥1：128 的保护率为 100%。

【应用案例 2】口蹄疫免疫抗体监测方案：《2022 年国家动物疫病免疫技术指南》规定使用灭活疫苗免疫的，采用液相阻断 ELISA、固相竞争 ELISA 检测免疫抗体；使用合成肽疫苗免疫的，采用 VP1 结构蛋白 ELISA 检测。猪免疫 28 天后，其他家畜免疫 21 天后，免疫抗体效价达到以下标准判定为个体免疫合格：液相阻断 ELISA，牛、羊等反刍动物抗体效价≥128，猪抗体效价≥64；固相竞争 ELISA 抗体效价≥64；VP1 结构蛋白抗体 ELISA，按照方法或试剂使用说明判定阳性。免疫合格个体数量占免疫群体总数不低于 70% 的，判定为群体免疫合格。猪场定期对场内后备猪、生长猪、母猪、公猪进行 O 型口蹄疫免疫抗体抽样检测，牛羊场定期进行 O 型和 A 型口蹄疫免疫抗体抽样检测，检测频率一般为一年四次。进行口蹄疫免疫抗体检测时需注意，口蹄疫免疫抗体检测的金标准为动物攻毒保护试验，这是进行疫苗效力检验的标准方法。而血清中和试验、液相阻断 ELISA 被认为是与动物保护试验最有相关性的检测方法，其抗体效价是根据动物攻毒保护试验得出的结论，因此采用液相阻断 ELISA 试剂盒可以较为真实地反映动物免疫抗体水平。

【应用案例 3】某规模猪场的猪瘟免疫程序优化：为调查规模猪场猪瘟的免疫效果，原霖等人选取北京 3 个规模猪场 20～110 日龄商品猪猪瘟疫苗免疫后的抗体水平进行了连续监测，监测试剂为猪瘟抗体 ELISA 检测试剂盒。每场随机抽取 10 头仔猪分别在 25 日龄、60 日龄和 90 日龄采血分离血清，检测猪瘟抗体。A、B、C3 个猪场的母源抗体阳性率分别为 100%、50%、0%，2 次免疫后抗体阳性率分别为 10%、90%、90%。由于猪场 A 猪瘟免疫失败，对其免疫程序进行了优化，将首免时间推迟至 50 日龄。优化免疫程序后 2 次免疫后抗体阳性率达到 70%，表明母源抗体水平较高时接种疫苗会致使一部分疫苗毒被母源抗体中和因而常造成免疫效果不佳。仔猪母源抗体水平降至 50% 左右进行猪瘟免疫可取得比较理想的结果。

14.3.5　动物检疫监督

据统计，有 70% 的重大动物疫情由长途调运引起。《"十四五"全国畜牧兽医行业发展规划》提出"强化生猪调运监管，降低非洲猪瘟等重大动物疫病跨区域传播风险"。动物检疫监督工作是防范动物疫病通过调运传播流行的重要手段，主要包括产地检疫、屠宰检疫、运输管理和落地管理。产地检疫、屠宰检疫和运输管理均涉及到实验室检测。《"十四五"全国畜牧兽医行业发展规划》提出"推动建立以疫病监测、实验室检测为基础的动物检疫制度，支持发展第三方检测服务机构，进一步提升动物检疫科学化水平"。调运监管时的疫病检测已成为许多第三方检测实验室的检测业务来源之一。

《动物检疫管理办法》规定，产地检疫时，出售、运输的种用动物精液、卵、胚胎、种蛋、生皮、原毛、绒、血液、角等产品，经检疫符合相关条件，由官方兽医出具动物检疫证明，条件之一为农业农村部规定需要进行实验室疫病检测的，检测结果合格。屠宰检疫时，官方兽医应当按照农业农村部规定，在动物屠宰过程中实施全流程同步检疫和必要的实验室疫病检测。

产地检疫：生猪、反刍动物、家禽、马属动物、犬、猫产地检疫规程要求产地检疫时对怀疑患有本规程规定疫病及临床检查发现其他异常情况的，按相应疫病防治技术规范进行实验室检测。针对不同动物种类，相关法规规定了动物调运前进行产地检疫时需要实施的实验室检测项目。一是《跨省调运乳用种用动物产地检疫规程》规定，种牛检测口蹄疫、布鲁氏菌病、牛结核病、副结核病、牛传染性鼻气管炎、牛病毒性腹泻/黏膜病；奶牛检测口蹄疫、布鲁氏菌病、牛结核病、牛传染性鼻气管炎、牛病毒性腹泻/黏膜病；种羊检测口蹄疫、布鲁氏菌病、蓝舌病、山羊关节炎脑炎；奶山羊检测口蹄疫、布鲁氏菌病；种猪原来要求检测口蹄疫、猪瘟、高致病性猪蓝耳病、猪圆环病毒病、布鲁氏菌病、非洲猪瘟，后根据《农业农村部关于加强动物疫病风险评估做好跨省调运种猪产地检疫有关工作的通知（农牧发〔2019〕21号）》要求，跨省调运种猪产地检疫实验室检测项目只开展非洲猪瘟实验室检测，检测比例为100％，口蹄疫、猪瘟、高致病性蓝耳病、猪圆环病毒病、布鲁氏菌病在种猪场日常监测基础上开展风险评估，不再进行实验室检测；精液和胚胎检测其供体动物相关动物疫病。口蹄疫要求病原学检测阴性、抗体检测符合规定，非洲猪瘟要求病原学检测阴性，布鲁氏菌病、结核病、副结核病要求抗体检测阴性，蓝舌病要求病原学检测阴性，牛传染性鼻气管炎、牛病毒性腹泻/黏膜病要求抗体检测阴性，所有疫病检测比例均为100％。二是《跨省调运种禽产地检疫规程》规定，种鸡检测高致病性禽流感、新城疫、禽白血病、禽网状内皮组织增殖病；种鸭检测高致病性禽流感、鸭瘟；种鹅检测高致病性禽流感、小鹅瘟。高致病性禽流感要求病原学检测阴性、抗体检测符合规定，新城疫要求抗体检测符合规定，禽白血病要求病原学检测阴性、抗体检测符合规定，禽网状内皮组织增殖病要求抗体检测阴性，鸭瘟、小鹅瘟要求病原学检测阴性。病原学检测抽检样品数量均为30份/供体栋舍，抗体检测抽检比例均为0.5％。三是《农业部关于进一步加强犬和猫产地检疫监管工作的通知（农医发〔2013〕16号）》规定，调运犬、猫需进行犬瘟热、犬细小病毒病、猫泛白细胞减少症（猫瘟）检测以及狂犬病免疫抗体检测。四是《兔产地检疫规程》规定，对怀疑患有兔病毒性出血病（兔瘟）和兔球虫病的，按照国家有关标准进行实验室检测。抗体检测目前多应用ELISA试剂盒、血凝抑制试验抗原、凝集试验抗原，病原学检测多应用PCR、荧光PCR试剂。

屠宰检疫：生猪、牛、羊、家禽屠宰检疫规程要求屠宰检疫时怀疑患有本规程规定疫病及临床检查发现其他异常情况的，按相应疫病防治技术规范进行实验室检测，并出具检测报告。

动物防疫检查站：动物运输过程中，如在动物防疫检查站临床检查时怀疑患有相关疫病的，要进行实验室检测。

对于非洲猪瘟，跨省调运种猪产地检疫实验室检测比例为100％，部分省份要求跨省调运育肥猪产地检疫也要进行实验室检测；生猪屠宰厂（场）开展非洲猪瘟自检工作，要求做到批批检、全覆盖，均采用非洲猪瘟荧光PCR试剂。除法规要求外，养殖场（户）也最关注引种时的非洲猪瘟检测。

14.3.6　兽用投入品携带病原的监管

饲料、兽药、疫苗等兽用投入品如携带病原，也具有向养殖场（户）传播疫病的风险。关于诊断试剂在动物疫苗外源病毒检验中的应用，将在14.5.6节重点讲述。其他兽用投入品主要包括饲料、饮水等。养殖场（户）对本场的投入品每批次要进行外源病原的检测。

对于非洲猪瘟，农业农村部第64号和第91号公告要求，以猪血为原料生产饲用血液制品的生产企业，原料来源的同批次猪经屠宰检疫合格，生产成品存放20天以上经产品检验合格和非洲猪瘟检测阴性方可出厂销售。检测结果为阳性的，饲料生产企业应当主动召回产品，并在饲料管理部门监督下，对相关产品予以无害化处理。检测采用非洲猪瘟荧光PCR试剂。

14.4
在动物疫病净化和消灭中的应用

开展某种动物疫病净化的条件之一是该病在理论上存在被净化的可能性，包括疫病本身的流行病学特征，具有高灵敏性、高特异性、能够有效区分患病动物、感染动物和疫苗免疫动物的检测方法及试剂，能够有效控制该病流行的疫苗等。在动物疫病净化和消灭阶段，检测首先用于"特定区域"中感染动物的发现剔除，如果是免疫净化的疾病，检测方法和试剂还要能够区分患病动物、野毒感染动物和疫苗免疫动物，完成净化后，要进行净化效果评估，最后扩展至无规定动物疫病区也要依靠检测来进行无疫认证和后续评估。

14.4.1　养殖场疫病净化和效果评估

从狭义上来说，动物疫病净化是指在一个养殖场，通过检测、监测发现患病动物或感染动物，通过淘汰这些动物根除某种动物疫病的过程，主要是针对种用动物或规模化养殖场进行疫病净化。

14.4.1.1　养殖场感染动物的发现剔除

养殖场感染动物的发现剔除包括两个阶段，首先通过"检测—分群—淘汰"的方式，在现有阳性动物群的基础上逐步淘汰病原获得阴性动物群，以实现本场疫病的净化；其次在现有阴性动物群的基础上，通过建立严格的生物安全体系和高效的监测体系以维持无感染的状态。此种方式最适合种用动物核心群和垂直传播性疫病。在"检测—分群—淘汰"模式中，检测是最为关键的工作，根据一项对50个祖代种鸡场的调查，每年用于禽白血病和鸡白痢净化的检测费用分别占其净化总费用的58.2%和43.9%。

根据某种动物疫病是否采取疫苗免疫，发现剔除患病动物或感染动物的检测方法差异较大。如果采取疫苗免疫措施，一方面需要应用病原学检测方法发现剔除阳性动物，主要应用 PCR、荧光 PCR 试剂，另一方面应用抗体检测方法评估疫苗免疫效果，主要应用 ELISA 试剂盒、血凝抑制试验抗原等。如果采用基因缺失疫苗、亚单位疫苗等能够实现鉴别感染和疫苗免疫动物的疫苗实施免疫，如猪伪狂犬病 gE 基因缺失疫苗、猪瘟 E2 重组蛋白亚单位疫苗等，则可应用鉴别检测方法发现剔除阳性动物。这类疫苗的核心是通过特定技术鉴定和敲除病原微生物的基因，使其发展成为"标记疫苗"，从而区分疫苗免疫（不产生敲除基因抗体）和野毒感染动物。如果不采取疫苗免疫措施，则可直接应用抗体检测方法，发现剔除阳性动物，主要应用 ELISA 试剂盒、血凝抑制试验抗原等。许多国家的动物疫病根除计划，都是根据血清学检测的结果确认阳性动物。但对于某些排毒方式复杂且有内源性病毒干扰的疫病，如禽白血病，即使没有进行疫苗免疫，也无法依靠单一的抗体检测方法完全发现阳性动物，需要应用多种检测方法。

【应用案例 1】猪伪狂犬病净化方案：许多国家的伪狂犬病根除计划都是采用 gE 基因缺失疫苗和将 gE 基因作为检测靶标的鉴别检测方法实现的。免疫基因缺失疫苗后检测猪只血清中针对 gE 缺失基因的抗体，并据此将免疫动物与自然感染动物相鉴别。通过分群、隔离、淘汰等措施减少阳性动物比例并控制病毒传播，达到免疫净化。当发病率控制在较低水平时，即可启动净化程序。

① 自繁自养的原种猪场净化方案。一是在控制阶段，采用"免疫—监测—分群"的技术手段，免疫 gE 基因缺失疫苗；每半年用猪伪狂犬病毒 gE 抗体 ELISA 试剂盒进行一次 gE 抗体监测，抽样比例 5%～8%；当 gE 抗体阳性猪比例下降到 20% 以下时开始分群，将阳性猪与阴性猪分开饲养，后备种猪并入阴性群前全部检测，种公猪全部检测，逐步淘汰和缩小阳性猪群；强化阴性群的隔离与监测，最后建立完全健康的 gE 阴性猪群；控制其他疫病感染。二是在全群净化阶段，对全群猪只进行 gE 抗体检测，剔除全部阳性猪只；剔除后建立的健康猪群于一个月后按 10% 比例抽样复查，无阳性猪则三个月后按相同方法进行复查，连续两次为阴性者则每半年进行一次血清学和病原学抽样复查；抽样复查如有阳性，在阳性率 1% 以内，按剔除后建立的健康猪群方式进行免疫和监测，阳性率 1%～5% 则重新进行全群检测剔除全部阳性猪只。三是在免疫净化维持阶段，生产母猪历经两次及两次以上普检和隔离淘汰，而且确认种公猪、生产母猪、后备猪及待售种猪 gE 抗体检测阴性；生产母猪、后备猪及待售种猪，伪狂犬病 gB 抗体阳性率合格率在 90% 以上；连续两年以上无临床病例发生后，认为达到免疫净化状态，可开展维持性监测，按照一定比例进行监测。当维持性监测发现生产母猪或种公猪出现伪狂犬病 gE 抗体阳性，应立即淘汰并对阳性猪所在舍所有种猪开展伪狂犬病 gE 抗体检测，增加同舍种猪和小猪免疫强度，同舍小猪尽早出栏或淘汰；同时评估生物安全措施有效性，跟踪其他猪舍感染风险。如发现育肥猪伪狂犬病 gE 抗体阳性，提示育肥猪免疫程序存在问题，应及时调整，并加大后备猪筛选力度。有条件的养殖场，可探索哨兵动物监测预警机制，于每栋猪舍两头各设置 1 栏非免疫小猪，跟踪观察，定期监测。四是养殖场经历免疫净化阶段工作，达到免疫净化水平后，可根据本场生物安全水平和周边疫情风险，自主选择性逐步退出免疫，开展本阶段的非免疫净化工作。定期开展诊疗巡查和抗体监测。

② 引进猪只的种猪场净化方案。引进猪只的种猪场是指从国外或者国内其他公司引进猪只的猪场。这类种猪场对猪伪狂犬病的净化是广义上的净化，即维持其无感染的状态。主要措施为引进猪群的管理、监测并维持猪群的净化状态。一是引进群的管理，根据

提供种猪的育种公司的信誉度、历年引进的种猪的实际净化状态、其他用户的反映来做出判断。对于引进的种猪逐只检测、隔离，确认其猪伪狂犬病毒 gE 抗体阴性或病毒阴性方可混群饲养。如外购精液，应确保所购精液或其供体猪伪狂犬 gE 抗体阴性或病毒阴性。二是定期监测及净化状态维持。引进种猪和后备猪群在混群前 100% 检测，生产母猪、种公猪、育肥猪定期检测。同时强化生物安全体系。

【应用案例 2】禽白血病净化方案： 禽白血病没有疫苗，传播途径以种蛋带毒造成的直接垂直传播为主，同时辅以公鸡精液带毒造成的横向与垂直传播、孵化与育雏过程中的接触传播（水平传播主要发生在孵化期间和出雏后的前两周内，而且这种早期的横向传播容易发生且危害更重），垂直传播导致的曾祖代-祖代-父母代-商品代 1：24 万倍逐级放大的传播效应决定了本病的防控重点必然在种鸡群（尤其是核心群）的净化。由于禽白血病的病原种类、排毒方式特别复杂，给临床诊断检测带来极大困难，具体表现在三个方面：一是内源性 ALV 对诊断的干扰。内源性 ALV 可整合进宿主细胞染色体基因组通过染色体垂直传播的，其可能是不完全基因组但不会产生传染性病毒，与致病性无关，也可能是全基因组因而能产生传染性病毒，但通常致病性很弱。由于我国现有 SPF 鸡群中携带有内源性 ALV，导致正常鸡群检测到内源性 ALV 造成对外源性 ALV 检测的干扰。二是外源性 ALV 具有亚群多样性，主要有 A、B、J 三种亚群，其同源性和致病性差别较大，造成了本病诊断的复杂性。三是在 ALV 感染鸡的不同阶段，病毒血症和抗体阳性的动态变化不完全一致，导致 ALV 各种检测方法（DF1 细胞培养分离病毒，ELISA 检测蛋清、胎粪、泄殖腔棉拭子中的 p27 抗原，ELISA 检测血清抗体）的结果不完全一致，给 ALV 的确诊带来困扰。经过十年左右的实践，山东农业大学崔治中老师团队根据雏鸡、母鸡、公鸡的排毒规律，排除了内源性 ALV 的干扰，摸索出成熟的"检测—淘汰"净化程序，包括 4 个检测节点、2 种检测方法、3 种样品，形成了《原种鸡群禽白血病净化检测规程（GB/T 36873—2018）》，也找到了适用于外源性 ALV 分离的 DF1 细胞。

① 自繁自养的原种鸡场核心群的净化方案。原种鸡场是指不再从其他来源引进新的种鸡，仅从现有的鸡群中选育的在种源上封闭繁种育种的鸡场，不论其饲养的是单一品系还是具有多个配套系。一是出壳雏鸡胎粪检测和淘汰。在出壳前，将每只种鸡的种蛋置于同一出壳纸袋中，逐只采集 1 日龄雏鸡胎粪，置于离心管中，用 ALV p27 抗原 ELISA 检测试剂盒检测 p27 抗原。要注意，同一只母鸡所产雏鸡中，有一只雏鸡胎粪阳性就应淘汰同纸袋中的其他雏鸡，同时淘汰对应种鸡。对选留的雏鸡，以母鸡为单位，同一母鸡的雏鸡放于一个笼中隔离饲养。每个笼间不可直接接触，包括避免直接气流的对流。饲养期间要采取避免横向传播的各种措施。对选留鸡选用的所有弱毒疫苗，必须经严格检测，绝对保证没有外源性 ALV 污染。二是 6 周龄育雏后期病毒血症检测和淘汰。育雏期结束前 10 天，按育种规程对后备鸡做性状观察，淘汰在性状上不合格个体。对保留的鸡逐只采集抗凝血，接种 DF-1 细胞进行病毒分离。培养 7～9 天后去细胞上清，用 ALV p27 抗原 ELISA 检测试剂盒检测 p27 抗原。若 p27 抗原为阳性则判定该雏鸡为 ALV 阳性鸡。淘汰阳性后备鸡，在同一母鸡的同一饲养笼中，有一只阳性就应淘汰同笼中的其他后备鸡。对经以上选留的后备种鸡，应合群维持小群隔离饲养或单笼饲养。三是 23～25 周龄留种鸡开产初期检测和淘汰。初产期为鸡群禽白血病病毒排毒高峰期，逐只取初生 3 枚蛋一一编号，采集蛋清进行 p27 抗原 ELISA 检测。母鸡和公鸡逐只采集抗凝血，公鸡同时采集精液，接种 DF-1 细胞进行病毒分离，培养 7～9 天后去细胞上清，用 ALV p27 抗原 ELISA 检测试剂盒检测 p27 抗原。淘汰阳性鸡，同一小群中，如有一只为阳性，淘汰该群所有

鸡。对经以上选留的后备种鸡，应维持单笼饲养。四是 40～45 周龄留种鸡留种前检测和淘汰。取 2～3 枚种蛋对蛋清做 p27 抗原 ELISA 检测。母鸡和公鸡逐只采集抗凝血，公鸡同时采集精液，接种 DF-1 细胞进行病毒分离，培养 7～9 天后取细胞上清，用 ALV p27 抗原 ELISA 检测试剂盒检测 p27 抗原。淘汰阳性鸡。五是种蛋的选留和孵化，在经上述步骤四留种前检测并淘汰阳性鸡后，每只母鸡仅选用 1 只检测阴性公鸡的精液进行人工授精，按规定时间留足种蛋，每只母鸡的种蛋均标号。在出壳前，将每只母鸡的种蛋置于带有母鸡编号的孵化纸袋或纸盒中，放入已消毒的孵化器中孵化。六是不同世代的持续检测和净化，按照上述步骤五净化后孵出的雏鸡作为净化后第二世代鸡。继续按照上述步骤五实施第二世代的检测和净化，后续世代按此程序继续循环进行。在全群不再检测出阳性或阳性率很低时，可酌情调整在 ELISA 中判定阳性的阈值，从严淘汰。当一个核心群连续 3～4 个世代都检测不出 ALV 感染阳性鸡只，可转入维持期。在进入维持期后，就不需对每只后备鸡逐一做上面所有检测步骤，可改为对一定比例鸡的定期抽检，抽检比例不低于 10%。早期，泄殖腔拭子也曾经作为一种样品，但它排毒晚于血液，且容易出现内源性 ALV 干扰，假阳性率很高，已逐渐弃用，但有些种鸡场仍在继续使用。

　　② 引进祖代或父母代种鸡场的净化方案。引进的祖代或父母代种鸡场是指从国外或者国内其他公司引进鸡只的种鸡场。这类种鸡场对 ALV 的净化是广义上的净化，即维持其无感染的状态。一是选择净化的种源，根据提供种鸡的育种公司的信誉度、历年引进的种鸡的实际净化状态、其他用户的反映来做出判断。对新的供应商育种公司，可要求对其曾祖代鸡群或祖代鸡群采集一定数量血清样品（100～200 份）检测抗体，或要求其提供初产种蛋检测蛋清中的 p27 抗原（100～200 个）及出壳雏鸡胎粪中的 p27 抗原。二是监测并维持鸡群的净化状态。对于祖代和父母代鸡场的种鸡群和公鸡，定期抽检，检测血清抗体状态及种蛋蛋清 p27 抗原。祖代母鸡抽检比例不低于 5%（总样本量不少于 200 只），采集开产后 25～30 周龄母鸡种蛋检测 p27 抗原，或采集血清检测 A/B 亚群、J 亚群抗体；父母代母鸡抽检比例不低于 2%～3%（总样本量不少于 200 只），采集开产后 25～30 周龄母鸡种蛋检测 p27 抗原，或采集血清检测 A/B 亚群、J 亚群抗体；种公鸡抽检比例 100%，正式采精前采集抗凝血或精液进行病毒分离检测 p27 抗原。此外，要防止引入其他来源的鸡，防止使用被外源性 ALV 污染的疫苗。对于感染率较高的小型自繁自养黄羽肉鸡或地方品种种鸡群，可仅对雏鸡出壳后做胎粪 p27 抗原检测及对种蛋蛋清做 p27 抗原检测。但这一程序仅能过渡，无法在种鸡群彻底净化禽白血病。血清 A/B 亚群、J 亚群抗体检测虽然存在滞后性，而且会受到内源性 ALV 和疫苗免疫的干扰，存在假阳性，但是抗体监测仍具有一定意义，对于抗体阳性率过高的种鸡场需要引起警惕。

14.4.1.2　养殖场净化效果评估

　　养殖场在完成动物疫病净化，建立阴性动物群体后，需要进行净化效果评估，即证明养殖场无某种疫病感染。就目前的科学技术而言，100% 证实群体内无感染是不现实的，因为这不仅需要对群体内的动物都进行 100% 的检测，还需要敏感性和特异性都达到 100% 的检测方法和试剂。一般来说，如果动物群体中存在某种特定的疫病，其流行率将会等于或者高于某个最小流行率，当实际流行率低于预期流行率时，疫病不会在群体内传播。以这个最小流行率为基础，能够计算在一定置信度下，至少能够检测到一只阳性动物所需要的样本数，即可证明无感染。预期流行率一般是根据疫病的流行病学特征、经验以及可接受的动物卫生保护水平等所确定的最低流行率。因此，在实际中，证明无感染一般是提供充足的证据来证明如果存在某种特定病原的感染，其感染率不应超过一定的比例，同时设立能够被各方接受的置信度。

《动物疫病净化场评估技术规范（2021版）》规定了种猪场、种鸡场、种牛场、奶牛场、种羊场、种公猪站、种公牛站和规模养殖场（不含种畜禽场、奶畜场）主要动物疫病净化标准，包括猪伪狂犬病、猪瘟、猪繁殖与呼吸综合征、口蹄疫、非洲猪瘟、禽白血病、鸡白痢、新城疫、高致病性禽流感、布鲁氏菌病、牛结核病净化应达到的标准和抽样方案。本节对部分疫病的净化标准进行展示。

（1）种猪场猪伪狂犬病净化标准　①同时满足以下要求，视为达到免疫净化标准：生产母猪和后备种猪抽检，猪伪狂犬病病毒 gB 抗体阳性率大于 90%；种公猪、生产母猪和后备种猪抽检，猪伪狂犬病病毒 gE 抗体检测均为阴性；连续两年以上无临床病例；现场综合审查通过。②同时满足以下要求，视为达到非免疫净化标准：种公猪、生产母猪和后备种猪抽检，猪伪狂犬病病毒抗体检测均为阴性；停止免疫两年以上，无临床病例；现场综合审查通过。gE 抗体和 gB 抗体检测均采用 ELISA 试剂盒。

（2）种猪场猪瘟病净化标准　①同时满足以下要求，视为达到免疫净化标准：生产母猪、后备种猪抽检，猪瘟病毒抗体阳性率 90% 以上；种公猪、生产母猪和后备种猪抽检，猪瘟病原学检测均为阴性；连续两年以上无临床病例；现场综合审查通过。②同时满足以下要求，视为达到非免疫净化标准：种公猪、生产母猪和后备种猪抽检，猪瘟病毒抗体检测均为阴性；停止免疫两年以上，无临床病例；现场综合审查通过。病原学检测采用荧光 PCR 试剂，抗体检测采用 ELISA 试剂盒。

（3）种猪场猪繁殖与呼吸综合征净化标准　①同时满足以下要求，视为达到免疫净化标准：生产母猪、后备种猪抽检，猪繁殖与呼吸综合征病毒免疫抗体阳性率 90% 以上；种公猪抗体抽检均为阴性；种公猪、生产母猪和后备种猪抽检，猪繁殖与呼吸综合征病原学检测均为阴性；连续两年以上无临床病例；现场综合审查通过。②同时满足以下要求，视为达到非免疫净化标准：种公猪、生产母猪和后备种猪抽检，猪繁殖与呼吸综合征病毒抗体检测均为阴性；停止免疫两年以上，无临床病例；现场综合审查通过。病原学检测采用 PCR 试剂，抗体检测采用 ELISA 试剂盒。

（4）种鸡场禽白血病净化标准　种鸡群抽检，禽白血病病原学检测均为阴性；连续两年以上无临床病例；现场综合审查通过。病原学检测包括 p27 抗原 ELISA 试剂盒和病毒分离。首先进行 p27 抗原检测，全部为阴性，实验室检测通过；p27 抗原检测阳性率高于 1%，实验室检测不通过；检出 p27 抗原阳性且阳性率 1% 以内，采用病毒分离进行复测，病毒分离全部为阴性，实验室检测通过，病毒分离出现阳性，实验室检测不通过。

（5）种鸡场鸡白痢净化标准　血清学抽检，祖代以上养殖场阳性率低于 0.2%，父母代场阳性率低于 0.5%；连续两年以上无临床病例；现场综合审查通过。抗体检测采用平板凝集试验抗原。

（6）种牛场、奶牛场、种羊场布鲁氏菌病净化标准　种牛群、奶牛群、种羊群抽检，布鲁氏菌抗体检测阴性；连续两年以上无临床病例；现场综合审查通过。抗体检测时，采用虎红平板凝集试验抗原（或 iELISA 试剂盒）进行初筛，再用试管凝集试验抗原（或 cELISA 试剂盒）进行确诊。

（7）种牛场、奶牛场结核病净化标准　种牛群、奶牛群抽检，牛结核菌素皮内变态反应（或 γ-干扰素体外检测法）阴性；连续两年以上无临床病例；现场综合审查通过。

14.4.2　区域净化和无疫认证

从广义上来说，动物疫病净化是通过监测、检验检疫、隔离、淘汰、培育健康动物、强化生物安全等综合措施，在特定区域消灭某种动物疫病的过程。随着净化进程的推进，区域化管理的范围可以逐渐扩大，直至连成片成为更大的区域或整个国家，最终实现无疫状态，即无规定动物疫病区。无疫状态需要进行无疫认证，指证明某国家或区域内不存在某种疫病，并且在该区域及其周边区域内，对动物、动物产品及其运输实施适当的官方兽医监管。

无规定动物疫病区的建设过程，包括免疫控制、免疫无疫、非免疫无疫，以及无疫认证等，均涉及规定动物疫病的监测（主要是病原学监测）。WOAH 制定了动物疫病区域化管理的基本原则和认可程序，并陆续制定了口蹄疫等重大动物疫病的无疫标准。截至 2015 年，WOAH《陆生动物卫生法典》所列的 72 种动物疫病中，40 种已经有了无疫标准，包括国家无疫、地区无疫、生物安全隔离区无疫、养殖场无疫、畜群无疫等。WOAH 负责对外公布成员国就 WOAH 名录疫病状态的自我声明，申请无疫状态认证需提交的材料包括：①地理情况、畜牧业情况、畜牧兽医体系介绍；②疫病根除情况；③诊断情况；④监测情况；⑤预防情况；⑥控制措施和应急预案；⑦遵守 OIE 法典情况，即符合无疫必备条件（符合历史无疫区或者《陆生动物卫生法典》相关条例）；⑧恢复无疫状态（申请恢复无疫状态的国家提供）。《无规定动物疫病区管理技术规范》规定了我国无口蹄疫区、无猪瘟区、无小反刍兽疫区、无高致病性禽流感区、无新城疫区、无马流感区、无亨德拉病区、无西尼罗河热区、无伊氏锥虫病（苏拉病）区、无马梨形虫病区、无日本脑炎区、无马脑脊髓炎（东方和西方）区、无马病毒性动脉炎区、无尼帕病毒病区、无水泡性口炎区、无非洲马瘟区、无马鼻疽区、无马传染性贫血病区、无马媾疫区的标准。其中，确认是否存在病毒感染，涉及实验室检测，如确认口蹄疫病毒感染的条件有：从易感动物及其产品中分离鉴定出口蹄疫病毒；从易感动物中检测出口蹄疫病毒核酸或抗原；从易感动物中检测出非免疫所致的口蹄疫病毒结构蛋白抗体或非结构蛋白抗体。免疫无口蹄疫区还要确认免疫合格率达到 80% 以上。检测口蹄疫病毒核酸或抗原需要采用荧光 PCR 试剂、ELISA 试剂盒，检测口蹄疫病毒结构蛋白抗体或非结构蛋白抗体需要采用 ELISA 试剂盒。

14.5
在动物疫苗研发与检验中的应用

动物疫苗是我国实施预防为主的动物防疫策略的关键工具，我国对动物疫苗实行兽药审批制度，对动物疫苗的准入进行严格的把关和质量监督。动物疫苗研制和生产一般包括原料的制备、鉴定、质量控制，疫苗半成品或成品的生产、检验，其中多个环节需要用到诊断试剂进行检测，目前最常用的是血清学和分子生物学诊断试剂。但整体来说，商品化诊断试剂在动物疫苗研发、质量控制、成品检验中的应用还不是十分广泛。动物疫苗生产技术在近几年内几乎完成了迭代，在未来的产品竞争中，或许生产成本将是下一轮竞争的核心，而控制生产成本的关键之一是精细化的生产过程控制。兽用疫苗的生产至少包含十几道工序，每一道生产工序我们到底投入了多少？损失了多少？实现精细控制就要有评估手段，其中就包括精准的检测试剂，比如，每一种抗原都有配套的检测试剂盒，那我们就知道我们原始的生产水平怎样，经过每一步骤损失了多少，最后配成疫苗时加的抗原含量是多少，对应怎样的免疫效果。在疫苗研发阶段，就同时研发配套的抗原、抗体定量试剂盒，既可以减少试剂盒开发的成本，也能实现疫苗生产过程的科学有效控制，从而提升疫苗产品的稳定性和质量。

14.5.1　动物疫苗用菌、毒、虫种鉴定

14.5.1.1　菌、毒、虫种的特异性鉴定

制造疫苗用的菌、毒、虫种，是在研发阶段经过严格的筛选最后选定的，各种特性必须满足制造疫苗用的要求。传统疫苗用菌、毒、虫种有两大类，其中一大类就是临床分离的强毒株，因其具有很好的免疫原性，因此此类毒株通常用来作为灭活疫苗的候选毒株。我们通常利用基因诊断技术，通过特定的核酸诊断试剂对大量的菌、毒、虫种进行筛选，分类及进化分析，来判定菌毒株的种类，同时缩小疫苗种子筛选的范围并推测毒株变异的趋势。另一大类疫苗株属于天然的弱毒株，是天然活疫苗的种子，我们首先用通用的核酸诊断试剂鉴定出毒株的种属，然后通过特定基因特征来判断毒株的天然序列是否具备弱毒株的特点，再通过形态、培养特性、生化特性、血清学特性、免疫学特性、人工感染动物后的临床表现、病理变化特征等典型特征最终确定疫苗制造的种子。

传统疫苗毒株的筛选费时、费力，同时有可能满足不了疫苗毒株的特性，更重要的是，对于有些重大疫病来说，我们通过疫苗免疫能够获得群体的保护，但是由于抗体检测无法区分感染抗体和免疫抗体，对在使用疫苗的同时发现剔除感染动物造成了干扰，不利于净化工作的开展。近年来，重组病毒（细菌）疫苗、合成多肽疫苗、亚单位疫苗等基因工程疫苗的出现为解决这些问题提供了新的思路，如猪伪狂犬 gE 基因缺失疫苗、猪瘟 E2 蛋白亚单位疫苗。运用第三代基因测序技术，我们能够在很短的时间内获得毒株的全基因序列，从而更深入地分析某些基因的功能和菌毒株的变异情况，运用基因敲除和替换技术改造疫苗毒株，获得更精准的优秀毒株，再配套鉴别诊断技术和商品化试剂盒，实现疫苗免疫和野毒感染的鉴别，如用猪伪狂犬 gE 抗体检测试剂盒检测 gE 蛋白产生的抗体，从而鉴别猪群中是否有野毒存在。

14.5.1.2　菌、毒、虫种的遗传稳定性检验

菌、毒、虫种在保存、传代和使用过程中，会受到各种因素影响而产生变异，保证种子遗传性状稳定均一是决定生物制品质量的重要因素之一。尤其是经过改造的疫苗株，比如我们使用的致弱的猪伪狂犬活疫苗株、高致病性猪繁殖与呼吸综合征的弱毒株、鸡新城疫弱毒疫苗株、猪瘟病毒兔化弱毒株等，要判定其在疫苗使用代次范围内基因均未发生改变，通常是通过特定的核酸诊断试剂来进行连续代次的监测，也可以通过能够检测抗原活性的诊断试剂，例如双抗体夹心 ELISA 试剂盒，来判定菌、

毒、虫种的反应原性。

14.5.1.3　菌、毒、虫种的纯净性检验

疫苗生产和检验所需的菌、毒、虫种应纯净或纯粹，以保证生产的稳定性以及临床使用的安全性。《中国兽药典》中规定的菌、毒、虫种的纯净性检测通常都是最经典的培养法，虽然相对准确可靠，但是一般耗时都比较长，比如《中国兽药典》中的支原体检测方法，培养需要 28 天时间。有些特殊种类的支原体培养条件非常苛刻，不一定能培养成功。这对于开发新疫苗时菌、毒株种子的纯净性鉴定无疑太耗时，基因诊断试剂盒的出现解决了这一问题，它可以针对支原体种属特异的保守序列设计引物，可以检测出多种支原体，并且具有更加快速、灵敏的特性。因此，针对可能会感染的病毒或细菌或虫体的特异性基因设计引物，就可以开发出一款检测特定病毒的试剂盒，大大提高了研发的效率，同时也扩大了检测范围，降低了疫苗毒种纯净性不合格带来的风险。

14.5.2　动物生产用细胞的纯净性检测

同菌、毒、虫种一样，细胞是生产病毒类疫苗的载体，细胞首先要纯净，才能稳定地传代生长，才能使病毒良好地增殖。目前动物疫苗常用的细胞种类繁多，来源于不同动物的原始器官，比如猪睾丸细胞、猪肾细胞、鸡胚成纤维细胞、牛肾细胞、猴肾细胞，猫肾、犬肾细胞系等，有些细胞会携带内源性病毒伴随细胞一直生长，也不容易鉴别发现，但会影响目标病毒的繁殖效价。细胞携带病毒通常来源于：①细胞来源动物的易感病毒；②细胞传代所处环境培养的病毒；③细胞本身可能携带的病毒。检测这些病毒，《中国兽药典》规定的致病变培养法、红细胞吸附法、荧光抗体检测法等传统检测方法均耗时较长，对人员的试验技能要求也非常高，检测时间也会根据细胞传代周期少则 6 天，多则十几天，同时由于涉及的检测病毒种类较多，用常规方法检测需要培养不同的细胞、不同的人甚至不同的培养环境来避免交叉污染，检测效率较低。采用不同病原的 PCR 核酸检测试剂盒对细胞进行外源病毒检测，可以达到检测更灵敏、更快速的目的，比如常用的猪瘟病毒检测试剂盒、圆环病毒检测试剂盒、伪狂犬病毒检测试剂盒等，如果想提高检测的灵敏度还有套式 PCR 和荧光定量 PCR 检测试剂盒。

14.5.3　动物疫苗生产用原辅材料的质量控制

在动物疫苗生产和检验过程中要用到很多动物源性材料，主要包括①疫苗生产用的 SPF 胚，目前均采用进口 ELISA 抗体试剂盒检测蛋黄中的抗体，来判断鸡群是否感染过相关病毒；②细胞培养使用的牛源或猪源的胰蛋白酶、牛血清，支原体培养使用的猪血清，细菌培养使用的鸡血清以及含动物源蛋白的各种培养基等。因其最初均来源于动物体，可能污染动物的一些病毒，比如牛血清中经常会检出 BVDV，猪源胰酶中污染 PCV1、PPV 等。早期我国的猪瘟活疫苗的生产会用到兔子的脾脏，因此在猪瘟活疫苗中可能会检出兔源的病毒，比如兔病毒性出血症病毒。因此，这些原辅料或组织进入疫苗生产环节前，均需要做系统的外源微生物检验，《中国兽药典》中规定了相应的

标准检验方法，但是由于大多方法都是比较经典的传统方法，耗时比较长，因此目前大多数生物制品生产企业首先采用 PCR 检测试剂盒进行快速评估一次，快速判断原辅材料是否合格，同时用《中国兽药典》中的方法进行检验，通过双重检验来控制原辅材料的质量。

由于非洲猪瘟病毒在猪群中的广泛定植，猪场普遍要求不仅疫苗、原辅料、抗原，连外包装材料在进入猪场前都要经过核酸检测，因此非洲猪瘟荧光 PCR 检测试剂盒广泛地用于疫苗原辅料、抗原、成品、外包装、冷链车、冷库的检测。

14.5.4 动物疫苗半成品或成品有效成分的定量

到目前为止，动物疫苗中最常用的还是传统的灭活苗和活疫苗，在制备疫苗之前，通常培养获得的病毒抗原均要达到一定的含量标准，才能用于疫苗制备，从而保证疫苗的有效性。除了经典的病毒 $TCID_{50}$ 检测、EID_{50} 检测、菌落计数、蛋白含量测定方法外，目前几乎没有其他更好的办法来评估抗原含量与疫苗有效性的相关性。对于活疫苗，活的抗原含量完全可以代表疫苗的有效性；但对于灭活疫苗，活的抗原含量与有效性在一定程度上或许正相关，也可能相关性不好，原因在于病毒培养的抗原量达到峰值时，或许并不是活病毒含量最多的时候，因此有时测得抗原含量高时，疫苗效果不一定好，测得抗原含量低时，效果不一定差。因此急需开发有效的检测试剂来科学地评估疫苗抗原的含量。目前有些企业已经自己开发了一些双抗体夹心 ELISA 检测试剂盒，一方面用于评估疫苗的效果，另一方面也用于评估全工艺链条中各环节的抗原损失。抗原定量试剂盒不但检测的可重复性好，还能够实现精确定量，并且可以代表这种抗原的生物活性，有较好的应用前景。对于一些疫苗成品，也可以采用此方法进行抗原定量，但部分佐剂的干扰因素还尚待解决。目前江苏省农业科学院研制的支原体抗原检测试剂盒、进口的牛病毒性腹泻的 ELISA 抗原检测试剂盒已经市售，其他产品配套的抗原定量试剂盒大多还是企业内部使用，市售的还比较少。

14.5.5 动物疫苗成品的效力检验

动物疫苗作为预防动物疫病的生物制品，其各项质量指标均需要制定科学合理的标准。对于疫苗效力检验而言，建立一种能够准确、稳定、灵敏地反映产品免疫效果的方法需要反复的试验设计和验证。目前效力检验按其形式可分为体外法和体内法。体外检验法如病毒含量测定和活菌计数，体内检验法主要用于灭活疫苗的效力检验。将疫苗免疫模型动物，经过一定的时间后，对动物进行强毒攻击，观察动物保护情况来判断免疫效果，或采集血清进行抗体水平测定。目前，攻毒保护仍然是国内动物疫苗产品效力检验的金标准，其他的体内体外检测方法均需要建立与攻毒保护的平行关系，方可被批准用于产品的效力检验。在血清抗体水平检测和病毒含量测定过程中，诊断试剂发挥了重要的作用，但主要为经典方法，且以血清学检测为主，如血凝抑制试验抗原、琼脂扩散试验抗原等。

临床应用的诊断试剂，如 ELISA 检测试剂盒、PCR 检测试剂盒、胶体金检测试纸条等，极少用于疫苗的效力检验。动物疫苗产品的效力检验中使用的商品化诊断试剂也很少。原因主要包括，一是动物疫苗经批准进入批量生产后，出于动物福利考虑，针对宠物、大动物及经济动物等的产品均会使用替代动物进行效力检验，而替代动物的血清学检测往往需要使用针对特定动物和特定方法的诊断试剂，这种试剂不能够同时应用于临床检测。因此多数用于效力检验的诊断试剂，由各疫苗生产企业自行制备并使用，试剂商品化受到了限制。二是动物疫苗产品的效力检验中使用的诊断试剂，多用于出厂检验，在与产品配对使用的要求下，整体市场用量极少，无法匹配诊断试剂开发的技术成本，增加了试剂商品化的难度。三是诊断试剂需要建立与攻毒保护的平行关系。在动物疫病诊断技术领域中不断出现新技术、新方法的背景下，利用现代分子生物学技术，建立与攻毒保护具有良好平行关系的效力检验方法必将能获得突破，使商品化的诊断试剂在疫苗效力评价中得以广泛应用。

14.5.5.1 诊断抗原在疫苗成品效力检验中的应用

（1）血凝抑制试验抗原　将病毒接种 SPF 胚或者敏感细胞，经一定条件培养后收获病毒液。病毒液使用甲醛、β-丙内酯等灭活剂灭活后，保留其血凝素蛋白与红细胞结合的活性，制成血凝抑制试验抗原，用于检测 HI 抗体，能够有效评价疫苗的免疫效果。血凝抑制试验抗原制备工艺相对简单，能最大限度保留抗原的反应性，而且操作方法方便，因此血凝抑制试验抗原及其阳性血清、阴性血清是应用于病毒类灭活疫苗效力检验最常用的诊断试剂。

在禽灭活疫苗效力检验中，如鸡新城疫、禽流感（H9 亚型、H5 亚型、H7 亚型）、鸡传染性支气管炎、鸡减蛋综合征灭活疫苗及其不同组合的多联多价疫苗，均可使用血凝抑制试验抗原检测抗体水平。①新城疫病毒只有一个血清型，以 La Sota 株应用最广，目前已有多个批准生产的新城疫血凝抑制试验抗原。②禽流感病毒因其抗原极易发生漂移和转变，是目前动物疫苗中毒株最多的病毒，由于不同毒株之间的交叉保护性差异明显，需要根据疫苗毒株选择血凝抑制试验抗原进行不同疫苗产品的效力检验。目前商品化抗原以哈尔滨维科生物技术有限公司生产的禽流感血凝抑制试验抗原和阴、阳性血清为主。③鸡传染性支气管炎灭活疫苗效力检验一般使用 H120 活疫苗首免，3 周后使用灭活疫苗加强免疫，再经过 4 周后检测血清中 HI 抗体水平。国内尚无商品化抗原，应用广泛的为荷兰 GD 公司生产的 M41 血凝抑制抗原及阳性血清。④我国批准上市的减蛋综合征灭活疫苗有 8 个疫苗株，各毒株之间没有毒力上的差异，并且只有 1 个血清型，因此商品化的血凝抑制试验抗原及疫苗株制备的抗原，均可用于效力检验的血清学评价。⑤鸭坦布苏病毒灭活疫苗的效力检验指出，通过乳鼠脑内接种病毒制备的组织抗原，使用血凝抑制检测方法，能够快速定量检测鸭坦布苏病毒抗体水平，且具有较好的敏感性和特异性。目前已有批准生产的鸭坦布苏病毒血凝抑制试验抗原、阳性血清与阴性血清。

在猪灭活疫苗效力检验中，猪流感病毒同 A 型禽流感病毒一样，能够在鸡胚或鸡胚成纤维细胞上增殖，将猪流感病毒接种 SPF 鸡胚，收获感染鸡胚液，用甲醛灭活可制成猪流感血凝试验抗原，用于猪流感灭活疫苗的 HI 抗体检测。国内猪流感病毒灭活疫苗于 2018 年获批生产，目前有 H1N1 单价灭活疫苗、H1N1/H3N2 二价灭活疫苗，杨影等人通过分析攻毒后临床症状、病毒分离情况与血凝抑制抗体效价的关系，确定猪流感病毒灭活疫苗的免疫保护率与 HI 抗体水平具有相关性。目前国内尚无批准的商品化抗原。猪细小病毒经猪源细胞系增殖培养后，使用适宜灭活剂灭活后，能够较好保留其血凝蛋白活性，用于猪流感 HI 抗体的检测。

在宠物及经济动物制品疫苗效力检验中，使用兔病毒性出血症病毒血凝抑制试验抗原检测血清中抗体水平，为目前上市灭活疫苗的效力检验方法。兔病毒性出血症血凝试验抗原采用病毒攻击易感兔，采集典型症状兔的肝脏经研磨灭活制成组织抗原，其 HA 价可达 1：1024 以上。但由于该病毒为二类动物病原微生物，生物安全要求限制了血凝抑制试验抗原的制备及应用。水貂肠炎病毒能够凝集猪和猴的红细胞，使 HI 抗体检测能够用于疫苗免疫效果的检验。

（2）琼脂扩散试验抗原 在动物疫苗的效力检验中，一般使用琼脂扩散试验抗原检测疫苗免疫后血清中抗体水平。病毒的可溶性抗原成分及其相应抗体能够在琼脂凝胶中扩散，当二者在适当比例处相遇发生特异性的抗原-抗体反应，即可形成肉眼可见的白色沉淀。利用病毒的这一性质，建立琼脂扩散试验方法，可通过已知抗原（抗体）检测其样品中是否存在其特异性的抗体（抗原）成分及量的多少。

目前主要用于法氏囊病毒及其亚单位灭活疫苗、小鹅瘟灭活疫苗、禽脑脊髓炎灭活疫苗、腺病毒灭活疫苗的效力检验，以及法氏囊卵黄抗体水平的检测。①制备法氏囊病毒琼扩抗原时，将病毒通过点眼、滴鼻、涂肛等途径接种 SPF 鸡，采集 96 小时内出现明显病变的法氏囊，经研磨、灭活后制成法氏囊琼扩抗原。目前对鸡有致病性的法氏囊病病毒只有一个血清型，法氏囊琼扩试验抗原可应用于国内已批准的不同毒株或亚单位抗原的法氏囊灭活疫苗的效力评价。国内常用法氏囊病毒 BC6/85 株制备法氏囊琼扩抗原，目前已有批准生产的法氏囊琼扩试验抗原及阴性、阳性血清。②将小鹅瘟病毒接种易感鹅胚，收获鹅胚液，经过浓缩、纯化、灭活后，可制得小鹅瘟琼扩抗原，用于检测血清或卵黄中小鹅瘟抗体。③禽腺病毒通常与新城疫、禽流感等病毒制成多联灭活疫苗，因腺病毒不同群之间病毒特性关联性较低，同一群内又有多个血清型，且不同血清型之间交叉反应极低，需针对不同群及不同血清型制备相应的琼扩试验抗原。国内已批准上市的腺病毒 1 群灭活苗有鸡新城疫、禽流感（H9 亚型）、禽腺病毒病（1 群 4 型）三联灭活疫苗（La Sota 株＋YT 株＋QD 株）和鸡新城疫、禽流感（H9 亚型）、禽腺病毒病（1 群 4 型）三联灭活疫苗（La Sota 株＋YBF13 株＋YBAV-4 株）等。④禽脑脊髓炎病毒琼扩抗原使用脑脊髓炎病毒接种 SPF 鸡胚，收获鸡胚的脑、胃肠及胰腺，经匀浆制成。用这种抗原进行琼脂扩散试验检测禽脑脊髓炎抗体，结果稳定、特异性强，方法简便迅捷。

（3）间接血凝试验抗原 间接血凝试验抗原是将全细胞抗原经充分均质破碎后，吸附于甲醛处理后的红细胞表面，使之能够与特异性抗体结合出现肉眼可见的凝集，其敏感性及特异性能够较好满足疫苗效力检验中血清的抗体评价，但是制备方法烦琐，极少用于临床免疫效果的评价，因而市场需求量较小。

在效力检验中，间接血凝试验抗原较多用于细菌疫苗制品。猪肺炎支原体灭活疫苗效力检验，采用替代动物豚鼠免疫法，使用支原体间接血凝试验抗原检测豚鼠血清的抗体水平。鸭传染性浆膜炎、大肠杆菌灭活疫苗的效力检验，选择合适日龄的易感动物接种疫苗，14 天后采血分离血清，使用间接血凝试验抗原检测血清抗体水平。

（4）微量凝集试验抗原 细菌等颗粒状抗原与相应的抗体直接结合，在合适的介质中，经过一段时间可出现肉眼可见的凝集现象，利用这种现象可检测特异性的抗原抗体成分。凝集抗原的制备较间接血凝抗原制备过程简单，但试验过程容易出现假阳性，试验方法的建立需多次试验确定反应的时间和温度条件，制定相应的标准。

凝集试验抗原常用于细菌疫苗的效力检验。副猪嗜血杆菌灭活疫苗和猪支气管败血波氏杆菌灭活疫苗的效力检验中，疫苗按规定的免疫程序免疫易感豚鼠，采血后使用相应的微量凝集试验抗原检测豚鼠血清抗体水平。用于疫苗效力检验的凝集抗原，大多用于替代动物的血清抗体水平检测，极少应用于本动物的血清抗体检测，因此尚无商品化抗原。

14.5.5.2　抗体类诊断试剂在疫苗成品效力检验中的应用

血清中的特异性抗体或单克隆抗体能够与相应病原结合，形成的抗原抗体复合物再与相应的荧光二抗结合，在特定波长处能够激发荧光，从而间接判定样品中病原的存在。利用这一性质，可定量检测病毒载量，常应用于不引起细胞病变病毒活疫苗的病毒含量测定，如采用间接免疫荧光检测猪瘟活疫苗病毒含量，目前已被大多数生产企业及疫苗使用单位接受，该检测试剂为猪瘟阳性血清或者单克隆抗体。

14.5.5.3　ELISA 诊断试剂在疫苗成品效力检验中的应用

ELISA 诊断试剂具有快速、敏感、简便等优势，在血清学检测中广泛应用，但目前很少用于动物疫苗效力检验的血清抗体检测。在用的包括，猪圆环病毒 2 型及其亚单位疫苗，采用免疫小鼠后检测血清中 ELISA 抗体水平的方式进行效力检验；多杀性巴氏杆菌皮肤坏死毒素（PMT），免疫豚鼠后，用间接 ELISA 方法检测血清中的 PMT 抗体水平。

ELISA 诊断试剂较少用于疫苗效力检验的原因是这种方法的应用具有局限性。通常我们用 ELISA 检测抗体会有两个目的，一是诊断猪群是否感染病毒，二是进行免疫效果评估，但是此时的免疫评估也仅仅代表免疫疫苗后产生了相关的抗体，证明疫苗起到了免疫作用，但检测到的抗体是否与免疫保护之间具有相关性是值得考量的。有些 ELISA 检测试剂盒，如猪瘟病毒阻断 ELISA 试剂盒、猪伪狂犬 gB 抗体检测试剂盒等，经文献报道以及大量临床数据证实，检测到的抗体与免疫保护相关。但是有些 ELISA 抗体检测试剂盒，如鸡传染性支气管炎抗体检测试剂盒、禽腺病毒检测试剂盒等，与攻毒保护之间似乎没有相关性。

虽然 ELISA 诊断试剂较少用于疫苗免疫后抗体水平的检测，但被允许用于在效力检验中使用的易感动物的抗体筛查。如 2020 年版《中国兽药典》明确猪瘟、猪圆环病毒 2型、猪伪狂犬病毒、猪支原体肺炎等疫苗在选择效力检验的易感动物时，可用商品化 ELISA 抗体检测试剂盒筛选抗体阴性猪。

14.5.6　动物疫苗研发或检验用实验动物的质量控制

生命科学领域中所有的试验均要用到实验动物，要提高疫苗研发或检验结果的真实性、准确性和可靠性，必须要提高实验动物的质量。不同级别的实验动物是有相应的国家标准或国际标准的，这些标准规定要通过商品化的检测试剂来评估实验动物的质量。目前动物疫苗研发和检验中常用的实验动物有 SPF 鸡、SPF 猪、SPF 小白鼠、普通级猪、犬、猫、豚鼠、兔等。

对于 SPF 鸡的微生物质控，涉及鸡的 5 种细菌病原的检测、14 种病毒的检测，其中有商品化检测试剂盒的涉及 13 种，包含鸡毒支原体、鸡滑液囊支原体、禽流感病毒、新城疫病毒、传染性支气管炎病毒、传染性法氏囊病毒、白血病病毒、网状内皮增殖病病毒、鸡传染性贫血病毒、禽脑脊髓炎病毒、呼肠孤病毒等，主要的检测试剂盒种类有ELISA 抗原检测试剂盒、PCR 检测试剂盒和 RT-PCR 检测试剂盒。

对于试验用小型猪的微生物控制，分为三个级别，无特定病原体级、清洁级和普通级，目前检测手段通常用的都是国家标准方法，相对于 SPF 鸡来说，评价试验用猪质量的商品化试剂盒是比较少的，只有 5 种常见猪病有相关检测试剂盒，检测试剂种类包含 ELISA 抗原检测试剂盒、PCR 检测试剂盒、RT-PCR 检测试剂盒。商品化试剂盒的应用使实验动物的质量评估更可靠，但是由于实验动物配套饲养、运输环境的影响，SPF 猪的质量达不到相应的标准，相应的检测试剂也需要加速开发和应用。

在动物疫苗研发评审要求中强调要对替代检验方法进行研究，以减少本动物的使用，提高动物福利，降低疫苗检验成本和可控性。其中涉及的实验动物主要为实验用小鼠、大鼠、豚鼠和兔子，目前这些实验动物的质控都是采用国标的方法，还没有真正的商品化试剂应用。此外，犬猫疫苗相应的试验用犬、猫的质量评价有国家标准，相应的商品化检测试剂也还没有形成或应用。

14.6

兽用诊断试剂的应用策略

无论是处于动物疫病防控的哪个阶段，总结起来动物疫病检测（兽用诊断试剂）主要在疫病防控中的五个方面发挥作用（图 14-1）：一是用于动物疫病确诊（或发现阳性动物），其中有些试剂用于确诊前的初筛，有些试剂用于确诊；二是用于评估流行率或感染率，了解疫病分布情况，同时协助分析传播风险因素、评估疫病防控措施实施效果；三是用于评价群体和个体疫苗免疫效果；四是用于证明国家或地区间动物或动物产品流通时的无疫（无感染）状态，防止疫病传播；五是用于在疫病发生前或净化消灭后，证明在某特定群体（国家/地区/生物安全隔离区/养殖场）的无疫（无感染）状态。这些最终都是为了通过了解动物疫病发生/未发生的情况，来进行防控措施的选择、实施和评估，所以我们说检测工作（诊断试剂）是一种技术手段，是制定动物疫病防控政策的基础。WOAH《陆生动物诊断试验与疫苗手册》规定检测方法和试剂应适用于特定的应用范围，换句话说，检测必须"符合目的"，因此在疫病防控的不同阶段，需要根据具体的防控目的有针对性地应用检测方法（试剂）。随着新兴诊断试剂及检测平台、检测程序的推陈出新，如何正确评价和应用这些新方法，同样需要适用于相应的防控目的。此外，还需要考虑到实验室是否配备了足够的资源匹配相应的检测能力。总之，只有在对动物群体或个体流行率、防控目的、实验室检测能力进行综合研判的基础上，才能最终确定兽用诊断试剂的应用策略。

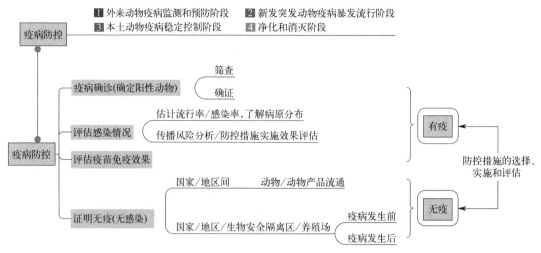

图 14-1 动物疫病检测在疫病防控中的应用总结

14.6.1 试剂敏感性和特异性的选择策略

根据 WOAH《陆生动物诊断试验与疫苗手册》1.1.6 章，检测方法或试剂的特性通常包括分析和诊断的敏感性、特异性、重复性，再现性、适用性等参数。分析特异性（analytical specificity）指检测方法或试剂将样品中的目标分析物（如病原、抗体、基因组序列）与非目标分析物（包括基质成分）区分开的能力，非目标分析物包括基质、内源性干扰物、外源性干扰物、降解产物、非特异结合物等，如《新型冠状病毒肺炎诊疗方案（试行第九版）》对于病原学及血清学检查，提示"由于试剂本身阳性判断值原因，或者体内存在干扰物质（类风湿因子、嗜异性抗体、补体、溶菌酶等），或者标本原因（标本溶血、标本被细菌污染、标本贮存时间过长、标本凝固不全等），抗体检测可能会出现假阳性"；分析敏感性（analytical sensitivity）指检测方法或试剂在一定置信水平（通常是 95%）下的最低检测浓度，又称最低检测限；诊断敏感性（diagnostic sensitivity）和诊断特异性（diagnostic specificity）指检测方法或试剂根据动物本身的疫病状况准确将其区分开来的能力，诊断敏感性指感染或发病动物中检测阳性动物所占比例，诊断特异性指未感染或未发病动物中检测阴性所占比例，诊断敏感性和诊断特异性的准确性取决于样品盘的质量和数量；重复性（repeatability）指检测方法或试剂在同一实验室内对同一样品重复试验时保持检测结果一致性的能力，即稳定性，包括批内重复性和批间重复性，此时应考虑到不同条件下的重复性，如不同操作时间、不同操作人员等；再现性（reproducibility）指检测方法或试剂在不同实验室保持检测结果一致性的能力。各特性具体内容在本书第 13 章已有详细介绍，其中分析特异性、分析敏感性、诊断敏感性、诊断特异性与检测方法和试剂的准确性相关，准确性指能够根据动物本身的疫病状况准确将其区分开来的能力；重复性、复现性与检测方法和试剂的精确性相关，精确性指对同一样品重复试验时获得相同结果的能力。

14.6.1.1 根据防控目的选择适合的试剂诊断敏感性、诊断特异性

无论用于何种防控目的，检测试剂的精确性（重复性和再现性）都是必需的，这有利

于维持检测结果的稳定性。但是，不同防控阶段和不同防控目的对试剂诊断敏感性、诊断特异性的要求则有所不同，这与如何使用检测结果准确预测个体或群体状况的能力息息相关。由于任何检测方法和试剂的诊断敏感性和诊断特异性都不可能达到100%，检测结果与疫病真实流行情况之间必然存在一定偏差（表14-1），因此我们需要知道在检测阳性或阴性情况下，动物感染发病或未感染发病的可能性，又称为预测值，从而进一步确定表观流行率与真实流行率之间的差异。阳性预测值指检测阳性动物中，真阳性动物所占比例，如表14-1所示，计算公式为TP/(TP+FP)，FP/(TP+FP)代表假阳性动物的比例，假阳性比例过高，如对阳性动物采取扑杀措施，将导致很多错杀情况的发生和经济损失。阴性预测值指检测阴性动物中，真阴性动物所占比例，如表14-1所示，计算公式为TN/(FN+TN)，FN/(FN+TN)代表假阴性动物的比例，如假阴性比例过高，将导致很多漏检情况的发生，进一步造成疫病的继续传播。

表14-1　检测方法（试剂）与疾病流行的关系

项目	疾病阳性	疾病阴性	合计
检测阳性	真阳性(TP)	假阳性(FP)	检测阳性
检测阴性	假阴性(FN)	真阴性(TN)	检测阴性
合计	疾病阳性	疾病阴性	合计

阳性预测值和阴性预测值受到试剂诊断敏感性、诊断特异性的影响。如表14-1所示，诊断敏感性=TP/(TP+FN)，诊断特异性=TN/(TN+FP)。当诊断特异性增高时，假阳性减少，阳性预测值会随之显著增高；诊断敏感性增高时，假阴性减少，阴性预测值会随之显著增高。当诊断敏感性和诊断特异性上升到一定水平后（如90%），呈现负相关的关系，如诊断特异性增高，诊断敏感性降低，阴性预测值下降，则假阴性比例上升，漏检可能性增大；反之，诊断敏感性上升，诊断特异性下降，阳性预测值下降，则假阳性比例上升，错杀可能性增大。因此用于不同防控目的时，需要优先选择诊断敏感性或诊断特异性，从而减少错杀和漏检的情况，避免造成更严重的后果或经济损失：①用于动物疫病确诊（或发现阳性动物）时，用于初筛的试剂诊断敏感性和阴性预测值需要更高，用于确诊的试剂诊断特异性和阳性预测值需要更高。②用于评估流行率或感染率的监测时，试剂诊断敏感性和诊断特异性需要共同达到一定水平。③用于评价群体和个体免疫效果，诊断特异性和阳性预测值需要更高。④用于证明无疫（无感染），无论是在疫病发生前或净化消灭后，或流通时，诊断敏感性和阴性预测值都需要更高，避免发生漏检，造成疫病进一步传播。此外，分析敏感性降低，也会发生漏检。

【应用案例1】非洲猪瘟检测试剂在生猪产品流通监管中的应用：2018年，农业农村部第64号和第91号公告要求，"生猪屠宰厂（场）应当在驻场官方兽医组织监督下，按照生猪不同来源实施分批屠宰，每批生猪屠宰后，对暂储血液进行抽样并检测非洲猪瘟病毒。经PCR检测试剂盒或免疫学检测试纸条检测为阴性的，同批生猪产品方可上市销售。其中，经PCR检测为阴性的，有关生猪产品可按照规定在本省或跨省销售；经免疫学检测试纸条检测为阴性的，有关生猪产品仅可在本省范围内销售。"此项规定在荧光PCR试剂产能大幅提升后，大部分企业已普遍采用荧光PCR试剂进行检测。但在当时的情况下，由于跨省流通的生猪产品造成非洲猪瘟传播的危害更大，所以要求跨省流通的生猪产品需要使用敏感性更高的荧光PCR试剂检测，而敏感性较低的抗原检测试纸则只能用于局部流通的生猪产品检测。

14.6.1.2　根据地区流行率选择适合的试剂诊断敏感性、诊断特异性

除试剂诊断敏感性、诊断特异性外，阳性预测值和阴性预测值还会受到一个地区真实

流行率的影响。当真实流行率上升时，阳性预测值会随之升高，阴性预测值会随之下降；当真实流行率下降时，阳性预测值会随之下降，阴性预测值会随之升高。通常情况下，动物疫病暴发流行时，真实流行率较高，此时阴性预测值易受影响，假阴性检测结果较多，漏检情况更容易发生，应选择诊断敏感性更高（阴性预测值高）、诊断特异性较好的方法和试剂；随着防控措施的实施，疫病进入稳定控制甚至净化阶段，真实流行率不断降低，此时阳性预测值易受影响，假阳性检测结果较多，错杀情况更容易发生，应选择诊断特异性更高（阳性预测值高）、诊断敏感性较好的方法和试剂。

【应用案例2】新冠抗原检测试剂的应用：2022年3月15日国务院联防联控机制新闻发布会上，国家卫健委临床检验中心副主任李金明介绍，"国家已经批准的新冠抗原检测试剂的敏感性在 $75\%\sim98\%$，特异性在 $95\%\sim99\%$ 之间。如果在一个流行率达到 5% 的人群去使用 85% 敏感性、97% 的特异性的试剂盒，100个检测阳性中约60个是真阳性，同时漏检不超过 1%。如果人群流行率为百万分之一，在千万人口的城市做筛查的话，会得到30万个阳性，但这30万个阳性里只有9个是真的，也就是说绝大部分是假阳性，当然检测是阴性的结果是可靠的"。在真实流行率为 5%、诊断敏感性为 85%、诊断特异性为 97% 的情况下，经计算可知，抽样人数是1408人，真阳性人数为60人，检测阳性人数为100人，其中40人为假阳性，真阴性人数为1297人，检测阴性人数为1308人，其中11人为假阴性，阳性预测值仅为 59.9%，阴性预测值为 99.2%。此时，进一步提高诊断特异性，才能提高阳性预测值，从而减少假阳性比例。如保持诊断敏感性为 85%，将诊断特异性提高至 99.5%，真实流行率和抽样人数不变，则阳性预测值将提高至 89.9%，阴性预测值仍保持 99.2%，真阳性人数为59人，检测阳性人数为66人，其中仅7人为假阳性。因此我们说在真实流行率较低的情况下，应选择诊断特异性更高（阳性预测值高）、诊断敏感性较好的方法和试剂。同时，新冠抗原检测试剂只能用于初筛，确诊仍然需要采用核酸检测试剂。

根据WHO《抗原检测用于诊断SARS-CoV-2感染——临时指导文件》附件中关于检测试剂性能与新冠肺炎流行率对检测结果的影响相关数据，本节展示以抗原检测试剂敏感性 90%、特异性 97% 为例，在不同流行率下，在10万人口中的阳性预测值、阴性预测值和检测结果为真阳性、假阳性、真阴性、假阴性的人数（表14-2），以便读者更好地理解地区流行率、诊断敏感性、诊断特异性对检测结果的影响。

表14-2　地区流行率、诊断敏感性、诊断特异性对检测结果的影响

项目	流行率						
	0.1%	0.5%	1%	5%	10%	20%	30%
敏感性	90%	90%	90%	90%	90%	90%	90%
特异性	97%	97%	97%	97%	97%	97%	97%
阴性预测值	99.99%	99.9%	99.9%	99.5%	98.9%	97.5%	95.8%
阳性预测值	2.9%	13.1%	23.3%	61.2%	76.9%	88.2%	92.8%
真阳性	90	450	900	4500	9000	18000	27000
假阳性	2997	2985	2970	2850	2700	2400	2100
真阴性	96903	96515	96030	92150	87300	77600	67900
假阴性	10	50	100	500	1000	2000	3000
患者数量	100	500	1000	5000	10000	20000	30000
检测阳性数量	3087	3435	3870	7350	11700	20400	29100
总计	100000	100000	100000	100000	100000	100000	100000

14.6.1.3 改变试剂诊断敏感性、诊断特异性

在实际应用中，还可以采用两种或两种以上试剂联用改变诊断敏感性、诊断特异性，来适应不同防控目的和不同防控阶段。一是平行试验，指采用两种或两种以上试剂进行检测，任一试剂检测结果为阳性，判定为阳性，此时诊断敏感性和阴性预测值升高；二是垂直试验，指采用两种或两种以上试剂进行检测，所有试剂检测结果为阳性，判定为阳性，此时诊断特异性和阳性预测值升高。在动物疫病诊断过程中，先采用初筛试剂，再采用确诊试剂，就是一种垂直试验的策略。

【应用案例3】布鲁氏菌检测试剂在监测与净化中的应用：根据 WOAH《陆生动物诊断试验与疫苗手册》3.1.4 章要求，布鲁氏菌病检测可采用细菌培养、PCR 等病原检测方法和虎红平板凝集、试管凝集、荧光偏振、补体结合试验、间接 ELISA、竞争 ELISA、布鲁氏菌素皮试等抗体检测方法。在布鲁氏菌病净化初期，可采用平行试验增加检测敏感性，如虎红平板凝集试验抗原或荧光偏振试剂和间接 ELISA 试剂盒或补体结合试验试剂联合使用。在疫病流行率极低地区，由于阳性预测值很低，假阳性的比例很高，需要采用垂直试验增加检测特异性，除采用抗体检测方法外，还需要用病原检测方法确诊临床病例和抗体阳性结果。在无疫国或地区，即使是抗体筛查和确诊检测同时为阳性的动物，也需要用病原检测方法进行进一步确诊，以减少假阳性。根据《国家动物疫病监测与流行病学调查计划（2021—2025 年）》要求，布鲁氏菌病监测时，初筛可采用虎红平板凝集试验、荧光偏振试验、全乳环状试验、间接 ELISA，确诊可选用试管凝集试验、补体结合试验、竞争 ELISA。

14.6.1.4 改变试剂分析敏感性

一是通过混样改变分析敏感性。为提高检测筛查能力，实现阳性动物的早发现，在大规模筛查阳性动物时采用混样检测是一种提高检测效率的方式。根据《养猪场非洲猪瘟变异株监测技术指南》，非洲猪瘟病原检测如果混检，建议混样数量不超过 5 个，抗体检测不得混样。根据《新型冠状病毒肺炎防控方案（第八版）》，对重点人群的核酸检测，按照涉疫地人员、14 天内到过涉疫地人员、高风险地区人员、中低风险地区的重点人群等圈层逐步扩大核酸检测范围。分类采取 1∶1 单样检测和 5∶1、10∶1 混样检测。《区域新型冠状病毒核酸检测组织实施指南（第三版）》又将混样比例调整为 10∶1、20∶1。混样检测的优势是可以减少采样管的使用，减少实验室核酸检测量，从而提高检测效率、降低检测成本，但是混样检测会降低检测试剂的分析敏感性，造成较弱阳性样品不能检出。对于荧光 PCR 试剂，一般认为，原始模板量稀释 5 倍，检测结果 C_t 值升高 2.32，原始模板量稀释 10 倍，检测结果 C_t 值升高 3.32，如混样前样品的 C_t 值为 34，则混样稀释后检测为阴性（以 C_t 值≤35 为判定标准）。对于新冠病毒核酸检测，混样适用于人群感染率低（1/500 或 1/1000 或 1/2000）的人群，如全国低风险区域的住院患者及其陪护、医务人员，出现散发病例的城市病例的密接者、次密接者，不适用于感染率高（1/100）的人群。因此，筛查阳性动物时是否进行混样检测，需要基于动物群体感染率、该场点或地区的检测能力以及感染风险承受能力进行综合研判。

二是通过改变检测结果判定标准改变分析敏感性。《新型冠状病毒肺炎诊疗方案（试行第九版）》将解除隔离的标准修改为"轻型病例连续两次新型冠状病毒核酸检测 N 基因和 ORF 基因 C_t 值均≥35（荧光定量 PCR 方法，界限值为 40，采样时间至少间隔 24 小时），或连续两次新型冠状病毒核酸检测阴性（荧光定量 PCR 方法，界限值低于 35，采样时间至少间隔 24 小时），可解除隔离管理。"国内有关研究显示，处于恢复期的感染者在核酸 C_t 值≥35 时，样本中未能分离出病毒，密切接触者未发现被感染的情况，因此通

过提高结果判定标准降低了检测的分析敏感性，阳性预测值升高。在禽白血病净化后期，全群不再检测出阳性或阳性率很低时，有些养殖场采取降低 p27 抗原 ELISA 试剂盒阳性阈值的方式，提升了检测的分析敏感性，阴性预测值升高。同混样一致，能否改变结果判定标准，需要基于动物群体感染率、感染风险承受能力进行综合研判。

14.6.2　多种类诊断试剂的联合应用策略

根据检测对象，兽用诊断试剂一般分为病原检测试剂（病原微生物的核酸或抗原）和抗体检测试剂两类，其中凝集试验、中和试验、病毒分离、补体结合试验等经典但操作步骤烦琐的方法和试剂目前应用较少，应用较为广泛的有荧光 PCR 类试剂、ELISA 类试剂、免疫色谱类试剂，核酸等温类试剂、芯片类试剂、数字 PCR 试剂等新型诊断试剂也在不断发展中。荧光 PCR 类试剂、核酸等温类试剂、数字 PCR 试剂用于核酸检测，ELISA 类试剂、免疫色谱类试剂用于抗原、抗体检测。除实验室检测方法和试剂外，还发展出了适用于现地检测的试剂，又称 POCT（point-of-care testing）检测试剂。此外，兽用诊断试剂以定性检测为主，目前唯一能实现定量检测的方法是数字 PCR 定量检测病原核酸拷贝数，虽然由于试剂成本较高目前应用临床检测较少，但数字 PCR 在确定核酸检测试剂性能（分析敏感性）、检测极低病原含量样品方面有重要意义。

如 14.3.2 所述，随着某种动物疫病病原在一个国家或地区的动物群体中持续传播，会不断发生病原变异的情况，多数情况下病原与动物宿主共存，可能出现致病性减弱，但传染性增强或排毒规律改变等现象，另外动物宿主经过自然感染或疫苗免疫群体免疫力不断增强，临床症状可能向温和型、非典型病变发展，疫病诊断越来越困难。针对这种现象，如果疫病防控以清除感染为目的，就需要根据疫病现有的排毒规律，采取多种类诊断试剂的联合应用策略，尽可能提高阳性动物早发现能力。在疫病净化阶段，也同样需要采取多种类诊断试剂的联合应用策略，尽可能发现和剔除特定群体内的所有阳性动物。针对病原变异，还需要有对应的鉴别诊断试剂。除检测试剂外，排毒规律的变化还可能导致检测样品的变化。

【应用案例 1】非洲猪瘟检测方法和试剂在中国的应用变化：2018 年 8 月我国首次暴发非洲猪瘟疫情。在疫情发生后的一到两年，主要流行毒株是典型的基因 Ⅱ 型强毒株（ASFV HLJ/2018 样毒株）。在此阶段，非洲猪瘟疫情诊断和阳性猪只监测均采用非洲猪瘟核酸检测试剂，主要以荧光 PCR 检测试剂为主，检测样品主要为眼、鼻拭子，肛拭子，抗凝血、脾脏、淋巴结、猪粪、环境拭子。到 2020 年，由于非法疫苗在部分猪群中的使用，《农业农村部办公厅关于进一步严厉打击违法研制生产经营使用非洲猪瘟疫苗行为的通知（农办牧〔2020〕39 号）》发布《非洲猪瘟病毒流行株与基因缺失株鉴别检测规范》，使用该鉴别检测荧光 PCR 试剂，如 P72、MGF360-505R、CD2v 三个基因检测结果均为阳性，则判定为流行株阳性；如 P72、MGF360-505R 基因阳性，CD2v 基因阴性，则判定为 CD2v 基因缺失株阳性；如 P72、CD2v 基因阳性，MGF360-505R 基因阴性，则判定为 MGF 基因缺失株阳性；如 P72 基因阳性，CD2v、MGF360-505R 基因阴性，则判定为 CD2v 与 MGF 基因双缺失株阳性。2020 年后期，我国部分猪群又出现了低致死率的非洲猪瘟基因 Ⅱ 型自然变异流行株。根据《养猪场非洲猪瘟变异株监测技术指南》描述，无论是非法疫苗的基因缺失株，还是低致死率的自然变异流行株，与 2018 年的非洲猪瘟强毒株相比，该类毒株的基因组序列、致病力等发生明显变化。生猪感染该类毒株后，潜伏期延长，临床表现轻微，后期可出现关节肿胀、皮肤出血型坏死灶，感染母猪产仔性能下降、死淘率增高，出现流产死胎/木乃伊胎等。与传统的流行毒株相比，生猪感染该类毒株后排毒效价低、间隙性排毒，难以早期发现。在此阶段，进行病毒核酸检测很容易漏检，而非洲猪瘟感染猪只后 7～9 天血清抗体可以转阳，抗体阳性可持续终身，抗体检测因此非常适合联合检测。《养猪场非洲猪瘟变异株监测技术指南》要求，除加强临床巡视，早发现症状异常猪只外，在检测的两个方面进行了改进。一是检测方法，需要同时进行病原和抗体检测：每周对猪群进行病原和抗体检测，在猪群进行疫苗接种、转群、去势，或母猪分娩后，应进行采样检测。猪场出现风险暴露或周边猪场出现感染时，按需进行采样检测。病原检测方法采用非洲猪瘟病毒（P72/CD2v/MGF）三重荧光 PCR 方法检测核酸，详见"农办牧〔2020〕39 号"附件《非洲猪瘟病毒流行株与基因缺失株鉴别检测规范》。必要时可测序鉴别。抗体检测方法采用间接 ELISA、阻断 ELISA 等方法检测抗体水平，详见《非洲猪瘟诊断技术》（GB/T 18648）。二是检测样品，按照排毒规律的变化，进行了一些调整：对可疑猪，按检出概率高低排序，依次采集深部咽拭子、淋巴结（微创采集）、前腔静脉抗凝血（EDTA）或尾根血、口鼻拭子。对分娩母猪，应采集脐带血、胎衣；对死胎和流产胎儿，应采集淋巴结、脾脏等组织样品。对病死猪，优先采集部位为淋巴结、脾脏、骨髓和肺脏。目前，猪场在引种时也采取病原、抗体检测联用的方式。2021 年，研究人员发现基因 I 型非洲猪瘟病毒也已入侵我国田间猪群，与 20 世纪葡萄牙分离的基因 I 型低致死毒株 NH/P68 和 OURT88/3 高度相似，与欧洲及非洲早期分离的基因 I 型强毒株 L60 和 Benin97 存在较大差异。这类毒株尽管致死率低，但可引起猪的慢性感染发病，而且具有较强的水平传播能力。由于病程缓慢，临床表现多样，隐蔽性更强，加之排毒及病毒血症规律性较差，同样给早期诊断带来困难。目前，对于基因 II 型自然变异株的鉴别诊断，需要进行 CD2v 基因测序，对于基因 I 型毒株的鉴别诊断，需要进行 P72 基因测序。截至 2022 年 3 月，在非洲猪瘟核酸检测试剂方面，已有 16 个公司的荧光 PCR 检测试剂和 1 个公司的荧光等温扩增检测试剂获得兽药产品批准文号；在非洲猪瘟抗原检测试剂方面，已有 1 个公司的荧光微球检测试纸条获得兽药产品批准文号；在非洲猪瘟抗体检测试剂方面，已有 1 个公司的 ELISA 抗体检测试剂盒获得兽药产品批准文号。

【应用案例 2】新冠肺炎检测方法和试剂在中国的应用变化：新冠肺炎暴发初期，采用敏感性高、特异性高的荧光 RT-PCR 方法检测核酸或基因测序进行确诊。到 2020 年 3 月，发现上呼吸道的排毒量较低，核酸检测假阴性较多，《新型冠状病毒肺炎诊疗方案（试行第八版）》增加了血清抗体的检测。到 2021 年 4 月，由于人群普遍接种疫苗，接种疫苗者的血清抗体检测就不能作为诊断标准了。随着对新冠病毒的进一步认知，采集的样本类型也进行了更新。到 2022 年 3 月，由于正在流行的奥密克戎毒株传播能力大幅增强，除实验室检测外，为节省医疗资源，扩大检测范围，进一步提高早发现能力，需要辅以 POCT 试剂供潜在的感染者自行检测，《关于印发新冠病毒抗原检测应用方案（试行）的通知（联防联控机制综发〔2022〕21 号）》要求在核酸检测基础上，增加抗原检测作为补充，主要为胶体金、荧光免疫色谱等 POCT 诊断试剂。但如前所述，由于新冠抗原检测试剂的特异性比核酸检测试剂低，只适合用于高风险人群的初筛。《新型冠状病毒肺炎防控方案（第九版）》指出，不具备开展核酸检测条件的基层医疗卫生机构、隔离观察人员和有抗原自我检测需求的社区居民可以进行抗原检测。抗原检测不作为确诊病例或无症状感染者诊断的依据，仅用作核酸检测方法的补充，实现"快筛快检"，提高感染者发现的及时性。表 14-3 为新冠核酸检测试剂、抗体检测试剂、抗原检测试剂在检测性能、阳性检出时间、检测速度、适用场景等方面的比较。

表 14-3　不同类型新冠检测试剂的比较

检测方式	检测样本类型	批准试剂类型	检测性能	阳性检出时间	检测速度	检测成本	对人员要求	适用场景
新冠核酸检测	鼻咽拭子、口咽拭子、痰液、支气管肺泡灌洗液等	实时荧光 RT-PCR、等温扩增、dPCR、NGS 等	敏感性高、特异性高	早	较慢	相对较高	高	实验室
新冠抗体检测	血浆、血清	胶体金、ELISA、化学发光、荧光免疫色谱等	敏感性较高、特异性较高	晚	快	较低	较高	实验室
新冠抗原检测	鼻拭子、鼻咽拭子、口咽拭子	胶体金、荧光免疫色谱	敏感性较高、特异性较高	早	快	低	低	POCT

注: 表格内容来自于国家卫健委临床检验中心。

【应用案例 3】禽白血病检测方法和试剂在净化中的应用: 如前所述, 禽白血病的病原种类、排毒方式特别复杂, 在 ALV 感染鸡的不同阶段, 病毒血症和抗体阳性的动态变化不完全一致, DF1 细胞培养分离病毒, ELISA 检测蛋清、胎粪、泄殖腔棉拭子中的 p27 抗原, ELISA 检测血清抗体等各种检测方法的结果不完全一致, 再加上正常鸡群检测到内源性 ALV 造成对外源性 ALV 检测的干扰, ALV 的净化检测仅采用一种检测方法大概率会造成漏检或误诊。为尽可能发现和剔除阳性鸡只,《原种鸡群禽白血病净化检测规程》(GB/T 36873—2018) 规定了多种检测方法联用的 "检测-淘汰" 净化程序, 包括 4 个检测节点、2 种检测方法、3 种样品。2 种检测方法指病毒分离和 p27-ELISA 试剂盒, 3 种样品指血浆或精液、胎粪、蛋清, 具体过程在第 14.4.1 节应用案例 2 中有详细描述。泄殖腔拭子由于内源性病毒和粪便基质的干扰等, 假阳性率较高, 已逐渐弃用, 但由于操作简便, 有些种鸡场仍在继续使用。

14.6.3　兼顾科学性和可行性

在选择适合的兽用诊断试剂 (指分析特性、诊断特性、重复性、再现性均较好) 实施检测时, 还应充分考虑该实验室是否能提供足够的资源匹配相应的检测能力, 如有无充足的检测人员、合适的检测设备、充足的检测试剂等。此外, 检测试剂操作的复杂程度、检测时长和其运输条件也是可行性的重要条件。如果检测试剂操作过于复杂, 则会对检测人员的能力要求更高; 如果检测试剂的检测时间过长, 则不适合用于疫病确诊; 如果检测试剂不能配备高通量检测仪器, 则不适用于大规模筛查; 如果检测试剂需要配备大型仪器, 则不适用于现地检测。

根据检测适用场景, 检测试剂分为实验室检测与现地检测两类。对于实验室检测的高通量需求, 已经发展出 PCR 检测、ELISA 检测全自动一体机, 乃至移动式核酸检测方舱实验室。对于现地检测的便捷需求, 已经发展出多种即时检验 (POCT) 试剂, POCT 是在采样现场进行的、利用便携式分析仪器及配套试剂快速得到检测结果的一种检测方式, 但现地即时检测由于试剂敏感性和特异性的限制, 其检测结果仍需要实验室检测进行确诊。

考虑到兼顾科学性和可行性, 现地检测试剂和实验室检测试剂有时需要联合应用于疫病诊断中。以新冠肺炎检测试剂为例, 虽然新冠抗原检测试剂与核酸检测试剂相比, 敏感性和特异性均低, 会带来假阳性和假阴性问题, 但是抗原检测试剂操作简单、检测时间短，可用于人群自测，不但可以减少核酸检测占用的资源，扩大检测范围，还可以降低核酸检测时人群聚集交叉传播病毒的风险，因此新冠抗原检测试剂与核酸检测试剂的联用可以更好地实现提高检测效率、节约检测成本的目的。

14.6.4　试剂使用前的充分验证和使用中的质量控制

为确保动物检测结果准确可靠，动物疫病预防控制机构、海关技术机构、养殖场（户）、第三方检测实验室应按照国家实验室认可相关规定开展动物疫病检测工作。一是检测试剂在使用前应进行验证，证明其性能满足检测方法规定的要求。《检测和校准实验室能力认可准则在动物检疫领域的应用说明》（CNAS-CL01-A013：2018）6.6.1 要求："实验室用于诊断或检测的试剂，在使用前必须经过验证，证明能够满足检测方法规定的要求。开展分子生物学的实验室应对所有 *Taq* 聚合酶/反应预混液/试剂盒/引物和探针在使用前进行性能验证"。参照《新型冠状病毒肺炎防控方案（第九版）》"临床标本检测前，实验室应对核酸提取试剂、提取仪、扩增试剂、扩增仪等组成的检测系统进行必要的性能验证，性能指标包括但不限于精密度（至少要有重复性）和最低检测限"的要求，在没有充足样品盘的情况下，试剂使用者至少能够对兽用检测试剂的最低检测限（分析敏感性）、分析特异性（其他同类病原、基质或干扰物）、重复性进行验证，同时可向试剂生产厂家询问诊断敏感性和诊断特异性信息。二是试剂使用过程中应做好质量控制。应严格按照试剂的保存条件进行存储，监控试剂有效期。可定期使用质量控制物质制作质控图持续监控检测工作和检测试剂的准确性和精确性。标准物质、标准样品、质控品等质量控制物质是试剂验证和质量控制中的重要工具，在本书第 13 章中已进行过阐述。

14.7

兽用诊断试剂的应用展望

兽用诊断试剂按照出现时间早晚可分为三类：一是传统的经典方法配套试剂，如血凝和血凝抑制试验、凝集试验、中和试验、病毒分离、间接免疫荧光、补体结合试验等，由于这些试剂操作步骤烦琐，目前应用较少，但常作为确证方法对疑似样品进行验证；二是荧光 PCR 类试剂、ELISA 类试剂、免疫色谱类试剂、核酸等温扩增类试剂，当前临床应用非常广泛，其中尤以荧光 PCR 试剂和 ELISA 试剂盒因其准确性、重复性好且使用简便、可规模化操作等特点应用最为广泛；三是新型诊断试剂，如化学发光免疫色谱、蛋白芯片、基因芯片、微流控技术、量子点技术、数字 PCR 等，目前尚在发展中，已批准的商品化试剂有限，但可能有广泛的应用前景。

鉴于兽用诊断试剂主要应用于动物疫病确诊、筛查阳性动物、证明无疫、评估流行率或感染率、评价疫苗免疫效果，使用试剂的机构主要为动物疫病预防控制机构、海关技术机构、第三方检测实验室、大型养殖集团实验室等，未来能够广泛应用的试剂应具备以下五个特点：一是试剂自身的分析特异性、分析敏感性、诊断敏感性、诊断特异性、重复性较好，确实能够实现检测目的。二是试剂使用方便，要么能够适配大型仪器，提高检测效率，要么能够适配便携式分析仪器或发展为 POCT 试剂，用于现地即时检测。三是在定性检测的基础上，实现定量检测，提升检测的准确性。四是同时实现多病原检测，节省疫病诊断时间。五是试剂产业化程度较高，有利于降低试剂成本。预计在一段时间内，荧光PCR 试剂、ELISA 试剂仍将是应用广泛的兽用诊断试剂，期望未来更多的新型诊断试剂能够实现产业化，提升检测准确性和精确性，同时一些经典的确证试验，如间接免疫荧光等，也能产生更多的商品化试剂。

主要参考文献

[1] Zhou X, Li N, Luo Y, et al. Emergence of african swine fever in China, 2018[J]. Transbound Emerg Dis,2018,65(6):1482-1484.

[2] Sun E, Zhang Z,Wang Z, et al. Emergence and prevalence of naturally occurring lower virulent African swine fever viruses in domestic pigs in China in 2020[J]. Sci China Life Sci,2021,64(5): 752-765.

[3] Tian K, Yu X, Zhao T, et al. Emergence of fatal PRRSV variants: unparalleled outbreaks of a-typical PRRS in China and molecular dissection of the unique hallmark[J]. PLoS One, 2007,2(6):e526.

[4] 田克恭．猪繁殖与呼吸综合征[M]. 第 1 版．北京:中国农业出版社,2015.

[5] Yu X, Zhou Z, Hu D, et al. Pathogenic pseudorabies virus, China,2012[J]. Emerg Infect Dis, 2014,20(1):102-104.

[6] Li Y, Salman M, Shen C, et al. African swine fever in a commercial pig farm: Outbreak investigation and an approach for identifying the source of infection. [J]. Transboundary and emerging diseases,2020,67(prepublish).

[7] 丁美月,杨爱梅,舒思传,等．湖南省一起非洲猪瘟疫情的暴发调查[J]. 中国动物检疫,2019,36(08):1-5.

[8] 胡明明,白艳艳,王治维,等．山西省某养殖场蛋鸡 H7N9 流感暴发调查[J]. 中国动物检疫,2020,37(09):1-5.

[9] Xu H, Li C, Li W, et al. Novel characteristics of Chinese NADC34-like PRRSV during 2020-2021[J]. Transbound Emerg Dis,2022.

[10] 原霖,顾小雪,张硕,等．规模猪场猪瘟免疫失败调查及免疫程序优化[J]. 中国兽医杂志,2013,49(07):27-29.

[11] WOAH. Chapter 1. 1. 6 Principles and methods of validation of diagnostic assays for infectious disease[M]//Manual of Diagnostic Tests and Vaccines for Terrestrial Animals，2021.

[12] WHO. Antigen-detection in the diagnosis of SARS-CoV-2 infection, Interim guidance,2021[C].

[13] WOAH. Chapter 3. 1. 4 Brucellosis (infection with Brucella abortus, B. melitensis and B. suis)[M]//Manual of Diagnostic Tests and Vaccines for Terrestrial Animals，2021.

[14] Sun E, Huang L, Zhang X, et al. Genotype I African swine fever viruses emerged in domestic pigs in China and caused chronic infection[J]. Emerg Microbes Infect, 2021,10(1):2183-2193.